Podstawy Projektowania i Budowy Okrętów Podwodnych

Richard Skiba

Copyright © 2024 by Richard Skiba

Wszelkie prawa zastrzeżone.

Żadna część tej książki nie może być reprodukowana w jakiejkolwiek formie bez pisemnej zgody wydawcy lub autora, z wyjątkiem przypadków dozwolonych przez prawo autorskie.

Niniejsza publikacja została przygotowana w celu dostarczenia dokładnych i wiarygodnych informacji na temat omawianego zagadnienia. Mimo że wydawca i autor dołożyli wszelkich starań przy przygotowywaniu tej książki, nie składają żadnych oświadczeń ani gwarancji co do dokładności lub kompletności zawartości tej książki i wyraźnie wyłączają wszelkie domniemane gwarancje dotyczące przydatności handlowej lub przydatności do określonego celu. Żadna gwarancja nie może zostać ustanowiona ani rozszerzona przez przedstawicieli handlowych lub pisemne materiały sprzedażowe. Porady i strategie zawarte w tej książce mogą nie być odpowiednie dla Twojej sytuacji. W razie potrzeby należy skonsultować się z profesjonalistą. Ani wydawca, ani autor nie ponoszą odpowiedzialności za utratę zysków lub inne szkody handlowe, w tym, ale nie wyłącznie, za szkody szczególne, przypadkowe, wynikowe, osobiste lub inne.

All rights reserved.

No portion of this book may be reproduced in any form without written permission from the publisher or author, except as permitted by copyright law.

This publication is designed to provide accurate and authoritative information in regard to the subject matter covered. While the publisher and author have used their best efforts in preparing this book, they make no representations or warranties with respect to the accuracy or completeness of the contents of this book and specifically disclaim any implied warranties of merchantability or fitness for a particular purpose. No warranty may be created or extended by sales representatives or written sales materials. The advice and strategies contained herein may not be suitable for your situation. You should consult with a professional when appropriate. Neither the publisher nor the author shall be liable for any loss of profit or any other commercial damages, including but not limited to special, incidental, consequential, personal, or other damages.

Skiba, Richard (author)

Podstawy Projektowania i Budowy Okrętów Podwodnych

ISBN 978-1-7638046-9-2 (Paperback) 978-1-7638440-0-1 (eBook)

Non-fiction

Spis treści

Przedmowa	1
Rozdział 1 – Wprowadzenie do inżynierii okrętów podwodnych	6
Rozdział 2 – Podstawowe Zasady Architektury Okrętów Podwodnych	54
Rozdział 3 – Hydrodynamika i wydajność okrętów podwodnych	96
Rozdział 4 – Systemy Napędowe dla Okrętów Podwodnych	123
Rozdział 5 – Systemy Zasilania i Elektryczne Okrętów Podwodnych	172
Rozdział 6 – Systemy podtrzymywania życia	229
Rozdział 7 – Uzbrojenie i systemy bojowe	275
Rozdział 8 – Systemy Nawigacyjne i Komunikacyjne	340
Rozdział 9 – Bezpieczeństwo i Kontrola Uszkodzeń na Okrętach Podwodnych	355
Rozdział 10 – Materiały i produkcja w budowie okrętów podwodnych	383
Rozdział 11 – Projektowanie dla skrytości i sygnatur akustycznych	476
Rozdział 12 – Autonomiczne i Bezzałogowe Systemy Podwodne	495
Rozdział 13 – Ograniczenia Środowiskowe i Operacyjne	515
Rozdział 14 – Zarządzanie projektami w budowie okrętów podwodnych	527
Referencje	596
Indeks	633

Podstawy Projektowania i Budowy Okrętów Podwodnych

Przedmowa

Budowa okrętów podwodnych jest złożonym procesem wymagającym specjalistycznych stoczni, wysoko wykwalifikowanej siły roboczej, zaawansowanej technologii oraz rygorystycznej kontroli jakości.

Ze względu na złożoność budowy okrętów podwodnych, jedynie ograniczona liczba krajów dysponuje odpowiednim potencjałem przemysłowym, finansowym i technicznym do ich produkcji. Państwa te budują okręty podwodne na potrzeby własnych marynarek wojennych, a w niektórych przypadkach także na eksport do innych krajów. Globalny popyt na budowę okrętów podwodnych wzrósł w ostatnich latach, napędzany potrzebami strategicznymi, kwestiami bezpieczeństwa narodowego oraz polityką obrony morskiej.

Ze względu na wyspecjalizowany charakter budowy okrętów podwodnych, tylko niewielka liczba krajów posiada niezbędne możliwości przemysłowe, finansowe i techniczne do produkcji tych jednostek. Ta ekskluzywność często odzwierciedla priorytety bezpieczeństwa narodowego i potrzeby strategiczne. Na przykład strategiczny plan Indonezji podkreśla konieczność rozwijania krajowych zdolności w zakresie budowy okrętów podwodnych w celu wzmocnienia obronności morskiej [1]. Podobnie globalny krajobraz budowy okrętów podwodnych kształtowany jest przez dynamikę geopolityczną, gdzie państwa nie tylko budują okręty podwodne dla swoich sił zbrojnych, ale także angażują się w działalność eksportową, aby wzmacniać partnerstwa obronne [1, 2]. Popyt na okręty podwodne gwałtownie wzrósł w ostatnich latach, napędzany rosnącymi obawami o bezpieczeństwo narodowe oraz rozwijającymi się politykami obrony morskiej, które uwzględniają znaczenie siły morskiej we współczesnych strategiach obronnych [3].

Rosnąca złożoność wyzwań w zakresie bezpieczeństwa morskiego doprowadziła do zwiększonego nacisku na zdolności okrętów podwodnych jako środka odstraszającego i sposobu na zabezpieczenie interesów narodowych na spornych wodach. Strategiczne implikacje budowy okrętów podwodnych są dalej analizowane w kontekście stosunków międzynarodowych, gdzie państwa starają się zwiększać swoje zdolności morskie w odpowiedzi na postrzegane zagrożenia [3]. Ten trend podkreśla kluczową rolę, jaką okręty podwodne odgrywają we współczesnych działaniach wojennych na morzu i w szerszym kontekście strategii obrony narodowej.

Budowa okrętów podwodnych jest istotnym elementem zdolności obronnych marynarki wojennej w wielu krajach na świecie. Stany Zjednoczone, Wielka Brytania, Francja, Rosja, Chiny, Niemcy, Korea Południowa, Indie i Australia należą do kluczowych graczy w tej dziedzinie, każdy z nich posiadający specyficzne zaplecze i priorytety strategiczne.

W Stanach Zjednoczonych budowa okrętów podwodnych odbywa się głównie w dwóch dużych stoczniach: General Dynamics Electric Boat w Connecticut oraz Newport News Shipbuilding w Wirginii. Obiekty te odpowiadają za produkcję zaawansowanych okrętów podwodnych o napędzie nuklearnym, w tym jednostek klasy Virginia i Columbia, które stanowią integralną część strategicznych zdolności Marynarki Wojennej USA. Współpraca między tymi stoczniami a marynarką wojenną zapewnia Stanom Zjednoczonym jedną z najbardziej zaawansowanych flot okrętów podwodnych na świecie, obejmującą zarówno jednostki szturmowe, jak i z pociskami balistycznymi.

Wielka Brytania koncentruje budowę okrętów podwodnych w stoczni BAE Systems w Barrow-in-Furness, gdzie główny nacisk kładziony jest na okręty o napędzie nuklearnym. Wielka Brytania obecnie rozwija okręty podwodne klasy Astute (SSN) oraz Dreadnought (SSBN), które mają zastąpić starzejącą się klasę Vanguard. Te jednostki są kluczowym elementem sił odstraszania strategicznego Wielkiej Brytanii, co podkreśla znaczenie utrzymania silnej floty okrętów podwodnych.

Zdolności Francji w zakresie budowy okrętów podwodnych opierają się na stoczniach Naval Group w Cherbourgu. Francuska marynarka wojenna produkuje zarówno okręty o napędzie nuklearnym, jak i konwencjonalnym, z notable projektami, takimi jak okręty klasy Suffren (Barracuda) SSN oraz okręty klasy Scorpène (diesel-elektryczne), które są również eksportowane do takich krajów jak Indie i Brazylia. To podwójne skupienie na rynku krajowym i eksportowym ilustruje strategiczne podejście Francji do technologii okrętów podwodnych i obronności.

W Rosji budowa okrętów podwodnych odbywa się w stoczni Sevmash w Siewierodwińsku oraz w Admiralty Shipyards w Petersburgu. Rosyjski program okrętów podwodnych obejmuje różnorodne jednostki o napędzie nuklearnym i diesel-elektrycznym, takie jak okręty klasy Jasień (SSN) oraz Boriej (SSBN). Rosja kontynuuje rozwój technologii okrętów podwodnych, jednocześnie eksportując jednostki, takie jak klasa Kilo, do takich krajów jak Indie i Wietnam, co odzwierciedla jej zaangażowanie w utrzymanie znaczącej obecności morskiej.

W Chinach budowa okrętów podwodnych prowadzona jest głównie w państwowych stoczniach, takich jak Bohai Shipyard i Wuchang Shipyard. Chińska marynarka wojenna skupia się na zarówno okrętach nuklearnych, jak i konwencjonalnych, w tym jednostkach klasy Typ 093 (SSN) i Typ 039A/B (diesel-elektryczne). Rozszerzająca się flota okrętów podwodnych Chin jest kluczowym elementem ich strategii morskiej, mającym na celu ustanowienie dominacji w regionie Indo-Pacyfiku.

Niemcy specjalizują się w produkcji zaawansowanych okrętów podwodnych o napędzie diesel-elektrycznym, szczególnie klasy Type 212 i Type 214, budowanych przez firmę ThyssenKrupp Marine Systems (TKMS). Te okręty podwodne są znane ze swoich systemów napędu niezależnego od powietrza (AIP), które zwiększają ich zdolności operacyjne, umożliwiając dłuższe pozostawanie w zanurzeniu. Eksport niemieckich okrętów podwodnych do takich krajów jak Norwegia i Izrael dodatkowo podkreśla zaawansowanie technologiczne Niemiec w tej dziedzinie.

W Korei Południowej budowa okrętów podwodnych odbywa się w stoczniach Daewoo Shipbuilding & Marine Engineering (DSME) oraz Hyundai Heavy Industries (HHI). Kraj ten opracował zaawansowane okręty podwodne o napędzie diesel-elektrycznym, takie jak klasa KSS-III, przeznaczone zarówno na rynek krajowy, jak i na eksport, w tym w ramach kontraktów z Indonezją. Rozwój ten odzwierciedla rosnącą obecność Korei Południowej na globalnym rynku okrętów podwodnych.

Indyjskie wysiłki w zakresie budowy okrętów podwodnych są prowadzone głównie przez państwowe stocznie, szczególnie Mazagon Dock Shipbuilders (MDL) w Mumbaju. Indie koncentrują się na rozwoju zarówno konwencjonalnych, jak i nuklearnych okrętów podwodnych, w tym jednostek klasy Arihant (SSBN) budowanych lokalnie oraz licencyjnej produkcji okrętów klasy Scorpène we współpracy z francuską Naval Group. Ta strategiczna inicjatywa ma na celu wzmocnienie zdolności morskich Indii oraz zwiększenie samowystarczalności w produkcji obronnej.

Podstawy Projektowania i Budowy Okrętów Podwodnych

Australia obecnie modernizuje swoją flotę okrętów podwodnych w ramach porozumienia AUKUS, które pozwoli jej na pozyskanie okrętów podwodnych o napędzie nuklearnym. Chociaż Australia nie posiada obecnie zdolności do budowy takich jednostek na miejscu, inwestuje w infrastrukturę okrętów podwodnych oraz rozwój siły roboczej, aby umożliwić współprodukcję z USA i Wielką Brytanią.

Globalny popyt na budowę okrętów podwodnych jest znacząco kształtowany przez różne czynniki, takie jak odstraszanie strategiczne, potrzeby obrony konwencjonalnej, napięcia geopolityczne oraz postęp technologiczny. Popyt ten odzwierciedla ewoluującą naturę bezpieczeństwa morskiego oraz strategiczne priorytety państw na całym świecie.

- **Odstraszanie strategiczne i zdolności nuklearne:** Rola okrętów podwodnych, szczególnie tych przenoszących pociski balistyczne (SSBN), jest kluczowa w strategiach odstraszania nuklearnego krajów posiadających arsenały nuklearne, takich jak Stany Zjednoczone, Rosja, Chiny, Francja i Wielka Brytania. Te okręty zapewniają wiarygodną zdolność do drugiego uderzenia, co jest niezbędne dla utrzymania stabilności strategicznej. Budowa i modernizacja SSBN są kluczowe dla zapewnienia, że te kraje mogą skutecznie odstraszać przeciwników poprzez gwarancję odwetu [4]. Integracja zaawansowanych technologii w tych okrętach zwiększa ich efektywność operacyjną, co podtrzymuje zapotrzebowanie na ich budowę [5].

- **Obrona konwencjonalna i patrole morskie:** Dla krajów nieposiadających zdolności nuklearnych priorytetem jest pozyskiwanie konwencjonalnych okrętów podwodnych, takich jak jednostki diesel-elektryczne i AIP. Te okręty są coraz bardziej poszukiwane ze względu na ich skuteczność w obronie wybrzeża, operacjach nadzoru i patrolach morskich. Ich cichsza praca i mniejsze rozmiary sprawiają, że są szczególnie odpowiednie do działań na wodach przybrzeżnych, które nabierają znaczenia we współczesnej wojnie morskiej [6]. Kraje takie jak Japonia i Korea Południowa aktywnie rozwijają swoje floty okrętów podwodnych, aby wzmocnić swoje bezpieczeństwo morskie i gotowość operacyjną [7].

- **Napięcia geopolityczne i rywalizacje regionalne:** Wzrost napięć geopolitycznych, szczególnie w regionie Indo-Pacyfiku, doprowadził do intensyfikacji zakupów i modernizacji okrętów podwodnych wśród regionalnych potęg. Kraje takie jak Indie, Australia i Korea Południowa inwestują znaczne środki w swoje zdolności podwodne, aby przeciwdziałać postrzeganym zagrożeniom ze strony Chin i umacniać swoją suwerenność morską [8]. Ten regionalny wyścig zbrojeń charakteryzuje się strategicznym naciskiem na rozwój zdolności morskich, co bezpośrednio przekłada się na zwiększony popyt na budowę okrętów podwodnych [9].

- **Rynek eksportowy okrętów podwodnych:** Globalny rynek okrętów podwodnych kształtują także działania eksportowe krajów posiadających zaawansowane możliwości produkcyjne, takich jak Francja, Niemcy i Korea Południowa. Kraje te aktywnie sprzedają okręty podwodne państwom, które chcą wzmocnić swoje siły morskie, w tym Brazylii, Egiptowi i Indonezji [10]. Eksport okrętów podwodnych nie tylko wspiera gospodarki tych krajów, ale także przyczynia się do rozprzestrzeniania zaawansowanych technologii morskich na całym świecie [11].

- **Postęp technologiczny i modernizacja:** Zapotrzebowanie na okręty podwodne nowej generacji jest napędzane postępem technologicznym, szczególnie w obszarach takich jak napęd niezależny od powietrza (AIP) i bezzałogowe pojazdy podwodne (UUV). Innowacje te są kluczowe dla zwiększenia skrytości i zdolności operacyjnych okrętów podwodnych, co czyni je bardziej skutecznymi w nowoczesnych scenariuszach wojennych [6]. Państwa coraz częściej koncentrują się na modernizacji swoich flot, aby uwzględniać te zaawansowane systemy, co dodatkowo napędza popyt na budowę okrętów podwodnych [5].

- **Rosnące znaczenie skrytości i wojny podwodnej:** Efektywność operacyjna okrętów podwodnych w dużej mierze zależy od ich zdolności do działania w skrytości. W miarę jak państwa dostrzegają znaczenie operacji tajnych w wojnie morskiej, rośnie inwestycja w technologie skrytości, takie jak zaawansowane systemy sonarowe i powłoki akustyczne. Ten nacisk na skrytość nie tylko zwiększa przeżywalność okrętów podwodnych, ale także podnosi ich wartość strategiczną, co przyczynia się do wzrostu popytu na ich budowę [6].

Celem tej książki o projektowaniu okrętów podwodnych jest dotarcie do szerokiego spektrum czytelników, zaspokajając ich specyficzne potrzeby i zainteresowania związane z inżynierią, operacjami i strategicznymi zastosowaniami okrętów podwodnych. Poprzez zgłębianie podstawowych i zaawansowanych zasad projektowania okrętów podwodnych, książka ta ma na celu wyposażyć różnorodne grupy zawodowe i entuzjastów w wiedzę niezbędną do zaangażowania się w tę wysoce wyspecjalizowaną dziedzinę.

Przede wszystkim architekci okrętów i inżynierowie morscy znajdą w tej książce bezcenne źródło wiedzy. Dostarcza ona dogłębnych informacji na temat zasad nowoczesnego projektowania okrętów podwodnych, uwzględniając aspekty strukturalne, systemy napędowe oraz integrację zaawansowanych technologii. Dla osób odpowiedzialnych za projektowanie, budowę i utrzymanie okrętów podwodnych książka ta będzie niezbędnym źródłem wiedzy, pozwalającym na bieżąco śledzić innowacje napędzające przyszłość zdolności tych jednostek.

Personel wojskowy i analitycy obrony również odniosą znaczne korzyści z tej publikacji. Podkreśla ona wpływ projektowania okrętów podwodnych na operacje taktyczne, w tym ich zdolności do działania w skrytości, wytrzymałość oraz zdolność do przenoszenia uzbrojenia. Dla oficerów marynarki, strategów i ekspertów ds. obronności książka ta dostarcza informacji na temat zależności między zdolnościami okrętów podwodnych a wojną morską, odstraszaniem strategicznym i projekcją siły.

Książka ta jest równie istotna dla techników okrętów podwodnych i ekip konserwacyjnych. Dzięki szczegółowym wyjaśnieniom dotyczącym działania okrętów podwodnych oraz funkcjonowania ich systemów, książka pozwala technikom skuteczniej diagnozować usterki, naprawiać i modernizować okręty. Zrozumienie zawiłości architektury okrętów podwodnych może prowadzić do bardziej efektywnej konserwacji i wyższej gotowości operacyjnej.

Dla studentów i akademików zajmujących się inżynierią morską lub studiami nad obronnością książka ta stanowi zarówno podstawowy podręcznik, jak i szczegółową analizę zaawansowanych koncepcji projektowania okrętów podwodnych. Wspiera rozwój akademicki, oferując kompleksowy przegląd praktyk inżynieryjnych, historycznych innowacji oraz przyszłości technologii okrętów podwodnych, co czyni ją doskonałym odniesieniem do badań naukowych lub prac zaliczeniowych.

Podstawy Projektowania i Budowy Okrętów Podwodnych

Profesjonaliści z branży obronnej i wykonawcy znajdą w tej książce szczególne zastosowanie. Podkreśla ona wymagania techniczne, wyzwania i innowacje związane z budową okrętów podwodnych, pomagając tym osobom skuteczniej uczestniczyć w projektach i nimi zarządzać. Zrozumienie złożoności projektowania okrętów podwodnych umożliwia lepsze podejmowanie decyzji oraz pomyślną realizację projektów.

Poza profesjonalistami, książka ta przemawia również do entuzjastów okrętów podwodnych i historyków zainteresowanych ewolucją technologii podwodnych oraz ich rolą w historii wojskowości. Zapewnia dogłębną analizę tego, jak innowacje w projektowaniu wpłynęły na wyniki działań morskich, oferując głębsze zrozumienie strategicznych i technologicznych kamieni milowych w rozwoju okrętów podwodnych.

Dla decydentów i urzędników państwowych zaangażowanych w zamówienia obronne, strategię morską lub politykę wojskową książka oferuje jasne zrozumienie złożoności projektowania okrętów podwodnych. Wiedza ta wspiera podejmowanie bardziej świadomych decyzji podczas zatwierdzania budżetów obronnych, wyboru technologii okrętów podwodnych czy negocjowania traktatów międzynarodowych.

W związku z rosnącym znaczeniem autonomicznych pojazdów podwodnych (AUV) i systemów bezzałogowych, badacze zajmujący się tym obszarem również skorzystają z analizy, jak tradycyjne zasady projektowania okrętów podwodnych znajdują zastosowanie w technologiach bezzałogowych. Dostarczone wnioski mogą wspierać rozwój przyszłej generacji podwodnych dronów i robotyki.

Naukowcy zajmujący się ochroną środowiska i konserwatorzy morscy znajdą wartość w zrozumieniu, jak projektowanie okrętów podwodnych wpływa na ekosystemy morskie. Książka oferuje perspektywę na temat wpływu operacji okrętów podwodnych na środowisko, pomagając promować bardziej zrównoważone praktyki, które minimalizują zakłócenia pod wodą.

Na koniec inwestorzy i interesariusze zaangażowani w projekty obrony morskiej zyskają techniczne informacje na temat projektowania okrętów podwodnych. Wyposażeni w tę wiedzę mogą lepiej ocenić potencjalne ryzyka, innowacje i sukcesy projektów, które finansują lub wspierają.

Książka ta stanowi kompleksowe źródło wiedzy dla szerokiego grona odbiorców, w tym inżynierów, profesjonalistów wojskowych, studentów, liderów branży, decydentów oraz entuzjastów, wszystkich poszukujących głębszego zrozumienia złożoności i innowacji kształtujących współczesną technologię okrętów podwodnych.

Richard Skiba

Rozdział 1
Wprowadzenie do inżynierii okrętów podwodnych

Okręty podwodne to podwodne jednostki samobieżne zaprojektowane i zbudowane do wykonywania operacji podwodnych przez określony czas [12]. Okręt podwodny to specjalistyczna jednostka wodna zaprojektowana do działania pod wodą. W przeciwieństwie do statków nawodnych, okręty podwodne mogą zanurzać się i podróżować pod powierzchnią oceanu przez dłuższe okresy. Są one zazwyczaj wykorzystywane do celów wojskowych, takich jak rozpoznanie, ataki w skrytości oraz odstraszanie, ale znajdują również zastosowanie w badaniach naukowych, eksploracji podwodnej oraz operacjach ratowniczych na dużych głębokościach.

Rysunek 1: Okręt podwodny badawczy Remora 2000 należący do Helleńskiego Centrum Badań Morskich. Montereypine, CC BY-SA 4.0, za pośrednictwem Wikimedia Commons.

Okręty podwodne są wyposażone w zaawansowane systemy nawigacyjne, komunikacyjne i napędowe, które umożliwiają im manewrowanie pod wodą. Utrzymują wyporność dzięki zbiornikom balastowym, które mogą być wypełniane wodą, aby się zanurzyć, lub powietrzem, aby wynurzyć się na powierzchnię. Wiele okrętów podwodnych jest napędzanych energią nuklearną, co pozwala im pozostawać w zanurzeniu przez wiele miesięcy bez potrzeby uzupełniania paliwa. Inne są wyposażone w napęd diesel-elektryczny, co wymaga częstszego wynurzania się w celu naładowania baterii.

Rysunek 2: Okręt SS-083 ROKS Dosan Ahn Chang-ho płynący na powierzchni wody. Praca publiczna Ministerstwa Obrony Narodowej Korei została wykorzystana zgodnie z Koreańską Licencją Otwartego Rządu (KOGL), KOGL Typ 1, za pośrednictwem Wikimedia Commons.

Ich kadłuby są zaprojektowane tak, aby wytrzymać ekstremalne ciśnienia głębinowe, a często są uzbrojone w torpedy lub pociski, co czyni je strategicznym zasobem w wojnie morskiej. Projekt okrętu podwodnego opiera się na systemie kadłuba pojedynczego lub podwójnego, który mieści wszystkie niezbędne systemy oraz załogę potrzebną do realizacji misji.

Podczas projektowania okrętu podwodnego najważniejszym celem jest zapewnienie, że jednostka spełni funkcjonalne wymagania klienta. Obejmuje to rozważenie przeznaczenia okrętu, na przykład do obrony wojskowej, eksploracji naukowej lub celów komercyjnych, takich jak wydobycie na dużych głębokościach czy operacje ratownicze. Projekt funkcjonalny musi wspierać specyficzne potrzeby operacyjne, niezależnie od tego, czy chodzi o skrytość, prędkość, wytrzymałość czy specjalistyczne wyposażenie badawcze. Proces projektowania wymaga więc dogłębnego zrozumienia zamierzonej misji okrętu podwodnego i dopasowania cech projektowych — takich jak rozmiar, kształt, napęd i systemy pokładowe — w sposób umożliwiający efektywne osiągnięcie celu [12].

Kolejnym kluczowym celem jest zapewnienie, że projekt okrętu podwodnego będzie możliwy do zrealizowania z dostępnych zasobów. Obejmuje to uwzględnienie możliwości stoczni, dostępności materiałów oraz wymaganego poziomu wiedzy technicznej potrzebnej do budowy. Nawet jeśli projekt jest idealny w teorii, musi być wykonalny w praktyce, co oznacza wykorzystanie materiałów i technologii dostępnych i dobrze znanych zespołowi produkcyjnemu. Często wymaga to równoważenia najnowocześniejszych innowacji ze sprawdzonymi technikami, aby zapewnić, że okręt podwodny będzie budowany efektywnie i bez zbędnych opóźnień [12].

Ostatecznie koszt projektu okrętu podwodnego musi być akceptowalny dla klienta. Budowa okrętu podwodnego to kosztowne i skomplikowane przedsięwzięcie, dlatego budżet odgrywa kluczową rolę w decyzjach projektowych. Projektanci muszą dokładnie uwzględnić koszty materiałów, pracy, testów oraz wszelkich systemów technologicznych, które będą zintegrowane z okrętem. Celem jest dostarczenie projektu, który nie tylko spełni potrzeby operacyjne klienta, ale także zmieści się w rozsądnym budżecie. Równoważenie funkcjonalności, wykonalności i kosztów gwarantuje, że ostateczny projekt okrętu podwodnego zadowoli klienta zarówno pod względem wydajności, jak i przystępności cenowej [12].

Projektowanie okrętów podwodnych ma kluczowe znaczenie, ponieważ bezpośrednio wpływa na funkcjonalność, bezpieczeństwo i skuteczność jednostki w realizacji jej misji. Kilka kluczowych powodów podkreśla znaczenie projektowania okrętów podwodnych:

- **Skuteczność operacyjna:** Projekt okrętu podwodnego decyduje o tym, jak dobrze może on wykonywać swoje zamierzone zadania, czy to operacje wojskowe, takie jak nadzór, rozpoznanie i odstraszanie, czy zastosowania cywilne, takie jak badania głębinowe i eksploracja. Dobrze zaprojektowany okręt podwodny spełnia specyficzne wymagania funkcjonalne, takie jak skrytość, prędkość, wytrzymałość oraz zdolność do przenoszenia uzbrojenia lub instrumentów naukowych. Dla okrętów wojskowych efektywny projekt pozwala na działanie w ukryciu, projekcję siły i służenie jako element odstraszający, podczas gdy dla okrętów cywilnych umożliwia bezpieczną i skuteczną eksplorację podwodnego środowiska.

- **Przeżywalność i bezpieczeństwo:** Okręty podwodne działają w jednym z najbardziej nieprzyjaznych środowisk na Ziemi: na dużych głębokościach, gdzie panuje wysokie ciśnienie, ograniczona ilość tlenu oraz ryzyko awarii mechanicznych, które mogą być śmiertelne. Właściwy projekt zapewnia, że okręt podwodny jest w stanie wytrzymać ekstremalne warunki operacji głębinowych, w tym odporność na ciśnienie, integralność strukturalną oraz niezawodne systemy podtrzymywania życia. Projektowanie okrętów musi również uwzględniać bezpieczeństwo załogi podczas długotrwałych misji, w tym systemy awaryjne, drogi ewakuacyjne oraz redundantne systemy zapobiegające katastrofalnym awariom.

- **Skrytość i unikanie wykrycia:** Dla okrętów wojskowych skrytość jest jednym z najważniejszych aspektów projektowania. Okręty podwodne muszą działać niezauważalnie, unikając wykrycia przez sonar, radar i inne systemy nadzoru. Obejmuje to projektowanie kształtu kadłuba w celu minimalizacji hałasu i oporu hydrodynamicznego, stosowanie materiałów dźwiękochłonnych oraz integrację zaawansowanych systemów napędowych w celu redukcji sygnatur akustycznych. Efektywny projekt okrętu podwodnego daje marynarce wojennej strategiczną przewagę, umożliwiając operacje tajne i zmniejszając podatność na ataki wroga.

- **Integracja technologiczna:** Projektowanie okrętów podwodnych musi obejmować szeroką gamę zaawansowanych technologii, takich jak systemy nawigacyjne, sonarowe, komunikacyjne, uzbrojenia i napędu. Systemy te muszą być bezproblemowo zintegrowane z projektem okrętu, aby działały wydajnie i niezawodnie w wymagających warunkach. Efektywny projekt zapewnia, że okręt podwodny może pomieścić nowe technologie, umożliwiając modernizacje w przyszłości bez znaczących zmian w strukturze jednostki.

- **Efektywność zasobów i zarządzanie kosztami:** Projektowanie okrętów podwodnych wymaga równoważenia potrzeby stosowania najnowocześniejszych technologii z ograniczeniami zasobów i budżetu. Właściwy projekt pozwala na efektywne wykorzystanie materiałów, energii i siły roboczej, przy jednoczesnym utrzymaniu kosztów budowy i eksploatacji w akceptowalnych granicach. Obejmuje to również ułatwienie procesu budowy, konserwacji oraz długoterminowego cyklu życia okrętu. Efektywne projektowanie pomaga zapobiegać przekroczeniom kosztów i zapewnia, że jednostka dostarcza wartość przez cały okres swojej eksploatacji.

- **Wpływ na środowisko:** Projektowanie okrętów podwodnych odgrywa również rolę w minimalizowaniu wpływu operacji podwodnych na środowisko. Obejmuje to stosowanie czystych, wydajnych systemów napędowych (np. reaktorów jądrowych lub zaawansowanych technologii bateryjnych), które redukują emisje i zakłócenia środowiska. Ponadto projekty cywilnych okrętów podwodnych mogą koncentrować się na nieinwazyjnych technikach eksploracji, aby chronić delikatne ekosystemy podwodne.

- **Implikacje strategiczne i polityczne:** Projektowanie okrętów podwodnych wpływa na siłę marynarki wojennej oraz strategiczne zdolności kraju. Okręty podwodne często stanowią kluczowy element obrony narodowej, szczególnie w utrzymywaniu odstraszania nuklearnego. Projekt floty okrętów podwodnych danego kraju może wpływać na relacje międzynarodowe, sojusze militarne i strategiczne pozycjonowanie. Dobrze zaprojektowana flota okrętów podwodnych wzmacnia zdolność państwa do projekcji siły, ochrony interesów i utrzymania bezpieczeństwa w spornych regionach.

Typy okrętów podwodnych

Okręty podwodne można ogólnie podzielić na wojskowe i cywilne, z których każdy jest zaprojektowany z myślą o odmiennych celach, zdolnościach i funkcjach, aby sprostać określonym zadaniom. Klasyfikacja obejmuje różne typy w zależności od projektu, systemu napędowego oraz ról operacyjnych. Główne kategorie to okręty wojskowe, badawcze i turystyczne, z których każda charakteryzuje się specyficzną funkcjonalnością i wymaganiami technologicznymi.

Okręty wojskowe

Okręty wojskowe dzielą się na jednostki o napędzie jądrowym i diesel-elektrycznym.

- **Okręty podwodne o napędzie jądrowym**, takie jak rosyjska klasa „Alpha", wykorzystują chłodziwa metaliczne, np. eutektyk ołowiu i bizmutu (LBE), w swoich reaktorach, co pozwala na długotrwałe zanurzenie i wysokie prędkości [13]. Są one zaprojektowane z myślą o skrytości i mogą wykonywać szeroki zakres misji, w tym walkę przeciwko okrętom podwodnym, rozpoznanie oraz odstraszanie strategiczne dzięki zdolnościom nuklearnym.

- **Okręty podwodne o napędzie diesel-elektrycznym**, choć generalnie wolniejsze i o ograniczonej wytrzymałości pod wodą w porównaniu z jednostkami jądrowymi, są często cichsze i tańsze w eksploatacji, co czyni je odpowiednimi do obrony wybrzeża i działań na wodach płytkich [14].

Okręty wojskowe są przede wszystkim projektowane do operacji obronnych i ofensywnych, stanowiąc strategiczne zasoby w wojnie morskiej. Główne typy obejmują:

1. Okręty szturmowe (SSN i SSK): Zaprojektowane do tropienia i niszczenia wrogich okrętów podwodnych oraz jednostek nawodnych. Mogą być napędzane reaktorami jądrowymi (SSN) lub silnikami diesel-elektrycznymi (SSK).

- Okręty szturmowe o napędzie jądrowym mogą działać przez dłuższe okresy pod wodą dzięki praktycznie nieograniczonemu zasięgowi i wytrzymałości.

- Diesel-elektryczne jednostki, choć cichsze, wymagają częstszego wynurzania się w celu naładowania baterii.

Wyposażone są w torpedy, pociski manewrujące, a czasem w siły specjalne do tajnych misji.

2. Okręty balistyczne (SSBN): Zbudowane do przenoszenia i wystrzeliwania nuklearnych pocisków balistycznych. Stanowią trzon strategii odstraszania nuklearnego państw, zdolne do pozostawania w ukryciu pod wodą przez długi czas, aby zapewnić zdolność do drugiego uderzenia w przypadku ataku nuklearnego. SSBN są zazwyczaj duże, mocno uzbrojone i zaprojektowane tak, aby utrzymać skrytość podczas patroli na głębokich wodach oceanu.

3. Okręty z pociskami manewrującymi (SSGN): Zaprojektowane do wystrzeliwania dużej liczby pocisków manewrujących, zarówno konwencjonalnych, jak i nuklearnych, zwykle skierowanych na cele lądowe. SSGN mogą również wspierać operacje sił specjalnych i misje wywiadowcze. Podobnie jak SSBN, są często napędzane energią jądrową, co zapewnia im większą wytrzymałość i zasięg operacyjny.

4. Małe okręty podwodne: Mniejsze jednostki przeznaczone do operacji specjalnych, takich jak rozpoznanie, desant sił specjalnych lub stawianie min. Mają ograniczony zasięg operacyjny i są często transportowane przez większe okręty podwodne lub jednostki nawodne do obszarów misji.

5. Bezzałogowe pojazdy podwodne (UUV): Autonomiczne lub zdalnie sterowane okręty podwodne używane do rozpoznania, wykrywania min lub innych misji bez ryzykowania załogowych jednostek. UUV stają się coraz bardziej powszechne we współczesnych marynarkach wojennych dzięki postępowi w technologii podwodnych dronów.

Akronimy dla różnych typów okrętów podwodnych oznaczają następujące kategorie:

Podstawy Projektowania i Budowy Okrętów Podwodnych

- **SSN: Ship Submersible Nuclear** – Okręt podwodny szturmowy o napędzie jądrowym.

- **SSK: Ship Submersible Killer** – Okręt podwodny szturmowy o napędzie diesel-elektrycznym (nazywany również okrętem „hunter-killer").

- **SSBN: Ship Submersible Ballistic Nuclear** – Okręt podwodny o napędzie jądrowym przenoszący i wystrzeliwujący pociski balistyczne.

- **SSGN: Ship Submersible Guided Missile Nuclear** – Okręt podwodny o napędzie jądrowym zaprojektowany do przenoszenia i wystrzeliwania pocisków manewrujących.

Każdy akronim odzwierciedla typ systemu napędowego (jądrowy lub diesel-elektryczny) oraz podstawową funkcję okrętu podwodnego (szturmowy, z pociskami balistycznymi lub z pociskami manewrującymi).

Klasyfikacja okrętów podwodnych na kategorie, takie jak szturmowe (SSN i SSK), z pociskami balistycznymi (SSBN), z pociskami manewrującymi (SSGN), małe okręty podwodne oraz bezzałogowe pojazdy podwodne (UUV), jest szeroko uznawana przez marynarki wojenne i organizacje obronne na całym świecie. Jednak klasyfikacje te nie są całkowicie uniwersalne. Różne państwa mogą stosować własne systemy klasyfikacji swoich flot okrętów podwodnych lub używać alternatywnej terminologii, w zależności od specyficznych ról lub zdolności, jakie mają pełnić ich okręty.

System klasyfikacji ma kluczowe znaczenie dla zrozumienia strategicznych ról i zdolności różnych typów okrętów podwodnych. Na przykład:

- Okręty szturmowe (SSN i SSK) są zaprojektowane głównie do walki przeciwko okrętom podwodnym oraz misji ataków na cele lądowe.

- Okręty balistyczne (SSBN) służą jako środek odstraszania strategicznego, przenosząc pociski nuklearne [15].

- Okręty z pociskami manewrującymi (SSGN) są wyposażone do precyzyjnych uderzeń na cele lądowe, co ukazuje wszechstronność współczesnych działań wojennych pod wodą [15].

Okręty szturmowe (SSN i SSK) są klasyfikowane na podstawie źródła zasilania i zamierzonej misji.

- Okręty szturmowe o napędzie jądrowym (SSN) są powszechne w flotach głównych mocarstw, takich jak Stany Zjednoczone, Rosja, Wielka Brytania i Francja. Te okręty oferują wydłużoną wytrzymałość operacyjną dzięki napędowi jądrowemu.

- Okręty szturmowe o napędzie diesel-elektrycznym (SSK) są częściej spotykane w mniejszych lub regionalnych marynarkach wojennych, ponieważ są cichsze i tańsze w eksploatacji.

Pomimo ogólnej klasyfikacji niektóre kraje mogą stosować unikalne oznaczenia dla swoich okrętów szturmowych, szczególnie gdy różnice dotyczą rozmiaru, zasięgu lub specyficznych ról operacyjnych.

Rysunek 3: Liny cumownicze zabezpieczają okręt podwodny o napędzie jądrowym USS ALBANY (SSN 753) przy nabrzeżu podczas ceremonii wcielenia jednostki do służby. Archiwa Narodowe Stanów Zjednoczonych, domena publiczna, za pośrednictwem Picryl.

Okręty podwodne z pociskami balistycznymi (SSBN), czasami nazywane „boomers", stanowią kluczowy element triady nuklearnej w głównych mocarstwach, takich jak Stany Zjednoczone, Rosja, Chiny, Francja i Wielka Brytania. Ta klasyfikacja jest powszechnie akceptowana na całym świecie, ponieważ SSBN odgrywają kluczową rolę w utrzymaniu odstraszania nuklearnego. Ich strategiczne przeznaczenie – przenoszenie i wystrzeliwanie nuklearnych pocisków balistycznych – jest jasno określone, co sprawia, że klasyfikacja SSBN jest niemal uniwersalna w krajach, które je eksploatują.

Rysunek 4: USS Kentucky (SSBN 737) powraca do macierzystego portu w Naval Base Kitsap-Bangor, Waszyngton. U.S. Navy, CC BY 2.0, za pośrednictwem Flickr.

Okręty podwodne z pociskami manewrującymi (SSGN) to również istotna kategoria, wykorzystywana głównie przez kraje o zaawansowanych zdolnościach morskich, takie jak Stany Zjednoczone i Rosja. Okręty te są albo przerabiane z jednostek SSBN, albo projektowane specjalnie do wystrzeliwania pocisków manewrujących o konwencjonalnych lub nuklearnych głowicach. Choć klasyfikacja SSGN jest szeroko uznawana, nie wszystkie kraje eksploatują okręty podwodne wyłącznie oznaczone jako SSGN. Zamiast tego niektóre państwa polegają na okrętach wielozadaniowych, które realizują różne zadania, w tym wystrzeliwanie pocisków manewrujących, bez przypisywania im konkretnej klasyfikacji SSGN.

Małe okręty podwodne mają mniejsze rozmiary i są używane przez wiele krajów do operacji specjalnych, obrony wybrzeża oraz misji wywiadowczych. Kraje takie jak Korea Północna, Iran i niektóre państwa europejskie wykorzystują te jednostki do specyficznych celów taktycznych. Klasyfikacja i terminologia małych okrętów podwodnych mogą różnić się w zależności od kraju; niektóre marynarki wojenne nazywają je „mini-okrętami podwodnymi" lub używają innych lokalnych określeń w zależności od ich roli operacyjnej, rozmiaru czy zastosowanej technologii.

Bezzałogowe pojazdy podwodne (UUV) to rozwijająca się klasa okrętów w nowoczesnych operacjach morskich. Te autonomiczne lub zdalnie sterowane jednostki są coraz częściej wykorzystywane do rozpoznania, wykrywania min oraz misji nadzorczych, eliminując ryzyko dla załóg ludzkich. Choć klasyfikacja UUV staje się coraz bardziej ugruntowana, terminy takie jak „Autonomiczne Pojazdy Podwodne" (AUV) lub „Zdalnie Sterowane Pojazdy" (ROV) są czasami używane zamiennie, w zależności od poziomu autonomii i profilu misji.

Choć te klasyfikacje okrętów podwodnych — SSN, SSK, SSBN, SSGN, małe okręty podwodne i UUV — są szeroko uznawane i wykorzystywane przez czołowe siły morskie na świecie, istnieją pewne różnice w terminologii i klasyfikacji w zależności od doktryny morskiej danego kraju, zdolności floty i priorytetów operacyjnych. Niemniej jednak te ogólne kategorie pozostają spójne wśród głównych krajów eksploatujących okręty podwodne, odzwierciedlając różne role, jakie poszczególne typy okrętów odgrywają w operacjach morskich.

Cywilne okręty podwodne

Cywilne okręty podwodne są projektowane do celów pokojowych, takich jak badania naukowe, eksploracja oraz działalność komercyjna. Są zazwyczaj mniejsze i mniej uzbrojone, ale wyposażone w zaawansowaną technologię dostosowaną do ich specyficznych zastosowań. Główne typy obejmują:

1. **Okręty badawcze:** Te okręty są wykorzystywane przez instytucje naukowe do eksploracji i badania podwodnych środowisk, takich jak ekosystemy głębinowe, geologia czy archeologia podwodna. Są wyposażone w instrumenty naukowe, kamery i ramiona robotyczne do zbierania danych, próbek i materiałów filmowych. Przykładami są Alvin i DSV Limiting Factor, zaprojektowane do eksploracji głębin oceanicznych.
   Te okręty są wyposażone w zaawansowane przyrządy naukowe i wykorzystywane do badań oceanograficznych, eksploracji podwodnej i monitorowania środowiska. Mogą działać na różnych głębokościach i są zaprojektowane tak, aby wytrzymać ekstremalne warunki podwodne. Szczególną uwagę zwracają ślady hydrodynamiczne generowane przez te pojazdy w warstwach zróżnicowanych płynów, które wpływają na ich wydajność i dokładność zbieranych danych [16]. Okręty badawcze często współpracują z podwodnymi sieciami czujników, aby zbierać dane o ekosystemach morskich i formacjach geologicznych [17].

2. **Okręty turystyczne:** Zaprojektowane do krótkich, płytkich zanurzeń, te okręty oferują turystom wyjątkowe doświadczenia, umożliwiając im odkrywanie raf koralowych, wraków statków czy życia morskiego w miejscach, gdzie nurkowanie byłoby trudne. Są one ciśnieniowe, aby zapewnić bezpieczeństwo pasażerów, i wyposażone w duże okna panoramiczne. Te okręty są przeznaczone do użytku cywilnego, umożliwiając turystom bezpieczną eksplorację podwodnych środowisk. Są zazwyczaj mniejsze i wyposażone w duże okna widokowe, zapewniając immersyjne doświadczenie życia morskiego. W przeciwieństwie do wojskowych i badawczych okrętów podwodnych, jednostki turystyczne działają na płytszych wodach i nie są przystosowane do eksploracji głębin [14].

3. **Okręty komercyjne:** Te okręty są wykorzystywane w zastosowaniach przemysłowych, takich jak budowa, konserwacja i naprawy podwodne, głównie w przemyśle naftowym i gazowym. Służą do inspekcji

rurociągów, operacji wierceń głębinowych oraz infrastruktury podmorskiej. Niektóre z nich są również wykorzystywane do operacji ratowniczych, takich jak wydobywanie zatopionych statków lub skarbów z dna oceanu.

4. **Okręty osobiste:** Osobiste lub rekreacyjne okręty podwodne to małe, prywatne jednostki wykorzystywane przez osoby fizyczne do eksploracji podwodnej. Te okręty mają zazwyczaj ograniczony zasięg i głębokość, ale oferują właścicielom możliwość odkrywania podwodnych lokalizacji w celach rekreacyjnych lub realizacji osobistych projektów.

Typy hybrydowe i rozwijające się

Wraz z postępem technologicznym pojawiają się nowe typy okrętów podwodnych, które zacierają granice między zastosowaniami wojskowymi a cywilnymi. Należą do nich okręty wielozadaniowe, zaprojektowane do operacji dwufunkcyjnych, zdolne zarówno do badań naukowych, jak i rozpoznania wojskowego. Ponadto innowacje w autonomicznych pojazdach podwodnych przesuwają granice możliwości, jakie mogą osiągać okręty podwodne w sektorach cywilnym i wojskowym, prowadząc do coraz bardziej zaawansowanych i wszechstronnych jednostek.

Rozwój okrętów podwodnych jest znacząco kształtowany przez postępy w nauce o materiałach i technologiach komunikacyjnych. Na przykład zastosowanie kompozytów wzmacnianych włóknami poprawiło integralność strukturalną i wydajność komponentów okrętów podwodnych [18]. Komunikacja podwodna pozostaje jednak wyzwaniem ze względu na pochłanianie fal elektromagnetycznych w wodzie morskiej, co prowadzi do eksploracji metod akustycznych i optycznych w celu zwiększenia zdolności operacyjnych [19, 20].

Historia rozwoju okrętów podwodnych

Okręty podwodne po raz pierwszy stały się znaczącą siłą w wojnie morskiej podczas I wojny światowej (1914–1918), głównie dzięki skutecznemu wykorzystaniu ich przez Niemcy do atakowania i niszczenia statków handlowych. Ich główną bronią były torpedy – samobieżne pociski podwodne, które pozwalały okrętom podwodnym na atakowanie statków bez wykrycia. Ta strategiczna rola okrętów podwodnych była kontynuowana podczas II wojny światowej (1939–1945), gdzie odegrały jeszcze większą rolę. Na Atlantyku niemieckie U-booty atakowały alianckie transporty, podczas gdy na Pacyfiku amerykańskie okręty podwodne niszczyły japońskie jednostki. Lata 60. przyniosły znaczący postęp w projektowaniu okrętów podwodnych dzięki pojawieniu się jednostek o napędzie nuklearnym. Te okręty mogły pozostawać w zanurzeniu przez długie okresy, czasami nawet miesiące, i były zdolne do wystrzeliwania pocisków nuklearnych dalekiego zasięgu bez wynurzania się, co ugruntowało ich rolę jako fundamentu strategicznej potęgi militarnej. Wyposażone w torpedy oraz pociski przeciwokrętowe i przeciwpodwodne, nuklearne okręty szturmowe stały się kluczowym elementem współczesnej wojny morskiej [21].

Koncepcja „okrętu podwodnego" jako jednostki zaprojektowanej do nawigacji pod wodą po raz pierwszy pojawiła się w 1578 roku, kiedy brytyjski matematyk William Bourne zaproponował całkowicie zamkniętą łódź, która mogłaby zanurzać się i być napędzana wiosłami pod wodą. Jego projekt obejmował drewnianą ramę pokrytą wodoodporną skórą i był zaprojektowany tak, aby zanurzać się poprzez zmniejszenie objętości kadłuba za pomocą ręcznych imadeł. Chociaż Bourne nigdy nie zbudował swojej łodzi, idea ta została później zrealizowana przez holenderskiego wynalazcę Cornelisa Drebbel'a, który między 1620 a 1624 rokiem zbudował pierwszy działający okręt podwodny. Łódź Drebbel'a, wykonana z drewnianej ramy pokrytej nasmarowaną skórą, była napędzana wiosłami i mogła osiągnąć głębokość od 12 do 15 stóp podczas prób na Tamizie. Król Jakub I z Anglii podobno odbył krótką podróż tą łodzią. Prace Drebbel'a położyły podwaliny pod przyszłe projekty okrętów podwodnych, a jego sukces doprowadził do budowy dwóch większych wersji jego pierwotnej konstrukcji [21].

Na początku XVIII wieku nastąpił wzrost zainteresowania koncepcjami okrętów podwodnych, a liczne projekty i patenty zaczęły się pojawiać. Do 1727 roku w samej Anglii opatentowano 14 rodzajów łodzi podwodnych. W 1747 roku wynalazca zaproponował innowacyjną metodę zanurzania za pomocą worków ze skóry koziej, które napełniane wodą powodowały zanurzenie jednostki, a następnie opróżniane za pomocą mechanizmu obrotowego pozwalały na wynurzenie. Ten projekt był wczesnym prototypem współczesnego zbiornika balastowego. W połowie XVIII wieku w Anglii wydano ponad tuzin patentów na projekty okrętów podwodnych. Nathaniel Symons jest uznawany za wynalazcę pierwszego działającego systemu balastowego w 1747 roku, wykorzystując worki ze skóry napełniane wodą do zanurzenia i mechanizm do wypompowywania wody w celu wynurzenia. Chociaż te wczesne projekty miały potencjał, dalsze postępy technologiczne utknęły w martwym punkcie na ponad wiek, aż rozwój napędu i stabilności ponownie wzbudził zainteresowanie [21].

Okręt podwodny po raz pierwszy został użyty jako broń ofensywna podczas rewolucji amerykańskiej (1775–1783) dzięki jednostce „Turtle" zaprojektowanej przez Davida Bushnella. Była to jednoosobowa łódź w kształcie orzecha włoskiego, napędzana ręcznie kręconymi śrubami, zaprojektowana do zbliżenia się pod wodą do wrogich statków, przyczepienia ładunku prochowego i wycofania się przed eksplozją. Chociaż atak Turtle na brytyjski okręt wojenny zakończył się niepowodzeniem, był to pierwszy przypadek wykorzystania okrętu podwodnego w wojnie morskiej [21].

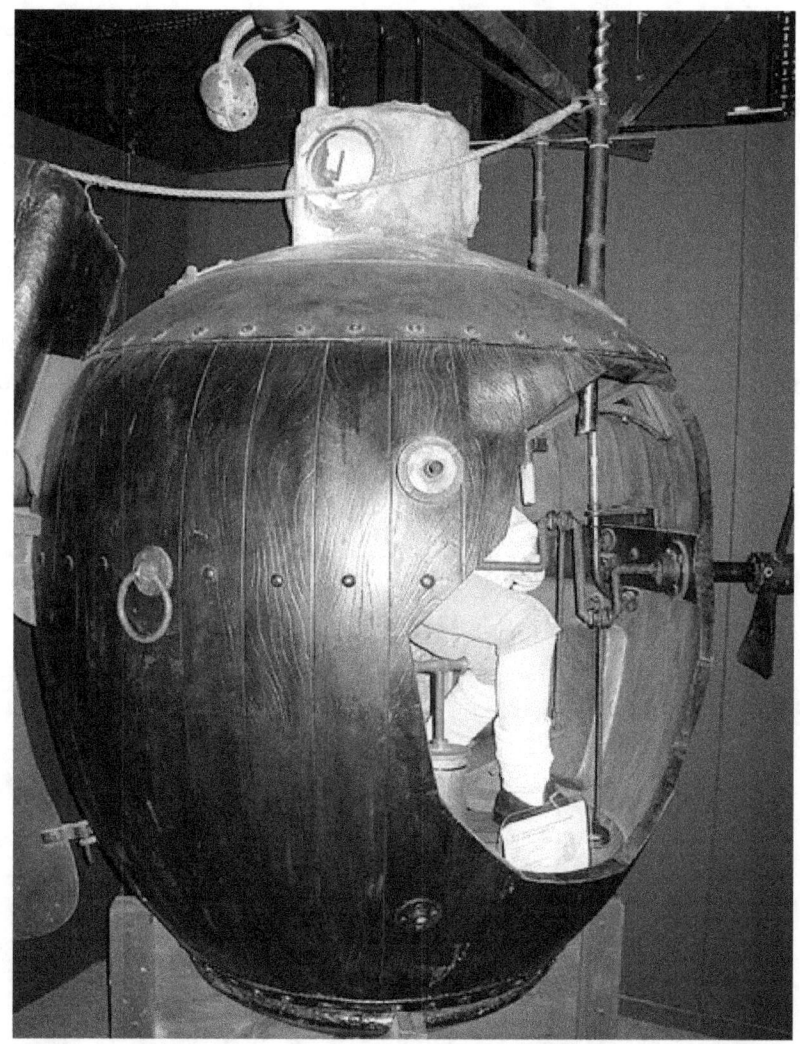

Rysunek 5: Model w pełnym rozmiarze okrętu podwodnego Turtle na wystawie w Muzeum Okrętów Podwodnych Królewskiej Marynarki Wojennej. Geni, CC BY-SA 4.0, za pośrednictwem Wikimedia Commons.

Lata później amerykański wynalazca Robert Fulton eksperymentował z projektowaniem okrętów podwodnych. W 1800 roku, przebywając we Francji, Fulton zbudował Nautilusa, miedziany okręt podwodny z żelaznymi żebrami, składanym masztem i żaglem do poruszania się po powierzchni oraz ręcznie napędzaną śrubą do ruchu pod wodą. Nautilus mógł zanurzać się za pomocą zbiorników balastowych i utrzymywać głębokość dzięki poziomemu sterowi, będącemu prekursorem współczesnych sterów głębokości. Mimo że udało mu się zatopić szkuner podczas prób, próby Fultona wykorzystania Nautilusa w działaniach wojennych zostały udaremnione, gdy Francja i Wielka Brytania straciły zainteresowanie projektem. Chociaż Fulton kontynuował swoje prace w Stanach Zjednoczonych, zmarł, zanim jego napędzany parą okręt podwodny został ukończony [21].

Podczas wojny w 1812 roku zbudowano kopię Turtle, która została użyta w ataku na brytyjski okręt HMS Ramillies u wybrzeży Connecticut. Operatorowi udało się wywiercić otwór w miedzianym poszyciu okrętu wojennego, ale nie zdołał przymocować ładunku wybuchowego, ponieważ śruba się poluzowała. Pomimo tych wczesnych niepowodzeń, pionierskie wysiłki wynalazców takich jak Bushnell i Fulton stworzyły podstawy dla przyszłego rozwoju okrętów podwodnych, udowadniając ich potencjał w wojnie morskiej [21].

Podczas amerykańskiej wojny secesyjnej (1861–1865) Konfederacja szukała niekonwencjonalnych metod, aby przeciwstawić się przewadze Unii, szczególnie blokadzie portów południowych. Jedną z takich prób było wykorzystanie okrętów podwodnych. W 1862 roku Horace L. Hunley z Mobile w Alabamie sfinansował budowę konfederackiego okrętu podwodnego o nazwie Pioneer. Ta 34-stopowa jednostka była napędzana ręcznie obracaną śrubą obsługiwaną przez trzech ludzi. Chociaż niektóre źródła sugerują, że Pioneer zatonął podczas nurkowania, prawdopodobnie został zatopiony, aby uniknąć przechwycenia, gdy siły Unii przejęły kontrolę nad Nowym Orleanem [21].

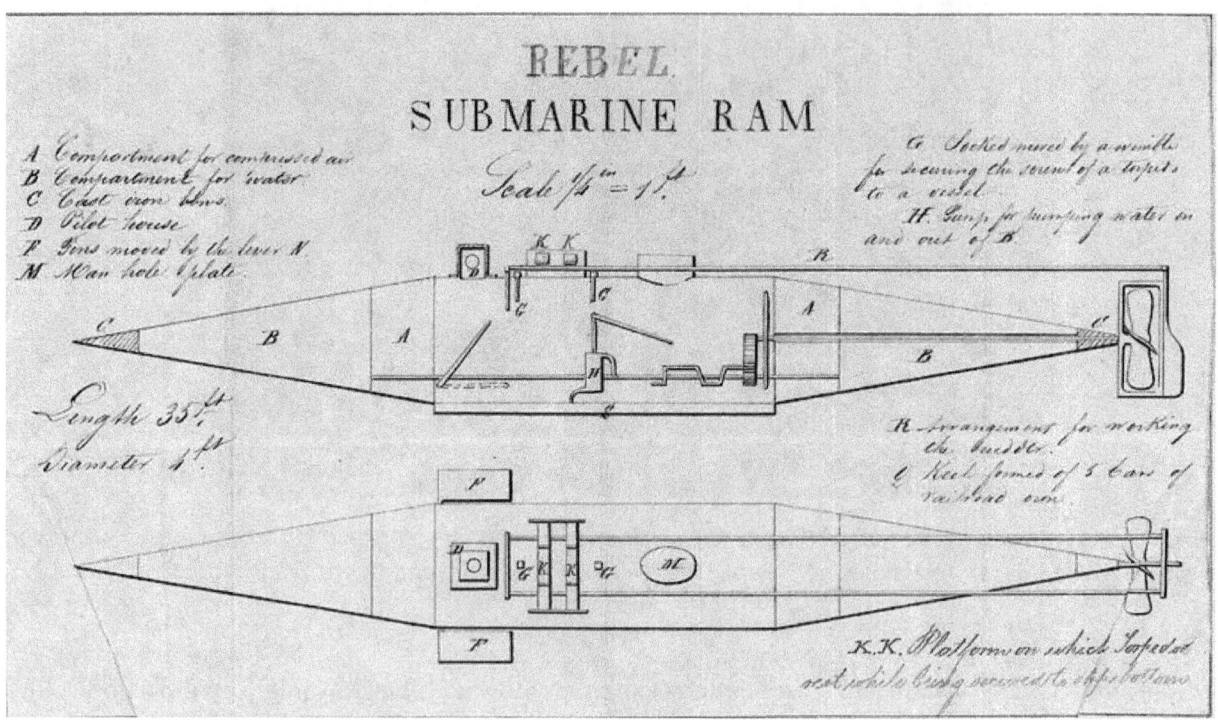

Rysunek 6: Rysunki techniczne konfederackiego okrętu podwodnego Pioneer przekazane Williamowi Shockowi, inżynierowi floty Zachodniej Eskadry Blokady Zatoki Meksykańskiej w 1862 roku. William Shock, domena publiczna, za pośrednictwem Wikimedia Commons.

Po Pioneerze ci sami konstruktorzy opracowali drugi, bardziej zaawansowany okręt podwodny. Ta 25-stopowa żelazna łódź została zaprojektowana do napędu za pomocą baterii i silników elektrycznych, jednak odpowiednich silników nie udało się znaleźć. Zamiast tego ponownie zastosowano ręcznie napędzaną śrubę obsługiwaną przez czterech ludzi. Niestety, ten okręt zatonął w czasie sztormu u wybrzeży Mobile Bay podczas próby zaatakowania wroga, choć w incydencie nie było ofiar śmiertelnych [21].

Trzecim konfederackim okrętem podwodnym był H.L. Hunley, zmodyfikowany żelazny bojler, wydłużony do około 36–40 stóp. Wyposażony w zbiorniki balastowe i system obciążników, pozwalał na zanurzanie jednostki. Napędzany przez ośmiu ludzi kręcących śrubą, Hunley mógł osiągnąć prędkość 4 mil na godzinę. Jego bronią była „torpeda" zawierająca 90 funtów prochu, holowana za okrętem na linie długości 200 stóp. Plan polegał na zanurzeniu się pod wrogim okrętem i wciągnięciu torpedy w jego kadłub. Po udanym teście przeciwko barce Hunley został przetransportowany do Charleston w Południowej Karolinie. Pomimo kilku wypadków, w tym trzech zatonięć, które spowodowały liczne ofiary wśród załogi, w tym śmierć samego Hunleya, okręt kontynuował operacje.

17 lutego 1864 roku Hunley zaatakował okręt wojenny Unii Housatonic w porcie Charleston. Użył torpedy zamontowanej na końcu długiego drzewca do uderzenia w okręt wojenny. Eksplozja spowodowała zapalenie magazynów amunicji Housatonic, zatapiając statek na płytkich wodach i zabijając pięciu ludzi. Jednak Hunley również został zniszczony w eksplozji, a cała jego załoga zginęła [21].

W tym samym czasie Wilhelm Bauer, bawarski podoficer artylerii, czynił postępy w projektowaniu okrętów podwodnych. Bauer zbudował dwa okręty podwodne: Le Plongeur-Marin (1851) i Le Diable-Marin (1855). Pierwsza łódź zatonęła w porcie w Kilonii 1 lutego 1851 roku, ale Bauer i jego dwóch asystentów zdołali uciec z głębokości 60 stóp po pięciu godzinach uwięzienia. Jego drugi okręt podwodny, zbudowany dla rządu rosyjskiego, okazał się bardziej udany, wykonując podobno 134 nurkowania przed utratą na morzu. We wrześniu 1856 roku, podczas koronacji cara Aleksandra II, Bauer zanurzył swój okręt w porcie Kronsztad z muzykami na pokładzie, którzy zagrali rosyjski hymn narodowy pod wodą – imponujący wyczyn, który był wyraźnie słyszalny na pobliskich statkach.

Głównym ograniczeniem wczesnych okrętów podwodnych był napęd. W 1880 roku angielski duchowny George W. Garrett z powodzeniem obsługiwał okręt podwodny napędzany parą z kotła opalanego węglem, wyposażony w wysuwany komin. Jednak ogień musiał być wygaszony przed zanurzeniem jednostki, ponieważ pozostawienie go zapalonego zużywałoby cały dostępny tlen w okręcie. Mimo to pozostała para pozwalała na pokonanie kilku mil pod wodą. W tym samym czasie szwedzki konstruktor broni Torsten Nordenfelt skonstruował napędzany parą okręt podwodny z dwoma śrubami napędowymi. Jego projekt obejmował pionowe śruby, które umożliwiały zanurzenie na głębokość 50 stóp. Jednostka Nordenfelta była również jedną z pierwszych wyposażonych w praktyczną wyrzutnię torped, a jej projekt został zaadaptowany przez kilka krajów.

Prace nad udoskonaleniem napędu wciąż trwały. W 1864 roku dwóch francuskich oficerów marynarki zbudowało Le Plongeur, 146-stopowy okręt podwodny napędzany silnikiem sprężonego powietrza o mocy 80 koni mechanicznych. Jednak zbiorniki powietrzne szybko się wyczerpywały, gdy okręt się poruszał. Przełomem okazał się rozwój silnika elektrycznego. Nautilus, zbudowany w 1886 roku przez dwóch Anglików, był całkowicie elektrycznym okrętem podwodnym napędzanym przez dwa silniki elektryczne o mocy 50 koni mechanicznych i zasilanym 100-komorową baterią. Okręt mógł osiągnąć prędkość 6 węzłów (około 6,9 mili na godzinę lub 11,1 kilometra na godzinę), ale jego zasięg był ograniczony do 80 mil przed koniecznością ponownego naładowania baterii. We Francji Gustave Zédé zwodował Gymnote w 1888 roku, również napędzany silnikiem elektrycznym. Chociaż był bardzo zwrotny, Gymnote miał problemy ze sterownością podczas zanurzania.

Rysunek 7: Zdjęcie francuskiego okrętu podwodnego Gymnote z magazynu Page's Magazine nr 2 z 1902 roku. W tym numerze opublikowano artykuł o rozwoju okrętów podwodnych. Na zdjęciu widoczna jest mała wieża dowodzenia, która została dodana w 1898 roku. archive.org, domena publiczna, za pośrednictwem Wikimedia Commons.

Koniec XIX wieku był okresem szybkiego rozwoju technologii okrętów podwodnych, szczególnie we Francji. Zédé współpracował nad różnymi projektami sponsorowanymi przez francuską marynarkę wojenną, co doprowadziło do udanego zwodowania Narval w 1899 roku. Zaprojektowany przez inżyniera morskiego Maxime'a Laubeufa, Narval był okrętem podwodnym o podwójnym kadłubie, o długości 111,5 stopy, który wykorzystywał silnik parowy do napędu na powierzchni i silniki elektryczne podczas zanurzenia. Zbiorniki balastowe znajdowały się między podwójnymi kadłubami – rozwiązanie to jest stosowane do dziś. Narval odbył wiele udanych zanurzeń i stanowił znaczący krok naprzód w projektowaniu okrętów podwodnych. Francuskie osiągnięcia były kontynuowane dzięki okrętom podwodnym klasy Sirène, napędzanym parą, ukończonym w latach 1900–1901, oraz Aigrette, zwodowanemu w 1905 roku jako pierwszemu okrętowi podwodnemu napędzanemu silnikiem diesla w historii marynarki wojennej [21].

W Stanach Zjednoczonych rywalizujący wynalazcy John P. Holland i Simon Lake również wnieśli znaczący wkład w projektowanie okrętów podwodnych. Holland, irlandzki emigrant, zwodował swój pierwszy okręt podwodny w 1875 roku. Jego projekty wyróżniały się zastosowaniem balastu wodnego w połączeniu z poziomymi sterami do zanurzania. W 1895 roku Marynarka Wojenna Stanów Zjednoczonych zleciła Hollandowi budowę okrętu podwodnego Plunger, który miał być napędzany parą na powierzchni i energią elektryczną podczas zanurzenia. Projekt napotkał jednak liczne trudności i ostatecznie został porzucony. Holland później zbudował kolejny okręt podwodny, Holland, na własny koszt. Zwodowany w 1897 roku i przyjęty przez marynarkę USA w 1900 roku, ten 53,25-stopowy okręt podwodny był napędzany silnikiem elektrycznym pod wodą oraz silnikiem benzynowym na powierzchni. Holland był uzbrojony w wyrzutnię torped na dziobie i dwa działa na dynamit. Jednostka okazała się sukcesem, przechodząc kilka modyfikacji w celu przetestowania różnych konfiguracji śrub napędowych, sterów głębokości, sterów i innych elementów wyposażenia [21].

Główny konkurent Hollanda, Simon Lake, skonstruował swój pierwszy okręt podwodny, Argonaut I, w 1894 roku. Napędzany silnikiem benzynowym i elektrycznym, Argonaut I był zaprojektowany głównie do badań podmorskich. W 1898 roku stał się pierwszym okrętem podwodnym, który działał intensywnie na otwartym morzu, podróżując o własnym napędzie z Norfolk w Wirginii do Nowego Jorku. Ten sukces wyprzedził rejsy francuskiego Narval i wykazał potencjał okrętów podwodnych do realizacji misji dalekiego zasięgu. Drugi okręt podwodny Lake'a, Protector, został zwodowany w 1901 roku.

Rysunek 8: Okręt podwodny Narval (S 64) zacumowany w porcie w Melilli; jest to czwarta i ostatnia jednostka klasy Delfín. Bruno Cleries, przesłane przez Basilio, CC BY-SA 3.0, za pośrednictwem Wikimedia Commons.

Na przełomie wieków większość głównych potęg morskich inwestowała w rozwój okrętów podwodnych, z wyjątkiem Wielkiej Brytanii, która do 1901 roku nie podejmowała działań w tym zakresie. Dopiero wtedy Królewska Marynarka Wojenna zamówiła pięć okrętów podwodnych opartych na projektach Hollanda. Niemcy również dołączyły do wyścigu podwodnego, kończąc budowę swojego pierwszego okrętu podwodnego, U-1, w 1905 roku. U-1 miał 139 stóp długości i był napędzany silnikiem na ciężki olej na powierzchni oraz silnikiem elektrycznym podczas zanurzenia. Był uzbrojony w jedną wyrzutnię torped. Te wczesne okręty podwodne wyznaczyły kierunek dla jednostek podwodnych XX wieku, które miały być napędzane silnikami diesla na powierzchni i silnikami elektrycznymi pod wodą, zanurzać się poprzez nabieranie wody do zbiorników balastowych i korzystać ze sterów głębokości, a także uzbrojone w torpedy do zatapiania wrogich statków. Pomimo tych postępów życie na pokładzie wczesnych okrętów podwodnych było dalekie od komfortu; pomieszczenia były ciasne, często mokre i wypełnione zapachem oleju napędowego [21].

Rysunek 9: Niemiecki okręt podwodny U 1 podczas prób. navyphotos.co.uk, domena publiczna, za pośrednictwem Wikimedia Commons.

Do czasu wybuchu I wojny światowej wszystkie główne potęgi morskie włączyły okręty podwodne do swoich flot. Jednak wczesne okręty podwodne były stosunkowo małe i przeznaczone głównie do operacji przybrzeżnych, a ich wartość militarna była nadal postrzegana z pewnym sceptycyzmem. Wyjątkiem od tego skupienia na operacjach przybrzeżnych była niemiecka klasa handlowych U-bootów Deutschland. Te okręty podwodne były znacznie większe, miały 315 stóp długości i dwie przestronne ładownie. Mogły przewozić 700 ton ładunku i osiągać prędkości od 12 do 13 węzłów na powierzchni oraz 7 węzłów w zanurzeniu. Ostatecznie sam Deutschland został przekształcony w U-155 poprzez wyposażenie go w wyrzutnie torped i działa pokładowe. Wraz z siedmioma podobnymi jednostkami odegrał rolę bojową w późniejszych etapach wojny. W przeciwieństwie do niego standardowy okręt podwodny I wojny światowej był mniejszy, miał zwykle nieco ponad 200 stóp długości i wyporność poniżej 1 000 ton na powierzchni [21].

Przed wojną okręty podwodne były uzbrojone głównie w samobieżne torpedy przeznaczone do atakowania wrogich jednostek. Jednak w miarę postępu wojny wyposażano je także w działa pokładowe, co pozwalało im wynurzać się i sygnalizować wrogim statkom handlowym, aby zatrzymały się do inspekcji (procedura stosowana wcześniej w wojnie), lub zatapiać mniejsze lub nieuzbrojone statki bez konieczności używania torped. Większość okrętów podwodnych zbudowanych podczas wojny miała jedno lub dwa działa pokładowe kalibru 3 lub 4 cale, choć niektóre późniejsze niemieckie U-booty, w tym jednostki klasy Deutschland w konfiguracji wojskowej, były uzbrojone w większe działa o kalibrze 150 mm.

Ważną odmianą uzbrojenia okrętów podwodnych podczas wojny było opracowanie okrętów podwodnych do stawiania min. Niemcy zbudowali kilka wyspecjalizowanych jednostek wyposażonych w pionowe wyrzutnie min, które pozwalały im potajemnie stawiać miny w portach wroga. Niektóre U-booty mogły przewozić aż 48 min, oprócz torped, znacznie zwiększając ich strategiczny wpływ.

Inną istotną innowacją podczas I wojny światowej było wprowadzenie okrętów podwodnych zaprojektowanych do zwalczania wrogich jednostek podwodnych. Brytyjskie okręty podwodne zatopiły podczas konfliktu 17 niemieckich U-bootów, co doprowadziło do opracowania klasy okrętów podwodnych **R**, zaprojektowanych specjalnie do walki z okrętami podwodnymi. Te okręty były stosunkowo małe, miały 163 stopy długości, wyporność 410 ton na powierzchni i były wyposażone w pojedynczą śrubę (podczas gdy większość okrętów podwodnych tamtych czasów miała dwie).

Okręty podwodne klasy R mogły osiągać prędkość 9 węzłów na powierzchni dzięki silnikom diesla, a po zanurzeniu ich duże baterie zasilały silniki elektryczne, które umożliwiały osiągnięcie imponującej prędkości podwodnej wynoszącej 15 węzłów przez maksymalnie dwie godziny. Dzięki temu były bardzo zwrotne i szybkie, szczególnie w porównaniu z innymi okrętami podwodnymi tamtej epoki, które zwykle osiągały prędkości podwodne około 10 węzłów aż do czasu po II wojnie światowej. Okręty klasy R były również wyposażone w zaawansowany sprzęt do nasłuchu podwodnego, znany jako asdic lub sonar, oraz uzbrojone w sześć dziobowych wyrzutni torped, co czyniło je potężną bronią. Chociaż pojawiły się zbyt późno, by mieć znaczący wpływ na wojnę, wyznaczyły nową koncepcję w rozwoju okrętów podwodnych [21].

Z wyjątkiem brytyjskich okrętów *Swordfish* i K, wszystkie okręty podwodne z czasów I wojny światowej korzystały z silników diesla do napędu na powierzchni i silników elektrycznych podczas zanurzenia. Okręty *Swordfish* i **K** miały służyć jako zwiadowcy dla okrętów nawodnych i wymagały większych prędkości, które w tamtym czasie można było osiągnąć jedynie dzięki turbinom parowym. Te okręty podwodne mogły osiągać prędkość 23,5 węzła na powierzchni, podczas gdy ich silniki elektryczne pozwalały na prędkość podwodną do 10 węzłów [21].

Rysunek 10: Niemiecki okręt podwodny transportowy Deutschland 1916–1922. tormentor4555, domena publiczna, za pośrednictwem Flickr.

Podstawy Projektowania i Budowy Okrętów Podwodnych

W okresie między I a II wojną światową zainteresowanie okrętami podwodnymi pozostało silne wśród marynarek wojennych na całym świecie. Kraje takie jak Wielka Brytania, Francja i Japonia kontynuowały budowę ulepszonych modeli okrętów podwodnych, podczas gdy Marynarka Wojenna Stanów Zjednoczonych wprowadziła w 1928 roku swój pierwszy duży okręt podwodny dalekiego zasięgu – Argonaut. O długości 381 stóp i wyporności 2 710 ton na powierzchni, Argonaut był uzbrojony w dwa działa kalibru 6 cali, cztery dziobowe wyrzutnie torped oraz mógł przenosić 60 min. Był to największy niejądrowy okręt podwodny kiedykolwiek zbudowany przez Marynarkę Wojenną Stanów Zjednoczonych i utorował drogę wysoce udanym okrętom klasy Gato i Balao, używanym podczas II wojny światowej.

W latach 30. Związek Radziecki również skoncentrował się na budowie okrętów podwodnych, głównie małych jednostek przybrzeżnych, w ramach wysiłków mających na celu wzmocnienie sił morskich bez dużych inwestycji w okręty nawodne. Mimo że ZSRR wyprodukował dużą liczbę okrętów podwodnych, jednostki te nie nadawały się do działań przeciw niemieckiej marynarce wojennej. Załogi często były słabo wyszkolone, a bazy były często blokowane przez lód, co ograniczało ich skuteczność [21].

Podczas II wojny światowej prowadzono szeroko zakrojone kampanie okrętów podwodnych na wszystkich oceanach świata. Na Atlantyku podstawowym niemieckim U-bootem był Typ VII, stosunkowo mały, ale wysoce skuteczny, gdy był odpowiednio używany. Wariant Typ VIIC miał 220,25 stopy długości i wyporność 769 ton na powierzchni. Napędzany mechanizmem diesel-elektrycznym, mógł osiągać prędkość 17 węzłów na powierzchni i 7,5 węzła w zanurzeniu. Był uzbrojony w działo pokładowe kalibru 90 mm, różne działa przeciwlotnicze i pięć wyrzutni torped. Te okręty, obsługiwane przez załogę liczącą 44 osoby, miały zasięg 6 500 mil morskich przy prędkości 12 węzłów na powierzchni, ale mogły pozostawać w zanurzeniu przez mniej niż dzień przy prędkości 4 węzłów [21].

Niemiecki Typ XXI reprezentował szczytowy rozwój okrętów podwodnych napędzanych silnikiem diesel-elektrycznym podczas wojny. Miał 250 stóp długości i wyporność 1 600 ton. Mógł osiągać prędkość podwodną 17,5 węzła przez ponad godzinę, podróżować pod wodą z prędkością 6 węzłów przez dwa dni lub "pełzać" z wolniejszą prędkością przez cztery dni. Wyposażony w urządzenia snorkel, Typ XXI nie musiał całkowicie wynurzać się, aby ładować baterie. Jego głębokość operacyjna wynosiła imponujące 850 stóp, ponad dwukrotnie więcej niż standard w tamtym czasie. Był uzbrojony w cztery działa kalibru 33 mm i sześć dziobowych wyrzutni torped, mogąc przenosić 23 torpedy. Gdyby wojna trwała dłużej niż do wiosny 1945 roku, siły alianckie stanęłyby przed poważnymi wyzwaniami w walce z tymi zaawansowanymi okrętami podwodnymi [21].

Kolejną godną uwagi niemiecką innowacją podczas wojny był napęd turbinowy systemu Waltera. Opracowany przez naukowca Hellmutha Waltera system ten pozwalał okrętom podwodnym na korzystanie z turbin parowych podczas zanurzenia dzięki wykorzystaniu tlenu generowanego z nadtlenku wodoru. V-80, eksperymentalny okręt podwodny zbudowany w 1940 roku, mógł osiągać prędkości podwodne ponad 26 węzłów przez krótkie okresy. Później bojowe okręty podwodne typu XVII z napędem Waltera osiągały 25 węzłów pod wodą, a próby wykazały, że mogą utrzymywać prędkość 20 węzłów przez pięć i pół godziny. Jednak te zaawansowane okręty, podobnie jak Typ XXI, nie były gotowe do masowego użycia do czasu zakończenia wojny.

Jedną z najważniejszych niemieckich innowacji wojennych było urządzenie schnorchel (lub snorkel), pierwotnie zaprojektowane przez holenderskiego oficera, porucznika Jana J. Wichersa w 1933 roku. Schnorchel pozwalał okrętom podwodnym na korzystanie z silników diesla podczas zanurzenia, zasysając świeże powietrze przez rurę. Marynarka Wojenna Holandii zaczęła korzystać z tej technologii w 1936 roku, a po przejęciu przez Niemców w 1940 roku została szeroko zaadaptowana w niemieckich U-bootach. Schnorchel umożliwiał U-bootom ładowanie baterii na głębokości peryskopowej, minimalizując ryzyko wykrycia przez aliancki radar.

Na Pacyfiku Marynarka Wojenna Japonii wprowadziła różnorodne okręty podwodne, w tym okręty podwodne przenoszące samoloty, miniaturowe okręty podwodne i "ludzkie torpedy" wystrzeliwane z większych okrętów podwodnych. Jedną z godnych uwagi japońskich klas był I-201, szybki okręt podwodny o długości 259 stóp i wyporności 1 291 ton. Dzięki dużym bateriom i silnikom elektrycznym, okręt ten mógł osiągnąć prędkość 15 węzłów na powierzchni przy użyciu silników diesla oraz 19 węzłów w zanurzeniu przez prawie godzinę. I-201 był uzbrojony w dwa działa kalibru 25 mm i cztery dziobowe wyrzutnie torped, mogąc przenosić dziesięć torped.

Rysunek 11: Japoński okręt podwodny HA-201 (klasa SENTAKA-SHO) w pobliżu Sasebo. Autor nieznany, domena publiczna, za pośrednictwem Wikimedia Commons.

Amerykańska kampania okrętów podwodnych na Pacyfiku podczas II wojny światowej była niezwykle udana, głównie dzięki wykorzystaniu okrętów podwodnych klasy Gato i Balao. Te okręty miały około 311,5 stopy długości, wyporność 1 525 ton i były napędzane mechanizmem diesel-elektrycznym, co pozwalało im osiągać prędkość 20 węzłów na powierzchni i 9 węzłów pod wodą. Główna różnica między obiema klasami polegała na głębokości operacyjnej: klasa Gato mogła osiągać głębokości 300 stóp, a klasa Balao do 400 stóp. Okręty te były obsługiwane przez załogi liczące od 65 do 70 osób i uzbrojone w jedno lub dwa działa pokładowe kalibru 5 cali, mniejsze działa przeciwlotnicze oraz dziesięć wyrzutni torped (sześć na dziobie i cztery na rufie), przenosząc łącznie 24 torpedy.

Podstawy Projektowania i Budowy Okrętów Podwodnych

Po II wojnie światowej alianci szybko zaadaptowali zaawansowaną niemiecką technologię okrętów podwodnych. Brytyjczycy eksperymentowali z dwoma okrętami napędzanymi turbinami na nadtlenek wodoru, ale koncepcja ta wyszła z użycia z powodu niestabilnej natury nadtlenku wodoru oraz sukcesu napędu jądrowego w Stanach Zjednoczonych. Tymczasem Związek Radziecki rozpoczął produkcję modyfikacji niemieckiego okrętu typu XXI, co doprowadziło do powstania klas Whiskey i Zulu. W latach 1950–1958 Związek Radziecki ukończył 265 takich okrętów — więcej niż wszystkie inne marynarki wojenne łącznie wyprodukowały w latach 1945–1970. W sumie radzieckie stocznie wyprodukowały 560 nowych okrętów podwodnych w tym okresie [21].

Marynarka Wojenna Stanów Zjednoczonych również badała niemiecką technologię, przekształcając 52 okręty zbudowane podczas wojny w konfigurację Guppy (skrót od „greater underwater propulsive power" – większa podwodna siła napędowa). W tych okrętach usunięto działa pokładowe, dodano opływowe wieże dowodzenia oraz większe baterie i schnorchele. W niektórych przypadkach usuwano jeden z silników diesla i część torped, co pozwalało na zwiększenie prędkości podwodnej do 15 węzłów i poprawę zasięgu operacyjnego [21].

Chociaż główne potęgi morskie ostatecznie przeszły na okręty podwodne o napędzie jądrowym po wojnie, wiele marynarek wojennych na świecie nadal korzystało z okrętów diesel-elektrycznych wywodzących się z szybkich U-bootów z II wojny światowej. Kilka z tych okrętów było projektowanych i budowanych w Niemczech Zachodnich. Chociaż powojenne okręty podwodne wciąż używają schnorchli, postęp w technologii radarowej umożliwił wykrywanie nawet małych głowic schnorchla, podobnie jak prymitywne radary wykrywały wynurzone U-booty podczas wojny.

Najważniejsze powojenne osiągnięcia dotyczyły uzbrojenia i systemów sensorów. Działa pokładowe zostały w dużej mierze zastąpione przez pociski przeciwokrętowe, a torpedy stały się znacznie szybsze, osiągając prędkości przekraczające 50 węzłów. Te torpedy są naprowadzane przez wbudowane systemy sonarowe lub za pomocą komend elektronicznych przesyłanych przez przewód ciągnięty za torpedą. Wiele współczesnych okrętów podwodnych jest wyposażonych w pociski manewrujące lub przeciwokrętowe, zdolne do atakowania zarówno celów lądowych, jak i morskich. Technologia sonarowa również znacznie się rozwinęła, poprawiając zdolność do wykrywania zarówno jednostek nawodnych, jak i innych okrętów podwodnych. Dodatkowo na najbardziej zaawansowanych okrętach podwodnych tradycyjne peryskopy są zastępowane przez maszty fotoniczne lub optoelektroniczne, które przenoszą sensory na powierzchnię i przesyłają informacje elektronicznie do sterowni. Eliminują one konieczność przebijania kadłuba okrętu, a te maszty są obsługiwane za pomocą prostego joysticka, a dane wyświetlane na ekranach rozmieszczonych w całym okręcie.

Maksymalna prędkość podwodna współczesnych okrętów podwodnych nieznacznie wzrosła do ponad 20 węzłów, ale czas działania przy pełnej prędkości pozostaje podobny do tego z końca II wojny światowej. Ulepszenia w projektowaniu baterii kwasowo-ołowiowych zwiększyły zasięg przy niższych prędkościach, pozwalając nowoczesnym okrętom podwodnym na pozostanie w zanurzeniu przy prędkości około 3 węzłów przez tydzień do 10 dni. Ta zdolność jest znacząca, ponieważ pozwala okrętom podwodnym wykorzystywać zmieniające się warunki morskie lub zmuszać jednostki nawodne do rozpraszania się. Rozwój napędu niezależnego od powietrza (AIP), szczególnie dzięki ogniwom paliwowym wytwarzającym energię elektryczną z wodoru i tlenu, jeszcze bardziej wydłużył czas działania pod wodą. Niektóre okręty z AIP mogą operować przy niskich prędkościach nawet przez miesiąc [21].

Dzięki temu okręty diesel-elektryczne pozostają cichymi i skutecznymi platformami, operującymi w sposób ukryty i oszczędzającymi energię na ucieczkę po ataku. Ich silniki elektryczne są cichsze od napędu jądrowego i mogą być nawet wyłączane, pozwalając okrętowi na ciche oczekiwanie na przejście wrogich jednostek. Technologia AIP otwiera dodatkowe możliwości, takie jak długoterminowe operacje pod lodem na morzach polarnych, monitorowanie ruchu przybrzeżnego w misjach antyterrorystycznych czy przerzucanie sił specjalnych na obce wybrzeża. Współczesne okręty diesel-elektryczne, zarówno wyposażone w AIP, jak i bez niego, nadal są przystępnymi cenowo i skutecznymi narzędziami dla marynarek wojennych na całym świecie, pozwalając na obronę wód przybrzeżnych przed wszystkimi potencjalnymi zagrożeniami, nawet ze strony mocarstw jądrowych [21].

W 1954 roku, wraz z wejściem do służby USS Nautilus, napęd jądrowy stał się rzeczywistością dla okrętów podwodnych. Wprowadzenie napędu jądrowego pozwoliło okrętom podwodnym na operowanie bez potrzeby dostępu do tlenu, co oznaczało, że jedno źródło energii mogło być używane zarówno na powierzchni, jak i pod wodą. Ponadto paliwo jądrowe (wzbogacony uran) dostarczało energii na bardzo długi czas, umożliwiając okrętom podwodnym pozostanie w zanurzeniu przy wysokich prędkościach praktycznie bez ograniczeń. To zrewolucjonizowało wojnę podwodną. Wcześniej okręty podwodne musiały podchodzić do celów na powierzchni, aby oszczędzać energię baterii, i zanurzały się dopiero przed dotarciem do celu. Pod wodą musiały poruszać się powoli – często z prędkością 2–3 węzłów – aby nie wyczerpać baterii. Po ataku okręty podwodne korzystały z pełnej mocy podwodnej (7–10 węzłów), aby uniknąć kontrataków, ale wyczerpywały baterie w ciągu jednej lub dwóch godzin. W rezultacie okręty diesel-elektryczne miały ograniczone możliwości w atakowaniu szybkich jednostek nawodnych, takich jak lotniskowce i pancerniki.

Rysunek 12: USS Nautilus (SSN-571). Oficjalna fotografia Marynarki Wojennej Stanów Zjednoczonych, domena publiczna, za pośrednictwem Wikimedia Commons.

Podstawy Projektowania i Budowy Okrętów Podwodnych

Okręty podwodne o napędzie jądrowym zmieniły zasady gry. Te jednostki mogły swobodnie operować przed i po atakach, nie martwiąc się o wyczerpanie baterii, i były w stanie dorównać prędkościom szybkich okrętów nawodnych. Przewagę tę zademonstrowano podczas wojny o Falklandy w 1982 roku, kiedy brytyjski okręt podwodny o napędzie jądrowym HMS Conqueror śledził argentyński krążownik General Belgrano przez ponad 48 godzin, zanim zbliżył się i zatopił go. Takie osiągi były poza zasięgiem okrętów podwodnych sprzed ery napędu jądrowego. Napęd jądrowy dał dowódcom okrętów podwodnych niespotykaną dotąd swobodę manewrowania pod wodą, czyniąc szybkie jednostki nawodne podatnymi na ataki.

Początkowo wiele marynarek wojennych nadal budowało okręty diesel-elektryczne obok swoich jądrowych odpowiedników, ale koszty utrzymania obu typów ostatecznie skłoniły niektóre państwa do przejścia całkowicie na floty z napędem jądrowym. Marynarka Wojenna Stanów Zjednoczonych zaprzestała budowy okrętów niejądrowych w 1959 roku. Podobnie Królewska Marynarka Wojenna Wielkiej Brytanii, która ukończyła swój pierwszy okręt podwodny o napędzie jądrowym, HMS Dreadnought, w 1963 roku, ostatecznie skoncentrowała się wyłącznie na jednostkach z napędem jądrowym, po krótkim okresie budowy klasy diesel-elektrycznej Upholder w latach 80. i 90. XX wieku.

Francja zwodowała swój pierwszy okręt podwodny o napędzie jądrowym, Le Redoutable, w 1971 roku i zaprzestała budowy okrętów diesel-elektrycznych dla własnej marynarki w 1976 roku, choć nadal produkowała konwencjonalne okręty na eksport.

Związek Radziecki poszedł podobną drogą, budując zarówno okręty jądrowe, jak i diesel-elektryczne, choć ich główny nacisk przesunął się na napęd jądrowy po wejściu do służby pierwszych okrętów podwodnych o napędzie jądrowym klasy November w 1958 roku. Rosja, jako następca Związku Radzieckiego, nadal utrzymuje mieszane siły okrętów podwodnych o napędzie jądrowym i konwencjonalnym po 1991 roku.

Tymczasem Chiny rozpoczęły budowę okrętów podwodnych o napędzie jądrowym w 1968 roku, jednocześnie produkując dużą liczbę jednostek diesel-elektrycznych, co stało się wzorem dla Indii, które zwodowały swój pierwszy okręt podwodny o napędzie jądrowym w 1998 roku.

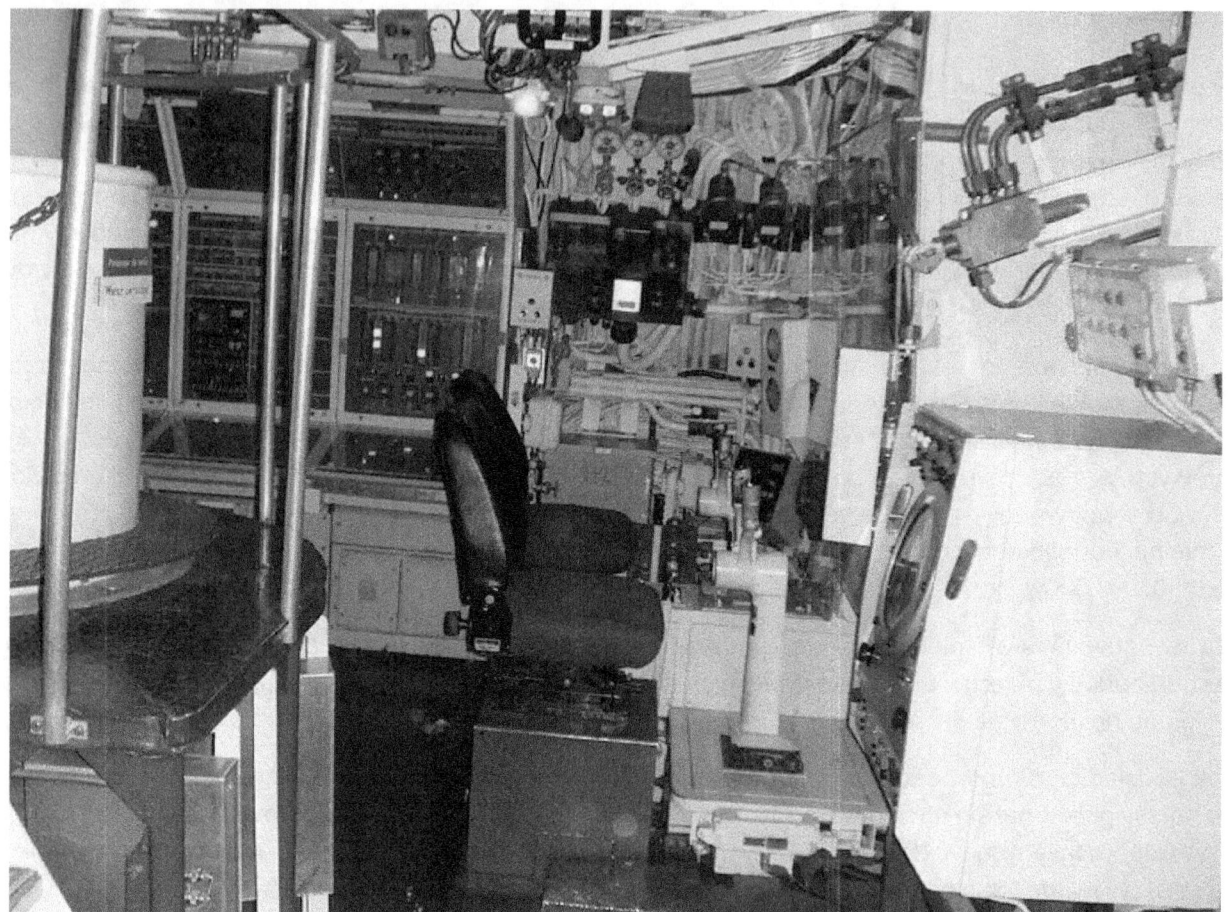

Rysunek 13: Le Redoutable w Muzeum Morskim w Cherbourgu, Francja, 28 maja 2008 roku. Hugh Llewelyn, CC BY-SA 2.0, za pośrednictwem Wikimedia Commons.

Reaktory jądrowe zasilają okręty podwodne, wytwarzając ciepło poprzez reakcję rozszczepienia jądrowego. W reaktorze paliwo uranowe jest otoczone moderatorem (zwykle wodą), który spowalnia neutrony i pomaga podtrzymać reakcję. Ta woda, nazywana wodą obiegu pierwotnego, jest pod ciśnieniem, aby zapobiec jej wrzeniu, i przenosi ciepło do wymiennika ciepła. Ciepło jest następnie przekazywane do obiegu wtórnego wody, który produkuje parę napędzającą turbinę. Obieg pierwotny pozostaje szczelnie zamknięty, zapobiegając skażeniu pozostałych części instalacji.

Woda w obiegu pierwotnym jest zwykle pompowana, ale niektóre reaktory wykorzystują naturalną cyrkulację opartą na różnicach temperatur. W takich reaktorach chłodniejsza woda z wymiennika ciepła trafia na dno reaktora, gdzie podgrzewa się, przepływając przez elementy paliwowe. Inny typ reaktora, reaktor chłodzony metalem ciekłym, wykorzystuje roztopiony metal do przenoszenia większej ilości ciepła niż woda, co pozwala na zastosowanie bardziej kompaktowych turbin. Jednak wprowadza to wyzwania, takie jak ryzyko wycieku radioaktywnego oraz możliwość zestalania się metalu w rurach, co może prowadzić do katastrofalnych awarii.

Pod kierownictwem admirała Hymana Rickovera Marynarka Wojenna Stanów Zjednoczonych opracowała prototypy reaktorów ciśnieniowych i chłodzonych metalem ciekłym. Pierwsze dwa okręty podwodne o napędzie jądrowym, Nautilus i Seawolf, przetestowały te systemy, ale problemy z reaktorem chłodzonym metalem ciekłym na okręcie Seawolf doprowadziły do porzucenia tego rozwiązania. Marynarka Wojenna Stanów Zjednoczonych ostatecznie przyjęła reaktory ciśnieniowe do swoich okrętów podwodnych uderzeniowych, podczas gdy strategiczne okręty podwodne klasy Ohio wykorzystują cichsze reaktory z naturalną cyrkulacją.

Inne marynarki wojenne z napędem jądrowym również opierają się na reaktorach ciśnieniowych lub z naturalną cyrkulacją, z jednym wyjątkiem: radzieckie okręty podwodne klasy Alfa, które korzystały z reaktorów chłodzonych metalem ciekłym do osiągania wysokich prędkości.

Rysunek 14: Widok z prawej burty dziobu radzieckiego okrętu podwodnego klasy Alfa w trakcie rejsu. NARA & DVIDS, domena publiczna, Public Domain Archive.

Pojawienie się okrętów podwodnych o napędzie jądrowym miało dwa główne skutki. Po pierwsze, doprowadziło do rozwoju strategicznych okrętów podwodnych przenoszących pociski balistyczne wystrzeliwane z okrętów podwodnych (SLBM). Te okręty są niezwykle cenne ze względu na swoją skrytość, co czyni je trudnymi do wykrycia i zniszczenia. Po drugie, zrewolucjonizowało wojnę przeciwpodwodną, ponieważ okręty podwodne o napędzie jądrowym stały się podstawowym narzędziem do polowania na wrogie jednostki podwodne. Uzbrojone w torpedy i pociski przeciwokrętowe, wspierają także operacje specjalne oraz misje wywiadu elektronicznego.

Strategiczne okręty podwodne odgrywają kluczową rolę w obronie narodowej, zapewniając bezpieczną platformę dla SLBM, które są trudne do zlokalizowania i zniszczenia przez wroga. Wczesne okręty strategiczne pojawiły się w latach 50., kiedy marynarki wojenne USA i Związku Radzieckiego opracowały okręty podwodne napędzane silnikami diesel-elektrycznymi, przenoszące pociski. Jednak te jednostki musiały wynurzać się, aby odpalić swoje pociski, co ograniczało ich skuteczność. Wprowadzenie strategicznych okrętów podwodnych o napędzie jądrowym z pociskami wystrzeliwanymi spod wody pozwoliło tym jednostkom pozostawać w zanurzeniu przez dłuższy czas, co znacznie zwiększyło ich przeżywalność [21].

Pierwszymi nowoczesnymi strategicznymi okrętami podwodnymi były jednostki klasy George Washington w marynarce USA, które weszły do służby w 1959 roku i przenosiły pociski Polaris. Związek Radziecki wprowadził w 1967 roku jednostki klasy Yankee, a później klasy Delta i Typhoon. Okręty klasy Typhoon, zwodowane w 1982 roku, były największymi kiedykolwiek zbudowanymi okrętami podwodnymi i pozostają w służbie marynarki rosyjskiej. W miarę starzenia się tych jednostek Rosja wprowadziła klasę Borey, zwodowaną w 2007 roku, wyposażoną w nowe pociski SLBM Bulava [21].

Inne potęgi nuklearne również opracowały strategiczne okręty podwodne. Marynarka USA wprowadziła 18 okrętów klasy Ohio w latach 1981–1997, z których każdy może przenosić 24 pociski Trident. Brytyjskie okręty klasy Resolution, zwodowane w 1967 roku, zostały zastąpione jednostkami klasy Vanguard w latach 90. Francja zastąpiła okręty klasy Le Redoutable jednostkami klasy Triomphant, a Chiny i Indie opracowały własne programy strategicznych okrętów podwodnych, wprowadzając odpowiednio klasy Jin i Arihant [21].

Okręty podwodne o napędzie jądrowym stały się podstawową bronią przeciwpodwodną w okresie powojennym. Są one zaprojektowane do niszczenia wrogich jednostek nawodnych i podwodnych, a także wspierają dodatkowe role, takie jak ataki na ląd, stawianie min i gromadzenie wywiadu. Cztery generacje amerykańskich okrętów podwodnych o napędzie jądrowym – klasy Sturgeon, Los Angeles, Seawolf i Virginia – ewoluowały, aby sprostać zmieniającym się wymaganiom wojny morskiej. Okręty klasy Seawolf, zbudowane w czasie zimnej wojny, zostały zoptymalizowane do polowania na wrogie okręty podwodne, podczas gdy bardziej wszechstronne jednostki klasy Virginia są zdolne do realizacji różnych misji zarówno w pobliżu brzegu, jak i na otwartym oceanie [21].

Rysunek 15: Okręt podwodny klasy Virginia przed wprowadzeniem do służby. NARA & DVIDS, domena publiczna, Public Domain Archive.

Marynarka wojenna Związku Radzieckiego również opracowała szereg okrętów podwodnych uderzeniowych, w tym klasy Victor i Oscar. Jednostki te były wyposażone w mieszankę torped i pocisków manewrujących, w tym dalekosiężny pocisk SS-N-19 Shipwreck. Nowsze rosyjskie okręty podwodne, takie jak klasy Akula i Yasen, przenoszą zaawansowane pociski przeciwpodwodne i zdolne do ataków na cele lądowe. Inne kraje, w tym Wielka Brytania, Francja i Chiny, również opracowały okręty podwodne o napędzie jądrowym, zdolne do realizacji misji zarówno przeciwpodwodnych, jak i lądowych [21].

Okręty podwodne o napędzie jądrowym, zarówno strategiczne, jak i uderzeniowe, zasadniczo przekształciły wojnę morską, oferując niezrównaną skrytość, wytrzymałość i siłę ognia. Pozostają one kluczowym elementem strategii obronnych największych potęg morskich świata [21].

W czasie zimnej wojny w projektowaniu okrętów podwodnych o napędzie jądrowym NATO i ZSRR wyłoniły się trzy główne trendy: zwiększenie prędkości, większa głębokość zanurzenia i poprawa wyciszenia. Rozwój tych cech wynikał z potrzeby uzyskania przewagi taktycznej w wojnie podwodnej i był widoczny w flotach okrętów podwodnych Stanów Zjednoczonych, Wielkiej Brytanii i Związku Radzieckiego.

Jednym z głównych celów w projektowaniu okrętów podwodnych było zwiększenie prędkości, co wymagało większej mocy. Jednak zwiększenie mocy wiązało się z wyzwaniami. Opór, jaki napotyka okręt podwodny, jest związany z jego powierzchnią, więc osiągnięcie większej prędkości bez zwiększania rozmiaru lub masy siłowni było idealnym rozwiązaniem. Bardziej wydajny silnik mógł generować większy hałas, ale środki wyciszające wymagałyby powiększenia okrętu, co potencjalnie niwelowałoby zyski prędkości. Ten kompromis był widoczny w ewolucji od klasy Sturgeon do klasy Los Angeles, gdzie moc reaktora została podwojona, ale wyporność powierzchniowa wzrosła znacząco z 3 600 do 6 000 ton. Klasa radziecka Alfa, która osiągała prędkości około 40 węzłów (więcej niż typowe 30 węzłów zachodnich okrętów), prawdopodobnie poświęciła cichą pracę na rzecz tej prędkości [21].

Prędkość była ważna z kilku powodów. Na początku szybkie okręty podwodne były rozwijane jako broń przeciw okrętom nawodnym. Na przykład USS Nautilus mógł osiągnąć ponad 20 węzłów w zanurzeniu, co wystarczało do ucieczki, ale było niewystarczające do kontrataków. Aby to poprawić, napęd jądrowy został zaadaptowany do opływowego kadłuba w kształcie łzy z projektu Albacore, co zaowocowało klasą Skipjack, zdolną do osiągania prędkości ponad 30 węzłów. W incydencie z czasów zimnej wojny radziecki okręt podwodny zademonstrował tę zdolność, śledząc lotniskowiec atomowy USS Enterprise w 1968 roku, utrzymując wystarczającą prędkość, aby zachować go w zasięgu swoich broni.

W miarę jak Związek Radziecki rozwijał swój program nuklearnych okrętów podwodnych, Marynarka Wojenna USA skupiła się na jednostkach wielozadaniowych, zdolnych do atakowania zarówno okrętów podwodnych, jak i nawodnych. Duża prędkość okrętów klasy Los Angeles, wprowadzonych w latach 70. i 80., pozwalała im nadążać za szybkimi okrętami nawodnymi, które spodziewano się, że będą celem Sowietów. Prędkość umożliwiała również bardziej efektywne rozlokowanie okrętów na odległych obszarach patrolowych, ponieważ ograniczenia zapasów pozwalały na misje trwające 60 do 90 dni. Im szybciej docierały na miejsca patroli, tym bardziej efektywne stawały się ich misje [21].

Jednak sama prędkość nie gwarantowała unikania wykrycia. Okręty podwodne, które poświęcały cichą pracę na rzecz prędkości, stawały się łatwiejsze do wykrycia, a w połowie lat 50. główne bronie przeciwpodwodne – torpedy samonaprowadzające i bomby głębinowe z ładunkami nuklearnymi – były szybsze niż okręty, które miały atakować. Prędkość pozostała kluczowym czynnikiem w walce podwodnej, ale wiązała się z kompromisami, szczególnie w kwestii hałasu i ryzyka wykrycia.

Zwiększona głębokość zanurzenia była kolejnym ważnym trendem w projektowaniu okrętów podwodnych, oferującym kilka zalet. Głębokie zanurzenie umożliwiało lepsze unikanie wykrycia i poprawiało wydajność sonaru, ponieważ okręty mogły operować w różnych warstwach morza. Odbiło się to w zmianach systemów sonarowych amerykańskich okrętów podwodnych około 1960 roku, kiedy nowe sonary sferyczne zastąpiły wcześniejsze cylindryczne jednostki. Nowe sonary wytwarzały węższe wiązki, które mogły wykrywać cele na różnych głębokościach i wykorzystywać odbicia sonarowe od dna morskiego i powierzchni.

Zwiększona głębokość zanurzenia stała się również kluczowa przy dużych prędkościach, gdzie istniało ryzyko przypadkowego zejścia poniżej bezpiecznych głębokości operacyjnych. Klasa radziecka Alfa łączyła największą zgłaszaną głębokość zanurzenia (około 2 800 stóp) z najwyższą prędkością (43 węzły). Jednak osiągnięcie większych głębokości wymagało silniejszych, cięższych kadłubów i bardziej wydajnych siłowni. To stworzyło

Podstawy Projektowania i Budowy Okrętów Podwodnych

wyzwanie: większe kadłuby zwiększały opór, zmniejszając przewagę prędkości uzyskaną dzięki bardziej wydajnym silnikom. Na przykład okręty klasy Los Angeles poświęciły część głębokości zanurzenia na rzecz wyższej prędkości, podczas gdy klasa Alfa zastosowała drogi kadłub z tytanowego stopu, aby zmniejszyć wagę i utrzymać zarówno prędkość, jak i głębokość [21].

Wyciszenie stało się kluczowym aspektem projektowania okrętów podwodnych pod koniec lat 50. Do tego czasu okręty podwodne były zazwyczaj wykrywane za pomocą aktywnego sonaru, który odbijał fale dźwiękowe od ich kadłubów. Jednak aktywny sonar miał ograniczenia zasięgu, a fale dźwiękowe, które generował, mogły zostać wykryte przez ścigany okręt podwodny, ostrzegając go przed potencjalnym zagrożeniem. Wczesne lata 50. przyniosły pojawienie się sonaru pasywnego jako nowej metody wykrywania, polegającej na analizie hałasu emitowanego przez własne mechanizmy okrętu podwodnego. Wczesne okręty podwodne o napędzie jądrowym były szczególnie podatne na tę formę wykrywania z powodu hałaśliwych mechanizmów, zwłaszcza pomp używanych do cyrkulacji chłodziwa [21].

W rezultacie wyciszenie stało się priorytetem w projektowaniu okrętów podwodnych. Pompy reaktorów ciśnieniowych zostały przeprojektowane, aby były cichsze, a wiele okrętów montowało swoje mechanizmy na podstawach pochłaniających dźwięk, oddzielonych od kadłuba. Te środki zwiększyły rozmiar, wagę i koszt okrętów podwodnych, ale znacznie zmniejszyły poziom hałasu. Niektóre okręty przyjęły również reaktory z naturalną cyrkulacją, które działały ciszej, ponieważ przy niskiej i umiarkowanej mocy nie wymagały pomp.

Dalsze wysiłki na rzecz redukcji hałasu obejmowały pokrywanie kadłubów materiałem pochłaniającym dźwięk, co pomagało również przeciwdziałać torpedom samonaprowadzającym. Te powłoki, w połączeniu z innymi technikami wyciszenia, znacznie poprawiły zdolności skryte współczesnych okrętów podwodnych.

Okres zimnej wojny przyniósł rozwój okrętów podwodnych o zwiększonej prędkości, większej głębokości zanurzenia i zaawansowanych technologiach wyciszania. Te ulepszenia pozwoliły okrętom podwodnym na bardziej efektywne działania w walce podwodnej, zarówno w polowaniu na wrogie okręty, jak i w unikaniu wykrycia [21].

Podsumowując, historia rozwoju okrętów podwodnych charakteryzuje się znaczącymi postępami technologicznymi i strategicznymi zastosowaniami wojskowymi, ewoluując od prymitywnych projektów do zaawansowanych jednostek zdolnych do operacji skrytych i nowoczesnych działań wojennych. Początki okrętów podwodnych sięgają końca XVII wieku, z wczesnymi projektami, takimi jak holenderski „duikboot" i późniejszymi innowacjami, jak amerykański „Turtle" z czasów wojny rewolucyjnej. Jednak to pod koniec XIX i na początku XX wieku okręty podwodne zaczęły zyskiwać na znaczeniu, szczególnie wraz z wprowadzeniem pierwszych praktycznych okrętów napędzanych silnikami spalinowymi, które umożliwiły dłuższe zanurzenie i większy zasięg operacyjny [22].

Rola okrętów podwodnych znacznie rozszerzyła się podczas I wojny światowej, kiedy były wykorzystywane głównie do blokad i zakłócania transportu morskiego przeciwnika. Niemieckie U-Booty były przykładem tej zmiany, wykorzystując torpedy do atakowania alianckich statków handlowych, co doprowadziło do znaczących ulepszeń w technologii okrętów podwodnych, w tym w konstrukcji kadłuba i zdolnościach skrytych [22]. Okres międzywojenny przyniósł dalszy rozwój, gdy państwa zaczęły dostrzegać strategiczne znaczenie okrętów podwodnych w wojnie morskiej, co prowadziło do zwiększonych inwestycji w badania i rozwój [22].

II wojna światowa była punktem zwrotnym w historii okrętów podwodnych, wprowadzając innowacje technologiczne, takie jak sonar i radar, które znacznie poprawiły zdolności wykrywania i walki. Stany Zjednoczone i Niemcy szczególnie intensywnie angażowały się w wojnę podwodną, co doprowadziło do rozwoju bardziej zaawansowanych okrętów, w tym amerykańskich jednostek klasy Gato i niemieckich U-Bootów typu VII. Wojna podkreśliła znaczenie okrętów podwodnych w strategii morskiej, jako że były one skutecznie wykorzystywane zarówno w działaniach ofensywnych, jak i defensywnych [23].

Okres po II wojnie światowej, w czasie zimnej wojny, przyniósł nową fazę w rozwoju okrętów podwodnych, charakteryzującą się wprowadzeniem jednostek o napędzie jądrowym. Te okręty, takie jak amerykański Nautilus, zrewolucjonizowały wojnę morską, umożliwiając długotrwałe zanurzenie bez potrzeby wynurzania, co zwiększało ich skrytość i zdolności operacyjne [23]. Rozwój strategicznych okrętów podwodnych z pociskami balistycznymi (SSBN) jeszcze bardziej zmienił strategię morską, zapewniając zdolność do drugiego uderzenia, która stała się filarem odstraszania nuklearnego [23].

W ostatnich dekadach postępy w naukach materiałowych, hydrodynamice i technologiach cyfrowych nadal kształtują projektowanie i funkcjonalność okrętów podwodnych. Współczesne okręty podwodne są wyposażone w zaawansowane sensory i systemy komunikacji, co pozwala im na skuteczne działanie w złożonych środowiskach przy jednoczesnym minimalizowaniu sygnatury akustycznej [24, 25]. Integracja zaawansowanych interfejsów użytkownika i ergonomicznych projektów poprawiła również efektywność operacyjną, umożliwiając mniejszym załogom zarządzanie coraz bardziej złożonymi systemami [25]. Ponadto skupienie się na metodach detekcji nieakustycznej, takich jak analiza wirów śladowych, odzwierciedla ciągłą ewolucję technologii okrętów podwodnych w odpowiedzi na nowe zagrożenia i wymagania operacyjne [26].

Podsumowując, historia rozwoju okrętów podwodnych jest świadectwem współdziałania innowacji technologicznych i strategii wojskowej. Od swoich skromnych początków po współczesne zaawansowane jednostki, okręty podwodne nieustannie dostosowują się do wyzwań współczesnej wojny, podkreślając swoją kluczową rolę w operacjach morskich.

Części okrętu podwodnego

Okręt podwodny to wyjątkowo złożony statek składający się z licznych systemów i komponentów, które umożliwiają mu długotrwałe działanie pod wodą. Poniżej znajduje się opis ogólnych części okrętu podwodnego:

1. Kadłub

- **Kadłub ciśnieniowy:** Wewnętrzny kadłub, który wytrzymuje zewnętrzne ciśnienie w głębinach i chroni załogę. Zazwyczaj ma cylindryczny kształt, aby maksymalizować wytrzymałość i minimalizować naprężenia.

- **Kadłub zewnętrzny:** Znany również jako lekki kadłub, nadaje opływowy kształt i mieści zbiorniki balastowe, ale nie musi wytrzymywać wysokiego ciśnienia.

2. Systemy balastowe i trymujące

Podstawy Projektowania i Budowy Okrętów Podwodnych

- **Zbiorniki balastowe:** Znajdują się między kadłubem wewnętrznym a zewnętrznym. Regulują pływalność okrętu, wypełniając się wodą podczas zanurzania lub powietrzem podczas wynurzania.

- **Zbiorniki trymujące:** Mniejsze zbiorniki używane do regulacji równowagi okrętu (trymu), aby utrzymać poziome ustawienie pod wodą.

3. System napędowy

- **Reaktor jądrowy (lub silniki diesla):** Dostarcza energii dla napędu i systemów elektrycznych okrętu. Okręty o napędzie jądrowym korzystają z reaktora jądrowego, a konwencjonalne z silników diesla.

- **Silniki elektryczne:** Napędzają okręt pod wodą (w okrętach jądrowych zasilane przez reaktor, w diesel-elektrycznych przez baterie).

- **Śruba napędowa:** Wytwarza ciąg, który napędza okręt w wodzie.

4. Magazynowanie energii

- **Baterie:** Magazynują energię elektryczną, szczególnie w okrętach diesel-elektrycznych, do zasilania silników elektrycznych podczas zanurzenia.

- **Ogniwa paliwowe (systemy AIP):** W nowoczesnych okrętach diesel-elektrycznych zapewniają dodatkową energię pod wodą, pozwalając na dłuższe operacje bez wynurzania.

5. Systemy sonarowe i sensoryczne

- **Sonar (nawigacja i wykrywanie za pomocą dźwięku):** Służy do wykrywania innych jednostek, nawigacji pod wodą i mapowania dna morskiego. Obejmuje sonar aktywny (emitujący dźwięk) i pasywny (słuchający dźwięków).

- **Periskop lub maszt optoelektroniczny:** Umożliwia obserwację powierzchni, gdy okręt pozostaje zanurzony na głębokości peryskopowej. Współczesne okręty używają masztów optoelektronicznych, które przesyłają dane elektronicznie.

6. Powierzchnie sterowe

- **Ster:** Kontroluje kierunek okrętu (lewo lub prawo).

- **Stery głębokości:** Horyzontalne płetwy na dziobie i/lub rufie, kontrolujące głębokość poprzez regulację pochylenia okrętu.

7. Przestrzenie załogi i dowodzenia

- **Pomieszczenie sterowania (mostek):** Centrum dowodzenia okrętu, gdzie monitorowane i kontrolowane są systemy nawigacyjne, sonarowe i uzbrojenia.

- **Kwatery załogi:** Miejsca mieszkalne, w tym przestrzenie do spania, jadalnie i miejsca rekreacyjne.

- **Mesa/kuchnia:** Jadalnia i kuchnia, gdzie przygotowywane są posiłki dla załogi.

8. Systemy uzbrojenia

- **Wyrzutnie torped:** Znajdują się na dziobie (czasami także na rufie) do wystrzeliwania torped.
- **Systemy wyrzutni pocisków:** W okrętach balistycznych (SSBN) i z pociskami manewrującymi (SSGN) wykorzystywane do przenoszenia i wystrzeliwania pocisków dalekiego zasięgu.
- **Działa pokładowe:** Obecne głównie na starszych okrętach, używane do walki nawodnej.

9. Systemy podtrzymywania życia

- **Generatory tlenu i systemy usuwania CO2:** Wytwarzają tlen i usuwają dwutlenek węgla z powietrza, umożliwiając załodze oddychanie podczas długotrwałego zanurzenia.
- **Systemy odsalania:** Przekształcają wodę morską w wodę pitną.
- **Klimatyzacja i wentylacja:** Utrzymują komfortowe i bezpieczne warunki atmosferyczne wewnątrz okrętu.

10. Systemy nawigacyjne i komunikacyjne

- **Systemy nawigacyjne:** Obejmują systemy inercyjne, GPS i sonarowe, umożliwiające nawigację pod wodą.
- **Systemy komunikacyjne:** Różne systemy radiowe i satelitarne do komunikacji z innymi jednostkami i dowództwem. Okręty podwodne mogą używać boi antenowych lub anten holowanych do komunikacji w zanurzeniu.

11. Sterowanie i kontrola zanurzenia

- **Koło sterowe:** Kontroluje kierunek, prędkość i głębokość okrętu.
- **Panel sterowania balastem:** Służy do zarządzania zbiornikami balastowymi w celu wynurzania, zanurzania i utrzymywania odpowiedniego trymu.

12. Systemy awaryjne

- **Kapsuły/wyjścia awaryjne:** Systemy bezpieczeństwa umożliwiające załodze ewakuację w sytuacjach awaryjnych.
- **Bójka awaryjna:** Wykorzystywana do sygnalizowania pozycji okrętu w przypadku sytuacji kryzysowych.

Te komponenty współpracują ze sobą, umożliwiając okrętowi realizację misji wojskowych, naukowych lub innych celów.

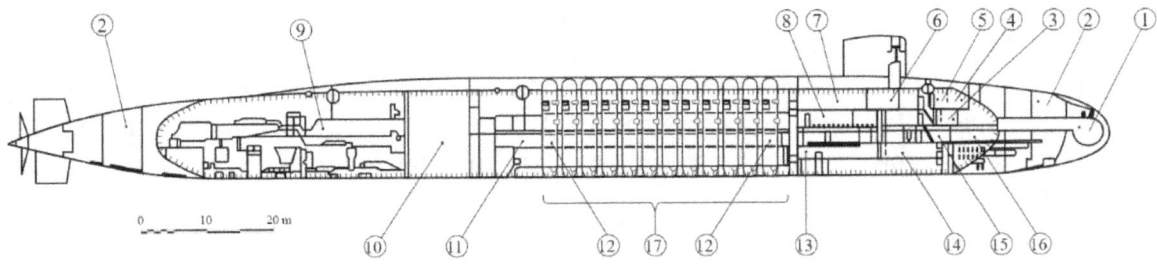

Rysunek 16: Okręt podwodny z pociskami balistycznymi klasy Ohio USS Tennessee (SSBN 734). Defense Visual Information Distribution Service, domena publiczna, za pośrednictwem Picryl.

Rysunek 17: Rysunek okrętu podwodnego klasy Trident/Ohio. Voytek S, CC BY 3.0, za pośrednictwem Wikimedia Commons.

Komponenty:

1. Kopuła sonarowa
2. Główne zbiorniki balastowe
3. Pomieszczenie komputerowe
4. Zintegrowane pomieszczenie radiowe
5. Pomieszczenie sonarowe
6. Centrum dowodzenia i kontroli
7. Centrum nawigacyjne
8. Centrum kontroli rakiet
9. Pomieszczenie silników
10. Przedział reaktora
11. Pomieszczenie pomocniczych maszyn nr 2
12. Kwatery załogi
13. Pomieszczenie pomocniczych maszyn nr 1
14. Pomieszczenie torpedowe
15. Mesa
16. Kwatery starszych podoficerów
17. Przedział rakietowy

Kadłub zewnętrzny i kadłub ciśnieniowy

Okręty podwodne są zazwyczaj zaprojektowane z dwoma głównymi kadłubami: kadłubem zewnętrznym i kadłubem ciśnieniowym. Kadłub ciśnieniowy to wewnętrzna struktura, która mieści wszystkie kluczowe komponenty okrętu podwodnego, w tym przestrzenie mieszkalne, systemy uzbrojenia, systemy komunikacyjne i kontrolne, banki akumulatorów oraz główne i pomocnicze maszyny. Główną funkcją kadłuba ciśnieniowego jest zapewnienie bezpiecznego, zamkniętego środowiska dla załogi i wrażliwego wyposażenia, chroniąc je przed ogromnym ciśnieniem wody występującym na dużych głębokościach [12].

Kadłub ciśnieniowy zawdzięcza swoją nazwę temu, że jest specjalnie zaprojektowany, aby wytrzymać ekstremalne ciśnienie hydrostatyczne, które wzrasta wraz z zanurzaniem okrętu na większe głębokości. W miarę jak okręt podwodny działa na większych głębokościach, otaczająca go woda wywiera coraz większą siłę na kadłub. Kadłub ciśnieniowy jest skonstruowany z wytrzymałych materiałów, często ze stali lub tytanu, aby sprostać tym warunkom, zapewniając, że okręt podwodny zachowa integralność strukturalną na maksymalnej głębokości operacyjnej.

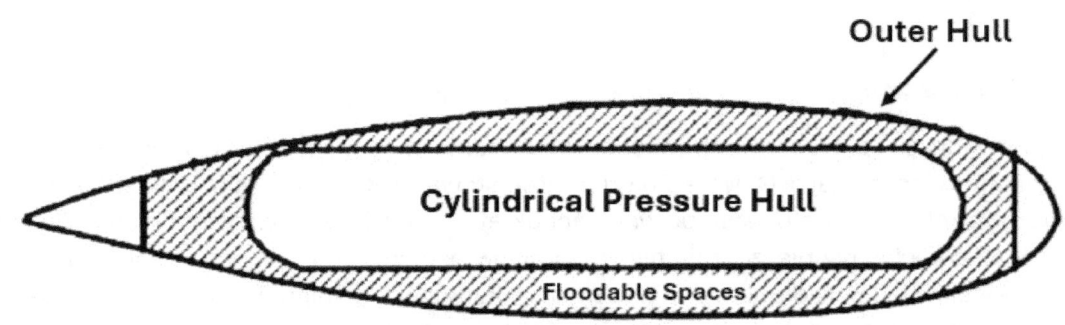

Rysunek 18: Cylindryczny kadłub ciśnieniowy i kadłub zewnętrzny okrętu podwodnego [12].

Otaczający kadłub ciśnieniowy jest kadłub zewnętrzny, czasami nazywany lekkim kadłubem. Ten kadłub nadaje okrętowi podwodnemu opływowy kształt hydrodynamiczny, co pozwala mu na efektywne poruszanie się w wodzie. Przestrzeń między kadłubem zewnętrznym a ciśnieniowym często mieści zbiorniki balastowe, które są kluczowe dla kontrolowania pływalności okrętu, umożliwiając jego zanurzanie lub wynurzanie w razie potrzeby. W przeciwieństwie do kadłuba ciśnieniowego, kadłub zewnętrzny nie jest zaprojektowany, aby wytrzymywać ciśnienie głębinowe, ale służy do usprawnienia kształtu okrętu i poprawy jego osiągów w środowisku podwodnym. Wspólnie kadłuby ciśnieniowy i zewnętrzny odgrywają kluczowe role w umożliwieniu bezpiecznego i skutecznego funkcjonowania okrętu podwodnego na głębokościach.

Kadłub ciśnieniowy okrętu podwodnego jest umieszczony wewnątrz kadłuba zewnętrznego, który nie jest zaprojektowany, aby być szczelny pod względem ciśnienia. Wynika to z różnicy funkcji obu kadłubów oraz specyfiki środowiska, w którym działają okręty podwodne. Kiedy okręt podwodny jest zanurzony, przestrzeń między kadłubem zewnętrznym a ciśnieniowym jest celowo zalewana wodą morską. Ta przestrzeń, często określana jako obszar zbiorników balastowych, wypełniana jest wodą w ramach procesu kontrolowania pływalności okrętu, co umożliwia jego zanurzenie lub wynurzenie w zależności od potrzeb [12].

Ponieważ przestrzeń ta jest stale zalewana wodą, gdy okręt podwodny znajduje się pod wodą, kadłub zewnętrzny doświadcza takiego samego ciśnienia zewnętrznego na swoich wewnętrznych i zewnętrznych powierzchniach. W rezultacie ciśnienie hydrostatyczne na kadłubie zewnętrznym jest znikome, ponieważ nie występuje różnica ciśnień po obu jego stronach. Zasadniczo kadłub zewnętrzny nie musi opierać się intensywnym ciśnieniom głębinowym, ponieważ już równoważy się z otaczającą wodą morską. Jego główną funkcją jest nadanie okrętowi opływowego, hydrodynamicznego kształtu, który pozwala na efektywne poruszanie się w wodzie, a nie ochrona okrętu przed ciśnieniem wody [12].

Kadłub ciśnieniowy, z drugiej strony, jest kluczowym komponentem zaprojektowanym do ochrony wewnętrznych przestrzeni okrętu oraz załogi. Ten wewnętrzny kadłub jest zbudowany tak, aby wytrzymywać ogromne ciśnienie hydrostatyczne występujące na dużych głębokościach, zapewniając bezpieczeństwo i funkcjonalność wnętrza okrętu. Dzięki rozdzieleniu funkcji strukturalnych kadłuba ciśnieniowego i zewnętrznego projektowanie okrętów podwodnych zapewnia ich bezpieczne wykonywanie misji podwodnych przy jednoczesnym zachowaniu efektywności w poruszaniu się i kontroli [12].

Główne zbiorniki balastowe

W okrętach podwodnych przestrzenie pomiędzy kadłubem zewnętrznym a kadłubem ciśnieniowym są podzielone na komory znane jako Główne Zbiorniki Balastowe (MBT, ang. Main Ballast Tanks). Zbiorniki te odgrywają kluczową rolę w kontrolowaniu pływalności okrętu, umożliwiając jego zanurzenie lub wynurzenie w razie potrzeby. Konfiguracja i rozmieszczenie tych zbiorników balastowych zależą od ogólnego projektu okrętu, szczególnie od relacji między kadłubem zewnętrznym a kadłubem ciśnieniowym. Rozmieszczenie MBT jest starannie przemyślane w oparciu o kształt okrętu i interakcję obu kadłubów [12].

Działanie MBT jest ściśle powiązane z procesem zanurzania okrętu podwodnego oraz zapewnianiem jego stabilności pod wodą. Wypełniając zbiorniki balastowe wodą, okręt staje się gęstszy, traci pływalność i zanurza się pod powierzchnię. Z kolei, gdy okręt potrzebuje się wynurzyć, woda w MBT jest wypychana, często za pomocą sprężonego powietrza, co sprawia, że okręt staje się bardziej wyporny i unosi się na powierzchnię. Projekt MBT odgrywa kluczową rolę w zapewnieniu płynności i efektywności tego procesu.

W niektórych projektach okrętów MBT są umieszczone wyłącznie w sekcjach dziobowej i rufowej jednostki. Oznacza to, że w przedniej i tylnej części okrętu znajdują się dedykowane zbiorniki balastowe, podczas gdy przestrzeń między kadłubem ciśnieniowym a zewnętrznym w środkowej części okrętu jest zminimalizowana lub wręcz wyeliminowana. W takich konstrukcjach kadłub ciśnieniowy jest niemal "zintegrowany" z kadłubem zewnętrznym w środkowej części, co upraszcza strukturę [12].

W innych projektach okrętów występuje wyraźniejsze rozdzielenie między kadłubem zewnętrznym a ciśnieniowym na całej długości jednostki. W takich przypadkach przestrzeń między oboma kadłubami jest wykorzystywana na zbiorniki balastowe, które rozciągają się wzdłuż całego okrętu. Taki projekt pozwala na bardziej równomierne rozłożenie balastu i może poprawić zdolność okrętu do kontrolowania głębokości oraz stabilności podczas operacji. Wybór konfiguracji MBT zależy od specyficznych wymagań misji okrętu oraz ogólnych założeń inżynieryjnych projektu [12].

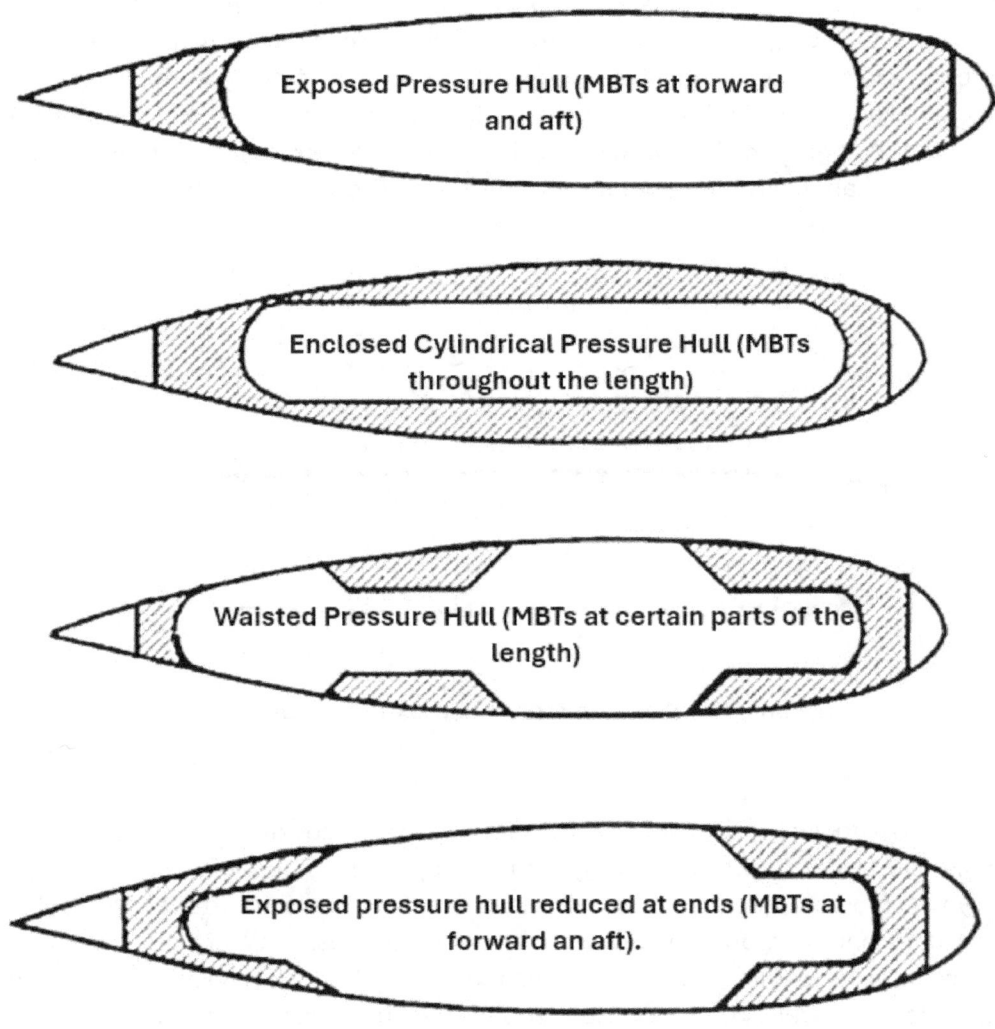

Rysunek 19: Przykładowe rozmieszczenie głównych zbiorników balastowych (MBT) [12].

Kiosk lub sterówka

Kiosk okrętu podwodnego, znany również jako sterówka lub sterówka mostka, to opływowa struktura wznosząca się ponad kadłub zewnętrzny. W przeciwieństwie do kadłuba ciśnieniowego, kiosk nie jest zaprojektowany, aby wytrzymywać wysokie ciśnienie podwodne; jego kształt jest zoptymalizowany, aby minimalizować opór podczas poruszania się okrętu tuż pod powierzchnią wody lub z kioskiem wystającym ponad linię wody. Kiosk mieści różne maszty i sensory, które można wysunąć, gdy okręt działa blisko powierzchni, pozwalając mu monitorować otoczenie przy zachowaniu pewnego stopnia niewidzialności [12].

W kiosku przechowywane są różne typy masztów, które można wysunąć w razie potrzeby. Należą do nich maszt peryskopu, maszt komunikacyjny, maszt radarowy oraz maszt z czujnikami uzbrojenia, między innymi. Maszty te odgrywają kluczową rolę w operacjach okrętu podwodnego, szczególnie gdy musi on zbierać informacje wywiadowcze, komunikować się z innymi jednostkami lub centrami dowodzenia, czy wykrywać zagrożenia, pozostając ukrytym tuż pod powierzchnią wody. Dzięki możliwości wysuwania tych masztów z kiosku, podczas gdy sam okręt pozostaje zanurzony, załoga może utrzymywać świadomość sytuacyjną bez pełnego ujawniania jednostki.

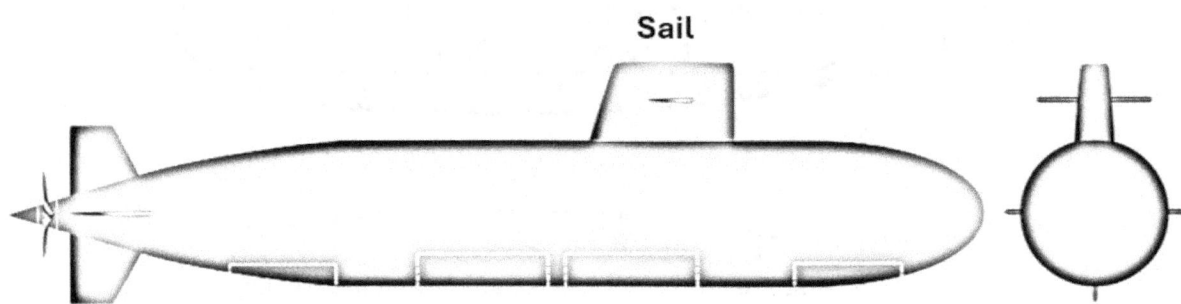

Rysunek 20: Kiosk lub sterówka w okręcie podwodnym.

Sam kiosk został zaprojektowany w kształcie profilu aerodynamicznego, który działa jako hydroprofil, gdy okręt podwodny porusza się blisko powierzchni wody. Ten aerodynamiczny projekt zmniejsza opór, poprawiając prędkość i efektywność okrętu, jednocześnie minimalizując zakłócenia w wodzie. Minimalizacja oporu jest kluczowa, ponieważ ogranicza tworzenie wirów wodnych wokół kiosku. W efekcie zmniejsza to akustyczny sygnaturę okrętu, co utrudnia jego wykrycie przez sonar. Ukryty projekt kiosku zapewnia, że okręt podwodny może działać ciszej i bardziej efektywnie, co zwiększa jego zdolność do realizacji misji tajnych [12].

Powierzchnie sterowe

Gdy okręt podwodny jest zanurzony, wykorzystuje płetwy sterowe do kontrolowania swojego kierunku i głębokości. Te płetwy sterowe pełnią funkcję powierzchni sterowych, podobnie jak powierzchnie sterowe w samolocie. Aby w pełni zrozumieć ich rolę, warto najpierw zauważyć, jakiego rodzaju ruchy doświadcza okręt podwodny pod wodą. W przeciwieństwie do statków nawodnych, okręty podwodne są mniej narażone na efekty fal powierzchniowych, co oznacza, że doświadczają mniejszego unoszenia się (ruchu pionowego) i przechyłu (pochylania w przód i w tył). Bardziej stabilne środowisko pod wodą pozwala na precyzyjniejszą kontrolę ruchów okrętu przy użyciu płetw sterowych [12].

Podstawy Projektowania i Budowy Okrętów Podwodnych

Typowy okręt podwodny jest wyposażony w pary płetw sterowych, zwanych również sterami, umieszczone w sekcjach dziobowej i rufowej jednostki. Płetwy sterowe dziobowe pomagają w kontrolowaniu głębokości zanurzenia okrętu, natomiast płetwy sterowe rufowe utrzymują przechył lub nachylenie okrętu. Dodatkowo, w sekcji rufowej znajdują się pionowe płetwy sterowe, które działają podobnie do sterów na statku. Te płetwy sterowe pozwalają okrętowi na zmianę kierunku bocznego podczas ruchu. W przeciwieństwie do statków nawodnych, stery w okrętach podwodnych są jednak umieszczone przed śrubą napędową.

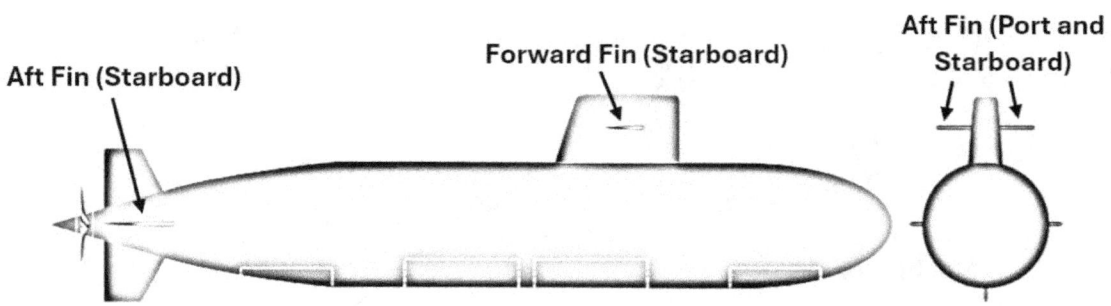

Rysunek 21: Płetwy sterowe na okręcie podwodnym.

Różnica w konstrukcji wynika z tego, że na statkach nawodnych ster jest umieszczony za śrubą napędową, aby wykorzystać wypływ wody z napędu, co maksymalizuje siłę nośną i efektywność sterowania. W okręcie podwodnym natomiast cały kadłub jest zanurzony, a przepływ wody wokół jednostki jest bardziej równomierny i opływowy. Umieszczenie steru przed śrubą napędową pozwala okrętowi podwodnemu korzystać z tego niezakłóconego przepływu, co zwiększa efektywność działania steru. Gdyby ster znajdował się za śrubą napędową, przepływ wody byłby bardziej turbulentny, co zwiększałoby ryzyko kawitacji. Zjawisko to mogłoby zmniejszyć efektywność sterowania i generować hałas, który mógłby zdradzić pozycję okrętu [12].

Warto zauważyć, że płetwy sterowe są najbardziej efektywne przy wyższych prędkościach. Przy wolniejszych prędkościach ich efektywność maleje, co może utrudniać kontrolowanie ruchów okrętu. Przy większych prędkościach płetwy sterowe generują większą siłę nośną, co czyni je bardzo skutecznymi przy precyzyjnym dostosowywaniu głębokości i kierunku. Dlatego okręty podwodne utrzymują określoną prędkość, kiedy wymagane jest manewrowanie pod wodą.

Ogólny układ konstrukcyjny

Ogólny układ konstrukcyjny okrętu podwodnego obejmuje strategiczne rozmieszczenie głównych przedziałów i systemów na długości i szerokości kadłuba. Konstrukcja okrętu wyróżnia dwa wyraźne kadłuby: kadłub ciśnieniowy, który mieści kluczowe systemy i jest zaprojektowany, aby wytrzymywać ciśnienie na operacyjnych głębokościach, oraz kadłub zewnętrzny, który nadaje jednostce opływowy kształt hydrodynamiczny i otacza zalewane przestrzenie, w których znajdują się niektóre systemy, takie jak czujniki.

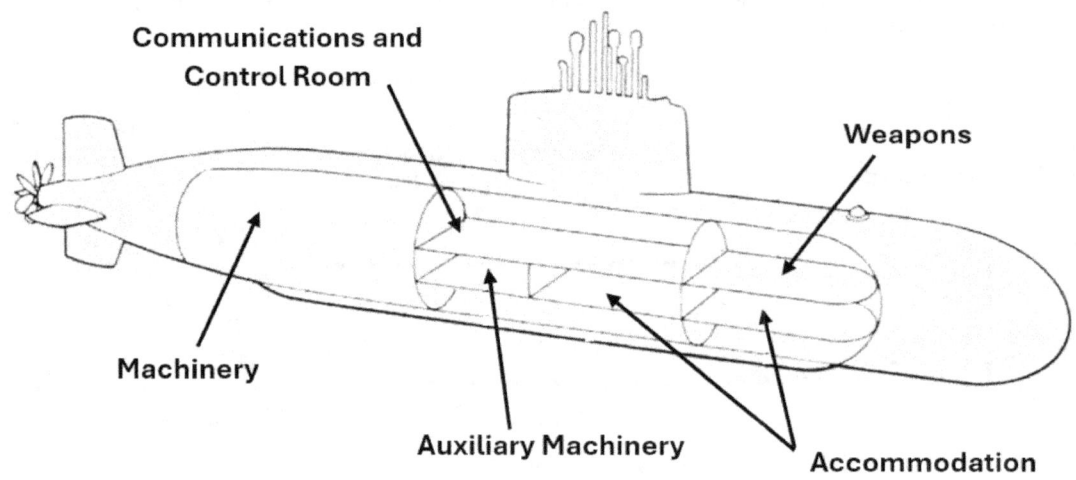

Rysunek 22: Schemat ogólnego układu konstrukcyjnego okrętu podwodnego z napędem dieslowo-elektrycznym.

Przednia część kadłuba ciśnieniowego jest przeznaczona na systemy uzbrojenia i sensory. Sensory są umieszczone w zalewanej przestrzeni pomiędzy kadłubem zewnętrznym a przednią częścią kadłuba ciśnieniowego. To rozmieszczenie jest kluczowe, ponieważ umieszczenie sensorów w przedniej części minimalizuje zakłócenia wywołane hałasem generowanym przez urządzenia na rufie i unika turbulencji spowodowanej przepływem wody w pobliżu rufy. W przedniej części znajdują się również wyrzutnie torped, torpedy i związane z nimi systemy odpalania i obsługi. Wyrzutnie torped rozciągają się od wnętrza kadłuba ciśnieniowego do obwodu kadłuba zewnętrznego, co ułatwia ładowanie i odpalanie uzbrojenia [12].

Środkowa sekcja okrętu pełni kilka kluczowych funkcji. Jednym z głównych przedziałów w tej części jest centrum kontroli okrętu i uzbrojenia. To pomieszczenie zawiera wszystkie niezbędne systemy kontroli nawigacji, odpalania uzbrojenia, działania maszyn i komunikacji. Nowoczesne okręty podwodne są wysoce zautomatyzowane, co pozwala na kontrolowanie niemal wszystkich operacji podczas patroli lub misji wojennych z tego centralnego obszaru dowodzenia bez konieczności obecności załogi w innych częściach okrętu. To centrum kontroli zarządza również komunikacją zewnętrzną, łącząc okręt z bazą lub innymi źródłami danych [12].

Dodatkowo w środkowej sekcji znajdują się pomieszczenia mieszkalne i systemy podtrzymywania życia, w tym kwatery załogi, toalety, kambuz oraz miejsca do przechowywania żywności, takie jak chłodnie i zamrażarki. To rozmieszczenie zapewnia łatwy dostęp zarówno do przedniej, jak i tylnej części okrętu, poprawiając funkcjonalność i umożliwiając szybszą ewakuację w sytuacjach awaryjnych. Ponieważ ta sekcja znajduje się również pod kioskiem, oferuje strategiczne wyjście awaryjne dla załogi w razie potrzeby.

Kolejnym kluczowym elementem w środkowej sekcji jest bateria, która jest niezbędna do zasilania okrętu, szczególnie w okrętach podwodnych z napędem dieslowo-elektrycznym. Baterie, ładowane przez alternatory dieslowe, składają się z jednostek ogniw wodorowych ułożonych w szeregach. Dla zapewnienia bezpieczeństwa i redundancji baterie te są często rozmieszczone w kilku wodoszczelnych przedziałach. Eliminacja wodoru i odpowiednia wentylacja są kluczowymi kwestiami w tych przedziałach, ponieważ gromadzenie się wodoru może prowadzić do niebezpiecznych eksplozji [12].

Rufowa sekcja okrętu obejmuje przedział maszynowy oraz pomocniczy przedział maszynowy. Główne maszyny składają się z takich systemów, jak alternatory dieslowe ładujące baterie, system klimatyzacyjny oraz systemy wysokociśnieniowego powietrza. Systemy te są niezbędne do utrzymania działania okrętu oraz warunków życia załogi. Wodoszczelna grodź oddziela główny przedział maszynowy od pomocniczego przedziału maszynowego, który zawiera pomocnicze silniki napędowe, pomocniczy system klimatyzacyjny i inne kluczowe systemy zapasowe. Systemy pomocnicze wspierają główne operacje okrętu i zapewniają ciągłość jego funkcjonowania.

Ostatnią sekcją, umieszczoną na samym tyle okrętu, jest przedział napędowy, w którym znajdują się główny elektryczny silnik napędowy, wał napędowy oraz powiązane systemy. W tej sekcji znajduje się również wał śrubowy oraz przednie i tylne uszczelnienia wału, które zapewniają wodoszczelność otworów kadłuba. W okrętach z napędem dieslowo-elektrycznym przedział ten może również zawierać przekładnię redukcyjną, która jest kluczowym elementem w przekształcaniu mocy silnika w napęd. Rozmieszczenie tych systemów zapewnia efektywne poruszanie się okrętu i utrzymanie napędu nawet w złożonych warunkach podwodnych [12].

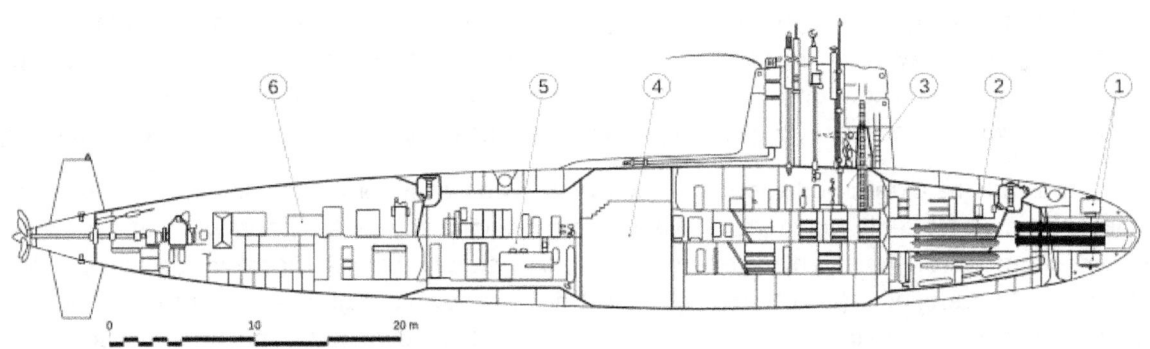

Rysunek 23: Układ konstrukcyjny okrętu podwodnego klasy Skipjack. Voytek S, CC BY 3.0, via Wikimedia Commons.

Układ klasy Skipjack:

1. Systemy sonarowe

2. Przedział torpedowy
3. Przedział operacyjny
4. Przedział reaktora
5. Pomocniczy przedział maszynowy
6. Maszynownia

Ten ogólny układ przedziałów i systemów okrętu podwodnego umożliwia efektywną eksploatację, zapewniając bezpieczeństwo i przetrwanie zarówno podczas patroli w czasie pokoju, jak i misji wojennych.

Kształt kadłuba w projektowaniu okrętów podwodnych

Wczesne okręty podwodne miały kształt kadłuba znacznie różniący się od współczesnych konstrukcji. Początkowo kształt kadłuba opierał się na idealnej formie opływowej, z parabolicznym dziobem i eliptyczną rufą, co minimalizowało opory hydrodynamiczne i zmniejszało zapotrzebowanie na moc dzięki ograniczeniu rozdzielenia przepływu wody wokół kadłuba. Projekt ten, stosowany po raz pierwszy w latach 40. XX wieku, miał na celu osiągnięcie maksymalnej wydajności hydrodynamicznej. Szybko jednak zauważono istotne wady tego kształtu. Wąski kadłub, zwężający się znacznie przed i za sekcją śródokręcia, ograniczał dostępną przestrzeń wewnętrzną. Ograniczona przestrzeń uniemożliwiała wprowadzenie wielu pokładów i znacząco podnosiła koszty produkcji.

Pod koniec lat 70. nastąpiła zmiana w projektowaniu kadłubów okrętów podwodnych. Opływowy kształt został zastąpiony długim cylindrycznym kadłubem środkowym z eliptycznymi sekcjami dziobową i rufową. Choć taka konstrukcja zwiększała opory hydrodynamiczne i zapotrzebowanie na moc, korzyści w zakresie produkcji i przestrzeni wewnętrznej przewyższały te wady. Sekcje cylindryczne są łatwiejsze i tańsze w budowie, co prowadzi do obniżenia całkowitych kosztów produkcji. Ponadto cylindryczny kształt pozwala na wprowadzenie wielu pokładów, znacznie zwiększając użyteczną przestrzeń wewnętrzną i poprawiając efektywność operacyjną.

Kształt i geometria kadłuba okrętu podwodnego są kluczowe w procesie projektowania, ponieważ wpływają na wiele czynników poza przestrzenią wewnętrzną. Na przykład cylindryczny kadłub poprawia manewrowość okrętu dzięki większym siłom hydrodynamicznym generowanym przez płetwy sterowe. Badania wykazały, że optymalny stosunek długości do szerokości (L/B) wynoszący od 6 do 8 zapewnia najlepszy kompromis między niskimi oporami a wysoką manewrowością. Stosunek ten staje się podstawową wytyczną przy określaniu ogólnych wymiarów okrętu.

Podstawy Projektowania i Budowy Okrętów Podwodnych

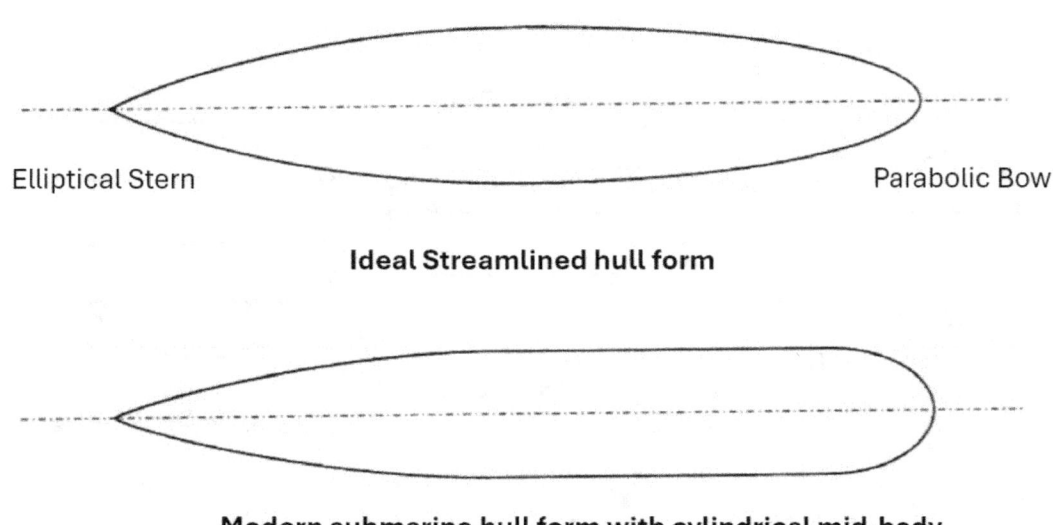

Rysunek 24: Kształty kadłubów okrętów podwodnych.

Średnica okrętu podwodnego jest kolejnym kluczowym czynnikiem projektowym, często determinowanym przez wymaganą długość i objętość kadłuba ciśnieniowego. Średnica wpływa na liczbę pokładów, które można umieścić wewnątrz kadłuba ciśnieniowego, co z kolei determinuje liczbę funkcjonalnych poziomów w okręcie. Mniejsze okręty podwodne o średnicach kadłuba od 4 do 7 metrów zazwyczaj posiadają jeden pokład, co daje dwa dostępne poziomy (nad i pod pokładem). Okręty podwodne o średnicach kadłuba wynoszących od 7 do 8 metrów mogą pomieścić dwa pokłady i trzy dostępne poziomy, co jest powszechnym rozwiązaniem w większych okrętach diesel-elektrycznych.

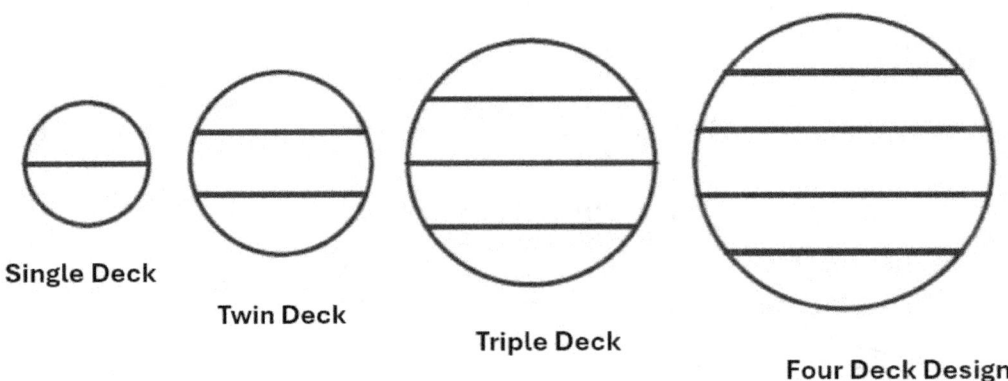

Rysunek 25: Możliwe poziomy pokładów dla różnych średnic kadłuba.

Dla jeszcze większych okrętów podwodnych, takich jak te z napędem jądrowym, średnice kadłuba w zakresie od 9 do 13 metrów pozwalają na umieszczenie trzech lub czterech pokładów, co zapewnia znaczną przestrzeń pionową. Jest to szczególnie istotne dla umieszczenia dużych komponentów, takich jak reaktory jądrowe, które wymagają znacznej przestrzeni dla bezpiecznego działania. Możliwość uwzględnienia wielu pokładów w projekcie zwiększa efektywność objętościową, co jest kluczowe dla maksymalizacji możliwości okrętu.

W procesie projektowania dobry projektant okrętów podwodnych musi równoważyć wymagania dotyczące objętości różnych przedziałów i systemów. Na przykład niektóre przestrzenie, takie jak główne zbiorniki balastowe, mają bardzo specyficzne wymagania dotyczące objętości, podczas gdy inne, takie jak banki baterii, są określane przez konkretne wymiary. Niektóre systemy, takie jak zbiorniki operacyjne torped i zbiorniki balastowe, mogą mieć wymagania objętościowe, ale są bardziej elastyczne pod względem kształtu. Umiejętny projektant będzie priorytetowo traktował te potrzeby na różnych etapach procesu projektowania, zapewniając, że okręt spełnia wszystkie wymagania operacyjne, jednocześnie optymalizując przestrzeń i funkcjonalność.

Stabilność to kolejny kluczowy aspekt projektowania okrętów podwodnych. Chociaż może się wydawać mniej skomplikowana niż w przypadku statków nawodnych, stabilność okrętów podwodnych jest znacznie bardziej złożona, ponieważ muszą one działać zarówno w warunkach nawodnych, jak i zanurzonych. Charakterystyka stabilności okrętu podwodnego zmienia się dramatycznie podczas zanurzania lub wynurzania, co stwarza ryzyko utraty równowagi lub przewrócenia się jednostki. Utrzymanie stabilności w trakcie tych przejść jest kluczowe dla bezpiecznej i efektywnej eksploatacji okrętu podwodnego.

Ostatecznie projektowanie okrętów podwodnych polega na znalezieniu delikatnej równowagi między wydajnością hydrodynamiczną, przestrzenią wewnętrzną, integralnością konstrukcji i stabilnością. Osiągnięcie maksymalnej efektywności objętościowej, przy jednoczesnym spełnieniu specyficznych wymagań różnych systemów i utrzymaniu stabilności operacyjnej, jest cechą dobrze zaprojektowanego okrętu podwodnego.

Podstawy Projektowania i Budowy Okrętów Podwodnych

Kluczowe aspekty projektowania okrętów podwodnych

Projektowanie okrętu podwodnego to złożony proces wymagający wyważenia wielu czynników, aby zapewnić, że jednostka skutecznie działa pod wodą, pozostaje niewykrywalna i realizuje kluczowe misje. Jednym z głównych czynników jest kształt i geometria kadłuba, które odgrywają kluczową rolę w określaniu oporów hydrodynamicznych, manewrowości i przestrzeni wewnętrznej okrętu. Opływowy kadłub minimalizuje opory, zwiększając wydajność, podczas gdy cylindryczny kadłub oferuje więcej użytecznej przestrzeni wewnętrznej, co jest istotne dla rozmieszczenia sprzętu, uzbrojenia i zakwaterowania załogi. Projektanci muszą ostrożnie wyważyć wydajność hydrodynamiczną z efektywnością przestrzenną, uwzględniając optymalny stosunek długości do szerokości (L/B), który zazwyczaj mieści się w zakresie od 6 do 8, aby zapewnić stabilność i manewrowość przy jednoczesnym ograniczeniu oporów.

Kolejnym istotnym aspektem jest konstrukcja kadłuba ciśnieniowego, który musi być wystarczająco wytrzymały, aby wytrzymać ogromne ciśnienie hydrostatyczne na dużych głębokościach. Kadłub jest zazwyczaj wykonany z materiałów takich jak stal, tytan lub zaawansowane kompozyty, a wybór materiału wpływa na koszty, wagę i maksymalną głębokość operacyjną. Okręty podwodne są również podzielone na wiele wodoszczelnych przedziałów wewnątrz kadłuba ciśnieniowego. Taka podziałka zwiększa bezpieczeństwo, zapewniając, że w przypadku uszkodzenia można uszczelnić uszkodzone sekcje, co pozwala utrzymać pływalność i uniknąć katastrofalnych awarii.

Systemy pływalności i balastowe są kluczowe dla kontroli zdolności okrętu podwodnego do zanurzania się i wynurzania. Główne zbiorniki balastowe (MBT), które znajdują się pomiędzy kadłubem zewnętrznym a ciśnieniowym, odpowiadają za kontrolę pływalności poprzez napełnianie wodą lub powietrzem. Ich konfiguracja i rozmieszczenie mają kluczowe znaczenie dla zapewnienia równowagi i stabilności podczas operacji zanurzania i wynurzania. Precyzyjna kontrola pływalności jest niezbędna do utrzymania neutralnej pływalności, co pozwala okrętowi podwodnemu pozostać na stałej głębokości bez nadmiernego zużycia energii.

System napędowy jest kolejnym kluczowym aspektem. Okręty podwodne o napędzie jądrowym oferują długą wytrzymałość pod wodą i zasięg bez konieczności wynurzania, podczas gdy okręty z napędem diesel-elektrycznym są tańsze, ale wymagają okresowego wynurzania lub użycia chrap do ładowania baterii. Wybór systemu napędowego wpływa na wytrzymałość operacyjną, prędkość, właściwości skradania się oraz wymagania logistyczne okrętu. Cicha praca jest również kluczowa dla zapewnienia niewykrywalności, dlatego systemy napędowe muszą minimalizować hałas poprzez redukcję wibracji i emisji dźwięków z elementów takich jak śruba, silnik i systemy chłodzenia.

Stabilność i manewrowość to krytyczne czynniki dla okrętów podwodnych, które muszą utrzymywać kontrolę zarówno na powierzchni, jak i pod wodą. Okręty podwodne wykorzystują stery głębokości i stery kierunku do kontroli głębokości i kierunku, a rozmiar i umiejscowienie tych powierzchni sterowych wpływają na efektywność manewrowania. Projektanci muszą zapewnić stabilność okrętu podczas przejść między warunkami wynurzonymi i zanurzonymi, uwzględniając zmiany w pływalności i trymie, aby zapobiec utracie kontroli lub przewróceniu jednostki.

Skradanie się i sygnatura akustyczna są kluczowe dla skuteczności okrętu podwodnego w unikaniu wykrycia. Tłumienie akustyczne obejmuje redukcję hałasu generowanego przez urządzenia pokładowe, minimalizację kawitacji śruby oraz stosowanie materiałów dźwiękochłonnych na kadłubie, aby zmniejszyć wykrywalność przez systemy sonarowe wroga. Kształt kadłuba i specjalne powłoki, takie jak płytki anechoiczne, są również projektowane tak, aby pochłaniać sygnały sonarowe i redukować hałas, co dodatkowo zwiększa możliwości skradania się.

Innym ważnym aspektem jest system uzbrojenia i pojemność ładunkowa. Okręty podwodne są wyposażone w wyrzutnie torped i systemy rakietowe, a rozmieszczenie i liczba tych systemów są optymalizowane pod kątem skuteczności bojowej przy minimalnym wpływie na skradanie się i manewrowość. Nowoczesne okręty podwodne są projektowane z myślą o elastyczności ładunkowej, co pozwala na przewożenie i rozmieszczanie różnych rodzajów uzbrojenia, w tym torped, rakiet manewrujących, min i bezzałogowych pojazdów podwodnych (UUV).

Okręty podwodne wymagają również zaawansowanych systemów czujników i komunikacji. Systemy sonarowe są kluczowe dla nawigacji i świadomości sytuacyjnej, podczas gdy systemy komunikacyjne umożliwiają okrętowi podtrzymywanie kontaktu z siłami nawodnymi lub bazami dowodzenia nawet podczas zanurzenia. Systemy te muszą być starannie zintegrowane, aby nie naruszać zdolności skradania się okrętu, a jednocześnie zapewniać niezawodną wydajność w różnych środowiskach podwodnych.

Zakwaterowanie załogi i systemy podtrzymywania życia są niezbędne podczas długich misji. Okręty podwodne muszą być zaprojektowane tak, aby optymalizować wykorzystanie przestrzeni na kwatery załogi, magazynowanie żywności i urządzenia sanitarne, zapewniając komfort i dobre samopoczucie załogi podczas długotrwałych misji. Systemy podtrzymywania życia, takie jak generowanie tlenu, usuwanie CO_2 i zarządzanie odpadami, są kluczowe dla utrzymania zdatnych do życia warunków nawet w najtrudniejszych warunkach.

Wytrzymałość i zarządzanie energią w okręcie podwodnym to także istotne kwestie projektowe. Okręty z napędem diesel-elektrycznym polegają na systemach baterii do magazynowania energii między ładowaniami, podczas gdy okręty o napędzie jądrowym wymagają efektywnego zarządzania energią, aby efektywnie obsługiwać systemy pokładowe. Wytrzymałość okrętu podwodnego zależy od jego wielkości, systemów energetycznych i zdolności do działania na morzu bez uzupełniania zapasów, co wpływa na jego zdolności operacyjne.

Wreszcie, systemy bezpieczeństwa i awaryjne są kluczowe dla zapewnienia przetrwania załogi w sytuacji awaryjnej. Szczelność, podział na przedziały i systemy zarządzania uszkodzeniami są niezbędne dla utrzymania zdolności operacyjnych okrętu po incydencie. Systemy redundancji zapewniają, że okręt podwodny może funkcjonować nawet w przypadku uszkodzenia kluczowych elementów.

Zrównoważenie tych kluczowych aspektów projektowania jest znacznym wyzwaniem w projektowaniu okrętów podwodnych. Każda decyzja wpływa na wydajność jednostki, jej zdolności operacyjne i całkowity koszt, co czyni proces projektowania wyspecjalizowaną i wymagającą dziedziną inżynierii morskiej.

Podstawy Projektowania i Budowy Okrętów Podwodnych

Rozdział 2

Podstawowe Zasady Architektury Okrętów Podwodnych

Projektowanie Kadłuba i Integralność Konstrukcyjna

Projektowanie okrętu podwodnego to subtelna sztuka, która wymaga zachowania równowagi między funkcjonalnością a zdolnością przetrwania. Kluczowym elementem strukturalnym okrętu podwodnego jest kadłub sztywny, stanowiący wodoszczelną barierę, która nie tylko chroni wnętrze przed zalaniem przez wodę, ale również zapewnia integralność konstrukcji. Kadłub ten tworzy bezpieczne i zdatne do zamieszkania środowisko dla załogi, nawet na dużych głębokościach. Kadłub sztywny otacza zewnętrzna struktura zaprojektowana dla efektywności hydrodynamicznej, umożliwiająca okrętowi poruszanie się po podwodnym terenie z minimalnym oporem. Zewnętrzna struktura jest zalewana wodą, co pozwala okrętowi zanurzyć się, a następnie opróżniana sprężonym powietrzem, gdy konieczne jest wynurzenie [27].

Kadłub sztywny stanowi główną barierę chroniącą przed intensywnym ciśnieniem wody, na jakie okręt napotyka na głębokościach liczących setki metrów. Wykonany jest zazwyczaj z wysokowytrzymałej stali, która jest odporna zarówno na ogromne zewnętrzne siły ciśnienia, jak i na zmęczenie materiału wynikające z cyklicznego zanurzania i wynurzania. Jednak grube płyty potrzebne do wytrzymania tych sił znacząco zwiększają wagę okrętu, co stawia nowe wyzwanie: zapewnienie, że okręt pozostanie wyporny i zdolny do wynurzenia się pomimo swojej masy [27].

W tym miejscu w grę wchodzą ramy w kształcie litery T. Ramy te, będące kluczowymi wzmocnieniami strukturalnymi, można porównać do szkieletu okrętu. Zapewniają one krytyczne wsparcie przeciwko siłom ściskającym napotykanym podczas podróży na dużych głębokościach, pomagając zachować integralność konstrukcji, jednocześnie minimalizując wagę. Ramy te są widoczne na przekrojach kadłuba sztywnego okrętu i są niezbędne do równomiernego rozkładu naprężeń występujących podczas pracy [27].

Ramy w kształcie litery T, zwane również usztywnieniami pierścieniowymi, mogą być umieszczane zarówno wewnętrznie, jak i zewnętrznie wzdłuż kadłuba sztywnego okrętu. Te usztywnienia, składające się z pasa i kołnierza, są rozmieszczane w odstępach wzdłuż cylindrycznej struktury kadłuba, zwiększając jego wytrzymałość. Usztywnienia zewnętrzne zapewniają nieco większą wytrzymałość—około 5% więcej—niż usztywnienia wewnętrzne i zwalniają dodatkową przestrzeń wewnątrz kadłuba sztywnego. Jednak usztywnienia zewnętrzne są trudniejsze w inspekcji i konserwacji, co sprawia, że w niektórych projektach są mniej atrakcyjne. Rozstawienie tych usztywnień ma bezpośredni wpływ na maksymalną głębokość operacyjną okrętu, ponieważ pomagają one określić, jak duże ciśnienie kadłub może wytrzymać. Ze względu na wrażliwość tych informacji szczegóły dotyczące rozmieszczenia usztywnień i głębokości działania okrętu są często ściśle strzeżonymi tajemnicami [27].

Podsumowując, projektowanie okrętu podwodnego to staranne wyważenie wydajności i zdolności przetrwania. Kadłub sztywny pełni rolę kluczowej bariery przeciwko ciśnieniom głębinowym, podczas gdy struktura zewnętrzna przyczynia się do efektywności hydrodynamicznej i wyporności. Ramy w kształcie litery T wzmacniają kadłub, umożliwiając okrętowi wytrzymywanie naprężeń związanych z podróżami podwodnymi przy minimalnym wzroście wagi. Elementy te współpracują, zapewniając, że okręt może działać skutecznie i bezpiecznie w jednych z najbardziej ekstremalnych środowisk na Ziemi [27].

Kolejnym kluczowym czynnikiem w projektowaniu kadłuba jest minimalizacja kosztów, która jest ściśle powiązana z powierzchnią kadłuba. Kadłub musi być wykonany z drogich materiałów, takich jak stopy tytanu, które są niezbędne do wytrzymania ciśnień w środowiskach głębinowych. Im większa powierzchnia, tym więcej materiału potrzeba, co prowadzi do wzrostu kosztów. Dlatego idealny kształt kadłuba powinien mieć minimalną powierzchnię, aby ograniczyć koszty, nie zmniejszając jednak objętości wewnętrznej.

Wytrzymałość również stanowi priorytet w projektowaniu kadłuba. Kadłub musi być wystarczająco mocny, aby wytrzymać ogromne ciśnienia panujące w warunkach głębinowych. Chociaż logiczne wydaje się po prostu budowanie grubych ścian dla maksymalnej wytrzymałości, jest to nieefektywne i kosztowne. Zamiast tego kształt kadłuba może zostać zaprojektowany w taki sposób, aby sam w sobie zapewniał wytrzymałość, co redukuje potrzebę nadmiernego wzmacniania ścian. Odpowiednio dobrany kształt równomiernie rozkłada ciśnienie na strukturę, umożliwiając kadłubowi opieranie się zgnieceniu bez konieczności jego przesadnego wzmacniania.

Kształt kadłuba wpływa również na opór, co ma znaczenie dla prędkości i efektywności batyskafu. Zmniejszenie oporu pozwala batyskafowi łatwiej poruszać się w wodzie, oszczędzając paliwo i tlen, co ostatecznie zwiększa efektywność operacyjną. Dlatego idealny projekt kadłuba minimalizuje opór, jednocześnie zachowując objętość wewnętrzną i wytrzymałość.

Chociaż kształt sferyczny jest najbardziej efektywny pod względem minimalizacji powierzchni i maksymalizacji wytrzymałości, ma on istotną wadę: wysoki opór. Sfery napotykają znaczny opór podczas ruchu w wodzie, co zmniejsza prędkość i zwiększa zużycie energii. Wiele batyskafów wykorzystuje kształty sferyczne ze względu na ich wytrzymałość i prostotę, ale wysoki współczynnik oporu sprawia, że są one mniej odpowiednie do dynamicznych ruchów pod wodą.

Aby rozwiązać ten problem, projektanci często rozważają bardziej wydłużone kształty, takie jak cylindry z półkulistymi zakończeniami. Wraz z wydłużeniem kadłuba współczynnik oporu maleje, poprawiając hydrodynamikę. Jednak wydłużenie zwiększa również opór tarcia i zmniejsza wrodzoną wytrzymałość wynikającą z czystego kształtu sferycznego. Aby temu zaradzić, zaproponowano hybrydową strukturę składającą się z przecinających się sfer. Projekt ten zachowuje zalety wytrzymałości sfer przy jednoczesnym wykorzystaniu hydrodynamicznej efektywności bardziej cylindrycznego kształtu.

Przecinające się sfery są wzmacniane w miejscach połączeń za pomocą pierścieni, które mogą być wykonane z tego samego materiału co kadłub lub z lżejszego materiału, aby zwiększyć wyporność. Ta konfiguracja zapewnia wytrzymałość konstrukcyjną i poprawia wyporność, jednocześnie zachowując niezbędną przestrzeń wewnętrzną dla sprzętu i operacji. Wyporność tej struktury zależy od różnych czynników, takich jak promień sfer, kąt przecięcia, grubość powłoki i liczba pierścieni wzmacniających.

Dodatkową zaletą tej hybrydowej struktury jest bardziej praktyczny układ wewnętrzny. W dużej sferze trudno jest efektywnie wykorzystać przestrzeń pionową, ponieważ górna połowa sfery może być niewykorzystana, jeśli naukowcy głównie pracują w dolnej części. Projekt przecinających się sfer pozwala na bardziej naturalny poziomy rozkład sprzętu, co ułatwia organizację przestrzeni roboczej. Nad pierścieniami przecięć można dodać poziome podłogi, zapewniając płaskie powierzchnie, po których naukowcy mogą się poruszać i efektywnie pracować. Połączenia między sferami można zabezpieczyć metodą dopasowywania na gorąco lub dopasowywania na wcisk, co zapewnia mocne i niezawodne połączenie między sekcjami.

Projektowanie kadłuba dla batyskafów wymaga starannego rozważenia takich czynników jak objętość wewnętrzna, koszty, wytrzymałość i opór. Chociaż kształty sferyczne oferują korzyści pod względem minimalizacji powierzchni i maksymalizacji wytrzymałości, ich wysoki opór sprawia, że są mniej praktyczne w zastosowaniach dynamicznych. Struktury hybrydowe, takie jak przecinające się sfery, oferują obiecujące rozwiązanie, łącząc wytrzymałość z poprawioną hydrodynamiką i efektywnością układu wewnętrznego.

Grubość kadłuba łodzi podwodnej różni się w zależności od typu jednostki i jej specyficznych wymagań operacyjnych. Okręty podwodne o napędzie nuklearnym mają zazwyczaj grubsze kadłuby niż ich odpowiedniki z napędem diesla. Wynika to z wyższego ciśnienia wewnętrznego generowanego przez reaktory nuklearne, które wymaga dodatkowej wytrzymałości konstrukcyjnej. Grubość tych kadłubów może wynosić od 10 do 25 centymetrów (4 do 10 cali), choć dokładne specyfikacje są często utajnione ze względów bezpieczeństwa [28].

Materiały używane do budowy kadłuba łodzi podwodnej muszą być niezwykle wytrzymałe, aby wytrzymać ogromne ciśnienie wywierane przez otaczającą wodę na dużych głębokościach. Wczesne łodzie podwodne były pierwotnie budowane z drewnianych kadłubów, ponieważ początkowo sądzono, że drewno lepiej znosi ciśnienia w głębinach niż stal. Okazało się jednak, że to założenie było błędne, i stal szybko stała się preferowanym materiałem do budowy kadłubów łodzi podwodnych ze względu na swoją wytrzymałość i trwałość. Obecnie stal pozostaje standardowym materiałem, choć często jest wzmacniana innymi materiałami, takimi jak tytan czy włókno szklane, aby zwiększyć odporność na ekstremalne ciśnienia [28].

Okręty podwodne są znane ze swojej zdolności do nurkowania na niezwykłe głębokości, czasami sięgające ponad dwóch mil poniżej powierzchni oceanu. Kluczem do wytrzymania miażdżącego ciśnienia na takich głębokościach jest konstrukcja kadłuba. Kadłub pełni funkcję wodoszczelnej powłoki łodzi podwodnej, chroniąc załogę i sprzęt wewnątrz przed ogromnymi siłami wywieranymi przez wodę. Kadłuby te wykonane są z grubej, solidnej stali, specjalnie zaprojektowanej do wytrzymywania ekstremalnego ciśnienia bez zapadania się [28].

Aby osiągnąć jeszcze większe głębokości, niektóre kadłuby łodzi podwodnych są wzmacniane dodatkowymi warstwami materiałów, takich jak guma. Warstwa ta zapewnia większą wytrzymałość i elastyczność, pozwalając kadłubowi lepiej znosić ogromne ciśnienie doświadczane na większych głębokościach. Ponadto okręty podwodne są wyposażone w specjalistyczne filtry powietrza, które utrzymują czystą i zdatną do oddychania atmosferę wewnątrz jednostki. Filtry te są szczególnie ważne na dużych głębokościach, gdzie powietrze musi być ciągle oczyszczane, aby zapewnić bezpieczeństwo i dobre samopoczucie załogi.

Integralność Konstrukcyjna

Integralność konstrukcyjna kadłuba okrętu podwodnego ma fundamentalne znaczenie dla zdolności jednostki do przetrwania i funkcjonowania w ekstremalnych warunkach podwodnych. Zapewnienie, że kadłub wytrzyma ogromne ciśnienia panujące na dużych głębokościach, stanowi złożone wyzwanie inżynieryjne. Projekt kadłuba

Podstawy Projektowania i Budowy Okrętów Podwodnych

wymaga uwzględnienia licznych aspektów, które równoważą wytrzymałość, wagę, właściwości materiałowe i bezpieczeństwo. Przyjrzyjmy się szczegółom, które zapewniają integralność kadłuba okrętu podwodnego.

Kadłub ciśnieniowy a kadłub zewnętrzny: Integralność konstrukcyjna okrętu podwodnego koncentruje się głównie na kadłubie ciśnieniowym, który stanowi najważniejszą, wodoszczelną część jednostki, zaprojektowaną do wytrzymywania ekstremalnych ciśnień hydrostatycznych na głębokościach operacyjnych. Podczas gdy kadłub zewnętrzny zapewnia efektywność hydrodynamiczną i mieści systemy, takie jak zbiorniki balastowe, nie jest on przeznaczony do wytrzymywania ciśnień głębinowych. Główną funkcją kadłuba ciśnieniowego jest ochrona załogi i systemów poprzez utrzymanie bezpiecznego środowiska wewnętrznego mimo zewnętrznego ciśnienia, które na głębokościach operacyjnych może osiągać setki atmosfer.

Dobór materiałów: Wybór materiału do budowy kadłuba ciśnieniowego ma kluczowe znaczenie. Materiał musi wytrzymywać siły ściskające na głębokościach, a jednocześnie być odporny na zmęczenie podczas licznych cykli zanurzeń. Współczesne kadłuby ciśnieniowe okrętów podwodnych są zazwyczaj wykonane z wysokowytrzymałych stali, takich jak HY-80, HY-100 czy HY-130, gdzie liczba wskazuje wytrzymałość na granicy plastyczności materiału w kilofuntach na cal kwadratowy (ksi). Na przykład HY-80 ma wytrzymałość na granicy plastyczności wynoszącą 80 ksi (około 550 MPa).

Wybór materiałów do budowy kadłubów ciśnieniowych jest kluczowym aspektem projektowania okrętów podwodnych, ponieważ muszą one wytrzymać znaczne ciśnienia hydrostatyczne i zmęczenie podczas licznych cykli nurkowań. Nowoczesne okręty podwodne najczęściej wykorzystują wysokowytrzymałe stale, takie jak HY-80, HY-100 i HY-130, które są specjalnie projektowane do wytrzymywania sił ściskających na dużych głębokościach. Oznaczenie tych materiałów odzwierciedla ich wytrzymałość na granicy plastyczności, przy czym HY-80 ma wytrzymałość na poziomie około 80 ksi (około 550 MPa) [29, 30].

Te stale wykazują połączenie wysokiej wytrzymałości na rozciąganie i odporności na pękanie, co jest niezbędne dla zachowania integralności konstrukcji w ekstremalnych warunkach [30].

Niektóre zaawansowane okręty podwodne wykorzystują także tytan, który oferuje wyższy współczynnik wytrzymałości do masy oraz doskonałą odporność na korozję, co czyni go atrakcyjną alternatywą, mimo znacznie wyższych kosztów [31, 32]. Wykorzystanie tytanu może znacznie poprawić wydajność i trwałość kadłuba, szczególnie w środowiskach narażonych na korozję wywołaną wodą morską [31, 32]. Jednak ekonomiczne konsekwencje stosowania tytanu muszą być starannie rozważone, ponieważ materiał ten znacząco zwiększa koszty budowy okrętu [31, 32].

Oprócz wysokowytrzymałych stali, w zaawansowanych projektach okrętów podwodnych coraz częściej stosuje się tytan. Tytan charakteryzuje się doskonałym stosunkiem wytrzymałości do masy oraz wyjątkową odpornością na korozję, co czyni go atrakcyjną alternatywą, mimo wyższych kosztów [31, 32]. Zastosowanie tytanu może znacznie poprawić wydajność i trwałość kadłubów okrętów podwodnych, szczególnie w środowiskach narażonych na korozję wywołaną wodą morską [31, 32]. Jednak ekonomiczne skutki stosowania tytanu muszą być dokładnie rozważone, ponieważ jego koszt może znacznie zwiększyć całkowite wydatki na budowę okrętu [31, 32].

Projektowanie kadłubów ciśnieniowych wymaga również starannego rozważenia konfiguracji geometrycznych i właściwości materiałowych w celu optymalizacji wydajności. Czynniki takie jak kształt kadłuba, grubość ścian oraz rozmieszczenie usztywnień są kluczowe dla zapewnienia, że kadłub wytrzyma ciśnienia zewnętrzne występujące podczas pracy [33-35]. Badania wykazały, że wydajność strukturalną kadłubów ciśnieniowych można maksymalizować poprzez optymalizację tych parametrów, które bezpośrednio wpływają na zdolność kadłuba do opierania się ciśnieniu hydrostatycznemu i zmęczeniu [34, 35]. Ponadto w analizach numerycznych i metodach elementów skończonych (FEM) powszechnie symuluje się zachowanie różnych materiałów i projektów pod różnymi warunkami obciążenia, co dostarcza wglądu w najbardziej efektywne konfiguracje do zastosowań na dużych głębokościach [36, 37].

W przypadku małoskalowych batyskafów lub komponentów nieciśnieniowych czasami stosuje się włókno szklane i inne materiały kompozytowe, jednak dla głębinowych okrętów wojskowych stal i tytan pozostają podstawowymi materiałami.

Kształt i geometria: Geometria kadłuba ciśnieniowego odgrywa kluczową rolę w utrzymaniu integralności strukturalnej. Najbardziej efektywnym kształtem pod kątem odporności na ciśnienie zewnętrzne jest kula, ponieważ równomiernie rozkłada naprężenia na swojej powierzchni. Jednak okręty podwodne są zazwyczaj projektowane z cylindrycznym kadłubem zakończonym półkulistymi końcówkami. Taka konstrukcja cylindryczna to kompromis między maksymalizacją wewnętrznej przestrzeni, minimalizacją oporu hydrodynamicznego a zapewnieniem wytrzymałości.

Kształt cylindryczny zapewnia dobrą odporność na ciśnienie, choć nie tak skuteczną jak kula, ale oferuje lepsze wykorzystanie przestrzeni wewnętrznej, co jest kluczowe dla pomieszczenia załogi, systemów i uzbrojenia. Półkuliste zakończenia minimalizują koncentrację naprężeń na końcach cylindra, zmniejszając ryzyko awarii strukturalnej.

Grubość kadłuba i ciśnienie: Grubość kadłuba ciśnieniowego jest projektowana tak, aby wytrzymać specyficzne głębokości operacyjne okrętu podwodnego. Na większych głębokościach zewnętrzne ciśnienie znacznie wzrasta, a kadłub musi być wystarczająco gruby, aby oprzeć się temu ciśnieniu bez deformacji. Grubość kadłuba może wynosić od 10 cm do 25 cm (4 do 10 cali) lub więcej, w zależności od użytego materiału, przewidzianej głębokości operacyjnej i innych parametrów projektowych.

Projekt i integralność strukturalna kadłubów ciśnieniowych okrętów podwodnych są kluczowe dla zapewnienia bezpieczeństwa i skuteczności operacyjnej na znacznych głębokościach. Ciśnienie hydrostatyczne zwiększa się o około 1 atmosferę (14,7 psi lub 101 kPa) na każde 10 metrów głębokości, co prowadzi do wartości przekraczających 5000 psi (34,5 MPa) na głębokościach kilkuset metrów [31, 38, 39]. W związku z tym kadłuby ciśnieniowe muszą być projektowane tak, aby wytrzymywały nie tylko normalne warunki operacyjne, ale także ekstremalne sytuacje, takie jak „głębokość zmiażdżenia", gdzie kadłub doświadcza maksymalnego ciśnienia przekraczającego typowe warunki operacyjne [32].

Aby sprostać tym ciśnieniom, projektanci wprowadzają znaczny margines bezpieczeństwa w projekt kadłuba, często sięgający 50% [32, 38]. Margines ten jest niezbędny, aby zapobiec katastrofalnym awariom, które mogłyby wyniknąć z niespodziewanego wzrostu ciśnienia zewnętrznego lub słabości konstrukcyjnych. Materiały i geometria stosowane w budowie kadłubów ciśnieniowych są dobierane w celu optymalizacji wytrzymałości przy jednoczesnej minimalizacji wagi, co jest kluczowe dla poprawy wydajności okrętu podwodnego i jego zdolności do przenoszenia ładunku [31, 35, 36]. Zaawansowane materiały, takie jak struktury kompozytowe, są coraz częściej wykorzystywane ze względu na korzystne stosunki wytrzymałości do masy oraz odporność na wyboczenie przy wysokich ciśnieniach zewnętrznych [40, 41].

Co więcej, proces projektowania obejmuje zaawansowane techniki modelowania numerycznego, pozwalające przewidywać zachowanie kadłuba w różnych warunkach obciążenia. Analiza Metodą Elementów Skończonych (FEA) jest powszechnie stosowana do oceny integralności strukturalnej oraz trybów awarii kadłubów ciśnieniowych, co pozwala upewnić się, że są one w stanie wytrzymać dynamiczne i statyczne obciążenia występujące podczas eksploatacji [36, 42]. Integracja tych metodologii umożliwia optymalizację kształtów kadłuba i konfiguracji materiałowych, zwiększając ogólne bezpieczeństwo i niezawodność operacji podwodnych [34, 43].

Pierścieniowe usztywnienia i ramy: Kadłub ciśnieniowy jest dodatkowo wzmacniany pierścieniowymi usztywnieniami, znanymi również jako ramy T, rozmieszczonymi wzdłuż długości kadłuba. Te usztywnienia działają jak żebra w szkielecie, zapewniając dodatkowe wsparcie przeciwko siłom ściskającym. Pierścieniowe usztywnienia są spawane do powierzchni kadłuba i pomagają równomiernie rozkładać naprężenia, zapobiegając wyboczeniu lub deformacji.

Wyróżnia się dwa główne typy usztywnień: wewnętrzne i zewnętrzne. Usztywnienia wewnętrzne są umieszczane wewnątrz kadłuba ciśnieniowego i wspierają jego integralność strukturalną od środka. Zewnętrzne usztywnienia, z kolei, są montowane na zewnątrz kadłuba ciśnieniowego. Chociaż usztywnienia zewnętrzne zapewniają nieco większą wytrzymałość, są trudniejsze w konserwacji i inspekcji, co może być wadą. Rozstawienie tych usztywnień ma bezpośredni wpływ na zdolność kadłuba do wytrzymywania ciśnienia, a ich rozmieszczenie jest starannie obliczane w celu optymalizacji integralności strukturalnej bez dodawania zbędnej masy.

Zmęczenie i obciążenia cykliczne: Okręty podwodne poddawane są powtarzalnym cyklom obciążenia i odciążenia ciśnieniowego podczas zanurzania i wynurzania. Takie cykliczne obciążenia mogą prowadzić do zmęczenia materiału, w wyniku którego z czasem rozwijają się mikropęknięcia. Jeśli nie są odpowiednio kontrolowane, zmęczenie może osłabić integralność strukturalną kadłuba i doprowadzić do jego awarii.

Aby ograniczyć zmęczenie, inżynierowie projektują kadłub w sposób maksymalnie odporny, wybierając materiały o dobrej odporności na zmęczenie oraz uwzględniając współczynniki bezpieczeństwa w projekcie. Regularne inspekcje i konserwacje są również kluczowe dla wykrywania oznak zmęczenia lub uszkodzeń naprężeniowych, zanim staną się one krytyczne. Jest to szczególnie ważne w przypadku starszych okrętów podwodnych lub tych, które przeszły wiele cykli nurkowania.

Spawanie i produkcja: Integralność kadłuba w dużej mierze zależy również od jakości spawania i produkcji. Spawanie kadłubów ciśnieniowych okrętów podwodnych musi być perfekcyjne, ponieważ jakiekolwiek defekty mogą działać jako koncentratory naprężeń, prowadząc do pęknięć lub awarii pod wpływem ciśnienia. Spawy poddawane są rygorystycznym testom, w tym nieniszczącym technikom badawczym, takim jak ultradźwięki i zdjęcia rentgenowskie, aby upewnić się, że nie ma ukrytych defektów.

W zaawansowanych okrętach podwodnych często stosuje się spawanie wiązką elektronów lub spawanie laserowe w celu stworzenia mocnych, jednolitych połączeń między sekcjami kadłuba ciśnieniowego, minimalizując ryzyko awarii na złączach.

Inspekcja i konserwacja: Ze względu na surowe warunki eksploatacyjne regularne inspekcje kadłuba są niezbędne do utrzymania jego integralności strukturalnej. Powszechnie stosuje się metody badań nieniszczących (NDT), takie jak badania ultradźwiękowe i metoda magnetyczno-proszkowa, w celu wykrywania pęknięć lub osłabień kadłuba. Dodatkowo wszelkie elementy narażone na duże naprężenia, takie jak usztywnienia i spawy, są dokładnie monitorowane pod kątem oznak zmęczenia lub uszkodzeń.

Ściśle przestrzegane są harmonogramy przeglądów i konserwacji, zwłaszcza w przypadku okrętów podwodnych, które były intensywnie użytkowane lub operują na dużych głębokościach. Wczesne wykrycie i naprawa problemów są kluczowe dla zapobiegania katastrofalnym awariom.

Głębokość zgniotu: Każdy okręt podwodny ma określoną głębokość zgniotu, czyli głębokość, na której kadłub ciśnieniowy nie jest już w stanie wytrzymać zewnętrznego ciśnienia i zaczyna się zapadać. Głębokość zgniotu zazwyczaj znacznie przekracza operacyjną głębokość okrętu, zapewniając znaczący margines bezpieczeństwa. Jednak dokładna głębokość zgniotu wojskowych okrętów podwodnych jest zazwyczaj informacją tajną. Konstrukcja kadłuba ciśnieniowego musi gwarantować bezpieczne działanie okrętu na znacznie mniejszych głębokościach niż ten krytyczny limit.

Redundancja i elementy bezpieczeństwa: Okręty podwodne są projektowane z systemami redundantnymi, aby nawet w przypadku uszkodzenia części kadłuba jednostka mogła zachować swoją integralność. Podział na przedziały wodoszczelne, gdzie okręt podwodny jest podzielony na kilka sekcji wodoszczelnych, zapewnia, że naruszenie jednej części okrętu nie musi prowadzić do utraty całej jednostki. W przypadku zalania przedziały te mogą zostać uszczelnione, dając załodze dodatkowy czas na naprawę uszkodzenia lub bezpieczne wynurzenie.

Integralność strukturalna kadłuba okrętu podwodnego jest wynikiem starannego doboru materiałów, geometrii, wzmocnień oraz czynników bezpieczeństwa. Kadłub ciśnieniowy musi wytrzymywać ogromne ciśnienia na dużych głębokościach, opierać się zmęczeniu wynikającemu z powtarzających się zanurzeń i pozostawać wytrzymałym w obliczu obciążeń operacyjnych. Dzięki zastosowaniu zaawansowanych materiałów, nowoczesnych technik projektowania i precyzyjnych standardów konstrukcyjnych współczesne okręty podwodne są projektowane tak, aby działały bezpiecznie w jednych z najtrudniejszych środowisk na Ziemi. Zapewnienie wytrzymałości i integralności kadłuba jest kluczowe dla przetrwania załogi oraz pomyślnego wykonania misji, co czyni ten element podstawą konstrukcji okrętów podwodnych.

Obciążenia

Około 40% procesu projektowania okrętu podwodnego skupia się na jego konstrukcji, co odzwierciedla kluczowe znaczenie zapewnienia integralności jednostki w ekstremalnych warunkach. Proces ten nie dotyczy jedynie wytrzymałości okrętu, ale jest ściśle powiązany z różnymi aspektami funkcjonalnymi, co sprawia, że jest to jedna z najbardziej czasochłonnych faz projektowania. Projektowanie konstrukcji rozpoczyna się od identyfikacji różnych obciążeń, na jakie okręt podwodny będzie narażony podczas swoich misji. Każdy typ obciążenia wpływa na kluczowe decyzje projektowe [44].

Pierwszym głównym rodzajem obciążeń są obciążenia związane z ciśnieniem zanurzeniowym. Głębokość jest jednym z najistotniejszych kryteriów projektowych dla okrętów podwodnych. Kadłub ciśnieniowy, jako główny element konstrukcyjny, musi wytrzymać ogromne zewnętrzne ciśnienie hydrostatyczne występujące na dużych głębokościach. Kadłub jest zaprojektowany tak, aby wytrzymać zgniecenie na określonej głębokości, znanej jako głębokość zgniecenia, obliczanej z uwzględnieniem współczynnika bezpieczeństwa. Ten współczynnik jest stosowany względem maksymalnej głębokości operacyjnej (MOD) lub głębokości służbowej, aby zapewnić, że okręt podwodny może przetrwać poza swoimi normalnymi limitami operacyjnymi. Na przykład współczynnik bezpieczeństwa wynoszący 1,5 oznacza, że okręt nie powinien przekraczać głębokości służbowej, podczas gdy wyższy współczynnik, taki jak 2,5, pozwala na głębsze zanurzenie w sytuacjach awaryjnych. Ciśnienie hydrostatyczne na głębokości zgniecenia staje się ciśnieniem projektowym, a wszystkie obliczenia dotyczące kadłuba ciśnieniowego są oparte na tym ciśnieniu [44].

Innym istotnym obciążeniem, które musi wytrzymać okręt podwodny, są obciążenia udarowe. Okręty podwodne muszą być odporne na siły generowane przez podwodne detonacje, takie jak miny czy duże podwodne pęcherze gazowe. Fizyka wybuchów pod wodą różni się znacząco od wybuchów w powietrzu. Po detonacji fala uderzeniowa rozchodzi się na zewnątrz, rozszerzając się, aż wewnętrzne ciśnienie wyrówna się z zewnętrznym ciśnieniem hydrostatycznym wody. Następnie nierównowaga ciśnienia powoduje skurcz wybuchu do środka, tworząc chmurę pęcherzy gazu, która wielokrotnie rozszerza się i kurczy, aż energia wybuchu zostanie rozproszona. Proces ten generuje serię fal uderzeniowych, które okręt podwodny musi wytrzymać, a nie tylko pojedyncze uderzenie [44].

Ponadto te powtarzające się fale uderzeniowe mogą stwarzać unikalne zagrożenie dla okrętów podwodnych. Chmura wybuchu może wywołać efekt ssania, wciągając okręt w stronę centrum wybuchu. Jest to szczególnie niebezpieczne, jeśli wybuch nastąpi poniżej okrętu, ponieważ może to prowadzić do głębszego zanurzenia jednostki, zwiększając ciśnienie hydrostatyczne i dodatkowo obciążając kadłub. Wibracje generowane przez fale uderzeniowe rozchodzą się również przez konstrukcję okrętu, skracając żywotność materiałów i potencjalnie powodując rezonans, który może prowadzić do katastrofalnej awarii konstrukcji [44].

Oprócz ciśnienia zanurzeniowego i obciążeń udarowych, okręty podwodne muszą również radzić sobie z innymi obciążeniami. Podobnie jak statki nawodne, okręty podwodne doświadczają podłużnych obciążeń zginających podczas wynurzenia oraz poprzecznych sił ścinających działających na kadłub wskutek działania fal. Obciążenia skrętne mogą również wynikać z ruchu skręcającego wywołanego falami. Silniki okrętu generują lokalne wibracje podłużne i skrętne, które muszą być utrzymywane w dopuszczalnych granicach, aby zapobiec uszkodzeniom lub nadmiernemu zużyciu konstrukcji. Te siły zwiększają wyzwania projektowe, wymagając od okrętu podwodnego zachowania integralności strukturalnej w różnych warunkach środowiskowych i operacyjnych [44].

Projektowanie konstrukcji okrętu podwodnego to skomplikowany proces, który musi uwzględniać liczne rodzaje obciążeń – od ciśnienia hydrostatycznego na dużych głębokościach po fale uderzeniowe generowane przez podwodne eksplozje i siły działające na powierzchni. Kadłub ciśnieniowy musi być zaprojektowany tak, aby wytrzymać te ekstremalne siły, jednocześnie zachowując równowagę między wagą, wytrzymałością materiałów a współczynnikami bezpieczeństwa.

Wytrzymałość kadłuba ciśnieniowego

Wytrzymałość kadłuba ciśnieniowego okrętu podwodnego jest kluczowa dla zdolności jednostki do wytrzymania ogromnych sił, jakie występują pod wodą, zwłaszcza ciśnienia hydrostatycznego na głębokości. Kadłub ciśnieniowy ma zazwyczaj kształt cylindryczny, a gdy okręt jest zanurzony, podlega różnym naprężeniom — przede wszystkim naprężeniom wzdłużnym i obwodowym (naprężeniom obręczowym). Naprężenia te muszą być starannie kontrolowane, aby zapobiec awarii konstrukcji, takiej jak wyboczenie, które mogłoby być katastrofalne dla jednostki.

Naprężenia wzdłużne w kadłubie ciśnieniowym

W warunkach zanurzenia cylindryczny kadłub ciśnieniowy doświadcza naprężeń ściskających wzdłuż osi podłużnej. Naprężenia te są około dwa razy mniejsze od naprężeń obręczowych, które działają wokół obwodu cylindra. Wyrażenie używane do obliczenia naprężeń wzdłużnych pozwala określić wymaganą grubość kadłuba oraz wymiary (parametry wytrzymałościowe) usztywnień potrzebnych do zapobiegania wyboczeniu i awarii kadłuba ciśnieniowego.

Naprężenie wzdłużne jest funkcją ciśnienia zewnętrznego (które wzrasta wraz z głębokością), promienia kadłuba ciśnieniowego oraz grubości blachy kadłuba. Matematycznie można je wyrazić jako:

$$\sigma_L = \frac{p \cdot r}{2 \cdot t}$$

Gdzie:

- σ_L = naprężenie wzdłużne (w Pa lub MPa),
- p = ciśnienie zewnętrzne (w Pa),
- r = promień wewnętrzny kadłuba (w metrach),
- t = grubość blachy kadłuba (w metrach).

Obliczenia te pomagają projektantom określić wymaganą grubość i wytrzymałość materiału kadłuba, aby zapewnić bezpieczeństwo i niezawodność w głębokowodnych operacjach.

Rola Projektanta Okrętów Podwodnych

Podstawy Projektowania i Budowy Okrętów Podwodnych

Projektant okrętów podwodnych odgrywa kluczową rolę w określaniu grubości kadłuba ciśnieniowego. Decyzja ta zależy od wielu czynników, z których dwa główne to ciśnienie zewnętrzne i promień kadłuba ciśnieniowego.

1. **Ciśnienie zewnętrzne (ciśnienie hydrostatyczne):** Jest ono określane przez głębokość, na której okręt podwodny operuje, szczególnie głębokość krytyczną (collapse depth), która jest specyfikowana w kontrakcie. Głębokość krytyczna to wartość ustalona na podstawie przewidywanej głębokości operacyjnej okrętu i marginesu bezpieczeństwa. Ciśnienie hydrostatyczne na tej głębokości staje się ciśnieniem zewnętrznym używanym w obliczeniach.

2. **Promień kadłuba ciśnieniowego:** Promień kadłuba ciśnieniowego jest parametrem stałym, ustalanym przez klienta na podstawie wymagań dotyczących rozmiaru okrętu. Projektant nie może zmienić tego parametru, lecz musi pracować w jego ramach.

Głównym zadaniem projektanta jest obliczenie minimalnej grubości kadłuba ciśnieniowego potrzebnej do utrzymania naprężeń w bezpiecznych granicach, przy założeniu określonego materiału i warunków operacyjnych. Grubość ta jest określana na podstawie granicy plastyczności materiału, czyli poziomu naprężeń, przy którym materiał zaczyna odkształcać się trwale. Na podstawie tej granicy projektant wylicza grubość, która zapobiega przekroczeniu dopuszczalnych naprężeń ściskających wzdłużnie.

Wnioski wynikające z równania

Na podstawie zależności między naprężeniem, grubością kadłuba i innymi czynnikami można wyciągnąć kilka istotnych obserwacji:

1. **Wpływ średnicy na grubość kadłuba:** Przy stałej maksymalnej głębokości operacyjnej (MOD) okręt podwodny o większej średnicy wymaga grubszej powłoki kadłuba ciśnieniowego niż okręt o mniejszej średnicy. Wynika to z faktu, że większy promień zwiększa wielkość naprężeń przy tym samym ciśnieniu zewnętrznym, co wymaga grubszej powłoki, aby zapewnić integralność strukturalną.

2. **Wybór materiału:** Minimalną grubość kadłuba ciśnieniowego można zmniejszyć, stosując materiały o wyższej granicy plastyczności. Jest to korzystne, ponieważ zmniejszenie grubości obniża całkowitą masę okrętu, poprawiając jego pływalność i potencjalnie zmniejszając zużycie paliwa. Jednak materiały o wyższej granicy plastyczności, takie jak tytan, są znacznie droższe od standardowych materiałów, takich jak stal. Dlatego wybór materiału musi być kompromisem między kosztami, wydajnością i wagą.

Usztywnienia pierścieniowe i odporność na wyboczenie

Kadłub ciśnieniowy absorbuje wszystkie siły w kierunku wzdłużnym, ale jest podatny na wyboczenie pod wpływem naprężeń obwodowych, szczególnie na dużych głębokościach. Aby temu zapobiec, do kadłuba ciśnieniowego spawane są usztywnienia pierścieniowe, często w formie profili typu T.

Usztywnienia te zapewniają dodatkowe wsparcie strukturalne, szczególnie przeciwko siłom wyboczeniowym działającym w kierunku obwodowym. Działają one w połączeniu z powłoką kadłuba ciśnieniowego, aby absorbować naprężenia i równomiernie je rozkładać, zmniejszając ryzyko wyboczenia. Chociaż sama powłoka kadłuba absorbuje naprężenia wzdłużne, usztywnienia pierścieniowe są kluczowe dla utrzymania kształtu i integralności kadłuba pod wpływem obwodowego ściskania. Kadłub i usztywnienia razem tworzą zintegrowaną strukturę zdolną do wytrzymywania ekstremalnych ciśnień głębinowych.

Tryby awarii

Okręty podwodne są precyzyjnie projektowane, aby działać w określonych granicach głębokości, znanych jako ich *design envelope*, który obejmuje zakres głębokości operacyjnych oraz maksymalną głębokość operacyjną (MOD). MOD jest określana na podstawie wytrzymałości materiałów, konstrukcji kadłuba ciśnieniowego oraz licznych współczynników bezpieczeństwa wbudowanych w projekt okrętu. Jednak przekroczenie granic projektu i zbliżenie się do głębokości krytycznej może prowadzić do katastrofalnych skutków [27].

Koncepcja głębokości krytycznej i trybów awarii

Głębokość krytyczna (*crush depth*) to punkt, w którym zewnętrzne ciśnienie hydrostatyczne staje się większe niż wytrzymałość kadłuba ciśnieniowego, co prowadzi do awarii strukturalnej. W nowoczesnych okrętach podwodnych do zniszczenia kadłuba ciśnieniowego dochodzi zazwyczaj poprzez wyboczenie, które może przybierać różne formy w zależności od rozkładu sił i rozmieszczenia pierścieniowych usztywnień kadłuba [27].

Tryb 1: Symetryczne wyboczenie

W trybie 1 kadłub ciśnieniowy pomiędzy usztywnieniami (T-frame) doświadcza symetrycznego wyboczenia, w którym kadłub ugina się do wewnątrz równomiernie wokół swojej obwodu. Ten typ awarii jest zazwyczaj lokalny i ogranicza się do niewielkiego obszaru pomiędzy dwoma blisko rozmieszczonymi usztywnieniami. Deformacja w tym przypadku nie prowadzi od razu do całkowitego zniszczenia okrętu, ale osłabia integralność kadłuba w danym miejscu. Symetryczne wyboczenie występuje częściej, gdy usztywnienia T są rozmieszczone blisko siebie, co zwiększa wsparcie dla kadłuba.

Tryb 2: Wyboczenie falowe

Tryb 2 wyboczenia pojawia się, gdy usztywnienia T są rozmieszczone dalej od siebie. W tym przypadku kadłub ciśnieniowy ugina się w falowy wzór obejmujący dwa lub więcej kolejnych segmentów. Jeden segment kadłuba ugina się do wewnątrz, podczas gdy następny segment ugina się na zewnątrz, tworząc powtarzalny wzór deformacji. Choć ten tryb awarii również jest lokalny i może nie prowadzić od razu do katastrofy, stanowi większe ryzyko niż tryb 1 ze względu na większy obszar objęty deformacją. Powtarzające się wyboczenie falowe może z czasem prowadzić do dalszych deformacji i ostatecznie osłabić całą konstrukcję.

Tryb 3: Całkowita awaria

W trybie 3 zarówno usztywnienia T, jak i kadłub ciśnieniowy ulegają deformacji jednocześnie. Ten tryb nie jest lokalny; obejmuje duże sekcje kadłuba, które zapadają się naraz, zazwyczaj na przestrzeni kilku usztywnień pierścieniowych. W wyniku tej awarii kadłub ciśnieniowy traci zdolność do utrzymania kształtu, co prowadzi do gwałtownej i katastrofalnej implozji. Tryb 3 wyboczenia oznacza całkowitą utratę jednostki i załogi.

Czynniki przyczyniające się do awarii poza projektem

Choć konstrukcja kadłuba ciśnieniowego jest kluczowa dla zapewnienia integralności okrętu pod wpływem ciśnienia, inne czynniki mogą prowadzić do awarii strukturalnych, nawet zanim okręt osiągnie granice swojego projektu. Do tych czynników należą [27]:

- **Wady produkcyjne:** Nieregularne ramy, nieprawidłowe spawy oraz niedokładności konstrukcyjne mogą wprowadzać słabe punkty w kadłubie ciśnieniowym. Wady te mogą zmniejszyć zdolność kadłuba do wytrzymywania ciśnienia, zwiększając ryzyko wyboczenia.

- **Problemy eksploatacyjne:** Z czasem okręty podwodne ulegają zużyciu wynikającemu z wielokrotnych cykli zanurzania, co może prowadzić do powstawania pęknięć i innych uszkodzeń związanych z naprężeniami. Zmęczenie materiału, niewystarczające naprawy lub konserwacja oraz nadmierna korozja, szczególnie w trudno dostępnych miejscach, mogą osłabić integralność strukturalną kadłuba.

- **Koncentracja naprężeń:** Nagłe zmiany średnicy kadłuba, takie jak w punktach połączeń pomiędzy różnymi przedziałami, mogą powodować koncentrację naprężeń, czyli miejsca, w których siły działające na kadłub są amplifikowane. Obszary te są szczególnie narażone na wyboczenie, jeśli nie zostały odpowiednio zaprojektowane lub utrzymane.

Przykład z rzeczywistego świata: Incydent USS Thresher

Tragicznym przykładem zapadnięcia się kadłuba okrętu podwodnego jest utrata USS *Thresher* (SSN-593) podczas prób głębinowych 9 kwietnia 1963 roku. Okręt przechodził testy na dużych głębokościach (około 400 metrów), kiedy doszło do katastrofalnej awarii, w wyniku której zginęło wszystkich 129 członków załogi. Choć dokładna przyczyna awarii pozostaje nieznana, analiza akustyczna z 2013 roku wykazała, że kadłub ciśnieniowy najprawdopodobniej zapadł się na głębokości 730 metrów—niemal dwukrotnie większej niż jego głębokość testowa [27].

Incydent uwypuklił zagrożenia związane z przekraczaniem granic projektu okrętu podwodnego oraz podkreślił znaczenie integralności strukturalnej w projektowaniu okrętów podwodnych. Mimo katastrofy, awaria *Threshera* wykazała również poziom redundancji wbudowany w jego konstrukcję, ponieważ okręt wytrzymał ciśnienia znacznie przekraczające jego operacyjne limity, zanim doszło do zapadnięcia. W wyniku tego wydarzenia powstał program SUBSAFE, kompleksowy program bezpieczeństwa wdrożony przez Marynarkę Wojenną USA, mający na celu zapewnienie, że okręty podwodne przechodzą rygorystyczne testy, konserwację i kontrolę jakości, aby zapobiec takim awariom w przyszłości [27].

Przekroczenie maksymalnej głębokości projektowej okrętu podwodnego jest sytuacją zagrażającą życiu, ponieważ kadłub ciśnieniowy jest poddawany ekstremalnym siłom, do których nie został zaprojektowany. Potencjalne tryby awarii—od lokalnego symetrycznego wyboczenia po całkowitą katastrofę—podkreślają krytyczne znaczenie precyzyjnej inżynierii, solidnych materiałów i rygorystycznej kontroli jakości podczas budowy. Choć czynniki projektowe odgrywają kluczową rolę w zapobieganiu awariom, takie kwestie jak wady produkcyjne, zmęczenie materiału i koncentracje naprężeń muszą być starannie monitorowane przez cały okres eksploatacji jednostki.

Lekcje wyciągnięte z incydentów takich jak USS *Thresher* nadal kształtują projektowanie i eksploatację okrętów podwodnych, zapewniając najwyższe możliwe standardy bezpieczeństwa i wydajności w środowiskach głębinowych.

Oprócz trzech podstawowych trybów awarii omówionych wcześniej, kadłub ciśnieniowy może doświadczyć kilku innych typów awarii strukturalnych, które są równie niepokojące. Te dodatkowe tryby awarii, choć rzadziej omawiane, stanowią istotne ryzyko w projektowaniu i eksploatacji okrętu podwodnego [44].

Ogólna niestabilność elementów kadłuba ciśnieniowego

Stabilność kadłuba ciśnieniowego okrętu podwodnego w dużej mierze zależy od precyzji jego projektu, w tym właściwych technik spawalniczych oraz dokładnych obliczeń wymiarów elementów konstrukcyjnych (tzw. scantlings). Ogólna niestabilność odnosi się do potencjalnych awarii w powłoce kadłuba ciśnieniowego, ramach okrągłych, grodziach lub pokładach spowodowanych niedokładnościami w projektowaniu lub budowie. Na przykład niewłaściwe spawanie może tworzyć słabe punkty lub defekty w strukturze, prowadząc do lokalnych awarii, które początkowo mogą być ograniczone do małego obszaru, ale z czasem mogą rozprzestrzenić się na wiele ram lub innych elementów. Podobnie błędy w obliczaniu wymiarów mogą skutkować niewystarczającym wzmocnieniem kluczowych sekcji, powodując wyboczenia lub odkształcenia pod wpływem ciśnienia. Takie lokalne niestabilności mogą rozprzestrzeniać się wzdłuż kadłuba, zagrażając integralności całego okrętu podwodnego.

Wyboczenie typu snap-through grodzi

Kolejnym trybem awarii jest wyboczenie typu snap-through, które może wystąpić szczególnie w przedniej eliptycznej grodzi (kopule) lub tylnej stożkowej grodzi. Te elementy okrętu podwodnego, różniące się kształtem od głównego cylindrycznego kadłuba, są poddawane zmiennym obciążeniom ściskającym podczas głębokich zanurzeń. Różnice w geometrii i sposobie rozkładu sił na tych zakrzywionych powierzchniach sprawiają, że są one bardziej podatne na nagłe wyboczenie, zwłaszcza w warunkach wysokiego ciśnienia. Wyboczenie typu snap-through następuje, gdy te grodzie nagle zapadają się lub ulegają wyboczeniu pod wpływem obciążeń ściskających, co prowadzi do gwałtownej awarii. Ze względu na wysokie koncentracje naprężeń w tych obszarach, awarie w tym miejscu mogą mieć poważne konsekwencje, potencjalnie prowadząc do odkształceń sąsiadujących struktur i osłabienia zdolności kadłuba ciśnieniowego do utrzymania integralności.

Zmęczenie niskocyklowe i propagacja pęknięć

Okręty podwodne są poddawane powtarzającym się cyklom naprężeń podczas zanurzania i wynurzania, co naraża kadłub na zmęczenie niskocyklowe. Ten rodzaj zmęczenia występuje przy stosunkowo niewielkiej liczbie cykli, ale z dużymi wahaniami naprężeń, co jest powszechne w kadłubach ciśnieniowych, które wielokrotnie doświadczają zmian ciśnienia podczas zanurzania i wynurzania. Z czasem zmęczenie to może prowadzić do powstawania pęknięć w strukturze. Pęknięcia te zazwyczaj zaczynają się jako niewielkie, ale mogą się rozprzestrzeniać, jeśli nie zostaną wykryte i naprawione. W miarę rozprzestrzeniania się pęknięć zmniejsza się integralność strukturalna kadłuba, co czyni go bardziej podatnym na katastrofalną awarię pod ekstremalnymi ciśnieniami głębinowymi. Monitorowanie i naprawa pęknięć spowodowanych zmęczeniem to kluczowy element konserwacji okrętów podwodnych, aby zapobiec przekształceniu tego trybu awarii w poważne zagrożenie.

Koncentracja naprężeń w miejscach nieciągłości

Koncentracje naprężeń występują w obszarach, w których następują nagłe zmiany kształtu lub geometrii struktury okrętu podwodnego. Przykładem może być połączenie cylindrycznego kadłuba ciśnieniowego z tylną częścią stożkową lub przednią eliptyczną. W tych miejscach zmiana kształtu tworzy nieciągłości, które skupiają naprężenia w mniejszych obszarach. To lokalne zwiększenie naprężeń może prowadzić do awarii strukturalnych w tych połączeniach, zwłaszcza jeśli kadłub jest poddawany wysokim ciśnieniom zewnętrznym lub jeśli w tych krytycznych punktach występują wady materiałowe lub spawalnicze. Projektowanie tych przejść musi być starannie zoptymalizowane w celu minimalizacji koncentracji naprężeń, często poprzez zastosowanie materiałów wzmacniających lub bardziej stopniowych zmian geometrii w celu równomiernego rozłożenia naprężeń.

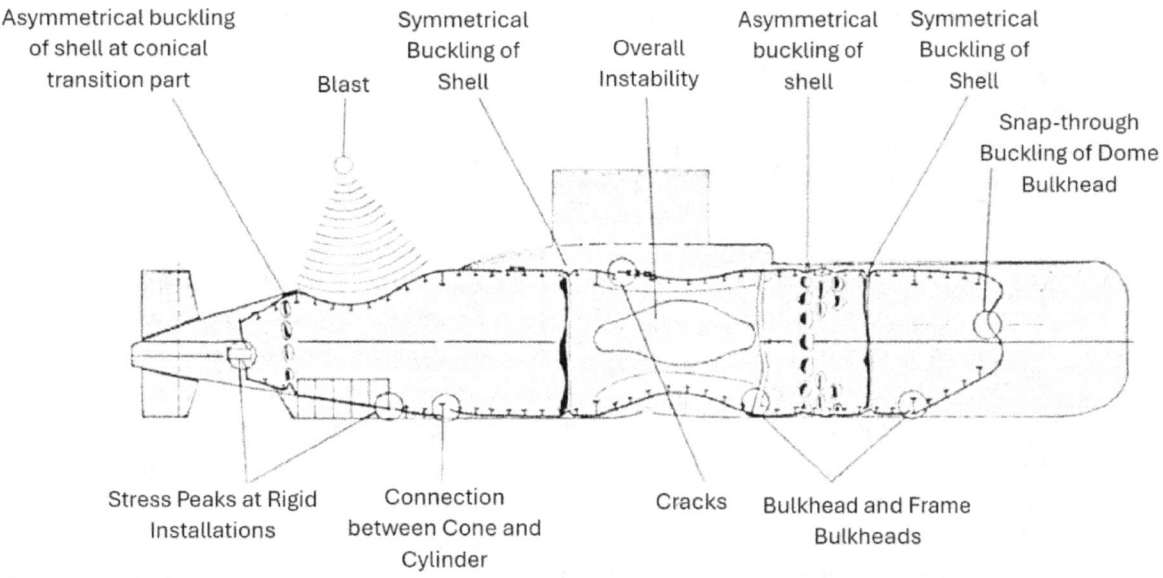

Rysunek 26: Formy awarii kadłuba ciśnieniowego okrętu podwodnego.

Te dodatkowe tryby awarii podkreślają złożoność i precyzję wymaganą przy projektowaniu i budowie okrętów podwodnych. Każdy potencjalny punkt awarii musi zostać uwzględniony zarówno na etapie projektowania, jak i podczas całego okresu eksploatacji okrętu. Od zapewnienia stabilności kadłuba ciśnieniowego i jego komponentów, przez zarządzanie koncentracją naprężeń, po ryzyko powstawania pęknięć zmęczeniowych — inżynierowie muszą równoważyć różne czynniki, aby zagwarantować bezpieczną eksploatację okrętu pod ogromnym ciśnieniem głębinowym. Odpowiednie projektowanie, kontrola jakości podczas produkcji oraz rygorystyczne utrzymanie są kluczowe dla zapobiegania tym trybom awarii, które mogłyby zagrozić bezpieczeństwu i skuteczności jednostki.

Dynamika Kadłuba Ciśnieniowego i Zewnętrznego

Kadłub ciśnieniowy i zewnętrzny to dwa najważniejsze komponenty strukturalne okrętu podwodnego, z których każdy odgrywa odrębną, ale wzajemnie powiązaną rolę w ogólnej funkcjonalności, wydajności i przetrwaniu jednostki. Ich konstrukcja i interakcja są kluczowe dla zapewnienia, że okręt podwodny może bezpiecznie działać na dużych głębokościach, utrzymywać pływalność, efektywnie nawigować oraz wytrzymywać ogromne ciśnienia podwodne.

Dynamika kadłubów ciśnieniowych i zewnętrznych ma kluczowe znaczenie w projektowaniu i eksploatacji pojazdów podwodnych, szczególnie okrętów podwodnych i autonomicznych pojazdów podwodnych (AUV). Kadłuby ciśnieniowe są specjalnie zaprojektowane, aby wytrzymać ogromne ciśnienia hydrostatyczne spotykane na dużych głębokościach, podczas gdy kadłuby zewnętrzne muszą radzić sobie z różnymi siłami środowiskowymi, w tym obciążeniami hydrodynamicznymi i potencjalnymi uderzeniami o przeszkody podwodne.

Kadłub ciśnieniowy jest podstawowym elementem strukturalnym okrętu podwodnego. Jest zaprojektowany, aby wytrzymać ekstremalne ciśnienia hydrostatyczne wywierane na okręt podczas zanurzania na większe głębokości. Kadłub ciśnieniowy tworzy wodoszczelną granicę, która chroni załogę, maszyny i systemy w środowisku chronionym, umożliwiając okrętowi podwodnemu operowanie na dużych głębokościach bez ryzyka zgniecenia przez ciśnienie wody.

Kadłuby ciśnieniowe są głównie zaprojektowane, aby opierać się siłom ściskającym spowodowanym ciśnieniem hydrostatycznym, które na dużych głębokościach może osiągać wartości nawet 65 barów [36]. Integralność strukturalna tych kadłubów zależy od wielu czynników, w tym konfiguracji geometrycznych, takich jak kształt kadłuba, układ usztywnień i grubość ścian, a także od wyboru materiałów konstrukcyjnych [33]. Najbardziej efektywne geometrie do opierania się ciśnieniom zewnętrznym obejmują przekroje pierścieniowe, często realizowane poprzez kombinację stożków i cylindrów usztywnionych pierścieniowo, zakończonych kopułami torosferycznymi lub sferycznymi [36]. Optymalizacja projektowa tych kadłubów jest kluczowa nie tylko dla bezpieczeństwa, ale również dla poprawy wydajności operacyjnej, ponieważ minimalizacja masy przy jednoczesnym maksymalizowaniu wytrzymałości może znacznie poprawić współczynnik pływalności pojazdu i jego ogólną wydajność [31, 38].

Dynamika kadłuba ciśnieniowego polega głównie na jego zdolności do opierania się siłom ściskającym. W miarę jak okręt podwodny zanurza się głębiej, ciśnienie wody znacząco rośnie, a kadłub ciśnieniowy doświadcza naprężeń wzdłużnych (wzdłuż długości kadłuba) i obwodowych (naprężeń okrężnych). Cylindryczny kształt kadłuba jest kluczowy dla równomiernego rozkładu tych sił na całej powierzchni, zapewniając integralność strukturalną wobec obciążeń ściskających.

Jednak kadłub ciśnieniowy musi uwzględniać kilka dynamicznych czynników:

Podstawy Projektowania i Budowy Okrętów Podwodnych

1. **Wytrzymałość i grubość materiału:** Materiał używany do budowy kadłuba ciśnieniowego, zwykle wysokowytrzymała stal lub tytan, jest wybierany ze względu na zdolność do wytrzymywania ciśnienia zewnętrznego bez deformacji. Grubość kadłuba jest funkcją maksymalnej głębokości operacyjnej okrętu podwodnego. W miarę jak okręt zanurza się, ciśnienie zewnętrzne rośnie wykładniczo, dlatego kadłub musi mieć odpowiednią grubość, aby oprzeć się temu ciśnieniu i uniknąć zgniecenia.

2. **Zmęczenie materiału i cykle obciążenia:** Okręty podwodne działają w warunkach cyklicznego obciążenia, co oznacza, że podlegają powtarzającym się cyklom ciśnienia podczas zanurzania i wynurzania. Takie powtarzające się obciążenia mogą prowadzić do zmęczenia materiału, gdzie mikroskopijne pęknięcia mogą się rozwijać i propagować w czasie, potencjalnie prowadząc do awarii. Zarządzanie zmęczeniem jest kluczowym aspektem dynamiki kadłuba ciśnieniowego, a materiały i techniki projektowania są dobierane w celu wydłużenia czasu eksploatacji kadłuba w takich warunkach.

3. **Ryzyko wyboczenia:** Kadłub ciśnieniowy jest również podatny na wyboczenie, szczególnie w pobliżu głębokości zgniotu – punktu, w którym ciśnienie zewnętrzne przekracza wytrzymałość konstrukcyjną kadłuba. Właściwe usztywnienie, często w postaci ram T lub usztywnień pierścieniowych, jest zintegrowane z projektem, aby zapobiec wyboczeniu i zapewnić, że kadłub utrzyma swój kształt pod wpływem ciśnienia.

4. **Temperatura i czynniki środowiskowe:** Kadłub ciśnieniowy jest narażony na zmienne warunki środowiskowe, w tym zmiany temperatury podczas przemieszczania się okrętu przez różne warstwy oceanu. Niskie temperatury na ekstremalnych głębokościach mogą wpływać na właściwości materiału kadłuba, czyniąc go bardziej kruchym i podatnym na pękanie lub wyboczenie. Kadłub musi być zatem zaprojektowany tak, aby skutecznie działał w szerokim zakresie warunków termicznych.

Podatność kadłubów ciśnieniowych na wyboczenie w ekstremalnych warunkach stanowi istotne wyzwanie. Badania wykazały, że okrągłość kadłuba ma wpływ na jego wytrzymałość na wyboczenie – odchylenia od idealnej geometrii zwiększają podatność na wysokie naprężenia ściskające [45]. Proces projektowania musi również uwzględniać różne kryteria awarii, w tym plastyczność i niestabilność, aby zapewnić, że kadłub wytrzyma ciśnienia operacyjne bez utraty integralności strukturalnej [31, 38]. Zaawansowane narzędzia obliczeniowe, takie jak analiza metodą elementów skończonych (FEA), są często wykorzystywane do symulacji i przewidywania zachowania kadłubów ciśnieniowych w różnych warunkach obciążenia, co pozwala podejmować bardziej świadome decyzje projektowe [36, 38].

W przeciwieństwie do kadłuba ciśnieniowego, dynamika kadłuba zewnętrznego obejmuje interakcję kadłuba z otaczającą wodą, co może prowadzić do złożonych zjawisk hydrodynamicznych. Kadłub zewnętrzny musi być zaprojektowany tak, aby skutecznie zarządzać tymi interakcjami, ponieważ jego wytrzymałość strukturalna musi przewyższać siły zewnętrzne, aby zapobiec katastrofalnym awariom, szczególnie w ekstremalnych warunkach morskich [46]. Dynamika napędu okrętu i interakcja kadłuba z wodą są również kluczowe, ponieważ wpływają na ogólną stabilność i manewrowość jednostki [47]. Dodatkowo czynniki środowiskowe, takie jak porastanie przez mikroorganizmy czy korozja, mogą osłabić integralność kadłuba zewnętrznego, co wymaga regularnej konserwacji i monitorowania [48, 49].

Kadłub zewnętrzny, znany również jako lekki kadłub, pełni inną funkcję niż kadłub ciśnieniowy. Zwykle nie jest odporny na ciśnienie i jest zaprojektowany tak, aby zapewniać efektywność hydrodynamiczną oraz mieścić systemy nieciśnieniowe, takie jak zbiorniki balastowe i urządzenia sonarowe. Kadłub zewnętrzny otacza kadłub ciśnieniowy i inne podsystemy, tworząc zewnętrzną powłokę okrętu podwodnego.

Na projekt i funkcjonowanie kadłuba zewnętrznego wpływa kilka czynników dynamicznych:

1. **Wydajność hydrodynamiczna:** Kadłub zewnętrzny odgrywa kluczową rolę w redukcji oporu podczas ruchu okrętu podwodnego w wodzie. Opływowy kształt minimalizuje opór, pozwalając okrętowi na efektywne poruszanie się, oszczędność energii i ciche działanie. Hydrodynamika kadłuba zewnętrznego wpływa również na manewrowość i prędkość okrętu, szczególnie podczas operacji podwodnych. Projektanci często stosują profil lotniczy dla struktur kiosku i płetw, aby zoptymalizować wydajność i zmniejszyć turbulencje wody.

2. **Przestrzenie zalewowe i kontrola pływalności:** W przeciwieństwie do kadłuba ciśnieniowego, przestrzenie pomiędzy kadłubem zewnętrznym a ciśnieniowym, znane jako przestrzenie zalewowe, są często wypełniane wodą, gdy okręt podwodny jest zanurzony. Obszary te są podzielone na główne zbiorniki balastowe (MBT), które odgrywają kluczową rolę w kontrolowaniu pływalności okrętu. Podczas zanurzania MBT są zalewane wodą, zwiększając wagę jednostki i pozwalając jej zatonąć. Przy wynurzaniu sprężone powietrze wypiera wodę ze zbiorników balastowych, przywracając pływalność i unosząc okręt na powierzchnię.

3. **Interakcja z kadłubem ciśnieniowym:** Choć kadłub zewnętrzny nie jest zaprojektowany do wytrzymywania ciśnienia, jego interakcja z kadłubem ciśnieniowym ma kluczowe znaczenie dla ogólnej stabilności okrętu podwodnego. Kadłub zewnętrzny zapewnia wsparcie strukturalne dla różnych systemów i chroni kadłub ciśnieniowy przed bezpośrednim kontaktem ze środowiskiem, takim jak nierówne dna morskie czy unoszące się odłamki. Kształt kadłuba zewnętrznego wpływa również na przepływ wody wokół kadłuba ciśnieniowego, co ma znaczenie dla akustycznej dyskrecji poprzez redukcję hałasu generowanego przez turbulencje wody.

4. **Materiały i względy konstrukcyjne:** Kadłub zewnętrzny jest zazwyczaj wykonany z lżejszych materiałów w porównaniu do kadłuba ciśnieniowego, często z włókna szklanego, kompozytów lub stopów aluminium. Materiały te są wybierane ze względu na ich stosunek wytrzymałości do masy, co zapewnia, że kadłub zewnętrzny dostarcza niezbędnego wsparcia strukturalnego bez nadmiernego zwiększania wagi. Ponadto projekt kadłuba zewnętrznego musi umożliwiać łatwy dostęp do systemów okrętu podwodnego, szczególnie tych znajdujących się pomiędzy kadłubem zewnętrznym a ciśnieniowym, takich jak czujniki, anteny i zbiorniki balastowe.

Interakcja pomiędzy kadłubem ciśnieniowym a zewnętrznym jest kluczowym aspektem projektowania okrętów podwodnych. Oba te elementy muszą współpracować, aby zapewnić skuteczność operacyjną, przetrwanie i zdolności skrytego działania okrętu podwodnego. Kadłub ciśnieniowy zapewnia wytrzymałość niezbędną do wytrzymywania ogromnych sił oceanu, podczas gdy kadłub zewnętrzny umożliwia cichy i efektywny ruch okrętu w wodzie.

Podstawy Projektowania i Budowy Okrętów Podwodnych

Ważny aspekt ich wspólnej dynamiki: rozkład wyporu i stabilności

Rozkład wyporu i stabilności jest kluczowym elementem dynamiki konstrukcji okrętu podwodnego. Środek wyporu (punkt, w którym działa siła wyporu) oraz środek ciężkości (gdzie skupiona jest masa okrętu) muszą być starannie zrównoważone, aby zapewnić stabilność zarówno na powierzchni, jak i pod wodą. Rozmieszczenie głównych zbiorników balastowych (MBT), ich interakcja z kadłubem ciśnieniowym oraz ogólny kształt kadłuba zewnętrznego mają kluczowe znaczenie dla tego balansu, umożliwiając okrętowi podwodnemu zanurzanie, wynurzanie oraz utrzymanie żądanej głębokości z dużą precyzją.

Kadłub ciśnieniowy i kadłub zewnętrzny pełnią odrębne, ale wzajemnie powiązane role w projektowaniu okrętów podwodnych. Integralność strukturalna kadłuba ciśnieniowego jest kluczowa dla wytrzymywania ciśnień głębinowych, podczas gdy kadłub zewnętrzny odpowiada za wydajność hydrodynamiczną i kontrolę wyporu. Razem stanowią fundament zdolności okrętu podwodnego do bezpiecznego, efektywnego i skrytego działania w wymagającym środowisku podwodnym.

Dostęp do wnętrza i na zewnątrz kadłuba ciśnieniowego

Pomimo że kadłub ciśnieniowy jest szczelną, wodoodporną konstrukcją, musi umożliwiać kontrolowany dostęp między wnętrzem a zewnętrzem okrętu podwodnego zarówno na powierzchni, jak i pod wodą. Osiąga się to poprzez zastosowanie okrągłych włazów oraz przepustów dla rur i kabli, ale każde takie miejsce wprowadza istotne wyzwania projektowe, szczególnie pod względem integralności strukturalnej i bezpieczeństwa [44].

Okrągłe włazy do dostępu personelu

Aby umożliwić wejście i wyjście personelu z kadłuba ciśnieniowego, w strategicznych miejscach instaluje się okrągłe włazy. Zazwyczaj są to trzy główne włazy: jeden w wieży dowodzenia (w centrum okrętu) oraz po jednym w przedniej i tylnej części okrętu. Włazy te muszą być szczelne, aby zapobiegać przedostawaniu się wody podczas zanurzenia, a także wystarczająco wytrzymałe, aby wytrzymać zarówno wewnętrzne ciśnienie atmosferyczne, jak i zewnętrzne ciśnienie hydrostatyczne na głębokości operacyjnej.

Okrągły kształt włazów ma kluczowe znaczenie dla utrzymania integralności strukturalnej. Okrągłe formy równomiernie rozkładają naprężenia wokół krawędzi, minimalizując ryzyko odkształcenia lub awarii pod wpływem ciśnienia. Włazy te są niezbędne do dostępu personelu podczas rutynowych operacji, konserwacji czy ewakuacji awaryjnych. Jednak wprowadzenie takich włazów do kadłuba ciśnieniowego tworzy nieciągłości — obszary, w których jednolita struktura cylindryczna zostaje przerwana, co może prowadzić do koncentracji naprężeń. W takich miejscach siły działające na kadłub są skupione, co potencjalnie może prowadzić do awarii strukturalnej, jeśli nie zostaną odpowiednio zarządzone [44].

Przepusty dla rur i kabli

Oprócz dostępu personelu, konieczne są przepusty dla rur i kabli łączących urządzenia znajdujące się na zewnątrz kadłuba ciśnieniowego z systemami wewnętrznymi. Przepusty te są krytyczne dla funkcjonowania zewnętrznych urządzeń, takich jak zbiorniki balastowe, czujniki czy systemy uzbrojenia, które wymagają kontroli i zasilania z wnętrza kadłuba ciśnieniowego. Projekt tych przepustów musi zapewniać ich szczelność przy jednoczesnym umożliwieniu przejścia rur i kabli [44].

Każdy przepust wprowadza kolejną nieciągłość w kadłubie ciśnieniowym, podobnie jak włazy, co tworzy punkty koncentracji naprężeń. Przepusty te są często okrągłe lub eliptyczne, a obszary wokół krawędzi tych otworów są szczególnie narażone na wysokie poziomy naprężeń, zwłaszcza na dużych głębokościach, gdzie ciśnienie zewnętrzne jest ekstremalne. Aby zminimalizować te ryzyka, szczególną uwagę zwraca się na dobór materiałów, grubość oraz wzmocnienia wokół tych otworów.

Przednia eliptyczna kopuła i przepusty dla wyrzutni torpedowych

Przednia eliptyczna przegroda kopuły w okręcie podwodnym stwarza dodatkowe wyzwania konstrukcyjne, ponieważ musi pomieścić liczne przepusty, szczególnie dla wyrzutni torpedowych i zbiorników kompensacyjnych broni. Wyrzutnie torpedowe, które przechodzą przez przednią kopułę, wymagają dużych przepustów, które muszą być wzmocnione, aby wytrzymać siły działające zarówno podczas operacji podwodnych, jak i wystrzeliwania torped. Wyrzutnie te są podstawowym systemem uzbrojenia wielu okrętów podwodnych, a ich integralność strukturalna ma kluczowe znaczenie dla skuteczności bojowej okrętu [44].

Oprócz wyrzutni torpedowych, konieczne są również przepusty wtórne dla rur obsługujących zbiorniki kompensacyjne broni, które pomagają utrzymać równowagę i stabilność okrętu po wystrzeleniu torped. Przepusty te są niezbędne dla funkcjonowania systemu uzbrojenia, ale jednocześnie zwiększają złożoność konstrukcji przegrody przedniej.

Koncentracja naprężeń i jakość spawów

Obszary wokół tych przepustów — niezależnie od tego, czy są to włazy, rury, czy wyrzutnie torpedowe — są narażone na wysokie koncentracje naprężeń z powodu przerwania jednolitej powierzchni kadłuba ciśnieniowego. Koncentracje naprężeń sprawiają, że przepusty są podatne na pękanie, deformacje lub wyboczenie pod wpływem ciśnienia. W związku z tym projektowanie i wykonanie tych przepustów wymaga najwyższej precyzji i staranności.

Aby zminimalizować ryzyko związane z tymi koncentracjami naprężeń, procesy spawania stosowane do mocowania i wzmacniania przepustów są poddawane rygorystycznym kontrolom. Jakość tych spawów ma kluczowe znaczenie, ponieważ awaria spawu mogłaby naruszyć wodoszczelność kadłuba ciśnieniowego, prowadząc do katastrofalnych konsekwencji podczas operacji podwodnych.

Metody testowania nieniszczącego

Aby zapewnić integralność spawów, stosuje się wiele metod badań nieniszczących (NDT), w tym testy ultradźwiękowe, radiograficzne i penetracyjne. Metody te pozwalają inżynierom wykrywać wszelkie wady, takie jak pęknięcia lub pustki w spawach, bez uszkadzania struktury. Ze względu na krytyczne znaczenie tych przepustów zazwyczaj stosuje się więcej niż jeden rodzaj badań NDT, aby zweryfikować, czy spawy spełniają rygorystyczne normy bezpieczeństwa i wydajności wymagane w operacjach na dużych głębokościach [44].

Utrzymanie integralności konstrukcyjnej

Zdolność kadłuba ciśnieniowego do pomieszczenia włazów i przepustów, jednocześnie utrzymując integralność strukturalną w ekstremalnych warunkach, jest dowodem na zaawansowaną inżynierię stosowaną w projektowaniu okrętów podwodnych. Każdy przepust wprowadza potencjalny punkt słabości, który musi być starannie wzmocniony i monitorowany. Dzięki zastosowaniu zaawansowanych materiałów, precyzyjnych technik spawalniczych i rygorystycznych procedur testowania projektanci okrętów podwodnych zapewniają, że te krytyczne obszary są w stanie wytrzymać ogromne ciśnienia napotykane w głębinach morskich, jednocześnie umożliwiając niezbędną funkcjonalność i dostępność, jakie wymagają nowoczesne okręty podwodne.

Wyporność, balast i stabilność

Wyporność, balast i stabilność to kluczowe pojęcia w projektowaniu i eksploatacji okrętów podwodnych, odgrywające istotną rolę w zdolności jednostki podwodnej do nawigacji i utrzymywania swojej pozycji w słupie wody. Każde z tych pojęć odnosi się do interakcji okrętu z otaczającym środowiskiem, szczególnie w kontekście kontrolowania głębokości i orientacji.

Wyporność

Wyporność odnosi się do siły skierowanej ku górze, działającej na okręt podwodny zanurzony w wodzie, zgodnie z zasadą Archimedesa. Zasada ta mówi, że siła wyporu działająca na obiekt zanurzony w cieczy jest równa ciężarowi cieczy wypartej przez ten obiekt [50]. W przypadku okrętów podwodnych wyporność jest kluczowa dla osiągnięcia neutralnej wyporności, kiedy ciężar okrętu jest równy ciężarowi wypartej przez niego wody, co pozwala jednostce ani nie tonąć, ani nie unosić się na powierzchnię. Projekt okrętów podwodnych musi uwzględniać wyporność, aby zapewnić skuteczne wynurzanie i zanurzanie, co zależy od ich kształtu i rozmieszczenia masy wewnątrz jednostki [51].

W okrętach podwodnych wyporność jest aktywnie kontrolowana poprzez regulację ilości wody w zbiornikach balastowych:

- Kiedy okręt podwodny napełnia swoje zbiorniki balastowe wodą, jego całkowity ciężar wzrasta, zmniejszając wyporność i powodując zanurzenie jednostki.
- Kiedy do zbiorników balastowych wpompowywane jest powietrze w celu wypchnięcia wody, okręt staje się lżejszy, zwiększając wyporność i umożliwiając wynurzenie się na powierzchnię.

Utrzymanie neutralnej wyporności jest kluczowe dla operacji podwodnych, pozwalając okrętowi pozostać na określonej głębokości bez tonęcia lub unoszenia się.

Balast

Balast jest mechanizmem służącym do kontrolowania wyporności i trymu okrętu podwodnego. Poprzez dodawanie lub usuwanie wody ze zbiorników balastowych okręt może regulować swoją masę, a co za tym idzie, swoją wyporność. Ta regulacja pozwala okrętom podwodnym nurkować, wynurzać się lub utrzymywać określoną głębokość. Skuteczne zarządzanie balastem jest kluczowe dla elastyczności operacyjnej, umożliwiając okrętowi reagowanie na zmienne warunki operacyjne i utrzymanie stabilności podczas manewrów [52]. Zastosowanie systemów balastowych o zmiennej pojemności, które mogą szybko regulować ilość wody w zbiornikach, poprawia zdolność okrętu do kontrolowania prędkości wznoszenia i opadania, a tym samym zwiększa jego manewrowość [52].

Okręty podwodne są wyposażone w główne zbiorniki balastowe (MBTs), które znajdują się między kadłubem zewnętrznym a kadłubem ciśnieniowym. Zbiorniki te mogą być wypełnione wodą morską lub powietrzem, w zależności od tego, czy okręt ma się zanurzyć, czy wynurzyć.

- Kiedy okręt znajduje się na powierzchni, zbiorniki balastowe są wypełnione powietrzem, co sprawia, że okręt jest wystarczająco wyporny, aby unosić się na wodzie.
- Kiedy okręt potrzebuje się zanurzyć, zbiorniki balastowe są zalewane wodą morską, co zwiększa ciężar okrętu i pozwala mu zatonąć.

Proces kontrolowania balastu jest kluczowy dla osiągnięcia właściwej równowagi między ciężarem a wypornością, co zapewnia okrętowi zdolność do zanurzania się, wynurzania i skutecznego działania na różnych głębokościach.

Stabilność

Stabilność w okrętach podwodnych odnosi się do zdolności jednostki do utrzymania orientacji i opierania się niepożądanym ruchom, takim jak przechyły boczne (rolling) czy kołysanie wzdłużne (pitching). Stabilność zależy od konstrukcji okrętu, w tym rozmieszczenia środka masy i środka wyporu. Okręt podwodny uznaje się za stabilny, jeśli po zaburzeniu jego położenia powraca do pierwotnej pozycji [53]. Dynamika stabilności jest złożona i obejmuje interakcje sił wyporu, regulacji balastu oraz sił hydrodynamicznych działających na okręt podczas jego eksploatacji [54]. Badania pokazują, że projekt kadłuba i konfiguracja systemów balastowych są kluczowe dla poprawy stabilności podczas różnych manewrów, takich jak wynurzanie się z dużych głębokości czy nawigacja w niespokojnych wodach [55, 56].

Stabilność zależy od środka ciężkości (punktu, w którym skoncentrowana jest masa okrętu) oraz środka wyporu (punktu, w którym działa siła wyporu skierowana ku górze).

Wyróżnia się dwa rodzaje stabilności:

1. **Stabilność statyczna** – Oznacza zdolność okrętu do powrotu do pierwotnej pozycji po przechyleniu pod wpływem sił zewnętrznych (np. fal, prądów). Jeśli środek wyporu znajduje się powyżej środka ciężkości, okręt ma pozytywną stabilność, co oznacza, że naturalnie powraca do pionu po przechyleniu.

2. **Stabilność dynamiczna** – Odnosi się do zdolności okrętu do utrzymania stabilnego kursu i unikania niekontrolowanego przechylenia lub kołysania podczas ruchu. Okręty podwodne wykorzystują stery głębokości (powierzchnie sterowe na dziobie i rufie) do utrzymania stabilności dynamicznej podczas zmiany głębokości i kierunku.

Podstawy Projektowania i Budowy Okrętów Podwodnych

Stabilność okrętów podwodnych jest szczególnie złożona, ponieważ jednostki te działają zarówno w warunkach wynurzenia, jak i zanurzenia, co wpływa na relacje między wypornością, ciężarem i siłami hydrodynamicznymi. Utrzymanie odpowiedniej stabilności jest kluczowe dla zapobiegania nadmiernym przechyłom, kołysaniu się lub utracie kontroli, szczególnie podczas szybkich manewrów lub zmiany głębokości.

Stabilność wynurzonego okrętu

W stanie wynurzenia część okrętu znajduje się powyżej linii wody, podobnie jak statek na powierzchni. W tym stanie wyporność okrętu (siła skierowana ku górze utrzymująca go na powierzchni) zależy od objętości zanurzonej części kadłuba. Związek między ciężarem okrętu a wypornością jest określany przez zasadę Archimedesa, która mówi, że siła wyporu jest równa ciężarowi wypartej wody.

W stanie wynurzenia [57]:

- Okręt jest częściowo zanurzony, więc jego środek wyporu znajduje się niżej niż w stanie pełnego zanurzenia.

- Środek ciężkości odgrywa kluczową rolę w utrzymaniu stabilności, szczególnie gdy fale lub inne siły powodują przechylenie jednostki. Jeśli środek wyporu znajduje się powyżej środka ciężkości, okręt naturalnie wraca do pionu, co oznacza pozytywną stabilność statyczną.

- **Wysokość metacentryczna** (odległość między środkiem ciężkości a metacentrum, teoretycznym punktem działania sił wyporu) określa stabilność okrętu w stanie wynurzenia. Większa wysokość metacentryczna zazwyczaj oznacza większą stabilność na powierzchni.

Aby okręt pozostał stabilny w stanie wynurzenia, różnica między środkiem wyporu a środkiem ciężkości musi być odpowiednio zarządzana, aby jednostka nie przechylała się nadmiernie pod wpływem sił zewnętrznych, takich jak fale.

Stabilność Zanurzonego Okrętu

W stanie pełnego zanurzenia cały okręt znajduje się poniżej linii wody, a żadna część kadłuba ani jego elementy nie wystają ponad powierzchnię. W tym stanie dynamika stabilności jest inna, ponieważ środek wyporu przesuwa się w górę, gdyż cała objętość okrętu jest teraz zanurzona, a oddziaływanie z siłami zewnętrznymi, takimi jak fale, jest zminimalizowane.

W stanie zanurzenia [57]:

- Cały kadłub jest poddany ciśnieniu hydrostatycznemu, a okręt opiera się na zasadzie neutralnej wyporności—stan, w którym siła wyporu i ciężar okrętu są dokładnie równe. Umożliwia to utrzymanie stałej głębokości bez unoszenia się lub opadania.

- **Rozkład masy** w okręcie jest kluczowy dla utrzymania stabilności w zanurzeniu. Czynniki takie jak zużycie paliwa, przemieszczanie się załogi czy użycie broni mogą zmieniać równowagę okrętu, dlatego konieczne jest staranne zarządzanie systemami wewnętrznymi i balastem.

- **Ster głębokości** (powierzchnie sterowe na dziobie i rufie) są wykorzystywane do kontroli nachylenia i głębokości, zapewniając, że okręt może manewrować, zachowując stabilność.

Jednym z kluczowych wyzwań stabilności w stanie zanurzenia jest zapobieganie nadmiernemu przechylaniu się (pitching) lub kołysaniu bocznemu (rolling) podczas manewrów lub w sytuacji działania sił zewnętrznych, takich jak prądy podwodne [57].

Przejście między stanem wynurzenia a zanurzenia

Przejście między stanem wynurzenia a zanurzenia wymaga zarządzania wypornością poprzez kontrolowanie głównych zbiorników balastowych (MBT).

- **Stan wynurzenia:** Kiedy okręt znajduje się na powierzchni, jego ciężar jest mniejszy niż całkowita objętość wody, którą mógłby wyprzeć. Aby się zanurzyć, okręt musi zwiększyć swoją masę, by zrównoważyć siłę wyporu działającą na całą objętość zanurzoną.
- **Proces zanurzenia:** Aby to osiągnąć, MBT są napełniane wodą morską. Gdy woda wypełnia zbiorniki, całkowity ciężar okrętu wzrasta, zmniejszając jego wyporność netto i powodując, że okręt zaczyna opadać.
- **Neutralna wyporność:** Proces uzyskiwania neutralnej wyporności polega na precyzyjnym kontrolowaniu ilości wody wpuszczanej do zbiorników balastowych. Po zanurzeniu zbiorniki są dostosowywane tak, aby siła wyporu dokładnie równoważyła ciężar okrętu, umożliwiając pozostanie na żądanej głębokości bez ciągłego opadania lub unoszenia się.

W przypadku wynurzania proces przebiega w odwrotny sposób:

- **Wynurzanie:** Powietrze pod wysokim ciśnieniem jest wtłaczane do MBT, wypychając wodę i zmniejszając ciężar okrętu. Wzrost wyporności powoduje, że okręt unosi się z powrotem na powierzchnię.

Równowaga Wagi i Wyporności

Zarówno w stanie wynurzenia, jak i zanurzenia zasada wyporności opiera się na założeniu, że waga okrętu podwodnego musi być równa sile wyporu, aby zapewnić stabilną pracę. W stanie wynurzenia objętość okrętu znajdująca się powyżej linii wody nie przyczynia się do siły wyporu, dlatego okręt musi dodać ciężar (poprzez zalanie głównych zbiorników balastowych – MBT), aby się zanurzyć. Natomiast w stanie zanurzenia cała objętość kadłuba przyczynia się do siły wyporu, a regulacje są dokonywane w celu utrzymania odpowiedniej głębokości i równowagi.

Zanurzanie i Wynurzanie Okrętów Podwodnych

Podstawy Projektowania i Budowy Okrętów Podwodnych

Proces zanurzania i wynurzania okrętów podwodnych zależy od precyzyjnego zarządzania wypornością, które odbywa się za pomocą głównych zbiorników balastowych (MBT). Zbiorniki te stanowią fundamentalny element umożliwiający okrętowi podwodnemu zanurzanie się pod wodę i wynurzanie na powierzchnię. MBT wykorzystują kombinację portów zalewowych i odpowietrzników do manipulowania wodą i powietrzem w zbiornikach, co pozwala okrętowi kontrolować wyporność w zależności od potrzeb.

Dwa kluczowe elementy głównych zbiorników balastowych to [57]:

1. **Porty Zalewowe (Flood Ports):** Są umieszczone na dnie zewnętrznego kadłuba i służą jako otwory umożliwiające przepływ wody morskiej do i z zbiorników. Porty zalewowe odgrywają kluczową rolę w procesie zanurzania, pozwalając na wlewanie się wody, co zwiększa ciężar okrętu. Podczas wynurzania pozwalają na wypompowanie wody ze zbiornika, gdy powietrze jest wtłaczane do środka.

2. **Odpowietrzniki (Air Vents):** Są umieszczone na górze zbiorników balastowych i połączone z kadłubem ciśnieniowym. Każda strona okrętu (burta lewa i prawa) posiada odpowietrzniki, które prowadzą od zbiornika balastowego do głównego odpowietrznika. Odpowietrzniki umożliwiają ucieczkę powietrza z zbiorników podczas ich zalewania wodą, a także odgrywają kluczową rolę w procesie wynurzania, pozwalając na wtłoczenie powietrza pod wysokim ciśnieniem, aby wypchnąć wodę z zbiorników.

Równowaga Wagi i Wyporności

Zarówno w stanie wynurzenia, jak i zanurzenia zasada wyporności opiera się na założeniu, że waga okrętu podwodnego musi być równa sile wyporu, aby zapewnić stabilną pracę. W stanie wynurzenia objętość okrętu znajdująca się powyżej linii wody nie przyczynia się do siły wyporu, dlatego okręt musi dodać ciężar (poprzez zalanie głównych zbiorników balastowych – MBT), aby się zanurzyć. Natomiast w stanie zanurzenia cała objętość kadłuba przyczynia się do siły wyporu, a regulacje są dokonywane w celu utrzymania odpowiedniej głębokości i równowagi.

Zanurzanie i Wynurzanie Okrętów Podwodnych

Proces zanurzania i wynurzania okrętów podwodnych zależy od precyzyjnego zarządzania wypornością, które odbywa się za pomocą głównych zbiorników balastowych (MBT). Zbiorniki te stanowią fundamentalny element umożliwiający okrętowi podwodnemu zanurzanie się pod wodę i wynurzanie na powierzchnię. MBT wykorzystują kombinację portów zalewowych i odpowietrzników do manipulowania wodą i powietrzem w zbiornikach, co pozwala okrętowi kontrolować wyporność w zależności od potrzeb.

Dwa kluczowe elementy głównych zbiorników balastowych to [57]:

1. **Porty Zalewowe (Flood Ports):** Są umieszczone na dnie zewnętrznego kadłuba i służą jako otwory umożliwiające przepływ wody morskiej do i z zbiorników. Porty zalewowe odgrywają kluczową rolę w procesie zanurzania, pozwalając na wlewanie się wody, co zwiększa ciężar okrętu. Podczas wynurzania pozwalają na wypompowanie wody ze zbiornika, gdy powietrze jest wtłaczane do środka.

2. **Odpowietrzniki (Air Vents):** Są umieszczone na górze zbiorników balastowych i połączone z kadłubem ciśnieniowym. Każda strona okrętu (burta lewa i prawa) posiada odpowietrzniki, które prowadzą od zbiornika balastowego do głównego odpowietrznika. Odpowietrzniki umożliwiają ucieczkę powietrza z zbiorników podczas ich zalewania wodą, a także odgrywają kluczową rolę w procesie wynurzania, pozwalając na wtłoczenie powietrza pod wysokim ciśnieniem, aby wypchnąć wodę z zbiorników.

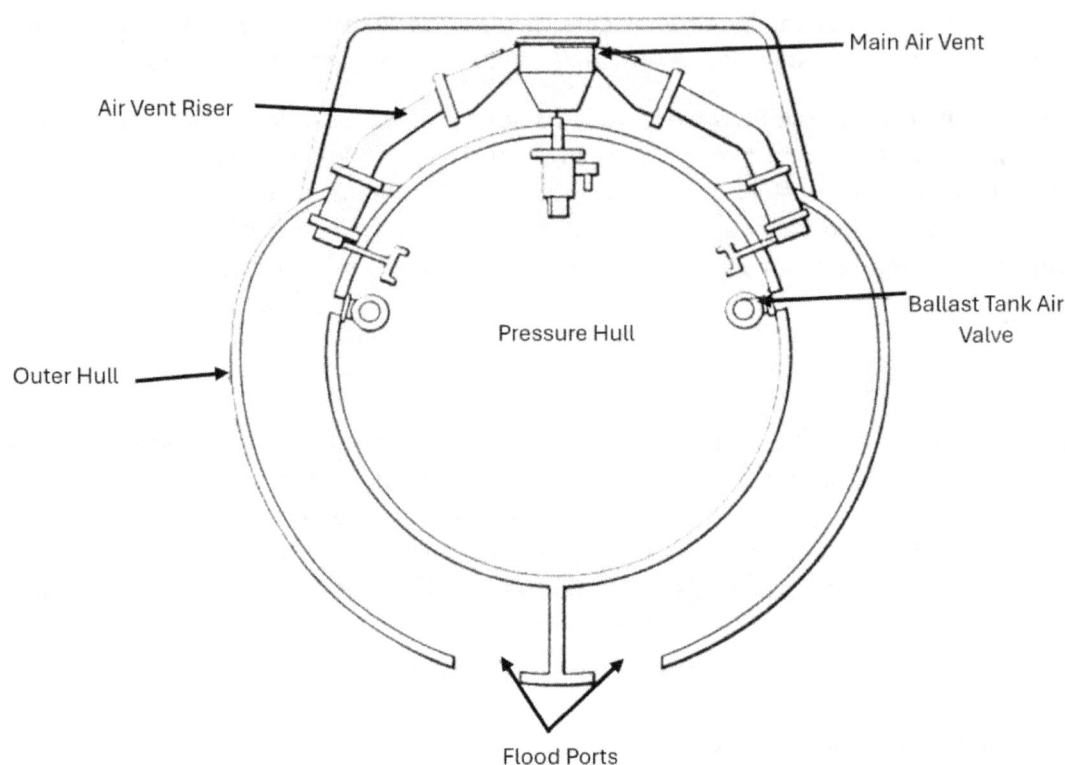

Rysunek 27: Przekrój poprzeczny głównego zbiornika balastowego [57].

Gdy okręt podwodny musi zanurzyć się, sekwencja operacji polega na otwarciu odpowietrzników w celu wypuszczenia powietrza z balastowych zbiorników i wpuszczeniu wody przez otwory zalewowe. Kroki są następujące [57]:

1. **Otwarcie odpowietrzników:** Aby rozpocząć proces zanurzania, odpowietrzniki znajdujące się na górze głównych zbiorników balastowych są otwierane. Umożliwia to wydostanie się powietrza uwięzionego w zbiornikach.

2. **Napełnianie zbiorników balastowych:** Gdy powietrze ma drogę ucieczki przez odpowietrzniki, woda morska zaczyna wlewać się do zbiorników balastowych przez otwory zalewowe znajdujące się na dnie okrętu podwodnego. W miarę napełniania się zbiorników wodą całkowita masa okrętu wzrasta.

3. **Osiągnięcie negatywnej pływalności:** Dodatkowa masa pochodząca z wody w zbiornikach balastowych powoduje, że okręt staje się negatywnie wyporny, co oznacza, że siła grawitacji (ciężar) przewyższa siłę wyporu wody, co skutkuje opadaniem okrętu.

W ten sposób okręt kontroluje swoje zanurzanie, dodając wodę balastową do zbiorników, aż osiągnie pożądaną głębokość.

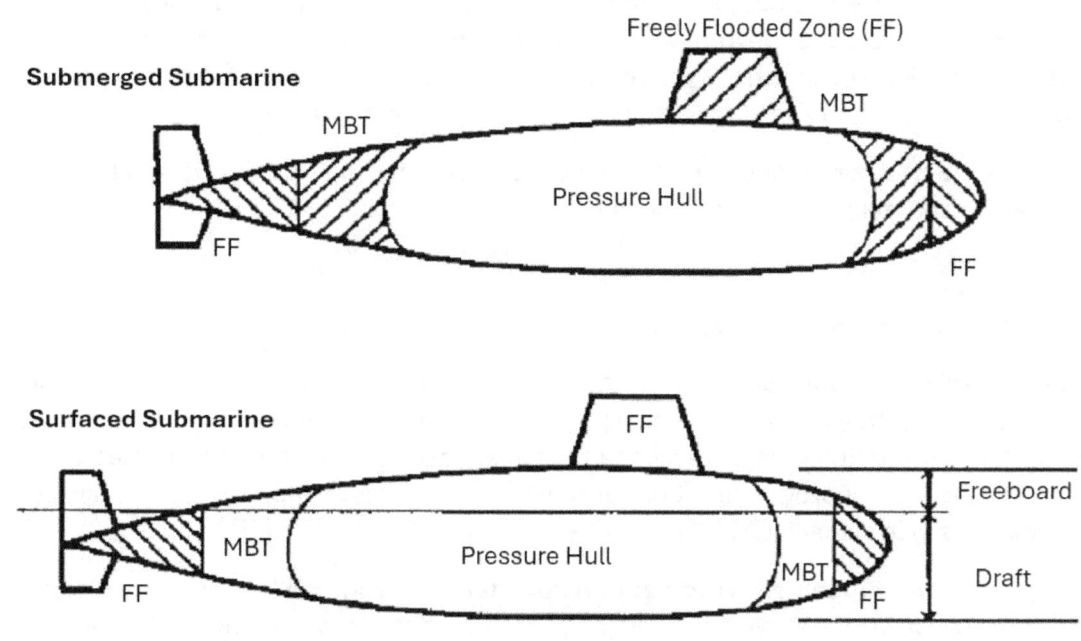

Rysunek 28: Okręt podwodny w warunkach zanurzenia i wynurzenia [57].

Proces wynurzania jest odwrotnością procesu zanurzania i polega na usunięciu wody z głównych zbiorników balastowych (MBT), aby uczynić okręt lżejszym i przywrócić dodatnią pływalność. Osiąga się to za pomocą sprężonego powietrza wypierającego wodę. Kolejne kroki w tym procesie to [57]:

1. **Zmniejszenie głębokości za pomocą sterów głębokości:** Przed całkowitym wynurzeniem okręt najpierw używa sterów głębokości (powierzchni sterowych), aby zmniejszyć głębokość do około 3–4 metrów poniżej linii wodnej. Dzięki temu okręt znajduje się wystarczająco blisko powierzchni, aby skutecznie wypompować wodę ze zbiorników balastowych za pomocą sprężonego powietrza.

2. **Wprowadzenie sprężonego powietrza:** Na zmniejszonej głębokości do zbiorników balastowych wprowadza się sprężone powietrze o wysokim ciśnieniu (około 15 bar) poprzez zawór powietrzny. Sprężone powietrze wypycha wodę morską przez otwory spustowe znajdujące się na dnie okrętu.

3. **Wypieranie wody i kontrola pływalności:** W miarę usuwania wody ze zbiorników balastowych masa okrętu zmniejsza się, co prowadzi do uzyskania dodatniej pływalności. Dodatnia pływalność występuje, gdy siła wyporu jest większa od ciężaru okrętu, co pozwala mu wynurzyć się na powierzchnię.

4. **Wynurzenie i osiągnięcie stanu powierzchniowego:** Po usunięciu wody ze zbiorników okręt naturalnie wynurza się na powierzchnię, ponownie osiągając stabilność w stanie powierzchniowym.

Nowoczesne okręty podwodne są projektowane do pracy na głębokościach wynoszących około 300–450 metrów. Na takich głębokościach ciśnienie wody jest ogromne, a proces wynurzania wymaga precyzyjnej kontroli systemu balastowego. Wprowadzenie sprężonego powietrza jest kluczowe, aby przezwyciężyć zewnętrzne ciśnienie na tych głębokościach, ponieważ zapewnia wystarczającą siłę do wypchnięcia wody ze zbiorników balastowych, umożliwiając okrętowi uzyskanie wystarczającej pływalności do wynurzenia [57].

Po zmniejszeniu głębokości za pomocą sterów głębokości sprężone powietrze dostarcza niezbędnej siły do wypchnięcia wody i rozpoczęcia procesu wynurzania.

Alternatywne metody wynurzania okrętów podwodnych

Okręty podwodne zazwyczaj wynurzają się, wykorzystując elektrycznie sterowane zawory kontrolujące główne zbiorniki balastowe (MBT), które umożliwiają usunięcie wody i zwiększenie pływalności. Jednak w sytuacjach, gdy standardowy system zawodzi lub występuje awaria zasilania, dostępne są alternatywne metody wynurzania. Te systemy alternatywne są kluczowe dla bezpieczeństwa okrętu podwodnego i umożliwiają powrót na powierzchnię w krytycznych sytuacjach [58].

System awaryjnego przedmuchu głównych zbiorników balastowych (EMBT): W przypadku awarii zasilania okręty podwodne są wyposażone w system awaryjnego przedmuchu głównych zbiorników balastowych (EMBT). Jest to całkowicie mechaniczna (pneumatyczna) alternatywa, która działa niezależnie od zasilania elektrycznego. Wykorzystuje sprężone powietrze przechowywane w dedykowanych bankach powietrza bezpieczeństwa do wypierania wody z zbiorników balastowych. W przeciwieństwie do standardowego systemu, który polega na elektrycznie sterowanych zaworach, system EMBT szybko wtłacza powietrze bezpośrednio do zbiorników balastowych, umożliwiając szybkie wynurzenie okrętu. Ta metoda jest kluczowym elementem bezpieczeństwa, zapewniając możliwość wynurzenia nawet w przypadku awarii systemów zasilania lub komponentów elektrycznych [58].

Wynurzanie bez powietrza z wykorzystaniem napędu: Inną alternatywą jest użycie systemu napędowego okrętu podwodnego do wynurzenia się bez użycia powietrza do wypchnięcia wody z zbiorników balastowych. Znana jako „wynurzenie bez powietrza", ta metoda pozwala na wynurzenie się okrętu dzięki wygenerowaniu wystarczającej siły ciągu do przodu. Technika ta ma jednak istotne ograniczenie. Jeśli woda w zbiornikach balastowych nie zostanie usunięta, okręt pozostanie negatywnie pływający, co uniemożliwia utrzymanie się na powierzchni bez ciągłego napędu. Innymi słowy, okręt wynurzy się, ale nie będzie w stanie się zatrzymać, ponieważ po zatrzymaniu napędu ponownie zacznie tonąć [58].

Użycie spalin generatora diesla do przedmuchu zbiorników balastowych: W niektórych starszych okrętach podwodnych wyposażonych w generatory diesla dostępna była dodatkowa alternatywna metoda. Spaliny z generatora mogły być przekierowane do przedmuchu zbiorników balastowych. Metoda ta wykorzystuje ciśnienie wytworzone przez gazy spalinowe, umożliwiając opróżnienie zbiorników z wody i wynurzenie okrętu. Chociaż ta metoda jest rzadziej stosowana w nowoczesnych okrętach podwodnych, była przydatnym systemem zapasowym w przeszłości, zwłaszcza w sytuacjach, gdy główne systemy powietrzne były niedostępne lub uszkodzone [58].

Ograniczenia alternatywnych metod wynurzania: Warto zauważyć, że alternatywne metody wynurzania mają swoje ograniczenia. Na przykład, jeśli okręt podwodny doświadcza większego zalania, niż pozwala na to jego zapasowa pływalność, lub jeśli dochodzi do całkowitej utraty napędu, te metody mogą okazać się niewystarczające, aby wynurzyć okręt. Zapasowa pływalność odgrywa kluczową rolę w zapewnieniu, że okręt może utrzymać się na powierzchni po wynurzeniu. Jeśli zapasowa pływalność zostanie przekroczona z powodu nadmiernego zalania, wynurzenie może stać się niemożliwe, a okręt może pozostać uwięziony pod wodą [58].

Te alternatywne metody wynurzania podkreślają potrzebę stosowania redundancji i systemów zapasowych w projektowaniu okrętów podwodnych, zapewniając, że nawet w sytuacjach krytycznych załoga ma możliwości bezpiecznego powrotu na powierzchnię.

Stabilność nawodna okrętów podwodnych

W stanie nawodnym okręt podwodny musi przestrzegać tych samych podstawowych zasad stabilności co statek nawodny, zapewniając, że pozostaje pływający i stabilny nawet w przypadku uszkodzeń. Kluczowym pojęciem w tym kontekście jest zapas pływalności (ang. *Reserve of Buoyancy*, ROB). Zrozumienie ROB jest kluczowe dla projektantów okrętów podwodnych, ponieważ pozwala określić wymaganą objętość głównych zbiorników balastowych (MBT) w stosunku do objętości kadłuba ciśnieniowego [57].

ROB odnosi się do procentowej objętości kadłuba znajdującej się powyżej linii wodnej, gdy okręt podwodny jest w stanie nawodnym. Ten zapas zapewnia niezbędną pływalność, aby utrzymać okręt na powierzchni w przypadku potencjalnych uszkodzeń, zapobiegając jego całkowitemu zanurzeniu. W praktyce ROB jest stosunkiem między efektywną objętością wszystkich MBT (czyli objętością wody, którą można wyprzeć powietrzem) a objętością wyporu okrętu podwodnego w stanie nawodnym.

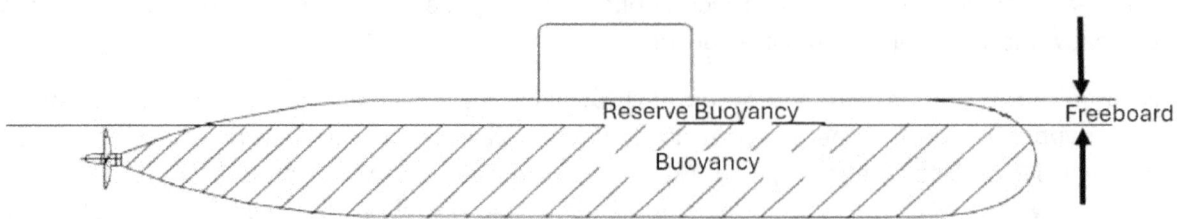

Rysunek 29: Objętość kadłuba wpływająca na zapas pływalności (ROB) okrętu podwodnego [57].

Kluczowe punkty dotyczące zapasu pływalności (ROB) [57]:

- **Efektywna objętość** odnosi się do całkowitej "wydmuchiwalnej" objętości głównych zbiorników balastowych (MBT), czyli objętości, którą należy wypełnić powietrzem, aby okręt podwodny osiągnął dodatnią pływalność i mógł wynurzyć się na powierzchnię.

- **Wolumetryczne wyporności w stanie nawodnym** definiuje się jako ciężar okrętu podwodnego pomniejszony o masę wody, która swobodnie zalewa przestrzenie poza kadłubem sztywnym, takie jak przestrzenie między kadłubem sztywnym a zewnętrznym.

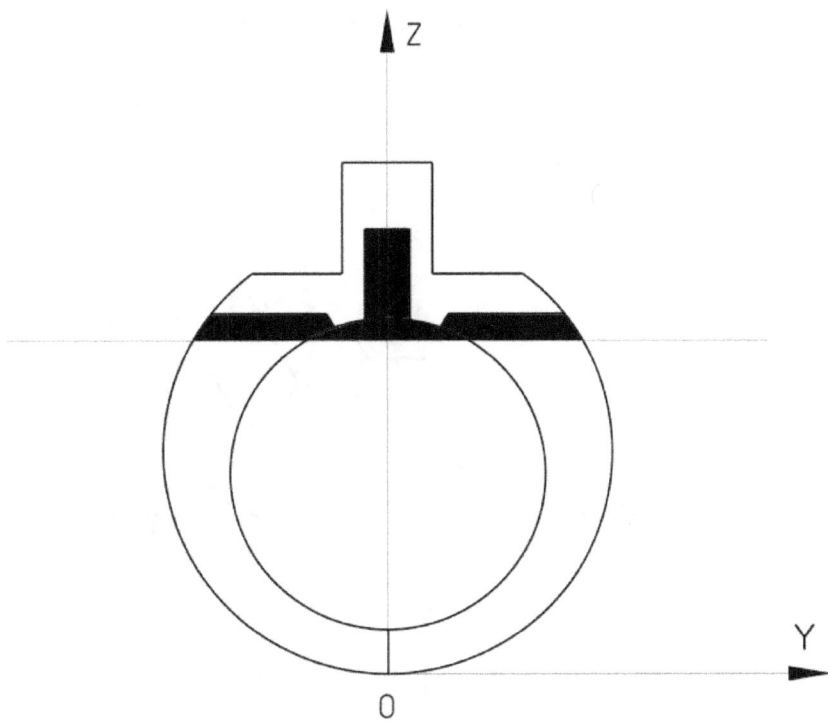

Rysunek 30: Zapas pływalności. Alex Rave, CC BY-SA 3.0, via Wikimedia Commons.

Aby zrozumieć związek między ROB a kadłubem ciśnieniowym, należy zauważyć, że w warunkach zanurzenia tylko kadłub ciśnieniowy przyczynia się do pływalności, ponieważ przestrzeń między kadłubem ciśnieniowym a kadłubem zewnętrznym jest zalana wodą. W związku z tym pływalność zapewniana jest wyłącznie przez kadłub ciśnieniowy. Aby wynurzyć się na powierzchnię, okręt podwodny musi wypompować wodę z głównych zbiorników balastowych (MBT), wtłaczając do nich powietrze, co zmniejsza całkowitą masę i generuje wystarczającą dodatnią pływalność do wynurzenia.

Zadaniem projektanta jest zapewnienie odpowiedniej wielkości ROB poprzez obliczenie wymaganej objętości MBT. ROB zależy od takich czynników jak wielkość okrętu podwodnego, a mniejsze okręty zwykle wymagają większego ROB z powodu ograniczonego wolnego burty (odległość od linii wodnej do pokładu), zwykle mieszczącego się w przedziale od 10% do 20%. Okręty podwodne z podwójnymi kadłubami, które są bardziej złożone, mogą mieć jeszcze wyższy procent ROB ze względu na dodatkowe przestrzenie wewnętrzne i zewnętrzne kadłuba [57].

Poprzeczna stateczność (stateczność boczna) wynurzonego okrętu podwodnego jest podobna do stateczności statku nawodnego. Oba kierują się zasadami hydrostatyki, w których środek pływalności (B) przesuwa się na bok, gdy okręt przechyla się (pochyla na jedną stronę). W miarę jak środek pływalności przesuwa się do nowego położenia (B1), metacentrum (M)—punkt znajdujący się powyżej środka pływalności—tworzy moment prostujący, jeśli znajduje się powyżej środka ciężkości (G). Ten moment prostujący pomaga przywrócić okręt do pozycji pionowej.

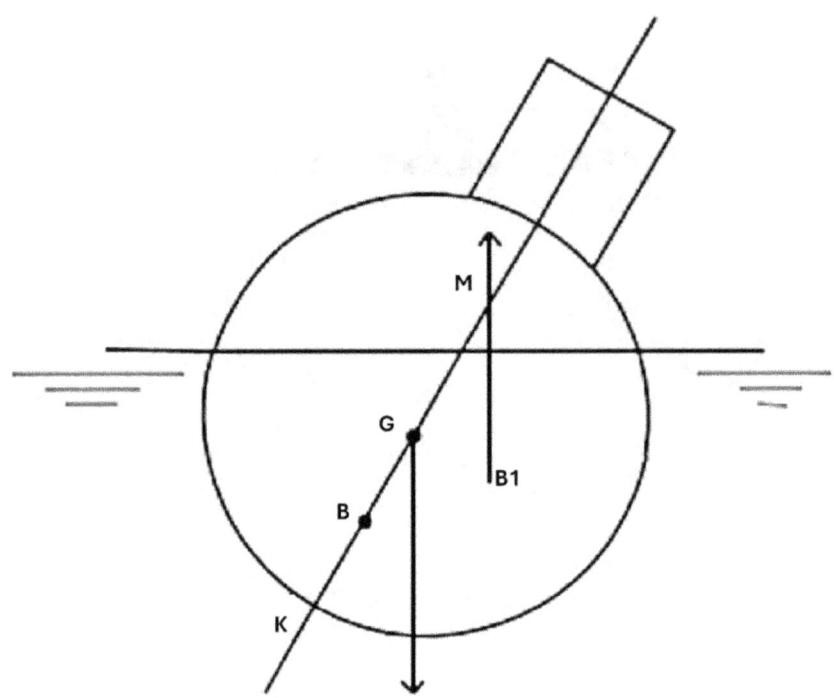

Rysunek 31: Stateczność wynurzonego okrętu podwodnego [57].

Stabilność okrętu podwodnego w dużym stopniu zależy od utrzymania odpowiedniego stosunku między środkiem wyporu a środkiem ciężkości. Jeśli środek ciężkości znajduje się zbyt wysoko, wysokość metacentryczna (odległość między środkiem ciężkości a metacentrum) maleje, co obniża stabilność okrętu podwodnego i czyni go podatnym na przewrócenie.

Okręty podwodne są niezwykle wrażliwe na zmiany masy, co oznacza, że nawet niewielkie przesunięcia wzdłużnego środka ciężkości (LCG) mogą znacząco wpłynąć na ich równowagę i stabilność. Nawet niewielkie zmiany LCG mogą powodować moment trymujący (siłę wpływającą na kąt nachylenia okrętu w osi dziobowo-rufowej). Moment trymujący zmienia powierzchnię płaszczyzny wodnej (powierzchnię wody w linii wodnej), co z kolei wpływa na wzdłużną wysokość metacentryczną.

Zmniejszenie powierzchni płaszczyzny wodnej powoduje szybki spadek wysokości metacentrycznej, co prowadzi do obniżenia wzdłużnej stabilności okrętu podwodnego. Aby utrzymać odpowiednią stabilność, operacje okrętu podwodnego muszą być starannie zarządzane, aby zminimalizować wszelkie przesunięcia wzdłużnego środka ciężkości. Utrzymanie zrównoważonego LCG jest kluczowe dla zachowania stabilności trymu, co zapobiega przechylaniu się okrętu w przód (dziobem w dół) lub w tył (rufą w dół) podczas operacji.

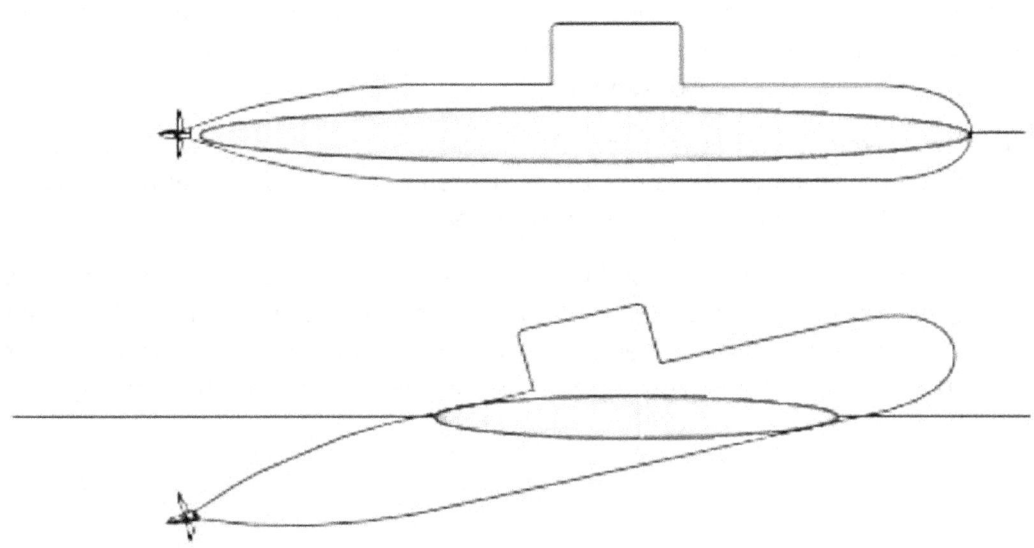

Rysunek 32: Zmiana powierzchni płaszczyzny wodnej w wyniku momentu trymującego [57].

Pojęcie zapasu pływalności (ROB) ma kluczowe znaczenie przy projektowaniu systemów pływalności i stabilności okrętów podwodnych. ROB zapewnia, że okręt podwodny pozostaje na powierzchni i jest stabilny, nawet po uszkodzeniu. Projektanci muszą starannie obliczyć odpowiednią objętość głównych zbiorników balastowych (MBT), aby uzyskać właściwy ROB, szczególnie uwzględniając rozmiar i potrzeby operacyjne okrętu.

Zarówno w stabilności poprzecznej, jak i wzdłużnej, relacja między pływalnością, środkiem ciężkości a wysokością metacentryczną jest kluczowa. Stabilność okrętu podwodnego zależy nie tylko od właściwego projektu, ale także od starannego zarządzania operacyjnego, które zapewnia utrzymanie równowagi zarówno na powierzchni, jak i pod wodą [57].

Stabilność okrętów podwodnych w zanurzeniu

Kiedy główne zbiorniki balastowe (MBT) są wypełnione wodą (zalane i sprężone do pełna), okręt podwodny zanurza się i wchodzi w środowisko znacznie różniące się od statków nawodnych. W stanie zanurzenia okręt podwodny wykazuje wyjątkową cechę: może poruszać się w sześciu stopniach swobody, co oznacza, że może poruszać się do przodu, do tyłu, na boki, obracać się i zmieniać głębokość. Co więcej, w przeciwieństwie do statków nawodnych czy samolotów, okręt podwodny nie polega na ruchu do przodu, aby utrzymać swoją wagę.

Zdolność do pozostawania w jednym miejscu w stanie zanurzenia, bez korzystania z płetw sterowych lub ruchu do przodu, odróżnia go od samolotów [57].

Kluczem do tej wyjątkowej zdolności jest równowaga między wagą a pływalnością. Okręty podwodne działają na podstawie trzech różnych stanów pływalności [57]:

1. **Stan ujemnej pływalności:** Gdy waga okrętu podwodnego przekracza jego pływalność, okręt tonie. Okręt będzie kontynuował zanurzanie, dopóki waga nie zostanie zmniejszona (np. przez wydmuchanie wody z MBT) lub pływalność nie zostanie zwiększona.

2. **Stan dodatniej pływalności:** W tym stanie pływalność jest większa niż waga okrętu podwodnego, co powoduje unoszenie się na powierzchnię lub wznoszenie. Aby zatrzymać wznoszenie, należy podjąć środki korygujące, takie jak przyjęcie większej ilości wody do MBT.

3. **Stan neutralnej pływalności:** Okręty podwodne w stanie zanurzenia zazwyczaj operują w tym stanie. Tutaj waga i pływalność są idealnie zrównoważone, co pozwala okrętowi pozostać na stałej głębokości bez tonięcia lub wznoszenia się. Neutralna pływalność umożliwia okrętowi statyczne pozostawanie w wodzie bez ruchu do przodu lub korzystania z powierzchni sterowych, takich jak płetwy.

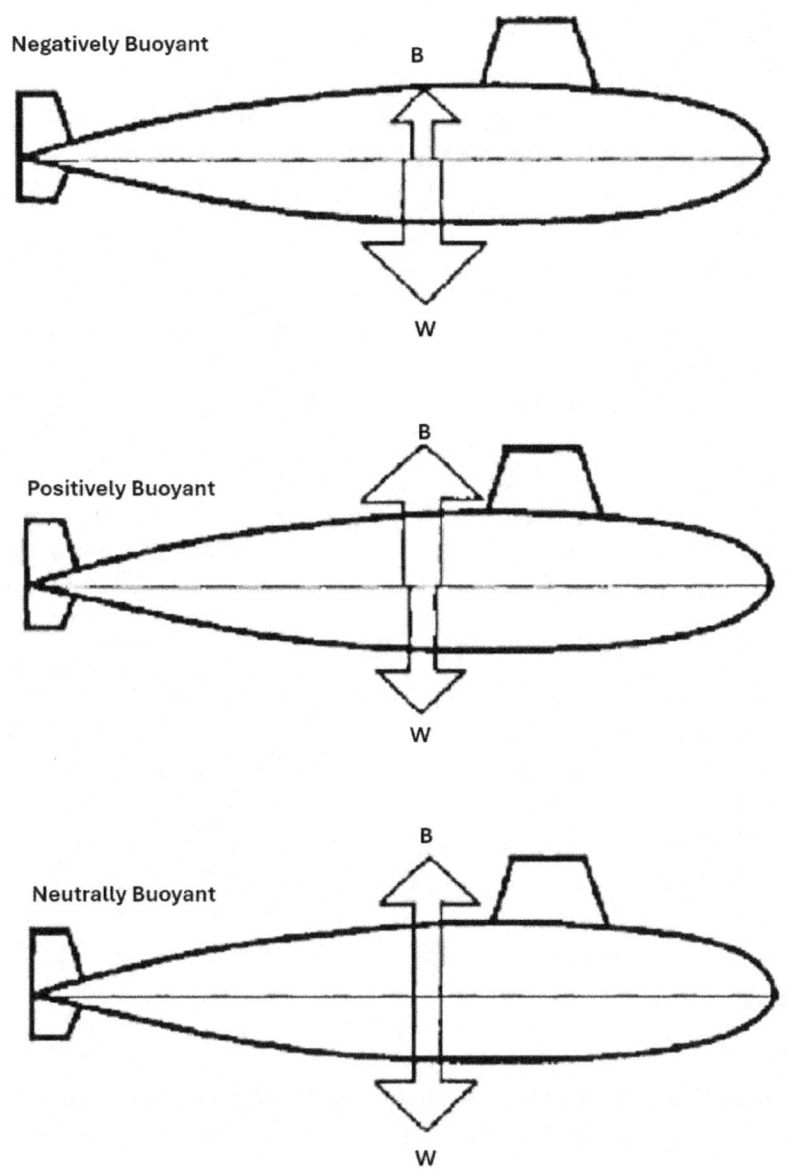

Rysunek 33: Okręt podwodny w warunkach dodatniej, ujemnej i neutralnej pływalności [57].

Poprzeczna stateczność okrętu podwodnego — jego zdolność do przeciwdziałania przechyłom lub pochyleniom — znacznie różni się w warunkach zanurzenia w porównaniu do stanu wynurzonego. Na powierzchni o stateczności decyduje wysokość metacentryczna (GM), ale w stanie zanurzenia wysokość metacentryczna przekształca się w odległość między środkiem wyporu (B) a środkiem ciężkości (G). Ta odległość określana jest jako BG, a dynamika zmienia się w następujący sposób [57]:

- Kiedy okręt podwodny jest zanurzony, kąt przechyłu (nachylenia) nie zmienia objętości zanurzonej. Oznacza to, że środek wyporu (B) pozostaje stały, w przeciwieństwie do sytuacji na powierzchni, gdzie przesuwa się wraz z linią wodną.
- W takim przypadku metacentrum pokrywa się ze środkiem wyporu (B), a moment prostujący — siła przywracająca okręt do pozycji pionowej — zależy od relacji między środkiem ciężkości (G) a środkiem wyporu (B).

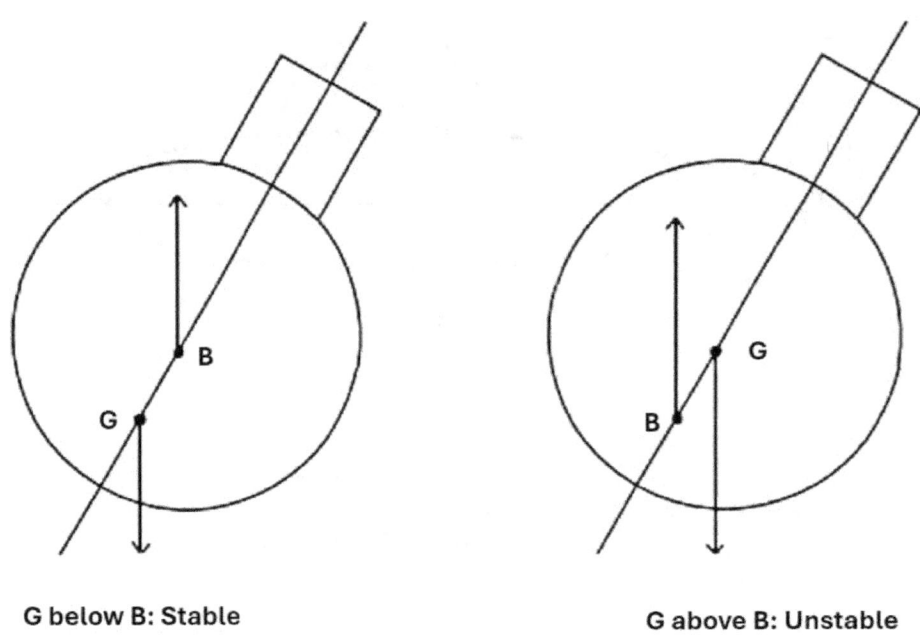

Rysunek 34: Stabilne i niestabilne warunki w zanurzonym okręcie podwodnym [57].

Dwa przypadki determinują stabilność okrętu podwodnego pod wodą:

1. **G poniżej B (Stan stabilny):** Jeśli środek ciężkości (G) znajduje się poniżej środka wyporu (B), przy przechyleniu okrętu powstaje moment prostujący. Ten moment działa na przywrócenie okrętu do pozycji pionowej, zapewniając stabilność. Jest to pożądany stan w projektowaniu okrętów podwodnych.

2. **G powyżej B (Stan niestabilny):** Jeśli środek ciężkości (G) znajduje się powyżej środka wyporu (B), okręt podwodny staje się niestabilny i może się przewrócić. W takim przypadku nie powstaje moment prostujący, co zwiększa ryzyko przewrócenia się okrętu w wodzie.

Podstawy Projektowania i Budowy Okrętów Podwodnych

Aby okręt podwodny pozostał stabilny w stanie zanurzenia, konieczne jest, aby środek ciężkości (G) znajdował się poniżej środka wyporu (B). W tym celu pozycja środka wyporu jest zazwyczaj ustalana na podstawie projektu okrętu, dlatego pozycja środka ciężkości musi być starannie kontrolowana. Wykorzystywane są specjalne zbiorniki balastowe i systemy trymowania, które zapewniają, że G pozostaje poniżej B, co pomaga utrzymać stabilność okrętu podwodnego w każdych warunkach.

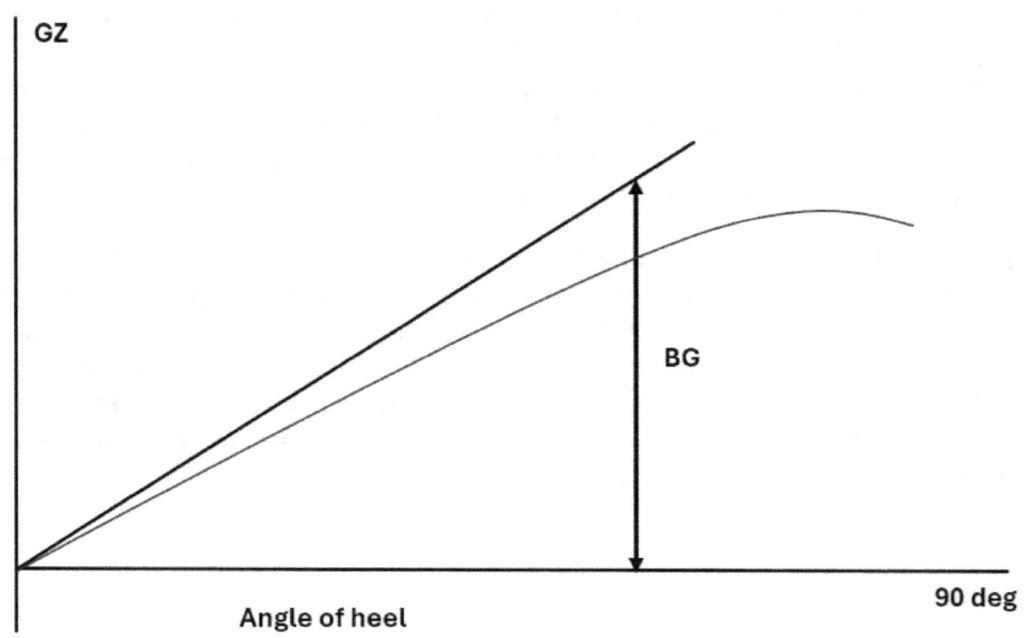

Rysunek 35: Krzywa stabilności zanurzonego okrętu podwodnego [57].

Zanurzona stabilność okrętu podwodnego jest określana kryterium BG oraz zmianą ramienia prostującego (GZ) w zależności od kąta przechyłu. W stabilnych warunkach ramię prostujące tworzy moment, który pomaga okrętowi powrócić do pionowej pozycji po przechyleniu. Projektanci zwracają szczególną uwagę na te parametry stabilności, aby zapewnić, że okręt podwodny będzie w stanie wytrzymać różnorodne warunki podwodne i pozostanie bezpieczny dla załogi oraz realizacji misji.

Wyporność i ciężar

Aby zrozumieć, jak pojazdy podwodne i okręty podwodne manipulują swoją wypornością, należy najpierw zgłębić podstawową koncepcję wyporności. Wyporność, czyli siła wyporu, to siła grawitacyjna wywierana przez ciecz (np. wodę), która działa ku górze na obiekt zanurzony w tej cieczy. Siła ta przeciwdziała ciężarowi obiektu.

Naukową podstawą wyporności jest prawo Archimedesa, które mówi, że każdy obiekt zanurzony w cieczy doświadcza siły wyporu równej ciężarowi cieczy wypartej przez ten obiekt [58].

Aby to zobrazować, można wyobrazić sobie umieszczenie korka w szklance wody. Korek unosi się na powierzchni, ponieważ woda wywiera siłę wyporu większą niż ciężar korka. Ta siła wyporu jest równa ciężarowi wody wypartej przez korek. Z drugiej strony, jeśli wrzucimy do tej samej wody stalową kulkę, zatonie ona, ponieważ jej ciężar przewyższa siłę wyporu działającą na nią [58].

Wyporność zależy od gęstości obiektu w stosunku do cieczy, w której jest umieszczony. Gęstość definiuje się jako masę przypadającą na jednostkę objętości, co oznacza, że zdolność obiektu do unoszenia się lub tonięcia zależy od tego, czy jego gęstość jest mniejsza czy większa niż gęstość cieczy. Na przykład, nawet jeśli obiekt waży dużo, ale ma mniejszą gęstość niż ciecz, będzie się unosić. To wyjaśnia, dlaczego duża, cienka stalowa misa może unosić się na wodzie, podczas gdy mniejsza, gęstsza stalowa kulka o tej samej masie zatonie. Różnica w rozkładzie masy w stosunku do objętości odgrywa kluczową rolę w ich wyporności [58].

Zrozumienie wyporności jest kluczowe dla projektowania pojazdów podwodnych i okrętów podwodnych, ponieważ ich zdolność do unoszenia się, zanurzania i wynurzania zależy od manipulacji siłami wyporu w celu zrównoważenia ich ciężaru i gęstości w otaczającej wodzie. Co więcej, w projektowaniu i eksploatacji okrętów podwodnych zrozumienie elementów składających się na wyporność i ciężar ma kluczowe znaczenie dla utrzymania kontroli, stabilności i bezpieczeństwa pod wodą. Elementy te dzielą się na składowe wyporności i ciężaru, z których każda odgrywa istotną rolę w zdolności okrętu podwodnego do efektywnego zanurzania się, wynurzania i manewrowania.

Elementy Wyporności

Elementy wyporności to części okrętu podwodnego, które wypierają wodę, generując siłę wyporu zgodnie z zasadą Archimedesa. Prawidłowe zidentyfikowanie i obliczenie wpływu tych elementów jest kluczowe dla określenia całkowitej wyporności okrętu i jego środka wyporu.

- **Objętość kadłuba ciśnieniowego**: Głównym elementem wyporności jest sam kadłub ciśnieniowy. To uszczelnione, wodoodporne pomieszczenie, w którym znajdują się załoga i wyposażenie, wypiera dużą objętość wody, generując znaczną siłę wyporu. Warto jednak zauważyć, że elementy wewnątrz kadłuba ciśnieniowego, takie jak maszyny, sprzęt czy załoga, nie przyczyniają się bezpośrednio do wyporności, ponieważ nie mają kontaktu z wodą morską i nie wypierają dodatkowej wody.

- **Wypierana objętość kadłuba zewnętrznego**: Otaczający kadłub ciśnieniowy kadłub zewnętrzny nadaje okrętowi opływowy kształt hydrodynamiczny. Materiał kadłuba zewnętrznego, zwykle stalowe płyty, wypiera wodę, przyczyniając się do wyporności. Przestrzeń pomiędzy kadłubem zewnętrznym a ciśnieniowym jest zwykle zalana wodą i nie wpływa na wyporność. Jedynie objętość wypierana przez materiał kadłuba zewnętrznego jest uwzględniana jako element wyporności.

- **Zewnętrzne zbiorniki niezalewane wodą**: W niektórych konstrukcjach pewne zewnętrzne zbiorniki, umieszczone na dziobie i rufie, pozostają suche nawet w stanie zanurzenia. Te zbiorniki, wypełnione powietrzem lub innymi substancjami, wypierają wodę bez znacznego zwiększenia masy, zwiększając w ten sposób wyporność. Ich objętości są uwzględniane w obliczeniach wyporności.

- **Maszt i struktury wewnętrzne**: Maszt, znany również jako wieża dowodzenia lub płetwa, to pionowa struktura na górze okrętu podwodnego, mieszcząca wyposażenie takie jak peryskopy i maszty. Zewnętrzna część masztu jest swobodnie zalewana wodą podczas zanurzenia, ale struktury wewnętrzne, takie jak wieża dowodzenia i maszty, są uszczelnione i wypierają wodę. Objętości zajmowane przez te struktury przyczyniają się do wyporności.

- **Rury torpedowe w swobodnie zalewanych obszarach**: W przedniej części okrętu fragmenty rur torpedowych wychodzą poza kadłub ciśnieniowy do swobodnie zalewanego obszaru. Te sekcje rur torpedowych, będące szczelne, wypierają wodę i działają jako elementy wyporności, zwiększając siłę wyporu bez zwiększania masy.

- **Wał napędowy i elementy zewnętrzne**: Wał napędowy, przechodzący przez uszczelnioną rurę do swobodnie zalewanej sekcji rufowej, również wypiera wodę i przyczynia się do wyporności. Podobnie inne elementy zewnętrzne, takie jak śruba napędowa, stery, płetwy dziobowe i rufowe oraz anteny sonarowe, wypierają wodę swoją fizyczną objętością, dodając do siły wyporu.

- **Kieszenie powietrzne w zbiornikach balastowych**: Czasami w zbiornikach balastowych, które powinny być zalewane wodą podczas zanurzenia, mogą tworzyć się niezamierzone kieszenie powietrzne. Te kieszenie wypierają wodę bez zwiększania masy, co niespodziewanie zwiększa wyporność. Chociaż przyczyniają się one do całkowitej siły wyporu, są niepożądane, ponieważ mogą zakłócać neutralną wyporność okrętu i wpływać na kontrolę głębokości.

Poprzez obliczenie objętości tych elementów wypornościowych i ich rozmieszczenia inżynierowie okrętów podwodnych zapewniają, że jednostka pozostaje stabilna, sterowalna i zdolna do skutecznego wykonywania zanurzeń oraz wynurzeń.

Elementy Masowe

Elementy masowe to komponenty, które przyczyniają się do całkowitej masy okrętu podwodnego, wywierając siłę skierowaną w dół z powodu grawitacji. Prawidłowe uwzględnienie tych elementów, w tym ich masy i środków ciężkości, jest kluczowe dla utrzymania równowagi, stabilności i ogólnej wydajności okrętu podwodnego.

Stałe Elementy Masowe

- **Struktura kadłuba ciśnieniowego**: Obejmuje poszycie kadłuba ciśnieniowego, okrągłe ramy usztywniające, zbiorniki, wsporniki i inne elementy konstrukcyjne. Są one niezbędne do zapewnienia wytrzymałości potrzebnej do wytrzymania ogromnych zewnętrznych ciśnień na głębokości, ale znacznie zwiększają masę okrętu. Rozkład masy struktury kadłuba wpływa na stabilność i wydajność jednostki.

- **Główny układ napędowy**: System napędowy jest jednym z najcięższych elementów okrętu podwodnego. Składa się z alternatorów diesla, elektrycznych silników napędowych (dla okrętów z napędem dieslowo-elektrycznym), systemów wałów napędowych, bloków i łożysk oporowych oraz śruby napędowej. Komponenty te są niezbędne do napędzania okrętu w wodzie, ale ich masa wymaga starannego zarządzania w celu zapewnienia odpowiedniej równowagi i trymu.

- **Baterie**: Okręty podwodne w dużym stopniu polegają na dużych akumulatorach, szczególnie podczas cichych operacji pod wodą. Baterie te, zazwyczaj wykonane z materiałów o dużej gęstości, takich jak ogniwa kwasowo-ołowiowe lub litowo-jonowe, znacznie zwiększają masę jednostki. Ich rozmieszczenie musi być zoptymalizowane, aby nie zakłócało stabilności okrętu.

- **Uzbrojenie**: Masa torped, pocisków i innej amunicji pokładowej jest znacząca. Magazynowanie tej broni wewnątrz okrętu bezpośrednio wpływa na jego środek ciężkości, który należy dokładnie obliczyć w celu utrzymania równowagi i odpowiedniego trymu.

- **Inne maszyny i stałe wyposażenie**: Oprócz systemu napędowego, na pokładzie okrętu znajdują się inne urządzenia, takie jak systemy podtrzymywania życia, narzędzia nawigacyjne i komunikacyjne, systemy hydrauliczne oraz wyposażenie wnętrza. Choć poszczególne komponenty mogą nie być tak ciężkie jak maszyny napędowe, ich łączna masa znacznie przyczynia się do całkowitej masy okrętu.

Zmienne Elementy Masowe

- **Załoga**: Masa załogi zmienia się w zależności od liczby osób na pokładzie i ich ruchu w obrębie okrętu. Przemieszczenia załogi mogą wpływać na trym i równowagę okrętu, szczególnie podczas krytycznych manewrów.

- **Zapas**: Woda pitna, zapasy żywności i inne środki zużywalne są przechowywane na pokładzie i stopniowo zużywane podczas misji. W miarę zużywania tych zasobów całkowita masa okrętu maleje, co wpływa na jego wyporność i stabilność, które należy monitorować podczas operacji.

- **Materiały eksploatacyjne**: Paliwo (np. olej napędowy), olej smarowy i inne płyny operacyjne są zużywane podczas pracy okrętu. Wyczerpanie tych zasobów zmniejsza masę jednostki, co wymaga korekt w celu utrzymania neutralnej wyporności.

- **Woda zęzowa i odpady stałe**: Woda zęzowa i odpady stałe mogą gromadzić się podczas operacji, zwiększając masę okrętu. Okręty podwodne są wyposażone w systemy zarządzania i usuwania odpadów, ale zmiany w tych czynnikach mogą wpływać na całkowity rozkład masy i stabilność jednostki.

- **Balast**: Woda balastowa jest używana do kontrolowania wyporności i trymu okrętu. Przyjmowanie lub usuwanie wody balastowej bezpośrednio zmienia masę okrętu, wymagając precyzyjnego monitorowania w celu zapewnienia właściwej równowagi i wydajności operacyjnej.

Podstawy Projektowania i Budowy Okrętów Podwodnych

Równoważenie Mas i Wyporu

Osiągnięcie odpowiedniej równowagi między masą a wyporem jest kluczowe dla zdolności okrętu podwodnego do zanurzania się, wynurzania i utrzymania kontroli głębokości. Ta równowaga ma również bezpośredni wpływ na stabilność i manewrowość jednostki pod wodą, zapewniając bezpieczeństwo i wydajność operacyjną.

Całkowity Wypór i Całkowita Masa:

- **Całkowity Wypór** oblicza się, sumując wkłady wszystkich elementów wyporu. Uwzględnia się objętość każdego elementu oraz jego środek wyporu, aby określić ogólną siłę wyporu działającą na okręt podwodny.

- **Całkowita Masa** jest określana poprzez zsumowanie wszystkich stałych i zmiennych elementów masowych. Obejmuje to nie tylko ich indywidualne masy, ale również środki ciężkości, które wpływają na ogólną równowagę jednostki.

Środki Wyporu i Ciężkości:

Środek wyporu to punkt, w którym działa siła wyporu skierowana ku górze, natomiast środek ciężkości to punkt, w którym działa siła ciężkości skierowana w dół. Aby okręt podwodny pozostał stabilny, szczególnie w stanie zanurzenia, środek ciężkości powinien znajdować się poniżej środka wyporu. Taka konfiguracja tworzy moment prostujący, który pomaga utrzymać jednostkę w pozycji pionowej i stabilnej.

Obliczanie Wyporu i Masy:

- **Lista Elementów Wyporu**:
    - **Identyfikacja elementów**: Określenie wszystkich komponentów przyczyniających się do wyporu.
    - **Określenie objętości zamkniętych**: Obliczenie objętości każdego elementu, która reprezentuje objętość wody przemieszczonej przez ten element.
    - **Wyznaczenie środka wyporu**: Określenie trójwymiarowych współrzędnych, które reprezentują punkt działania siły wyporu każdego elementu.

- **Lista Elementów Masowych**:
    - **Katalogowanie elementów**: Zestawienie wszystkich komponentów przyczyniających się do masy.
    - **Rejestracja mas i środków ciężkości**: Określenie masy każdego elementu oraz punktu, w którym działa jego siła ciężkości.

- **Sumowanie i Analiza:**

- **Całkowity Wypór**: Zsumowanie objętości wszystkich elementów wyporu i obliczenie ogólnego środka wyporu poprzez wyznaczenie średniej ważonej na podstawie objętości i pozycji każdego elementu.

- **Całkowita Masa**: Zsumowanie wszystkich elementów masowych i określenie ogólnego środka ciężkości w podobny sposób.

- **Korelacja Masy i Wyporu**:

  - **Porównanie masy i wyporu**: Sprawdzenie, czy są zrównoważone, aby osiągnąć neutralny wypór, co jest optymalne dla działania pod wodą.

  - **Ocena pozycji środków ciężkości i wyporu**: Upewnienie się, że ich położenie zapewnia stabilność. Kluczowe znaczenie ma pionowa odległość między nimi, ponieważ wpływa ona na moment prostujący, który utrzymuje stabilność okrętu podwodnego.

Jeśli zostaną zidentyfikowane nierównowagi między masą a wyporem, wprowadza się odpowiednie korekty. Zbiorniki balastowe mogą być wykorzystane do kompensacji rozbieżności masowych, lub może zostać zmieniony rozkład elementów masowych. Ponieważ zmienne elementy masowe (takie jak paliwo czy załoga) zmieniają się w trakcie misji, konieczne jest ciągłe monitorowanie i dostosowywanie, aby utrzymać równowagę i neutralny wypór.

Praktyczne Rozważania:

- **Trym i Stabilność**: Odpowiednie rozmieszczenie elementów masowych zapewnia utrzymanie tryma, czyli równowagi podłużnej. Zapobiega to niezamierzonemu przechylaniu się dziobu lub rufy, które mogłoby wpłynąć na wydajność jednostki.

- **Dynamiczne Operacje**: Podczas pracy okrętu zmiany zużycia paliwa, zmiany głębokości i inne czynniki dynamicznie wpływają na masę i wypór. Systemy pokładowe dostosowują balast w celu utrzymania neutralnego wyporu i stabilności w zmieniających się warunkach.

- **Optymalizacja Projektu**: Na etapie projektowania rozmieszczenie ciężkich maszyn i elementów wyporu jest starannie planowane w celu optymalizacji równowagi i ogólnej wydajności okrętu podwodnego. Dobrze zaprojektowana jednostka ogranicza konieczność częstych korekt w trakcie operacji.

- **Marginesy Bezpieczeństwa**: Inżynierowie wprowadzają współczynniki bezpieczeństwa do obliczeń projektowych i operacyjnych, aby zapewnić, że okręt pozostanie sterowny nawet w ekstremalnych lub nieoczekiwanych warunkach. To dodatkowe zabezpieczenie pozwala jednostce radzić sobie z różnymi ciśnieniami i warunkami bezpiecznie.

Równoważenie masy i wyporu w projektowaniu i eksploatacji okrętów podwodnych to ciągły proces obejmujący precyzyjne obliczenia i dynamiczne dostosowania. Stabilność i bezpieczeństwo zależą od dokładnej oceny sił wyporu i rozkładu masy, co zapewnia skuteczność okrętu w każdych warunkach operacyjnych.

Podstawy Projektowania i Budowy Okrętów Podwodnych

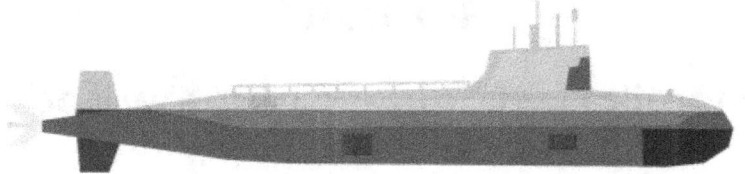

Rozdział 3
Hydrodynamika i wydajność okrętów podwodnych

Zasady hydrodynamiki w projektowaniu okrętów podwodnych

Zasady hydrodynamiki są kluczowe w projektowaniu okrętów podwodnych, ponieważ bezpośrednio wpływają na ich zdolność do efektywnego poruszania się, utrzymania stabilności oraz minimalizacji wykrywalności podczas działania pod wodą. Projektanci muszą starannie równoważyć takie czynniki, jak opór, siła nośna, opór przepływu i wyporność, aby zapewnić optymalne osiągi w zróżnicowanych warunkach podwodnych.

Zasady hydrodynamiki opisują, jak płyny, w szczególności woda, oddziałują na obiekty takie jak okręty podwodne, oraz jakie siły wynikają z tych interakcji. Mają one zasadnicze znaczenie dla projektowania okrętów podwodnych, ponieważ determinują ich efektywność i skuteczność w nawigacji pod wodą. Główne zasady hydrodynamiki wpływające na projektowanie okrętów podwodnych obejmują:

1. Opór

Opór to siła przeciwna, którą okręt podwodny napotyka podczas ruchu w wodzie. Powstaje ona w wyniku tarcia między cząsteczkami wody a powierzchnią okrętu oraz turbulencji za jednostką. Wyróżnia się kilka rodzajów oporu:

- **Opór tarcia:** Powodowany przez ruch cząsteczek wody wzdłuż powierzchni kadłuba.
- **Opór ciśnienia:** Wynika z różnicy ciśnienia wody między dziobem (przód) a rufą (tył) okrętu podwodnego.
- **Opór falowy:** Występuje blisko powierzchni, gdzie okręt tworzy fale, zwiększając opór. Aby zminimalizować opór, okręty podwodne projektowane są z opływowymi kadłubami, co pozwala na płynne przepływanie wody po ich powierzchni, redukując turbulencje i ślad wodny.

2. Wyporność

Wyporność to siła wznosząca, wywierana przez ciecz, która przeciwdziała ciężarowi zanurzonego w niej obiektu. Zasada Archimedesa mówi, że każdy obiekt zanurzony w cieczy doświadcza siły wznoszącej równej ciężarowi cieczy wypartej przez ten obiekt. Okręty podwodne kontrolują wyporność za pomocą zbiorników balastowych, które mogą być napełniane wodą lub opróżniane, co pozwala na zanurzenie, wynurzenie lub utrzymanie neutralnej wyporności. Osiągnięcie neutralnej wyporności jest kluczowe dla energooszczędnego i stabilnego ruchu pod wodą.

3. Opływowość

Podstawy Projektowania i Budowy Okrętów Podwodnych

Opływowość polega na kształtowaniu okrętu podwodnego w sposób minimalizujący opór. Opływowy kształt pozwala wodzie płynąć gładko po powierzchni okrętu, co zmniejsza ilość energii potrzebnej do jego napędzania. Nowoczesne okręty podwodne często mają kadłuby o kształcie łzy lub cygara, co równoważy objętość wewnętrzną i efektywność hydrodynamiczną, zmniejszając opór wody i poprawiając prędkość przy jednoczesnym oszczędzaniu energii.

4. Siła nośna i powierzchnie kontrolne

Siła nośna to siła pozwalająca okrętom podwodnym zmieniać głębokość i kierunek. Generują ją powierzchnie kontrolne, takie jak hydropłaty (poziome płetwy) lub stery (pionowe płetwy). Okręty podwodne wykorzystują hydropłaty do kontrolowania głębokości i stery do manewrowania. Powierzchnie te generują siłę nośną podczas przepływu wody wokół nich, co pozwala okrętowi zmieniać pozycję w kolumnie wody bez konieczności regulacji wyporności.

5. Liczba Reynoldsa

Liczba Reynoldsa to bezwymiarowa wartość reprezentująca stosunek sił bezwładnościowych do lepkościowych w cieczy. Pomaga przewidzieć, czy przepływ wody wokół okrętu podwodnego będzie gładki (laminarny), czy chaotyczny (turbulentny). Projektanci dążą do minimalizacji przepływu turbulentnego, który zwiększa opór, wybierając kształty kadłuba sprzyjające przepływowi laminarnemu, co optymalizuje wydajność i skrytość okrętu.

6. Rozkład ciśnienia

Rozkład ciśnienia opisuje, jak ciśnienie wody jest rozłożone na powierzchni okrętu. Wyższe ciśnienie na dziobie i niższe na rufie może generować opór zwany oporem ciśnieniowym. Poprzez projektowanie kadłuba w celu zmniejszenia tych różnic ciśnienia okręty podwodne mogą poruszać się efektywniej, poprawiając swoją wydajność hydrodynamiczną.

7. Kawitacja

Kawitacja występuje, gdy ciśnienie wody spada do poziomu, w którym tworzą się bąble pary, zwykle w pobliżu ruchomych części, takich jak śruby napędowe. Gdy bąble te zapadają się, generują hałas i wibracje, co może wpłynąć na skrytość i uszkodzić elementy. Projektanci okrętów podwodnych pracują nad zapobieganiem kawitacji, szczególnie w projektowaniu śrub napędowych, aby minimalizować hałas i zachować zdolności stealth.

8. Ślad wodny

Ślad wodny to turbulentna woda pozostawiona za poruszającym się obiektem. Nadmierny ślad wodny zwiększa opór i czyni okręt bardziej wykrywalnym. Aby zredukować tworzenie się śladu wodnego, okręty podwodne projektowane są w sposób umożliwiający cichy i wydajny ruch w wodzie, co pomaga utrzymać skrytość i zmniejsza zużycie energii.

9. Efektywność śruby napędowej

Efektywność śruby napędowej to zdolność systemu napędowego do przekształcania energii w ruch do przodu przy minimalnych stratach energii. Projektowanie i umiejscowienie śruby są kluczowe dla generowania wystarczającego ciągu przy jednoczesnym minimalizowaniu oporu i kawitacji, co zapewnia efektywne poruszanie się okrętu podwodnego w wodzie.

Opływowość i redukcja oporu

Opór jest kluczowym czynnikiem wpływającym na osiągi okrętów podwodnych, ponieważ bezpośrednio przeciwdziała ich ruchowi w wodzie. Kadłub okrętów podwodnych jest starannie projektowany w celu zminimalizowania oporu, co pozwala zwiększyć prędkość, efektywność paliwową i zdolności stealth. Hydrodynamiczne właściwości kadłuba mają istotny wpływ na skuteczność operacyjną okrętów podwodnych, szczególnie w kontekście oporu napotykanego podczas poruszania się w wodzie.

Aby osiągnąć optymalną wydajność hydrodynamiczną, okręty podwodne są zazwyczaj projektowane z opływowym kształtem kadłuba, przypominającym kroplę wody. Taki kształt umożliwia płynne przepływanie wody po kadłubie, minimalizując turbulencje i wynikający z nich opór. Badania wykazują, że dobrze zaprojektowany kadłub może znacznie zmniejszyć turbulentny ślad wodny generowany podczas ruchu okrętu, co jest kluczowe dla utrzymania wyższych prędkości przy mniejszym zużyciu energii [24, 59]. Redukcja oporu nie tylko zwiększa efektywność paliwową, ale także minimalizuje hałas, co jest istotne dla operacji stealth [60].

Kształt kropli wody, charakteryzujący się zaokrąglonym dziobem i zwężającą się rufą, jest szczególnie skuteczny w minimalizacji oporu. Zaokrąglony przód zmniejsza opór ciśnienia, a zwężająca się rufa ogranicza tworzenie się śladu wodnego, prowadząc do mniejszej turbulencji za okrętem [24, 61]. Ta hydrodynamiczna efektywność jest kluczowa, zwłaszcza podczas misji, w których skrytość ma ogromne znaczenie. Badania pokazują, że różne kształty kadłuba generują różne poziomy oporu, a kształty stożkowe i cylindryczne są oceniane pod kątem ich właściwości hydrodynamicznych [24, 61, 62].

Chociaż kształt kropli wody jest idealny do redukcji oporu, projektanci muszą również uwzględnić objętość wewnętrzną okrętu. Nowoczesne okręty podwodne często wykorzystują cylindryczny kadłub z eliptycznymi lub zaokrąglonymi końcami, aby znaleźć równowagę między efektywnością hydrodynamiczną a potrzebą przestrzeni wewnętrznej na sprzęt i załogę [59, 63]. Takie podejście projektowe pozwala na zachowanie opływowego profilu przy jednoczesnym zapewnieniu miejsca na niezbędne komponenty operacyjne. W procesie projektowania kluczowe znaczenie ma analiza CFD (Computational Fluid Dynamics), która umożliwia inżynierom symulację i analizę hydrodynamicznych właściwości różnych kształtów i konfiguracji kadłuba [24, 59, 64].

Podczas ruchu pod wodą okręt podwodny napotyka opór wynikający z sił nośnych i oporu. Siły te zależą od kształtu oraz prędkości okrętu, jak również od jego interakcji z otaczającą wodą.

Siły nośne i oporu

Kiedy obiekt, taki jak okręt podwodny, porusza się z prędkością „V" w cieczy (wodzie), tworząc kąt z liniami przepływu cieczy, doświadcza siły „F" działającej na niego. Siła ta może zostać rozłożona na dwa komponenty [65]:

- **Opór:** Siła działająca w kierunku przepływu cieczy (równolegle do linii przepływu). Opór to opozycja wobec ruchu okrętu podwodnego.

- **Siła nośna:** Siła działająca prostopadle do przepływu cieczy (ortogonalnie do linii przepływu). Siła nośna, ogólnie rzecz biorąc, może powodować unoszenie lub opadanie okrętu w wodzie.

Siły oporu i nośne są reprezentowane przez odpowiadające im współczynniki — współczynnik oporu (**Cd**) i współczynnik siły nośnej (**Cl**). Współczynniki te są definiowane jako stosunek odpowiadających im sił (oporu lub nośnej) do siły dynamicznej działającej na rzutowaną lub planarną powierzchnię okrętu podwodnego. Matematycznie relacje te można wyrazić jako [65]:

Coefficient of Drag (Cd):

$$Cd = \frac{D}{\frac{1}{2}\rho V^2 A}$$

Where:

- D is the drag force,
- ρ is the fluid density,
- V is the velocity of the submarine,
- A is the reference area of the submarine.

Therefore, the drag force is given by:

$$D = Cd \cdot \frac{1}{2}\rho V^2 A$$

Coefficient of Lift (Cl):

$$Cl = \frac{L}{\frac{1}{2}\rho V^2 A}$$

Where:

- L is the lift force.

The lift force is similarly given by:

$$L = Cl \cdot \frac{1}{2}\rho V^2 A$$

Interakcja z przepływem cieczy

Podczas poruszania się okrętu podwodnego pod kątem do linii przepływu wody (często nazywanym kątem natarcia), ciecz rozdziela się i opływa kadłub okrętu. Z powodu kształtu kadłuba oraz różnicy w odległości, jaką musi pokonać woda wokół różnych części kadłuba, linie przepływu po dwóch stronach okrętu będą miały różne prędkości. Linia przepływu pokonująca większą odległość porusza się szybciej, aby zachować masę, a zgodnie z zasadą Bernoulliego szybciej poruszająca się linia przepływu wywiera niższe ciśnienie w porównaniu z wolniejszą. Ta różnica ciśnienia wokół okrętu powoduje powstanie siły netto, która generuje zarówno siłę nośną, jak i opór [65].

Dodatkowo kąt natarcia zmienia pęd cieczy. Stosując równanie pędu w objętości kontrolnej wokół okrętu, można obliczyć siłę netto (F) działającą na ciało. Połączone efekty zasady zachowania masy (Bernoulliego) i zasady zachowania pędu prowadzą do powstania sił nośnej i oporu działających na okręt podwodny [65].

Zarządzanie siłą nośną w okrętach podwodnych

Podczas gdy siła nośna jest kluczowa dla samolotów, w przypadku okrętów podwodnych nie jest to pożądane zjawisko podczas poruszania się pod wodą. Jeśli okręt podwodny generuje siłę nośną w zanurzeniu, powoduje to wynurzenie jednostki, co jest niepożądane w trakcie operacji podwodnych. Okręty podwodne są zaprojektowane do efektywnego poruszania się i działania na różnych głębokościach, a generowanie siły nośnej mogłoby zakłócić tę funkcję [65].

Aby przeciwdziałać niepotrzebnej sile nośnej generowanej przez kadłub okrętu, jednostki te są wyposażone w hydropłaty. Hydropłaty są zazwyczaj zamontowane na wieży dowodzenia i działają jak powierzchnie sterowe lub klapy na skrzydłach samolotu. Mają profil aerodynamiczny, a dzięki ich przechylaniu (zmianie kąta natarcia) okręt może generować ujemną siłę nośną – siłę skierowaną w dół, która neutralizuje niepożądane unoszenie generowane przez kadłub.

Hydropłaty odgrywają kluczową rolę w kontroli głębokości i ruchu okrętu podwodnego pod wodą. Dzięki regulacji kąta natarcia hydropłatów załoga może kontrolować głębokość i nachylenie okrętu bez konieczności korzystania z ruchu naprzód w celu wsparcia jego masy, co odróżnia okręty podwodne od samolotów. Zapewnia to możliwość pozostania w zanurzeniu oraz efektywnego manewrowania [65].

Koordynacja z systemem nawigacji

Hydropłaty współpracują także z systemem nawigacyjnym okrętu, aby utrzymać precyzyjną kontrolę nad jego ruchem. Poprzez regulację hydropłatów okręt może poruszać się naprzód, zachowując pożądaną głębokość i stabilność, co pozwala na realizację różnych operacji pod wodą bez konieczności wynurzania się [65].

Podsumowując, podczas poruszania się pod wodą okręt podwodny doświadcza sił nośnej i oporu wynikających z jego interakcji z przepływem wody. Podczas gdy opór działa jako siła przeciwdziałająca ruchowi naprzód, siła nośna może potencjalnie powodować wynurzenie okrętu. Aby zarządzać tymi siłami i utrzymać kontrolę, okręty podwodne wykorzystują hydropłaty do neutralizacji niepotrzebnej siły nośnej, co zapewnia stabilne i efektywne działanie pod wodą.

Siły nośne i powierzchnie sterowe

Okręty podwodne, podobnie jak samoloty, wykorzystują powierzchnie sterowe do zarządzania swoim ruchem; jednak mechanizmy stosowane w tych dwóch przypadkach różnią się znacząco ze względu na wyjątkowe wyzwania, jakie stawia środowisko podwodne. W przeciwieństwie do samolotów, które opierają się na stałej sile nośnej generowanej przez skrzydła, aby utrzymać się w powietrzu, okręty podwodne przede wszystkim polegają na hydrodynamicznych powierzchniach sterowych, takich jak hydropłaty i stery, aby regulować głębokość i utrzymywać stabilność pod wodą. Siły hydrodynamiczne działające na te powierzchnie są uzależnione od prędkości okrętu oraz warunków wody, co wymaga odmiennych metod manewrowania w porównaniu z pojazdami powietrznymi [66, 67].

Hydropłaty, znane również jako płaty sterowe, są kluczowymi elementami konstrukcji okrętów podwodnych, umieszczonymi zarówno na dziobie, jak i rufie. Te ruchome płetwy umożliwiają precyzyjne sterowanie nachyleniem okrętu oraz jego głębokością. Zmieniając kąt nachylenia hydropłatów, załoga może generować siłę nośną skierowaną w górę lub w dół, umożliwiając wynurzenie, zanurzenie lub utrzymanie określonej głębokości. Na przykład, gdy płaty dziobowe są ustawione pod kątem w górę, generują siłę nośną skierowaną w dół, co powoduje podniesienie dziobu okrętu; odwrotna konfiguracja prowadzi do zanurzenia [66]. Skuteczność hydropłatów zależy od prędkości okrętu; wraz ze wzrostem prędkości siły hydrodynamiczne działające na hydropłaty zwiększają się, co poprawia możliwości sterowania [67].

Oprócz hydropłatów okręty podwodne są wyposażone w stery, zwykle umieszczone na rufie, które są niezbędne do kontroli kursu, czyli ruchu bocznego. Wychylenie steru zmienia przepływ wody wokół okrętu, generując siły boczne umożliwiające skręcanie. Ta funkcja jest kluczowa podczas nawigowania w złożonych środowiskach podwodnych, zarówno w celach unikania zagrożeń, jak i pościgu [68]. Interakcja między sterem a systemem napędowym okrętu jest istotna dla efektywnego manewrowania, szczególnie w sytuacjach wymagających szybkich zmian kierunku [14].

Zarówno hydropłaty, jak i stery opierają się na przepływie wody wokół kadłuba okrętu, aby generować niezbędne siły do kontroli głębokości i kierunku. To uzależnienie od zasad hydrodynamicznych oznacza, że te powierzchnie sterowe są najbardziej efektywne, gdy okręt porusza się. Jednak okręty podwodne mają unikalną zdolność osiągania neutralnej wyporności, co pozwala im utrzymać nieruchomą pozycję na określonej głębokości bez konieczności ruchu naprzód. Ta zdolność jest realizowana poprzez precyzyjne regulacje balastu, które równoważą masę i wyporność okrętu [69]. W przeciwieństwie do tego, samoloty muszą utrzymywać ciągły ruch naprzód, aby generować siłę nośną, co podkreśla fundamentalną różnicę w dynamice operacyjnej między tymi dwoma typami pojazdów [55].

Wyporność i stabilność

Jak wcześniej opisano, wyporność i stabilność to fundamentalne zasady w projektowaniu okrętów podwodnych, odgrywające kluczową rolę w kontrolowaniu ruchu okrętu i utrzymaniu jego pozycji pod wodą. Zasady te są niezbędne do zapewnienia, że okręty podwodne mogą bezpiecznie unosić się, zanurzać, utrzymywać stałą głębokość oraz wynurzać się, pozostając stabilne zarówno w zanurzeniu, jak i na powierzchni.

Wyporność, zgodnie z zasadą Archimedesa, to siła skierowana w górę, która pozwala obiektowi unosić się na wodzie lub tonąć w zależności od objętości wody, którą wypiera. W okrętach podwodnych siła wyporu jest równa ciężarowi wypartej wody i jest regulowana za pomocą zbiorników balastowych, które mogą być napełniane powietrzem lub wodą, aby dostosować stan wyporności okrętu. Okręty podwodne mogą osiągnąć trzy stany wyporności: dodatnią, ujemną i neutralną.

1. **Wyporność dodatnia**: Ten stan występuje, gdy okręt podwodny jest lżejszy od wody, którą wypiera, co pozwala mu unosić się na powierzchni. Osiąga się to poprzez usunięcie wody ze zbiorników balastowych i zastąpienie jej powietrzem, co jest kluczowe podczas operacji na powierzchni lub przygotowań do wynurzenia po zanurzeniu [50].

2. **Wyporność ujemna**: Aby się zanurzyć, okręty podwodne napełniają zbiorniki balastowe wodą, zwiększając swój ciężar, co pozwala im tonąć. Precyzyjne zarządzanie wodą balastową jest niezbędne do kontrolowania tempa zanurzania i zapewnienia bezpiecznych operacji pod wodą [50].

3. **Wyporność neutralna**: Osiągnięcie wyporności neutralnej jest kluczowe, aby okręt podwodny mógł utrzymywać stałą głębokość bez unoszenia się ani opadania. Ten stan jest energooszczędny, ponieważ pozwala okrętowi "zawisnąć" pod wodą bez konieczności wydatkowania energii na ruch pionowy [50].

Stabilność jest równie ważna w projektowaniu okrętów podwodnych, zapewniając utrzymanie równowagi i pozycji w różnych warunkach.

1. **Stabilność na powierzchni**: Na powierzchni okręty podwodne polegają na rezerwie wyporności, która utrzymuje znaczną część kadłuba powyżej linii wodnej. Ta rezerwa wyporności działa jako margines bezpieczeństwa, pozwalając okrętowi utrzymać się na wodzie nawet w przypadku uszkodzenia części kadłuba. Zbiorniki balastowe odgrywają kluczową rolę w utrzymaniu tej stabilności, szczególnie w trudnych warunkach morskich [50].

2. **Stabilność pod wodą**: Pod wodą stabilność zależy od relacji między środkiem wyporu (punktem, w którym działa siła wyporu) a środkiem ciężkości (punktem, w którym skoncentrowany jest ciężar okrętu). Aby okręt pozostał stabilny, środek ciężkości musi znajdować się poniżej środka wyporu, co tworzy moment prostujący, który pomaga przywrócić okręt do pozycji pionowej w przypadku przechylenia lub obrotu [70]. Jeśli środek ciężkości podniesie się zbyt wysoko, okręt może stać się niestabilny, co grozi przewróceniem. Dlatego szczególną uwagę zwraca się na rozmieszczenie masy oraz działanie systemów balastowych, aby utrzymać stabilność w różnych scenariuszach operacyjnych [71].

Zasady wyporności i stabilności są integralną częścią projektowania okrętów podwodnych, umożliwiając kontrolowany ruch i zapewniając bezpieczeństwo podczas operacji. Poprzez manipulowanie wypornością za pomocą systemów balastowych i utrzymywanie korzystnej relacji między środkiem wyporu a środkiem ciężkości, okręty podwodne mogą efektywnie poruszać się w środowisku podwodnym, pozostając stabilne.

Podstawy Projektowania i Budowy Okrętów Podwodnych

Napęd i kawitacja

Okręty podwodne wykorzystują systemy napędowe nuklearne lub dieslowo-elektryczne do generowania ciągu, co umożliwia im efektywne poruszanie się pod wodą. Śruba napędowa, często nazywana "śrubą", jest głównym elementem odpowiedzialnym za napędzanie okrętu podwodnego do przodu. Projekt i działanie śruby są podporządkowane różnym zasadom hydrodynamiki, które mają na celu optymalizację ruchu w wodzie przy jednoczesnym minimalizowaniu hałasu, aby zachować zdolności skryte. Znaczenie projektu śruby w okrętach podwodnych jest kluczowe, ponieważ bezpośrednio wpływa na osiągi, efektywność i zdolność okrętu do unikania wykrycia przez wrogie systemy sonarowe [72, 73].

Projekt śruby okrętu podwodnego jest kluczowy dla osiągnięcia równowagi między ciągiem, prędkością a redukcją hałasu. W przeciwieństwie do konwencjonalnych śrub statków, śruby okrętów podwodnych są projektowane w sposób minimalizujący kawitację – zjawisko, w którym wokół łopatek powstają pęcherzyki pary wodnej na skutek szybkiego ruchu w wodzie. Kawitacja może generować hałas wykrywalny przez sonar, co narusza zdolność skrytą okrętu podwodnego [74]. Aby ograniczyć kawitację, śruby okrętów podwodnych są często projektowane z uwzględnieniem określonych kształtów, rozmiarów i konfiguracji łopatek. Na przykład dłuższe łopatki o niższych prędkościach obrotowych mogą rozpraszać ciąg na większym obszarze, zmniejszając ryzyko kawitacji [75, 76]. Dodatkowo nowoczesne okręty podwodne mogą korzystać z napędów strugowopompowych, które otaczają śrubę dyszą, co dodatkowo redukuje emisje hałasu [72].

W kontekście "cichego biegu" okręty podwodne muszą działać w trybie skrytym, aby unikać wykrycia. Ten stan wymaga precyzyjnego zarządzania systemem napędowym, szczególnie śrubą, w celu ograniczenia kawitacji i hałasu mechanicznego [77]. Praca z niższymi prędkościami jest kluczowa, ponieważ wyższe prędkości zwiększają kawitację i wibracje mechaniczne, co może naruszać zdolność skrytą [78]. Ponadto współczesne okręty podwodne są wyposażone w zaawansowane technologie redukcji hałasu, w tym izolację i systemy tłumienia wibracji, aby minimalizować hałas generowany przez urządzenia pokładowe [79]. Precyzyjne projektowanie komponentów napędowych, w tym śruby, jest kluczowe dla redukcji wibracji i hałasu, umożliwiając okrętom podwodnym cichą żeglugę podwodną [80].

Optymalizacja projektów śrub i systemów napędowych pozwala okrętom podwodnym osiągać efektywny ruch przy jednoczesnym utrzymaniu niskiego profilu akustycznego, co jest szczególnie ważne podczas operacji skrytych. Integracja efektywnych projektów śrub i strategii cichego biegu umożliwia okrętom podwodnym wysoką wydajność przy pozostaniu niewykrywalnymi przez przeciwników [81]. W podsumowaniu, interakcja zasad hydrodynamiki, innowacyjnych projektów i zaawansowanych technologii w systemach śrub okrętów podwodnych jest niezbędna dla poprawy efektywności operacyjnej i zdolności skrytych.

Siły hydrodynamiczne i manewrowość

Okręty podwodne działają pod wpływem różnych sił hydrodynamicznych, które znacząco wpływają na ich manewrowość, szczególnie na różnych głębokościach i prędkościach. Siły te, w tym ruch pionowy (heave), obrót wzdłuż osi poprzecznej (pitch) i obrót wzdłuż osi pionowej (yaw), determinują sposób nawigacji okrętów podwodnych w wodzie, wpływając na ich zdolność do zanurzania się, skręcania i utrzymywania głębokości. Charakterystyki hydrodynamiczne okrętów podwodnych są kluczowe dla ich efektywności operacyjnej, zwłaszcza w sytuacjach taktycznych, gdzie manewrowość ma kluczowe znaczenie.

Heave odnosi się do ruchu pionowego okrętu podwodnego, natomiast **pitch** opisuje obrót wzdłuż osi poprzecznej, co jest istotne dla kontroli kąta wznoszenia lub zanurzania. Stery głębokości, umieszczone na dziobie i rufie, są głównymi powierzchniami sterującymi, które zarządzają tymi ruchami. Kiedy okręt podwodny musi zmienić głębokość, stery głębokości są regulowane w celu wytworzenia siły nośnej. Na przykład, aby się zanurzyć, stery głębokości są ustawiane pod kątem w dół, co umożliwia nachylenie dziobu i zstąpienie. Z kolei, aby się wynurzyć, są ustawiane pod kątem w górę, unosząc dziób. Ta kontrola jest niezbędna dla utrzymania odpowiedniej orientacji podczas podróży podwodnej, zapewniając płynny ruch pionowy [66].

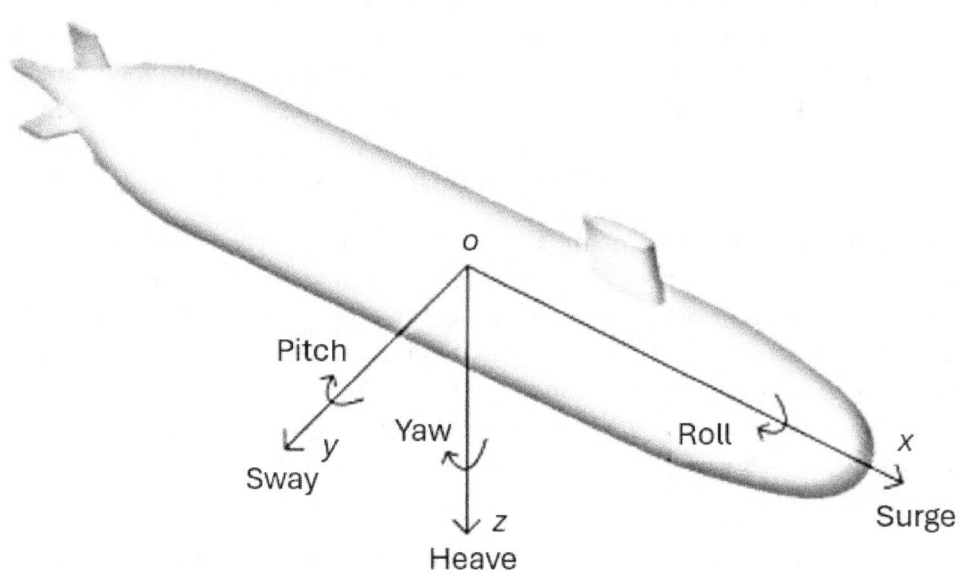

Rysunek 36: Ruch okrętu podwodnego w sześciu stopniach swobody.

Obrót w płaszczyźnie poziomej (Yaw) natomiast odnosi się do poziomej rotacji lub ruchu skrętnego okrętu podwodnego, który jest kontrolowany za pomocą steru znajdującego się na rufie. Projekt i efektywność steru są kluczowe dla umożliwienia precyzyjnych skrętów i zmiany kierunku, szczególnie podczas manewrów wymijających, gdzie szybkie korekty kursu są niezbędne. Skuteczna kontrola ruchu w płaszczyźnie poziomej jest istotna dla utrzymania stabilności i sterowności, zwłaszcza w scenariuszach dużych prędkości, gdy wymagane są szybkie reakcje w celu unikania przeszkód lub wykrycia przez przeciwnika [66]. Przy mniejszych prędkościach regulacje steru muszą być minimalne, ale precyzyjne, aby zapobiec destabilizacji, co podkreśla znaczenie efektywności powierzchni sterowych w różnych warunkach operacyjnych [66].

Kształt kadłuba okrętu podwodnego, rozkład masy oraz efektywność powierzchni sterowych mają kluczowe znaczenie dla jego manewrowości. Okręty podwodne są zazwyczaj projektowane z opływowym, kroplowym kształtem kadłuba, aby zminimalizować opór hydrodynamiczny i zwiększyć możliwości manewrowe. Dobrze zrównoważony rozkład masy przyczynia się do stabilności podczas ruchu, zanurzania lub skręcania. Stery głębokości i ster kierunku pełnią rolę głównych powierzchni sterowych, a ich projekt znacząco wpływa na zwinność i reakcję okrętu na siły hydrodynamiczne [66].

Manewrowość w dużej mierze zależy również od prędkości okrętu podwodnego. Przy wyższych prędkościach siły hydrodynamiczne działające na okręt wzrastają, co umożliwia ostrzejsze skręty i szybkie zanurzenia dzięki zwiększonemu unoszeniu generowanemu przez powierzchnie sterowe. Ta cecha jest szczególnie korzystna podczas manewrów taktycznych w sytuacjach bojowych, gdzie kluczowe są szybkie, precyzyjne ruchy [82]. Natomiast przy niższych prędkościach, na przykład podczas operacji skrytych, manewrowość może być ograniczona z powodu zmniejszonego przepływu wody nad powierzchniami sterowymi. W takich przypadkach okręty podwodne mogą w większym stopniu polegać na regulacji pływalności i ostrożnej manipulacji powierzchniami sterowymi w celu utrzymania precyzyjnego pozycjonowania i ruchu [66].

Opór falowy

Opór falowy jest istotną formą oporu, z jakim zmagają się okręty podwodne podczas operacji na powierzchni. Ten rodzaj oporu wynika przede wszystkim z fal generowanych przez kadłub okrętu poruszający się w wodzie, co może negatywnie wpływać na takie parametry, jak prędkość, efektywność paliwowa oraz ogólne zużycie energii. Gdy okręt podwodny znajduje się na powierzchni, część jego kadłuba jest zanurzona, podczas gdy pozostała część znajduje się nad wodą. Powoduje to przemieszczanie wody i tworzenie fal zarówno przy dziobie, jak i rufie. Powstające fale przyczyniają się do oporu falowego, który zwiększa całkowity opór przeciwdziałający ruchowi okrętu przez wodę [83–85].

Wielkość oporu falowego zależy od kilku czynników, takich jak prędkość okrętu, kształt kadłuba oraz położenie kiosku. Badania wskazują, że wraz ze wzrostem prędkości okrętu generowane fale stają się większe, co wymaga większej ilości energii do utrzymania ruchu do przodu [63, 83]. Na przykład symulacje z wykorzystaniem metody panelu źródłowego Havelocka wykazały zależność między zmianami prędkości a oporem falowym, podkreślając znaczenie projektowania kadłuba w zarządzaniu siłami oporu [86]. Ponadto zmiany prędkości i zanurzenia mogą znacząco wpływać na opór falowy, a zoptymalizowane konstrukcje kadłuba mogą skutecznie łagodzić te efekty [83].

Aby zminimalizować opór falowy, projektanci okrętów podwodnych koncentrują się na zastosowaniu specyficznych kształtów kadłuba, które ograniczają tworzenie fal. Opływowy kadłub, zwykle o kształcie kropli wody lub cygara, pozwala wodzie płynniej opływać okręt, zmniejszając wielkość i intensywność generowanych fal [63]. Ponadto kluczowe znaczenie ma umiejscowienie i projekt kiosku; dobrze zaprojektowany kiosk minimalizuje zakłócenia w przepływie wody, zmniejszając tworzenie dodatkowych fal i zapobiegając powstawaniu turbulentnych kilwaterów, które mogą jeszcze bardziej zwiększać opór [86]. Badania eksperymentalne potwierdziły, że metody takie jak metoda panelu źródłowego Havelocka skutecznie oceniają opór falowy dla różnych form okrętów podwodnych, wspierając tezę, że projekt kadłuba i kiosku ma kluczowe znaczenie dla poprawy efektywności hydrodynamicznej [86].

Podczas gdy opór falowy jest znaczącym czynnikiem w warunkach nawodnych, staje się on zaniedbywalny, gdy okręt podwodny jest całkowicie zanurzony. W warunkach zanurzenia okręt nie wchodzi w interakcję z powierzchnią wody w sposób generujący fale, co prowadzi do drastycznego zmniejszenia sił oporu i poprawy efektywności energetycznej [84, 85]. To zmniejszenie oporu jest jednym z głównych powodów, dla których okręty podwodne są projektowane do operacji przede wszystkim pod wodą, gdzie mogą poruszać się bardziej cicho i efektywnie. Zwiększony opór falowy na powierzchni nie tylko spowalnia jednostkę, ale także zwiększa zapotrzebowanie na energię, co negatywnie wpływa na zasięg operacyjny i wytrzymałość [84, 85].

Skuteczne zarządzanie oporem falowym jest kluczowe dla okrętów podwodnych, zwłaszcza gdy muszą one pokonywać długie dystanse na powierzchni lub operować z małymi prędkościami. Dzięki optymalizacji projektu kadłuba i rozmieszczenia kiosku projektanci mogą poprawić osiągi okrętu i efektywność paliwową, zapewniając utrzymanie rozsądnych prędkości przy minimalnym zużyciu energii [63, 86]. Opór falowy jest istotnym aspektem podczas operacji nawodnych, a dzięki starannemu projektowaniu i inżynierii można go zredukować, zwiększając ogólną skuteczność operacyjną.

Manewrowość i optymalizacja prędkości

Manewrowość i optymalizacja prędkości są kluczowymi aspektami wydajności okrętów podwodnych, w dużej mierze zależnymi od zasad hydrodynamiki. Kształt kadłuba, konstrukcja powierzchni sterowych, takich jak stery kierunku i płetwy sterowe, oraz wydajność systemu napędowego odgrywają istotną rolę w określeniu zdolności okrętu do manewrowania i osiągania optymalnych prędkości w różnych warunkach operacyjnych. Czynniki te muszą być starannie zrównoważone, aby okręt mógł skutecznie realizować swoje misje, zachowując jednocześnie skrytość, efektywność paliwową i zwrotność.

Okręty podwodne muszą skutecznie manewrować w trzech wymiarach: poziomo (yaw), pionowo (pitch) oraz w zakresie kontroli głębokości (heave). Siły hydrodynamiczne działające na okręt wpływają na wszystkie te ruchy, a powierzchnie sterowe, takie jak stery kierunku, płetwy sterowe oraz kształt kadłuba, odgrywają kluczową rolę w utrzymaniu zwrotności.

1. **Yaw i manewrowanie poziome:** Ster kierunku, zazwyczaj umieszczony na rufie, kontroluje yaw, czyli poziomy ruch skrętny okrętu. Siły hydrodynamiczne działające na ster podczas przepływu wody pozwalają okrętowi na płynne zmiany kierunku. Skuteczność kontroli yaw jest silnie uzależniona od opływowego kształtu kadłuba i umiejscowienia steru. Dobrze zaprojektowany, opływowy kadłub umożliwia płynny przepływ wody nad sterem, maksymalizując jego efektywność. Okręty podwodne muszą precyzyjnie skręcać, szczególnie w ograniczonych lub płytkich wodach, gdzie szybka i dokładna kontrola yaw może być kluczowa dla unikania zagrożeń lub zachowania skrytości.

Podstawy Projektowania i Budowy Okrętów Podwodnych

2. **Pitch i manewrowanie pionowe:** Okręty podwodne muszą również kontrolować pitch, czyli pionowy kąt ruchu. Płetwy sterowe, zamontowane na dziobie lub rufie, odgrywają kluczową rolę w regulacji pitch i głębokości. Zmieniając kąt nachylenia tych płetw, okręt może płynnie wznosić się lub opadać, utrzymując stabilny kurs. Przy wyższych prędkościach siły hydrodynamiczne działające na płetwy sterowe generują znaczną siłę nośną, umożliwiając szybkie zmiany głębokości. Jednak przy niższych prędkościach okręt musi polegać na systemach kontroli pływalności, ponieważ siła nośna generowana przez płetwy sterowe jest ograniczona.

3. **Heave i kontrola głębokości:** Heave odnosi się do zdolności okrętu podwodnego do poruszania się w górę lub w dół w kolumnie wodnej. Chociaż płetwy sterowe pomagają w ruchu pionowym, osiągnięcie neutralnej pływalności jest kluczowym czynnikiem umożliwiającym utrzymanie stałej głębokości. Dzięki zrównoważeniu sił ciężkości i pływalności okręt podwodny może unosić się na żądanej głębokości przy minimalnym zużyciu energii. Efektywna kontrola heave jest niezbędna do pozostania niewykrytym podczas operacji, ponieważ okręty często muszą przebywać na określonej głębokości przez dłuższy czas, jednocześnie oszczędzając energię.

Kształt kadłuba okrętu podwodnego odgrywa istotną rolę w redukcji oporu i optymalizacji prędkości. Okręty podwodne są zazwyczaj projektowane z kadłubem w kształcie kropli wody lub cygara, co minimalizuje opór wody. Taki opływowy projekt zmniejsza opór tarcia, pozwalając okrętowi poruszać się bardziej efektywnie w wodzie. Im gładszy kadłub i mniejsze zakłócenia, które tworzy w otaczającej wodzie, tym mniej energii system napędowy potrzebuje do utrzymania prędkości.

1. **Redukcja oporu dla zwiększenia prędkości:** Opór tarcia powstaje, gdy woda przepływa wzdłuż powierzchni kadłuba okrętu podwodnego. W projektowaniu okrętów celem jest zmniejszenie szorstkości powierzchni i zapewnienie opływowego kształtu kadłuba, aby woda przepływała gładko, minimalizując opór. Należy również ograniczyć opór ciśnieniowy, który wynika z różnic ciśnienia wody na dziobie i rufie. Okręty podwodne osiągają to dzięki zwężającym się projektom kadłubów, które zapobiegają gromadzeniu się wysokiego ciśnienia z przodu i eliminują turbulentne zawirowania z tyłu. Dobrze zoptymalizowany kadłub pozwala na szybsze podróże przy mniejszym zużyciu energii, zwiększając zarówno prędkość, jak i efektywność paliwową.

2. **Kawitacja i ograniczenia prędkości:** Jednym z wyzwań w optymalizacji prędkości jest kawitacja, czyli tworzenie się pęcherzyków pary wokół śruby przy dużych prędkościach. Pęcherzyki te zapadają się gwałtownie, generując hałas i potencjalnie uszkadzając śrubę. Hałas ten może również zdradzić pozycję okrętu podwodnego wrogim sonarom. Aby przeciwdziałać kawitacji, projektanci okrętów podwodnych koncentrują się na optymalizacji konstrukcji śruby, dostosowując kształt łopatek do wydajnej pracy przy niższych prędkościach i ograniczając ryzyko kawitacji. Zaawansowane systemy napędowe pomagają także okrętom osiągać wysokie prędkości, zachowując jednocześnie cichą pracę.

W projektowaniu okrętów podwodnych często dochodzi do kompromisu między manewrowością a prędkością. Szybszy okręt doświadcza silniejszych sił hydrodynamicznych, co może utrudniać szybkie manewry lub ostre skręty. Jest to szczególnie istotne podczas pościgów lub manewrów uniku, gdzie okręt musi zrównoważyć zwinność z potrzebą utrzymania wysokiej prędkości.

1. **Manewrowanie przy wysokich prędkościach:** Przy wysokich prędkościach okręty podwodne generują większą siłę nośną na powierzchniach sterowych, co ułatwia zmiany głębokości i nachylenia. Jednak skręty stają się bardziej wymagające z powodu zwiększonego oporu. Skręty przy dużych prędkościach wymagają większej siły ze steru, co może wprowadzać wyzwania związane ze stabilnością i potencjalnie zwiększać opór. Dlatego okręty muszą ostrożnie balansować prędkość z zachowaniem zwrotności, szczególnie podczas operacji bojowych lub stealth, gdzie unikanie wykrycia jest kluczowe.

2. **Manewrowanie przy niskich prędkościach:** Przy niższych prędkościach okręty podwodne stają się bardziej zwrotne, ale kontrola głębokości i kierunku zależy bardziej od regulacji pływalności niż sił hydrodynamicznych. Skuteczność płetw sterowych i steru kierunku maleje przy niskich prędkościach, ponieważ przepływ wody nad tymi powierzchniami generuje mniejszą siłę nośną. W takich scenariuszach większą rolę odgrywają systemy balastowe, utrzymując głębokość i precyzyjne manewrowanie.

System napędowy okrętu podwodnego, czy to nuklearny, czy diesel-elektryczny, bezpośrednio wpływa na jego prędkość i manewrowość. Okręty napędzane energią jądrową mogą utrzymywać wyższe prędkości przez dłuższy czas, ponieważ nie muszą tak często wynurzać się w celu ładowania baterii jak okręty diesel-elektryczne. Daje to okrętom jądrowym przewagę w operacjach na długich dystansach i w sytuacjach wymagających wysokich prędkości.

Okręty są także wyposażone w systemy kontroli prędkości, które pomagają zarządzać napędem w odniesieniu do sił hydrodynamicznych. Na przykład mogą działać w trybie „cichego biegu" (silent running), gdzie poruszają się powoli, aby zminimalizować hałas generowany przez śrubę i inne systemy, zwiększając ich niewykrywalność. Balansowanie prędkości z zachowaniem ciszy jest kluczowym elementem operacji okrętów podwodnych, szczególnie w scenariuszach bojowych, gdzie niewykrycie jest priorytetem.

Podsumowując, manewrowość i optymalizacja prędkości okrętów podwodnych są ściśle powiązane z siłami hydrodynamicznymi. Dobrze zaprojektowany okręt musi równoważyć opływowy kształt, wydajność powierzchni sterowych i system napędowy, aby osiągnąć zarówno wysokie prędkości, jak i zwinne manewrowanie. Czynniki te są kluczowe dla ogólnej wydajności okrętu, wpływając na jego zdolność do prowadzenia operacji stealth, działań bojowych i poruszania się w wymagających środowiskach podwodnych.

Opór i systemy napędowe okrętów podwodnych

Opór okrętów podwodnych odnosi się do różnorodnych sił, które przeciwdziałają ich ruchowi do przodu w wodzie, wpływając na prędkość, efektywność paliwową i ogólne osiągi. Projekt hydrodynamiczny okrętu podwodnego ma na celu minimalizowanie tych sił oporu w celu optymalizacji zdolności operacyjnych. Główną przyczyną oporu jest opór hydrodynamiczny, wynikający z tarcia między wodą a kadłubem okrętu oraz turbulencji tworzonej w jego kilwaterze. Zrozumienie rodzajów oporu, z którymi mierzą się okręty podwodne, jest kluczowe dla poprawy prędkości, skrytości i efektywności energetycznej.

Rodzaje oporu okrętów podwodnych

Podstawy Projektowania i Budowy Okrętów Podwodnych

- **Opór tarcia (tarcie powierzchniowe):** Powstaje w wyniku tarcia między cząsteczkami wody a powierzchnią kadłuba okrętu. W miarę jak okręt porusza się do przodu, woda przepływa wzdłuż jego powierzchni, tworząc warstwę cząsteczek wody przywierających do kadłuba. Powoduje to tarcie, które przeciwdziała ruchowi okrętu. Wielkość tego oporu zależy od gładkości powierzchni kadłuba, prędkości okrętu i lepkości wody.

    - **Gładkie kadłuby dla zmniejszenia tarcia:** Kadłuby okrętów podwodnych projektuje się z gładką, opływową powierzchnią, aby minimalizować opór tarcia. Wszelkie nierówności lub chropowatość powierzchni zwiększają tarcie, co prowadzi do większego oporu, wyższego zużycia energii i niższej efektywności.

    - **Przepływ laminarny vs. turbulentny:** W idealnych warunkach przepływ wody wokół kadłuba powinien pozostać laminarny, czyli płynny i uporządkowany, co minimalizuje opór tarcia. Jednak przy wyższych prędkościach przepływ staje się turbulentny, co zwiększa opór. Projektanci okrętów podwodnych dążą do jak najdłuższego opóźnienia przejścia od przepływu laminarnego do turbulentnego, aby zmniejszyć opór tarcia.

- **Opór ciśnienia (opór kształtu):** Powstaje w wyniku różnic ciśnień pomiędzy dziobem (przodem) a rufą (tyłem) okrętu. Woda przepływająca wokół okrętu tworzy obszar wysokiego ciśnienia na dziobie i niskiego ciśnienia na rufie. Ta nierównowaga ciśnień powoduje opór, który przeciwdziała ruchowi do przodu.

    - **Opływowy projekt:** Kadłuby okrętów podwodnych projektuje się w kształcie kropli wody, aby minimalizować opór ciśnienia. Opływowy dziób zmniejsza nagromadzenie wysokiego ciśnienia z przodu, a zwężająca się rufa redukuje niskie ciśnienie z tyłu. Taki projekt pozwala wodzie płynąć płynnie wokół okrętu, minimalizując turbulencje i opór ciśnienia.

- **Opór falowy:** Występuje, gdy okręt podwodny porusza się blisko powierzchni. Podczas ruchu do przodu generuje fale na styku wody i powietrza. Fale te pochłaniają energię z okrętu, zwiększając opór i zmniejszając prędkość.

    - **Operacje nawodne vs. zanurzone:** Opór falowy stanowi istotny problem dla okrętów podwodnych podczas operacji nawodnych. W stanie zanurzenia brak powierzchniowych fal eliminuje ten rodzaj oporu, co czyni okręt bardziej efektywnym energetycznie.

- **Opór wirów:** Powstaje w wyniku tworzenia wirów w kilwaterze okrętu. Gdy woda przepływa wokół kadłuba i jego elementów (np. sterów i sterów głębokości), może stać się turbulentna i tworzyć wirujące wzory wody, które generują dodatkowy opór.

    - **Redukcja wirów:** Okręty podwodne projektuje się z zaokrąglonymi krawędziami i płynnymi przejściami między kadłubem a powierzchniami sterującymi, aby minimalizować tworzenie wirów. Celem jest utrzymanie jak najbardziej opływowego przepływu wody w celu zmniejszenia oporu powodowanego turbulencją.

- **Opór indukowany:** Jest wynikiem siły nośnej generowanej przez powierzchnie sterujące okrętu, takie jak stery głębokości i stery kierunku. Te powierzchnie wytwarzają siłę nośną, aby kontrolować głębokość i kierunek okrętu, ale siła nośna generuje również opór jako efekt uboczny. Wielkość oporu indukowanego zależy od kąta natarcia powierzchni sterujących i prędkości okrętu.

- o **Minimalizacja oporu indukowanego:** Okręty podwodne projektuje się tak, aby minimalizować opór indukowany poprzez optymalizację rozmiaru i kształtu powierzchni sterujących. Celem jest generowanie wymaganej siły nośnej do manewrowania przy jednoczesnym utrzymaniu jak najniższego oporu.

- **Opór kawitacyjny:** Kawitacja występuje, gdy ciśnienie wody spada do takiego stopnia, że wokół łopatek śruby powstają pęcherze pary. Te pęcherze gwałtownie się zapadają, tworząc hałas i wibracje, co nie tylko wpływa na efektywność napędu, ale także zwiększa opór i narusza skrytość okrętu.

  - o **Projekt śruby:** Aby zminimalizować kawitację, śruby okrętów podwodnych projektuje się z wykorzystaniem specjalnych kształtów łopatek i niskich prędkości obrotowych, aby zapobiec powstawaniu pęcherzy pary. Odporność na kawitację jest kluczowa dla utrzymania wysokiej efektywności przy jednoczesnym obniżeniu poziomu hałasu.

Czynniki wpływające na opór okrętów podwodnych

Opór okrętów podwodnych zależy od wielu kluczowych czynników, takich jak kształt kadłuba, gładkość powierzchni, prędkość, głębokość operacyjna oraz konstrukcja systemu napędowego. Każdy z tych elementów odgrywa istotną rolę w określaniu ogólnych właściwości hydrodynamicznych okrętu.

Kształt kadłuba: Kształt kadłuba okrętu podwodnego jest kluczowy dla minimalizowania oporu. Okręty podwodne są zazwyczaj projektowane w opływowych formach, takich jak kształt kropli wody czy cygaro, które znacząco redukują zarówno opór tarcia, jak i ciśnienia. Badania wskazują, że zoptymalizowany kształt kadłuba może prowadzić do znacznego zmniejszenia całkowitego oporu, obejmującego zarówno komponenty lepkościowe, jak i falowe [63, 87]. Konstrukcja kadłuba musi balansować między objętością wewnętrzną a efektywnością hydrodynamiczną, ponieważ dobrze zoptymalizowany kadłub poprawia osiągi i zdolności operacyjne [24, 61]. Ponadto badania wykazały, że specyficzne konfiguracje kadłuba mogą poprawiać charakterystykę oporu, szczególnie biorąc pod uwagę interakcję kadłuba z wodą przy różnych prędkościach i głębokościach [85, 86].

Gładkość powierzchni: Gładkość powierzchni kadłuba okrętu podwodnego jest kolejnym kluczowym czynnikiem wpływającym na opór. Niedoskonałości powierzchni, takie jak chropowatość czy uszkodzenia, mogą zwiększać opór tarcia, zmniejszając tym samym efektywność okrętu [88]. Aby przeciwdziałać temu problemowi, kadłuby okrętów podwodnych są często pokrywane specjalnymi powłokami, które utrzymują gładką powierzchnię, co jest niezbędne do minimalizowania oporu i poprawy wydajności hydrodynamicznej [88, 89]. Wpływ zanieczyszczeń biologicznych (biofouling) na gładkość powierzchni został również zbadany; ujawniono, że biofouling może znacząco zwiększyć zapotrzebowanie na moc napędową, co dodatkowo podkreśla znaczenie utrzymania gładkości kadłuba [88].

Podstawy Projektowania i Budowy Okrętów Podwodnych

Prędkość: Relacja między prędkością a oporem jest złożona; w miarę wzrostu prędkości okrętu zarówno opór tarcia, jak i ciśnienia rosną. Wymaga to starannego balansu między dążeniem do wyższych prędkości a związanym z tym wzrostem oporu [90]. Okręty podwodne często działają w trybie „cichego biegu", poruszając się z niższymi prędkościami, aby minimalizować opór i hałas, co zwiększa ich zdolności skrytości [90]. Projekt systemu napędowego musi więc uwzględniać te tryby operacyjne, zapewniając efektywność przy różnych prędkościach [90].

Głębokość operacyjna: Głębokość, na której działa okręt podwodny, ma znaczący wpływ na napotykany opór. Blisko powierzchni istotnym problemem staje się opór falowy, wynikający z generowania fal powierzchniowych, co zwiększa całkowity opór [85, 86]. Natomiast podczas zanurzenia na większych głębokościach opór falowy zostaje wyeliminowany, co pozwala na bardziej efektywne operacje, gdyż głównymi siłami działającymi na okręt pozostają opór tarcia i ciśnienia [32]. Badania wykazały, że okręty podwodne mogą osiągać lepszą efektywność energetyczną na większych głębokościach, gdzie brak fal powierzchniowych zmniejsza całkowity opór [32].

System napędowy: Konstrukcja i efektywność systemu napędowego okrętu podwodnego, w szczególności śruby napędowej, mają kluczowe znaczenie dla określenia oporu. Dobrze zaprojektowana śruba może efektywnie generować ciąg przy minimalizowaniu kawitacji i hałasu, co jest istotne dla operacji skrytych [91]. Interakcja między śrubą a kadłubem wpływa również na całkowity opór; dlatego optymalizacja konstrukcji śruby jest niezbędna dla poprawy zarówno wydajności, jak i efektywności energetycznej podczas operacji podwodnych [91]. Badania wskazują, że reakcje strukturalne i akustyczne kadłuba wynikające z sił śruby muszą być starannie uwzględnione w celu minimalizacji oporu i hałasu [91, 92].

Interakcja między kształtem kadłuba, gładkością powierzchni, prędkością, głębokością operacyjną a konstrukcją systemu napędowego wspólnie wpływa na opór napotykany przez okręty podwodne. Każdy z tych czynników musi być starannie zoptymalizowany, aby poprawić efektywność, skrytość i ogólne osiągi okrętu w różnych warunkach operacyjnych.

Opór falowy

Kiedy okręt podwodny zanurza się na głębokość równą co najmniej czterokrotności swojej maksymalnej średnicy lub głębokości kadłuba, wpływ zakłóceń powierzchniowych spowodowanych jego ruchem do przodu staje się minimalny. Znacząco redukuje to opór falowy, który jest jednym z głównych czynników wpływających na efektywność i prędkość jednostek nawodnych. Zanurzenie na większe głębokości pozwala praktycznie wyeliminować ten rodzaj oporu, co jest szczególnie korzystne podczas operacji z dużą prędkością. Jednak istnieje pewien kompromis: pełne zanurzenie okrętu zwiększa zwilżoną powierzchnię kadłuba, co z kolei prowadzi do wzrostu oporu tarcia wynikającego z ciągłego kontaktu z wodą. Pomimo tego wzrostu oporu tarcia, ogólne korzyści wynikające z eliminacji oporu falowego często przeważają nad wadami, co sprawia, że podróże w zanurzeniu są bardziej efektywne, zwłaszcza przy wyższych prędkościach [93].

Starsze jednostki podwodne nie były tak opływowe jak współczesne okręty podwodne. Ich konstrukcja obejmowała różne elementy wyposażenia i osprzętu znajdujące się powyżej linii wodnej, takie jak płaskie pokłady, relingi, kotwice, kabestany czy kluzy. Te struktury, niezbędne do operacji nawodnych, stanowiły istotne wyzwanie dla osiągów podwodnych, ponieważ zwiększały opór. Nieregularne kształty i wystające elementy utrudniały osiągnięcie niskooporowego profilu w zanurzeniu. Uproszczenie tych elementów nie zawsze było możliwe, co dodatkowo zwiększało opór i zmniejszało efektywność hydrodynamiczną jednostki [93].

Współczesne okręty podwodne, zaprojektowane głównie do długotrwałych operacji podwodnych, szczególnie z napędem nuklearnym, wyeliminowały większość tych nieregularności powierzchniowych. Te „prawdziwe" okręty podwodne są budowane z minimalną liczbą elementów zewnętrznych i są projektowane do działania niemal wyłącznie pod powierzchnią wody, gdzie ich opływowe kształty pozwalają na osiąganie większych prędkości i efektywności. Dodatkowo, postępy w projektowaniu okrętów podwodnych doprowadziły do zmian w stosunku długości do średnicy kadłuba. Dzięki optymalizacji tego stosunku projektanci byli w stanie zredukować opór tarcia, szczególnie przy wyższych prędkościach. Niższy stosunek długości do średnicy pozwala na balans pomiędzy potrzebami dotyczącymi wewnętrznej objętości a minimalizowaniem oporu, co umożliwia okrętom podwodnym szybsze i bardziej efektywne przemieszczanie się pod wodą [93].

Eliminacja oporu falowego na większych głębokościach oraz opływowe konstrukcje współczesnych okrętów podwodnych pozwalają im na bardziej efektywne operacje hydrodynamiczne. Chociaż pełne zanurzenie zwiększa opór tarcia, ogólne korzyści w zakresie osiągów i prędkości, szczególnie przy wysokich prędkościach, znacznie przewyższają te wady. Współczesne okręty podwodne zostały zaprojektowane w sposób eliminujący nierówności powierzchni, co czyni je wysoce zoptymalizowanymi do podróży podwodnych.

Redukcja oporu w projektowaniu okrętów podwodnych

Redukcja oporu w projektowaniu okrętów podwodnych to złożone wyzwanie, które obejmuje różnorodne zasady inżynieryjne oraz nowoczesne technologie. Główne strategie osiągnięcia tego celu obejmują optymalizację kształtu kadłuba, udoskonalanie powierzchni sterowych, zaawansowane projektowanie śrub napędowych oraz stosowanie specjalistycznych powłok kadłuba.

Optymalizacja kształtu kadłuba: Jednym z najskuteczniejszych sposobów zmniejszenia oporu hydrodynamicznego jest zaprojektowanie opływowego kształtu kadłuba. Opływowa forma minimalizuje zarówno opór tarcia, jak i ciśnienia, umożliwiając płynny przepływ wody po powierzchni okrętu, co redukuje turbulencje i tworzenie się wirów. Badania z wykorzystaniem obliczeniowej dynamiki płynów (CFD) wykazują, że dobrze zoptymalizowany kadłub może znacząco zmniejszyć opór i poprawić ogólną efektywność [64]. Opływowe kształty kadłuba pomagają także ograniczyć kawitację – zjawisko powstawania pęcherzyków pary w wyniku niskiego ciśnienia wokół kadłuba, które prowadzi do zwiększenia hałasu i oporu [24, 60]. Redukcja różnic ciśnienia między dziobem a rufą jest kluczowa dla utrzymania płynnego przepływu wody, co jest niezbędne dla operacji wymagających skrytości i efektywności energetycznej [61].

Optymalizacja powierzchni sterowych: Powierzchnie sterowe okrętu podwodnego, takie jak płetwy sterowe i stery kierunkowe, odgrywają kluczową rolę w manewrowaniu, ale mogą również przyczyniać się do wzrostu oporu hydrodynamicznego, jeśli nie zostaną odpowiednio zaprojektowane. Badania wskazują, że optymalizacja rozmiaru, kształtu i umiejscowienia tych powierzchni może znacząco zmniejszyć opór indukowany przy jednoczesnym utrzymaniu niezbędnego siły nośnej i kontroli kierunku [80, 94]. Efektywnie zaprojektowane powierzchnie sterowe umożliwiają okrętom podwodnym regulację głębokości i kierunku przy minimalnym oporze, co jest kluczowe dla zachowania prędkości i skrytości podczas operacji [95]. Badania wykazały, że hydrodynamiczna wydajność okrętów podwodnych może zostać poprawiona dzięki starannemu uwzględnieniu interakcji między kadłubem a powierzchniami sterowymi, co prowadzi do lepszego manewrowania i zmniejszenia zużycia energii [24, 96].

Zaawansowane projektowanie śrub napędowych: Projektowanie śruby napędowej okrętu podwodnego to kolejny kluczowy czynnik wpływający na opór i efektywność operacyjną. Śruby muszą być zaprojektowane w sposób minimalizujący kawitację, która może wystąpić, gdy ciśnienie wody wokół łopat spada, prowadząc do hałasu i zmniejszenia efektywności [94]. Optymalizacja kształtu łopat i kąta ich nachylenia jest niezbędna do osiągnięcia wydajnego ciągu przy różnych prędkościach, co poprawia osiągi okrętu przy jednoczesnym zachowaniu niskiego poziomu emisji akustycznej [80, 94]. Badania eksperymentalne wykazały, że innowacyjne projekty śrub mogą prowadzić do znacznej poprawy efektywności napędu i redukcji hałasu, co ma kluczowe znaczenie dla operacji wymagających skrytości [94].

Powłoki kadłuba: Zastosowanie specjalistycznych powłok kadłuba to nowoczesne podejście do redukcji oporu tarcia w okrętach podwodnych. Powłoki te tworzą gładszą powierzchnię, która minimalizuje opór podczas przepływu wody po kadłubie, poprawiając efektywność operacyjną i skrytość [97, 98]. Zaawansowane powłoki przeciwporostowe mają szczególne znaczenie, ponieważ zapobiegają osadzaniu się organizmów morskich, które mogą zwiększać opór i zużycie paliwa [98, 99]. Badania wykazały, że zastosowanie takich powłok może prowadzić do znacznego zmniejszenia zapotrzebowania na energię i poprawy zdolności skrytego działania, co czyni okręty podwodne bardziej efektywnymi w różnych kontekstach operacyjnych [97, 99].

Systemy napędowe

Napęd okrętów podwodnych to złożony proces umożliwiający poruszanie się pod wodą przy zachowaniu efektywności, prędkości i skrytości. System napędowy przekształca energię w ruch postępowy i jest kluczowy dla wydajności okrętu podwodnego. Okręty podwodne zazwyczaj korzystają z napędu jądrowego lub napędu dieslowo-elektrycznego, w zależności od ich konstrukcji i wymagań operacyjnych. Poniżej przedstawiono szczegóły działania tych systemów:

1. Napęd dieslowo-elektryczny

Ten system jest powszechnie stosowany w konwencjonalnych okrętach podwodnych i opiera się na dwóch głównych źródłach zasilania: silnikach wysokoprężnych (dieslowych) oraz akumulatorach elektrycznych.

- **Silniki dieslowe:**
  Gdy okręt znajduje się na powierzchni lub na głębokości peryskopowej, silniki dieslowe są wykorzystywane do bezpośredniego napędzania śrub okrętu lub ładowania jego akumulatorów. Silniki dieslowe pobierają powietrze przez snorkel lub bezpośrednio, gdy okręt jest wynurzony, spalają paliwo i generują energię. Jednak silniki dieslowe nie mogą być używane, gdy okręt jest całkowicie zanurzony, ponieważ wymagają tlenu do pracy.

Rysunek 37: Maszynownia silników diesla U-995. Arjun Sarup, CC BY-SA 4.0, via Wikimedia Commons.

- **Baterie elektryczne:** Po zanurzeniu silniki diesla są wyłączane, a okręt podwodny korzysta z dużych baterii, które zasilają elektryczne silniki napędowe. Baterie te są ładowane przez silniki diesla, gdy okręt znajduje się na powierzchni lub na głębokości peryskopowej. Elektryczne silniki, napędzające śruby, umożliwiają cichą pracę pod wodą, co zapewnia przewagę w zakresie skrytości. Czas działania pod wodą jest jednak ograniczony pojemnością baterii, dlatego okręt musi co jakiś czas wynurzać się w celu ich naładowania.
- **Śruba:** Śruba (lub napęd) jest napędzana przez silnik elektryczny podczas zanurzenia. Okręty podwodne z napędem diesel-elektrycznym są cichsze niż okręty z napędem nuklearnym ze względu na prostszy układ mechaniczny podczas pracy na zasilaniu bateryjnym. Jednak ich wytrzymałość pod wodą jest ograniczona pojemnością baterii, co wymaga okresowego wynurzania w celu ich doładowania.

Rysunek 38: Maszynownia silnika diesla okrętu podwodnego Wilhelm Bauer (dawny U 2540). BigBen212, CC BY-SA 3.0, za pośrednictwem Wikimedia Commons.

2. Napęd Nuklearny

Okręty podwodne z napędem nuklearnym wykorzystują reaktor jądrowy do generowania energii, co zapewnia szereg zalet w porównaniu z napędem dieslowo-elektrycznym. Kluczową różnicą jest to, że reaktor jądrowy może działać bez przerwy, bez potrzeby wynurzania się lub dostępu do tlenu.

- **Reaktor Jądrowy**: Sercem systemu napędowego okrętu podwodnego z napędem nuklearnym jest reaktor jądrowy. Reaktor ten wykorzystuje rozszczepienie atomów uranu lub plutonu (reakcja jądrowa) do wytwarzania ciepła. Ciepło to jest wykorzystywane do wytwarzania pary wodnej, która napędza turbiny połączone z generatorem. Turbiny mogą bezpośrednio napędzać wał śruby napędowej lub generować energię elektryczną do zasilania silników elektrycznych połączonych ze śrubą.

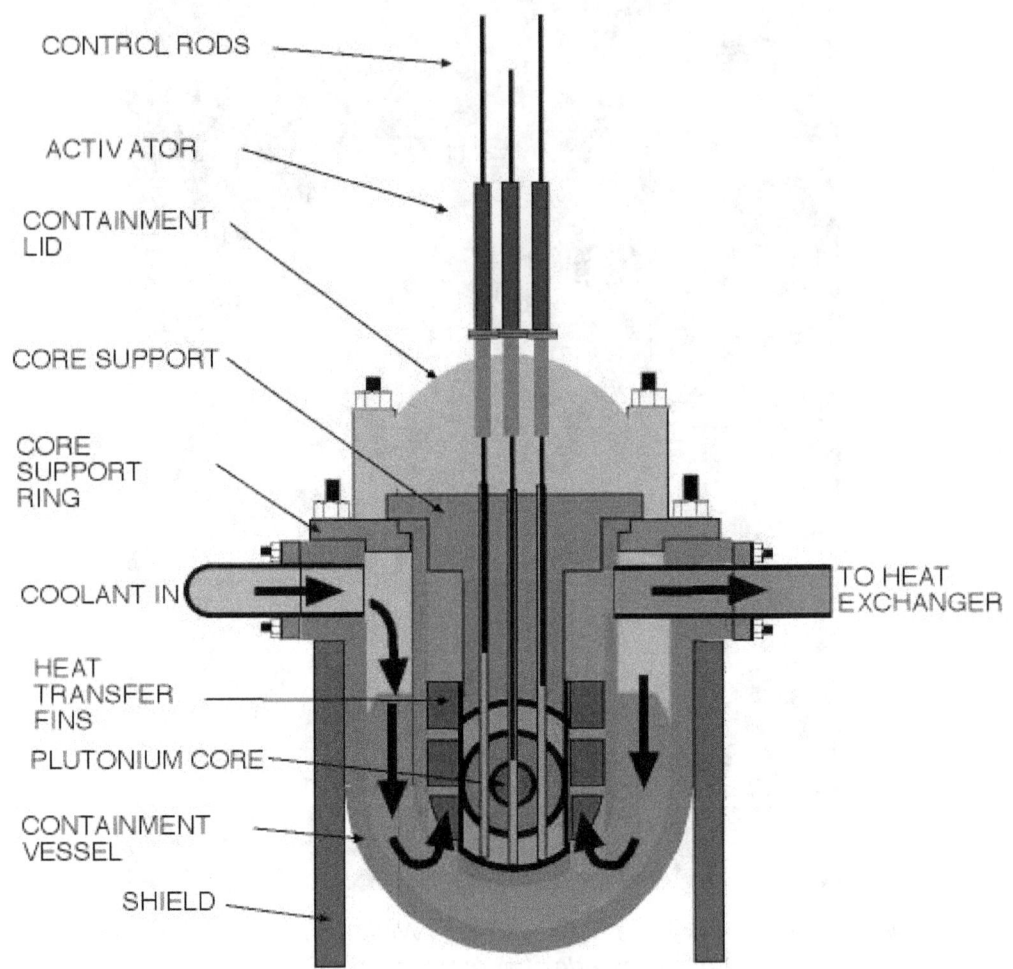

Rysunek 39: Schemat reaktora okrętu podwodnego z napędem nuklearnym Autor: Webber. Brak autora możliwego do odczytania maszynowo. Przyjęto Webber (na podstawie roszczeń dotyczących praw autorskich)., Domena publiczna, za pośrednictwem Wikimedia Commons.

- **Turbiny parowe:** W większości okrętów podwodnych z napędem nuklearnym para wytwarzana przez reaktor napędza generatory turbin. Te turbiny są połączone bezpośrednio z wałem napędowym lub pośrednio przez silniki elektryczne, które napędzają śruby. Taki system pozwala okrętowi podwodnemu na długotrwałe operacje pod wodą bez wynurzania się, ponieważ reaktor nuklearny dostarcza praktycznie nieograniczoną ilość energii.

- **Silnik elektryczny:** Niektóre okręty podwodne z napędem nuklearnym wykorzystują silniki elektryczne zasilane energią generowaną przez turbiny. Silniki te są wysoce wydajne i pozwalają na większą kontrolę nad prędkością oraz zdolnościami stealth okrętu.

- **Czas zanurzenia:** W przeciwieństwie do okrętów podwodnych z napędem diesel-elektrycznym, okręty z napędem nuklearnym mogą pozostawać pod wodą przez wiele miesięcy, ponieważ nie polegają na zewnętrznym tlenie do generowania energii. Okręt musi się wynurzać jedynie w celu uzupełnienia zapasów dla załogi, takich jak jedzenie, a nie paliwa czy powietrza.

3. Śruba napędowa i ciche operacje

Niezależnie od źródła energii, śruba napędowa (lub screw) odgrywa kluczową rolę w napędzie okrętów podwodnych. Śruba przekształca energię obrotową wytworzoną przez silnik lub generator elektryczny w ciąg napędowy, pozwalając okrętowi poruszać się w wodzie. Jednak projekt śruby musi również uwzględniać zdolności stealth, ponieważ hałas generowany przez śrubę może zostać wykryty przez systemy sonarowe przeciwnika.

- **Projekt śruby:** Śruby okrętów podwodnych są specjalnie zaprojektowane, aby minimalizować kawitację, zjawisko, w którym wokół łopat śruby tworzą się bąbelki parowe przy dużych prędkościach. Gdy bąbelki te pękają, generują hałas, który może ujawnić pozycję okrętu. Śruby z mniejszą liczbą większych łopat oraz o niższych prędkościach obrotowych pomagają redukować kawitację i hałas.

- **Ciche operacje:** Aby zminimalizować hałas podczas misji, szczególnie tych wymagających zachowania stealth, okręty podwodne mogą przejść w tryb "cichego operowania" (silent running). Polega to na redukcji prędkości obrotowej śruby i innych urządzeń pokładowych do minimum, co zmniejsza hałas i utrudnia wykrycie okrętu przez sonary przeciwnika. Okręty podwodne z napędem nuklearnym są szczególnie zoptymalizowane pod kątem takich operacji, ponieważ nie muszą się często wynurzać.

Rysunek 40: Śruba napędowa HDMS Sælen (S323). AndrejS.K, CC BY-SA 4.0, via Wikimedia Commons.

4. Systemy pomocnicze i manewrowanie

Systemy napędowe okrętów podwodnych obejmują również systemy pomocnicze i powierzchnie sterowe wspomagające manewrowanie.

- **Płetwy sterowe (ster głębokości):** Okręty podwodne wykorzystują płetwy sterowe, czyli powierzchnie sterowe zamontowane na dziobie i rufie, do kontrolowania głębokości i kąta nachylenia podczas ruchu. Regulując kąt ustawienia tych płetw, załoga może zmieniać przechylenie okrętu i sterować jego zanurzaniem lub wynurzaniem.

- **Ster:** Ster, zwykle umieszczony na rufie, pomaga kontrolować kurs (ruch boczny) okrętu podwodnego, umożliwiając precyzyjne skręty i nawigację podczas zanurzenia.

Rysunek 41: Ster francuskiego okrętu podwodnego Flore (S645). Fotografia autorstwa Rama, Wikimedia Commons, Cc-by-sa-2.0-fr, CC BY-SA 2.0 FR, za pośrednictwem Wikimedia Commons.

5. Wydajność energetyczna i niewykrywalność

Kluczowym aspektem w napędzie okrętów podwodnych jest równoważenie wydajności energetycznej z niewykrywalnością. W okrętach diesel-elektrycznych oznacza to oszczędzanie energii baterii poprzez minimalizowanie zużycia energii podczas zanurzenia. W okrętach z napędem jądrowym chodzi o operowanie systemem napędowym przy niskich prędkościach i stosowanie technologii wyciszających, aby uniknąć wykrycia.

Projektowanie wydajnego, niezawodnego i niewykrywalnego systemu napędowego okrętów podwodnych

Projektowanie systemu napędowego dla okrętów podwodnych wymaga starannego zrównoważenia kilku czynników, aby zapewnić wydajność, niezawodność i minimalną wykrywalność jednostki. Oto kluczowe elementy uwzględniane podczas projektowania takiego systemu [100]:

1. **Rodzaj napędu:** Pierwszą decyzją przy projektowaniu systemu napędowego jest wybór najodpowiedniejszego typu napędu w oparciu o misję i specyfikację techniczną okrętu. Istnieje kilka opcji, z których każda ma swoje mocne strony i ograniczenia:

- **Napęd diesel-elektryczny:** Okręty diesel-elektryczne są ekonomiczne i proste w obsłudze. Wymagają jednak wynurzania lub korzystania ze snorkela do ładowania akumulatorów, co może narazić okręt na wykrycie.

- **Napęd jądrowy:** Ten typ napędu oferuje doskonałą autonomię i prędkość, umożliwiając długotrwałe operacje pod wodą bez konieczności tankowania. Jednak okręty z napędem jądrowym są drogie, skomplikowane i wymagają intensywnej konserwacji.

- **Napęd niezależny od powietrza (AIP):** Systemy AIP, wykorzystujące alternatywne źródła tlenu, takie jak wodór lub ciekły tlen, wydłużają czas zanurzenia okrętów niejądrowych. Mają jednak ograniczenia w zakresie pojemności paliwa i mocy w porównaniu z okrętami jądrowymi.

- **Napęd hybrydowy:** Połączenie różnych metod napędu (np. diesel-elektryczny z AIP) zapewnia elastyczność i optymalizację wydajności, jednak takie systemy są bardziej skomplikowane i kosztowne w projektowaniu oraz utrzymaniu.

Każdy typ systemu napędowego musi być starannie oceniony pod kątem wydajności, niezawodności, kosztów i wymagań misji związanych z niewykrywalnością.

2. **Projektowanie śruby napędowej:** Śruba napędowa jest centralnym elementem systemu napędowego, zapewniającym ciąg, który porusza okręt podwodny, ale jednocześnie będącym jednym z głównych źródeł hałasu. Projektowanie wydajnej i cichej śruby wymaga uwzględnienia kilku kluczowych czynników:

- **Kształt, rozmiar i skok łopat:** Geometria łopat śruby, w tym ich rozmiar i kąt (skok), musi być zoptymalizowana, aby minimalizować kawitację. Kawitacja występuje, gdy wokół łopat tworzą się bąbelki z powodu różnic ciśnienia, co powoduje hałas i potencjalne uszkodzenia. Minimalizowanie kawitacji jest kluczowe dla zachowania niewykrywalności.

- **Liczba łopat i prześwit końców łopat:** Liczba łopat oraz odległość między końcami łopat a kadłubem (prześwit końcówek) muszą być dobrane tak, aby śruba działała wydajnie i cicho.

- **Zaawansowane technologie śrubowe:** W nowoczesnych projektach stosuje się technologie takie jak napędy pompowe, śruby przeciwbieżne czy napędy obręczowe, które dodatkowo redukują hałas i poprawiają wydajność. Te systemy generują ciąg przy minimalnej kawitacji, co czyni je idealnymi do operacji wymagających niewykrywalności.

- **Bezłopatkowe systemy śrubowe:** Nowe technologie, inspirowane bezłopatkowymi wentylatorami (np. wentylatorami Dyson), mogą potencjalnie zrewolucjonizować napęd okrętów podwodnych, eliminując kawitację i zwiększając niewykrywalność. Ten koncept jest wciąż rozwijany, ale ma obiecujące perspektywy w przyszłości.

Podstawy Projektowania i Budowy Okrętów Podwodnych

3. Integracja komponentów: Kolejnym etapem w projektowaniu systemu napędowego jest integracja wszystkich komponentów, takich jak silnik, generator, silnik elektryczny, wał, przekładnia i śruba. Proces ten wymaga zrównoważenia wymagań dotyczących mocy i momentu obrotowego przy jednoczesnym minimalizowaniu strat wynikających z tarcia, ciepła i wibracji. Kluczowe aspekty obejmują:

- **Izolacja hałasu i wibracji:** Aby zachować niewykrywalność, komponenty muszą być montowane z wykorzystaniem materiałów amortyzujących wstrząsy, łożysk gumowych i izolacji akustycznej w celu redukcji hałasu i wibracji.

- **Ograniczenia przestrzeni i masy:** Okręty podwodne mają ograniczoną przestrzeń i rygorystyczne wymagania dotyczące masy. System napędowy musi mieścić się w tych ograniczeniach, nie wpływając negatywnie na wydajność ani bezpieczeństwo.

- **Łatwość konserwacji:** Komponenty muszą być rozmieszczone w sposób umożliwiający łatwy dostęp do rutynowej konserwacji i napraw, co zapewnia niezawodność podczas długich misji.

4. Testowanie i walidacja: Po zaprojektowaniu i zmontowaniu system napędowy przechodzi rygorystyczne testy i walidację. Obejmuje to testy laboratoryjne i próby w rzeczywistych warunkach, aby upewnić się, że system spełnia wszystkie wymagania dotyczące wydajności i niewykrywalności:

- **Testy wydajności:** System napędowy jest testowany pod kątem prędkości, mocy wyjściowej, efektywności paliwowej i wytrzymałości, aby zapewnić działanie w określonych parametrach.

- **Testy niewykrywalności:** Mierzy się hałas, wibracje i inne sygnatury (magnetyczne, termiczne itp.), aby potwierdzić, że system działa cicho i dyskretnie.

- **Testy niezawodności:** Testy obciążeniowe i próby wytrzymałościowe pomagają zidentyfikować potencjalne słabości lub awarie, takie jak wycieki, zużycie czy przegrzewanie, co pozwala projektantom rozwiązać te problemy przed wprowadzeniem okrętu do służby.

5. Adaptacja i innowacja: Na podstawie wyników fazy testów i walidacji projektanci mogą wprowadzać korekty lub nowe innowacje, aby dalej optymalizować system napędowy:

- **Modyfikacje:** Można wprowadzać zmiany w poszczególnych komponentach, takie jak ulepszanie projektu śruby czy modernizacja materiałów w celu zwiększenia trwałości i wydajności.

- **Nowe technologie:** Postępy w inżynierii morskiej, takie jak ulepszone technologie redukcji hałasu czy bardziej wydajne systemy magazynowania energii, mogą być włączane w celu poprawy systemu napędowego.

  System napędowy musi być ciągle dostosowywany do zmieniających się wymagań misji, postępu technologicznego i standardów środowiskowych.

6. Trendy i wyzwania przyszłości: Patrząc w przyszłość, systemy napędowe okrętów podwodnych muszą być projektowane z myślą o przyszłych wyzwaniach i możliwościach:

- **Zwiększona autonomia i zasięg:** Przyszłe okręty będą wymagały systemów napędowych pozwalających na dłuższe operacje bez konieczności uzupełniania zapasów lub tankowania.

- **Większa niewykrywalność i zwrotność:** W miarę postępu technologii detekcji okręty muszą być jeszcze cichsze i bardziej zwrotne, co wymaga dalszego ulepszania projektów systemów napędowych.

- **Wpływ na środowisko:** Systemy napędowe okrętów podwodnych będą musiały spełniać surowsze przepisy środowiskowe, ograniczając emisje i minimalizując wpływ na ekosystemy morskie.

- **Zagrożenia technologiczne:** Okręty muszą być również wyposażone w rozwiązania pozwalające radzić sobie z nowymi zagrożeniami, takimi jak cyberataki i zaawansowane systemy walki przeciwpodwodnej. System napędowy musi być odporny i adaptacyjny w obliczu zmieniających się warunków operacyjnych.

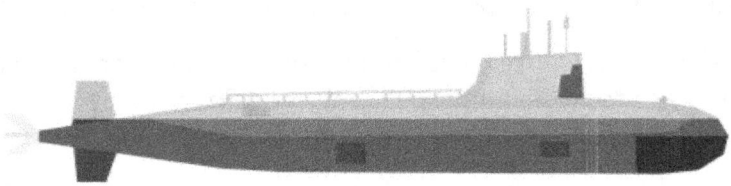

Rozdział 4
Systemy Napędowe dla Okrętów Podwodnych

Napęd Diesel-Elektryczny

Okręt podwodny z napędem diesla jest doskonałym przykładem pojazdu hybrydowego, wykorzystującego zarówno silniki diesla, jak i energię elektryczną do efektywnego działania. Typowy projekt takiego okrętu obejmuje dwa lub więcej silników diesla, które dostarczają niezbędnej mocy do różnych funkcji, czyniąc jednostkę wszechstronną w swoich możliwościach. Silniki te mogą bezpośrednio napędzać śruby napędowe lub zasilać generatory, które ładują duży zestaw akumulatorów. Ta elastyczność pozwala na różne kombinacje operacji, w których jeden silnik może napędzać śrubę, a drugi zajmować się ładowaniem akumulatorów, zapewniając gotowość okrętu do realizacji różnych zadań misji.

Podczas pracy na napędzie diesla okręt musi wypłynąć na powierzchnię lub pozostać tuż pod powierzchnią wody, korzystając ze snorkla. Dzieje się tak, ponieważ silniki diesla wymagają powietrza do spalania, które można pobrać tylko z atmosfery. Podczas pracy na powierzchni lub korzystając ze snorkla silniki diesla efektywnie działają, ładując akumulatory i napędzając śruby napędowe w zależności od potrzeb. Po pełnym naładowaniu akumulatorów okręt może zanurzyć się i działać pod wodą przez dłuższy czas bez konieczności wynurzania się.

Pod wodą okręt polega wyłącznie na akumulatorach, które zasilają silniki elektryczne napędzające śruby. Tryb ten jest kluczowy dla zanurzenia, ponieważ silniki diesla nie mogą działać bez zewnętrznego dopływu powietrza. Praca na akumulatorach pozwala okrętowi na ciche i skryte poruszanie się pod wodą, co jest niezbędne do unikania wykrycia przez wrogie jednostki. Zasięg i czas operacyjny okrętu pod wodą zależy w dużej mierze od pojemności akumulatorów oraz ilości energii zgromadzonej podczas pracy silników diesla.

Ten hybrydowy system diesel-elektryczny zapewnia okrętowi równowagę między mocą, zasięgiem a skrytością. Silniki diesla umożliwiają długie rejsy po powierzchni oraz ładowanie akumulatorów, natomiast silniki elektryczne pozwalają na ciche działania pod wodą, co czyni okręt bardzo wszechstronnym narzędziem do realizacji różnorodnych misji morskich. Jednak konieczność wynurzania się lub korzystania ze snorkla w celu dostarczenia powietrza ogranicza zdolność okrętów z napędem diesla do długotrwałego przebywania pod wodą w porównaniu do okrętów o napędzie atomowym.

Okręty z napędem diesel-elektrycznym działają w oparciu o kombinację silników diesla i energii elektrycznej, zgodnie z ich nazwą. Wyposażone są w rozbudowane sieci akumulatorów, które magazynują energię elektryczną generowaną przez silniki diesla, będące głównym źródłem zasilania podczas pracy na powierzchni. Aby naładować akumulatory, okręty te muszą wynurzyć się na powierzchnię lub podróżować tuż pod powierzchnią z użyciem snorkla. Snorkel umożliwia odprowadzanie spalin z silników diesla oraz pobór powietrza, co pozwala na ich pracę bez konieczności wynurzania jednostki. Po pełnym naładowaniu akumulatorów okręt zanurza się i działa w ciszy, korzystając wyłącznie z energii akumulatorów, przy wyłączonych silnikach diesla, aby zminimalizować hałas. Te okręty mogą pozostawać pod wodą przez kilka dni, aż do wyczerpania akumulatorów, po czym muszą ponownie wynurzyć się, aby je naładować [101].

Jedną z kluczowych zalet okrętów podwodnych z napędem diesel-elektrycznym jest ich zdolność do generowania znacznie mniejszego hałasu w porównaniu z ich atomowymi odpowiednikami. Ponieważ silniki diesla mogą być całkowicie wyłączone podczas zanurzenia, te okręty mogą działać na akumulatorach, co sprawia, że są niemal niewykrywalne. Czyni je to szczególnie skutecznymi na płytkich wodach, gdzie skrytość ma kluczowe znaczenie [101].

Okręty z napędem diesel-elektrycznym są również mniejsze i bardziej zwrotne niż okręty z napędem atomowym, co daje im przewagę na wodach przybrzeżnych lub litoralnych. Ich mniejsze rozmiary pozwalają na manewrowanie w ograniczonych przestrzeniach i ukrywanie się na płytkich wodach. Dodatkową zaletą jest możliwość włączania i wyłączania silników w zależności od potrzeb, w przeciwieństwie do okrętów atomowych, które muszą utrzymywać pracę reaktorów w sposób ciągły. Ta elastyczność operacyjna przyczynia się do zwiększenia ich skrytości i zwinności operacyjnej [101].

Ponadto okręty podwodne z napędem diesel-elektrycznym są bardziej przystępne cenowo w zakupie, szkoleniu załóg i eksploatacji niż okręty z napędem atomowym. Mniejsze marynarki wojenne mogą pozwolić sobie na zakup i utrzymanie okrętów diesel-elektrycznych, co czyni je atrakcyjną opcją dla krajów, które nie mogą inwestować w droższe jednostki atomowe. Współczesne okręty diesel-elektryczne, często określane jako SSK (Sub Surface Killers), znacznie rozwinęły się technologicznie, wyposażone w systemy tłumienia dźwięków, zdolności do ataków na cele lądowe i możliwość pozostania niemal niewykrywalnymi przy wyłączonych generatorach. Na przykład systemy niezależnego napędu powietrznego (AIP) znacząco wydłużyły czas, jaki okręty diesel-elektryczne mogą spędzić pod wodą – z jednego lub dwóch dni do prawie tygodnia [101].

Nowoczesne przykłady, takie jak klasy Type 212, Improved Kilo, Scorpene i Soryu, prezentują zaawansowaną technologię okrętów diesel-elektrycznych. Type 212, znany ze swoich małych rozmiarów i cichości, działa z załogą liczącą około 30 osób i jest wysoce skuteczny w misjach skrytych [101]. Klasa Improved Kilo ma dodatkową siłę ognia i może wystrzeliwać pociski przeciwokrętowe o zasięgu do 300 kilometrów. Klasa Soryu, choć większa, oferuje lepszą wytrzymałość i elastyczność operacyjną.

Rysunek 42: Pierwszy malezyjski okręt podwodny klasy Scorpene z napędem diesel-elektrycznym zacumowany w bazie marynarki wojennej w Port Klang na obrzeżach Kuala Lumpur, 3 września 2009 roku. Mak Hon Keong, CC BY-SA 3.0, za pośrednictwem Wikimedia Commons.

Pomimo swoich zalet okręty podwodne z napędem diesel-elektrycznym mają pewne ograniczenia. Jednym z głównych mankamentów jest ich maksymalna prędkość w zanurzeniu, wynosząca zazwyczaj około 15-20 węzłów. Ta stosunkowo niska prędkość utrudnia im ucieczkę przed torpedami lub okrętami prowadzącymi działania przeciwko okrętom podwodnym (ASW). Dodatkowo okręty podwodne diesel-elektryczne mają ograniczoną głębokość zanurzenia, zazwyczaj w przedziale 150-300 metrów, co czyni je bardziej podatnymi na ataki w głębszych wodach, gdzie nie mogą wykorzystać głębokości do unikania wykrycia lub ataków [101].

Czas przebywania pod wodą okrętów diesel-elektrycznych również jest ograniczeniem. Bez systemu AIP większość z nich może pozostawać w zanurzeniu tylko przez kilka godzin. Nawet z systemem AIP czas ten wydłuża się do około tygodnia, co jest znacznie krótsze w porównaniu z niemal nieograniczonym czasem zanurzenia okrętów z napędem jądrowym.

Co więcej, okręty podwodne diesel-elektryczne przenoszą mniejszy ładunek uzbrojenia w porównaniu z okrętami z napędem jądrowym. Zazwyczaj mogą zabrać na pokład od 12 do 20 torped lub pocisków, co ogranicza ich siłę ognia. Istnieją wyjątki, takie jak okręty klasy Soryu, które mogą przenosić więcej, ale ogólnie rzecz biorąc, te jednostki mają bardziej ograniczone możliwości w zakresie uzbrojenia [101].

Rysunek 43: Okręt podwodny klasy Sōryū Marynarki Wojennej Japonii (JMSDF). 防衛省, CC BY 4.0, za pośrednictwem Wikimedia Commons.

Na koniec, przestrzeń wewnętrzna okrętów podwodnych z napędem diesel-elektrycznym jest często ograniczona, co sprawia, że dłuższe misje są niewygodne dla załogi. Jest to istotna wada w przypadku przedłużających się operacji, zwłaszcza w porównaniu z bardziej przestronnymi okrętami podwodnymi o napędzie nuklearnym, zaprojektowanymi z myślą o długoterminowych misjach.

Podsumowując, okręty podwodne z napędem diesel-elektrycznym oferują znaczące zalety pod względem skrytości, zwrotności i efektywności kosztowej, co czyni je idealnymi do niektórych misji morskich, szczególnie na płytkich wodach. Jednak ich ograniczenia w zakresie prędkości, głębokości zanurzenia, wytrzymałości i uzbrojenia muszą być brane pod uwagę w kontekście ich zalet.

Rozwój

Podstawy Projektowania i Budowy Okrętów Podwodnych

Rozwój silników diesla ma bogatą historię sięgającą połowy XIX wieku, kiedy zaczęto kształtować koncepcję silników spalinowych. W 1862 roku francuski inżynier Beau de Roches zaprezentował teoretyczną ideę silnika spalinowego tłokowego, która położyła podwaliny pod przyszłe innowacje. Kilka lat później niemiecki inżynier Otto wykorzystał te pomysły i z powodzeniem wdrożył je w praktycznym silniku, który wykorzystywał 4-suwowy cykl pracy z gazem jako paliwem. Cykl 4-suwowy stał się znany jako cykl Otto i stworzył podstawy dla dalszego rozwoju technologii silnikowej [102].

W 1872 roku amerykański inżynier George Brayton dokonał znaczącego postępu, wprowadzając nową metodę wtrysku paliwa, która polegała na kontrolowanym wtrysku, aby wydłużyć fazę spalania i uzyskać więcej mocy na jednostkę paliwa. Jednak brak efektywnej kompresji mieszanki paliwowej ograniczał uzyskiwane efekty. Kolejne usprawnienia w konstrukcji silników, takie jak silnik Hornsby-Ackroyd w Anglii, wykorzystywały paliwa płynne pochodzące z ropy naftowej. Silnik ten wprowadził zasadę kontrolowanego wtrysku paliwa według Braytona i wstępną kompresję powietrza, co poprawiło jego wydajność. Wprowadzenie mechanicznego lub stałego wtrysku paliwa w tym okresie sprawiło, że był to jeden z pierwszych przykładów nowoczesnej technologii diesla [102].

Przełom nastąpił w 1893 roku, kiedy bawarski naukowiec dr Rudolf Diesel opatentował swój projekt nowego typu silnika spalinowego, który miał działać na zupełnie innej zasadzie termodynamicznej. Jego koncepcja polegała na używaniu wyłącznie powietrza w cylindrze podczas suwu ssania, jego sprężaniu do wysokiej temperatury, a następnie wtryskiwaniu paliwa w kontrolowany sposób w fazie spalania. Metoda ta miała na celu utrzymanie stałej temperatury spalania. Silnik Diesla wprowadził również wtrysk powietrza, aby ułatwić dostarczanie paliwa w warunkach wysokiego ciśnienia kompresji. Choć początkowe eksperymenty Diesla z paliwem z pyłu węglowego kończyły się eksplozjami, jego teoretyczne założenia stały się podstawą tego, co obecnie jest znane jako cykl diesla. Kolejne modyfikacje wprowadzone przez różnych eksperymentatorów, szczególnie w firmie MAN (Maschinenfabrik Augsburg-Nürnberg) w Niemczech, doprowadziły do stworzenia praktycznych silników diesla wykorzystujących paliwa płynne z fazami spalania przy stałym ciśnieniu, co umożliwiło ich produkcję komercyjną [102].

Rozwój silników okrętów podwodnych

Zastosowanie silników spalinowych w okrętach podwodnych rozpoczęło się od silników benzynowych. Pierwsze amerykańskie okręty podwodne wykorzystywały 2-cylindrowe silniki benzynowe o mocy 45 KM produkowane przez firmę Otto, podczas gdy Brytyjczycy stosowali silniki benzynowe 12- i 16-cylindrowe. Szybko jednak ujawniono zagrożenia związane z benzyną, takie jak trudności w przechowywaniu oraz wysokie ryzyko eksplozji. Dodatkowo, opary tlenku węgla stanowiły poważne zagrożenie dla zdrowia załogi. To skłoniło do przejścia na silniki diesla, które były bezpieczniejsze i bardziej efektywne pod względem zużycia paliwa [102].

Firma MAN była jednym z pierwszych pionierów w adaptacji technologii diesla do okrętów podwodnych, początkowo eksperymentując z 2-suwowymi silnikami diesla. Jednak ograniczenia technologiczne tamtych czasów, szczególnie w dziedzinie metalurgii, stanowiły wyzwanie dla tych silników, ponieważ materiały nie były w stanie wytrzymać wysokiego ciepła i naprężeń. W rezultacie MAN zaczął rozwijać 4-suwowe silniki diesla, osiągając częściowy sukces z silnikiem o mocy 1000 KM. Do 1914 roku firma MAN ulepszyła swój projekt, tworząc silnik SV45/42 o mocy 1200 KM, który był szeroko stosowany w niemieckich okrętach podwodnych podczas I wojny światowej. Marynarka Wojenna Stanów Zjednoczonych zaadaptowała te silniki do swoich wczesnych okrętów klasy S, a Stocznia Marynarki Wojennej w Nowym Jorku produkowała podobne konstrukcje [102].

Firma Electric Boat Company, która uzyskała licencję od MAN w Stanach Zjednoczonych, opracowała silnik NELSECO przed i podczas I wojny światowej. Silniki NELSECO stały się podstawą w amerykańskich okrętach podwodnych do lat 30. XX wieku. Większość marynarek wojennych, z wyjątkiem Wielkiej Brytanii, używała 4-suwowych silników diesla w okrętach podwodnych aż do około 1930 roku. Marynarka Stanów Zjednoczonych zaczęła badać możliwości 2-suwowych silników, wyposażyła kilka okrętów w silniki Busch-Sulzer, a ostatecznie zaadaptowała te silniki ze względu na ich efektywność i moc [102].

Przejście na wtrysk mechaniczny

Przed 1929 rokiem wszystkie silniki okrętów podwodnych w USA wykorzystywały wtrysk powietrza do dostarczania paliwa. Wprowadzenie mechanicznego lub stałego wtrysku w silnikach MAN przyniosło szereg korzyści, takich jak uproszczenie konstrukcji silnika, zmniejszenie masy dzięki eliminacji sprężarki powietrza i poprawa efektywności paliwowej. Dodatkowe zalety obejmowały krótszą długość silnika, lepszy rozkład obciążeń i zwiększoną niezawodność, co łącznie prowadziło do zmniejszenia wymagań konserwacyjnych [102].

Okręty typu "Fleet" i nowe projekty silników

Rozwój okrętów typu "fleet" wymagał bardziej wydajnych silników. Pojawiło się kilka typów silników odpowiednich dla tych jednostek, w tym Winton V-type (później znany jako silnik General Motors), silnik przeciwbieżny Fairbanks-Morse oraz silnik podwójnego działania Hooven-Owen-Rentschler (HOR). Ostatecznie silniki General Motors i Fairbanks-Morse stały się standardem w amerykańskich okrętach podwodnych, zapewniając niezbędną moc przy zachowaniu efektywności. Standaryzacja tych dwóch konstrukcji pozwoliła marynarce wojennej Stanów Zjednoczonych na masową produkcję silników przy minimalnych opóźnieniach [102].

Nowoczesne silniki okrętów podwodnych

Obecnie firma General Motors Corporation produkuje 16-cylindrowe, jednosuwowe silniki diesla o mocy 1600 KM do głównych instalacji napędowych, a także 8-cylindrowe silniki do zastosowań pomocniczych. Fairbanks Morse kontynuuje produkcję 9- i 10-cylindrowych silników przeciwbieżnych, również o mocy 1600 KM, oraz 7-cylindrowych silników do zastosowań pomocniczych. Te nowoczesne silniki, wykorzystujące zaawansowane materiały i techniki inżynieryjne, oferują imponujące połączenie mocy, wydajności i niezawodności, ważąc zaledwie od 15 do 20 funtów na 1 KM, wliczając w to sprzęt pomocniczy [102].

Historia rozwoju silników diesla, szczególnie w kontekście napędu okrętów podwodnych, ukazuje ciągłą ewolucję napędzaną potrzebą bezpieczniejszych, bardziej wydajnych i potężnych jednostek. Postępy technologiczne w dziedzinie metalurgii, metod wtrysku paliwa i projektowania silników znacznie poprawiły możliwości silników diesla, umożliwiając okrętom podwodnym skuteczniejszą pracę zarówno w czasie wojny, jak i w okresie pokoju [102].

Wymagania operacyjne

Unikalne wymagania operacyjne okrętów podwodnych mają istotny wpływ na projektowanie i charakterystykę ich silników. Ponieważ okręty podwodne działają zarówno na powierzchni, jak i pod wodą, istnieją szczególne ograniczenia związane z ich rozmiarem, konstrukcją kadłuba, kształtem oraz całkowitą masą, które należy uwzględnić podczas projektowania systemu napędowego. Te ograniczenia wpływają na rozmiar, lokalizację i wagę silników, które muszą być proporcjonalnie zrównoważone z wypornością jednostki i jej wymaganiami energetycznymi.

Wpływ charakterystyki kadłuba na projektowanie silnika

Kadłuby okrętów podwodnych mają opływowy kształt, aby zminimalizować opór w wodzie, co skutkuje ograniczeniami dotyczącymi rozmiaru silnika oraz lokalizacji przedziałów silnikowych. Dostępna przestrzeń wewnątrz kadłuba jest ograniczona, dlatego silnik musi być na tyle kompaktowy, aby zmieścić się w tych ramach bez kompromisów w zakresie mocy wyjściowej. Ponadto waga silnika musi być zrównoważona względem całkowitej masy i wyporności okrętu podwodnego, aby utrzymać odpowiednią pływalność i stabilność. Zbyt ciężki silnik mógłby negatywnie wpłynąć na zdolność okrętu do zanurzania, wynurzania i manewrowania pod wodą.

W pierwszych projektach okrętów podwodnych silniki były bezpośrednio połączone z wałami napędowymi w konfiguracji znanej jako napęd bezpośredni. Jednak ten układ szybko ujawnił problemy operacyjne, ponieważ konstrukcja kadłuba wymuszała stały kąt dla wałów napędowych, co ograniczało możliwości pozycjonowania silników. Dodatkowo najbardziej efektywne prędkości pracy silników nie zawsze odpowiadały najbardziej efektywnym prędkościom śrub napędowych. To niedopasowanie powodowało wibracje i rezonans (znane jako krytyczne prędkości lub synchroniczne wibracje skrętne), które mogły przenosić się przez system napędu bezpośredniego, wywołując mechaniczne naprężenia lub uszkodzenia.

Przejście na systemy napędu dieslowo-elektrycznego

Aby rozwiązać te problemy, projektanci okrętów podwodnych zaczęli szukać sposobów na odseparowanie silników od wałów napędowych, eliminując mechaniczne połączenie i umożliwiając różne prędkości obrotowe silników i śrub napędowych. Po eksperymentach z różnymi typami systemów napędowych napęd dieslowo-elektryczny okazał się najbardziej praktycznym rozwiązaniem.

W konfiguracji dieslowo-elektrycznej silniki napędzają generatory, które dostarczają energię elektryczną do silników elektrycznych, a te z kolei napędzają wały napędowe. Taki układ pozwala na elastyczność w zakresie prędkości silnika i pracy śrub napędowych, ponieważ silniki nie są już mechanicznie połączone z śrubami.

Dzięki napędowi dieslowo-elektrycznemu wibracje silnika nie są przenoszone na wały napędowe, a naprężenia, na jakie narażone są śruby, nie oddziałują na silniki. Taka separacja poprawia stabilność operacyjną i zmniejsza wymagania konserwacyjne. Dodatkowo systemy dieslowo-elektryczne zapewniają większą swobodę w umiejscowieniu silników wewnątrz okrętu, ponieważ silniki nie muszą być ustawione w jednej linii z wałami napędowymi. Ta elastyczność ma kluczowe znaczenie dla optymalizacji wykorzystania przestrzeni i rozkładu masy.

Kluczowe wymagania dla silników dieslowskich okrętów podwodnych

Projektowanie silników dieslowskich do okrętów podwodnych opiera się na kilku kluczowych wymaganiach, które mają zapewnić efektywność, niezawodność i wydajność w trudnych warunkach eksploatacji. Wymagania te obejmują [102]:

1. **Maksymalna moc przy minimalnej wadze i rozmiarze:** Silniki okrętów podwodnych muszą generować dużą moc przy jednoczesnym zajmowaniu minimalnej przestrzeni i dodawaniu jak najmniejszej wagi. Jest to kluczowe dla utrzymania efektywności operacyjnej jednostki oraz dopasowania silnika do ograniczonych przestrzeni wewnątrz kadłuba.

2. **Możliwość przeciążenia w sytuacjach awaryjnych:** Silnik powinien być zdolny do wytworzenia większej mocy niż jego znamionowa moc maksymalna w sytuacjach awaryjnych lub podczas szybkich manewrów. Taka elastyczność umożliwia szybkie reagowanie na zmieniające się wymagania operacyjne.

3. **Praca ciągła przy pełnym obciążeniu:** Silniki okrętów podwodnych często pracują przy pełnym obciążeniu przez dłuższe okresy czasu. Muszą być w stanie utrzymać stabilną wydajność w takich warunkach bez przegrzewania się czy nadmiernego zużycia.

4. **Niskie zużycie paliwa:** Efektywność paliwowa jest kluczowa dla okrętów podwodnych, szczególnie podczas długotrwałych misji, gdzie zapasy paliwa są ograniczone. Silnik musi zużywać jak najmniej paliwa, generując wymaganą moc, co pozwala na maksymalne wydłużenie zasięgu operacyjnego.

5. **Minimalne zużycie oleju smarowego:** Okręty podwodne przewożą ograniczone ilości oleju smarowego, dlatego silnik musi wykorzystywać go oszczędnie. Dzięki temu wydłuża się czas między koniecznymi przeglądami, a potrzeba magazynowania dodatkowego oleju zostaje ograniczona.

6. **Łatwość konserwacji:** Wszystkie elementy silnika powinny być łatwo dostępne do konserwacji i wymiany. Ponieważ przestrzeń wewnątrz okrętu podwodnego jest ograniczona, konstrukcja silnika musi umożliwiać szybkie serwisowanie, aby zminimalizować przestoje i utrzymać jednostkę w gotowości operacyjnej.

7. **Idealne wyważenie sił:** Aby zredukować wibracje i naprężenia mechaniczne, silnik musi być wyważony pod względem sił pierwotnych, wtórnych oraz momentów obrotowych. Taka równowaga zwiększa trwałość silnika i minimalizuje hałas, co jest kluczowe dla utrzymania skrytości operacyjnej okrętu.

Podstawy Projektowania i Budowy Okrętów Podwodnych

8. **Eliminacja krytycznych prędkości:** Krytyczne prędkości w zakresie pracy silnika muszą być wyeliminowane, aby zapobiec szkodliwym wibracjom i rezonansowi. Dzięki zaprojektowaniu silnika do płynnej pracy w całym zakresie prędkości zmniejsza się ryzyko awarii mechanicznych.

Zastosowanie napędu dieslowo-elektrycznego

Wprowadzenie systemów napędu dieslowo-elektrycznego rozwiązało wiele problemów związanych z napędami bezpośrednimi. Brak bezpośredniego połączenia mechanicznego między silnikiem a wałem napędowym pozwala na optymalizację prędkości pracy silnika i śruby niezależnie od siebie. Takie rozwiązanie umożliwia pracę silników z najbardziej efektywnymi prędkościami przy generowaniu energii elektrycznej, podczas gdy silniki elektryczne napędzają śruby z prędkościami dostosowanymi do wymagań operacyjnych jednostki.

Napęd dieslowo-elektryczny zapewnia również większą swobodę w rozmieszczeniu silników, umożliwiając lepsze wykorzystanie dostępnej przestrzeni wewnątrz okrętu. Taka elastyczność przyczynia się do poprawy rozkładu masy i stabilności, pomagając projektantom spełnić rygorystyczne wymagania operacyjne okrętów podwodnych.

Unikalne wymagania okrętów podwodnych, takie jak potrzeba kompaktowego rozmiaru, efektywnego wytwarzania energii oraz redukcji wibracji, w dużym stopniu wpływają na projektowanie silników. Napęd dieslowo-elektryczny stał się praktycznym rozwiązaniem, oferującym liczne korzyści w porównaniu z tradycyjnymi systemami napędu bezpośredniego. Dzięki rozwiązaniu problemów związanych z rozmieszczeniem silników, transmisją mocy i kontrolą wibracji, systemy dieslowo-elektryczne umożliwiają osiąganie wyższych poziomów wydajności, efektywności i skrytości operacyjnej. Ciągła ewolucja silników dieslowskich dla okrętów podwodnych napędzana jest potrzebą spełniania tych wymagających wymagań, przy jednoczesnym dostosowywaniu się do nowych technologii i zmieniających się warunków operacyjnych [102].

Operacja

W okrętach podwodnych z napędem dieslowo-elektrycznym silnik potrzebuje powietrza z atmosfery, które jest niezbędne do procesu spalania. Może to nastąpić jedynie wtedy, gdy okręt podwodny znajduje się na powierzchni lub w trybie snorkel. Podczas snorkelowania okręt podwodny pozostaje kilka metrów poniżej powierzchni, wykorzystując maszt snorkelowy, który wystaje ponad linię wody i zasysa powietrze. Powietrze przepływa przez snorkel do maszynowni, dostarczając tlen niezbędny do pracy silnika diesla. Aby zminimalizować ryzyko wykrycia, okręty podwodne starają się skracać czas snorkelowania do minimum. Gazy spalinowe są odprowadzane pod wodą za pomocą systemu wydechowego pod ciśnieniem. Na każdy metr wody powyżej wylotu spalin silnik musi generować dodatkowe 100 mbar ciśnienia, aby zapobiec przedostawaniu się wody do silnika. Realizowane jest to za pomocą specjalistycznych systemów powietrznych zaprojektowanych dla środowiska okrętu podwodnego [103].

Napęd Okrętów Podwodnych

Napęd dieslowo-elektryczny w okrętach podwodnych opiera się na silniku diesla, który ładuje akumulatory. Zestaw generatorów diesla działa jako ładowarka, dostarczając prąd elektryczny do baterii, które następnie zasilają elektryczny silnik napędowy poruszający śrubą. Silnik diesla pracuje tylko wtedy, gdy okręt podwodny jest na powierzchni lub snorkeluje, ponieważ potrzebuje powietrza do spalania. Gdy jest zanurzony, silnik elektryczny wykorzystuje zgromadzoną energię w akumulatorach, co pozwala okrętowi działać w ciszy. Oprócz konfiguracji dieslowo-elektrycznych istnieją także okręty podwodne napędzane reaktorami jądrowymi, które zapewniają bardziej ciągłe źródło energii [103].

Systemy ogniw paliwowych dla napędu niezależnego od powietrza (AIP)

W celu wydłużenia czasu operacji pod wodą niektóre okręty podwodne są wyposażone w systemy napędu niezależnego od powietrza (AIP) wykorzystujące ogniwa paliwowe. ThyssenKrupp Marine Systems jest wiodącym dostawcą takich systemów, które z powodzeniem zainstalowano na licznych okrętach podwodnych. System ogniw paliwowych generuje energię elektryczną w wyniku reakcji chemicznej między wodorem a ciekłym tlenem przewożonym na pokładzie. Proces ten jest odwrotnością elektrolizy, a produktem ubocznym są energia elektryczna i czysta woda. Wytworzona energia elektryczna może zasilać systemy okrętu oraz silnik napędowy, pozwalając na dłuższe pozostanie pod wodą bez konieczności wynurzania się po powietrze [103].

Zanurzona Wytrzymałość i Ogniwa Paliwowe

Okręty podwodne z napędem dieslowo-elektrycznym zazwyczaj muszą wynurzać się co kilka dni, aby naładować akumulatory. Jednak dzięki technologii ogniw paliwowych okręty podwodne mogą pozostawać pod wodą znacznie dłużej. Obecny rekord dla okrętu wyposażonego w ogniwa paliwowe wynosi 14 dni nieprzerwanego zanurzenia, ustanowiony przez okręt klasy HDW 212A. Przepisy wymagają również, aby załoga mogła przeżyć przynajmniej sześć dni, korzystając z zapasów awaryjnych i systemów, jeśli okręt nie może się wynurzyć [103].

Snorkelowanie na Wzburzonym Morzu

W trudnych warunkach morskich okręty podwodne muszą radzić sobie z wodą wdzierającą się przez snorkel. Aby temu zapobiec, na masztach snorkelowych znajduje się pokrywa, która tymczasowo zamyka snorkel, gdy fale przechodzą nad nim. Podczas tego krótkiego zamknięcia powietrze już znajdujące się w okręcie służy jako zapas dla silnika. System ten pozwala okrętom podwodnym na nieprzerwaną pracę nawet w trudnych warunkach morskich [103].

Wymagania dla silników diesla w okrętach podwodnych

Silniki diesla w okrętach podwodnych muszą spełniać szereg specyficznych wymagań, aby zapewnić efektywność operacyjną i zachowanie dyskrecji. Po pierwsze, silniki muszą być wyjątkowo ciche, aby

Podstawy Projektowania i Budowy Okrętów Podwodnych

zminimalizować akustyczny podpis okrętu. Po drugie, powinny być kompaktowe, aby oszczędzać miejsce na inne kluczowe systemy pokładowe. Wysoka moc wyjściowa jest kluczowa do szybkiego ładowania akumulatorów, a efektywność paliwowa jest istotna dla zwiększenia zasięgu operacyjnego okrętu. Dodatkowo, zgodność z obowiązującymi normami emisji stała się coraz ważniejszym czynnikiem w projektowaniu i rozwoju silników diesla w okrętach podwodnych [103].

Zasady projektowania silników i ich działanie

Silniki spalinowe o ruchu posuwisto-zwrotnym to podstawowy typ silników, które przekształcają energię zawartą w paliwie w pracę mechaniczną. Proces ten odbywa się poprzez serię kontrolowanych eksplozji lub spalania wewnątrz cylindrów silnika, w których zachodzi ruch posuwisto-zwrotny tłoka. Silniki diesla i benzynowe są najbardziej rozpoznawalnymi przykładami tego typu silników, wykorzystującymi różne metody inicjacji zapłonu. Poniżej znajduje się szczegółowy opis działania tych silników, cykli ich pracy oraz zasad termodynamiki, które się z nimi wiążą.

Podstawową zasadą działania silnika spalinowego jest przekształcenie energii chemicznej zawartej w paliwie w energię mechaniczną, która jest wykorzystywana do wykonywania pracy. Komora spalania silnika to przestrzeń, w której mieszanka paliwowo-powietrzna jest mieszana i zapalana. Gdy mieszanka paliwowo-powietrzna ulega spaleniu, wydziela ciepło, powodując rozszerzanie się gazów w komorze. To rozszerzenie zwiększa ciśnienie wewnątrz komory, zmuszając tłok do ruchu w dół. Ruch tłoka jest przenoszony na wał korbowy za pomocą korbowodu, przekształcając ruch posuwisto-zwrotny w ruch obrotowy, który jest następnie wykorzystywany do napędzania maszyn lub pojazdów. Po zakończeniu procesu spalania gazy wylotowe są usuwane z komory, a nowy cykl dolotu, sprężania, spalania i wydechu rozpoczyna się na nowo.

Każdy silnik spalinowy działa na podstawie cyklu, który powtarza się przy każdym suwie mocy dostarczonym do wału korbowego. Pełny cykl składa się z czterech odrębnych faz, które występują w określonej kolejności, niezależnie od liczby suwów tłoka [102]:

1. **Dolot:** Silnik zasysa powietrze lub mieszankę powietrzno-paliwową, która jest następnie sprężana w cylindrze.

2. **Sprężanie:** Mieszanka powietrzno-paliwowa jest sprężana w celu zwiększenia jej ciśnienia i temperatury, przygotowując ją do zapłonu. W silnikach diesla sprężane jest wyłącznie powietrze, a paliwo jest wtryskiwane pod wysokim ciśnieniem w celu zapłonu.

3. **Spalanie (Suw mocy):** Sprężona mieszanka jest zapalana (iskrą w silnikach benzynowych lub przez ciepło sprężania w silnikach diesla), co powoduje szybkie rozszerzanie gazów i wypychanie tłoka w dół, generując pracę mechaniczną.

4. **Wydech:** Zużyte gazy są usuwane z cylindra, robiąc miejsce na świeży wlot powietrza lub mieszanki powietrzno-paliwowej.

Specyficzna sekwencja i charakterystyka tych faz definiuje rodzaj cyklu stosowanego w silniku. Trzy główne cykle w silnikach spalinowych to [102]:

- **Cykl Otto:** Zwykle stosowany w silnikach benzynowych, gdzie mieszanka paliwowo-powietrzna jest zapalana przez świecę zapłonową.

- **Cykl Diesla:** Charakteryzuje się zapłonem samoczynnym, w którym paliwo jest wtryskiwane do silnie sprężonego, gorącego powietrza.

- **Zmodyfikowany cykl Diesla:** Łączy cechy cyklu Otto i Diesla, aby osiągnąć specyficzne charakterystyki wydajnościowe.

Termodynamika odgrywa kluczową rolę w działaniu silników spalinowych, ponieważ reguluje sposób, w jaki energia cieplna jest przekształcana w pracę mechaniczną. Kluczowe zasady termodynamiki obejmują [102]:

- **Zasada zachowania energii:** Zgodnie z prawami termodynamiki, energia nie może być stworzona ani zniszczona; może jedynie zmieniać formę. W przypadku silników energia chemiczna zawarta w paliwie jest przekształcana w energię cieplną przez spalanie, a następnie w energię mechaniczną dzięki ruchowi tłoka.

- **Siła i ciśnienie:** Siła generowana przez spalanie działa na tłok, a ciśnienie to siła rozłożona na powierzchnię głowicy tłoka, która popycha go w dół.

- **Praca i moc:** Praca wykonana przez silnik jest iloczynem siły wywieranej na tłok i drogi, którą przebywa. Moc to tempo, w jakim ta praca jest wykonywana, zazwyczaj mierzona w koniach mechanicznych (KM).

Mechaniczny równoważnik ciepła jest istotnym pojęciem w zrozumieniu funkcjonowania silników spalinowych. Na przykład, eksperymenty wykazały, że jedna brytyjska jednostka termiczna (Btu) energii cieplnej jest równoważna 778 stopo-funtom pracy mechanicznej. Związek ten pokazuje, że chociaż energia mechaniczna może być w całości przekształcona w ciepło, proces odwrotny nie jest w pełni efektywny, ponieważ część energii cieplnej zawsze ulega stracie do otoczenia [102].

Zrozumienie działania silników spalinowych wymaga także znajomości podstawowych pojęć [102]:

- **Energia:** Zdolność do wykonywania pracy, podzielona na kinetyczną (energia ruchu) i potencjalną (energia magazynowana).

- **Ciepło:** Forma energii wynikająca z aktywności molekularnej; zwiększenie ruchu cząsteczek w substancji podnosi jej temperaturę.

- **Temperatura:** Miara intensywności ciepła, mierzona w stopniach.

- **Ciśnienie:** Siła na jednostkę powierzchni wywierana przez gazy w komorze spalania.

- **Materia i cząsteczki:** Substancje zajmujące przestrzeń i mające masę, przy c

Podstawy Projektowania i Budowy Okrętów Podwodnych

Tłokowe silniki spalinowe działają na podstawowej zasadzie przekształcania energii cieplnej w pracę mechaniczną, wykorzystując cykl zasysania, sprężania, spalania i wydechu. Termodynamika, która jest kluczowa dla działania tych silników, określa, w jaki sposób energia jest przekazywana i wykorzystywana, a rozwój technologii silnikowej nieustannie poprawia efektywność i osiągi tych źródeł napędu. Zrozumienie tych zasad jest kluczowe dla poznania funkcjonowania silników diesla i benzynowych oraz ich zastosowań w różnych branżach, w tym w inżynierii morskiej i napędzie okrętów podwodnych.

Cykl termodynamiczny jest fundamentalny dla zrozumienia, jak działają silniki spalinowe, w tym cykl Otto, cykl Diesla i zmodyfikowany cykl Diesla. W silniku spalinowym energia cieplna ze spalania paliwa jest przekształcana w energię mechaniczną. Paliwo działa jako substancja robocza, która przechodzi zmiany w cylindrze silnika. Te zmiany opisują różne procesy termodynamiczne, które obejmują zmiany izotermiczne i adiabatyczne, gdzie temperatura i wymiana ciepła odgrywają kluczowe role [102].

Cykl Otto jest termodynamiczną podstawą dla silników benzynowych i obejmuje cztery główne procesy. Najpierw następuje faza sprężania adiabatycznego, w której mieszanka paliwowo-powietrzna jest sprężana w cylindrze bez strat ciepła. Następnie ma miejsce spalanie przy stałej objętości, podczas którego mieszanka jest zapalana, co zwiększa ciśnienie w komorze. Kolejnym etapem jest rozprężanie adiabatyczne, podczas którego gazy pod wysokim ciśnieniem wypychają tłok w dół, wykonując pracę. Ostatnia faza to usuwanie spalin przy stałej objętości, w której spaliny są wydalane. Cykl ten powtarza się, generując jeden suw pracy na każde cztery suwy tłoka.

Oryginalny cykl Diesla, opracowany przez Rudolfa Diesla, został zaprojektowany tak, aby osiągnąć spalanie przy stałej temperaturze, jednak koncept ten nigdy nie został w pełni zrealizowany w praktycznych silnikach. W zamian, wczesne silniki Diesla stosowały cykl spalania przy stałym ciśnieniu, który stał się standardem na wiele lat. W cyklu Diesla sprężanie adiabatyczne podnosi temperaturę powietrza, co umożliwia zapłon wtryskiwanego paliwa, które jest dodawane w tempie utrzymującym stałe ciśnienie podczas spalania. Następnie gazy rozprężają się adiabatycznie, wypychając tłok w dół, a cykl kończy się usuwaniem spalin przy stałej objętości. Chociaż ten cykl jest rzadziej używany w nowoczesnych silnikach, stanowił fundament dla kolejnych konstrukcji silników Diesla [102].

Większość współczesnych silników Diesla, w tym te stosowane w okrętach podwodnych, działa na zmodyfikowanym cyklu Diesla. W tym cyklu proces sprężania jest adiabatyczny, podobnie jak w standardowym cyklu Diesla. Jednak spalanie zachodzi w dwóch etapach: najpierw przy stałej objętości, a następnie przy stałym ciśnieniu, co pozwala na bardziej kontrolowane spalanie i większą efektywność. Rozprężanie gazów po spalaniu jest adiabatyczne, a cykl kończy się fazą wydechu przy stałej objętości. Takie hybrydowe podejście łączy elementy cyklu Otto i Diesla, co skutkuje lepszą wydajnością i osiągami.

Efektywność dowolnego silnika spalinowego mierzona jest zdolnością do przekształcenia energii potencjalnej zawartej w paliwie w energię mechaniczną. Efektywność ta zawsze jest mniejsza niż 100% z powodu strat energii przez rozpraszanie ciepła, tarcie i układ wydechowy. Koncepcja sprawności cieplnej porównuje rzeczywiste osiągi silnika z teoretycznym maksimum opartym na zawartości energetycznej paliwa. Chociaż żaden silnik nie może osiągnąć doskonałej efektywności, optymalizacja cyklu termodynamicznego może zmniejszyć straty energii i poprawić ogólną wydajność.

Czterosuwowy cykl Diesla obejmuje cztery odrębne ruchy tłoka: zasysanie, sprężanie, suw pracy i wydech. Cykl rozpoczyna się od suwu zasysania, w którym otwiera się zawór dolotowy i powietrze jest zasysane do cylindra. Podczas suwu sprężania powietrze jest sprężane do wysokiego ciśnienia i temperatury. Następnie wtryskiwane jest paliwo, które zapala się spontanicznie pod wpływem ciepła sprężania, inicjując suw pracy, w którym rozprężanie gazów spalinowych wypycha tłok w dół. Na końcu następuje suw wydechu, podczas którego zużyte gazy są usuwane z cylindra, kończąc cykl. Ten typ silnika znany jest z niezawodności i efektywności, co czyni go odpowiednim do zastosowań w trudnych warunkach, takich jak okręty podwodne [102].

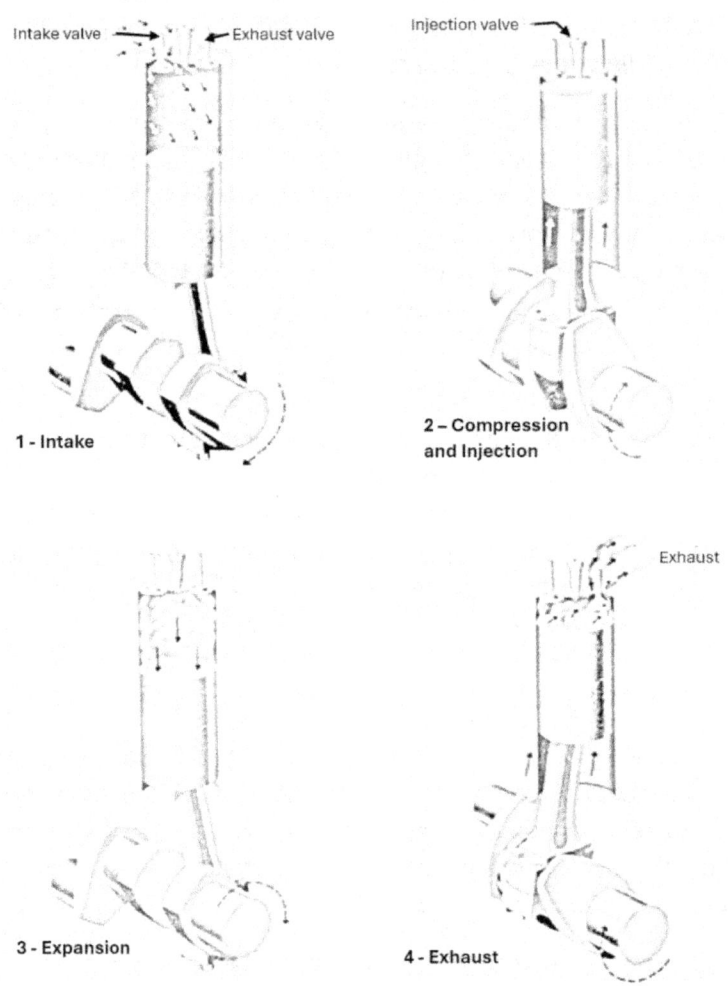

Rysunek 44: Czterosuwowy cykl Diesla.

Podstawy Projektowania i Budowy Okrętów Podwodnych

Dwusuwowy cykl Diesla łączy cztery fazy cyklu Diesla w dwa suwaki tłoka, co skutkuje jednym suwem roboczym na każdy obrót wału korbowego. Po fazie sprężania paliwo jest wtryskiwane, a spalanie następuje tuż przed osiągnięciem przez tłok górnego martwego punktu. Następna faza rozprężania zmusza tłok do ruchu w dół, napędzając wał korbowy. Gdy tłok zbliża się do dolnego martwego punktu, rozpoczyna się faza wydechu poprzez otwarcie zaworu wydechowego, co umożliwia ujście spalin, podczas gdy otwierają się kanały dolotowe, wpuszczając świeże powietrze. Dmuchawa przeganiająca pomaga oczyścić cylinder ze spalin, przygotowując go do następnego cyklu. Silniki dwusuwowe generują większą moc w stosunku do swojej wielkości, ale są zazwyczaj mniej wydajne pod względem zużycia paliwa i wymagają dodatkowych systemów do przeganiania gazów.

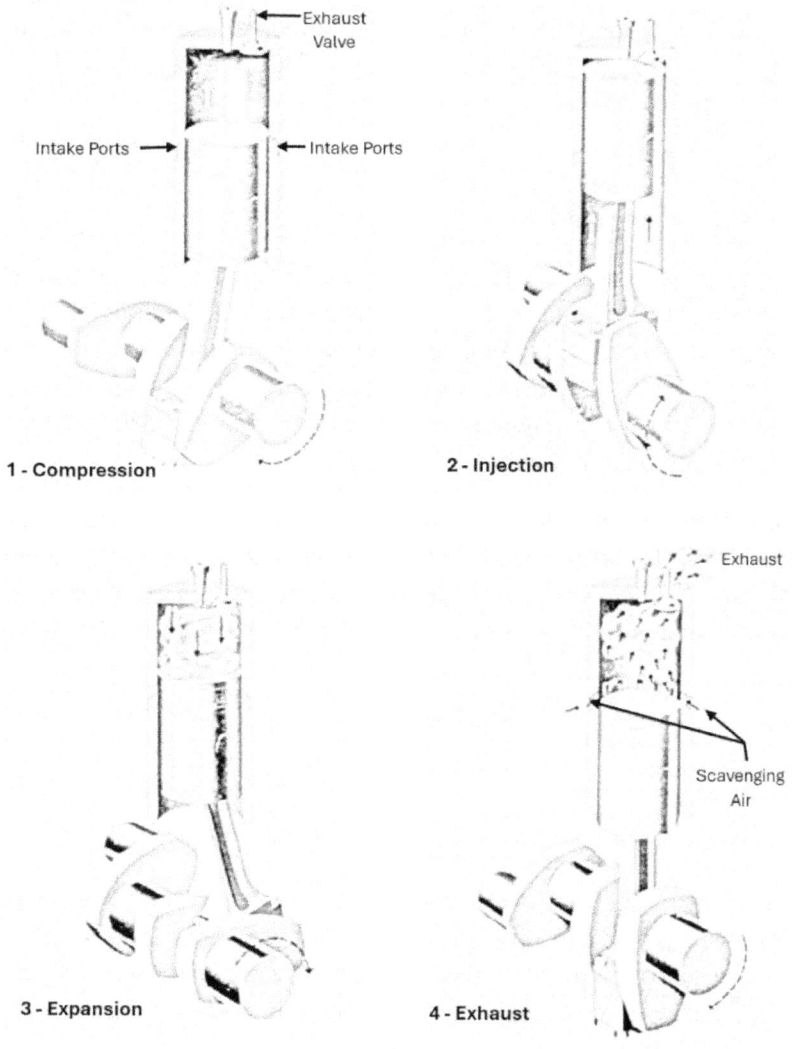

Rysunek 45: Dwusuwowy cykl Diesla.

Zasady termodynamiki rządzą konwersją energii cieplnej na pracę mechaniczną we wszystkich tych cyklach. Obejmują one [102]:

- **Proces izotermiczny**: Zachodzi, gdy temperatura pozostaje stała podczas zmiany termodynamicznej.

- **Proces adiabatyczny**: Zmiana, w której temperatura może się zmieniać, ale nie następuje wymiana ciepła z otoczeniem.

- **Przemiana cieplna**: Obejmuje konwersję energii chemicznej zawartej w paliwie w ciepło, a następnie w energię mechaniczną.

Prawa termodynamiki mają również zastosowanie w takich pojęciach jak praca (siła działająca na odległość), moc (tempo wykonywania pracy) i sprawność, które są kluczowe dla określenia, jak efektywnie silnik przekształca energię paliwa w użyteczną moc.

Zastosowania praktyczne w silnikach diesla

Podczas gdy teoretyczne cykle stanowią podstawę, rzeczywista wydajność silnika jest zależna od warunków rzeczywistych, takich jak tarcie, straty ciepła i zmienność jakości paliwa. W silnikach diesla stosowanie wysokich stosunków sprężania zapewnia lepszą sprawność cieplną w porównaniu do silników benzynowych. Jednak postępy technologiczne, takie jak turbodoładowanie, chłodzenie międzystopniowe i elektroniczny wtrysk paliwa, dodatkowo poprawiły wydajność silników diesla, czyniąc je odpowiednimi do różnych zastosowań, w tym w pojazdach ciężarowych i okrętach podwodnych [102].

Cykle Otto, Diesla i zmodyfikowany cykl Diesla reprezentują różne metody przekształcania energii cieplnej w pracę mechaniczną. Chociaż dzielą wspólne zasady termodynamiczne, różnice w sposobie realizacji sprężania, spalania i ekspansji powodują różnice w sprawności, mocy wyjściowej i zużyciu paliwa. Zrozumienie tych cykli jest kluczowe dla optymalizacji projektowania silników i poprawy sprawności cieplnej w różnych typach jednostek napędowych.

Typy silników Diesla

Jednostronnie działające silniki Diesla

Jednostronnie działające silniki Diesla są powszechne zarówno w konstrukcjach czterosuwowych, jak i dwusuwowych. W tych silnikach gazy spalinowe wywierają ciśnienie tylko na jednej stronie tłoka, zwanej koroną, która jest zamkniętym górnym końcem tłoka. Tłoki używane w silnikach jednostronnie działających są zazwyczaj typu cylindrycznego, co oznacza, że ich długość jest większa niż średnica. Korbowód jest przymocowany do sworznia tłokowego, który przechodzi przez otwarty koniec tłoka, znany jako płaszcz.

W czterosuwowym silniku jednostronnie działającym suw pracy występuje raz na dwa obroty wału korbowego, podczas gdy w dwusuwowym silniku jednostronnie działającym suw pracy następuje przy każdym obrocie wału.

Ta konfiguracja jest standardem w nowoczesnych flotach okrętów podwodnych, ponieważ jest stosunkowo prostsza i bardziej kompaktowa w porównaniu do innych typów silników [102].

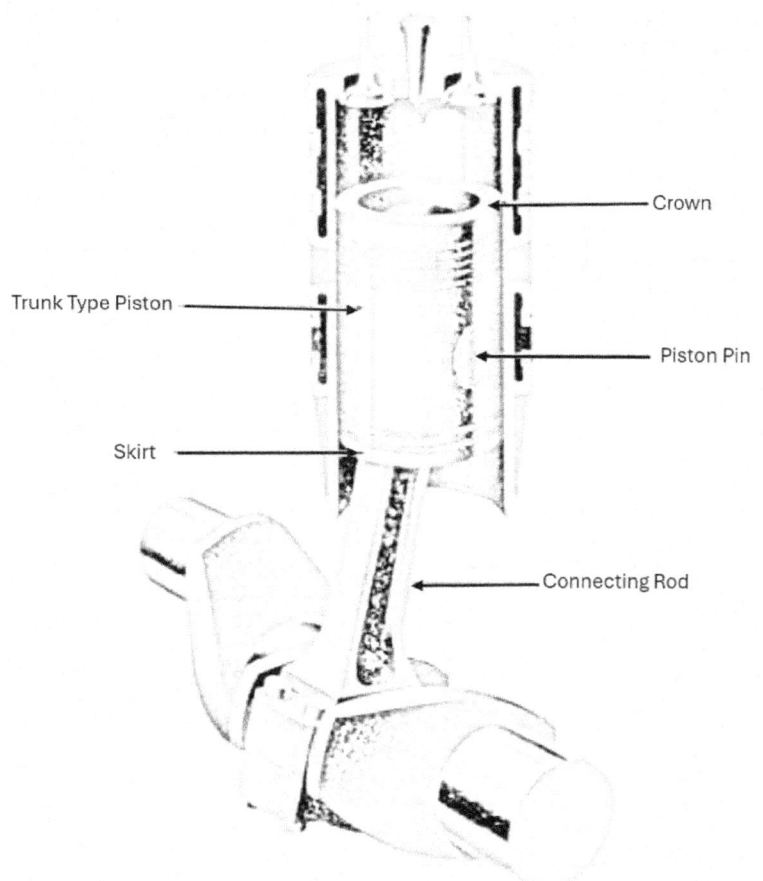

Rysunek 46: Zasada działania silnika Diesla jednostronnego.

Silniki Diesla dwustronnego działania

Silniki Diesla dwustronnego działania były stosowane w niektórych starszych projektach okrętów podwodnych, ale w dużej mierze zostały wycofane na rzecz silników jednostronnego działania. W silnikach dwustronnego działania tłok jest poddawany ciśnieniu spalania zarówno na swojej górnej, jak i dolnej powierzchni, co pozwala na uzyskanie dwóch suwy mocy na jeden cykl pracy tłoka. Tłok w takim silniku jest krótszy i ma konstrukcję z wodzikiem, która obejmuje sztywny drążek tłokowy rozciągający się od dolnego końca tłoka przez głowicę cylindra. Spalanie zachodzi naprzemiennie w górnej i dolnej komorze spalania, co zapewnia dwukrotnie większą liczbę suwów mocy w porównaniu do silnika jednostronnego działania.

Ta konstrukcja skutkuje płynniejszą pracą, ponieważ suw sprężania w jednej komorze równoważy suw rozprężania w drugiej. Jednakże silniki dwustronnego działania są bardziej masywne i bardziej skomplikowane ze względu na konieczność dodatkowej długości, aby pomieścić mechanizm wodzika oraz zapewnić skuteczne uszczelnienie w miejscu, gdzie drążek tłokowy przechodzi przez głowicę cylindra. Te ograniczenia sprawiają, że silniki dwustronnego działania nie nadają się do ograniczonych przestrzeni współczesnych okrętów podwodnych [102].

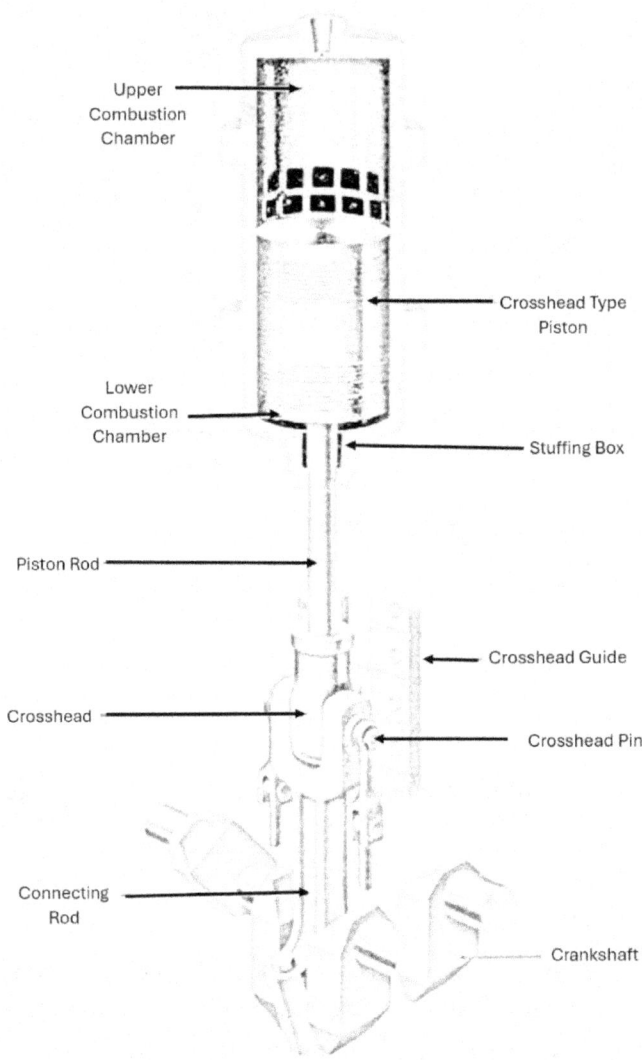

Rysunek 47: Zasada działania silnika Diesla dwustronnego działania.

Silniki z przeciwbieżnymi tłokami

Silnik z przeciwbieżnymi tłokami to unikalna konstrukcja, w której każdy cylinder zawiera dwa tłoki poruszające się ku sobie, sprężając powietrze pomiędzy nimi, aby utworzyć komorę spalania. Podczas spalania tłoki są wypychane na zewnątrz, co przekształca rozszerzające się gazy w pracę mechaniczną. Górny tłok otwiera kanały powietrza przelotowego znajdujące się w pobliżu górnej części cylindra, podczas gdy dolny tłok kontroluje kanały wydechowe w pobliżu dolnej części. Górny i dolny tłok są połączone z oddzielnymi wałami korbowymi, które są zsynchronizowane za pomocą pionowego układu przekładni. Taka konfiguracja pozwala na osiągnięcie efektu doładowania poprzez utrzymanie dodatniego ciśnienia powietrza w cylindrze podczas procesu przelotowego. Dolny wał korbowy zwykle wyprzedza górny o 12 stopni, co sprawia, że większa część mocy jest przekazywana przez dolny wał korbowy.

Silniki z przeciwbieżnymi tłokami mają kilka zalet, w tym wyższą sprawność cieplną, brak głowic cylindrów i mechanizmów zaworowych oraz mniejszą liczbę ruchomych części, co czyni je szczególnie odpowiednimi do zastosowań w okrętach podwodnych [102].

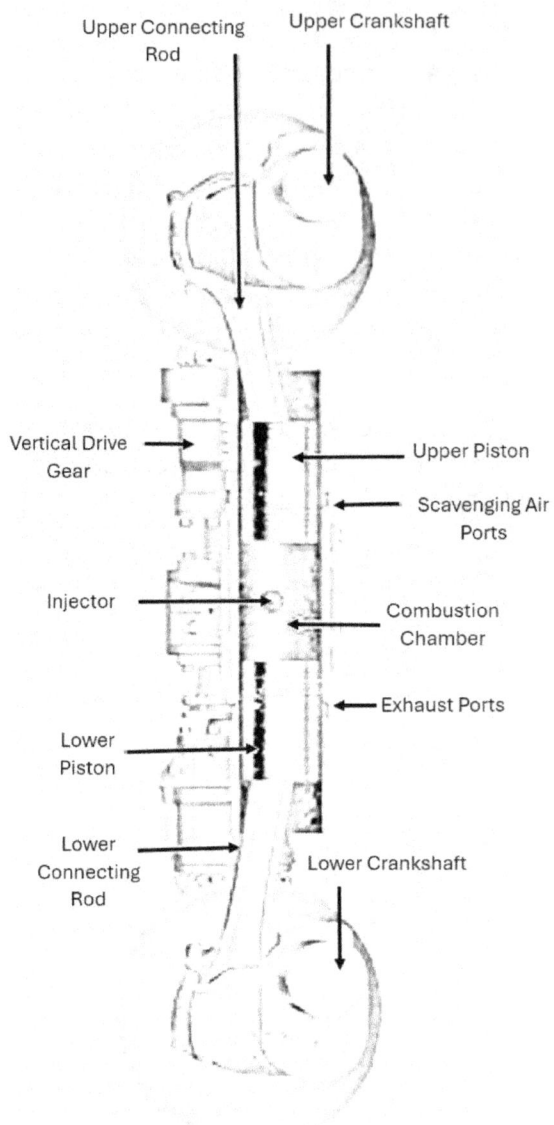

Rysunek 48: Zasada działania silnika z przeciwbieżnymi tłokami.

Nowoczesne silniki wysokoprężne flotowych okrętów podwodnych

Współczesne okręty podwodne w większości korzystają z silników wysokoprężnych dwusuwowych, które cechują się wysoką wydajnością i zdolnością do wytwarzania ciągłej mocy. Główne typy silników stosowane w flotowych okrętach podwodnych to [102]:

1. Silniki General Motors V-16:

Podstawy Projektowania i Budowy Okrętów Podwodnych

- Wyposażone w dwie grupy po osiem cylindrów ułożonych w konfiguracji V.
- Moc wyjściowa wynosi 1 600 koni mechanicznych (bhp) przy 750 obr./min.
- Korzystają z układu zaworów i przepłukiwania portowego typu uniflow oraz są wyposażone w system wtrysku paliwa typu solid.

2. **Silniki Fairbanks-Morse z przeciwbieżnymi tłokami (Model 38D 8 1/8):**

- Dostępne w konfiguracjach 9-cylindrowych i 10-cylindrowych.
- Moc wynosi również 1 600 bhp, ale silniki pracują przy 720 obr./min.
- Podobnie jak silniki General Motors, wykorzystują system przepłukiwania portowego typu uniflow.

Rysunek 49: Silnik wysokoprężny General Motors Model 16-248 V16 zainstalowany na USS Bowfin. Brandon W. Smith, CC BY-SA 3.0, via Wikimedia Commons.

Silniki pomocnicze na okrętach podwodnych zazwyczaj obejmują mniejsze modele przeznaczone do zadań takich jak generowanie energii elektrycznej [102]:

1. **Model General Motors 8-268**: Ten 8-cylindrowy silnik w układzie rzędowym generuje 300 kilowatów przy pracy z prędkością 1200 obr./min, wykorzystując system przepłukiwania jednokierunkowego.

2. **Model Fairbanks-Morse 38E 5 1/4**: 7-cylindrowy silnik z tłokami przeciwsobnymi zdolny do wytwarzania 300 kilowatów również przy 1200 obr./min.

Silniki z tłokami przeciwsobnymi zapewniają trzy kluczowe korzyści dla zastosowań na okrętach podwodnych. Po pierwsze, oferują wyższą sprawność cieplną w porównaniu z silnikami jednokierunkowymi, co przekłada się na lepszą ekonomię paliwową i większy zasięg okrętu. Po drugie, konstrukcja eliminuje potrzebę stosowania tradycyjnych głowic cylindrów i mechanizmów zaworowych, które mogą stwarzać trudności związane z chłodzeniem i smarowaniem. Po trzecie, silniki z tłokami przeciwsobnymi mają mniej ruchomych części, co zmniejsza wymagania konserwacyjne i zwiększa niezawodność [102].

Mimo zalet pod względem mocy, silniki dwustronnego działania mają wady, które ograniczają ich zastosowanie na okrętach podwodnych. Konieczność stosowania mechanizmu prowadnicy zwiększa wysokość silnika, co utrudnia jego instalację w ograniczonej przestrzeni okrętu. Ponadto uzyskanie skutecznego uszczelnienia w skrzynkach dławnic tłoczysk jest trudne, co zwiększa ryzyko przecieków ciśnienia i obniża niezawodność silnika.

Silniki wysokoprężne na okrętach podwodnych przeszły znaczącą ewolucję od wczesnych projektów, które wykorzystywały bezpośrednie systemy napędu mechanicznego. Współczesne systemy napędu okrętów podwodnych zazwyczaj opierają się na dwusuwowych, jednokierunkowych silnikach wysokoprężnych lub konstrukcjach z tłokami przeciwsobnymi, które oferują lepsze stosunki mocy do masy, ulepszoną wydajność i większą elastyczność operacyjną. Dzięki zastosowaniu zaawansowanych konfiguracji, takich jak silniki z tłokami przeciwsobnymi, nowoczesne okręty podwodne osiągają wysoką wydajność przy stosunkowo prostych systemach mechanicznych, co zapewnia niezawodną i efektywną pracę pod wodą.

Instalacja

Silniki wysokoprężne na współczesnych okrętach podwodnych z napędem dieslowo-elektrycznym zazwyczaj obejmują układ głównych i pomocniczych silników, zaprojektowany do zasilania zarówno napędu, jak i systemów pokładowych. Każdy silnik jest połączony z generatorem elektrycznym, tworząc zestaw generatorów, który odgrywa centralną rolę w generowaniu i zarządzaniu energią na okręcie. Te zestawy generatorów mogą dostarczać energię elektryczną do różnych systemów na okręcie, oferując elastyczność w wykorzystaniu energii do napędu i innych operacji [102].

Główne zestawy generatorów odpowiedzialne są za wytwarzanie energii elektrycznej do zasilania głównych silników lub ładowania akumulatorów. Energia elektryczna generowana przez te zestawy trafia do głównej szafki sterowniczej, która pełni rolę centralnego punktu dystrybucji energii elektrycznej na różne części okrętu. Główna szafka sterownicza pozwala operatorom wybierać, czy energia elektryczna ma być używana bezpośrednio do napędzania silników, czy przekierowywana do ładowania akumulatorów. Ta elastyczność zapewnia możliwość przełączania między cichą pracą na akumulatorach pod wodą a ładowaniem akumulatorów przy użyciu silników dieslowych blisko powierzchni.

Oprócz głównych zestawów generatorów, okręt podwodny posiada również pomocniczy zestaw generatora. Ten mniejszy generator pełni kilka ważnych funkcji: może ładować akumulatory, dostarczać energię do systemów pomocniczych lub wspierać główne silniki pośrednio. Na przykład, jeśli główne generatory są wyłączone lub wymagają dodatkowej mocy, pomocniczy generator może zapewnić ciągłość działania systemów okrętu. Taki układ zapewnia redundancję i gwarantuje, że okręt pozostanie operacyjny w różnych scenariuszach, w tym w sytuacjach awaryjnych.

Główne silniki są podstawowym mechanizmem napędowym okrętu podwodnego, napędzając śruby, aby poruszać okręt przez wodę. Silniki te mogą być zasilane bezpośrednio z akumulatorów, co pozwala na cichą pracę bez hałasu generowanego przez pracujące silniki dieslowe. Alternatywnie, główne silniki mogą być zasilane energią elektryczną generowaną przez główne zestawy generatorów, co pozwala na oszczędność energii akumulatorów podczas pracy blisko powierzchni.

Podwójne źródła zasilania głównych silników nadają okrętom podwodnym z napędem dieslowo-elektrycznym charakterystyczną elastyczność operacyjną. Pod wodą okręt może przełączyć się na zasilanie akumulatorowe, umożliwiając cichą pracę i zmniejszając ryzyko wykrycia przez wrogie systemy sonarowe. Blisko powierzchni silniki dieslowe mogą ładować akumulatory i dostarczać energię do głównych silników, wydłużając zasięg operacyjny okrętu.

Podsumowując, integracja głównych i pomocniczych zestawów generatorów, akumulatorów i głównych silników w systemie napędu dieslowo-elektrycznego zapewnia wszechstronny i wydajny sposób zarządzania energią i napędem. Konstrukcja systemu gwarantuje, że okręt może dostosować się do zmieniających się warunków operacyjnych, zachować skrytość i efektywnie zarządzać zasobami energetycznymi, co czyni okręty podwodne z napędem dieslowo-elektrycznym wysoce zdolnymi w różnych sytuacjach taktycznych [102].

Technologie napędu jądrowego

Napęd jądrowy na okrętach podwodnych opiera się na wykorzystaniu reaktora jądrowego jako głównego źródła energii do zasilania okrętu. System ten umożliwia okrętom podwodnym długotrwałe przebywanie pod wodą bez potrzeby wynurzania się w celu uzupełnienia paliwa lub ładowania akumulatorów, co daje im znaczącą przewagę strategiczną i operacyjną.

Okręt podwodny z napędem jądrowym jest zasilany przez reaktor jądrowy, choć niekoniecznie musi być wyposażony w broń nuklearną. Zastosowanie napędu jądrowego daje znaczące korzyści w porównaniu z konwencjonalnymi okrętami podwodnymi, które zwykle korzystają z napędu dieslowo-elektrycznego. W przeciwieństwie do napędu dieslowo-elektrycznego, napęd jądrowy nie wymaga powietrza, co pozwala okrętowi pozostawać pod wodą przez długie okresy bez konieczności wynurzania się w celu ładowania akumulatorów. Dzięki temu okręty jądrowe mają znacznie większą autonomię, a ich ograniczenia operacyjne są związane bardziej z zapasami, takimi jak żywność dla załogi, niż z paliwem.

Okręty jądrowe wykorzystują reaktory jądrowe do wytwarzania energii, generując elektryczność do napędzania silników elektrycznych połączonych z śrubą lub wykorzystując ciepło z reaktora do produkcji pary napędzającej turbiny parowe. Reaktory stosowane na okrętach podwodnych zazwyczaj wykorzystują wysoko wzbogacony uran, który charakteryzuje się wysoką gęstością energetyczną i pozwala na dłuższe okresy między tankowaniami. Umiejscowienie reaktora wewnątrz kadłuba ciśnieniowego sprawia, że proces tankowania jest skomplikowany i przeprowadzany bardzo rzadko.

Serce okrętu podwodnego z napędem jądrowym stanowi reaktor jądrowy, który wykorzystuje reakcję rozszczepienia jądrowego do wytwarzania ciepła. Podczas rozszczepienia jądrowego jądro ciężkiego atomu, takiego jak uran-235 lub pluton-239, jest dzielone na mniejsze jądra pod wpływem bombardowania neutronami, co uwalnia ogromną ilość energii cieplnej. Ta kontrolowana reakcja łańcuchowa zachodząca wewnątrz rdzenia reaktora w sposób ciągły produkuje ciepło, które jest następnie wykorzystywane do zasilania okrętu.

Ciepło wytwarzane przez reaktor jest przenoszone do czynnika chłodzącego, którym zazwyczaj jest woda, cyrkulującego przez rdzeń reaktora. Czynnik ten pochłania ciepło, a następnie jest pompowany do wymiennika ciepła znanego jako generator pary. W generatorze pary podgrzana ciecz przekazuje swoją energię do oddzielnej pętli wody, zamieniając ją w parę. Para ta, wytwarzana pod wysokim ciśnieniem, jest wykorzystywana do napędu systemu napędowego i generatorów elektrycznych okrętu.

Wysokociśnieniowa para wytworzona w generatorze pary jest kierowana do turbin parowych, które przekształcają energię cieplną w mechaniczną. Para rozszerza się podczas przepływu przez łopatki turbiny, powodując ich obrót. Ten ruch obrotowy napędza serię turbin połączonych z przekładnią redukcyjną, która obraca wał napędowy śruby, zapewniając niezbędny ciąg do poruszania okrętu pod wodą.

Oprócz napędu, turbiny parowe są również wykorzystywane do wytwarzania energii elektrycznej dla systemów pokładowych. Turbina pomocnicza połączona z generatorem produkuje energię elektryczną dla podstawowych systemów, w tym systemów podtrzymywania życia, nawigacji, sensorów i systemów bojowych. Energia ta zasila także inne komponenty okrętu, takie jak oświetlenie i urządzenia komunikacyjne. System napędu jądrowego zapewnia ciągłe źródło energii, umożliwiając okrętowi długotrwałe przebywanie pod wodą i utrzymywanie zdolności operacyjnych.

Reaktor jądrowy generuje ogromne ilości ciepła, dlatego efektywne chłodzenie jest kluczowe dla utrzymania bezpiecznego i stabilnego działania. Pierwotna pętla chłodzenia cyrkuluje wodę przez rdzeń reaktora, aby pochłonąć wytwarzane ciepło. Następnie podgrzany czynnik chłodzący przechodzi przez generator pary, gdzie oddaje ciepło, schładza się i wraca do reaktora, aby ponownie pochłaniać ciepło, zamykając obieg. Ten zamknięty system zapewnia, że radioaktywny czynnik chłodzący jest odizolowany i nie ma kontaktu ze środowiskiem zewnętrznym okrętu.

Reaktor jądrowy dostarcza również energię dla innych kluczowych systemów okrętu podwodnego. Obejmują one utrzymanie jakości powietrza, produkcję świeżej wody poprzez destylację wody morskiej oraz regulację temperatury. Wszystkie nowoczesne morskie reaktory jądrowe są wyposażone w zapasowe generatory diesla, które zapewniają energię awaryjną do usuwania ciepła powyłączeniowego z reaktora oraz do awaryjnego napędu.

Podstawy Projektowania i Budowy Okrętów Podwodnych

Główną zaletą napędu jądrowego dla okrętów podwodnych jest zdolność do długotrwałego przebywania pod wodą. W przeciwieństwie do okrętów dieslowo-elektrycznych, które muszą okresowo wynurzać się, aby naładować akumulatory, okręty jądrowe mogą operować pod wodą praktycznie bez ograniczeń, ponieważ reaktor nie potrzebuje tlenu. Jedynym czynnikiem ograniczającym czas operacyjny okrętu jądrowego jest potrzeba uzupełniania zapasów żywności i innych zasobów dla załogi. Okręty podwodne z napędem jądrowym mogą poruszać się z większymi prędkościami na dłuższe odległości bez wynurzania, co zapewnia im przewagę w zakresie strategicznej mobilności, skrytości i wytrzymałości.

Napęd jądrowy pozwala okrętom podwodnym działać niezależnie od atmosfery, ponieważ do generowania energii nie jest wymagane powietrze ani tlen. Ta cecha, w połączeniu ze zdolnością okrętu do produkcji tlenu i świeżej wody z wody morskiej, umożliwia długotrwałe operacje pod wodą.

Chociaż okręty jądrowe oferują znaczące korzyści operacyjne, mają również pewne ograniczenia w zakresie skrytości. Konieczność chłodzenia reaktora, nawet gdy okręt pozostaje w bezruchu, powoduje ciągłe uwalnianie ciepła do otaczającej wody, tworząc "ślad termiczny", który może być wykryty za pomocą systemów obrazowania termicznego. Ponadto ciągła praca reaktora generuje hałas związany z produkcją pary i pompami chłodzącymi reaktora, co potencjalnie może uczynić okręt bardziej wykrywalnym. Dla porównania, okręty dieslowo-elektryczne mogą działać wyłącznie na energii z akumulatorów, korzystając z cichych silników elektrycznych.

Okręty jądrowe są wyposażone w liczne systemy bezpieczeństwa, które zapobiegają wyciekom promieniowania i zapewniają bezpieczną eksploatację reaktora. Te środki bezpieczeństwa obejmują osłony reaktora chroniące załogę przed promieniowaniem, systemy awaryjnego wyłączania reaktora, które mogą szybko zatrzymać proces rozszczepienia w razie potrzeby, oraz wiele systemów chłodzenia, które zapewniają odpowiednią temperaturę reaktora w każdych warunkach operacyjnych. Ponadto okręty przechodzą regularne konserwacje i inspekcje, aby zapewnić integralność reaktora i systemu napędowego.

Po przejściu przez turbinę parową, para musi zostać skondensowana z powrotem do wody, aby mogła być ponownie wykorzystana. Osiąga się to poprzez chłodzenie pary wodą morską w kondensatorach. Odpadowe ciepło z tego procesu jest odprowadzane do oceanu. Zamknięty charakter systemu napędu jądrowego zapewnia, że nie dochodzi do bezpośredniego uwalniania materiałów radioaktywnych do środowiska, co czyni go stosunkowo czystą formą napędu.

Okręty jądrowe wykorzystują wysoko wzbogacony uran, który pozwala na działanie reaktora przez wiele lat bez potrzeby uzupełniania paliwa. Paliwo to ma wysoką gęstość energetyczną, co oznacza, że stosunkowo niewielka ilość uranu może zasilać okręt przez dekady. Uzupełnianie paliwa w okręcie jądrowym jest skomplikowanym procesem, który obejmuje wymianę rdzenia reaktora i zwykle odbywa się co 20-25 lat.

Napęd jądrowy pozwala okrętom podwodnym wykonywać różnorodne misje, od odstraszania strategicznego i długodystansowych patroli po skryte zbieranie danych wywiadowczych i walkę z okrętami nawodnymi. Dzięki swojej długiej wytrzymałości i zdolności do rozwijania dużych prędkości, okręty jądrowe mogą być rozmieszczane na całym świecie, co zapewnia znaczną przewagę w zakresie zasięgu operacyjnego i wszechstronności.

Ciągła potrzeba chłodzenia reaktora powoduje powstawanie śladu termicznego, który może być wykrywany przez zaawansowane sensory termiczne. Stała praca reaktora generuje hałas, który może zagrozić skrytości. Ponadto wysokie koszty związane z budową, eksploatacją i wycofywaniem okrętów jądrowych ograniczają ich wykorzystanie do kilku krajów dysponujących znacznymi budżetami obronnymi.

Okres użytkowania okrętu jądrowego wynosi około 25-30 lat, po czym okręt napotyka wyzwania takie jak zmęczenie materiałów, korozja, przestarzałość oraz rosnące koszty utrzymania. Proces wycofywania z eksploatacji jest skomplikowany i kosztowny, obejmując bezpieczne usunięcie materiałów i komponentów radioaktywnych. Stosowane są dwie główne metody utylizacji: usunięcie i zakopanie sekcji reaktora w wyznaczonym miejscu utylizacji lub zatopienie okrętu na dnie morza po jego zabezpieczeniu. Jednak ta ostatnia opcja jest rzadziej wybierana ze względu na obawy regulacyjne.

Reaktor jądrowy generuje ciepło do napędzania turbiny parowej, która następnie napędza śrubę. Trzy główne typy morskich reaktorów jądrowych to reaktory ciśnieniowe, naturalnej cyrkulacji i reaktory z chłodziwem metalicznym [104].

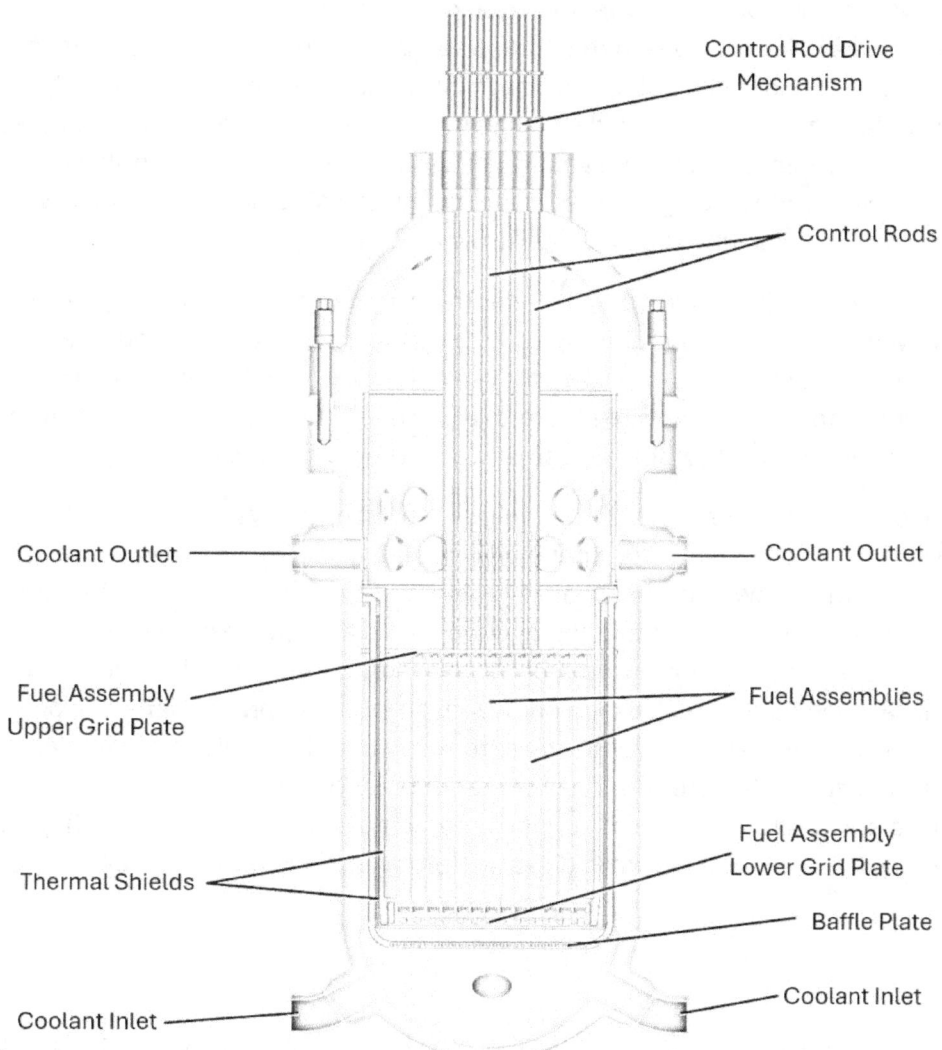

Rysunek 50: Przekrój reaktora ciśnieniowego, ukazujący wloty i wyloty dla chłodziwa wodnego przepływającego przez rdzeń.

W reaktorze jądrowym uran wytwarza ciepło w procesie rozszczepienia jądrowego. Gdy atomy uranu ulegają rozszczepieniu, uwalniają neutrony i energię w postaci ciepła. Aby proces rozszczepienia był bardziej efektywny, paliwo uranowe otacza materiał zwany moderatorem, który spowalnia uwalniane neutrony, dzięki czemu mogą one skuteczniej oddziaływać z innymi atomami uranu. W większości reaktorów moderatorem jest woda, ponieważ spowalnia neutrony i jednocześnie pełni funkcję medium przenoszącego ciepło, odbierając ciepło wytworzone podczas rozszczepienia. Podgrzana woda jest częścią tzw. "obiegu pierwotnego" [104].

Woda w obiegu pierwotnym jest utrzymywana pod wysokim ciśnieniem, aby zapobiec jej wrzeniu, nawet gdy pochłania znaczną ilość ciepła z rdzenia reaktora. Następnie przepływa przez wymiennik ciepła, przekazując swoje ciepło do osobnego obiegu wodnego zwanego "obiegiem wtórnym". Wymiennik ciepła działa podobnie do kotła, przekształcając wodę w obiegu wtórnym w parę. Para ta jest następnie wykorzystywana do napędzania turbiny, która generuje energię elektryczną. Konstrukcja wymiennika ciepła zapewnia, że radioaktywna woda z obiegu pierwotnego nie miesza się z nieradioaktywną wodą z obiegu wtórnego, co zapobiega skażeniu innych części elektrowni [104].

W wielu reaktorach do cyrkulacji wody w obiegu pierwotnym wykorzystuje się pompy. Jednak niektóre konstrukcje reaktorów wykorzystują naturalną cyrkulację do przemieszczania chłodziwa. W tych reaktorach różnice temperatur wewnątrz reaktora tworzą naturalny przepływ: chłodniejsza woda z wymiennika ciepła wprowadzana jest na dno reaktora, a gdy unosi się przez podgrzane elementy paliwowe, pochłania ciepło i krąży naturalnie, bez potrzeby stosowania mechanicznych pomp [104].

Reaktory chłodzone ciekłym metalem działają na innej zasadzie, wykorzystując roztopiony metal zamiast wody jako chłodziwo. Roztopiony metal może przenosić znacznie więcej ciepła niż woda, co pozwala na zastosowanie bardziej kompaktowej turbiny. Jednak ta konstrukcja wiąże się z poważnymi wyzwaniami. Roztopiony metal może stać się wysoce radioaktywny, co sprawia, że jakiekolwiek wycieki w systemie są szczególnie niebezpieczne. Ponadto pompy potrzebne do cyrkulacji gęstego ciekłego metalu muszą być bardziej wydajne niż te stosowane w reaktorach chłodzonych wodą. W przeciwieństwie do wody, która może służyć zarówno jako moderator, jak i chłodziwo, reaktory chłodzone ciekłym metalem tracą tę prostotę, wymagając oddzielnych systemów do moderacji i przenoszenia ciepła. Istnieje również krytyczne ryzyko, że jeśli straty ciepła będą zbyt duże, roztopiony metal może stwardnieć w rurach, powodując zablokowanie reaktora, co mogłyby prowadzić do katastrofalnych konsekwencji [104].

Rozwój

Rozwój i wdrożenie technologii reaktorów jądrowych w brytyjskiej flocie podwodnej znacząco zwiększyły jej zdolności operacyjne, szczególnie w zakresie długotrwałych operacji pod wodą, zwiększonej prędkości i możliwości długoterminowego działania bez potrzeby tankowania. Ewolucję tej technologii można prześledzić przez wprowadzenie różnych projektów reaktorów, w tym PWR1, PWR2 i PWR3, z których każdy wniósł istotny wkład w strategiczne możliwości marynarki wojennej Wielkiej Brytanii.

Pierwszy brytyjski okręt podwodny z napędem jądrowym, HMS *Dreadnought*, został oddany do użytku w 1963 roku i wykorzystywał amerykański reaktor Westinghouse S5W, co oznaczało początek współpracy nuklearnej między Wielką Brytanią a Stanami Zjednoczonymi w ramach Porozumienia o Wzajemnej Obronie z 1958 roku. Porozumienie to umożliwiło transfer technologii nuklearnej i stworzyło podstawy dla brytyjskich wysiłków w zakresie rozwoju własnych reaktorów [105]. Następnie wprowadzono pierwszy brytyjski reaktor PWR1 (Pressurized Water Reactor 1). PWR1 bazował na wcześniejszej amerykańskiej technologii, ale zawierał istotne modyfikacje dostosowane do specyficznych wymagań brytyjskiej marynarki wojennej. Pierwszym okrętem napędzanym reaktorem PWR1 był HMS *Valiant*, który osiągnął stan krytyczny w 1965 roku. Projekt i produkcję tych reaktorów nadzorowało głównie Rolls-Royce Marine Power Operations w Derby we współpracy z Ministerstwem Obrony [105, 106].

Reaktory PWR1 wykorzystywały wysoko wzbogacony uran (HEU) o poziomie wzbogacenia od 93% do 97%, co pozwalało na długie okresy operacyjne pomiędzy cyklami tankowania — około dziesięciu lat na jeden rdzeń, przy czym tankowanie było zazwyczaj wymagane tylko dwa razy w trakcie całego cyklu życia okrętu [105, 106]. Ta zdolność znacznie zwiększyła elastyczność operacyjną i wytrzymałość floty podwodnej Royal Navy. Reaktor PWR1 był stosowany w kilku klasach okrętów podwodnych, w tym Valiant, Resolution i Churchill, co potwierdzało jego wszechstronność i skuteczność w różnych kontekstach operacyjnych [105, 106].

W miarę pojawiania się potrzeby poprawy wydajności i bezpieczeństwa opracowano reaktor PWR2 jako ulepszenie PWR1, specjalnie zaprojektowany dla większych okrętów klasy Vanguard wyposażonych w pociski balistyczne Trident. Pierwszy reaktor PWR2 ukończono w 1985 roku, a jego testy rozpoczęto w 1987 roku. PWR2 charakteryzował się ulepszonymi funkcjami bezpieczeństwa i wydajności, w tym projektami rdzeni (Core H) o wydłużonej żywotności wynoszącej około 30 lat, co eliminowało potrzebę tankowania przez cały okres eksploatacji okrętu [105, 106]. Jednak oceny bezpieczeństwa ujawniły obawy dotyczące podatności strukturalnych i procedur awaryjnych, szczególnie po incydencie z 2012 roku, kiedy w wodzie chłodzącej reaktor testowy wykryto promieniowanie, co spowodowało podjęcie środków ostrożności dla okrętów klasy Vanguard i Astute [105, 106].

Najbardziej zaawansowanym osiągnięciem w brytyjskiej technologii reaktorów podwodnych jest reaktor PWR3, opracowany do napędzania okrętów klasy Dreadnought, które mają zastąpić klasę Vanguard. Projekt PWR3 opiera się na technologii amerykańskiego reaktora S9G, dostosowanej do wymagań brytyjskich, i ma na celu poprawę bezpieczeństwa, wydajności i łatwości konserwacji przy jednoczesnym zmniejszeniu kosztów. PWR3 wyróżnia się o 30% mniejszą liczbą części w porównaniu do swojego poprzednika, co upraszcza projekt i redukuje potencjalne punkty awarii [105, 106]. W 2012 roku Ministerstwo Obrony przyznało kontrakty firmie Rolls-Royce na produkcję reaktorów PWR3, a zakład w Derby został znacząco zmodernizowany w celu wsparcia nowej generacji reaktorów [105, 106].

Bezpieczeństwo pozostaje kluczowym aspektem w projektowaniu i eksploatacji tych reaktorów jądrowych. Wielka Brytania wdrożyła rygorystyczne standardy bezpieczeństwa, obejmujące oddzielenie systemów radioaktywnych i nieradioaktywnych, awaryjne generatory diesla do zasilania reaktora w przypadku awarii oraz staranne procedury tankowania. Pomimo tych środków nadal istnieją wyzwania, jak pokazał incydent z 2012 roku, co podkreśla potrzebę ciągłego monitorowania i doskonalenia praktyk bezpieczeństwa [105, 106]. Ośrodek Testowy Reaktorów Marynarki Wojennej Vulcan (NRTE) odegrał kluczową rolę w testowaniu i walidacji projektów reaktorów, choć postępy w modelowaniu komputerowym zmniejszyły potrzebę szeroko zakrojonych testów prototypowych w ostatnich latach [105, 106].

Zasady Projektowania Okrętów Podwodnych o Napędzie Jądrowym

W okresie zimnej wojny wykształciły się trzy główne kierunki w projektowaniu jądrowych okrętów podwodnych klasy atakującej, ukształtowane przez rywalizację między NATO a Związkiem Radzieckim. Kierunki te obejmowały zwiększenie prędkości, większą głębokość zanurzenia oraz zaawansowane techniki wyciszania. Siły podwodne Stanów Zjednoczonych, Wielkiej Brytanii i Związku Radzieckiego dążyły do doskonalenia tych cech, aby poprawić możliwości swoich okrętów w walce podwodnej i operacjach strategicznych [104].

Dążenie do większych prędkości wymagało zwiększenia mocy napędu, co stwarzało wyzwania związane z równoważeniem rozmiaru okrętu i generowanego hałasu. Opór, jaki napotyka okręt podwodny pod wodą, wzrasta wraz z jego powierzchnią, więc dodanie bardziej wydajnych silników zazwyczaj wiązało się ze zwiększeniem rozmiaru okrętu, co wpływało na jego prędkość i zdolności do utrzymania dyskrecji. Na przykład w porównaniu do amerykańskich okrętów klasy *Sturgeon*, okręty klasy *Los Angeles* miały niemal dwukrotnie większą moc reaktorów, ale ich wyporność również znacząco wzrosła z około 3 600 do 6 000 ton. Okręty klasy *Alfa* Związku Radzieckiego osiągały wyjątkowo wysokie prędkości rzędu 40 węzłów, w porównaniu do nieco ponad 30 węzłów w przypadku zachodnich okrętów, prawdopodobnie kosztem generowania większego hałasu przy dużych prędkościach [104].

Rysunek 51: 571 USS Nautilus. Vonsky87, CC BY-SA 3.0, za pośrednictwem Wikimedia Commons.

Prędkość okrętów podwodnych była wysoko ceniona z różnych powodów. Początkowo szybsze okręty podwodne rozwijano głównie w celu atakowania wrogich jednostek. USS Nautilus, osiągający prędkość ponad 20 węzłów, mógł unikać jednostek nawodnych, ale nie był wystarczająco szybki, aby przeprowadzać kontrataki. Aby temu zaradzić, amerykańskie okręty podwodne przyjęły opływowy kształt kadłuba w formie „łzy" z eksperymentalnego okrętu podwodnego USS Albacore, co doprowadziło do powstania klasy Skipjack, która weszła do służby w 1959 roku z prędkościami przekraczającymi 30 węzłów [104].

Rysunek 52: Wnętrze okrętu podwodnego USS Albacore. Kristina D.C. Hoeppner, CC BY-SA 2.0, via Flickr.

Wyraźnym przykładem znaczenia prędkości było wydarzenie z lutego 1968 roku, kiedy radziecki okręt podwodny przechwycił lotniskowiec atomowy USS Enterprise. Chociaż okręt podwodny nie był tak szybki jak lotniskowiec, zdołał utrzymać się wystarczająco blisko, aby pozostać w zasięgu broni, nawet gdy Enterprise przyspieszył. W miarę jak radzieckie okręty podwodne stawały się szybsze, Marynarka Wojenna Stanów Zjednoczonych skupiła się na budowie jednostek wielozadaniowych, zdolnych zarówno do walki z okrętami nawodnymi, jak i innymi okrętami podwodnymi. Wysoka prędkość marszowa umożliwiała również bardziej efektywne dotarcie do odległych obszarów patrolowych, maksymalizując czas misji pomimo ograniczonej pojemności magazynowej. Szybsze prędkości były również korzystne podczas unikania torped i sonarów wroga, choć głośniejsza praca przy dużych prędkościach zwiększała ryzyko wykrycia [104].

Większa głębokość zanurzenia zapewniała szereg korzyści, takich jak lepsze możliwości unikania wykrycia dzięki możliwości operowania na różnych warstwach wody, poprawa działania sonarów oraz większa ochrona. Okręty podwodne operujące na większych głębokościach mogły korzystać z różnych technik sonarowych do wykrywania celów, w tym odbić od dna morskiego i powierzchni wody, co zwiększało ich zasięg. Około 1960 roku sonary na okrętach podwodnych USA ewoluowały z cylindrycznych jednostek o szerokiej wiązce do sferycznych jednostek generujących wąskie wiązki, co pozwalało na precyzyjniejsze wykrywanie celów na różnych głębokościach [104].

Potrzeba głębszego zanurzenia stała się również istotna podczas operacji z dużą prędkością. Przy dużych prędkościach okręt podwodny mógł nieumyślnie przechylić się w dół i zanurzyć się poniżej bezpiecznej głębokości operacyjnej, zanim można było podjąć działania naprawcze. Radziecki okręt podwodny klasy Alfa, znany ze swojej prędkości i zdolności do głębokiego zanurzania, miał maksymalną głębokość operacyjną wynoszącą około 2 800 stóp (853 metry), co było znacząco głębiej niż w przypadku większości nowoczesnych okrętów szturmowych, które zwykle zanurzają się na głębokość od 1 000 do 1 500 stóp (304 do 457 metrów). Osiągnięcie takich głębokości wymagało silniejszych, cięższych kadłubów i bardziej wydajnych silników, co prowadziło do kompromisów projektowych. Na przykład klasa Los Angeles w marynarce USA poświęciła część głębokości zanurzenia, aby osiągnąć wyższe prędkości, podczas gdy klasa Alfa korzystała z drogiego kadłuba z tytanowego stopu i kompaktowej siłowni, aby zmniejszyć wagę [104].

Wyciszenie okrętów było kluczowe dla unikania wykrycia, szczególnie w miarę ewolucji metod śledzenia. Do późnych lat 50. XX wieku aktywny sonar, który wykrywał okręty podwodne, odbijając fale dźwiękowe od ich kadłubów, był główną metodą detekcji. Jednak aktywny sonar miał swoje ograniczenia, w tym zasięg, a także fakt, że okręty podwodne mogły wykryć fale sonarowe i zdać sobie sprawę, że są celem. W odpowiedzi marynarki USA i Wielkiej Brytanii zaczęły rozwijać systemy sonarów pasywnych, które wykrywały hałasy wydawane przez same okręty podwodne, takie jak maszyny i pompy chłodzenia reaktora [104].

Wczesne okręty podwodne o napędzie jądrowym miały głośne maszyny, szczególnie pompy używane w reaktorach z wodą pod ciśnieniem, które musiały działać nieprzerwanie, aby zapobiec przegrzaniu reaktora. W miarę jak wyciszenie stało się priorytetem w projektowaniu okrętów, podejmowano wysiłki na rzecz cichszej pracy tych pomp i izolacji maszyn od kadłuba za pomocą tłumiących dźwięk uchwytów. Modyfikacje te zwiększały rozmiar i wagę maszyn, podnosząc koszty budowy. Reaktory z naturalną cyrkulacją, które nie wymagały głośnych pomp, stały się bardziej atrakcyjne ze względu na ich cichą pracę. Ponadto kadłuby okrętów pokrywano materiałami tłumiącymi dźwięk, aby dodatkowo zmniejszyć hałas. Takie powłoki zmniejszały również skuteczność torped naprowadzanych, pochłaniając fale dźwiękowe, które wykorzystywały do namierzania celów [104].

Te trendy w zakresie prędkości, głębokości i wyciszenia kształtowały projektowanie nowoczesnych okrętów podwodnych, równoważąc konkurencyjne wymagania dotyczące mocy napędu, skrytości i integralności strukturalnej. Rezultatem było opracowanie okrętów zdolnych do szybkich, głębokich i cichych operacji, zapewniających przewagę strategiczną podczas zimnej wojny i później.

Wykorzystanie Reaktorów Okrętowych

Reaktory okrętowe to głównie reaktory wodne ciśnieniowe, różniące się od reaktorów komercyjnych przede wszystkim konstrukcją, aby sprostać unikalnym wymaganiom napędu okrętów podwodnych i jednostek wojennych. Muszą one dostarczać dużą moc z bardzo małej objętości, ponieważ przestrzeń na pokładzie okrętów podwodnych i wojennych jest ograniczona. Kilka cech i modyfikacji wyróżnia reaktory okrętowe od ich cywilnych odpowiedników [107]:

1. **Wysoka gęstość mocy i wzbogacenie paliwa:** Aby osiągnąć dużą moc w ograniczonej przestrzeni, reaktory okrętowe zazwyczaj wykorzystują wysoko wzbogacony uran (HEU). Wczesne amerykańskie okręty podwodne używały paliwa wzbogaconego do około 97% uranu-235, choć w nowszych projektach zredukowano ten poziom do około 93%. Zachodnie reaktory okrętowe ogólnie wykorzystują paliwo wzbogacone w zakresie 20-25%, podczas gdy wczesne rosyjskie reaktory operowały przy wzbogaceniu na poziomie 20-21%, a nowsze modele używają wzbogacenia między 21% a 45%. Na przykład, okręty podwodne klasy Arihant w Indiach korzystają z paliwa wzbogaconego do około 40%. W przeciwieństwie do tego, nowoczesne francuskie reaktory przeszły na stosowanie nisko wzbogaconego uranu (LEU) z poziomem wzbogacenia tak niskim jak 5%, zgodnym ze standardami cywilnymi.

Wykorzystanie HEU wydłuża żywotność rdzenia reaktora. Wczesne rdzenie wymagały wymiany paliwa co około 10 lat, podczas gdy nowsze rdzenie projektowane są na znacznie dłuższy czas – do 50 lat dla lotniskowców i 30-40 lat dla wielu okrętów podwodnych. Ogranicza to konieczność wymiany paliwa i konserwacji, pozwalając okrętom podwodnym pozostawać operacyjnymi przez dłuższe okresy bez wycofywania z użytku.

2. **Skład i projekt paliwa:** Paliwo reaktorów okrętowych różni się od typowego dwutlenku uranu (UO_2) stosowanego w reaktorach cywilnych. Często składa się z stopów uranu i cyrkonu lub uranu i aluminium, które mają lepszą przewodność cieplną i są bardziej odpowiednie dla wysokiej gęstości mocy wymaganej w zastosowaniach morskich. W niektórych przypadkach stosuje się paliwa kompozytowe metalowo-ceramiczne, takie jak paliwo U-Al w niektórych rosyjskich okrętach podwodnych, wzbogacone do różnych poziomów (20-45% uranu-235).

Aby wspierać długą żywotność rdzenia reaktora, do paliwa dodaje się „pochłaniacze wypalalne", takie jak gadolin. Materiały te pochłaniają nadmiar neutronów w początkowych etapach pracy reaktora, pomagając kontrolować reaktywność w miarę wypalania paliwa. Z czasem pochłaniacze wypalalne są zużywane, co równoważy wzrastające właściwości pochłaniania neutronów przez produkty rozszczepienia w paliwie, utrzymując stabilną wydajność reaktora.

3. **Ciśnieniowy zbiornik reaktora i osłony:** Reaktory okrętowe wyposażone są w kompaktowe zbiorniki ciśnieniowe zaprojektowane do wytrzymywania stresów związanych z operacjami podwodnymi i ewentualnymi działaniami wroga. Zbiornik ciśnieniowy musi zawierać wewnętrzną osłonę neutronową i gamma, aby chronić strukturę reaktora przed uszkodzeniami promieniowania. To różni je od niektórych wczesnych sowieckich reaktorów cywilnych, gdzie kruchość spowodowana ekspozycją na neutrony stanowiła problem.

Elastyczność operacyjna i wydajność: Reaktory okrętowe muszą dostarczać elastyczne wyjście mocy, aby sprostać różnym wymaganiom, takim jak szybkie przyspieszenie podczas manewrów uniku. Jednak ograniczenia przestrzenne ograniczają wielkość systemów parowych, co skutkuje niższą wydajnością termiczną w porównaniu do lądowych elektrowni jądrowych. Większość reaktorów okrętowych unika także stosowania rozpuszczalnego boru do kontroli reaktywności, co jest powszechne w reaktorach komercyjnych. Zamiast tego mogą używać boru jako pochłaniacza wypalalnego bezpośrednio w paliwie.

5. Odporność na wstrząsy i wibracje: Okręty podwodne i wojenne są narażone na znaczne obciążenia mechaniczne wynikające z turbulencji oceanicznych i potencjalnych działań wroga. Reaktory okrętowe są zaprojektowane tak, aby radzić sobie z tymi warunkami, wymagając konstrukcji, które mogą wytrzymać wstrząsy i wibracje, jednocześnie utrzymując bezpieczną i niezawodną pracę.

Wariacje w projektach reaktorów i trendy paliwowe

Projekty reaktorów okrętowych ewoluowały znacząco na przestrzeni lat, dostosowując się do różnych postępów technologicznych i wymagań operacyjnych. Na przykład najnowsze amerykańskie okręty podwodne klasy *Virginia* wykorzystują reaktory S9G, zaprojektowane na 33 lata eksploatacji bez potrzeby uzupełniania paliwa, z możliwością działania w trybie naturalnej cyrkulacji chłodzenia przy niskim obciążeniu. W najnowszych francuskich reaktorach okrętowych obserwuje się trend w kierunku stosowania paliwa LEU (nisko wzbogaconego uranu) o niższym poziomie wzbogacenia (około 5-6% U-235), co jest zgodne z normami cywilnymi i minimalizuje potrzebę korzystania z instalacji do wzbogacania paliwa o przeznaczeniu wojskowym.

Przykłady historyczne i unikalne typy reaktorów

Podejście Rosji do napędu okrętów podwodnych obejmowało stosowanie unikalnych typów reaktorów. Wczesne rosyjskie okręty podwodne korzystały z reaktorów ciśnieniowych typu VM-A z paliwem wzbogaconym do 20-21%, co zapewniało ograniczoną żywotność operacyjną. Okręty podwodne klasy Alfa wyróżniały się zastosowaniem reaktorów chłodzonych ciekłym metalem z wysoko wzbogaconym uranem (90% U-235), co umożliwiało osiąganie wyjątkowo dużych prędkości i głębokości. Jednak problemy z utrzymaniem chłodziwa w stanie ciekłym doprowadziły do przedwczesnego wycofania tych jednostek z eksploatacji.

Stany Zjednoczone również eksperymentowały z różnymi typami reaktorów, w tym z reaktorem chłodzonym sodem użytym w USS *Seawolf* (SSN-575). Reaktor ten zapewniał wyższą sprawność termiczną dzięki przegrzanej parze, jednak problemy związane z radioaktywnością chłodziwa sodowego i koniecznością ciągłego ogrzewania w celu zapobiegania zamarzaniu doprowadziły do jego wymiany na konwencjonalny reaktor wodny ciśnieniowy.

Projekty z jednym i dwoma reaktorami

Większość nowoczesnych okrętów podwodnych korzysta z jednego reaktora, z wyjątkiem większych okrętów podwodnych przenoszących pociski balistyczne oraz jednostek nawodnych, które stosują konfiguracje z dwoma reaktorami w celu zapewnienia redundancji i większej mocy. Na przykład amerykańskie okręty klasy Ohio są wyposażone w jeden reaktor wymagający uzupełnienia paliwa w połowie cyklu życia, podczas gdy przyszła klasa Columbia będzie wykorzystywać reaktory, które nie będą wymagały uzupełniania paliwa przez cały okres ich eksploatacji, co znacząco skróci okresy konserwacji.

Standardy bezpieczeństwa i wydajności

Reaktory okrętowe są projektowane tak, aby bezpiecznie działały w szerokim zakresie warunków. Ich kompaktowa konstrukcja i solidne osłony pomagają zatrzymać promieniowanie, a wykorzystanie wysoko wzbogaconego paliwa umożliwia długie okresy między uzupełnianiem paliwa. Standardy wydajności reaktorów okrętowych kładą nacisk na niezawodność, długowieczność i zdolność adaptacji do szybko zmieniających się wymagań operacyjnych, odzwierciedlając kluczową rolę okrętów podwodnych i jednostek wojennych w strategii militarnej.

Reaktory w brytyjskich okrętach podwodnych

Flota brytyjskich okrętów podwodnych o napędzie nuklearnym rozpoczęła się od reaktora Rolls-Royce PWR1, opartego na amerykańskim Westinghouse S5W, dostarczonym w ramach porozumienia obronnego USA-UK z 1958 roku. Reaktor PWR1, produkujący około 78 MWt, zasilał pierwsze 23 brytyjskie okręty podwodne nuklearne. Wykorzystywał paliwo z wysoko wzbogaconym uranem i wymagał uzupełnienia paliwa co około 10 lat.

Dla swoich okrętów balistycznych Wielka Brytania opracowała reaktor PWR2, który zasila okręty podwodne klasy Vanguard. Reaktor PWR2 ma moc cieplną około 145 MWt i napędza dwie turbiny parowe, które zasilają pojedynczy napęd typu pump-jet, dostarczając 20,5 MW mocy napędowej. Okręty klasy Vanguard, o wyporności 15 900 dwt w zanurzeniu, korzystały z większej mocy i dłuższych okresów między uzupełnieniami paliwa. Okręty klasy Astute również wykorzystują reaktor PWR2, co pozwala tym jednostkom o wyporności 7 400 dwt na osiągnięcie wydajnego napędu i rozszerzonych możliwości operacyjnych. Wariant "Core H" reaktora PWR2, wprowadzony na nowszych okrętach klasy Astute, został zaprojektowany tak, aby wytrzymać przez cały 25-letni okres eksploatacji okrętu bez konieczności uzupełniania paliwa, co stanowi znaczący postęp w trwałości reaktorów [107].

Reaktor PWR3, przeznaczony dla okrętów klasy Dreadnought (które zastąpią klasę Vanguard), stanowi nowy krok w brytyjskiej technologii reaktorów nuklearnych. Oczekuje się, że będzie oparty w dużej mierze na projektach reaktorów amerykańskich, szczególnie S9G używanych w okrętach klasy Virginia. Reaktor PWR3 będzie zawierał zaawansowane funkcje bezpieczeństwa, bardziej wydajne generowanie energii oraz dłuższą żywotność operacyjną w porównaniu do swoich poprzedników. Będzie droższy w budowie, ale zmniejszy koszty utrzymania w całym okresie eksploatacji okrętu [107].

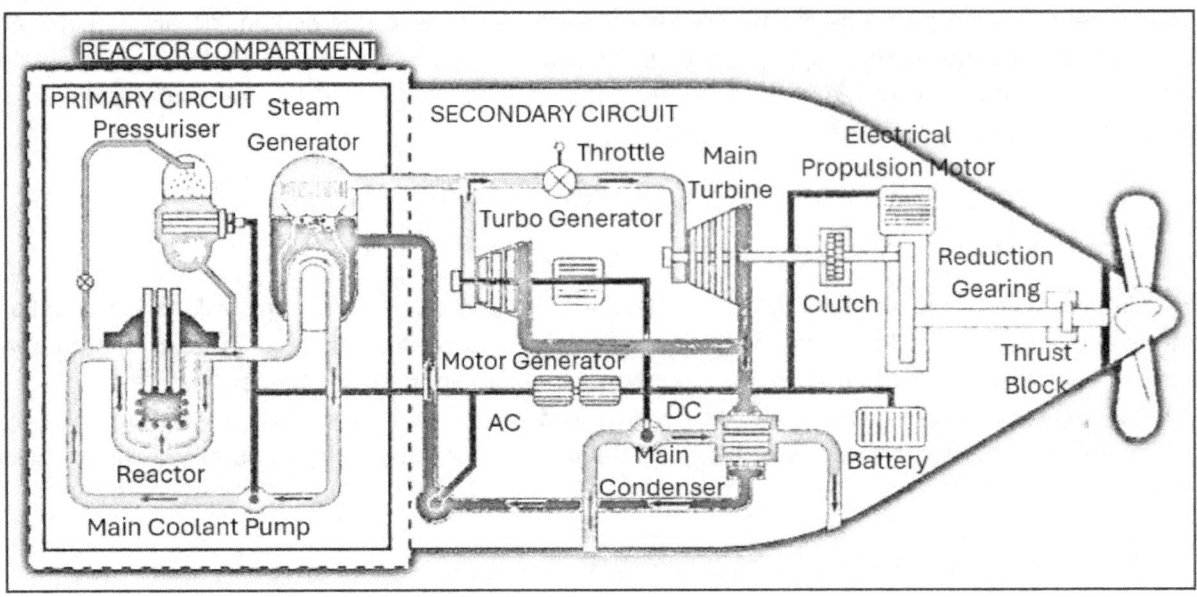

Rysunek 53: Układ brytyjskiego okrętu podwodnego z napędem nuklearnym.

Rosyjski rozwój reaktorów morskich

Rosja posiada długą historię rozwoju reaktorów morskich, obejmującą cztery generacje reaktorów ciśnieniowych (PWR) od 1959 roku. Wczesne reaktory, takie jak OK-150, były wykorzystywane w lodołamaczach, takich jak *Lenin*, podczas gdy bardziej zaawansowane reaktory serii OK-900 zasilały lodołamacze klasy *Arktika* i inne jednostki cywilne. Projekty te rozwijano niezależnie od rosyjskich reaktorów energetycznych typu VVER, dostosowując je specjalnie do środowiska morskiego przez OKBM Afrikantov [107].

Projekty reaktorów KLT i RITM wprowadziły ulepszenia w zakresie wydajności i bezpieczeństwa eksploatacji. Reaktor RITM-200 o mocy cieplnej 175 MWt zasila nowe lodołamacze klasy LK-60, zapewniając do 60 MW mocy napędowej. Reaktory te wykorzystują nisko wzbogacony uran (około 20%) i są projektowane z myślą o wydłużonym okresie eksploatacji, z cyklami wymiany paliwa co 7-10 lat i całkowitą żywotnością wynoszącą 60 lat. RITM-400, rozwijany dla lodołamaczy LK-120, zapewni jeszcze większą moc wyjściową, z mocą cieplną 315 MWt i cyklem wymiany paliwa co 10 lat [107].

Systemy reaktorów na okrętach podwodnych Rosji

Podstawowym rosyjskim reaktorem okrętów podwodnych jest VM-5 z systemem generatora pary OK-650, wytwarzającym 190 MWt i wykorzystującym uran wzbogacony na poziomie 20-45%. System OK-650 jest stosowany w różnych klasach rosyjskich okrętów podwodnych, w tym w trzeciej generacji okrętów podwodnych uderzeniowych (SSN) oraz dużych okrętach podwodnych balistycznych (SSBN), gdzie dwie takie jednostki dostarczają łącznie 74 MW mocy napędowej.

Okręty podwodne klasy *Borei*, najnowsza generacja rosyjskich SSBN, są pierwszymi, które wykorzystują napęd strumieniowy i są zasilane pojedynczym reaktorem OK-650 o mocy 195 MWt. Rosja rozwija również reaktor morski piątej generacji, prawdopodobnie nadkrytyczny reaktor wodny (SCWR), zaprojektowany do pracy przez 30 lat bez potrzeby wymiany paliwa.

Okręty klasy *Jasień-M* (SSGN - podwodne krążowniki z pociskami kierowanymi) są porównywalne pod względem możliwości z amerykańskimi okrętami klasy *Virginia* i zastąpią starsze jednostki klasy *Akuła*. Klasa *Jasień* wykorzystuje reaktor KTP-6, zaawansowany reaktor ciśnieniowy oparty na systemie OK-650 [107].

Szczególne przypadki i rozwój historyczny

Warto zauważyć, że rosyjskie okręty podwodne klasy *Alfa* wykorzystywały reaktory chłodzone metalem ciekłym, w szczególności reaktory BM-40A i OK-550 z szybkim neutronem, które działały z bardzo wysoko wzbogaconym uranem (90%). Reaktory te umożliwiały osiąganie dużych prędkości i głębokości, ale napotkały istotne wyzwania operacyjne, szczególnie związane z utrzymaniem chłodziwa ołowiowo-bizmutowego. W rezultacie klasa *Alfa* została wcześnie wycofana z użytku [107].

Rosja eksperymentowała również z konfiguracjami z dwoma reaktorami na okrętach nawodnych, takich jak reaktory KN-3 w krążownikach klasy *Kirow*, z których każdy wytwarzał 300 MWt.

Współpraca międzynarodowa i unikalne zastosowania reaktorów

Wielka Brytania pozyskuje paliwo jądrowe o wysokim stopniu wzbogacenia z USA, a wiele technologii reaktorowych wykorzystywanych w brytyjskich okrętach podwodnych ma swoje korzenie w Stanach Zjednoczonych. Rosja, z kolei, posiada bardziej zróżnicowaną historię rozwoju reaktorów, z udziałem wielu biur projektowych [107].

Pierwsze chińskie okręty podwodne o napędzie jądrowym, takie jak SSN klasy *Han* i SSBN klasy *Xia*, bazowały na projektach reaktorów Rosji, takich jak OK-150. Z czasem chińskie reaktory ewoluowały, włączając cechy zarówno zachodnich, jak i rosyjskich projektów. Nowsze klasy, takie jak *Shang* i *Jin*, wykorzystują reaktory o mocy cieplnej w zakresie 150-175 MWt [107].

Okręty klasy *Arihant* Indii wyposażone są w opracowany lokalnie reaktor PWR o mocy cieplnej 100 MWt, wzbogacony do około 40%. Brazylia i Argentyna również prowadzą badania nad napędem jądrowym dla okrętów podwodnych, choć ich projekty znajdują się we wczesnych fazach rozwoju.

Wyzwania związane z demontażem i wycofywaniem z eksploatacji

Proces wycofywania okrętów podwodnych z napędem jądrowym obejmuje usunięcie paliwa reaktorowego i wycięcie sekcji reaktora do utylizacji. W Rosji niektóre wycofane okręty pozostają przechowywane na wodzie z powodu ograniczonych możliwości utylizacji. USA wdrożyły procedury usuwania paliwa i transportu sekcji reaktorów do dedykowanych miejsc utylizacji, czego przykładem jest okręt *USS Enterprise*.

Technologia reaktorów jądrowych dla okrętów wojennych znacznie się rozwinęła, napędzana potrzebą wydłużenia żywotności operacyjnej, zwiększenia bezpieczeństwa i poprawy wydajności. Podczas gdy Wielka Brytania opiera się na współpracy z USA i utrzymuje flotę okrętów podwodnych z zaawansowanymi reaktorami, takimi jak PWR2 i nadchodzący PWR3, Rosja opracowała różnorodne reaktory dla okrętów podwodnych i lodołamaczy. Podejście każdego kraju odzwierciedla unikalne priorytety technologiczne i strategiczne, koncentrując się na trwałości reaktorów, interwałach wymiany paliwa oraz dostosowaniach mocy do specyficznych typów jednostek [107].

Funkcjonowanie reaktorów PWR

Reaktor ciśnieniowy (PWR) okrętu podwodnego to rodzaj reaktora jądrowego wykorzystywanego do wytwarzania energii dla napędu i systemów pokładowych. Konstrukcja PWR jest najczęściej stosowana zarówno w marynarskich, jak i cywilnych elektrowniach jądrowych, ponieważ zapewnia bezpieczny i wydajny sposób generowania ciepła z rozszczepienia jądrowego.

Podstawowa zasada działania PWR polega na wykorzystaniu ciepła wytwarzanego w wyniku reakcji jądrowej do generowania pary, która napędza turbiny wytwarzające energię mechaniczną dla napędu oraz elektryczność dla innych systemów okrętu podwodnego.

W PWR ciepło wytwarzane podczas rozszczepienia jądrowego jest przenoszone do wody w pętli pierwotnej, która jest utrzymywana pod wysokim ciśnieniem, aby zapobiec jej wrzeniu. Następnie ciepło jest przekazywane do pętli wtórnej poprzez generatory pary, gdzie zamienia wodę w parę napędzającą turbiny odpowiedzialne za napęd i generowanie energii elektrycznej. Systemy pierwotne i wtórne są oddzielone, co zapewnia, że radioaktywna woda z pętli pierwotnej nie miesza się z nienapromieniowaną wodą w pętli wtórnej.

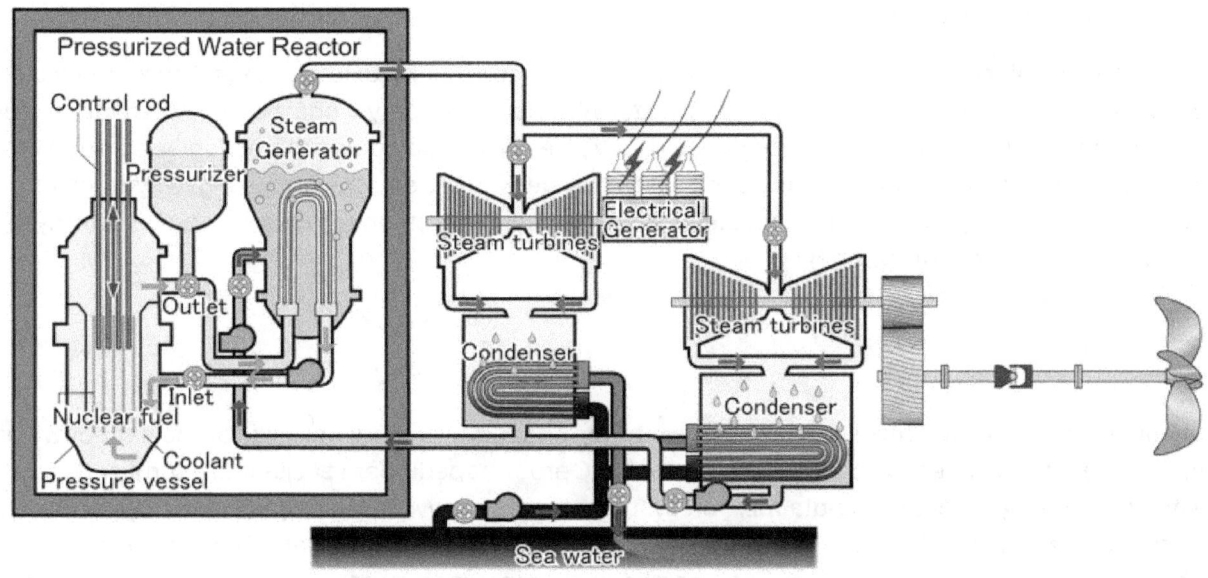

Rysunek 54: Reaktor ciśnieniowy (PWR). Tosaka, CC BY-SA 3.0, via Wikimedia Commons.

Proces rozszczepienia jądrowego

W sercu reaktora znajdują się pręty paliwowe zawierające wzbogacony uran, materiał promieniotwórczy zdolny do podtrzymania reakcji rozszczepienia jądrowego. W tym procesie jądra atomów uranu rozszczepiają się na mniejsze części po zderzeniu z neutronami, uwalniając znaczną ilość energii cieplnej. Reaktor wykorzystuje wysoko wzbogacony uran, często o wzbogaceniu przekraczającym 20%, co umożliwia generowanie dużej mocy w stosunkowo małej przestrzeni, dzięki czemu idealnie nadaje się do zastosowania w ciasnych warunkach wewnątrz okrętu podwodnego. Tak wysoki poziom wzbogacenia przedłuża również żywotność reaktora, pozwalając okrętowi działać przez wiele lat bez potrzeby uzupełniania paliwa.

Pierwotny obieg – transfer ciepła

Ciepło wytwarzane podczas rozszczepienia jądrowego jest przekazywane do chłodziwa, którym jest zwykła woda (tzw. „lekka woda"). Woda ta pełni funkcję zarówno chłodziwa, jak i moderatora neutronów, spowalniając neutrony, aby podtrzymać proces rozszczepienia. Woda w obiegu pierwotnym jest utrzymywana pod wysokim ciśnieniem, co zapobiega jej wrzeniu, nawet przy temperaturach znacznie wyższych od normalnego punktu wrzenia wody. Pod ciśnieniem woda krąży w zamkniętej pętli, obejmującej naczynie reaktora, generatory pary, pompy i powiązane rurociągi. System ten jest szczelnie zamknięty, aby radioaktywna woda pozostała wewnątrz obiegu, minimalizując ryzyko skażenia.

Generowanie pary – obieg wtórny

Podgrzana woda z obiegu pierwotnego przepływa przez generator pary, gdzie ciepło jest przekazywane przez wodoszczelną barierę do oddzielnego obiegu wtórnego. W generatorze pary woda z obiegu pierwotnego oddaje swoje ciepło wodzie w obiegu wtórnym, powodując jej wrzenie i przekształcenie w parę. Ponieważ woda w obiegu wtórnym jest pod niższym ciśnieniem, łatwiej przekształca się w parę, co zapewnia efektywny transfer energii. Obiegi pierwotny i wtórny są fizycznie oddzielone, co zapobiega skażeniu wody w obiegu wtórnym przez radioaktywną wodę z obiegu pierwotnego.

Turbiny i produkcja energii

Para wytworzona w obiegu wtórnym napędza główne turbiny napędowe, które obracają śrubę napędową okrętu, zapewniając siłę ciągu i napędzając jednostkę w wodzie. Oprócz napędu para zasila także turbiny generatorów, które wytwarzają energię elektryczną dla różnych systemów pokładowych, takich jak systemy podtrzymywania życia, łączności i uzbrojenia. Po przejściu przez turbiny para jest chłodzona i kondensowana z powrotem w wodę za pomocą skraplacza. Skroplona woda jest następnie pompowana z powrotem do generatora pary, aby powtórzyć proces, tworząc ciągły, zamknięty obieg, który maksymalizuje efektywność energetyczną.

Chłodzenie reaktora

Aby zapewnić, że reaktor pozostaje w bezpiecznej temperaturze pracy, chłodziwo w obiegu pierwotnym jest stale cyrkulowane z powrotem do reaktora, aby pochłaniać więcej ciepła. Nawet gdy okręt podwodny jest nieruchomy lub nie korzysta aktywnie z systemu napędowego, generowane przez reakcję jądrową ciepło musi być kontrolowane, aby zapobiec przegrzaniu. Stała cyrkulacja chłodziwa zapewnia, że reaktor pozostaje w bezpiecznym zakresie temperatur, unikając potencjalnych uszkodzeń rdzenia i powiązanych systemów.

Funkcje bezpieczeństwa – izolacja promieniotwórczości

Kluczowym elementem bezpieczeństwa konstrukcji PWR jest separacja pomiędzy obiegami pierwotnym i wtórnym. Obieg pierwotny zawiera radioaktywną wodę z powodu bezpośredniego kontaktu z rdzeniem reaktora, podczas gdy obieg wtórny pozostaje nieradioaktywny, ponieważ nie ma bezpośredniego kontaktu z chłodziwem pierwotnym. Separacja zapobiega rozprzestrzenianiu się skażenia radioaktywnego, ponieważ ciepło jest przekazywane przez wodoszczelną barierę wewnątrz generatora pary, bez mieszania się wody z obu obiegów. Konstrukcja ta zapewnia, że ewentualne wycieki radioaktywne pozostają ograniczone do obiegu pierwotnego, zwiększając bezpieczeństwo reaktora.

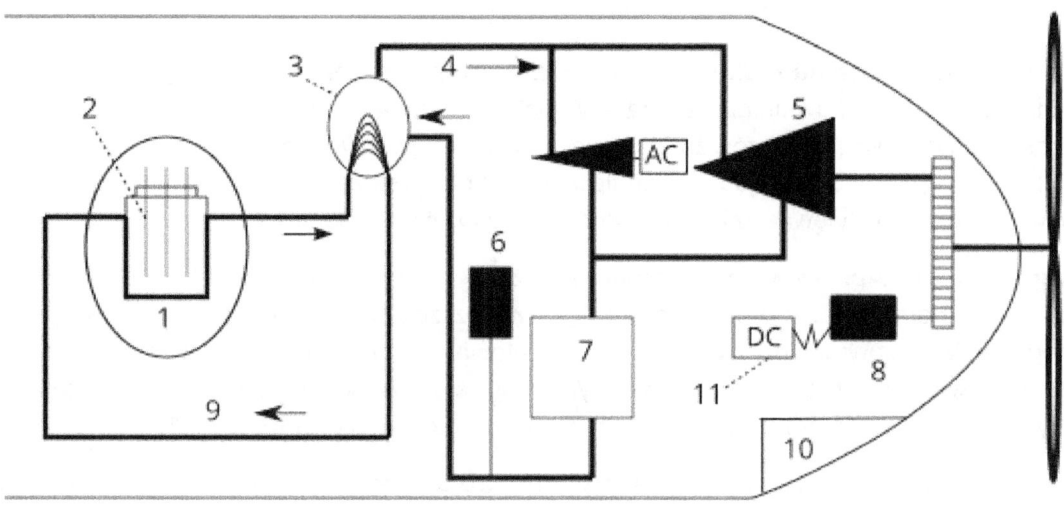

Rysunek 55: Podstawowy schemat instalacji reaktora PWR w okręcie podwodnym. Matrek, CC BY-SA 3.0, via Wikimedia Commons.

Paliwo

Reaktory ciśnieniowe wodne (PWR) wykorzystują wzbogacony uran jako paliwo jądrowe, głównie ze względu na właściwości lekkiej wody stosowanej jako chłodziwo i moderator w reaktorze. Użycie lekkiej wody (zwykłej wody) stwarza wyzwanie, ponieważ pochłania ona znaczną liczbę neutronów, które są niezbędne do podtrzymania łańcuchowej reakcji rozszczepienia jądrowego. Aby zrekompensować to pochłanianie neutronów, paliwo uranowe musi być wzbogacone, co oznacza zwiększenie koncentracji izotopu rozszczepialnego Uran-235 [108].

Proces wzbogacania: Naturalny uran zawiera tylko około 0,7% Uranu-235, a reszta to głównie Uran-238, który nie jest rozszczepialny. W reaktorach PWR koncentracja Uranu-235 jest zazwyczaj zwiększana do około 4% poprzez proces wzbogacania uranu. Wyższa zawartość Uranu-235 umożliwia reaktorowi utrzymanie ciągłej i kontrolowanej reakcji łańcuchowej, pomimo pochłaniania neutronów przez lekką wodę. Wzbogacanie jest kluczowe, aby reaktor mógł wytwarzać wystarczającą ilość ciepła do produkcji energii [108].

Pręty i wiązki paliwowe: Wzbogacony uran jest formowany w małe cylindryczne pastylki, które następnie umieszcza się w długich, smukłych metalowych rurach zwanych prętami paliwowymi. Każdy pręt paliwowy jest wypełniony pastylkami i uszczelniany, aby zapobiec uwalnianiu substancji promieniotwórczych. W reaktorze PWR pojedyncze pręty paliwowe są grupowane w wiązki paliwowe. Każda wiązka zawiera zazwyczaj około 200-300 prętów paliwowych, w zależności od konstrukcji reaktora.

Duży rdzeń reaktora może zawierać od 150 do 250 wiązek paliwowych, co odpowiada około pięciu metrom sześciennym uranu, czyli około 80-100 tonom uranu. Wiązki są ustawione pionowo w rdzeniu reaktora, umożliwiając przepływ chłodziwa (wody) wokół nich, co pozwala na odprowadzanie ciepła generowanego podczas procesu rozszczepienia [108].

Zarządzanie paliwem w rdzeniu reaktora: Podczas pracy reaktora rozszczepienie jądrowe powoduje rozpad atomów Uranu-235 w paliwie, uwalniając energię w postaci ciepła, produkty rozszczepienia i wolne neutrony. Z czasem gęstość paliwa wewnątrz prętów zmienia się na skutek powstawania gazów rozszczepieniowych i innych produktów ubocznych, co prowadzi do tworzenia się małych pustek w prętach paliwowych. Pustki te mogą powodować wzrost ciśnienia wewnątrz prętów, co zwiększa ryzyko ich pęknięcia.

Aby temu zapobiec, pręty paliwowe są wstępnie sprężane gazem helowym pod ciśnieniem około 3,4 MPa (megapaskali). Hel pomaga absorbować część gazów rozszczepieniowych uwalnianych podczas pracy i zmniejsza naprężenia na powłoce prętów, która jest metalową rurą otaczającą pastylki paliwowe. Podczas pracy reaktora ciśnienie wewnątrz prętów stopniowo wyrównuje się z wysokim ciśnieniem w rdzeniu reaktora, co pomaga utrzymać integralność prętów paliwowych przez cały okres ich eksploatacji [108].

Znaczenie konstrukcji paliwa dla bezpieczeństwa reaktora: Konstrukcja prętów i wiązek paliwowych jest kluczowym elementem bezpieczeństwa reaktora. Materiały używane do powłoki, zazwyczaj stopy cyrkonu, są wybierane ze względu na ich niską absorpcję neutronów i odporność na wysokie temperatury. Odpowiednie utrzymanie integralności powłoki zapewnia, że promieniotwórcze produkty rozszczepienia pozostają zamknięte w prętach paliwowych, zapobiegając skażeniu chłodziwa reaktora i ograniczając narażenie na promieniowanie.

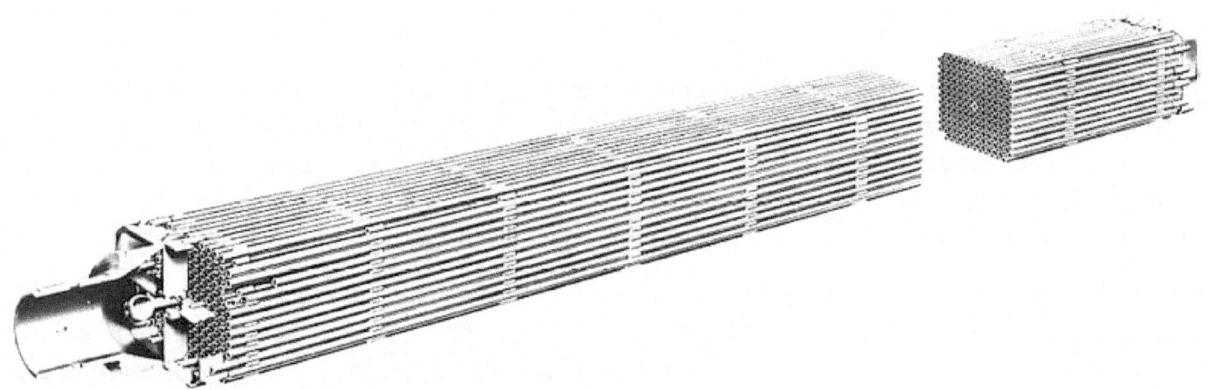

Rysunek 56: Element paliwowy reaktora jądrowego dla statku towarowego NS Savannah. Element zawiera cztery wiązki po 41 prętów paliwowych. Tlenek uranu jest wzbogacony do 4,2 i 4,6 procent zawartości izotopu U-235. U.S. Maritime Administration. PD-USGov, domena publiczna, via Wikimedia Commons.

Zastosowanie wzbogaconego uranu w reaktorach ciśnieniowych (PWR) umożliwia efektywne i trwałe reakcje jądrowe, a projekt prętów paliwowych i wiązek zapewnia bezpieczną pracę w warunkach wysokiego ciśnienia i wysokiej temperatury reaktora. Dokładne rozmieszczenie paliwa w rdzeniu oraz zarządzanie produktami rozszczepienia są kluczowe dla utrzymania stabilności i bezpieczeństwa reaktora przez cały okres użytkowania paliwa.

Chłodziwo i moderator

W reaktorze ciśnieniowym (PWR) woda lekka pełni dwie zasadnicze funkcje: działa jako chłodziwo i moderator. Woda lekka, czyli zwykła woda składająca się głównie z wodoru i tlenu, jest znacznie bardziej powszechna i łatwiej dostępna niż woda ciężka. Woda ciężka zawiera większy udział izotopu wodoru – deuteru, jednak woda lekka stanowi około 99,99% całej naturalnie występującej wody [108].

Główną funkcją wody lekkiej jako chłodziwa w PWR jest usuwanie ciepła generowanego podczas procesu rozszczepienia jądrowego w rdzeniu reaktora. Podczas rozszczepienia uwalniana jest znaczna ilość energii w postaci ciepła. Chłodziwo, które jest utrzymywane pod wysokim ciśnieniem, aby zapobiec jego wrzeniu nawet w podwyższonych temperaturach, krąży przez rdzeń reaktora, aby pochłaniać to ciepło. Ogrzana woda przekazuje następnie energię do systemu wtórnego, gdzie generowana jest para napędzająca turbiny produkujące energię elektryczną [108].

Oprócz roli chłodzącej woda lekka pełni również funkcję moderatora. Moderator to substancja, która spowalnia szybkie neutrony powstające podczas rozszczepienia do energii termicznej, co zwiększa efektywność podtrzymywania reakcji łańcuchowej. Wolniejsze, termiczne neutrony mają większe prawdopodobieństwo absorpcji przez atomy uranu-235 w paliwie, co powoduje więcej reakcji rozszczepienia i podtrzymuje proces jądrowy.

Chociaż woda lekka nie jest tak skutecznym moderatorem jak woda ciężka czy grafit z powodu relatywnie wysokiego współczynnika absorpcji neutronów, pełni ważną funkcję bezpieczeństwa. Jej podwójna rola jako chłodziwa i moderatora przyczynia się do wbudowanego bezpieczeństwa konstrukcji PWR.

Zastosowanie wody lekkiej zapewnia znaczącą zaletę bezpieczeństwa w przypadku awarii utraty chłodziwa (LOCA). W takich sytuacjach, jeśli chłodziwo zostanie utracone, woda lekka przestanie działać jako moderator, co automatycznie przerwie reakcję łańcuchową. Ta cecha samoograniczająca zmniejsza ryzyko niekontrolowanej reakcji i potencjalnego stopienia rdzenia reaktora.

Ponadto, jeśli chłodziwo w reaktorze przegrzeje się i w rdzeniu powstaną bąble pary, zmniejszenie gęstości wody obniża efekt moderacji. Zjawisko to, znane jako „ujemny współczynnik pustki" (negative void coefficient), powoduje spowolnienie lub zatrzymanie reakcji łańcuchowej, ponieważ mniej neutronów termicznych jest dostępnych do podtrzymania reakcji. Ta cecha stabilizuje zachowanie reaktora w nietypowych warunkach operacyjnych, zwiększając ogólny profil bezpieczeństwa PWR [108].

Chociaż zastosowanie wody lekkiej zapewnia wbudowane zalety bezpieczeństwa, wymaga również stosowania wzbogaconego paliwa uranowego. Ponieważ woda lekka pochłania część neutronów, zmniejsza liczbę neutronów dostępnych do podtrzymania reakcji łańcuchowej z uranem naturalnym. Dlatego uran musi być wzbogacony, aby zwiększyć udział rozszczepialnego uranu-235 i zapewnić wystarczającą liczbę reakcji rozszczepienia potrzebnych do generowania energii [108].

Woda lekka odgrywa kluczową rolę w pracy PWR, pełniąc jednocześnie funkcje chłodziwa i moderatora. Jej powszechna dostępność oraz cechy związane z bezpieczeństwem wynikające z jej właściwości moderacyjnych czynią ją skutecznym wyborem dla konstrukcji reaktorów, mimo jej ograniczeń w porównaniu z wodą ciężką czy moderatorami grafitowymi. Wrodzone bezpieczeństwo zapewniane przez wodę lekką, szczególnie w sytuacjach awaryjnych, jest kluczowym czynnikiem w dalszym rozwoju i wykorzystaniu PWR do wytwarzania energii jądrowej.

Innowacje w zakresie napędu podwodnego

Nowe innowacje w zakresie napędu podwodnego odgrywają kluczową rolę w zwiększaniu zdolności operacyjnych współczesnych flot wojennych. Niniejsza odpowiedź podsumowuje różne postępy technologiczne w dziedzinie napędu, w tym systemy hybrydowe, zaawansowane technologie akumulatorowe, technologie ogniw paliwowych, innowacje w zakresie napędu jądrowego oraz nowe koncepcje napędu.

Systemy napędu hybrydowego zdobywają popularność dzięki zdolności do łączenia zalet różnych źródeł energii. Hybrydowy system Diesel-Elektryczny integruje tradycyjne silniki diesla z napędem elektrycznym, oferując elastyczność w wykorzystaniu energii i wydłużoną autonomię pod wodą. Taka konfiguracja pozwala okrętom podwodnym działać cicho i efektywnie, szczególnie podczas misji wymagających skrytości [109]. Technologie Niezależne od Powietrza (AIP), takie jak ogniwa paliwowe i silniki Stirlinga, znacznie zwiększają autonomię zanurzeniową okrętów podwodnych o napędzie niejądrowym, umożliwiając im długotrwałe przebywanie pod wodą bez konieczności wynurzania się w celu ładowania akumulatorów [110]. Ponadto system Hybrydowy Nuklearno-Dieslowski łączy długodystansowe możliwości napędu jądrowego z opłacalnością silników diesla, optymalizując efektywność paliwową w różnych profilach misji [109].

Zaawansowane technologie akumulatorowe odgrywają również kluczową rolę w napędzie podwodnym. Akumulatory litowo-jonowe wyłoniły się jako lepsza alternatywa dla tradycyjnych akumulatorów kwasowo-ołowiowych, oferując wyższą gęstość energii, szybsze czasy ładowania i dłuższą żywotność operacyjną. Ta technologia jest już wdrażana w okrętach podwodnych nowej generacji, takich jak japońska klasa Soryu [109]. Patrząc w przyszłość, akumulatory półprzewodnikowe obiecują jeszcze większe postępy w zakresie gęstości energii i bezpieczeństwa, co potencjalnie pozwoli na dłuższą autonomię pod wodą i bardziej niezawodne działanie [109].

Rysunek 57: JS Ōryū. 海上自衛隊, CC BY 4.0, za pośrednictwem Wikimedia Commons.

JS Ōryū, jedenasty okręt podwodny klasy Sōryū Japońskich Morskich Sił Samoobrony (JMSDF), stanowi istotny postęp w technologii okrętów podwodnych, szczególnie dzięki zastosowaniu baterii litowo-jonowych. Przejście na technologię litowo-jonową zwiększa zdolności operacyjne okrętów podwodnych, zapewniając większą gęstość energii i mniejsze wymagania konserwacyjne w porównaniu z tradycyjnymi systemami akumulatorowymi. Zwiększona gęstość energii może potencjalnie podwoić zasięg zanurzenia okrętów, poprawiając ich zwinność operacyjną i skuteczność w różnych misjach [111].

Wsparcie finansowe dla JS Ōryū było znaczne, a budżet wyniósł 64,3 miliarda jenów w ramach japońskiego budżetu obronnego na 2015 rok, co w 2019 roku odpowiadało około 601,3 milionom USD [112]. Ta inwestycja podkreśla zaangażowanie Japonii w modernizację zdolności morskich i zapewnienie, że jej flota pozostanie konkurencyjna w coraz bardziej złożonym środowisku bezpieczeństwa. Finansowanie to stanowi część szerszej strategii zwiększania zaawansowania technologicznego japońskich systemów obronnych, obejmującej integrację zaawansowanych technologii akumulatorowych, które obiecują poprawę wydajności i bezpieczeństwa [113].

Integracja baterii litowo-jonowych w konstrukcji okrętów podwodnych nie jest jednak pozbawiona wyzwań. Obawy dotyczące bezpieczeństwa, w szczególności związane z termicznym rozbiegiem i możliwością zapłonu, wymagają rygorystycznych ocen ryzyka i protokołów bezpieczeństwa [114, 115]. Badania wykazały, że baterie litowo-jonowe, mimo swojej wyższej wydajności, stanowią istotne zagrożenie pożarowe, jeśli nie są odpowiednio zarządzane [114, 116]. Dlatego opracowanie solidnych systemów monitorowania i diagnostyki awarii jest kluczowe dla zapewnienia bezpiecznej eksploatacji tych zaawansowanych systemów akumulatorowych w okrętach podwodnych [115, 117].

Technologia ogniw paliwowych to kolejny obszar istotnych innowacji. Ogniwa paliwowe z membraną wymiany protonów (PEM) są wykorzystywane w nowoczesnych okrętach podwodnych do cichego generowania energii elektrycznej poprzez łączenie wodoru z tlenem, co wspiera dłuższe operacje podwodne [110]. Dodatkowo, stałotlenkowe ogniwa paliwowe (SOFC) oferują wyższą wydajność i elastyczność operacyjną dzięki wykorzystaniu różnych paliw, co może jeszcze bardziej zwiększyć możliwości okrętów podwodnych [110].

Ogniwa paliwowe PEM działają, umożliwiając reakcję elektrochemiczną między wodorem a tlenem, w wyniku której powstaje energia elektryczna, woda i ciepło jako produkty uboczne. Ta cicha praca ogniw PEM jest szczególnie korzystna dla okrętów podwodnych, umożliwiając dyskretne operacje podwodne bez hałasu związanego z tradycyjnymi silnikami spalinowymi [118].

Stałotlenkowe ogniwa paliwowe (SOFC) działają w znacznie wyższych temperaturach, zazwyczaj od 600°C do 1000°C. Dzięki temu SOFC osiągają większą wydajność i większą elastyczność paliwową w porównaniu z innymi typami ogniw paliwowych. Mogą one wykorzystywać różne paliwa, w tym wodór, gaz ziemny, a nawet gaz syntezowy, co zwiększa ich wszechstronność operacyjną [119, 120]. Proces elektrochemiczny w SOFC obejmuje utlenianie paliwa na anodzie i redukcję tlenu na katodzie, przy czym jony tlenu przewodzą przez stały elektrolit, zamykając obwód [121, 122]. Mechanizm ten pozwala nie tylko na efektywne wytwarzanie energii elektrycznej, ale także na aplikacje kogeneracyjne, w których jednocześnie można produkować energię elektryczną i ciepło [123, 124].

Postępy w technologii SOFC doprowadziły do ulepszeń w materiałach i projektach, co jest kluczowe dla poprawy wydajności i trwałości. Na przykład ostatnie badania koncentrują się na optymalizacji materiałów anodowych i konfiguracji w celu poprawy elektrochemicznej wydajności i żywotności SOFC [125, 126]. Możliwość pracy SOFC na różnych paliwach, w tym amoniaku i gazach pochodzenia biologicznego, czyni je obiecującym rozwiązaniem dla zrównoważonego wytwarzania energii [127, 128].

W zakresie innowacji w dziedzinie napędu nuklearnego technologie takie jak wysokotemperaturowe reaktory chłodzone gazem (HTGR) i małe modułowe reaktory (SMR) są obecnie badane pod kątem ich potencjału w poprawie wydajności termicznej i zmniejszeniu wymagań dotyczących chłodzenia, co w konsekwencji zwiększa zdolności do zachowania skrytości i poprawia parametry mocy. Jednakże w dostarczonych źródłach brak było konkretnych odniesień do tych technologii w kontekście napędu okrętów podwodnych.

W kontekście napędu okrętów podwodnych badania nad zaawansowanymi technologiami jądrowymi, takimi jak HTGR i SMR, zyskują na znaczeniu ze względu na ich potencjał do poprawy wydajności termicznej oraz redukcji wymagań chłodzenia. Innowacje te są szczególnie istotne dla okrętów wojskowych, gdzie skrytość i wydajność mocy są kluczowymi parametrami operacyjnymi. HTGR, charakteryzujące się możliwością pracy w wysokich temperaturach przy jednoczesnym zachowaniu bezpieczeństwa i wydajności, mogą teoretycznie pozwolić na projektowanie bardziej kompaktowych reaktorów mieszczących się w ograniczeniach konstrukcyjnych kadłubów okrętów podwodnych. Taka kompaktowość może prowadzić do zmniejszenia sygnatury termicznej, co zwiększa zdolności do skrytości, które są priorytetowe w operacjach okrętów podwodnych [129].

Podstawy Projektowania i Budowy Okrętów Podwodnych

Z kolei SMR oferują modułowość i skalowalność, co może być korzystne w zastosowaniach wojskowych. Ich konstrukcja umożliwia łatwiejszą integrację z istniejącymi architekturami okrętów podwodnych, co może prowadzić do szybszego wdrożenia i gotowości operacyjnej. Modułowy charakter SMR oznacza również, że mogą być produkowane poza miejscem budowy okrętu i transportowane do stoczni, co usprawnia proces konstrukcji i redukuje koszty [129]. Dodatkowo wbudowane cechy bezpieczeństwa SMR, takie jak pasywne systemy chłodzenia, mogą znacznie zmniejszyć ryzyko związane z napędem nuklearnym w zamkniętych środowiskach, takich jak okręty podwodne [105].

Doświadczenie operacyjne zdobyte od momentu wprowadzenia pierwszych okrętów podwodnych o napędzie nuklearnym, takich jak USS *Nautilus*, podkreśla niezawodność systemów napędu nuklearnego. Z ponad 12 000 lat reaktorowych doświadczenia operacyjnego, postępy inżynieryjne w napędzie nuklearnym wykazały, że systemy te mogą być zarówno bezpieczne, jak i efektywne [106]. Integracja zaawansowanych technologii reaktorów, takich jak HTGR i SMR, może jeszcze bardziej zwiększyć tę niezawodność, zapewniając okrętom podwodnym możliwość długotrwałych operacji bez wynurzania się, co daje przewagę strategiczną w wojnie morskiej [105].

Co więcej, rozwój tych technologii nie ogranicza się tylko do poprawy wydajności napędu, ale także obejmuje ulepszenia zarządzania energią w okrętach podwodnych. Wdrożenie zaawansowanych systemów zarządzania energią może optymalizować wykorzystanie energii generowanej przez reaktory jądrowe, zapewniając efektywną alokację mocy do różnych systemów okrętu podwodnego, w tym napędu, nawigacji i uzbrojenia [109]. Takie holistyczne podejście do zarządzania energią jest kluczowe dla maksymalizacji zdolności operacyjnych nowoczesnych okrętów podwodnych.

Systemy napędu strugowodnego (*Pump-Jet Propulsion Systems*) stanowią przełom w kierunku cichszych i bardziej wydajnych metod napędu. Systemy te są coraz częściej stosowane w nowoczesnych okrętach podwodnych ze względu na ich zdolność do efektywnego działania przy wyższych prędkościach, minimalizując hałas kawitacyjny, co jest kluczowe dla operacji skrytych [130, 131]. Napędy z obręczą (*Rim-Driven Thrusters*, RDT), które integrują silniki elektryczne z obręczą śruby napędowej, dodatkowo zwiększają manewrowość i redukują hałas, co czyni je atrakcyjną opcją dla przyszłych projektów okrętów podwodnych [130, 132, 133].

Systemy napędu strugowodnego (*Pump-Jet Propulsion Systems*) i napędy z obręczą (*Rim-Driven Thrusters*, RDT) stanowią znaczący postęp w technologii napędu okrętów podwodnych, koncentrując się na poprawie skrytości i efektywności operacyjnej. System napędu strugowodnego działa poprzez zasysanie wody do pompy, która przyspiesza przepływ wody i wyrzuca ją przez dyszę. Taka konstrukcja minimalizuje hałas kawitacyjny, co jest kluczowym czynnikiem w operacjach skrytych, ponieważ kawitacja może generować wykrywalne sygnatury dźwiękowe, które mogą zniweczyć zdolności skrytości okrętu podwodnego [134]. Właściwości hydrodynamiczne systemów napędu strugowodnego są silnie zależne od przepływu warstwy przyściennej wokół okrętu podwodnego, co można zoptymalizować w celu znacznego zwiększenia wydajności napędu [134]. Badania wskazują, że system napędu strugowodnego może osiągnąć wyższą efektywność w porównaniu z tradycyjnymi układami śrubowymi, efektywnie zarządzając przepływem warstwy przyściennej, co zwiększa zdolności operacyjne okrętu przy różnych prędkościach [134].

Napędy z obręczą (*Rim-Driven Thrusters*) dodatkowo poprawiają manewrowość okrętów podwodnych i redukcję hałasu. Systemy te integrują silniki elektryczne w obręczy śruby napędowej, co pozwala na bardziej kompaktową konstrukcję, zmniejszając jednocześnie złożoność mechaniczną w porównaniu z tradycyjnymi systemami napędowymi [106]. Konstrukcja napędów z obręczą umożliwia bardziej efektywne przekazywanie energii do wody, co nie tylko poprawia efektywność napędu, ale także minimalizuje hałas generowany podczas pracy. Jest to szczególnie korzystne dla nowoczesnych okrętów podwodnych, które wymagają wysokiego poziomu skrytości w operacjach taktycznych [106]. Zastosowanie obliczeniowej dynamiki płynów (*Computational Fluid Dynamics*, CFD) do analizy wydajności tych systemów przyniosło obiecujące wyniki, wskazując, że napędy z obręczą mogą przewyższać konwencjonalne systemy pod względem efektywności i redukcji hałasu [135].

Wschodzące koncepcje, takie jak magnetohydrodynamiczny napęd (*Magnetohydrodynamic Propulsion*, MHD) oraz systemy napędu bezłopatkowego (*Bladeless Propulsion*), również są przedmiotem badań. MHD oferuje potencjał do cichej pracy poprzez wykorzystanie pól magnetycznych do przyspieszania wody morskiej, choć wyzwania związane z wymaganiami energetycznymi wciąż pozostają [106, 136]. Napęd bezłopatkowy, inspirowany dynamiką płynów, ma na celu redukcję hałasu związanego z tradycyjnymi śrubami napędowymi, choć nadal pozostaje w dużej mierze eksperymentalny.

Napęd MHD działa na zasadzie wykorzystania pól magnetycznych do przyspieszania wody morskiej, co generuje ciąg bez udziału mechanicznych komponentów typowych dla tradycyjnych śrub napędowych. Technologia ta ma potencjał do cichej pracy, co stanowi kluczową zaletę dla okrętów podwodnych wymagających skrytości w zastosowaniach wojskowych. Jednak głównym wyzwaniem pozostają znaczne wymagania energetyczne potrzebne do generowania pól magnetycznych i utrzymania skutecznego napędu. Aktualne badania wskazują, że systemy MHD mogłyby teoretycznie poprawić zdolności skrytości okrętów podwodnych, lecz ich praktyczne wdrożenie jest ograniczone przez te wymagania energetyczne i konieczność dalszego rozwoju technologicznego [106, 136].

Z kolei systemy napędu bezłopatkowego, inspirowane dynamiką płynów, mają na celu minimalizację hałasu typowego dla tradycyjnych układów śrubowych. Systemy te wykorzystują oscylujące struktury do generowania ciągu poprzez interakcję przepływu płynu z ruchem mechanicznym, co zmniejsza kawitację i poziomy hałasu. Chociaż napęd bezłopatkowy wciąż pozostaje w dużej mierze eksperymentalny, jego potencjał do cichej pracy dobrze wpisuje się w wymagania operacyjne nowoczesnych okrętów podwodnych, szczególnie w misjach o charakterze skrytym. Rozwój takich technologii mógłby prowadzić do znaczących postępów w projektowaniu pojazdów podwodnych, umożliwiając bardziej efektywne i skryte operacje [137].

Oprócz tych wschodzących technologii istniejące systemy napędu, takie jak napędy strugowodne, są szeroko stosowane w okrętach podwodnych ze względu na ich efektywność i zredukowany poziom hałasu. Systemy te wykorzystują połączenie pompy i strugi wody do napędzania okrętu, oferując takie korzyści, jak wysoka efektywność napędu oraz silne zdolności przeciwdziałania kawitacji. Przykładowo amerykańska torpeda "MK48" oraz różne klasy okrętów podwodnych, takie jak Seawolf i Virginia, wykorzystują technologię napędu strugowodnego, co potwierdza jej skuteczność w obecnych zastosowaniach morskich [72, 134, 138].

Rysunek 58: Okręt podwodny klasy Virginia USS Mississippi (SSN 782). Defense Visual Information Distribution Service, domena publiczna, za pośrednictwem NARA & DVIDS Public Domain Archive.

Wreszcie, integracja sztucznej inteligencji (AI) w systemach sterowania napędem rewolucjonizuje operacje okrętów podwodnych. AI może optymalizować zarządzanie energią poprzez przełączanie między trybami napędu w celu maksymalizacji wydajności i skrytości, a także poprawiać nawigację i taktyki unikania w złożonych środowiskach podwodnych. Jednak w dostarczonych cytatach nie znaleziono konkretnych odniesień do zastosowania AI w napędzie okrętów podwodnych.

Rozdział 5
Systemy Zasilania i Elektryczne Okrętów Podwodnych

Dystrybucja Energii Elektrycznej w Okrętach Podwodnych

Systemy Okrętów Podwodnych

Systemy okrętów podwodnych są specjalnie zaprojektowane, aby sprostać wyjątkowym wymaganiom środowiska podwodnego, w którym działają, a jednocześnie mają pewne podobieństwa do systemów stosowanych na okrętach nawodnych. Główne systemy okrętów podwodnych wspierają kluczowe funkcje, takie jak napęd, manewrowanie, zarządzanie energią i komunikacja. Obejmują one system napędowy, system zanurzania i wynurzania, generację i dystrybucję energii, a także różne inne systemy. Każdy z tych systemów odgrywa istotną rolę w zapewnieniu zdolności operacyjnych okrętu i sukcesu misji [139].

System Generacji i Dystrybucji Energii: Podstawowym źródłem energii na okrętach podwodnych z napędem diesel-elektrycznym są alternatory diesla, które zazwyczaj składają się z dwóch zestawów dla burty lewej i prawej. Alternatory te pełnią kilka kluczowych funkcji: ładowanie baterii po operacjach w zanurzeniu, zasilanie systemów pokładowych oraz napędzanie okrętu w trybie „snorting" (wynurzenie z użyciem chrap). Ładowanie baterii jest niezbędne, ponieważ to one dostarczają energii elektrycznej potrzebnej do napędu podwodnego. Czas ładowania zależy od pojemności i specyfikacji baterii, a nie od samych alternatorów diesla.

Podczas pracy w trybie „snorting" okręt podwodny korzysta z generatorów diesla, pozostając tuż pod powierzchnią wody i wystawiając maszt chrapowy ponad wodę, aby umożliwić pobieranie powietrza dla silników diesla. Dzięki temu zmniejsza się ryzyko wykrycia podczas ładowania baterii. Nowoczesne okręty podwodne często wyposażone są w systemy napędu niezależnego od powietrza (AIP), które umożliwiają działanie w zanurzeniu z wykorzystaniem przechowywanego powietrza, co dodatkowo zmniejsza ryzyko wykrycia [139].

Systemy Detekcji: Okręty podwodne wykorzystują różnorodne systemy detekcji do monitorowania otoczenia i zbierania danych na potrzeby nawigacji i kontroli uzbrojenia. Należą do nich peryskopy, radary i systemy sonarowe [139].

- **Peryskopy:** Okręty podwodne są wyposażone w dwa typy peryskopów: wyszukiwawczy i bojowy. Peryskop wyszukiwawczy zapewnia zdolności nawigacyjne i lepszą wydajność optyczną, natomiast peryskop bojowy jest zoptymalizowany pod kątem minimalnego ryzyka wykrycia. Używany jest do obserwacji ruchu statków, szacowania odległości i dostarczania danych do systemu kierowania ogniem. Peryskop jest wyposażony w system kontroli wysokości, który utrzymuje stałą wysokość nad powierzchnią wody, nawet podczas ruchu okrętu.

- **Systemy Radarowe:** Podczas wynurzenia lub pracy w trybie „snorting" okręty podwodne mogą korzystać z radaru do wykrywania obiektów nawodnych i statków. Istnieją dwa typy radarów: nawigacyjny i bojowy. Maszt radarowy wysuwa się ponad powierzchnię wody, a ponieważ sygnały radarowe mogą zdradzić pozycję okrętu, radar jest używany oszczędnie, gdy priorytetem jest skrytość.

- **Systemy Sonarowe:** Sonar jest głównym narzędziem detekcji stosowanym na okrętach podwodnych. Sonar aktywny emituje fale dźwiękowe w celu wykrywania obiektów pod wodą, natomiast sonar pasywny nasłuchuje zewnętrznych dźwięków. Sonar aktywny dostarcza szczegółowych informacji, ale może zdradzić pozycję okrętu, dlatego sonar pasywny jest często używany w operacjach skrytych. Hydrofony sonarowe są rozmieszczone w sposób minimalizujący zakłócenia i umożliwiający skuteczne wykrywanie sygnałów z różnych kierunków.

System Zanurzania i Wynurzania: Okręty podwodne wykorzystują zbiorniki balastowe do kontroli pływalności, co pozwala im zanurzać się, wynurzać i utrzymywać neutralną pływalność. Zbiorniki te są napełniane wodą podczas zanurzania i powietrzem podczas wynurzania. Kontrola pływalności jest kluczowa dla zarządzania głębokością i trymem okrętu, co zapewnia bezpieczne i efektywne operacje podwodne [139].

System Klimatyzacji i Wentylacji: Utrzymanie jakości powietrza i kontroli temperatury ma kluczowe znaczenie dla bezpieczeństwa i komfortu załogi. Okręty podwodne wykorzystują systemy klimatyzacji do regulacji temperatury wewnętrznej i zapewnienia oddychalności powietrza poprzez usuwanie nadmiaru dwutlenku węgla i wilgoci. Systemy te zapobiegają również przegrzewaniu się urządzeń elektronicznych.

Systemy Hydrauliczne i Sprężonego Powietrza: Systemy hydrauliczne sterują wieloma ruchomymi elementami okrętu, w tym sterami, sterami głębokości i podnoszeniem peryskopu. Systemy sprężonego powietrza są używane do takich zadań jak wydmuchiwanie wody ze zbiorników balastowych podczas wynurzania, obsługa masztów oraz dostarczanie powietrza załodze w określonych sytuacjach operacyjnych.

Systemy Chłodzenia i Smarowania: Systemy chłodzenia zapobiegają przegrzewaniu się maszyn, podczas gdy systemy smarowania zmniejszają tarcie i zużycie mechanicznych komponentów. System chłodzenia wodnego cyrkuluje wodę morską przez wymienniki ciepła, aby usuwać ciepło z silników diesla i innego sprzętu, natomiast system smarowania zapewnia płynną pracę ruchomych części.

System Wystrzeliwania Rakiet i Torped: Okręty podwodne są wyposażone w zaawansowane systemy uzbrojenia do wystrzeliwania rakiet i torped. Systemy te obejmują mechanizmy magazynowania, ładowania i wystrzeliwania, które są zaprojektowane tak, aby działały w wymagającym środowisku podwodnym. Precyzja w kontroli wystrzeliwania i tłumienie hałasu są kluczowe dla zachowania skrytości podczas operacji bojowych.

System Zarządzania Przechyłem i Trymem: Utrzymanie stabilności i orientacji okrętu podwodnego pod wodą realizowane jest przez system zarządzania przechyłem i trymerem. System ten polega na przenoszeniu wody między zbiornikami trymowymi w celu dostosowania równowagi okrętu i zapewnienia optymalnej kontroli podczas operacji.

Maszty, Peryskopy i Anteny: Okręty podwodne wyposażone są w różne maszty służące do komunikacji, działania radaru i obsługi peryskopów. Maszty te są konstrukcjami odpornymi na ciśnienie, które można podnosić lub opuszczać w zależności od potrzeb, co pozwala na zachowanie funkcjonalności okrętu na różnych głębokościach i w różnych warunkach operacyjnych.

System Przeciwpożarowy: Bezpieczeństwo na pokładzie okrętu podwodnego ma najwyższy priorytet, dlatego na pokładzie znajduje się system przeciwpożarowy do radzenia sobie w sytuacjach awaryjnych. System ten obejmuje przenośne gaśnice, systemy tłumienia ognia i systemy wentylacyjne do ograniczania i gaszenia pożarów.

Zaawansowane Systemy Detekcji i Nawigacji: Systemy pomiaru głębokości i echolokacji umożliwiają okrętom podwodnym mierzenie głębokości i wykrywanie podwodnych obiektów. Jest to niezbędne do nawigacji i unikania przeszkód podwodnych. Systemy komunikacji wewnętrznej, takie jak telefonia akustyczna i interkomy, zapewniają koordynację między członkami załogi.

System Napędowy i Wały: System napędowy składa się z głównego silnika, przekładni redukcyjnych i wału napędowego łączącego się ze śrubą. Nowoczesne okręty podwodne mogą wykorzystywać napęd strugowodny, który minimalizuje hałas. System wałów przenosi moc z silnika na śrubę, zapewniając efektywne przemieszczanie się okrętu.

Te wzajemnie powiązane systemy współpracują, aby umożliwić okrętom podwodnym realizację złożonych misji podwodnych, zachowując skrytość, bezpieczeństwo i efektywność operacyjną [139].

Systemy Elektryczne na Okrętach Podwodnych

Systemy elektryczne okrętów podwodnych odgrywają kluczową rolę w zapewnieniu napędu, oświetlenia, uzbrojenia, komunikacji, podtrzymywania życia oraz obsługi różnorodnych urządzeń elektronicznych na pokładzie. Zostały zaprojektowane tak, aby działały niezawodnie w trudnych warunkach podwodnych, zachowując jednocześnie skrytość. Oto szczegółowy przegląd funkcjonowania tych systemów:

Okręty podwodne polegają na wielu źródłach energii, aby zapewnić ciągłą pracę w różnych warunkach. W okrętach podwodnych z napędem nuklearnym podstawowym źródłem energii elektrycznej jest reaktor jądrowy, który generuje ciepło wykorzystywane do produkcji pary napędzającej turbiny połączone z generatorami elektrycznymi. Wytworzona energia elektryczna zasila systemy napędowe, urządzenia pokładowe oraz ładuje akumulatory zapasowe. Z kolei w okrętach dieslowo-elektrycznych generatory diesla ładują duże banki akumulatorów, które dostarczają energii elektrycznej podczas operacji w zanurzeniu.

W okrętach nuklearnych para wytwarzana przez reaktor napędza generatory turbinowe, podczas gdy w modelach dieslowo-elektrycznych generatory diesla dostarczają energię elektryczną do systemów napędowych i pozostałych systemów, gdy okręt znajduje się na powierzchni lub w trybie "snorkowania", gdzie pobór powietrza odbywa się przez maszt snorkelowy.

Akumulatory odgrywają kluczową rolę w zapewnieniu zasilania podczas operacji w zanurzeniu, szczególnie w okrętach dieslowo-elektrycznych. Te duże banki akumulatorów składają się z wielu ogniw zaprojektowanych do przechowywania wystarczającej ilości energii na kilka godzin lub dni operacji podwodnej, w zależności od zapotrzebowania na moc. W okrętach nuklearnych akumulatory pełnią funkcję awaryjnego źródła zasilania na wypadek awarii reaktora.

W okrętach dieslowo-elektrycznych banki akumulatorów zasilają elektryczne silniki napędowe oraz systemy pomocnicze podczas operacji w zanurzeniu. Akumulatory są ładowane za pomocą generatorów diesla, gdy okręt znajduje się na powierzchni. Dodatkowo, niektóre nowoczesne okręty dieslowo-elektryczne są wyposażone w systemy napędu niezależnego od powietrza (AIP), które generują energię elektryczną pod wodą bez konieczności wynurzania się, co wydłuża czas operacji w zanurzeniu i minimalizuje ryzyko wykrycia.

System rozdziału energii na okręcie podwodnym dostarcza prąd z generatorów i akumulatorów do różnych systemów i urządzeń na pokładzie. Został zaprojektowany tak, aby obsługiwać różne napięcia i natężenia prądu, zapewniając odpowiednie zasilanie dla każdego komponentu.

Główna tablica rozdzielcza zarządza i kieruje wytworzoną energię elektryczną do poszczególnych obwodów. Okręty podwodne korzystają zarówno z prądu przemiennego (AC), jak i stałego (DC). Zazwyczaj prąd przemienny jest używany do oświetlenia, ogrzewania, wentylacji i urządzeń pomocniczych, podczas gdy prąd stały zasila kluczowe systemy, takie jak silniki napędowe, uzbrojenie i urządzenia awaryjne.

Napęd elektryczny odgrywa kluczową rolę w systemie napędowym okrętów, szczególnie w przypadku okrętów z napędem elektrycznym, gdzie silnik napędowy jest zasilany przez system elektryczny, dostarczając moment obrotowy potrzebny do poruszania śruby lub napędu strugowodnego. W okrętach dieslowo-elektrycznych silniki elektryczne napędzają śrubę podczas operacji w zanurzeniu, czerpiąc energię z akumulatorów. W okrętach nuklearnych silniki elektryczne są zasilane bezpośrednio przez energię elektryczną generowaną przez turbiny napędzane parą z reaktora. Prędkość silnika napędowego można regulować, kontrolując w ten sposób prędkość okrętu, co umożliwia ciche poruszanie się z niskimi prędkościami, kluczowe dla zachowania skrytości.

Systemy Elektryczne na Okrętach Podwodnych

Systemy elektryczne okrętów podwodnych są zaprojektowane z redundancją, aby zapewnić dostępność zasilania nawet w sytuacjach awaryjnych. W przypadku awarii głównego zasilania akumulatory zapasowe automatycznie dostarczają energię do kluczowych systemów. Okręty podwodne mogą być również wyposażone w dodatkowe małe generatory diesla lub jednostki zasilania awaryjnego, które zapewniają elektryczność w krytycznych sytuacjach. Automatyczne mechanizmy przełączania umożliwiają płynne przejście z zasilania podstawowego na zapasowe, zapewniając ciągłość działania kluczowych systemów, takich jak podtrzymywanie życia, komunikacja i nawigacja.

Efektywne zarządzanie energią jest szczególnie ważne na okrętach dieslowo-elektrycznych, gdzie żywotność baterii jest ograniczona. Okręty podwodne stosują techniki redukcji obciążenia (ang. load shedding), aby oszczędzać energię podczas dłuższych operacji w zanurzeniu, wyłączając systemy uznane za nieistotne, co wydłuża czas działania. Ponadto nowoczesne okręty wyposażone są w energooszczędne oświetlenie i urządzenia, co dodatkowo zmniejsza zużycie energii.

System elektryczny wspiera również różne systemy pomocnicze na okręcie, w tym:

- Podtrzymywanie życia (wentylacja, oczyszczanie powietrza, generacja tlenu);
- Komunikację (systemy wewnętrzne i urządzenia zewnętrzne, takie jak sonar i łącza satelitarne);
- Nawigację i detekcję (systemy sonarowe i radarowe);
- Systemy uzbrojenia (zasilanie mechanizmów wystrzeliwania i systemów celowniczych).

Ze względu na trudne warunki morskie systemy elektryczne okrętów podwodnych są wyposażone w specjalne izolacje i zabezpieczenia, które zapobiegają zwarciom i awariom elektrycznym. Wszystkie komponenty elektryczne są wodoodporne, a złącza są uszczelnione, aby zapobiec przedostawaniu się wody. Dodatkowo systemy elektryczne są uziemione, aby zapobiegać zakłóceniom elektromagnetycznym i zapewniać bezpieczeństwo.

Podsumowując, systemy elektryczne okrętów podwodnych są niezbędne do zasilania napędu, systemów podtrzymywania życia, komunikacji, nawigacji i uzbrojenia. Dzięki połączeniu generatorów, akumulatorów, efektywnego zarządzania energią i redundancji okręty podwodne mogą działać niezawodnie i bezpiecznie, zachowując skrytość w środowisku podwodnym.

Okręty Dieslowo-Elektryczne

Okręty dieslowo-elektryczne głównie wykorzystują generatory diesla do produkcji energii elektrycznej, która jest następnie używana do ładowania akumulatorów i zasilania systemów pokładowych podczas operacji w zanurzeniu. Taka konfiguracja zwiększa skrytość operacyjną i efektywność w porównaniu do tradycyjnych systemów napędu mechanicznego.

Podstawą systemu dieslowo-elektrycznego są generatory diesla, które przekształcają energię mechaniczną z silników diesla w energię elektryczną. Generatory te są kluczowe do ładowania akumulatorów, które stanowią główne źródło zasilania podczas operacji w zanurzeniu. Wykorzystanie akumulatorów, szczególnie zaawansowanych technologicznie baterii litowo-jonowych, znacząco zwiększa czas działania i zasięg operacyjny okrętu. Badania wskazują, że nowoczesne baterie litowo-jonowe mogą potencjalnie podwoić zasięg operacyjny w zanurzeniu w porównaniu z konwencjonalnymi akumulatorami kwasowo-ołowiowymi, co czyni je preferowaną opcją w projektowaniu przyszłych okrętów podwodnych [111].

Zarządzanie energią jest kolejnym krytycznym aspektem w okrętach dieslowo-elektrycznych. Optymalny harmonogram zużycia energii jest niezbędny do efektywnego gospodarowania ograniczonymi zasobami w izolowanym środowisku podwodnym. System zarządzania energią musi równoważyć moc generowaną przez generatory diesla z energią zużywaną przez różne systemy pokładowe, w tym napęd, nawigację i podtrzymywanie życia [109]. Proces ten obejmuje pracę generatorów diesla na powierzchni lub na głębokości snorkelingowej w celu ładowania akumulatorów, przy jednoczesnym zapewnieniu optymalnego rozdziału obciążenia, co pozwala na zmniejszenie zużycia paliwa i emisji [140].

System napędowy w okrętach dieslowo-elektrycznych zazwyczaj wykorzystuje silniki prądu stałego (DC), które są cenione za swoją efektywność i zdolności sterowania. Silniki te mogą być skonfigurowane w różnych układach, w tym z zastosowaniem wielu silników o różnych mocach, co poprawia wydajność przy niskich prędkościach i zwiększa ogólną efektywność systemu napędowego okrętu [141].

Ponadto integracja zaawansowanych technologii, takich jak hybrydowe systemy napędowe, zyskuje na popularności w nowoczesnym projektowaniu okrętów podwodnych. Systemy te mogą przełączać się między trybem dieslowym a elektrycznym, zapewniając większą elastyczność i efektywność w zarządzaniu energią. Mechanizmy sprzęgające stosowane w tych systemach są zaprojektowane tak, aby umożliwiać szybkie przejścia między źródłami zasilania bez skomplikowanych systemów elektronicznych, co upraszcza konserwację i zwiększa niezawodność [143].

Główne Generatory i Silniki Dieslowo-Elektryczne oraz Generator Pomocniczy

Nowoczesne okręty podwodne zazwyczaj korzystają z czterech głównych silników lub dwóch silników głównych z podwójnym wirnikiem (tzw. double-armature) do napędu śrub. W przypadku konfiguracji czterech silników, są one ustawione parami, a każda para jest połączona z wałem śrubowym za pomocą przekładni redukcyjnej. W okrętach wyposażonych w silniki z podwójnym wirnikiem, silniki te są bezpośrednio połączone z wałami śrub, pracując w zakresie prędkości potrzebnym do efektywnego napędu [144].

Przekładnie stosowane w okrętach wyposażonych w instalacje redukcyjne są typu jednostopniowego z podwójną helisą. Te przekładnie redukcyjne są kluczowe do przekształcenia wysokiej prędkości obrotowej głównych silników, wynoszącej zazwyczaj około 1300 obrotów na minutę (rpm), na niższą prędkość odpowiednią dla śrub, około 280 rpm. Konstrukcja przekładni zapewnia płynne przenoszenie mocy i minimalizuje hałas mechaniczny, co jest niezbędne dla zachowania skrytości okrętu podwodnego [144].

Główne silniki mogą czerpać energię z dwóch podstawowych źródeł: głównych silników diesla lub akumulatorów. Podczas wynurzenia główne generatory napędzane silnikami diesla dostarczają potrzebnej energii do silników, umożliwiając efektywny napęd. W warunkach zanurzenia, gdy okręt musi zachować skrytość i nie może uruchamiać silników diesla, główne silniki są zasilane energią z akumulatorów. Akumulatory te magazynują energię wytwarzaną przez główne generatory podczas wynurzenia, co pozwala na kontynuację operacji pod wodą bez konieczności częstego wynurzania [144].

Generator pomocniczy pełni wszechstronną rolę w systemie elektrycznym okrętu podwodnego. Napędzany pomocniczym silnikiem diesla, dostarcza prąd do wszystkich obwodów pomocniczych, takich jak oświetlenie, systemy podtrzymywania życia i inne urządzenia elektroniczne na pokładzie, odciążając główne akumulatory od zasilania tych obciążeń. Ponadto generator pomocniczy może ładować główne akumulatory z niską intensywnością, utrzymując ich poziom energii i oszczędzając podstawowe źródła zasilania. Do celów napędowych może również napędzać główne silniki z wykorzystaniem akumulatorów przy niskich prędkościach, co jest przydatne podczas manewrów z małą prędkością lub w ciasnych przestrzeniach [144].

Sterowanie główną maszynerią napędową odbywa się za pomocą głównego wyposażenia kontrolnego, nazywanego często szafą sterowniczą, znajdującego się w pomieszczeniu manewrowym. Wyposażenie to pozwala operatorom zarządzać prędkością i kierunkiem śrub okrętu, przełączać się między źródłami zasilania oraz monitorować wydajność systemu. Szafa sterownicza zapewnia, że system napędowy reaguje na wymagania nawigacyjne okrętu, oferując niezbędną elastyczność w różnych scenariuszach operacyjnych [144].

Integracja tych komponentów napędowych pozwala okrętowi podwodnemu na płynne przejścia między operacjami nawodnymi a podwodnymi, dostosowanie się do różnych zapotrzebowań energetycznych oraz utrzymanie efektywności i skrytości. Połączenie przekładni redukcyjnych, wielu źródeł zasilania, możliwości generacji pomocniczej i scentralizowanego sterowania zapewnia, że okręt pozostaje skuteczny zarówno w misjach bojowych, jak i w czasie pokoju [144].

Główne i Pomocnicze Generatory na Okrętach Podwodnych

Główne i pomocnicze generatory na okrętach podwodnych są kluczowymi elementami odpowiedzialnymi za produkcję energii elektrycznej, wspierającymi funkcje od napędu po systemy pomocnicze. Choć oba typy generatorów mają wiele wspólnych cech, różnią się pod względem konstrukcji i zastosowania. Poniżej przedstawiono szczegółowy opis ich działania i budowy [144]:

- **Główne generatory** okrętów podwodnych charakteryzują się specyficznymi cechami: są to dwuliniowe, prądu stałego (DC), oddzielnie wzbudzane, bocznikowe, kompensowane wielobiegunowe maszyny samowentylowane. Generatory te są w pełni zamknięte, aby chronić komponenty przed surowymi warunkami morskimi. Są połączone z głównymi silnikami diesla za pomocą elastycznego sprzęgła bezpośredniego przez kołnierzowe zakończenie wału wirnika generatora. Takie sprzęgło pozwala generatorowi na przekształcanie energii mechanicznej z silników diesla w energię elektryczną.

- Wał wirnika w tych generatorach różni się w zależności od typu silnika. Generatory współpracujące z silnikami General Motors mają łożyska na obu końcach, podczas gdy generatory parowane z silnikami Fairbanks-Morse posiadają łożysko tylko na końcu komutatora. Łożyska te są smarowane za pomocą głównego systemu smarowania silnika, co zapewnia płynną rotację i minimalne zużycie.

- Maksymalna prędkość obrotowa tych generatorów wynosi zazwyczaj około 750 obr./min dla silników General Motors i 720 obr./min dla silników Fairbanks-Morse. Generatory te są przystosowane do produkcji około 2 650 amperów przy 415 V, co daje około 1 100 kilowatów mocy elektrycznej.

- Wał wirnika jest kluczowym elementem, wykonanym z jednego kawałka kutej stali. Zawiera kołnierze sprzęgające, pierścienie oporowe i deflektory oleju jako integralne części. Rdzeń wirnika, wspierany przez pająk zamontowany na wale, jest zbudowany z laminowanych stalowych wykrojów magnetycznych, które są dociskane i zakładane na miejsce w celu zapewnienia ścisłego dopasowania. Uzwojenia wirnika składają się z jednozwojowych cewek umieszczonych w rowkach i izolowanych miką, aby zapobiec wyciekom prądu.

- Dodatkowe uzwojenie wyrównawcze w generatorach zapewnia równomierny rozkład prądu w różnych obwodach wirnika. Uzwojenie to znajduje się na końcu komutatora, wspierając wydajność elektryczną.

Podstawy Projektowania i Budowy Okrętów Podwodnych

- Komutator, kluczowy element generatorów prądu stałego, składa się z miedzianych segmentów izolowanych między sobą miką. Zapewnia on właściwy kontakt elektryczny między obracającym się wirnikiem a stacjonarnymi szczotkami, które zbierają wytworzony prąd. Mechanizm montażu szczotek utrzymuje je na miejscu i umożliwia regulację pozycji dla optymalnego kontaktu elektrycznego.

- **Pomocnicze generatory**, choć podobne w konstrukcji do głównych generatorów, pełnią inną funkcję. Oceniane na moc 300 kilowatów, są to dwuliniowe, kompensowane różnicowo złożone maszyny, które służą głównie do zasilania obwodów pomocniczych oraz do awaryjnego ładowania głównych akumulatorów.

- Pomocniczy generator jest połączony z silnikiem diesla za pomocą półsztywnego sprzęgła, a jego wał wirnika wspierają łożyska tulejowe smarowane z systemu silnika. Podobnie jak w generatorach głównych, stosuje się tu systemy pierścieni oporowych i łożysk do obsługi obciążeń osiowych.

Podsumowując, główne i pomocnicze generatory na okrętach podwodnych to wysoko wyspecjalizowane maszyny zaprojektowane do pracy w wymagającym środowisku morskim. Ich konstrukcja obejmuje solidne łożyska, systemy chłodzenia i zaawansowane konfiguracje elektryczne, aby zapewnić niezawodną produkcję energii. Generatory te stanowią podstawę systemu elektrycznego okrętu podwodnego, zapewniając zasilanie dla napędu, systemów pokładowych i sytuacji awaryjnych, co umożliwia skuteczne wykonywanie misji.

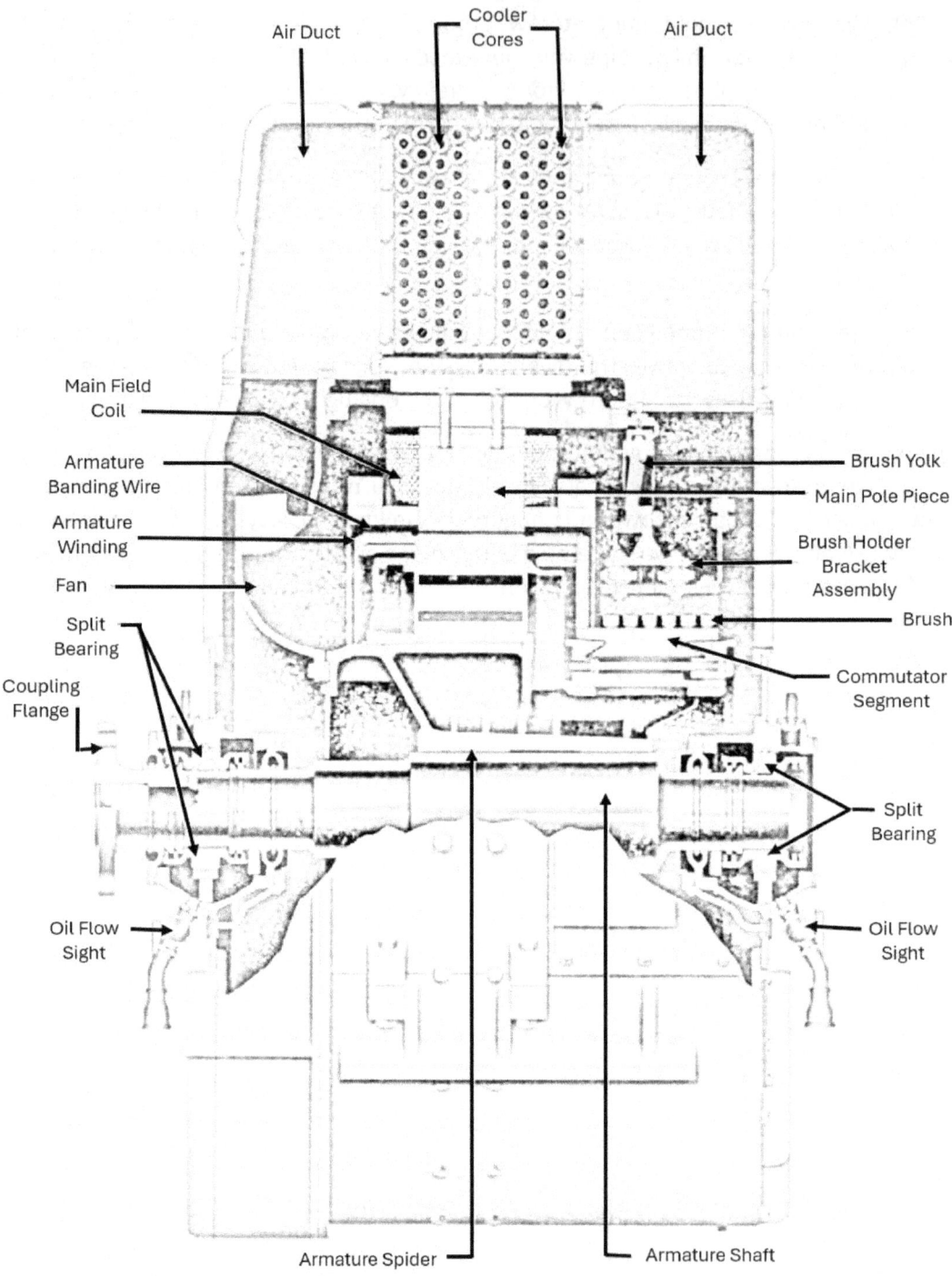

Rysunek 59: Przekrój poprzeczny głównego generatora G.E. [144].

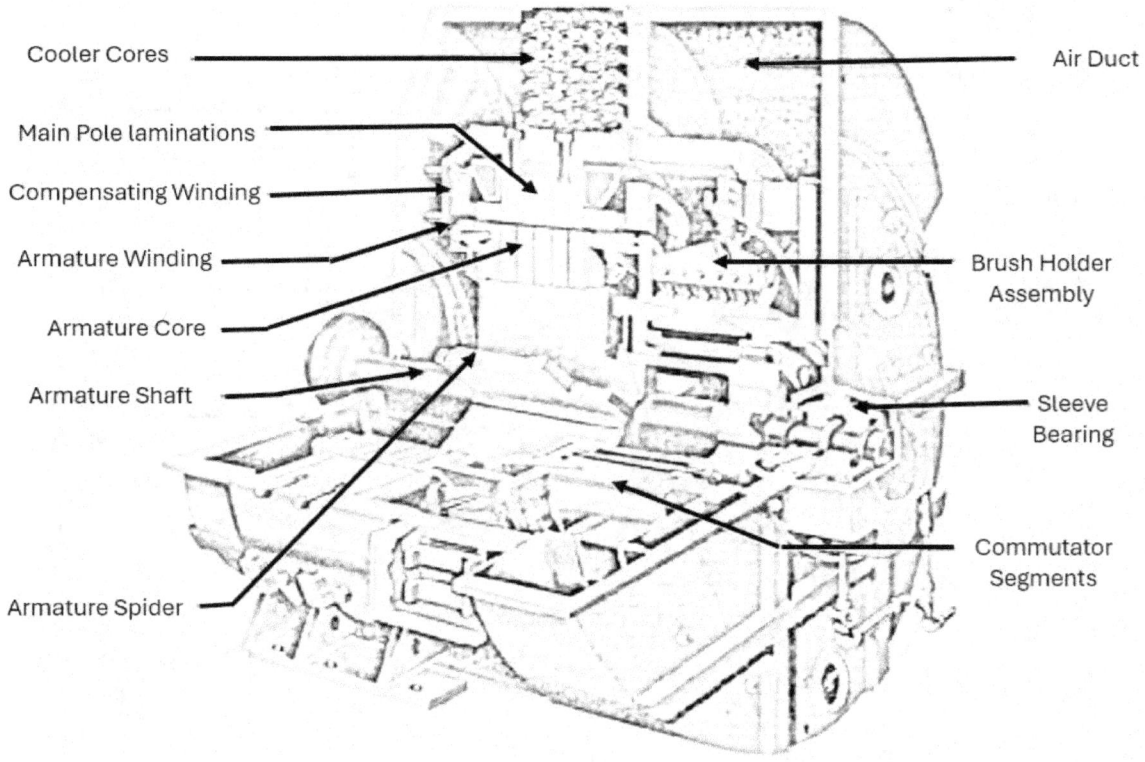

Rysunek 60: Przekrój głównego generatora Westinghouse [144].

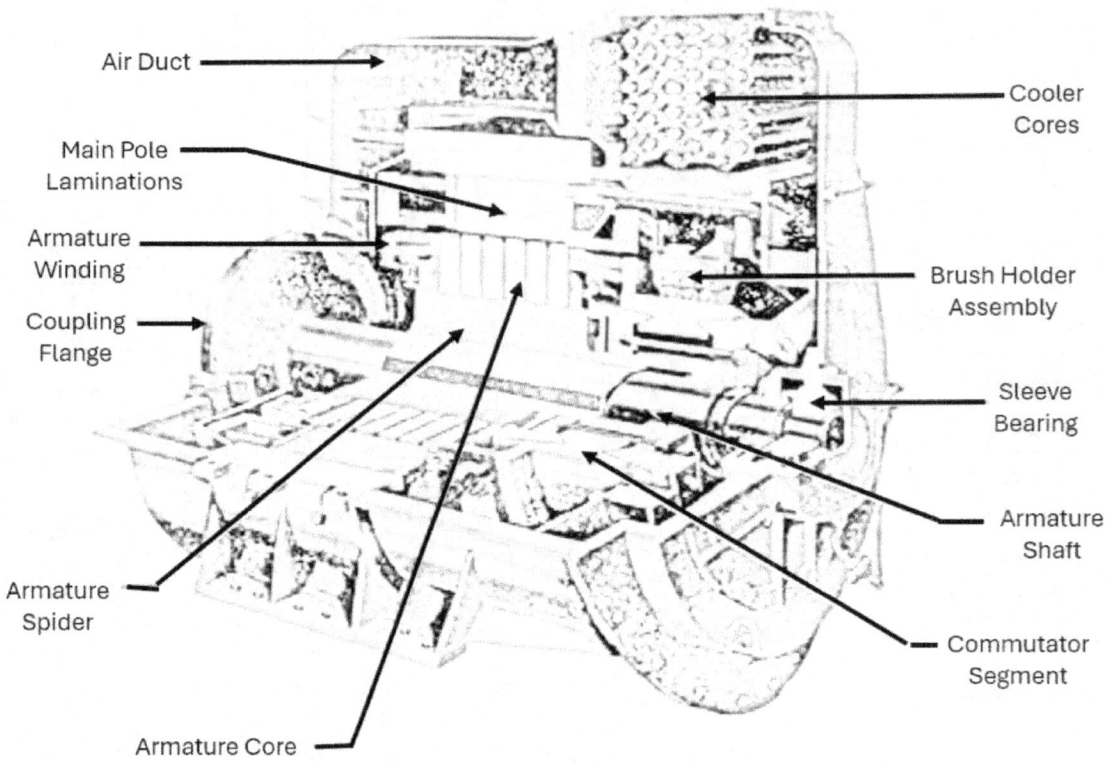

Rysunek 61: Przekrój pomocniczego generatora Westinghouse [144].

Chłodzenie Generatora

Chłodzenie jest kluczowe na okręcie podwodnym ze względu na różne komponenty generujące ciepło podczas pracy. Główne źródła ciepła to silniki wysokoprężne (lub reaktory jądrowe w niektórych przypadkach), silnik napędowy oraz urządzenia elektryczne. Skuteczne chłodzenie zapewnia, że te komponenty działają w wyznaczonych zakresach temperatur, zapobiegając uszkodzeniom i utrzymując zdolności operacyjne okrętu. Oto szczegółowy opis elementów wymagających chłodzenia, ich znaczenia oraz sposobu projektowania systemów chłodzenia w celu spełnienia tych wymagań [145]:

Komponenty Wymagające Chłodzenia

- **Generator Diesla:**
    - W okrętach podwodnych z napędem dieslowo-elektrycznym generator diesla jest jednym z głównych źródeł generowania energii. Konwertuje energię mechaniczną wytwarzaną przez silnik na energię elektryczną, która jest przechowywana w akumulatorach i wykorzystywana podczas zanurzenia okrętu. Podczas pracy silnik diesla generuje znaczne ilości ciepła, które muszą zostać

rozproszone, aby zapobiec przegrzaniu. Efektywne chłodzenie jest niezbędne dla niezawodnej pracy generatora.

- **Silnik Napędowy:**
  - Silnik napędowy napędza śrubę okrętową lub strugowodny układ napędowy, zapewniając ciąg do poruszania się. Podczas pracy silnik generuje ciepło z powodu strat elektrycznych i tarcia. Bez odpowiedniego chłodzenia silnik mógłby się przegrzać, co potencjalnie mogłoby spowodować całkowitą utratę napędu, co znacznie ograniczyłoby zdolności operacyjne okrętu.

- **Szafy Elektryczne i Wyposażenie Pokładowe:**
  - Różne systemy elektryczne na okręcie, takie jak systemy sterowania uzbrojeniem, urządzenia nawigacyjne, systemy komunikacyjne oraz urządzenia podtrzymujące życie, również generują ciepło. Chłodzenie jest konieczne, aby utrzymać ich sprawność, zwłaszcza w ograniczonej przestrzeni okrętu podwodnego. Ryzyko kontaktu wody z elementami elektrycznymi jest minimalizowane poprzez zastosowanie całkowicie spawanych komponentów chłodzących z tytanu, które są odporne na korozję i wycieki.

Znaczenie Chłodzenia

Chłodzenie jest kluczowe dla utrzymania funkcjonalności i trwałości kluczowych komponentów. Jeśli elementy, takie jak generator, silnik czy szafy elektryczne, przekroczą swoje maksymalne temperatury pracy, mogą doznać trwałych uszkodzeń lub stać się mniej wydajne. W sytuacjach awaryjnych lub podczas operacji wojskowych awaria systemu chłodzenia mogłaby mieć katastrofalne skutki, ograniczając zdolność okrętu do manewrowania, unikania wykrycia lub realizacji misji. Aby temu zapobiec, okręty podwodne są wyposażone w wysoko wydajne systemy chłodzenia, zaprojektowane tak, aby radziły sobie z ciepłem w różnych warunkach operacyjnych.

Projektowanie Systemu Chłodzenia

Systemy chłodzenia na okrętach podwodnych zazwyczaj wykorzystują wymienniki ciepła o konstrukcji rurkowo-żebrowej, podobne do chłodnic samochodowych, lecz na większą skalę. Medium chłodzącym jest woda, która jest destylowana na pokładzie w celu usunięcia soli i innych zanieczyszczeń, co czyni ją odpowiednią do wykorzystania jako czynnik chłodzący. Woda ta jest cyrkulowana przez wymienniki ciepła, gdzie absorbuje ciepło z komponentów, a następnie oddaje je do otaczającej wody morskiej [145].

Jednostki Chłodzące i Konstrukcja Rurek:

- **Jednostki Chłodzące:**
  - Jednostki chłodzące mogą mieć konstrukcję jedno- lub dwururową. Jednorurowe jednostki są często preferowane ze względu na mniejszą wagę, co jest istotne w okrętach podwodnych, gdzie redukcja masy ma kluczowe znaczenie.

o System chłodzenia musi również mieścić się w ograniczonej przestrzeni kadłuba o kształcie tuby, co często wymaga niestandardowych chłodnic, które maksymalizują wykorzystanie przestrzeni.

- **Dobór Materiałów:**

    o Historycznie jednostki chłodzące były wykonane z stopów miedzi i niklu, lecz nowoczesne konstrukcje wykorzystują tytan. Tytan zapewnia korzyści wagowe, doskonałą odporność na korozję i trwałość, co ma kluczowe znaczenie w surowym środowisku morskim.

- **Rozmiar i Dostępność:**

    o Przestrzeń na okręcie podwodnym jest bardzo ograniczona, dlatego każdy komponent musi być maksymalnie kompaktowy.

    o Dodatkowo części zamienne muszą mieścić się przez włazy okrętu, które zazwyczaj mają średnicę około 1 metra. W związku z tym chłodnice są projektowane tak, aby można je było rozłożyć na mniejsze części, co ułatwia transport i instalację.

Redundancja i Tryby Awaryjne

Na okrętach wojskowych system chłodzenia jest zaprojektowany z redundancją, aby zapewnić ciągłość działania, nawet w przypadku awarii części systemu. Obejmuje to projektowanie na wypadek różnych trybów awaryjnych, takich jak awaryjne wyłączenia, awarie wentylatorów lub zmniejszony przepływ wody z powodu usterek pomp [145].

- **Silniki Tandemowe i Redundancja Chłodzenia:**

    o Okręty podwodne często wykorzystują silniki tandemowe z dwoma chłodnicami na każdy silnik. Każda chłodnica jest określana jako „100% chłodnica," co oznacza, że może samodzielnie obsłużyć cały ładunek chłodniczy silnika. Taka redundancja gwarantuje, że w przypadku awarii jednej chłodnicy druga jest w stanie utrzymać wymaganą wydajność chłodzenia.

- **Środki Zaradcze:**

    o Dodatkowe środki chłodzenia obejmują opcje chłodzenia powietrzem, gdzie można otworzyć drzwi, aby umożliwić zewnętrznemu powietrzu wspomaganie zarządzania temperaturą.

    o Konstrukcja uwzględnia również suboptymalne warunki, takie jak zmniejszony przepływ wody chłodzącej lub częściowe uszkodzenie sprzętu, aby utrzymać funkcjonalność systemu.

Wyzwania Projektowe Systemu

- **Optymalizacja Wagi i Przestrzeni:**

Podstawy Projektowania i Budowy Okrętów Podwodnych

- Ze względu na ograniczoną przestrzeń i konieczność minimalizacji wagi na okręcie podwodnym, komponenty systemu chłodzenia są projektowane tak, aby były jak najbardziej kompaktowe i lekkie. Wykorzystanie lżejszych materiałów, takich jak tytan, oraz optymalizacja kształtu jednostek chłodzących, aby dopasować je do kadłuba okrętu, pozwala osiągnąć ten cel.

- **Dostosowanie i Adaptacja:**
    - Systemy chłodzenia są dostosowywane do wymagań klienta, które mogą obejmować specyficzne tryby awaryjne lub warunki operacyjne. Proces projektowania często wymaga współpracy z klientami, aby upewnić się, że sprzęt spełnia wszystkie specyfikacje i jest w stanie wytrzymać szeroki zakres warunków operacyjnych.

System chłodzenia jest krytycznym elementem okrętów podwodnych, wpływającym na wydajność i bezpieczeństwo jednostki. Zapewnia, że kluczowe komponenty, takie jak generator diesla, silnik napędowy i systemy elektryczne, pozostają w bezpiecznych granicach temperatury pracy. Dzięki starannie zaprojektowanej redundancji, wysokiej jakości materiałom, takim jak tytan, oraz dostosowanym układom systemy chłodzenia okrętów podwodnych są zaprojektowane tak, aby sprostać unikalnym wyzwaniom środowisk podwodnych przy jednoczesnej optymalizacji przestrzeni, wagi i efektywności operacyjnej.

Silniki Główne

Silniki główne okrętów podwodnych to kluczowe komponenty napędowe, które umożliwiają ruch jednostki zarówno na powierzchni, jak i pod wodą. Występują w różnych konfiguracjach, w tym z przekładniami i z napędem bezpośrednim. Muszą być solidne i niezawodne, aby sprostać wymagającym warunkom pracy pod wodą. Poniżej znajduje się szczegółowy opis ich konstrukcji i działania [144]:

Silniki Główne z Przekładniami

Konstrukcja i Budowa

Silniki główne z przekładniami to dwuprzewodowe silniki prądu stałego (DC) o konstrukcji szeregowo-równoległej, wyposażone w kilka uzwojeń: bocznikowe, szeregowe, komutacyjne i kompensacyjne. Uzwojenia te zapewniają stabilną i efektywną pracę w różnych warunkach. Pole bocznikowe jest zasilane osobno przez szynę wzbudzenia, która otrzymuje energię z baterii okrętu, co daje większą kontrolę nad wydajnością silnika.

Silniki są wodoodporne poniżej ramy pola i odporne na zalanie powyżej, co zapewnia trwałość w zanurzonej przestrzeni okrętu podwodnego. Chłodzenie realizowane jest za pomocą wentylatora przymocowanego do wału wirnika, który cyrkuluje powietrze przez rdzenie chłodzone wodą obiegową.

Działanie i Sterowanie

Silniki charakteryzują się wysoką prędkością obrotową, zdolne do generowania do około 1370 koni mechanicznych (hp) przy 415 V i 1300 obrotach na minutę (rpm). Mogą być podłączane w różne kombinacje szeregowe lub równoległe za pomocą systemu sterowania znanego jako główny panel kontrolny. Ta elastyczność pozwala na precyzyjne dostosowanie prędkości podczas operacji na powierzchni i pod wodą. Na powierzchni kontrola prędkości jest realizowana przez regulację prędkości generatora i pola bocznikowego, natomiast pod wodą odbywa się to przez zmianę pola bocznikowego silnika lub konfigurację szeregowo-równoległą silników. Możliwość odwrócenia przepływu prądu w obwodzie wirnika pozwala również na zmianę kierunku ruchu jednostki.

Kluczowe Komponenty

Komponenty silników głównych, takie jak komutator, wirnik, uzwojenia wirnika, uchwyty szczotkowe i rama pola, są podobne do tych stosowanych w głównych generatorach okrętu. Łożyska odgrywają kluczową rolę w podtrzymywaniu wału wirnika, wykorzystując dzielone łożyska tulejowe umieszczone w szczelnych obudowach, aby zapobiec wyciekom oleju. Łożyska te są smarowane olejem dostarczanym przez pompę związaną z jednostkami przekładni redukcyjnej.

System Smarowania i Chłodzenia

System Smarowania

Łożyska silnika są smarowane przez pompę olejową napędzaną przekładnią, co jest kluczowe dla utrzymania płynnej pracy. Jeśli prędkość wału śruby spada poniżej 38 obr./min, aktywuje się pompa awaryjna, zapewniając odpowiednie ciśnienie oleju do łożysk i przekładni redukcyjnych. Przepływ oleju jest dokładnie monitorowany, a mechanizmy zabezpieczające, takie jak wizjery przepływu i systemy przelewowe, zapobiegają nadmiernemu ciśnieniu lub przepełnieniu. System smarowania zawiera również komory powietrzne, które zapobiegają tworzeniu się próżni wokół wału, zapewniając, że wszelkie wycieki oleju są odprowadzane z wnętrza silnika.

Systemy Chłodzenia

Chłodzenie silników głównych polega na cyrkulacji powietrza przez jednostki chłodzące wodą, podobnie jak w głównych generatorach. W przypadku niektórych silników, takich jak te produkowane przez Allis-Chalmers, jednostki chłodzące są podzielone na sekcje, które obejmują większość zewnętrznej powierzchni silnika. Taki układ zapewnia efektywne rozpraszanie ciepła nawet podczas ciągłej pracy, utrzymując silnik w bezpiecznych granicach temperatury. Odpowiednie chłodzenie jest kluczowe, ponieważ przegrzanie może prowadzić do obniżenia wydajności lub uszkodzenia komponentów silnika.

Silniki główne odgrywają kluczową rolę w napędzie okrętów podwodnych, umożliwiając ich efektywny i cichy ruch w różnych warunkach operacyjnych.

Silniki z Napędem Bezpośrednim

Podstawy Projektowania i Budowy Okrętów Podwodnych

Konstrukcja z Podwójnym Wirnikiem

W nowszych klasach okrętów podwodnych tradycyjne silniki główne i przekładnie redukcyjne zostały zastąpione bardziej kompaktowymi i wydajnymi silnikami z podwójnym wirnikiem, które są bezpośrednio połączone z wałami napędowymi śrub. Silniki te charakteryzują się większą mocą, osiągającą do 2700 KM na silnik, co zwiększa możliwości napędowe okrętu. Każdy silnik posiada dwa wirniki i jest montowany bezpośrednio na wale napędowym, po jednym na wałach prawej i lewej burty. Ta konstrukcja eliminuje potrzebę stosowania pośrednich przekładni redukcyjnych, upraszczając proces przenoszenia mocy.

Działanie i Sterowanie

Silniki z podwójnym wirnikiem mają podobny układ uzwojeń polowych, w tym uzwojenia bocznikowe i szeregowe, które zapewniają elastyczność w działaniu. Są one również wyposażone w uzwojenia kompensacyjne i bieguny komutacyjne, co pozwala na płynny przepływ prądu i redukcję iskrzenia. Chłodzenie zapewnia poprzecznie zamontowany chłodnica powietrza z rurami wodnymi, a mechaniczne filtry powietrza gwarantują, że cyrkulujące powietrze jest wolne od zanieczyszczeń. Podczas pracy z małą prędkością silnik może działać bez dodatkowego chłodzenia, co pozwala oszczędzać energię.

Konstrukcja Ramy i Wału

Rama silnika z podwójnym wirnikiem jest podzielona pod kątem 11 stopni, co ułatwia dostęp i demontaż wirnika w celu konserwacji. Dolna część ramy jest wodoszczelna, co zapewnia, że wszelkie skropliny lub ciecz są bezpiecznie odprowadzane. Wirnik jest zamontowany na wydrążonym wale wykonanym z kutego stali, który posiada łożyska na obu końcach, zapewniając płynną rotację. Przedni koniec wału jest wyposażony w łożysko oporowe typu Kingsbury, które pochłania obciążenia od śruby, zapewniając stabilną pracę.

Łożyska i Konserwacja

Budowa i Konserwacja Łożysk

Łożyska stosowane w silnikach okrętów podwodnych są wykonane z trwałych materiałów, takich jak stal odlewana, pokryta warstwą babbitu, co zapewnia odporność na zużycie podczas pracy z dużymi prędkościami. Łożyska te są zaprojektowane jako dzielone tuleje, co umożliwia łatwą wymianę i konserwację. W rowkach tulei zapewniono odpowiednią cyrkulację oleju, co pomaga odprowadzać ciepło i zapobiegać gromadzeniu się osadów. Do pomiaru zużycia łożysk i prawidłowego montażu nowych tulei łożyskowych stosuje się precyzyjne narzędzia, takie jak głębokościomierze i mostki pomiarowe.

Łożyska Oporowe i Stabilność Wału

Łożyska oporowe typu Kingsbury zarządzają obciążeniami w przód i w tył generowanymi przez śruby. Składają się z obrotowego kołnierza i stacjonarnych podkładek, które równomiernie rozkładają obciążenia. Konstrukcja pozwala na niewielkie nieosiowości, co jest kluczowe dla utrzymania integralności systemu napędowego w zmiennych warunkach obciążenia. Łożyska oporowe, wraz z łożyskami promieniowymi, są smarowane przez pompę napędzaną silnikiem, co zapewnia płynną pracę nawet podczas długotrwałych misji.

Silniki główne, niezależnie od konfiguracji z przekładniami czy z napędem bezpośrednim, odgrywają kluczową rolę w przekształcaniu energii elektrycznej w napęd mechaniczny. Dzięki zaawansowanym systemom chłodzenia, smarowania i sterowania silniki te są projektowane z myślą o wydajności, niezawodności i łatwości konserwacji. Solidna konstrukcja i zaawansowane układy uzwojeń zapewniają okrętom podwodnym niezbędną moc zarówno do szybkich operacji, jak i cichych manewrów w niskich prędkościach. Odpowiednia konserwacja tych silników, szczególnie w zakresie smarowania i chłodzenia, ma kluczowe znaczenie dla zapewnienia długoterminowej zdolności operacyjnej okrętów podwodnych w wymagającym środowisku podwodnym.

Systemy Elektryczne Okrętów Podwodnych z Napędem Nuklearnym

Projektowanie systemów elektrycznych na okrętach podwodnych z napędem nuklearnym to złożone i wieloaspektowe zadanie, które wymaga integracji różnych technologii w celu zapewnienia efektywnego wytwarzania, dystrybucji i zarządzania energią. Centralnym elementem tego projektu jest nuklearny system napędowy, który zazwyczaj wykorzystuje reaktory wodne ciśnieniowe (PWR) do generowania pary napędzającej turbiny. Systemy elektryczne muszą sprostać wysokim wymaganiom energetycznym napędu, systemów pokładowych i urządzeń pomocniczych, zachowując jednocześnie bezpieczeństwo i niezawodność w ekstremalnych warunkach.

Okręty podwodne z napędem nuklearnym wykorzystują różnorodne systemy dystrybucji energii elektrycznej, w tym konfiguracje prądu zmiennego (AC) i prądu stałego (DC). Wybór między tymi systemami zależy od takich czynników jak efektywność, waga oraz specyficzne wymagania operacyjne okrętu. Badania wykazały, że systemy prądu stałego mogą oferować przewagę w postaci zmniejszonych strat elektrycznych i lepszej efektywności wagowej kabli, co ma kluczowe znaczenie w ograniczonych przestrzeniach okrętów podwodnych [146]. Ponadto eksploruje się integrację modułowych reaktorów szybkonodowych ołowiowo-bizmutowych w celu zwiększenia bezpieczeństwa i efektywności systemów napędu nuklearnego, co zapewnia solidne źródło zasilania dla systemów elektrycznych [147].

Systemy Składowe

1. Wytwarzanie Energii

Głównym źródłem energii elektrycznej w okręcie podwodnym z napędem nuklearnym jest reaktor jądrowy. Reaktor generuje ciepło w procesie rozszczepienia jądrowego, które jest wykorzystywane do produkcji pary. Para ta napędza następnie turbiny parowe połączone z generatorami, które wytwarzają energię elektryczną.

- **Reaktor Nuklearny:** Reaktor na pokładzie okrętu jest zazwyczaj reaktorem wodnym ciśnieniowym (PWR), który jako paliwo wykorzystuje wysoko wzbogacony uran. Generuje on znaczną ilość ciepła w wyniku kontrolowanego rozszczepienia jądrowego. Ciepło to jest przekazywane do pierwotnego obiegu chłodzenia zawierającego wodę pod wysokim ciśnieniem, co zapobiega jej wrzeniu.

- **Produkcja Pary:** Ciepło z obiegu pierwotnego jest przekazywane do obiegu wtórnego za pośrednictwem wytwornic pary. W obiegu wtórnym woda przekształcana jest w parę, która jest wykorzystywana do napędzania turbin parowych.

- **Turbiny Parowe i Generatory**: Turbiny parowe są połączone z generatorami, które produkują energię elektryczną. Na pokładzie okrętu podwodnego mogą być używane wielokrotne turbiny i generatory, aby zapewnić redundancję oraz dostarczać różne poziomy mocy dla poszczególnych systemów.

Wydajność tych systemów jest kluczowa dla zapewnienia ciągłości działania zarówno w normalnych, jak i awaryjnych warunkach operacyjnych. Dzięki zastosowaniu zaawansowanych technologii i wysokiej jakości materiałów systemy elektryczne w okrętach podwodnych z napędem nuklearnym są zaprojektowane do niezawodnej pracy przez dziesięciolecia.

2. System Dystrybucji Energii Elektrycznej

Generowana energia elektryczna jest rozprowadzana po całym okręcie za pomocą złożonej sieci dystrybucyjnej, która obsługuje zarówno systemy prądu zmiennego (AC), jak i stałego (DC).

- **Główna Tablica Rozdzielcza**: Energia generowana przez turbiny jest kierowana do głównej tablicy rozdzielczej, która działa jako centrum sterowania dystrybucją energii elektrycznej do różnych systemów. Tablica zarządza przepływem energii i kieruje ją do różnych obwodów, w tym systemów napędowych, podtrzymywania życia, uzbrojenia oraz systemów pomocniczych.

- **Systemy Zasilania AC i DC**: Okręty podwodne z napędem nuklearnym wykorzystują zarówno prąd zmienny (AC), jak i stały (DC). Prąd zmienny jest zwykle stosowany w ogólnych systemach, takich jak oświetlenie, ogrzewanie i wentylacja, natomiast prąd stały służy do operacji krytycznych, takich jak systemy uzbrojenia, ładowanie baterii oraz napęd elektryczny.

- **Redundantne Ścieżki Zasilania**: Sieć dystrybucji energii elektrycznej jest zaprojektowana z wieloma redundantnymi ścieżkami zasilania, aby zapewnić nieprzerwane działanie kluczowych systemów. W przypadku awarii w jednej części sieci energia elektryczna może być dostarczana alternatywnymi drogami.

3. Integracja Systemu Napędowego

Elektryczność jest kluczowa dla systemu napędowego w okrętach podwodnych z napędem nuklearnym, zwłaszcza że silniki napędowe są napędzane elektrycznie. Projekt systemu elektrycznego umożliwia precyzyjną kontrolę prędkości i manewrowości okrętu.

- **Elektryczne Silniki Napędowe**: Energia elektryczna generowana przez parę napędza duże silniki elektryczne, które obracają śrubę lub strugowodny system napędowy. Silniki te bezpośrednio przenoszą moment obrotowy na wał napędowy, umożliwiając zarówno operacje z dużą, jak i małą prędkością.

- **Kontrola Prędkości Zmiennej**: Silniki napędowe mogą być sterowane w celu pracy z różnymi prędkościami, co pozwala okrętowi na zachowanie skrytości podczas operacji przy niższych prędkościach lub na wykonywanie manewrów z dużą prędkością w razie potrzeby. Prędkość zmienna jest osiągana poprzez regulację napięcia i natężenia prądu dostarczanego do silników.

- **Systemy Napędu Bezpośredniego i Redukcyjnego**: Niektóre okręty wykorzystują konfigurację napędu bezpośredniego, w której silnik napędowy jest bezpośrednio sprzężony z wałem śruby. Inne mogą stosować przekładnie redukcyjne, aby dostosować wysoką prędkość wyjściową silnika do niższej prędkości wymaganej przez śrubę.

4. Systemy Baterii i Zasilanie Rezerwowe

Nawet w okrętach z napędem nuklearnym systemy baterii odgrywają kluczową rolę, zapewniając zasilanie awaryjne w przypadku sytuacji kryzysowej lub wyłączenia reaktora.

- **Banki Baterii**: Duże banki baterii są używane jako źródła zasilania rezerwowego i mogą dostarczać energię elektryczną do kluczowych systemów w przypadku awarii głównego źródła zasilania. Baterie są również używane podczas "cichego biegu", gdy okręt musi zminimalizować hałas, operując bez reaktora.
- **Mechanizm Ładowania**: Baterie są ładowane za pomocą energii generowanej przez turbiny reaktora nuklearnego. Są utrzymywane w pełni naładowane, aby zapewnić gotowość w sytuacjach awaryjnych.
- **Automatyczne Przełączanie**: W przypadku utraty zasilania system elektryczny może automatycznie przełączyć się z głównego źródła zasilania na zasilanie bateryjne, zapewniając ciągłe działanie kluczowych systemów, takich jak podtrzymywanie życia, komunikacja i nawigacja.

5. Systemy Zasilania Pomocniczego

System elektryczny wspiera również źródła zasilania pomocniczego i urządzenia, zapewniając ciągłość działania w różnych warunkach.

- **Awaryjne Generatory Diesla**: Okręty podwodne z napędem nuklearnym często wyposażone są w awaryjne generatory diesla, które mogą dostarczać energię elektryczną podczas prac konserwacyjnych reaktora lub w przypadku jego awarii. Generatory te są również używane do ładowania baterii, gdy reaktor jest wyłączony.
- **Przenośne Jednostki Zasilania**: Niektóre okręty podwodne są wyposażone w przenośne jednostki zasilania lub źródła zasilania pomocniczego, które mogą być używane do zasilania określonych urządzeń lub systemów w sytuacjach awaryjnych.

6. Zarządzanie Zasilaniem i Rozdział Obciążenia

Efektywne zarządzanie zasilaniem jest kluczowe w okrętach podwodnych, aby optymalizować zużycie energii i zapewnić odpowiednie zasilanie kluczowych systemów.

- **Odłączanie Obciążeń**: W przypadku niedoboru energii lub awarii systemu, niekluczowe systemy mogą być automatycznie lub ręcznie wyłączane, aby priorytetowo zasilać kluczowe funkcje, takie jak napęd, podtrzymywanie życia i systemy uzbrojenia.
- **Monitorowanie i Kontrola**: System elektryczny obejmuje urządzenia monitorujące, które dostarczają w czasie rzeczywistym danych na temat zużycia energii, stanu baterii i wydajności generatorów. Operatorzy mogą wykorzystywać te informacje do efektywnego zarządzania rozdziałem energii.

7. Izolacja Elektryczna i Bezpieczeństwo

Podstawy Projektowania i Budowy Okrętów Podwodnych

W systemach elektrycznych okrętów podwodnych szczególną uwagę zwraca się na zapobieganie zagrożeniom elektrycznym i zapewnienie bezpieczeństwa w środowisku podwodnym.

- **Wodoszczelne Okablowanie i Złącza**: Całe okablowanie i złącza elektryczne są wodoszczelne, aby zapobiec zwarciom i korozji spowodowanej wilgocią. Kable są izolowane materiałami odpornymi na wnikanie wody i działanie ciśnienia.

- **Uziemienie i Ekranowanie**: Systemy elektryczne są odpowiednio uziemione, aby zapobiec porażeniu prądem i zakłóceniom elektromagnetycznym. Ekranowanie minimalizuje ryzyko zakłóceń sygnałów z zewnętrznych źródeł.

- **Zabezpieczenie Obwodów**: W sieci elektrycznej stosowane są wyłączniki, bezpieczniki i ochronniki przeciwprzepięciowe, aby chronić urządzenia przed przeciążeniem, skokami napięcia i uszkodzeniami elektrycznymi.

8. Chłodzenie i Zarządzanie Ciepłem

Sprzęt elektryczny generuje ciepło, szczególnie w ciasnych przestrzeniach okrętu podwodnego. Efektywne chłodzenie jest niezbędne, aby utrzymać optymalne temperatury pracy.

- **Systemy Chłodzenia Powietrzem i Wodą**: Sprzęt elektryczny jest chłodzony za pomocą systemów powietrznych i wodnych. Woda chłodząca jest pobierana z oceanu, destylowana i cyrkuluje w celu chłodzenia generatorów, silników napędowych i innych elementów generujących ciepło.

- **Wymienniki Ciepła**: Wymienniki ciepła przenoszą nadmiar ciepła z systemów elektrycznych do wody chłodzącej. Utrzymuje to temperatury w bezpiecznych granicach i zapobiega przegrzewaniu.

- **Systemy Wentylacyjne**: Systemy wentylacyjne utrzymują przepływ powietrza wokół elementów elektrycznych, rozpraszając ciepło i zapewniając stabilne środowisko pracy.

9. Integracja z Systemami Nawigacyjnymi i Komunikacyjnymi

System elektryczny zasila również urządzenia nawigacyjne i komunikacyjne, które są kluczowe dla operacji okrętu podwodnego.

- **Systemy Sonaru i Radaru**: Energia elektryczna jest wykorzystywana do obsługi zestawów sonarowych, systemów radarowych i innych urządzeń detekcyjnych. Systemy te pomagają okrętowi wykrywać obiekty podwodne i nawodne, wspierając nawigację i świadomość sytuacyjną.

- **Wewnętrzne Systemy Komunikacyjne**: Systemy elektryczne okrętu podwodnego obsługują interkomy, telefony i sieci wewnętrzne, które umożliwiają komunikację między członkami załogi oraz koordynację działań.

10. Uwagi Dotyczące Skrytości

Skrytość to kluczowy element projektowania okrętów podwodnych, a systemy elektryczne są konstruowane w sposób minimalizujący sygnatury akustyczne i elektromagnetyczne.

- **Cicha Praca**: Podczas cichej pracy okręt minimalizuje hałas, zmniejszając prędkość silników elektrycznych napędowych i wyłączając nieistotne systemy. System elektryczny musi wspierać operacje o niskim poziomie hałasu, jednocześnie utrzymując zasilanie dla kluczowych urządzeń.

- **Redukcja Sygnatury Elektromagnetycznej**: Aby uniknąć wykrycia przez wrogie czujniki, komponenty elektryczne są projektowane w sposób ograniczający emisje elektromagnetyczne. Osiąga się to dzięki odpowiedniemu ekranowaniu i praktykom uziemiania.

Architektura elektryczna okrętu podwodnego z napędem jądrowym zazwyczaj łączy systemy wysokiego napięcia prądu stałego (HVDC) z tradycyjnymi systemami prądu zmiennego (AC). Systemy HVDC są szczególnie korzystne w przypadku przesyłu energii na duże odległości, ponieważ minimalizują straty związane z systemami AC [148]. Dodatkowo rozważane jest wdrożenie rozwiązań magazynowania energii, takich jak akumulatory litowo-jonowe, które zapewniają zasilanie rezerwowe i zwiększają elastyczność operacyjną. Zarządzanie termiczne tych akumulatorów jest jednak kluczowe, ponieważ niekontrolowany wzrost temperatury (tzw. termiczne rozbieganie) może stanowić poważne zagrożenie w ciasnych przestrzeniach okrętu podwodnego [111].

Włączenie systemów HVDC do architektury elektrycznej okrętów podwodnych przynosi znaczące korzyści, szczególnie w zakresie efektywności przesyłu energii. HVDC jest bardziej wydajny w przesyłaniu energii na duże odległości w porównaniu z tradycyjnymi systemami AC. Wynika to z faktu, że HVDC minimalizuje straty związane z przesyłem prądu zmiennego, takie jak te spowodowane rezystancją i mocą bierną w kablach. Dla okrętów podwodnych taka zwiększona efektywność jest kluczowa, ponieważ umożliwia skuteczniejsze rozprowadzanie energii na pokładzie bez znaczących strat. HVDC może zasilać systemy o dużym zapotrzebowaniu na energię, takie jak silniki napędowe i kluczowe urządzenia pokładowe, zapewniając maksymalną efektywność wykorzystania energii.

W okręcie podwodnym z napędem jądrowym, gdzie przestrzeń jest ograniczona, a systemy muszą działać w trudnych warunkach, efektywność HVDC zmniejsza potrzebę stosowania dużych i ciężkich transformatorów mocy, które są typowe dla systemów AC. Oszczędność miejsca umożliwia bardziej kompaktowe konfiguracje elektryczne i tworzy przestrzeń na inne kluczowe urządzenia. Ponadto HVDC jest mniej podatny na zakłócenia elektromagnetyczne, co jest ważnym aspektem dla operacji skrytych okrętów podwodnych.

Chociaż HVDC ma wiele zalet w określonych zastosowaniach, tradycyjne systemy AC nadal odgrywają kluczową rolę w architekturze elektrycznej okrętów podwodnych. Prąd zmienny jest wykorzystywany w wielu standardowych systemach pokładowych, takich jak oświetlenie, wentylacja, ogrzewanie i urządzenia pomocnicze, a także w integracji konwencjonalnych komponentów elektrycznych. AC jest również często stosowany w systemach, gdzie wymagana jest regulacja prędkości, na przykład w silnikach napędowych i niektórych systemach pomocniczych.

Połączenie systemów HVDC i AC pozwala na stworzenie wszechstronnej i elastycznej infrastruktury elektrycznej. Systemy zarządzania energią mogą konwertować prąd między AC i DC w zależności od wymagań konkretnego urządzenia. Takie hybrydowe podejście zapewnia zarówno wysoką efektywność przesyłu energii, jak i kompatybilność z tradycyjnym sprzętem zasilanym prądem zmiennym.

Podstawy Projektowania i Budowy Okrętów Podwodnych

Magazynowanie energii jest istotnym elementem systemów elektrycznych okrętów podwodnych, szczególnie w zapewnianiu zasilania rezerwowego i zwiększaniu elastyczności operacyjnej. Akumulatory litowo-jonowe są coraz częściej badane i wdrażane w nowoczesnych okrętach podwodnych ze względu na ich wyższą gęstość energetyczną i dłuższą żywotność w porównaniu z tradycyjnymi akumulatorami kwasowo-ołowiowymi. Te akumulatory mogą magazynować więcej energii w mniejszej przestrzeni, co jest wysoce korzystne w ograniczonym środowisku okrętu podwodnego.

Włączenie akumulatorów litowo-jonowych pozwala okrętowi podwodnemu na ciche działanie poprzez korzystanie z magazynowanej energii elektrycznej zamiast uruchamiania reaktora lub generatorów. Ta zdolność do cichego działania jest kluczowa dla operacji skrytych, ponieważ redukuje hałas i minimalizuje ryzyko wykrycia. Dodatkowo te akumulatory mogą zapewniać zasilanie rezerwowe w sytuacjach awaryjnych, gwarantując, że kluczowe systemy, takie jak podtrzymywanie życia, komunikacja i nawigacja, pozostaną sprawne w przypadku awarii głównego źródła zasilania.

Chociaż akumulatory litowo-jonowe oferują liczne korzyści, ich wdrażanie w okrętach podwodnych wiąże się z poważnymi wyzwaniami związanymi z zarządzaniem termicznym. W ciasnym środowisku, takim jak okręt podwodny, ryzyko termicznego rozbiegania, czyli stanu, w którym temperatura akumulatora gwałtownie rośnie, prowadząc do pożaru lub eksplozji, musi być dokładnie kontrolowane. Zamknięte środowisko potęguje konsekwencje takiego zdarzenia, potencjalnie zagrażając załodze i integralności okrętu.

Aby zminimalizować te zagrożenia, w moduły akumulatorowe są wbudowane zaawansowane systemy zarządzania termicznego. Mogą one obejmować aktywne rozwiązania chłodzące, takie jak płaszcze chłodzone cieczą otaczające ogniwa akumulatorowe, lub materiały zmiennofazowe, które pochłaniają i rozpraszają ciepło. Dodatkowo systemy monitorowania akumulatorów stale śledzą temperaturę, napięcie i poziomy prądu, wykrywając wczesne oznaki niestabilności termicznej. Pozwala to na proaktywne zarządzanie i, w razie potrzeby, izolację problematycznych ogniw akumulatorowych.

Integracja systemów HVDC, AC i zaawansowanych systemów magazynowania energii w architekturze elektrycznej okrętu podwodnego to złożone zadanie wymagające starannego planowania i projektowania. System sterowania elektrycznego zarządza przepływem energii między sieciami HVDC i AC, zapewniając efektywne wykorzystanie zalet każdego z systemów. System ten kontroluje również cykle ładowania i rozładowywania akumulatorów, optymalizując wydajność i żywotność systemu magazynowania energii.

W tej hybrydowej konfiguracji elektrycznej HVDC jest zazwyczaj używane do głównych zadań przesyłu energii, takich jak zasilanie systemu napędowego lub innych urządzeń o dużym poborze mocy. Natomiast energia AC jest rozprowadzana w celu obsługi standardowych systemów pokładowych i funkcji pomocniczych. System zarządzania elektrycznego na okręcie podwodnym płynnie konwertuje energię między HVDC i AC w zależności od potrzeb, zapewniając każdemu komponentowi odpowiedni rodzaj zasilania.

Ponadto projekt systemów elektrycznych musi uwzględniać unikalne środowisko operacyjne okrętów podwodnych, w tym wpływ wody morskiej i ciśnienia na komponenty elektryczne. Zaawansowane techniki modelowania są wykorzystywane do symulacji interakcji między różnymi komponentami systemu, w tym wpływu warunków morskich na wydajność reaktora i systemy kontroli termicznej [136]. To podejście multidyscyplinarnej symulacji pomaga inżynierom optymalizować projekt systemów elektrycznych, aby zapewnić ich odporność i niezawodność podczas eksploatacji.

Czynniki takie jak ekspozycja na wodę morską, ekstremalne ciśnienie na głębokości, wahania temperatury oraz konieczność zachowania skrytości mają wpływ na wybory projektowe dotyczące komponentów elektrycznych i architektury systemu. Warunki te stwarzają unikalne wyzwania, które nie występują w innych środowiskach, co sprawia, że projektowanie systemów elektrycznych okrętów podwodnych zasadniczo różni się od tych stosowanych na statkach nawodnych czy instalacjach lądowych.

Systemy elektryczne na okrętach podwodnych muszą być wystarczająco odporne, aby wytrzymać wpływ wody morskiej i wysokiego ciśnienia napotkanego podczas operacji podwodnych. Ponieważ okręty podwodne działają na znacznych głębokościach, ciśnienie na kadłubie i komponentach może osiągać setki razy większe niż ciśnienie atmosferyczne, co prowadzi do potencjalnych odkształceń i kompresji materiałów. Komponenty elektryczne, okablowanie i złącza muszą być starannie zaprojektowane, aby uniknąć awarii w tych ekstremalnych warunkach.

Woda morska, będąca wysoce przewodzącym medium, może powodować zwarcia elektryczne i korozję, jeśli dostanie się w kontakt z komponentami elektrycznymi. Aby temu zapobiec, wszystkie komponenty elektryczne muszą być uszczelnione i izolowane przed wnikaniem wody morskiej. Wykorzystanie specjalistycznych materiałów, takich jak stopy odporne na korozję i wysokowytrzymałe izolatory, zapewnia, że systemy elektryczne pozostają sprawne pomimo długotrwałego narażenia na trudne warunki podwodne. Złącza są często zabezpieczane wodoodpornymi technologiami uszczelniającymi, a kable pokrywane materiałami odpornymi na korozję wywołaną działaniem słonej wody.

Aby sprostać złożoności projektowania systemów elektrycznych okrętów podwodnych, inżynierowie wykorzystują zaawansowane techniki modelowania do symulacji interakcji między różnymi komponentami systemu. Symulacje te uwzględniają wiele czynników, takich jak rozkład obciążeń elektrycznych, zarządzanie termiczne, wpływ ciśnienia i naprężeń mechanicznych. Dzięki multidyscyplinarnemu podejściu inżynierowie mogą dokładnie przewidzieć, jak systemy elektryczne będą funkcjonować w rzeczywistych warunkach.

Narzędzia do symulacji wielodziedzinowych są szczególnie przydatne w ocenie, jak różne warunki morskie, takie jak zmieniające się temperatury, prądy i poziomy zasolenia, wpływają na wydajność reaktora, dystrybucję energii i systemy chłodzenia. Na przykład systemy kontroli termicznej na okręcie podwodnym muszą utrzymywać optymalne temperatury pracy komponentów elektrycznych pomimo zmian temperatury wody morskiej. Symulacje pozwalają inżynierom modelować przepływ ciepła z komponentów elektrycznych do systemów chłodzenia, optymalizując rozmieszczenie i konstrukcję jednostek chłodzących w celu zapewnienia ich wydajności i odporności.

Wydajność reaktora na okręcie podwodnym jest ściśle związana z projektem systemu elektrycznego i jego zdolnością do zarządzania ciepłem. Podczas pracy reaktor generuje znaczne ilości ciepła, które muszą być skutecznie rozpraszane, aby uniknąć przegrzania i potencjalnych uszkodzeń. Systemy chłodzenia muszą uwzględniać zmieniające się warunki, z jakimi spotyka się okręt podwodny, takie jak wahania temperatury wody morskiej na różnych głębokościach. Zaawansowane modelowanie pomaga inżynierom zrozumieć, jak wyjście termiczne reaktora oddziałuje na systemy elektryczne okrętu podwodnego i jego otoczenie.

Podstawy Projektowania i Budowy Okrętów Podwodnych

Na przykład, gdy okręt podwodny zanurza się na większą głębokość, zwiększone ciśnienie może wpływać na charakterystykę przepływu medium chłodzącego używanego do zarządzania ciepłem reaktora. To z kolei może wpływać na wydajność procesów wymiany ciepła i wymagać dostosowania parametrów systemu chłodzenia. Symulacje wielodziedzinowe umożliwiają inżynierom szczegółowe badanie tych efektów, co pozwala na projektowanie systemów elektrycznych zdolnych do adaptacji do zmieniających się warunków bez kompromisów w zakresie bezpieczeństwa i wydajności.

Celem stosowania zaawansowanych technik modelowania i symulacji wielodziedzinowych w projektowaniu systemów elektrycznych okrętów podwodnych jest zapewnienie ich odporności i niezawodności podczas eksploatacji. Środowisko podwodne jest bezwzględne, a nawet drobne awarie elektryczne mogą mieć poważne konsekwencje dla bezpieczeństwa okrętu podwodnego i powodzenia misji. Dlatego systemy elektryczne muszą być zaprojektowane tak, aby zachowywały funkcjonalność w trudnych warunkach i szybko odzyskiwały sprawność po zakłóceniach.

Poprzez symulacje różnych scenariuszy awarii, takich jak przepięcia, niekontrolowany wzrost temperatury w systemach magazynowania energii czy awarie systemów chłodzenia, inżynierowie mogą projektować architektury elektryczne z redundancją i mechanizmami zabezpieczającymi. Na przykład systemy mogą obejmować zapasowe źródła zasilania, alternatywne ścieżki chłodzenia oraz zautomatyzowane systemy sterowania, które dynamicznie dostosowują dystrybucję energii i chłodzenie w odpowiedzi na wykryte problemy. Te funkcje zwiększają odporność systemów elektrycznych okrętu podwodnego, zapewniając ciągłą pracę nawet w trudnych warunkach.

Oprócz napędu i dystrybucji energii systemy elektryczne na okrętach podwodnych obejmują również zaawansowane systemy sterowania do monitorowania i zarządzania przepływami energii. Systemy te są zaprojektowane tak, aby zapewnić nieprzerwane zasilanie krytycznych obciążeń, szczególnie w sytuacjach awaryjnych. Integracja zaawansowanych czujników i technologii monitorowania pozwala na bieżącą ocenę wydajności systemu, umożliwiając proaktywną konserwację i minimalizując ryzyko awarii [106].

Systemy elektryczne na okrętach podwodnych z napędem jądrowym odgrywają kluczową rolę nie tylko w zakresie napędu i dystrybucji energii, ale także w zarządzaniu oraz kontrolowaniu przepływów energii do różnych podsystemów. Obejmują one zaawansowane systemy sterowania, które są niezbędne do monitorowania, regulacji i priorytetyzacji dystrybucji energii elektrycznej, aby zapewnić, że wszystkie kluczowe funkcje pozostają operacyjne, nawet w sytuacjach awaryjnych. Złożoność i wysokie wymagania operacji okrętów podwodnych sprawiają, że systemy te muszą być niezwykle niezawodne, responsywne i zdolne do adaptacji do zmieniających się warunków.

Jednym z kluczowych zadań systemów sterowania elektrycznego jest zapewnienie, że kluczowe obciążenia, takie jak systemy podtrzymywania życia, napęd, nawigacja i komunikacja, otrzymują nieprzerwane zasilanie. W przypadku wahań mocy, awarii lub sytuacji kryzysowych, system sterowania został zaprojektowany tak, aby priorytetowo traktować dystrybucję energii do tych kluczowych komponentów. Zapewnia to bezpieczeństwo załogi oraz operacyjność okrętu podwodnego podczas działań bojowych lub innych misji o znaczeniu krytycznym.

Na przykład, w przypadku nagłej utraty mocy lub awarii w systemie elektrycznym, architektura sterowania automatycznie przekierowuje energię z systemów niekluczowych w celu utrzymania funkcjonalności niezbędnego wyposażenia. Takie priorytetyzowanie obciążeń jest zarządzane przez inteligentne kontrolery, które w czasie rzeczywistym oceniają aktualne zapotrzebowanie na energię i dostępne źródła zasilania, co pozwala na natychmiastową reakcję na zakłócenia. System może również obejmować zautomatyzowane mechanizmy przełączania, które szybko przekierowują zasilanie, aby zapewnić ciągłą pracę kluczowych systemów.

Nowoczesne systemy elektryczne okrętów podwodnych wykorzystują szereg zaawansowanych czujników i technologii monitorowania, aby utrzymać optymalną dystrybucję energii i wykrywać potencjalne problemy zanim staną się poważnym zagrożeniem. Czujniki te są strategicznie rozmieszczone w całym okręcie podwodnym w celu śledzenia różnych parametrów, takich jak napięcie, prąd, temperatura i ciśnienie. Dzięki ciągłemu monitorowaniu sieci elektrycznej systemy sterowania mogą identyfikować nieprawidłowe warunki, takie jak przegrzewanie, przeciążenie lub spadki napięcia, i podejmować działania naprawcze.

Dane zbierane przez te czujniki są wykorzystywane do bieżącej oceny stanu systemu elektrycznego. Na przykład czujniki termiczne zainstalowane w pobliżu krytycznych komponentów elektrycznych mogą wykrywać przegrzewanie, co pozwala systemowi na uruchomienie mechanizmów chłodzenia lub dostosowanie dystrybucji energii w celu zapobieżenia uszkodzeniom. Podobnie, czujniki prądu mogą wykrywać zwarcia lub usterki, zmuszając system sterowania do izolowania dotkniętych obszarów i przekierowania energii, aby utrzymać integralność całego systemu. Zdolność do ciągłego monitorowania i reagowania na zmieniające się warunki pomaga minimalizować ryzyko awarii i zwiększa bezpieczeństwo operacyjne okrętu podwodnego.

Dane zbierane w czasie rzeczywistym przez systemy monitorujące są wykorzystywane nie tylko do natychmiastowych działań naprawczych, ale także do predykcyjnej konserwacji. Analizując trendy w zebranych danych, system sterowania może przewidzieć potencjalne awarie lub pogorszenie wydajności, umożliwiając zespołom konserwacyjnym usunięcie problemów, zanim doprowadzą do przestojów lub poważniejszych uszkodzeń. Na przykład wzrost oporu elektrycznego w niektórych obwodach w czasie może wskazywać na początek zużycia komponentu. System sterowania może ostrzec personel konserwacyjny o konieczności wymiany lub naprawy uszkodzonego komponentu podczas zaplanowanego okresu konserwacji, unikając tym samym niespodziewanych awarii.

Proaktywna konserwacja oparta na ocenie w czasie rzeczywistym wydłuża żywotność kluczowych komponentów elektrycznych i poprawia ogólną niezawodność okrętu podwodnego. Takie podejście ma szczególne znaczenie w ograniczonym i wrogim środowisku okrętu podwodnego, gdzie możliwości napraw są ograniczone, a konsekwencje awarii systemów mogą być poważne. Zaawansowane systemy diagnostyki i monitorowania przyczyniają się do strategii konserwacyjnej, która obniża koszty operacyjne i zwiększa gotowość do misji poprzez minimalizację potrzeby nagłych napraw.

W okrętach podwodnych z napędem jądrowym zdolność do skutecznego reagowania na sytuacje awaryjne, takie jak wyłączenie reaktora czy pożar w maszynowni, jest kluczowa. System sterowania elektrycznego odgrywa w takich sytuacjach kluczową rolę, automatycznie dostosowując przepływy mocy, aby zapewnić ciągłość funkcjonowania wszystkich niezbędnych systemów. Protokoły awaryjne systemu obejmują zdefiniowane wcześniej reakcje, które mogą izolować uszkodzone obwody, włączać źródła zasilania awaryjnego i uruchamiać procesy chłodzenia w celu zarządzania ciepłem generowanym przez usterki elektryczne.

Podstawy Projektowania i Budowy Okrętów Podwodnych

Integracja monitorowania w czasie rzeczywistym i inteligentnych mechanizmów sterowania pozwala okrętowi podwodnemu pozostać operacyjnym w trudnych warunkach. Na przykład, jeśli sytuacja awaryjna prowadzi do utraty zasilania w jednej sekcji okrętu, system sterowania może dynamicznie przekierować moc z innych sekcji, utrzymując funkcje krytyczne, takie jak napęd, sonar i systemy podtrzymywania życia. Taki poziom kontroli osiągany jest dzięki zaawansowanym algorytmom, które równoważą obciążenie elektryczne i priorytetyzują dystrybucję energii w zależności od pilności sytuacji.

Zaawansowane systemy sterowania w okrętach podwodnych z napędem jądrowym nie tylko zwiększają bezpieczeństwo i odporność, ale także poprawiają ogólną efektywność operacyjną. Optymalizując dystrybucję mocy w oparciu o aktualne warunki operacyjne okrętu, system sterowania może zmniejszyć niepotrzebne zużycie energii i wydłużyć czas operowania na zgromadzonej energii. Na przykład, podczas operacji niskiego zużycia energii, takich jak cicha praca lub rekonesans, system sterowania może ograniczyć zasilanie systemów niekluczowych, oszczędzając energię na operacje krytyczne.

Ponadto płynna integracja funkcji sterowania, monitorowania i diagnostyki wspiera bardziej uproszczoną obsługę, w której systemy elektryczne współpracują w harmonii, aby osiągnąć optymalną wydajność. Taki poziom automatyzacji pozwala załodze skupić się na zadaniach krytycznych dla misji, bez konieczności ręcznego dostosowywania ustawień zasilania czy ciągłego monitorowania stanu systemów.

Okablowanie Elektryczne

Okablowanie elektryczne w okrętach podwodnych to kluczowy element infrastruktury jednostki, zaprojektowany tak, aby zapewnić bezpieczne, niezawodne i efektywne przesyłanie energii i danych na całym okręcie. Ze względu na unikalne środowisko podwodne kable te muszą spełniać rygorystyczne wymagania dotyczące izolacji, trwałości, elastyczności oraz odporności na trudne warunki, takie jak ciśnienie, wilgoć, wibracje i zakłócenia elektromagnetyczne.

Dobór Materiałów i Konstrukcja: Kable używane w okrętach podwodnych są zazwyczaj wykonane z materiałów zapewniających wysoką izolacyjność elektryczną i wytrzymałość mechaniczną, a jednocześnie odpornych na korozję i działanie wody morskiej. Zewnętrzne powłoki są często wykonane ze specjalistycznych polimerów, takich jak sieciowany polietylen (XLPE) lub guma etylenowo-propylenowa (EPR), które cechuje doskonała odporność na wodę i chemikalia. Wewnątrz kabli stosuje się przewodniki wykonane z miedzi lub aluminium, które charakteryzują się wysoką przewodnością i niezawodnością.

Aby dodatkowo zabezpieczyć kable, szczególnie w obszarach o wysokim obciążeniu, ich konstrukcja może obejmować warstwy osłonowe, oploty lub zbrojenie. Te dodatkowe warstwy zapewniają ochronę mechaniczną przed ścieraniem i zgniataniem oraz redukują wpływ zakłóceń elektromagnetycznych poprzez ekranowanie przewodów wewnętrznych.

Wodoodporność i Odporność na Ciśnienie: Ponieważ okręty podwodne działają pod wodą na znacznych głębokościach, okablowanie elektryczne musi wytrzymywać wysokie ciśnienie zewnętrzne. Aby to osiągnąć, kable są często wyposażone w wiele warstw zabezpieczeń wodoodpornych, takich jak gumowe uszczelki, wodoodporne powłoki oraz taśmy lub związki blokujące wodę w strukturze kabla.

W zastosowaniach wymagających odporności na wysokie ciśnienie, takich jak operacje głębinowe lub kable przechodzące przez kadłuby ciśnieniowe, kable są specjalnie projektowane z grubszą izolacją i wzmocnioną konstrukcją, aby zapewnić ich szczelność i niezawodność działania pod wpływem kompresji. Taka konstrukcja zapobiega uszkodzeniom i zwarciom elektrycznym spowodowanym wnikaniem wody, co mogłoby zagrozić zdolnościom operacyjnym okrętu podwodnego.

Elastyczność i Trwałość: Okablowanie w okrętach podwodnych musi być na tyle elastyczne, aby można je było prowadzić w ciasnych przestrzeniach i złożonych trasach wewnątrz ograniczonego środowiska okrętu. Kable są projektowane z użyciem materiałów i technik konstrukcyjnych, które umożliwiają wielokrotne zginanie i poruszanie się bez degradacji izolacji czy przewodników. Na przykład kable mogą zawierać cienkożyłowe przewodniki oraz elastyczne materiały izolacyjne, co zapewnia lepszy promień gięcia i większą odporność.

Trwałość to kolejny kluczowy czynnik, ponieważ kable muszą być odporne na zużycie spowodowane wibracjami, obciążeniami mechanicznymi i ruchem innych komponentów. Materiały izolacyjne używane w kablach do okrętów podwodnych są wybierane nie tylko ze względu na ich właściwości elektryczne, ale także na odporność na długotrwałe narażenie na oleje, paliwa i inne potencjalnie szkodliwe substancje.

Materiały Ognioodporne i Nisko-Dymne: Bezpieczeństwo przeciwpożarowe ma kluczowe znaczenie w okrętach podwodnych ze względu na ograniczoną przestrzeń i niewielkie możliwości ewakuacji. Dlatego kable elektryczne do okrętów podwodnych są często wykonane z materiałów ognioodpornych, które mogą wytrzymać wysokie temperatury bez zapłonu. Ponadto są projektowane tak, aby w przypadku pożaru wydzielały minimalną ilość dymu i toksycznych oparów, co pomaga utrzymać widoczność i zmniejszyć ryzyko narażenia załogi na szkodliwe substancje.

Kable nisko-dymne i bezhalogenowe (LSZH) są powszechnie stosowane w zastosowaniach podwodnych, ponieważ nie wydzielają żrących gazów w przypadku pożaru, co chroni wrażliwy sprzęt elektroniczny i zapewnia bezpieczeństwo załodze.

Ekranowanie i Kompatybilność Elektromagnetyczna (EMC): Okręty podwodne są wyposażone w liczne systemy elektroniczne oraz urządzenia wysokiej mocy, które mogą generować zakłócenia elektromagnetyczne (EMI). Aby zapewnić kompatybilność elektromagnetyczną (EMC), okablowanie elektryczne jest często ekranowane za pomocą folii metalowej, oplotu lub ich kombinacji. Ekranowanie to minimalizuje emisję elektromagnetyczną z kabli oraz chroni je przed zewnętrznymi zakłóceniami EMI, co zapewnia integralność przesyłanej energii i danych.

Prawidłowe uziemienie i połączenie ekranowania kabli jest równie ważne, aby wszelkie zakłócenia elektromagnetyczne mogły zostać bezpiecznie odprowadzone, zapobiegając ingerencji w działanie wrażliwych systemów elektronicznych, takich jak sonar, radar czy urządzenia komunikacyjne.

Kodowanie Kolorami i Identyfikacja: W okrętach podwodnych okablowanie elektryczne często jest kodowane kolorami, aby ułatwić identyfikację ich przeznaczenia i poziomu napięcia. Takie rozwiązanie wspomaga konserwację, diagnostykę oraz prace naprawcze, pozwalając technikom szybko rozróżnić kable zasilające, komunikacyjne, przesyłu danych oraz sterujące. W niektórych przypadkach kable są również oznaczane etykietami lub nadrukami, które wskazują ich funkcję, trasę lub punkty podłączenia.

Podstawy Projektowania i Budowy Okrętów Podwodnych

Trasy i Instalacja: Prowadzenie kabli elektrycznych wewnątrz okrętu podwodnego to złożony proces z uwagi na ograniczoną przestrzeń oraz konieczność unikania zakłóceń z innymi urządzeniami. Kable są zazwyczaj instalowane w specjalnych kanałach kablowych lub przewodach ochronnych, które zapewniają ich ochronę i uporządkowanie, jednocześnie umożliwiając łatwy dostęp podczas konserwacji. Instalacja musi zapewniać odpowiednie podparcie kabli, unikać wąskich gardeł oraz izolować je od potencjalnych źródeł ciepła lub uszkodzeń mechanicznych.

Do mocowania kabli stosuje się obejmy, opaski i prowadnice, które zabezpieczają kable na miejscu i minimalizują wibracje. W miejscach, gdzie kable przechodzą przez grodzie lub przedziały, stosuje się szczelne dławnice kablowe lub przepusty, aby zachować integralność ciśnieniową okrętu podwodnego.

Testowanie i Certyfikacja: Przed instalacją kable okrętowe przechodzą rygorystyczne testy w celu zapewnienia zgodności z normami bezpieczeństwa i wydajności. Testy mogą obejmować badanie rezystancji elektrycznej, integralności izolacji, odporności na ciśnienie, elastyczności oraz odporności ogniowej.

Kable są często certyfikowane zgodnie z normami wojskowymi lub marynarki wojennej, które określają wymagane właściwości dla zastosowań w okrętach podwodnych, takie jak standardy MIL-SPEC w USA czy DEF STAN w Wielkiej Brytanii.

Standardy Okablowania dla Okrętów Podwodnych

Standardy dotyczące okablowania okrętów podwodnych opierają się często na specyfikacjach wojskowych lub marynarki wojennej, które definiują wymagania dla komponentów elektrycznych i systemów stosowanych na jednostkach pływających. Standardy te obejmują wytyczne dotyczące izolacji, materiałów przewodników, ekranowania, odporności ogniowej oraz innych kluczowych cech. Oto niektóre z najczęściej stosowanych standardów:

- **MIL-SPEC (Specyfikacje Wojskowe, Stany Zjednoczone):** Specyfikacje MIL-SPEC, takie jak MIL-DTL-24640 i MIL-DTL-915, określają szczegółowe wymagania dotyczące kabli okrętowych, w tym konstrukcji, materiałów, izolacji, parametrów napięcia oraz odporności środowiskowej. Specyfikacje te zapewniają, że kable okrętowe spełniają rygorystyczne wymagania użytkowania wojskowego.

- **DEF STAN (Standardy Obronne, Wielka Brytania):** Standardy Obronne Wielkiej Brytanii określają wymagania dla systemów elektrycznych okrętów, w tym okablowania. Na przykład DEF STAN 61-12 obejmuje specyfikacje dla kabli stosowanych w pojazdach i jednostkach wojskowych, w tym okrętach podwodnych, zapewniając odpowiednią izolację, odporność ogniową oraz wytrzymałość mechaniczną.

- **STANAG (Porozumienia Standaryzacyjne NATO):** Kraje NATO często przestrzegają wspólnych standardów zapewniających interoperacyjność, w tym tych dotyczących okablowania okrętów podwodnych. Porozumienia te ustalają wytyczne dotyczące kabli elektrycznych, które zapewniają kompatybilność i niezawodność w różnych flotach marynarek wojennych państw członkowskich.

- **Normy IEC (Międzynarodowa Komisja Elektrotechniczna):** Niektóre aspekty okablowania okrętów podwodnych mogą być regulowane normami IEC, które zapewniają międzynarodowe wytyczne dla instalacji elektrycznych na statkach, w tym na okrętach podwodnych. Na przykład norma IEC 60092 dotyczy instalacji elektrycznych na statkach i określa wymagania dotyczące okablowania.

MIL-DTL-24640 i MIL-DTL-915

Specyfikacje wojskowe MIL-DTL-24640 i MIL-DTL-915 ustanawiają rygorystyczne standardy dla kabli okrętowych, aby zapewnić ich bezpieczeństwo, niezawodność oraz wydajność w trudnych warunkach. Są one kluczowe dla jednostek marynarki wojennej, w tym okrętów podwodnych, gdzie systemy elektryczne muszą działać niezawodnie w ograniczonym, wysokociśnieniowym środowisku podwodnym.

- **MIL-DTL-24640:** Jest to specyfikacja szczegółowa dla lekkich, mało dymnych kabli okrętowych stosowanych na jednostkach marynarki wojennej. Kable te są zaprojektowane, aby sprostać specyficznym wymaganiom operacyjnym, w tym wysokiej odporności na ogień, trwałości mechanicznej oraz minimalnej emisji dymu podczas pożaru.

Kable spełniające te specyfikacje są stosowane na okrętach podwodnych, gdzie priorytetem jest niezawodność systemów elektrycznych, bezpieczeństwo załogi oraz ochrona wrażliwego sprzętu przed zakłóceniami elektromagnetycznymi i innymi zagrożeniami środowiskowymi.

Lekka Konstrukcja i Bezpieczne Właściwości Kabli MIL-DTL-24640

Lekkość tych kabli ma kluczowe znaczenie dla zmniejszenia całkowitej masy okrętów podwodnych, co bezpośrednio wpływa na ich osiągi i manewrowość [149]. Niska emisja dymu jest niezwykle istotna w przypadku pożaru, ponieważ minimalizuje ilość dymu i toksycznych gazów, co pozwala zachować widoczność i jakość powietrza w ograniczonej przestrzeni okrętów podwodnych [150]. Kable te są wykonane z materiałów odpornych na rozprzestrzenianie się płomieni i ograniczających emisję dymu, takich jak sieciowany polietylen (XLPE), który znany jest ze swoich właściwości ognioodpornych [151].

Kluczowe cechy kabli MIL-DTL-24640:

- **Lekka i niskodymna konstrukcja:**
    - Kable MIL-DTL-24640 są specjalnie zaprojektowane, aby były lekkie, co zmniejsza całkowitą masę okrętu podwodnego, co ma kluczowe znaczenie dla projektu i wydajności jednostki.
    - Funkcja niskodymna zapewnia, że w przypadku pożaru kable emitują minimalną ilość dymu i toksycznych gazów. To ma kluczowe znaczenie dla utrzymania widoczności i jakości powietrza w ograniczonej przestrzeni okrętu podwodnego.

- **Wymagania materiałowe:**
    - Kable są zazwyczaj wykonane z materiałów odpornych na rozprzestrzenianie się płomieni i ograniczających emisję dymu. Do izolacji często stosuje się materiały takie jak sieciowane poliolefiny lub podobne związki ze względu na ich właściwości ognioodporne.

- o Zewnętrzna powłoka może zawierać materiały LSZH (low-smoke, zero-halogen), które dodatkowo zwiększają bezpieczeństwo poprzez ograniczenie emisji toksycznych gazów w przypadku pożaru.

- **Wydajność środowiskowa i mechaniczna:**
  - o Kable MIL-DTL-24640 są zaprojektowane tak, aby wytrzymywały różnorodne warunki środowiskowe, w tym ekspozycję na wodę morską, wysoką wilgotność, wibracje i stres mechaniczny.
  - o Charakteryzują się solidną konstrukcją odporną na ścieranie, zgniatanie i inne formy uszkodzeń mechanicznych.

- **Parametry napięciowe i temperaturowe:**
  - o Kable te dostępne są w różnych zakresach napięcia, zazwyczaj od 600 V do 1000 V.
  - o Są również zaprojektowane do pracy w szerokim zakresie temperatur, aby sprostać wymaganiom zarówno wysokich, jak i niskich temperatur występujących podczas operacji podwodnych.

- **Zastosowania:**
  - o Kable MIL-DTL-24640 są wykorzystywane w różnych zastosowaniach pokładowych, takich jak dystrybucja energii, oświetlenie, systemy komunikacyjne i elektroniczne obwody sterujące.

Dzięki lekkości, niskiej emisji dymu i wyjątkowej trwałości, kable MIL-DTL-24640 zapewniają niezawodność i bezpieczeństwo w wymagających warunkach środowiskowych okrętów podwodnych.

Ponadto kable MIL-DTL-24640 są zaprojektowane tak, aby wytrzymywały surowe warunki środowiskowe, w tym ekspozycję na wodę morską, wysoką wilgotność i stres mechaniczny. Ich solidna konstrukcja pozwala na odporność na ścieranie i zgniatanie, co zapewnia trwałość w wymagającym środowisku podwodnym [152]. Kable te są przystosowane do napięć w zakresie od 600 do 1000 V i zaprojektowane do pracy w szerokim zakresie temperatur, co umożliwia ich zastosowanie w ekstremalnych warunkach, jakie występują podczas operacji podwodnych [153].

MIL-DTL-915 to inna specyfikacja wojskowa, która dotyczy kabli elektrycznych i okablowania używanego w zastosowaniach pokładowych na statkach marynarki wojennej. W przeciwieństwie do MIL-DTL-24640, która kładzie nacisk na lekkość i niską emisję dymu, MIL-DTL-915 skupia się na uniwersalnych kablach pokładowych.

Kable te są wszechstronne i odpowiednie do różnych zastosowań, w tym do dystrybucji energii, oświetlenia i systemów sterowania na statkach marynarki wojennej [154]. Muszą spełniać standardy odporności na płomienie, aby zapobiegać rozprzestrzenianiu się ognia, oraz wymagania dotyczące bezpieczeństwa przeciwpożarowego, chociaż specyfikacje te mogą nie być tak rygorystyczne jak te określone w MIL-DTL-24640 [155].

Konstrukcja kabli MIL-DTL-915:

- Zwykle obejmuje materiały izolacyjne, takie jak guma, sieciowany polietylen (XLPE) lub polichlorek winylu (PVC), które zapewniają odpowiednią ochronę przed uszkodzeniami mechanicznymi i ekspozycją na środowisko [156].

- Kable te są również zaprojektowane tak, aby wytrzymały stres mechaniczny i wyzwania środowiskowe, co czyni je odpowiednimi do szerokiego zakresu zastosowań marynarki wojennej [157].

Zarówno kable MIL-DTL-24640, jak i MIL-DTL-915 stanowią kluczowe elementy infrastruktury elektrycznej statków i okrętów podwodnych, dostosowane do specyficznych wymagań środowiska morskiego.

Kluczowe aspekty **MIL-DTL-915** obejmują:

- **Projekt Uniwersalny**:
    - Kable **MIL-DTL-915** są zaprojektowane do różnorodnych zastosowań elektrycznych na statkach, w tym do zasilania, oświetlenia i systemów sterowania.
    - Choć nie priorytetują redukcji masy w takim stopniu jak kable MIL-DTL-24640, wciąż są konstruowane tak, aby spełniać wysokie standardy trwałości i wydajności.

- **Odporność na Płomienie i Bezpieczeństwo Przeciwpożarowe**:
    - Kable te muszą spełniać standardy odporności na płomienie, aby zapobiegać rozprzestrzenianiu się ognia wzdłuż kabla.
    - Muszą również spełniać wymogi bezpieczeństwa przeciwpożarowego, ograniczając emisję dymu i toksycznych gazów, choć te wymogi mogą nie być tak rygorystyczne, jak w przypadku **MIL-DTL-24640**.

- **Konstrukcja i Materiały Izolacyjne**:
    - **MIL-DTL-915** zwykle wykorzystuje izolację wykonaną z materiałów takich jak guma, sieciowany polietylen (XLPE) lub polichlorek winylu (PVC), w zależności od zastosowania.
    - Materiały używane na zewnętrzne osłony są wybierane tak, aby zapewnić odpowiednią ochronę przed uszkodzeniami mechanicznymi i wpływami środowiskowymi.

- **Zakres Napięcia i Zastosowań**:
    - Kable te są dostępne w różnych wersjach napięciowych, zazwyczaj do 600 V.
    - Są wszechstronne i używane w różnych systemach pokładowych, w tym w dystrybucji energii elektrycznej, obwodach komunikacyjnych i okablowaniu sterującym.

- **Specyfikacje Mechaniczne i Środowiskowe**:
    - Kable MIL-DTL-915 muszą spełniać rygorystyczne wymagania mechaniczne, w tym odporność na ścieranie, uderzenia i zgniatanie.

o Odporność środowiskowa obejmuje zdolność do funkcjonowania w warunkach kontaktu z wodą morską, zmiennych temperatur i wysokiej wilgotności, co jest typowe dla środowiska morskiego.

Porównanie i Zastosowanie w Okrętach Podwodnych

- **Kable MIL-DTL-24640** są zazwyczaj używane tam, gdzie priorytetem jest redukcja masy i minimalna emisja dymu, na przykład w okrętach podwodnych i innych miejscach o ograniczonej przestrzeni. Właściwości niskodymowe czynią je idealnymi do zastosowań w okrętach podwodnych, gdzie bezpieczeństwo przeciwpożarowe ma kluczowe znaczenie.

- **Kable MIL-DTL-915** są często wykorzystywane w bardziej ogólnych zastosowaniach, gdzie ten sam poziom redukcji masy może nie być konieczny. Wciąż spełniają wysokie standardy trwałości i odporności na ogień, co czyni je odpowiednimi do szerokiego zakresu zastosowań morskich.

Oba rodzaje kabli, MIL-DTL-24640 i MIL-DTL-915, odgrywają ważną rolę w zapewnieniu, że systemy elektryczne okrętów podwodnych są niezawodne, bezpieczne i zdolne do wytrzymywania trudnych warunków podwodnych.

DEF STAN 61-12 to kluczowa seria standardów obronnych z Wielkiej Brytanii, określająca wymagania dotyczące kabli elektrycznych wykorzystywanych w zastosowaniach wojskowych, szczególnie na okrętach wojennych, takich jak okręty podwodne. Standardy te mają fundamentalne znaczenie dla zapewnienia, że kable spełniają rygorystyczne specyfikacje dotyczące konstrukcji, właściwości materiałowych i wymagań eksploatacyjnych, gwarantując tym samym bezpieczeństwo, niezawodność i funkcjonalność w wymagających warunkach operacyjnych typowych dla działań wojskowych [158]. Seria obejmuje różne części, z których każda dotyczy specyficznych rodzajów kabli i ich zastosowań, co jest kluczowe dla zachowania integralności operacyjnej systemów wojskowych.

Ogólny przegląd DEF STAN 61-12 podkreśla jego rolę w kierowaniu projektowaniem, doborem, testowaniem i instalacją kabli elektrycznych w kontekście wojskowym. Standardy te są powszechnie stosowane w sektorze obronnym Wielkiej Brytanii, aby zapewnić, że cała instalacja elektryczna i okablowanie spełniają wysokie standardy wydajności niezbędne w zastosowaniach wojskowych, w tym na okrętach podwodnych [153, 158]. Standardy te nie tylko ułatwiają zgodność z wymogami bezpieczeństwa, ale także zwiększają zdolności operacyjne zasobów wojskowych, zapewniając skuteczne działanie systemów elektrycznych w różnych warunkach.

Wymagania materiałowe

Specyfikacje materiałowe określone w DEF STAN 61-12 kładą nacisk na stosowanie trwałych i niezawodnych materiałów, które mogą wytrzymać trudne warunki. Kable są wykonane z materiałów odpornych na ścieranie, korozję i inne formy uszkodzeń mechanicznych, co jest kluczowe dla utrzymania integralności operacyjnej w wymagających środowiskach [157, 159]. Do powszechnie stosowanych materiałów izolacyjnych należą sieciowany polietylen (XLPE) i guma etylenowo-propylenowa (EPR), które wybierane są ze względu na swoją wytrzymałość i właściwości ognioodporne, co dodatkowo zwiększa bezpieczeństwo pożarowe [160, 161]. Nacisk na właściwości materiałowe zapewnia, że kable mogą sprostać rygorom służby wojskowej, szczególnie w scenariuszach podwodnych i wysokociśnieniowych, typowych dla okrętów podwodnych.

Odporność na ogień i emisja dymu

Odporność na ogień i niska emisja dymu są kluczowymi aspektami DEF STAN 61-12, odzwierciedlając potrzebę spełnienia rygorystycznych wymagań w zakresie odporności ogniowej. Jest to szczególnie istotne w ograniczonych przestrzeniach, takich jak wnętrza okrętów podwodnych, gdzie ryzyko pożaru może mieć katastrofalne konsekwencje [153, 158]. Powszechnie stosuje się materiały o niskiej emisji dymu i bezhalogenowe (LSZH), ponieważ emitują one minimalną ilość dymu i nie wydzielają szkodliwych gazów halogenowych w przypadku pożaru, co znacząco zwiększa bezpieczeństwo załogi na pokładzie [153, 160]. Skupienie się na bezpieczeństwie pożarowym jest zgodne z szerzej obowiązującymi standardami wojskowymi, które priorytetowo traktują ochronę zarówno sprzętu, jak i personelu.

Specyfikacje dotyczące wydajności mechanicznej i środowiskowej zawarte w DEF STAN 61-12 odnoszą się do konieczności zapewnienia, aby kable charakteryzowały się wysoką wytrzymałością na rozciąganie, elastycznością oraz odpornością na różne formy obciążeń mechanicznych, w tym wibracje i uderzenia [153]. Kable muszą również wykazywać odporność na czynniki środowiskowe, takie jak woda, oleje, chemikalia oraz ekstremalne temperatury, co zapewnia ich niezawodność w warunkach podwodnych i wysokiego ciśnienia typowych dla operacji okrętów podwodnych [153, 158]. Te wymagania mechaniczne i środowiskowe są kluczowe dla utrzymania integralności i funkcjonalności systemów elektrycznych na okrętach podwodnych.

Właściwości elektryczne

W zakresie właściwości elektrycznych, DEF STAN 61-12 określa wymagania dotyczące odporności izolacji, wytrzymałości dielektrycznej i napięć znamionowych, zapewniając, że kable mogą sprostać wymaganiom elektrycznym zastosowań wojskowych [153, 158]. Standardy te uwzględniają różne poziomy napięć, od niskonapięciowych kabli sterujących i do instrumentacji, po średnionapięciowe kable zasilające, co tworzy kompleksowe ramy projektowe dla systemów elektrycznych na okrętach podwodnych [153, 158].

Kompatybilność elektromagnetyczna (EMC)

Kompatybilność elektromagnetyczna jest kolejnym kluczowym aspektem poruszanym w DEF STAN 61-12, który określa wymagania dotyczące ekranowania w celu ograniczenia zakłóceń elektromagnetycznych (EMI) [153, 158]. Jest to szczególnie istotne na okrętach podwodnych, gdzie wiele systemów elektronicznych działa w bliskim sąsiedztwie, a skuteczne ekranowanie jest niezbędne do zapobiegania degradacji sygnału i utrzymania efektywności operacyjnej [153, 158]. Wykorzystanie materiałów ekranujących, takich jak plecionki metalowe lub folie, jest kluczowe dla ochrony przed zewnętrznymi zakłóceniami elektromagnetycznymi.

Podział na części

Seria standardów jest podzielona na wiele części, z których każda koncentruje się na różnych typach kabli. Na przykład:

- Część 4 określa wymagania dla elastycznych kabli jednożyłowych i wielożyłowych.
- Część 5 dotyczy wielożyłowych kabli ekranowanych stosowanych w systemach instrumentacji i sterowania [158].

- Część 6 skupia się na kablach odpornych na działanie ognia, które muszą pozostać funkcjonalne w sytuacjach pożarowych, co podkreśla kompleksowy charakter DEF STAN 61-12 w odniesieniu do różnych zastosowań kabli [158].

Testy i zapewnienie jakości

Procesy testowania i zapewnienia jakości określone w DEF STAN 61-12 są rygorystyczne, zapewniając, że kable spełniają wszystkie określone kryteria poprzez testy mechaniczne, elektryczne i ogniowe [153, 158]. Procesy te są kluczowe dla utrzymania spójnej wydajności w całej produkcji kabli, co pozwala spełnić wysokie standardy wymagane w zastosowaniach wojskowych.

Polietylen sieciowany (XLPE) i kauczuk etylenowo-propylenowy (EPR)

Polietylen sieciowany (XLPE) to rodzaj polietylenu, w którym łańcuchy polimerowe są chemicznie sieciowane, tworząc trójwymiarową strukturę. Proces sieciowania znacząco poprawia właściwości termiczne i mechaniczne tego materiału, czyniąc go bardzo odpornym na działanie wysokich temperatur, chemikaliów i obciążeń mechanicznych. XLPE cechuje się doskonałymi właściwościami izolacyjnymi, w tym wysoką wytrzymałością dielektryczną, co sprawia, że jest odpowiedni do zastosowań w kablach średniego i wysokiego napięcia. Jest często stosowany w kablach zasilających dzięki swojej zdolności do obsługi wyższych napięć oraz odporności na naprężenia elektryczne, co zmniejsza ryzyko awarii izolacji. Jego wysoka wytrzymałość dielektryczna oraz niski współczynnik strat dielektrycznych przyczyniają się do efektywnego przesyłu energii na dużych odległościach, a odporność chemiczna zapewnia długą żywotność w trudnych warunkach środowiskowych.

Kauczuk etylenowo-propylenowy (EPR) to elastomer szeroko stosowany w izolacjach kabli, ceniony za swoją elastyczność, odporność na wilgoć i doskonałe właściwości elektryczne. Jego wyjątkowa odporność na pochłanianie wilgoci czyni go idealnym wyborem w środowiskach morskich i podwodnych, gdzie wilgoć jest istotnym czynnikiem ryzyka. Dzięki swojej elastyczności, EPR dobrze sprawdza się w zastosowaniach wymagających częstego zginania kabli lub narażonych na wibracje. Materiał ten wykazuje również doskonałą odporność na działanie ozonu i promieniowania UV, co zapewnia jego trwałość w zastosowaniach zewnętrznych. Chociaż EPR oferuje doskonałe właściwości izolacyjne, podobne do XLPE, lepiej radzi sobie z dynamicznymi obciążeniami mechanicznymi, co czyni go szczególnie przydatnym w wymagających środowiskach operacyjnych.

Oba materiały, XLPE i EPR, wyróżniają się wyjątkowymi właściwościami, które sprawiają, że są szeroko stosowane w różnorodnych zastosowaniach elektrycznych. Ich odpowiedni dobór zależy od specyficznych wymagań środowiska pracy, zapewniając trwałość, niezawodność i wysoką wydajność w kablach elektrycznych.

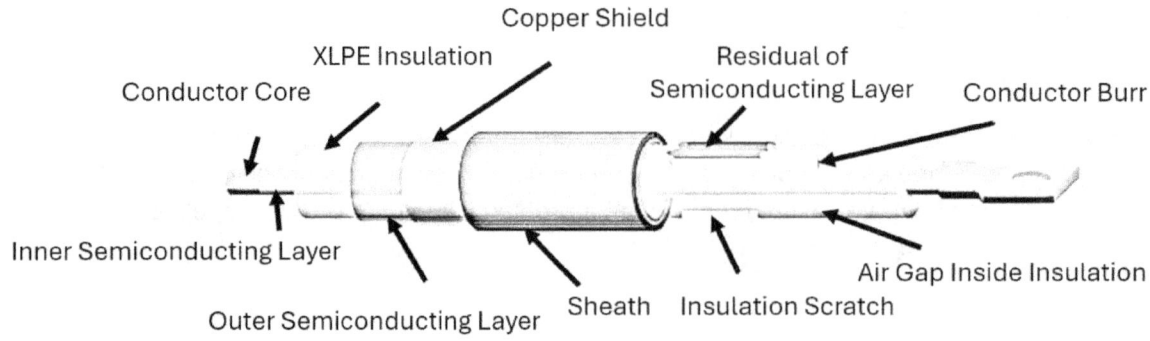

Rysunek 62: Typowe wady izolacji kabla z polietylenu sieciowanego.

Pod względem właściwości termicznych i mechanicznych proces sieciowania nadaje polietylenowi sieciowanemu (XLPE) większą stabilność termiczną, umożliwiając jego ciągłe działanie w temperaturach do 90°C, z krótkotrwałymi limitami ekspozycji sięgającymi 250°C w przypadku usterek. Mechanicznie XLPE jest wytrzymały i odporny na ścieranie, co sprawia, że doskonale nadaje się do środowisk, w których kable mogą być narażone na zużycie mechaniczne i naprężenia. Warto również podkreślić jego odporność chemiczną, ponieważ XLPE wytrzymuje kontakt z chemikaliami, olejami i rozpuszczalnikami, a jego niska absorpcja wody sprawia, że doskonale nadaje się do trudnych, wilgotnych lub mokrych środowisk, takich jak te spotykane w zastosowaniach morskich.

XLPE jest powszechnie stosowany w kablach dystrybucyjnych do sieci energetycznych, instalacji przemysłowych i środowisk morskich, w tym w okrętach podwodnych. Szczególnie korzystny jest w systemach przesyłu i dystrybucji energii elektrycznej wysokiego napięcia. Jednakże, mimo że XLPE oferuje takie zalety jak wysoka stabilność termiczna, doskonałe właściwości izolacyjne i odporność na chemikalia, jest mniej elastyczny niż niektóre inne materiały izolacyjne, takie jak guma, i może być podatny na uszkodzenia spowodowane promieniowaniem UV, jeśli nie zostanie odpowiednio zabezpieczony.

Etyleno-Propylowa Guma (EPR)

EPR to syntetyczny elastomer wytwarzany z monomerów etylenu i propylenu, co skutkuje powstaniem trwałego, elastycznego i izolującego elektrycznie materiału. Elastyczność i odporność EPR pozwalają na zachowanie giętkości nawet w niskich temperaturach, co czyni go idealnym do zastosowań, w których kable są często zginane lub poddawane naprężeniom.

Pod względem izolacji elektrycznej EPR charakteryzuje się doskonałymi właściwościami, takimi jak wysoka wytrzymałość dielektryczna i niska przewodność elektryczna, co czyni go dobrze dopasowanym do izolacji kabli średniego napięcia. Odporność tego materiału na zjawiska takie jak śledzenie elektryczne i częściowe wyładowania dodatkowo zapobiega awariom elektrycznym. EPR zapewnia również stabilną wydajność w szerokim zakresie temperatur, umożliwiając ciągłą pracę w temperaturach do 90°C oraz krótkotrwałą tolerancję na temperatury do 130°C. Ta elastyczność i odporność są kluczowe w dynamicznych zastosowaniach, gdzie kable mogą być narażone na powtarzające się naprężenia mechaniczne.

Rysunek 63: Przekrój kabla REP-90/EPR (gumy etyleno-propylowej) o przekroju 95 mm^2. Kabel składa się z trzech przewodów czynnych i jednego uziemiającego oraz zawiera 24 włókna światłowodowe i cztery żyły sterujące o przekroju 2,5 mm^2. Jest przeznaczony do pracy przy napięciu 6,6 kV i stosowany jako kabel wleczony. Calistemon, CC BY-SA 4.0, za pośrednictwem Wikimedia Commons.

Chemicznie EPR wykazuje dobrą odporność na wodę, wysoką temperaturę i niektóre chemikalia, co sprawia, że jest odpowiedni do środowisk podwodnych i słonowodnych. Ma również doskonałą odporność na ozon i promieniowanie UV, co zwiększa jego trwałość w warunkach zewnętrznych. Kable izolowane EPR są powszechnie stosowane w dystrybucji energii, instalacjach przemysłowych i zastosowaniach morskich, w tym w systemach zasilania i obwodach sterujących na pokładzie okrętów podwodnych. Elastyczność tego materiału czyni go dobrym wyborem do urządzeń przenośnych lub mobilnych, a także do kabli, które muszą być prowadzone przez ciasne lub złożone przestrzenie.

Chociaż EPR oferuje takie zalety, jak wysoka elastyczność, doskonałe właściwości izolacyjne i odporność na czynniki środowiskowe, ma również pewne ograniczenia. Jego stabilność termiczna jest na ogół niższa niż w przypadku XLPE, co sprawia, że bez dodatkowych modyfikacji jest mniej odpowiedni do zastosowań w bardzo wysokich temperaturach.

Porównanie XLPE i EPR

Porównując XLPE i EPR, każdy z tych materiałów ma określone zalety, które czynią go odpowiednim do różnych zastosowań. XLPE jest na ogół lepiej przystosowany do aplikacji wysokiego napięcia dzięki swojej wyższej wytrzymałości dielektrycznej i stabilności termicznej. Z kolei EPR jest bardziej elastyczny, co sprawia, że jest preferowany w zastosowaniach wymagających częstego zginania lub poruszania kabli. Oba materiały wykazują dobrą odporność na chemikalia i wilgoć, jednak XLPE ma niewielką przewagę w środowiskach, gdzie kluczowe znaczenie ma odporność na działanie chemikaliów.

Zarówno XLPE, jak i EPR są szeroko stosowane w okablowaniu elektrycznym na okrętach podwodnych, a każdy z tych materiałów oferuje unikalne korzyści w zależności od wymagań aplikacji. XLPE jest preferowany w zastosowaniach wysokiego napięcia ze względu na swoje doskonałe właściwości elektryczne i termiczne, podczas gdy EPR wybiera się ze względu na jego elastyczność i trwałość w dynamicznych środowiskach. Wybór między tymi materiałami zależy od takich czynników, jak wymagania dotyczące napięcia, temperatura pracy, elastyczność mechaniczna i warunki środowiskowe.

Systemy Akumulatorów i Magazynowanie Energii

Systemy akumulatorów i magazynowania energii na okrętach podwodnych są kluczowymi elementami architektury elektrycznej, zapewniając zasilanie do napędu, systemów pokładowych oraz zasilania awaryjnego. Umożliwiają one okrętom podwodnym długotrwałe działanie pod wodą bez konieczności korzystania z zewnętrznych źródeł energii. Wybór systemu akumulatorów zależy od rodzaju napędu (spalinowo-elektryczny lub jądrowy) oraz specyficznych wymagań operacyjnych.

Systemy akumulatorowe na okrętach podwodnych tradycyjnie opierały się na akumulatorach kwasowo-ołowiowych, które dominowały dzięki swojej niezawodności, bezpieczeństwu oraz zdolności do dostarczania dużych mocy na potrzeby napędu i innych systemów pokładowych. Jednak rozwój technologii akumulatorowych prowadzi do wprowadzania nowoczesnych chemii, takich jak akumulatory litowo-jonowe, aby sprostać rosnącym wymaganiom dotyczącym wydajności, dłuższej wytrzymałości podczas zanurzenia i zmniejszenia ryzyka operacyjnego. Każdy typ akumulatora charakteryzuje się odmiennymi właściwościami, które wpływają na jego przydatność w różnych klasach okrętów podwodnych, co czyni wybór technologii akumulatorowej kluczowym elementem projektowania okrętów.

Podstawy Projektowania i Budowy Okrętów Podwodnych

Akumulatory Kwasowo-Ołowiowe

Akumulatory kwasowo-ołowiowe od dawna są najczęściej stosowanym rozwiązaniem do magazynowania energii w konwencjonalnych okrętach podwodnych z napędem spalinowo-elektrycznym. Zapewniają one niezawodne zasilanie do napędu okrętu oraz systemów pomocniczych, takich jak oświetlenie i systemy podtrzymywania życia, gdy okręt znajduje się w zanurzeniu i nie może korzystać z silników diesla. Wieloletnia historia stosowania akumulatorów kwasowo-ołowiowych w okrętach podwodnych świadczy o ich niezawodności i wytrzymałości. Potrafią dostarczyć duże impulsy prądu, co jest niezbędne do szybkich manewrów napędowych lub zasilania urządzeń o dużym zapotrzebowaniu na energię.

Pomimo swoich zalet akumulatory kwasowo-ołowiowe mają również istotne ograniczenia. Ich stosunkowo niska gęstość energii oznacza, że do przechowywania użytecznej ilości energii potrzebują znacznej przestrzeni i masy. Ponieważ przestrzeń na okręcie podwodnym jest ograniczona, stosowanie akumulatorów kwasowo-ołowiowych może zmniejszać dostępne miejsce na inne wyposażenie lub zapasy. Dodatkowo głębokość rozładowania – czyli ilość pojemności, która może zostać wykorzystana przed ponownym naładowaniem – jest ograniczona, aby uniknąć skrócenia żywotności akumulatora. Częste głębokie rozładowania mogą prowadzić do degradacji akumulatora, co wymaga częstszej wymiany.

Akumulatory Litowo-Jonowe

Akumulatory litowo-jonowe stają się obiecującą alternatywą dla tradycyjnych akumulatorów kwasowo-ołowiowych w nowoczesnych projektach okrętów podwodnych. Charakteryzują się znacznie wyższą gęstością energii, co pozwala na magazynowanie większej ilości energii w mniejszych i lżejszych jednostkach. Zwiększona gęstość energii przekłada się na dłuższą wytrzymałość podczas zanurzenia, umożliwiając okrętom podwodnym pozostanie pod wodą przez dłuższe okresy bez konieczności wynurzania się w celu ładowania akumulatorów. Akumulatory litowo-jonowe mają również szybsze możliwości ładowania, co oznacza, że okręty mogą ładować je szybciej, skracając czas spędzony na głębokości peryskopowej i zmniejszając ryzyko wykrycia.

Lżejsza waga i zmniejszone wymagania dotyczące przestrzeni stanowią istotne zalety akumulatorów litowo-jonowych na okrętach podwodnych, gdzie każdy kilogram i metr sześcienny mają znaczenie. Redukcja wagi daje większą elastyczność w projektowaniu okrętów podwodnych, na przykład umożliwiając instalację bardziej zaawansowanego wyposażenia lub przewożenie dodatkowych zapasów. Jednak akumulatory litowo-jonowe wiążą się również z wyzwaniami, szczególnie w zakresie zarządzania termicznego. Są podatne na zjawisko nazywane ucieczką termiczną, w którym nadmierne generowanie ciepła może prowadzić do pożaru lub eksplozji. W zamkniętym i wysokociśnieniowym środowisku okrętu podwodnego taki incydent mógłby mieć katastrofalne skutki. W związku z tym systemy akumulatorowe litowo-jonowe wymagają zaawansowanych mechanizmów chłodzenia i środków bezpieczeństwa, takich jak monitorowanie temperatury i systemy gaszenia pożarów, aby zminimalizować te ryzyka.

Współczesne okręty podwodne z napędem spalinowo-elektrycznym, takie jak japońska klasa Sōryū, już przyjęły technologię akumulatorów litowo-jonowych w celu poprawy wydajności pod wodą i zwiększenia swoich zdolności operacyjnych. Okręty te korzystają z wyższej gęstości energii i szybszych czasów ładowania oferowanych przez akumulatory litowo-jonowe, co czyni je bardziej wszechstronnymi i skutecznymi w różnych scenariuszach misji. W miarę postępu technologii akumulatorowej akumulatory litowo-jonowe prawdopodobnie staną się bardziej powszechne na okrętach podwodnych, potencjalnie całkowicie zastępując akumulatory kwasowo-ołowiowe w niektórych zastosowaniach. Niemniej jednak kluczowe znaczenie ma staranne uwzględnienie zarządzania termicznego, protokołów bezpieczeństwa oraz kosztów cyklu życia akumulatorów w kontekście ich szerokiego wdrożenia.

Systemy Akumulatorowe Okrętów Podwodnych z Napędem Spalinowo-Elektrycznym

Okręty podwodne z napędem spalinowo-elektrycznym wykorzystują systemy akumulatorowe jako kluczowy element swoich operacji podwodnych. Akumulatory dostarczają energii potrzebnej do napędu, oświetlenia, systemów podtrzymywania życia oraz innych systemów elektrycznych, gdy okręt znajduje się pod wodą i nie może korzystać z silników diesla. Energia zgromadzona w akumulatorach jest uzupełniana podczas ładowania, gdy okręt znajduje się na powierzchni lub operuje na głębokości snorkelowej, gdzie możliwe jest pobieranie powietrza do zasilania generatorów diesla. Skuteczne zarządzanie procesami ładowania i rozładowania jest kluczowe dla wydajności okrętu i jego zdolności do utrzymania skrytości operacyjnej.

Generatory diesla na pokładzie okrętów z napędem spalinowo-elektrycznym są używane do ładowania akumulatorów, zwykle gdy okręt znajduje się na powierzchni lub na głębokości snorkelowej. Proces ładowania polega na uruchamianiu silników diesla, które napędzają generatory przekształcające energię mechaniczną w energię elektryczną przechowywaną w akumulatorach. Ponieważ silniki diesla wymagają dopływu powietrza do spalania, okręt musi albo wynurzyć się, albo pozostać w pobliżu powierzchni z masztowym snorkelem wystającym ponad wodę, aby umożliwić pobór powietrza podczas ładowania.

Głębokość rozładowania, czyli ilość energii zgromadzonej w akumulatorach zużywana przed ich ponownym naładowaniem, ma wpływ na efektywność operacyjną okrętu i żywotność akumulatorów. Głębsze rozładowanie pozwala na dłuższy czas zanurzenia, ale może zmniejszyć liczbę cykli ładowania, jakie akumulatory mogą wytrzymać. Czas ładowania jest kolejnym kluczowym czynnikiem, który wpływa na tzw. wskaźnik niedyskrecji (ang. *indiscretion ratio*), mierzący proporcję czasu spędzonego na głębokości snorkelowej podczas ładowania w stosunku do czasu spędzonego w zanurzeniu. Niższy wskaźnik niedyskrecji jest korzystniejszy, ponieważ zmniejsza ryzyko wykrycia, minimalizując czas spędzany w pobliżu powierzchni.

Systemy akumulatorowe w okrętach podwodnych są zazwyczaj rozmieszczone w postaci banków składających się z wielu ogniw połączonych szeregowo i równolegle, aby osiągnąć pożądane napięcie i pojemność magazynową. Konfiguracja ta jest zaprojektowana tak, aby dostarczać energię potrzebną do długotrwałych operacji podwodnych, jednocześnie spełniając specyficzne wymagania elektryczne systemów napędu i pokładowych. Pojemność i liczba banków akumulatorowych mogą się różnić w zależności od klasy okrętu i jego profilu operacyjnego.

Redundancja jest kluczowym elementem projektowania systemów akumulatorowych w celu zapewnienia niezawodności operacyjnej. System akumulatorowy jest podzielony na oddzielne banki, co pozwala na kontynuację operacji nawet w przypadku awarii jednego lub więcej banków. Ta redundancja jest niezwykle istotna dla utrzymania napędu i podstawowych funkcji elektrycznych, szczególnie podczas długotrwałych operacji podwodnych. W przypadku awarii akumulatora okręt może odizolować uszkodzony bank i kontynuować korzystanie z pozostałych, co zapewnia, że utrata jednej części systemu akumulatorowego nie zagraża całemu systemowi elektrycznemu.

Podsumowując, skuteczne wykorzystanie i zarządzanie systemami akumulatorowymi w okrętach podwodnych z napędem spalinowo-elektrycznym odgrywa kluczową rolę w równoważeniu zdolności zanurzenia, skrytości operacyjnej i elastyczności misji.

Systemy Akumulatorowe Okrętów Podwodnych z Napędem Nuklearnym

Okręty podwodne z napędem nuklearnym wykorzystują systemy akumulatorowe w sposób odmienny od okrętów spalinowo-elektrycznych, ponieważ ich podstawowym źródłem energii jest reaktor jądrowy. Akumulatory na pokładzie okrętów nuklearnych są zaprojektowane głównie jako awaryjne źródło zasilania, zapewniając możliwość kontynuowania operacji w sytuacjach, gdy reaktor zostanie wyłączony lub nie jest w stanie dostarczyć wystarczającej ilości energii. Ponadto, akumulatory i inne rozwiązania magazynowania energii są wykorzystywane do zaspokajania potrzeb związanych z zasilaniem pomocniczym i zarządzania szczytowym zapotrzebowaniem na energię, co zwiększa odporność operacyjną okrętów.

W okrętach z napędem nuklearnym akumulatory odgrywają kluczową rolę jako awaryjne źródło energii, dostarczając prąd elektryczny, gdy podstawowy system zasilania – reaktor jądrowy – jest wyłączony lub w przypadku innych awarii związanych z zasilaniem. W przypadku wyłączenia reaktora, niezależnie od tego, czy jest to spowodowane konserwacją, usterką czy uszkodzeniem, akumulatory natychmiast włączają się, aby zasilić kluczowe systemy. Do tych krytycznych systemów należą podtrzymywanie życia, komunikacja, nawigacja oraz ograniczone możliwości napędu, co pozwala okrętowi zachować bezpieczeństwo i zdolność operacyjną, podczas gdy załoga pracuje nad przywróceniem funkcjonalności reaktora.

Pojemność akumulatorów w okrętach nuklearnych jest zaprojektowana tak, aby wspierać te krytyczne funkcje przez ograniczony czas. Okres ten zapewnia wystarczającą ilość czasu, aby załoga mogła zdiagnozować i rozwiązać problem, przywrócić działanie reaktora lub, jeśli zajdzie taka potrzeba, wynurzyć okręt w celu przeprowadzenia napraw. Chociaż napęd zasilany energią z akumulatorów ma ograniczony zasięg i prędkość, umożliwia on okrętowi manewrowanie w celu oddalenia się od potencjalnie niebezpiecznych sytuacji lub zajęcia pozycji minimalizującej ryzyko wykrycia, podczas oczekiwania na przywrócenie podstawowego zasilania.

Rysunek 64: Przedział akumulatorowy USS Nautilus, pierwszego okrętu podwodnego o napędzie nuklearnym. Akumulatory są używane w sytuacjach awaryjnych w przypadku wyłączenia reaktorów. Z22, CC BY-SA 3.0, via Wikimedia Commons.

Okręty podwodne o napędzie jądrowym również wykorzystują systemy akumulatorowe i inne rozwiązania magazynowania energii do uzupełniania zasilania podczas określonych operacji. Na przykład energia z akumulatorów może być używana do zarządzania szczytowymi wymaganiami elektrycznymi, gdy okręt wykonuje zadania wymagające dużej mocy, takie jak wystrzeliwanie torped lub zasilanie zaawansowanych systemów sonarowych. Ta zdolność do zapewnienia dodatkowego zasilania umożliwia płynniejsze zarządzanie obciążeniem, zapobiegając wahaniom mocy lub przeciążeniu głównego reaktora jądrowego. Ponadto akumulatory mogą stanowić ciche i dyskretne źródło energii do operacji z niską prędkością, redukując hałas generowany przez pompy reaktora i powiązaną z nimi aparaturę, co zwiększa zdolności skrytości okrętu.

We współczesnych okrętach podwodnych o napędzie jądrowym coraz częściej bada się zastosowanie zaawansowanych technologii magazynowania energii, w szczególności akumulatorów litowo-jonowych, w celu wydłużenia czasu trwania i poprawy wydajności zasilania awaryjnego. Akumulatory litowo-jonowe są cenione za swoją wysoką gęstość energii, która pozwala na bardziej kompaktowe rozwiązania magazynowania energii w porównaniu do tradycyjnych akumulatorów kwasowo-ołowiowych. Ta cecha jest kluczowa dla okrętów podwodnych, gdzie przestrzeń jest bardzo ograniczona, a potrzeba niezawodnego zasilania awaryjnego w sytuacjach krytycznych ma ogromne znaczenie [162, 163]. Integracja tych zaawansowanych systemów akumulatorowych nie tylko poprawia ogólną efektywność energetyczną okrętu, ale również zwiększa jego zdolności operacyjne w sytuacjach awaryjnych, wzmacniając tym samym odporność jednostki w trudnych warunkach.

Projektowanie systemów akumulatorowych w okrętach podwodnych o napędzie jądrowym koncentruje się na zapewnieniu ich niezawodności i bezpieczeństwa. Ze względu na unikalne warunki operacyjne okrętów podwodnych, które mogą przebywać pod wodą przez długie okresy, systemy akumulatorowe muszą być zdolne do podtrzymywania krytycznych operacji bez awarii. Wymaga to rygorystycznych testów i monitorowania modułów akumulatorowych, aby upewnić się, że są one w stanie wytrzymać obciążenia związane z operacjami podwodnymi [162]. Wdrożenie systemów monitorowania stanu w czasie rzeczywistym, takich jak te wykorzystujące wielowarstwowe sieci neuronowe, może znacząco zwiększyć niezawodność tych systemów magazynowania energii poprzez wczesne diagnozowanie usterek [162]. Takie innowacje są niezbędne do utrzymania gotowości operacyjnej i zapewnienia bezpieczeństwa załogi oraz okrętu w sytuacjach awaryjnych.

Ponadto przejście na systemy magazynowania energii o wysokiej gęstości to nie tylko kwestia poprawy wydajności, ale także zgodność z szerszymi trendami w zarządzaniu energią i zrównoważonym rozwoju. W miarę jak rośnie zapotrzebowanie na czystsze rozwiązania energetyczne, przyjęcie akumulatorów litowo-jonowych i podobnych technologii w zastosowaniach wojskowych, w tym w okrętach podwodnych o napędzie jądrowym, odzwierciedla dążenie do wykorzystania zaawansowanych technologii w celu poprawy efektywności operacyjnej i odpowiedzialności ekologicznej [163]. Ten trend wskazuje na szerszy ruch w społeczności inżynierii morskiej, mający na celu integrację praktyk zrównoważonego rozwoju w projektowaniu i eksploatacji jednostek wojskowych, co zwiększa ich ogólną skuteczność i zmniejsza ich wpływ na środowisko.

Napęd Niezależny od Powietrza (AIP) i Magazynowanie Energii

Napęd niezależny od powietrza (AIP) to technologia, która zwiększa czas zanurzenia okrętów podwodnych o napędzie diesel-elektrycznym, zapewniając alternatywne źródło energii niewymagające tlenu atmosferycznego. Dzięki temu okręt może pozostawać pod wodą przez dłuższe okresy. Choć AIP nie jest systemem akumulatorowym, współpracuje z tradycyjnymi systemami magazynowania energii, poprawiając ogólne zdolności operacyjne okrętu podczas zanurzenia. AIP zmniejsza częstotliwość wynurzania się lub korzystania z chrap w celu doładowania akumulatorów za pomocą silników diesla, co poprawia skrytość okrętu i zmniejsza ryzyko jego wykrycia.

Systemy napędu niezależnego od powietrza mogą działać wspólnie z systemami magazynowania energii, wydłużając czas operacji pod wodą. Technologia AIP obejmuje zazwyczaj takie mechanizmy, jak ogniwa paliwowe, silniki Stirlinga czy silniki diesla z obiegiem zamkniętym, które generują energię elektryczną pod wodą bez potrzeby pobierania powietrza z zewnątrz. Wygenerowana energia elektryczna może zasilać systemy elektryczne i napędowe okrętu, co znacząco zmniejsza tempo rozładowywania akumulatorów podczas zanurzenia. W rezultacie akumulatory starczają na dłużej, a potrzeba wynurzania się lub korzystania z chrap w celu ich ładowania jest ograniczona. Ta zdolność jest szczególnie przydatna podczas misji skrytych, gdzie ryzyko wykrycia wzrasta, gdy okręt musi zbliżyć się do powierzchni w celu ładowania akumulatorów.

Choć system AIP zapewnia stałe, niskie wyjście mocy wystarczające do utrzymania podstawowych funkcji operacyjnych okrętu i napędu przy niskich prędkościach, energia z akumulatorów nadal jest niezbędna do spełnienia określonych wymagań operacyjnych. Akumulatory są wykorzystywane do zaspokojenia szczytowych potrzeb energetycznych, takich jak szybkie manewry, gwałtowne zmiany głębokości czy krótkie okresy wysokiej prędkości. Podczas takich intensywnych działań systemy AIP mogą nie być w stanie dostarczyć wystarczającej ilości energii wystarczająco szybko. W związku z tym AIP uzupełnia wykorzystanie akumulatorów, zamiast je całkowicie zastępować, pozwalając okrętom podwodnym na optymalne wykorzystanie zasobów energetycznych w zależności od profilu misji.

Dostarczając ciągłe źródło energii podczas zanurzenia, systemy AIP znacząco zwiększają zdolności skryte okrętów podwodnych o napędzie diesel-elektrycznym. Wykorzystanie AIP minimalizuje konieczność używania hałaśliwych silników diesla, które mogą emitować wykrywalne dźwięki i zwiększać ryzyko detekcji przez przeciwnika. Ponadto zmniejszone uzależnienie od wynurzania się w celu ładowania akumulatorów zwiększa zdolność okrętu do pozostawania ukrytym przez dłuższe okresy, co utrudnia siłom przeciwnika lokalizację i śledzenie jednostki.

W połączeniu z rozwiązaniami magazynowania energii, takimi jak akumulatory litowo-jonowe lub zaawansowane akumulatory kwasowo-ołowiowe, okręty wyposażone w systemy AIP mogą lepiej zarządzać dystrybucją energii, przełączając się między energią generowaną przez AIP a energią przechowywaną w akumulatorach w zależności od wymagań operacyjnych. To hybrydowe podejście zapewnia okrętom wysoki poziom skrytości i możliwość dostosowania się do różnych scenariuszy misji, w tym długoterminowych patroli, działań rozpoznawczych i operacji skrytych. Ostatecznie systemy AIP i akumulatory współpracują ze sobą, zapewniając zrównoważone i elastyczne rozwiązanie w zakresie zarządzania energią, które poprawia ogólną wydajność i wytrzymałość nowoczesnych okrętów podwodnych o napędzie diesel-elektrycznym.

Trwający Rozwój

Rozwój technologii baterii okrętowych ma kluczowe znaczenie dla zwiększenia możliwości operacyjnych zarówno okrętów podwodnych o napędzie diesel-elektrycznym, jak i nuklearnym. W miarę wzrostu zapotrzebowania na dłuższe zanurzenie, większe bezpieczeństwo i lepsze zarządzanie energią, pojawiają się nowe innowacje w systemach baterii. Jednocześnie istnieje szereg wyzwań, które należy rozwiązać, równolegle z ciągłymi wysiłkami na rzecz poprawy gęstości energii, niezawodności i bezpieczeństwa.

Skuteczne zarządzanie termiczne jest kluczowe dla bezpieczeństwa i wydajności akumulatorów litowo-jonowych, szczególnie w ograniczonych przestrzeniach, takich jak wnętrza okrętów podwodnych. Baterie te są znane z wysokiej gęstości energii, ale również z tendencji do generowania znacznej ilości ciepła podczas pracy [164]. Jeśli ciepło to nie zostanie odpowiednio rozproszone, może dojść do zjawiska nazywanego "ucieczką termiczną", charakteryzującego się niekontrolowanym wzrostem temperatury, co może prowadzić do pożarów lub eksplozji [165, 166]. Ryzyko to jest szczególnie wysokie w okrętach podwodnych, gdzie ograniczona przestrzeń i wymogi bezpieczeństwa wymagają zastosowania solidnych rozwiązań w zakresie zarządzania termicznego.

Ucieczka termiczna w akumulatorach litowo-jonowych jest wynikiem różnych czynników, takich jak stan naładowania (SOC), materiały użyte w ogniwach oraz konstrukcja modułu baterii [165-167]. Badania wykazały, że właściwości termiczne akumulatorów litowo-jonowych mogą się znacznie różnić w zależności od warunków, takich jak przeładowanie, zewnętrzne nagrzewanie czy uszkodzenia mechaniczne [166, 168]. Na przykład badania wykazały, że ucieczka termiczna jednego ogniwa może rozprzestrzenić się na sąsiednie ogniwa, prowadząc do kaskadowej awarii całego pakietu baterii [166, 169, 170]. Dlatego kluczowe jest wdrożenie skutecznych systemów chłodzenia i strategii zarządzania termicznego w celu minimalizacji tych ryzyk.

Opracowano kilka technik poprawiających zarządzanie termiczne w akumulatorach litowo-jonowych. Systemy chłodzenia cieczą, zaawansowane radiatory i bariery termiczne są powszechnie stosowane w celu utrzymania temperatury baterii w bezpiecznych granicach [171, 172]. Na przykład hybrydowe systemy zarządzania termicznego, łączące materiały zmiennofazowe z chłodzeniem wymuszonym powietrzem, wykazały obiecujące wyniki w zakresie poprawy stabilności termicznej pakietów baterii [172]. Dodatkowo, zaproponowano stosowanie separatorów termoprzewodzących z hierarchiczną strukturą w celu zwiększenia odprowadzania ciepła i ogólnego zarządzania termicznego [171]. Innowacje te są kluczowe dla zapewnienia bezpiecznej pracy baterii w zastosowaniach wymagających dużej ilości energii, takich jak pojazdy elektryczne i okręty podwodne.

Ponadto trwają badania nad opracowaniem systemów wczesnego ostrzegania przed wystąpieniem ucieczki termicznej. Badane są techniki, takie jak charakteryzacja gazów i monitorowanie zachowań termicznych w różnych warunkach, które mają na celu dostarczenie szybkich sygnałów ostrzegawczych w przypadku potencjalnych zdarzeń termicznych [173, 174]. Takie proaktywne podejście jest niezbędne dla poprawy bezpieczeństwa akumulatorów litowo-jonowych, szczególnie w środowiskach o wysokim ryzyku, takich jak okręty podwodne, gdzie szybka reakcja na zdarzenia termiczne może zapobiec katastrofalnym skutkom [175].

W przeciwieństwie do jednostek nawodnych, okręty podwodne działają w ograniczonych przestrzeniach i pod wysokim ciśnieniem, gdzie nawet drobne awarie mogą prowadzić do katastrofalnych skutków. Wymaga to rygorystycznych standardów bezpieczeństwa i wdrożenia wielu warstw zabezpieczeń w konstrukcji baterii. Na przykład solidne systemy monitorowania są niezbędne do śledzenia w czasie rzeczywistym kluczowych parametrów, takich jak temperatura, napięcie i stan naładowania, które są kluczowe dla zapobiegania zdarzeniom, takim jak ucieczka termiczna [176, 177].

Najnowsze osiągnięcia w chemii baterii, szczególnie w zakresie opracowywania bezpieczniejszych materiałów elektrolitowych i baterii ze stałym elektrolitem, są badane w celu dalszego zwiększenia bezpieczeństwa. Baterie ze stałym elektrolitem wykorzystują niepalne elektrolity, co znacznie zmniejsza ryzyko pożaru związanego z tradycyjnymi bateriami litowo-jonowymi [177]. Ponadto w przedziałach baterii instalowane są systemy przeciwpożarowe, w tym gaśnice gazowe i mgłowe, które mają na celu ograniczenie ryzyka pożaru. Badania wskazują, że takie systemy mogą skutecznie tłumić pożary baterii litowo-jonowych, zwiększając tym samym ogólny poziom bezpieczeństwa [178, 179].

Potencjał wystąpienia ucieczki termicznej w bateriach litowo-jonowych stanowi znaczące wyzwanie w zastosowaniach okrętowych. Ucieczka termiczna może wystąpić na skutek różnych czynników, takich jak nagrzewanie zewnętrzne, przeładowanie czy wewnętrzne uszkodzenia, prowadząc do niekontrolowanego wzrostu temperatury i potencjalnych eksplozji [180, 181]. Aby przeciwdziałać tym zagrożeniom, kluczowe jest wdrożenie kompleksowych strategii bezpieczeństwa, w tym technologii tłumienia pożarów oraz zaawansowanych systemów monitorowania, które mogą wykrywać wczesne oznaki awarii [182, 183]. Ponadto integracja inteligentnych systemów zarządzania bateriami, które wykorzystują algorytmy uczenia maszynowego do diagnostyki usterek, może znacząco zwiększyć niezawodność systemów baterii w okrętach podwodnych [162, 163].

Systemy hybrydowe, integrujące magazynowanie energii w bateriach z różnymi źródłami energii, takimi jak systemy napędu niezależnego od powietrza (AIP) i superkondensatory, są coraz częściej badane w celu poprawy zarządzania energią i wydajności operacyjnej w okrętach podwodnych oraz innych zastosowaniach morskich. Takie konfiguracje hybrydowe umożliwiają płynne przełączanie między źródłami energii w zależności od konkretnych wymagań operacyjnych, optymalizując wykorzystanie energii i poprawiając ogólną efektywność systemu.

Integracja superkondensatorów w hybrydowe systemy magazynowania energii (HESS) przynosi szczególne korzyści dzięki ich zdolności do dostarczania szybkich impulsów mocy, co jest kluczowe dla manewrów z dużą prędkością w okrętach podwodnych. Superkondensatory charakteryzują się wysoką gęstością mocy i mogą szybko reagować na zmiany obciążenia, odciążając baterie podczas szczytowych zapotrzebowań [184, 185]. Ta zdolność jest niezwykle istotna w zastosowaniach wojskowych, gdzie okręty podwodne mogą wymagać nagłego przyspieszenia lub manewrowości bez narażania systemów baterii na nadmierne obciążenia i przedwczesne zużycie. Ponadto połączenie baterii i superkondensatorów pozwala na bardziej zrównoważone zarządzanie energią, skutecznie zmniejszając zależność od jednego źródła energii [186].

Oprócz superkondensatorów, systemy napędu niezależnego od powietrza (AIP) odgrywają kluczową rolę w zaspokajaniu niskiego zapotrzebowania na energię podczas długotrwałych operacji pod wodą. Technologie AIP umożliwiają ciche generowanie energii elektrycznej podczas zanurzenia, co znacząco zwiększa zdolności stealth [187]. Integracja systemów AIP z bateriami pozwala na ładowanie akumulatorów podczas operacji z użyciem chrap, choć ta metoda niesie ryzyko wykrycia z powodu konieczności wynurzenia się okrętu [187]. Hybrydyzacja tych systemów nie tylko zwiększa zasięg operacyjny okrętów podwodnych, ale także poprawia ich efektywność energetyczną, umożliwiając optymalne wykorzystanie dostępnych źródeł energii w zależności od profilu misji [188].

Konfiguracje hybrydowe ułatwiają również zaawansowane strategie zarządzania energią, które mogą dynamicznie dostosowywać dystrybucję mocy pomiędzy bateriami, superkondensatorami a systemami AIP. Taka adaptacyjność jest kluczowa dla utrzymania efektywności operacyjnej i niezawodności, zwłaszcza w środowiskach, gdzie zapotrzebowanie na energię znacząco się zmienia [189]. Badania wskazują, że tego rodzaju systemy hybrydowe mogą prowadzić do znacznych redukcji zużycia paliwa i emisji, co wpisuje się w nowoczesne standardy ochrony środowiska oraz wymogi operacyjne [190].

Zwiększona Wytrzymałość Operacyjna

Rozwój technologii baterii okrętowych odgrywa kluczową rolę w zwiększaniu możliwości długotrwałego zanurzenia, głównie dzięki poprawie gęstości energii. Tradycyjne akumulatory kwasowo-ołowiowe, choć niezawodne, zostały znacznie przewyższone przez nowsze technologie pod względem pojemności magazynowania energii. Baterie litowo-jonowe wyłoniły się jako lepsza alternatywa dzięki wyższej gęstości energii, szybszemu ładowaniu i dłuższej żywotności, co sprawia, że są coraz częściej stosowane we współczesnych okrętach podwodnych [111, 191]. Przejście z akumulatorów kwasowo-ołowiowych na systemy litowo-jonowe stanowi istotny krok naprzód w technologii okrętów podwodnych, umożliwiając dłuższe operacje podwodne oraz poprawę ogólnych osiągów [111, 114].

Badania nad bateriami nowej generacji są kontynuowane, koncentrując się na materiałach i chemiach, które mogą jeszcze bardziej zwiększyć gęstość energii. Baterie w stanie stałym, na przykład, są badane pod kątem ich potencjału do zapewnienia wyższej gęstości energii i lepszego profilu bezpieczeństwa w porównaniu z konwencjonalnymi bateriami litowo-jonowymi [192, 193]. Wykorzystują one elektrolity stałe, co pozwala zminimalizować ryzyko związane z ciekłymi elektrolitami, takie jak wycieki czy łatwopalność, czyniąc je szczególnie odpowiednimi dla wymagających środowisk, takich jak okręty podwodne [192, 193]. Dodatkowo, postępy w nauce o materiałach, takie jak badania nad dwuwymiarowymi materiałami, np. dwusiarczkami metali przejściowych, wskazują na możliwość znacznej poprawy wydajności baterii dzięki opracowaniu anod o wysokiej pojemności [194, 195].

Integracja sztucznej inteligencji w projektowaniu materiałów do baterii to kolejny znaczący trend, który przyspiesza identyfikację i optymalizację nowych materiałów w zastosowaniach magazynowania energii [196]. Podejście to nie tylko zwiększa efektywność procesu badawczego, ale także stwarza potencjał dla przełomowych odkryć w technologii baterii, które mogą jeszcze bardziej zwiększyć możliwości operacyjne okrętów podwodnych [196]. Dalsze badania nad bateriami sodowo-jonowymi i innymi alternatywnymi chemiami mają na celu rozwiązanie problemów środowiskowych i ograniczeń zasobowych związanych z systemami opartymi na licie, zapewniając zrównoważoną przyszłość dla magazynowania energii w okrętach podwodnych [197].

Przejście na baterie litowo-jonowe i inne rozwiązania o wysokiej gęstości energetycznej staje się coraz bardziej istotne, szczególnie w zastosowaniach wymagających długiego zanurzenia i minimalnego ryzyka wykrycia, takich jak okręty podwodne. Baterie litowo-jonowe (LiB) są preferowane ze względu na swoją wysoką gęstość energii, lekkość oraz niski współczynnik samorozładowania, co czyni je odpowiednimi zarówno dla okrętów wojskowych, jak i pojazdów elektrycznych [162, 179]. Dzięki postępom w technologii LiB, operacyjna zwinność przyszłych okrętów podwodnych może znacznie się poprawić, potencjalnie podwajając możliwości zanurzenia, jeśli uda się zoptymalizować gęstość upakowania [111].

Badania nad bateriami w stanie stałym otwierają obiecujące perspektywy dla systemów bateryjnych okrętów podwodnych. Baterie te wykorzystują elektrolit w stanie stałym, co eliminuje ryzyka związane z ciekłymi elektrolitami, takie jak wycieki czy incydenty z przegrzaniem [198]. Te baterie oferują nie tylko wyższą gęstość energii, ale także poprawione funkcje bezpieczeństwa, co czyni je szczególnie atrakcyjnymi w zastosowaniach podwodnych, gdzie niezawodność jest kluczowa [198]. Trwający rozwój technologii w stanie stałym jest niezbędny, ponieważ adresuje ograniczenia konwencjonalnych LiB, które w pewnych warunkach operacyjnych mogą stwarzać zagrożenia bezpieczeństwa [198].

Oprócz baterii w stanie stałym badane są również wysokopojemnościowe systemy litowe, takie jak baterie litowo-siarkowe i litowo-powietrzne, które mają na celu przesunięcie granic gęstości energii i ogólnej wydajności baterii.

Technologie te obiecują zwiększenie możliwości magazynowania energii w okrętach podwodnych, umożliwiając dłuższe misje bez konieczności częstego doładowania [114, 199]. Przejście sektora morskiego z tradycyjnych akumulatorów kwasowo-ołowiowych na systemy litowo-jonowe odzwierciedla szerszy trend w kierunku przyjmowania zaawansowanych rozwiązań magazynowania energii, które spełniają rosnące wymagania dotyczące efektywności i bezpieczeństwa w operacjach podwodnych [200, 201].

Ponadto integracja zaawansowanych systemów zarządzania energią w okrętach podwodnych jest kluczowa dla optymalizacji zasobów energetycznych i poprawy efektywności operacyjnej. Systemy te mogą zarządzać złożonościami związanymi z magazynowaniem i zużyciem energii, szczególnie w scenariuszach, gdzie kluczowe są ukrycie i długotrwała wytrzymałość [109]. Połączenie innowacyjnych technologii bateryjnych i zaawansowanego zarządzania energią prawdopodobnie zdefiniuje przyszłość operacji okrętów podwodnych, umożliwiając dłuższe misje przy jednoczesnym zachowaniu niskiego profilu i minimalizacji ryzyka wykrycia [111, 114].

Zarządzanie Energią i Redundancja

Zarządzanie energią i redundancja w okrętach podwodnych to kluczowe elementy zapewniające niezawodne działanie systemów elektrycznych w wymagających warunkach podwodnych. Praktyki te są niezbędne do zarządzania dystrybucją energii, podtrzymywania funkcji krytycznych, utrzymania operacyjnej skrytości oraz zapewnienia bezpieczeństwa załodze. Ze względu na unikalne środowisko i wymagania misji okrętów podwodnych, zarządzanie energią i redundancja muszą być precyzyjnie zaprojektowane, aby sprostać codziennym operacjom, sytuacjom awaryjnym i scenariuszom awarii.

Zarządzanie Energią

Zarządzanie energią w okrętach podwodnych stanowi kluczowy aspekt ich operacyjnej efektywności i skuteczności. Zarządzanie energią elektryczną, pochodzącą z różnych źródeł, takich jak generatory diesla, baterie, reaktory jądrowe i systemy napędu niezależnego od powietrza (AIP), jest niezbędne do spełnienia zróżnicowanych wymagań energetycznych systemów, takich jak napęd, systemy podtrzymywania życia, uzbrojenie i sensory [109]. Złożoność zarządzania energią wynika z konieczności dynamicznego bilansowania tych potrzeb, szczególnie w zmiennych scenariuszach operacyjnych.

Dynamiczna Dystrybucja Obciążenia

Dynamiczna dystrybucja obciążenia to kluczowa cecha systemów zarządzania energią w okrętach podwodnych. Systemy te są zaprojektowane do alokacji energii elektrycznej na podstawie bieżących potrzeb operacyjnych. Na przykład podczas rutynowego rejsu zapotrzebowanie na energię do napędu może być niższe, co pozwala na skierowanie większej ilości energii do systemów nawigacyjnych i sensorów. Z kolei w sytuacjach wymagających dużej prędkości lub w trakcie walki zapotrzebowanie na energię do napędu może gwałtownie wzrosnąć, wymagając przealokowania energii w celu zapewnienia działania kluczowych systemów [109].

Dynamiczna dystrybucja obciążenia pozwala systemom zarządzania energią w okrętach podwodnych dostosowywać się do różnych scenariuszy operacyjnych, zapewniając efektywną alokację zasobów. Podczas rutynowych operacji o niskiej prędkości wymagania energetyczne napędu są stosunkowo niskie, co umożliwia przekierowanie większej ilości energii do systemów nie związanych z napędem, takich jak sprzęt nawigacyjny, czujniki, systemy komunikacyjne i podtrzymywania życia. System zarządzania energią nieustannie monitoruje zapotrzebowanie tych systemów, kierując zasoby tam, gdzie są najbardziej potrzebne, bez obniżania ogólnej efektywności okrętu.

Podczas przejścia do operacji o wysokiej prędkości, sytuacji bojowych lub awaryjnych zapotrzebowanie na energię napędu może znacznie wzrosnąć. System zarządzania energią dynamicznie przealokowuje energię z systemów o niższym priorytecie do systemu napędu, aby sprostać zwiększonym wymaganiom. Na przykład obciążenia mniej krytyczne, takie jak klimatyzacja, wybrane systemy oświetlenia czy inne urządzenia pomocnicze, mogą zostać tymczasowo ograniczone, aby priorytetowo obsłużyć napęd i kluczowe funkcje misji.

Dynamiczna dystrybucja obciążenia jest realizowana za pomocą systemów monitorowania i sterowania w czasie rzeczywistym, które oceniają zużycie energii i status różnych systemów pokładowych. System zarządzania energią w okręcie podwodnym wykorzystuje czujniki i zautomatyzowane mechanizmy sterujące do zbierania danych na temat zużycia energii, obciążeń systemowych i potencjalnych awarii. Te czujniki wykrywają zmiany w warunkach operacyjnych i dostosowują dystrybucję energii w odpowiedzi na potrzeby, zapewniając efektywność i niezawodność operacyjną.

Ta zdolność działania w czasie rzeczywistym jest kluczowa, ponieważ pozwala okrętowi podwodnemu szybko reagować na zmieniające się potrzeby operacyjne, co ma szczególne znaczenie w nieprzewidywalnych sytuacjach bojowych lub awaryjnych. Automatyzacja odgrywa kluczową rolę w dokonywaniu tych zmian szybko i efektywnie, przy minimalnym udziale załogi, co ogranicza ryzyko błędów ludzkich w krytycznych momentach.

Dynamiczna dystrybucja obciążenia przyczynia się również do poprawy zdolności skrytości okrętu podwodnego poprzez zarządzanie zużyciem energii w sposób minimalizujący emisję hałasu i sygnatur cieplnych. Kontrolując przepływ energii do systemów napędowych i pomocniczych, system zarządzania energią może dostosowywać prędkość i działanie silników elektrycznych oraz pomp w celu zmniejszenia emisji akustycznej. Na przykład podczas działania w trybie skrytości okręt może ograniczyć prędkość niektórych wentylatorów lub pomp, aby obniżyć poziom hałasu, przekierowując energię do cichszych systemów lub dostosowując ustawienia napędu w celu osiągnięcia „cichego biegu".

Pod względem efektywności zdolność systemu do dostosowywania się do zmiennych potrzeb energetycznych zapewnia optymalne wykorzystanie energii, zapobiegając jej marnotrawieniu i oszczędzając energię baterii w przypadku okrętów dieslowo-elektrycznych. To pomaga wydłużyć czas zanurzenia i zmniejsza potrzebę częstego ładowania baterii, co jest kluczowe dla utrzymania skrytości i zdolności operacyjnych podczas długotrwałych misji.

Kluczową cechą dynamicznej dystrybucji obciążenia jest zdolność do priorytetyzowania krytycznych systemów nad mniej istotnymi obciążeniami. System zarządzania energią kategoryzuje systemy okrętu podwodnego w oparciu o ich znaczenie dla sukcesu misji i bezpieczeństwa, zapewniając, że kluczowe funkcje, takie jak podtrzymywanie życia, napęd, nawigacja i komunikacja, zawsze otrzymują wystarczającą ilość energii. W przypadku niedoboru mocy lub awarii systemu, systemy o niższym priorytecie mogą zostać wyłączone lub działać z ograniczoną wydajnością, aby uwolnić energię dla bardziej krytycznych zastosowań.

Dynamiczna dystrybucja obciążenia jest również zintegrowana z mechanizmami redundancji systemowej, aby zapewnić ciągłość działania w obliczu awarii lub uszkodzeń. Jeśli element systemu generacji lub dystrybucji energii ulegnie awarii, obciążenie może zostać przekierowane do innych działających systemów, umożliwiając okrętowi kontynuowanie misji z minimalnymi zakłóceniami.

Zdolność do dynamicznego dostosowywania dystrybucji energii zwiększa gotowość operacyjną okrętu podwodnego, zapewniając możliwość szybkiego przejścia między różnymi trybami misji. Niezależnie od tego, czy okręt wykonuje rutynowe patrole, uczestniczy w pościgach z dużą prędkością, czy unika wykrycia przez wroga, system zarządzania energią dostosowuje się w czasie rzeczywistym do zmieniających się wymagań, utrzymując optymalną wydajność wszystkich systemów. Ta elastyczność pozwala okrętom podwodnym zachować skuteczność w różnorodnych i wymagających środowiskach operacyjnych, zwiększając tym samym szanse powodzenia misji.

Dynamiczna dystrybucja obciążenia w zarządzaniu energią okrętów podwodnych zapewnia efektywne alokowanie zasobów elektrycznych na podstawie bieżących wymagań operacyjnych. Dzięki dynamicznemu dostosowywaniu przepływów energii do zmieniających się potrzeb system zwiększa efektywność, skrytość i gotowość operacyjną okrętu, jednocześnie utrzymując funkcjonalność kluczowych systemów w różnych scenariuszach. Ta zdolność jest niezbędna do maksymalizacji wydajności i zapewnienia, że okręt podwodny pozostaje przygotowany na każdą sytuację.

Zarządzanie Akumulatorami

Zarządzanie akumulatorami jest kolejnym kluczowym elementem strategii zarządzania energią, szczególnie w przypadku okrętów podwodnych z napędem dieslowo-elektrycznym. Te jednostki w dużej mierze polegają na dużych bankach akumulatorów podczas operacji podwodnych, co sprawia, że skuteczne zarządzanie ich użytkowaniem, cyklami ładowania i rozładowania jest niezwykle istotne [111]. Głębokość rozładowania akumulatorów musi być uważnie monitorowana, aby zapobiec uszkodzeniom i wydłużyć ich żywotność, a cykle ładowania muszą być regulowane, aby zapewnić odpowiednie naładowanie akumulatorów podczas pracy silników diesla [109]. Taka precyzyjna kontrola minimalizuje "stosunek niedyskrecji", czyli czas poświęcony na ładowanie akumulatorów, maksymalizując jednocześnie zdolności operacyjne i czas zanurzenia okrętu [109].

Zarządzanie akumulatorami odgrywa kluczową rolę w strategii zarządzania energią w okrętach dieslowo-elektrycznych, gdzie duże banki akumulatorów stanowią główne źródło energii elektrycznej podczas operacji podwodnych. Akumulatory dostarczają energię do napędu, systemów podtrzymywania życia, nawigacji oraz innych kluczowych systemów, gdy okręt znajduje się pod wodą i nie może korzystać z generatorów diesla.

Podstawy Projektowania i Budowy Okrętów Podwodnych

Skuteczne zarządzanie akumulatorami obejmuje precyzyjną regulację ich użytkowania, monitorowanie cykli rozładowania oraz optymalizację procesów ładowania, co zapewnia gotowość operacyjną okrętu, wydłużenie czasu zanurzenia i trwałość akumulatorów.

Jednym z głównych aspektów zarządzania akumulatorami jest monitorowanie głębokości ich rozładowania podczas operacji podwodnych. Rozładowanie odnosi się do ilości pojemności akumulatora zużytej na zasilanie systemów okrętu. Zbyt głębokie lub częste rozładowanie może prowadzić do degradacji ogniw akumulatora i skrócenia ogólnej żywotności banku akumulatorów. Dlatego niezbędne jest dokładne monitorowanie, aby zapobiec nadmiernemu rozładowaniu i utrzymać akumulatory w dobrym stanie technicznym. Systemy zarządzania akumulatorami na okrętach podwodnych są wyposażone w czujniki i algorytmy kontrolne, które na bieżąco monitorują stan naładowania (SOC) oraz stan zdrowia (SOH) ogniw akumulatorów, zapewniając, że poziomy rozładowania pozostają w bezpiecznych granicach.

Ograniczenie głębokości rozładowania umożliwia również utrzymanie większej rezerwy pojemności akumulatorów, co jest kluczowe w sytuacjach awaryjnych. Zapobiegając wyczerpaniu akumulatorów poniżej określonego progu, okręt może nadal polegać na energii akumulatorów w przypadku niespodziewanych zdarzeń, takich jak awarie systemów lub nagłe zmiany wymagań misji.

Cykle ładowania to kolejny istotny aspekt zarządzania akumulatorami w okrętach dieslowo-elektrycznych. Generatory diesla okrętu ładują akumulatory, gdy jednostka znajduje się na powierzchni lub na głębokości peryskopowej, co umożliwia pobór powietrza przez silniki diesla. Proces ładowania musi być precyzyjnie zarządzany, aby zapewnić pełne naładowanie akumulatorów bez ich przeładowania, które mogłoby uszkodzić ogniwa. Nowoczesne systemy zarządzania akumulatorami wykorzystują zaawansowane algorytmy do regulacji tempa ładowania, monitorowania temperatury akumulatorów oraz dostosowywania parametrów ładowania w zależności od stanu naładowania (SOC) i stanu zdrowia (SOH) akumulatorów.

Celem jest optymalizacja cykli ładowania, aby jak najszybciej i najwydajniej przywrócić pełną pojemność akumulatorów, jednocześnie minimalizując zużycie ogniw. W sytuacjach, gdy okręt musi skrócić czas spędzony na lub w pobliżu powierzchni ze względu na wymogi skrytości, konieczne może być szybkie ładowanie. Jednak procesy ładowania są kontrolowane, aby uniknąć nadmiernego nagrzewania i zapewnić długotrwałą żywotność akumulatorów.

Kluczowym celem skutecznego zarządzania akumulatorami jest obniżenie "stosunku niedyskrecji", czyli proporcji czasu spędzanego na ładowaniu akumulatorów na głębokości peryskopowej w stosunku do całkowitego czasu operacji podwodnych. Niższy stosunek niedyskrecji poprawia zdolności skryte okrętu, ponieważ skrócenie czasu spędzonego w pobliżu powierzchni zmniejsza ryzyko wykrycia przez siły przeciwnika. Strategie zarządzania akumulatorami koncentrują się zatem na optymalizacji cykli ładowania w celu maksymalizacji pojemności akumulatorów przy jednoczesnym minimalizowaniu czasu ładowania. W tym celu stosuje się adaptacyjne techniki ładowania, które dostosowują tempo ładowania do warunków operacyjnych i wymagań misji.

Zarządzanie zużyciem akumulatorów podczas operacji podwodnych również wpływa na stosunek niedyskrecji. Poprzez staranną kontrolę zużycia energii przez systemy pokładowe i wdrożenie strategii odciążania dla urządzeń mniej istotnych, okręt może wydłużyć żywotność akumulatorów i przedłużyć czas zanurzenia. Podejście to nie tylko maksymalizuje zdolności operacyjne, ale także poprawia zdolność okrętu do pozostania niewykrytym przez dłuższe okresy.

Systemy zarządzania akumulatorami są projektowane z uwzględnieniem redundancji i funkcji bezpieczeństwa, aby zapewnić gotowość operacyjną okrętu i chronić przed potencjalnymi zagrożeniami. Systemy te nieustannie monitorują parametry akumulatorów, w tym napięcie, natężenie prądu, temperaturę i stan naładowania (SOC), aby wykrywać wszelkie anomalie lub oznaki pogorszenia stanu technicznego. Jeśli wykryty zostanie problem, taki jak przegrzewanie się ogniwa akumulatorowego lub znaczny spadek napięcia, system może automatycznie odizolować uszkodzony bank akumulatorów, aby zapobiec dalszym uszkodzeniom i utrzymać zasilanie dla kluczowych systemów.

Dodatkowo systemy zarządzania akumulatorami są wyposażone w rozwiązania termiczne, które zapobiegają przegrzewaniu podczas cykli ładowania i rozładowania. Jest to szczególnie ważne w przypadku nowoczesnych akumulatorów o wysokiej gęstości energii, takich jak akumulatory litowo-jonowe, gdzie ryzyko termicznego niekontrolowanego wzrostu temperatury może stanowić poważne zagrożenie w zamkniętym środowisku okrętu podwodnego. Dzięki integracji aktywnego chłodzenia i technologii monitorowania temperatury systemy zarządzania akumulatorami pomagają utrzymać bezpieczne temperatury robocze i zapewniają niezawodne działanie.

Postępy w zarządzaniu akumulatorami są również istotne w kontekście hybrydowych rozwiązań energetycznych, w których akumulatory współpracują z systemami napędu niezależnego od powietrza (AIP). W takich konfiguracjach systemy zarządzania akumulatorami pomagają optymalizować równowagę między wykorzystaniem akumulatorów a mocą generowaną przez systemy AIP, zapewniając dodatkową elastyczność i wydłużając czas zanurzenia okrętu. Dzięki starannemu zarządzaniu cyklami ładowania i rozładowania system zarządzania akumulatorami zapewnia wystarczającą ilość energii na potrzeby szczytowego zapotrzebowania, takiego jak szybki napęd lub manewry awaryjne.

Zarządzanie akumulatorami jest kluczowym elementem systemu zarządzania energią w okrętach dieslowo-elektrycznych, koncentrującym się na regulacji użytkowania akumulatorów, monitorowaniu cykli rozładowania oraz optymalizacji procesów ładowania. Skuteczne zarządzanie akumulatorami zmniejsza stosunek niedyskrecji, wydłuża żywotność akumulatorów, zapewnia gotowość operacyjną oraz wspiera integrację hybrydowych rozwiązań energetycznych, tym samym zwiększając czas zanurzenia i skuteczność misji okrętu.

Zapotrzebowanie na Szczytową Moc

Okręty podwodne muszą być wyposażone w systemy zdolne do obsługi szczytowego zapotrzebowania na moc, które pojawia się podczas specyficznych operacji, takich jak użycie broni czy szybkie przyspieszenie. Aby sprostać takim skokom obciążenia, okręty podwodne często wykorzystują hybrydowe rozwiązania magazynowania energii, takie jak superkondensatory lub dodatkowe akumulatory, które mogą dostarczyć dodatkową moc na krótkie okresy bez przeciążania głównych źródeł energii [109]. Ta zdolność nie tylko zwiększa wydajność okrętu, ale także zapewnia stabilne zasilanie wszystkich systemów.

Podstawy Projektowania i Budowy Okrętów Podwodnych

Okręty podwodne są projektowane do wykonywania różnorodnych złożonych operacji, które wymagają nagłych wzrostów zapotrzebowania na energię. Sytuacje takie jak odpalanie torped lub pocisków, szybkie przyspieszanie w celu unikania zagrożeń czy wykonywanie manewrów awaryjnych mogą znacząco obciążyć systemy energetyczne okrętu. Aby sprostać tym szczytowym wymaganiom energetycznym, okręty często wyposażane są w hybrydowe systemy magazynowania energii, które mogą szybko dostarczyć dodatkową energię w razie potrzeby, zapewniając płynne i stabilne zasilanie wszystkich systemów.

Hybrydowe rozwiązania magazynowania energii, takie jak superkondensatory lub pomocnicze systemy akumulatorowe, działają w połączeniu z głównymi źródłami energii, takimi jak generatory diesla lub reaktory jądrowe. Systemy te są specjalnie zaprojektowane do dostarczania dużej mocy w krótkich okresach, co czyni je idealnymi do obsługi gwałtownych skoków zapotrzebowania na energię bez przeciążania głównych jednostek generujących moc. Dzięki możliwości szybkiego magazynowania i uwalniania energii hybrydowe systemy magazynowania mogą wypełniać luki podczas szczytowych obciążeń, zapewniając nieprzerwane zasilanie kluczowych systemów i stabilność całej sieci elektrycznej.

Superkondensatory charakteryzują się wysoką wydajnością w magazynowaniu i dostarczaniu dużych ilości energii elektrycznej w bardzo krótkim czasie. W przeciwieństwie do tradycyjnych akumulatorów, które wykorzystują reakcje chemiczne do generowania energii, superkondensatory magazynują energię elektrostatycznie, co pozwala na niemal natychmiastowe rozładowanie. To czyni je szczególnie przydatnymi w zastosowaniach okrętów podwodnych, gdzie szybkie dostarczanie energii jest kluczowe, na przykład podczas użycia broni lub w sytuacjach awaryjnych związanych z napędem. Po zintegrowaniu z systemem zarządzania energią okrętu, superkondensatory mogą szybko absorbować nadmiar energii z głównych generatorów lub pomocniczych akumulatorów i uwalniać ją w razie potrzeby, stabilizując poziomy napięcia i zapewniając stałe zasilanie.

Pomocnicze akumulatory, oddzielone od głównego banku akumulatorów, stanowią kolejną warstwę wsparcia w zarządzaniu szczytowymi wymaganiami energetycznymi. Akumulatory te są zazwyczaj skonfigurowane do zasilania specyficznych operacji, takich jak napęd o dużej prędkości lub zasilanie systemów uzbrojenia. W okresach szczytowego zapotrzebowania pomocnicze akumulatory mogą być aktywowane, aby uzupełnić główne akumulatory lub inne źródła energii, dostarczając tymczasowy zastrzyk mocy. Takie podejście pozwala okrętowi utrzymać wydajność krytycznych systemów bez nadmiernego obciążania głównych akumulatorów lub generatorów. Dodatkowo, pomocnicze akumulatory mogą być ładowane w okresach niższego zużycia energii, co zapewnia ich gotowość do następnego wzrostu zapotrzebowania.

Zastosowanie hybrydowych rozwiązań magazynowania energii poprawia wydajność okrętu podwodnego, zapewniając elastyczność w zarządzaniu energią. Podczas operacji wymagających szybkich zmian mocy systemy te gwarantują, że energia jest łatwo dostępna, minimalizując opóźnienia i utrzymując gotowość operacyjną. Ta zdolność jest szczególnie ważna w środowisku militarnym, gdzie szybka reakcja na zmieniające się sytuacje może decydować o powodzeniu misji.

Co więcej, hybrydowe rozwiązania magazynowania energii pomagają chronić główne urządzenia generujące moc na okręcie podwodnym, zmniejszając ryzyko przeciążenia. Gdy szczytowe zapotrzebowanie na energię jest zaspokajane za pomocą pomocniczych akumulatorów lub superkondensatorów, główne generatory mogą nadal działać w optymalnym zakresie, co zmniejsza ich zużycie i wydłuża okres eksploatacji. Zdolność stabilizacji dostarczania energii w sytuacjach wysokiego zapotrzebowania redukuje także ryzyko wahań mocy, które mogą negatywnie wpłynąć na wrażliwe systemy elektroniczne i urządzenia nawigacyjne.

Stabilne dostarczanie energii jest kluczowe dla utrzymania ogólnych zdolności operacyjnych okrętu podwodnego. Systemy takie jak komunikacja, nawigacja, podtrzymywanie życia oraz systemy walki elektronicznej wymagają stałego zasilania, aby działać efektywnie. Dzięki zastosowaniu hybrydowych rozwiązań magazynowania energii okręty podwodne mogą priorytetowo alokować energię w oparciu o bieżące potrzeby. Na przykład podczas szybkiego przyspieszania lub sytuacji awaryjnej energia może być przekierowana z systemów mniej istotnych do napędu lub uzbrojenia, przy jednoczesnym wsparciu hybrydowego magazynowania jako źródła rezerwowego.

Włączenie hybrydowych rozwiązań energetycznych pozwala również na bardziej efektywne strategie zarządzania energią. Kiedy okręt podwodny płynie w stałym tempie, charakteryzującym się niższym zapotrzebowaniem na moc, systemy magazynowania hybrydowego mogą być ładowane w przygotowaniu na przyszłe potrzeby. Zapewnia to gotowość okrętu do sprostania nagłym wymaganiom energetycznym, zwiększając jego zdolność do wykonywania długotrwałych misji przy minimalnym ryzyku niedoborów mocy.

Podsumowując, wyposażenie okrętów podwodnych w hybrydowe rozwiązania magazynowania energii, takie jak superkondensatory lub pomocnicze akumulatory, stanowi kluczową strategię w zarządzaniu szczytowymi wymaganiami energetycznymi. Systemy te zapewniają elastyczność niezbędną do obsługi nagłych wzrostów zapotrzebowania na energię, gwarantują stabilne dostarczanie mocy do wszystkich systemów pokładowych oraz chronią główne źródła generowania energii przed przeciążeniem. Dzięki integracji tych zaawansowanych technologii magazynowania okręty podwodne mogą utrzymać wysoką wydajność i gotowość operacyjną w różnorodnych wymagających scenariuszach.

Techniki oszczędzania energii

Techniki oszczędzania energii są kluczowe dla okrętów podwodnych, szczególnie podczas długotrwałych operacji podwodnych, gdzie dostępność energii jest ograniczona. Efektywne zarządzanie mocą nie tylko wydłuża czas zanurzenia okrętu, ale również odgrywa istotną rolę w utrzymaniu dyskrecji poprzez zmniejszenie częstotliwości wynurzania się lub korzystania z peryskopu do ładowania baterii. Jedną z podstawowych strategii stosowanych w celu oszczędzania energii jest odłączanie mniej istotnych systemów, co w połączeniu z wykorzystaniem technologii energooszczędnych znacząco zwiększa zdolności operacyjne okrętu.

Odłączanie zbędnych systemów (ang. *load shedding*) to szeroko stosowana praktyka oszczędzania energii na okrętach podwodnych. Podczas długotrwałych operacji podwodnych, gdzie utrzymanie niskiego profilu jest kluczowe dla unikania wykrycia, zapotrzebowanie na energię musi być starannie zarządzane. Tymczasowe wyłączanie mniej istotnych systemów, takich jak oświetlenie wewnętrzne, wentylacja czy klimatyzacja, pozwala na oszczędzanie energii i jej przekierowanie do kluczowych systemów, takich jak napęd, nawigacja i komunikacja. Jest to szczególnie istotne w sytuacjach wymagających maksymalnej dyskrecji, ponieważ minimalizuje zużycie rezerw baterii.

Podstawy Projektowania i Budowy Okrętów Podwodnych

Strategiczne odłączanie zbędnych systemów pozwala priorytetyzować funkcje kluczowe, zapewniając dostępność energii na wypadek sytuacji awaryjnych lub nagłego zapotrzebowania na moc szczytową. Na przykład w trybach "cichego pływania" (*silent running*), gdzie hałas i zużycie energii muszą być minimalizowane, odłączanie mniej istotnych systemów znacząco redukuje pobór mocy, wydłużając czas, jaki okręt może spędzić pod wodą bez potrzeby wynurzania się w celu naładowania baterii.

Wdrażanie technologii energooszczędnych stanowi kolejny istotny element zarządzania energią na okrętach podwodnych. Zastosowanie nowoczesnych, niskomocowych rozwiązań, takich jak oświetlenie LED czy silniki o zmiennej prędkości obrotowej, pomaga zmniejszyć całkowite zużycie energii. Oświetlenie LED, na przykład, zużywa znacznie mniej energii niż tradycyjne żarówki, zapewniając taki sam poziom jasności przy mniejszym zużyciu mocy. Dodatkowo generuje mniej ciepła, co z kolei obniża zapotrzebowanie na chłodzenie i prowadzi do dalszej oszczędności energii.

Silniki o zmiennej prędkości, stosowane w systemach takich jak wentylacja, pompy chłodzące czy systemy hydrauliczne, przyczyniają się do oszczędzania energii poprzez dostosowywanie mocy do rzeczywistego zapotrzebowania. W przeciwieństwie do tradycyjnych silników działających z stałą prędkością, silniki te mogą pracować na niższych obrotach, gdy pełna moc nie jest wymagana, co pozwala na redukcję zużycia energii. Ta elastyczność w dostosowywaniu zużycia energii do potrzeb jest szczególnie korzystna podczas okresów niskiej aktywności, umożliwiając bardziej efektywne zarządzanie energią i wydłużenie czasu działania pod wodą.

Wdrożenie technik oszczędzania energii i technologii energooszczędnych ma bezpośredni wpływ na zdolności operacyjne okrętów podwodnych. Redukcja całkowitego zużycia energii pozwala na znaczne wydłużenie żywotności baterii, co z kolei umożliwia dłuższe przebywanie pod wodą bez potrzeby wynurzania się. Ten wydłużony czas zanurzenia nie tylko zwiększa możliwości misji, ale również zmniejsza ryzyko wykrycia poprzez ograniczenie ekspozycji na powierzchni. Im bardziej efektywnie okręt może zarządzać swoimi zasobami energetycznymi, tym lepiej może realizować misje wywiadowcze, unikać zagrożeń i prowadzić długotrwałe patrole na wodach nieprzyjaciela.

Oszczędzanie energii pomaga również zoptymalizować strategię zarządzania energią okrętu. Obniżając podstawowe zużycie energii, łatwiej jest alokować zasoby energetyczne do systemów o najwyższym priorytecie w razie potrzeby. Zapewnia to, że podczas kluczowych momentów, takich jak manewry unikania lub sytuacje bojowe, wystarczająca ilość energii będzie dostępna dla napędu i systemów uzbrojenia bez nadmiernego wyczerpania rezerw. Dzięki temu okręt podwodny utrzymuje wyższą gotowość operacyjną i elastyczność w dostosowywaniu się do zmieniających się wymagań misji.

Redukcja zużycia energii ma również wpływ na zmniejszenie sygnatury akustycznej i termicznej okrętu podwodnego. Poprzez minimalizowanie pracy hałaśliwych urządzeń, takich jak sprężarki klimatyzacji czy wentylatory, okręt staje się cichszy, co utrudnia jego wykrycie przez sonar przeciwnika. Niższe zużycie energii oznacza również mniejsze generowanie ciepła, co redukuje ślad termiczny i zmniejsza ryzyko wykrycia przez systemy obrazowania termicznego. Tym samym techniki oszczędzania energii nie tylko wydłużają czas działania okrętu pod wodą, ale także zwiększają jego zdolności do dyskretnego operowania, umożliwiając bardziej efektywne prowadzenie misji w ukryciu.

Redundancja w systemach elektrycznych okrętów podwodnych

Redundancja stanowi kluczowy element projektowania okrętów podwodnych, zapewniając ciągłość działania krytycznych systemów nawet w przypadku awarii komponentu lub źródła zasilania. Ograniczone i izolowane środowisko okrętu podwodnego utrudnia naprawę usterek elektrycznych podczas misji, dlatego redundancja jest uwzględniana w systemach generowania, dystrybucji i magazynowania energii.

- **Wiele źródeł zasilania:** Okręty podwodne zazwyczaj dysponują wieloma źródłami zasilania, takimi jak generatory diesla, baterie, reaktory jądrowe czy systemy AIP (napęd niezależny od powietrza atmosferycznego), co zapewnia redundancję. W przypadku okrętów diesel-elektrycznych posiadanie kilku generatorów diesla gwarantuje, że w razie awarii jednego z nich pozostałe przejmą obciążenie energetyczne. W okrętach atomowych reaktor jądrowy stanowi główne źródło zasilania, jednak baterie pełnią rolę zapasowego źródła energii w przypadku wyłączenia reaktora, umożliwiając dalsze działanie kluczowych systemów [111]. Wieloźródłowe podejście pozwala okrętowi działać nawet w sytuacji awarii jednego z systemów zasilania.
- **Redundantne banki baterii:** Redundancja baterii jest szczególnie istotna dla okrętów diesel-elektrycznych, które w dużym stopniu polegają na zasilaniu bateryjnym podczas operacji podwodnych. Systemy bateryjne są zwykle zorganizowane w banki, z wieloma ogniwami połączonymi w konfiguracji szeregowej i równoległej. W przypadku awarii jednego banku baterii pozostałe mogą nadal dostarczać energię. Taka aranżacja zapewnia, że okręt pozostaje operacyjny, choć z ograniczoną wydajnością, co minimalizuje ryzyko całkowitej utraty zasilania [117].
- **Redundantne ścieżki dystrybucji energii:** Systemy dystrybucji energii w okrętach podwodnych są projektowane z wieloma ścieżkami dystrybucji lub obwodami, co pozwala na przekierowanie energii w przypadku awarii lub uszkodzenia. Obejmuje to stosowanie podwójnych lub potrójnych redundantnych linii zasilających, wyłączników obwodów i tablic rozdzielczych, które umożliwiają operatorom izolowanie uszkodzonego obwodu i utrzymanie zasilania dla kluczowych systemów [146]. Obwody te są również segmentowane, co zapewnia, że lokalna awaria nie wpłynie na całą sieć elektryczną.
- **Generatory awaryjne i systemy zapasowe:** Okręty podwodne są wyposażone w generatory awaryjne lub alternatywne systemy zasilania, które mogą dostarczać energię elektryczną w przypadku awarii głównego źródła zasilania [111]. Systemy te są zwykle zasilane przez pomocnicze silniki diesla lub specjalistyczne rozwiązania do magazynowania energii, takie jak baterie awaryjne. Są one zaprojektowane do zasilania systemów takich jak podtrzymywanie życia, nawigacja, komunikacja i inne kluczowe funkcje, co pozwala na kontynuowanie operacji w sytuacjach awaryjnych [111].
- **Automatyczne przełączanie i izolacja:** Redundantne systemy zasilania w okrętach podwodnych są często wyposażone w mechanizmy automatycznego przełączania, które wykrywają utratę zasilania lub usterki i natychmiast przełączają się na zapasowe źródło energii. Ta funkcja minimalizuje przestoje i zapewnia ciągłość zasilania krytycznych systemów. Mechanizmy izolacji usterek pomagają również w identyfikacji i izolacji uszkodzonych komponentów, co zapobiega dalszym uszkodzeniom i umożliwia kontynuowanie operacji okrętu bez znacznych zakłóceń [202].
- **Redundancja systemów sterowania:** Systemy sterowania zarządzające dystrybucją energii również posiadają redundancję, aby zapewnić ciągłość funkcjonowania. Redundantne czujniki, kontrolery i urządzenia monitorujące są wykorzystywane do wykrywania usterek w systemie elektrycznym i

zapewnienia dokładnych danych niezbędnych do podejmowania decyzji dotyczących zarządzania energią [203]. W przypadku awarii systemu sterowania zapasowe kontrolery mogą przejąć funkcję, utrzymując zdolność zarządzania przepływem energii i reagowania na sytuacje awaryjne.

Zintegrowane systemy zarządzania energią

Nowoczesne okręty podwodne coraz częściej są wyposażone w zintegrowane systemy zarządzania energią, które skutecznie łączą generowanie, magazynowanie i dystrybucję energii w spójny system. Systemy te wykorzystują zaawansowane technologie oprogramowania i automatyzacji do monitorowania i kontrolowania przepływów energii, optymalizacji jej zużycia oraz zarządzania redundancjami. Zintegrowane podejście umożliwia dokonywanie w czasie rzeczywistym dostosowań w dystrybucji energii w zależności od potrzeb operacyjnych, zwiększając odporność okrętu podwodnego poprzez koordynację wszystkich elementów systemu elektrycznego.

Architektura tych zintegrowanych systemów zarządzania energią jest zaprojektowana tak, aby wspierać dynamiczne zarządzanie zużyciem energii, co jest kluczowe w ograniczonym i wymagającym środowisku operacyjnym okrętów podwodnych. Na przykład zastosowanie systemów sterowania energią (PCS) umożliwia realizację złożonych polityk zarządzania energią wielowymiarowego wejścia-wyjścia (MIMO), które dynamicznie dostosowują dystrybucję energii w odpowiedzi na zmieniające się wymagania operacyjne [204]. Ta funkcja jest szczególnie istotna dla utrzymania stabilności i efektywności, zwłaszcza w systemach wykorzystujących średnionapięciowy prąd stały (MVDC), które coraz częściej są stosowane w nowoczesnych jednostkach morskich [205].

Ponadto integracja technik zarządzania energią sterowanych oprogramowaniem pozwala okrętom podwodnym na skuteczną optymalizację zużycia energii. Dzięki zastosowaniu zaawansowanych algorytmów systemy te mogą selektywnie zarządzać dostarczaniem energii do różnych komponentów, zapewniając jej efektywną alokację zgodnie z aktualnymi potrzebami [109]. Jest to szczególnie istotne w okrętach podwodnych, gdzie zasoby energetyczne są ograniczone i muszą być zarządzane w sposób rozważny, aby wspierać różnorodne systemy pokładowe i misje.

Oprócz optymalizacji zużycia energii, zintegrowane systemy zarządzania energią zwiększają odporność okrętów podwodnych. Dzięki koordynacji różnych elementów systemu elektrycznego systemy te mogą szybko dostosowywać się do zmieniających się warunków operacyjnych, takich jak zmiany w zapotrzebowaniu na energię czy nieoczekiwane awarie elementów generujących lub magazynujących energię. Ta zdolność adaptacji ma kluczowe znaczenie dla utrzymania gotowości operacyjnej i bezpieczeństwa w nieprzewidywalnym środowisku podwodnym [146]. Ponadto wykorzystanie zaawansowanych technologii monitorowania i zarządzania umożliwia proaktywne działania konserwacyjne oraz wykrywanie usterek, co dodatkowo przyczynia się do niezawodności operacji okrętów podwodnych [206].

Rozdział 6
Systemy podtrzymywania życia

Systemy powietrzne okrętów podwodnych

Systemy powietrzne odgrywają kluczową rolę w funkcjonowaniu okrętu podwodnego, ponieważ niemal każdy aspekt jego zanurzania, wynurzania oraz ogólnej operacyjności zależy od sprężonego powietrza. Systemy te wspierają szeroką gamę zadań niezbędnych do prawidłowego działania okrętu, co czyni je jednymi z najbardziej wszechstronnych systemów pokładowych. Ich znaczenie wykracza poza samo zarządzanie wentylacją i jakością powietrza – są one integralną częścią napędu, uzbrajania, kontroli pływalności oraz różnych operacji mechanicznych [207].

Rola w operacjach okrętów podwodnych

Sprężone powietrze jest niezbędne w procesach zanurzania i wynurzania okrętu. Podczas zanurzania okręt wykorzystuje sprężone powietrze do regulacji pływalności, wypuszczając powietrze z zbiorników balastowych, co pozwala wodzie je wypełnić i zwiększyć ciężar okrętu. Natomiast podczas wynurzania powietrze jest wtłaczane do zbiorników balastowych w celu wypchnięcia wody, co zwiększa pływalność i umożliwia wynurzenie się na powierzchnię. Zarządzanie powietrzem jest fundamentalne dla kontroli głębokości oraz zdolności okrętu do pozostawania zanurzonym lub wynurzania się w razie potrzeby [207].

Oprócz kontroli pływalności, sprężone powietrze odgrywa kluczową rolę w innych systemach operacyjnych. Na przykład główny system hydrauliczny opiera się na ciśnieniu powietrza przechowywanym w akumulatorach powietrznych do obsługi różnych mechanizmów hydraulicznych. Ponadto sprężone powietrze jest wykorzystywane do wystrzeliwania torped z wyrzutni torpedowych, umożliwiając użycie broni podczas walki. Dodatkowo uruchamianie głównych silników napędowych często wymaga użycia ciśnienia powietrza do zainicjowania procesu spalania. Te zastosowania podkreślają, jak niezbędne jest sprężone powietrze zarówno w rutynowych, jak i krytycznych operacjach na pokładzie okrętu [207].

Systemy powietrzne wspierające życie na pokładzie

Oprócz zadań operacyjnych sprężone powietrze jest również istotne dla utrzymania systemów podtrzymywania życia na pokładzie. Podczas długotrwałego zanurzenia jakość powietrza na okręcie może ulegać pogorszeniu z powodu nagromadzenia dwutlenku węgla i innych zanieczyszczeń. Sprężone powietrze i tlen są wykorzystywane do odnawiania powietrza wewnątrz okrętu, zapewniając załodze atmosferę nadającą się do oddychania. Jest to szczególnie ważne podczas długotrwałych misji podwodnych, gdzie dostęp do świeżego powietrza jest ograniczony [207].

Sprężone powietrze jest również wykorzystywane do zarządzania ciśnieniem wewnętrznym okrętu. Przeprowadza się testy szczelności, aby wykryć ewentualne przecieki w kadłubie, co zapewnia bezpieczeństwo załogi i zdolność okrętu do utrzymania odpowiedniego ciśnienia wewnętrznego na głębokości. To podkreśla kolejną kluczową funkcję systemów powietrznych w monitorowaniu i utrzymywaniu integralności strukturalnej okrętu.

Sprężone powietrze jako wszechstronne źródło energii

Sprężone powietrze to wszechstronne źródło energii, które wspiera różne funkcje podstawowe i pomocnicze na pokładzie okrętu podwodnego. Jedną z kluczowych zalet jest możliwość łatwego przechowywania powietrza w wysokociśnieniowych zbiornikach rozmieszczonych w całym okręcie. Powietrze to może być używane na żądanie bez konieczności dodatkowego zużycia energii, zapewniając łatwo dostępne źródło mocy. Kompresor wysokociśnieniowy okrętu spręża powietrze za pomocą serii tłoków, które zwiększają jego ciśnienie etapami, umożliwiając przechowywanie go na późniejsze potrzeby [207].

Sprężone powietrze może być regulowane w celu dostarczania różnych poziomów ciśnienia – od niskiego do wysokiego – w zależności od potrzeb różnych systemów pokładowych. Jego ściśliwość pozwala również działać jako amortyzator, redukując wpływ sił mechanicznych na sprzęt podczas operacji. Możliwość dystrybucji sprężonego powietrza do różnych części okrętu za pośrednictwem sieci przewodów dodatkowo zwiększa jego wszechstronność i czyni je niezbędnym elementem infrastruktury okrętu.

Systemy powietrzne w sytuacjach awaryjnych

W sytuacjach awaryjnych, takich jak utrata zasilania lub awaria mechaniczna, systemy powietrzne zapewniają krytyczne możliwości awaryjne. Sprężone powietrze może być użyte do uruchomienia awaryjnych mechanizmów wypierania balastu, aby wynurzyć okręt na powierzchnię w przypadku awarii systemów podstawowych. To zapewnia załodze niezawodny sposób ucieczki z niebezpiecznych sytuacji i powrotu na bezpieczną głębokość. Dodatkowo niektóre narzędzia i urządzenia zasilane powietrzem mogą być wykorzystywane do napraw lub operacji awaryjnych, pozwalając okrętowi na utrzymanie funkcjonalności nawet w trudnych warunkach [207].

Typowy system powietrzny w okręcie podwodnym typu diesel-elektrycznego

Typowy system powietrzny w okręcie podwodnym typu diesel-elektrycznego odgrywa kluczową rolę w różnych funkcjach operacyjnych, takich jak zanurzanie i wynurzanie, napęd, podtrzymywanie życia na pokładzie oraz obsługa sprzętu. System ten jest zaprojektowany tak, aby magazynować, rozprowadzać i regulować sprężone powietrze w całym okręcie, wspierając zarówno podstawowe, jak i pomocnicze zadania. W skład typowego systemu powietrznego w takim okręcie wchodzą następujące elementy:

Podstawy Projektowania i Budowy Okrętów Podwodnych

1. Wysokociśnieniowe zbiorniki powietrza: System powietrzny zaczyna się od wysokociśnieniowych zbiorników lub banków powietrza, które magazynują sprężone powietrze pod ciśnieniem zazwyczaj od 200 do 300 bar (2 900 do 4 350 psi). Zbiorniki te są rozmieszczone w całym okręcie w celu zapewnienia równomiernego rozkładu masy oraz dostarczania powietrza do różnych systemów. Wysokociśnieniowe powietrze jest wykorzystywane do różnych celów, takich jak zanurzanie i wynurzanie, rozruch silnika czy procedury awaryjne.

Banki powietrzne są połączone z systemem kompresorów powietrza, które uzupełniają zapasy powietrza, gdy okręt znajduje się na powierzchni lub na głębokości peryskopowej. Kompresory te pobierają powietrze atmosferyczne, sprężają je do wymaganego ciśnienia, a następnie magazynują w zbiornikach. System zawiera wiele kompresorów, co zapewnia redundancję i niezawodne generowanie powietrza.

2. Kompresory powietrza i systemy sterowania: Okręty podwodne typu diesel-elektrycznego są wyposażone w wysokociśnieniowe kompresory powietrza, które uzupełniają banki powietrza podczas operacji na powierzchni lub na głębokości peryskopowej. Kompresory te zazwyczaj mają wiele etapów sprężania, aby osiągnąć wymagane wysokie ciśnienia. Systemy sterowania zarządzają działaniem kompresorów, w tym monitorowaniem ciśnienia i automatycznym wyłączaniem lub regulacją, gdy zbiorniki powietrza osiągną pożądany poziom ciśnienia.

Kompresory są zazwyczaj chłodzone wodą morską lub wewnętrznymi systemami chłodzenia, aby zapobiec przegrzaniu. Mogą również zawierać separatory wilgoci, które usuwają parę wodną ze sprężonego powietrza, co zapewnia, że w zbiornikach magazynowane jest jedynie suche powietrze. Pomaga to zapobiegać korozji zbiorników i połączonych systemów.

3. System dystrybucji powietrza: Sprężone powietrze magazynowane w bankach powietrza jest rozprowadzane w całym okręcie za pomocą sieci połączonych przewodów powietrznych. System dystrybucji obejmuje szereg zaworów, regulatorów ciśnienia i mechanizmów sterujących, które kierują powietrze do różnych podsystemów na wymaganych poziomach ciśnienia.

System dystrybucji powietrza jest zazwyczaj podzielony na różne strefy ciśnienia:

- **Strefa wysokiego ciśnienia:** Dla aplikacji wymagających pełnego ciśnienia magazynowanego powietrza, takich jak systemy wystrzeliwania torped czy awaryjne wydmuchiwanie balastu.

- **Strefa średniego ciśnienia:** Dla zadań takich jak obsługa narzędzi pneumatycznych czy niektórych systemów hydraulicznych, gdzie wystarczające jest niższe ciśnienie powietrza.

- **Strefa niskiego ciśnienia:** Dla dostarczania powietrza do systemów niekrytycznych lub kontroli operacji zbiorników balastowych podczas normalnego zanurzania i wynurzania.

System zawiera ręczne i automatyczne zawory sterujące do zarządzania przepływem powietrza, umożliwiające załodze regulację dostarczania powietrza do różnych systemów w razie potrzeby. Posiada również zawory bezpieczeństwa, które zapobiegają przekroczeniu dopuszczalnego ciśnienia.

4. Operacje zanurzania i wynurzania: System powietrzny jest kluczowy dla kontrolowania pływalności okrętu podczas manewrów zanurzania i wynurzania. Podczas zanurzania okręt otwiera odpowietrzniki w zbiornikach balastowych, aby pozwolić wodzie morskiej na ich wypełnienie, co zwiększa ciężar okrętu. Powietrze z tych zbiorników jest odprowadzane do atmosfery lub do morza.

Podczas wynurzania sprężone powietrze z banków wysokiego ciśnienia jest używane do wydmuchiwania wody morskiej ze zbiorników balastowych, przywracając pływalność i umożliwiając wynurzenie się okrętu na powierzchnię. System pozwala na przeprowadzanie zarówno "miękkiego wydmuchiwania," gdzie powietrze jest uwalniane stopniowo w celu precyzyjnego dostosowania pływalności, jak i operacji "awaryjnego wydmuchiwania," które polega na szybkim wydmuchaniu wody z zbiorników w krótkim czasie, aby szybko wynurzyć okręt w sytuacjach awaryjnych.

5. Rozruch silnika i pobór powietrza: Okręty podwodne typu diesel-elektrycznego polegają na silnikach diesla do ładowania akumulatorów podczas przebywania na powierzchni lub na głębokości peryskopowej. Sprężone powietrze jest wykorzystywane do rozruchu silników diesla, zapewniając początkową siłę potrzebną do uruchomienia silnika. System powietrzny wspiera również działanie snorkela, podczas którego maszt snorkelowy jest podnoszony, aby pobierać powietrze atmosferyczne dla silników, gdy okręt pozostaje tuż poniżej powierzchni.

System powietrzny zawiera układ wlotu powietrza, który dostarcza czyste powietrze do silników i utrzymuje odpowiednią ilość powietrza potrzebną do spalania. Filtry mogą być używane do usuwania cząstek stałych z powietrza przed jego wejściem do silników.

6. Wystrzeliwanie torped i pocisków: Sprężone powietrze jest używane do wystrzeliwania broni, takich jak torpedy czy pociski. System powietrzny dostarcza niezbędnego ciśnienia do wypchnięcia torpedy z jej wyrzutni, pokonując zewnętrzne ciśnienie wody i wysyłając broń w kierunku celu. System powietrzny może być również używany do usuwania wody z wyrzutni torped po wystrzeleniu.

7. Podtrzymywanie życia i zarządzanie jakością powietrza: Utrzymanie zdatnego do oddychania powietrza wewnątrz okrętu podwodnego ma kluczowe znaczenie dla zdrowia i bezpieczeństwa załogi. System powietrzny obejmuje możliwość wprowadzania sprężonego powietrza i tlenu do wnętrza okrętu, aby utrzymać odpowiednią jakość powietrza podczas długotrwałych operacji podwodnych. Powietrze jest cyrkulowane przez filtry i pochłaniacze, które usuwają dwutlenek węgla, wilgoć i inne zanieczyszczenia, zapewniając bezpieczne i nadające się do życia środowisko.

W niektórych przypadkach system powietrzny może być również wykorzystywany do sprężania powietrza w określonych przedziałach w celu testowania ich szczelności lub wykonywania zadań konserwacyjnych.

8. Operacje awaryjne: W sytuacjach awaryjnych, takich jak utrata zasilania lub awarie systemów, system powietrzny zapewnia możliwości rezerwowe, umożliwiając bezpieczne wynurzenie okrętu lub kontynuowanie ograniczonych operacji. Awaryjne systemy wydmuchiwania powietrza mogą być używane do usuwania wody z zbiorników balastowych i wynurzenia okrętu na powierzchnię, nawet jeśli inne systemy są niesprawne. System powietrzny zasila również awaryjne narzędzia pneumatyczne i inne niezbędne wyposażenie.

9. Narzędzia i systemy pneumatyczne: Różne narzędzia i systemy pneumatyczne na pokładzie okrętu podwodnego polegają na sprężonym powietrzu do działania, w tym pompy hydrauliczne, narzędzia pneumatyczne i inne urządzenia mechaniczne. System powietrzny może dostarczać powietrze o odpowiednim ciśnieniu do tych narzędzi, umożliwiając wykonywanie zadań konserwacyjnych i naprawczych.

Podstawy Projektowania i Budowy Okrętów Podwodnych

Przykład systemu powietrznego w okręcie podwodnym typu diesel-elektrycznego

Okręt podwodny posiada pięć odrębnych systemów powietrznych, z których każdy pełni określone funkcje wspierające różne wymagania operacyjne. Systemy te obejmują system powietrzny wysokiego ciśnienia o wartości 3 000 psi (funtów na cal kwadratowy) i impuls torpedowy, system wydmuchiwania powietrza głównych zbiorników balastowych (MBT) o ciśnieniu 600 psi, system powietrzny o ciśnieniu 225 psi do obsługi statku (tzw. service air), system wydmuchiwania MBT o ciśnieniu 10 psi oraz system powietrzny do działań ratunkowych. Oto szczegółowy opis tych systemów [207]:

1. System powietrzny wysokiego ciśnienia o wartości 3 000 psi i impuls torpedowy

System powietrzny o ciśnieniu 3 000 psi jest głównym systemem wysokiego ciśnienia na pokładzie okrętu podwodnego. Jego zadaniem jest kompresja, magazynowanie i dostarczanie powietrza pod maksymalnym ciśnieniem 3 000 psi (20 684 kPa). System ten składa się z kompresorów wysokiego ciśnienia, kolektora powietrznego, połączonych rur, zaworów oraz zbiorników magazynujących sprężone powietrze.

Główną rolą tego systemu jest dostarczanie powietrza do innych systemów powietrznych o niższym ciśnieniu, w tym do systemu wydmuchiwania MBT o ciśnieniu 600 psi (4 137 kPa) oraz systemu powietrznego o ciśnieniu 225 psi (1 551 kPa). Zasila on także kolektor ładowania akumulatora hydraulicznego oraz dostarcza powietrze do kolektorów impulsowych torped z przodu i z tyłu okrętu za pomocą zaworów redukujących do ciśnienia 600 psi. Dodatkowo system ten posiada zewnętrzne złącze do uzupełniania powietrza z zewnętrznych źródeł w razie potrzeby.

2. System wydmuchiwania MBT o ciśnieniu 600 psi

System wydmuchiwania MBT o ciśnieniu 600 psi odpowiada za wypychanie wody balastowej z głównych zbiorników balastowych podczas operacji wynurzania, co sprawia, że okręt podwodny staje się lżejszy i może unosić się na powierzchnię. System ten otrzymuje sprężone powietrze z systemu powietrznego o ciśnieniu 3 000 psi za pośrednictwem kolektora rozdzielczego.

Sprężone powietrze o ciśnieniu 600 psi (4 137 kPa) jest używane do wypychania wody z głównych zbiorników balastowych, w tym także ze zbiorników paliwa, jeśli są one używane jako zbiorniki balastowe. Funkcja ta umożliwia okrętowi regulację pływalności, pozwalając na skuteczne i wyważone wynurzenie.

3. System powietrzny o ciśnieniu 225 psi do obsługi statku

System powietrzny o ciśnieniu 225 psi (1 551 kPa), znany również jako service air, zapewnia powietrze do różnych operacji pomocniczych na pokładzie okrętu podwodnego, w tym do wdmuchiwania powietrza do określonych zbiorników, obsługi narzędzi pneumatycznych oraz wykonywania innych usług wymagających sprężonego powietrza.

System ten składa się z kolektora powietrznego, połączonych rur oraz szeregu zaworów sterujących przepływem sprężonego powietrza do różnych miejsc na okręcie. Jest on niezbędny do utrzymania jakości powietrza, wykonywania zadań konserwacyjnych oraz wspierania działania sprzętu podczas zanurzenia.

4. System wydmuchiwania MBT o ciśnieniu 10 psi

Podczas przebywania na powierzchni system wydmuchiwania MBT o ciśnieniu 10 psi jest używany do oszczędzania sprężonego powietrza przechowywanego w bankach powietrznych. System ten działa pod ciśnieniem 10 psi (69 kPa) i jest używany tylko po tym, jak okręt wynurzy się wystarczająco, aby umożliwić otwarcie zaworów indukcyjnych i włazów.

System składa się z dmuchawy niskociśnieniowej, kolektora sterującego i rur, które kierują powietrze do różnych głównych zbiorników balastowych. System o ciśnieniu 10 psi jest bardziej ekonomicznym sposobem utrzymania pływalności zbiorników balastowych po wynurzeniu okrętu, zmniejszając zależność od sprężonego powietrza z systemu wysokiego ciśnienia o wartości 3 000 psi.

5. System Ratunkowy Powietrza

System ratunkowy powietrza składa się z trzech oddzielnych podsystemów: zewnętrznego systemu ratunkowego MBT, zewnętrznego systemu ratunkowego dla przedziałów oraz wewnętrznego systemu ratunkowego dla przedziałów. Podsystemy te zostały zaprojektowane w celu przywracania pływalności lub dostarczania powietrza w sytuacjach awaryjnych, takich jak uszkodzenia czy zalania.

- **Zewnętrzny system ratunkowy MBT**: Umożliwia wykorzystanie sprężonego powietrza z zewnętrznego źródła do wydmuchiwania wody z głównych zbiorników balastowych (MBT), co pomaga w wynurzeniu okrętu podwodnego.

- **Zewnętrzny system ratunkowy dla przedziałów**: Zapewnia połączenia umożliwiające dostarczenie sprężonego powietrza z zewnętrznego źródła do wybranych przedziałów w celu ich sprężenia podczas operacji ratunkowych.

- **Wewnętrzny system ratunkowy dla przedziałów**: Wykorzystuje istniejące na statku zapasy sprężonego powietrza do sprężenia poszczególnych przedziałów w sytuacjach awaryjnych.

Te funkcje ratunkowe zapewniają możliwość przeprowadzenia procedur awaryjnych w przypadku zalania lub uszkodzenia okrętu, co jest kluczowe dla działań ratunkowych i zwiększenia szans na przetrwanie.

Systemy powietrzne w okręcie podwodnym są wzajemnie zależne, przy czym systemy wysokociśnieniowe (3 000 psi) dostarczają powietrze do systemów o niższym ciśnieniu (600 psi i 225 psi). Projekt tych systemów zapewnia wystarczającą elastyczność i redundancję, aby sprostać potrzebom operacyjnym i awaryjnym. Każdy z systemów pełni specjalistyczne funkcje — od zarządzania balastem i wystrzeliwania torped po zadania konserwacyjne i działania ratunkowe. Sprawia to, że systemy powietrzne są niezbędne dla bezpieczeństwa, wydajności i przetrwania okrętu podwodnego.

Podstawy Projektowania i Budowy Okrętów Podwodnych

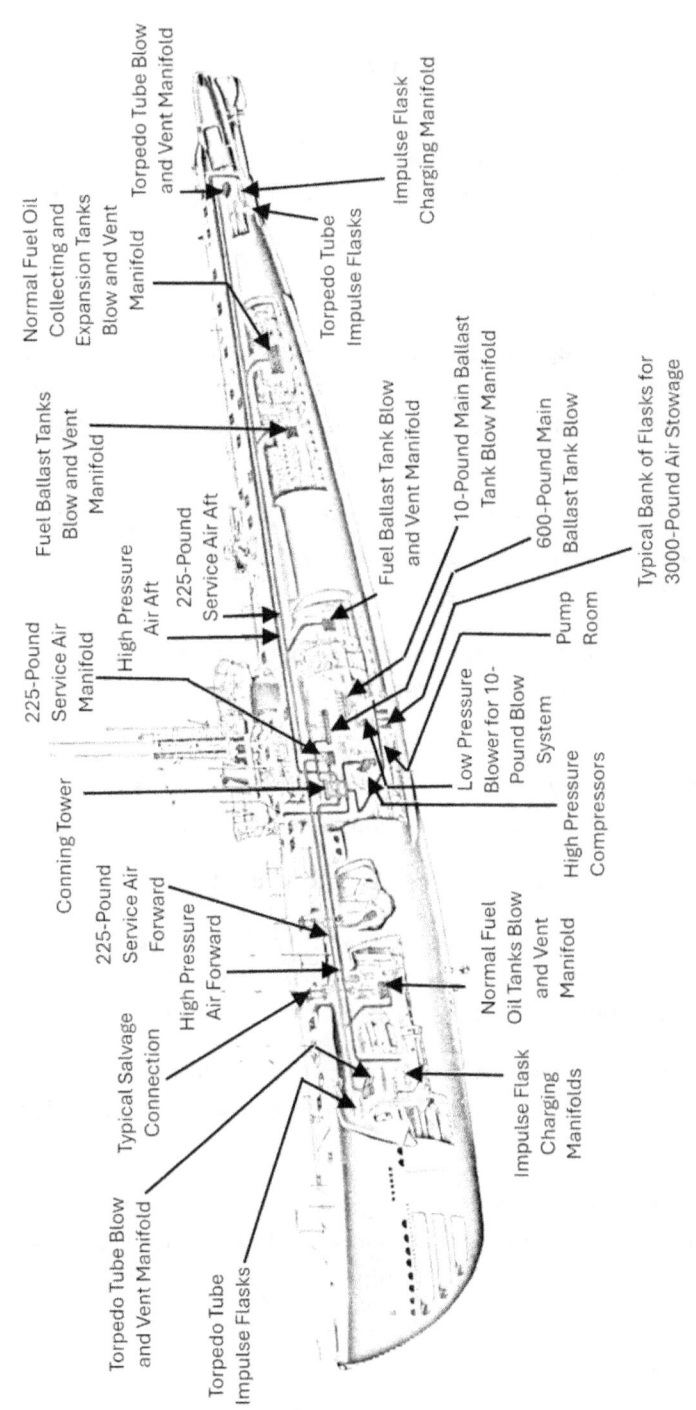

Rysunek 65: Przykładowy schemat systemu powietrznego okrętu podwodnego.

Typowy system powietrzny w okręcie podwodnym z napędem jądrowym

Typowy system powietrzny w okręcie podwodnym z napędem jądrowym obejmuje kilka współzależnych podsystemów, które dostarczają sprężone powietrze, wspierają zarządzanie zbiornikami balastowymi i zapewniają funkcjonowanie systemów podtrzymywania życia oraz innych kluczowych systemów. Oto szczegółowy opis głównych elementów takiego systemu:

1. System powietrza wysokociśnieniowego

System powietrza wysokociśnieniowego (zwykle o ciśnieniu około 3 000 psi lub 20 684 kPa) stanowi fundament dostarczania powietrza w okręcie podwodnym. Składa się z wysokociśnieniowych sprężarek, zbiorników powietrza, kolektorów, zaworów i rur. Jego główną funkcją jest sprężanie i magazynowanie powietrza do różnych zastosowań na pokładzie.

- **Zbiorniki powietrza**: Sprężone powietrze jest przechowywane w wielu zbiornikach wysokociśnieniowych rozmieszczonych w całym okręcie. Zbiorniki te zapewniają rezerwę powietrza dla różnych systemów, zapewniając redundancję i elastyczność.
- **Sprężarki**: Wysokociśnieniowe sprężarki służą do ponownego ładowania zbiorników powietrza. Są zasilane energią z reaktora jądrowego okrętu i mogą być używane zarówno podczas zanurzenia, jak i na powierzchni.
- **Kolektor wysokociśnieniowy**: Kolektor rozprowadza sprężone powietrze ze zbiorników do różnych podsystemów i pozwala na kontrolowane uwalnianie powietrza tam, gdzie jest potrzebne.

2. System wydmuchiwania głównych zbiorników balastowych (MBT)

System wydmuchiwania MBT służy do kontrolowania wyporności okrętu podwodnego poprzez wprowadzanie powietrza do głównych zbiorników balastowych, co wypiera wodę, zmniejszając gęstość okrętu i umożliwiając mu wynurzenie. Zazwyczaj występują dwa główne rodzaje systemów wydmuchiwania MBT:

- **System wydmuchiwania wysokociśnieniowego**: Korzysta z powietrza ze zbiorników wysokociśnieniowych (3 000 psi) do usuwania wody ze zbiorników balastowych w przypadku konieczności szybkiego wynurzenia.
- **System wydmuchiwania niskociśnieniowego**: Kiedy okręt podwodny znajduje się już na powierzchni lub w jej pobliżu, niskociśnieniowa dmuchawa (zwykle działająca przy ciśnieniu 10 psi lub 69 kPa) jest używana do wypompowywania wody ze zbiorników balastowych, co pozwala oszczędzać powietrze wysokociśnieniowe.

3. System impulsu torpedowego

System powietrza wysokociśnieniowego jest również wykorzystywany w systemie impulsu torpedowego, który dostarcza odpowiednie ciśnienie powietrza do wystrzelenia torped z okrętu podwodnego. Sprężone powietrze wypycha torpedę z wyrzutni, zapewniając jej płynne opuszczenie jednostki.

Podstawy Projektowania i Budowy Okrętów Podwodnych

- **Zbiorniki impulsowe**: Powietrze wysokociśnieniowe jest przechowywane w dedykowanych zbiornikach impulsowych, które są połączone z wyrzutniami torpedowymi. System ten umożliwia szybkie ładowanie i wystrzeliwanie wielu torped.

4. System powietrza serwisowego

System powietrza serwisowego działa przy niższym ciśnieniu, zazwyczaj około 225 psi (1 551 kPa). Jest wykorzystywany do różnych funkcji pomocniczych na okręcie podwodnym, takich jak:

- **Narzędzia pneumatyczne**: Napędzanie narzędzi używanych do konserwacji i napraw.

- **Systemy wentylacji i kontroli**: Wspomaganie otwierania i zamykania włazów lub zaworów oraz regulacja przepływu powietrza wewnątrz okrętu.

- **Wydmuchiwanie mniejszych zbiorników**: Regulowanie trymu i wyporności przy użyciu zmiennych zbiorników balastowych.

5. Wsparcie systemu hydraulicznego

System powietrzny odgrywa kluczową rolę w utrzymaniu systemów hydraulicznych na okręcie podwodnym z napędem jądrowym. Powietrze wysokociśnieniowe pomaga w utrzymaniu ciśnienia w akumulatorach hydraulicznych, które z kolei zasilają różne urządzenia hydrauliczne, takie jak układy sterowania, mechanizmy podnoszenia peryskopu i inne kluczowe systemy mechaniczne.

6. Systemy podtrzymywania życia i awaryjne

Sprężone powietrze odgrywa istotną rolę w systemach podtrzymywania życia i awaryjnych na okręcie podwodnym z napędem jądrowym. Obejmuje to:

- **Odświeżanie powietrza**: Sprężone powietrze może być używane do utrzymania jakości powietrza poprzez mieszanie z tlenem w celu uzupełnienia zapasów powietrza podczas długotrwałych operacji podwodnych.

- **Awaryjne wydmuchiwanie zbiorników balastowych**: W sytuacjach awaryjnych system powietrza wysokociśnieniowego jest wykorzystywany do przeprowadzenia „awaryjnego wydmuchu" głównych zbiorników balastowych, co pozwala na szybkie wypompowanie wody i wynurzenie okrętu na powierzchnię.

- **Zasilanie powietrzne przedziałów ratunkowych**: Systemy powietrzne mogą dostarczać sprężone powietrze do przedziałów ratunkowych lub wspierać inne procedury awaryjne, takie jak ratowanie przedziałów czy kontrola uszkodzeń.

7. Chłodzenie i osuszanie powietrza

Systemy powietrzne odgrywają również rolę w chłodzeniu i osuszaniu atmosfery wewnątrz okrętu podwodnego. Jest to ważne, aby zapobiec gromadzeniu się wilgoci, która mogłaby wpłynąć na wrażliwy sprzęt oraz komfort załogi.

- **Integracja z systemem klimatyzacji**: System powietrzny współpracuje z systemem klimatyzacji i wentylacji w celu regulacji temperatury wewnętrznej i wilgotności, zapewniając bezpieczne i komfortowe warunki życia.

8. Zewnętrzne połączenia powietrzne

Okręty podwodne z napędem jądrowym są wyposażone w zewnętrzne połączenia powietrzne, które umożliwiają uzupełnienie systemów powietrznych podczas postoju w porcie lub podczas operacji zaopatrzeniowych. Proces ten odbywa się za pomocą dedykowanych połączeń z lądem, co gwarantuje pełne naładowanie systemów powietrznych przed rozpoczęciem misji.

Generowanie tlenu i usuwanie dwutlenku węgla

Na okręcie podwodnym utrzymanie oddychalnej atmosfery jest kluczowe dla bezpieczeństwa i dobrego samopoczucia załogi, szczególnie podczas długotrwałych operacji podwodnych. Dwa najważniejsze elementy tego procesu to generowanie tlenu oraz usuwanie dwutlenku węgla (CO_2). Te procesy wspólnie zapewniają stały dopływ świeżego powietrza oraz eliminują szkodliwy CO_2 z otoczenia, tworząc przyjazne środowisko wewnątrz okrętu.

Generowanie Tlenu

Generowanie tlenu na okrętach podwodnych opiera się na kilku metodach, w tym elektrolizie wody, wykorzystaniu zbiorników z tlenem oraz chemicznych generatorach tlenu. Każda z tych metod ma swoje zalety i ograniczenia, dzięki czemu mogą być stosowane w różnych scenariuszach operacyjnych. Dominującą metodą w nowoczesnych okrętach podwodnych jest elektroliza wody. Proces ten polega na elektrolizie wody morskiej lub słodkiej, która najpierw jest destylowana w celu usunięcia zanieczyszczeń. Następnie przepływ prądu elektrycznego rozdziela wodę na jej podstawowe składniki: wodór i tlen. Wyprodukowany tlen jest uwalniany do atmosfery wewnątrz okrętu, podczas gdy wodór jest zwykle odprowadzany za burtę lub magazynowany. Dzięki tej metodzie możliwe jest ciągłe wytwarzanie tlenu, co jest niezbędne podczas długotrwałych misji podwodnych. Postęp w technologii, taki jak zastosowanie elektrolizerów z membraną do wymiany protonów (PEM), dodatkowo zwiększył wydajność i niezawodność tych systemów [208, 209].

Systemy produkcji tlenu na okrętach podwodnych są zaprojektowane z myślą o efektywności, bezpieczeństwie oraz ciągłości działania w trudnych warunkach podwodnych. Najważniejszym komponentem jest elektrolizer, który rozdziela cząsteczki wody za pomocą prądu elektrycznego. Urządzenie składa się z wielu komórek elektrolizy, z każdą wyposażoną w anodę (elektrodę dodatnią) i katodę (elektrodę ujemną) zanurzoną w roztworze wodnym. Wiele nowoczesnych elektrolizerów wykorzystuje membranę do wymiany protonów (PEM), która zapobiega mieszaniu się wytwarzanych gazów, co mogłoby stanowić zagrożenie dla bezpieczeństwa.

Przed rozpoczęciem elektrolizy woda musi zostać oczyszczona i zdemineralizowana, aby usunąć sole, minerały i inne zanieczyszczenia. Proces ten odbywa się zazwyczaj poprzez odsalanie, na przykład za pomocą odwróconej osmozy lub destylacji, co pozwala na uzyskanie wody odpowiedniej do elektrolizy. Dodatkowo filtry dejonizacyjne eliminują zanieczyszczenia jonowe, co zapobiega korozji i zwiększa efektywność procesu.

Stabilne źródło prądu jest również kluczowe dla działania elektrolizerów, które wymagają prądu stałego do rozdzielania wody na wodór i tlen. System zasilania jest wyposażony w regulatory napięcia i kontrolery prądu, które utrzymują optymalne warunki pracy oraz dostosowują moc do zmieniających się potrzeb produkcji tlenu. Dzięki zaawansowanemu projektowi tych systemów nowoczesne okręty podwodne mogą zapewniać załodze stały dostęp do tlenu, nawet podczas długotrwałych i wymagających misji pod wodą.

Systemy separacji i obsługi gazów są kluczowe dla zarządzania gazami wytworzonymi podczas elektrolizy. Separatory gazów lub odmgławiacze usuwają resztkowe krople wody z generowanego tlenu i wodoru, zapewniając, że gazy te są suche i wolne od zanieczyszczeń. Tlen jest następnie magazynowany w dedykowanych zbiornikach lub bezpośrednio wprowadzany do atmosfery wewnątrz okrętu podwodnego, aby utrzymać odpowiedni poziom tlenu. Nadmiar tlenu może być przechowywany w buforowych zbiornikach na późniejsze wykorzystanie. Wodór z kolei jest zwykle odprowadzany za burtę przez specjalne przewody wentylacyjne i zawory bezpieczeństwa, choć niektóre okręty podwodne mogą przechowywać wodór do zastosowań, takich jak ogniwa paliwowe.

Proces elektrolizy generuje ciepło, co wymaga zastosowania wydajnego systemu chłodzenia, aby zapobiec przegrzewaniu i utrzymać optymalne warunki pracy. Chłodzenie jest zazwyczaj realizowane za pomocą wymienników ciepła wykorzystujących wodę morską, które pomagają rozproszyć ciepło i regulować temperaturę ogniw elektrolizy w bezpiecznych granicach operacyjnych.

Aby zapewnić bezpieczną i efektywną pracę, system wyposażony jest w kompleksowy układ kontroli i monitorowania. Obejmuje on różnorodne czujniki śledzące parametry, takie jak jakość wody, przepływ gazów, ciśnienie, temperatura i napięcie. Zintegrowane alarmy i mechanizmy automatycznego wyłączania wykrywają wszelkie anomalie lub warunki niebezpieczne, takie jak nadmierne ciśnienie gazu czy przegrzanie, i odpowiednio reagują. Automatyczna jednostka sterująca dostosowuje zasilanie i przepływ wody w zależności od zapotrzebowania na tlen, zapewniając płynną i wydajną pracę.

Ze względu na potencjalne zagrożenia związane z obsługą gazów, takich jak tlen i wodór, urządzenia do elektrolizy są zaprojektowane z solidnymi funkcjami bezpieczeństwa. Obejmują one zawory bezpieczeństwa zapobiegające nadmiernemu ciśnieniu, obudowy przeciwwybuchowe zmniejszające ryzyko zapłonu oraz detektory wodoru monitorujące wycieki. Te środki zapewniają wczesne wykrywanie i zapobiegają sytuacjom niebezpiecznym, chroniąc atmosferę okrętu podwodnego.

Zbiorniki z tlenem magazynowanym służą jako awaryjne źródło tlenu na okrętach podwodnych. Te zbiorniki zawierają sprężony tlen, który można uwalniać do atmosfery w sytuacjach awaryjnych lub podczas konserwacji systemu elektrolizy. Choć zbiorniki z tlenem są niezawodnym rozwiązaniem krótkoterminowym, ich ograniczona pojemność sprawia, że nie nadają się do długotrwałego użycia. Integracja systemów z tlenem magazynowanym zapewnia, że okręty podwodne mogą utrzymać bezpieczne poziomy tlenu nawet w przypadku awarii głównego systemu generowania tlenu [210, 211].

Chemiczne generowanie tlenu to kolejna metoda, szczególnie wykorzystywana jako awaryjne rozwiązanie rezerwowe. Metoda ta polega na wykorzystaniu reakcji chemicznych do produkcji tlenu z takich związków jak chloran sodu czy nadtlenek potasu. Chemiczne generatory tlenu można aktywować w sytuacjach awaryjnych, aby szybko dostarczyć tlen, choć są one mniej powszechne niż systemy elektrolizy [210, 212]. Uniwersalność chemicznego generowania tlenu zapewnia dodatkową warstwę bezpieczeństwa, gwarantując załodze dostęp do powietrza do oddychania nawet w trudnych warunkach [213].

Usuwanie Dwutlenku Węgla

Proces usuwania dwutlenku węgla (CO_2) jest kluczowy na okrętach podwodnych w celu utrzymania bezpiecznej i nadającej się do oddychania atmosfery dla załogi. Podczas oddychania załogi CO_2 gromadzi się w zamkniętej przestrzeni okrętu podwodnego, co może prowadzić do niebezpiecznych stężeń, powodujących bóle głowy, zawroty głowy, a nawet utratę przytomności, jeśli nie jest skutecznie zarządzany [214]. Aby zapobiec tym zagrożeniom, okręty podwodne wyposażone są w systemy usuwania CO_2, zwane scrubberami, które są wyspecjalizowanymi urządzeniami zaprojektowanymi do usuwania nadmiaru CO_2 z powietrza.

Podstawowy mechanizm działania scrubberów CO_2 polega na przepuszczaniu powietrza przez kanistry wypełnione chemicznymi absorbentami. Do najczęściej stosowanych materiałów należą monoetanoloamina (MEA) i wodorotlenek litu, które chemicznie reagują z CO_2, tworząc stabilne związki, skutecznie usuwając CO_2 z powietrza [215]. Reakcja ta nie tylko oczyszcza powietrze, ale także pozwala na jego recyrkulację wewnątrz okrętu, zapewniając stały dopływ powietrza nadającego się do oddychania. MEA jest dobrze udokumentowanym skutecznym rozpuszczalnikiem do wychwytywania CO_2 w różnych zastosowaniach, w tym w elektrowniach i na okrętach podwodnych [215].

Współczesne okręty podwodne coraz częściej stosują regeneracyjne scrubbery CO_2, które oferują zwiększoną wydajność operacyjną. Systemy te wykorzystują stałe adsorbenty, takie jak aminy lub zeolity, które adsorbują CO_2 w normalnych warunkach i uwalniają go podczas podgrzewania, co pozwala na regenerację scrubbera bez potrzeby ciągłej wymiany materiałów absorbujących [214]. Proces regeneracji zmniejsza logistyczne obciążenie związane z uzupełnianiem chemikaliów i poprawia ogólną zrównoważoność operacji okrętów podwodnych poprzez minimalizację odpadów. Możliwość odprowadzania pochłoniętego CO_2 za burtę dodatkowo zwiększa efektywność tych systemów, czyniąc je preferowanym rozwiązaniem w nowoczesnych projektach okrętów podwodnych [214].

Usuwanie CO_2 na okrętach podwodnych obejmuje szereg krytycznych komponentów i systemów zapewniających skuteczne usuwanie tego gazu z powietrza, co pozwala na utrzymanie odpowiednich warunków do oddychania podczas długotrwałych operacji podwodnych. Główne urządzenie w tym procesie to scrubber CO_2, który wychwytuje i chemicznie absorbuje CO_2 z powietrza. Scrubbery te zazwyczaj wykorzystują chemiczny absorbent, taki jak wapno sodowane lub wodorotlenek litu. Absorbenty, często w formie granulek lub peletek, są umieszczone w kanistrach lub tacach wewnątrz scrubbera. Powietrze przepływające przez scrubber reaguje z absorbentem, przekształcając CO_2 w stałe związki, takie jak węglan wapnia lub węglan litu, co skutecznie usuwa CO_2. Oczyszczone powietrze jest następnie recyrkulowane do atmosfery okrętu.

Podstawy Projektowania i Budowy Okrętów Podwodnych

Nowoczesne okręty podwodne często wykorzystują regeneracyjne systemy usuwania CO_2, które stosują stałe adsorbenty aminowe. W tym układzie CO_2 jest wychwytywany na materiale aminowym, który następnie jest regenerowany poprzez podgrzewanie w celu uwolnienia pochłoniętego CO_2, co pozwala na odprowadzenie go poza okręt. Dodatkowo, kanistry z wodorotlenkiem litu mogą być używane jako uzupełniająca lub awaryjna metoda usuwania CO_2. Kanistry te reagują z CO_2, tworząc węglan litu i wodę, oferując jednorazowe rozwiązanie do oczyszczania powietrza w sytuacjach krytycznych.

Rysunek 66: Starszy Mate Mechanik Alberto Lezama z Nowego Jorku przełącza scrubber dwutlenku węgla numer jeden w tryb recyrkulacji w celu przeprowadzenia konserwacji baterii na pokładzie okrętu podwodnego klasy Los Angeles USS Norfolk (SSN 714). (Zdjęcie Marynarki Wojennej Stanów Zjednoczonych wykonane przez Specjalistę ds. Komunikacji Masowej 1. Klasy Todda A. Schaffera/Wydane). Zdjęcie Marynarki Wojennej Stanów Zjednoczonych wykonane przez Specjalistę ds. Komunikacji Masowej 1. Klasy Todda A. Schaffera, domena publiczna, za pośrednictwem Wikimedia Commons.

Efektywna cyrkulacja i filtracja powietrza są kluczowe dla skutecznego usuwania CO_2. Wentylatory i dmuchawy zapewniają ciągły przepływ powietrza przez urządzenia scrubberów, umożliwiając równomierną dystrybucję oczyszczonego powietrza we wszystkich przedziałach okrętu podwodnego. System cyrkulacji powietrza może również zawierać filtry cząsteczkowe, które usuwają kurz, włókna i inne zanieczyszczenia unoszące się w powietrzu, dodatkowo oczyszczając powietrze przed lub po przejściu przez scrubber.

Systemy monitorowania i kontroli odgrywają kluczową rolę w utrzymaniu jakości powietrza na pokładzie okrętu podwodnego. Czujniki CO_2 rozmieszczone strategicznie w różnych częściach okrętu nieustannie monitorują poziom dwutlenku węgla, dostarczając danych w czasie rzeczywistym. Scrubbery są wyposażone w automatyczne systemy kontrolne, które dostosowują proces usuwania CO_2 na podstawie wykrytego stężenia. Gdy poziom CO_2 przekracza określony próg, system zwiększa przepływ powietrza przez scrubbery, aby przyspieszyć usuwanie dwutlenku węgla, zapewniając bezpieczne warunki dla załogi.

Zarządzanie ciepłem to kolejny istotny aspekt w procesie usuwania CO_2 na okrętach podwodnych, ponieważ niektóre systemy regeneracyjne generują ciepło podczas pracy. Wymienniki ciepła i systemy chłodzenia pomagają odprowadzać nadmiar ciepła, utrzymując urządzenia w bezpiecznych temperaturach roboczych. W niektórych konstrukcjach nadmiar ciepła może być odzyskiwany i wykorzystywany do ogrzewania innych części okrętu, co zwiększa ogólną efektywność energetyczną.

Na koniec, systemy odpowietrzania CO_2 są niezbędne do usuwania wychwyconego dwutlenku węgla. W systemach regeneracyjnych, po uwolnieniu CO_2 z materiału absorbującego, jest on odprowadzany na zewnątrz okrętu. Proces ten musi być starannie kontrolowany, aby zapobiec wykryciu przez sonar lub inne systemy przeciwnika, co jest kluczowe dla zachowania zdolności operacyjnych i ukrycia.

Wszystkie te systemy umożliwiają okrętom podwodnym utrzymanie oddychalnego powietrza podczas długotrwałych misji podwodnych, co czyni proces usuwania dwutlenku węgla kluczowym elementem systemów podtrzymywania życia w operacjach okrętów podwodnych.

Monitorowanie Poziomu Tlenu i Stężenia CO_2

Monitorowanie poziomu tlenu i stężenia dwutlenku węgla (CO_2) jest kluczowe dla utrzymania bezpiecznej atmosfery, szczególnie w zamkniętych środowiskach, takich jak okręty podwodne. Zarządzanie tymi gazami jest niezbędne dla zapewnienia bezpieczeństwa załogi oraz optymalnego funkcjonowania fizjologicznego.

Monitory tlenu są nieodzownym elementem systemów okrętów podwodnych, gdzie utrzymanie poziomu tlenu na poziomie około 21% jest kluczowe. Zautomatyzowane systemy nieustannie monitorują te poziomy i mogą dostosować tempo generowania tlenu w razie potrzeby. Na przykład, gdy poziom tlenu spada poniżej docelowego progu, systemy te mogą zwiększyć podaż tlenu, aby przywrócić równowagę. Badania wskazują, że urządzenia automatyczne są znacznie skuteczniejsze od manualnych w utrzymywaniu saturacji tlenowej (SpO_2) w pożądanych zakresach, zapobiegając zarówno hiperoksji, jak i hipoksji [216-218]. Skuteczność tych zautomatyzowanych systemów jest szczególnie widoczna w środowiskach klinicznych, gdzie mogą one szybko reagować na wahania poziomu tlenu, zwiększając bezpieczeństwo pacjentów [219, 220].

Podstawy Projektowania i Budowy Okrętów Podwodnych

Podobnie stężenie CO_2 jest ściśle monitorowane, przy czym typowy górny limit bezpieczeństwa wynosi około 0,5% objętościowo. Podwyższone stężenia CO_2 mogą negatywnie wpływać na funkcje poznawcze i ogólny stan zdrowia, dlatego skuteczne zarządzanie tymi poziomami jest niezwykle istotne. Wykorzystuje się zautomatyzowane scrubbery, które zwiększają swoją aktywność w przypadku wzrostu poziomu CO_2, zapewniając ochronę załogi przed szkodliwymi stężeniami. Badania wykazały, że zautomatyzowane systemy titracji tlenu mogą pomóc w łagodzeniu ryzyka związanego z hiperkapnią, szczególnie u pacjentów z zespołem hipowentylacji otyłości [221, 222]. Systemy te nie tylko zwiększają bezpieczeństwo, ale także zmniejszają obciążenie personelu medycznego, umożliwiając bardziej efektywne zarządzanie poziomami tlenu i CO2 [218, 223].

Integracja systemów monitorowania tlenu i CO_2 w zautomatyzowane ramy kontrolne jest kluczowa dla bezpieczeństwa środowiska okrętów podwodnych. Zautomatyzowane systemy sterowania, takie jak zamknięta pętla kontroli tlenu, zmniejszają ryzyko epizodów hiperoksji, które mogą wystąpić, gdy poziomy tlenu przekraczają bezpieczne limity [224, 225]. Systemy te są zaprojektowane tak, aby utrzymywać poziomy tlenu w wąskim zakresie, minimalizując ryzyko związane zarówno z hipoksją, jak i hiperoksją. Ponadto wdrożenie takich technologii wiąże się z poprawą wyników w różnych scenariuszach klinicznych, w tym w niewydolności oddechowej i przewlekłej obturacyjnej chorobie płuc (POChP) [220, 225, 226].

Procedury Awaryjne i Systemy Zapasowe

Procedury awaryjne i systemy zapasowe zarządzania powietrzem na okręcie podwodnym są kluczowe dla zapewnienia bezpieczeństwa załogi w krytycznych sytuacjach. Redundancja jest wbudowana w te systemy, aby zapewnić wiele warstw zabezpieczeń zarówno dla generowania tlenu, jak i usuwania dwutlenku węgla. Takie podejście gwarantuje, że nawet w przypadku awarii systemów podstawowych dostępne są alternatywne metody utrzymania odpowiedniego poziomu tlenu w powietrzu wewnątrz okrętu.

Jednym z kluczowych zapasowych systemów awaryjnych są świeczki tlenowe, które mogą wytwarzać tlen na drodze reakcji chemicznej po zapaleniu. Świeczki te zawierają związek chemiczny uwalniający tlen podczas spalania, zapewniając natychmiastowe źródło tlenu w sytuacjach awaryjnych. Są one przechowywane na pokładzie i używane wyłącznie w ekstremalnych przypadkach, gdy standardowe systemy generowania tlenu są niesprawne. Świeczki tlenowe oferują prosty i niezawodny sposób na zwiększenie poziomu tlenu w zamkniętym środowisku, co pozwala załodze na oddychanie, podczas gdy problem z systemem podstawowym jest rozwiązywany.

Dla procesu usuwania dwutlenku węgla przenośne scrubbery CO_2 pełnią kluczową rolę jako zapasowy system awaryjny. W przypadku awarii głównych scrubberów, te przenośne jednostki mogą być szybko rozmieszczone w określonych przedziałach, aby usuwać CO_2 i utrzymywać jakość powietrza w danym miejscu. Przenośne scrubbery wykorzystują podobne chemiczne absorbenty, co system główny, takie jak wapno sodowane lub wodorotlenek litu, które reagują chemicznie z CO_2, usuwając go z powietrza. Dzięki przenośności możliwe jest ich elastyczne rozmieszczanie w okręcie podwodnym, co umożliwia precyzyjne usuwanie CO_2 tam, gdzie jest to najbardziej potrzebne. Ta zdolność jest szczególnie istotna w sytuacjach awaryjnych, w których może wystąpić lokalny problem z jakością powietrza lub gdy dostęp do pewnych przedziałów jest ograniczony z powodu uszkodzeń lub ograniczeń operacyjnych.

Razem te procedury awaryjne i systemy zapasowe tworzą kompleksową strategię utrzymania systemu podtrzymywania życia na okręcie podwodnym, nawet w trudnych warunkach. Włączenie świeczek tlenowych i przenośnych scrubberów CO_2 zapewnia dodatkową warstwę zabezpieczeń, umożliwiając dalsze działanie systemu zarządzania powietrzem podczas sytuacji kryzysowych. Taka redundancja jest niezbędna dla bezpieczeństwa i przetrwania załogi, pozwalając na kontynuowanie operacji i zyskanie czasu na naprawę podstawowych systemów.

Wyzwania w Generowaniu Tlenu i Usuwaniu CO_2

Wyzwania związane z generowaniem tlenu i usuwaniem dwutlenku węgla (CO_2) w środowiskach okrętów podwodnych są wielowymiarowe, koncentrując się głównie na zarządzaniu ciepłem i zapewnieniu odpowiednich chemikaliów niezbędnych do skutecznego oczyszczania powietrza.

Zarządzanie Ciepłem: Zarówno procesy generowania tlenu, jak i usuwania CO_2 są egzotermiczne, co oznacza, że generują ciepło, które może znacząco podnieść temperaturę wewnętrzną okrętu podwodnego. Skuteczne zarządzanie ciepłem jest kluczowe dla utrzymania bezpieczeństwa operacyjnego i komfortu załogi. Systemy wentylacji i chłodzenia na okrętach podwodnych odgrywają fundamentalną rolę w rozpraszaniu tego ciepła, zapewniając stabilność wewnętrznego środowiska. Wdrożenie zaawansowanych systemów zarządzania termicznego może zwiększyć efektywność tych procesów. Przykładowo, badania dotyczące analizy termicznej różnych technologii wychwytywania CO_2 podkreślają znaczenie zarządzania ciepłem w optymalizacji efektywności energetycznej, co ma szczególne znaczenie w zamkniętych środowiskach, takich jak okręty podwodne [227, 228]. Analiza integracji termicznej jednostek chemicznego oczyszczania uwidacznia, jak kluczowe jest zarządzanie ciepłem w celu maksymalizacji wydajności energetycznej [227].

Dostępność Chemikaliów: Dostępność chemikaliów do oczyszczania CO_2 stanowi kolejne istotne wyzwanie, które może ograniczać czas trwania zanurzonych operacji. Zależność od metod chemicznego oczyszczania, takich jak absorpcja aminowa, wymaga ciągłego dostarczania absorbentów, co może być logistycznie trudne podczas długotrwałych misji [229, 230]. Projektowanie wydajnych urządzeń do oczyszczania oraz wdrażanie systemów regeneracyjnych może ograniczyć potrzebę częstego uzupełniania chemikaliów. Na przykład systemy hybrydowych rozpuszczalników wykazały zdolność do zwiększenia pojemności absorpcji CO_2 przy jednoczesnym obniżeniu energii regeneracji, co poprawia ogólną zrównoważoność procesu oczyszczania [229, 231].

Ponadto, innowacyjne podejścia, takie jak wykorzystanie struktur metaloorganicznych (MOFs), są badane w celu poprawy stabilności termicznej i chemicznej absorbentów, co mogłoby dodatkowo wydłużyć czas operacyjny okrętów podwodnych bez konieczności uzupełniania zapasów [232]. Tego rodzaju rozwiązania technologiczne mogą znacząco zwiększyć niezależność operacyjną okrętów i przyczynić się do podniesienia efektywności oraz bezpieczeństwa podczas długotrwałych misji podwodnych.

Integracja z Systemami Podtrzymywania Życia

Generowanie tlenu i usuwanie dwutlenku węgla (CO_2) to kluczowe elementy systemu podtrzymywania życia na okręcie podwodnym, który współpracuje z różnymi podsystemami, aby zapewnić oddychalną i bezpieczną atmosferę dla załogi. Zarządzanie jakością powietrza w zamkniętym podwodnym środowisku obejmuje nie tylko dostarczanie wystarczającej ilości tlenu i usuwanie CO_2, ale również regulację wilgotności, czystości powietrza oraz wentylacji. Skuteczne systemy wentylacyjne są kluczowe dla utrzymania jakości powietrza, ponieważ pomagają w ciągłym monitorowaniu i zarządzaniu poziomami CO_2, które mogą szybko gromadzić się w ograniczonej przestrzeni, takiej jak wnętrze okrętu podwodnego [233, 234]. Integracja tych systemów jest niezbędna do stworzenia zrównoważonego i komfortowego środowiska, co podkreślają badania wskazujące na znaczenie odpowiedniej wentylacji w zarządzaniu jakością powietrza w pomieszczeniach [233].

Kontrola wilgotności jest kolejnym krytycznym aspektem systemu podtrzymywania życia na okręcie podwodnym. Wysoki poziom wilgotności może prowadzić do kondensacji, co niesie ryzyko korozji urządzeń i elementów konstrukcyjnych. Osuszacze powietrza odgrywają kluczową rolę w zarządzaniu zawartością wilgoci, zapewniając, że poziomy wilgotności pozostają w optymalnych zakresach [235]. Integracja kontroli wilgotności z systemami usuwania CO_2 jest szczególnie korzystna, ponieważ pozwala na jednoczesną regulację wilgoci i CO_2, zapobiegając kondensacji podczas procesu recyklingu powietrza [235]. Takie podejście jest niezbędne do ochrony wrażliwych systemów elektronicznych i innych urządzeń przed potencjalnymi uszkodzeniami spowodowanymi wysoką wilgotnością i kondensacją [235].

Oczyszczanie powietrza jest również kluczowym elementem systemu podtrzymywania życia, działającym obok generowania tlenu i usuwania CO_2 w celu utrzymania jakości powietrza. Podczas gdy CO_2 stanowi główne zagrożenie, inne zanieczyszczenia powietrza, takie jak zapachy, dym i śladowe chemikalia, mogą gromadzić się w atmosferze okrętu podwodnego. Systemy oczyszczania powietrza, takie jak filtry z węglem aktywnym, są stosowane w celu skutecznego usuwania tych zanieczyszczeń [236]. Filtry z węglem aktywnym są szczególnie skuteczne w absorpcji związków organicznych i zapachów, podczas gdy specjalistyczne filtry są ukierunkowane na konkretne gazy [236]. Dzięki zapewnieniu, że te dodatkowe zanieczyszczenia są filtrowane, system oczyszczania powietrza przyczynia się do stworzenia czystego i bezpiecznego środowiska oddechowego dla załogi podczas długotrwałych misji podwodnych [235].

Systemy Oczyszczania Wody

System oczyszczania wody na pokładzie okrętu podwodnego jest niezbędny do zapewnienia załodze bezpiecznej wody pitnej oraz wsparcia różnych operacyjnych potrzeb, takich jak systemy chłodzenia, higiena i generowanie tlenu. Ze względu na izolowane i podwodne środowisko okręt musi dysponować niezawodnym systemem, który przekształca wodę morską w wodę słodką za pomocą procesów odsalania i oczyszczania. Główne techniki stosowane w systemach oczyszczania wody na okrętach podwodnych to odwrócona osmoza i destylacja, wspomagane zaawansowanymi metodami filtracji, które gwarantują bezpieczeństwo i jakość wody.

Odwrócona osmoza (RO)

Richard Skiba

Odwrócona osmoza (RO) to szeroko stosowana i skuteczna metoda oczyszczania wody na okrętach podwodnych, zaprojektowana z myślą o zaspokojeniu krytycznych potrzeb w zakresie zaopatrzenia w wodę słodką podczas długotrwałych operacji pod wodą. Proces ten polega na przepuszczaniu wody morskiej przez półprzepuszczalną membranę, która pozwala na przechodzenie cząsteczek wody, blokując jednocześnie rozpuszczone sole, zanieczyszczenia i inne substancje szkodliwe. Dzięki temu uzyskuje się świeżą, zdatną do picia wodę, która może być wykorzystywana do picia, gotowania, higieny i innych potrzeb pokładowych.

Proces rozpoczyna się od zastosowania pompy wysokociśnieniowej, która zwiększa ciśnienie wody morskiej, umożliwiając jej przejście przez membranę RO. Wysokie ciśnienie, zwykle w zakresie od 800 do 1 200 psi (5,5-8,3 MPa), jest konieczne, aby pokonać naturalne ciśnienie osmotyczne wody morskiej i przepchnąć cząsteczki wody przez membranę, pozostawiając za sobą sole i zanieczyszczenia. Pompa jest kluczowym elementem systemu, ponieważ musi utrzymywać stałe ciśnienie, aby zapewnić wydajność procesu RO i nieprzerwane dostarczanie świeżej wody. Pompa wysokociśnieniowa zużywa znaczne ilości energii, co sprawia, że efektywność energetyczna jest istotnym czynnikiem przy projektowaniu systemu RO, szczególnie na okrętach podwodnych z napędem dieslowo-elektrycznym, gdzie dostępna moc jest ograniczona.

Rysunek 67: Instalacja oczyszczania wody metodą odwróconej osmozy. Zdjęcie U.S. Navy wykonane przez Specjalistę ds. Komunikacji Masowej 1. Klasy Drae Parkera, Defense Visual Information Distribution Service, domena publiczna, via Picryl.

Serce systemu odwróconej osmozy stanowi półprzepuszczalna membrana, która działa jako bariera selektywnie filtrująca rozpuszczone sole, bakterie, wirusy i inne zanieczyszczenia. Membrana składa się z wielu warstw, których pory są na tyle małe (zazwyczaj około 0,0001 mikrona), że przepuszczają jedynie cząsteczki wody, odrzucając większe cząsteczki, w tym rozpuszczone sole i materiały organiczne. Jakość i stan membrany są kluczowe dla wydajności systemu i wymagają okresowej kontroli oraz wymiany w przypadku zanieczyszczenia lub uszkodzenia, aby utrzymać optymalną jakość wody.

Zanim woda morska dotrze do membrany RO, przechodzi proces wstępnej filtracji, który usuwa większe cząsteczki i zanieczyszczenia, takie jak piasek, muł czy resztki. Filtracja wstępna zazwyczaj obejmuje szereg filtrów, w tym filtry zgrubne i filtry cząsteczkowe, aby upewnić się, że woda docierająca do membrany RO jest wolna od dużych cząstek, które mogłyby ją zatkać lub uszkodzić. Skuteczna filtracja wstępna jest niezbędna do wydłużenia żywotności membrany RO i zmniejszenia częstotliwości wymaganej konserwacji, co z kolei zwiększa ogólną efektywność procesu oczyszczania.

Po przejściu przez membranę RO i zamianie w wodę słodką, często poddaje się ją procesowi obróbki końcowej, aby poprawić jej jakość do spożycia przez ludzi. Procesy obróbki końcowej mogą obejmować remineralizację, podczas której do wody dodawane są niezbędne minerały, takie jak wapń i magnez. Jest to ważny etap, ponieważ proces RO usuwa nie tylko szkodliwe substancje, ale także korzystne minerały, co sprawia, że woda może smakować nijako lub nie dostarczać istotnych składników odżywczych. Dodatkowo, na ostatnim etapie może być stosowana sterylizacja ultrafioletowa (UV) lub filtracja węglem aktywnym w celu eliminacji pozostałych mikroorganizmów lub śladowych chemikaliów, co zapewnia, że woda jest bezpieczna i smaczna.

Chociaż system RO jest bardzo skuteczny w produkcji wody słodkiej, wiąże się również z pewnymi wyzwaniami, szczególnie w zakresie zużycia energii i konserwacji. Pompa wysokociśnieniowa używana w systemie wymaga znacznego nakładu energii, co jest istotnym czynnikiem na okrętach podwodnych, gdzie zasoby energetyczne są starannie zarządzane. Ponadto membrana RO z czasem ulega zanieczyszczeniu, co może obniżyć jej skuteczność i wymaga regularnego czyszczenia lub wymiany. Aby sprostać tym wyzwaniom, trwają ciągłe prace nad poprawą efektywności energetycznej, opracowaniem bardziej trwałych membran i optymalizacją procesów wstępnej obróbki w celu wydłużenia żywotności komponentów systemu RO.

Destylacja

Destylacja jest kluczową metodą oczyszczania wody stosowaną na okrętach podwodnych, polegającą na przekształcaniu wody morskiej w pitną wodę słodką poprzez proces podgrzewania, parowania i kondensacji. Metoda ta jest szczególnie korzystna na okrętach podwodnych ze względu na jej zdolność do skutecznego usuwania rozpuszczonych soli i zanieczyszczeń, co pozwala na uzyskanie wysokiej jakości wody, odpowiedniej do spożycia oraz do różnorodnych zastosowań na pokładzie. Proces destylacji obejmuje kilka kluczowych elementów i etapów, które zapewniają ciągłą produkcję wody słodkiej, co jest niezbędne dla funkcjonowania okrętu podwodnego.

Proces destylacji rozpoczyna się w parowniku, gdzie woda morska jest podgrzewana do momentu osiągnięcia punktu wrzenia, co powoduje parowanie cząsteczek wody i tworzenie się pary. W okręcie podwodnym z napędem jądrowym źródłem ciepła jest zazwyczaj nadmiar ciepła generowany przez reaktor jądrowy, co czyni ten proces wysoce wydajnym i ekonomicznym. W okrętach podwodnych z napędem diesel-elektrycznym, gdzie reaktor jądrowy nie jest dostępny, jako źródło ciepła może być wykorzystywany dedykowany element grzewczy lub para generowana przez silniki diesla. Parownik jest specjalnie zaprojektowany, aby maksymalizować kontakt między wodą morską a źródłem ciepła, co zapewnia szybkie parowanie, jednocześnie pozostawiając za sobą sole, minerały i inne zanieczyszczenia rozpuszczone w wodzie morskiej.

Rysunek 68: Jeden z dwóch parowników wody słodkiej znajdujących się w przedniej maszynowni USS Pampanito (SS-383). BrokenSphere, CC BY-SA 3.0, via Wikimedia Commons.

Po wygenerowaniu pary w parowniku jest ona kierowana do kondensatora, gdzie para ochładza się i skrapla, przekształcając się ponownie w ciecz, tworząc wodę słodką. Kondensator wykorzystuje medium chłodzące, zazwyczaj wodę morską, aby szybko schłodzić parę i zapewnić efektywną kondensację. Wytworzona woda słodka jest zbierana w zbiorniku magazynowym, skąd jest gotowa do wykorzystania w różnych zastosowaniach pokładowych, takich jak picie, gotowanie, higiena osobista oraz systemy chłodzenia. Proces destylacji zapewnia, że woda jest wolna od soli i innych zanieczyszczeń, dzięki czemu jest bezpieczna do użytku przez załogę podczas długotrwałych misji podwodnych.

Proces destylacji generuje produkt uboczny znany jako solanka, czyli stężona woda słona, która pozostaje po odparowaniu wody słodkiej. Aby zapobiec nagromadzeniu soli i innych zanieczyszczeń w systemie, solanka musi być odprowadzana za burtę. Ten proces jest starannie zarządzany, aby uniknąć wykrycia przez sonar lub inne systemy monitorujące przeciwnika, ponieważ może generować sygnaturę termiczną w otaczającej wodzie morskiej. Odprowadzanie solanki zapewnia, że system destylacji może działać skutecznie, przy minimalnym nagromadzeniu niepożądanych substancji.

Destylacja jest szczególnie efektywna na okrętach podwodnych z napędem jądrowym dzięki dostępności nadmiaru ciepła z reaktora, które można wykorzystać do zasilania parownika bez znaczącego wpływu na ogólne zużycie energii na okręcie. Czyni to destylację naturalnym rozwiązaniem dla jednostek z napędem jądrowym, ponieważ proces może być prowadzony nieprzerwanie przy niewielkich dodatkowych kosztach energetycznych. W przeciwieństwie do tego, okręty podwodne z napędem dieslowo-elektrycznym napotykają wyzwania związane z efektywnością energetyczną, ponieważ ciepło wymagane do procesu destylacji wymaga dodatkowego nakładu energii, zazwyczaj pochodzącego z silników diesla. Może to wpływać na efektywność operacyjną i dostępność energii dla innych systemów na okręcie, co czyni ten proces mniej odpowiednim dla długotrwałych operacji podwodnych.

Destylacja oferuje przewagę w postaci produkcji wysokiej jakości wody słodkiej z minimalnym ryzykiem zanieczyszczenia. Proces skutecznie usuwa nie tylko sole, ale także mikroorganizmy i inne zanieczyszczenia, zapewniając bezpieczeństwo i zdrowie załogi. Technologia ta jest również solidna i może działać przez dłuższe okresy, pod warunkiem odpowiedniej konserwacji systemu. Systemy destylacji wymagają jednak regularnych prac serwisowych w celu zapobiegania osadzaniu się kamienia i nagromadzeniu osadów w parowniku i kondensatorze, które mogą wpływać na wydajność. Dodatkowo wymagania energetyczne związane z destylacją, szczególnie na okrętach z napędem dieslowo-elektrycznym, mogą wymagać starannego zarządzania zasobami energetycznymi na pokładzie.

Filtracja i uzdatnianie wody

Po podstawowych procesach oczyszczania wody, takich jak odwrócona osmoza lub destylacja, uzdatnianie wody na okrętach podwodnych obejmuje dodatkowe etapy, które zapewniają wysoką jakość wody i jej bezpieczeństwo dla załogi, zarówno do spożycia, jak i innych zastosowań pokładowych. Te dodatkowe procesy pomagają wyeliminować resztkowe zanieczyszczenia, poprawić smak oraz ponownie wprowadzić do wody niezbędne minerały. Główne metody obejmują filtrację na węglu aktywnym, sterylizację UV i remineralizację.

Filtracja na węglu aktywnym odgrywa kluczową rolę w końcowym etapie oczyszczania wody, usuwając pozostałe chemikalia, nieprzyjemne zapachy oraz związki organiczne, które mogłyby wpłynąć na jakość wody. Filtry te działają poprzez adsorpcję zanieczyszczeń na porowatej powierzchni materiału węglowego, skutecznie zatrzymując substancje takie jak chlor, lotne związki organiczne (LZO) oraz inne zanieczyszczenia, które mogłyby pozostać po wcześniejszych etapach oczyszczania. Węgiel aktywny pomaga również poprawić smak wody, czyniąc ją bardziej przyjemną do picia i odpowiednią do gotowania. Ten etap jest szczególnie ważny, ponieważ nawet śladowe ilości niektórych chemikaliów mogą wpływać na bezpieczeństwo wody i samopoczucie załogi podczas długotrwałych misji podwodnych.

Podstawy Projektowania i Budowy Okrętów Podwodnych

Sterylizacja promieniowaniem ultrafioletowym (UV) jest kolejnym kluczowym etapem zapewniającym mikrobiologiczną czystość wody. W tym procesie woda jest poddawana działaniu światła UV o długości fali, która przenika przez ściany komórkowe mikroorganizmów, takich jak bakterie, wirusy i pierwotniaki. Promieniowanie UV uszkadza ich DNA, uniemożliwiając im rozmnażanie, co skutecznie je dezaktywuje. Metoda ta jest niezwykle skuteczna w eliminowaniu patogenów, które mogły przetrwać wcześniejsze etapy oczyszczania, zapewniając, że woda pozostaje wolna od szkodliwych mikroorganizmów. Sterylizacja UV ma dodatkową zaletę, ponieważ nie wymaga stosowania chemikaliów, unikając tym samym wprowadzania dodatkowych substancji do wody.

Zarówno odwrócona osmoza, jak i proces destylacji usuwają niemal wszystkie rozpuszczone minerały z wody, co może powodować, że woda smakuje „płasko" i nie jest idealna do długotrwałego spożycia z powodu braku niezbędnych składników odżywczych. Aby temu zaradzić, w systemie uzdatniania wody na okrętach podwodnych często uwzględnia się etap remineralizacji. Podczas tego procesu do oczyszczonej wody ponownie dodawane są niezbędne minerały, takie jak wapń, magnez, a czasem potas. Minerały te nie tylko poprawiają smak wody, ale także dostarczają korzyści zdrowotnych, uzupełniając dzienne zapotrzebowanie załogi na składniki mineralne, co jest istotne podczas długotrwałych misji podwodnych, kiedy opcje dietetyczne są ograniczone.

Łączne wykorzystanie filtracji na węglu aktywnym, sterylizacji UV i remineralizacji zapewnia, że zasoby wody na okręcie podwodnym spełniają rygorystyczne normy bezpieczeństwa i jakości. Podczas gdy odwrócona osmoza i destylacja skutecznie usuwają szeroką gamę zanieczyszczeń, dodatkowe etapy uzdatniania gwarantują, że wszelkie pozostałe zanieczyszczenia lub potencjalne zagrożenia są usunięte. Takie wieloetapowe podejście do oczyszczania wody jest niezbędne w zamkniętym i odizolowanym środowisku okrętu podwodnego, gdzie dostęp do zewnętrznych źródeł wody jest niemożliwy, a ochrona zdrowia załogi jest priorytetem.

Przechowywanie i dystrybucja

Po oczyszczeniu woda na okręcie podwodnym jest przechowywana w specjalnych zbiornikach i starannie zarządzana, aby zapewnić jej dostępność i jakość przez całą misję. Woda jest dystrybuowana w całym okręcie do różnych celów, takich jak picie, higiena, chłodzenie i generowanie tlenu. Skuteczne przechowywanie i dystrybucja są kluczowe dla utrzymania wystarczających rezerw, zwłaszcza podczas długotrwałych misji lub w sytuacjach awaryjnych, gdy dostęp do zewnętrznych źródeł wody jest niemożliwy.

Oczyszczona woda jest przechowywana w dedykowanych zbiornikach, które są zazwyczaj umieszczane w bezpiecznych miejscach okrętu, aby zoptymalizować rozkład masy i wykorzystanie przestrzeni. Zbiorniki są wykonane z materiałów odpornych na korozję i zanieczyszczenia, co pozwala utrzymać jakość wody. Po przechowaniu woda jest dystrybuowana za pomocą sieci rur do różnych części okrętu, dostarczając załodze wodę pitną, prysznice i umywalki, a także wspierając różne systemy operacyjne, takie jak chłodzenie czy produkcja tlenu.

Zarządzanie wodą jest na okręcie podwodnym procesem ciągłym, ponieważ utrzymanie odpowiedniego poziomu rezerw jest kluczowe dla długotrwałych misji. System dystrybucji obejmuje pompy i zawory, które kontrolują przepływ wody, zapewniając, że każda część okrętu otrzymuje niezbędne dostawy, przy jednoczesnym priorytetowaniu funkcji krytycznych. Ponadto część wody może być przechowywana w rezerwie na wypadek sytuacji awaryjnych lub awarii sprzętu, co stanowi zabezpieczenie na wypadek ograniczenia regularnych dostaw.

Ze względu na ograniczoną pojemność zbiorników wodnych na okrętach podwodnych, oszczędzanie wody jest kluczowym elementem zarządzania. Aby ograniczyć zużycie, okręty podwodne wyposażone są w oszczędne urządzenia, takie jak krany i prysznice o niskim przepływie, które zmniejszają ilość używanej wody bez obniżania funkcjonalności. Ponadto stosowane są systemy recyklingu wody, które odzyskują i ponownie wykorzystują wodę z pryszniców, umywalek i innych źródeł wody niepitnej do celów takich jak spłukiwanie toalet lub wstępne filtrowanie przed dalszym oczyszczaniem.

Te środki oszczędzania nie tylko pomagają wydłużyć dostępny zapas wody, ale również zmniejszają częstotliwość cykli oczyszczania wody, co pozwala oszczędzać energię i minimalizować obciążenie systemów oczyszczania. Skuteczne oszczędzanie wody jest szczególnie ważne podczas długotrwałych operacji podwodnych, gdzie możliwość uzupełnienia zapasów wody jest poważnie ograniczona.

Jakość i bezpieczeństwo dostaw wody na okręcie podwodnym są stale monitorowane za pomocą czujników, które mierzą takie parametry jak temperatura, ciśnienie, zasolenie i zawartość mikroorganizmów. Czujniki te są strategicznie rozmieszczone w całym systemie wodnym, dostarczając danych w czasie rzeczywistym, które pomagają wykrywać problemy zanim mogą wpłynąć na zdrowie i bezpieczeństwo załogi. Regularne testy i próbkowanie są również przeprowadzane w celu zapewnienia, że woda spełnia rygorystyczne normy jakości, a wyniki są wykorzystywane do dostosowania procesów oczyszczania w razie potrzeby.

Utrzymanie systemów oczyszczania i dystrybucji wody jest niezbędne dla ich niezawodnej pracy. Obejmuje to rutynowe zadania, takie jak czyszczenie membran odwróconej osmozy, wymiana filtrów węglowych oraz serwisowanie pomp i zaworów. W przypadku systemów opartych na destylacji wymienniki ciepła i skraplacze wymagają regularnego czyszczenia, aby zapobiec osadzaniu się kamienia i zapewnić wydajną pracę. Terminowa konserwacja pomaga unikać niespodziewanych awarii sprzętu i zapewnia, że okręt podwodny może zaspokoić swoje potrzeby wodne przez całą misję.

Integracja z systemami podtrzymywania życia

Integracja systemu oczyszczania wody z systemami podtrzymywania życia na okręcie podwodnym jest kluczowa dla wspierania różnych krytycznych funkcji. Oczyszczona woda nie jest jedynie zasobem do picia i higieny, ale odgrywa również istotną rolę w utrzymaniu ogólnej funkcjonalności okrętu podwodnego, zwłaszcza podczas długotrwałych misji pod wodą. Połączenie dostaw oczyszczonej wody z różnymi systemami wewnątrz okrętu tworzy spójny i efektywny sieć podtrzymywania życia, optymalizując wykorzystanie ograniczonych zasobów.

Jedną z najważniejszych integracji systemu oczyszczania wody jest współpraca z procesem generowania tlenu na okręcie podwodnym. Woda destylowana jest wykorzystywana w urządzeniu elektrolizy do produkcji tlenu i wodoru. W trakcie elektrolizy oczyszczona woda jest rozkładana na swoje pierwiastkowe składniki, a tlen dostarczany jest do atmosfery wewnątrz okrętu, uzupełniając powietrze do oddychania, natomiast wodór jest zazwyczaj odprowadzany za burtę. Wykorzystanie wody destylowanej ma tu kluczowe znaczenie, ponieważ jakiekolwiek zanieczyszczenia mogłyby uszkodzić elektrolizer lub zakłócić proces, potencjalnie obniżając jakość produkowanego tlenu. Dlatego system oczyszczania wody zapewnia, że woda doprowadzana do jednostki generującej tlen jest najwyższej czystości, wspierając ciągłą i bezpieczną pracę systemów podtrzymywania życia.

Oczyszczona woda jest również niezbędnym elementem systemów chłodzenia na okręcie podwodnym, które zapobiegają przegrzewaniu kluczowego sprzętu, w tym systemu napędowego, elektroniki zasilającej i innych urządzeń operacyjnych. Woda krąży w wymiennikach ciepła, pochłaniając i odprowadzając ciepło z tych komponentów, zapewniając ich działanie w bezpiecznym zakresie temperatur. Jakość wody używanej do chłodzenia ma kluczowe znaczenie, ponieważ zanieczyszczenia mogą powodować osadzanie się kamienia, korozję lub zatykanie obiegów chłodzenia, co potencjalnie prowadzi do awarii sprzętu. Oczyszczona woda pochodząca z systemu uzdatniania wody na okręcie podwodnym, wolna od minerałów i zanieczyszczeń, pomaga utrzymać wydajność i trwałość systemów chłodzenia.

Oczyszczona woda jest również dostarczana do urządzeń sanitarnych okrętu podwodnego, takich jak prysznice, umywalki i toalety, wspierając codzienne potrzeby sanitarne załogi. Utrzymanie czystej i bezpiecznej wody do użytku osobistego ma kluczowe znaczenie dla zdrowia załogi, szczególnie podczas długich misji, kiedy choroby przenoszone przez wodę mogłyby stanowić poważne zagrożenie. System oczyszczania wody zapewnia, że woda używana do higieny jest wolna od szkodliwych zanieczyszczeń, co przyczynia się do stworzenia bezpiecznego i komfortowego środowiska życia. Ponadto, wszelkie ścieki generowane w tych urządzeniach mogą być poddane recyklingowi i oczyszczane do ponownego wykorzystania, co sprzyja oszczędności wody na pokładzie okrętu.

Integracja oczyszczonej wody z tymi systemami—generowaniem tlenu, chłodzeniem i higieną—pokazuje współzależność systemów podtrzymywania życia na okręcie podwodnym. Każdy system zależy od jakości i dostępności oczyszczonej wody, a jakikolwiek kompromis w jej jakości może wpłynąć na wiele aspektów działania okrętu. Zapewniając, że system oczyszczania wody jest skutecznie powiązany z tymi funkcjami, okręt podwodny może prowadzić przedłużone operacje podwodne z większą odpornością i bezpieczeństwem.

Kontrola temperatury i wilgotności

Służba w jednostkach podwodnych znana jest z surowych wymagań, co wyróżnia ją jako jeden z najbardziej wymagających sektorów sił zbrojnych. Ze względu na unikalne warunki środowiskowe oraz specyfikę misji okrętów podwodnych, personel musi spełniać rygorystyczne kryteria fizyczne, aby sprostać stresom i odpowiedzialnościom związanym z życiem pod wodą. W celu wspierania dobrego samopoczucia załogi i utrzymania wysokich standardów operacyjnych warunki życia i pracy na okrętach podwodnych są projektowane tak, aby były jak najbardziej komfortowe. Jednym z najważniejszych aspektów zapewnienia tych warunków jest jakość i przechowywanie żywności oraz utrzymanie oddychalnej i zdrowej atmosfery na pokładzie [237].

Odpowiednie przechowywanie żywności ma kluczowe znaczenie dla podtrzymania załogi okrętu podwodnego podczas długotrwałych misji. Niektóre łatwo psujące się produkty, takie jak mięso i nabiał, szybko ulegają zepsuciu w normalnych temperaturach, co sprawia, że chłodzenie jest nieodzownym elementem wyposażenia okrętów podwodnych. Utrzymywanie żywności w niskich temperaturach spowalnia rozwój bakterii, pleśni i innych mikroorganizmów przyczyniających się do psucia. Skuteczne techniki przechowywania żywności bezpośrednio wpływają na długość misji okrętu, ponieważ zdolność jednostki do przebywania na morzu częściowo zależy od tego, jak długo można utrzymać w dobrym stanie zapasy żywności. Dobrze utrzymany system chłodzenia wydłuża trwałość tych produktów, umożliwiając załodze zrównoważoną dietę przez dłuższe okresy bez konieczności częstego uzupełniania zapasów [237].

Podczas gdy zapewnienie, że żywność jest bezpieczna i pożywna, jest główną funkcją systemów chłodzenia na okrętach podwodnych, smakowitość żywności odgrywa również kluczową rolę w morale załogi. Niektóre potrawy i napoje najlepiej smakują, gdy są schłodzone, a chłodzenie to umożliwia. Na przykład woda pitna spełnia swoje funkcje nawadniające w temperaturze pokojowej, ale jest znacznie bardziej orzeźwiająca, gdy jest chłodna, zwłaszcza w ciepłych warunkach. Podobnie, niektóre produkty, takie jak lody, tracą swoją atrakcyjność, jeśli nie są przechowywane w odpowiedniej temperaturze. Dzięki utrzymaniu żywności i napojów w idealnych temperaturach system chłodzenia na okręcie podwodnym poprawia jakość życia na pokładzie, zapewniając załodze pewne wygody, które przyczyniają się do ogólnej satysfakcji i morale.

Jakość powietrza na okręcie podwodnym jest równie ważna, co jakość żywności. Podczas długotrwałych misji podwodnych powietrze wewnątrz okrętu jest wielokrotnie recyrkulowane, co sprawia, że odpowiednia jego kondycjonowanie jest niezbędne do utrzymania zdrowej atmosfery. Systemy klimatyzacyjne pomagają regulować temperaturę na pokładzie, tworząc bardziej komfortowe warunki dla załogi, podczas gdy systemy wentylacyjne zapewniają ciągły przepływ świeżego powietrza, usuwając zanieczyszczenia i nadmiar wilgoci. Skuteczne zarządzanie powietrzem ma kluczowe znaczenie dla dobrego samopoczucia załogi, ponieważ zapobiega gromadzeniu się zanieczyszczeń, które mogłyby prowadzić do problemów zdrowotnych lub dyskomfortu. Utrzymanie kontrolowanej atmosfery przyczynia się również do efektywności energetycznej, utrzymując sprzęt w optymalnych warunkach pracy.

Innym istotnym aspektem utrzymania odpowiednich warunków na pokładzie jest ochrona wrażliwego sprzętu okrętu przed wilgocią. Wysoki poziom wilgotności może powodować kondensację na komponentach elektrycznych, co może zakłócać ich prawidłowe działanie, a nawet prowadzić do uszkodzeń. Systemy chłodzenia i klimatyzacji odgrywają kluczową rolę w redukcji poziomu wilgotności, zapobiegając problemom związanym z wilgocią. Utrzymując suche i chłodne powietrze, systemy te nie tylko zapewniają komfortowe warunki życia dla załogi, ale również chronią sprzęt, który jest kluczowy dla operacji okrętu podwodnego [237].

Zarówno przechowywanie żywności, zarządzanie jakością powietrza, jak i ochrona sprzętu to wzajemnie powiązane elementy, które przyczyniają się do efektywnego funkcjonowania okrętu podwodnego. Odpowiednie systemy chłodzenia i klimatyzacji są niezbędne do utrzymania zdrowia, morale i gotowości operacyjnej załogi, umożliwiając jej skuteczne wykonywanie obowiązków podczas długotrwałego zanurzenia. Systemy te pozwalają okrętowi podwodnemu na długotrwałe misje, zapewniając bezpieczną i pożywną żywność, oddychalne powietrze oraz dobrze chroniony sprzęt, które są kluczowe dla powodzenia operacji podwodnych.

Ciepło

Zimno i ciepło to terminy używane do opisu warunków temperaturowych, które są względne, a nie absolutne. Gdy mówimy, że coś jest zimne lub gorące, porównujemy jego temperaturę do standardu, którym zazwyczaj jest temperatura ludzkiego ciała, wynosząca około 98,6°F (37°C). Na przykład, jeśli ktoś dotknie lodu, odczuwa go jako zimny, ponieważ jego temperatura jest znacznie niższa niż temperatura dłoni. Z kolei kawa wydaje się gorąca, ponieważ jej temperatura jest wyższa niż temperatura ust. Mimo tych subiektywnych odczuć, terminy „zimno" i „gorąco" nie mają precyzyjnych definicji. W rzeczywistości lód, który wydaje się zimny w porównaniu z ludzkim ciałem, jest cieplejszy niż ciekłe powietrze, tak jak kawa jest chłodniejsza od wrzącej wody [237].

Chłodzenie jest w istocie procesem usuwania ciepła z substancji, niezależnie od tego, czy jest to ciało stałe, ciecz, czy gaz. Poprzez odprowadzanie ciepła temperatura substancji obniża się, co sprawia, że staje się ona chłodniejsza. Historycznie stosowano różne metody obniżania temperatury, z których niektóre nie są już powszechnie używane. Na przykład powietrze można schładzać poprzez sprężanie, usuwanie nadmiaru ciepła z powietrza sprężonego, a następnie jego rozprężanie. Inną metodą jest parowanie, jak w przypadku wody w płóciennym bukłaku, która schładza się, gdy woda na powierzchni paruje, pochłaniając ciepło z bukłaka i wody wewnątrz. Dodanie soli do wody lub mieszanie lodu z solą również obniża temperaturę mieszaniny.

Dwie główne metody chłodzenia na dużą skalę to stosowanie lodu i chłodzenie mechaniczne. Lód od wieków służył do konserwowania żywności poprzez cyrkulację powietrza wokół bloków lodu. Gdy powietrze się schładzało, pochłaniało ciepło z otoczenia, utrzymując ciągły cykl chłodzenia. Jednak na okręcie podwodnym lód szybko by się topił, co ograniczałoby jego praktyczne zastosowanie. Chłodzenie mechaniczne, które wykorzystuje ciecze wrzące w niższych temperaturach niż woda, stało się preferowaną metodą. W tej technologii czynnik chłodniczy pochłania ciepło w niskich temperaturach i ciśnieniach, a następnie oddaje je w wyższych temperaturach i ciśnieniach poprzez procesy takie jak sprężanie i rozprężanie. Metoda ta oferuje znaczące korzyści, szczególnie na statkach, gdzie stałe chłodzenie jest niezbędne [237].

Zrozumienie ciepła jest kluczowe dla obsługi systemów chłodniczych. Ciepło jest formą energii, której nie można zobaczyć ani dotknąć, a poznaje się je poprzez jego wpływ na materię. Kiedy ciepło zostaje usunięte z substancji, ta staje się chłodniejsza. Materia może istnieć w trzech stanach — stałym, ciekłym i gazowym — i przechodzić między nimi w wyniku dodawania lub usuwania ciepła. Na przykład woda może występować jako lód (ciało stałe), ciecz lub para wodna (gaz), w zależności od ilości dostarczanego ciepła.

Ciepło można mierzyć według jego intensywności lub ilości zawartej w substancji. Intensywność odnosi się do temperatury, którą mierzy się za pomocą termometru. W skali Fahrenheita woda zamarza w 32°F, a wre w 212°F, podczas gdy w skali Celsjusza odpowiadające temu punkty to 0°C i 100°C. Dla bardziej naukowych pomiarów używa się skali Kelvina, w której zero absolutne (temperatura, w której nie ma już ciepła) wynosi 0K, co odpowiada -273,16°C (-459,69°F).

Ciepło dostarczane substancji można podzielić na ciepło jawne (sensible heat) i utajone (latent heat). Ciepło jawne podnosi temperaturę substancji bez zmiany jej stanu, jak w przypadku podgrzewania wody do wyższej temperatury. Ciepło utajone natomiast zmienia stan substancji, na przykład przekształcając lód w wodę (ciepło topnienia) lub wodę w parę wodną (ciepło parowania). Ilość ciepła utajonego różni się w zależności od substancji; na przykład dla wody potrzeba 143,33 BTU na funt, aby przekształcić lód w ciecz w temperaturze 32°F, i 970,4 BTU na funt, aby zmienić wodę w 212°F na parę wodną [237].

Całkowite ciepło to suma ciepła jawnego i utajonego zawartego w substancji. Często oblicza się je od określonego punktu odniesienia, na przykład 32°F dla wody lub -40°F dla czynników chłodniczych, takich jak

Freon. W praktycznych zastosowaniach, takich jak chłodzenie, zrozumienie całkowitej zawartości ciepła pomaga ocenić efektywność procesu chłodzenia.

W mechanicznych systemach chłodzenia czynnik chłodniczy pochłania ciepło w niskich temperaturach i ciśnieniach, a następnie oddaje je w wyższych temperaturach i ciśnieniach. Proces ten zwykle obejmuje rozprężanie, sprężanie i wymianę ciepła z powietrzem lub wodą jako medium chłodzącym. Czynnik chłodniczy wybiera się na podstawie jego zdolności do efektywnego przekazywania ciepła, co jest kluczowe dla procesu chłodzenia [237].

Chłodzenie obejmuje zarządzanie zarówno ciepłem jawnym, jak i utajonym. Na przykład podczas chłodzenia powietrza temperatura może spadać bez kondensacji (ciepło jawne), ale kiedy wilgoć w powietrzu skrapla się, uwalniane jest ciepło utajone. Skuteczne systemy chłodnicze muszą uwzględniać oba te aspekty, aby utrzymać pożądane temperatury i poziomy wilgotności.

Ciśnienie

Ciśnienie atmosferyczne to podstawowe pojęcie wpływające na wszystko na Ziemi, wynikające z ciężaru powietrza znajdującego się nad nami. Na poziomie morza, gdy temperatura powietrza wynosi 32°F (0°C), ciśnienie to wynosi około 14,696 funta na cal kwadratowy (psi). Dla celów inżynieryjnych często zaokrągla się je do 14,7 psi. Ciśnienie atmosferyczne może się zmieniać w zależności od warunków pogodowych, jednak ta standardowa wartość zapewnia spójny punkt odniesienia dla różnych obliczeń [237].

Ciśnienie atmosferyczne można mierzyć za pomocą różnych rodzajów barometrów. Klasycznym przyrządem jest barometr rtęciowy, który składa się z pionowej szklanej rurki o długości ponad 30 cali, zamkniętej na górze i otwartej na dole. Dolny koniec rurki jest zanurzony w naczyniu z rtęcią. Ciśnienie atmosferyczne naciska na rtęć w naczyniu, powodując, że rtęć w rurce wznosi się. Przy standardowym ciśnieniu na poziomie morza (14,7 psi) słup rtęci osiąga wysokość 29,921 cala. Górna część rurki nad rtęcią jest prawie próżnią, bez obecności powietrza ani innych gazów, co umożliwia dokładne pomiary ciśnienia.

Barometr aneroidowy to inne urządzenie używane do pomiaru ciśnienia atmosferycznego. W przeciwieństwie do barometru rtęciowego, nie wykorzystuje żadnej cieczy. Zamiast tego składa się z małego, zamkniętego metalowego pudełka z częściową próżnią w środku i elastyczną powierzchnią. Wraz ze zmianą ciśnienia atmosferycznego elastyczna powierzchnia porusza się, a ten ruch jest przekładany przez system dźwigni na wskaźnik na okrągłej skali, wskazujący ciśnienie atmosferyczne.

Odczyty barometru są zazwyczaj podawane w calach słupa rtęci. Aby przeliczyć te odczyty na psi, można użyć stosunku 14,696 psi do 29,921 cala słupa rtęci. Współczynnik przeliczeniowy wynosi około 0,491 psi na cal słupa rtęci. Na przykład, jeśli barometr wskazuje 30 cali, odpowiadające ciśnienie wynosi około 14,7 psi (30 x 0,491).

Ciśnienie atmosferyczne wpływa na temperaturę wrzenia wody. Na poziomie morza, gdzie ciśnienie atmosferyczne wynosi 14,7 psi, woda wre w temperaturze 212°F (100°C). Wraz ze wzrostem wysokości ciśnienie atmosferyczne spada, obniżając temperaturę wrzenia. Na przykład na wysokości 1 000 stóp nad poziomem morza ciśnienie spada do około 14,14 psi, a woda wre w temperaturze 210°F (98,9°C). Relacja między ciśnieniem a temperaturą wrzenia jest stała na różnych wysokościach, a temperatura wrzenia nadal spada wraz z rosnącą wysokością [237].

Zmiany ciśnienia bezpośrednio wpływają na temperaturę, przy której substancje przechodzą ze stanu ciekłego w parę. Relację tę można zobrazować za pomocą zamkniętego pojemnika z tłokiem. Wciśnięcie tłoka powoduje wzrost ciśnienia wewnątrz pojemnika, podnosząc temperaturę potrzebną do zagotowania cieczy. Z kolei wyciągnięcie tłoka obniża ciśnienie, zmniejszając temperaturę wrzenia. Dokładna zależność między ciśnieniem a temperaturą podczas zmian fazowych jest dobrze udokumentowana dla różnych substancji i ma kluczowe znaczenie w zastosowaniach takich jak chłodnictwo.

W zamkniętych systemach, takich jak rury czy zbiorniki, ciśnienie często mierzy się za pomocą manometru z rurką Bourdona. Ten rodzaj manometru zawiera zakrzywioną, spłaszczoną rurkę, która prostuje się nieznacznie wraz ze wzrostem ciśnienia. Ruch ten jest przenoszony przez system dźwigni na wskazówkę na skali, która pokazuje ciśnienie w jednostkach psi. Punkt zerowy manometru odpowiada ciśnieniu atmosferycznemu (14,7 psi), co oznacza, że każdy odczyt powyżej zera przedstawia ciśnienie ponad ciśnienie atmosferyczne, zwane ciśnieniem względnym.

Podczas gdy ciśnienie względne wskazuje wartość powyżej ciśnienia atmosferycznego, ciśnienie absolutne mierzy całkowite ciśnienie wewnątrz systemu, uwzględniając ciśnienie atmosferyczne. Na przykład, jeśli manometr wskazuje 6 psi, ciśnienie absolutne wynosiłoby 20,7 psi (14,7 + 6). Dokładne pomiary ciśnienia absolutnego są kluczowe w wielu zastosowaniach inżynieryjnych i naukowych [237].

Kiedy ciśnienia spadają poniżej poziomu atmosferycznego, nazywane są częściową próżnią. Manometr próżniowy mierzy takie ciśnienia, zwykle w calach słupa rtęci poniżej standardowego poziomu atmosferycznego. Pełna próżnia odpowiada zerowemu ciśnieniu absolutnemu lub około 30 calom próżni.

Manometry złożone, znane również jako manometry ciśnieniowo-próżniowe, są używane w systemach, w których występują zarówno dodatnie ciśnienia, jak i próżnie. Te manometry mają skalę rozciągającą się w lewo i prawo od zera, z odczytami powyżej ciśnienia atmosferycznego w psi i poniżej ciśnienia atmosferycznego w calach próżni. Ta wszechstronność sprawia, że manometry złożone są przydatne w zastosowaniach takich jak chłodnictwo, gdzie ciśnienia mogą się znacznie różnić [237].

Parowanie i warunki fizyczne par oraz cieczy

Istnieją dwie główne formy parowania: wrzenie (ebulicja) i parowanie powierzchniowe. Procesy te różnią się szybkością i widocznością, ale oba polegają na przekształceniu cieczy w stan parowy. Zrozumienie tych rodzajów parowania jest kluczowe w takich dziedzinach jak chłodnictwo i klimatyzacja, gdzie kontrola transferu ciepła i zmiany fazowe mają kluczowe znaczenie [237].

Ebulicja (wrzenie) to szybka i widoczna forma parowania. Występuje, gdy ciecz zostaje podgrzana do temperatury wrzenia, co powoduje powstawanie pęcherzyków wewnątrz cieczy. Pęcherzyki te, składające się z pary, unoszą się na powierzchnię i pękają, uwalniając parę do otaczającej atmosfery. Proces ten zazwyczaj rozpoczyna się na dnie i bokach naczynia, w miejscach kontaktu cieczy z źródłem ciepła. Wraz ze wzrostem temperatury powstaje coraz więcej pęcherzyków, co prowadzi do intensywnego wrzenia. Ta szybka zmiana fazy z cieczy na parę sprawia, że ebulicja jest skuteczną metodą szybkiego usuwania ciepła z cieczy.

Parowanie powierzchniowe jest natomiast znacznie wolniejszym i zazwyczaj niewidocznym procesem. Zachodzi na powierzchni cieczy, a nie w całej jej objętości, i może występować w temperaturach poniżej punktu wrzenia. Gdy cząsteczki znajdujące się blisko powierzchni uzyskują wystarczającą ilość energii, aby przezwyciężyć napięcie powierzchniowe cieczy, uciekają do powietrza w postaci pary. Na przykład woda stopniowo paruje z powierzchni jezior, rzek i mórz. Podobnie mokre ubrania rozwieszone do wyschnięcia tracą wilgoć przez parowanie. Ta forma parowania usuwa ciepło z cieczy, co czyni ją procesem chłodzącym. W rzeczywistości parowanie odgrywa rolę w naturalnym mechanizmie chłodzenia ciała, gdy pot paruje z powierzchni skóry, zabierając ciepło.

Sublimacja to rzadsza zmiana fazy, w której substancja przechodzi bezpośrednio ze stanu stałego w gazowy, z pominięciem fazy ciekłej. Może to mieć miejsce w określonych warunkach, na przykład gdy lód lub śnieg powoli znika bez topnienia, nawet w temperaturach poniżej punktu zamarzania. Proces ten można również zaobserwować, gdy mokre ubrania rozwieszone w temperaturach poniżej zera najpierw sztywnieją, a następnie stopniowo wysychają poprzez sublimację. Chociaż sublimacja nie jest szeroko stosowana w chłodnictwie na dużą skalę, ma praktyczne zastosowania, takie jak chłodzenie przedmiotów suchym lodem, który sublimuje pod normalnym ciśnieniem atmosferycznym.

Pojęcia „para" i „gaz" odnoszą się do stanu materii, który nie jest ani ciałem stałym, ani cieczą, ale istnieje między nimi różnica. Para jest bliska stanowi ciekłemu i może łatwo skondensować z powrotem w ciecz przy niewielkich zmianach temperatury lub ciśnienia. Z kolei gaz istnieje w stanie znacznie oddalonym od fazy ciekłej i wymaga znaczących zmian ciśnienia lub temperatury, aby ulec skropleniu. W chłodnictwie i pokrewnych dziedzinach termin „gaz" bywa używany zamiennie z „parą", choć technicznie dokładniejszym terminem w odniesieniu do substancji, które łatwo wracają do stanu ciekłego, jest „para".

Pary mogą występować w dwóch warunkach: nasyconym lub przegrzanym. Para nasycona jest w równowadze ze swoją cieczą w określonej temperaturze i ciśnieniu, co oznacza, że jest na granicy wrzenia dla tych warunków. Jeśli para zawiera cząsteczki cieczy, nazywana jest mokrą parą nasyconą. Gdy w parze nie ma cząsteczek cieczy, określa się ją jako suchą parę nasyconą. Uzyskanie całkowicie suchej pary jest trudne, ponieważ podczas wrzenia zwykle dochodzi do przenoszenia pewnych cząsteczek cieczy w parę. Dodatkowo każda utrata ciepła w długich systemach rur może powodować częściową kondensację, wprowadzając krople cieczy do pary.

Para podgrzana powyżej temperatury nasycenia, bez obecności cieczy, jest uważana za przegrzaną parę. Jej temperatura przekracza punkt wrzenia dla danego ciśnienia. Ilość przegrzania to różnica między temperaturą pary a temperaturą nasycenia przy tym samym ciśnieniu. Na przykład, jeśli temperatura pary wynosi 20°F powyżej temperatury nasycenia, mówi się, że para ma przegrzanie wynoszące 20°F. Para przegrzana zachowuje się inaczej niż para nasycona i jest stosowana w różnych procesach przemysłowych, gdzie wymagane jest dodatkowe przenoszenie energii.

Substancje, niezależnie od tego, czy są w stanie stałym, ciekłym, czy gazowym, rozszerzają się pod wpływem ciepła i kurczą podczas ochładzania. Zjawisko to jest bardziej wyraźne w gazach niż w ciałach stałych i cieczach. W inżynierii konieczne jest uwzględnienie tych zmian objętości, aby uniknąć uszkodzeń konstrukcji i maszyn.

Podstawy Projektowania i Budowy Okrętów Podwodnych

Woda wykazuje unikalne zachowanie — kurczy się podczas ochładzania, aż osiągnie temperaturę 39,2°F (4°C), a następnie zaczyna się rozszerzać podczas zamarzania. To rozszerzenie może generować ogromne siły, zdolne do rozłupywania skał lub pękania rur.

Objętość właściwa substancji jest zdefiniowana jako przestrzeń zajmowana przez jednostkę masy (na przykład jednego funta) substancji w określonej temperaturze i ciśnieniu. Objętość właściwa zmienia się znacząco podczas przejść fazowych, takich jak zmiana stanu z cieczy na parę. Na przykład woda zwiększa swoją objętość około 1 604 razy, gdy paruje z cieczy do stanu gazowego przy ciśnieniu atmosferycznym, co ilustruje ogromne zmiany objętości związane z przemianami fazowymi.

Zrozumienie tych zasad związanych z parowaniem, przejściami fazowymi i rozszerzalnością materiałów jest kluczowe dla skutecznego stosowania technologii chłodniczych i klimatyzacyjnych, a także zarządzania transferem ciepła w różnych procesach przemysłowych.

Transfer ciepła

Transfer ciepła jest podstawowym pojęciem w termodynamice i zachodzi na trzy główne sposoby: poprzez promieniowanie, konwekcję oraz przewodzenie. Każdy z tych sposobów obejmuje przemieszczanie się energii cieplnej, ale różnią się one mechanizmami działania.

Promieniowanie to proces, w którym ciepło przenosi się przez próżnię lub przezroczyste medium bez potrzeby obecności fizycznej substancji jako nośnika. Tak właśnie ciepło ze Słońca dociera do Ziemi, ponieważ energia promieniowania przemieszcza się przez pustkę przestrzeni kosmicznej. W przypadku ciepła energia ta jest przenoszona w postaci fal elektromagnetycznych, szczególnie fal podczerwonych. Kiedy fale te trafiają na obiekt, są absorbowane, co powoduje jego ogrzewanie. Promieniowanie nie ogrzewa medium, przez które się przenosi, na przykład powietrza; ogrzewa jedynie obiekty, które napotyka. Codzienne obiekty, takie jak kuchenki, żarówki, a nawet ludzkie ciało, emitują pewną ilość ciepła w formie promieniowania, chociaż w znacznie mniejszym stopniu niż Słońce.

Konwekcja obejmuje rzeczywisty ruch ciepła poprzez medium płynne, takie jak ciecz lub gaz. Zachodzi, gdy ogrzane cząsteczki substancji przemieszczają się z jednego miejsca w inne, przenosząc energię ze sobą. Na przykład w pomieszczeniu ciepłe powietrze unosi się, a chłodniejsze opada, tworząc cykl, który rozprowadza ciepło. Ten rodzaj transferu ciepła występuje również w zjawiskach naturalnych, takich jak prądy oceaniczne i cyrkulacja atmosferyczna, gdzie ogrzane cząsteczki przemieszczają się przez wodę lub powietrze. Ludzki organizm wykorzystuje konwekcję do ochładzania się; podczas wydechu wydychane powietrze absorbuje ciepło z organizmu, usuwając je z układu [237].

Przewodzenie to transfer ciepła przez materiał, od jednej cząsteczki do drugiej, przez bezpośredni kontakt. Zachodzi w ciałach stałych, cieczach i gazach, chociaż najskuteczniejszy jest w ciałach stałych, szczególnie w metalach. Aby doszło do przewodzenia, substancje muszą mieć fizyczny kontakt, a ciepło zawsze przemieszcza się z obszaru o wyższej temperaturze do obszaru o niższej temperaturze. Na przykład, gdy jeden koniec metalowego pręta jest podgrzewany w ogniu, ciepło przemieszcza się wzdłuż pręta poprzez przewodzenie, aż cały pręt stanie się ciepły. Materiały różnią się zdolnością do przewodzenia ciepła; metale są dobrymi przewodnikami, podczas gdy niemetale, takie jak drewno czy guma, są słabymi przewodnikami.

Przewodnictwo cieplne to miara łatwości, z jaką substancja pozwala na przenikanie ciepła. Na przykład, jeśli pręt miedziany i żelazny o identycznych rozmiarach zostaną umieszczone w ogniu, pręt miedziany przewodzi ciepło szybciej niż żelazny. Ta właściwość sprawia, że określone materiały są bardziej odpowiednie do określonych zastosowań, takich jak użycie metali w radiatorach lub ceramiki jako izolacji termicznej.

Aby utrzymać pożądane warunki temperaturowe, stosuje się materiały izolacyjne, które zmniejszają transfer ciepła. Izolacja jest kluczowa zarówno w ogrzewaniu, jak i chłodzeniu, ponieważ zapobiega przedostawaniu się ciepła do kontrolowanego środowiska lub jego opuszczaniu. Skuteczna izolacja wykorzystuje materiały o niskim przewodnictwie cieplnym, takie jak korek, wełna i niektóre tworzywa sztuczne, które zatrzymują powietrze w małych kieszeniach. Te kieszenie powietrzne redukują transfer ciepła, minimalizując promieniowanie i konwekcję wewnątrz materiału.

Materiały izolacyjne stosowane w chłodnictwie i innych zastosowaniach w niskich temperaturach napotykają dodatkowe wyzwania. Gdy wilgoć z powietrza styka się z zimnymi powierzchniami, może kondensować, a nawet zamarzać. Ta kondensacja może przenikać do porowatych materiałów izolacyjnych, zmniejszając ich skuteczność. Z tego powodu materiały stosowane w środowiskach o niskich temperaturach są specjalnie projektowane, aby przeciwdziałać absorpcji wilgoci. Dodatkowo izolacja często jest pokryta barierą odporną na wilgoć, aby utrzymać jej właściwości izolacyjne.

Zimne rury, takie jak te w systemach chłodniczych, muszą być dokładnie izolowane, aby zapobiec przedostawaniu się ciepła i ogrzewaniu czynnika chłodniczego wewnątrz. Do izolacji rur często stosuje się kompozycje korkowe, wełnę skalną i mineralną. Aby uniknąć problemów, takich jak przenikanie wilgoci czy transfer ciepła przez metalowe wsporniki rur, wszystkie szwy i połączenia muszą być pokryte materiałami wodoodpornymi. Izolacja musi być również nałożona w sposób minimalizujący możliwość przewodzenia ciepła przez wsporniki.

W przypadku uszkodzenia izolacji rur konieczna jest szybka naprawa uszkodzonego obszaru, aby zapobiec przedostawaniu się ciepła i gromadzeniu wilgoci. Jeśli oryginalne formowane sekcje są niedostępne, należy zastosować tymczasowe środki w celu przywrócenia bariery wodoodpornej. Zapewnia to ciągłą skuteczność izolacji w utrzymywaniu pożądanej temperatury.

Chłodzenie

Mechaniczne chłodzenie

Systemy chłodnicze na okrętach podwodnych wykorzystują cykl sprężania pary do zapewnienia chłodzenia, używając czynnika chłodniczego, który przechodzi pomiędzy fazami ciekłą a gazową. System ten jest kluczowy na okrętach podwodnych ze względu na ograniczoną przestrzeń, zamknięte środowisko oraz konieczność spełnienia wysokich standardów bezpieczeństwa. Odpowiedni czynnik chłodniczy dla takich systemów musi mieć określone właściwości: niski punkt wrzenia, łatwość przechodzenia między fazą ciekłą a gazową, a przede wszystkim bezpieczeństwo w zamkniętym środowisku podwodnym. Kwestie bezpieczeństwa są szczególnie istotne na okrętach podwodnych, ponieważ jakikolwiek wyciek lub awaria systemu może stanowić poważne zagrożenie zdrowia dla załogi w ograniczonej przestrzeni.

Cykl sprężania pary w systemach chłodniczych na okrętach podwodnych obejmuje absorbowanie ciepła przez czynnik chłodniczy i jego parowanie w niskiej temperaturze w parowniku. Odparowany czynnik chłodniczy, niosąc zaabsorbowane ciepło, jest sprężany przez sprężarkę, co podnosi jego ciśnienie i temperaturę. Następnie czynnik chłodniczy przepływa do skraplacza, gdzie oddaje zaabsorbowane ciepło do medium chłodzącego, takiego jak woda morska, i skrapla się z powrotem do postaci ciekłej.

Ciekły czynnik chłodniczy jest przechowywany w odbiorniku, zanim zostanie dozowany przez termostatyczny zawór rozprężny, który reguluje przepływ czynnika chłodniczego z powrotem do parownika, umożliwiając kontynuację cyklu. System działa w obiegu zamkniętym, co oznacza, że czynnik chłodniczy jest ciągle ponownie wykorzystywany, a do napędzania sprężarki i utrzymania cyklu konieczne jest dostarczenie energii z silnika elektrycznego.

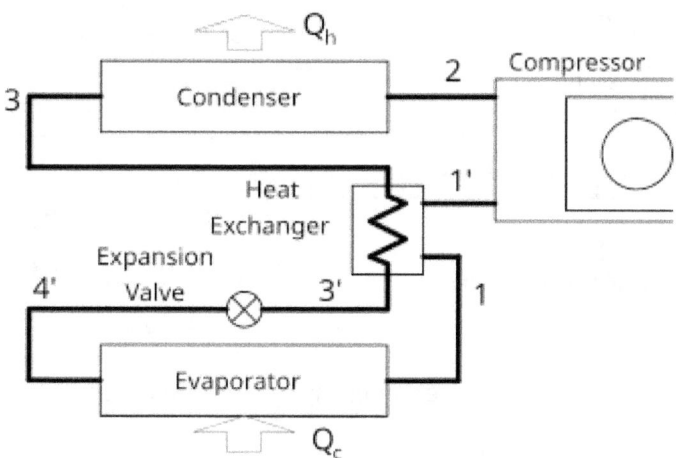

Rysunek 69: Schemat systemu chłodniczego. Shoji Yamauchi, CC BY-SA 4.0, via Wikimedia Commons.

Główne komponenty systemu chłodniczego to parownik, sprężarka, skraplacz, zbiornik (receiver) i zawór rozprężny termostatyczny. W parowniku ciekły czynnik chłodniczy pochłania ciepło z otoczenia lub przedmiotów, co powoduje jego odparowanie. Następnie sprężarka zwiększa ciśnienie pary, co jednocześnie podnosi jej temperaturę powyżej temperatury wody morskiej używanej w skraplaczu. W skraplaczu ciepło jest przekazywane z czynnika chłodniczego do wody morskiej, co pozwala czynnikowi skroplić się do stanu ciekłego. Zbiornik przechowuje ciekły czynnik chłodniczy przed jego przepływem przez zawór rozprężny termostatyczny, który kontroluje przepływ czynnika z powrotem do parownika, gdzie cykl się powtarza [237].

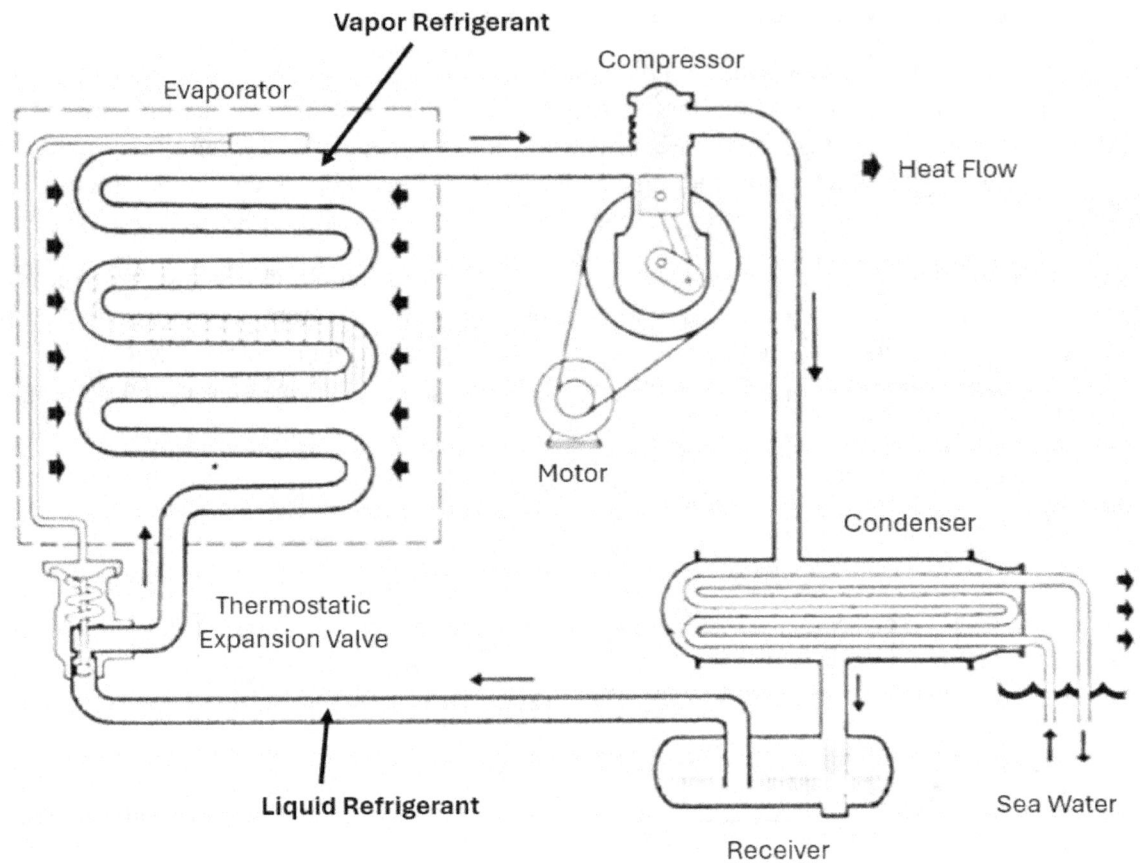

Rysunek 70: Mechaniczny cykl chłodniczy.

Czynnik chłodniczy to substancja wykorzystywana w cyklu chłodniczym do pochłaniania ciepła w niskiej temperaturze i oddawania go w wyższej temperaturze. W okrętach podwodnych głównym stosowanym czynnikiem chłodniczym jest dichlorodifluorometan (Freon-12 lub F-12), wybrany ze względu na swoją stabilność, niepalność oraz zdolność do efektywnej pracy w niskich temperaturach. Ten typ czynnika chłodniczego klasyfikowany jest jako czynnik pierwotny, ponieważ bezpośrednio uczestniczy w procesach zmiany fazowej w cyklu chłodniczym. Choć istnieją inne czynniki pierwotne, takie jak amoniak, dwutlenek siarki czy dwutlenek węgla, Freon-12 był preferowany w zastosowaniach morskich z uwagi na swoje bezpieczne właściwości [237].

Nowoczesne okręty podwodne z napędem nuklearnym zazwyczaj używają bardziej ekologicznych czynników chłodniczych, zgodnych z obowiązującymi przepisami dotyczącymi ochrony warstwy ozonowej i globalnego ocieplenia. Czynniki te wybierane są ze względu na ich efektywność, bezpieczeństwo i minimalny wpływ na środowisko. Oto najczęściej stosowane czynniki chłodnicze we współczesnych okrętach podwodnych:

Podstawy Projektowania i Budowy Okrętów Podwodnych

1. HFC (Hydrofluorowęglowodory)

- **R-134a (Tetrafluoroetan):** Jest to jeden z najczęściej stosowanych czynników chłodniczych w systemach HVAC, w tym na okrętach podwodnych. Oferuje dobrą równowagę między efektywnością a bezpieczeństwem i nie niszczy warstwy ozonowej, co czyni go odpowiednim do nowoczesnych zastosowań. Jednak ma wyższy potencjał globalnego ocieplenia (GWP) niż niektóre alternatywy.
- **R-404A i R-407C:** Są to mieszanki HFC, które zapewniają odpowiednie właściwości do zastosowań w systemach chłodniczych i klimatyzacyjnych wymagających średnich i niskich temperatur.

2. HFO (Hydrofluoroolefiny)

- **R-1234yf:** Ten czynnik HFO ma znacznie niższy potencjał globalnego ocieplenia w porównaniu do HFC, takich jak R-134a. Stopniowo wprowadzany jest do różnych gałęzi przemysłu, w tym zastosowań wojskowych, ze względu na zmniejszony wpływ na środowisko.
- **R-1234ze:** Kolejna opcja HFO o niskim GWP, stosowana w nowych systemach chłodniczych jako alternatywa dla tradycyjnych HFC. Oferuje efektywność i bezpieczeństwo zgodne z rygorystycznymi wymaganiami okrętów podwodnych z napędem nuklearnym.

3. Alternatywne czynniki chłodnicze i mieszanki

- **R-513A:** Mieszanka R-1234yf i R-134a, R-513A ma niższy GWP niż R-134a, zachowując jednocześnie podobne właściwości eksploatacyjne. Uznawany jest za zamiennik do istniejących systemów zaprojektowanych dla R-134a.
- **R-410A:** Chociaż częściej stosowany w systemach klimatyzacyjnych na lądzie, niektóre aplikacje morskie mogą korzystać z R-410A ze względu na jego efektywność i profil bezpieczeństwa.

4. Czynniki chłodnicze starszej generacji (wycofane lub zastępowane)

- **R-114 i R-12:** Starsze systemy okrętów podwodnych używały czynników takich jak R-114 (Dichlorotetrafluoroetan) i R-12 (Dichlorodifluorometan), które są CFC (chlorofluorowęglowodorami). Czynniki te zostały w dużej mierze wycofane z użycia ze względu na ich wysoki potencjał niszczenia warstwy ozonowej (ODP). Nowoczesne okręty podwodne przeszły na czynniki chłodnicze o mniejszym wpływie na środowisko.

Podczas wyboru czynników chłodniczych dla okrętów podwodnych należy uwzględnić kilka kluczowych aspektów, aby zapewnić zgodność z przepisami, bezpieczeństwo i wydajność. Po pierwsze, konieczne jest przestrzeganie regulacji środowiskowych. Czynnik chłodniczy stosowany w okrętach podwodnych musi spełniać międzynarodowe normy, takie jak Protokół Montrealski, który nakłada obowiązek ograniczenia stosowania substancji o wysokim potencjale niszczenia warstwy ozonowej (ODP) oraz wysokim potencjale globalnego ocieplenia (GWP). W efekcie nowoczesne czynniki chłodnicze wybierane są z uwagi na ich mniejszy wpływ na środowisko, co zmniejsza szkody dla warstwy ozonowej i ogranicza przyczynianie się do zmian klimatu.

Bezpieczeństwo jest kolejnym kluczowym czynnikiem, ponieważ okręty podwodne działają w zamkniętych środowiskach, w których nawet niewielkie wycieki mogą stanowić poważne zagrożenie. Dlatego czynniki chłodnicze stosowane w okrętach podwodnych muszą być niepalne i charakteryzować się niską toksycznością, aby chronić zdrowie załogi i zapobiegać potencjalnym zagrożeniom pożarowym.

Ostatecznie wydajność czynnika chłodniczego ma kluczowe znaczenie dla utrzymania odpowiedniego klimatu wewnątrz okrętu w zmiennych warunkach operacyjnych. Czynnik chłodniczy musi działać niezawodnie w różnych zakresach temperatur i ciśnień, aby zapewnić stabilne środowisko zarówno dla sprzętu, jak i załogi.

W nowoczesnych okrętach podwodnych z napędem nuklearnym powszechnie stosowane są czynniki chłodnicze, takie jak R-134a, HFO, w tym R-1234yf i R-1234ze, oraz mieszanki o niskim GWP, takie jak R-513A. Te opcje stanowią przesunięcie w kierunku bardziej przyjaznych środowisku czynników chłodniczych, które jednocześnie spełniają rygorystyczne wymagania bezpieczeństwa i wydajności operacyjnej.

W przeciwieństwie do czynników chłodniczych pierwotnych, wtórne czynniki chłodnicze nie uczestniczą bezpośrednio w zmianach fazowych w cyklu chłodniczym. Zamiast tego służą do przenoszenia ciepła z chłodzonego obszaru do czynnika pierwotnego. Zazwyczaj wtórne czynniki chłodnicze składają się z solanek (roztworów solnych) i są bardziej powszechne w dużych przemysłowych systemach chłodniczych, takich jak produkcja lodu. Jednak wtórne czynniki chłodnicze nie są używane w nowoczesnych okrętach podwodnych, ponieważ przestrzenie wymagające chłodzenia znajdują się blisko urządzeń chłodniczych, co eliminuje potrzebę stosowania pośredniego płynu przenoszącego ciepło [237].

W chłodnictwie stosuje się standardową jednostkę zwaną "toną chłodniczą" do ilościowego określenia szybkości przenoszenia ciepła. Pomiar ten opiera się na ilości ciepła potrzebnego do stopienia jednej tony lodu w temperaturze 32°F w ciągu 24 godzin, co odpowiada 288 000 jednostkom Btu (British thermal units). Po przeliczeniu oznacza to zdolność chłodniczą wynoszącą 12 000 Btu na godzinę. Ważne jest zrozumienie, że "tona chłodnicza" odnosi się do szybkości przenoszenia ciepła, a nie do fizycznej masy lodu czy czynnika chłodniczego. Termin ten pomaga standaryzować rozmiary i wydajność urządzeń chłodniczych do różnych zastosowań.

Bezpieczeństwo jest kluczowe w chłodnictwie okrętów podwodnych ze względu na unikalne środowisko. Wybór czynnika chłodniczego i konstrukcja systemu muszą minimalizować ryzyko narażenia na toksyczne substancje, pożar lub awarię mechaniczną. Okręty podwodne opierają się na systemach chłodniczych z zamkniętą pętlą, które nieustannie recyrkulują czynnik chłodniczy, minimalizując konieczność jego uzupełniania i redukując potencjalne punkty wycieku. Wybrane czynniki chłodnicze, takie jak Freon-12, są nietoksyczne, niepalne i zdolne do efektywnej pracy w ograniczonej przestrzeni okrętu podwodnego, zapewniając bezpieczeństwo i dobre samopoczucie załogi.

Mechaniczny system chłodzenia w okrętach podwodnych opiera się na cyklu sprężania pary, z precyzyjnie dobranymi czynnikami chłodniczymi w celu zapewnienia efektywnego i bezpiecznego chłodzenia. Konstrukcja i działanie systemu są dostosowane do unikalnych wymagań środowiska okrętu podwodnego, w którym ograniczenia przestrzenne, bezpieczeństwo i niezawodność operacyjna mają najwyższe znaczenie. Zrozumienie zasad, elementów i rodzajów czynników chłodniczych pozwala docenić zaawansowaną naturę systemów chłodniczych okrętów podwodnych oraz ich kluczową rolę w utrzymaniu środowiska do życia pod wodą.

Klimatyzacja i Ogrzewanie

Klimatyzacja na okręcie podwodnym jest kluczowym systemem, który zapewnia kontrolowane i komfortowe warunki dla załogi, sprzętu i operacji. Ze względu na unikalny i ograniczony charakter życia na okręcie podwodnym utrzymanie odpowiedniej temperatury, wilgotności i jakości powietrza jest niezbędne dla zdrowia, bezpieczeństwa i efektywności operacyjnej. System klimatyzacyjny na okręcie podwodnym jest zaprojektowany tak, aby radzić sobie z ciepłem generowanym przez załogę, urządzenia elektroniczne i maszyny, jednocześnie zapewniając dobrą jakość powietrza.

Klimatyzacja na okręcie podwodnym to istotny element inżynierii, skoncentrowany na tworzeniu i utrzymywaniu korzystnych warunków powietrza wewnątrz. Obejmuje to projektowanie, budowę i obsługę specjalistycznego sprzętu do regulacji temperatury, wilgotności, czystości powietrza i zawartości tlenu. Wymagania dotyczące klimatyzacji mogą się znacznie różnić w zależności od środowiska, czy to teatr, fabryka, sklep, czy – w tym przypadku – zamknięte przestrzenie okrętu podwodnego, gdzie utrzymanie jakości powietrza jest najwyższym priorytetem z powodu długotrwałych misji pod wodą [237].

Ludzie są istotami oddychającymi powietrzem, polegającymi na ciągłym pobieraniu i wydalaniu powietrza w celu przeżycia. Płuca automatycznie pompują powietrze do organizmu i z niego, zapewniając, że tlen jest wchłaniany do krwiobiegu, a dwutlenek węgla i inne gazy odpadowe są usuwane. Ze względu na ograniczone środowisko okrętu podwodnego utrzymanie jakości powietrza jest kluczowe dla zdrowia, efektywności i morale załogi. Klimatyzacja nie tylko utrzymuje powietrze zdatne do oddychania, ale także rozwiązuje problemy takie jak usuwanie oparów z kambuzów, maszynowni i przedziałów bateryjnych, a także wilgoci i zapachów gromadzących się w zamkniętych przestrzeniach [237].

Klimatyzacja na okręcie podwodnym pełni wiele funkcji. Oprócz zapewniania powietrza zdatnego do oddychania kontroluje poziomy ciepła i wilgoci generowane przez załogę, maszyny i działania wewnątrz jednostki. Samo ciało ludzkie uwalnia znaczną ilość ciepła i wilgoci. Przeciętnie dorosły człowiek emituje około 500 jednostek cieplnych brytyjskich (Btu) ciepła na godzinę oraz znaczną ilość wilgoci przez pocenie się i oddychanie, co szybko może podnieść temperaturę i wilgotność w ograniczonej przestrzeni. Systemy klimatyzacyjne pomagają radzić sobie z tymi efektami, chłodząc powietrze i usuwając nadmiar wilgoci.

Dodatkowo klimatyzacja odgrywa kluczową rolę w ochronie sprzętu, zwłaszcza wrażliwych systemów elektrycznych, przed korozją i awarią spowodowaną wilgocią. Okręty podwodne generują znaczną ilość wilgoci z różnych źródeł, w tym z załogi, gotowania, baterii i zbiorników balastowych. Jeśli wilgoć nie jest kontrolowana, może skraplać się na chłodnych powierzchniach i uszkadzać kluczowe systemy. System klimatyzacji pomaga usuwać wilgoć z powietrza i zbierać ją w zbiorniku do wykorzystania w celach innych niż spożywcze, takich jak pranie.

Powietrze, którym oddychają ludzie, to mieszanina różnych gazów, z około 21% tlenu, około 78% azotu i śladowymi ilościami innych gazów. Podczas oddychania tylko około 4% tlenu wdychanego powietrza jest wchłaniane przez organizm, co oznacza, że to samo powietrze można cyrkulować i wdychać wielokrotnie, zanim poziomy tlenu spadną do niebezpiecznego progu. Systemy klimatyzacyjne na okrętach podwodnych muszą utrzymywać odpowiednie poziomy tlenu, aby zapobiec hipoksji i innym problemom zdrowotnym, jednocześnie zapewniając usuwanie dwutlenku węgla i innych zanieczyszczeń [237].

System klimatyzacji na okręcie podwodnym składa się z wielu komponentów współpracujących ze sobą w celu kontrolowania temperatury, wilgotności i cyrkulacji powietrza. Obejmuje kompresory, skraplacze, parowniki, urządzenia nawiewne, przewody i czujniki. Te komponenty są zintegrowane w zamkniętym układzie, w którym czynnik chłodniczy nieustannie krąży, aby pochłaniać ciepło wewnątrz okrętu podwodnego i odprowadzać je na zewnątrz. Projekt systemu priorytetowo traktuje kompaktowość i wydajność ze względu na ograniczoną przestrzeń i zasoby dostępne na okręcie podwodnym.

Współczesna inżynieria klimatyzacji składa się z dwóch głównych komponentów: faktycznego uzdatniania powietrza i wentylacji. Uzdatnianie powietrza obejmuje zmianę temperatury, wilgotności, czystości i poziomów tlenu w powietrzu w celu spełnienia określonych standardów, podczas gdy wentylacja zapewnia wymianę zużytego powietrza w zamkniętej przestrzeni na świeże, uzdatnione powietrze. Jest to szczególnie ważne na okrętach podwodnych, gdzie powietrze wewnątrz jednostki może stać się nieświeże z powodu ciągłej recyrkulacji podczas długich zanurzeń, co wymaga skutecznych systemów utrzymujących zdrowe środowisko dla załogi [237].

Rdzeń systemu klimatyzacji na okręcie podwodnym działa w oparciu o cykl chłodniczy sprężania pary. W tym cyklu czynnik chłodniczy krąży przez cztery główne komponenty: sprężarkę, skraplacz, zawór rozprężny i parownik.

- **Sprężarka**: Czynnik chłodniczy wchodzi do sprężarki jako gaz o niskim ciśnieniu. Sprężarka spręża czynnik chłodniczy, zwiększając jego ciśnienie i temperaturę.

- **Skraplacz**: Gaz o wysokim ciśnieniu i wysokiej temperaturze trafia następnie do skraplacza, gdzie oddaje ciepło do wody morskiej lub powietrza zewnętrznego, powodując kondensację czynnika chłodniczego w ciecz pod wysokim ciśnieniem.

- **Zawór rozprężny**: Czynnik chłodniczy przechodzi przez zawór rozprężny, gdzie rozpręża się, co obniża jego ciśnienie i temperaturę.

- **Parownik**: W parowniku czynnik chłodniczy pochłania ciepło z powietrza wewnątrz okrętu podwodnego, schładzając powietrze w tym procesie. Czynnik chłodniczy odparowuje, stając się gazem o niskim ciśnieniu, i cykl się powtarza.

Wymiana ciepła w systemie klimatyzacji na okręcie podwodnym zazwyczaj wykorzystuje chłodzenie wodą morską. Skraplacz na okręcie podwodnym przekazuje ciepło z czynnika chłodniczego do wody morskiej na zewnątrz kadłuba. Pompy wodne krążą zimną wodę morską przez wymiennik ciepła, aby odprowadzać ciepło. Mechanizm ten jest bardzo skuteczny ze względu na dużą różnicę temperatur między wodą morską a czynnikiem chłodniczym.

Schłodzone powietrze z parownika jest rozprowadzane po całym okręcie za pomocą urządzeń nawiewnych i sieci przewodów wentylacyjnych. Wentylatory dystrybuują uzdatnione powietrze do różnych przedziałów, zapewniając jednolitą temperaturę i jakość powietrza. W zamkniętym środowisku kluczowa jest kontrola wilgotności, aby uniknąć kondensacji, która może prowadzić do awarii sprzętu i korozji. System klimatyzacji zawiera osuszacze, które utrzymują optymalny poziom wilgotności poprzez usuwanie nadmiaru wilgoci z powietrza.

Oprócz kontroli temperatury i wilgotności systemy klimatyzacyjne na okrętach podwodnych muszą również dbać o jakość powietrza. Obejmuje to filtrowanie powietrza w celu usunięcia cząstek i zanieczyszczeń śladowych. System wykorzystuje filtry węglowe aktywne oraz inne metody filtracji do eliminacji zapachów i szkodliwych substancji. Pomaga to utrzymać zdrową atmosferę i zapewnia, że powietrze pozostaje zdatne do oddychania podczas długotrwałych misji podwodnych.

Systemy klimatyzacyjne na okrętach podwodnych są zaprojektowane z redundancją, aby zapewnić ciągłą pracę, nawet jeśli niektóre komponenty ulegną awarii. Zazwyczaj instalowane są systemy zapasowe i wiele sprężarek, co zwiększa odporność operacyjną. System zawiera również funkcje bezpieczeństwa, takie jak czujniki ciśnienia i alarmy, monitorujące poziomy czynnika chłodniczego, ciśnienia i temperatury, aby zapewnić działanie w bezpiecznych parametrach.

Ciepło i wilgoć generowane przez aktywność załogi znacząco wpływają na obciążenie systemu klimatyzacji. Ciało ludzkie emituje ciepło porównywalne do kilku żarówek elektrycznych i uwalnia wilgoć przez odparowanie, szczególnie podczas wysiłku fizycznego lub w wyższych temperaturach. Na okręcie podwodnym, gdzie wentylacja jest ograniczona, może to szybko prowadzić do niekomfortowych warunków. System klimatyzacji musi zatem schładzać powietrze i regulować wilgotność, aby utrzymać stabilne i komfortowe środowisko dla wszystkich na pokładzie [237].

Unikalne środowisko okrętu podwodnego stawia wyzwania dla systemu klimatyzacji. Ograniczona przestrzeń, potrzeba cichej pracy w celu uniknięcia wykrycia oraz ciągłe narażenie na wodę morską, która może powodować korozję, wpływają na projekt. Konserwacja i regularne monitorowanie systemu klimatyzacji są niezbędne, aby utrzymać jego skuteczne działanie w tych wymagających warunkach.

Ogrzewanie na okręcie podwodnym jest kluczowym elementem systemu kontroli środowiska, który zapewnia komfort załogi, utrzymuje bezpieczne temperatury operacyjne dla sprzętu i pomaga regulować poziom wilgotności. Systemy ogrzewania okrętów podwodnych zostały zaprojektowane tak, aby skutecznie działały w zamkniętym środowisku podwodnym, gdzie temperatury zewnętrzne mogą być ekstremalnie niskie, szczególnie na większych głębokościach lub w regionach polarnych.

W kontekście operacji okrętów podwodnych główne źródła ciepła wykorzystywane do ogrzewania w dużej mierze zależą od rodzaju okrętu — czy jest to jednostka o napędzie jądrowym, czy diesel-elektryczna. W przypadku okrętów podwodnych o napędzie jądrowym głównym źródłem ciepła jest reaktor jądrowy. Reaktor wytwarza znaczne ilości ciepła podczas produkcji energii napędowej i zasilania systemów pokładowych. Ciepło to jest efektywnie wykorzystywane i rozprowadzane po jednostce za pomocą zaawansowanej sieci wymienników ciepła i kanałów powietrznych, co zapewnia komfort załogi i chroni kluczowy sprzęt przed zamarznięciem. Wydajność tego systemu dystrybucji ciepła ma kluczowe znaczenie dla utrzymania gotowości operacyjnej i dobrostanu załogi, zwłaszcza podczas długotrwałych misji podwodnych [238, 239].

Z kolei okręty podwodne diesel-elektryczne wykorzystują ciepło wytwarzane przez silniki diesla podczas ich pracy. Silniki te generują ciepło odpadowe, które może być przechwytywane za pomocą wymienników ciepła i krążone wewnątrz okrętu, aby zapewnić potrzebne ogrzewanie. Jednak w sytuacjach, gdy okręt przebywa przez dłuższy czas w zanurzeniu, a silniki nie działają, stosowane są alternatywne metody ogrzewania. W takich przypadkach wykorzystuje się grzałki elektryczne zasilane przez akumulatory, które utrzymują odpowiednie temperatury wewnątrz jednostki. Takie podejście dwutorowe — wykorzystanie zarówno ciepła z silników, jak i grzałek elektrycznych — zapewnia, że okręty podwodne diesel-elektryczne mogą skutecznie działać, nawet gdy ich silniki nie są używane [238, 240].

Dynamika operacyjna obu typów okrętów podwodnych podkreśla znaczenie wydajnych systemów zarządzania ciepłem. W przypadku okrętów jądrowych zależność od reaktora wymaga solidnych protokołów bezpieczeństwa i wydajnych systemów wymiany ciepła, aby zapobiec przegrzaniu i zapewnić bezpieczeństwo załogi. Tymczasem okręty diesel-elektryczne muszą równoważyć wykorzystanie ciepła silnika z zarządzaniem akumulatorami, aby utrzymać operacje podczas okresów cichego biegu. Integracja tych systemów grzewczych jest kluczowa dla ogólnej funkcjonalności i bezpieczeństwa operacji podwodnych [238–240].

System dystrybucji ciepła na okręcie podwodnym odgrywa kluczową rolę w utrzymaniu komfortowego środowiska dla załogi oraz zapewnieniu prawidłowego funkcjonowania sprzętu. Ponieważ okręty podwodne operują w zimnych warunkach podwodnych, utrzymanie stałej i wystarczająco ciepłej temperatury wewnętrznej jest niezbędne. Ciepło generowane z głównych źródeł — czy to reaktora jądrowego w okrętach jądrowych, czy silników diesla w okrętach diesel-elektrycznych — jest efektywnie rozprowadzane po okręcie za pomocą połączenia wymienników ciepła, systemów ogrzewania powietrzem wymuszonym i systemów ogrzewania promieniowego.

Wymienniki ciepła są rdzeniem systemu dystrybucji ciepła. Urządzenia te przekazują ciepło z głównego źródła do powietrza lub wtórnego medium cieplnego, które krąży po okręcie podwodnym. W okrętach jądrowych ciepło pochodzi z systemu chłodzenia reaktora. Czynnik chłodzący pochłania ciepło z rdzenia reaktora i przekazuje je do wtórnego systemu wodnego lub powietrznego za pośrednictwem wymienników ciepła. Wtórny system jest odizolowany od pierwotnego systemu chłodzenia reaktora, aby zapobiec potencjalnemu skażeniu promieniotwórczemu. Podgrzana woda lub powietrze z wtórnego systemu następnie krąży w sieci grzewczej okrętu.

W przypadku okrętów podwodnych o napędzie diesel-elektrycznym wymienniki ciepła odprowadzają ciepło odpadowe z silników diesla podczas ich pracy. Ciepło to, które w przeciwnym razie zostałoby utracone, jest przechwytywane i przekazywane do powietrza krążącego w całym okręcie. Wykorzystanie wymienników ciepła w ten sposób maksymalizuje efektywność energetyczną i zapewnia załodze niezawodne źródło ciepła.

Systemy ogrzewania powietrzem wymuszonym są wykorzystywane do rozprowadzania ciepła z wymienników ciepła do różnych pomieszczeń w okręcie podwodnym. W takich systemach wentylatory i dmuchawy przepychają ogrzane powietrze przez sieć kanałów, które biegną przez cały okręt. Ogrzane powietrze jest kierowane do różnych sekcji, takich jak pomieszczenia mieszkalne, obszary dowodzenia i przestrzenie maszynowe, zapewniając jednolitą temperaturę we wszystkich strefach. System ogrzewania powietrzem wymuszonym pełni także funkcję wentylacji, promując ciągły obieg powietrza i zapobiegając jego zastojowi.

Cyrkulacja powietrza jest kluczowa w zamkniętym środowisku okrętu podwodnego, ponieważ nie tylko pomaga utrzymać jednolite temperatury, ale również wspiera usuwanie nadmiaru wilgoci i zastałego powietrza.

Podstawy Projektowania i Budowy Okrętów Podwodnych

Ogrzewanie powietrzem wymuszonym można dostosować tak, aby kierować więcej ciepła do określonych pomieszczeń w zależności od potrzeb załogi lub wymagań misji, co zapewnia elastyczność w zarządzaniu wewnętrznym klimatem okrętu.

Niektóre projekty okrętów podwodnych wykorzystują ogrzewanie promieniowe jako uzupełniający lub alternatywny sposób dystrybucji ciepła. Ogrzewanie promieniowe polega na nagrzewaniu powierzchni, takich jak podłogi, ściany lub specjalne panele grzewcze, które następnie emitują ciepło do otaczającego powietrza. Zasada działania ogrzewania promieniowego opiera się na emisji promieniowania podczerwonego przez nagrzane powierzchnie, które bezpośrednio ogrzewa obiekty i osoby znajdujące się w pobliżu, bez potrzeby stosowania rozbudowanej sieci kanałów czy wentylatorów.

Ogrzewanie promieniowe jest szczególnie skuteczne w miejscach, gdzie pożądane jest równomierne ogrzewanie bez hałasu lub przepływu powietrza charakterystycznego dla systemów ogrzewania powietrzem wymuszonym. Może być również bardziej energooszczędne, ponieważ ciepło jest kierowane tam, gdzie jest najbardziej potrzebne, na przykład w pomieszczeniach mieszkalnych lub sterowniach. Dodatkowo ogrzewanie promieniowe zmniejsza straty ciepła przez kanały, co zapewnia efektywniejsze wykorzystanie wygenerowanego ciepła wewnątrz okrętu.

Aby utrzymać optymalne warunki, system dystrybucji ciepła może być podzielony na strefy, umożliwiając niezależne ogrzewanie różnych pomieszczeń. Takie podejście zapewnia, że przestrzenie, takie jak sterownia, pomieszczenia mieszkalne czy magazyny, otrzymują odpowiedni poziom ciepła w zależności od swoich specyficznych wymagań. System może automatycznie dostosowywać poziom ciepła za pomocą termostatów i czujników rozmieszczonych w całym okręcie, zapewniając precyzyjną kontrolę temperatury.

Regulacja temperatury i jej kontrola wewnątrz okrętu podwodnego mają kluczowe znaczenie dla zapewnienia komfortowego środowiska życia dla załogi oraz ochrony funkcjonalności wrażliwego sprzętu. Unikalne warunki pracy okrętów podwodnych, obejmujące długie okresy zanurzenia, stwarzają wyzwania wymagające zaawansowanego systemu ogrzewania i zarządzania temperaturą. System ogrzewania wykorzystuje termostaty, czujniki, automatyczne sterowanie oraz techniki podziału na strefy, aby monitorować i dostosowywać wewnętrzną temperaturę, zapewniając optymalne warunki w każdej sekcji.

Regulacja temperatury rozpoczyna się od sieci termostatów i czujników temperatury rozmieszczonych strategicznie w całym okręcie. Czujniki te nieustannie monitorują temperaturę otoczenia w różnych pomieszczeniach, takich jak kwatery mieszkalne, sterownie, przestrzenie maszynowe i magazyny. Dane zbierane przez czujniki są przesyłane do centralnego systemu kontroli środowiska okrętu, który na ich podstawie dokonuje bieżących regulacji w systemie ogrzewania.

System automatycznie zwiększa lub zmniejsza moc grzewczą, aby utrzymać pożądany zakres temperatur na podstawie wcześniej ustawionych warunków. Automatyzacja ta zapewnia stabilne środowisko wewnętrzne, nawet gdy zmieniają się warunki zewnętrzne lub okręt podwodny przechodzi między różnymi stanami operacyjnymi, takimi jak zanurzenie, wynurzenie czy wejście w różne warstwy termiczne oceanu. Utrzymanie stabilnych temperatur jest kluczowe zarówno dla komfortu i zdrowia załogi, jak i dla zapobiegania rozszerzalności lub kurczliwości termicznej materiałów, które mogłyby wpłynąć na działanie mechanicznych lub elektronicznych urządzeń.

Biorąc pod uwagę różnorodne wymagania cieplne różnych pomieszczeń w okręcie podwodnym, system ogrzewania został zaprojektowany z możliwością podziału na strefy. Oznacza to, że okręt podwodny jest podzielony na kilka stref termicznych, z których każda ma niezależną kontrolę temperatury. Na przykład kwatery mieszkalne, gdzie załoga śpi i odpoczywa, są zazwyczaj utrzymywane w cieplejszej, bardziej komfortowej temperaturze. Z kolei takie obszary, jak magazyny, zbiorniki balastowe czy inne pomieszczenia niekrytyczne, mogą być utrzymywane w niższej temperaturze w celu oszczędności energii.

Możliwość regulacji każdej strefy osobno zapewnia większą elastyczność i efektywność w zarządzaniu temperaturą. Jeśli niektóre obszary wymagają mniej ciepła z powodu mniejszej liczby osób lub nieaktywności maszyn, system kontroli środowiska może automatycznie zmniejszyć moc grzewczą w tych strefach, kierując zaoszczędzoną energię do innych miejsc, gdzie jest bardziej potrzebna. Podział na strefy jest szczególnie korzystny podczas długotrwałych operacji podwodnych, ponieważ pozwala na lepsze zarządzanie zasobami energetycznymi okrętu, które są ograniczone podczas zanurzenia.

Aby uzupełnić funkcje termostatów i podziału na strefy, system ogrzewania okrętu podwodnego jest wyposażony w automatyczne sterowanie, które dynamicznie dostosowuje poziomy ogrzewania na podstawie danych o temperaturze w czasie rzeczywistym. Systemy te obejmują mechanizmy sprzężenia zwrotnego, które wykrywają zmiany temperatury i szybko modyfikują moc grzewczą, aby zapobiec znacznym odchyleniom od ustawionego zakresu temperatur. Na przykład, jeśli czujnik wykryje nagły spadek temperatury spowodowany awarią lub zmianą temperatury wody zewnętrznej, system ogrzewania natychmiast zwiększy moc w danej strefie, aby utrzymać stabilność.

Automatyczny system sterowania jest również zaprogramowany z protokołami bezpieczeństwa, aby zapewnić, że temperatura wewnętrzna nigdy nie przekroczy określonych limitów. Przegrzanie może być równie problematyczne jak niewystarczające ogrzewanie, ponieważ może powodować dyskomfort załogi, awarie sprzętu lub kondensację wilgoci. Systemy sterowania są zatem zaprojektowane tak, aby równoważyć wymagania grzewcze w całym okręcie, unikając ekstremalnych temperatur.

Utrzymanie precyzyjnej kontroli temperatury jest również kluczowe dla efektywności energetycznej na okrętach podwodnych. System ogrzewania jest zintegrowany z innymi systemami kontroli środowiska, takimi jak wentylacja i klimatyzacja, w celu optymalizacji zużycia energii. Dzięki zastosowaniu czujników wykrywających, kiedy pomieszczenia są nieużywane lub wymagają mniej ciepła, system może ograniczyć ogrzewanie w tych obszarach, oszczędzając energię na bardziej krytyczne operacje. Taka efektywność jest szczególnie ważna na okrętach podwodnych o napędzie diesel-elektrycznym, gdzie dostępna energia podczas zanurzenia jest ograniczona i musi być starannie zarządzana.

Oprócz komfortu załogi kontrola temperatury ma kluczowe znaczenie dla ochrony wrażliwego sprzętu na pokładzie. Wiele systemów elektronicznych, instrumentów nawigacyjnych i uzbrojenia ma określone zakresy temperatur roboczych, a odchylenia od tych zakresów mogą prowadzić do awarii lub obniżenia dokładności. System ogrzewania pomaga utrzymać te obszary w bezpiecznych granicach temperaturowych, zapobiegając problemom, takim jak kondensacja czy naprężenia termiczne w elementach elektronicznych.

Kontrola wilgotności jest kluczowym elementem utrzymania bezpiecznego i funkcjonalnego środowiska wewnątrz okrętów podwodnych. Wzajemne oddziaływanie między systemami grzewczymi a kontrolą wilgotności jest niezbędne do zapobiegania kondensacji na zimnych powierzchniach, która może prowadzić do korozji sprzętu oraz rozwoju pleśni. W miarę jak powietrze w okręcie podwodnym jest ogrzewane, jego zdolność do zatrzymywania wilgoci wzrasta, co zmniejsza poziom względnej wilgotności. To obniżenie jest kluczowe w minimalizowaniu ryzyka związanego z wysoką wilgotnością, takiego jak degradacja sprzętu czy zagrożenia zdrowotne dla członków załogi [241, 242].

Systemy grzewcze na okrętach podwodnych są zaprojektowane nie tylko w celu podnoszenia temperatury powietrza, ale również wspierania kontroli wilgotności. Gdy powietrze jest ogrzewane, jego zdolność do zatrzymywania wilgoci zwiększa się, co zmniejsza prawdopodobieństwo kondensacji na powierzchniach chłodniejszych od temperatury powietrza. Zasada ta jest szczególnie ważna w zamkniętych przestrzeniach, takich jak okręty podwodne, gdzie gromadzenie się wilgoci może prowadzić do poważnych wyzwań operacyjnych. Wykorzystanie osuszaczy w połączeniu z systemami grzewczymi dodatkowo poprawia kontrolę wilgotności poprzez aktywne usuwanie wilgoci z powietrza. Takie podejście dwutorowe zapewnia, że środowisko wewnętrzne pozostaje zdrowe i sprzyjające działaniu wrażliwego sprzętu [241, 243, 244].

Ponadto integracja zaawansowanych technologii kontroli klimatu, takich jak systemy odzyskiwania ciepła z kondensacji, może znacząco poprawić efektywność energetyczną, jednocześnie utrzymując optymalne poziomy temperatury i wilgotności. Systemy te mogą zmniejszyć zużycie energii nawet o 30% w porównaniu z tradycyjnymi systemami ogrzewania, wentylacji i klimatyzacji (HVAC) [243]. Możliwość niezależnego zarządzania temperaturą i wilgotnością dzięki zaawansowanym strategiom kontroli jest kluczowa na okrętach podwodnych, gdzie warunki środowiskowe muszą być starannie monitorowane i dostosowywane w celu zapewnienia bezpieczeństwa i komfortu załogi [244].

Okręty podwodne są wyposażone w zapasowe systemy grzewcze, aby zapewnić bezpieczeństwo i komfort załogi oraz prawidłowe działanie pokładowego sprzętu w przypadku awarii głównego systemu grzewczego. Te zapasowe systemy są niezbędne, ponieważ utrata ogrzewania może prowadzić do szybkiego spadku temperatury w zamkniętym środowisku podwodnym, co może stanowić zagrożenie dla zdrowia załogi oraz wpłynąć na wydajność sprzętu wrażliwego na temperaturę. Rozwiązania grzewcze w systemach zapasowych zapewniają dodatkową warstwę bezpieczeństwa, szczególnie podczas długotrwałych misji, gdy wsparcie z powierzchni nie jest łatwo dostępne.

Jednym z głównych rozwiązań zapasowego ogrzewania na okrętach podwodnych jest zastosowanie grzejników elektrycznych. Grzejniki te są zasilane z banków baterii okrętu podwodnego i mogą być aktywowane w sytuacjach awaryjnych lub gdy główny system grzewczy jest wyłączony. Grzejniki elektryczne są zazwyczaj instalowane w kluczowych obszarach, takich jak sterownia, pomieszczenia nawigacyjne i kwatery załogi, gdzie utrzymanie stabilnej temperatury jest kluczowe zarówno dla bezpieczeństwa załogi, jak i funkcjonowania istotnego sprzętu.

Grzejniki te są zaprojektowane tak, aby natychmiast dostarczać ciepło do tych pomieszczeń, kompensując brak ciepła z głównego systemu grzewczego. Ponieważ okręty podwodne są wyposażone w znaczne zasoby baterii do zasilania systemów krytycznych podczas operacji podwodnych, baterie te mogą również wspierać działanie grzejników elektrycznych przez pewien czas. Wykorzystanie grzejników elektrycznych zapewnia, że kluczowe obszary okrętu pozostają w odpowiedniej temperaturze, umożliwiając załodze kontynuowanie swoich obowiązków i zarządzanie operacjami okrętu, podczas gdy główny system jest naprawiany.

Oprócz stacjonarnych grzejników elektrycznych, okręty podwodne często są wyposażone w przenośne jednostki grzewcze, które można wykorzystać w razie potrzeby. Przenośne grzejniki oferują elastyczność w dostosowywaniu ogrzewania do specyficznych potrzeb w różnych pomieszczeniach. Na przykład, jeśli w jakimś obszarze nastąpi nagły spadek temperatury lub konieczne jest dodatkowe lokalne ogrzewanie, jednostki przenośne można szybko przenieść w odpowiednie miejsce. Są one szczególnie przydatne w sytuacjach, gdy mogą wystąpić wahania temperatury, takich jak w pobliżu otwartych włazów, śluz powietrznych lub urządzeń wymagających dodatkowego ogrzewania dla optymalnej pracy.

Przenośne grzejniki mogą być zasilane z systemów elektrycznych okrętu podwodnego lub przenośnych baterii, co czyni je wszechstronnymi w różnych sytuacjach. Ta elastyczność pozwala załodze szybko reagować na wahania temperatury w miejscach, które nie są objęte działaniem głównego systemu grzewczego. Na przykład, jeśli członek załogi pracuje w pomieszczeniu magazynowym lub serwisowym, które nie jest regularnie użytkowane, przenośny grzejnik może zapewnić tymczasowe ciepło bez konieczności uruchamiania ogrzewania w całej strefie.

Obecność zapasowych systemów grzewczych, takich jak grzejniki elektryczne i przenośne, odzwierciedla kluczowe znaczenie utrzymania stabilnego środowiska termicznego na okrętach podwodnych. Zamknięte, podwodne warunki stawiają wyjątkowe wyzwania, ponieważ brak dostępu do zewnętrznych źródeł ciepła i ograniczone możliwości wentylacji mogą prowadzić do problemów. Awaria głównego systemu grzewczego może spowodować szybki spadek temperatury, co może prowadzić do kondensacji na wrażliwym sprzęcie, zwiększać ryzyko hipotermii lub utrudniać załodze skuteczne wykonywanie obowiązków.

Zapasowe systemy grzewcze stanowią redundancję, zapewniając niezawodne źródło ciepła, nawet jeśli jeden z systemów ogrzewania zawiedzie. Ta redundancja ma szczególne znaczenie w sytuacjach zagrożenia życia lub w przypadku przedłużających się awarii systemu grzewczego, ponieważ zapewnia załodze czas na diagnozę i naprawę głównego systemu bez naruszania bezpieczeństwa.

Obecność elektrycznych i przenośnych grzejników odgrywa również rolę w przygotowaniach do sytuacji awaryjnych. W scenariuszach, w których okręt podwodny musi pozostać zanurzony przez dłuższy czas z powodu zagrożeń lub warunków środowiskowych, utrzymanie komfortowego i bezpiecznego środowiska wewnętrznego jest kluczowe. Zapasowe ogrzewanie zapewnia, że okręt może kontynuować misję bez naruszania dobrego samopoczucia załogi lub gotowości operacyjnej sprzętu. Ponadto umożliwia okrętowi podwodnemu spełnienie norm bezpieczeństwa i protokołów wymagających odpowiednich zdolności grzewczych na pokładzie, niezależnie od sytuacji.

Podczas długotrwałych zanurzeń okręty podwodne stają przed wyjątkowymi wyzwaniami związanymi z ogrzewaniem. Otoczone zimną wodą oceaniczną, zwłaszcza na dużych głębokościach lub w regionach polarnych, tracą znaczną ilość ciepła przez kadłub. Zimna woda nieustannie pochłania ciepło z okrętu, powodując spadek temperatury wewnętrznej. Aby utrzymać komfortowe i bezpieczne środowisko, system grzewczy okrętu musi rekompensować tę utratę ciepła, dostarczając ciągły przepływ ciepła do wnętrza okrętu.

Zimne środowisko na zewnątrz okrętu podwodnego powoduje szybkie straty ciepła, ponieważ metalowy kadłub przewodzi ciepło z wnętrza na zewnątrz. Bez ciągłego źródła ciepła temperatura wewnętrzna mogłaby szybko osiągnąć niewygodne, a nawet niebezpieczne poziomy. Jest to szczególnie trudne podczas operacji na dużych głębokościach lub pod lodem, gdzie temperatura wody zbliża się do punktu zamarzania. W takich warunkach tempo utraty ciepła może znacząco wzrosnąć, co wymaga solidnego i niezawodnego systemu grzewczego, aby utrzymać ciepło dla załogi i zapewnić prawidłowe funkcjonowanie sprzętu.

W przypadku okrętów podwodnych o napędzie atomowym utrzymanie ciepła podczas długotrwałego zanurzenia jest mniej problematyczne, ponieważ pokładowy reaktor jądrowy nieustannie generuje znaczną ilość ciepła. Ciepło to może być wykorzystane i rozprowadzone w systemie grzewczym i wentylacyjnym okrętu. Reaktor produkuje nie tylko niezbędną energię elektryczną, ale także nadmiar ciepła, które można wykorzystać do utrzymania komfortowej temperatury w pomieszczeniach mieszkalnych i roboczych. Ciągła praca reaktora zapewnia stałe i niezawodne źródło ciepła, umożliwiając skuteczną kontrolę klimatu nawet podczas długotrwałego zanurzenia.

Okręty podwodne o napędzie atomowym wykorzystują również wymienniki ciepła do przenoszenia nadmiaru ciepła z chłodziwa reaktora do systemów powietrznych lub wodnych używanych do ogrzewania wewnętrznego. Metoda ta pozwala utrzymać stabilną temperaturę wewnętrzną, zapobiegając wpływowi utraty ciepła na komfort załogi oraz funkcjonalność sprzętu wrażliwego na temperaturę. W efekcie zapotrzebowanie na ogrzewanie w okrętach o napędzie atomowym jest łatwiejsze do zaspokojenia, co umożliwia prowadzenie misji o przedłużonym zanurzeniu bez kompromisów w warunkach wewnętrznych.

Dla okrętów podwodnych o napędzie dieslowo-elektrycznym ogrzewanie podczas długotrwałego zanurzenia stanowi większe wyzwanie. Te okręty polegają na zasilaniu bateryjnym podczas zanurzenia, ponieważ silniki diesla nie mogą pracować pod wodą. Ponieważ baterie zasilają również kluczowe systemy, takie jak napęd, systemy podtrzymywania życia i nawigacja, oszczędność energii jest kluczowa. Konieczność oszczędzania energii często ogranicza użycie elektrycznych systemów grzewczych, które mogą zużywać znaczną ilość energii. Zarządzanie zasobami energetycznymi staje się więc kluczowym czynnikiem w utrzymaniu ciepła podczas długich zanurzeń.

Aby sprostać temu wyzwaniu, okręty dieslowo-elektryczne mogą stosować alternatywne strategie grzewcze, takie jak wykorzystanie resztkowego ciepła z silników diesla przed zanurzeniem lub wykorzystanie ciepła przechowywanego w masach termicznych wewnątrz okrętu. Ciepło to może być stopniowo uwalniane, aby utrzymać komfortową temperaturę bez nadmiernego obciążania baterii. Dodatkowo odpowiednie zarządzanie cyrkulacją powietrza i wentylacją pomaga skuteczniej rozprowadzać istniejące ciepło, redukując potrzebę aktywnego ogrzewania w niektórych obszarach.

W okrętach dieslowo-elektrycznych zarządzanie ogrzewaniem podczas przedłużonego zanurzenia wymaga równoważenia zużycia energii z dostępnymi rezerwami baterii. Okręty mogą stosować techniki strefowania, koncentrując wysiłki grzewcze na kluczowych obszarach, takich jak sterownie i kwatery mieszkalne, jednocześnie pozwalając mniej używanym pomieszczeniom na lekkie ochłodzenie. Podejście to pomaga oszczędzać energię baterii, zapewniając jednocześnie odpowiednie ciepło tam, gdzie jest ono najbardziej potrzebne.

W niektórych przypadkach załoga może stosować środki takie jak noszenie odzieży termicznej lub dostosowywanie poziomu aktywności w celu utrzymania ciepłoty ciała. W razie potrzeby mogą być stosowane tymczasowe źródła ciepła, takie jak przenośne grzejniki, ale środki te są zazwyczaj stosowane oszczędnie, aby uniknąć wyczerpania rezerw energetycznych. Skuteczne zarządzanie energią i zdolność do adaptacji strategii grzewczych są kluczowe dla zapewnienia bezpieczeństwa i komfortu załogi podczas przedłużonych operacji podwodnych.

Rozdział 7

Uzbrojenie i systemy bojowe

Współczesne okręty podwodne są wyposażone w szeroki wachlarz zaawansowanego uzbrojenia i systemów bojowych, umożliwiających im udział w różnorodnych scenariuszach bojowych, takich jak walka z jednostkami nawodnymi (ASuW), walka z okrętami podwodnymi (ASW), ataki na cele lądowe oraz operacje specjalne. Do tych systemów należą zaawansowane torpedy, pociski rakietowe, miny, środki przeciwdziałania oraz urządzenia do walki elektronicznej.

Systemy torpedowe

Torpedy stanowią trzon uzbrojenia okrętów podwodnych, pełniąc funkcję głównego narzędzia ofensywnego do zwalczania wrogich jednostek, zarówno podwodnych, jak i nawodnych. Nowoczesna technologia torped obejmuje szeroki zakres zaawansowanych możliwości, które zwiększają precyzję, skuteczność i wszechstronność w różnych scenariuszach bojowych. Wyrafinowane systemy wbudowane w torpedy umożliwiają okrętom podwodnym przeprowadzanie precyzyjnych i potężnych ataków nawet w wymagających środowiskach podwodnych.

Torpedy ciężkie są podstawowym elementem walki okrętów podwodnych, przeznaczone do dalekiego zasięgu i ataków o dużej mocy przeciwko zarówno okrętom podwodnym, jak i nawodnym. Torpedy te są zazwyczaj większe i cięższe niż ich lekkie odpowiedniki, co pozwala im przenosić potężniejsze głowice bojowe i osiągać większy zasięg. Torpedy ciężkie często wyposażone są w zaawansowane systemy naprowadzania i samodzielnego poszukiwania celów, umożliwiające ich wykrywanie, śledzenie i atakowanie autonomiczne. Wyposażone w różnorodne czujniki, w tym sonar aktywny i pasywny, torpedy te lokalizują cel na podstawie sygnałów akustycznych. Przykładem jest amerykańska torpeda Mark 48, która potrafi dostosowywać swoją prędkość i głębokość podczas ataku, co czyni ją skuteczną zarówno przeciwko głęboko zanurzonym okrętom podwodnym, jak i szybko poruszającym się jednostkom nawodnym. Wszechstronność i siła tych torped sprawiają, że nadają się do szerokiego zakresu sytuacji bojowych, od walk na otwartym oceanie po operacje w strefach przybrzeżnych.

Torpedy lekkie są natomiast przeznaczone głównie do zwalczania okrętów podwodnych (ASW). Torpedy te są mniejsze, co ułatwia ich wystrzelenie z różnych platform, takich jak okręty podwodne, jednostki nawodne, śmigłowce czy samoloty. Ich kompaktowe rozmiary pozwalają na szybkie wystrzelenie i dużą manewrowość, co czyni je skutecznymi w sytuacjach wymagających błyskawicznej reakcji. Torpedy lekkie mają zazwyczaj mniejszy zasięg i głowice bojowe w porównaniu z torpedami ciężkimi, ale doskonale sprawdzają się w sytuacjach, gdy okręt podwodny musi zareagować na zagrożenia w bliskim sąsiedztwie. Są również przydatne w sytuacjach, gdy konieczne jest szybkie wystrzelenie kilku torped w celu przełamania obrony celu lub neutralizacji nadchodzącego zagrożenia. Możliwość wystrzeliwania torped lekkich z różnorodnych platform rozszerza zdolności okrętu podwodnego w zakresie ASW poza jego własny arsenał.

Torpedy kierowane przewodowo wyposażone są w szpulę kabla, który pozostaje połączony z wystrzeliwującym je okrętem podwodnym, co umożliwia sterowanie torem lotu torpedy w czasie rzeczywistym. Ten sposób naprowadzania pozwala załodze okrętu na korygowanie toru torpedy w oparciu o zaktualizowane informacje o celu podczas jego zbliżania. Jeśli cel zmienia kierunek lub prędkość, naprowadzanie przewodowe umożliwia skorygowanie toru lotu torpedy w trakcie jej działania, znacznie zwiększając szanse na trafienie. Kabel zapewnia łączność między systemem kierowania ogniem okrętu a torpedą, umożliwiając przekazywanie komend sterujących nawet w środowiskach, gdzie naprowadzanie akustyczne może być mniej skuteczne z powodu hałasu lub przeciwdziałań. Współczesne torpedy kierowane przewodowo mogą działać autonomicznie, jeśli połączenie kablowe zostanie przerwane, przełączając się na swoje wbudowane systemy poszukiwania celu, aby ukończyć atak.

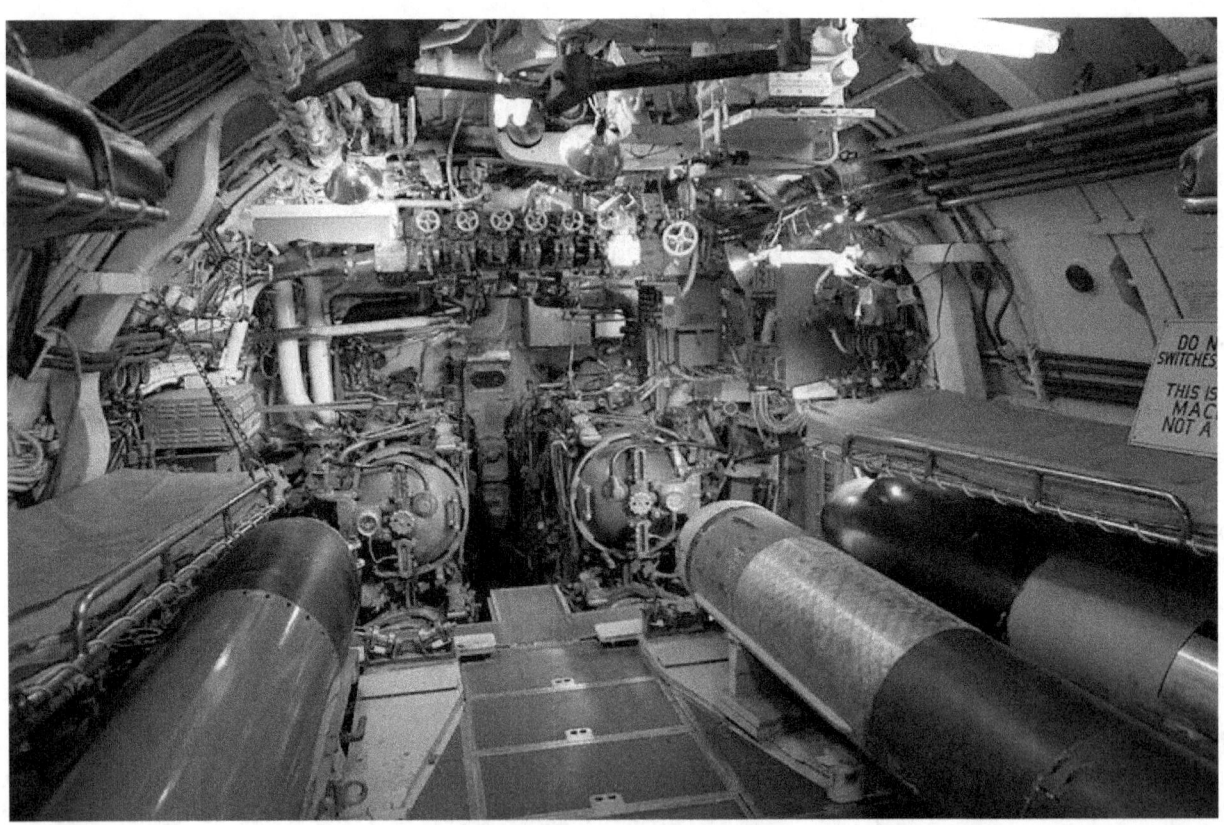

Rysunek 71: Przednia sekcja torpedowa okrętu podwodnego USS Cavalla SS 244, SSK 244, AGSS 244. Pingpaul, CC BY-SA 3.0, via Wikimedia Commons.

Podstawy Projektowania i Budowy Okrętów Podwodnych

Nowoczesne torpedy wykorzystują szereg technologii naprowadzania, które poprawiają zdolności wykrywania i ataku na cel. Naprowadzanie akustyczne używa sygnałów sonarowych do wykrywania i śledzenia celu na podstawie emitowanego przez niego dźwięku, podczas gdy systemy aktywnego sonaru wysyłają impulsy i nasłuchują echa w celu określenia pozycji celu. Systemy pasywnego sonaru polegają wyłącznie na nasłuchiwaniu dźwięków w otoczeniu, co sprawia, że torpeda jest trudniejsza do wykrycia. Niektóre torpedy wykorzystują również naprowadzanie na ślad torowy (wake-homing), które podąża za turbulentnym śladem pozostawionym przez poruszający się statek. Ta metoda jest szczególnie skuteczna przeciwko jednostkom nawodnym, ponieważ ślad torowy stanowi niezawodną ścieżkę dla torpedy, nawet jeśli statek próbuje wykonywać manewry unikowe.

Okręty podwodne wyposażone w zdolności wystrzeliwania pocisków rakietowych znacznie zwiększają swoją wszechstronność i efektywność jako strategiczne i taktyczne platformy uderzeniowe. Możliwość użycia różnorodnych pocisków, od manewrujących do ataków lądowych i przeciwokrętowych po międzykontynentalne pociski balistyczne, czyni okręty podwodne kluczowym elementem obrony narodowej. Te zdolności umożliwiają okrętom podwodnym atakowanie celów na lądzie, zwalczanie jednostek wrogich oraz zapewnianie odstraszania nuklearnego, a wszystko to przy jednoczesnym zachowaniu ukrycia pod wodą.

Jedną z podstawowych zdolności rakietowych nowoczesnych okrętów podwodnych jest wystrzeliwanie pocisków manewrujących do ataków na cele lądowe, takich jak amerykański Tomahawk lub rosyjski Kalibr. Pociski te są wykorzystywane do precyzyjnych uderzeń na ważne cele lądowe, takie jak instalacje wojskowe, infrastruktura lub centra dowodzenia. Zazwyczaj pociski manewrujące mają zasięg do 1,500 kilometrów (930 mil), co pozwala okrętom podwodnym na atakowanie celów z dużej odległości bez wynurzania. Pociski manewrujące poruszają się po niskim pułapie, trzymając się ukształtowania terenu, co utrudnia ich wykrycie i przechwycenie. Są one naprowadzane przez różne systemy nawigacyjne i celownicze, w tym GPS, nawigację inercyjną oraz technologię dopasowania terenu, co zapewnia wysoką precyzję uderzeń. Możliwość wystrzeliwania tych pocisków podczas zanurzenia pozwala okrętom podwodnym na przeprowadzanie misji uderzeniowych w sposób skryty i minimalizuje ryzyko wykrycia.

Systemy rakietowe

Okręty podwodne są również wyposażone w zdolności wystrzeliwania pocisków przeciwokrętowych, co umożliwia im atakowanie jednostek nawodnych wroga z dużej odległości. Pociski takie jak Exocet, Harpoon czy rosyjski P-800 Oniks mogą być wystrzeliwane z wyrzutni torpedowych lub pionowych systemów startowych, co daje okrętom podwodnym elastyczność w atakowaniu wrogich statków. Te pociski zazwyczaj wykorzystują aktywne naprowadzanie radarowe lub inne metody naprowadzania do lokalizowania i namierzania celów. Pociski przeciwokrętowe są zaprojektowane do lotu blisko powierzchni wody, co utrudnia ich wykrycie i przechwycenie. Dzięki szybkiemu podejściu i potężnym głowicom bojowym są one bardzo skuteczne przeciwko różnym klasom statków, od fregat i niszczycieli po lotniskowce. Dzięki zastosowaniu pocisków przeciwokrętowych okręty podwodne mogą wspierać operacje wojny morskiej, zakłócać linie zaopatrzenia wroga oraz stanowić zagrożenie dla wrogich flot.

Rysunek 72: Pocisk Poseidon C3 wystrzelony z napędzanego energią jądrową strategicznego okrętu podwodnego z rakietami balistycznymi USS Daniel Boone (SSBN 629). Archiwa Narodowe USA, domena publiczna, za pośrednictwem NARA & DVIDS Public Domain Archive.

Strategiczne okręty podwodne o napędzie jądrowym wyposażone w rakiety balistyczne (SSBN) są uzbrojone w rakiety balistyczne odpalane z okrętów podwodnych (SLBM), takie jak amerykańska Trident II lub rosyjska rakieta Buława. SLBM stanowią kluczowy element strategii odstraszania nuklearnego państw, zapewniając zdolność do drugiego uderzenia, która gwarantuje potencjał odwetowy nawet w przypadku unieszkodliwienia lądowych sił nuklearnych. Te rakiety są zdolne do pokonywania międzykontynentalnych odległości, z zasięgiem przekraczającym 8 000 kilometrów (5 000 mil), co pozwala okrętom podwodnym na atakowanie niemal dowolnego miejsca na Ziemi z pozycji podwodnej. SLBM są wyposażone w wielogłowicowe pociski powrotne (MIRV), umożliwiające przenoszenie kilku głowic nuklearnych, które mogą być skierowane na różne cele. Ta zdolność znacząco zwiększa siłę rażenia każdej rakiety, wzmacniając wartość odstraszającą sił podwodnych. Wystrzeliwanie SLBM spod wody zapewnia dodatkowy poziom skrytości, co utrudnia ich wykrycie przez siły przeciwnika i zwiększa szanse przetrwania okrętu podwodnego.

Integracja systemów rakietowych pozwala okrętom podwodnym realizować różnorodne misje, od taktycznych uderzeń i starć morskich po strategiczne odstraszanie nuklearne. W konwencjonalnych działaniach wojennych rakiety manewrujące i przeciwokrętowe umożliwiają okrętom podwodnym wspieranie szerszych celów militarnych poprzez atakowanie celów lądowych lub neutralizowanie wrogich okrętów. W kontekście strategicznym rozmieszczenie SLBM na SSBN zapewnia potężny środek odstraszania wobec potencjalnych nuklearnych przeciwników. Możliwość realizacji tych misji podczas pozostawania w zanurzeniu daje okrętom podwodnym istotną przewagę taktyczną, ponieważ mogą one dyskretnie zbliżyć się do celów i przeprowadzać ataki przy minimalnym ostrzeżeniu. Ta elastyczność sprawia, że okręty podwodne są nieodzownymi elementami współczesnej wojny morskiej i globalnych strategii bezpieczeństwa.

Zdolność Stawiania Min

Okręty podwodne są wyjątkowo skutecznymi platformami do rozmieszczania min morskich, wykorzystując swoją zdolność do działania w ukryciu w celu stawiania min w strategicznych lokalizacjach bez wykrycia. Zdolność stawiania min dodaje wszechstronny wymiar do działań wojennych okrętów podwodnych, pozwalając im na tworzenie barier lub uniemożliwianie dostępu do kluczowych obszarów morskich, zakłócanie tras żeglugowych i ochronę własnych sił poprzez tworzenie defensywnych pól minowych. Możliwość rozmieszczania min z okrętów podwodnych umożliwia siłom morskim kontrolowanie strategicznych cieśnin, portów i obszarów przybrzeżnych przy minimalnym ryzyku dla samego okrętu.

Miny morskie mogą być rozmieszczane z okrętów podwodnych za pomocą dwóch głównych metod: wyrzutni torpedowych lub specjalnych systemów do stawiania min. Miny wystrzeliwane przez wyrzutnie torpedowe są zwykle zaprojektowane tak, aby pasowały do wymiarów standardowej torpedy, co umożliwia ich rozmieszczanie bez konieczności znaczących modyfikacji okrętu. W niektórych przypadkach miny są umieszczane w zewnętrznych komorach lub specjalnych rurach do stawiania min, które mogą pomieścić wiele min do jednoczesnego rozmieszczenia. Elastyczność w metodach rozmieszczania pozwala okrętom podwodnym na przeprowadzanie operacji minowych w sposób dyskretny i efektywny, zwiększając ich zdolność do zaskoczenia i zakłócania ruchów przeciwnika. Po uwolnieniu miny opadają na określoną głębokość, zakotwiczają się na dnie morskim i stają się aktywne, gotowe do niszczenia celów.

Nowoczesne miny stawiane przez okręty podwodne są wyposażone w zaawansowane mechanizmy aktywacji, które czynią je bardzo skutecznymi przeciwko różnym typom jednostek pływających. Te mechanizmy aktywacji obejmują czujniki magnetyczne, akustyczne i ciśnieniowe. Miny magnetyczne wykrywają sygnaturę magnetyczną przepływającego statku, szczególnie tych z metalowymi kadłubami, i detonują, gdy wykryte pole się zmienia. Miny akustyczne są aktywowane przez hałas generowany przez silniki statków lub śruby, co czyni je skutecznymi przeciwko jednostkom emitującym charakterystyczne wzorce dźwiękowe. Miny ciśnieniowe rejestrują zmiany ciśnienia wody wywołane przemieszczeniem statku i detonują w odpowiednim momencie. Dzięki zastosowaniu wielu typów czujników miny stawiane przez okręty podwodne mogą celować w szeroki zakres jednostek, od małych statków po duże okręty wojenne, i mogą być dostosowane do ignorowania przyjaznych jednostek poprzez rozpoznawanie ich specyficznych sygnatur.

Rozmieszczanie min morskich przez okręty podwodne oferuje szereg strategicznych korzyści. Stawiając miny w kluczowych cieśninach morskich, na szlakach żeglugowych lub przy wejściach do portów, okręty podwodne mogą skutecznie blokować lub ograniczać dostęp przeciwnika, zmuszając go do zmiany tras lub narażając na ryzyko eksplozji. Ta zdolność może być wykorzystana do izolowania lub blokowania portów przeciwnika, zakłócania linii zaopatrzeniowych i opóźniania wzmocnień morskich. Ponadto stawianie defensywnych pól minowych w rejonach operacji własnych sił morskich może tworzyć ochronne bariery przeciwko wrogim jednostkom, ograniczając ich manewrowość i zapewniając dodatkową warstwę bezpieczeństwa. Zagrożenie stwarzane przez niewykryte miny działa również jako psychologiczny środek odstraszający, zmuszając wrogie jednostki do zachowania większej ostrożności lub całkowitego unikania zaminowanych wód.

Miny stawiane przez okręty podwodne znacznie ewoluowały, a nowoczesne projekty wykorzystują zaawansowane technologie zwiększające ich śmiertelność i wszechstronność. Niektóre miny są programowalne i mogą pozostawać uśpione przez określony czas przed aktywacją, co pozwala na opóźnione działanie w rejonach, gdzie natychmiastowe minowanie mogłoby ujawnić pozycję okrętu podwodnego. Ponadto nowoczesne miny mogą być wyposażone w systemy komputerowe umożliwiające ich zdalną aktywację lub dezaktywację za pomocą zakodowanych sygnałów akustycznych, co daje siłom morskim kontrolę nad tym, kiedy i gdzie miny są operacyjne. Ten poziom kontroli może być kluczowy, aby zapewnić, że pola minowe nie zagrażają przypadkowo przyjaznym jednostkom ani nie zakłócają zaplanowanych operacji morskich.

Chociaż stawianie min dodaje cenną zdolność okrętom podwodnym, wiąże się również z pewnymi ryzykami i wyzwaniami. Rozmieszczanie min na wrogich lub silnie patrolowanych wodach niesie ryzyko wykrycia, ponieważ akt stawiania min może ujawnić pozycję okrętu podwodnego. Istnieje także potencjalne ryzyko, że miny przypadkowo wpłyną na żeglugę cywilną, jeśli nie zostaną odpowiednio oznaczone lub kontrolowane. Dlatego precyzyjne planowanie i koordynacja są niezbędne, aby zminimalizować ryzyko i zapewnić, że miny realizują swoje zamierzone cele wojskowe.

Wsparcie Operacji Specjalnych

Współczesne okręty podwodne ewoluowały, aby nie tylko pełnić funkcję strategicznej broni ofensywnej i defensywnej, ale także jako wszechstronne platformy zdolne do wspierania sił operacji specjalnych (SOF). Te specjalistyczne zdolności umożliwiają okrętom podwodnym przeprowadzanie tajnych misji, takich jak rozpoznanie, sabotaż czy rozmieszczanie elitarnych jednostek wojskowych, pozostając jednocześnie ukryte pod wodą. Integracja systemów wsparcia SOF, takich jak komory śluzy, suche schronienia pokładowe oraz pojazdy transportowe dla nurków, rozszerza profil misji okrętów podwodnych i zwiększa ich elastyczność operacyjną w różnych środowiskach morskich.

Podstawy Projektowania i Budowy Okrętów Podwodnych

Komory Śluzy

Komory śluzy (lock-in/lock-out chambers) to specjalnie zaprojektowane przedziały, które umożliwiają nurkom lub członkom sił specjalnych wchodzenie i wychodzenie z okrętu podwodnego podczas zanurzenia. Komory te są odizolowane od reszty okrętu, co pozwala na wyrównanie ciśnienia wewnątrz komory z zewnętrznym środowiskiem wodnym. Dzięki temu nurkowie mogą opuszczać okręt w sposób dyskretny, a także wracać do niego, bez konieczności wynurzania się, co mogłoby narazić okręt na wykrycie. System śluz wspiera różnorodne misje, takie jak podwodne prace minerskie, zbieranie danych wywiadowczych czy działania bezpośrednie, gdzie kluczowe jest tajne rozmieszczanie i odzyskiwanie personelu operacji specjalnych. Możliwość prowadzenia tych operacji podczas zanurzenia znacząco zmniejsza ryzyko wykrycia przez siły przeciwnika.

Suche Schronienia Pokładowe (DDS)

Suche schronienia pokładowe (Dry Deck Shelters, DDS) to odłączane, wodoodporne komory montowane zewnętrznie na pokładzie okrętu podwodnego. Schronienia te zapewniają zamkniętą, suchą przestrzeń do przechowywania specjalistycznego sprzętu, takiego jak pojazdy transportowe dla nurków (Swimmer Delivery Vehicles, SDV), pontony lub specjalistyczny sprzęt do nurkowania. DDS są zaprojektowane tak, aby mogły być pod ciśnieniem, co pozwala personelowi na dostęp do przechowywanego sprzętu i jego rozmieszczanie pod wodą. Jedną z głównych zalet DDS jest możliwość przewożenia większego sprzętu i wspierania bardziej złożonych misji niż te, które można przeprowadzić wyłącznie za pomocą komór śluzy. Na przykład, okręt podwodny wyposażony w DDS może transportować i uruchamiać SDV, które pozwalają zespołom SOF na pokonywanie znacznych odległości pod wodą, rozszerzając zasięg ich operacji.

Modularny charakter suchego schronienia pokładowego zwiększa również wszechstronność okrętu podwodnego. Kiedy DDS nie są używane do misji operacji specjalnych, mogą zostać usunięte lub ich wyposażenie może zostać przeprojektowane w celu realizacji innych zadań. Ta elastyczność pozwala okrętom podwodnym na dostosowanie się do różnych wymagań misji bez konieczności przeprowadzania znaczących modyfikacji strukturalnych.

Rysunek 73: Okręt podwodny wyposażony w suche schronienie pokładowe (DDS) jest połączony z tylną śluzą awaryjną okrętu, aby zapewnić suche środowisko dla Navy Seals przygotowujących się do ćwiczeń lub operacji wojsk specjalnych. DDS jest głównym wsparciem dla SDV. Zdjęcie U.S. Navy wykonane przez Chief Journalist Dave Fliesen File# 060206-N-1464F-005, Public Domain, via Picryl.

Pojazdy do transportu nurków (SDV)

Pojazdy do transportu nurków (SDV) to miniaturowe okręty podwodne lub pojazdy podwodne zaprojektowane do dyskretnego przewożenia sił operacji specjalnych z okrętu podwodnego na brzeg lub do obszarów docelowych. Pojazdy te są zazwyczaj wystrzeliwane z suchego schronienia pokładowego okrętu podwodnego lub komory lock-in/lock-out i służą do dostarczania personelu sił operacji specjalnych na miejsce misji przy minimalnym ryzyku wykrycia. SDV zapewniają zwiększony zasięg operacyjny i umożliwiają poruszanie się z większą prędkością niż podczas samego pływania, co czyni je idealnymi do misji wymagających dyskrecji i szybkiego przemieszczania się.

Rysunek 74: Członkowie zespołu Navy Sea-Air-Land (SEAL) wynurzają się z suchego schronienia pokładowego na pokładzie zanurzonego, atomowego okrętu podwodnego USS SILVERSIDES (SSN-679). Archiwa Narodowe USA, domena publiczna, za pośrednictwem NARA & DVIDS Public Domain Archive.

Projekt SDV (Swimmer Delivery Vehicles) często obejmuje zaawansowane systemy nawigacyjne i komunikacyjne, a także komory do przechowywania broni i innego sprzętu specyficznego dla misji. Niektóre SDV są w stanie przewozić wielu operatorów, podczas gdy inne zaprojektowano do obsługi przez jedną osobę. Wszechstronność tych pojazdów pozwala zespołom SOF na realizację różnorodnych misji, takich jak rozpoznanie, oczyszczanie pól minowych czy bezpośrednie działania przeciwko celom podwodnym lub przybrzeżnym. Dodatkowo ich niewielki rozmiar i cicha praca umożliwiają unikanie wykrycia przez systemy sonarowe przeciwnika, co czyni je cennym zasobem w środowiskach konfliktowych.

Strategiczne i taktyczne korzyści

Wyposażenie okrętów podwodnych w możliwości wspierania operacji specjalnych zapewnia szereg korzyści strategicznych i taktycznych. Możliwość dyskretnego przerzutu i wycofywania personelu SOF zwiększa zdolności państwa do prowadzenia wojny nieregularnej, umożliwiając realizację ryzykownych misji bez narażania konwencjonalnych sił morskich. Ta zdolność jest szczególnie cenna w operacjach antyterrorystycznych, ratowania zakładników i sabotażu, gdzie element zaskoczenia ma kluczowe znaczenie. Ponadto wykorzystanie okrętów podwodnych do wsparcia misji SOF pozwala na operowanie daleko od własnych brzegów, rozszerzając zasięg wpływów militarnych.

Integracja systemów wsparcia SOF zwiększa także elastyczność okrętów podwodnych w realizacji misji wielozadaniowych, w których mogą one przechodzić od tradycyjnych zadań wojny podwodnej do wsparcia operacji specjalnych. Ta zdolność adaptacji pozwala okrętom podwodnym na udział w szerokim spektrum zadań – od odstraszania strategicznego i walki z jednostkami nawodnymi po działania tajne i pomoc humanitarną.

Chociaż integracja zdolności wsparcia SOF z operacjami okrętów podwodnych przynosi znaczne korzyści, wiąże się z wyzwaniami i wymaga odpowiedniego uwzględnienia pewnych aspektów. Dodanie suchych schronień pokładowych (DDS) i innego sprzętu może wpłynąć na właściwości hydrodynamiczne okrętu podwodnego i zmniejszyć jego zdolność do skrytego działania, jeśli nie zostanie odpowiednio zaprojektowane i utrzymane. Dodatkowo obsługa komór lock-in/lock-out oraz SDV wymaga specjalistycznego szkolenia zarówno dla załogi okrętu podwodnego, jak i personelu operacji specjalnych, aby zapewnić bezpieczeństwo i sukces misji. Okręty podwodne wyposażone do misji SOF mogą również napotykać ograniczenia związane z liczbą przewożonego personelu i sprzętu, co wymaga starannego planowania logistycznego misji.

Wojna elektroniczna i systemy sensorów

Efektywność bojowa okrętów podwodnych jest znacząco zwiększona dzięki zaawansowanym systemom sensorów i wojny elektronicznej, które odgrywają kluczową rolę w wykrywaniu, śledzeniu i wdrażaniu środków przeciwdziałania. Systemy te są niezbędne, aby okręty podwodne mogły utrzymać świadomość sytuacyjną, unikać wykrycia i skutecznie angażować siły przeciwnika. Integracja sonarów, środków wsparcia elektronicznego (ESM) i technologii detekcji wizualnej zapewnia, że okręty podwodne pozostają groźnymi przeciwnikami w podwodnej przestrzeni bojowej.

Sonar (Sound Navigation and Ranging) jest podstawowym narzędziem używanym przez okręty podwodne do wykrywania podwodnego i nawigacji. Nowoczesne okręty podwodne są wyposażone zarówno w systemy sonarowe pasywne, jak i aktywne. Sonary pasywne nasłuchują dźwięków w otoczeniu, takich jak hałas generowany przez jednostki przeciwnika lub inne obiekty podwodne. Systemy te są kluczowe dla zachowania skrytości, ponieważ nie emitują sygnałów, które mogłyby ujawnić pozycję okrętu podwodnego. Arrays pasywne są zwykle montowane na kadłubie, niektóre rozciągają się na sonar burtowy dla lepszego pokrycia bocznego oraz holowany sonar, który jest rozmieszczany za okrętem, aby wykrywać odległe zagrożenia na szerokim obszarze.

Rysunek 75: Czterech techników sonarowych przy swoich stanowiskach na systemie sonarowym BBQ-5C aktywno-pasywnym obserwuje obiekty znajdujące się na zewnątrz atomowego okrętu podwodnego USS LOUISVILLE (SSN-724) podczas manewrów. Archiwa Narodowe USA, domena publiczna PDM 1.0, za pośrednictwem NARA & DVIDS Public Domain Archive.

Aktywny sonar, w odróżnieniu od pasywnego, polega na emitowaniu impulsów dźwiękowych i analizowaniu echa odbitego od obiektów w wodzie. System ten jest szczególnie przydatny do precyzyjnego wykrywania, śledzenia i szacowania odległości do celów. Jednak użycie aktywnego sonaru wiąże się z ryzykiem ujawnienia lokalizacji okrętu podwodnego, ponieważ emitowane fale dźwiękowe mogą zostać wykryte przez siły wroga. Okręty podwodne wykorzystują kombinację sonaru montowanego na kadłubie oraz specjalistycznych systemów, takich jak sonar boczny (flank arrays) i sonar holowany (towed arrays), aby zwiększyć zdolności wykrywania na różnych głębokościach i odległościach. Te systemy sonarowe umożliwiają okrętowi podwodnemu wykrywanie i klasyfikowanie innych okrętów podwodnych, jednostek nawodnych oraz przeszkód podwodnych, co wzmacnia zarówno operacje ofensywne, jak i defensywne.

Środki wsparcia elektronicznego (ESM) są kluczowe do identyfikacji i śledzenia emisji elektromagnetycznych pochodzących z radarów i systemów komunikacyjnych wroga. Okręty podwodne wyposażone w systemy ESM mogą wykrywać i analizować sygnały radiowe, co pozwala na identyfikację i lokalizację jednostek wroga, takich jak statki, samoloty czy inne okręty podwodne, które korzystają z radarów lub systemów komunikacyjnych. Dzięki pasywnemu przechwytywaniu tych sygnałów okręty podwodne mogą gromadzić cenne informacje wywiadowcze, nie ujawniając jednocześnie swojej pozycji.

Systemy ESM są szczególnie przydatne do wykrywania zagrożeń ze strony jednostek nawodnych lub samolotów operujących przy użyciu radarów. Monitorując te sygnały, okręty podwodne mogą określać bliskość zagrożeń i podejmować decyzje o zaangażowaniu, unikaniu starcia lub zastosowaniu środków przeciwdziałania. ESM również pomaga w utrzymaniu niskiej wykrywalności okrętu podwodnego, ponieważ może on zdobywać świadomość sytuacyjną bez konieczności wynurzania się lub emitowania własnych sygnałów.

Podczas gdy tradycyjne peryskopy wciąż są używane do obserwacji wizualnej, gdy okręty podwodne operują blisko powierzchni, nowoczesne okręty są coraz częściej wyposażane w maszty optoelektroniczne. W przeciwieństwie do peryskopów, które fizycznie penetrują kadłub okrętu, maszty optoelektroniczne wykorzystują cyfrowe kamery, czujniki podczerwieni i inne zaawansowane technologie obrazowania. Te maszty zapewniają szerszy zakres zdolności wizualnych i podczerwonych, umożliwiając okrętowi pozostanie na większej głębokości przy jednoczesnym zachowaniu świadomości sytuacyjnej nad powierzchnią wody.

Rysunek 76: Porucznik (LT) Barry Rodrigues, oficer wachtowy (OD), obsługuje peryskop bojowy na pokładzie szybkiego atomowego okrętu podwodnego klasy Los Angeles. Archiwa Narodowe USA, domena publiczna PDM 1.0, za pośrednictwem NARA & DVIDS Public Domain Archive.

Maszty optoelektroniczne oferują szereg zalet w porównaniu z tradycyjnymi peryskopami. Po pierwsze, ponieważ nie wymagają bezpośredniego fizycznego połączenia z wnętrzem okrętu podwodnego, umożliwiają operowanie z większą dyskrecją. Maszt może być wysunięty na krótko i pod mniejszym kątem, co zwiększa jego niezauważalność. Dodatkowo systemy optoelektroniczne zapewniają zaawansowane możliwości obrazowania, w tym widzenie w podczerwieni, co jest niezbędne w warunkach ograniczonej widoczności lub podczas operacji nocnych. Możliwość rejestrowania obrazów i wideo wysokiej jakości, nawet na dużych odległościach, pozwala okrętom podwodnym zbierać dane wywiadowcze o jednostkach nawodnych, samolotach i innych zagrożeniach, pozostając ukrytymi pod powierzchnią wody. Maszty optoelektroniczne są również zintegrowane z systemami walki i nawigacji okrętu podwodnego, dostarczając dane w czasie rzeczywistym, które wspierają podejmowanie decyzji podczas działań bojowych lub operacji skrytych.

Kombinacja sonarów, systemów ESM (środków wsparcia elektronicznego) i masztów optoelektronicznych tworzy kompleksową sieć czujników, która zapewnia nowoczesnym okrętom podwodnym niezrównaną skuteczność bojową. Systemy te współpracują, aby wykrywać, klasyfikować i śledzić potencjalne zagrożenia z różnych źródeł, zarówno nad, jak i pod powierzchnią wody. Dzięki integracji danych z sonarów i systemów ESM z obrazami dostarczanymi przez maszty optoelektroniczne, okręty podwodne są w stanie tworzyć pełny obraz otoczenia, nawet w złożonym i hałaśliwym środowisku podwodnym.

Ta fuzja danych sensorowych pozwala okrętom podwodnym na utrzymanie przewagi strategicznej, niezależnie od tego, czy chodzi o unikanie wykrycia, zajęcie korzystnej pozycji do ataku, czy rozmieszczenie środków zaradczych w celu neutralizacji nadciągających zagrożeń. Zaawansowane systemy wykrywania i śledzenia odgrywają również kluczową rolę w naprowadzaniu wystrzeliwanych z okrętów podwodnych broni, takich jak torpedy i pociski, zapewniając ich precyzyjne trafienie w zamierzone cele.

System Zarządzania Walką (CMS)

System Zarządzania Walką (CMS) stanowi integralną część nowoczesnych okrętów podwodnych, pełniąc funkcję centrum dowodzenia, które integruje dane z różnych systemów pokładowych, aby zapewnić kompleksowy obraz taktyczny. System ten jest kluczowy w przetwarzaniu ogromnych ilości informacji pochodzących z sensorów, takich jak sonar, radar, środki wsparcia elektronicznego (ESM) oraz dane wizualne z peryskopów lub masztów optoelektronicznych. CMS zwiększa świadomość sytuacyjną załogi poprzez konsolidację i interpretację tych danych, umożliwiając terminowe i świadome podejmowanie decyzji w złożonych warunkach operacyjnych [245, 246].

Integracja danych z wielu sensorów jest jedną z kluczowych funkcji CMS. Poprzez gromadzenie i przetwarzanie informacji z systemów sonarowych do wykrywania podwodnego, obserwacji wizualnych z peryskopów oraz emisji elektromagnetycznych wykrywanych przez systemy ESM, CMS tworzy zintegrowany interfejs. Taka integracja umożliwia załodze ocenę otoczenia z dużą dokładnością, znacznie redukując złożoność zarządzania rozproszonymi źródłami informacji [247]. Możliwość zapewnienia aktualizacji w czasie rzeczywistym dotyczących pozycji przeciwnika i podwodnych zagrożeń jest kluczowa dla skutecznych operacji okrętów podwodnych, ponieważ ułatwia identyfikację potencjalnych zagrożeń oraz śledzenie ruchów przeciwnika [248].

Identyfikacja i śledzenie celów to jedne z podstawowych funkcji CMS. W przypadku wykrycia wrogich jednostek nawodnych lub powietrznych CMS analizuje dane z sensorów, aby sklasyfikować i ustalić priorytety dla tych celów na podstawie poziomu zagrożenia. Funkcja ta jest niezwykle istotna w dynamicznych sytuacjach bojowych, gdzie CMS może jednocześnie monitorować wiele celów, stale aktualizując ich pozycję, prędkość i kurs. Precyzja ta jest kluczowa podczas wystrzeliwania broni, takich jak torpedy czy pociski, które wymagają dokładnego namierzania, aby zapewnić skuteczność [249–251]. Automatyzacja śledzenia i dostarczanie rekomendacji taktycznych w czasie rzeczywistym znacząco zwiększa efektywność operacyjną załogi [252].

Użycie broni to kolejny kluczowy aspekt zarządzany przez CMS. System określa odpowiedni rodzaj broni do użycia na podstawie scenariusza taktycznego i oblicza optymalne rozwiązania ogniowe, uwzględniając takie czynniki jak prędkość i odległość celu. Na przykład, podczas wystrzeliwania torped CMS wspiera sterowanie przewodowe, umożliwiając operatorom kierowanie torpedy w stronę celu aż do momentu trafienia. Ponadto CMS koordynuje użycie środków zaradczych, takich jak wabiki czy systemy zakłócające, aby chronić okręt podwodny przed nadciągającymi zagrożeniami, co zwiększa jego zdolność przetrwania [253–255].

Podstawy Projektowania i Budowy Okrętów Podwodnych

Podejmowanie decyzji w czasie rzeczywistym jest możliwe dzięki CMS, który dostarcza załodze niezbędnych narzędzi do reagowania na zmieniające się sytuacje bojowe. Przyjazny interfejs CMS prezentuje kluczowe informacje w sposób przejrzysty, pozwalając operatorom skupić się na natychmiastowych zagrożeniach bez nadmiaru danych. Automatyzacja różnych procesów związanych z wykrywaniem zagrożeń i użyciem broni zmniejsza obciążenie poznawcze, umożliwiając członkom załogi koncentrację na strategicznym podejmowaniu decyzji [256–258]. Na przykład, jeśli zostanie wykryta wroga jednostka, CMS może automatycznie zasugerować najlepszy sposób działania, czy to przez wystrzelenie torpedy, czy użycie środków zaradczych [259].

Co więcej, CMS współpracuje z systemami nawigacyjnymi i napędowymi okrętu podwodnego, zapewniając skoordynowane zarządzanie zarówno użyciem broni, jak i ruchem okrętu. Integracja ta pozwala CMS na rekomendowanie optymalnego pozycjonowania i głębokości dla operacji skrytych, jednocześnie utrzymując idealny kurs podczas starć. W operacjach z udziałem wielu okrętów podwodnych CMS może również wymieniać dane z innymi jednostkami, ułatwiając skoordynowane ataki i wspólne strategie obronne, które są niezbędne dla skutecznych działań morskich [240, 260, 261].

Systemy Środków Zaradczych

Okręty podwodne są wyposażone w zaawansowane systemy środków zaradczych, które są niezbędne do unikania wykrycia i unieszkodliwiania zagrożeń, zwiększając tym samym ich zdolność do przetrwania podczas działań bojowych lub operacji skrytych. Systemy te odgrywają kluczową rolę w utrzymaniu niewykrywalności, wprowadzaniu w błąd sensorów przeciwnika i neutralizowaniu nadchodzących zagrożeń, takich jak torpedy czy ataki lotnicze. Skuteczność tych środków zaradczych pozwala okrętom podwodnym prowadzić misje w ukryciu, chroniąc je przed wrogimi siłami [256].

Jedną z podstawowych metod unikania wykrycia jest użycie akustycznych wabików i zakłócaczy. Okręty podwodne operują w środowisku zdominowanym przez sonar, gdzie siły przeciwnika wykorzystują zarówno sonar aktywny, jak i pasywny do lokalizowania jednostek podwodnych. W odpowiedzi na to okręty podwodne wypuszczają akustyczne wabiki, które naśladują ich sygnaturę akustyczną, generując fałszywe sygnały mające na celu zmylenie sonaru przeciwnika [256]. Wabiki te są strategicznie rozmieszczane, aby stworzyć wiele fałszywych celów, odwracając uwagę od rzeczywistego okrętu podwodnego. Zakłócacze uzupełniają tę strategię, emitując szerokopasmowy hałas, który zakłóca sygnały sonarowe, utrudniając przeciwnikowi precyzyjne zlokalizowanie jednostki. Technika ta jest szczególnie skuteczna w środowisku z sonarami aktywnymi, gdzie przeciwnik polega na impulsach dźwiękowych i ich echach w celu wykrycia [256].

Oprócz unikania wykrycia przez sonar, okręty podwodne muszą radzić sobie z poważnymi zagrożeniami ze strony wrogich torped. Nowoczesne okręty podwodne są wyposażone w systemy środków zaradczych przeciwko torpedom, które obejmują wyrzutnie wabików i urządzenia zakłócające akustykę. Systemy te mogą wypuszczać wabiki, które naśladują sygnaturę akustyczną okrętu podwodnego lub generują wzorce hałasu mające na celu zmylenie systemu naprowadzania nadlatującej torpedy [256]. W przypadku wykrycia wrogiej torpedy, wyrzutnia wabików okrętu podwodnego wypuszcza te środki zaradcze, aby odciągnąć torpedę od jej zamierzonego celu. Wabiki generują sygnały akustyczne naśladujące ruchy okrętu podwodnego, wprowadzając torpedę w błąd, podczas gdy okręt wykonuje manewry unikowe, aby oddalić się od zagrożenia [256].

Dodatkowo okręty podwodne muszą bronić się przed zagrożeniami z powietrza, szczególnie ze strony morskich samolotów patrolowych i śmigłowców wyposażonych w zaawansowane systemy sonarowe lub broń do walki przeciwpodwodnej (ASW). Niektóre okręty podwodne są wyposażone w systemy rakiet przeciwlotniczych, które umożliwiają im zwalczanie nisko latających samolotów próbujących je wykryć lub zaatakować. Te krótkodystansowe systemy rakietowe zapewniają okrętom podwodnym cenną zdolność do obrony przed zagrożeniami z powietrza, zwłaszcza podczas operacji blisko powierzchni wody, gdzie są bardziej narażone na wykrycie [256].

Systemy Napędowe Nuklearne i Diesel-Elektryczne

System napędowy okrętu podwodnego w znacznym stopniu wpływa na jego zdolności operacyjne i wytrzymałość bojową, kształtując strategiczne i taktyczne role w operacjach morskich. Istnieją dwa główne typy systemów napędowych okrętów podwodnych: nuklearny i diesel-elektryczny, z których każdy oferuje unikalne zalety i ograniczenia.

Okręty podwodne o napędzie nuklearnym, w tym okręty podwodne o napędzie atomowym (SSN) i okręty podwodne balistyczne (SSBN), są wyposażone w reaktory jądrowe, które zapewniają praktycznie nieograniczoną energię, pozwalając im na długotrwałe zanurzenie bez potrzeby wynurzania się. Ta zdolność daje okrętom podwodnym o napędzie nuklearnym znaczną przewagę operacyjną, ponieważ mogą one prowadzić niezauważone działania podwodne przez wiele miesięcy, wykonując misje rozpoznawcze, patrolowe lub strategiczne.

Jedną z kluczowych zalet napędu nuklearnego jest nieograniczony zasięg, jaki oferuje. W przeciwieństwie do okrętów diesel-elektrycznych, które opierają się na ograniczonych zasobach paliwa i wymagają regularnego wynurzania się w celu ładowania baterii, okręty podwodne o napędzie nuklearnym mogą pokonywać ogromne odległości bez potrzeby tankowania. Ta zdolność sprawia, że są one idealne do długodystansowych misji, takich jak patrole odstraszania nuklearnego (dla SSBN), w których muszą pozostawać ukryte w głębokich wodach przez długi czas, gotowe do odpalenia pocisków balistycznych z okrętów podwodnych (SLBM), jeśli zajdzie taka potrzeba.

Kolejną zaletą okrętów podwodnych o napędzie nuklearnym jest ich szybkość. Ogromna moc generowana przez reaktor nuklearny pozwala tym jednostkom osiągać wysokie, utrzymywane prędkości zarówno pod wodą, jak i na powierzchni, co daje im zwiększoną mobilność i elastyczność taktyczną. Szybkość ta jest szczególnie korzystna w scenariuszach bojowych, gdzie okręty podwodne mogą szybko reagować na zagrożenia, ścigać cele lub unikać wykrycia przez siły przeciwnika. Ich szybkość i wytrzymałość sprawiają, że są kluczowymi zasobami globalnych operacji morskich, pozwalając im na projekcję siły na oceanach i ochronę ważnych szlaków morskich.

Jednak okręty podwodne o napędzie nuklearnym wiążą się z wyższymi kosztami operacyjnymi i utrzymania ze względu na złożoność reaktora nuklearnego i powiązanych z nim systemów. Pomimo tego ich strategiczna wartość, szczególnie w utrzymywaniu odstraszania nuklearnego, jest niezrównana, co czyni je filarem zdolności morskich wielu państw.

Podstawy Projektowania i Budowy Okrętów Podwodnych

Okręty podwodne diesel-elektryczne oferują inny zestaw możliwości, przede wszystkim przeznaczonych do obrony wybrzeża i operacji regionalnych. Okręty te wykorzystują silniki diesla do podróżowania na powierzchni i ładowania baterii, które zasilają ich silniki elektryczne podczas napędu pod wodą. Choć okręty diesel-elektryczne mają krótszą wytrzymałość pod wodą niż ich odpowiedniki nuklearne, są bardziej ekonomiczne i wymagają mniej konserwacji.

Głównym ograniczeniem tradycyjnych okrętów diesel-elektrycznych jest potrzeba wynurzania się okresowo w celu ładowania baterii. Wynurzanie to naraża okręt na wykrycie, co czyni go podatnym na obserwację wroga w tych momentach. Aby przezwyciężyć to wyzwanie, wiele nowoczesnych okrętów diesel-elektrycznych jest teraz wyposażonych w systemy napędu niezależnego od powietrza (AIP). AIP pozwala tym okrętom pozostawać zanurzonymi przez dłuższy czas bez potrzeby wynurzania się, znacznie zwiększając ich wytrzymałość pod wodą. Choć systemy AIP nie zapewniają takiej wytrzymałości jak reaktory nuklearne, pozwalają okrętom diesel-elektrycznym na pozostanie pod wodą przez kilka tygodni, co poprawia ich zdolności do działania w ukryciu.

Chociaż okręty diesel-elektryczne są wolniejsze i mają mniejszy zasięg w porównaniu z ich nuklearnymi odpowiednikami, doskonale sprawdzają się w środowiskach przybrzeżnych, gdzie kluczowe są manewrowość i cisza. Ich mniejszy rozmiar i cichsza praca czynią je trudnymi do wykrycia, zwłaszcza na płytkich wodach lub w obszarach o wysokim poziomie hałasu tła. Te okręty są niezwykle skuteczne w działaniach przeciwpodwodnych (ASW) i przeciwpowierzchniowych (ASuW), gdzie ich zdolność do działania w ukryciu i przeprowadzania zasadzek stanowi istotną przewagę.

Systemy Wystrzeliwania Torped i Ładunki

Historia i rozwój torped sięga końca XVI wieku. Pierwsze znane zastosowanie miało miejsce w 1585 roku, kiedy Holendrzy skonstruowali statek wypełniony materiałami wybuchowymi. Ta prymitywna torpeda była bezpośrednim potomkiem min morskich. Koncepcja samonapędzającego się podwodnego urządzenia wybuchowego ewoluowała przez wieki. W czasie amerykańskiej wojny o niepodległość w 1778 roku w "Bitwie beczek" wykorzystano beczki z prochem jako prowizoryczne torpedy. David Bushnell jest uznawany za pierwszego Amerykanina, który w 1775 roku użył torpedy, próbując zaatakować brytyjski okręt flagowy przy pomocy swojej łodzi podwodnej "Turtle", wyposażonej w minę o masie 150 funtów. Mimo niepowodzenia było to początkiem eksperymentów z torpedami w USA [262].

Robert Fulton kontynuował prace Bushnella, opracowując miny dryfujące na początku XIX wieku. Miny te były zakotwiczone na dnie morskim, co zapewniało większą stabilność w porównaniu do wcześniejszych projektów unoszących się z prądem. Projekty Fultona sprzedano marynarce wojennej USA, co stało się podstawą dla dalszego rozwoju min i torped, które odegrały kluczową rolę podczas wojny secesyjnej, szczególnie dla Konfederacji, która szeroko wykorzystywała miny, aby zniwelować przewagę marynarki Unii [262].

W 1866 roku Robert Whitehead zrewolucjonizował konstrukcję torped, tworząc pierwszą samonapędzającą się torpedę, zwaną "torpedą automobilową". Torpeda Whiteheada wprowadziła ideę broni aktywnie poszukującej celu zamiast biernie czekać. Jego pierwszy projekt wykorzystywał dwucylindrowy silnik napędzany sprężonym powietrzem, pozwalający torpedzie osiągnąć prędkość 6,5 węzła na dystansie 200 jardów, co stało się podstawą dla kolejnych projektów torped [262].

Do 1869 roku Marynarka Wojenna USA założyła stację torpedową w Newport, w stanie Rhode Island, gdzie badano i replikowano projekty Whiteheada. Wczesne wersje opracowane w Newport nie przeszły jednak fazy testów z powodu problemów z butlą powietrzną i szczelnością kadłuba. Program na krótko wstrzymano, lecz Marynarka kontynuowała prace. W 1870 roku komandor podporucznik John A. Howell opracował nową konstrukcję torpedy napędzanej kołem zamachowym obracającym się z prędkością 10 000 obrotów na minutę. Torpeda Howella była produkowana w liczbie około 50 sztuk do czasu, aż Marynarka Wojenna USA przeszła na torpedy Whiteheada i Bliss-Leavitta, które stały się standardem do 1910 roku. Torpeda Whitehead Mk 5 mogła pokonać dystans 4 000 jardów z prędkością 27 węzłów, co stanowiło znaczący postęp technologiczny [262].

W latach 1910-1915 skupiono się na ulepszeniu detonatorów torped, umożliwiając im eksplozję nie tylko przy bezpośrednim trafieniu, ale także przy kontakcie pod kątem. Podczas I wojny światowej rozwój torped był ograniczony, ale wprowadzenie torpedy Mk 7, napędzanej parą, zwiększyło jej wszechstronność i zastosowanie na niszczycielach i łodziach podwodnych [262].

Okres międzywojenny (1918-1939) przyniósł kluczowe innowacje w konstrukcji torped. Torpeda Mk 13, wystrzeliwana z samolotów, oraz Mk 14, używana przez łodzie podwodne, stały się ikonami. Torpeda Mk 14 była odpowiedzialna za zatopienie ponad czterech milionów ton japońskiego frachtu podczas II wojny światowej, natomiast Mk 15, używana przez niszczyciele, pozostawała w służbie do lat 50. XX wieku [262].

Podczas II wojny światowej przejęcie niemieckiego U-570, który przewoził plany torpedy elektrycznej, doprowadziło do opracowania torpedy Mk 18. Elektrycznie napędzana torpeda miała dwie wyraźne zalety: nie pozostawiała widocznego śladu na powierzchni i była mniej skomplikowana w produkcji. Dodatkowo torpeda Mk 24, zwana "Fido", wykorzystywała sygnały akustyczne do wykrywania i śledzenia wrogich łodzi podwodnych, co pozwoliło jej zatopić około 15% wrogich łodzi podwodnych od 1943 roku [262].

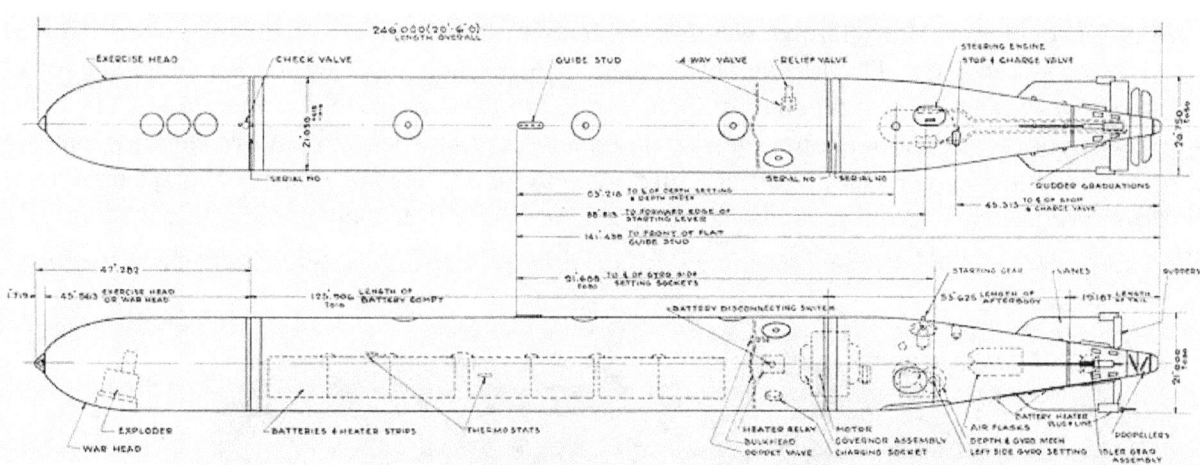

Rysunek 77: Profil ogólny torpedy Mark 18, opublikowany w podstawowym podręczniku serwisowym torpedy Mark 18 (Elektrycznej) Marynarki Wojennej Stanów Zjednoczonych, wydanym w kwietniu 1943 roku. Marynarka Wojenna Stanów Zjednoczonych, domena publiczna, za pośrednictwem Wikimedia Commons.

Lata 50. XX wieku przyniosły rozwój bardziej zaawansowanych torped, takich jak Mk 44 i Mk 46, które zostały zaprojektowane w odpowiedzi na rosnące zagrożenie ze strony wrogich okrętów podwodnych. Rozwój atomowych okrętów podwodnych w tym okresie wymagał również szybszych torped, co doprowadziło do wprowadzenia torpedy Mk 45, zdolnej do osiągania prędkości 40 węzłów i zasięgu od 11 000 do 15 000 jardów. Została ona później zastąpiona przez Mk 48, która pozostaje podstawową aktywną torpedą w Marynarce Wojennej Stanów Zjednoczonych do dziś. Mk 48 ma 19 stóp długości, waży około 3 500 funtów i przenosi głowicę bojową o masie 650 funtów. Co istotne, torpeda ta może ponownie zaatakować swój cel, jeśli nie trafi za pierwszym razem [262].

W odpowiedzi na wprowadzenie przez Związek Radziecki okrętów podwodnych klasy Alfa—szybkiego i głęboko nurkującego przeciwnika—w latach 70. XX wieku opracowano torpedę Mk 50 „Barracuda". Ta torpeda, zdolna do osiągania prędkości powyżej 40 węzłów i zasięgu 20 000 jardów, mogła być wystrzeliwana z różnych platform, w tym z samolotów, śmigłowców i okrętów nawodnych, co dodatkowo zwiększało jej strategiczne zastosowanie [262].

Typowa rura torpedowa na okręcie podwodnym, pochodząca z okresu szczytowego rozwoju amerykańskiej technologii okrętów podwodnych w czasie II wojny światowej, działa w sposób podobny do dużego działa morskiego, z pewnymi kluczowymi różnicami dostosowanymi do specyfiki walk podwodnych. Rura torpedowa ma kształt cylindryczny, przypominając lufę działa, z tylnymi drzwiami zamka wewnątrz okrętu podwodnego oraz drzwiami wylotowymi z przodu (poza okrętem, zanurzonymi w wodzie). Podczas gdy działo morskie wystrzeliwuje pociski przy użyciu materiałów wybuchowych, rura torpedowa na okręcie podwodnym wystrzeliwuje torpedę samobieżną przy użyciu sprężonego powietrza. Sprężone powietrze zapewnia początkową siłę napędową, po czym układ napędowy torpedy przejmuje dalsze działanie [263].

Kluczowe dla funkcjonowania rury torpedowej są dwa zestawy drzwi: drzwi zamka, znajdujące się wewnątrz okrętu podwodnego, oraz drzwi wylotowe, otwierające się na morze. Drzwi te współpracują w wysoce zsynchronizowanym systemie, aby zapobiec zalaniu okrętu wodą. Drzwi zamka otwierają się, aby załadować torpedę do rury, podczas gdy drzwi wylotowe pozostają zamknięte, aby zapobiec dostaniu się wody morskiej. Gdy torpeda znajdzie się na swoim miejscu, a drzwi zamka zostaną zabezpieczone, można otworzyć drzwi wylotowe, aby umożliwić wystrzelenie torpedy. Jednak ze względu na wysokie ciśnienie wody na zewnątrz okrętu na głębokości, konieczne są dodatkowe kroki, aby zapewnić bezpieczne otwarcie drzwi wylotowych [263].

Rysunek 78: Wyrzutnia torpedowa okrętu podwodnego HMS Alliance z okresu II wojny światowej (okręt podwodny klasy Amphion). Geni, CC BY-SA 4.0, za pośrednictwem Wikimedia Commons.

Podstawy Projektowania i Budowy Okrętów Podwodnych

Przed załadowaniem nowej torpedy wyrzutnia musi zostać opróżniona z wody, która dostała się do niej podczas wcześniejszego wystrzału. Odbywa się to za pomocą systemu zaworów i odpływów sterowanych od strony zamka wyrzutni. Po opróżnieniu wyrzutni można bezpiecznie otworzyć zamek i załadować torpedę. Po załadowaniu wyrzutnia jest zalewana wodą, aby wyrównać ciśnienie wewnątrz wyrzutni z ciśnieniem otaczającej wody morskiej, co umożliwia bezproblemowe otwarcie pokrywy wylotowej bez oporu zewnętrznego ciśnienia wody. Zalewanie wyrzutni wodą z wewnętrznych zbiorników pomaga również utrzymać równowagę okrętu podwodnego, zapewniając równomierne rozmieszczenie wagi wody.

Po zalaniu wyrzutni i otwarciu pokrywy wylotowej torpeda jest gotowa do wystrzału. Sprężone powietrze z wysokociśnieniowego systemu powietrznego okrętu podwodnego jest uwalniane do wyrzutni, zapewniając początkowy impuls do wyrzucenia torpedy. Ciśnienie powietrza musi być wystarczające, aby pokonać zewnętrzne ciśnienie wody, co zapewnia skuteczne wystrzelenie torpedy. Po opuszczeniu wyrzutni przez torpedę sprężone powietrze jest odprowadzane, aby uniknąć uwolnienia widocznych pęcherzyków powietrza, które mogłyby zdradzić pozycję okrętu wrogim siłom.

Po wystrzale torpedy wyrzutnia napełnia się wodą morską, aby zrównoważyć utratę masy torpedy. Jest to kluczowy krok, ponieważ nagła utrata ciężkiej torpedy mogłaby zaburzyć równowagę okrętu i wpłynąć na jego trym (równowagę). Woda działa jako balast, utrzymując stabilność okrętu podwodnego. Po napełnieniu wyrzutni wodą i zamknięciu pokrywy wylotowej woda jest odprowadzana do zbiornika, a do wyrzutni wdmuchiwane jest powietrze, aby przygotować ją do kolejnego załadunku.

Kluczowym elementem bezpieczeństwa w systemie wyrzutni torpedowej jest mechanizm blokady, który zapobiega jednoczesnemu otwarciu zamka wewnętrznego i pokrywy wylotowej. Mechanizm ten działa podobnie do śluzy powietrznej w okręcie podwodnym, gdzie można otworzyć tylko jedno z dwóch drzwi naraz, co zapobiega zalaniu wnętrza wodą, co mogłoby mieć katastrofalne skutki.

W uproszczonym ujęciu wyrzutnia torpedowa może być postrzegana jako system składający się z lufy, drzwi i zbiornika sprężonego powietrza. Główne zadania obejmują obsługę drzwi, zarządzanie ciśnieniem powietrza i wody oraz wystrzelenie torpedy poprzez uwolnienie sprężonego powietrza. W rzeczywistości jednak wyrzutnie torpedowe okrętów podwodnych obejmują bardziej skomplikowane mechanizmy, takie jak precyzyjna regulacja ciśnienia powietrza, zarządzanie wodą i kontrola wystrzału, aby zapewnić wydajne i dyskretne użycie torped [263].

Ten system pozwala okrętom podwodnym na wystrzeliwanie torped podczas zanurzenia, utrzymując operacyjną dyskrecję i zdolność do precyzyjnego atakowania celów wroga. Staranne zarządzanie powietrzem, wodą i równowagą zapewnia, że okręt pozostaje niewidoczny i skuteczny operacyjnie przez cały proces wystrzeliwania.

Jako bardziej współczesny przykład, okręty podwodne klasy Collins, używane przez Królewską Marynarkę Wojenną Australii, są wyposażone w zdolność do wystrzeliwania torped Mk48, potężnego i zaawansowanego systemu broni zaprojektowanego do niszczenia zarówno wrogich okrętów podwodnych, jak i jednostek nawodnych. Torpedy te są znacznych rozmiarów, mierzą sześć metrów długości i ważą około dwóch ton (2 000 kilogramów). Ze względu na ich dużą masę i rozmiary, załadunek, przygotowanie i wystrzelenie tych torped wymaga precyzyjnych procesów i koordynacji na pokładzie okrętu podwodnego [264].

Rysunek 79: Torpeda Mark 48 o zaawansowanej pojemności w regale magazynowym w wyrzutni torpedowej na pokładzie nuklearnego okrętu podwodnego USS ASHEVILLE (SSN-758). PH2 Rick Gilmore, The U.S. National Archives, Public Domain PDM 1.0, via Getarchive.

W typowej sekwencji torpeda Mk48 jest ładowana do jednej z wyrzutni torpedowych okrętu podwodnego, która pełni funkcję komory do wystrzału broni. Zanim torpeda może zostać wystrzelona, musi być starannie przygotowana do startu przez załogę okrętu podwodnego. Obejmuje to wprowadzenie danych o celu do torpedy z systemu zarządzania walką okrętu. System walki to zaawansowane urządzenie technologiczne, które pozwala okrętowi podwodnemu zbierać, analizować i przekazywać kluczowe informacje do torpedy, w tym lokalizację i ruchy wrogiego statku lub celu.

Po wystrzeleniu torpedy Mk48 z okrętu podwodnego, staje się ona napędzana samodzielnie. Silnik pokładowy uruchamia się natychmiast po opuszczeniu wyrzutni torpedy, umożliwiając torpedzie przemieszczanie się przez wodę w kierunku zamierzonego celu. Tym, co czyni torpedę Mk48 szczególnie skuteczną, jest jej system naprowadzania, który jest sterowany przez system walki okrętu podwodnego za pomocą przewodu elektrycznego do naprowadzania. Przewód ten pozostaje połączony z torpedą, nawet po jej wystrzeleniu, co pozwala okrętowi podwodnemu na bieżąco dostosowywać kurs torpedy na podstawie zmian w położeniu lub zachowaniu celu. System naprowadzania za pomocą przewodu znacznie zwiększa precyzję torpedy, czyniąc ją bardzo niezawodną bronią w walce morskiej.

Rysunek 80: MM2 (SS) Joe Hackett sprawdza prawidłowe ustawienie torpedy MK 48 ADCAP, gdy wchodzi do wyrzutni torpedowej. Archiwa Narodowe USA, domena publiczna PDM 1.0, za pośrednictwem Picryl.

Ostatni etap misji torpedy to dotarcie do optymalnego punktu pod lub w pobliżu celu. W tym krytycznym momencie detonuje ładunek wybuchowy torpedy, powodując katastrofalne uszkodzenia wroga. Torpeda Mk48 jest zaprojektowana do wywołania potężnej eksplozji, zdolnej do unieruchomienia lub zatopienia nawet dużych okrętów wojennych lub okrętów podwodnych. Precyzja, z jaką torpeda Mk48 może być skierowana na cel, zapewnia, że może uderzyć w najbardziej wrażliwą część okrętu wroga, maksymalizując szanse na udaną misję.

Okręty podwodne klasy Collins przechodzą modernizację, aby zintegrować nowe możliwości, w tym ulepszenia systemów torped ciężkich i wymianę systemów walki. Te modernizacje zapewnią, że okręty podwodne klasy

Collins pozostaną potężną i nowoczesną siłą w wojnie podwodnej, nadążając za postępem technologicznym w dziedzinie torped i systemów walki.

Kluczowym kamieniem milowym w procesie modernizacji była jednostka HMAS Waller, jedna z okrętów podwodnych klasy Collins. Stała się pierwszym okrętem podwodnym na świecie, który skutecznie wystrzelił nową torpedę Mk48 Mod 7. Podczas ćwiczeń wojskowych u wybrzeży Hawajów, HMAS Waller użył tej zaawansowanej torpedy do zatopienia wycofanego z służby okrętu wojennego, demonstrując skuteczność i precyzję nowego systemu uzbrojenia. To osiągnięcie podkreśla trwającą ewolucję okrętów podwodnych klasy Collins i ich zdolności w nowoczesnej wojnie morskiej.

Charakterystyka torped

Systemy napędowe wczesnych torped były głównie mechaniczne, wykorzystujące duże koła zamachowe i sprężone powietrze. Systemy te opierały się na butlach powietrznych, wykonanych ze stali niklowej, które miały wytrzymać wysokie ciśnienie niezbędne do efektywnego napędu. Uwalnianie tego sprężonego powietrza było precyzyjnie kontrolowane, aby napędzać śmigła torpedy, umożliwiając precyzyjne sterowanie ich ruchem [265]. W miarę jak technologia postępowała, metody napędu ewoluowały, wprowadzając procesy spalania, głównie spalanie nafty lub alkoholu w połączeniu ze sprężonym powietrzem. Innowacja ta wytwarzała wysokociśnieniowe gazy, które napędzały kompaktowe silniki, znacznie zwiększając zarówno szybkość, jak i zasięg torped. Jednak proces spalania wprowadzał także znaczne ciepło, co stanowiło wyzwanie dotyczące trwałości silników [266]. Podczas I wojny światowej wiele torped przeszło na konstrukcje z mokrym podgrzewaczem, który wstrzykiwał wodę do komory spalania w celu złagodzenia ciepła i zwiększenia objętości gazów, poprawiając tym samym ogólną wydajność [267].

Marynarka wojenna USA ustandaryzowała stosowanie dwustopniowych turbin impulsowych w torpedach, podczas gdy inne państwa, takie jak Japonia i Wielka Brytania, badały alternatywne konfiguracje, w tym silniki tłokowe [268]. Te postępy w technologii napędu były kluczowe dla utrzymania konkurencyjnych zdolności morskich podczas wojny. Dodatkowo, wprowadzenie torped elektrycznych oznaczało istotną zmianę w filozofii konstrukcji. Zasilane dużymi bankami baterii, torpedy elektryczne oferowały przewagę w zakresie kamuflażu dzięki minimalnemu śladzie, mimo że były wolniejsze od swoich odpowiedników spalinowych. Projektanci rozwiązali problemy związane z wahaniami temperatury i wyczerpywaniem się baterii, wprowadzając mechanizmy podgrzewania i regulatory prędkości [269]. Kraje takie jak Niemcy, Japonia i Stany Zjednoczone skutecznie wykorzystywały torpedy elektryczne, szczególnie w swoich flotach okrętów podwodnych, podkreślając strategiczne znaczenie kamuflażu w wojnie morskiej.

Aby przeciwdziałać momentowi obrotowemu wytwarzanemu przez pojedyncze śruby, który mógł destabilizować trajektorię torpedy, opracowano projekt śrub przeciwbieżnych. Ta innowacja, przypisywana projektowi Davisona, zapewniała stabilny kurs torped, zwiększając ich skuteczność w scenariuszach bojowych [270]. Połączenie tych technologii napędu — mechanicznych, spalinowych i elektrycznych — ilustruje ewolucję konstrukcji torped oraz nieustanne dążenie do poprawy ich wydajności i niezawodności w wojnie morskiej.

Podstawy Projektowania i Budowy Okrętów Podwodnych

Utrzymanie właściwej głębokości podczas biegu torpedy jest kluczowe dla zapewnienia skutecznego trafienia w cel. Mechanizmy głębokościowe w torpedach wykorzystują połączenie czujników hydrostatycznych i powierzchni sterujących do stabilizacji urządzenia i regulacji jego trajektorii. Systemy te są zaprojektowane tak, aby utrzymywać wymaganą głębokość, ale często wymagają precyzyjnego dostrojenia, aby działać efektywnie. Analizy historyczne wskazują, że wiele państw borykało się z poważnymi problemami związanymi z kontrolą głębokości w przedwojennych projektach torped, co prowadziło do operacyjnych nieefektywności i nietrafionych celów [271].

Na przykład amerykańskie torpedy podczas II wojny światowej okazały się zanurzać około 11 stóp (3,4 metra) zbyt głęboko. Problem ten nie został w pełni zrozumiany aż do przeprowadzenia kompleksowych testów z użyciem sieci celów, które zainicjował w Australii kontradmirał Charles Lockwood [271]. Testy te wykazały, że poleganie na lżejszych głowicach ćwiczebnych zafałszowało dane testowe, co skutkowało nieprecyzyjnymi ustawieniami głębokości torped. Wyniki te podkreśliły znaczenie rygorystycznych testów i kalibracji mechanizmów głębokościowych w celu zapewnienia skuteczności operacyjnej.

Ponadto złożoność regulacji powierzchni sterujących w odpowiedzi na zmienne warunki podwodne podkreśla konieczność stosowania zaawansowanych systemów sterowania. Integracja czujników hydrostatycznych i powierzchni sterujących jest kluczowa dla utrzymania wymaganej głębokości, ale systemy te mogą być podatne na błędy kalibracyjne, szczególnie w kontekście projektów przedwojennych. Problemy, z jakimi borykały się Stany Zjednoczone, stanowią studium przypadku szerszych wyzwań, jakie napotkały inne państwa w rozwoju swoich torped [271].

Kontrolę kierunku torpedy zapewniały systemy nawigacji żyroskopowej, które wykorzystywały żyroskopy do utrzymania torpedy na zamierzonym kursie. Systemy te okazały się niezawodne podczas wojny, ponieważ wszelkie wady konstrukcyjne były natychmiast zauważalne podczas ograniczonych testów. Żyroskop zazwyczaj napędzany był strumieniem sprężonego powietrza, a niektóre torpedy mogły wykonać proste korekty kursu po wystrzeleniu. Pod koniec wojny operacyjne stały się torpedy naprowadzane, szczególnie torpedy akustyczne, które wykrywały i podążały za hałasem śrub napędowych wrogich statków. Chociaż eksperymentowano z torpedami naprowadzanymi przewodowo, nie były one w pełni operacyjne do końca II wojny światowej.

Głowica torpedy to ładunek wybuchowy zaprojektowany do detonacji w momencie dotarcia do celu lub jego bliskości. Ten kluczowy element zapewnia śmiercionośność broni, dzięki czemu różne technologie współpracują, aby precyzyjnie zainicjować eksplozję w zamierzonym momencie. Głowice torped są niezbędne do unieszkodliwiania lub niszczenia wrogich okrętów podwodnych, jednostek nawodnych i innych celów morskich.

Funkcjonalność głowicy torpedy opiera się na kilku kluczowych komponentach, z których każdy odgrywa istotną rolę w zapewnieniu jej skuteczności i śmiercionośności.

W sercu głowicy torpedy znajduje się materiał wybuchowy o wysokiej energii, taki jak PBX (Plastic Bonded Explosives) lub Torpex. Materiały te wybierane są ze względu na zdolność generowania potężnych wybuchów po detonacji, wytwarzając fale uderzeniowe, które skutecznie rozchodzą się pod wodą. Siła tych fal maksymalizuje zniszczenia, przebijając kadłuby, powodując awarie konstrukcyjne i zalewanie przedziałów, co czyni je szczególnie niszczycielskimi wobec statków i okrętów podwodnych.

Mechanizm zapalnika kontroluje precyzyjny moment detonacji głowicy. Torpedy są wyposażone w różne typy zapalników, dostosowane do różnych scenariuszy taktycznych:

- **Zapalnik uderzeniowy**: Uruchamia głowicę po bezpośrednim kontakcie z celem, zapewniając natychmiastowe zniszczenie przy kolizji.

- **Zapalnik zbliżeniowy**: Zaprojektowany do detonacji głowicy, gdy torpeda przechodzi w pobliżu celu. Zapalniki te wykorzystują czujniki, często magnetyczne, do wykrywania kadłuba statku, tworząc niszczycielską falę uderzeniową pod kilem.

- **Zapalnik opóźniony**: Aktywuje się dopiero po przebiciu przez torpedę kadłuba celu, pozwalając na eksplozję wewnątrz jednostki dla maksymalnych zniszczeń wewnętrznych.

Głowica jest umieszczona w wytrzymałej obudowie, zwykle wykonanej z wysokowytrzymałej stali lub materiałów kompozytowych. Obudowa ta jest niezbędna do utrzymania integralności strukturalnej głowicy podczas wystrzelenia, lotu i uderzenia. Dodatkowo zapewnia ochronę podczas transportu i obsługi, gwarantując stabilność i bezpieczeństwo materiału wybuchowego w różnych warunkach.

Współczesne torpedy są wyposażone w zaawansowane mechanizmy bezpieczeństwa, które zapobiegają przypadkowej detonacji. Mechanizmy te zapewniają, że głowica pozostaje rozbrojona, dopóki torpeda znajduje się na pokładzie jednostki wystrzeliwującej. Dopiero po pokonaniu bezpiecznej odległości głowica zostaje uzbrojona, co minimalizuje ryzyko niezamierzonych eksplozji w pobliżu sojuszniczych statków lub okrętów podwodnych. Mechanizmy uzbrajania są kluczowe dla bezpieczeństwa operacyjnego, umożliwiając załogom obsługę torped bez obawy przed przedwczesną detonacją.

Wszystkie te elementy — ładunki wybuchowe, zapalniki, obudowa i mechanizmy bezpieczeństwa — zapewniają kontrolowany, skuteczny i niszczycielski efekt. Odzwierciedlają one precyzję wymaganą we współczesnej wojnie morskiej, gdzie każdy komponent przyczynia się do niezawodności, bezpieczeństwa i siły rażenia torpedy.

W miarę zbliżania się torpedy do celu czujniki i żyroskopy odgrywają kluczową rolę w zapewnieniu precyzyjnego ustawienia oraz utrzymania odpowiedniej głębokości, niezbędnej do skutecznego trafienia. Współczesne torpedy często są wyposażone w systemy naprowadzania przewodowego lub akustycznego, umożliwiające komunikację z torpedą podczas jej biegu. Systemy te pozwalają na bieżące korekty kursu, zwiększając celność poprzez kompensację zmian w ruchu celu lub czynników środowiskowych, takich jak prądy morskie. Dzięki temu torpeda utrzymuje kurs kolizyjny z zamierzonym celem.

Mechanizm zapalnika głowicy określa dokładny moment detonacji, zależnie od celów misji i rodzaju celu:

- **Zapalnik uderzeniowy**: Detonuje głowicę po bezpośrednim kontakcie z celem, powodując natychmiastowy wybuch, który może przebić kadłub statku.

- **Zapalnik zbliżeniowy**: W tym przypadku torpeda eksploduje, gdy przechodzi pod kilem celu, wykorzystując czujniki magnetyczne do wykrycia struktury statku. Eksplozja generuje potężną falę uderzeniową bezpośrednio pod statkiem, często powodując jego złamanie. Ta metoda jest szczególnie skuteczna w zatapianiu większych jednostek, ponieważ powstałe uszkodzenia strukturalne kompromitują całą integralność statku.

Gdy głowica torpedy detonuje pod wodą, tworzy wysokociśnieniową bańkę, która gwałtownie się rozszerza, a następnie zapada. Ta nagła zmiana ciśnienia generuje niszczycielską siłę, zdolną do rozrywania kadłuba celu i zalewania przedziałów. Ogromna energia fali uderzeniowej narusza wyporność i stabilność statku, prowadząc do katastrofalnych uszkodzeń, które często powodują szybkie zatonięcie. Ten efekt eksplozji podwodnej sprawia, że torpedy są szczególnie niszczycielską bronią w wojnie morskiej, ponieważ dynamika ciśnienia jest wzmocniona w gęstym środowisku wodnym.

Rozwój głowic używanych we współczesnych zastosowaniach militarnych jest kulminacją dziesięcioleci badań nad materiałami wybuchowymi, mechanizmami detonacyjnymi i strategiami dostarczania. Ewolucja ta ma swoje korzenie w czasach II wojny światowej, gdy różne narody starały się zwiększyć swoje zdolności destrukcyjne poprzez innowacyjne technologie głowic.

Podczas II wojny światowej japoński materiał wybuchowy typu 97 stanowił przykład zaawansowanej technologii głowic. Japończycy opracowali torpedy, takie jak Type 93 "Long Lance", które wykorzystywały stabilną mieszankę TNT i heksanitrodifenyloaminy. Kombinacja ta była nie tylko potężna, ale również wyjątkowo odporna na wstrząsy, co czyniło ją bezpieczniejszą w obsłudze, a jednocześnie zdolną do zadawania poważnych uszkodzeń statkom wrogów dzięki głowicom ważącym ponad 490 kg [272]. W przeciwieństwie do tego, Alianci początkowo polegali na czystym TNT, które okazało się niewystarczające w stosunku do celów opancerzonych. W konsekwencji przeszli na Torpex, mieszankę RDX, TNT i proszku aluminiowego, która oferowała o 150% większą siłę wybuchową niż samo TNT oraz lepszą propagację fali uderzeniowej pod wodą. Ten postęp sprawił, że głowice wypełnione Torpexem stały się standardem w siłach alianckich pod koniec wojny, znacząco przyczyniając się do ich zwycięstw morskich [272, 273].

PBX (Plastic Bonded Explosives) łączy wysokoenergetyczne materiały wybuchowe, takie jak RDX (Research Department Explosive) lub HMX (High Melting Explosive), z polimerowym spoiwem. Taka formulacja poprawia zarówno stabilność, jak i wydajność materiału wybuchowego, oferując lepsze bezpieczeństwo obsługi. Jedną z kluczowych zalet PBX jest odporność na przypadkową detonację, spełniająca standardy dla niewrażliwej amunicji (Insensitive Munitions, IM). Ta cecha zapewnia stabilność materiału wybuchowego nawet w trudnych warunkach, takich jak uderzenia czy ekstremalne temperatury, co czyni go odpowiednim do zastosowań w torpedach i innych rodzajach uzbrojenia morskiego.

Niektóre nowoczesne materiały wybuchowe, takie jak PBXN-109, zawierają w swoim składzie chemicznym sproszkowane aluminium. Dodatek aluminium zwiększa ilość wydzielanego ciepła i intensywność fali uderzeniowej podczas detonacji, co jest szczególnie korzystne w przypadku eksplozji podwodnych. Zwiększona energia wybuchu powoduje większe uszkodzenia strukturalne celowanych statków lub okrętów podwodnych, poprawiając skuteczność głowicy bojowej. Materiały wybuchowe wzbogacone aluminium są obecnie szeroko stosowane w broni podwodnej, ponieważ wzmacniają destrukcyjne efekty fal ciśnienia oraz przebicia kadłuba.

Torpex, opracowany podczas II wojny światowej, to mieszanka RDX, TNT (trinitrotoluenu) i aluminium. Początkowo był stosowany w torpedach i minach morskich ze względu na zdolność do generowania silniejszych wybuchów pod wodą w porównaniu z samym TNT. Chociaż od tego czasu opracowano nowsze materiały wybuchowe, Torpex pozostaje inspiracją dla współczesnych konstrukcji głowic bojowych. Jego skład skutecznie wzmacnia efekty eksplozji, zapewniając maksymalne uszkodzenia podczas detonacji pod wodą poprzez generowanie intensywnych fal uderzeniowych i wtórnych eksplozji. Ta klasyczna formuła nadal stanowi podstawę niektórych nowoczesnych technologii materiałów wybuchowych, co podkreśla jej skuteczność w zastosowaniach wojennych na morzu.

Współczesne głowice bojowe opierają się na tych historycznych osiągnięciach, wprowadzając nowe związki wybuchowe w celu zwiększenia mocy i niezawodności. Na przykład nowoczesne torpedy, takie jak amerykańska Mk 48 Mod 7 i niemiecka DM2A4 SeaHake, wykorzystują materiały Plastic Bonded Explosives (PBX), które łączą RDX lub HMX z polimerowym spoiwem. Taka formuła nie tylko zwiększa moc wybuchową, ale także poprawia stabilność, zapewniając niezawodność w ekstremalnych warunkach działań podwodnych. Ponadto współczesne głowice często wykorzystują materiały wybuchowe z dodatkiem aluminium, podobne do Torpexu, aby zwiększyć skuteczność fal uderzeniowych pod wodą. Na przykład PBXN-109, stosowany w Mk 48, zawiera proszek aluminiowy, który wzmacnia generowanie ciepła i ciśnienia wybuchu, czyniąc go szczególnie skutecznym w detonacjach podwodnych [274].

Względy bezpieczeństwa doprowadziły również do opracowania niewrażliwych materiałów wybuchowych (Insensitive Munitions, IM), które są odporne na przypadkową detonację spowodowaną wstrząsem, uderzeniem lub ogniem. Ta technologia znacząco zmniejsza ryzyko niezamierzonych eksplozji podczas obsługi, przechowywania i transportu, co stanowi istotny postęp w dziedzinie bezpieczeństwa głowic bojowych.

Pod względem konstrukcji głowic i mechanizmów detonacyjnych nowoczesne torpedy wykorzystują zaawansowane technologie maksymalizujące ich skuteczność. Ładunki kumulacyjne są stosowane do skierowania siły wybuchu w skoncentrowany strumień, co pozwala na penetrację nawet ciężko opancerzonych jednostek przed detonacją [275]. Ponadto standardem stały się magnetyczne zapalniki zbliżeniowe, które pozwalają torpedom wykrywać pole magnetyczne kadłuba celu i detonować pod statkiem, tworząc falę uderzeniową, która powoduje katastrofalne uszkodzenia strukturalne [276]. Zaawansowane torpedy, takie jak Mk 48 Mod 7, wyposażone są również w programowalne tryby detonacji, obejmujące detonację po uderzeniu, w trybie zbliżeniowym i opóźnionym, co umożliwia dostosowanie strategii ataku do różnych celów [277].

Ciągła ewolucja technologii głowic bojowych znacząco wpłynęła na współczesne wojny morskie. Dzisiejsze torpedy zostały zaprojektowane tak, aby były bardziej śmiercionośne, często wymagając jedynie jednego trafienia do zatopienia jednostki, a także skutecznie neutralizowały okręty podwodne dzięki zastosowaniu magnetycznych zapalników. Ponadto, zdolność programowalnych głowic bojowych do precyzyjnych ataków na różnorodne cele, w tym okręty nawodne i instalacje brzegowe, zapewnia nowoczesnym siłom morskim przewagę strategiczną.

Eksplodery, zaprojektowane do detonacji głowicy bojowej w momencie uderzenia lub w pobliżu celu, stwarzały poważne problemy z niezawodnością. Większość torped wykorzystywała eksplodery kontaktowe, które polegały na inercji w celu przesunięcia ciężarka w stronę iglicy zapalnika w momencie uderzenia torpedy w cel. Jednak zarówno Niemcy, jak i Amerykanie odkryli, że eksplodery kontaktowe często zacinały się przy silnych uderzeniach. Podczas gdy Niemcy szybko rozwiązali ten problem, Marynarka Wojenna USA potrzebowała więcej czasu, częściowo dlatego, że priorytetowo traktowała eksplodery magnetyczne, zaprojektowane do detonacji pod

Podstawy Projektowania i Budowy Okrętów Podwodnych

kilwatem statku poprzez wykrywanie jego pola magnetycznego. Ostatecznie zarówno USA, jak i Niemcy uznali eksplodery magnetyczne za zawodną technologię i powrócili do ulepszonych eksploderów kontaktowych.

Koncepcja działania eksploderów magnetycznych opierała się na detonacji pod kadłubem statku, powodując katastrofalne uszkodzenia poprzez "złamanie pleców" jednostki. Jednak dokładne wykrycie pola magnetycznego statku okazało się w praktyce trudne. Różnice w polach magnetycznych na różnych szerokościach geograficznych oraz złożoność charakteryzowania pola poruszającego się statku sprawiły, że eksplodery te były zawodne. W efekcie oba mocarstwa porzuciły tę technologię podczas II wojny światowej na rzecz bardziej niezawodnych eksploderów kontaktowych.

Technologia torped ewoluowała dzięki innowacjom w zakresie napędu, utrzymywania głębokości, prowadzenia, konstrukcji głowic bojowych i eksploderów. Każdy z tych elementów odgrywa kluczową rolę w zapewnieniu skuteczności torpedy w dotarciu do celu i jego zniszczeniu, jednak złożoność tych systemów historycznie stwarzała znaczne wyzwania w ich rozwoju.

Infrastruktura okrętów podwodnych wspierająca systemy torpedowe

Infrastruktura i systemy techniczne wspierające torpedy na współczesnych okrętach podwodnych są wysoce zaawansowane i obejmują specjalistyczne wyposażenie do ładowania, przechowywania, prowadzenia, wystrzeliwania i zarządzania bezpieczeństwem. Systemy te zostały precyzyjnie zaprojektowane, aby torpedy mogły być efektywnie i bezpiecznie wykorzystywane, nawet w warunkach bojowych lub w wysokociśnieniowym środowisku podwodnym.

Nowoczesne okręty podwodne są wyposażone w wiele wyrzutni torpedowych—zazwyczaj od czterech do sześciu na dziobie, a czasami dodatkowe na rufie. Każda z tych wyrzutni została zaprojektowana do obsługi ciężkich torped, takich jak Mk48 używana przez Marynarkę Wojenną USA, lub zaawansowanych lekkich torped przeznaczonych do walki przeciwko okrętom podwodnym.

System wystrzeliwania działa w oparciu o sprężone powietrze lub systemy hydrauliczne z wodą. Systemy sprężonego powietrza uwalniają impuls powietrza, aby wypchnąć torpedę z wyrzutni, podczas gdy systemy wodne wykorzystują sprężoną wodę morską, aby osiągnąć ten sam efekt przy minimalnym hałasie, zmniejszając akustyczną sygnaturę okrętu podwodnego.

Rysunek 81: Widok prawej strony pomieszczenia torpedowego na pokładzie atomowego okrętu podwodnego klasy Los Angeles USS HARTFORD (SSN 768). Archiwa Narodowe USA, Domena Publiczna PDM 1.0, za pośrednictwem Picryl.

Aby zachować bezpieczeństwo i efektywność operacyjną, wyrzutnie torpedowe wyposażone są w systemy blokujące, które zapobiegają jednoczesnemu otwarciu wewnętrznych i zewnętrznych drzwi, co eliminuje ryzyko przypadkowego zalania okrętu podwodnego. Dodatkowo, systemy zalewania i odwadniania rur wyrzutni zapewniają płynne wyrzucanie torped poprzez dopasowanie ciśnienia wody zewnętrznej na odpowiedniej głębokości.

Ograniczona przestrzeń wewnętrzna okrętów podwodnych wymaga starannego planowania przechowywania i obsługi torped. Torpedy przechowywane są w specjalnie zaprojektowanych stojakach lub uchwytach, które zabezpieczają je podczas manewrowania lub na wzburzonym morzu. Każda torpeda może ważyć nawet do dwóch ton (4 400 funtów), co wymaga użycia zautomatyzowanego sprzętu do ich załadunku do wyrzutni.

Dedykowane mechanizmy załadunku, takie jak podnośniki torpedowe lub systemy szynowe, transportują torpedy ze stojaków magazynowych do wyrzutni. Dodatkowo, systemy załadunku i przechowywania są klimatyzowane, aby zapobiec degradacji wrażliwych komponentów elektronicznych i głowic bojowych.

Podstawy Projektowania i Budowy Okrętów Podwodnych

System Zarządzania Walką (CMS) odgrywa kluczową rolę w skutecznym użyciu torped na okręcie podwodnym. CMS integruje dane z sonarów, peryskopów i innych czujników okrętu, dostarczając w czasie rzeczywistym informacje o celach i warunkach środowiskowych.

Przed wystrzeleniem CMS przesyła informacje nawigacyjne do systemów pokładowych torpedy. Mogą one obejmować zaprogramowane wcześniej punkty nawigacyjne lub charakterystyki celu, co gwarantuje, że torpeda podąża optymalną trasą w kierunku celu. W nowoczesnych torpedach kierowanych przewodowo CMS może dostarczać korekty w trakcie lotu, dostosowując je do zmieniających się warunków lub ruchów celu.

System kierowania ogniem okrętu podwodnego zapewnia precyzyjne wystrzelenie i trajektorię torped. Nowoczesne systemy kierowania ogniem wykorzystują technologię kierowania przewodowego, umożliwiając załodze okrętu utrzymanie komunikacji z torpedą podczas jej biegu w kierunku celu. To połączenie pozwala załodze na korygowanie kursu torpedy na podstawie aktualizowanych danych z sonaru, co zwiększa dokładność i szanse na sukces misji.

Akustyczne torpedy samonaprowadzające, które wykorzystują pokładowe czujniki do wykrywania celów, również są zarządzane przez system kierowania ogniem. Okręt podwodny zapewnia wybór odpowiedniej torpedy w zależności od charakterystyki celu—takiej jak wrogie okręty podwodne lub nawodne jednostki—i warunków środowiskowych.

Bezpieczeństwo na okrętach podwodnych jest priorytetem, aby zapobiec przypadkowym detonacjom. Nowoczesne systemy torpedowe zawierają mechanizmy uzbrajania, które aktywują głowicę bojową dopiero po przebyciu przez torpedę bezpiecznej odległości od okrętu podwodnego, co eliminuje ryzyko dla sił własnych. Mechanizmy te mogą również opóźniać detonację do momentu, gdy torpeda osiągnie zamierzoną głębokość lub znajdzie się w pobliżu celu.

Dodatkowo w infrastrukturze torpedowej zintegrowano systemy zabezpieczeń i awaryjnego wyłączania. Obejmują one opcje ręcznego przełączania, które umożliwiają załodze dezaktywację torpedy w przypadku awarii systemu. Regularne testy systemów bezpieczeństwa są przeprowadzane w celu zapewnienia ich niezawodności we wszystkich warunkach operacyjnych.

Systemy torpedowe na okrętach podwodnych wymagają ciągłej konserwacji i diagnostyki w celu zapewnienia optymalnej wydajności. Nowoczesne okręty podwodne są wyposażone w zautomatyzowane narzędzia diagnostyczne, które monitorują stan wyrzutni torped, systemów naprowadzania i innych kluczowych komponentów. Rutynowe kontrole zapewniają utrzymanie odpowiednich poziomów ciśnienia powietrza lub wody, niezbędnych do skutecznego wystrzeliwania torped.

Dzięki modułowej konstrukcji możliwe jest szybkie przeprowadzanie konserwacji lub wymiany kluczowych elementów, co minimalizuje czas przestojów w trakcie operacji. Specjalistyczne zespoły konserwacyjne są szkolone w obsłudze i kontroli wrażliwych komponentów, takich jak systemy uzbrajania głowic bojowych i obwody naprowadzania.

Systemy torpedowe okrętów podwodnych są projektowane z uwzględnieniem akustycznej niewykrywalności. Systemy wyrzutni, szczególnie te wykorzystujące napęd hydrauliczny (water-ram), są konfigurowane tak, aby minimalizować hałas, co zmniejsza ryzyko wykrycia okrętu podwodnego.

Ponadto nowoczesne głowice torpedowe są projektowane tak, aby detonować bez wytwarzania dużych pęcherzy powietrza, które mogłyby zdradzić pozycję okrętu podwodnego. Po wystrzeleniu torpedy wyrzutnie są zalewane wodą morską w celu utrzymania neutralnej pływalności okrętu, co pozwala zachować równowagę jednostki po strzale.

Niektóre nowoczesne okręty podwodne są projektowane z możliwością wykonywania różnych zadań, co oznacza, że ich wyrzutnie torpedowe mogą wystrzeliwać nie tylko torpedy, ale także pociski, miny i pojazdy transportowe dla nurków (SDV). Taka elastyczność pozwala okrętom podwodnym dostosowywać się do różnorodnych profili misji, od zwalczania okrętów podwodnych, przez stawianie min, po tajne operacje specjalne.

W tych konfiguracjach systemy CMS i systemy kierowania ogniem muszą obsługiwać różne typy ładunków, zapewniając płynne przechodzenie między różnymi celami misji.

Systemy rakietowe i ich zastosowanie

Nowoczesne okręty podwodne są wyposażone w zaawansowane systemy rakietowe, które zwiększają ich możliwości, umożliwiając realizację szerokiego zakresu misji strategicznych i taktycznych. Systemy te obejmują rakiety balistyczne, które pełnią rolę odstraszania nuklearnego, rakiety manewrujące przeznaczone do precyzyjnych uderzeń oraz rakiety przeciwokrętowe wykorzystywane w działaniach wojennych na morzu. Systemy rakietowe zainstalowane na okrętach podwodnych są starannie zintegrowane z zaawansowanymi systemami startowymi, naprowadzania i zarządzania walką, co czyni je niezwykle skutecznymi narzędziami we współczesnej wojnie morskiej.

Rakietowe systemy wystrzeliwane z okrętów podwodnych stanowią kluczowy element nowoczesnej wojny morskiej, zapewniając strategiczne możliwości, które zwiększają potencjał odstraszania i elastyczność operacyjną. Te systemy można podzielić na trzy główne kategorie: rakiety balistyczne wystrzeliwane z okrętów podwodnych (SLBMs), rakiety manewrujące do ataków na ląd (LACMs) oraz rakiety przeciwokrętowe (AShMs). Każdy z tych typów odgrywa odmienną, ale równie istotną rolę w działaniach militarnych, przyczyniając się do strategicznej przewagi współczesnych flot podwodnych.

Rakiety Balistyczne Wystrzeliwane z Okrętów Podwodnych (SLBM)

Rakiety balistyczne wystrzeliwane z okrętów podwodnych (SLBM) to pociski dalekiego zasięgu zdolne do przenoszenia głowic nuklearnych, używane przez okręty podwodne wyposażone w rakiety balistyczne (SSBN), znane również jako „boomery". Stanowią one kluczowy element strategii odstraszania nuklearnego, zapewniając możliwość ukrytego i skutecznego drugiego uderzenia. Wystrzeliwane spod wody SLBM umożliwiają okrętom podwodnym pozostanie niezauważonym przy jednoczesnym rozmieszczaniu się w strategicznych lokalizacjach, gotowych do wystrzelenia wielu głowic w odległe cele. Rakiety te są wyjątkowe, ponieważ mogą przenosić Wielokrotne Niezależnie Celowane Głowice Powrotne (MIRV) – indywidualne głowice nuklearne w jednym pocisku, z których każda może trafić w różne cele w odmiennych lokalizacjach.

Podstawy Projektowania i Budowy Okrętów Podwodnych

Przykłady rakiet SLBM:

- Trident II (D5):
    - Używane przez marynarki wojenne USA i Wielkiej Brytanii, Trident II to zaawansowana rakieta SLBM o zasięgu przekraczającym 12 000 km (7 500 mil).
    - Może przenosić do 14 głowic MIRV, z których każda jest niezależnie naprowadzana, co czyni ją jednym z najskuteczniejszych strategicznych systemów broni na świecie.
- RSM-56 Bulawa:
    - Opracowana przez Rosję, Bulawa jest przeznaczona do użycia na okrętach SSBN klasy Borei.
    - Wyposażona w wiele głowic nuklearnych oraz zaawansowane środki przeciwdziałania systemom obrony przeciwrakietowej.
- JL-3:
    - Obecnie rozwijana przez Chiny, JL-3 stanowi ulepszenie względem swojego poprzednika JL-2, oferując większy zasięg, który potencjalnie obejmuje cele na kontynentalnym terytorium USA z chińskich wód.

Proces wystrzeliwania SLBM

Rakiety SLBM są wystrzeliwane za pomocą systemów zimnego startu, co pozwala na ich bezpieczne rozmieszczenie z zanurzonego okrętu podwodnego. Oto jak działa ten proces:

- Sekwencja zimnego startu:
    - Sprężone powietrze lub para wodna wyrzuca rakietę SLBM z wyrzutni, wypychając ją w górę przez wodę, bez zapalania silników rakiety.
    - Metoda ta minimalizuje ciepło i ciśnienie wewnątrz okrętu podwodnego, zapobiegając uszkodzeniom i ograniczając hałas, który mógłby ujawnić pozycję okrętu.
- Zapłon po wynurzeniu:
    - Po opuszczeniu powierzchni wody zapalają się silniki rakietowe, napędzając pocisk w kierunku celu.
    - Rakieta szybko wznosi się w atmosferę, podążając balistyczną trajektorią.
- Faza środkowa i powrotna:
    - Podczas lotu rakieta opuszcza atmosferę Ziemi i wchodzi w przestrzeń kosmiczną, gdzie podąża dokładnym łukiem w kierunku celu.

- o W odpowiednim momencie rakieta uwalnia swoje głowice MIRV, z których każda niezależnie wchodzi w atmosferę i zmierza w kierunku wcześniej wyznaczonych celów.

- Faza terminalna:
  - o Indywidualne głowice są wyposażone w systemy precyzyjnego naprowadzania, zapewniające dokładność przy ponownym wejściu w atmosferę.
  - o Podążają z dużymi prędkościami, omijając systemy obrony przeciwrakietowej, i detonują nad lub w pobliżu wyznaczonych celów, powodując niszczycielskie uderzenia nuklearne.

Rysunek 82: Rakieta balistyczna floty Poseidon C-3 (UGM-73A) wznosi się po wystrzeleniu z zanurzonego atomowego strategicznego okrętu podwodnego USS ULYSSES. Archiwa Narodowe Stanów Zjednoczonych, Public Domain PDM 1.0, via Picryl.

Zalety SLBM-ów:

- **Ukrycie i mobilność:** Okręty podwodne mogą dyskretnie rozmieszczać SLBM-y, pozostając niewykryte pod powierzchnią oceanu.

- **Zdolność drugiego uderzenia:** Nawet w przypadku niespodziewanego ataku przeciwnika, SSBN-y z SLBM-ami zapewniają możliwość odwetu nuklearnego, co działa odstraszająco na potencjalnych agresorów.

- **Długi zasięg i wiele celów:** Dzięki międzykontynentalnym zasięgom i MIRV-om jeden pocisk może zniszczyć wiele strategicznych celów rozmieszczonych na dużych obszarach.

- **Elastyczność strategiczna:** Okręty podwodne wyposażone w SLBM-y mogą patrolować odległe wody, zapewniając możliwość szybkiej reakcji na zmieniające się zagrożenia geopolityczne.

Pociski manewrujące do ataków na ląd (LACM)

Pociski manewrujące do ataków na ląd (Land-Attack Cruise Missiles, LACM) to precyzyjne pociski wystrzeliwane z okrętów podwodnych, zaprojektowane do uderzeń w lądowe cele z wysoką dokładnością. Są one zazwyczaj przenoszone przez okręty podwodne typu SSN (nuklearne okręty myśliwskie) lub SSGN (okręty podwodne z pociskami manewrującymi) i wykorzystywane w taktycznych i strategicznych operacjach uderzeniowych. W przeciwieństwie do pocisków balistycznych, LACM-y poruszają się na niskich wysokościach, blisko terenu, co utrudnia ich wykrycie przez systemy radarowe przeciwnika. Połączenie precyzji, ukrycia i manewrowości sprawia, że są one kluczowym narzędziem współczesnych operacji morskich.

Przykłady LACM wystrzeliwanych z okrętów podwodnych [278-281]:

- **Tomahawk (BGM-109)**
    - Wszechstronny pocisk manewrujący dalekiego zasięgu używany przez Marynarkę Wojenną USA. Może atakować cele oddalone o 1 600 km (1 000 mil), co czyni go skutecznym w głębokich, precyzyjnych uderzeniach.
    - Tomahawk może przenosić głowice konwencjonalne lub nuklearne i występuje w różnych wersjach, w tym Block IV, który umożliwia zmianę celu w trakcie lotu.

- **Kalibr (3M-54)**
    - Rosyjski pocisk manewrujący z możliwością ataków na ląd i cele morskie. Był używany w ostatnich konfliktach, pokazując swoją skuteczność w uderzeniach na strategiczne cele lądowe z okrętów podwodnych.
    - Kalibr oferuje różne warianty o zasięgu od 300 do 2 500 km, co czyni go odpowiednim zarówno do misji taktycznych, jak i strategicznych.

Rysunek 83: Pocisk manewrujący Tomahawk do ataków na cele lądowe (T-LAM) wznosi się w powietrze po wystrzeleniu z amerykańskiego strategicznego okrętu podwodnego klasy OHIO, USS FLORIDA. Archiwa Narodowe USA, domena publiczna PDM 1.0, za pośrednictwem NARA & DVIDS Public Domain Archive.

Pociski manewrujące wystrzeliwane z okrętów podwodnych mogą być odpalane z wyrzutni torpedowych lub pionowych systemów startowych (Vertical Launch Systems – VLS), w zależności od konstrukcji i możliwości okrętu podwodnego. Proces wystrzelenia jest wysoce zaawansowany technologicznie, aby zachować skrytość i zapewnić powodzenie misji:

- **Wystrzelenie w zanurzeniu**
    - Okręty podwodne mogą odpalać LACM (Land-Attack Cruise Missiles) z pozycji zanurzonej, co zapewnia niewykrywalność.
    - W przypadku użycia wyrzutni torpedowych pocisk jest zamknięty w wodoodpornej kapsule, która jest wypychana z wyrzutni. Po dotarciu na powierzchnię kapsuła otwiera się, a pocisk zapala silniki.
    - Okręty podwodne wyposażone w VLS mogą wystrzeliwać pociski pionowo przez specjalne włazy w kadłubie, co upraszcza proces startu.

- **Ścieżka lotu i naprowadzanie**
    - Po wystrzeleniu pocisk leci na niskiej wysokości, podążając zaprogramowaną trasą, aby uniknąć wykrycia przez radar.
    - Zaawansowane systemy naprowadzania, w tym GPS i radar śledzący teren, umożliwiają pociskowi nawigację w skomplikowanych środowiskach oraz dostosowanie trajektorii w celu ominięcia przeszkód.
    - Pocisk może manewrować w trakcie lotu, zapewniając utrzymanie kursu nawet w trudnych warunkach lub w przypadku obrony przeciwnika.

- **Zaatakowanie celu**
    - Po dotarciu do strefy celu pocisk może używać optycznych lub podczerwonych sensorów do precyzyjnej identyfikacji celu.
    - Niektóre wersje mogą krążyć w rejonie celu, oczekując na potwierdzenie ataku lub zmianę celu.
    - Po dotarciu do celu pocisk dostarcza głowicę bojową z niezwykłą precyzją, minimalizując straty uboczne.

Zalety LACM:

- **Skrytość i precyzja:** LACM lecą na niskiej wysokości i wykorzystują technologię śledzenia terenu, co utrudnia ich wykrycie i przechwycenie przez radar przeciwnika.
- **Długi zasięg i elastyczność:** Zasięg do 2 500 km pozwala pociskom na atakowanie celów głęboko na terytorium przeciwnika z bezpiecznej odległości.

Podstawy Projektowania i Budowy Okrętów Podwodnych

- **Korekty w locie:** Niektóre LACM, takie jak Tomahawk Block IV, mogą być przeprogramowane w trakcie lotu, co daje dowódcom możliwość zmiany celów na podstawie danych wywiadowczych w czasie rzeczywistym.

- **Przeżywalność:** Wystrzelenie z zanurzonego okrętu podwodnego zwiększa szanse na skuteczny atak bez ujawnienia pozycji okrętu, co pozwala zachować tajność operacyjną.

LACM zapewniają okrętom podwodnym kluczowe zdolności do przeprowadzania ataków wyprzedzających na cele wysokiej wartości, takie jak centra dowodzenia, bazy lotnicze czy instalacje radarowe, przy minimalnym czasie ostrzeżenia. Pociski te mogą być również wykorzystywane w konfliktach konwencjonalnych do niszczenia infrastruktury lub jako część większego skoordynowanego ataku z udziałem sił powietrznych i morskich.

Skryte możliwości wystrzelenia LACM czynią je idealnymi do przeprowadzania zaskakujących ataków lub misji wymagających wiarygodnej zaprzeczalności, takich jak uderzenia prewencyjne na obronę przeciwnika lub cele dowodzenia. Ponadto możliwość wystrzelenia w zanurzeniu zapewnia, że okręt podwodny pozostaje niewykryty i może bezpiecznie się wycofać, gotowy do ponownego ataku w razie potrzeby.

LACM zwiększają elastyczność strategiczną okrętów podwodnych, czyniąc je nieodzownymi elementami nowoczesnych działań wojennych na morzu. Ich zdolność do precyzyjnych, niszczycielskich uderzeń przy jednoczesnym zachowaniu skrytości i przeżywalności zapewnia im czołową pozycję w ofensywnych operacjach okrętów podwodnych.

Pociski Przeciwokrętowe (AShMs)

Pociski przeciwokrętowe wystrzeliwane z okrętów podwodnych (AShMs) to zaawansowane bronie zaprojektowane do niszczenia jednostek nawodnych na dużych odległościach. Dzięki nim okręty podwodne mogą atakować okręty wojenne, statki handlowe oraz floty przeciwnika znacznie poza zasięgiem konwencjonalnych torped, zwiększając ich wszechstronność w działaniach wojennych na morzu. AShMs są skuteczne zarówno w operacjach ofensywnych, jak i defensywnych, zapewniając okrętom podwodnym potężne narzędzie do neutralizacji zagrożeń nawodnych.

Przykłady pocisków przeciwokrętowych wystrzeliwanych z okrętów podwodnych:

- **Harpoon (RGM-84)**
    - Harpoon to wszechstronny, dalekosiężny pocisk przeciwokrętowy używany przez Marynarkę Wojenną Stanów Zjednoczonych oraz wiele flot sojuszniczych.
    - Wyposażony w aktywny radarowy system naprowadzania, który umożliwia autonomiczne śledzenie i atakowanie wrogich okrętów.
    - Pocisk ma zasięg przekraczający 120 km (75 mil) i porusza się na niskich wysokościach, co utrudnia jego wykrycie i przechwycenie.

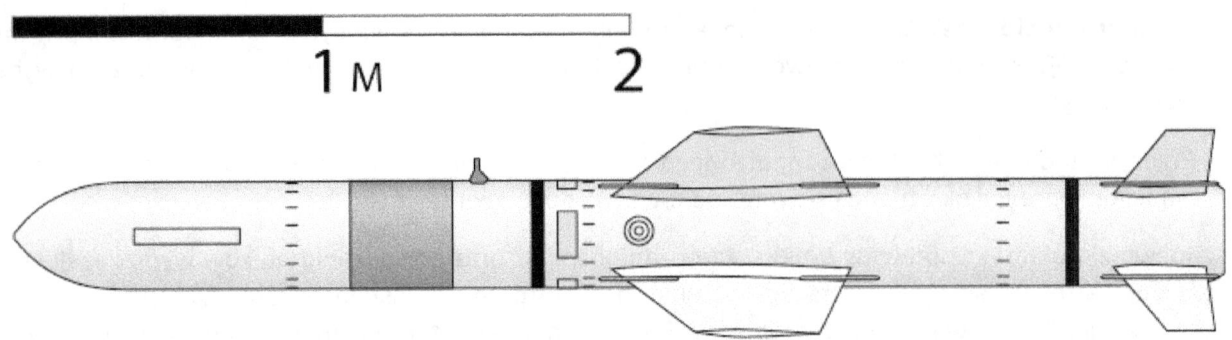

Rysunek 84: Pocisk Harpoon. Allocer, CC BY-SA 3.0, za pośrednictwem Wikimedia Commons.

- **Exocet**
    - Opracowany przez Francję, Exocet zasłynął swoją skutecznością w konfliktach morskich, szczególnie podczas wojny o Falklandy.
    - Wykorzystuje aktywne naprowadzanie radarowe w końcowej fazie lotu i porusza się blisko powierzchni wody w locie przy powierzchni morza, co utrudnia jego wykrycie przez radar.
    - Exocet jest kompaktowy i może być wystrzeliwany z różnych platform, w tym z okrętów podwodnych, statków i samolotów.

- **Kalibr (wersja przeciwokrętowa)**
    - Ten rosyjski pocisk jest częścią rodziny pocisków Kalibr, a niektóre jego warianty zostały zaprojektowane do zwalczania celów nawodnych.
    - Pocisk Kalibr charakteryzuje się trajektorią lotu przy powierzchni morza, co zmniejsza jego przekrój radarowy i zwiększa zdolność unikania wrogich systemów obrony powietrznej.
    - Ma długi zasięg wynoszący do 300 km (186 mil), co czyni go idealnym do zwalczania odległych zagrożeń nawodnych.

Rysunek 85: EXOCET MM 40 BLOCK 3. Marcomogollon, CC BY-SA 4.0, za pośrednictwem Wikimedia Commons.

Obsługa AShM odpalanych z okrętów podwodnych

Proces wystrzelenia: Pociski przeciwokrętowe (AShM) odpalane z okrętów podwodnych mogą być wystrzeliwane za pomocą dwóch głównych metod: rur torpedowych oraz pionowych systemów wyrzutni (VLS). W przypadku metody z rurami torpedowymi pocisk jest umieszczony w wodoszczelnym pojemniku, który chroni go przed działaniem środowiska podwodnego. Po wynurzeniu pojemnik otwiera się, a silnik rakietowy pocisku zapala się, co umożliwia cichy start, podczas gdy okręt podwodny pozostaje zanurzony, minimalizując ryzyko wykrycia [282]. Ta zdolność do działania w ukryciu ma kluczowe znaczenie dla zachowania bezpieczeństwa operacyjnego i efektu zaskoczenia w działaniach morskich.

Z kolei okręty podwodne wyposażone w VLS mogą odpalać pociski bezpośrednio z pionowych komór wyrzutni, co znacznie zwiększa szybkość i elastyczność wystrzeliwania. System ten umożliwia szybkie, seryjne wystrzeliwanie pocisków, co pozwala okrętowi na szybkie atakowanie wielu celów, co jest szczególnie przydatne w przypadku szybko poruszających się zagrożeń [283]. Możliwość szybkiego odpalania kilku pocisków w krótkim czasie może przytłoczyć obronę przeciwnika, co sprawia, że VLS jest preferowanym rozwiązaniem w nowoczesnych okrętach podwodnych [283].

Trajektoria lotu i naprowadzanie: Po odpaleniu AShM korzystają z zaawansowanych systemów naprowadzania, aby zapewnić precyzję i uniknąć wykrycia. Kluczową cechą jest aktywny system naprowadzania radarowego, który uruchamia się po starcie, aby samodzielnie śledzić cel, blokując się na jego sygnaturze radarowej. Funkcja ta pozwala pociskowi na bieżąco korygować trajektorię, zwiększając szanse na skuteczne trafienie [283]. Ponadto AShM są projektowane tak, aby poruszały się tuż nad powierzchnią wody, co określa się jako trajektorię ślizgu morskiego. Niska wysokość lotu znacznie zmniejsza widoczność pocisku na radarach przeciwnika, utrudniając jego wykrycie i przechwycenie [283]. Wiele nowoczesnych AShM posiada także systemy naprowadzania w locie, które umożliwiają aktualizację trajektorii w czasie rzeczywistym, dostosowując się do ruchów celu lub zastosowanych środków przeciwdziałania [283]. Ta adaptacyjność jest kluczowa w dynamicznych scenariuszach bojowych, w których cele mogą zachowywać się nieprzewidywalnie.

Atak na cel: Ostatnia faza działania AShM polega na precyzyjnym naprowadzaniu i trafieniu. Gdy pocisk zbliża się do celu, przechodzi w tryb naprowadzania końcowego, blokując się na sygnaturze obiektu, aby zapewnić dokładność [283]. Wiele AShM jest zaprogramowanych tak, aby przyspieszyć w tej końcowej fazie, uderzając pod płytkim kątem. Ta taktyka utrudnia tradycyjnym systemom obrony powietrznej przeciwdziałanie, ponieważ szybka, nisko kątowa trajektoria ogranicza czas na zastosowanie środków obronnych [283].

Po uderzeniu głowica bojowa pocisku eksploduje, generując potężną falę uderzeniową zdolną do wyrządzenia poważnych uszkodzeń celowi. Eksplozja może przebić kadłub, uszkodzić kluczowe systemy lub spowodować zapłon amunicji i paliwa na pokładzie, co potencjalnie może zatopić statek lub uczynić go niezdolnym do walki [283]. Niszczycielska zdolność AShM podkreśla ich rolę jako istotnego zagrożenia dla sił morskich.

Zalety przeciwokrętowych pocisków rakietowych odpalanych z okrętów podwodnych (AShM):

- **Zasięg ataku:** AShM umożliwiają okrętom podwodnym atakowanie wrogich statków poza efektywnym zasięgiem torped, co zmniejsza ryzyko kontrataku.

- **Dyskrecja i zaskoczenie:** Wystrzeliwanie pocisków z zanurzonej pozycji pozwala okrętowi podwodnemu pozostać niewykrytym, dostarczając precyzyjne uderzenia.

- **Wszechstronność:** AShM umożliwiają atakowanie szerokiego zakresu jednostek nawodnych, od niszczycieli po statki transportowe.

- **Trajektoria ślizgu morskiego:** Nisko położona ścieżka lotu pocisku utrudnia jego wykrycie przez radar i sprawia, że przechwycenie staje się wyzwaniem.

AShM odgrywają kluczową rolę w wojnie nawodnej, umożliwiając okrętom podwodnym precyzyjne atakowanie celów na dalekie odległości. Te pociski są niezastąpione w obronie wybrzeża, egzekwowaniu blokad i operacjach przeciwko flotom przeciwnika, pozwalając okrętom neutralizować wrogie jednostki, zanim staną się one bezpośrednim zagrożeniem.

Pociski AShM odpalane z okrętów podwodnych są często wykorzystywane w operacjach morskich, działając wspólnie z jednostkami nawodnymi i lotnictwem, aby osiągnąć kontrolę nad akwenem. Dzięki możliwości dyskretnego startu AShM doskonale sprawdzają się w atakach z zaskoczenia, zakłócając ruchy floty przeciwnika lub odstraszając wrogie jednostki przed wkroczeniem na strategiczne wody.

Systemy odpalania pocisków rakietowych na okrętach podwodnych

Nowoczesne okręty podwodne wykorzystują specjalistyczne systemy odpalania rakiet, które zwiększają ich zdolności uderzeniowe i elastyczność operacyjną. Stosowane są dwa główne systemy: pionowe systemy wyrzutni (VLS) oraz wyrzutnie torpedowe. Oba systemy oferują unikalne korzyści, pozwalając na efektywne odpalanie różnych typów pocisków w zależności od wymagań misji.

Pionowe systemy wyrzutni (VLS) to zaawansowana technologia stosowana na wielu nowoczesnych okrętach podwodnych. Systemy te składają się z pionowych komór wyrzutni zintegrowanych bezpośrednio z kadłubem okrętu, co zwiększa siłę ognia i efektywność operacyjną. VLS pozwala okrętom podwodnym przechowywać różnorodne pociski w gotowości do odpalenia, zapewniając szybkie możliwości reakcji i redukując konieczność skomplikowanego przeładowania w trakcie misji.

Kluczowym elementem funkcjonalności VLS jest jego konstrukcja, w której pociski są umieszczone indywidualnie w dedykowanych komorach startowych. Każda komora jest załadowana jednym pociskiem, ustawionym pionowo w strukturze okrętu. Taka konfiguracja pozwala na odpalanie różnych typów pocisków, w tym pocisków manewrujących do ataków lądowych, przeciwokrętowych oraz balistycznych SLBM. Konstrukcja systemu umożliwia bezpośrednie wystrzelenie pocisków z komór, eliminując konieczność korzystania z rur torpedowych, co usprawnia proces startu i maksymalizuje efektywność.

Rysunek 86: Pokrywy 12 pionowych wyrzutni pocisków Tomahawk otwarte na dziobie atomowego okrętu podwodnego USS OKLAHOMA CITY (SSN-723). Archiwa Narodowe USA, domena publiczna PDM 1.0, via Getarchive.

Jedną z istotnych zalet systemu VLS (Vertical Launch System) jest jego wszechstronność w obsłudze różnych typów pocisków. Na przykład umożliwia on okrętom podwodnym przenoszenie i wystrzeliwanie pocisków manewrujących Tomahawk do precyzyjnych ataków lądowych lub pocisków balistycznych SLBM w ramach misji odstraszania nuklearnego. Ta zdolność sprawia, że okręty wyposażone w VLS są wyjątkowo elastyczne, ponieważ mogą być wykorzystywane w różnych scenariuszach strategicznych – od taktycznych uderzeń po dalekosiężne misje strategiczne. Możliwość wystrzelenia wielu pocisków w szybkim tempie dodatkowo zwiększa skuteczność okrętów podwodnych, umożliwiając im szybkie reagowanie na wiele zagrożeń lub celów jednocześnie. Taka zdolność do błyskawicznej odpowiedzi pozwala okrętom zachować przewagę strategiczną poprzez szybkie i skuteczne zwalczanie sił wroga lub celów.

Kolejną kluczową zaletą VLS jest skrócenie czasu przeładowania. Tradycyjne wyrzutnie torpedowe wymagają skomplikowanych procedur przeładowania, co może opóźniać działania, szczególnie w sytuacjach bojowych. W przeciwieństwie do tego, VLS eliminuje te wąskie gardła, umożliwiając wcześniejsze załadowanie pocisków do indywidualnych komór startowych. Dzięki temu okręty podwodne mogą utrzymywać ciągłą gotowość operacyjną, ponieważ pociski są zawsze gotowe do natychmiastowego wystrzelenia. W scenariuszach o wysokiej stawce, gdzie kluczowe znaczenie mają szybkość i precyzja, VLS zapewnia zdecydowaną przewagę, minimalizując opóźnienia w wystrzeliwaniu pocisków.

Przykładem działania VLS są okręty podwodne klasy Ohio w konfiguracji SSGN (Guided Missile Submarine) należące do Marynarki Wojennej USA. Te okręty wyposażone są w komory VLS, które mogą pomieścić dziesiątki pocisków manewrujących Tomahawk, co umożliwia im przeprowadzanie precyzyjnych ataków na cele lądowe przy jednoczesnym zachowaniu zanurzenia. Ta zdolność podkreśla strategiczną wartość VLS, ponieważ pozwala okrętom na wykonywanie misji skrytych, przeprowadzanie zaskakujących ataków oraz pozostawanie niewykrytym w środowisku wrogim. Integracja systemu VLS na okrętach klasy Ohio w wersji SSGN stanowi przykład znaczenia tej technologii we współczesnej wojnie morskiej, podkreślając jej rolę w zwiększaniu zdolności ofensywnych i elastyczności operacyjnej.

Systemy wyrzutni torpedowych oferują alternatywną metodę wystrzeliwania pocisków, szczególnie na okrętach podwodnych, które nie są wyposażone w systemy Vertical Launch Systems (VLS). Wyrzutnie te wykorzystują te same tuby zaprojektowane do wystrzeliwania torped, zapewniając operacyjną wszechstronność bez konieczności wprowadzania poważnych modyfikacji strukturalnych. Ta zdolność do podwójnego zastosowania pozwala okrętom podwodnym na wystrzeliwanie zarówno torped, jak i pocisków z jednego systemu wyrzutni, maksymalizując przestrzeń i zapewniając elastyczność taktyczną.

W tych systemach pociski są ładowane do wyrzutni torpedowych w wodoodpornych pojemnikach. Podczas wystrzelenia pojemnik wypływa na powierzchnię wody, gdzie się otwiera, a silnik rakietowy pocisku się zapala. Takie rozwiązanie umożliwia okrętom podwodnym pozostanie w zanurzeniu przez cały proces wystrzelenia, co pozwala na utrzymanie przewagi związanej z niewykrywalnością i minimalizuje ryzyko wykrycia. Możliwość używania wyrzutni torpedowych zarówno do pocisków, jak i torped zwiększa możliwości misji okrętów podwodnych, pozwalając na łatwe przełączanie się między zadaniami zwalczania okrętów nawodnych, podwodnych oraz ataków na cele lądowe.

Znaczącym przykładem zastosowania tego systemu są okręty podwodne klasy Los Angeles należące do Marynarki Wojennej USA. Te okręty są zdolne do wystrzeliwania pocisków manewrujących Tomahawk z wyrzutni torped Mk 48. Dzięki temu, nawet bez systemu VLS, okręty te mogą przeprowadzać precyzyjne ataki zarówno na cele lądowe, jak i morskie, co czyni je niezwykle skutecznymi w różnych scenariuszach bojowych. Wykorzystanie wyrzutni torpedowych do wystrzeliwania pocisków pozwala starszym lub mniejszym okrętom podwodnym zachować znaczące zdolności ofensywne bez konieczności modernizacji strukturalnej w celu wprowadzenia komór VLS.

Kolejnym przykładem wystrzeliwania pocisków przez wyrzutnie torpedowe jest radziecki okręt podwodny klasy Foxtrot. Klasa Foxtrot została zaprojektowana i zbudowana przez Związek Radziecki w okresie zimnej wojny, z naciskiem na zwalczanie okrętów nawodnych oraz podwodnych. Jako diesel-elektryczny okręt podwodny jego podstawową bronią ofensywną były torpedy, a nie nowoczesne pociski manewrujące lub balistyczne. Jednak w określonych okolicznościach miał ograniczoną zdolność do wystrzeliwania specjalistycznych pocisków przez swoje wyrzutnie torpedowe.

Rysunek 87: Rosyjski okręt podwodny klasy Foxtrot B-39. Robert DuHamel, CC BY-SA 3.0, via Wikimedia Commons.

Podstawowe systemy uzbrojenia okrętów podwodnych klasy Foxtrot:

- **Torpedy**: Głównym uzbrojeniem okrętów klasy Foxtrot były torpedy wystrzeliwane z dziesięciu wyrzutni torpedowych (sześć z przodu i cztery z tyłu). Torpedy te mogły być konfigurowane do ataków zarówno na okręty nawodne, jak i na okręty podwodne, stanowiąc podstawową siłę ofensywną.

    - **Torpeda 53-65K**: Torpeda przeciwokrętowa z aktywnym/pasywnym sonarowym naprowadzaniem, szeroko stosowana w radzieckich okrętach podwodnych.

    - **Torpeda SET-65**: Torpeda sterowana przewodowo, napędzana elektrycznie, zaprojektowana głównie do walki z okrętami podwodnymi.

    - **Torpeda Typ 53-38/53-39**: Starsze, klasyczne torpedy o prostoliniowym biegu, skuteczne przeciwko okrętom nawodnym.

    - **Torpeda TEST-71**: Bardziej zaawansowana torpeda sterowana przewodowo, wyposażona w lepsze możliwości naprowadzania.

- **Zdolności do użycia pocisków manewrujących**: Okręty klasy Foxtrot nie były pierwotnie zaprojektowane do przenoszenia dedykowanych pocisków manewrujących, jednak niektóre warianty i modele eksportowe zostały podobno zmodyfikowane, aby umożliwić wystrzeliwanie pocisków krótkiego zasięgu przez wyrzutnie torpedowe. Modyfikacje te nie były jednak standardowe dla całej klasy i zależały od specyficznych potrzeb operacyjnych i modernizacji.

    - **Pocisk P-15 Termit (SS-N-2 „Styx")**: W ograniczonych przypadkach okręt mógł wystrzeliwać ten przeciwokrętowy pocisk z wyrzutni torpedowych. P-15 był pociskiem o stosunkowo krótkim zasięgu, przeznaczonym głównie do obrony wybrzeża.

    - **Pocisk Kalibr (wariant Club-S 3M-54)**: Istnieją niepotwierdzone doniesienia, że niektóre mocno zmodyfikowane lub zmodernizowane jednostki klasy Foxtrot (po sprzedaży do innych krajów) eksperymentowały z wystrzeliwaniem pocisków Kalibr z wyrzutni torpedowych. Nie było to jednak częścią pierwotnej konfiguracji okrętów.

- **Miny morskie**: Okręty klasy Foxtrot mogły być również wykorzystywane do operacji minowania, rozmieszczając miny morskie przez wyrzutnie torpedowe w celu blokowania strategicznych dróg wodnych lub ograniczania ruchów jednostek przeciwnika.

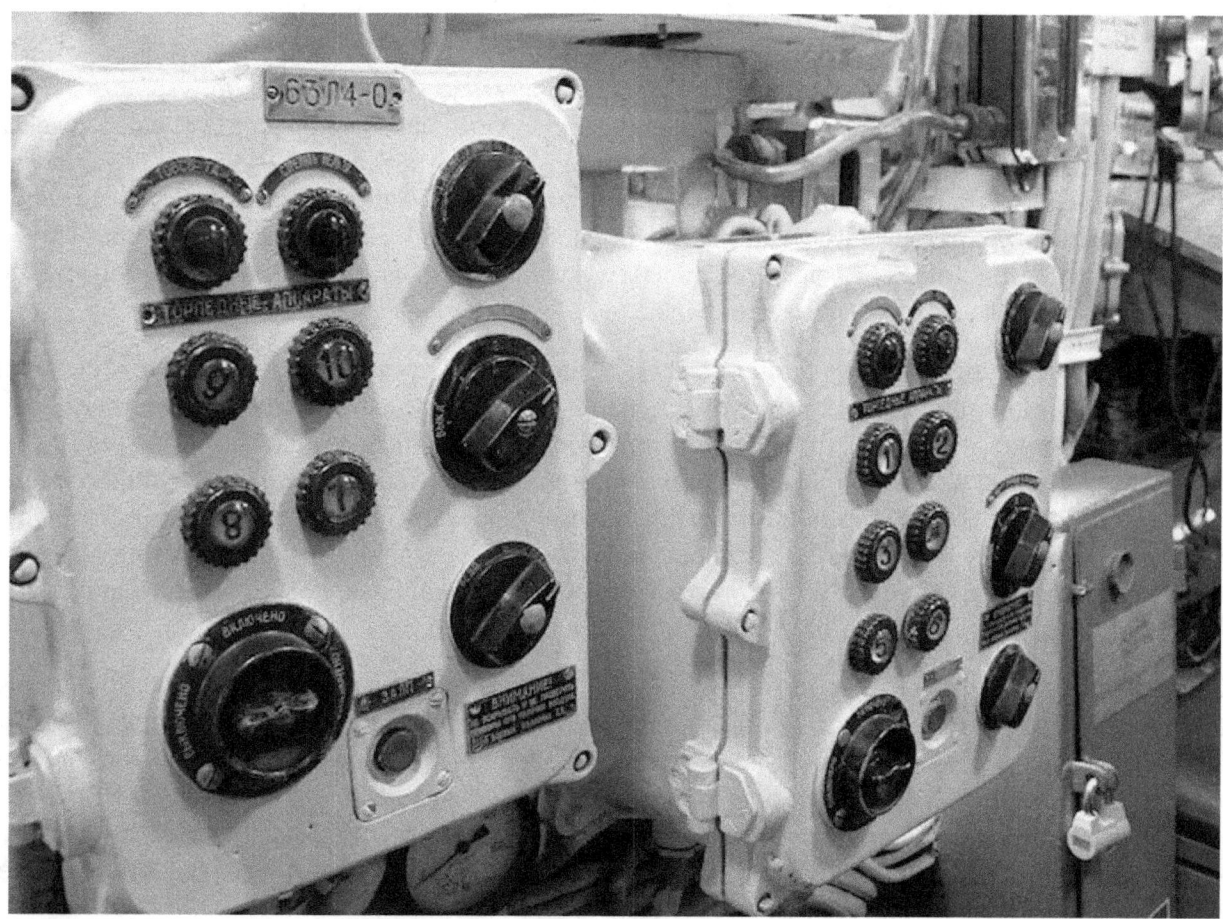

Rysunek 88: System sterowania wyrzutni torpedowych na okrętach podwodnych klasy Foxtrot. Fastboy, CC BY-SA 3.0, za pośrednictwem Wikimedia Commons.

Jedną z kluczowych zalet systemów startowych z wyrzutni torpedowych jest utrzymanie zdolności do wystrzeliwania pocisków bez potrzeby stosowania specjalistycznej infrastruktury. Okręty podwodne wyposażone w wyrzutnie torpedowe mogą zarówno wystrzeliwać torpedy, jak i pociski, co zapewnia dowódcom większą elastyczność taktyczną. Ponadto skryty charakter wystrzeliwania z wyrzutni torpedowych umożliwia okrętowi podwodnemu pozostanie niewykrytym przez cały proces, ponieważ wystrzelenie pocisku odbywa się spod powierzchni wody, co uniemożliwia wczesne ostrzeżenie lub wykrycie przez siły przeciwnika. Połączenie wszechstronności i skrytości czyni systemy startowe z wyrzutni torpedowych istotnym atutem dla okrętów podwodnych operujących w złożonych i wysokiego ryzyka środowiskach.

Systemy naprowadzania i celowania

Nowoczesne systemy rakietowe na okrętach podwodnych odgrywają kluczową rolę we współczesnej wojnie morskiej, wykorzystując zaawansowane technologie naprowadzania i celowania w celu zwiększenia skuteczności operacyjnej. Systemy te zostały zaprojektowane tak, aby nawigować w złożonych środowiskach, precyzyjnie uderzać w wyznaczone cele i adaptować się w czasie rzeczywistym do zmieniających się warunków pola bitwy. Integracja zaawansowanych systemów nawigacji inercyjnej (INS) i technologii Global Positioning System (GPS) jest kluczowa dla zapewnienia, że pociski wystrzeliwane z okrętów podwodnych mogą realizować różnorodne misje z wysoką precyzją i niezawodnością.

Technologia INS jest szczególnie istotna dla pocisków balistycznych wystrzeliwanych z okrętów podwodnych (SLBM), umożliwiając im określenie swojej pozycji i trajektorii bez potrzeby polegania na sygnałach zewnętrznych, takich jak GPS. Ta zdolność jest niezbędna dla broni strategicznej, która musi działać niezależnie, szczególnie w środowiskach, gdzie sygnały GPS mogą być zakłócane lub niedostępne. INS wykorzystuje żyroskopy i akcelerometry do precyzyjnej nawigacji od momentu startu aż do uderzenia, umożliwiając SLBM precyzyjne uderzenia w cele międzykontynentalne [281]. Znaczenie INS w naprowadzaniu pocisków podkreśla jego zdolność do autonomicznego działania, co ma kluczowe znaczenie dla zachowania skrytości i przeżywalności okrętów podwodnych podczas operacji [284].

W przypadku pocisków manewrujących, integracja GPS zwiększa precyzję, umożliwiając tym pociskom podążanie złożonymi trasami lotu i nawigowanie nad zróżnicowanym terenem. Ta technologia jest szczególnie korzystna w misjach ataku na cele lądowe, gdzie pociski muszą unikać przeszkód i precyzyjnie trafiać w cele o wysokiej wartości. Możliwość utrzymania dokładności na długich dystansach i przez różnorodne krajobrazy to istotna zaleta wynikająca z integracji GPS [284]. Ponadto zastosowanie zaawansowanych algorytmów naprowadzania, takich jak te oparte na krzywych Béziera, umożliwia optymalizację trajektorii, co zwiększa skuteczność pocisków manewrujących podczas faz terminalnych lotu [284].

W obszarze pocisków przeciwokrętowych systemy naprowadzania często wykorzystują zarówno aktywne, jak i pasywne techniki radarowe do skutecznego atakowania poruszających się celów morskich. Aktywne naprowadzanie radarowe polega na emisji fal radarowych przez pocisk w celu wykrycia i śledzenia celów, podczas gdy pasywne naprowadzanie radarowe opiera się na odbitych sygnałach z samego celu. To podejście pozwala pociskom przeciwokrętowym namierzać i trafiać w poruszające się jednostki, zapewniając skuteczność ataków pomimo dynamicznego charakteru walki morskiej [285]. Rozwój technologii radarowej niewykrywalności dodatkowo komplikuje krajobraz walki, ponieważ nowoczesne pociski przeciwokrętowe muszą radzić sobie ze środkami przeciwdziałania zaprojektowanymi w celu zmniejszenia ich wykrywalności [286].

Dodatkowo łącza danych znacznie poprawiają wydajność nowoczesnych pocisków wystrzeliwanych z okrętów podwodnych, umożliwiając wprowadzanie poprawek w trakcie lotu. Łącza te pozwalają pociskom na odbieranie aktualizacji w czasie rzeczywistym od okrętu podwodnego lub innych zasobów, co umożliwia dostosowanie kursu w odpowiedzi na ruchy celu lub zmieniające się warunki. Ta zdolność jest kluczowa w przypadku atakowania mobilnych lub unikających celów, zwiększając szanse na udane uderzenie [287]. Płynna integracja tych technologii naprowadzania i celowania zapewnia, że pociski wystrzeliwane z okrętów podwodnych pozostają wysoce skuteczne w różnych domenach operacyjnych, wzmacniając ich rolę jako kluczowych elementów ofensywnych możliwości okrętów podwodnych.

Integracja z Systemami Zarządzania Walką (CMS)

System Zarządzania Walką (CMS) odgrywa kluczową rolę w skutecznej obsłudze systemów rakietowych na nowoczesnych okrętach podwodnych, funkcjonując jako centralny węzeł do zarządzania danymi, koordynowania użycia broni oraz zapewnienia sukcesu misji. Ten zaawansowany system integruje dane wejściowe z różnych czujników, w tym sonarów i radarów, aby zapewnić taktyczny podgląd sytuacji w czasie rzeczywistym. Dzięki temu procesowi CMS umożliwia załodze okrętu podejmowanie świadomych decyzji dotyczących wystrzeliwania rakiet, śledzenia celów i realizacji misji.

CMS odgrywa kluczową rolę w koordynowaniu wystrzeliwania rakiet, szczególnie w złożonych scenariuszach, gdzie może być konieczne jednoczesne zajęcie się wieloma celami lub zagrożeniami. System identyfikuje i wybiera odpowiedni typ pocisku na podstawie parametrów misji, takich jak charakter celu i warunki środowiskowe. Przed wystrzeleniem każda rakieta jest programowana z danymi misji, w tym punktami trasy, ścieżkami trajektorii i charakterystykami celu. Dzięki temu pocisk jest wstępnie skonfigurowany do podążania precyzyjną trasą lotu w kierunku obiektu bez konieczności ciągłej ręcznej interwencji podczas jego podróży.

W wielu przypadkach CMS oferuje możliwość komunikacji z pociskiem podczas lotu. Dzięki szyfrowanym łączom danych okręt podwodny może przesyłać aktualizacje w czasie rzeczywistym do pocisku, umożliwiając mu dostosowanie trajektorii w przypadku zmiany kursu celu lub pojawienia się nowych informacji wywiadowczych. Funkcja korekcji w trakcie lotu jest szczególnie cenna w szybko zmieniających się sytuacjach taktycznych, ponieważ zwiększa precyzję i skuteczność pocisku.

Ponadto CMS zapewnia, że wszystkie operacje związane z rakietami są przeprowadzane w sposób efektywny i bezpieczny. Zarządzając danymi z czujników i integrując je z systemami naprowadzania pocisków, CMS minimalizuje ryzyko ognia przyjacielskiego i maksymalizuje prawdopodobieństwo trafienia w zamierzony cel. Zdolność systemu do koordynowania jednoczesnych wystrzeliwań rakiet z różnych platform pozwala okrętowi podwodnemu realizować złożone misje uderzeniowe z precyzją i szybkością.

Ogólnie rzecz biorąc, CMS jest krytycznym elementem współczesnej wojny podwodnej, zapewniającym bezproblemową integrację między czujnikami, bronią a decyzjami załogi w celu osiągnięcia przewagi taktycznej.

Zdolności Nuklearne i Konwencjonalne

Współczesne okręty podwodne są wyposażone w różnorodne systemy rakietowe, co pozwala im skutecznie działać zarówno w scenariuszach wojny nuklearnej, jak i konwencjonalnej. Ta podwójna zdolność zwiększa elastyczność strategiczną marynarek wojennych, oferując opcje zarówno w zakresie odstraszania, jak i zaangażowania taktycznego. Okręty zdolne do wystrzeliwania obu typów rakiet odgrywają kluczowe role w strategiach obronnych państw, począwszy od utrzymania odstraszania nuklearnego po wspieranie operacji wojskowych o charakterze konwencjonalnym.

Platformy wystrzeliwania pocisków balistycznych z okrętów podwodnych (SLBM), takie jak SSBN (atomowe okręty podwodne z pociskami balistycznymi), są głównie przeznaczone do misji nuklearnych. Te jednostki stanowią trzon strategicznego odstraszania, zapewniając możliwość odpowiedzi na atak nuklearny poprzez uderzenie odwetowe. Rakiety przenoszone przez SSBN to zazwyczaj międzykontynentalne pociski dalekiego zasięgu wyposażone w wiele niezależnie naprowadzanych głowic (MIRV), co pozwala jednemu pociskowi przenosić kilka głowic nuklearnych skierowanych na różne cele. SSBN stale przebywają w morzu, co gwarantuje operacyjność ich zdolności nuklearnych nawet w przypadku ataku na lądowe siły nuklearne.

W przeciwieństwie do tego, okręty podwodne uderzeniowe (SSN) i okręty podwodne z pociskami kierowanymi (SSGN) są bardziej wszechstronne, zdolne do wystrzeliwania różnych rakiet konwencjonalnych obok potencjalnych ładunków nuklearnych. Okręty te są często wyposażone w rakiety manewrujące do ataków na ląd, takie jak Tomahawk czy Kalibr, co pozwala im na precyzyjne uderzenia w infrastrukturę wojskową, centra dowodzenia przeciwnika i cenne cele naziemne. Zdolność do wystrzeliwania rakiet przeciwokrętowych umożliwia tym okrętom również zwalczanie wrogich jednostek na morzu, zapewniając przewagę taktyczną w scenariuszach walk morskich.

Podwójna zdolność tych okrętów stanowi znaczącą przewagę dla planistów wojskowych. W czasie pokoju obecność SSBN uzbrojonych w broń nuklearną stanowi potężny element odstraszający, zniechęcając potencjalnych przeciwników do rozważania agresji nuklearnej lub konwencjonalnej na dużą skalę. W czasie konfliktu SSN i SSGN oferują elastyczność w prowadzeniu wojny konwencjonalnej, realizując ukryte ataki na cele przeciwnika lub wspierając szersze operacje morskie bez eskalacji do poziomu konfrontacji nuklearnej. Takie warstwowe podejście do rozmieszczania okrętów podwodnych zapewnia marynarkom wojennym możliwość odpowiedniego reagowania w całym spektrum konfliktów, od potyczek konwencjonalnych po strategiczne odstraszanie nuklearne.

Ostatecznie, połączenie zdolności nuklearnych i konwencjonalnych w nowoczesnych okrętach podwodnych gwarantuje, że te jednostki pozostają istotnymi i skutecznymi narzędziami zarówno w scenariuszach wojennych, jak i w czasie pokoju. Ich zdolność do dostosowywania się do różnych wymagań operacyjnych—od utrzymania odstraszania nuklearnego po wspieranie operacji wojskowych—czyni je niezbędnymi zasobami dla marynarek wojennych na całym świecie, wzmacniając zarówno strategiczną obronę, jak i taktyczne zdolności ofensywne.

Sonar i Technologie Wykrywania Podwodnego

SONAR (ang. Sound Navigation and Ranging) to kluczowa technologia stosowana w okrętach podwodnych do wykrywania obiektów i nawigacji pod wodą. Działa jako „oczy" i „uszy" okrętu, szczególnie w zanurzeniu, gdy tradycyjne metody, takie jak radar, stają się nieskuteczne, a peryskopy mają ograniczone zastosowanie. Okręty podwodne w dużym stopniu polegają na operatorach sonaru, którzy interpretują dane akustyczne, zwłaszcza gdy podnoszenie peryskopu w pobliżu wrogich jednostek jest zbyt ryzykowne. Operatorzy dostarczają kluczowych informacji o ruchach pobliskich statków, pomagając w nawigacji i unikaniu wykrycia [288].

Podstawy Projektowania i Budowy Okrętów Podwodnych

Podstawowym celem SONAR-u na okrętach podwodnych jest wykrywanie, identyfikowanie i śledzenie obiektów oraz jednostek podwodnych, co zapewnia skuteczną nawigację, możliwość obserwacji i zdolności bojowe. Okręty podwodne operują w środowiskach, gdzie wykrywanie wizualne jest ograniczone lub niemożliwe ze względu na przezroczystość wody i głębokość. W przeciwieństwie do radaru, który wykorzystuje fale elektromagnetyczne, SONAR używa fal dźwiękowych, które w wodzie przemieszczają się znacznie dalej i szybciej. Współczesne okręty podwodne w dużym stopniu polegają na systemach SONAR, aby zachować skrytość, unikać kolizji, lokalizować wrogie jednostki oraz prowadzić misje poszukiwawczo-ratunkowe.

Gdy okręt podwodny jest zanurzony, tradycyjne instrumenty, takie jak peryskopy czy radar, stają się mniej skuteczne, co czyni SONAR podstawowym narzędziem zapewniającym świadomość sytuacyjną. Okręty podwodne używają tych systemów nie tylko do wykrywania innych jednostek, ale także do monitorowania własnego poziomu hałasu, aby pozostać niewykrytymi. SONAR dostarcza w czasie rzeczywistym danych akustycznych, pomagając załodze ocenić zagrożenia i zapewnić bezpieczeństwo operacyjne.

Wszystkie statki generują dźwięki podczas poruszania się po wodzie. Najbardziej zauważalnym dźwiękiem dla operatora sonaru jest hałas generowany przez śruby napędowe, które mieszają wodę, wytwarzając zarówno dźwięki słyszalne, jak i supersoniczne. Hałas maszyn wewnątrz statku również przenika przez kadłub do otaczającej wody, co dodatkowo ułatwia wykrycie. Nawet gdy jednostka pozostaje nieruchoma, subtelne dźwięki, takie jak uderzenia fal o kadłub, mogą zostać wykryte. Głównym celem sonarów na okrętach podwodnych jest wychwycenie i interpretacja tych dźwięków podwodnych w celu oceny obecności i ruchu wrogich jednostek.

Współczesne systemy SONAR są zaawansowane technologicznie i wykorzystują kombinację technologii aktywnego i pasywnego SONAR-u, aby zwiększyć zdolności wykrywania przy jednoczesnym zachowaniu skrytości. Systemy te składają się z wielu komponentów, w tym hydrofonów, przetworników, jednostek przetwarzających oraz zaawansowanego oprogramowania interpretującego dane dźwiękowe.

Pasywny SONAR nasłuchuje fal dźwiękowych wytwarzanych przez inne jednostki lub obiekty podwodne bez emitowania żadnych sygnałów. Ta metoda pozwala okrętowi podwodnemu pozostać niewykrytym, ponieważ unika generowania sygnałów akustycznych, które mogłyby ujawnić jego pozycję. Systemy pasywne są niezwykle skuteczne w identyfikacji charakterystycznych dźwięków śrub napędowych, silników oraz hałasów maszynowych generowanych przez wrogie jednostki.

Hydrofony zamontowane na kadłubie okrętu podwodnego wychwytują te podwodne dźwięki i przekształcają je w sygnały elektryczne. Sygnały te są analizowane za pomocą zaawansowanego oprogramowania, które identyfikuje źródło na podstawie unikalnego akustycznego podpisu każdej jednostki. Pasywny SONAR jest szczególnie przydatny podczas misji skrytych, ponieważ pozwala okrętowi podwodnemu zbierać informacje bez alarmowania innych jednostek o swojej obecności.

Aktywny SONAR emituje impulsy dźwiękowe (tzw. „pings") do wody i nasłuchuje ich echa, które odbijają się od obiektów. Ten system dostarcza precyzyjnych informacji na temat odległości, kierunku i prędkości wykrytych celów. Jest szczególnie użyteczny w lokalizowaniu wrogich jednostek lub obiektów, które nie wytwarzają wykrywalnych dźwięków.

Kiedy okręt podwodny emituje falę dźwiękową, przemieszcza się ona przez wodę, aż uderzy w obiekt. Odbita fala, czyli echo, wraca do okrętu, gdzie jest wychwytywana przez hydrofony i przetwarzana. Opóźnienie czasowe między wysłanym dźwiękiem a powracającym echem pozwala systemowi obliczyć odległość do celu. Aktywny SONAR jest często używany podczas poszukiwań lub manewrów w złożonym środowisku, ale stosuje się go oszczędnie w scenariuszach bojowych, ponieważ może ujawnić pozycję okrętu podwodnego.

Podstawowe komponenty systemów SONAR obejmują hydrofony, kable, wzmacniacze-odbiorniki, słuchawki oraz mechanizmy treningowe. Hydrofony, czyli podwodne mikrofony, są strategicznie rozmieszczone na okręcie — zarówno na górze, jak i pod kilwaterem. Te urządzenia przekształcają fale dźwiękowe z wody w sygnały elektryczne, które są przesyłane kablami do wzmacniaczy-odbiorników. Operatorzy analizują dźwięki za pomocą słuchawek, a mechanizmy treningowe umożliwiają obrót hydrofonów, co pozwala operatorom koncentrować się na źródłach dźwięku w określonych kierunkach.

Nowoczesne systemy SONAR integrują kilka zaawansowanych komponentów, które zwiększają możliwości operacji zarówno pasywnych, jak i aktywnych:

- **SONAR zamontowany na kadłubie**: Zespoły hydrofonów i przetworników zainstalowane wzdłuż kadłuba, umożliwiające wykrywanie dźwięków we wszystkich kierunkach.

- **Holowany SONAR**: Seria hydrofonów rozmieszczonych na długim kablu ciągniętym za okrętem podwodnym. System ten redukuje zakłócenia własnego hałasu, zapewniając lepsze możliwości wykrywania na dużych odległościach.

- **Boczny SONAR**: Zamontowany na bokach okrętu podwodnego, oferujący ulepszone możliwości śledzenia w wielu kierunkach.

- **Sonobuoysy**: Małe, rozmieszczalne jednostki sonarowe zapewniające dodatkowy zasięg. Mogą być wypuszczane przez okręty podwodne, samoloty lub statki w celu prowadzenia nadzoru na danym obszarze.

Systemy sonarowe można podzielić na dwa główne typy: urządzenia sonic (dźwiękowe) i supersonic (ultradźwiękowe). Sonar sonic rejestruje dźwięki w zakresie słyszalnym dla ludzkiego ucha (poniżej 15 000 cykli na sekundę) i pozwala operatorom słyszeć naturalne dźwięki podwodne. Sprzęt ten montowany jest na górnej części kadłuba i jest szczególnie przydatny do wykrywania odległych dźwięków. Operatorzy mogą używać urządzeń sonic do identyfikacji dźwięków wrogiej maszynerii, śrub napędowych, a także hałasów własnego okrętu podwodnego, co jest kluczowe dla zachowania jego skrytości operacyjnej. Z kolei sonar supersonic wykrywa dźwięki o wysokiej częstotliwości, poza zakresem słyszalnym dla człowieka. Te dźwięki, często używane w systemach sonarowych przeciwnika, są przekształcane w sygnały słyszalne dla operatora. Systemy supersonic są niezbędne do identyfikacji sonarowych impulsów wysyłanych przez wrogie statki poszukujące okrętów podwodnych [288].

Instalacja Weapon Control Acoustic (WCA) na pokładzie okrętu podwodnego zarządza wszystkimi systemami sonarowymi typu supersonic. Ta złożona konfiguracja składa się z wielu projektorów i wzmacniaczy-odbiorników

Podstawy Projektowania i Budowy Okrętów Podwodnych

umieszczonych poniżej kilwateru, które są kontrolowane z wieży dowodzenia. Instalacja WCA obejmuje również systemy QB i JK/QC, z których każdy jest zaprojektowany do wysyłania i odbierania sygnałów podwodnych. Systemy te umożliwiają zarówno nasłuch, jak i emisję sygnałów sonarowych w celu określenia odległości wrogich jednostek. Dodatkowo, urządzenie NM zintegrowane z systemem WCA pomaga mierzyć głębokość wody pod kilwaterem okrętu podwodnego, co zapewnia bezpieczną nawigację.

WCA (Weapon Control Acoustic) to sonarowy system używany na okrętach podwodnych do akustycznego wykrywania, śledzenia i naprowadzania broni. Integruje funkcje nasłuchu ultradźwiękowego, pomiaru odległości echa i pomiaru głębokości, dostarczając kluczowych informacji do nawigacji, nadzoru i operacji bojowych.

Systemy WCA pozwalają okrętom podwodnym zachować skrytość podczas aktywnego lub pasywnego monitorowania otoczenia. Pomagają w wykrywaniu wrogich jednostek, naprowadzaniu broni (np. torped) oraz dostarczaniu istotnych danych o podwodnym terenie i głębokości, wspierając zarówno potrzeby taktyczne, jak i nawigacyjne w sytuacjach bojowych i pokojowych.

Zachowanie dźwięku pod wodą różni się od jego zachowania w powietrzu. Prędkość dźwięku w wodzie wynosi około 4 800 stóp na sekundę [288]. Jednakże, prędkość i zachowanie fal dźwiękowych są zależne od takich czynników jak temperatura wody, ciśnienie i zasolenie. Te zmienne mogą powodować refrakcję, czyli załamywanie fal dźwiękowych, które odchylają się od pierwotnego toru. Operatorzy sonarów muszą rozumieć te zasady, aby prawidłowo interpretować sygnały.

Podczas propagacji przez wodę fale dźwiękowe tracą swoją siłę z powodu rozpraszania i tłumienia. Rozpraszanie następuje, gdy fale dźwiękowe rozchodzą się na większy obszar, tracąc intensywność. Tłumienie natomiast wynika z przeszkód takich jak pęcherzyki powietrza, wodorosty czy życie morskie, które pochłaniają lub rozpraszają fale dźwiękowe, osłabiając sygnał. Warto zauważyć, że dźwięki o wyższej częstotliwości (supersonic) są tłumione szybciej niż dźwięki o niższej częstotliwości (sonic), co ogranicza ich zasięg.

Statki generują zarówno dźwięki sonic, jak i supersonic, co wymaga, aby okręty podwodne korzystały z obu typów sprzętu nasłuchowego. Śruby napędowe generują szerokie spektrum częstotliwości wykrywalnych przez oba systemy, podczas gdy dźwięki maszynowe mieszczą się głównie w zakresie sonic. Sprzęt sonic jest kluczowy do monitorowania zarówno wrogich jednostek, jak i emisji hałasu własnego okrętu, aby zachować skrytość. Jednocześnie sprzęt supersonic doskonale wychwytuje sygnały sonarowe wysyłane przez wrogie jednostki eskortowe podczas poszukiwań okrętów podwodnych [288].

Rysunek 89: Technik Sonarowy (Okręty Podwodne) II klasy Harlie Williams III wykonuje odczyty sonarowe na pokładzie okrętu podwodnego klasy Los Angeles USS Newport News (SSN 750). Archiwa Narodowe Stanów Zjednoczonych, domena publiczna PDM 1.0, za pośrednictwem Getarchive.

Nasłuch Soniczny

Systemy nasłuchu sonicznego, takie jak sprzęt JP używany na okrętach podwodnych, są kluczowymi narzędziami do wykrywania, identyfikowania i śledzenia dźwięków w podwodnym środowisku. Zapewniają załodze okrętu podwodnego niezbędne informacje dźwiękowe o pobliskich jednostkach – zarówno sprzymierzonych, jak i wrogich – oraz o dźwiękach środowiskowych, takich jak fale czy życie morskie. Sprzęt JP działa jako zaawansowane narzędzie nasłuchowe, pomagając okrętom podwodnym utrzymać orientację w sytuacji, poruszać się cicho i prowadzić operacje bez wykrycia [288].

Sprzęt JP odnosi się do specjalistycznego wyposażenia do nasłuchu sonicznego używanego na okrętach podwodnych do wykrywania dźwięków podwodnych. Służy jako główny system sonarowy pasywny, zaprojektowany do wykrywania, wzmacniania i analizy dźwięków podwodnych bez emitowania jakichkolwiek sygnałów, co pozwala zachować skrytość. System umożliwia załodze zbieranie kluczowych informacji o wrogich statkach, sygnałach sonaru, dźwiękach środowiskowych, a nawet o hałasie maszyn własnego okrętu podwodnego.

Sprzęt JP jest wykorzystywany głównie do nasłuchu naturalnych dźwięków podwodnych lub tych generowanych przez statki, okręty podwodne lub torpedy. W przeciwieństwie do sonaru aktywnego, który wysyła fale dźwiękowe i odbiera ich echa, sprzęt JP opiera się wyłącznie na wykrywaniu istniejących dźwięków w wodzie. Ta zdolność pasywna czyni go idealnym narzędziem do operacji skrytych, pozwalając okrętom podwodnym na pozostanie niewykrytymi przy jednoczesnym gromadzeniu informacji o pozycji i ruchu innych jednostek.

Sprzęt ten jest szczególnie ważny, gdy okręt podwodny działa na wodach wrogich, gdzie użycie sonaru aktywnego lub peryskopu mogłyby zdradzić jego pozycję. Zamiast tego załoga polega na sprzęcie JP, aby cicho śledzić wrogie statki, identyfikować typ jednostki na podstawie hałasu maszynowego lub wykrywać charakterystyczne odgłosy sonarowe wrogich systemów.

Hydrofon jest kluczowym elementem sprzętu JP. Działa jak podwodny mikrofon, odbierając fale dźwiękowe przemieszczające się w wodzie. Hydrofon zawiera długą metalową rurę, która zmienia swój rozmiar pod wpływem uderzeń fal dźwiękowych. Ta deformacja generuje prąd elektryczny w drutach nawiniętych wokół jego drewnianego rdzenia. Hydrofon jest zaprojektowany tak, aby był czuły na dźwięki dochodzące z przodu, podczas gdy gumowa osłona tłumi hałasy z tyłu, zapewniając skupiony nasłuch.

Mechanizm obrotowy pozwala operatorowi na rotację hydrofonu w różnych kierunkach. Hydrofon jest zamontowany na wale, który przechodzi przez kadłub ciśnieniowy okrętu, a ruch sterowany jest kołem ręcznym. Mechanizm ten umożliwia operatorowi przeskanowanie pełnych 360 stopni, aby wykryć dźwięki, a względny azymut celu wyświetlany jest na okrągłej skali.

Wzmacniacz wzmacnia sygnały elektryczne generowane przez hydrofon, czyniąc słabe dźwięki bardziej słyszalnymi. Wyjście ze wzmacniacza może być przesyłane przez słuchawki lub głośniki, pozwalając operatorowi sonaru interpretować dźwięki i przekazywać informacje do stanowiska dowodzenia. Sprzęt JP jest zasilany przez baterie okrętu podwodnego, co zapewnia cichą pracę i funkcjonalność nawet w przypadku awarii głównego zasilania podczas walki lub ataków bomb głębinowych.

Wzmacniacz JP wzmacnia sygnały z hydrofonu poprzez kilka etapów. Prąd przechodzący przez różne wzmacniacze i filtry selektywnie wzmacnia określone częstotliwości, co pozwala operatorowi wyodrębnić dźwięki o niskiej częstotliwości, takie jak hałas maszyn na statkach, lub dźwięki o wysokiej częstotliwości, jak rytmiczne uderzenia śrub napędowych. Filtry pomagają operatorowi skupić się na konkretnych dźwiękach, eliminując szumy tła, a wskaźnik "magic eye" wizualnie pokazuje siłę wykrytych sygnałów, co ułatwia precyzyjne odczyty kierunku.

Podczas rutynowych przeszukiwań operator wykonuje progresywne skanowanie za pomocą hydrofonu, przeczesując obszar w poszukiwaniu podejrzanych dźwięków. W przypadku wykrycia kontaktu operator musi natychmiast określić wzajemny azymut — sprawdzając, czy dźwięk pochodzi z przodu, czy z tyłu hydrofonu — co zapewnia dokładne zgłaszanie kierunku. Proces ten pomaga załodze okrętu podwodnego śledzić cele, takie jak wrogie statki lub torpedy, dostarczając kluczowych informacji do nawigacji i strategii ataku.

Pod wodą okręty podwodne napotykają różnorodne dźwięki. Sprzęt JP pomaga operatorowi identyfikować dźwięki wydawane przez wrogie statki, takie jak rytmiczne uderzenia śrub napędowych czy brzmienie maszyn, a także charakterystyczne pingi wrogich systemów sonaru. Dźwięki środowiskowe, takie jak uderzające fale czy odgłosy wydawane przez morskie zwierzęta, również są wychwytywane, co zwiększa świadomość sytuacyjną operatora. Rozpoznawanie znanych dźwięków własnych maszyn okrętu pomaga załodze zidentyfikować niepożądane hałasy, które mogłyby zagrozić skrytości jednostki.

W przypadku wykrycia podejrzanego dźwięku operator sonaru musi szybko zgłosić kontakt i dostosować ustawienia wzmacniacza, aby wyostrzyć dźwięk celu. Dokładne określenie azymutu wymaga kilkukrotnego przeszukiwania obszaru w celu precyzyjnego śledzenia. Efektywne wykorzystanie filtrów i kontroli głośności pozwala zawęzić łuk dźwięku, ułatwiając zlokalizowanie źródła. Ciągłe raportowanie ruchów celu umożliwia oficerowi dowodzenia zaplanowanie działań unikowych lub skoordynowanie ataku [288].

Podczas manewrów unikowych sprzęt JP pomaga załodze monitorować ruchy wroga i wykrywać zmiany w pejzażu dźwiękowym, takie jak pojawienie się nowego statku w okolicy. Filtr podbijający niskie częstotliwości może wzmocnić takie dźwięki jak brzęczenie silników, wspierając wykrywanie nawet podczas cichej pracy okrętu lub spoczynku na dnie oceanu.

Po walce lub ataku bomb głębinowych hydrofon może wymagać ponownego namagnesowania w celu przywrócenia jego czułości. Operator może użyć gniazda magnetyzera i przycisku "push-to-magnetize", aby ponownie naładować hydrofon. Po wynurzeniu okrętu sprzęt JP jest zabezpieczany, aby zapobiec uszkodzeniom. Zasilanie zostaje wyłączone, hydrofon ustawiony w neutralnej pozycji, a specjalistyczne słuchawki starannie przechowywane do przyszłego użytku, ponieważ wymiana może nie być dostępna podczas patrolu [288].

Jeśli sprzęt JP wykryje wrogie echo-sondowanie — charakterystyczne pingi emitowane przez aktywne systemy sonaru — operator musi natychmiast zgłosić azymut i czas między pingami. Interwał czasowy między pingami, znany jako skala, dostarcza cennych wskazówek na temat odległości i zamiarów wrogiej jednostki. Szybkie raportowanie pozwala załodze okrętu podjąć świadome decyzje, czy kontynuować śledzenie wroga, czy rozpocząć manewry unikowe.

Supersoniczne nasłuchiwanie i system WCA w okrętach podwodnych

System WCA na okrętach podwodnych odgrywa kluczową rolę w supersonicznym nasłuchiwaniu, echo-sondowaniu i pomiarze głębokości. Zwiększa zdolność okrętu podwodnego do wykrywania, lokalizowania i śledzenia wrogich jednostek podczas pozostawania w zanurzeniu. System ten składa się z kilku kluczowych komponentów, w tym projektorów, wzmacniaczy odbiorczych i jednostek zdalnego sterowania, które współpracują, aby umożliwić precyzyjne wykrywanie dźwięków podwodnych.

System WCA obejmuje dwa główne typy projektorów: projektor QB oraz projektor kombinowany JK/QC. Projektor QB, zamontowany po prawej burcie, wykorzystuje kryształy soli Rochelle, które zmieniają kształt pod wpływem fal dźwiękowych, generując prąd elektryczny. Projektor JK/QC, znajdujący się po lewej burcie, ma dwie powierzchnie: powierzchnia JK działa podobnie jak projektor QB, podczas gdy powierzchnia QC zawiera niklowe

Podstawy Projektowania i Budowy Okrętów Podwodnych

rurki, które zmieniają swój rozmiar pod wpływem fal dźwiękowych, wytwarzając sygnały elektryczne. Te projektory stanowią główne środki odbioru dźwięków podwodnych na okręcie podwodnym.

System WCA składa się z kilku podsystemów zaprojektowanych do różnych aspektów operacji sonarowych, w tym QB, JK/QC oraz NM. Każdy z nich pełni określone funkcje w zbieraniu danych akustycznych i utrzymywaniu świadomości sytuacyjnej:

- **System QB:** Ten podsystem odpowiada za pasywne nasłuchiwanie. Wykrywa dźwięki śrub napędowych wrogich jednostek, odgłosy maszyn i inne aktywności podwodne. Działa na supersonicznych częstotliwościach, przekształcając je w dźwięki słyszalne dla operatora sonaru. Projektor QB, zamontowany po prawej burcie, wykorzystuje kryształy soli Rochelle do generowania sygnałów elektrycznych pod wpływem fal dźwiękowych.

- **System JK/QC:** Projektor JK/QC pełni podwójną funkcję. Działa pasywnie, jak system QB, ale także aktywnie emituje fale dźwiękowe w celu operacji echo-sondowania. Powierzchnia JK skupia się na odbiorze dźwięków, podczas gdy powierzchnia QC służy do emitowania pingów w celu określenia zasięgu i namiaru obiektów podwodnych, w tym wrogich jednostek. System ten wspomaga także operacje pomiaru głębokości.

- **System NM:** Podsystem NM jest używany głównie do pomiaru głębokości. Mierzy głębokość wody pod stępką okrętu podwodnego poprzez wysyłanie fal dźwiękowych w dół i pomiar czasu powrotu echa. Pomaga to uniknąć osadzenia okrętu na mieliźnie lub zderzenia z podwodnymi przeszkodami.

Słabe sygnały elektryczne generowane przez projektory są przesyłane do wzmacniaczy odbiorczych w celu ich wzmocnienia. Jednostki te przekształcają delikatne sygnały w dźwięki słyszalne, umożliwiając ich analizę przez operatorów sonaru. Każdy projektor ma dedykowany wzmacniacz odbiorczy zlokalizowany w centrali bojowej, a zapasowe jednostki znajdują się w przedziale torpedowym na wypadek sytuacji awaryjnych.

Jednostki zdalnego sterowania w centrali bojowej kontrolują projektory, umożliwiając operatorom obracanie ich w precyzyjnych kierunkach w celu wykrywania źródeł dźwięku. Jednostki te wyświetlają także kierunek, w którym skierowany jest każdy projektor, wspomagając nawigację i śledzenie celów.

Projektory są zamontowane na wałach wyposażonych w mechanizmy hydrauliczne umożliwiające ich podnoszenie i opuszczanie, obsługiwane przez torpedystów w przedziale torpedowym. Wały te są również wyposażone w silniki elektryczne i przekładnie redukcyjne, co pozwala na precyzyjne obracanie. Wały treningowe mają ograniczony zakres obrotu, aby chronić kable, choć niektóre instalacje wykorzystują pierścienie ślizgowe, umożliwiające ciągły obrót bez uszkadzania kabli. Mechanizmy podnoszenia i treningowe są kluczowe dla utrzymania odpowiedniego ustawienia projektorów podczas operacji.

Podczas rutynowych działań obsługiwany jest zazwyczaj tylko jeden zestaw urządzeń supersonicznych, najczęściej system QB. W przypadku wykrycia kontaktu uruchamiane są zarówno systemy QB, jak i JK/QC. System QB koncentruje się na śledzeniu głównego celu, podczas gdy system JK/QC skanuje inne jednostki. Taka podwójna operacja zapewnia kompleksowe monitorowanie otoczenia i dostarcza kluczowych danych wspierających podejmowanie decyzji strategicznych w trakcie walki.

Wzmacniacz odbiorczy przekształca sygnały przychodzące z projektorów w dźwięki słyszalne do analizy. Urządzenie to posiada wiele etapów wzmacniania i filtry, w tym filtry szerokopasmowe i szczytowe, które wzmacniają określone częstotliwości dźwięku. System zawiera również wskaźnik „magiczne oko", który wizualnie potwierdza siłę wykrytego sygnału. Operatorzy polegają na kontrolach strojenia, ustawieniach wzmocnienia i opcjach filtrów, aby skutecznie izolować dźwięki celu i eliminować szumy tła.

Operatorzy stosują szybkie i progresywne techniki poszukiwania, aby wykrywać i śledzić wrogie jednostki. W szybkich poszukiwaniach operator obraca projektory w pełnym okręgu, aby zlokalizować jakiekolwiek podejrzane dźwięki. Jeśli nie wykryto żadnych kontaktów, operator przechodzi do progresywnego poszukiwania, obracając projektory w przód i w tył w niewielkich odstępach, aby zapewnić pełne pokrycie. Operatorzy przeprowadzają również skanowanie częstotliwości co 15 minut w celu wykrycia pingów sonaru wroga, dostosowując częstotliwość, aby zmaksymalizować wykrywalność.

W przypadku wykrycia kontaktu dźwiękowego operator szybko określa namiar i przekazuje go oficerowi dowodzącemu. Kontrole wzmacniacza są dostosowywane w celu poprawy klarowności dźwięku celu, a operator na bieżąco raportuje zmiany namiaru i aktualizacje dotyczące ruchu celu. Operatorzy próbują również identyfikować cel na podstawie charakterystyki dźwięku śruby, takiej jak prędkość, rytm i ton, dostarczając kluczowych informacji do podejmowania decyzji taktycznych.

Dokładne namiary są niezbędne do skutecznego śledzenia celu. Operatorzy osiągają to, przeszukując pełny łuk dźwięków śruby i dostosowując odczyty w miarę ruchu celu. Koncentrują się na odczytywaniu namiarów od dziobu do rufy celu, zapewniając precyzyjne śledzenie. Kontrole strojenia i filtry pomagają zawęzić łuk dźwięku, a ustawienia niskiego wzmocnienia redukują szumy tła, ułatwiając lokalizację celu.

Po wynurzeniu okrętu operatorzy mogą nadal używać urządzeń WCA przy niskich prędkościach. Jednak przy wyższych prędkościach hałas generowany przez okręt może zakłócać warunki nasłuchu, co zmusza operatora do zabezpieczenia urządzeń. Wały projektorów są przywracane do wyznaczonych pozycji, a sprzęt jest wyłączany. Operatorzy ostrożnie odłączają i przechowują słuchawki, które są niezbędne do dalszych operacji i trudne do zastąpienia podczas patrolu.

Pojedynczy ping w echosondowaniu na okrętach podwodnych

Pojedynczy ping w echosondowaniu to specjalistyczna technika sonarowa stosowana przez okręty podwodne w celu precyzyjnego określenia odległości do celu. W przeciwieństwie do ciągłego echosondowania, które mogłoby zagrozić skrytości okrętu, metoda ta polega na emitowaniu pojedynczego impulsu ultradźwiękowego, zwanego "pingiem", oraz mierzeniu czasu, jaki zajmuje powrót echa od celu. Powracające echo dostarcza dokładnych danych o odległości celu. Metoda ta jest zazwyczaj stosowana, gdy oficer dowodzący okrętem potrzebuje bardziej precyzyjnych danych o zasięgu, niż można to osiągnąć wizualnie przez peryskop [288].

Kiedy operator sonaru inicjuje pojedynczy ping, system sonaru kieruje krótki impuls dźwiękowy w stronę celu. Operator rozróżnia główne echo od szeregu mniejszych odbić, które mogą wystąpić z powodu czynników środowiskowych. Identyfikacja głównego echa jest kluczowa dla uzyskania dokładnych odczytów. Okręty podwodne wykorzystują specjalistyczne wyposażenie sonarowe do przeprowadzania tej operacji. W skład tego wyposażenia wchodzą projektory emitujące ping, generatory impulsów dźwiękowych oraz wskaźniki zasięgu, które przeliczają czas, jaki upłynął między pingiem a echem, na odległość, wyświetlając ją bezpośrednio w jardach.

Generatory impulsów, znajdujące się w przedziale torpedowym, odgrywają kluczową rolę w operacjach pojedynczego pingu. Generatory te przesyłają impuls elektryczny do projektorów, które przekształcają sygnał w ultradźwiękową falę dźwiękową. Zazwyczaj obecne są dwa generatory: jeden połączony z projektorem QB, a drugi przełączany między projektorami QC i NM. Podczas gdy projektory QB i QC obsługują echosondowanie sonarowe, projektor NM koncentruje się na pomiarach głębokości pod stępką okrętu [288].

Wskaźnik zasięgu działa jak elektryczny stoper, mierząc dokładny czas między pingiem a echem. Tarcza wskaźnika jest skalibrowana w jardach, umożliwiając operatorowi sonaru bezpośredni odczyt odległości. Istnieje kilka modeli wskaźników zasięgu, takich jak WCA, WCA-1 i WCA-2, z różnymi interfejsami sterowania. Wcześniejsze modele wymagały regulacji za pomocą śrubokrętów, podczas gdy nowsze wyposażono w przełączniki ręczne i działają całkowicie na zasilaniu AC okrętu.

W większości sytuacji preferowanym projektorem do operacji pojedynczego pingu jest QB, ze względu na jego lepszą czułość i łatwość obsługi. Potrafi on wykrywać słabsze echa niż inne projektory i nie wymaga precyzyjnego strojenia, w przeciwieństwie do systemu QC. Jednak w pewnych przypadkach – szczególnie gdy cel znajduje się w zakresie 250–290 stopni względem okrętu – konieczne jest użycie projektora QC, ponieważ pole wykrywania projektora QB jest zablokowane przez projektor JK/QC [288].

Operator sonaru może korzystać z metody słuchowej lub wizualnej do interpretacji echa. W metodzie słuchowej operator nasłuchuje powracającego echa przez słuchawki, dostosowując wzmocnienie i strojenie w celu zapewnienia klarowności. Ta metoda jest najbardziej niezawodna w zakresie powyżej 1500 jardów. W metodzie wizualnej, zwykle stosowanej na mniejszych odległościach, operator polega na czerwonych błyskach na tarczy wskaźnika zasięgu. Łuk czerwonego światła odpowiada powracającemu echu, a krawędź łuku wskazuje precyzyjny zasięg. Choć metoda wizualna może być użyteczna, niesie ze sobą pewne ryzyko, takie jak możliwość pomylenia błysków odbić lub pominięcie słabych ech z powodu niewystarczającej mocy [288].

Ciągłe echosondowanie, często stosowane przez eskortujące jednostki nawodne, jest unikane przez okręty podwodne, ponieważ mogłoby ujawnić ich pozycję wrogowi. Okręty podwodne dążą do zachowania skrytości w każdej chwili, a ciągły strumień pingów zwiększyłby ryzyko wykrycia. Dlatego okręty podwodne korzystają z pojedynczego pingu tylko w razie konieczności. Metoda ta dostarcza wystarczających danych o zasięgu do podejmowania decyzji taktycznych, minimalizując jednocześnie ryzyko kompromitacji pozycji okrętu.

Pomiar głębokości za pomocą echosondy na okrętach podwodnych

Echosondowanie to kluczowa technika stosowana przez okręty podwodne do pomiaru głębokości wody pod stępką. Chociaż obszary patroli okrętów podwodnych są zazwyczaj dobrze zmapowane, szczególne warunki operacyjne mogą wymagać precyzyjnych, bieżących pomiarów głębokości. Echosondowanie dostarcza takich informacji poprzez emisję fal dźwiękowych w dół, w kierunku dna morskiego, które działa jako powierzchnia odbijająca. Proces ten przypomina tradycyjne echosondowanie sonarowe, z tą różnicą, że zamiast emitować dźwięk w poziomie, fale dźwiękowe kierowane są pionowo pod okręt.

Głównym elementem systemu echosondowania na okręcie podwodnym jest projektor NM, urządzenie obudowane stalą, przypominające niewielką trumnę. Projektor ten jest mocno przykręcony do dna okrętu, wewnątrz przedniego zbiornika trymowego, co pozwala mu działać bez zakłócania hydrodynamiki jednostki. Projektor NM działa przy użyciu tej samej jednostki sterującej, co system sonarowy QC, co zapewnia efektywne zarządzanie energią. Po aktywacji projektor emituje krótki impuls dźwiękowy w dół, który odbija się od dna morskiego i wraca do okrętu. Czas, jaki zajmuje powrót echa, wskazuje głębokość wody pod okrętem.

Pomiary głębokości są wyświetlane na urządzeniu zwanym głębokościomierzem, umieszczonym w sterowni. Głębokościomierz działa podobnie jak wskaźnik zasięgu stosowany w horyzontalnym echosondowaniu, ale jest skalibrowany w sążniach zamiast jardów. Wewnątrz głębokościomierza znajduje się odbiornik-wzmacniacz, który przetwarza powracające echa i dostarcza załodze dokładnych odczytów głębokości. Prosta konstrukcja głębokościomierza pozwala operatorowi monitorować zmieniającą się głębokość w czasie rzeczywistym, co jest niezbędne dla bezpiecznej nawigacji, szczególnie na nieznanych lub płytkich wodach.

Aby przeprowadzić dokładny pomiar głębokości, operator sonaru musi ustawić określone przełączniki w systemie, w zależności od szacowanej głębokości. Na wodach o głębokości mniejszej niż 300 sążni zwykle używa się trybu wizualnego, w którym odczyty głębokości pojawiają się bezpośrednio na wskaźniku głębokościomierza. Na głębszych wodach, od 300 do 1800 sążni, system przełącza się między trybem wizualnym a słuchowym, wymagając od operatora nasłuchiwania echa w słuchawkach. Metoda ta zapewnia wykrycie nawet słabych ech z większych głębokości. Dodatkowy przełącznik płytkie-głębokie optymalizuje działanie systemu w zależności od przewidywanej głębokości wody, zapewniając precyzyjne odczyty w różnych warunkach.

Chociaż echosondowanie jest niezbędne dla bezpiecznej nawigacji, zwłaszcza na niezbadanych lub płytkich wodach, niesie ze sobą pewne ryzyko. Fale dźwiękowe emitowane podczas tego procesu mogą zostać wykryte przez wrogie jednostki, co może zagrozić skrytości okrętu. Dlatego operatorzy są szkoleni, aby wykonywać pomiary głębokości jedynie w sytuacjach absolutnie koniecznych. Po uzyskaniu odczytu głębokości przełącznik interwału sygnału musi zostać natychmiast ustawiony w pozycji neutralnej, aby zapobiec dalszym pingom, które mogłyby ujawnić pozycję okrętu.

Echosondowanie oferuje okrętom podwodnym niezawodny sposób określania głębokości wody, zapewniając bezpieczne przejście i manewrowanie, szczególnie w nieprzewidywalnych warunkach. Jednak technika ta musi być stosowana ostrożnie, balansując między potrzebą uzyskania dokładnych informacji o głębokości a koniecznością zachowania skrytości operacyjnej okrętu. Połączenie precyzji i dyskrecji jest kluczowe dla skutecznych operacji okrętów podwodnych.

Przetwarzanie i analiza sygnałów

Po zebraniu danych dźwiękowych przez system SONAR okrętu podwodnego za pomocą hydrofonów lub projektorów, surowe dane poddawane są zaawansowanemu procesowi przetwarzania sygnałów. Proces ten jest niezbędny, aby przekształcić ogromne ilości informacji akustycznych w użyteczne dane wywiadowcze.

Podstawy Projektowania i Budowy Okrętów Podwodnych

Zaawansowane algorytmy i sztuczna inteligencja (AI) odgrywają kluczową rolę w analizie tych danych, pomagając odróżnić istotne sygnały od nieistotnych zakłóceń, takich jak dźwięki emitowane przez morską faunę, prądy oceaniczne czy inne dźwięki otoczenia. Taka filtracja jest kluczowa, ponieważ podwodne środowisko jest pełne złożonych zakłóceń akustycznych, a bez precyzyjnej analizy kluczowe informacje o wrogich okrętach lub zagrożeniach mogłyby zostać pominięte.

Pierwsza faza przetwarzania sygnału obejmuje redukcję szumów. Algorytmy izolują określone wzorce częstotliwości związane z okrętami lub maszynami, filtrując nierelewantny hałas tła. Dzięki temu dźwięki z wirników, silników czy pingów wrogiego SONAR-u są wyraźnie wyróżnione. System stosuje również analizę częstotliwości do klasyfikacji tych dźwięków, identyfikując, czy źródłem jest jednostka nawodna, okręt podwodny, czy czynnik środowiskowy. Niektóre systemy SONAR wykorzystują modele uczenia maszynowego szkolone na ogromnych zbiorach danych, co pozwala systemowi z wysoką precyzją rozpoznawać znane sygnatury akustyczne, takie jak określone typy czy klasy okrętów.

Po fazie filtrowania i klasyfikacji kolejnym etapem przetwarzania sygnałów jest śledzenie i przewidywanie ruchu celu. Algorytmy analizują zmiany częstotliwości i amplitudy wykrytych dźwięków w czasie, obliczając prędkość i kierunek celu. Ta zdolność predykcyjna jest niezbędna dla nawigacji i unikania zagrożeń, dostarczając załodze cennych informacji o trajektorii wrogich jednostek i umożliwiając podejmowanie działań zapobiegawczych, takich jak zmiana kursu czy użycie środków przeciwdziałania. Informacje te odgrywają również kluczową rolę w naprowadzaniu torped i pocisków, zapewniając, że dotrą do swoich celów, nawet jeśli te wykonują manewry uniku.

Przetworzone dane są następnie integrowane z Systemem Zarządzania Walką (CMS) okrętu, który pełni funkcję centralnej platformy koordynującej operacje taktyczne okrętu. CMS łączy informacje z systemu SONAR z danymi z innych czujników, takich jak peryskopy, radar czy systemy wsparcia elektronicznego (ESM), aby przedstawić załodze kompleksowy obraz sytuacyjny w czasie rzeczywistym. Taki zintegrowany widok pozwala załodze szybko ocenić sytuację, ułatwiając podejmowanie świadomych decyzji w kluczowych momentach.

CMS wyświetla kluczowe metryki, takie jak względna pozycja, prędkość i klasyfikacja potencjalnych zagrożeń, na intuicyjnym interfejsie. System dostarcza również alerty i rekomendacje na podstawie przeanalizowanych danych, pomagając załodze zdecydować o najlepszym dalszym działaniu. Niezależnie od tego, czy chodzi o nawigację w niebezpiecznych wodach, unikanie wykrycia przez wroga czy przeprowadzenie ataku, przetworzone dane SONAR gwarantują, że każda decyzja opiera się na najbardziej dokładnych i aktualnych dostępnych informacjach.

To płynne połączenie przetwarzania sygnałów, analizy i koordynacji przez CMS jest kluczowe dla operacyjnej efektywności okrętów podwodnych. W sytuacjach wysokiego napięcia, takich jak starcia z wrogiem czy manewry uniku, zdolność do szybkiego interpretowania i reagowania na dane SONAR może decydować o sukcesie lub porażce misji. Dzięki tym zaawansowanym procesom współczesne okręty podwodne zyskują przewagę taktyczną, poprawiając swoje możliwości w zakresie skrytości, precyzji i przeżywalności w coraz bardziej złożonym środowisku podwodnym.

Przeciwdziałania SONAR-owe

Współczesne okręty podwodne wykorzystują zaawansowane środki przeciwdziałania, aby chronić się przed wykrywaniem przez wrogi SONAR, zapewniając sobie skrytość i zdolność przetrwania w nieprzyjaznym środowisku. Jednym z podstawowych sposobów obrony jest zastosowanie akustycznych wabików, które mają na celu naśladowanie sygnatury dźwiękowej okrętu podwodnego. Wabiki te emitują dźwięki przypominające odgłosy wirników lub maszyn pokładowych, tworząc fałszywe cele, które dezorientują wrogie jednostki lub torpedy samonaprowadzające. System SONAR przeciwnika może mieć trudności z odróżnieniem prawdziwego okrętu podwodnego od wabika, co pozwala rzeczywistemu okrętowi podwodnemu na ucieczkę lub uniknięcie nadlatujących torped. Ta taktyka jest szczególnie skuteczna, gdy wabik zostaje rozmieszczony strategicznie na dystansie, odciągając uwagę od rzeczywistej lokalizacji okrętu podwodnego.

Kolejnym kluczowym środkiem przeciwdziałania stosowanym przez okręty podwodne jest zakłócanie (jamming). Urządzenia zakłócające przerywają transmisję i odbiór fal dźwiękowych, tworząc wzorce zakłóceń w widmie akustycznym. Po aktywacji generują one lawinę hałasu, która przeciąża systemy SONAR przeciwnika, utrudniając mu dokładną interpretację odbieranych sygnałów. Takie zakłócenia mogą uniemożliwić wrogim jednostkom skuteczne namierzenie okrętu podwodnego, zmuszając je do polegania na mniej precyzyjnych metodach wykrywania lub całkowitego przerwania pościgu. Zakłócenia mogą również utrudniać działanie aktywnych systemów SONAR, które polegają na impulsach dźwiękowych do lokalizacji obiektów pod wodą, poprzez zniekształcenie odbitych echa, co czyni je bezużytecznymi do śledzenia lub namierzania.

Te środki przeciwdziałania działają w połączeniu z manewrami unikowymi okrętu podwodnego, zwiększając jego zdolność do pozostania niewykrytym. Na przykład okręt podwodny może rozmieścić wabiki jednocześnie zmieniając kurs, co dodatkowo komplikuje wysiłki przeciwnika w śledzeniu jego pozycji. Ponadto niektóre systemy przeciwdziałania są zintegrowane z systemem zarządzania walką (CMS) okrętu, co pozwala na aktywację wabików i urządzeń zakłócających w precyzyjnie dobranym momencie podczas starcia. Taka koordynacja umożliwia okrętowi dynamiczne reagowanie na zmieniające się zagrożenia i maksymalizację skuteczności obrony.

Przeciwdziałania SONAR-owe odgrywają kluczową rolę nie tylko w obronie przed torpedami, ale także w utrzymaniu przewagi taktycznej podczas operacji. Osłabiając zdolności wykrywania przeciwnika, pozwalają okrętowi podwodnemu na swobodne operowanie w spornych wodach, prowadzenie rozpoznania lub przeprowadzanie ataków bez ujawniania swojej obecności. Ta zdolność jest szczególnie cenna we współczesnej wojnie morskiej, gdzie zachowanie skrytości jest kluczowe zarówno dla realizacji misji strategicznych, jak i przetrwania.

W miarę postępu technologicznego systemy przeciwdziałania stają się coraz bardziej zaawansowane. Współczesne okręty podwodne są wyposażone w systemy umożliwiające autonomiczne rozmieszczanie wabików i urządzeń zakłócających lub aktywowanie ich w odpowiedzi na zautomatyzowane wykrycie zagrożenia. Przyszłe rozwiązania w tej dziedzinie prawdopodobnie będą obejmowały zastosowanie sztucznej inteligencji, co pozwoli okrętom przewidywać wzorce wykrywania przeciwnika i rozmieszczać środki przeciwdziałania z wyprzedzeniem. Te innowacje dodatkowo zwiększą zdolność okrętów podwodnych do działania w ukryciu i unikania wykrycia w coraz bardziej wymagających środowiskach.

Podstawy Projektowania i Budowy Okrętów Podwodnych

Projektowanie okrętów podwodnych i infrastruktura techniczna dla operacji sonarowych

Efektywne operacje sonarowe w okrętach podwodnych wymagają złożonej współpracy pomiędzy aspektami konstrukcyjnymi, infrastrukturą techniczną oraz zaawansowanym wyposażeniem. Systemy te zapewniają zdolność okrętu do nawigacji, wykrywania zagrożeń, unikania przeszkód i utrzymania świadomości sytuacyjnej w głębinach oceanu. Operacje sonarowe obejmują kilka kluczowych komponentów, w tym pomiar głębokości (echo-sounding), jednokrotne wysyłanie impulsów dźwiękowych (single-ping echo-ranging), nasłuch w zakresie ultradźwięków (supersonic listening), nasłuch w zakresie dźwięków słyszalnych (sonic listening) oraz system WCA. Każda z tych funkcji wymaga specyficznych cech konstrukcyjnych i technologicznych zintegrowanych z strukturą okrętu.

Pomiar głębokości (echo-sounding), wykorzystywany do określenia głębokości wody pod stępką, wymaga specjalistycznego sprzętu zainstalowanego bezpośrednio w kadłubie okrętu podwodnego. Projektor NM, kluczowy dla tego zadania, jest bezpiecznie zamocowany w kadłubie w obrębie przedniego zbiornika trymowego. Takie umiejscowienie zapewnia niezakłócone emisje fal dźwiękowych używanych do pomiaru głębokości. Projektor NM współpracuje z głębokościomierzem (fathometer), umieszczonym w centrali. Głębokościomierz musi być łatwo dostępny dla załogi, ponieważ dostarcza danych o głębokości w czasie rzeczywistym, co jest kluczowe dla bezpiecznej nawigacji. Aby zachować skrytość, konstrukcja musi umożliwiać operatorom precyzyjną kontrolę emisji impulsów dźwiękowych, ograniczając ryzyko wykrycia przez jednostki wroga.

Systemy jednokrotnego wysyłania impulsów dźwiękowych (single-ping echo-ranging) wymagają precyzyjnego wyrównania projektorów, sterowników i wskaźników odległości. Projektory QB i QC, umieszczone na osobnych wałach, są rozmieszczone po przeciwnych stronach stępki okrętu, aby zapewnić optymalne pokrycie. Systemy te muszą być zamontowane w sposób umożliwiający obrót i regulację kąta projektorów, obsługiwane za pomocą silników treningowych zlokalizowanych w przedziale torpedowym. Wskaźniki odległości są instalowane w centrali dowodzenia, aby operatorzy sonarów mogli z nich szybko korzystać w krytycznych momentach. Systemy sterowania okrętu muszą umożliwiać płynne przełączanie między trybami słuchowymi i wizualnymi, co pozwala skutecznie wykrywać i mierzyć odległości w zależności od warunków środowiskowych i operacyjnych.

Nasłuch w zakresie ultradźwięków (supersonic listening) wymaga solidnej infrastruktury, szczególnie w systemie WCA, który zarządza operacjami sonarowymi na wysokich częstotliwościach. Projektory QB i JK/QC stanowią kluczowe elementy systemu WCA, rozmieszczone strategicznie po obu stronach stępki, aby uniknąć zakłóceń. Pozycja każdego projektora zapewnia skuteczne pokrycie obu stron okrętu przy minimalizacji martwych stref. Mechanizmy hydrauliczne do podnoszenia i opuszczania projektorów, a także pierścienie ślizgowe zapobiegające splątaniu kabli, są kluczowe dla zachowania elastyczności operacyjnej. Jednostki sterowania zdalnego i wzmacniacze odbiorników, zazwyczaj umieszczone w centrali dowodzenia, pozwalają operatorom efektywnie kontrolować orientację i wydajność projektorów.

System WCA musi również zapewniać klarowne kanały komunikacji między projektorami a jednostkami sterującymi. Systemy te wymagają dedykowanych generatorów prądu dla zapewnienia niezawodności działania, nawet podczas operacji w ciszy, kiedy silniki okrętu są wyłączone. W sytuacjach awaryjnych zapasowe wzmacniacze odbiorników i mechanizmy treningowe, zainstalowane w przedziale torpedowym, oferują redundancję, aby utrzymać zdolności nasłuchowe.

Systemy nasłuchu dźwiękowego opierają się na hydrofonach zainstalowanych w wielu punktach kadłuba okrętu podwodnego, które przechwytują dźwięki o niższych częstotliwościach. Hydrofony te są połączone z wzmacniaczami za pomocą ekranowanych kabli, a same wzmacniacze znajdują się w przedziale torpedowym lub w centrali dowodzenia. Systemy nasłuchu dźwiękowego dostarczają kluczowych informacji o ruchach wrogich okrętów, wykrywając hałasy śrub napędowych, wibracje silników i odgłosy maszyn. Konstrukcja okrętu musi zapewniać rozmieszczenie hydrofonów w sposób minimalizujący zakłócenia dźwiękowe wynikające z pracy własnych urządzeń okrętowych, szczególnie podczas operacji w trybie cichym.

System nasłuchu dźwiękowego wymaga również precyzyjnie skalibrowanych wzmacniaczy, słuchawek i jednostek zdalnego sterowania, które umożliwiają dokładne wykrywanie i analizę dźwięków. Operatorzy polegają na tych systemach, aby odróżnić jednostki sojusznicze od wrogich, co czyni odpowiednie szkolenia i procedury wyszukiwania kluczowymi dla ich skuteczności. Ponadto konstrukcja okrętu musi zapewniać dostępność i funkcjonalność tych komponentów, nawet w przypadku uszkodzenia jednostki, z bateriami zapewniającymi zasilanie awaryjne w celu utrzymania gotowości operacyjnej.

Operacje sonarowe wymagają starannego zarządzania zużyciem energii, aby uniknąć generowania nadmiernego hałasu, który mógłby ujawnić pozycję okrętu podwodnego. Wiele systemów sonarowych, takich jak sprzęt nasłuchowy JP czy komponenty systemu WCA, czerpie energię z systemów bateryjnych okrętu, co pozwala na cichą pracę podczas misji skrytych. Konstrukcja okrętu musi uwzględniać izolację akustyczną, aby hałas generowany przez wewnętrzne maszyny nie zakłócał operacji sonarowych. Ponadto zaawansowane systemy filtracyjne muszą zostać zintegrowane z wyposażeniem sonarowym, aby eliminować szumy tła i zwiększać klarowność sygnałów. Jest to szczególnie istotne przy wykrywaniu słabych lub odległych sygnałów i odróżnianiu ich od hałasu oceanicznego.

Wieża dowodzenia pełni rolę centrum operacyjnego dla systemów sonarowych, mieszcząc kluczowe jednostki sterujące i interfejsy. Operatorzy sonarów stacjonujący w wieży dowodzenia muszą mieć dostęp do jednostek zdalnego sterowania, wskaźników odległości i wzmacniaczy, aby zarządzać operacjami nasłuchowymi i pomiarowymi okrętu. Rozmieszczenie tych systemów w wieży dowodzenia musi umożliwiać efektywną współpracę zespołu operatorów, zapewniając szybki dostęp do wszystkich niezbędnych elementów sterujących. Integracja operacji sonarowych z systemem zarządzania walką okrętu (CMS) zapewnia, że dane sonarowe trafiają bezpośrednio do procesów decyzyjnych, dostarczając kluczowych informacji na temat nawigacji, śledzenia celów i użycia uzbrojenia.

Biorąc pod uwagę znaczenie systemów sonarowych dla operacji okrętów podwodnych, w konstrukcji uwzględnia się redundancję, aby zapewnić ich funkcjonalność w każdych warunkach. Zapasowe komponenty, takie jak wzmacniacze odbiorników i jednostki sterujące, są przechowywane w przedziale torpedowym, co pozwala operatorom utrzymać zdolności nasłuchowe nawet w przypadku uszkodzenia wieży dowodzenia. Systemy hydrauliczne i zmotoryzowane do sterowania projektorami są zaprojektowane w taki sposób, aby mogły działać ręcznie w sytuacjach awaryjnych, co zapewnia, że okręt podwodny może nadal wykrywać i reagować na zagrożenia.

Richard Skiba

Rozdział 8
Systemy Nawigacyjne i Komunikacyjne

Wyposażenie Nawigacyjne Okrętów Podwodnych

Nawigacja okrętów podwodnych pod wodą to wyjątkowo specjalistyczna operacja, która opiera się na połączeniu zaawansowanych technologii oraz precyzyjnej wiedzy i doświadczenia załogi. Nawigacja pod powierzchnią oceanu stawia przed okrętami podwodnymi wyzwania, z którymi jednostki nawodne nie muszą się mierzyć. Okręty podwodne działają w środowisku pozbawionym naturalnego światła i wizualnych punktów odniesienia, często przemierzając znaczne odległości na głębokościach bez wynurzania się. Dodatkowo, wojskowe okręty podwodne funkcjonują w trybie skrytym, co czyni użycie aktywnego sonaru czy radaru niepraktycznym ze względu na ryzyko wykrycia przez siły przeciwnika. W związku z tym okręty podwodne muszą polegać na zaawansowanych systemach wewnętrznych i zewnętrznych odniesieniach, zamiast na konwencjonalnych wizualnych pomocach nawigacyjnych czy ciągłym dostępie do sygnałów satelitarnych.

Systemy Nawigacji Bezwładnościowej (INS) odgrywają kluczową rolę w nawigacji podwodnej, szczególnie w przypadku okrętów podwodnych, wykorzystując akcelerometry i żyroskopy do mierzenia zmian prędkości, kursu i ruchu w czasie rzeczywistym. Systemy te działają niezależnie od sygnałów zewnętrznych, co jest niezwykle ważne dla zachowania trybu skrytego podczas operacji podwodnych. INS rozpoczyna swoje działanie od znanej pozycji i na bieżąco oblicza aktualne położenie okrętu, uwzględniając jego ruch w wodzie. Samowystarczalność INS czyni go szczególnie korzystnym w zastosowaniach wojskowych, gdzie sygnały zewnętrzne mogłyby zagrozić bezpieczeństwu operacji [289-291].

Podstawowe komponenty INS obejmują trzy ortogonalne żyroskopy mierzące prędkość kątową oraz trzy ortogonalne akcelerometry mierzące przyspieszenie liniowe. Taka konfiguracja pozwala systemowi na dostarczanie ciągłych aktualizacji dotyczących pozycji, prędkości i orientacji okrętu podwodnego [292-294]. Jednakże, choć INS jest bardzo niezawodny w krótkim okresie, jest podatny na skumulowane błędy podczas długich misji z powodu dryftu sensorów oraz odchyłek wynikających z charakterystyki żyroskopów i akcelerometrów. Dryft ten może prowadzić do znaczących błędów nawigacyjnych, co wymaga okresowych aktualizacji z zewnętrznych źródeł lub innych pomocy nawigacyjnych w celu skorygowania narastających odchyłek [295-297].

Skutki dryftu nawigacyjnego są szczególnie istotne w środowiskach podwodnych, gdzie nawet niewielkie błędy mogą prowadzić do znacznych odchyleń od zamierzonej trasy, zwłaszcza podczas nawigacji w wąskich kanałach lub na rozległych obszarach oceanu [296, 297]. Dlatego, choć INS zapewnia niezbędną autonomię i skrytość podczas operacji podwodnych, często jest integrowany z innymi systemami nawigacyjnymi, takimi jak GPS czy systemy pozycjonowania akustycznego, aby zwiększyć dokładność i niezawodność [298]. Takie hybrydowe podejście pomaga złagodzić ograniczenia INS, dostarczając okazjonalnych aktualizacji pozycji, które kalibrują system, zapewniając, że okręty podwodne mogą działać skutecznie bez utraty zdolności skrytego operowania [291, 294].

Nawigacja sonarowa jest kluczową technologią dla okrętów podwodnych, umożliwiającą akustyczne mapowanie otoczenia. Zdolność ta jest osiągana poprzez emisję fal dźwiękowych, które przemieszczają się przez wodę, odbijają się od obiektów i dna morskiego, a następnie wracają do okrętu podwodnego. Powracające echo dostarcza istotnych informacji na temat topografii podwodnej, pobliskich jednostek pływających oraz potencjalnych zagrożeń, co jest kluczowe dla bezpiecznej nawigacji i operacji taktycznych. Systemy sonaru aktywnego emitują impulsy dźwiękowe i nasłuchują ech, co pozwala okrętom podwodnym określać położenie obiektów. Jednakże użycie sonaru aktywnego może narazić okręt podwodny na wykrycie, dlatego systemy sonaru pasywnego są preferowane w wielu scenariuszach. Sonar pasywny wykrywa dźwięki emitowane przez inne jednostki bez wysyłania własnych fal dźwiękowych, co pozwala okrętowi zachować swoją pozycję w ukryciu, jednocześnie zapewniając cenną świadomość sytuacyjną [299, 300].

Różnica między systemami sonaru aktywnego i pasywnego jest znacząca w operacjach wojskowych. Sonar aktywny jest skuteczny w wykrywaniu celów i mapowaniu, ale jego nieostrożne użycie może narazić pozycję okrętu podwodnego na ujawnienie. Natomiast systemy sonaru pasywnego są kluczowe do rozpoznawania i klasyfikowania celów nawodnych i podwodnych bez ujawniania lokalizacji okrętu [252, 299]. Technologia sonaru pasywnego ewoluowała, obejmując zaawansowane techniki przetwarzania sygnałów, które poprawiają zdolność wykrywania nawet w trudnych warunkach akustycznych, gdzie hałas i pogłos mogą utrudniać odbiór sygnałów [300, 301]. Dzięki temu sonar pasywny staje się nie tylko narzędziem nawigacyjnym, ale również systemem wczesnego ostrzegania, pomagającym okrętom podwodnym unikać zagrożeń i utrzymywać świadomość taktyczną [300].

Rozwój technologii sonaru był wynikiem różnych badań mających na celu poprawę dokładności i niezawodności mapowania podwodnego oraz wykrywania celów. Na przykład postępy w klasyfikacji i rozpoznawaniu sygnałów sonaru zostały zbadane w celu poprawy wydajności systemów sonaru pasywnego [302]. Udoskonalenia te są kluczowe w zastosowaniach wojskowych, gdzie zdolność do szybkiego wykrywania i klasyfikacji zagrożeń może zadecydować o sukcesie operacyjnym. Ponadto integracja danych z sonaru z innymi pomocami nawigacyjnymi, takimi jak systemy nawigacji bezwładnościowej (INS), dodatkowo zwiększa świadomość sytuacyjną okrętów podwodnych działających w złożonych środowiskach podwodnych [303].

Okręty podwodne, operując blisko powierzchni, mogą korzystać z systemów nawigacji satelitarnej, w szczególności systemu GPS, aby uzyskać precyzyjne pozycje. GPS działa poprzez triangulację sygnałów z wielu satelitów, co zapewnia dużą dokładność w określaniu lokalizacji. Ta zdolność jest kluczowa dla okrętów podwodnych, szczególnie podczas operacji wymagających precyzyjnej nawigacji. Jednak korzystanie z GPS wymaga wynurzenia się okrętu lub podniesienia masztu antenowego w celu odbioru tych sygnałów, co naraża okręt na potencjalne wykrycie przez radar przeciwnika lub samoloty obserwacyjne. W związku z tym okręty podwodne muszą ograniczać operacje GPS do minimum, aby zredukować ryzyko wykrycia, często rezerwując takie działania na momenty tuż przed zanurzeniem lub po dotarciu do wyznaczonych bezpiecznych obszarów [304, 305].

Ograniczenia operacyjne związane z użyciem GPS przez okręty podwodne podkreślają ryzyko związane z ekspozycją. Okręty podwodne są zaprojektowane do działania w sposób skryty, a wynurzenie się lub rozłożenie anten może osłabić ich zdolności do utrzymania niewykrywalności. Konieczność zachowania dyskrecji znajduje odzwierciedlenie w selektywnym użyciu nawigacji GPS, która często jest stosowana w połączeniu z innymi systemami nawigacyjnymi w celu zwiększenia niezawodności i bezpieczeństwa [306, 307]. Na przykład integracja GPS z systemami nawigacji bezwładnościowej (INS) pozwala na ciągłą nawigację, nawet gdy sygnały GPS są chwilowo niedostępne, co zapewnia mechanizm awaryjny zwiększający bezpieczeństwo operacyjne [306, 307]. Co więcej, postępy w technologii, takie jak rozwój sonobojów GPS, poprawiły zdolność do śledzenia okrętów podwodnych przy jednoczesnym zachowaniu pewnego stopnia skrytości, ponieważ systemy te mogą być rozmieszczane z samolotów lub jednostek nawodnych bez bezpośredniego narażenia okrętu podwodnego [308, 309].

Nawigacja zliczeniowa to tradycyjna, ale niezwykle istotna technika nawigacyjna stosowana przez okręty podwodne do oszacowania ich pozycji na podstawie znanych zmiennych, takich jak prędkość, kurs i czas podróży. Metoda ta jest szczególnie ważna w środowiskach, gdzie GPS jest niedostępny, takich jak pod wodą lub w obszarach o znacznym zakłóceniu sygnału. Poleganie na nawigacji zliczeniowej pozwala okrętom podwodnym na skuteczną nawigację w sytuacjach, gdy inne systemy, w tym GPS, są tymczasowo nieoperacyjne [310].

Jednak dokładność nawigacji zliczeniowej zależy od ciągłego monitorowania i korygowania, ponieważ czynniki zewnętrzne, takie jak prądy morskie, mogą znacząco wpływać na kurs okrętu podwodnego. Na przykład integracja systemów nawigacji bezwładnościowej (INS) z nawigacją zliczeniową może poprawić dokładność określania pozycji poprzez kompensację tych wpływów zewnętrznych. INS wykorzystuje połączenie akcelerometrów i żyroskopów do śledzenia zmian prędkości i orientacji, co pozwala na bardziej niezawodne szacowanie pozycji w czasie [311].

Ponadto skuteczność nawigacji zliczeniowej i INS jest często zwiększana dzięki zastosowaniu dodatkowych czujników i algorytmów, które pomagają ograniczać błędy związane z pomiarami bezwładnościowymi. Na przykład techniki takie jak filtracja Kalmana mogą być stosowane do udoskonalania szacunków pozycji poprzez integrowanie danych z różnych źródeł, w tym z czujników bezwładnościowych i zewnętrznych odniesień, gdy są dostępne [312]. Takie podejście nie tylko zwiększa niezawodność systemu nawigacyjnego, ale także przeciwdziała dryfowi, który może wystąpić z czasem w wyniku kumulacji błędów w pomiarach bezwładnościowych.

Okręty podwodne wykorzystują systemy echosondy do precyzyjnego pomiaru głębokości, technologii, która wysyła fale dźwiękowe bezpośrednio w dół w celu określenia głębokości wody pod stępką. Podstawowa zasada działania echosondy polega na mierzeniu czasu, jaki fale dźwiękowe potrzebują, aby dotrzeć do dna morskiego i wrócić, co jest następnie wyświetlane na fathometrze. Ta metoda jest kluczowa dla bezpiecznej nawigacji, szczególnie na wodach nieoznaczonych lub płytkich, ponieważ dostarcza dokładnych odczytów głębokości niezbędnych do unikania podwodnych zagrożeń [313].

Rozwój technologii echosondy przeszedł znaczące zmiany, od systemów jednowiązkowych w latach 50. XX wieku do bardziej zaawansowanych systemów wielowiązkowych w latach 80., które umożliwiają kompleksowe mapowanie dna morskiego [314]. Mimo tych postępów, globalne odwzorowanie topografii dna morskiego wciąż napotyka na wyzwania związane z ogromem oceanów i ograniczeniami tradycyjnych metod [313]. Kluczowa rola echosondy w nawigacji jest nie do przecenienia, ponieważ bezpośrednio wpływa na bezpieczeństwo operacyjne okrętów podwodnych, szczególnie w środowiskach, gdzie podwodny teren jest słabo zmapowany [313].

Jednak korzystanie z echosondy wiąże się z pewnym ryzykiem. Podobnie jak systemy aktywnego sonaru, echosonda może potencjalnie narazić okręty podwodne na wykrycie przez przeciwników, co wymaga ostrożnego zarządzania jej użyciem operacyjnym [315]. Równowaga między uzyskaniem dokładnych danych nawigacyjnych a utrzymaniem niewykrywalności jest istotnym aspektem operacji okrętów podwodnych, szczególnie w kontekście wojskowym [315]. Dlatego choć echosonda jest niezbędna dla bezpiecznej nawigacji, jej użycie musi być strategicznie zarządzane, aby zminimalizować ryzyko związane z wykryciem [315].

Każda z tych metod nawigacji działa w połączeniu z systemem zarządzania walką (CMS) okrętu podwodnego, integrując dane z czujników w celu dostarczenia załodze kompleksowego obrazu taktycznego. Ekspertyza ludzka odgrywa kluczową rolę w tym procesie, ponieważ operatorzy sonaru interpretują dane dźwiękowe, nawigatorzy wyznaczają kursy, a dowódcy podejmują kluczowe decyzje na podstawie dostarczonych informacji. Wspólnie technologie te i techniki zapewniają, że okręty podwodne mogą poruszać się z precyzją i w sposób skryty, nawet w najbardziej wymagających środowiskach podwodnych.

Peryskopy, Maszty i Czujniki Optyczne

Peryskopy, maszty i czujniki optyczne odgrywają kluczową rolę w nawigacji okrętów podwodnych, szczególnie gdy jednostka operuje na głębokości peryskopowej lub w jej pobliżu. Te instrumenty dostarczają niezbędnych informacji wizualnych do nawigacji, rozpoznania i utrzymania świadomości sytuacyjnej, jednocześnie minimalizując ryzyko wykrycia okrętu. Chociaż okręty podwodne większość czasu spędzają w zanurzeniu, momenty wymagające potwierdzenia wizualnego są wciąż konieczne, np. do korekty kursu, identyfikacji pobliskich jednostek lub wyrównania względem punktów orientacyjnych. Narzędzia te, choć używane subtelnie i w ograniczonym zakresie, stanowią integralną część nawigacyjnych i operacyjnych systemów okrętów podwodnych.

Peryskop jest najbardziej rozpoznawalnym narzędziem optycznym okrętu podwodnego, umożliwiającym załodze obserwację powierzchni z pozycji zanurzonej. Współczesne peryskopy rozciągają się przez kadłub ciśnieniowy, zapewniając wyraźną linię widzenia nad powierzchnią wody. Wyposażone w zestaw soczewek i luster, peryskopy oferują powiększony widok horyzontu, co pozwala na identyfikację statków, linii brzegowych lub punktów nawigacyjnych. Podczas gdy tradycyjne peryskopy wymagały fizycznego przebicia kadłuba okrętu, nowoczesne maszty optroniczne pełnią tę samą funkcję bez naruszania integralności strukturalnej jednostki. Maszty te zawierają cyfrowe kamery i czujniki podczerwieni, przesyłając dane wizualne w czasie rzeczywistym do centrum dowodzenia. Możliwość przełączania między obrazowaniem optycznym a podczerwonym zapewnia skuteczne działanie zarówno w dzień, jak i w nocy, a także w trudnych warunkach pogodowych.

Rysunek 90: Porucznik (LT) Barry Rodrigues, oficer pokładowy (OD), dokonuje obserwacji przez peryskop nr 2 na pokładzie nuklearnego okrętu podwodnego typu Los Angeles USS HARTFORD (SSN 768). Archiwa Narodowe USA, domena publiczna PDM 1.0, za pośrednictwem NARA & DVIDS Public Domain Archive.

Maszty na okrętach podwodnych pełnią wiele funkcji wykraczających poza obserwację wizualną. Oprócz systemów optoelektronicznych, różnorodne specjalistyczne maszty są wyposażone w anteny, sprzęt komunikacyjny i instrumenty nawigacyjne. Na przykład anteny GPS zamontowane na masztach umożliwiają okrętom podwodnym uzyskanie precyzyjnych danych lokalizacyjnych podczas krótkich momentów przebywania na głębokości peryskopowej. Maszty radiowe umożliwiają szyfrowaną komunikację z centrami dowodzenia lub innymi jednostkami, podczas gdy maszty radarowe, choć rzadko używane z powodu ryzyka wykrycia, mogą dostarczyć dodatkowych informacji o sytuacji, szczególnie przy wchodzeniu lub wychodzeniu z portów. Niektóre okręty podwodne są również wyposażone w maszty walki elektronicznej, zaprojektowane do przechwytywania sygnałów wroga lub zakłócania komunikacji. Maszty te umożliwiają niezbędne interakcje z otoczeniem zewnętrznym, podczas gdy okręt pozostaje ukryty tuż pod powierzchnią wody.

Rysunek 91: Peryskopy i anteny atomowego okrętu podwodnego USS ALEXANDRIA (SSN-757) wystają ponad powierzchnię wody podczas operacji w pobliżu wyspy Andros na Bahamach, w trakcie prób po wprowadzeniu do służby. Archiwa Narodowe Stanów Zjednoczonych, Public Domain PDM 1.0, za pośrednictwem Picryl.

Czujniki optyczne zwiększają zdolności wizualne okrętu podwodnego, dostarczając obrazy o wysokiej rozdzielczości w różnych warunkach środowiskowych. Czujniki te obejmują zarówno kamery światła widzialnego, jak i systemy podczerwieni, które wykrywają sygnatury cieplne. Czujniki podczerwieni są szczególnie przydatne do wykrywania statków lub samolotów w warunkach słabego oświetlenia, zapewniając przewagę taktyczną podczas operacji skrytych. Systemy optyczne są zintegrowane z systemem zarządzania walką (CMS) okrętu podwodnego, co pozwala załodze na efektywną analizę i reagowanie na dane wizualne. Czujniki te pomagają potwierdzać cele, monitorować aktywność na powierzchni oraz weryfikować informacje pochodzące z innych przyrządów nawigacyjnych, takich jak sonar czy GPS.

Rysunek 92: USS Simon Bolivar (SSBN-641) wynurzony z podniesionym chrapem i masztami. T6985wsx, CC BY-SA 4.0, via Wikimedia Commons.

Optyczne sensory w okrętach podwodnych dostarczają kluczowych informacji wizualnych poprzez rejestrowanie i przetwarzanie obrazów oraz sygnałów świetlnych z powierzchni i otoczenia. Sensory te, wbudowane w maszty optoelektroniczne lub zaawansowane systemy peryskopowe, umożliwiają załodze obserwację świata zewnętrznego, pozostając na głębokości peryskopowej lub w jej pobliżu. Nowoczesne sensory optyczne zwiększają skuteczność operacyjną, oferując zarówno obrazowanie w świetle widzialnym, jak i w podczerwieni, co zapewnia klarowność w różnych warunkach, od pełnego światła dziennego po całkowitą ciemność.

Podstawą tych systemów optycznych są kamery wysokiej rozdzielczości, zdolne do rejestrowania szczegółowych obrazów w widzialnym spektrum światła. Kamery te działają podobnie jak w nowoczesnych urządzeniach monitorujących, rejestrując transmisje na żywo i przesyłając je do ekranów w centrum dowodzenia. Zebrane obrazy pozwalają załodze monitorować aktywność na powierzchni, potwierdzać cele, bezpiecznie nawigować oraz identyfikować statki, punkty orientacyjne lub pomoce nawigacyjne. W przeciwieństwie do tradycyjnych peryskopów, które wymagały bezpośredniej ścieżki optycznej od obiektywu do oka obserwatora, nowoczesne systemy optyczne wykorzystują technologię cyfrową do przesyłania danych wizualnych, eliminując potrzebę stosowania długich, fizycznych rur przenikających przez kadłub.

Oprócz kamer światła widzialnego, kluczową rolę w systemach optycznych odgrywają czujniki podczerwieni, które wykrywają sygnatury cieplne. Sensory te są szczególnie skuteczne w warunkach słabej widoczności, takich jak noc czy mgła, gdzie tradycyjna obserwacja wizualna jest ograniczona. Technologia podczerwieni rejestruje promieniowanie cieplne emitowane przez obiekty, w tym statki, samoloty czy elementy powierzchni, dostarczając szczegółową mapę termiczną otoczenia. Ta zdolność pozwala okrętom podwodnym wykrywać potencjalne zagrożenia i identyfikować cele, nawet gdy wizualne wskazówki są niewidoczne. Kombinacja obrazowania w podczerwieni i świetle widzialnym zapewnia możliwość obserwacji w każdych warunkach pogodowych, zwiększając zdolność okrętu do prowadzenia działań skrytych w różnorodnych warunkach.

Sensory optyczne w nowoczesnych okrętach podwodnych są zintegrowane z systemami stabilizacji, zapewniając wyraźne obrazy nawet podczas ruchu jednostki lub przy wpływie fal. Żyroskopy i kompensatory ruchu korygują wibracje oraz przechyły, utrzymując stabilne transmisje wizualne. Systemy te są szczególnie istotne podczas szybkich manewrów lub w trudnych warunkach, gdzie niekorygowane obrazy mogłyby stać się rozmazane lub zniekształcone. Stabilizowany widok zwiększa świadomość sytuacyjną, umożliwiając załodze podejmowanie decyzji z minimalnym ryzykiem błędów wizualnych.

Zaawansowane systemy optoelektroniczne wyposażone są również w funkcję zoomu, umożliwiającą załodze powiększanie odległych obiektów w celu ich szczegółowej obserwacji. Funkcja zoomu jest sterowana zdalnie, co pozwala operatorom wewnątrz okrętu na dostosowanie ostrości i powiększenia w celu precyzyjnego gromadzenia danych wizualnych bez konieczności wynurzania się. Niektóre systemy zawierają dalmierze laserowe, które umożliwiają dokładne pomiary odległości do wybranych obiektów, co dodatkowo wspiera nawigację i śledzenie celów.

Dane zbierane przez sensory optyczne są bezproblemowo integrowane z systemem zarządzania walką okrętu podwodnego (CMS), gdzie są przetwarzane razem z informacjami pochodzącymi z sonarów, radarów i innych narzędzi nawigacyjnych. Taka integracja zapewnia kompleksowy obraz taktyczny, pozwalając załodze na korelację danych wizualnych z innymi źródłami sensorycznymi. Na przykład wizualne potwierdzenie obecności statku wykrytego przez sonar może zweryfikować jego tożsamość i pozycję, zmniejszając ryzyko fałszywych alarmów. Przetworzone obrazy są wyświetlane na ekranach cyfrowych, gdzie operatorzy mogą monitorować, analizować i reagować na wydarzenia w czasie rzeczywistym.

Pomimo zaawansowanych możliwości, użycie sensorów optycznych musi być ostrożnie zarządzane, aby utrzymać skrytość okrętu podwodnego. Gdy maszty lub peryskopy wyposażone w sensory są podnoszone, powodują niewielkie zakłócenia na powierzchni wody, które mogą zostać wykryte przez siły przeciwnika. Dłuższa ekspozycja tych urządzeń zwiększa również ryzyko wykrycia przez radar lub rozpoznanie lotnicze. W związku z tym okręty podwodne używają tych sensorów tylko przez krótki czas, a wykwalifikowani operatorzy działają sprawnie, aby szybko zebrać niezbędne dane i schować maszt lub peryskop.

Mimo ich znaczenia, korzystanie z peryskopów, masztów i sensorów optycznych wymaga ostrożności, aby uniknąć ujawnienia obecności okrętu podwodnego. Podnoszenie peryskopów i masztów powoduje minimalne, ale wykrywalne zakłócenia na powierzchni wody. W obszarach intensywnej obserwacji, takich jak sporne strefy morskie, zakłócenia te mogą zostać zarejestrowane przez radar przeciwnika lub rozpoznanie lotnicze. Dlatego okręty podwodne zwykle używają tych urządzeń tylko przez krótki czas, minimalizując ryzyko wykrycia. Wykwalifikowani operatorzy dbają o to, aby peryskop lub maszt były szybko podnoszone i chowane, zbierając niezbędne informacje w ciągu kilku sekund.

Systemy łączności w środowisku okrętów podwodnych

Systemy łączności na okrętach podwodnych są zaprojektowane tak, aby zapewnić bezpieczną, niezawodną i skrytą komunikację z innymi jednostkami morskimi, centrami dowodzenia i sojuszniczymi statkami, minimalizując jednocześnie ryzyko wykrycia. Ze względu na zanurzone środowisko, w którym fale radiowe i sygnały elektromagnetyczne są poważnie ograniczane przez wodę, stosowane są wyspecjalizowane technologie umożliwiające skuteczną komunikację. Systemy te łączą rozwiązania podwodne, blisko powierzchni i na poziomie powierzchni, umożliwiając wymianę danych, transmisji głosowych i zaszyfrowanych wiadomości w różnych domenach.

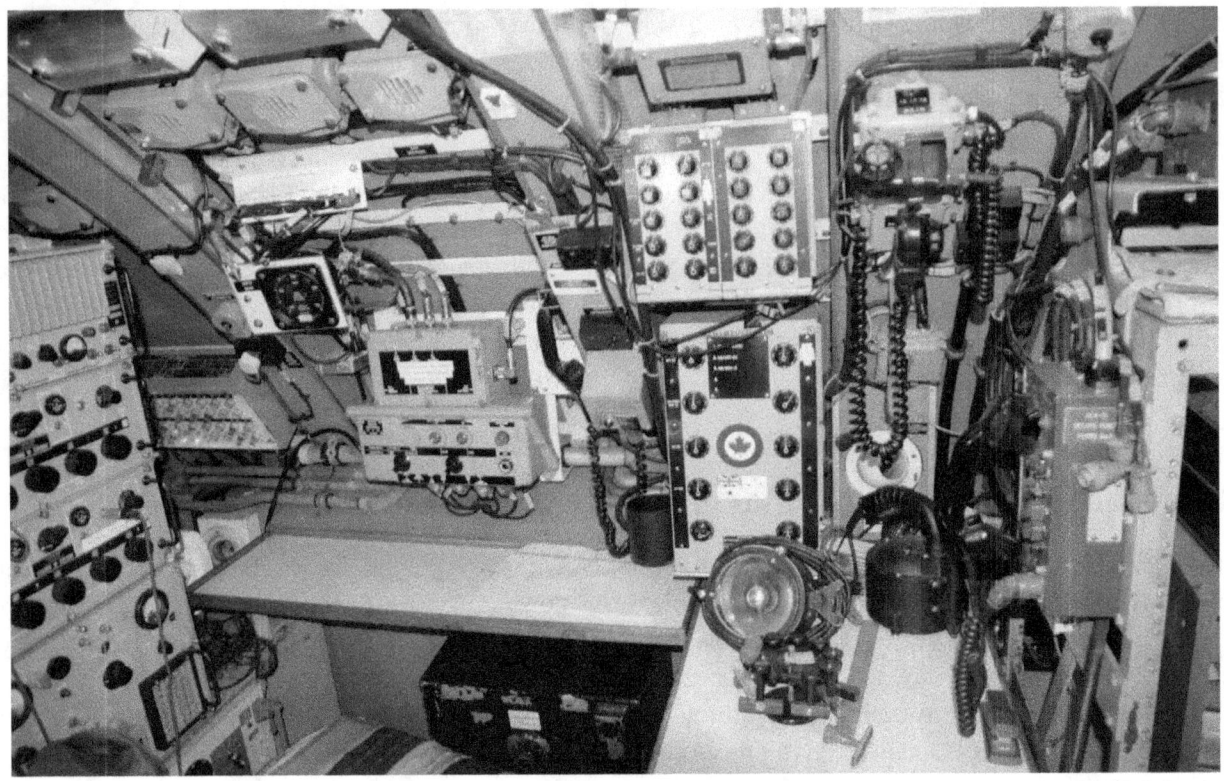

Rysunek 93: Pomieszczenie łączności HMAS Onslow, okrętu podwodnego klasy „O", 2 030 ton, zbudowanego przez Scotts w Greenock, ukończonego w 1969 roku, wycofanego ze służby w 1999 roku, w Australijskim Narodowym Muzeum Morskim w Sydney, 13 kwietnia 2016 r. Hugh Llewelyn, CC BY-SA 2.0, via Flickr.

Sygnały radiowe, szczególnie o wysokich częstotliwościach, nie przenikają skutecznie przez wodę, co ogranicza możliwości komunikacyjne, gdy okręt podwodny jest głęboko zanurzony. Ponadto, dla okrętów podwodnych operujących w środowiskach konfliktowych kluczowe znaczenie ma zachowanie skrytości, co oznacza, że komunikacja musi być krótka i starannie zarządzana, aby uniknąć wykrycia przez siły przeciwnika. W związku z tym systemy komunikacyjne są zoptymalizowane tak, aby zapewniały równowagę między łącznością, bezpieczeństwem i operacyjną tajemnicą.

Metody komunikacji

1. **Systemy bardzo niskich (VLF) i ekstremalnie niskich (ELF) częstotliwości:** Fale radiowe VLF i ELF są wykorzystywane do przesyłania sygnałów do zanurzonych okrętów podwodnych. Fale o niskiej częstotliwości mogą przenikać na kilka metrów w głąb wody, umożliwiając odbiór wiadomości przy płytkim zanurzeniu. Prędkość transmisji danych jest jednak niska, co ogranicza komunikację do prostych,

krótkich wiadomości lub zakodowanych instrukcji. Anteny VLF są zazwyczaj zintegrowane ze strukturą okrętu podwodnego lub holowane za nim za pomocą przewodu antenowego.

Systemy ELF, historycznie stosowane przez USA i Rosję, przesyłają sygnały o jeszcze niższych częstotliwościach, umożliwiając odbiór wiadomości na większych głębokościach. Jednak sygnały te ograniczają się do transmisji jednokierunkowej, co oznacza, że okręt może jedynie odbierać, a nie wysyłać wiadomości za pomocą ELF.

2. **Systemy łączności satelitarnej (SATCOM):** Podczas operacji na powierzchni lub w pobliżu peryskopowej głębokości zanurzenia, okręty podwodne mogą wysunąć maszty antenowe, aby połączyć się z sieciami satelitarnymi, co umożliwia szybszą wymianę danych i prowadzenie rozmów głosowych. Systemy satelitarne, takie jak amerykański MUOS (Mobile User Objective System) czy rosyjski GLONASS, zapewniają niezawodne połączenia do przesyłania zaszyfrowanych wiadomości, danych nawigacyjnych i raportów sytuacyjnych. Łączność satelitarna jest zazwyczaj ograniczona do krótkich okresów, aby zminimalizować ryzyko wykrycia, ponieważ podniesienie anteny może narazić okręt na wykrycie przez radar lub rozpoznanie lotnicze.

3. **Radia wysokiej (HF) i ultrawysokiej (UHF) częstotliwości:** Radia HF i UHF są używane głównie, gdy okręt podwodny znajduje się na powierzchni lub na głębokości peryskopowej. Radia HF umożliwiają komunikację na dużą odległość dzięki odbiciu fal radiowych od jonosfery, podczas gdy radia UHF nadają się do transmisji na krótsze odległości. Systemy te są kluczowe dla utrzymania kontaktu z pobliskimi jednostkami, koordynacji operacji flotowych lub komunikacji z samolotami. Sygnały HF i UHF są jednak łatwe do przechwycenia, dlatego zwykle stosuje się szyfrowanie w celu zabezpieczenia transmisji.

4. **Łączność akustyczna (podwodne systemy telefoniczne):** W pełnym zanurzeniu okręty podwodne korzystają z podwodnych systemów telefonicznych do komunikacji z innymi zanurzonymi jednostkami lub statkami nawodnymi. Systemy te przesyłają fale dźwiękowe przez wodę za pomocą przetworników, podobnie jak w technologii sonarowej. Łączność akustyczna umożliwia wymianę podstawowych informacji przy zachowaniu zanurzenia, choć jej zasięg, prędkość transmisji danych i podatność na zakłócenia od szumów tła czy warunków oceanicznych są ograniczone.

5. **Systemy boi komunikacyjnych:** W sytuacjach wymagających pozostania na dużym zanurzeniu okręt może wypuścić na powierzchnię boję komunikacyjną. Boja, połączona z okrętem przewodem, zawiera anteny dla VHF, UHF lub łączności satelitarnej. Ta metoda pozwala na wysyłanie i odbieranie wiadomości bez wynurzania się, co zmniejsza ryzyko wykrycia. Niektóre boje są zaprojektowane jako jednorazowe lub samodestrukcyjne po użyciu, aby uniknąć ujawnienia pozycji okrętu.

6. **Maszty i anteny komunikacyjne:** Okręty podwodne są wyposażone w różnorodne maszty komunikacyjne, które można wysunąć ponad powierzchnię w razie potrzeby. Maszty te zawierają anteny dla różnych pasm częstotliwości, w tym komunikacji satelitarnej, GPS i radarowej. Zaawansowane okręty podwodne często mają maszty optoelektroniczne, które integrują kamery i czujniki, co dodatkowo zwiększa świadomość sytuacyjną podczas operacji komunikacyjnych. Składane maszty pozwalają na krótkie okna komunikacyjne przy minimalnym narażeniu na wykrycie.

Rysunek 94: Starszy bosman torpedowy (TMCS) Jeffery Leonard obsługuje konsolę komunikacyjną w centrali bojowej nuklearnego okrętu podwodnego o napędzie atomowym USS NORFOLK (SSN-714), podczas gdy jeden z członków załogi korzysta z łącza telefonicznego o napędzie dźwiękowym. Archiwa Narodowe Stanów Zjednoczonych, Domen Publiczna PDM 1.0, za pośrednictwem NARA & DVIDS Public Domain Archive.

Szyfrowanie i środki bezpieczeństwa

Ze względu na wrażliwy charakter misji okrętów podwodnych, bezpieczeństwo komunikacji ma kluczowe znaczenie, aby zapobiec przechwyceniu przez siły przeciwnika. Okręty podwodne wykorzystują zaawansowane systemy kryptograficzne i protokoły komunikacji zabezpieczonej, aby zapewnić poufność przesyłanych danych. Wojskowe szyfrowanie jest podstawowym elementem tych systemów, zapewniając silną ochronę przed potencjalnym podsłuchem. Na przykład techniki szyfrowania, takie jak Advanced Encryption Standard (AES), są często stosowane do zabezpieczania kanałów komunikacyjnych, dzięki czemu przechwycone wiadomości pozostają nieczytelne bez odpowiednich kluczy deszyfrujących [316]. Wdrożenie takich protokołów szyfrowania jest niezbędne do utrzymania bezpieczeństwa operacyjnego w kontekście działań wojskowych, zwłaszcza podczas operacji okrętów podwodnych.

Podstawy Projektowania i Budowy Okrętów Podwodnych

Oprócz szyfrowania, okręty podwodne wykorzystują techniki skokowej zmiany częstotliwości w celu zwiększenia bezpieczeństwa komunikacji. Technologia Frequency-Hopping Spread Spectrum (FHSS) polega na szybkim przełączaniu częstotliwości nośnej sygnału zgodnie z wcześniej ustaloną sekwencją. Ta technika nie tylko pomaga uniknąć zakłóceń, ale także utrudnia wykrycie i przechwycenie komunikacji przez przeciwników [317]. Badania wskazują, że skokowa zmiana częstotliwości może znacząco zmniejszyć prawdopodobieństwo wykrycia i przechwycenia, zwiększając tym samym ogólne bezpieczeństwo komunikacji wojskowej [318]. Ponadto wykorzystanie grup multiplikatywnych i addytywnych do konstrukcji optymalnych sekwencji skokowych częstotliwości udowodniło zwiększoną odporność systemów na zakłócenia i podsłuch [319].

Warto również wspomnieć o integracji zaawansowanych technologii w systemach komunikacyjnych okrętów podwodnych. Nowatorskie metody, takie jak dystrybucja kluczy kwantowych (Quantum Key Distribution, QKD), są badane pod kątem ich potencjału do zapewnienia kanałów komunikacyjnych, które są teoretycznie odporne na podsłuch [320]. Dodatkowo zastosowanie adaptacyjnych systemów MIMO-OFDM w komunikacji opartej na skokowej zmianie częstotliwości wykazało poprawę odporności na zakłócenia, co jest szczególnie korzystne w złożonych środowiskach elektromagnetycznych, w których często operują okręty podwodne [321]. Połączenie tych technologii nie tylko zwiększa bezpieczeństwo komunikacji okrętów podwodnych, ale także zapewnia, że dane mogą być przesyłane w sposób efektywny i niezawodny, nawet w warunkach wrogich.

Integracja z systemami zarządzania walką (CMS)

Integracja systemów komunikacyjnych z systemem zarządzania walką okrętu podwodnego (Combat Management System, CMS) ma kluczowe znaczenie dla zapewnienia skutecznych możliwości operacyjnych. Integracja ta umożliwia płynną koordynację między systemami nawigacji, uzbrojenia i planowania misji, co znacząco usprawnia proces podejmowania decyzji taktycznych. CMS przetwarza dane w czasie rzeczywistym z różnych kanałów komunikacyjnych, co jest niezbędne do utrzymania świadomości sytuacyjnej i skutecznego wykonywania manewrów taktycznych.

Badania wskazują, że oficer wachtowy (Officer of the Watch, OOW) odgrywa kluczową rolę w tym zintegrowanym środowisku. OOW często komunikuje się z systemem Submarine Warfare Federated Tactical Systems (SWFTS), aby potwierdzić obraz taktyczny i podejmować świadome decyzje na podstawie danych otrzymanych z różnych sensorów [322]. Taka komunikacja jest szczególnie istotna podczas manewrów, ponieważ zapewnia synchronizację zespołu i pełną świadomość obecnej sytuacji operacyjnej, wspierając tym samym skuteczne wykonanie misji [248]. Dzięki integracji tych systemów okręty podwodne mogą utrzymywać spójność z operacjami floty, odbierać zaktualizowane rozkazy misji oraz przekazywać dane wywiadowcze do centrów dowodzenia, co jest kluczowe dla sukcesu operacyjnego [246].

Ponadto integracja systemów komunikacyjnych z CMS umożliwia okrętom podwodnym przetwarzanie danych z wielu źródeł w czasie rzeczywistym. Ta zdolność jest niezbędna do stworzenia dokładnego obrazu taktycznego, który umożliwia oficerowi wachtowemu (OOW) lub dowódcy (Commanding Officer, CO) podejmowanie szybkich i skutecznych decyzji [246]. Szybkie przetwarzanie i analiza danych zwiększają zdolność okrętu do reagowania na zmieniające się warunki operacyjne i zagrożenia, poprawiając tym samym jego efektywność taktyczną [322].

SWFTS zapewnia również wspólne ramy operacyjne dla różnych flot okrętów podwodnych, co standaryzuje działania i zwiększa interoperacyjność sił sojuszniczych [248]. Standaryzacja ta ma szczególne znaczenie w operacjach międzynarodowych, gdzie koordynacja i komunikacja między różnymi platformami są kluczowe dla powodzenia misji. Integracja systemów komunikacyjnych z CMS nie tylko wspiera podejmowanie decyzji taktycznych, ale także umożliwia efektywną współpracę okrętów podwodnych z innymi jednostkami floty, zwiększając tym samym skuteczność operacyjną [246].

Procedury i protokoły komunikacyjne

Okręty podwodne działają zgodnie z rygorystycznymi protokołami komunikacyjnymi, aby utrzymać niewykrywalność i zminimalizować ryzyko wykrycia. Załoga przestrzega zasad cichej pracy (silent running), w ramach których utrzymywana jest cisza radiowa, chyba że komunikacja jest absolutnie konieczna. Wiadomości są często przygotowywane z wyprzedzeniem i przesyłane szybko w krótkich oknach komunikacyjnych. W sytuacjach awaryjnych okręty podwodne mogą nadawać sygnały alarmowe lub prosić o pomoc za pośrednictwem wyznaczonych częstotliwości awaryjnych.

Systemy komunikacji awaryjnej

W przypadku katastrofalnej awarii lub utraty łączności okręty podwodne są wyposażone w systemy komunikacji awaryjnej, takie jak satelitarne nadajniki alarmowe lub boje sygnalizacyjne. Systemy te są aktywowane wyłącznie w sytuacji bezpośredniego zagrożenia dla załogi, na przykład po wypadku lub unieruchomieniu okrętu. Sygnały te mają na celu powiadomienie sił sojuszniczych o pozycji okrętu podwodnego w celu przeprowadzenia akcji ratunkowej lub odzyskania jednostki.

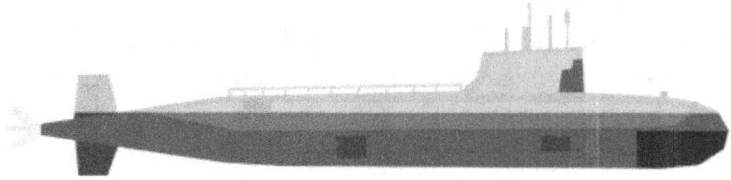

Podstawy Projektowania i Budowy Okrętów Podwodnych

Rozdział 9
Bezpieczeństwo i Kontrola Uszkodzeń na Okrętach Podwodnych

Systemy Hydrauliczne i Redundancja Systemowa

Systemy hydrauliczne odgrywają kluczową rolę w operacjach okrętów podwodnych, zapewniając precyzyjny ruch i kontrolę niezbędną dla kluczowych komponentów, szczególnie w środowiskach, gdzie systemy elektryczne mogą być mniej praktyczne lub bardziej narażone na uszkodzenia. Systemy te umożliwiają płynne i niezawodne działanie poprzez generowanie siły dzięki sprężaniu płynu hydraulicznego, który jest następnie wykorzystywany do poruszania różnymi elementami mechanicznymi w całej jednostce.

W ciasnym i wymagającym środowisku okrętu podwodnego systemy hydrauliczne są szczególnie odpowiednie ze względu na ich kompaktowe rozmiary, wysoką wydajność siłową oraz cichą pracę, co zwiększa właściwości stealth jednostki. Płyn hydrauliczny krąży w zamkniętym obiegu obejmującym pompy, zawory, siłowniki i zbiorniki, zapewniając precyzyjną kontrolę nad operacjami mechanicznymi nawet pod ogromnym ciśnieniem w głębinach oceanu.

Systemy hydrauliczne są kluczowe do sterowania sterami głębokości i sterem kierunku, które są niezbędne do manewrowania. Stery głębokości regulują pionową pozycję okrętu, podczas gdy ster kierunku odpowiada za ruch poziomy. Napęd hydrauliczny umożliwia tym elementom szybką i precyzyjną reakcję na polecenia załogi, pozwalając na płynną zmianę głębokości i kursu.

Rury torpedowe oraz pionowe systemy startowe (VLS) również w dużym stopniu zależą od hydrauliki. Systemy te wymagają znacznej siły do otwierania drzwi, ładowania i wyrzucania torped oraz wystrzeliwania pocisków. Mechanizmy hydrauliczne gwarantują niezawodne działanie tych komponentów, zachowując szczelność przed wodą w przedziałach okrętu oraz umożliwiając szybkie i precyzyjne rozmieszczanie uzbrojenia.

Płynny i kontrolowany ruch niezbędny do podnoszenia i opuszczania masztów, takich jak peryskopy, anteny i chrapy, jest osiągany dzięki systemom hydraulicznym. Systemy te umożliwiają szybkie rozkładanie i składanie masztów przy minimalnym hałasie, co ma kluczowe znaczenie dla zachowania właściwości stealth. Ta funkcjonalność jest szczególnie istotna podczas operacji rozpoznawczych lub komunikacyjnych na głębokości peryskopowej, gdzie czas ekspozycji musi być zminimalizowany, aby uniknąć wykrycia.

Hydraulika obsługuje również ciężkie, wodoszczelne włazy okrętu, zapewniając ich szczelność przed wysokim ciśnieniem wody na ekstremalnych głębokościach. W sytuacjach awaryjnych hydrauliczne mechanizmy otwierania włazów umożliwiają szybki dostęp do komór ratunkowych, zwiększając bezpieczeństwo załogi. Sterowanie i kontrola wyważenia okrętu są również wspierane przez systemy hydrauliczne, które zarządzają balastem i zbiornikami trymowymi. Te regulacje utrzymują stabilność i pływalność, pozwalając jednostce na zachowanie równowagi i zwinności podczas zanurzania, wynurzania lub poruszania się na różnych głębokościach.

Systemy hydrauliczne w okrętach podwodnych składają się z kilku kluczowych elementów, w tym pomp generujących niezbędne ciśnienie do przepływu płynu w układzie. Zbiorniki magazynują płyn hydrauliczny, zapewniając jego odpowiednią ilość do utrzymania ciśnienia systemowego i kompensacji ewentualnych wycieków. Zawory kierują przepływem płynu do określonych siłowników, które przekształcają ciśnienie hydrauliczne w siłę mechaniczną, umożliwiając ruch kluczowych elementów, takich jak stery czy płetwy sterujące głębokością. Filtry eliminują zanieczyszczenia z płynu, zapobiegając awariom systemu, podczas gdy akumulatory magazynują sprężony płyn, dostarczając dodatkowej mocy w razie potrzeby.

Systemy hydrauliczne oferują liczne zalety w operacjach okrętów podwodnych. Ich kompaktowa i solidna konstrukcja generuje wysoką siłę, umożliwiając efektywne działanie krytycznych systemów w ograniczonej przestrzeni okrętu. Ponieważ są mniej podatne na zakłócenia elektryczne, systemy hydrauliczne działają niezawodnie w trudnych warunkach podwodnych. Ich cicha praca wspiera właściwości stealth, minimalizując ryzyko wykrycia przez siły wroga.

Ze względu na znaczenie systemów hydraulicznych, regularna konserwacja jest niezbędna do zapewnienia optymalnej wydajności. Załogi okrętów podwodnych rutynowo sprawdzają systemy pod kątem wycieków, monitorują poziom płynu i wymieniają filtry, aby utrzymać maksymalną efektywność operacyjną. Protokoły bezpieczeństwa zapobiegają zanieczyszczeniu płynu hydraulicznego, które mogłoby zagrozić działaniu systemu. Redundantne systemy i ręczne systemy awaryjne gwarantują, że kluczowe elementy pozostają sprawne w przypadku awarii hydrauliki, zapewniając zdolności nawigacyjne i bojowe okrętu.

Systemy hydrauliczne są nieodzownym elementem operacji okrętów podwodnych, napędzając wszystko — od sterowania i manewrowania po rozmieszczanie uzbrojenia i mechanizmy pokładowe. Ich niezawodność, precyzja i cicha praca czynią je idealnymi do pracy w wymagającym środowisku podwodnym. Dzięki tym systemom okręty podwodne mogą działać skutecznie, zapewniając sukces misji przy zachowaniu bezpieczeństwa i właściwości stealth.

Systemy hydrauliczne okrętów podwodnych zawierają liczne redundancje, aby zapewnić ciągłość działania w trudnych warunkach. Ze względu na kluczową rolę tych systemów w sterowaniu, zanurzaniu, rozmieszczaniu uzbrojenia i obsłudze włazów, redundancja jest niezbędna dla bezpieczeństwa załogi i realizacji misji. Projekt tych redundancji gwarantuje, że nawet w sytuacjach awaryjnych lub w przypadku awarii komponentów, kluczowe funkcje hydrauliczne pozostają operacyjne.

Pierwszym poziomem redundancji są liczne niezależne pompy. Okręty podwodne są zazwyczaj wyposażone zarówno w pompy hydrauliczne zasilane elektrycznie, jak i obsługiwane ręcznie. Jeśli główne pompy elektryczne ulegną awarii z powodu uszkodzeń elektrycznych lub innych usterek, członkowie załogi mogą używać pomp ręcznych, aby utrzymać ciśnienie hydrauliczne i kontrolować kluczowe systemy, takie jak stery i płetwy sterujące głębokością. Niektóre okręty podwodne posiadają także zapasowe pompy zasilane bateriami, zapewniając funkcjonalność systemów nawet w przypadku awarii głównej sieci elektrycznej.

Podstawy Projektowania i Budowy Okrętów Podwodnych

Dodatkową niezawodność systemu zapewniają wielokrotne obwody hydrauliczne. Obwody te działają niezależnie, co zmniejsza prawdopodobieństwo, że pojedyncza awaria unieruchomi całą sieć hydrauliczną. Na przykład jeden obwód może sterować systemem wyrzutni torped, podczas gdy inny zarządza płetwami sterującymi głębokością i sterami. Jeśli jeden obwód ulegnie awarii, drugi pozostaje sprawny, utrzymując częściową funkcjonalność kluczowych komponentów.

Aby zapobiec utracie ciśnienia spowodowanej wyciekami lub pęknięciami, okręty podwodne wykorzystują zawory odcinające rozmieszczone w strategicznych punktach sieci hydraulicznej. Zawory te pozwalają operatorom odizolować sekcje systemu, w których wystąpiły wycieki, zachowując ciśnienie hydrauliczne w nienaruszonych obszarach. Taka strategia izolacji gwarantuje, że krytyczne podsystemy nadal działają, nawet jeśli część systemu ulegnie uszkodzeniu.

Okręty podwodne wyposażone są również w akumulatory hydrauliczne, które magazynują sprężony płyn hydrauliczny. Akumulatory te pełnią funkcję awaryjnych zbiorników, uwalniając zmagazynowane ciśnienie hydrauliczne w razie potrzeby, aby zasilać kluczowe komponenty. Ta funkcja jest szczególnie przydatna w sytuacjach bojowych, gdzie wymagana jest szybka reakcja, lub w nagłych wypadkach, gdy pompy mogą być wyłączone. Akumulatory zapewniają możliwość działania kluczowych systemów, takich jak sterowanie czy włazy, przez ograniczony czas, nawet jeśli system pomp hydraulicznych jest nieaktywny.

Redundantne systemy sterowania stanowią dodatkową warstwę niezawodności. Sterowanie hydrauliczne jest często zdublowane, z dostępem do zapasowych mechanizmów sterowania ręcznego lub mechanicznego. Na przykład krytyczne elementy sterowania płetwami głębokości i sterami mogą być obsługiwane ręcznie w przypadku awarii automatycznych lub zdalnych systemów sterowania. Taka podwójna zdolność sterowania zapewnia, że załoga może utrzymać funkcje nawigacyjne i bojowe w każdych okolicznościach.

Aby zapobiec zanieczyszczeniom, w całym systemie hydraulicznym instalowane są filtry. Filtry te zapobiegają zatykania zaworów lub uszkodzeniom siłowników przez zanieczyszczenia lub cząstki stałe. Redundantne systemy filtracyjne pozwalają na ciągłą pracę; w przypadku zatkania jednego filtra system może przełączyć się na filtr zapasowy bez przerywania przepływu hydraulicznego.

Systemy monitorujące dostarczają danych w czasie rzeczywistym na temat poziomu płynu hydraulicznego, ciśnienia i temperatury. Alarmy ostrzegają załogę o wszelkich nieprawidłowościach, takich jak spadki ciśnienia czy zanieczyszczenie płynu. Pozwala to na szybką interwencję, minimalizując ryzyko awarii systemu.

Oprócz tych redundancji, systemy obejść awaryjnych mogą być aktywowane, jeśli regularne ścieżki hydrauliczne zostaną zablokowane lub uszkodzone. Obejścia te utrzymują przepływ płynu hydraulicznego do kluczowych komponentów, zapewniając operacyjność okrętu podwodnego w sytuacjach awaryjnych.

Zasady Hydrauliki

Systemy hydrauliczne są integralną częścią współczesnych operacji okrętów podwodnych, stanowiąc znaczący postęp w porównaniu z jednostkami przedwojennymi. W przeciwieństwie do wcześniejszych okrętów podwodnych, które polegały na napędzie ręcznym, elektrycznym lub sprężonym powietrzu, współczesne okręty coraz częściej wykorzystują systemy hydrauliczne do realizacji kluczowych funkcji. Przejście na systemy hydrauliczne wynika z ich unikalnych zalet: kompaktowych rozmiarów, niezawodności działania i cichej pracy, które są niezbędne dla ukrycia i funkcjonalności podwodnych jednostek [323].

W pierwszych okrętach podwodnych energia była często generowana ręcznie lub za pomocą systemów elektrycznych. Obsługa ręczna miała swoje ograniczenia, ponieważ nie była w stanie sprostać dużym zapotrzebowaniom na moc przez dłuższy czas i wymagała ciągłego zaangażowania załogi. Systemy elektryczne, choć szeroko stosowane w okrętach podwodnych do napędu i funkcji pomocniczych, napotykały trudności przy przemieszczaniu ciężkich elementów, takich jak stery czy płetwy głębokości. Silniki elektryczne generują hałas przez ruchome części mechaniczne i mają trudności z precyzyjnym, natychmiastowym zatrzymaniem. Systemy pneumatyczne były inną opcją, jednak sprężone powietrze wiązało się z ryzykiem wycieków, niską efektywnością i zwiększonymi wymaganiami konserwacyjnymi z powodu strat ciśnienia [323].

Systemy hydrauliczne stały się optymalnym rozwiązaniem dla wielu operacji pokładowych, ponieważ pokonują te ograniczenia. Hydraulika oferuje równowagę między siłą a precyzją. Możliwość generowania dużej siły z kompaktowych komponentów oraz zdolność do natychmiastowego startu i zatrzymania pozwalają systemom hydraulicznym na kontrolowanie wrażliwych mechanizmów, takich jak płetwy głębokości i stery, z wyjątkową precyzją. Ponadto systemy hydrauliczne są z natury cichsze niż ich elektryczne i pneumatyczne odpowiedniki, co jest kluczowe dla okrętów podwodnych polegających na ukryciu w celu uniknięcia wykrycia przez przeciwnika.

Jednym z głównych zastosowań systemów hydraulicznych w okrętach podwodnych jest kontrola kluczowych elementów sterowania, takich jak stery i płetwy głębokości. Systemy te umożliwiają okrętowi podwodnemu szybkie i precyzyjne dostosowywanie głębokości oraz kierunku, co zapewnia sprawną nawigację w trudnych warunkach podwodnych. Systemy hydrauliczne znajdują również zastosowanie w systemach uzbrojenia, takich jak wyrzutnie torped i pionowe systemy startowe (VLS). Umożliwiają one płynną obsługę włazów i kontrolowane wystrzeliwanie torped oraz pocisków, zapewniając zarówno bezpieczeństwo, jak i niezawodność podczas działań bojowych [323].

Hydraulika jest niezbędna do podnoszenia i opuszczania masztów, takich jak peryskopy i anteny, które muszą być precyzyjnie i szybko rozmieszczane oraz chowane. System hydrauliczny gwarantuje płynne działanie tych wrażliwych instrumentów, minimalizując czas ekspozycji okrętu na wykrycie. Dodatkowo systemy hydrauliczne obsługują wodoszczelne włazy, zapewniając integralność strukturalną jednostki na różnych głębokościach, poprzez utrzymanie uszczelnienia przed naporem wody.

Infrastruktura hydrauliczna okrętu podwodnego składa się z kilku podstawowych komponentów. Pompy hydrauliczne generują niezbędne ciśnienie do cyrkulacji płynu w systemie, zapewniając stałą wydajność. Zawory kontrolują przepływ płynu, kierując go do siłowników odpowiedzialnych za poruszanie częściami mechanicznymi, takimi jak stery, włazy i płetwy głębokości. Płyn hydrauliczny, zazwyczaj lekki olej, pełni rolę zarówno medium energetycznego, jak i środka smarnego dla systemu, zapewniając płynność działania. Filtry i akumulatory pomagają utrzymać zdrowie systemu, usuwając zanieczyszczenia z płynu i zapewniając dodatkowe ciśnienie w razie potrzeby.

Utrzymanie systemów hydraulicznych jest kluczowe dla bezpieczeństwa i niezawodności okrętu podwodnego. Załoga regularnie sprawdza szczelność systemu, monitoruje poziom płynu oraz wymienia filtry, aby system hydrauliczny pozostawał w optymalnym stanie. Redundantne ręczne mechanizmy sterujące umożliwiają obsługę kluczowych systemów w przypadku awarii hydrauliki, co zapewnia, że okręt może kontynuować bezpieczne funkcjonowanie w sytuacjach awaryjnych.

Struktura Prostej Instalacji Hydraulicznej

Podstawowy system hydrauliczny, taki jak ten używany do otwierania i zamykania drzwi, ilustruje, jak działa hydraulika na fundamentalnym poziomie. Kluczowe elementy obejmują zbiornik, który przechowuje płyn hydrauliczny, pompę do sprężania płynu, cylinder wykonawczy zamieniający ciśnienie płynu na ruch mechaniczny oraz zawory sterujące przepływem płynu. Zbiornik, zazwyczaj umieszczony na wyższym poziomie, aby wspomagać grawitacyjny przepływ płynu, zapewnia, że system pozostaje napełniony i kompensuje ewentualne wycieki. Pompa, często w postaci ręcznie obsługiwanego tłoka w prostych systemach, dostarcza ciśnienie potrzebne do przepływu płynu hydraulicznego do cylindra wykonawczego.

W typowym systemie, gdy pompa jest uruchamiana, płyn hydrauliczny jest pobierany ze zbiornika i tłoczony do cylindra za pośrednictwem przewodu ciśnieniowego. Zawór odcinający zapobiega ucieczce sprężonego płynu, utrzymując drzwi w pożądanej pozycji. Zawór zwrotny w przewodzie powrotnym zapewnia, że płyn płynie tylko w jednym kierunku, zapobiegając cofaniu się płynu i utrzymując integralność systemu. Gdy zawór odcinający zostanie otwarty, sprężony płyn wraca do zbiornika, a drzwi wracają do pierwotnej pozycji.

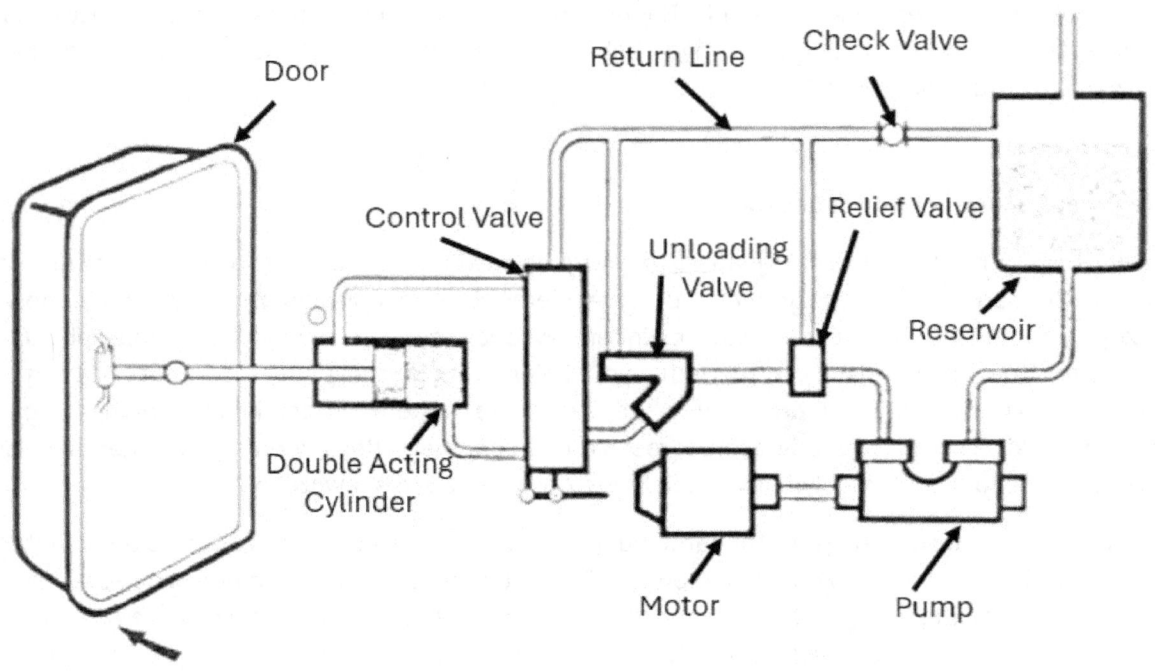

Rysunek 95: Napędzany system hydrauliczny.

Podczas gdy proste, ręcznie obsługiwane systemy hydrauliczne są skuteczne w przypadku małych zadań, okręty podwodne wymagają bardziej zaawansowanych, zautomatyzowanych systemów do obsługi swoich złożonych operacji. Napędzane systemy hydrauliczne wykorzystują zmotoryzowane pompy, cylindry dwustronnego działania oraz zawory sterujące, aby zapewnić szybki i precyzyjny ruch. W takich systemach ciecz może przepływać na obie strony cylindra roboczego, aby otworzyć lub zamknąć mechanizm, a zawory sterujące regulują kierunek przepływu.

Ciągła praca pompy hydraulicznej zapewnia natychmiastową dostępność ciśnienia, podczas gdy zawory bezpieczeństwa chronią system przed nadmiernym ciśnieniem, przekierowując nadmiar płynu z powrotem do zbiornika. Zawory obejściowe dodatkowo zwiększają efektywność systemu, minimalizując niepotrzebne krążenie płynu, gdy komponenty nie są używane, co zmniejsza tarcie i nagrzewanie się cieczy.

Systemy hydrauliczne nie są jednak pozbawione wyzwań. W miarę przepływu cieczy przez rurociągi i komponenty tarcie oraz turbulencje generują ciepło, co prowadzi do termicznej rozszerzalności cieczy. Nagromadzenie ciepła może obniżyć wydajność systemu, co wymaga starannego projektowania w celu minimalizacji strat mocy. Inżynierowie muszą uwzględnić straty tarcia, wybierając odpowiednie ciśnienia pomp, rozmiary cylindrów i średnice rur, aby zapewnić wystarczającą siłę do wszystkich operacji.

Podstawy Projektowania i Budowy Okrętów Podwodnych

W praktyce okręty podwodne wykorzystują wiele systemów hydraulicznych do sterowania kluczowymi funkcjami. Obejmuje to sterowanie sterem, przechylanie dziobowych i rufowych płyt sterowych oraz obsługę zaworów zalewowych, drzwi wyrzutni torpedowych, podnośników peryskopów i masztów antenowych. Główny system hydrauliczny pełni funkcję kręgosłupa dla licznych operacji, od zarządzania zaworami wydechowymi silnika po zasilanie awaryjnych systemów sterowania. Integracja napędu hydraulicznego zapewnia, że okręt podwodny może wykonywać złożone manewry z precyzją i utrzymywać gotowość operacyjną w różnych warunkach.

Systemy te polegają na generowaniu mocy hydraulicznej za pomocą pomp napędzanych silnikami elektrycznymi. Silniki hydrauliczne, szczególnie cylindry robocze, przekształcają ciśnienie hydrauliczne generowane przez pompy w energię mechaniczną, umożliwiając precyzyjną kontrolę nad wyposażeniem. Pompy pełnią rolę centralnego źródła mocy hydraulicznej, utrzymując stałe ciśnienie w całym systemie, co pozwala na płynną i niezawodną pracę.

Pompa IMO, pompa rotacyjna stosowana w okrętach podwodnych, jest kluczowym elementem systemu hydraulicznego. IMO oznacza *Ingenjörsfirman Malmström och Olson*, nazwę szwedzkiej firmy inżynieryjnej, która pierwotnie opracowała i opatentowała konstrukcję tych pomp śrubowych. Pompy te są cenione za swoją wydajność, niezawodność i cichą pracę, co czyni je idealnym rozwiązaniem w wymagających środowiskach, takich jak okręty podwodne.

Pompa ta składa się z cylindrycznej obudowy, w której znajdują się trzy gwintowane wirniki. Wirniki te działają podobnie do przekładni ślimakowych, a ich zazębiające się powierzchnie tworzą ciągłe uszczelnienie podczas obrotu. Olej wchodzi przez port ssący, a następnie jest przemieszczany przez pompę, ostatecznie opuszczając ją przez port wylotowy. Precyzyjna konstrukcja wirników minimalizuje wycieki, pozwalając na utratę jedynie niewielkiej ilości oleju wzdłuż drogi przepływu [323].

Wirniki znajdują się w wyjmowanej tulei, co ułatwia konserwację i wymianę. Tuleja, składająca się z dwóch połączonych śrubami sekcji, pasuje ciasno do obudowy, zapewniając stabilność podczas pracy. Konstrukcja pompy zawiera tuleję prowadzącą i uszczelkę, które zapobiegają wyciekom wokół wału wirnika, a wszelkie wyciekające oleje są zbierane w kubku ociekowym [323].

Gdy ciecz hydrauliczna przepływa przez pompę, napotyka opór w systemie, co generuje ciśnienie. W głównym systemie hydraulicznym okrętu podwodnego ciśnienie to może wynosić od 600 do 700 funtów na cal kwadratowy. Siła generowana przez to ciśnienie działa na wirniki, tworząc ciąg osiowy, który mógłby zwiększyć tarcie i prowadzić do przedwczesnego zużycia. Aby temu zapobiec, w pompie zastosowano połączenie równoważące.

To połączenie równoważące kieruje część wypompowanego oleju z powrotem na stronę ssącą pompy, wyrównując ciśnienie na obu końcach wirników. W rezultacie wirniki są efektywnie "unoszone" między równymi ciśnieniami oleju, co zapobiega nadmiernemu ciągowi osiowemu i zmniejsza tarcie. Zapewnia to cichą, wydajną pracę pompy przy minimalnej potrzebie konserwacji przez długi czas, co czyni ją idealnym rozwiązaniem w operacjach na okrętach podwodnych [323].

Główny system hydrauliczny stanowi kręgosłup infrastruktury hydraulicznej okrętu podwodnego, zasilając liczne kluczowe komponenty. Dystrybuuje on sprężoną ciecz do różnych systemów, takich jak zbiorniki balastowe, zawory powietrzne, drzwi wyrzutni torpedowych i mechanizmy przechyłu płyt dziobowych. Obsługuje również systemy pomocnicze, w tym przednie urządzenia windlass-and-capstan oraz wyposażenie sonarowe (głowice dźwiękowe). W nowoczesnych okrętach podwodnych moc hydrauliczna jest również wykorzystywana do obsługi peryskopów i masztów antenowych, które wcześniej były napędzane elektrycznie.

W sytuacjach awaryjnych główny system hydrauliczny zapewnia moc rezerwową do systemu sterowania oraz mechanizmów przechyłu płyt dziobowych i rufowych. Chociaż systemy te zazwyczaj mają niezależne źródła zasilania, integracja głównego systemu hydraulicznego zapewnia redundancję i niezawodność operacyjną [323].

Główny system hydrauliczny składa się z kilku współzależnych komponentów. System generowania mocy, który obejmuje pompy, takie jak pompa IMO, wytwarza niezbędne ciśnienie hydrauliczne. Zawory zalewowe i odpowietrzające połączone ze zbiornikami balastowymi kontrolują pływalność, podczas gdy podnośniki peryskopowe i masztów radiowych wykorzystują ciśnienie hydrauliczne do rozkładania i składania kluczowego sprzętu. Przednie i tylne linie serwisowe rozprowadzają sprężoną ciecz do różnych części okrętu podwodnego, a systemy awaryjne zapewniają ciągłość działania w przypadku awarii systemu głównego.

System generowania mocy na okrętach podwodnych stanowi integralną część infrastruktury hydraulicznej, dostarczając niezbędną siłę do licznych operacji na pokładzie. System ten składa się z kilku połączonych ze sobą komponentów, które generują, magazynują i zarządzają mocą hydrauliczną, zapewniając płynną pracę krytycznych funkcji okrętu podwodnego. Kluczowym elementem tego systemu są pompy IMO, odpowiedzialne za tworzenie ciśnienia niezbędnego do napędzania różnych mechanizmów hydraulicznych.

Dwie pompy IMO służą jako główne źródła mocy hydraulicznej. Każda z nich działa za pomocą wirnika napędowego bezpośrednio połączonego z silnikiem elektrycznym o mocy 18 koni mechanicznych, pracującym z prędkością około 1750 obrotów na minutę. Pompy mogą działać niezależnie lub jednocześnie, w zależności od zapotrzebowania systemu hydraulicznego. W standardowych warunkach jedna pompa wystarczy do zaspokojenia potrzeb systemu, ale obie mogą być aktywowane, gdy wymagane jest większe wydajność hydrauliczna. Pompy wyposażono w ręczne lub automatyczne sterowanie, umożliwiające skuteczne zarządzanie ich pracą.

Olej, będący medium roboczym w systemie hydraulicznym, dostarczany jest z głównego zbiornika o pojemności 50 galonów. Zazwyczaj w zbiorniku utrzymuje się około 35 galonów oleju, co pozwala na jego rozszerzanie oraz odprowadzanie nadmiaru oleju z akumulatora. Zbiornik zaprojektowano tak, aby zapewnić ciągły przepływ cieczy hydraulicznej przez system, gdy olej wraca do zbiornika na oczyszczenie i recyrkulację. Wizjery na boku zbiornika umożliwiają monitorowanie poziomu oleju, a zawór spustowy na dnie pozwala na usuwanie wody, która mogłaby się zgromadzić [323].

Akumulator jest kolejnym kluczowym elementem, zaprojektowanym do magazynowania i dystrybucji cieczy hydraulicznej pod ciśnieniem. Funkcjonuje podobnie jak akumulator w systemie elektrycznym, odbierając olej z pomp i utrzymując go pod ciśnieniem aż do momentu użycia. Akumulator składa się z cylindra olejowego, cylindra powietrznego oraz tłoka, który porusza się między nimi. Sprężone powietrze wywiera nacisk na wewnętrzną powierzchnię tłoka, podczas gdy ciśnienie oleju działa na powierzchnię zewnętrzną. Taka konfiguracja pozwala tłokowi poruszać się w zależności od równowagi między ciśnieniem powietrza a oleju, zapewniając stabilne ciśnienie w systemie hydraulicznym.

Podstawy Projektowania i Budowy Okrętów Podwodnych

Aby zapobiec nadmiernemu osiowemu naciskowi na wirniki pomp, stosuje się mechanizm wyrównawczy. Składa się on z małej rurki łączącej stronę tłoczną pompy z kanałem wyrównawczym po stronie ssawnej. Kanał ten zapewnia równomierne ciśnienie oleju na obu końcach wirników, zapobiegając nadmiernemu tarciu i zużyciu. Funkcja wyrównawcza ma kluczowe znaczenie dla trwałości i wydajności pomp, pozwalając im na ciągłą pracę przy minimalnym serwisowaniu [323].

System wykorzystuje również kolektory dostawcze i powrotne, które rozprowadzają ciecz hydrauliczną do różnych mechanizmów na pokładzie oraz zbierają ją do recyrkulacji. Kolektor dostawczy wyposażono w liczne zawory do kontrolowania przepływu cieczy do różnych linii serwisowych, w tym systemów awaryjnych do sterowania i przechylania płyt. Szybkoruchomy zawór odcinający na kolektorze pozwala na szybkie odizolowanie systemu w razie potrzeby, a zawór bezpieczeństwa zapewnia, że ciśnienie nie przekroczy bezpiecznych granic, zazwyczaj ustawionych na 600–750 funtów na cal kwadratowy [323].

Zawór sterujący pełni kluczową rolę w zarządzaniu automatycznym zaworem obejściowym, który reguluje przepływ oleju hydraulicznego w zależności od stanu akumulatora. Gdy akumulator jest w pełni naładowany, zawór sterujący kieruje olej do otwarcia zaworu obejściowego, przekierowując przepływ z powrotem na stronę ssawną pompy. Gdy akumulator się rozładowuje, zawór sterujący zamyka obejście, umożliwiając pompom ponowne naładowanie akumulatora. Mechanizm ten zapewnia efektywne wykorzystanie energii i zapobiega przeciążeniu systemu.

Bezpieczeństwo i izolacja dźwiękowa są również kluczowymi elementami systemu zasilania hydraulicznego. Zawory zwrotne instalowane są w celu zapobiegania cofaniu się cieczy, chroniąc przed utratą oleju w przypadku awarii rurociągu. Dodatkowo elastyczne przewody gumowe łączą pompy z resztą systemu, minimalizując przenoszenie hałasu, co zmniejsza ryzyko wykrycia przez siły przeciwnika. Węże te są uzupełnione dodatkowymi zaworami zwrotnymi, aby zabezpieczyć system przed przypadkowym wyciekiem oleju w razie uszkodzenia przewodu.

Eksploatacja hydraulicznego systemu napędowego wymaga starannego zarządzania. Przed uruchomieniem cały system musi być napełniony olejem, a akumulator naładowany sprężonym powietrzem. Szybkozamykające zawory odcinające są otwierane, aby umożliwić przepływ cieczy, a pompy są uruchamiane w celu wytworzenia ciśnienia hydraulicznego. Podczas pracy akumulator magazynuje olej pod ciśnieniem, gotowy do zasilania różnych mechanizmów. Konstrukcja systemu umożliwia jednoczesną pracę obu pomp lub naprzemienne ich użycie, co zapewnia równomierne zużycie i stałą wydajność [323].

Główny system hydrauliczny stanowi przykład precyzji i niezawodności niezbędnej w operacjach okrętów podwodnych. Zasila kluczowe elementy, takie jak zawory zbiorników balastowych, drzwi wyrzutni torpedowych, podnośniki peryskopów oraz mechanizmy sterowania, zapewniając bezpieczne i wydajne wykonywanie najważniejszych funkcji okrętu. Połączenie dobrze skoordynowanych komponentów, redundancji i funkcji bezpieczeństwa gwarantuje płynną pracę systemu hydraulicznego, dostarczając okrętowi niezbędną moc zarówno w rutynowych działaniach, jak i w sytuacjach awaryjnych.

System kontroli zalewania i odpowietrzania

System kontroli zalewania i odpowietrzania jest kluczowy dla zdolności okrętu podwodnego do zarządzania pływalnością, umożliwiając mu zanurzanie, wynurzanie oraz utrzymywanie głębokości. System ten działa za pomocą sieci zbiorników, z których każdy pełni określone funkcje. Poprzez kontrolę napływu i wypływu wody morskiej oraz powietrza okręt może osiągnąć neutralną, dodatnią lub ujemną pływalność, w zależności od potrzeb. Zbiorniki otaczające kadłub ciśnieniowy są zaprojektowane do napełniania wodą morską podczas zanurzania oraz do opróżniania ich za pomocą sprężonego powietrza w celu odzyskania pływalności. Precyzja działania tego systemu ma kluczowe znaczenie zarówno w codziennych operacjach, jak i w sytuacjach awaryjnych [323].

Zbiorniki w systemie kontroli zalewania i odpowietrzania pełnią różne funkcje. Główne zbiorniki balastowe zawierają powietrze, gdy okręt podwodny jest na powierzchni, oraz wodę morską podczas zanurzenia, zapewniając podstawową kontrolę pływalności. Zbiorniki balastowe paliwa początkowo przechowują olej napędowy do napędu, ale po jego wyczerpaniu mogą być przekształcone w zbiorniki balastowe. Zbiorniki specjalnego przeznaczenia, takie jak zbiornik negatywny i zbiornik bezpieczeństwa, odgrywają kluczowe role podczas szybkich manewrów i w sytuacjach awaryjnych. Zbiornik negatywny, znajdujący się pod sterówką, jest zaprojektowany do napełniania wodą morską w celu szybkiego zwiększenia masy okrętu, co umożliwia szybkie zanurzenie. Z kolei zbiornik bezpieczeństwa, umieszczony na śródokręciu, kompensuje potencjalną utratę pływalności, na przykład w przypadku zalania wieży dowodzenia, zapewniając utrzymanie jednostki na powierzchni w sytuacjach awaryjnych.

Zbiornik pływalności dziobowej, zlokalizowany na przedzie okrętu, odgrywa kluczową rolę podczas manewrów zanurzania i wynurzania. Podczas zanurzania zbiornik ten jest napełniany jako pierwszy, pochylając dziób okrętu w dół w celu kontrolowanego zanurzenia. Podczas wynurzania zbiornik dziobowy jest opróżniany w pierwszej kolejności, unosząc dziób okrętu, co wspomaga stabilizację jednostki.

Działanie tych zbiorników opiera się na precyzyjnym sterowaniu za pomocą zaworów zalewowych i odpowietrzających. Główne zbiorniki balastowe wyposażone są w porty zalewowe, a zbiorniki balastowe paliwa mają ręcznie obsługiwane zawory zalewowe. Hydraulicznie sterowane zawory odpowietrzające zarządzają uwalnianiem i zatrzymywaniem powietrza, umożliwiając kontrolowane napełnianie lub opróżnianie zbiorników. Zawory zalewowe zbiornika bezpieczeństwa oraz zbiornika ujemnego również są sterowane hydraulicznie, choć dostępna jest opcja ręcznej obsługi jako system awaryjny. Zawór odpowietrzający zbiornika ujemnego, unikalny pod względem ręcznej obsługi i odpowietrzania wewnętrznego, pozwala na precyzyjną regulację podczas szybkich zanurzeń.

Podczas pływania na powierzchni zbiorniki okrętu podwodnego są wypełnione powietrzem sprężonym do około 10 funtów na cal kwadratowy, co zapobiega przedostawaniu się wody morskiej przez porty zalewowe, które są zawsze zanurzone. Aby zanurzyć się, otwiera się zawory odpowietrzające, uwalniając powietrze i umożliwiając napełnienie zbiorników wodą morską. Przy wynurzaniu zawory odpowietrzające są zamykane, a do zbiorników wtłaczane jest sprężone powietrze, które wypiera wodę morską przez porty zalewowe, przywracając dodatnią wyporność.

Podstawy Projektowania i Budowy Okrętów Podwodnych

Dwa główne kolektory sterujące zarządzają zaworami zalewowymi i odpowietrzającymi: kolektor sześciowentylowy i trzywentylowy. Znajdujące się w sterówni kolektory te centralizują obsługę systemu. Kolektor sześciowentylowy steruje zbiornikiem wyporności dziobowej, kilkoma zbiornikami balastowymi oraz zbiornikiem bezpieczeństwa. W zależności od konstrukcji okrętu podwodnego kolektor może mieć sześć lub siedem zaworów, z których każdy odpowiada za konkretny zbiornik lub grupę zbiorników. Zawory mają cztery tryby operacyjne: ZAMKNIĘTE, OTWARTE, RĘCZNE i AWARYJNE, co zapewnia elastyczność i bezpieczeństwo w różnych scenariuszach. Pozycja AWARYJNA jest kluczowa, ponieważ izoluje lokalny obwód hydrauliczny, aby zapobiec utracie oleju w przypadku awarii przewodu hydraulicznego.

Kolektor trzywentylowy obsługuje kluczowe systemy związane z bezpieczeństwem i wentylacją. Zarządza głównym zaworem indukcji powietrza do silnika, zaworem zalewowym zbiornika ujemnego oraz zaworem zalewowym zbiornika bezpieczeństwa. Każda dźwignia na tym kolektorze ma unikalny kształt, umożliwiając łatwą identyfikację nawet w warunkach ograniczonej widoczności. Dodatkowe mechanizmy bezpieczeństwa, takie jak sprężynowe kołki, zapewniają, że zawór indukcji powietrza nie może zostać otwarty przypadkowo. Ten kolektor, podobnie jak sześciowentylowy, wyposażony jest w urządzenia blokujące, które zabezpieczają zawory w ich zamierzonych pozycjach.

Siłowniki hydrauliczne i powiązane z nimi mechanizmy łącznikowe łączą zawory sterujące z zaworami odpowietrzającymi na zbiornikach. Te hydrauliczne siłowniki umożliwiają zdalne sterowanie zaworami odpowietrzającymi, zapewniając płynne i szybkie regulacje wyporności okrętu podwodnego. W przypadku awarii hydrauliki dźwignie ręczne pozwalają na bezpośrednie sterowanie, zapewniając redundancję w krytycznych operacjach [323].

Operacje sterowania i przechylania płaszczyzn

Sterowanie okrętem podwodnym to złożony proces, wymagający precyzyjnej kontroli nad ruchem zarówno w płaszczyźnie poziomej, jak i pionowej. W przeciwieństwie do jednostek nawodnych, które poruszają się głównie w dwóch wymiarach, okręty podwodne muszą zarządzać ruchem w trzech wymiarach. Wymaga to zaawansowanych systemów, które koordynują działanie sterów i płaszczyzn sterowych. Kluczową rolę odgrywają tu systemy hydrauliczne, zapewniając moc potrzebną do precyzyjnych, niezawodnych i cichych operacji, niezbędnych podczas nawigacji pod wodą.

Sterowanie w płaszczyźnie poziomej okrętu podwodnego odbywa się za pomocą steru umieszczonego na rufie. Podobnie jak w przypadku steru statku, kontroluje on kierunek jednostki poprzez zmianę przepływu wody. Gdy ster jest obracany, woda opływa go, generując siły hydrodynamiczne, które powodują skręt okrętu w lewo (port) lub w prawo (starboard). Wielkość skrętu zależy od kąta ustawienia steru, prędkości okrętu i warunków wodnych. Precyzyjna kontrola nad sterem jest kluczowa, szczególnie gdy okręt porusza się z dużą prędkością lub w ciasnych przestrzeniach, takich jak porty czy podwodne kaniony.

Kontrola pionowa — zarządzanie głębokością i przechyłem okrętu — odbywa się za pomocą dziobowych i rufowych płaszczyzn sterowych. Te płaszczyzny działają jak skrzydła lub płetwy, pochylając się w górę lub w dół, aby zmienić kąt nachylenia jednostki i umożliwić jej wynurzanie się lub zanurzanie. Poprzez skoordynowane ustawienie tych płaszczyzn okręt może pozostawać na stałym poziomie, wznosić się na powierzchnię lub zanurzać się głębiej. Płaszczyzny rufowe, umieszczone na rufie, są głównie odpowiedzialne za kontrolę trymu i utrzymanie stabilnej orientacji, natomiast płaszczyzny dziobowe, umiejscowione z przodu, służą do kontroli wznoszenia i zanurzania podczas nurkowania.

Hydraulika odgrywa kluczową rolę w sterowaniu zarówno kierunkiem, jak i głębokością, zasilając ruch steru i płaszczyzn sterowych. W okręcie podwodnym, gdzie przestrzeń jest ograniczona, a zakłócenia elektryczne muszą być minimalizowane, systemy hydrauliczne są idealnym rozwiązaniem. Zapewniają one moc i precyzję sterowania, jednocześnie działając cicho, co jest niezbędne dla zachowania skrytości. System hydrauliczny składa się z siłowników połączonych ze sterem i płaszczyznami, umożliwiając ich precyzyjny ruch zgodnie z poleceniami z centrali.

Gdy załoga porusza sterami lub dźwigniami sterującymi, system hydrauliczny kieruje pod ciśnieniem płyn hydrauliczny do odpowiednich siłowników. Siłowniki te przekształcają ciśnienie hydrauliczne w siłę mechaniczną, ustawiając ster lub płaszczyzny pod odpowiednim kątem. System wyposażony jest również w mechanizmy sprzężenia zwrotnego, które przekazują informacje o aktualnym położeniu steru i płaszczyzn z powrotem do centrali, zapewniając precyzyjne regulacje i zapobiegając nadmiernym korektom. To sprzężenie zwrotne jest niezbędne do precyzyjnych manewrów i utrzymania stabilnego kursu.

System hydrauliczny zasilający ster i płaszczyzny jest zaprojektowany z wieloma redundancjami, aby zapewnić niezawodność. Na wypadek awarii systemu hydraulicznego dostępne są zapasowe obwody hydrauliczne oraz ręczne sterowanie. W sytuacjach awaryjnych płaszczyzny i ster mogą być obsługiwane manualnie, co pozwala załodze ustabilizować jednostkę i utrzymać kontrolę. Redundancja ta jest kluczowa dla zapobiegania wypadkom i zapewnienia, że okręt może bezpiecznie wynurzyć się w przypadku problemów technicznych.

System hydrauliczny jest również wyposażony w zawory odcinające i zwrotne, które regulują ciśnienie i zapobiegają wyciekom płynu. Zawory odcinające pozwalają na wyłączenie określonych sekcji systemu w celu konserwacji lub w przypadku uszkodzeń, natomiast zawory zwrotne gwarantują, że płyn hydrauliczny przepływa tylko w jednym kierunku, utrzymując ciśnienie potrzebne do płynnej pracy.

Oprócz sterowania system hydrauliczny wspiera regulację trymu, zapewniając okrętowi podwodnemu równowagę podczas rejsu. Poprzez przemieszczanie wody między zbiornikami trymowymi rozmieszczonymi wzdłuż kadłuba, system hydrauliczny może zmieniać środek ciężkości okrętu i utrzymywać odpowiednie ustawienie. Jest to szczególnie istotne podczas długich misji, gdy zmiany w rozmieszczeniu masy na pokładzie, takie jak zużycie paliwa czy ruch załogi, mogą wpływać na stabilność jednostki.

Kluczowe komponenty systemu hydraulicznego sterowania i przechylania płyt sterowych

Siłowniki hydrauliczne są niezbędnymi elementami systemów sterowania i przechylania płyt sterowych na okrętach podwodnych. Te siłowniki, zazwyczaj dwustronnego działania, przekształcają ciśnienie hydrauliczne w ruch mechaniczny, kontrolując ruch steru oraz przechylenie płyt dziobowych i rufowych. Dzięki zastosowaniu siłowników dwustronnego działania płyn hydrauliczny może wpływać na dowolną stronę tłoka, umożliwiając kontrolowane ruchy w obu kierunkach. W celu precyzyjnych operacji przechylania, szczególnie w przypadku płyt dziobowych i rufowych, siłowniki te są połączone z mechanizmami dźwigniowymi, które skutecznie przenoszą generowaną siłę na płyty sterowe. Taka konfiguracja zapewnia płynny i efektywny ruch okrętu zarówno w płaszczyźnie poziomej, jak i pionowej.

Pompy hydrauliczne odpowiadają za dostarczanie sprężonego płynu hydraulicznego do całego systemu. Aby zapewnić ciągłość pracy, każdy obwód hydrauliczny zazwyczaj zawiera dwie pompy—jedną aktywną i jedną w trybie gotowości, gotową do działania w razie potrzeby. Pompy te są napędzane silnikami elektrycznymi, które zapewniają stały przepływ płynu hydraulicznego nawet podczas długotrwałych operacji. Ciśnienie robocze w tych systemach zwykle wynosi od 600 do 1,000 psi (funtów na cal kwadratowy), dostarczając wystarczającą siłę do precyzyjnego i szybkiego poruszania dużymi powierzchniami sterowymi, takimi jak stery i płyty sterowe.

Zawory sterujące odgrywają kluczową rolę w kierowaniu przepływem sprężonego płynu do odpowiedniej strony siłowników hydraulicznych, umożliwiając precyzyjny ruch steru lub płyt sterowych. W wielu przypadkach system jest wyposażony w zawory serwosterujące, które umożliwiają kontrolę proporcjonalną, gdzie stopień otwarcia zaworu odpowiada żądanej wielkości ruchu siłownika. Taka kontrola proporcjonalna zapewnia precyzyjne dostosowania i płynne przejścia. Dodatkowo zawory zwrotne zapobiegają przepływowi wstecznemu w systemie, utrzymując stałe ciśnienie. Zawory bezpieczeństwa są również niezbędne, chroniąc system przed nadmiernym ciśnieniem poprzez odprowadzanie nadmiaru płynu do przewodu powrotnego w razie potrzeby, co zapewnia bezpieczeństwo i niezawodność działania.

Rozdzielacze pełnią kluczową funkcję dystrybucji płynu w systemie hydraulicznym, kierując go do odpowiednich komponentów sterujących sterem, płytami dziobowymi i płytami rufowymi. System hydrauliczny jest podzielony na osobne obwody dla różnych funkcji, z których każdy jest podłączony do swojego dedykowanego rozdzielacza. Rozdzielacze te zawierają liczne zawory, które umożliwiają operatorom izolację określonych części systemu na potrzeby konserwacji lub rozwiązywania problemów bez wpływu na całą operację. Taka modułowość poprawia elastyczność systemu i skraca czas przestojów podczas napraw lub inspekcji.

Czujniki sprzężenia zwrotnego i jednostki sterujące zapewniają bieżący monitoring położenia steru i płyt sterowych, gwarantując, że system reaguje precyzyjnie na polecenia operatora. Czujniki te przesyłają nieprzerwanie dane do stacji sterującej, umożliwiając dokładne korekty podczas manewrów. System sterowania jest zintegrowany z Systemem Zarządzania Walką (CMS) lub autopilotem okrętu podwodnego, co pozwala na płynne przełączanie między trybem ręcznym a automatycznym. Dzięki tej integracji okręt może być nawigowany z wysoką precyzją w złożonych środowiskach podwodnych, zarówno na podstawie poleceń załogi, jak i zaprogramowanych kursów.

Zbiornik i akumulatory są kluczowymi elementami zapewniającymi nieprzerwaną pracę systemu hydraulicznego w każdych warunkach. Zbiornik przechowuje ciecz hydrauliczną i dostarcza jej stabilne ilości do pomp. Jest zaprojektowany tak, aby uwzględniać wahania objętości cieczy wynikające z rozszerzalności i kurczenia się cieczy podczas zmian temperatury lub różnorodnych obciążeń systemu. Akumulatory uzupełniają funkcję zbiornika, przechowując sprężoną ciecz hydrauliczną i dostarczając natychmiastowe źródło mocy hydraulicznej w sytuacjach awaryjnych. W przypadku awarii pompy energia zgromadzona w akumulatorach pozwala na tymczasowe funkcjonowanie steru i płyt sterowych, umożliwiając okrętowi utrzymanie kontroli i bezpieczne wykonanie manewrów.

Zintegrowany system hydrauliczny, składający się z siłowników, pomp, zaworów, kolektorów, czujników, zbiorników i akumulatorów, jest nieodzowny dla bezpiecznego i precyzyjnego działania okrętu podwodnego. Koordynacja między tymi elementami gwarantuje, że jednostka może efektywnie nawigować i zachować stabilność na różnych głębokościach i w różnych warunkach. Redundancja systemu oraz możliwości bieżącego sprzężenia zwrotnego dodatkowo zwiększają jego niezawodność, czyniąc go kluczowym aspektem operacji okrętów podwodnych.

Operacja Systemu: Ruch Steru i Płaszczyzn

System hydrauliczny okrętu podwodnego odgrywa kluczową rolę w kontrolowaniu zarówno ruchu poziomego, jak i pionowego, umożliwiając precyzyjną obsługę steru oraz płaszczyzn sterowych. Dzięki temu systemowi okręt utrzymuje kurs, głębokość i stabilność w zmiennych warunkach podwodnych, z możliwością dokonywania bieżących korekt dzięki siłownikom hydraulicznym, zaworom sterującym i czujnikom sprzężenia zwrotnego.

W sterowaniu poziomym kluczowym elementem jest ster, który odpowiada za obracanie okrętu w żądanym kierunku. Gdy sternik wprowadza komendę skrętu w lewo (port) lub prawo (starboard), zawór sterujący kieruje płyn hydrauliczny na odpowiednią stronę siłownika połączonego ze sterem. Po wprowadzeniu płynu pod ciśnieniem siłownik powoduje obrót steru pod określonym kątem, co zmienia przepływ wody i generuje siłę potrzebną do skrętu okrętu w wybranym kierunku. Aby zapewnić precyzję, czujniki sprzężenia zwrotnego stale monitorują położenie steru. Jeśli ster odbiega od zadanej komendy, system sterowania wykrywa tę rozbieżność i inicjuje korekty, dostosowując położenie steru do polecenia sternika, co pozwala utrzymać żądany kurs.

Do kontroli pionowej służą płaszczyzny dziobowe i rufowe, które współpracują w zarządzaniu głębokością i kątem wznoszenia lub opadania okrętu. Gdy system sterowania odbiera polecenie zanurzenia, płyn hydrauliczny jest kierowany w celu pochylenia płaszczyzn w dół, co generuje siłę skierowaną w dół, powodując opadanie okrętu. Z kolei podczas wynurzania płaszczyzny pochylają się w górę, generując siłę nośną na dziobie lub rufie, co pozwala okrętowi wynurzyć się w kierunku powierzchni.

Płaszczyzny rufowe odgrywają kluczową rolę w utrzymywaniu trymu okrętu, zapewniając jego poziome położenie podczas operacji, równoważąc rozkład masy jednostki. Natomiast płaszczyzny dziobowe kontrolują kąt nachylenia okrętu, zapobiegając nadmiernemu nachyleniu podczas wynurzania lub zanurzania. Współpraca między płaszczyznami dziobowymi i rufowymi gwarantuje płynny i kontrolowany ruch, poprawiając stabilność oraz manewrowość okrętu.

System hydrauliczny zawiera mechanizmy redundancji i procedury awaryjne, aby zapewnić bezpieczną pracę w przypadku awarii. System wyposażony jest w redundantne obwody hydrauliczne, co oznacza, że w razie awarii jednego z obwodów inny może przejąć jego funkcje i utrzymać ciągłość operacji. Dodatkowo awaryjne akumulatory przechowują płyn hydrauliczny pod ciśnieniem, co zapewnia natychmiastowe zasilanie steru i płaszczyzn sterowych w przypadku awarii pompy. Dzięki temu okręt zachowuje kontrolę nad swoim ruchem, nawet w nieoczekiwanych sytuacjach.

W scenariuszach całkowitej utraty kontroli hydraulicznej dostępne są opcje ręcznego sterowania. Operatorzy mogą użyć ręcznych kół sterowych lub dźwigni do manualnego ustawiania steru i płaszczyzn, co umożliwia bezpieczne manewrowanie okrętem w celu wynurzenia się. Ta możliwość ręcznego sterowania zapewnia kluczowy poziom bezpieczeństwa, gwarantując, że okręt podwodny nadal może nawigować i wynurzyć się nawet w sytuacjach awaryjnych.

Projektowanie obwodów hydraulicznych dla steru i płetw

Projektowanie obwodów hydraulicznych dla steru i płetw w okrętach podwodnych jest kluczowym aspektem zapewnienia niezawodności operacyjnej oraz manewrowości w wymagających warunkach podwodnych. Stosowane w tym celu systemy hydrauliczne charakteryzują się redundancją, precyzją i redukcją hałasu, co jest niezbędne dla zachowania skrytości i efektywności operacyjnej.

Jedną z podstawowych zasad projektowania obwodów hydraulicznych w okrętach podwodnych jest implementacja oddzielnych obwodów hydraulicznych dla steru, płetw dziobowych i płetw rufowych. Taki podział stanowi kluczowe zabezpieczenie, które zwiększa niezawodność, zapobiegając unieruchomieniu wszystkich systemów sterowania w przypadku pojedynczej awarii. Na przykład, w przypadku awarii układu hydraulicznego steru, płetwy dziobowe i rufowe mogą nadal działać niezależnie, co pozwala okrętowi podwodnemu na utrzymanie kontroli nad głębokością i wyważeniem do czasu przeprowadzenia naprawy. Ta redundancja jest niezwykle ważna dla elastyczności operacyjnej i minimalizacji ryzyka w sytuacjach krytycznych, co podkreśla znaczenie sprawnych systemów hydraulicznych w różnych warunkach operacyjnych [324-326].

Przepływ cieczy hydraulicznej w tych systemach jest zaprojektowany z najwyższą precyzją, aby zapewnić ciągłą cyrkulację i stałe ciśnienie. Ciecz jest pompowana z rezerwuaru przez linie zasilające za pomocą pomp hydraulicznych do zaworów sterujących kierunkiem, które kierują ją do odpowiednich siłowników na podstawie poleceń z systemów sterujących. Ten zamknięty obieg jest niezbędny do zapewnienia ciągłego dostępu pomp hydraulicznych do cieczy, zapobiegając przerwom podczas krytycznych manewrów [327-329]. W projektowaniu tych obiegów uwzględnia się również właściwości cieczy hydraulicznej, takie jak lepkość i przewodność cieplna, które mają znaczący wpływ na ogólną wydajność systemu hydraulicznego [330, 331].

Zawory odcinające są strategicznie zintegrowane z obwodem hydraulicznym, aby ułatwić konserwację i zarządzać potencjalnymi awariami. Zawory te pozwalają na odizolowanie konkretnych sekcji obwodu bez zakłócania pracy całego systemu, co jest kluczowe podczas rutynowych prac konserwacyjnych lub w przypadku awarii. Takie modułowe podejście zwiększa niezawodność operacyjną i minimalizuje przestoje, zapewniając, że okręt podwodny pozostaje funkcjonalny nawet wtedy, gdy niektóre komponenty wymagają naprawy [332-334]. Możliwość izolowania części obwodu hydraulicznego nie tylko ułatwia konserwację, ale także pozwala na ograniczenie problemów, zapobiegając ich wpływowi na inne kluczowe systemy.

Oprócz strukturalnego projektowania obwodów hydraulicznych istotnym elementem jest zastosowanie elastycznych połączeń, takich jak gumowe węże lub elastyczne przewody. Redukcja hałasu jest istotnym problemem w okrętach podwodnych, ponieważ fale dźwiękowe mogą być przenoszone przez sztywne rury, zwiększając ryzyko wykrycia przez wrogie systemy sonarowe. Użycie elastycznych komponentów działa jako amortyzator, tłumiąc wibracje i zapobiegając przenoszeniu hałasu wzdłuż linii hydraulicznych, co jest kluczowe dla zachowania skrytości podczas operacji [329, 335, 336].

Hydrauliczne systemy sterowania i płetw w okrętach podwodnych oferują szereg kluczowych zalet, które zwiększają ich manewrowość, niezawodność i zdolność do działania w sposób niezauważalny podczas operacji podwodnych. Te korzyści sprawiają, że systemy hydrauliczne są preferowanym wyborem do sterowania sterami oraz płetwami, gdzie precyzja i efektywność operacyjna mają kluczowe znaczenie.

Jedną z głównych zalet systemów hydraulicznych jest ich zdolność do precyzyjnego sterowania sterami i płetwami. Ta precyzyjna kontrola jest niezbędna podczas delikatnych manewrów, takich jak utrzymanie określonej głębokości, zawis w wodzie czy nawigacja przez wąskie przejścia podwodne. Dokładne dostosowanie ustawień sterów lub płetw pozwala załodze szybko i precyzyjnie reagować na zmiany w środowisku lub potrzeby taktyczne. Jest to szczególnie ważne podczas misji o charakterze tajnym, gdzie konieczne jest utrzymanie dokładnej pozycji w celu uniknięcia wykrycia lub przeszkód.

Systemy hydrauliczne charakteryzują się również wysoką gęstością mocy, co oznacza, że mogą generować znaczne siły, mimo że zajmują niewiele miejsca. Ta cecha sprawia, że siłowniki hydrauliczne są idealne dla okrętów podwodnych, gdzie przestrzeń jest ograniczona, a potrzeba poruszania ciężkimi elementami sterującymi, takimi jak stery i płetwy, jest stała. Kompaktowe wymiary siłowników hydraulicznych zapewniają ich bezproblemowe dopasowanie do ciasnych przestrzeni okrętu, bez utraty mocy czy skuteczności. Ta kombinacja siły i oszczędności miejsca umożliwia płynną pracę okrętu, nawet w trudnych warunkach, takich jak manewry przy dużych prędkościach czy silne prądy morskie.

Kolejną istotną zaletą jest cicha praca systemów hydraulicznych, co ma kluczowe znaczenie dla zachowania zdolności okrętu do działania w sposób niezauważalny. Redukcja hałasu jest priorytetem w okrętach podwodnych, ponieważ niepożądane dźwięki mogą narazić jednostkę na wykrycie przez wroga. Systemy hydrauliczne generują minimalny hałas w porównaniu do innych systemów mechanicznych, takich jak silniki elektryczne, które mogą powodować wykrywalne wibracje. Dodatkowo zastosowanie elastycznych przewodów w układach hydraulicznych tłumi wibracje, zapobiegając przenoszeniu się hałasu przez kadłub i jego wykryciu przez systemy sonarowe przeciwnika.

Niezawodność i redundancja to również znaczące zalety systemów hydraulicznych w okrętach podwodnych. Systemy te są zaprojektowane z wieloma warstwami redundancji, aby zapewnić ich funkcjonalność w każdych okolicznościach. Pompy zapasowe i akumulatory ciśnienia zapewniają alternatywne źródła mocy hydraulicznej w przypadku awarii pompy głównej, co pozwala okrętowi zachować kontrolę nad sterami i płetwami. Ponadto dostępne są ręczne obejścia, które umożliwiają załodze obsługę powierzchni sterujących nawet w przypadku całkowitej awarii systemu hydraulicznego. Taka redundancja zapewnia manewrowość okrętu, poprawiając bezpieczeństwo i skuteczność misji zarówno podczas rutynowych operacji, jak i w sytuacjach awaryjnych.

Pożar, zalanie oraz wyposażenie i procedury awaryjne

Pożar

Gaszenie, tłumienie i zapobieganie pożarom na okrętach podwodnych to kluczowe elementy bezpieczeństwa na pokładzie ze względu na ograniczoną przestrzeń, ograniczoną podaż tlenu oraz obecność materiałów

Podstawy Projektowania i Budowy Okrętów Podwodnych

łatwopalnych. Zamknięte środowisko okrętu podwodnego sprawia, że pożar stanowi szczególnie poważne zagrożenie – może szybko zużyć dostępny tlen, wytwarzać toksyczny dym i obezwładniać załogę. Dlatego współczesne okręty podwodne są wyposażone w specjalistyczne systemy przeciwpożarowe i przestrzegają ścisłych procedur dotyczących zapobiegania pożarom, ich tłumienia oraz reakcji na nie.

Okręty podwodne są wyposażone w szereg narzędzi przeciwpożarowych, które umożliwiają skuteczne zwalczanie pożarów. Przenośne gaśnice, takie jak gaśnice dwutlenkowe (CO_2), proszkowe i pianowe, rozmieszczono strategicznie w całym okręcie. Gaśnice CO_2 stosuje się w przypadku pożarów urządzeń elektrycznych, ponieważ nie przewodzą prądu i nie pozostawiają osadów. Gaśnice proszkowe są skuteczne w przypadku cieczy i gazów łatwopalnych, podczas gdy gaśnice pianowe tłumią pożary paliwowe, odcinając dostęp tlenu.

W kluczowych obszarach, takich jak przedziały silnikowe, przestrzenie baterii oraz pomieszczenia torpedowe, zainstalowano stałe systemy przeciwpożarowe. Obejmują one zwykle systemy tłumienia oparte na gazach, takich jak Halon lub jego nowoczesne alternatywy, które uwalniają gazy tłumiące ogień, wypierając tlen i gasząc pożar bez pozostawiania osadów. Systemy te mogą być aktywowane ręcznie lub automatycznie w odpowiedzi na czujniki ciepła lub dymu, minimalizując czas potrzebny na reakcję na pożar.

Okręty podwodne są również wyposażone w węże przeciwpożarowe podłączone do wewnętrznego źródła wody, umożliwiające załodze gaszenie większych pożarów. Węże te są zazwyczaj przechowywane w kompaktowych bębnach, aby oszczędzać miejsce, i wyposażone w specjalne dysze umożliwiające regulację przepływu wody. W sytuacjach, w których użycie wody jest ograniczone, aby zapobiec uszkodzeniom elektrycznym, stosuje się dysze wytwarzające mgłę lub rozpyloną wodę, co pozwala zmniejszyć temperaturę przy minimalnym zużyciu wody.

W celu wczesnego wykrywania pożarów okręty podwodne są wyposażone w czujniki dymu i ciepła rozmieszczone w całym okręcie. Czujniki te są częścią scentralizowanego systemu monitoringu, który alarmuje załogę o wszelkich nieprawidłowościach związanych z poziomem ciepła lub dymu. Po wykryciu pożaru alarm rozbrzmiewa w całym okręcie, a centrala dowodzenia otrzymuje powiadomienie, umożliwiające koordynację działań gaśniczych.

Oprócz alarmów przeciwpożarowych kluczową rolę odgrywają systemy wyłączania wentylacji. System wentylacyjny może zostać odcięty w zagrożonych przedziałach, aby zapobiec rozprzestrzenianiu się dymu i ognia. Okręty podwodne mogą również korzystać z hermetycznych drzwi, aby podzielić przestrzeń na sekcje, ograniczając pożar do miejsca jego wybuchu.

Ważnym elementem tłumienia pożaru jest sprzęt do oddychania awaryjnego (EBA). Urządzenia te dostarczają załodze powietrze nadające się do oddychania w zadymionych przedziałach, umożliwiając im wykonywanie zadań gaśniczych bez ryzyka zatrucia dymem lub toksycznymi gazami. Na pokładzie okrętu znajdują się również maski tlenowe i zestawy ratunkowe, które pozwalają personelowi niezaangażowanemu w gaszenie pożaru na bezpieczną ewakuację z zagrożonych obszarów.

Zapobieganie pożarom jest priorytetem na okrętach podwodnych, gdzie przestrzeń jest ograniczona, a sprzęt elektryczny działa nieprzerwanie. Regularne inspekcje mają na celu identyfikację potencjalnych zagrożeń pożarowych, takich jak uszkodzone okablowanie, przegrzane maszyny i wycieki paliwa. Wszystkie materiały łatwopalne są bezpiecznie przechowywane w wyznaczonych szafkach, aby zminimalizować ryzyko przypadkowego zapłonu.

Personel jest intensywnie szkolony w zakresie procedur zapobiegania pożarom, które obejmują utrzymanie czystości w miejscach pracy, właściwe korzystanie ze sprzętu elektrycznego oraz przestrzeganie zasad postępowania z substancjami łatwopalnymi. Akumulatory, będące częstym źródłem ciepła i wyładowań elektrycznych, są ściśle monitorowane, aby zapobiec przegrzewaniu się lub gromadzeniu się wodoru, co mogłoby stworzyć atmosferę wybuchową.

Środki zapobiegawcze obejmują także praktyki konserwacyjne, w ramach których systemy smarowania i chłodzenia są regularnie sprawdzane, aby zapobiec przegrzewaniu się maszyn. Systemy wentylacyjne są czyszczone, aby usunąć kurz i zanieczyszczenia mogące podsycać ogień, a instalacje elektryczne są kontrolowane pod kątem prawidłowych połączeń i nienaruszonej izolacji.

W przypadku pożaru okręty podwodne realizują skoordynowany plan reagowania na ogień. Dowództwo nad akcją gaśniczą przejmuje centrala, kierując personel do zagrożonego obszaru i monitorując sytuację za pomocą pokładowego systemu komunikacji. Zespoły przeciwpożarowe zakładają odzież ochronną, w tym ognioodporne kombinezony i aparaty oddechowe, i udają się na miejsce z gaśnicami, wężami i innym niezbędnym sprzętem.

Załoga izoluje ogień poprzez zamknięcie hermetycznych drzwi, co zapobiega rozprzestrzenianiu się dymu i płomieni. Jeśli pożar zagraża krytycznym systemom, personel niezaangażowany w akcję gaśniczą jest ewakuowany w bezpieczne miejsca. Po ugaszeniu ognia zainfekowany obszar może zostać przewietrzony w celu usunięcia dymu, a wszelkie pozostałe gorące punkty są chłodzone, aby zapobiec ponownemu zapłonowi.

Po akcji gaśniczej przeprowadza się procedury dekontaminacji, aby upewnić się, że w powietrzu nie pozostał dym, opary ani środki gaśnicze. Kluczowe systemy są sprawdzane pod kątem uszkodzeń, a następnie podejmowane są naprawy w celu przywrócenia pełnej zdolności operacyjnej. Zdarzenie zostaje odnotowane w dziennikach, a po akcji odbywa się odprawa, podczas której analizuje się przebieg akcji i identyfikuje obszary wymagające poprawy.

Zalanie

Zalanie na okręcie podwodnym stanowi jedno z najbardziej krytycznych zagrożeń ze względu na podwodne środowisko i ograniczoną redundancję strukturalną. Naruszenie kadłuba lub awaria systemów wewnętrznych może szybko prowadzić do przedostania się wody, zagrażając załodze oraz wpływając na pływalność i stabilność okrętu. Aby przeciwdziałać tym zagrożeniom, okręty podwodne są wyposażone w specjalistyczny sprzęt do kontroli zalania oraz przestrzegają ścisłych procedur mających na celu skuteczne wykrywanie, izolację i zarządzanie zalaniami.

Systemy wykrywania zalania są kluczowe dla zapewnienia bezpieczeństwa i integralności operacyjnej okrętu podwodnego. Systemy te wykorzystują różne czujniki do monitorowania poziomu wody w krytycznych przedziałach, uruchamiając alarmy w przypadku wykrycia nieprawidłowych wartości. Wczesne wykrycie zalania jest kluczowe dla uruchomienia szybkich protokołów reagowania w celu minimalizacji ryzyka. Na przykład okręty podwodne są wyposażone w czujniki zalania, które stale monitorują obecność wody. W przypadku wykrycia anomalii aktywowane są alarmy w centrali dowodzenia, umożliwiając natychmiastowe podjęcie działań przez załogę [337].

Oprócz tych czujników, w obszarach podatnych na kondensację lub drobne wycieki strategicznie rozmieszczone są wizjery i wskaźniki, zapewniając dodatkową warstwę monitorowania. Systemy zęzowe, które zbierają wodę gromadzącą się podczas normalnych operacji, są również ściśle monitorowane, aby zidentyfikować niespodziewane przyrosty, które mogą wskazywać na zalanie [84]. Integracja wykrywania zalania z systemem sterowania okrętu umożliwia operatorom szybkie zlokalizowanie dotkniętego obszaru, co ułatwia efektywne wdrożenie środków zapobiegających zalaniu i izolację problemu zanim rozprzestrzeni się na inne przedziały [84, 337].

Zdolność do kompartmentalizacji zalania jest niezbędna do utrzymania pływalności okrętu podwodnego i zapobiegania rozprzestrzenianiu się wody na cały statek. Między przedziałami zamontowane są drzwi wodoszczelne, które można szybko zamknąć w przypadku alarmu zalania, skutecznie zapobiegając dalszemu przedostawaniu się wody [337]. Dodatkowo, strategicznie rozmieszczone zawory w systemach rur okrętu umożliwiają odcięcie przepływu wody do i z uszkodzonych obszarów, takich jak uszkodzone zbiorniki lub niesprawne odcinki rur. Zdalne systemy sterowania zaworami zwiększają bezpieczeństwo, pozwalając załodze na obsługę krytycznych zaworów z centrali dowodzenia bez konieczności wchodzenia do zalanych przestrzeni, co zmniejsza ryzyko dla personelu [84].

W sytuacjach zalania zespół sterujący okrętem musi równoważyć wewnętrzny rozkład wody, aby utrzymać wyważenie i stabilność. Obejmuje to przemieszczanie wody między zbiornikami balastowymi i regulację poziomu w zbiornikach wypornościowych w celu przeciwdziałania skutkom zalania. Takie protokoły operacyjne są kluczowe dla zapewnienia stabilności okrętu, umożliwiając skuteczną nawigację nawet w trudnych warunkach [84, 337].

Systemy tłumienia zalania na okrętach podwodnych są kluczowe dla utrzymania integralności operacyjnej podczas incydentów zalania. Systemy te głównie wykorzystują pompy awaryjne o dużej wydajności, zaprojektowane do szybkiego odprowadzania wody z zalanych przedziałów i zęz. Pompy są połączone z kolektorami zęzowymi, które kierują wodę do wyznaczonych wylotów lub zbiorników magazynowych. W sytuacjach, gdy główne systemy pomp zawodzą, okręty podwodne są wyposażone w pompy zapasowe lub ręczne, co zapewnia ciągłość działania i odzwierciedla redundancję w projektowaniu okrętów podwodnych dla bezpieczeństwa i niezawodności [50, 200, 338].

W przypadku poważnego zalania okręty podwodne wykorzystują zanurzalne pompy, które można umieszczać bezpośrednio w zalanych przedziałach. Te przenośne pompy są niezbędne do skutecznego usuwania wody z obszarów trudnodostępnych dla standardowych systemów pompowania. Dodatkowo wentylatory odprowadzające odgrywają kluczową rolę w usuwaniu pary wodnej z dotkniętych przedziałów, zapobiegając tym samym gromadzeniu się wilgoci, która mogłaby potencjalnie uszkodzić wrażliwy sprzęt [50, 338, 339]. Znaczenie tych systemów podkreśla konieczność utrzymania zdolności operacyjnych okrętu podwodnego nawet w trudnych warunkach, co zostało omówione w różnych badaniach nad inżynierią i protokołami bezpieczeństwa okrętów podwodnych [200, 338, 339].

Ponadto w obszarach maszynowni podejmowane są szczególne środki ostrożności w celu zminimalizowania ryzyka pożarów elektrycznych lub zwarć spowodowanych zalaniem wodą. Załoga jest szkolona w zakresie wyłączania sprzętu elektrycznego w zalanych obszarach oraz korzystania z wodoodpornych wyłączników w celu zapobiegania przypadkowym porażeniom prądem. Ten protokół operacyjny jest kluczowy dla zapewnienia bezpieczeństwa załogi i utrzymania funkcjonalności kluczowych systemów podczas sytuacji awaryjnych [50, 338, 339]. Integracja tych środków zapobiegania zalaniom ilustruje złożoność i dalekowzroczność w projektowaniu okrętów podwodnych, które priorytetowo traktują zarówno bezpieczeństwo, jak i skuteczność operacyjną w trudnych środowiskach podwodnych [200, 338, 339].

Aby radzić sobie z bardziej poważnym zalaniem spowodowanym przerwaniem kadłuba, okręty podwodne są wyposażone w specjalistyczne zestawy napraw awaryjnych. Zestawy te zawierają materiały takie jak kliny drewniane, związki epoksydowe i nadmuchiwane łatki, które mogą tymczasowo uszczelnić drobne przecieki. Członkowie załogi przeszkoleni w zakresie kontroli uszkodzeń mogą szybko zastosować te łatki, aby zminimalizować napływ wody do czasu, gdy możliwe będzie przeprowadzenie bardziej trwałych napraw.

Nadmuchiwane worki, przechowywane na pokładzie, są kolejnym narzędziem stosowanym do uszczelniania uszkodzeń. Worki te są rozmieszczane wewnątrz dotkniętego przedziału i rozszerzane, aby przylegały do miejsca uszkodzenia kadłuba, tworząc tymczasową barierę przeciw napływającej wodzie. Ta metoda jest szczególnie skuteczna w obszarach, gdzie zewnętrzne ciśnienie wody utrudnia przeprowadzenie napraw.

W skrajnych przypadkach, gdy zalania nie można opanować, okręty podwodne są wyposażone w włazy ratunkowe i sprzęt ratunkowy. Kombinezony ratunkowe zapewniają ochronę termiczną i wyporność, umożliwiając załodze bezpieczne opuszczenie okrętu w sytuacji awaryjnej. Komory ratunkowe, umieszczone w strategicznych miejscach, pełnią funkcję komór ciśnieniowych, umożliwiających personelowi opuszczenie okrętu bez narażania całego statku na działanie zewnętrznego ciśnienia wody.

Jeśli zalanie zagraża wyporności okrętu podwodnego, aktywowane są awaryjne systemy wydmuchiwania wody z zbiorników balastowych. Systemy te uwalniają sprężone powietrze do zbiorników balastowych, szybko wypierając wodę i przywracając dodatnią wyporność. Umożliwia to szybkie wynurzenie się okrętu, zmniejszając ryzyko dla załogi i zapewniając bezpieczniejsze warunki do działań naprawczych.

Systemy i Procedury Kontroli Uszkodzeń

Kontrola uszkodzeń na okręcie podwodnym jest kluczową funkcją, której celem jest zachowanie integralności jednostki, zapewnienie bezpieczeństwa załogi oraz utrzymanie zdolności operacyjnych w przypadku awarii, takich jak zalanie, pożar czy uszkodzenia strukturalne. W odizolowanym środowisku pod wodą załoga musi działać szybko i skutecznie, aby ograniczyć skutki uszkodzeń. Systemy kontroli uszkodzeń są kompleksowe i obejmują wyspecjalizowany sprzęt, szkolenia personelu oraz procedury zaprojektowane do radzenia sobie z różnymi zagrożeniami.

Zintegrowany system kontroli uszkodzeń umożliwia centralne monitorowanie i koordynację działań w sytuacjach awaryjnych. Z pomieszczenia kontrolnego załoga może nadzorować kluczowe systemy, takie jak zbiorniki balastowe, kadłub, sieci elektryczne i wentylację. Alarmy są automatycznie uruchamiane przez czujniki wykrywające nieprawidłowe warunki, takie jak wnikanie wody, pożar, spadek ciśnienia czy wycieki toksycznych gazów. Dzięki temu zespół kontrolny może szybko ocenić sytuację i wdrożyć odpowiednie środki zaradcze.

Okręty podwodne, tam gdzie to możliwe, wykorzystują automatyzację do wspierania działań związanych z kontrolą uszkodzeń. Kluczowe elementy, takie jak zamykanie zaworów, pompy wodne czy systemy wentylacyjne, mogą być sterowane zdalnie z centralnej stacji. Możliwość zdalnego sterowania minimalizuje potrzebę wysyłania członków załogi do niebezpiecznych stref w sytuacjach awaryjnych, co pomaga ograniczyć liczbę ofiar i jednocześnie umożliwia precyzyjne działania naprawcze.

Rysunek 96: Dziesięć przykazań kontroli uszkodzeń na pokładzie Nautilusa. Andrew Kalat, CC BY-ND 2.0, via Flickr.

Utrzymanie integralności kadłuba ciśnieniowego jest kluczowe dla przetrwania okrętu podwodnego pod wodą. W przypadku naruszenia kadłuba głównym celem jest izolowanie uszkodzonego przedziału. Okręt podwodny jest podzielony na kilka sekcji oddzielonych drzwiami ciśnieniowymi, które załoga może zamknąć, aby ograniczyć zalewanie wodą. W razie potrzeby stosuje się mechaniczne łaty i nadmuchiwane poduszki uszczelniające, aby tymczasowo zatkać pęknięcia, spowalniając lub zatrzymując wdzieranie się wody. Takie naprawy mogą pozwolić okrętowi podwodnemu na utrzymanie sprawności wystarczająco długo, by wynurzyć się i dotrzeć do bezpieczniejszego miejsca.

Na pokładzie znajdują się specjalistyczne zestawy do awaryjnych napraw, w tym kleje epoksydowe, drewniane kliny i gumowe arkusze. Materiały te są stosowane przez przeszkolony personel odpowiedzialny za kontrolę uszkodzeń, przy użyciu narzędzi przeznaczonych do pracy pod wodą, jeśli jest to konieczne. W poważniejszych przypadkach ręczne zawory sterujące są używane do zamknięcia systemów rurowych, które mogą przyczyniać się do zalewania. Utrzymanie wewnętrznej równowagi i stabilności jest kluczowe, co osiąga się poprzez regulację zbiorników balastowych w celu zrównoważenia wdzierającej się wody.

Rysunek 97: Podchorąży próbuje zatrzymać zalewanie podczas symulacji kontroli uszkodzeń w Submarine Training Center Pacific. U.S. NAVY, domena publiczna, via Picryl.

Pożar jest jednym z najniebezpieczniejszych scenariuszy na pokładzie okrętu podwodnego, ze względu na zamknięte środowisko i ograniczoną ilość tlenu. Automatyczne systemy gaśnicze są zainstalowane w kluczowych przedziałach, szczególnie w miejscach, gdzie znajdują się urządzenia elektryczne, baterie i silniki. Systemy te uwalniają gazy obojętne, takie jak dwutlenek węgla lub Halon, które gaszą płomienie poprzez wypieranie tlenu lub przerywanie reakcji chemicznych.

Przenośne gaśnice są strategicznie rozmieszczone w całym okręcie podwodnym, aby radzić sobie z lokalnymi pożarami. Załoga przechodzi rygorystyczne szkolenia, aby każdy członek wiedział, jak skutecznie obsługiwać te systemy. Aparaty oddechowe i kombinezony ochronne są również dostępne, aby umożliwić personelowi gaszenie pożarów w miejscach, gdzie obecny jest dym lub toksyczne opary. System wentylacyjny jest zaprojektowany tak, aby wyłączać przepływ powietrza w sekcjach, w których wykryto pożar, zapobiegając rozprzestrzenianiu się płomieni.

Rysunek 98: Starszy bosman maszynowy Shane Jones z Wadley, Georgia, kieruje uczniami podczas ćwiczeń kontroli uszkodzeń w symulatorze pożarowym Trident Training Facility w Naval Submarine Base Kings Bay. U.S. NAVY, domena publiczna, via Getarchive.

Jeśli pożar uszkodzi obwody elektryczne lub kluczowe urządzenia, zespół ds. kontroli uszkodzeń natychmiast wyłącza dotknięte systemy, aby zapobiec dalszemu ryzyku. Następnie uruchamiane są zapasowe linie zasilania i sterowania, co pozwala okrętowi podwodnemu na utrzymanie podstawowych funkcji. Po zakończeniu pożaru przeprowadzane są inspekcje w celu oceny uszkodzeń sprzętu i przywrócenia pełnej sprawności przedziału.

Podstawy Projektowania i Budowy Okrętów Podwodnych

Procedury zarządzania zalewaniem koncentrują się na ograniczeniu napływu wody, wypompowaniu zgromadzonej wody oraz utrzymaniu wyporności i stabilności okrętu podwodnego. Pompy zęzowe oraz wysokowydajne pompy awaryjne są uruchamiane natychmiast po wykryciu zalania. Okręty podwodne są również wyposażone w przenośne pompy zanurzalne, które można bezpośrednio zastosować w zalanych obszarach w celu usunięcia wody. Aby zapobiec cofaniu się wody i utrzymać wydajność pompowania, wzdłuż kluczowych rur instalowane są zawory zwrotne.

Jeśli zalanie nie może zostać opanowane, załoga może uruchomić awaryjne wydmuchanie zbiorników balastowych. Polega to na wprowadzeniu sprężonego powietrza do zbiorników, co wypycha wodę i szybko zwiększa wyporność, umożliwiając okrętowi wynurzenie. Systemy awaryjnego wydmuchu są dokładnie monitorowane, aby zapobiec nadmiernemu ciśnieniu, które mogłoby uszkodzić zbiorniki lub zawory.

Podczas zdarzeń związanych z zalewaniem członkowie załogi przestrzegają ścisłych protokołów dotyczących przedziałów. Drzwi ciśnieniowe są zamykane, a zalany obszar jest izolowany, aby zapobiec rozprzestrzenianiu się wody. Zespół ds. kontroli uszkodzeń balansuje okręt, regulując zbiorniki trymowe, co zapewnia stabilność jednostki podczas całej operacji. Działania te są koordynowane z centrum dowodzenia, gdzie dane w czasie rzeczywistym z czujników zalania pomagają w podejmowaniu decyzji.

Zarządzanie toksycznymi gazami i dymem

W kontekście operacji okrętów podwodnych zarządzanie jakością powietrza ma kluczowe znaczenie, szczególnie w sytuacjach, gdy mogą gromadzić się toksyczne gazy lub dym. Systemy wentylacyjne w okrętach podwodnych są zaprojektowane tak, aby skutecznie usuwać zanieczyszczone powietrze, wykorzystując sieć wentylatorów i pochłaniaczy zaprojektowanych do eliminacji szkodliwych gazów, takich jak dwutlenek węgla (CO_2) i tlenek węgla (CO). Systemy te są kluczowe dla utrzymania bezpiecznego środowiska dla załogi, ponieważ podwyższone poziomy CO mogą prowadzić do poważnych zagrożeń zdrowotnych, w tym do upośledzenia funkcji poznawczych i zdolności podejmowania decyzji [340, 341]. Znaczenie efektywnej wentylacji podkreślają badania wskazujące, że nawet niskie stężenia CO mogą negatywnie wpływać na wydajność człowieka, co czyni rolę systemów wentylacyjnych w okrętach podwodnych istotnym obszarem zainteresowania [340, 341].

Okręty podwodne są wyposażone w mechanizmy umożliwiające załodze izolowanie dotkniętych sekcji oraz przekierowanie przepływów powietrza w celu ograniczenia skażenia. Ta zdolność jest niezbędna do minimalizowania narażenia na toksyczne środowisko i zapewnienia bezpieczeństwa załogi w sytuacjach awaryjnych. Przenośne detektory gazów są stosowane do wykrywania wycieków, dostarczając dane w czasie rzeczywistym, które kierują działaniami załogi [342]. Ponadto dostępne są maski tlenowe, które zapewniają członkom załogi możliwość bezpiecznego oddychania w przypadku narażenia na działanie gazów lub dymu, co dodatkowo wzmacnia protokoły bezpieczeństwa na pokładzie [342].

W kontekście przygotowań awaryjnych okręty podwodne są również wyposażone w awaryjne urządzenia oddechowe, które dostarczają świeże powietrze podczas przedłużonych operacji w toksycznym środowisku. Ta funkcja ma kluczowe znaczenie dla utrzymania przeżywalności załogi w przypadku katastrofalnej awarii głównego systemu wentylacyjnego. Ponadto luki ewakuacyjne wyposażone w hermetyczne uszczelki zapewniają dodatkowe schronienie dla członków załogi, umożliwiając im pozostanie w bezpiecznym miejscu do czasu rozwiązania sytuacji [343, 344]. Projekt i funkcjonalność tych systemów odzwierciedlają kompleksowe podejście do zapewnienia zamieszkiwalności i bezpieczeństwa okrętów podwodnych, szczególnie w sytuacjach awaryjnych, w których jakość powietrza może być zagrożona [344].

Awaryjne systemy zasilania i sterowania

W przypadku uszkodzenia głównego systemu elektrycznego okręty podwodne są zaprojektowane z wieloma redundantnymi źródłami zasilania, aby zapewnić ciągłość kluczowych funkcji. Systemy te zazwyczaj obejmują banki akumulatorów i generatory zapasowe, które dostarczają energię do krytycznego wyposażenia, takiego jak pompy, systemy komunikacyjne i systemy podtrzymywania życia. Redundancja w dostarczaniu energii ma kluczowe znaczenie dla utrzymania zdolności operacyjnych podczas sytuacji awaryjnych, co podkreśla badania nad systemami okrętów podwodnych, które wskazują na znaczenie niezawodnych mechanizmów generacji i magazynowania energii na pokładzie okrętów podwodnych [200]. Wykorzystanie banków akumulatorów i generatorów zapasowych jest standardową praktyką w inżynierii morskiej, aby zminimalizować ryzyko związane z awariami zasilania [345].

Dodatkowo systemy hydrauliczne stanowią niezależną warstwę redundancji, działając oddzielnie od obwodów elektrycznych. Systemy te są niezbędne do sterowania sterami, płaszczyznami głębokości i zbiornikami balastowymi, które są kluczowe dla manewrowości i stabilności okrętu podwodnego. Integracja systemów hydraulicznych w projektowaniu okrętów podwodnych umożliwia utrzymanie kontroli nawet w przypadku awarii systemów elektrycznych, co zapewnia integralność operacyjną [346]. Taka redundancja ma szczególne znaczenie w sytuacjach, gdy awarie elektryczne mogą zagrozić zdolności okrętu do nawigacji lub utrzymania wyporności.

Ręczne systemy sterowania to kolejna kluczowa funkcja uwzględniona w podstawowych systemach okrętów podwodnych. Systemy te pozwalają członkom załogi na obsługę kluczowego wyposażenia w przypadku awarii zasilania, zapewniając możliwość realizacji najważniejszych funkcji. Ręczne zawory i mechaniczne połączenia zostały zaprojektowane tak, aby zapewnić funkcjonalność sterów, płaszczyzn głębokości i systemów balastowych nawet wtedy, gdy systemy automatyczne są wyłączone [345]. Ta filozofia projektowania odzwierciedla szerszy trend w inżynierii, dążący do zwiększenia niezawodności i bezpieczeństwa systemów krytycznych, szczególnie w środowiskach, gdzie awarie mogą mieć poważne konsekwencje.

Awaryjne oświetlenie jest kluczową funkcją bezpieczeństwa, która umożliwia załodze poruszanie się w trakcie przerw w dostawie prądu, ułatwiając bezpieczne przemieszczanie się po okręcie. Obecność systemów awaryjnego oświetlenia ma zasadnicze znaczenie dla utrzymania bezpieczeństwa załogi i efektywności operacyjnej podczas awarii zasilania, pozwalając personelowi na skuteczną nawigację w warunkach ograniczonej widoczności. Połączenie tych redundantnych systemów – banków akumulatorów, sterowania hydraulicznego, ręcznych systemów sterowania i awaryjnego oświetlenia – odzwierciedla kompleksowe podejście do zarządzania ryzykiem w projektowaniu okrętów podwodnych, zapewniając, że kluczowe funkcje mogą być utrzymane w trudnych warunkach.

Podstawy Projektowania i Budowy Okrętów Podwodnych

Szkolenie załogi i ćwiczenia

Skuteczna kontrola uszkodzeń w dużej mierze zależy od zdolności załogi do skutecznego reagowania pod presją. Personel okrętów podwodnych przechodzi rygorystyczne szkolenia, które obejmują zajęcia teoretyczne, praktyczne ćwiczenia oraz symulacje sytuacji awaryjnych. Ćwiczenia te obejmują różnorodne scenariusze, takie jak zalanie, pożar, uszkodzenia kadłuba oraz wycieki toksycznych gazów. Ich celem jest przetestowanie koordynacji, szybkości i zdolności podejmowania decyzji przez załogę, aby zapewnić gotowość do radzenia sobie z rzeczywistymi sytuacjami awaryjnymi.

Zespoły ds. kontroli uszkodzeń podczas ćwiczeń mają przypisane określone role z jasno określonymi obowiązkami dotyczącymi ograniczania zagrożeń, napraw, komunikacji i bezpieczeństwa. Po każdym ćwiczeniu załoga przeprowadza odprawy, aby zidentyfikować obszary wymagające poprawy i ulepszyć procedury. Regularne szkolenia zapewniają, że wszyscy członkowie załogi pozostają zaznajomieni z protokołami awaryjnymi, wyposażeniem i procedurami ewakuacyjnymi.

Profilaktyczna konserwacja i inspekcje

Zapobieganie odgrywa kluczową rolę w kontroli uszkodzeń, dlatego okręty podwodne przestrzegają ścisłych harmonogramów konserwacji, aby zapewnić optymalny stan wszystkich systemów. Regularne inspekcje obejmują kadłub, sieci rur, systemy elektryczne i sprzęt przeciwpożarowy. Zawory, pompy i uszczelki są rutynowo testowane, aby wykryć zużycie lub potencjalne punkty awarii.

Rysunek 99: Członek załogi przeprowadza konserwację śluzy powietrznej, przez którą dostarczane są zapasy dla nurków przebywających w komorach ciśnieniowych na pokładzie okrętu ratowniczego. Archiwa Narodowe USA, domena publiczna, via Picryl.

Środki zapobiegające korozji są wdrażane w celu ochrony metalowych elementów okrętu podwodnego przed działaniem wody morskiej. Kluczowe systemy, takie jak zbiorniki balastowe i śluzy ratunkowe, poddawane są testom ciśnieniowym w celu weryfikacji ich integralności. Wszelkie problemy zidentyfikowane podczas inspekcji są niezwłocznie rozwiązywane, aby zapobiec przekształceniu drobnych usterek w sytuacje awaryjne.

Rozdział 10
Materiały i produkcja w budowie okrętów podwodnych

Materiały do budowy kadłubów okrętów podwodnych

Surowce stosowane w okrętach podwodnych

Podstawowym materiałem wykorzystywanym do budowy okrętów podwodnych o napędzie jądrowym jest stal, wybrana ze względu na swoją wytrzymałość, trwałość i odporność na korozję. Stal stanowi zarówno wewnętrzny, jak i zewnętrzny kadłub okrętu podwodnego, zapewniając integralność strukturalną potrzebną do wytrzymywania ogromnego ciśnienia występującego na ekstremalnych głębokościach. Wewnętrzny kadłub, zwany również kadłubem ciśnieniowym, jest zaprojektowany tak, aby utrzymać zdatne do życia środowisko dla załogi oraz pomieścić kluczowe systemy i urządzenia. Zewnętrzny kadłub pełni funkcję ochronną oraz stanowi część systemu balastowego, nadając hydrodynamiczny kształt i redukując opór pod wodą. Między dwoma kadłubami znajdują się zbiorniki balastowe, które napełniają się wodą, aby zwiększyć ciężar okrętu i umożliwić zanurzenie, lub opróżniają się, aby uzyskać dodatnią wyporność i wynurzyć się [347].

Architektura okrętów podwodnych koncentruje się na optymalizacji projektu kadłuba, doboru materiałów i integracji systemów w celu poprawy wydajności, zdolności przewozowych oraz zdolności do skrytości operacyjnej, jednocześnie zwiększając efektywność i obniżając koszty budowy. Postęp w tej dziedzinie zmierza do osiągnięcia wyższych prędkości przy tym samym zużyciu energii poprzez redukcję oporu, poprawy zdolności do skrytości dzięki minimalizacji sygnatur akustycznych i nieakustycznych oraz usprawnienia procesów produkcyjnych dzięki innowacyjnym projektom konstrukcji i zaawansowanym materiałom. Holistyczne podejście jest kluczowe, ponieważ modyfikacje poszczególnych elementów wpływają na hydrodynamiczną wydajność i zdolności operacyjne okrętu podwodnego. Na przykład zmiany w geometrii kadłuba lub właściwościach materiałów wpływają zarówno na manewrowość, jak i skrytość, a także na długoterminowe wymagania dotyczące konserwacji [348].

Architektura okrętów podwodnych wymaga kompleksowego podejścia, w którym geometria, wybór materiałów i układ konstrukcyjny są starannie harmonizowane. Opracowywane są różne geometrie kadłubów i materiały w celu poprawy hydrodynamiki, redukcji sygnatury okrętu podwodnego i stworzenia dodatkowej powierzchni dla czujników lub specjalistycznego wyposażenia. Zintegrowany projekt nie tylko poprawia manewrowość i skrytość, ale także wspiera przyszłe modernizacje technologiczne. Udoskonalanie kształtu kiosku (wieży na grzbiecie okrętu podwodnego) może zmniejszyć opór i ułatwić konserwację, co prowadzi do niższych kosztów eksploatacji w całym cyklu życia [348].

Stal pozostaje podstawowym materiałem w budowie okrętów podwodnych, tworząc zarówno wewnętrzny, jak i zewnętrzny kadłub. Wewnętrzny kadłub mieści załogę, systemy i maszyny, podczas gdy zewnętrzny zapewnia dodatkową ochronę i korzyści hydrodynamiczne. Między tymi dwoma warstwami znajdują się zbiorniki balastowe, które napełniają się lub opróżniają wodą, aby kontrolować wyporność okrętu, umożliwiając mu zanurzanie się lub wynurzanie w razie potrzeby [348].

Różne typy okrętów podwodnych stosują różne projekty kadłubów w zależności od wielkości i wymagań operacyjnych. Mniejsze, nowoczesne batyskafy i wczesne okręty podwodne zazwyczaj mają jednokadłubową konstrukcję, która cechuje się prostotą i kompaktowością. W przeciwieństwie do tego większe okręty podwodne, takie jak te opracowane przez projektantów radzieckich, stosują konstrukcje dwukadłubowe, podczas gdy amerykańskie okręty podwodne zwykle wykorzystują podejście jednokadłubowe z lekkimi sekcjami w dziobie i rufie, które pełnią funkcję zbiorników balastowych i poprawiają kształt hydrodynamiczny. Chociaż te sekcje zapewniają płynny ruch pod wodą, główny kadłub w amerykańskich projektach zwykle składa się z jednej cylindrycznej warstwy, równoważąc wydajność i osiągi [348].

Okręty podwodne z podwójnym kadłubem składają się z dwóch głównych elementów: lekkiego kadłuba i kadłuba ciśnieniowego. Lekki kadłub, nazywany czasami osłoną, pełni funkcję zewnętrznej, nieszczelnej warstwy, zapewniającej zoptymalizowany kształt zmniejszający opór. Ta warstwa chroni bardziej krytyczny wewnętrzny kadłub ciśnieniowy, zaprojektowany tak, aby wytrzymać ogromne ciśnienie na głębokości i utrzymać integralność strukturalną okrętu podwodnego [348].

Projekt podwójnego kadłuba oferuje wiele korzyści w zakresie wykorzystania przestrzeni, efektywności konstrukcyjnej i tolerancji na uszkodzenia. Umieszczenie wzmocnień pierścieniowych i wzdłużników między lekkim kadłubem a kadłubem ciśnieniowym pozwala projektantom zwolnić cenną przestrzeń wewnątrz kadłuba ciśnieniowego, jednocześnie zmniejszając jego całkowity rozmiar i wagę. Podejście to jest korzystne, ponieważ kadłub ciśnieniowy, będący grubszy i cięższy ze względu na konieczność wytrzymania ciśnienia na dużych głębokościach, w znacznym stopniu przyczynia się do wagi okrętu. Minimalizacja jego wymiarów poprawia wyporność i ogólne osiągi okrętu [348].

Ponadto lekki kadłub zapewnia dodatkową warstwę ochrony. W przypadku uderzenia lub uszkodzenia zewnętrzny kadłub może pochłonąć część siły, potencjalnie zapobiegając naruszeniu struktury kadłuba ciśnieniowego. Dopóki kadłub ciśnieniowy pozostaje nienaruszony, okręt podwodny może utrzymać swoją integralność i kontynuować operacje, zwiększając szanse na przetrwanie w sytuacjach bojowych lub awaryjnych. Takie warstwowe podejście zapewnia, że nawet w przypadku uszkodzeń zewnętrznych krytyczne elementy wewnętrzne i bezpieczeństwo załogi są zachowane [348].

Oprócz stali w okrętach podwodnych stosuje się inne metale, takie jak miedź, aluminium i mosiądz, które pełnią określone funkcje. Miedź jest często używana w instalacjach elektrycznych ze względu na doskonałą przewodność i odporność na korozję. Mosiądz, będący stopem miedzi i cynku, znajduje zastosowanie w elementach wymagających połączenia odporności na korozję i wytrzymałości mechanicznej, takich jak zawory i złączki w systemach wody morskiej. Aluminium, znane z lekkości i wytrzymałości, stosuje się w elementach niestrukturalnych, aby zmniejszyć całkowitą wagę bez kompromisów w funkcjonalności [347].

Oprócz metali okręty podwodne wykorzystują różne materiały niemetaliczne, aby sprostać zróżnicowanym wymaganiom projektowym. Tworzywa sztuczne i materiały kompozytowe stosuje się w elementach, które muszą być lekkie, odporne na korozję lub elastyczne. Materiały te występują w wyposażeniu wewnętrznym, izolacji i uszczelkach, gdzie wytrzymują surowe środowisko morskie, nie zwiększając zbędnie masy. Szkło znajduje zastosowanie w specjalistycznym wyposażeniu, takim jak kopuły sonarowe lub peryskopy, gdzie wymagana jest optyczna przejrzystość. Zaawansowane polimery i materiały przypominające gumę są wykorzystywane do uszczelek i izolacji akustycznej w celu redukcji hałasu, co poprawia skrytość operacyjną okrętu [347].

Systemy elektroniczne na pokładzie okrętów podwodnych opierają się na półprzewodnikach, głównie krzemie i germanie. Półprzewodniki te stanowią fundament systemów komunikacyjnych, urządzeń nawigacyjnych, sensorów i platform obliczeniowych. Krzem, znany ze swojej wszechstronności i wydajności, jest wykorzystywany w mikroprocesorach i elektronice mocy, podczas gdy german znajduje zastosowanie w obwodach wysokiej częstotliwości oraz wyspecjalizowanych tranzystorach. Te półprzewodniki są kluczowe dla sprawnego funkcjonowania systemów krytycznych, zapewniając niezawodność w wymagających warunkach operacji podwodnych [347].

Najbardziej charakterystycznym elementem okrętów podwodnych o napędzie jądrowym jest reaktor jądrowy, który zapewnia jednostce praktycznie nieograniczony zasięg i autonomię. Rdzeń reaktora zawiera uran lub inne materiały radioaktywne, które ulegają rozszczepieniu, wytwarzając ciepło. Ciepło to generuje parę, która napędza turbiny produkujące energię elektryczną i zasilające system napędowy. Wybór uranu, zazwyczaj wzbogaconego w celu zwiększenia koncentracji izotopów rozszczepialnych, umożliwia okrętowi podwodnemu długotrwałe operacje bez konieczności uzupełniania paliwa.

Każdy z tych materiałów odgrywa kluczową rolę w złożonym projekcie i działaniu okrętu podwodnego o napędzie jądrowym. Stal zapewnia wytrzymałość i odporność, metale nieżelazne wspierają systemy elektryczne i mechaniczne, a zaawansowane tworzywa sztuczne i półprzewodniki gwarantują niezawodność w surowych warunkach podwodnych. Wspólnie te surowce umożliwiają funkcjonowanie okrętu podwodnego jako samowystarczalnej, skrytej i wysoko zaawansowanej platformy, zaprojektowanej do działania w najbardziej wymagających warunkach, przy jednoczesnym zapewnieniu bezpieczeństwa i skuteczności załogi.

Wymagania materiałowe dla kadłubów okrętów podwodnych

Wybór materiałów na kadłub ciśnieniowy okrętu podwodnego jest kluczowy dla zrównoważenia wytrzymałości, wagi i kosztów. Wykorzystanie materiałów o wyższej granicy plastyczności pozwala na zastosowanie cieńszego kadłuba ciśnieniowego, zmniejszając ogólną wagę i poprawiając osiągi. Jednak materiały o wysokiej wytrzymałości są droższe, co wymaga kompromisu między kosztami a wydajnością. Osiągnięcie właściwej równowagi jest niezbędne dla integralności strukturalnej i efektywności operacyjnej okrętu podwodnego, szczególnie biorąc pod uwagę ekstremalne warunki pod wodą [348].

Głębokość jest podstawowym kryterium projektowym, które określa wymagania strukturalne kadłuba ciśnieniowego. Kadłub musi wytrzymać ogromne ciśnienie hydrostatyczne występujące na głębokościach operacyjnych. Inżynierowie obliczają głębokość zgniecenia — punkt, w którym kadłub ulega katastrofalnemu uszkodzeniu — poprzez pomnożenie maksymalnej głębokości operacyjnej (MOD) przez współczynnik bezpieczeństwa. Zapewnia to, że kadłub pozostaje strukturalnie stabilny nawet przy niespodziewanych ciśnieniach. Obliczone ciśnienie hydrostatyczne na głębokości zgniecenia staje się ciśnieniem projektowym, które kieruje wyborem materiałów i standardów budowy kadłuba [348].

Kadłub ciśnieniowy musi również być zaprojektowany tak, aby wytrzymywać siły generowane przez detonacje podwodne, takie jak wybuchy min lub bąbli gazowych. Fale uderzeniowe z eksplozji przenoszą zarówno bezpośrednie ciśnienie, jak i obciążenia wibracyjne na kadłub. Wibracje te mogą skracać żywotność zmęczeniową struktury, a jeśli osiągną częstotliwości rezonansowe, mogą doprowadzić do katastrofalnych uszkodzeń. Dlatego materiały wybierane na kadłub muszą charakteryzować się wystarczającą wytrzymałością i odpornością, aby pochłaniać te siły bez kompromisów w zakresie bezpieczeństwa i integralności strukturalnej okrętu podwodnego.

Kadłub ciśnieniowy jest zazwyczaj wykonany z grubej, wysokowytrzymałej stali, która zapewnia dużą rezerwę wytrzymałości. Stal ta jest zaprojektowana tak, aby utrzymać integralność strukturalną nawet w ekstremalnych warunkach ciśnienia i obciążeń występujących na głębokościach. Kadłub jest podzielony na kilka wodoszczelnych przedziałów za pomocą grodzi, co dodatkowo zwiększa zdolność okrętu do zarządzania ciśnieniem i utrzymywania wyporności w przypadku lokalnych uszkodzeń. Precyzja jest kluczowa przy budowie kadłuba ciśnieniowego, ponieważ nawet niewielkie odchylenia od specyfikacji projektowych mogą prowadzić do znacznego obniżenia wytrzymałości [348].

Przekrój kadłuba musi być idealnie okrągły, aby skutecznie rozprowadzać siły ściskające. Odchylenie o zaledwie jeden cal (25 mm) od okrągłości może zmniejszyć zdolność kadłuba do wytrzymywania obciążeń hydrostatycznych o ponad 30%. W celu utrzymania kształtu kadłuba i odporności na deformację stosuje się pierścienie wzmacniające — okrągłe ramy wzmacniające. Pierścienie te równomiernie rozprowadzają miliony ton siły ściskającej działającej na długości kadłuba, zapobiegając uszkodzeniom strukturalnym i zapewniając równomierne rozkładanie sił.

Kadłuby okrętów podwodnych wymagają wyjątkowej precyzji i nienagannego wykonania. Drobne niedoskonałości w konstrukcji lub spawaniu mogą zagrozić zdolności całego kadłuba do wytrzymywania ciśnienia. Aby sprostać tym rygorystycznym wymaganiom, w konstrukcji stosuje się kombinację pierścieni wzmacniających i podłużnych podpór, chociaż wzmocnienia poprzeczne są zazwyczaj rozmieszczane gęściej niż podłużne ze względu na ich lepszą odporność na obciążenia ściskające.

Wszystkie elementy kadłuba ciśnieniowego podlegają rygorystycznej kontroli jakości, a każdy spaw jest wielokrotnie sprawdzany za pomocą różnych nieniszczących metod testowania, takich jak prześwietlenia rentgenowskie, badania ultradźwiękowe i inspekcja penetracyjna barwnikami. Te dokładne inspekcje zapewniają, że żadne wady nie pozostaną niezauważone, ponieważ nawet niewielka usterka może zagrozić zdolności okrętu podwodnego do wytrzymywania ogromnych ciśnień na głębokościach [348].

Technologia materiałów stealth w okrętach podwodnych

Technologie stealth odgrywają kluczową rolę we współczesnych zastosowaniach wojskowych, szczególnie w przypadku okrętów podwodnych, które wymagają zaawansowanych metod unikania wykrycia. Ostatnie osiągnięcia koncentrują się na innowacyjnych projektach kadłubów, systemach wyciszania hałasu i materiałach absorbujących fale radarowe, które zwiększają zdolności stealth tych jednostek podwodnych.

Jednym z istotnych osiągnięć w technologii stealth jest wykorzystanie metamateriałów do tworzenia płytek pochłaniających sonar. Naukowcy zaprojektowali systemy zdolne do analizy częstotliwości sonarów wroga i generowania przeciwstawnych fal dźwiękowych, skutecznie maskując okręty podwodne poprzez sprawianie, że są nieodróżnialne od wody. Technologia ta może generować dźwięki o niskiej częstotliwości zdolne do neutralizowania potężnych aktywnych systemów sonarowych stosowanych przez marynarkę USA i jej sojuszników [349]. Tradycyjne materiały pochłaniające dźwięk, choć skuteczne przeciwko sonarom o wyższych częstotliwościach, często zawodzą wobec niższych częstotliwości ze względu na ich fizyczne ograniczenia [349]. Nowe płytki z metamateriałów mogą być strategicznie rozmieszczone na kadłubie okrętu podwodnego, aby przeciwdziałać wiązkom sonaru z różnych kątów, znacząco zwiększając zdolności stealth [349].

Oprócz technologii pochłaniania dźwięku kluczowe dla skrytości okrętów podwodnych jest także zmniejszenie hałasu hydrodynamicznego. Hałas hydrodynamiczny, który staje się dominującym źródłem hałasu przy wyższych prędkościach, można ograniczyć dzięki innowacyjnym projektom kadłuba i strategiom kontroli hałasu [60]. Badania wskazują, że konstrukcja osłon okrętu podwodnego może znacząco wpłynąć na poziom hałasu hydrodynamicznego, co sugeruje, że optymalizacja kształtów kadłuba mogłaby prowadzić do cichszych operacji [60]. Ponadto postępy w systemach aktywnej kontroli hałasu wykazały obiecujące rezultaty w redukcji niepożądanych dźwięków generowanych przez operacje okrętów podwodnych, co poprawia ich zdolności stealth [350, 351]. Systemy te wykorzystują algorytmy do adaptacyjnego tłumienia hałasu, wzmacniając ogólny profil skrytości okrętów podwodnych [350, 351].

Materiały pochłaniające fale radarowe (RAM) odgrywają kluczową rolę w minimalizowaniu sygnatur radarowych. Ostatnie badania analizowały właściwości różnych RAM, podkreślając znaczenie grubości i składu materiału w pochłanianiu fal elektromagnetycznych [352, 353]. Rozwój nowych materiałów kompozytowych, które wykazują doskonałe właściwości pochłaniania fal radarowych, wciąż trwa. Badania wskazują, że wielowarstwowe struktury mogą znacząco zwiększyć zdolności stealth [353]. Materiały te znajdują zastosowanie nie tylko w okrętach podwodnych, ale mogą być również wykorzystywane w samolotach i jednostkach nawodnych, co świadczy o szerokim zakresie zastosowań technologii stealth w różnych platformach wojskowych [349, 353].

Technologia materiałów stealth odgrywa kluczową rolę w zmniejszaniu wykrywalności okrętów podwodnych przez radar, sonar i czujniki minowe, zwiększając zdolność jednostek do prowadzenia operacji w sposób skryty. Obejmuje to połączenie technik akustycznych, wibroakustycznych i radarowych, z których każda odpowiada za unikanie wykrycia w określonych aspektach. Poniżej przedstawiono szczegółowe omówienie tych metod i wykorzystywanych materiałów [347].

Stealth akustyczny

Stealth akustyczny koncentruje się na redukcji hałasu emitowanego przez okręt podwodny, który w przeciwnym razie mógłby zostać wykryty przez systemy pasywnego sonaru. Sonar pasywny polega na wykrywaniu promieniowanego hałasu z jednostek, podczas gdy sonar aktywny identyfikuje obiekty, przesyłając fale dźwiękowe i nasłuchując ich odbić. Okręty podwodne przeciwdziałają tym zagrożeniom, wykorzystując specjalnie opracowane akustyczne płytki gumowe.

Płytki te składają się z wielu warstw, zewnętrznej ochronnej i wewnętrznej pochłaniającej dźwięk. Wewnętrzna warstwa zawiera wnęki strategicznie zaprojektowane do pochłaniania fal dźwiękowych w szerokim zakresie częstotliwości. Parametry, takie jak grubość płytki, rozmieszczenie wnęk oraz właściwości matrycy gumowej, są precyzyjnie dostosowywane w celu optymalizacji wydajności akustycznej. Kluczową cechą tych płytek jest ich zdolność do wytrzymywania ciśnienia hydrostatycznego do 4 MPa, co pozwala im zachować swoje właściwości nawet w ekstremalnych warunkach podwodnych.

Płytka wibroakustyczna

Płytki wibroakustyczne izolują przetworniki sonaru od wibracji strukturalnych i hałasu akustycznego wewnątrz kopuły sonaru okrętu podwodnego. Płytki te posiadają wielowarstwową strukturę z perforowanymi warstwami, które są łączone za pomocą specjalistycznych klejów. Taki projekt zapewnia, że wibracje pochodzące od maszyn lub kadłuba nie zakłócają działania sonaru, co zwiększa dokładność systemów wykrywania pod wodą.

Dodatkowo wprowadzono powłoki tłumiące wibracje (VDC) w obszarach takich jak maszynownie i pokłady, aby ograniczyć przenoszenie wibracji. Płytki te mocowane są do kadłuba okrętu podwodnego za pomocą klejów na bazie żywic epoksydowych i mas szpachlowych. Te kleje zapewniają silne połączenie między metalowymi i gumowymi powierzchniami, zachowując swoją skuteczność przez ponad 20 lat, a jednocześnie zapobiegają przenikaniu wody dzięki uszczelniaczom poliuretanowym.

Stealth radarowy

Stealth radarowy osiągany jest dzięki zastosowaniu materiałów pochłaniających fale radarowe (RAM). Materiały te, opracowane przy użyciu związków na bazie ferrytów, znacząco redukują skuteczną powierzchnię odbicia radarowego (RCS) okrętu podwodnego, szczególnie w zakresie częstotliwości X (8–12 GHz). RAM jest stosowany w powłokach, arkuszach i strukturach kompozytowych, takich jak farby pochłaniające radar (RAP) czy arkusze pochłaniające radar (RASH) [347].

Powłoki te zapewniają tłumienie o wartości ponad 10 dB, skutecznie zmniejszając wykrywalność odsłoniętych elementów okrętu podwodnego, takich jak maszt chrapowy czy peryskop. Technologia ta została również zastosowana w nadbudówkach okrętów wojennych, co pozwala platformom morskim utrzymywać niski profil radarowy.

Zaawansowana technologia materiałowa

Zaawansowana technologia materiałowa w okrętach podwodnych koncentruje się na poprawie osiągów, trwałości i zdolności stealth, przy jednoczesnym minimalizowaniu wagi i zmniejszaniu wymagań konserwacyjnych. Materiały kompozytowe odgrywają centralną rolę, oferując znaczne oszczędności wagowe, lepszą odporność na korozję i większą trwałość. Kompozyty te sprawiają, że okręty podwodne są lżejsze, bardziej zwrotne i lepiej przystosowane do głębokich zanurzeń. Kompozytowe śruby napędowe dodatkowo zwiększają wydajność, redukując wibracje, co zmniejsza sygnatury akustyczne i wspiera zdolności stealth.

Spawanie tarciowe z mieszaniem (FSW) jest kolejną kluczową innowacją, stosowaną do łączenia stopów aluminium, takich jak Al5083, Al6061 i Al2014. Ten proces w stanie stałym tworzy mocne i niezawodne złącza bez kompromisów w zakresie integralności materiału, co ma kluczowe znaczenie przy budowie lekkich struktur okrętów podwodnych. Kompozyty metalowo-matrixowe z aluminium o wysokim tłumieniu wibracji, wytwarzane metodą syntezy wspomaganej strumieniem stopionym, zawierają wzmocnienia grafitowe i ceramiczne. Te kompozyty minimalizują wibracje w kluczowych komponentach, zapewniając płynniejszą i bardziej niezawodną pracę.

Technologia rheo-castingu łączy precyzję kucia z złożonością odlewania, umożliwiając produkcję grubych i cienkościennych komponentów aluminiowych. Metoda ta zapewnia wymaganą wytrzymałość mechaniczną dla złożonych struktur okrętów podwodnych przy zachowaniu szczegółowych cech konstrukcyjnych. Szkła metaliczne (BMG), bazujące na stopach żelaza i miedzi, są stosowane jako powłoki nanoszone techniką natryskiwania wysokoprędkościowego płomieniem tlenowym (HVOF). Powłoki te zapewniają wyjątkową twardość, sięgającą 1000 Vickersa (VHN), oraz doskonałą odporność na korozję, zwiększając trwałość stalowych i niklowo-aluminiowych elementów z brązu.

Technika natryskiwania HVOF odgrywa kluczową rolę w wydłużaniu żywotności komponentów okrętów podwodnych. Stosując zaawansowane materiały, takie jak szkła metaliczne, zapewnia solidną ochronę powierzchni przed korozją i zużyciem w trudnych warunkach morskich. Kolejnym istotnym postępem są czujniki akustyczne piezokompozytowe, wytwarzane metodą cięcia i wypełniania (dice-and-fill). Czujniki te zwiększają czułość systemów sonarowych, umożliwiając precyzyjne wykrywanie zagrożeń pod wodą i zachowując trwałość w warunkach wysokiego ciśnienia.

Razem te zaawansowane technologie materiałowe znacząco poprawiają osiągi, zdolności stealth i niezawodność okrętów podwodnych. Są one niezbędne dla współczesnych operacji morskich, zapewniając, że okręty podwodne pozostają efektywne, zwrotne i niewykrywalne w wymagających warunkach podwodnych.

Spawanie tarciowe z mieszaniem (FSW)

FSW jest stosowane do łączenia stopów aluminium, w tym Al5083, Al6061 i Al2014. Ta technika wykorzystuje obracające się narzędzie do generowania ciepła tarcia, tworząc złącza w stanie stałym. FSW zapewnia mocne i niezawodne połączenia, szczególnie w zastosowaniach, gdzie tradycyjne metody spawania mogłyby naruszyć integralność materiału. Jest to szczególnie cenne przy produkcji lekkich komponentów o zwiększonej wytrzymałości, takich jak te stosowane w jednostkach morskich [347].

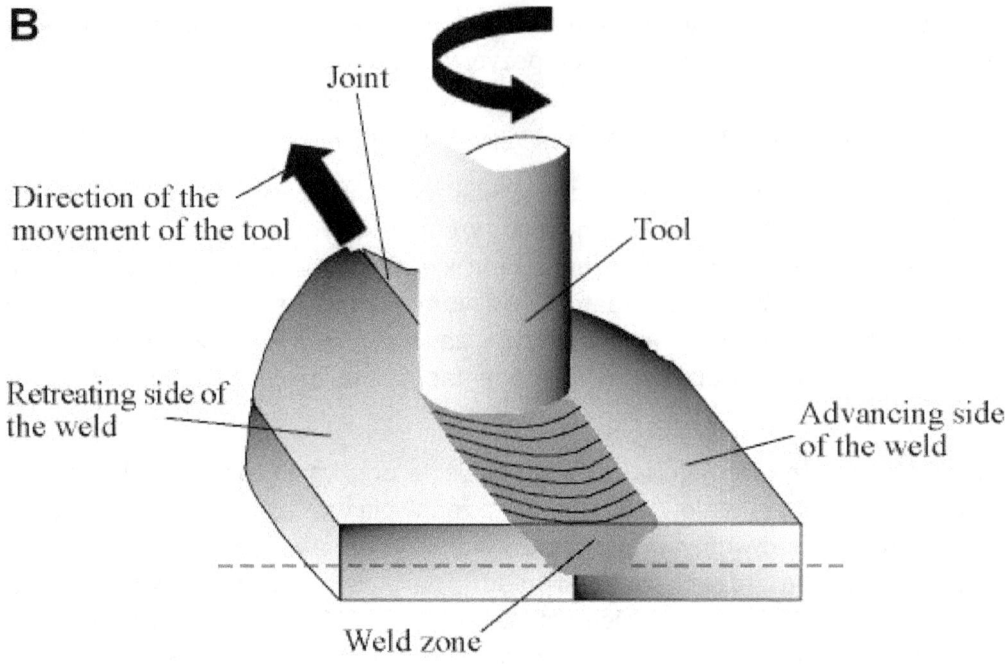

Rysunek 100: Proces spawania tarciowego z mieszaniem (Friction Stir Welding). Anandwiki na angielskiej Wikipedii, CC BY 3.0, via Wikimedia Commons.

Spawanie tarciowe z mieszaniem (Friction Stir Welding, FSW) to specjalistyczna technika spawania wykorzystywana do łączenia stopów aluminium, w tym popularnych gatunków takich jak Al5083, Al6061 i Al2014. W przeciwieństwie do tradycyjnych metod spawania, które opierają się na topieniu materiałów w celu utworzenia połączenia, FSW działa w stanie stałym. Proces ten wykorzystuje obracające się cylindryczne narzędzie, które generuje ciepło tarcia, przesuwając się wzdłuż spoiny między dwoma elementami roboczymi. Ciepło zmiękcza metal bez jego topienia, umożliwiając łączenie materiałów i tworzenie trwałego wiązania pod wpływem ciepła i mechanicznego nacisku.

Stopy aluminium, takie jak Al5083, Al6061 i Al2014, są popularne w branżach wymagających lekkich, ale wytrzymałych materiałów, takich jak przemysł morski, lotniczy i wojskowy. Różnią się one składem i właściwościami, co sprawia, że każdy z nich nadaje się do określonych zastosowań.

Al5083: Stop morski

Al5083 to stop niewrażliwy na obróbkę cieplną, znany przede wszystkim ze swojej wyjątkowej odporności na korozję, szczególnie w środowisku morskim. Zawiera magnez, mangan i chrom, które zwiększają jego odporność na działanie wody morskiej i chemikaliów przemysłowych.

Podstawy Projektowania i Budowy Okrętów Podwodnych

- **Właściwości:** Al5083 cechuje się wysoką wytrzymałością i doskonałą odpornością na zmęczenie. Jego właściwości mechaniczne pozostają stabilne w szerokim zakresie temperatur, co czyni go odpowiednim do zastosowań podwodnych.

- **Zastosowania:** Stop ten jest szeroko stosowany w budowie kadłubów statków, okrętów podwodnych, zbiorników ciśnieniowych i kriogenicznych. Jego lekka, a zarazem trwała natura sprawia, że jest idealny do jednostek morskich i innych zastosowań wymagających integralności strukturalnej przy jednoczesnym zachowaniu odporności na korozję.

- **Ograniczenia:** Al5083 nie może być utwardzany przez obróbkę cieplną i jest stosunkowo miękki w porównaniu do innych wytrzymałych stopów aluminium, co sprawia, że jest mniej odpowiedni do zastosowań lotniczych lub wymagających dużej odporności na uderzenia.

Al6061: Wszechstronny stop konstrukcyjny

Al6061 to stop poddający się obróbce cieplnej, który zawiera magnez i krzem jako główne pierwiastki stopowe. Znany jest z wszechstronności i dobrej równowagi wytrzymałości, odporności na korozję i skrawalności.

- **Właściwości:** Al6061 oferuje średnią do wysokiej wytrzymałość, doskonałą odporność na korozję i dobrą spawalność. Może być dodatkowo utwardzany poprzez obróbkę cieplną, np. przez starzenie T6, co czyni go doskonałym materiałem do struktur nośnych.

- **Zastosowania:** Al6061 jest wykorzystywany w wielu branżach, w tym w lotnictwie, motoryzacji, przemyśle morskim i budownictwie. W zastosowaniach podwodnych jest często używany w komponentach konstrukcyjnych, takich jak ramy, podpory i systemy rur, ze względu na swoją wysoką wytrzymałość i łatwość obróbki.

- **Ograniczenia:** Chociaż Al6061 jest wszechstronny, nie zapewnia najwyższej wytrzymałości spośród stopów aluminium. W zastosowaniach wymagających ekstremalnej wytrzymałości lub odporności na zmęczenie mogą być preferowane inne stopy.

Al2014: Stop lotniczy

Al2014 to stop o wysokiej wytrzymałości, poddający się obróbce cieplnej, z miedzią jako głównym pierwiastkiem stopowym, co nadaje mu wyjątkowe właściwości mechaniczne. Stop ten jest zaprojektowany do zastosowań wymagających maksymalnej wytrzymałości, ale ma mniejszą odporność na korozję w porównaniu z Al5083 lub Al6061.

- **Właściwości:** Al2014 oferuje wysoką odporność na zmęczenie, doskonałą skrawalność i zdolność do utrzymania wytrzymałości w warunkach wysokiego obciążenia. Jednak ma zmniejszoną odporność na korozję i zazwyczaj wymaga obróbki powierzchniowej w celu ochrony przed działaniem środowiska.

- **Zastosowania:** Ze względu na swoją wytrzymałość i odporność na zmęczenie, Al2014 jest szeroko stosowany w przemyśle lotniczym i obronnym do takich komponentów jak struktury lotnicze, części pocisków i wyposażenie okrętów podwodnych narażone na duże obciążenia. Jest idealny do środowisk dynamicznych, gdzie kluczowe są waga i integralność strukturalna.

- **Ograniczenia:** Zawartość miedzi sprawia, że Al2014 jest bardziej podatny na korozję, szczególnie w środowisku słonowodnym, dlatego często stosuje się powłoki ochronne lub anodowanie w celu zminimalizowania problemów z korozją.

FSW jest szczególnie korzystne w zastosowaniach wymagających lekkich struktur o zwiększonej wytrzymałości, takich jak okręty wojenne i okręty podwodne. Stopy aluminium, znane z korzystnego stosunku wytrzymałości do wagi oraz odporności na korozję, są szeroko stosowane w środowiskach morskich. Jednak tradycyjne metody spawania przez topienie mogą osłabiać aluminium, wprowadzając zniekształcenia termiczne, porowatość i wady w miejscach łączenia. FSW pokonuje te wyzwania, zachowując pierwotne właściwości stopów aluminium i zapewniając, że spawy są równie wytrzymałe jak materiał podstawowy.

Proces FSW minimalizuje również powstawanie defektów, takich jak pęknięcia czy puste przestrzenie, które są częste w procesach spawania w wysokich temperaturach. Tworzy jednolite, wytrzymałe złącze o doskonałej odporności na zmęczenie, co jest kluczowe dla elementów narażonych na dynamiczne obciążenia, takich jak te stosowane w statkach i okrętach podwodnych. Ponadto, ponieważ materiał pozostaje w stanie stałym przez cały proces, FSW redukuje naprężenia resztkowe i eliminuje konieczność stosowania materiałów dodatkowych, co dodatkowo zwiększa integralność strukturalną i niezawodność złączy.

FSW jest wysoce wydajne przy produkcji złożonych kształtów i dużych struktur, ponieważ pozwala na precyzyjną kontrolę procesu spawania. Zdolność do wytwarzania spójnych, wysokiej jakości spawów przy minimalnych wymaganiach dotyczących obróbki końcowej sprawia, że jest preferowanym wyborem do zastosowań krytycznych w przemyśle morskim. W rezultacie komponenty wytwarzane za pomocą FSW przyczyniają się do ogólnej trwałości i wydajności okrętów wojennych, wspierając zarówno bezpieczeństwo operacyjne, jak i długowieczność w wymagających środowiskach.

Kompozyty metalowo-matrixowe z aluminium o wysokim tłumieniu wibracji
Synteza reakcji wspomaganej topnikiem stopionym jest stosowana do tworzenia kompozytów metalowo-matrixowych z aluminium o zwiększonych właściwościach tłumienia wibracji. Te kompozyty zawierają ultradrobne wzmocnienia grafitowe i ceramiczne, co sprawia, że są odpowiednie do komponentów okrętów podwodnych, gdzie minimalizacja wibracji ma kluczowe znaczenie [347].

Kompozyty metalowo-matrixowe z aluminium o wysokim tłumieniu wibracji (AMMC) to materiały inżynieryjne zaprojektowane w celu ograniczenia wibracji mechanicznych, co jest szczególnie istotne w zastosowaniach takich jak okręty podwodne, gdzie integralność strukturalna i zdolności stealth są priorytetowe. Unikalne właściwości tych kompozytów są osiągane dzięki różnorodnym technikom produkcji, w tym poprzez wprowadzanie wzmocnień, takich jak grafit i ceramika, do stopionej matrycy aluminiowej. Wzmocnienia te zwiększają zdolności tłumienia wibracji kompozytów, przewyższając możliwości tradycyjnych stopów aluminium [354, 355].

Proces syntezy obejmuje wprowadzanie ultradrobnych wzmocnień do stopionej matrycy aluminiowej. Cząsteczki grafitu są szczególnie skuteczne w zwiększaniu właściwości tłumienia, redukując transmisję wibracji, podczas gdy ceramiczne wzmocnienia przyczyniają się do zwiększenia wytrzymałości mechanicznej, twardości i odporności termicznej kompozytu [356]. Takie połączenie materiałów sprawia, że AMMC posiadają doskonałe właściwości tłumienia wibracji, co jest niezbędne dla efektywności operacyjnej okrętów podwodnych.

W projektowaniu okrętów podwodnych lekka natura AMMC w połączeniu z ich zdolnościami tłumienia wibracji rozwiązuje kluczowe wyzwania. Operacje podwodne generują wibracje pochodzące od maszyn, takich jak silniki i pompy, które mogą rozchodzić się przez strukturę jednostki. Jeśli wibracje te nie są odpowiednio kontrolowane, mogą skrócić żywotność komponentów i zagrozić skrytości okrętu, czyniąc go bardziej wykrywalnym przez systemy sonarowe [357]. Dzięki wykorzystaniu AMMC o wysokich właściwościach tłumienia wibracji okręty podwodne mogą działać ciszej i wydajniej, minimalizując transmisję hałasu i naprężenia mechaniczne [356].

Ponadto AMMC wykazują doskonałą wydajność w surowych warunkach morskich, charakteryzując się odpornością na korozję i zmęczenie materiałowe przez długie okresy eksploatacji. Ta trwałość ma kluczowe znaczenie, ponieważ komponenty okrętów podwodnych są narażone na ogromne ciśnienie hydrostatyczne i powtarzające się obciążenia mechaniczne. Co więcej, AMMC zapewniają lepszą stabilność wymiarową w porównaniu z czystym aluminium, gwarantując, że kluczowe elementy zachowają swoją integralność w zmiennych warunkach temperatury i ciśnienia [354, 355].

Kompozyty metalowo-matrixowe z aluminium o wysokim tłumieniu wibracji są wykorzystywane w kluczowych elementach strukturalnych i mechanicznych okrętów podwodnych, takich jak mocowania silników, systemy napędowe i płyty pokładowe. Materiały te zapewniają izolację wrażliwego na wibracje wyposażenia, takiego jak czujniki i systemy sonarowe, od zakłóceń, tym samym zachowując zdolności operacyjne i profil stealth okrętu podwodnego [356]. Połączenie lekkiej konstrukcji, zwiększonej wytrzymałości i doskonałego tłumienia wibracji sprawia, że AMMC są nieocenione w nowoczesnym projektowaniu okrętów podwodnych. Ich zdolność do wytrzymywania wymagających warunków środowiskowych przy jednoczesnym ograniczeniu hałasu i naprężeń mechanicznych zapewnia optymalizację wydajności oraz zwiększoną żywotność systemów okrętowych [354, 357].

Nowa technologia odlewania reologicznego (Rheo-Casting)

Technika ta łączy zalety tradycyjnego odlewania i kucia, umożliwiając produkcję zarówno grubo-, jak i cienkościennych elementów ze stopów aluminium z wysoką precyzją. Rheo-casting jest niezbędny do tworzenia skomplikowanych struktur przy jednoczesnym zachowaniu właściwości mechanicznych porównywalnych z materiałami kutymi.

Rheo-casting to innowacyjna technika produkcji, która integruje zalety tradycyjnego odlewania z wytrzymałością mechaniczną charakterystyczną dla kucia. Metoda ta pozwala na wytwarzanie zarówno grubo-, jak i cienkościennych komponentów ze stopów aluminium z niezwykłą precyzją, co czyni ją szczególnie korzystną dla branż wymagających wysokowydajnych materiałów. Główną zaletą rheo-castingu jest zdolność do tworzenia złożonych i precyzyjnych struktur, które często są trudne do osiągnięcia przy użyciu konwencjonalnych metod odlewania, przy jednoczesnym zapewnieniu doskonałych właściwości mechanicznych porównywalnych z materiałami kutymi [358, 359].

Podczas procesu rheo-castingu stopy aluminium są doprowadzane do stanu półstałego, charakteryzującego się mieszaniną faz stałej i ciekłej. Ten stan półstały nadaje materiałowi unikalne właściwości przepływowe, pozwalając mu wypełniać formy z większą precyzją. Poprawione właściwości przepływowe redukują typowe wady związane z tradycyjnymi technikami odlewania, takie jak porowatość czy skurcze, co skutkuje komponentami zarówno bardzo szczegółowymi, jak i stabilnymi wymiarowo. W rezultacie potrzeba rozległej obróbki i wykańczania po odlewaniu jest zminimalizowana, co może prowadzić do znacznych oszczędności kosztów produkcji [358, 360].

Wydajność mechaniczna komponentów produkowanych metodą rheo-castingu jest zauważalnie poprawiona dzięki minimalizacji defektów wewnętrznych. Proces ten wytwarza materiały o doskonałej wytrzymałości na rozciąganie, odporności na zmęczenie i ogólnej trwałości, co sprawia, że części produkowane w ten sposób są porównywalne do tych wykonanych metodą kucia. W przeciwieństwie do kucia rheo-casting pozwala na tworzenie złożonych geometrii i cienkościennych sekcji, co poszerza jego zastosowanie w sektorach takich jak lotnictwo, motoryzacja i inżynieria morska [359, 361].

Ponadto rheo-casting wspiera produkcję wielkoseryjną przy zachowaniu spójnej jakości, co jest kluczowe dla przemysłowej produkcji na dużą skalę. Połączenie precyzji odlewania z mechanicznymi zaletami kucia czyni rheo-casting nowoczesnym rozwiązaniem dla branż wymagających materiałów o wysokiej wydajności. Technika ta zapewnia, że skomplikowane, lekkie komponenty ze stopów aluminium nie tylko spełniają, ale często przewyższają rygorystyczne wymagania współczesnych zastosowań inżynieryjnych [358, 359].

Szkła metaliczne luzem (BMG)

Okręty podwodne wykorzystują także szkła metaliczne luzem (BMG) na bazie żelaza (Fe) i miedzi (Cu), które charakteryzują się wyjątkową twardością i odpornością na korozję. Materiały te są stosowane jako powłoki na komponentach wykonanych ze stali i brązu niklowo-aluminiowego, nanoszone metodą natryskiwania wysokoprędkościowego płomieniem tlenowym (HVOF). Powłoki z BMG zwiększają trwałość kluczowych komponentów okrętów podwodnych, zapewniając twardość powierzchni do 1000 VHN (Vickers Hardness Number) [347].

Szkła metaliczne luzem (BMG) to innowacyjna klasa materiałów stosowanych w okrętach podwodnych w celu poprawy wydajności i trwałości kluczowych komponentów. Składające się ze stopów żelaza i miedzi, BMG mają unikalną amorficzną strukturę, co oznacza, że atomy w materiale są ułożone losowo, w przeciwieństwie do uporządkowanej struktury krystalicznej występującej w tradycyjnych metalach. Brak krystaliczności nadaje BMG wyjątkowe właściwości mechaniczne, takie jak doskonała twardość, wysoka wytrzymałość i odporność na korozję — co jest kluczowe w surowym środowisku morskim.

W konstrukcji okrętów podwodnych BMG są stosowane głównie jako powłoki ochronne na komponentach wykonanych ze stali i brązu niklowo-aluminiowego (NAB). Powłoki te są nanoszone metodą natryskiwania wysokoprędkościowego płomieniem tlenowym (HVOF). Technika ta polega na wstrzeliwaniu drobnych cząstek materiału BMG z bardzo dużą prędkością na powierzchnię komponentu. Wysoka prędkość i siła uderzenia podczas tego procesu zapewniają, że powłoka mocno wiąże się z podłożem, tworząc jednolitą i trwałą warstwę ochronną.

Proces HVOF wykorzystuje komorę spalania, w której mieszanka tlenu i gazów paliwowych (np. wodoru, propanu lub nafty) jest zapalana, generując płomień o wysokiej temperaturze. Płomień ten przemieszcza się przez specjalistyczną dyszę, tworząc strumień gazów o prędkości naddźwiękowej. Drobne cząstki materiału powłokowego w formie proszku są wprowadzane do tego strumienia, gdzie są szybko podgrzewane. Cząstki te stają się półstałe i są napędzane z prędkością od 600 do 1000 metrów na sekundę na powierzchnię docelową, zapewniając powłokę o wysokiej twardości i odporności na korozję.

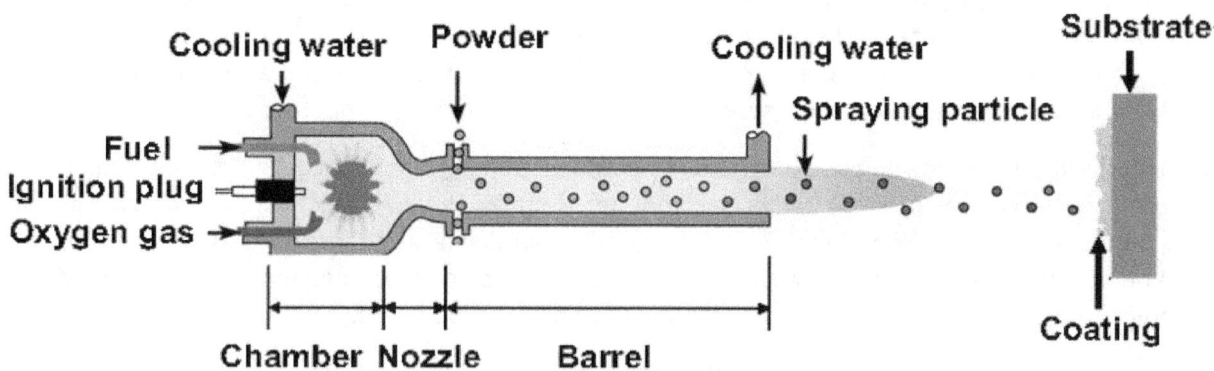

Rysunek 101: Schemat natryskiwania wysokoprędkościowego płomieniem tlenowym (HVOF). S. Kuroda i in., CC BY 4.0, via Wikimedia Commons.

Kiedy cząstki uderzają w powierzchnię z bardzo dużą prędkością, natychmiast się spłaszczają i twardnieją, tworząc gęstą, mocno związaną warstwę. Powłoka przylega mechanicznie do podłoża, tworząc silne połączenie, które jest odporne na łuszczenie i rozdzielanie. Szybkie utwardzanie minimalizuje powstawanie pustek i defektów, co prowadzi do powłok gęstych, trwałych i o doskonałych właściwościach mechanicznych.

Kluczowe zalety HVOF obejmują wysoką wytrzymałość połączenia, niską porowatość oraz minimalny wpływ termiczny. Ekstremalna prędkość cząstek zapewnia silne mechaniczne wiązanie między powłoką a podłożem, zwiększając niezawodność nawet w warunkach wysokich obciążeń. Szybkie chłodzenie zapobiega porowatości powłok, co czyni je odpornymi na korozję i przenikanie wody, co jest kluczowe w środowisku morskim. Dodatkowo niska temperatura podłoża w procesie HVOF zapobiega zniekształceniom termicznym i osłabieniu materiału bazowego, co jest szczególnie istotne przy precyzyjnych elementach, takich jak wały czy łożyska.

W przemyśle morskim, szczególnie w budowie i konserwacji okrętów podwodnych, HVOF znajduje szerokie zastosowanie. Powłoki wykonane z BMG na bazie żelaza i miedzi są nanoszone tą metodą, aby poprawić twardość i odporność na korozję kluczowych elementów. Powłoki te zapewniają wyjątkową odporność na zużycie i wydłużają żywotność komponentów narażonych na działanie wody morskiej i obciążeń mechanicznych.

Technologia HVOF jest także stosowana do regeneracji zużytych powierzchni. Zamiast wymieniać drogie komponenty, części można pokryć nową warstwą, co zmniejsza koszty i czas przestoju. Uniwersalność tej techniki pozwala na zastosowanie różnych materiałów powłokowych, co czyni ją odpowiednią do elementów takich jak śruby napędowe, stery, cylindry hydrauliczne czy łożyska.

Powłoki z BMG oferują wiele korzyści dla systemów okrętów podwodnych. Jedną z najważniejszych właściwości tych powłok jest ich wyjątkowo wysoka twardość, osiągająca do 1000 Vickersa (VHN). Twardość ta poprawia odporność na zużycie, zapewniając elementom wytrzymałość na obciążenia mechaniczne, ścieranie i inne formy degradacji powierzchni w trudnych warunkach podwodnych.

Ponadto BMG charakteryzują się doskonałą odpornością na korozję. Elementy okrętów podwodnych są stale narażone na działanie wody morskiej, która może korodować tradycyjne metale, osłabiając ich integralność strukturalną i zwiększając częstotliwość konserwacji. Powłoki BMG chronią te elementy przed korozją, wydłużając ich trwałość i redukując koszty utrzymania. Ta odporność jest szczególnie cenna dla takich elementów jak śruby napędowe, łożyska wałów i inne kluczowe komponenty mechaniczne.

Amorfowa struktura BMG sprawia, że są one mniej podatne na defekty mikrostrukturalne, które mogą prowadzić do zmęczenia materiału w czasie. Tradycyjne metale o strukturze krystalicznej są bardziej podatne na powstawanie pęknięć pod wpływem obciążeń, szczególnie w środowiskach morskich, gdzie występują zmienne ciśnienia i naprężenia mechaniczne. Powłoki BMG redukują to ryzyko, zapewniając trwałą i wolną od defektów powierzchnię, co zwiększa niezawodność i bezpieczeństwo okrętów podwodnych.

Zastosowanie powłok BMG na bazie Fe i Cu w okrętach podwodnych stanowi przełom w inżynierii materiałowej. Dzięki natryskiwaniu HVOF producenci mogą znacząco poprawić wydajność, trwałość i odporność na korozję komponentów, co czyni okręty podwodne bardziej niezawodnymi i ekonomicznymi w całym ich cyklu życia.

Piezokompozytowe materiały do wykrywania akustycznego

Innowacyjne piezokompozytowe materiały są wykorzystywane do zaawansowanego wykrywania akustycznego. Materiały te wytwarzane są metodą cięcia i wypełniania (dice-and-fill), co zwiększa czułość systemów sonarowych. Piezokompozyty umożliwiają precyzyjne wykrywanie fal akustycznych, co jest kluczowe w operacjach okrętów podwodnych w środowiskach, gdzie istotne jest identyfikowanie zagrożeń podwodnych i przeszkód [347].

Innowacyjne materiały piezokompozytowe odgrywają kluczową rolę w poprawie zdolności wykrywania akustycznego w okrętach podwodnych, odpowiadając na potrzebę precyzyjnego wykrywania podwodnego i niezawodnych operacji sonarowych. Materiały te wykorzystują efekt piezoelektryczny, czyli zjawisko, w którym mechaniczne naprężenie generuje ładunek elektryczny. Właściwość ta pozwala piezokompozytom na wyjątkowo czułe wykrywanie fal akustycznych w wodzie, czyniąc je niezbędnymi w nowoczesnych systemach sonarowych, odpowiedzialnych za identyfikację zagrożeń podwodnych, przeszkód i zmian środowiskowych.

Piezokompozyty, szczególnie te zaprojektowane z koncepcją połączenia 1-3 (1-3 connectivity), przewyższają tradycyjne ceramiczne materiały piezoelektryczne pod względem elastyczności, trwałości i jakości sygnału. Ich unikalne właściwości sprawiają, że są kluczowe dla niezawodnych operacji sonarowych w trudnych warunkach podwodnych [362].

Połączenie 1-3 w piezokompozytach to koncepcja opisująca specyficzną konfigurację strukturalną, która zwiększa wydajność materiałów w zastosowaniach, takich jak systemy sonarowe. W piezokompozytach "połączenie" odnosi się do sposobu, w jaki faza ceramiczna i matryca polimerowa są połączone w różnych wymiarach przestrzennych. Struktura 1-3 zapewnia efektywne połączenie elastyczności mechanicznej, czułości i transmisji sygnału, co czyni ją szczególnie odpowiednią do zastosowań akustycznych.

W piezokompozycie 1-3 elementy ceramiczne piezoelektryczne, zwykle w formie prętów lub włókien, są ułożone w jednym wymiarze (stąd "1" w nazwie). Te elementy są osadzone w matrycy polimerowej, która zapewnia ciągłość w trzech wymiarach (reprezentowane przez "3"). Ceramiczne pręty biegną równolegle do siebie i są równomiernie rozmieszczone w matrycy, nie dotykając się wzajemnie na boki. Takie rozmieszczenie pozwala ceramicznym prętom zapewniać bezpośrednią ścieżkę dla mechanicznego naprężenia i generowania ładunku elektrycznego wzdłuż ich osi, podczas gdy otaczająca je matryca polimerowa zapewnia integralność strukturalną, elastyczność i izolację mechaniczną.

Konfiguracja 1-3 w piezokompozytach pokonuje wiele ograniczeń związanych z konwencjonalnymi materiałami piezoelektrycznymi, takich jak kruchość i brak elastyczności. Wbudowanie prętów ceramicznych w matrycę polimerową nadaje kompozytowi szereg kluczowych zalet. Matryca polimerowa zapewnia elastyczność mechaniczną, pozwalając materiałowi wytrzymać wibracje i obciążenia mechaniczne bez pękania czy degradacji. Dodatkowo matryca charakteryzuje się niższą impedancją akustyczną niż ceramiczne pręty, co zmniejsza straty sygnału na granicach materiałów i poprawia wydajność piezokompozytu w środowisku podwodnym.

Każdy pręt ceramiczny działa niezależnie w matrycy, minimalizując zakłócenia i szumy, co zwiększa klarowność i rozdzielczość sygnałów akustycznych. Izolacja ta pomaga także w mechanicznym odsprzęganiu, ponieważ matryca polimerowa minimalizuje przenoszenie wibracji strukturalnych, zapewniając, że tylko autentyczne sygnały akustyczne są wykrywane przez ceramiczne elementy. Ponadto geometria, gęstość i wielkość prętów mogą być dostosowywane do konkretnych zakresów częstotliwości i potrzeb akustycznych, zwiększając wszechstronność materiału w różnych zastosowaniach.

W systemach sonarowych okrętów podwodnych piezokompozyty o konfiguracji 1-3 zapewniają znaczną poprawę wydajności. Zwiększona czułość i zmniejszony szum akustyczny umożliwiają precyzyjniejsze wykrywanie obiektów i zagrożeń podwodnych. Trwałość i elastyczność konfiguracji 1-3 gwarantują niezawodność działania w trudnych warunkach morskich, gdzie ekspozycja na ciśnienie wody, wahania temperatury i wibracje mechaniczne jest stała. Materiał ten idealnie nadaje się do długotrwałego użytkowania, zapewniając, że systemy sonarowe pozostają skuteczne w różnorodnych scenariuszach operacyjnych.

Produkcja piezokompozytów zazwyczaj odbywa się metodą cięcia i wypełniania (**dice-and-fill**), precyzyjną techniką wytwarzania, która polega na segmentacji ceramicznych elementów piezoelektrycznych na małe sekcje (tzw. kostki), które następnie są osadzane w matrycy polimerowej. Taka struktura minimalizuje wewnętrzne naprężenia mechaniczne i poprawia sprzężenie mechaniczne z otaczającą wodą, zwiększając czułość i klarowność wykrywanych sygnałów akustycznych [363–365]. Redukcja efektów sprzężenia krzyżowego między ceramicznymi elementami pozwala piezokompozytom osiągnąć wyższą czułość, co ma kluczowe znaczenie w systemach sonarowych zależnych od wykrywania subtelnych fal akustycznych [366, 367].

Zalety piezokompozytów przekładają się na ich zastosowanie w systemach sonarowych, gdzie znacząco poprawiają wykrywanie i identyfikację obiektów podwodnych, takich jak jednostki pływające, miny czy elementy geograficzne. W środowiskach, gdzie skrytość jest kluczowa, okręty podwodne wykorzystują aktywne i pasywne matryce sonarowe wyposażone w piezokompozyty, aby utrzymać bieżącą świadomość sytuacyjną. Zwiększona czułość tych materiałów pozwala na wykrywanie i analizowanie nawet słabych sygnałów akustycznych, umożliwiając operatorom identyfikację potencjalnych zagrożeń na większe odległości [368, 369].

Ponadto piezokompozyty charakteryzują się zwiększoną trwałością i długowiecznością, co jest niezbędne dla komponentów pracujących pod ekstremalnym ciśnieniem podwodnym. Matryca polimerowa w tych kompozytach zapewnia elastyczność, umożliwiając matrycom sonarowym wytrzymywanie naprężeń mechanicznych i wahań ciśnienia wody podczas długotrwałych misji. Połączenie wysokiej czułości, niezawodności i odporności czyni piezokompozyty kluczowymi elementami współczesnych systemów sonarowych okrętów podwodnych, zapewniając ich efektywne działanie w różnych operacjach podwodnych [370, 371].

Technologia materiałów stealth stanowi fundament operacji okrętów podwodnych, umożliwiając tym jednostkom pozostanie niewykrytymi w wrogim środowisku. Akustyczne płytki gumowe, izolacje wibroakustyczne oraz powłoki pochłaniające fale radarowe współpracują, aby zminimalizować sygnatury dźwiękowe i radarowe. Zaawansowane materiały, takie jak kompozyty metalowo-matrixowe, szkła metaliczne luzem oraz komponenty spawane tarciowo, zapewniają, że struktura okrętu podwodnego jest zarówno lekka, jak i trwała. Dzięki tym technologiom okręty podwodne osiągają stopień skrytości, wytrzymałości i precyzji wymagany we współczesnych działaniach wojennych na morzu.

Zastosowanie materiałów kompozytowych

Jednym z najbardziej przełomowych osiągnięć w technologii okrętów podwodnych jest wprowadzenie zaawansowanych kompozytów do budowy kadłubów i innych kluczowych komponentów. Materiały te oferują znaczne oszczędności wagowe, czyniąc okręty podwodne lżejszymi i bardziej zwrotnymi. Tradycyjne materiały, takie jak stal, choć wytrzymałe, znacząco zwiększają masę jednostki, podczas gdy zaawansowane kompozyty pozwalają osiągnąć porównywalną lub nawet większą wytrzymałość przy znacznie niższej wadze. Ta zmiana nie tylko poprawia zwinność okrętów, ale również pozwala na przenoszenie większej ilości sprzętu lub ładunków bez utraty wydajności [348].

Kompozyty są również bardziej odporne na korozję niż tradycyjne stopy metali, co jest kluczową cechą w surowym środowisku morskim, w którym operują okręty podwodne. Odporność na korozję przekłada się na dłuższą żywotność kadłuba i znacząco zmniejsza potrzeby konserwacyjne, ponieważ rzadziej wymagają napraw lub zabiegów antykorozyjnych. Ponadto zaawansowane kompozyty charakteryzują się większą trwałością, co pozwala im wytrzymać intensywne ciśnienia podczas głębokich zanurzeń i w warunkach wysokiego obciążenia.

Wykorzystanie tych materiałów gwarantuje, że okręty podwodne mogą działać przez dłuższy czas bez zmęczenia strukturalnego czy awarii, zwiększając ich niezawodność w trakcie długotrwałych misji [348].

Rosja jest liderem w zastosowaniu zaawansowanych kompozytów w nowej generacji okrętów podwodnych o napędzie jądrowym, co stanowi znaczący krok naprzód w technologii okrętów podwodnych. Te jednostki będą wykorzystywać kompozyty nie tylko w swoich kadłubach, ale również w innych kluczowych komponentach, co zapewni znaczne ulepszenia w zakresie skrytości i wytrzymałości. Zredukowana masa i zwiększona trwałość przyczyniają się do cichszej pracy jednostek, co utrudnia ich wykrycie przez systemy sonarowe i inne systemy akustyczne. Rozwój ten plasuje rosyjskie okręty na czele technologii stealth na morzu [348].

Jednym z najbardziej godnych uwagi innowacji są testy kompozytowych śrub napędowych przeprowadzane przez Rosję, które mogą zrewolucjonizować napęd okrętów podwodnych. Śruby napędowe są jednym z kluczowych elementów wpływających na wydajność okrętu, a ich konstrukcja musi minimalizować hałas i wibracje, aby zachować skrytość. Wykorzystanie kompozytów w łopatach śrub zmniejsza wibracje i poprawia wydajność, co prowadzi do obniżenia sygnatury akustycznej. To sprawia, że okręt podwodny jest mniej wykrywalny przez sonar, co zapewnia strategiczną przewagę w operacjach morskich. Zwiększona wydajność pozwala również na cichszy napęd, co dodatkowo wzmacnia zdolność okrętu do pozostania niewykrytym podczas misji specjalnych.

Chociaż Rosja przewodzi w integracji kompozytów w okrętach nowej generacji, inne kraje, w tym Stany Zjednoczone, również badają te materiały [348]. W miarę jak korzyści z zastosowania kompozytów — takie jak redukcja wagi, zwiększona trwałość i poprawa skrytości — stają się coraz bardziej oczywiste, można spodziewać się, że więcej państw zaadoptuje te technologie w swoich flotach okrętów podwodnych. Pionierskie wykorzystanie kompozytów przez Rosję prawdopodobnie wpłynie na globalne trendy, przyspieszając rozwój technologii budowy okrętów podwodnych na całym świecie, gdyż państwa dążą do utrzymania konkurencyjnej przewagi w technologii morskiej [348].

Techniki spawania i obróbki

Procesy produkcji okrętów podwodnych

Proces produkcji okrętu podwodnego jest niezwykle skomplikowany, wymagający zarówno manualnego rzemiosła, jak i precyzji automatyzacji. Każdy etap ma na celu zapewnienie, że jednostka spełnia najwyższe standardy integralności strukturalnej, funkcjonalności i bezpieczeństwa, biorąc pod uwagę wymagające warunki, z którymi będzie się mierzyć pod wodą.

Budowa kadłuba

Głównym materiałem używanym do budowy okrętów podwodnych jest stal, z płytami o grubości zazwyczaj od 2 do 3 cali (5,1–7,6 cm). Płyty stalowe są początkowo precyzyjnie cięte za pomocą palników acetylenowych. Po wycięciu płyty są przepuszczane przez duże walce metalowe pod ogromnym naciskiem. Te walce, o średnicy około 28 cali (71,1 cm) i długości 15 stóp (4,6 m), nadają płytom wymagany kształt, tocząc je w przód i w tył, aż osiągnięta zostanie odpowiednia krzywizna [347].

Po wygięciu płyty są montowane wokół drewnianych szablonów, które definiują kształt kadłuba. Następnie płyty są ręcznie spawane, tworząc poszczególne sekcje kadłuba. Sekcje te są wyrównywane przy użyciu dźwigów i powoli obracane pod automatycznym spawaczem, aby zapewnić wyjątkową wytrzymałość spoin. Wielokrotne przejścia pod automatycznym spawaczem wzmacniają te spoiny. Dla dodatkowego wzmocnienia T-kształtne żebra stalowe są spawane do sekcji kadłuba. Żebra te powstają poprzez podgrzewanie stalowych prętów do stanu plastycznego i ich wyginanie, aby dopasować się do krzywizny kadłuba.

Montaż wewnętrznego i zewnętrznego kadłuba

Kadłub okrętu podwodnego składa się z dwóch warstw: wewnętrznego i zewnętrznego. Wewnętrzny kadłub zamyka wnętrze okrętu, mieszcząc załogę i kluczowe wyposażenie, podczas gdy zewnętrzny kadłub pełni rolę bariery zewnętrznej. Oba kadłuby są konstruowane poprzez spawanie wielu sekcji przy użyciu tej samej technologii. Stalowe żebra są umieszczane pomiędzy kadłubami, aby stworzyć przestrzeń na zbiorniki balastowe, które kontrolują pływalność jednostki. Żebra te nie tylko dodają wytrzymałości, ale także oddzielają wewnętrzny i zewnętrzny kadłub.

Wewnątrz wewnętrznego kadłuba dodatkowe stalowe płyty są spawane, aby podzielić okręt na wodoszczelne przedziały. Stalowe pokłady i grodzie są instalowane w celu dalszego wzmocnienia konstrukcji. Zewnętrzne szwy kadłuba są polerowane za pomocą szybkoobrotowych szlifierek, aby uzyskać gładkie wykończenie, które zmniejsza opór wody i przygotowuje powierzchnię do malowania. Po wygładzeniu nakładane są wielowarstwowe powłoki ochronne, które chronią kadłub przed korozją i zwiększają jego trwałość.

Podczas całego procesu produkcji wokół kadłuba stawiane są rusztowania, zapewniając pracownikom dostęp do wszystkich obszarów. Inspekcje i kontrole jakości są rygorystycznie przeprowadzane na każdym etapie. Na przykład spoiny są testowane za pomocą promieni rentgenowskich w celu wykrycia niedoskonałości, a rury wypełniane helem, aby zidentyfikować nieszczelności. Takie dokładne podejście gwarantuje najwyższe standardy bezpieczeństwa, co sprawia, że reaktory nuklearne na pokładzie okrętów podwodnych są jednymi z najbezpieczniejszych na świecie [347].

Rysunek 102: Przednia sekcja i moduł kiosku okrętu podwodnego klasy Virginia, jednostki przedkomisyjnej (PCU) NORTH CAROLINA (SSN 777) Marynarki Wojennej Stanów Zjednoczonych (USN), w trakcie budowy w stoczni Northrop Grumman Newport News w Wirginii (VA). Archiwa Narodowe USA, domena publiczna, za pośrednictwem Picryl.

Wykończenie zewnętrzne

Po zmontowaniu kadłuba instalowane są zewnętrzne komponenty, takie jak stery, śruby napędowe i sprzęt sonarowy. Wiele metalowych elementów jest produkowanych metodą odlewania w formach piaskowych, która polega na stworzeniu modelu z drewna lub plastiku odpowiadającego pożądanemu elementowi. Model ten umieszcza się w formie wypełnionej utwardzonym piaskiem. Po usunięciu modelu do powstałej wnęki wlewa się stopiony metal, który po ostygnięciu tworzy ostateczny element [347].

Gotowe komponenty są spawane lub w inny sposób mocowane do kadłuba. Aby zminimalizować opór pod wodą, sprzęt sonarowy jest montowany na kadłubie i przykrywany gładkimi stalowymi arkuszami. Podczas tego etapu rusztowania pozostają na miejscu, aby zapewnić pracownikom łatwy dostęp do wszystkich obszarów okrętu podwodnego.

Rysunek 103: Budowa okrętu podwodnego klasy Astute, Audacious, w stoczni Barrow-in-Furness w Kumbrii. Defence Imagery, CC BY-SA 2.0, za pośrednictwem Flickr.

Wykończenie wnętrza i wyposażenie

Podczas budowy wewnętrznego kadłuba instalowane są duże urządzenia, takie jak silniki i maszyny. Po uszczelnieniu wewnętrznego kadłuba wprowadzane są mniejsze elementy wyposażenia. Jednak wiele kluczowych komponentów nie jest montowanych do momentu zwodowania okrętu podwodnego. Po uroczystym wodowaniu jednostka jest holowana do doku wyposażeniowego, gdzie realizowane są pozostałe prace wewnętrzne.

W doku montowane są krytyczne systemy, takie jak peryskopy, chrapy, urządzenia elektroniczne i systemy napędowe. Oprócz komponentów operacyjnych instalowane są także urządzenia zapewniające komfort załogi, takie jak lodówki, elektryczne kuchenki, klimatyzatory i pralki. Tak kompleksowe wyposażenie zapewnia, że okręt podwodny jest w pełni przygotowany do długotrwałych misji [347].

Stopy metali stosowane w budowie okrętów podwodnych

Podstawy Projektowania i Budowy Okrętów Podwodnych

Produkcja okrętów podwodnych wymaga wykorzystania różnych stopów, dobranych ze względu na ich specyficzne właściwości. Materiały stosowane w systemach narażonych na kontakt z wodą morską muszą być odporne na korozję, łatwe w obróbce i opłacalne, a jednocześnie charakteryzować się wysokim stosunkiem wytrzymałości do wagi. Stopy te obejmują zarówno formy walcowane, jak i odlewane z miedzi, niklu, tytanu i aluminium, w zależności od funkcji danego komponentu.

- **Stopy miedzi** są często stosowane w elementach narażonych na kontakt z wodą morską ze względu na doskonałą odporność na korozję.

- **Stopy niklu** są wykorzystywane tam, gdzie wymagana jest zarówno wytrzymałość, jak i odporność na środowiska wysokociśnieniowe.

- **Stopy tytanu** oferują wyjątkową wytrzymałość przy niskiej masie, co czyni je idealnymi dla kluczowych elementów strukturalnych.

- **Stopy aluminium** są stosowane w lekkich komponentach, gdzie odporność na korozję jest kluczowa, szczególnie w nadbudowie lub elementach wewnętrznych.

Połączenie tych materiałów zapewnia, że okręty podwodne są zarówno wytrzymałe, jak i wydajne, wytrzymując surowe środowisko podwodne, a jednocześnie utrzymując wysoką wydajność operacyjną. Staranny dobór materiałów w połączeniu z precyzyjnymi procesami produkcyjnymi pozwala na budowę okrętów podwodnych spełniających rygorystyczne wymagania współczesnych operacji morskich.

Techniki spawalnicze stosowane w budowie okrętów podwodnych

Spawanie odgrywa kluczową rolę w budowie okrętów podwodnych, zapewniając integralność strukturalną, odporność na ciśnienie i trwałość w ekstremalnych warunkach morskich. Ze względu na unikalne wymagania stawiane okrętom podwodnym stosuje się różnorodne zaawansowane techniki spawania, szczególnie podczas łączenia komponentów kadłuba, który musi wytrzymywać znaczne ciśnienie hydrostatyczne na dużych głębokościach. Spawanie okrętów podwodnych wymaga najwyższej precyzji, aby zapobiec defektom, ponieważ każda awaria spoiny mogłyby zagrozić integralności jednostki. Poniżej przedstawiono kluczowe techniki spawalnicze stosowane w produkcji okrętów podwodnych.

Spawanie tarciowe z mieszaniem (FSW)

Spawanie tarciowe z mieszaniem (FSW) jest szeroko stosowane w budowie okrętów podwodnych, szczególnie do łączenia stopów aluminium, takich jak Al5083 i Al6061, które często wykorzystuje się w lekkich elementach wewnętrznych. FSW to technika spawania w stanie stałym, w której obracające się narzędzie generuje ciepło tarcia, zmiękczając i łącząc powierzchnie metalu bez ich topienia. Proces ten zapewnia mocne połączenie bez wprowadzania stref wpływu ciepła, które mogłyby osłabić strukturę. FSW jest niezbędne w zastosowaniach okrętów podwodnych, gdzie redukcja masy ma kluczowe znaczenie, a połączenia muszą zachować wytrzymałość i odporność na korozję, na przykład w elementach niekonstrukcyjnych, zbiornikach i lekkich grodziach.

Spawanie tarciowe z mieszaniem to proces łączenia w stanie stałym, który pozwala na połączenie dwóch elementów metalowych bez ich topienia, przy użyciu obracającego się, niewyczerpywalnego narzędzia do generowania ciepła tarcia. Proces ten jest szczególnie korzystny w zastosowaniach wymagających wysokiej wytrzymałości spoin i trwałości, takich jak kadłuby okrętów podwodnych, struktury lotnicze i elementy motoryzacyjne. Dzięki utrzymywaniu materiału w stanie uplastycznionym, a nie stopionym, FSW unika wielu typowych wad spawania i zapewnia wysoką jakość połączenia w różnych metalach, w tym aluminium, tytanie, magnezie i stali.

Proces rozpoczyna się od umieszczenia dwóch elementów metalowych wzdłuż linii połączenia. Narzędzie FSW, składające się z profilowanego trzpienia i głowicy, jest wprowadzane w materiał wzdłuż szwu, aż trzpień przeniknie pod powierzchnię, a głowica spoczywa na materiale. Tarcie generowane przez obracające się narzędzie, w połączeniu z przyłożonym naciskiem, powoduje zmiękczenie materiału wokół trzpienia bez jego topienia. Zmiękczony materiał przepływa wokół trzpienia i konsoliduje się w miarę postępu narzędzia wzdłuż linii połączenia. Ruch ten, wraz z zastosowanym naciskiem mechanicznym, scala materiały, tworząc mocną, pozbawioną wad spoinę.

Charakterystyka FSW obejmuje powstawanie odmiennych stref mikrostrukturalnych w spawanym materiale. Należą do nich strefa mieszania (lub strefa dynamicznie rekrystalizowana), strefa termomechanicznie wpływana (TMAZ) oraz strefa wpływu ciepła (HAZ). W strefie mieszania materiał ulega intensywnym deformacjom i mieszaniu, tworząc małe, równomierne ziarna. Często obserwuje się w niej charakterystyczny wzór „pierścienia cebulowego", wynikający ze skomplikowanego przepływu materiału. Otaczająca strefa mieszania TMAZ wykazuje zdeformowaną, ale rozpoznawalną pierwotną mikrostrukturę. Poza tym obszarem znajduje się HAZ, która doświadcza cykli termicznych bez deformacji, co może wpływać na właściwości mechaniczne, szczególnie w przypadku utwardzanych wiekowo stopów aluminium.

FSW oferuje wiele zalet w porównaniu z tradycyjnymi technikami spawania przez topienie. Ponieważ materiał pozostaje w stanie stałym, ryzyko porowatości, pęknięć i innych wad związanych z krzepnięciem jest znacznie zredukowane. Spoiny wykonane metodą FSW charakteryzują się również doskonałymi właściwościami mechanicznymi, takimi jak wysoka wytrzymałość i odporność na zmęczenie, co czyni tę technikę odpowiednią do zastosowań krytycznych, takich jak budowa kadłubów okrętów podwodnych. Ponadto FSW generuje minimalne ilości toksycznych oparów i nie wymaga materiałów dodatkowych ani gazu osłonowego, co przyczynia się do zwiększenia bezpieczeństwa i obniżenia kosztów procesu spawania.

Jednak metoda FSW ma również swoje ograniczenia. Narzędzie pozostawia otwór wyjściowy w miejscu, gdzie jest wycofywane ze spoiny, a proces wymaga znacznej siły nacisku, co wymusza stosowanie solidnych systemów zaciskowych. Dodatkowo FSW jest mniej elastyczne niż ręczne metody spawania, co utrudnia dostosowanie do zmiennej grubości materiałów lub wykonywanie spoin o nieliniowym przebiegu.

Na sukces procesu FSW wpływa wiele parametrów, takich jak konstrukcja narzędzia, prędkość obrotowa, prędkość przesuwu oraz głębokość zanurzenia. Narzędzie musi być wykonane z materiałów odpornych na wysokie temperatury i ścieranie, takich jak stal narzędziowa do pracy na gorąco. Prędkości obrotowa i przesuwu muszą być starannie zrównoważone, aby zapewnić odpowiednie generowanie ciepła bez przegrzania, które mogłoby prowadzić do powstawania wad. Głębokość zanurzenia i kąt nachylenia narzędzia odgrywają kluczową rolę w zapewnieniu właściwego przepływu materiału i konsolidacji złącza. Narzędzia zaprojektowane z elementami takimi jak stożkowe trzpienie czy rowki powrotne poprawiają przepływ materiału i jakość spoiny.

FSW znalazło zastosowanie w wielu branżach, w tym w budownictwie okrętowym, przemyśle lotniczym i motoryzacyjnym. Technika ta jest szczególnie cenna przy łączeniu lekkich stopów, takich jak aluminium, gdzie tradycyjne metody spawania mogą powodować zniekształcenia lub osłabienie wytrzymałości. Przepływ materiału podczas FSW odbywa się według skomplikowanego wzoru. Część materiału obraca się wokół trzpienia, tworząc łukowate struktury, podczas gdy inna część przepływa wokół boków narzędzia, zapewniając dokładne mieszanie i scalenie materiału.

Rysunek 104: Spawanie tarciowe z mieszaniem (FSW). AstridMitch, CC BY-SA 4.0, za pośrednictwem Wikimedia Commons.

Generowanie ciepła w procesie FSW wynika zarówno z tarcia, jak i deformacji materiału. Kontrola dopływu ciepła jest kluczowa dla utrzymania wysokiej jakości spoiny. Nadmierne ciepło może pogorszyć właściwości mechaniczne, natomiast jego niedobór może prowadzić do wad. Nowoczesne systemy FSW wykorzystują zaawansowane mechanizmy sterowania do utrzymania optymalnej pozycji narzędzia, obciążenia i dostarczania ciepła, zapewniając spójne spoiny nawet w trudnych warunkach. Dodatkowo, zaawansowane modele procesowe i symulacje pomagają w optymalizacji parametrów oraz przewidywaniu naprężeń resztkowych, co zwiększa niezawodność i efektywność procesu.

Poniżej przedstawiono szczegółowy przegląd narzędzi i maszyn wymaganych do skutecznego przeprowadzenia procesu FSW:

1. Maszyna lub platforma FSW

Maszyny FSW to solidne systemy zaprojektowane do wytrzymywania dużych sił i zapewnienia precyzyjnych ruchów podczas spawania. Występują w różnych konfiguracjach, takich jak portale, kolumny z wysięgnikiem czy systemy robotyczne. Kluczowe cechy obejmują:

- Regulowaną prędkość obrotową do kontrolowania generowania ciepła.
- Mechanizmy przesuwu zapewniające płynny ruch liniowy wzdłuż linii łączenia.
- Systemy kontroli obciążenia, które utrzymują odpowiedni nacisk podczas spawania.

Niektóre tradycyjne frezarki mogą być zaadaptowane do małoskalowego FSW, ale dedykowane maszyny FSW oferują lepszą kontrolę i precyzję.

2. Narzędzie FSW

Narzędzie FSW jest kluczowe w procesie spawania i składa się z dwóch głównych części:

- **Głowica (Shoulder):** Cylindryczna część, która kontaktuje się z powierzchnią materiału. Generuje ciepło tarcia i wywiera nacisk.
- **Trzpień (Pin lub Probe):** Mniejsza, profilowana część, która wnika w materiał i miesza go podczas obrotu.

Materiały na narzędzia:

- **Stal narzędziowa H13:** Stosowana do spawania aluminium.
- **Węglik wolframu:** Używany do spawania metali o wyższej temperaturze topnienia, takich jak stal i tytan.
- **PCBN (Polikrystaliczny azotek boru):** Stosowany w wymagających zastosowaniach, np. w przemyśle lotniczym.

Konstrukcja narzędzia (np. Triflute lub Whorl) wpływa na przepływ materiału i jakość spoiny, szczególnie w przypadku trudnych materiałów.

3. System mocowania materiału

Odpowiednie mocowanie jest kluczowe, aby zapobiec przesunięciom materiału podczas spawania. Ciężkie zaciski lub hydrauliczne systemy mocujące zapewniają stabilność elementów.

- **Indywidualne uchwyty** są często stosowane dla skomplikowanych geometrii lub spoin nieliniowych.

- **Płyty podkładowe** (zwykle miedziane) są umieszczane pod elementami, aby zapobiec stratom materiału i zapewnić wsparcie.

4. System chłodzenia

FSW generuje znaczne ciepło, dlatego system chłodzenia zapobiega uszkodzeniom narzędzia i maszyny.

- **Chłodzenie powietrzem lub wodą:** Środek chłodzący jest kierowany na narzędzie i obszar spoiny w celu utrzymania optymalnej temperatury.
- **Wewnętrzne chłodzenie narzędzia:** Niektóre narzędzia posiadają kanały do cyrkulacji środka chłodzącego.

5. System sterowania i oprogramowanie

Nowoczesne maszyny FSW korzystają z komputerowych systemów sterowania dla precyzyjnego spawania. Oprogramowanie reguluje:

- Prędkość obrotową narzędzia.
- Prędkość przesuwu wzdłuż linii łączenia.
- Głębokość zanurzenia, aby utrzymać odpowiednią głębokość spawania.
- Kąt nachylenia narzędzia, zwykle między 2-4 stopnie, w celu poprawy konsolidacji materiału.

Oprogramowanie może także rejestrować dane procesowe dla kontroli jakości i śledzenia.

6. Czujniki siły i momentu obrotowego

Zintegrowane czujniki siły monitorują nacisk, moment obrotowy i inne siły działające na narzędzie podczas spawania. Czujniki te zapewniają:

- Spójność spoiny.
- Bezpieczną pracę narzędzia w granicach obciążenia.

7. System monitorowania temperatury

Termopary lub kamery na podczerwień śledzą temperaturę w strefie spoiny, aby zapewnić optymalny dopływ ciepła. Precyzyjna kontrola temperatury pomaga unikać wad, takich jak pustki czy niedostateczna penetracja.

8. Zasilanie awaryjne i systemy redundancji

Maszyny FSW wykorzystywane w krytycznych zastosowaniach, takich jak okręty podwodne, mogą zawierać:

- Systemy zasilania awaryjnego, aby zapobiec zakłóceniom.
- Redundantne silniki lub systemy sterowania, aby proces spawania mógł przebiegać bez zakłóceń w przypadku awarii komponentu.

9. Sprzęt do badań nieniszczących (NDT)

Po spawaniu narzędzia NDT zapewniają integralność spoin. Powszechne metody to:

- **Badania ultradźwiękowe (UT):** Wykrywają wewnętrzne wady, takie jak pustki czy pęknięcia.
- **Inspekcja rentgenowska:** Ujawnia wady podpowierzchniowe w spoinach.

10. Środki ochrony osobistej (PPE)

Operatorzy potrzebują środków ochrony osobistej, mimo że FSW jest bezpieczniejsze niż tradycyjne spawanie. Wymagane PPE obejmuje:

- Rękawice odporne na ciepło do manipulacji materiałami.
- Okulary ochronne, aby zabezpieczyć przed odłamkami metalu.
- Odzież ochronną, aby zapobiec przypadkowemu kontaktowi z gorącymi powierzchniami.

Rysunek 105: Sprzęt do spawania tarciowego z mieszaniem (FSW) spoin narożnych w ramie pojazdu elektrycznego. Hwanjin Kim,1 Kwangjin Lee,2 Jaewoong Kim,3 Changyeon Lee,4 Yoonchul Jung5 i Sungwook Kang,61 Wydział Inżynierii Mechanicznej, Uniwersytet Narodowy Gyeongsang, Jinju 52828, Korea2 Grupa R&D Zastosowań Materiałów Węglowych, Koreański Instytut Technologii Przemysłowej, Jeonju 54853, Korea3 Grupa R&D Materiałów i Komponentów dla Inteligentnej Mobilności, Koreański Instytut Technologii Przemysłowej, Gwangju 61012, Korea4 Centrum Techniczne: Daejoo Kores Co., LTD., Wanju 55316, Korea5 Oddział Dongnam, Koreański Instytut Technologii Przemysłowej, Busan 46938, Korea6 Grupa R&D Procesów i Kontroli Mechaniki Precyzyjnej, Koreański Instytut Technologii Przemysłowej, Jinju 52845, Korea Autor, do którego należy kierować korespondencję., CC BY 4.0, za pośrednictwem Wikimedia Commons.

Poniżej znajduje się szczegółowy opis procesu FSW krok po kroku:

Krok 1: Przygotowanie elementów do spawania

1. **Wybór materiału:** Upewnij się, że materiały przeznaczone do spawania są kompatybilne z FSW. Powszechnie stosowane materiały to stopy aluminium, miedź, magnez i tytan.

2. **Przygotowanie krawędzi:** Krawędzie elementów muszą być czyste i wyrównane wzdłuż linii łączenia, aby zapewnić właściwe spawanie. Usuń zanieczyszczenia, takie jak tłuszcz, kurz czy tlenki.

3. **Mocowanie elementów:** Zamocuj elementy na platformie spawalniczej za pomocą solidnych zacisków. System mocowania musi zapobiegać przesunięciom podczas spawania, aby zachować integralność złącza.

4. **Kontrola narzędzia:** Sprawdź narzędzie FSW pod kątem zużycia. Narzędzie składa się z cylindrycznej głowicy i profilowanego trzpienia, które są kluczowe dla uzyskania spójnej spoiny.

Krok 2: Ustawienie narzędzia

1. **Wyrównanie narzędzia:** Ustaw trzpień narzędzia nad linią łączenia, gdzie spotykają się dwa elementy. Upewnij się, że głowica znajduje się nieco powyżej powierzchni materiału.

2. **Regulacja głębokości zanurzenia:** Ustaw głębokość zanurzenia tak, aby trzpień penetrował tuż poniżej pełnej grubości materiału, zapewniając całkowite połączenie przez złącze.

Krok 3: Czas nagrzewania – wstępne podgrzewanie materiału

1. **Wprowadzenie narzędzia:** Opuść narzędzie, aż trzpień penetruje złącze, a głowica styka się z powierzchnią.

2. **Czas nagrzewania:** Pozwól narzędziu obracać się w miejscu bez przesuwania. Generuje to ciepło tarcia, które zmiękcza materiał bez jego topienia, przygotowując go do przepływu plastycznego.

Krok 4: Rozpoczęcie procesu spawania

1. **Rozpoczęcie przesuwania narzędzia:** Po osiągnięciu pożądanej temperatury przesuwaj obracające się narzędzie wzdłuż linii łączenia z wcześniej ustaloną prędkością.

2. **Przepływ materiału:** Podczas przesuwania narzędzia zmiękczony materiał z przedniej krawędzi przepływa wokół trzpienia narzędzia i konsoliduje się za nim, tworząc spoinę. Głowica wywiera nacisk w dół, zapewniając właściwe kucie materiału.

Krok 5: Utrzymywanie optymalnych parametrów

1. **Monitorowanie prędkości obrotowej i przesuwu:** Upewnij się, że prędkość obrotowa jest stała, a prędkość przesuwu odpowiada pożądanej jakości spoiny. Wyższa prędkość obrotowa zwiększa ciepło, podczas gdy wyższa prędkość przesuwu je zmniejsza.

2. **Kąt nachylenia narzędzia:** Utrzymuj lekkie nachylenie narzędzia (2-4 stopnie), aby ułatwić kucie materiału podczas przesuwania narzędzia. Nachylenie to zapewnia lepsze wiązanie i spójność spoiny.

Krok 6: Zakończenie spoiny

1. **Zmniejszenie prędkości narzędzia:** Gdy narzędzie zbliża się do końca złącza, stopniowo zmniejszaj prędkość przesuwu.

2. **Wycofanie narzędzia:** Płynnie podnieś narzędzie z materiału, pozostawiając mały otwór wyjściowy w miejscu, gdzie usunięto trzpień. Otwór ten można później wypełnić lub obrobić.

Krok 7: Inspekcja i wykończenie po spawaniu

1. **Kontrola wizualna:** Sprawdź spoinę pod kątem jednolitości i jakości powierzchni. Dobra spoina powinna mieć minimalne odkształcenia powierzchniowe.

2. **Badania nieniszczące (opcjonalne):** Wykorzystaj badania rentgenowskie lub ultradźwiękowe do wykrycia ewentualnych wad wewnętrznych, niewidocznych na powierzchni.

3. **Obróbka wykończeniowa:** W razie potrzeby wykonaj lekką obróbkę mechaniczną lub polerowanie, aby wygładzić otwór wyjściowy lub usunąć nadmiar materiału.

Krok 8: Ostateczna kontrola jakości

1. **Testy mechaniczne (opcjonalne):** Przeprowadź testy wytrzymałości na rozciąganie, zmęczenie lub twardość, aby zweryfikować wytrzymałość i trwałość spoiny.

2. **Walidacja wydajności:** Upewnij się, że zespawany element spełnia wymagania operacyjne, takie jak zastosowanie pod wodą w okrętach podwodnych lub w strukturach lotniczych.

Spawanie tarciowe z mieszaniem (FSW) to precyzyjny proces zapewniający kontrolowane wykonanie spoin o wysokiej wytrzymałości w różnych metalach. Staranne przestrzeganie każdego kroku procesu gwarantuje niezawodną, pozbawioną wad spoinę. Technika ta jest szczególnie cenna w zastosowaniach takich jak kadłuby okrętów podwodnych, gdzie integralność strukturalna jest kluczowa. Przy odpowiednim przygotowaniu, monitorowaniu i inspekcji FSW oferuje doskonałą jakość spoin, minimalny wpływ na środowisko oraz ulepszone właściwości mechaniczne.

Spawanie tarciowe z mieszaniem (FSW) jest regulowane przez różne normy międzynarodowe, które mają na celu zapewnienie wysokiej jakości spoin, szczególnie w branżach, gdzie bezpieczeństwo i niezawodność są kluczowe, takich jak przemysł lotniczy, morski i motoryzacyjny. Normy te obejmują szeroki zakres zagadnień, w tym specyfikacje procesów, wymagania dotyczące sprzętu, procedury testowania i środki kontroli jakości, aby zagwarantować wydajność w wymagających warunkach.

Norma ISO 25239 zawiera kompleksowe wytyczne dotyczące FSW przy pracy ze stopami aluminium. Podzielona na pięć części, obejmuje kluczowe aspekty, takie jak:

- terminologia,
- specyfikacje sprzętu,
- kwalifikacje operatorów,
- specyfikacje procedur spawania (WPS),
- wymagania dotyczące jakości, w tym inspekcje i testy.

Norma ta jest szeroko stosowana w branżach takich jak lotnictwo i przemysł morski, zapewniając spójność i niezawodność spoin podczas łączenia stopów aluminium, które są powszechnie używane w tych sektorach.

Norma wydana przez American Welding Society koncentruje się na zastosowaniach FSW w przemyśle lotniczym. Przedstawia precyzyjne wytyczne dotyczące spawania komponentów lotniczych, uwzględniając:

- procedury spawania,
- wymagania dotyczące kwalifikacji,
- metody badań nieniszczących (NDT).

Podkreśla także testy wydajności, które weryfikują właściwości mechaniczne spoin, zapewniając ich zgodność z rygorystycznymi wymaganiami dynamicznych środowisk lotniczych.

Europejska norma BS EN 14127 dostarcza procedury badań nieniszczących specyficznych dla spoin FSW. Skupia się głównie na badaniach ultradźwiękowych w celu wykrycia wad, takich jak pustki, wtrącenia lub niepełne penetracje w spoinach. Norma ta zapewnia, że krytyczne komponenty zachowują swoją integralność strukturalną dzięki rygorystycznym inspekcjom, co jest niezbędne w zastosowaniach wymagających wysokiej wydajności.

Norma ISO 15614-12 rozszerza standardy FSW na metale inne niż aluminium, takie jak stopy miedzi i tytanu. Norma ta gwarantuje, że procedury FSW spełniają wymagania dotyczące wydajności mechanicznej, konieczne w trudnych środowiskach, takich jak sektor morski i obronny, gdzie niezawodność jest kluczowa.

Sekcja IX Kodeksu Naczyń Ciśnieniowych i Kotłów Amerykańskiego Towarzystwa Inżynierów Mechaników (ASME) zawiera wytyczne dotyczące kwalifikacji procedur spawania i operatorów dla zastosowań krytycznych, w tym FSW. Choć tradycyjnie koncentruje się na metodach spawania przez topienie, norma ASME może być dostosowana do uwzględnienia FSW w określonych projektach, zapewniając zgodność z normami bezpieczeństwa i jakości.

W przemyśle lotniczym akredytacja NADCAP jest często wymagana od organizacji wykonujących FSW. Program Akredytacji Narodowych Kontraktorów Przemysłu Lotniczego i Obronnego (NADCAP) zapewnia zgodność ze standardami przemysłu lotniczego poprzez szczegółowe audyty i kontrolę jakości, gwarantując niezawodność spawanych komponentów.

Podstawy Projektowania i Budowy Okrętów Podwodnych

ISO 3834, choć początkowo zaprojektowana dla spawania przez topienie, oferuje ramy zarządzania jakością, które mogą być stosowane w FSW. Norma ta kładzie nacisk na dokumentację, kontrolę procesów i procedury inspekcji, które są niezbędne do utrzymania spójnej jakości w środowiskach produkcyjnych.

W budowie okrętów podwodnych FSW zyskuje na znaczeniu przy łączeniu lekkich materiałów, takich jak stopy aluminium i zaawansowane kompozyty. Standardy takie jak ISO 25239 i AWS D17.3 zapewniają, że spawane komponenty spełniają wymagania dotyczące wytrzymałości, trwałości i odporności na korozję, niezbędne w operacjach podwodnych. Procedury badań nieniszczących określone w BS EN 14127 odgrywają kluczową rolę w weryfikacji integralności spoin, pomagając zapewnić bezpieczeństwo i wydajność okrętów podwodnych pracujących pod wysokim ciśnieniem na głębokości. Te standardy wspólnie zapewniają, że procesy FSW w budowie okrętów podwodnych spełniają rygorystyczne wymagania środowisk morskich, dostarczając niezawodnych i wysokiej jakości spoin dla krytycznych zastosowań.

Spawanie ręczne MMA (Manual Metal Arc Welding)

Spawanie ręczne MMA, znane również jako spawanie elektrodą otuloną (Shielded Metal Arc Welding, SMAW), jest szeroko stosowaną techniką spawalniczą, szczególnie w budowie okrętów podwodnych, gdzie stal wysokowytrzymała jest głównym materiałem. Metoda ta charakteryzuje się tworzeniem łuku elektrycznego pomiędzy elektrodą topliwą a materiałem bazowym, co pozwala na skuteczne łączenie metali. Prostota i wszechstronność MMA sprawiają, że technika ta jest szczególnie przydatna w trudno dostępnych miejscach, co często ma miejsce podczas budowy okrętów podwodnych [372].

Proces MMA jest szczególnie ceniony za zdolność do spawania grubych płyt stalowych, które są kluczowe dla integralności strukturalnej kadłubów okrętów podwodnych. Technika ta pozwala na uzyskanie wytrzymałych spoin, które spełniają wymagania środowisk podwodnych. Badania pokazują, że spawanie MMA może zapewnić dobrą wytrzymałość mechaniczną w stalach o wysokiej wytrzymałości i niskiej zawartości stopów (HSLA), choć nadal istnieją wyzwania związane z zapewnieniem odporności na pękanie i wytrzymałości zmęczeniowej w spoinach wielowarstwowych [373, 374]. Możliwość precyzyjnych napraw zarówno podczas budowy, jak i konserwacji jest kluczowym aspektem spawania MMA, szczególnie w przypadku kadłuba ciśnieniowego, gdzie niezawodność strukturalna ma fundamentalne znaczenie [374].

Dodatkowo zastosowanie spawania MMA w budowie okrętów podwodnych znajduje poparcie w jego skuteczności w zarządzaniu naprężeniami resztkowymi i zapewnianiu integralności spoin. Badania wskazują, że dobór parametrów spawania oraz skład chemiczny materiałów bazowych mają istotny wpływ na właściwości mechaniczne uzyskanych spoin [375, 376]. Ma to szczególne znaczenie w przypadku stali wysokowytrzymałych, gdzie proces spawania musi być starannie kontrolowany, aby zapobiec problemom takim jak pękanie i zmniejszenie odporności na obciążenia [377]. Wszechstronność spawania MMA pozwala na jego zastosowanie w różnych pozycjach spawalniczych i warunkach, co czyni tę technikę niezbędną w przemyśle morskim [372, 373].

Spawanie MMA odgrywa kluczową rolę w budowie, naprawie i konserwacji okrętów podwodnych. Ta technika spawania jest szczególnie cenna w miejscach wymagających precyzyjnej kontroli manualnej. Wszechstronność

SMAW sprawia, że nadaje się zarówno do elementów strukturalnych, jak i niestrukturalnych w kadłubach i wewnętrznych strukturach okrętów podwodnych, zapewniając niezawodne i trwałe spoiny.

SMAW (spawanie łukowe elektrodą otuloną) jest szeroko stosowane w konstrukcji i naprawach kadłubów, szczególnie podczas spawania wewnętrznych i zewnętrznych sekcji kadłuba. W miejscach, do których zautomatyzowane systemy spawalnicze nie mają dostępu, takich jak ciasne przestrzenie w zbiornikach balastowych, SMAW umożliwia manualną interwencję. Wzmacnianie szwów kadłuba ciśnieniowego i wykonywanie napraw strukturalnych w ograniczonych przestrzeniach jest kluczowe dla zachowania integralności okrętu podwodnego pod wysokim ciśnieniem. Technika ta zapewnia precyzję niezbędną do spełnienia wysokich standardów wymaganych w budowie okrętów podwodnych.

Wewnątrz okrętu SMAW stosuje się również do ram strukturalnych, takich jak grodzie, pokłady i żebra, które wspierają kadłub ciśnieniowy i pozwalają jednostce wytrzymać ciśnienie hydrostatyczne oraz wewnętrzne naprężenia. Mniejsze wewnętrzne komponenty, takie jak uchwyty, ramy i punkty mocowania, które zabezpieczają wyposażenie i rurociągi, są łączone przy użyciu SMAW, co zapewnia stabilność tych krytycznych elementów podczas eksploatacji. Uniwersalność SMAW sprawia, że jest to skuteczny wybór do tak różnorodnych zadań.

Rozbudowane systemy rur i instalacji okrętu podwodnego w dużej mierze opierają się na SMAW. Obejmuje to spawanie rur transportujących chłodziwo, paliwo, płyny hydrauliczne i powietrze. SMAW zapewnia mocne, niezawodne spoiny, które są niezbędne w tych systemach wysokociśnieniowych. Technika ta jest szczególnie korzystna w przypadku modyfikacji i napraw wykonywanych na miejscu, gdzie dostęp może być ograniczony, co gwarantuje, że kluczowe systemy pozostają funkcjonalne.

Podczas operacji lub na morzu SMAW jest nieocenione przy wykonywaniu awaryjnych napraw i konserwacji. Dzięki swojej przenośności może być stosowane do kluczowych zadań, takich jak łatanie wycieków, naprawa uszkodzonych sekcji kadłuba i ponowne spawanie zużytych spoin. W ograniczonych przestrzeniach, gdzie zautomatyzowany sprzęt spawalniczy nie może być użyty, SMAW umożliwia precyzyjną pracę manualną, pozwalając na szybkie ukończenie niezbędnych napraw w celu zapewnienia bezpieczeństwa operacyjnego okrętu podwodnego.

Przydatność SMAW w budowie okrętów podwodnych wynika z jego przenośności i dostępności. Lekki sprzęt sprawia, że technika ta jest idealna do pracy w ciasnych przestrzeniach lub miejscach z ograniczonym dostępem, takich jak zbiorniki balastowe czy systemy rurowe. Prosta konstrukcja sprzętu pozwala na efektywne wykorzystanie nawet podczas prac konserwacyjnych na morzu lub w odległych lokalizacjach. SMAW jest również wszechstronne, ponieważ może być stosowane z różnymi elektrodami do łączenia różnych metali powszechnie stosowanych w okrętach podwodnych, w tym stali wysokowytrzymałej, stali nierdzewnej i stopów niklu. Ta uniwersalność sprawia, że technika ta spełnia wymagania związane ze spawaniem zróżnicowanych materiałów, takich jak kadłub, rurociągi i elementy wewnętrzne.

SMAW wytwarza mocne, trwałe spoiny zdolne wytrzymać naprężenia mechaniczne i wahania ciśnienia podczas operacji okrętu podwodnego, w tym podczas głębokich zanurzeń. Doskonała penetracja złączy osiągana dzięki SMAW zapewnia, że spoiny pozostają stabilne nawet w ekstremalnych warunkach. Ponadto zdolność tej techniki do dostarczania precyzyjnych rezultatów w ograniczonych lub nieregularnych przestrzeniach gwarantuje, że kluczowe połączenia są spawane dokładnie, zapobiegając awariom w krytycznych komponentach.

Jednak SMAW ma także swoje wyzwania. Wymaga wykwalifikowanych spawaczy, aby zapewnić wysoką jakość spoin, szczególnie w obszarach krytycznych dla integralności strukturalnej okrętu, takich jak kadłub ciśnieniowy. Po spawaniu konieczne są inspekcje, aby zidentyfikować i naprawić ewentualne wady, szczególnie w systemach wysokociśnieniowych lub kluczowych komponentach. Dodatkowo SMAW może generować żużel i odpryski, które muszą być dokładnie usunięte, aby zachować wydajność okrętu podwodnego i odporność na korozję. Właściwe czyszczenie zapewnia, że jednostka pozostaje w optymalnym stanie, minimalizując ryzyko degradacji w czasie.

Rysunek 106: Spawanie łukowe elektrodą otuloną (SMAW). Weldscientist, CC BY-SA 4.0, za pośrednictwem Wikimedia Commons.

Ręczne spawanie łukowe MMAW (Shielded Metal Arc Welding, SMAW) wymaga użycia różnorodnych narzędzi i sprzętu, aby zapewnić wysoką jakość spoin, szczególnie w wymagających środowiskach, takich jak budowa okrętów podwodnych. Każdy element odgrywa kluczową rolę w procesie, umożliwiając skuteczną kontrolę nad łukiem, temperaturą i całym procesem spawania.

Główne wyposażenie stosowane w MMAW obejmuje źródło zasilania spawania, które generuje prąd elektryczny niezbędny do wytworzenia i utrzymania łuku spawalniczego. Źródło zasilania może dostarczać prąd przemienny

(AC) lub stały (DC), w zależności od wymagań zadania spawalniczego i spawanych materiałów. Prąd stały (DC) jest często preferowany w zastosowaniach związanych z krytycznymi komponentami okrętów podwodnych ze względu na stabilny łuk i lepszą kontrolę.

Elektroda spawalnicza, zwana również prętem spawalniczym, jest kolejnym kluczowym elementem. Elektrody te to metalowe pręty pokryte otuliną, która chroni jeziorko spawalnicze przed zanieczyszczeniami atmosferycznymi. Podczas topienia elektrody otulina tworzy ochronną osłonę gazową i warstwę żużla, zapobiegając utlenianiu i zapewniając czystą, mocną spoinę. Różne rodzaje elektrod są stosowane do różnych metali, takich jak stal, stal nierdzewna i stopy niklu, które są powszechnie używane w budowie okrętów podwodnych.

Uchwyt elektrody jest używany do pewnego chwytania elektrody i podłączania jej do źródła zasilania. Uchwyt ten pozwala spawaczowi precyzyjnie kontrolować ruch elektrody. Połączony z źródłem zasilania za pomocą kabla, uchwyt elektrody zapewnia stały przepływ prądu, co jest kluczowe dla utrzymania stabilnego łuku podczas spawania.

Zaciski masowe są niezbędnym elementem, który zamyka obwód spawalniczy. Zaciski te łączą spawany element z źródłem zasilania, zapewniając efektywny przepływ prądu przez elektrodę, element roboczy i z powrotem do źródła zasilania. Solidne połączenie między zaciskiem masowym a spawanym metalem jest konieczne dla płynnego przebiegu procesu spawania.

Środki ochrony osobistej (PPE) są nieodzowne dla zapewnienia bezpieczeństwa spawacza podczas MMAW. Obejmuje to maski spawalnicze z automatycznie przyciemniającymi się soczewkami chroniącymi oczy przed intensywnym światłem łuku, a także rękawice, skórzane fartuchy i odzież odporną na ogień, chroniące przed iskrami i wysoką temperaturą. Właściwa wentylacja lub sprzęt do odciągu oparów jest również wymagany, aby zapewnić bezpieczne środowisko pracy poprzez usuwanie szkodliwych oparów powstających podczas spawania.

Oprócz podstawowego wyposażenia, używane są również narzędzia pomocnicze, takie jak młotki do żużla, szczotki druciane i szlifierki kątowe do przygotowywania powierzchni elementów i usuwania żużla po spawaniu. Narzędzia te pomagają zapewnić czystą powierzchnię, co jest kluczowe dla uzyskania wysokiej jakości spoin. Spawacze stosują również zaciski, magnesy i uchwyty montażowe do stabilizacji elementów podczas procesu spawania, co zapewnia precyzję i stabilność.

Maszyny spawalnicze stosowane w MMAW są często przenośne, co czyni je odpowiednimi do zastosowań w ciasnych lub ograniczonych przestrzeniach, takich jak wnętrza okrętów podwodnych. Niektóre źródła zasilania do spawania oferują zaawansowane funkcje, takie jak regulacja prądu i kontrola siły łuku, co zapewnia spawaczom lepszą kontrolę nad procesem spawania, szczególnie w trudnych warunkach lub podczas pracy z złożonymi materiałami.

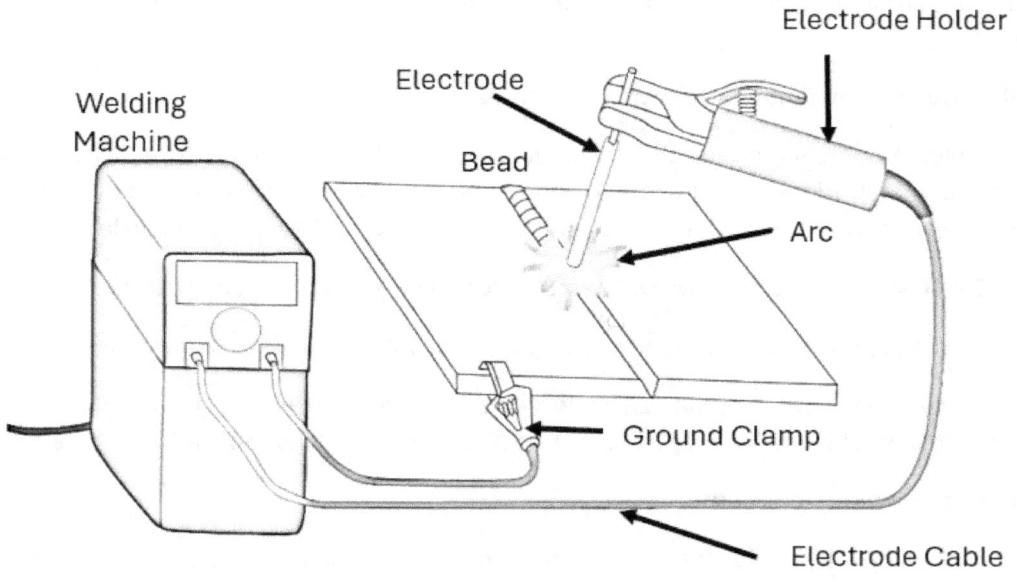

Rysunek 107: Schematyczny diagram systemu spawania MMAW.

Poniżej przedstawiono szczegółowy opis procesu MMAW krok po kroku:

Krok 1: Przygotowanie miejsca pracy i sprzętu

W budowie okrętów podwodnych spawanie jest często wykonywane w ograniczonych przestrzeniach, takich jak kadłub, zbiorniki balastowe czy maszynownie, co sprawia, że bezpieczeństwo i odpowiednie przygotowanie miejsca pracy są kluczowe.

Rozpocznij od zapewnienia dobrej wentylacji w miejscu spawania lub wyposażenia go w system odciągu dymów, aby zredukować nagromadzenie toksycznych gazów. Wszystkie niezbędne urządzenia, w tym spawarka, elektrody, kable uziemiające i środki ochrony osobistej (PPE), powinny zostać sprawdzone i przygotowane do zadania.

Lista kontrolna przygotowania:

- Sprawdź integralność uchwytu elektrody i połączeń zacisku masowego.
- Wybierz odpowiednie elektrody do spawanego metalu (np. stal nierdzewna lub stop niklu).
- Przygotuj elementy, czyszcząc ich powierzchnię z rdzy, oleju i zanieczyszczeń za pomocą szczotek drucianych lub szlifierek.

- Zainstaluj rusztowania, jeśli spawanie odbywa się na podwyższeniu lub wewnątrz zbiorników balastowych.

Krok 2: Wybór elektrody i ustawienia parametrów zasilania

Dobór odpowiedniej elektrody jest kluczowy dla uzyskania wysokiej jakości spoin w okrętach podwodnych, gdzie często stosuje się stopy stali i inne materiały, takie jak stal nierdzewna. Wybór elektrody zależy od metalu bazowego, pozycji spawania (poziome, pionowe lub nad głową) oraz warunków pracy. Przykłady:

- **Elektrody E6010** są idealne do pierwszych warstw (root passes) i spawania w trudnych pozycjach.
- **Elektrody E7018** są powszechnie stosowane do łączenia stali wysokowytrzymałej.

Ustaw spawarkę na wymagany prąd i polaryzację w zależności od rodzaju elektrody. W budowie okrętów podwodnych często stosuje się biegunowość DC dodatnią (DC+) dla stabilniejszego łuku i lepszej penetracji.

Krok 3: Ustawienie i mocowanie elementów

W budowie okrętów podwodnych prawidłowe ustawienie sekcji kadłuba i elementów strukturalnych ma kluczowe znaczenie. Użyj zacisków, uchwytów lub magnesów do ustawienia i zabezpieczenia elementów. Przy naprawie kadłuba spawanie w ciasnej przestrzeni, takiej jak zbiornik balastowy, może wymagać zastosowania specjalistycznych mocowań lub podpór, aby utrzymać sekcje w odpowiedniej pozycji.

- Upewnij się, że szczelina między elementami odpowiada średnicy elektrody, aby umożliwić prawidłową penetrację.
- Wykonaj spoiny punktowe (tymczasowe) w celu utrzymania komponentów na miejscu przed pełnym spawaniem.

Krok 4: Zajarzenie łuku i rozpoczęcie spawania

Aby rozpocząć spawanie, spawacz dotyka końcówką elektrody powierzchni spawanego elementu, co powoduje zajarzenie łuku elektrycznego. Łuk generuje ciepło niezbędne do stopienia elektrody i materiału bazowego, tworząc jeziorko spawalnicze. Kluczem do sukcesu w budowie okrętów podwodnych jest precyzyjna kontrola długości łuku, co zapewnia równomierną penetrację bez przegrzewania metalu.

- Trzymaj elektrodę pod kątem 10-15 stopni względem kierunku spoiny.
- Utrzymuj krótki łuk, odpowiadający średnicy elektrody, aby zapewnić dobrą penetrację i stabilność łuku.

Krok 5: Prowadzenie spoiny

Podczas gdy łuk topi elektrodę, zarówno elektroda, jak i jej otulina ulegają zużyciu. Topiąca się otulina tworzy osłonę gazową i warstwę żużla, które chronią jeziorko spawalnicze przed zanieczyszczeniami. Poruszaj elektrodą równomiernie wzdłuż linii spoiny, utrzymując stałą prędkość, aby zapewnić równomierne rozprowadzenie stopionego metalu.

- Stosuj proste spoiny (tzw. **stringer beads**) w ciasnych przestrzeniach, gdzie dostęp jest ograniczony.

Podstawy Projektowania i Budowy Okrętów Podwodnych

- Wykonuj ruchy faliste przy szerszych spoinach, zwłaszcza podczas łączenia grubszych sekcji kadłuba.
- Monitoruj rozmiar jeziorka spawalniczego, aby uniknąć nadmiernego nagrzewania, które mogłoby odkształcić cienkie blachy lub osłabić integralność strukturalną okrętu podwodnego.

Krok 6: Usuwanie żużla i inspekcja między warstwami

Każda warstwa pozostawia warstwę żużla, którą należy usunąć przed nałożeniem kolejnej warstwy spoiny. Użyj młotka do żużla i szczotki drucianej, aby oczyścić powierzchnię. W przypadku elementów okrętów podwodnych, gdzie często wymagane są wielowarstwowe spoiny (np. w kadłubach ciśnieniowych), konieczne jest dokładne usunięcie żużla, aby zapobiec powstawaniu wad między warstwami.

- Wizualnie sprawdź spoinę pod kątem jednolitości, pęknięć lub innych niedoskonałości.
- W krytycznych komponentach, takich jak kadłub ciśnieniowy czy systemy wysokociśnieniowe, zastosuj metody badań nieniszczących, np. badania ultradźwiękowe lub penetracyjne.

Krok 7: Spawanie wielowarstwowe dla grubych sekcji

Budowa okrętów podwodnych często wymaga spawania grubych sekcji stali, co wiąże się z koniecznością wykonania wielu warstw spoin, aby zapewnić wytrzymałość i trwałość. W przypadku grubych połączeń wykonaj warstwy podstawowe (root passes), następnie wypełniające (filler passes), a na koniec warstwę wykańczającą (cap pass). Każda warstwa musi się prawidłowo połączyć z poprzednią, aby zapobiec powstawaniu pustek i pęknięć pod wpływem ciśnienia.

- **Warstwy podstawowe**: Zapewniają głęboką penetrację i solidne połączenie u podstawy spoiny.
- **Warstwy wypełniające**: Budują strukturę spoiny, wzmacniając połączenie.
- **Warstwa wykańczająca**: Tworzy gładką powierzchnię, która poprawia integralność strukturalną.

Krok 8: Chłodzenie i obróbka po spawaniu

Pozwól spoinie ostygnąć w sposób naturalny, aby uniknąć wprowadzenia naprężeń cieplnych. W przypadku zastosowań w okrętach podwodnych, gdzie materiały są narażone na ekstremalne ciśnienie i wibracje, może być konieczna obróbka cieplna po spawaniu (PWHT) w celu usunięcia naprężeń resztkowych.

- PWHT zapewnia, że spoina zachowa swoje właściwości mechaniczne, szczególnie w sekcjach kadłuba ciśnieniowego.
- Sprawdź spoinę pod kątem wad za pomocą metod badań radiograficznych lub ultradźwiękowych, zwłaszcza w obszarach poddawanych krytycznym naprężeniom podczas eksploatacji okrętu.

Krok 9: Ostateczna inspekcja i testowanie

W budowie okrętów podwodnych spoiny poddawane są rygorystycznym testom, aby zapewnić integralność strukturalną i zgodność z normami bezpieczeństwa. Stosuje się zarówno inspekcje wizualne, jak i metody badań nieniszczących (NDT) w celu wykrycia wad, takich jak pęknięcia, porowatość czy brak przetopów, które mogłyby osłabić wydajność okrętu w warunkach wysokiego ciśnienia.

- **Badania ultradźwiękowe (UT)**: Wykorzystywane do wykrywania wewnętrznych wad w spoinach.

- **Badania radiograficzne (RT)**: Pomagają identyfikować wady podpowierzchniowe, szczególnie w złączach wysokociśnieniowych, takich jak kadłub.

- **Badania magnetyczno-proszkowe (MPI)**: Stosowane do materiałów ferromagnetycznych w celu wykrywania pęknięć powierzchniowych.

- W obszarach narażonych na krytyczne naprężenia przeprowadza się testy ciśnieniowe, podczas których komponenty są poddawane działaniu wysokiego ciśnienia wody lub powietrza, aby upewnić się, że wytrzymują warunki eksploatacyjne bez wycieków.

Krok 10: Konserwacja i naprawy za pomocą SMAW

SMAW jest niezbędne nie tylko podczas budowy, ale także przy naprawach i bieżącej konserwacji. Okręty podwodne działają w trudnych warunkach morskich, co sprawia, że regularna konserwacja jest kluczowa dla zapobiegania korozji i zużyciu mechanicznemu. SMAW jest szczególnie przydatne przy łataniach kadłubów, naprawie rurociągów oraz wzmacnianiu elementów strukturalnych podczas służby lub pomiędzy misjami.

Podczas awaryjnych napraw na morzu przenośność metody SMAW czyni ją niezastąpioną. Spawacze mogą dotrzeć do ograniczonych przestrzeni wewnątrz okrętu podwodnego, takich jak zbiorniki balastowe czy grodzie wewnętrzne, gdzie zastosowanie zautomatyzowanego sprzętu spawalniczego byłoby niepraktyczne. Naprawy te są kluczowe dla zapewnienia morskiej zdolności operacyjnej okrętu, aż do momentu, gdy będzie mógł dotrzeć do suchego doku na kompleksową konserwację.

Ręczne spawanie łukowe MMA jest regulowane przez szereg międzynarodowych norm, które zapewniają bezpieczeństwo, jakość i integralność spawanych konstrukcji. Normy te odgrywają kluczową rolę w różnych branżach, takich jak morska, budownictwo, energetyka i obronność, gdzie niezawodność spoin jest niezbędna. Określają wytyczne dotyczące procedur spawalniczych, kwalifikacji operatorów, zgodności materiałów, inspekcji i zapewnienia jakości, gwarantując spójność i wydajność w wymagających środowiskach.

ISO 9606-1 określa wymagania dotyczące testów kwalifikacyjnych spawaczy spawających stal, zapewniając, że spawacze posiadają odpowiednie umiejętności do wykonywania wysokiej jakości spoin przy użyciu techniki MMA. Norma ta określa konfiguracje złączy, pozycje spawalnicze i grupy materiałowe związane z procesem testowym, weryfikując zdolność spawaczy do pracy z materiałami i scenariuszami, z którymi spotkają się w praktyce. Ważnym standardem jest również ISO 15614, w szczególności część 1, która definiuje specyfikacje procedur spawalniczych (WPS) oraz wymagania kwalifikacyjne dla spawania łukowego materiałów metalowych. Gwarantuje ona, że wybrane metody spawania spełniają mechaniczne i jakościowe standardy konieczne dla niezawodności strukturalnej, obejmując zgodność materiałów, parametry spawania i techniki inspekcji.

W Australii i Nowej Zelandii normą regulującą spawanie konstrukcji stalowych jest AS/NZS 1554, która dostarcza kompleksowych wytycznych dotyczących projektowania, wytwarzania i inspekcji konstrukcji stalowych spawanych przy użyciu technik MMA. Standard ten zapewnia, że procesy spawania spełniają wymagania zarówno ogólnych, jak i wyspecjalizowanych branż, w tym mostów i platform offshore. Ważnym standardem uznawanym na całym świecie jest również AWS D1.1 Amerykańskiego Towarzystwa Spawalniczego, który dotyczy projektowania, wytwarzania i inspekcji konstrukcji stalowych. Zapewnia, że spoiny spełniają standardy wytrzymałości i trwałości, co jest kluczowe w budowie statków, okrętów podwodnych i projektach offshore.

Europejskie normy EN 1011-1 i EN 1011-2 oferują dalsze wytyczne dotyczące spawania materiałów metalowych, koncentrując się na spawaniu łukowym stali ferrytycznych. Normy te obejmują kluczowe aspekty, takie jak przygotowanie złączy, podgrzewanie wstępne i obróbka cieplna po spawaniu, gwarantując, że spoiny MMA spełniają wymagania wydajnościowe w sektorach takich jak inżynieria morska i produkcja energii. ISO 3834, która definiuje wymagania jakościowe dla procesów spawania, kładzie nacisk na kontrolę procesów, dokumentację i inspekcję, aby utrzymać wysoką jakość spoin. Jest to szczególnie istotne w branżach takich jak budowa statków i obronność, gdzie niezawodność spoin jest krytyczna.

ASME Section IX koncentruje się na kwalifikacji procedur spawania i personelu, szczególnie w branżach o wysokim ryzyku, takich jak energetyka jądrowa i produkcja zbiorników ciśnieniowych. Standard ten stosuje rygorystyczne testy, aby zapewnić, że spoiny spełniają wymogi wydajności i bezpieczeństwa. ISO 5817, która określa poziomy akceptowalności dla niedoskonałości w złączach spawanych metodą stapiania, dostarcza szczegółowych wytycznych dotyczących rozmiarów wad, zapewniając, że spoiny spełniają standardy wydajności. Norma ta jest niezbędna w takich dziedzinach jak budowa statków i inżynieria offshore, gdzie nawet drobne wady mogą zagrozić integralności strukturalnej.

ISO 10863 określa wymagania dotyczące badania ultradźwiękowego spoin, w tym spoin wykonanych metodą MMA. Ta norma badań nieniszczących zapewnia wykrywanie potencjalnych wad, takich jak pęknięcia czy niepełny przetop, co gwarantuje integralność spawanych komponentów. Jest to szczególnie istotne w budowie okrętów podwodnych, gdzie środowiska wysokociśnieniowe wymagają bezbłędnych spoin.

W budowie okrętów podwodnych spawanie MMA odgrywa kluczową rolę w łączeniu elementów strukturalnych kadłuba wewnętrznego i zewnętrznego, a także w spawaniu systemów rur wysokociśnieniowych. Normy, takie jak ISO 9606-1, ISO 15614 i ISO 5817, zapewniają odpowiednie kwalifikacje spawaczy oraz skrupulatną kontrolę procedur spawalniczych w celu spełnienia rygorystycznych wymagań. Badania nieniszczące, prowadzone zgodnie z normą ISO 10863, weryfikują integralność strukturalną krytycznych połączeń, co jest niezbędne dla zachowania bezpieczeństwa w ekstremalnych warunkach pod wodą. Przestrzeganie tych standardów gwarantuje, że spawane struktury w okrętach podwodnych pozostają bezpieczne, niezawodne i zdolne do wytrzymania trudnych warunków morskich.

Spawanie metodą TIG (Tungsten Inert Gas)

Spawanie metodą Tungsten Inert Gas (TIG), znane również jako Gas Tungsten Arc Welding (GTAW), to kluczowa technika spawalnicza stosowana w budowie okrętów podwodnych ze względu na zdolność do tworzenia wysokiej jakości, precyzyjnych spoin. Proces ten wykorzystuje nietopliwą elektrodę wolframową i gaz osłonowy, zazwyczaj argon, w celu ochrony obszaru spawania przed utlenianiem i zanieczyszczeniem. Znaczenie spawania TIG w budowie okrętów podwodnych jest ogromne, ponieważ metoda ta jest szczególnie skuteczna w spawaniu kluczowych komponentów, takich jak rurociągi, zawory i systemy wewnętrzne, gdzie precyzja ma kluczowe znaczenie [378-380].

Zalety spawania TIG obejmują zdolność do tworzenia czystych, pozbawionych wad spoin przy minimalnym odkształceniu, co jest niezbędne dla zachowania hydrodynamicznego kształtu i integralności strukturalnej okrętów podwodnych [381, 382]. Proces pozwala na doskonałą kontrolę nad wprowadzaniem ciepła, co skutkuje lepszymi właściwościami metalurgicznymi spoin. Badania wykazały, że spawanie TIG umożliwia uzyskanie wysokiej jakości osadów spawalniczych, charakteryzujących się dużą precyzją i doskonałą wytrzymałością, co czyni tę metodę odpowiednią do zastosowań w wymagających środowiskach, takich jak przemysł nuklearny i morski [382, 383]. Dodatkowo zastosowanie argonu jako gazu osłonowego skutecznie zapobiega utlenianiu stopionego metalu, co zapewnia, że spoiny zachowują swoją integralność w warunkach wysokiego naprężenia [384, 385].

Rysunek 108: Spawanie metodą TIG, Airman 1st Class Caleb Wren, 4th Equipment Maintenance. Defense Visual Information Distribution Service, Public Domain, NARA & DVIDS Public Domain Archive Public Domain Search.

Podstawy Projektowania i Budowy Okrętów Podwodnych

Oprócz zalet mechanicznych, spawanie metodą TIG cenione jest za wszechstronność w łączeniu różnych metali i stopów, w tym stali nierdzewnych i aluminium [379, 386]. Proces ten można dostosować do różnych parametrów spawania, które mogą być zoptymalizowane w celu uzyskania pożądanych cech spoiny, takich jak głębokość przetopu i wielkość strefy wpływu ciepła [379, 387]. Ta elastyczność jest szczególnie korzystna w budowie okrętów podwodnych, gdzie komponenty mogą znacznie różnić się grubością i właściwościami materiałów.

Ponadto precyzja spawania metodą TIG jest kluczowa w zastosowaniach, gdzie jakość estetyczna spoiny jest równie ważna jak jej właściwości mechaniczne. Zdolność do tworzenia estetycznych spoin bez potrzeby intensywnej obróbki wykończeniowej po spawaniu stanowi znaczącą zaletę w budowie okrętów podwodnych, gdzie wizualna inspekcja często jest częścią protokołów zapewnienia jakości [381, 386]. Połączenie wysokiej jakości spoin, minimalnych odkształceń i wszechstronności sprawia, że spawanie TIG jest nieodzowną techniką w konstrukcji okrętów podwodnych.

Spawanie TIG jest głównie wykorzystywane w budowie wysokociśnieniowych systemów rurowych, które transportują paliwo, płyny hydrauliczne, chłodziwo i powietrze w całym okręcie podwodnym. Te sieci rurociągów wymagają mocnych, szczelnych połączeń, aby utrzymać integralność operacyjną pod wysokim ciśnieniem. Ponieważ rury są często wykonane z metali odpornych na korozję, takich jak stal nierdzewna, stopy niklu i tytanu, precyzyjna kontrola ciepła w metodzie TIG zapewnia, że spoiny są trwałe i zachowują właściwości antykorozyjne materiału.

Ta metoda spawania jest również szeroko stosowana przy montażu i konserwacji kadłuba ciśnieniowego okrętu. Kadłub, wykonany z wysokowytrzymałych stopów, wymaga spoin zdolnych do wytrzymania ogromnego ciśnienia hydrostatycznego na dużych głębokościach. Spawanie TIG jest używane w miejscach wymagających precyzyjnych spoin, szczególnie w złożonych lub ciasnych obszarach, takich jak okolice grodzi czy punkty dostępu, gdzie zautomatyzowane systemy spawalnicze są niepraktyczne.

Metoda TIG jest również kluczowa w produkcji systemów wody morskiej, kanałów wylotowych i zbiorników balastowych. Te komponenty są stale narażone na działanie korozyjnej wody morskiej, co sprawia, że jakość i czystość spoin mają kluczowe znaczenie dla zapobiegania przeciekom i korozji w czasie. Proces TIG tworzy gładkie, jednolite spoiny o minimalnej porowatości, co zmniejsza ryzyko powstawania wad, które mogłyby zagrozić integralności okrętu podczas długotrwałych misji.

Dodatkowo spawanie TIG jest wykorzystywane do montażu mniejszych, precyzyjnych komponentów wewnątrz okrętu podwodnego, takich jak obudowy sprzętu elektronicznego, panele kontrolne i systemy zaworowe. Te elementy wymagają dużej precyzji, aby zapewnić ich prawidłowe działanie, a spawanie TIG oferuje doskonałą kontrolę nad wprowadzaniem ciepła, zapobiegając odkształceniom lub uszkodzeniom wrażliwych elementów.

Spawanie metodą Tungsten Inert Gas (TIG), znane również jako Gas Tungsten Arc Welding (GTAW), opiera się na specjalistycznych narzędziach i sprzęcie, aby osiągnąć spoiny najwyższej jakości. Znane z precyzji i kontroli, spawanie TIG jest niezastąpione w zastosowaniach krytycznych, takich jak budowa okrętów podwodnych, gdzie integralność strukturalna i niezawodność są kluczowe. Głównym elementem spawania TIG jest spawarka, która dostarcza niezbędny prąd elektryczny. Urządzenia te oferują tryby prądu przemiennego (AC) i stałego (DC). Tryb AC jest używany do spawania materiałów, takich jak aluminium i magnez, natomiast tryb DC preferowany jest dla metali żelaznych, w tym stali nierdzewnej i stopów niklu, które są integralne w budowie okrętów podwodnych.

Spawarka wyposażona jest również w funkcję regulacji natężenia prądu, co pozwala spawaczom precyzyjnie dostosować ilość ciepła do różnych grubości materiałów.

Palnik TIG, czyli uchwyt spawalniczy, jest głównym narzędziem kierującym łuk na spawany element. Palnik ten składa się z uchwytu elektrody wolframowej, ceramicznej dyszy kierującej gaz osłonowy oraz elastycznego węża dostarczającego gaz i wodę chłodzącą w systemach chłodzonych wodą. Niektóre palniki TIG mają wbudowane przełączniki sterujące, umożliwiające spawaczowi włączanie lub wyłączanie łuku bez konieczności powrotu do źródła zasilania. Elektroda wolframowa, trzymana przez palnik, odgrywa kluczową rolę w generowaniu łuku. Elektrody te, jako nietopliwe, różnią się rodzajem w zależności od spawanego materiału. Na przykład czysty wolfram jest używany do spawania aluminium w trybie AC, natomiast elektrody torowane, lantanowe lub cerowane są stosowane w trybie DC do spawania stali i stopów. Rozmiar i kształt elektrody wpływają na stabilność łuku i głębokość wtopienia spoiny.

System dostarczania gazu osłonowego jest niezbędny w spawaniu TIG do ochrony jeziorka spawalniczego przed zanieczyszczeniami atmosferycznymi. Najczęściej stosowane gazy to argon, znany ze swojej stabilności, hel, który zwiększa ilość ciepła przy spawaniu grubszych materiałów, oraz mieszanki argonowo-heliowe do specjalistycznych zastosowań. Regulator gazu i przepływomierz kontrolują przepływ gazu, zapewniając optymalną ochronę podczas całego procesu spawania.

Druty dopełniające są również kluczowym elementem spawania TIG, dodając materiał do złącza w celu zwiększenia jego wytrzymałości i odporności na korozję. Wybór odpowiednich drutów zależy od spawanego materiału, na przykład ER70S-2 lub ER316L dla stali oraz 4045 lub 5356 dla stopów aluminium.

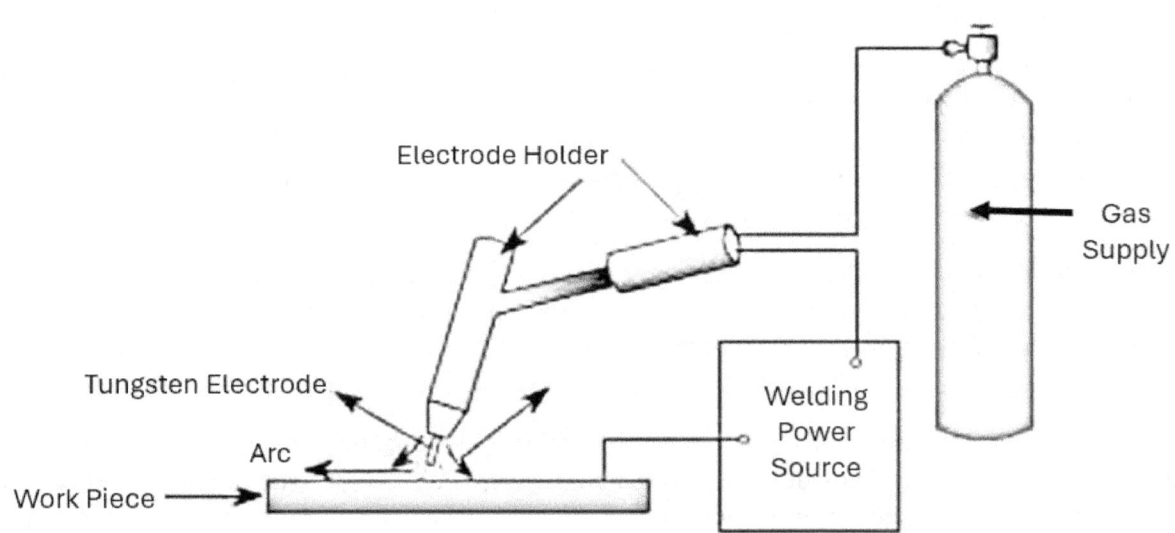

Rysunek 109: Schematyczny diagram systemu spawania TIG.

Podstawy Projektowania i Budowy Okrętów Podwodnych

Precyzyjna kontrola ciepła jest osiągana dzięki zastosowaniu pedału nożnego lub ręcznego sterowania, które pozwala spawaczom na regulację prądu w czasie rzeczywistym. Funkcja ta jest szczególnie istotna podczas pracy nad złożonymi komponentami okrętów podwodnych, gdzie nadmierne ciepło może prowadzić do odkształceń. W zastosowaniach wymagających wysokiego natężenia prądu w procesie spawania stosowane są chłodnice wodne, które zapobiegają przegrzewaniu się palnika, zapewniając jego funkcjonalność i trwałość przez cały proces spawania. Ze względu na ograniczoną przestrzeń w budowie okrętów podwodnych spawacze muszą nosić odzież ochronną, w tym automatyczne przyłbice samościemniające, rękawice, skórzane fartuchy i sprzęt ochrony dróg oddechowych. Ten sprzęt chroni przed oparzeniami łukowymi, ciepłem i szkodliwymi oparami.

Imadła, uchwyty i przyrządy mocujące są wykorzystywane do stabilizacji komponentów podczas spawania, zapewniając ich wyrównanie i stabilność, co pozwala na precyzyjne wykonanie spoin. Czyszczenie powierzchni ma również kluczowe znaczenie; szczotki druciane, tarcze szlifierskie i środki czyszczące na bazie rozpuszczalników są używane do usuwania zanieczyszczeń z powierzchni przed rozpoczęciem spawania. W przypadku spawania zamkniętych sekcji lub rur czasami konieczne jest zastosowanie urządzeń do przepłukiwania gazem, które chronią wnętrze złącza przed ekspozycją na atmosferę. Jest to szczególnie ważne dla zapobiegania korozji w systemach rurowych okrętów podwodnych.

Aby sprostać rygorystycznym standardom budowy okrętów podwodnych, stosowane są narzędzia do inspekcji spoin, takie jak szkła powiększające, mierniki spoin i sprzęt do badań nieniszczących (NDT). Narzędzia te umożliwiają wykrywanie potencjalnych wad, w tym pęknięć i niepełnych przetopów, co gwarantuje, że spoiny spełniają wymogi bezpieczeństwa i wydajności.

Oto szczegółowy opis procesu spawania metodą TIG:

Krok 1: Przygotowanie materiałów i miejsca pracy

Przed rozpoczęciem procesu spawania wszystkie powierzchnie metalowe muszą być dokładnie oczyszczone. W budowie okrętów podwodnych zanieczyszczenia, takie jak brud, rdza, olej lub farba, mogą osłabić wytrzymałość spoiny i odporność na korozję. Do przygotowania metalu bazowego i drutów dopełniających użyj szczotek drucianych, tarcz szlifierskich lub środków czyszczących na bazie rozpuszczalników. Upewnij się, że miejsce pracy jest dobrze wentylowane, szczególnie podczas spawania w zamkniętych przestrzeniach, aby zapobiec gromadzeniu się gazów i narażeniu na szkodliwe opary.

Krok 2: Ustawienie sprzętu do spawania TIG

Zainstaluj odpowiednią elektrodę wolframową w palniku TIG w zależności od spawanego materiału. W budowie okrętów podwodnych często stosuje się elektrody torowane lub lantanowe do spawania stali wysokowytrzymałych lub stopów niklu, a czysty wolfram do sekcji aluminiowych. Ustaw elektrodę tak, aby wystawała na około 1/8 cala (3 mm) z dyszy gazowej, co pozwoli skutecznie skoncentrować łuk.

Podłącz gaz osłonowy, zazwyczaj argon, do spawarki. Skorzystaj z reduktora gazu i przepływomierza, aby zapewnić właściwy przepływ gazu (około 15-20 stóp sześciennych na godzinę), co utrzyma ochronną atmosferę. Wybierz prąd przemienny (AC) do spawania aluminium lub prąd stały (DC) do stali i stopów niklu, w zależności od spawanego materiału.

Krok 3: Mocowanie elementów za pomocą zacisków i przyrządów

Użyj zacisków, uchwytów lub innych przyrządów, aby stabilnie zamocować elementy, zapewniając precyzyjne wyrównanie komponentów. Budowa okrętów podwodnych często wymaga pracy w ciasnych przestrzeniach lub złożonych geometriach, co sprawia, że stabilność elementów podczas procesu spawania jest kluczowa. Jeśli spawane są rury lub zamknięte przestrzenie, może być wymagane stosowanie urządzeń do przepłukiwania gazem w celu ochrony wewnętrznej powierzchni przed utlenianiem.

Krok 4: Zapłon łuku i utworzenie jeziorka spawalniczego

Włącz spawarkę i dostosuj natężenie prądu do grubości materiału. Zainicjuj łuk, trzymając elektrodę wolframową blisko złącza i naciskając pedał nożny lub przełącznik w palniku. Łuk utworzy stopione jeziorko w punkcie styku. W spawaniu okrętów podwodnych kluczowe jest utrzymanie kontrolowanego jeziorka, aby uniknąć przegrzania, które mogłoby prowadzić do odkształceń lub pogorszenia jakości spoiny.

Krok 5: Dodawanie drutów dopełniających dla mocnych spoin

Jeśli konieczne jest dodanie materiału, wprowadź odpowiedni drut dopełniający do jeziorka w sposób równomierny, trzymając go w ochronnej osłonie gazowej. Do spawania kadłubów okrętów podwodnych i wewnętrznych struktur stosuj druty ze stali nierdzewnej lub stopów niklu, które odpowiadają materiałowi bazowemu, aby zachować odporność na korozję i wytrzymałość mechaniczną. Upewnij się, że drut nie dotyka elektrody wolframowej, aby uniknąć zanieczyszczenia.

Krok 6: Kontrola wprowadzanego ciepła i długości łuku

Kontroluj ilość ciepła za pomocą pedału nożnego lub przełącznika ręcznego podczas procesu spawania. W budowie okrętów podwodnych, gdzie ryzyko odkształceń jest wysokie ze względu na precyzyjne wymagania, zarządzanie ciepłem jest kluczowe. Utrzymuj stałą długość łuku około 1/8 cala (3 mm), aby zapewnić równomierne wtopienie i uniknąć niepełnego przetopienia.

Krok 7: Ukończenie przejścia spoiny

Przesuwaj palnik równomiernie wzdłuż złącza, prowadząc łuk i drut dopełniający w razie potrzeby. W budowie okrętów podwodnych grubsze sekcje mogą wymagać wielu przejść spawalniczych, z każdym przejściem dokładnie kontrolowanym, aby zapewnić równomierne przetopienie. Pozwól spoinie lekko ostygnąć pomiędzy przejściami, aby zapobiec odkształceniom, szczególnie podczas spawania elementów krytycznych pod względem ciśnienia, takich jak sekcje kadłuba lub systemy rurowe.

Krok 8: Inspekcja spoiny

Po zakończeniu spawania przeprowadź inspekcję spoiny w celu wykrycia wad, takich jak pęknięcia, porowatość lub niepełne przetopienie. W budowie okrętów podwodnych powszechnie stosuje się nieniszczące metody testowania (NDT), takie jak badania ultradźwiękowe lub radiograficzne, aby zapewnić integralność spoiny, szczególnie w systemach wysokociśnieniowych i krytycznych złączach.

Krok 9: Czyszczenie spoiny

Usuń wszelkie nagromadzenie tlenków lub żużla za pomocą szczotki drucianej lub tarczy szlifierskiej. Czyszczenie zapewnia gładką, odporną na korozję powierzchnię, co jest kluczowe dla elementów narażonych na działanie wody morskiej w okrętach podwodnych. Jeśli wymagane są dodatkowe przejścia, ponownie oczyść powierzchnię przed rozpoczęciem kolejnego przejścia.

Krok 10: Obróbka cieplna po spawaniu (jeśli wymagana)

Dla niektórych materiałów stosowanych w okrętach podwodnych może być konieczna obróbka cieplna po spawaniu (PWHT) w celu usunięcia naprężeń szczątkowych i przywrócenia właściwości materiału. Jest to szczególnie ważne dla sekcji kadłuba pod ciśnieniem i systemów rur wysokowytrzymałych.

Norma ISO 9606-1 określa wymagania dotyczące testów kwalifikacyjnych dla spawaczy spawających stali metodą TIG. Zapewnia to, że spawacze posiadają niezbędne umiejętności do obsługi różnych konfiguracji złączy, pozycji spawania oraz materiałów stosowanych w budowie okrętów podwodnych. Tylko wykwalifikowani spawacze mogą wykonywać krytyczne spoiny na kadłubach ciśnieniowych okrętów podwodnych i ich elementach strukturalnych, co pomaga utrzymać integralność tych ważnych elementów. Podobnie seria ISO 15614 dotyczy specyfikacji i kwalifikacji procedur spawania. Część 1 tej serii koncentruje się na zapewnieniu, że procedury spawania TIG spełniają wymagane właściwości mechaniczne dla stali wysokowytrzymałych, stali nierdzewnej i stopów niklu stosowanych w okrętach podwodnych. Wytyczne obejmują istotne parametry spawania, przygotowanie złączy i protokoły inspekcji, aby zapewnić precyzyjne i trwałe spoiny.

Zgodność z normą ASME Sekcja IX, część Kodeksu Ciśnieniowego i Kodeksu Zbiorników Ciśnieniowych, jest kluczowa w budowie okrętów podwodnych, szczególnie przy spawaniu zbiorników wysokociśnieniowych i systemów rurowych. Norma ta reguluje kwalifikację procedur spawania i personelu zaangażowanego w krytyczne aplikacje, zapewniając, że wszystkie spoiny spełniają rygorystyczne wymagania wydajnościowe. Norma ISO 3834 natomiast stanowi ramy zarządzania jakością procesów spawania łukowego, w tym spawania TIG. Kładzie nacisk na kontrolę procesu, dokumentację i inspekcje, zapewniając spójność zarówno w nowej budowie, jak i naprawach.

Spawanie TIG odgrywa również ważną rolę w systemach rurowych i wewnętrznych ramach okrętów podwodnych, gdzie powszechnie stosuje się stal nierdzewną. Kodeks Spawania Strukturalnego AWS D1.6 zawiera wytyczne dotyczące spawania stali nierdzewnej, zapewniając, że spoiny spawane spełniają wymagane standardy wytrzymałości, trwałości i odporności na korozję. Dodatkowo, norma BS EN ISO 5817 definiuje poziomy akceptacji dla wad w spoinach spawanych łukiem, takich jak te wykonane metodą TIG. Zapewnia to, że elementy okrętów podwodnych, w tym sekcje kadłuba ciśnieniowego i systemy rurowe, spełniają kryteria bezpieczeństwa i wydajności, zachowując integralność strukturalną spoin.

Norma ISO 10863 określa procedury testów ultradźwiękowych (**UT**), nieniszczącej metody testowania, która jest niezbędna do weryfikacji jakości spoin. UT jest szczególnie przydatne w budowie okrętów podwodnych do inspekcji spoin w kadłubach ciśnieniowych, systemach rurowych i innych krytycznych komponentach, pozwalając na wykrycie wad, które mogłyby zagrozić integralności. W Australii i Nowej Zelandii, AS/NZS 1554 stanowi wytyczne dotyczące spawania stali konstrukcyjnej, mające zastosowanie do spawania TIG. Norma ta zapewnia jakość komponentów stalowych stosowanych w okrętach podwodnych, takich jak ramy wewnętrzne i zewnętrzne sekcje kadłuba, ustalając wymagania dotyczące projektowania złączy, parametrów spawania i inspekcji.

Spawanie Łukiem Zanurzonym (SAW)

Spawanie łukiem zanurzonym (SAW) to bardzo efektywny proces spawania, który jest często wykorzystywany w budowie okrętów podwodnych, szczególnie do tworzenia długich, ciągłych spoin na zewnętrznych i wewnętrznych częściach kadłuba. Metoda ta polega na generowaniu łuku elektrycznego pod warstwą granulowanego topnika, który chroni stopione jeziorko spawalnicze przed zanieczyszczeniami atmosferycznymi, poprawiając tym samym jakość spoiny. Topnik nie tylko chroni spoinę, ale także przyczynia się do stabilności łuku i całego procesu spawania, co sprawia, że SAW jest szczególnie odpowiednie do systemów zautomatyzowanych wymagających spójnych i wysokiej jakości spoin [388, 389].

Rysunek 110: Spawanie łukiem zanurzonym. Marynarka Wojenna Stanów Zjednoczonych, domena publiczna, via Getarchive.

Jedną z głównych zalet spawania łukiem zanurzonym (SAW) jest jego zdolność do łączenia grubościennych płyt stalowych, co jest niezbędne dla kadłuba ciśnieniowego okrętów podwodnych. Proces charakteryzuje się głęboką zdolnością penetracji, co pozwala na skuteczne spajanie grubych materiałów, co jest kluczowe do wytrzymywania ekstremalnych ciśnień występujących w głębinowych środowiskach morskich [390]. Właściwości mechaniczne spoin wytworzonych za pomocą SAW są zwykle wyższe, zapewniając wymaganą wytrzymałość i trwałość, niezbędne w budowie okrętów podwodnych. Badania wskazują, że spoiny wykazują doskonałe właściwości mechaniczne, które są niezbędne do zapewnienia integralności strukturalnej okrętów podwodnych w warunkach wysokiego ciśnienia [391, 392].

Ponadto efektywność SAW jest zwiększona dzięki wysokim wskaźnikom osadzania i możliwości równoczesnego wykorzystania wielu drutów, co znacząco zwiększa produktywność w warunkach produkcyjnych [393, 394]. Parametry procesu, takie jak prędkość spawania, natężenie prądu i skład topnika, mogą być optymalizowane, aby uzyskać pożądane cechy spoin, w tym kształt i głębokość penetracji [395, 396]. Ta elastyczność sprawia, że SAW jest preferowaną metodą w branżach, gdzie wysokiej jakości spoiny są kluczowe, takich jak budownictwo okrętowe i konstrukcja okrętów podwodnych [397].

Spawanie łukiem zanurzonym (SAW) jest szeroko stosowane w budowie okrętów podwodnych, dzięki swojej zdolności do tworzenia wysokiej jakości spoin o głębokiej penetracji i minimalnych wadach. SAW to zautomatyzowany lub półautomatyzowany proces spawania, który wykorzystuje ciągłe podawanie drutu elektrodowego, zanurzonego w warstwie granulowanego topnika, chroniącego spoinę przed zanieczyszczeniami atmosferycznymi. Proces ten jest szczególnie korzystny w zastosowaniach wymagających grubościennych płyt stalowych, co czyni go odpowiednim do krytycznych elementów konstrukcyjnych w okrętach podwodnych.

SAW jest powszechnie stosowane w produkcji kadłubów ciśnieniowych. Kadłuby okrętów podwodnych wykonane są z grubej, wysokowytrzymałej stali, aby wytrzymać ogromne ciśnienie hydrostatyczne na dużych głębokościach. Zdolność procesu do spawania grubych materiałów w jednym przejściu lub kilku przejściach sprawia, że jest to idealna metoda do budowy tych kadłubów. Wysokie wskaźniki osadzania i głęboka penetracja zapewniają, że sekcje kadłuba są solidnie spawane, minimalizując ryzyko wad, które mogłyby zagrozić zdolności okrętu podwodnego do utrzymania integralności pod ciśnieniem.

Zewnętrzny kadłub okrętu podwodnego również korzysta ze spawania SAW. Gładkie i jednolite spoiny wytwarzane w tym procesie przyczyniają się do wygładzonej powierzchni okrętu, zmniejszając opór hydrodynamiczny podczas podróży pod wodą. Ponadto trwałość spoin zapewnia, że zewnętrzny kadłub będzie odporny na korozję i wytrzyma mechaniczne naprężenia występujące podczas operacji, w tym zmiany ciśnienia podczas zanurzania i wynurzania się okrętu.

SAW jest również wykorzystywane do budowy podpór konstrukcyjnych i grodzi wewnątrz okrętu podwodnego. Te wewnętrzne elementy muszą być wystarczająco wytrzymałe, aby wspierać wyposażenie i systemy znajdujące się na pokładzie. Efektywność i precyzja SAW umożliwiają szybkie i niezawodne łączenie elementów konstrukcyjnych, zapewniając, że okręt podwodny będzie wytrzymywał zarówno wewnętrzne naprężenia, jak i zewnętrzne siły występujące podczas misji.

Proces ten odgrywa kluczową rolę w montażu zbiorników balastowych, które kontrolują wyporność okrętu podwodnego. Zbiorniki balastowe znajdują się pomiędzy wewnętrznym a zewnętrznym kadłubem, a integralność ich spoin jest kluczowa dla zapewnienia, że okręt podwodny może skutecznie zanurzać się i wynurzać. SAW zapewnia, że te zbiorniki są spawane zgodnie z najwyższymi standardami, eliminując możliwość przecieków, które mogłyby zakłócić systemy kontroli wyporności.

Podstawy Projektowania i Budowy Okrętów Podwodnych

Automatyzacja procesu SAW sprawia, że jest to szczególnie cenne w budowie okrętów podwodnych, gdzie precyzja i spójność są kluczowe. Zastosowanie zautomatyzowanych systemów SAW pozwala na ciągłe spawanie długich połączeń, takich jak te w sekcjach kadłubów, bez przerw. Zmniejsza to ryzyko wystąpienia wad spoin i zapewnia, że spoiny spełniają rygorystyczne normy kontroli jakości wymagane dla okrętów podwodnych działających w ekstremalnych warunkach.

Oprócz nowej produkcji, SAW jest również wykorzystywane do napraw i modernizacji podczas konserwacji okrętów podwodnych. Wysoka efektywność procesu i zdolność do produkcji spoin wolnych od wad sprawiają, że jest to idealna metoda do przywracania integralności strukturalnej w uszkodzonych obszarach. Operacje naprawcze mogą obejmować ponowne spawanie krytycznych sekcji kadłuba lub wymianę skorodowanych elementów konstrukcyjnych na nowe, bezpiecznie spawane komponenty.

Spawanie łukiem zanurzonym (SAW) to zautomatyzowany lub półzautomatyzowany proces spawania, który wykorzystuje wyspecjalizowane narzędzia i wyposażenie, aby zapewnić płynne działanie, wysoką jakość spoin i ogólną efektywność. Jest to kluczowy komponent w różnych branżach, w tym w budowie okrętów podwodnych, a sukces SAW zależy od precyzyjnego działania i integracji jego kluczowych elementów.

Maszyna spawalnicza, czyli źródło zasilania, odgrywa kluczową rolę, dostarczając stałe napięcie lub prąd niezbędny do procesu spawania. To źródło zasilania może dostarczać prąd przemienny (AC) lub stały (DC), z których każdy tryb jest odpowiedni do konkretnych zadań. Prąd stały jest preferowany do uzyskania głębszej penetracji, podczas gdy prąd przemienny pomaga zredukować efekt odpychania łuku przy spawaniu materiałów magnetycznych, takich jak stal. Ta wszechstronność pozwala operatorom dopasować moc wyjściową do grubości i właściwości materiałów spawanych komponentów.

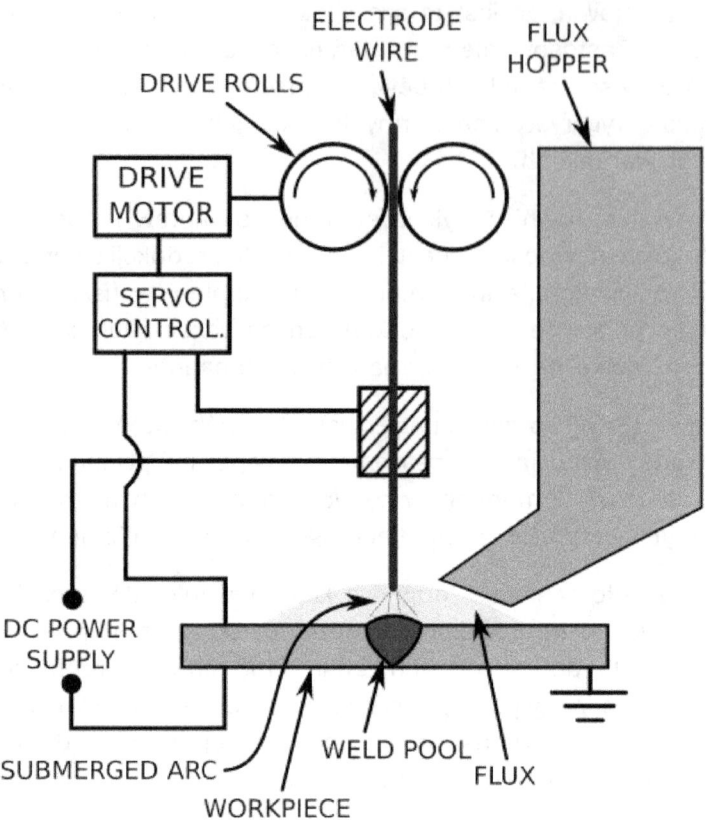

Rysunek 111: Schemat spawania łukiem zanurzonym. Wizard191, CC BY-SA 3.0, via Wikimedia Commons.

Jednostka podająca drut ciągle dostarcza drut elektrodowy do łuku, zapewniając stabilną pracę przez cały proces spawania. W procesie SAW drut elektrodowy jest zazwyczaj drutem stałym, wybieranym w zależności od materiałów, które mają być połączone. Na przykład, drut ze stali węglowej jest używany do spawania konstrukcji stalowych i kadłubów okrętów podwodnych, podczas gdy drut ze stali nierdzewnej jest wymagany do komponentów odpornych na korozję w obrębie okrętów podwodnych. Średnica drutu jest starannie dobierana w zależności od grubości elementu roboczego, przy czym większe średnice są zarezerwowane do spawania grubszych sekcji, takich jak te w kadłubach ciśnieniowych.

Zbiornik na topnik przechowuje i dostarcza granulowany topnik, materiał używany do ochrony basenu spawalniczego przed zanieczyszczeniami atmosferycznymi, zapobiegania utlenianiu i stabilizowania łuku. Dostarczanie topnika jest precyzyjnie kontrolowane, aby zapewnić jednolitą warstwę ochronną przez cały proces spawania. W procesie SAW używa się dwóch typów topników: topnik fuzowany, który zapewnia jednorodne właściwości, oraz topnik aglomerowany, który oferuje dodatkowe zalety, takie jak poprawiona usuwalność żużla. Właściwości te pomagają utrzymać jakość i integralność spoin w trudnych warunkach podwodnych.

Podstawy Projektowania i Budowy Okrętów Podwodnych

Głowica spawalnicza i dysza stanowią punkt centralny procesu SAW, ponieważ kierują zarówno drut elektrodowy, jak i topnik do elementu roboczego. Głowica spawalnicza precyzyjnie kontroluje położenie elektrody, zapewniając jej dokładne podawanie do spoiny. Może również zawierać końcówkę kontaktową, która przenosi prąd na drut, umożliwiając łukowi wytworzenie wystarczającej ilości ciepła do skutecznego spawania.

Mechanizm przemieszczania, często zautomatyzowany przy użyciu systemu wózka lub toru, przesuwa głowicę spawalniczą wzdłuż spoiny z równą prędkością, zapewniając płynne i ciągłe spawanie. Prędkość przemieszczania i pozycjonowanie są programowalne, co pozwala na uzyskanie precyzyjnych spoin wzdłuż długich szwów. Tego rodzaju kontrola jest kluczowa w budowie okrętów podwodnych, gdzie nawet drobne odchylenia mogą zagrozić integralności strukturalnej kadłuba.

Panel sterowania pełni funkcję centrum dowodzenia, umożliwiając regulację kluczowych parametrów, takich jak napięcie, prąd, prędkość podawania drutu i prędkość przemieszczania. Wiele nowoczesnych systemów SAW zawiera narzędzia do monitorowania w czasie rzeczywistym, które pozwalają operatorom śledzić wydajność spawania, pomagając w identyfikacji i usuwaniu wszelkich niezgodności. Jest to szczególnie ważne w zastosowaniach okrętów podwodnych, gdzie wysokiej jakości spoiny są kluczowe dla bezpieczeństwa jednostki i jej wydajności operacyjnej.

Systemy odzysku topnika są integralną częścią procesu SAW, przechwytując niewykorzystany topnik po spawaniu i recyklingując go do ponownego użycia. Systemy te pomagają zmniejszyć odpady, zapewniając jednocześnie spójne wyniki spawania w czasie. Odpowiednie mocowanie i uchwyty są równie istotne, stabilizując elementy robocze podczas spawania, zapobiegając ich przemieszczaniu lub zniekształceniu. W budowie okrętów podwodnych narzędzia te stabilizują duże sekcje kadłubów i grube płyty stalowe, zapewniając precyzyjne spawanie bez zniekształceń.

Chociaż SAW zmniejsza widoczność promieniowania łuku dzięki osłonie z topnika, sprzęt ochrony osobistej (PPE) pozostaje niezbędny dla bezpieczeństwa spawaczy. Kaski lub osłony twarzy chronią przed ciepłem i iskrami, rękawice oraz odzież ognioodporna chronią przed poparzeniami. Sprzęt oddechowy jest szczególnie ważny podczas spawania w ograniczonych przestrzeniach, takich jak wewnątrz zbiorników balastowych, w celu ochrony przed oparami.

Ze względu na krytyczne znaczenie budowy okrętów podwodnych, wykorzystywane są urządzenia do nieniszczącego badania (NDT), takie jak maszyny do ultradźwiękowego badania (UT), do inspekcji spoin pod kątem ukrytych wad. Metody NDT pomagają zapewnić integralność spoin, szczególnie w sekcjach kadłuba, które są krytyczne dla ciśnienia, gwarantując, że okręt podwodny wytrzyma ekstremalne ciśnienia podwodne. Dzięki precyzyjnemu użyciu tych narzędzi i sprzętu, spawanie łukiem zanurzeniowym (SAW) umożliwia produkcję wysokiej jakości, niezawodnych spoin, które są niezbędne do budowy i konserwacji okrętów podwodnych.

Spawanie łukiem zanurzeniowym (SAW) wymaga szeregu wyspecjalizowanych narzędzi i sprzętu, które zapewniają wysoką jakość spoin, płynne działanie i efektywność. Ten proces spawania, znany ze swojej automatyzacji i zdolności do łączenia grubych materiałów, opiera się na precyzyjnej kontroli różnych komponentów, aby uzyskać mocne, niezawodne spoiny, które są niezbędne w wymagających branżach, takich jak budowa okrętów podwodnych.

Źródło zasilania, czyli maszyna spawalnicza, stanowi podstawę procesu SAW. Zapewnia ono napięcie stałe lub prąd stały, aby utrzymać stabilność łuku przez cały proces spawania. W zależności od spawanych materiałów, używany jest prąd zmienny (AC) lub stały (DC). Prąd stały jest zazwyczaj stosowany do głębszej penetracji w grubych materiałach, podczas gdy prąd zmienny jest preferowany, aby zredukować zjawisko "wybuchu łuku" w materiałach magnetycznych, takich jak stal. Źródło zasilania umożliwia operatorom dostosowanie ustawień prądu i napięcia do grubości metalu i prędkości spawania, zapewniając optymalną wydajność.

Jednostka podająca drut odgrywa kluczową rolę, dostarczając ciągle drut elektrodowy do łuku podczas spawania. Jednostka ta zapewnia stabilny i spójny łuk, co jest niezbędne do uzyskania wysokiej jakości spoin. Drut elektrodowy używany w SAW jest zazwyczaj drutem stałym i musi pasować do materiału, który jest łączony. Na przykład, drut ze stali węglowej jest idealny do komponentów konstrukcyjnych w kadłubach okrętów podwodnych, podczas gdy drut ze stali nierdzewnej jest stosowany w sekcjach wymagających zwiększonej odporności na korozję. Średnica drutu zależy od grubości elementu roboczego, przy czym większe średnice są stosowane do spawania grubszych płyt stalowych, typowych w budowie okrętów podwodnych.

Zbiornik na topnik i system dostarczania topnika są niezbędne do ochrony basenu spawalniczego przed zanieczyszczeniami atmosferycznymi oraz stabilizowania łuku. Zbiornik przechowuje granulowany topnik, który jest automatycznie dozowany na łuk spawalniczy podczas procesu. Topnik działa jako osłona, zapobiegając utlenianiu i zapewniając czystość spoiny. Istnieją dwa główne typy topnika: topnik fuzowany, który zapewnia jednorodne właściwości, oraz topnik aglomerowany, który poprawia usuwanie żużla. Stała dostawa topnika jest kluczowa dla utrzymania jakości spoiny i uniknięcia zanieczyszczeń podczas procesu.

Głowica spawalnicza i dysza są integralnymi elementami kierującymi drut elektrodowy i topnik w kierunku elementu roboczego. Głowica spawalnicza zapewnia precyzyjne ustawienie drutu elektrodowego wzdłuż spoiny, podczas gdy dysza kieruje topnik, tworząc ochronną osłonę nad łukiem. Głowica może również zawierać końcówkę kontaktową, która przenosi prąd z źródła zasilania do drutu, generując łuk potrzebny do stopienia metalu. Te komponenty zapewniają płynne i ciągłe spawanie, utrzymując właściwe ustawienie i przepływ prądu.

Mechanizm przesuwu, często zautomatyzowany za pomocą systemu wózków lub torów, zapewnia płynny ruch głowicy spawalniczej wzdłuż spoiny z stałą prędkością. Ten mechanizm umożliwia uzyskanie równomiernych spoin, szczególnie na długich szwach typowych dla budowy okrętów podwodnych. Zautomatyzowany system może być zaprogramowany do kontrolowania prędkości, długości i pozycjonowania spoiny, zapewniając precyzyjne wyniki i minimalizując błędy operatora.

Panel sterowania i system monitorowania umożliwiają operatorom dostosowanie kluczowych parametrów podczas procesu spawania, w tym napięcia, prądu, prędkości podawania drutu oraz prędkości przesuwu. Monitorowanie w czasie rzeczywistym jest często wbudowane w nowoczesne systemy SAW, umożliwiając śledzenie operacji spawania i zapewniając zgodność z wymaganymi specyfikacjami. Jest to szczególnie ważne w budowie okrętów podwodnych, gdzie integralność spoin jest kluczowa dla bezpieczeństwa i wydajności jednostki.

Systemy odzyskiwania topnika stanowią ważny element procesu SAW, przechwytując niezużyty topnik po spawaniu i recyklingując go do późniejszego użycia. System ten pomaga zmniejszyć odpady i zapewnia stałą

Podstawy Projektowania i Budowy Okrętów Podwodnych

wydajność spawania w czasie. Odpowiedni odzysk topnika przyczynia się również do efektywności kosztowej, ponieważ minimalizuje ilość nowego topnika potrzebnego do kolejnych operacji.

Klemy i uchwyty są niezbędne do stabilizacji elementów roboczych podczas spawania, zapewniając, że pozostaną one prawidłowo wyrównane przez cały proces. W budowie okrętów podwodnych narzędzia te stabilizują duże sekcje kadłuba i inne ciężkie komponenty, zapobiegając ich przemieszczaniu się lub odkształceniom, które mogłyby wpłynąć na jakość spoin.

Środki ochrony osobistej (PPE) są niezbędne dla bezpieczeństwa spawaczy, mimo że łuk jest zanurzony w topniku i wytwarza minimalne promieniowanie widzialne. Spawacze muszą nosić kaski lub osłony twarzy, aby chronić się przed iskrami i ciepłem, a także odzież ognioodporną i rękawice, aby zapobiec oparzeniom. Ochrona dróg oddechowych jest również wymagana podczas pracy w ciasnych przestrzeniach, takich jak wewnątrz zbiorników balastowych okrętów podwodnych, w celu zapobiegania narażeniu na opary.

Oto szczegółowy opis procesu SAW:

Krok 1: Przygotowanie materiałów

Przed spawaniem, niezbędne jest przygotowanie elementów roboczych poprzez oczyszczenie powierzchni w celu usunięcia rdzy, brudu, oleju i zanieczyszczeń. Zapewnia to prawidłowe połączenie spoiny bez wad. W budowie okrętów podwodnych krok ten jest kluczowy, ponieważ elementy konstrukcyjne, takie jak kadłub ciśnieniowy, muszą spełniać wysokie standardy wytrzymałości i niezawodności. Do tego celu najczęściej stosuje się szczotki druciane, narzędzia szlifierskie lub środki czyszczące na bazie rozpuszczalników.

Krok 2: Konfigurowanie sprzętu

Maszyna SAW musi być skonfigurowana z odpowiednimi ustawieniami, w tym napięciem, prądem i prędkością podawania drutu. Ustawienia te zależą od rodzaju i grubości materiału, który ma zostać spawany. W budowie okrętów podwodnych parametry te często dostosowywane są do stali o wysokiej wytrzymałości, stali nierdzewnej lub stopów niklu. Operatorzy muszą również zamontować odpowiedni drut elektrodowy, taki jak drut ze stali węglowej lub nierdzewnej, oraz napełnić podajnik topnika odpowiednim rodzajem topnika.

Krok 3: Wyrównanie elementów roboczych i mocowanie uchwytów

Elementy robocze muszą zostać wyrównane i zamocowane za pomocą zacisków lub uchwytów, aby zapobiec ich ruchowi podczas procesu spawania. W budowie okrętów podwodnych precyzyjne wyrównanie jest szczególnie ważne w przypadku sekcji kadłuba ciśnieniowego oraz grodzi, aby zachować integralność strukturalną. Użycie uchwytów zapewnia stabilność spoiny przez cały proces spawania, zmniejszając ryzyko wypaczeń lub nieprawidłowego wyrównania.

Krok 4: Ustawienie mechanizmu przesuwu

W przypadku długich szwów, głowica spawalnicza jest montowana na mechanizowanym wózku lub systemie torów. Ten mechanizm przesuwu zapewnia płynny ruch głowicy spawalniczej z równą prędkością wzdłuż spoiny. W budowie okrętów podwodnych ta automatyzacja jest kluczowa dla utrzymania jednorodnej jakości spoin na rozległych sekcjach kadłuba.

Krok 5: Ustawienie głowicy spawalniczej

Głowica spawalnicza jest dostosowywana tak, aby drut elektrodowy i topnik były precyzyjnie skierowane na spoinę. W budowie okrętów podwodnych precyzyjne ustawienie jest kluczowe, szczególnie w ciśnieniowych sekcjach kadłuba i systemach rurociągowych. Końcówka kontaktowa musi być wyrównana z połączeniem, aby utrzymać stabilność łuku i zapewnić równomierne rozprowadzenie ciepła.

Krok 6: Rozpoczęcie procesu spawania

Proces spawania rozpoczyna się od zapalenia łuku. Drut elektrodowy wchodzi do łuku, podczas gdy granularny topnik jest dozowany na łuk i płyn spawalniczy. Topnik częściowo topnieje, tworząc żużel, który chroni spoinę przed zanieczyszczeniem i stabilizuje łuk. W spawaniu okrętów podwodnych utrzymanie stabilnego łuku jest niezbędne do uzyskania głębokiej penetracji i spoin wolnych od wad, szczególnie w przypadku grubej stali.

Krok 7: Monitorowanie postępu spawania

Podczas procesu spawania operator monitoruje parametry takie jak prąd, napięcie i prędkość podawania drutu. System dozowania topnika zapewnia, że warstwa topnika skutecznie chroni płyn spawalniczy. W zastosowaniach okrętowych często stosowane są systemy monitorowania w czasie rzeczywistym, aby zapewnić zgodność z rygorystycznymi standardami spawania i wykrywać wszelkie odchylenia, które mogą zagrozić jakości spoiny.

Krok 8: Zarządzanie topnikiem i recycling

W miarę postępu spawania, niezużyty topnik jest zbierany przez system odzyskiwania. Topnik jest filtrowany i poddawany recyklingowi do ponownego użycia, co zapewnia efektywność kosztową i spójność. W budowie okrętów podwodnych ten proces recyklingu jest szczególnie ważny przy długich spoinach na dużych sekcjach kadłuba, minimalizując marnotrawstwo materiału.

Krok 9: Inspekcja spoiny i usuwanie żużla

Po spawaniu, żużel powstały z topniejącego topnika jest usuwany za pomocą narzędzi, takich jak młotki udarowe lub szczotki druciane. Ten krok zapewnia gładkie wykończenie i zapobiega włączeniom żużla, które mogłyby osłabić połączenie. W budowie okrętów podwodnych spoiny poddawane są rygorystycznej inspekcji, aby zapewnić, że spełniają one wymagane standardy jakości.

Krok 10: Badania nieniszczące (NDT)

Dla krytycznych komponentów, takich jak kadłuby ciśnieniowe i rurociągi wysokociśnieniowe, stosuje się metody badań nieniszczących (NDT) do inspekcji spoin. Często stosowane metody to badania ultradźwiękowe (UT) i rentgenowskie (RT), które wykrywają wewnętrzne wady, takie jak pęknięcia lub porowatość. Spoiny w okrętach podwodnych muszą przejść te inspekcje, aby zapewnić ich zdolność do wytrzymania ekstremalnego ciśnienia podwodnego.

Krok 11: Obróbka po spawaniu

Podstawy Projektowania i Budowy Okrętów Podwodnych

W niektórych przypadkach, po spawaniu stosuje się obróbkę cieplną lub odciążenie, aby upewnić się, że spoiny spełniają wymagania dotyczące właściwości mechanicznych. Jest to szczególnie ważne w budowie okrętów podwodnych, gdzie komponenty muszą wytrzymywać dynamiczne obciążenia i wahania ciśnienia.

Krok 12: Ostateczna kontrola jakości

Po zakończeniu procesu spawania i inspekcji, przeprowadzana jest ostateczna kontrola jakości. Spoiny są oceniane pod kątem dokładności wymiarowej, wytrzymałości oraz zgodności ze specyfikacjami. W budowie okrętów podwodnych spełnienie tych kryteriów jest kluczowe dla zapewnienia bezpieczeństwa jednostki oraz jej niezawodności operacyjnej w trudnych warunkach morskich.

Spawanie wiązką elektronów (Electron Beam Welding - EBW)

Spawanie wiązką elektronów (EBW) to wysoce wyspecjalizowana technika, która zyskała znaczenie w budowie okrętów podwodnych, szczególnie w zastosowaniach wymagających wyjątkowej precyzji i wytrzymałości. Proces ten wykorzystuje skupioną wiązkę elektronów do generowania ciepła, które topi metal i tworzy spoinę w środowisku próżniowym. To unikalne środowisko minimalizuje zanieczyszczenia i pozwala na tworzenie wyjątkowo wytrzymałych połączeń z wąską strefą wpływu ciepła (HAZ), co czyni EBW szczególnie odpowiednim dla złożonych i wysoce obciążonych komponentów, takich jak zespoły reaktorów jądrowych czy uchwyty wrażliwego sprzętu sonarowego.

Środowisko próżniowe, w którym działa EBW, jest kluczowe dla jego skuteczności. Zapobiega ono utlenianiu i zanieczyszczeniu spoiny, co stanowi istotną przewagę nad innymi metodami spawania. Badania wykazały, że wysoka gęstość energii wiązki elektronów (od 10^7 do 10^9 W/cm^2) pozwala na głęboką penetrację i precyzyjną kontrolę procesu spawania, co skutkuje minimalnym odkształceniem i wąską strefą wpływu ciepła (HAZ) [398-400]. Ta cecha jest szczególnie korzystna dla komponentów okrętów podwodnych, które wymagają zarówno precyzji, jak i wytrzymałości, ponieważ zmniejsza ryzyko powstawania osłabień strukturalnych wynikających z nadmiernego oddziaływania ciepła podczas spawania.

Możliwość tworzenia głębokich, wąskich spoin to znacząca zaleta EBW w przypadku kluczowych części okrętów podwodnych. Proces ten pozwala na spawanie grubych materiałów w jednym przejściu, co zwiększa efektywność operacyjną i poprawia właściwości mechaniczne połączeń. Badania wskazują, że EBW zapewnia wysoką efektywność połączeń i doskonałe właściwości mechaniczne, co czyni go idealnym rozwiązaniem w wymagających zastosowaniach w przemyśle lotniczym i morskim [401-403]. Na przykład zastosowanie EBW do spawania stopów tytanu, które są powszechnie stosowane w konstrukcjach okrętów podwodnych, pozwala uzyskać spoiny o znakomitej plastyczności i wytrzymałości [404, 405].

Ponadto, postępy w technologii EBW, takie jak dynamiczne pozycjonowanie wiązki i techniki wielowiązkowe, jeszcze bardziej zwiększyły jego możliwości. Innowacje te umożliwiają lepszą kontrolę parametrów spawania, co prowadzi do poprawy jakości spoin i ich wydajności [406, 407]. Zdolność manipulowania skupieniem i oscylacją wiązki pozwala na optymalizację geometrii spoiny oraz właściwości mechanicznych, co ma szczególne znaczenie w zastosowaniach wymagających najwyższej precyzji [408, 409].

EBW oferuje głęboką penetrację, minimalne odkształcenia i wysoką wytrzymałość spoin, co czyni je idealnym rozwiązaniem w krytycznych zastosowaniach konstrukcji okrętów podwodnych, gdzie niezawodność i precyzja są priorytetem. Poniżej znajduje się szczegółowy opis, jak i gdzie EBW jest stosowane w budowie okrętów podwodnych.

Zastosowanie spawania wiązką elektronów (EBW) w budowie okrętów podwodnych:

1. **Produkcja kadłuba ciśnieniowego:** W budowie okrętów podwodnych kadłub ciśnieniowy musi wytrzymywać ekstremalne ciśnienia podwodne. EBW jest wykorzystywane do spawania grubych sekcji wykonanych z wysokowytrzymałej stali, tytanu i stopów niklu, zapewniając precyzyjne, wytrzymałe połączenia przy minimalnych odkształceniach. Głęboka penetracja uzyskana dzięki EBW pozwala na tworzenie mocnych, ciągłych spoin, które są kluczowe dla utrzymania integralności kadłuba.

2. **Spawanie skomplikowanych geometrii i wewnętrznych struktur:** EBW jest stosowane do precyzyjnego spawania wewnętrznych komponentów strukturalnych, takich jak grodzie, żebra i wsporniki montażowe. Te elementy wewnętrzne wspierają kadłub ciśnieniowy i równomiernie rozprowadzają naprężenia. Precyzja EBW umożliwia spawanie tych komponentów bez uszczerbku dla ich integralności strukturalnej, szczególnie w ciasnych przestrzeniach, gdzie konwencjonalne metody spawania byłyby trudne do zastosowania.

3. **Montaż komponentów reaktora jądrowego:** W okrętach podwodnych z napędem jądrowym EBW odgrywa kluczową rolę w montażu komponentów reaktora. Proces ten jest wykorzystywany do spawania wymienników ciepła, zbiorników ciśnieniowych oraz systemów rur chłodzących, zapewniając szczelne połączenia. Precyzja i czystość EBW minimalizują ryzyko zanieczyszczenia i gwarantują niezawodność komponentów pracujących w ekstremalnych warunkach.

4. **Uszczelnianie systemów rur i zbiorników wysokociśnieniowych:** Okręty podwodne zawierają rozległe systemy rur transportujących powietrze, wodę, płyny hydrauliczne i chłodziwo. EBW jest stosowane do uszczelniania rur wysokociśnieniowych i zbiorników za pomocą spoin wolnych od porowatości czy zanieczyszczeń. Jest to niezbędne dla zapewnienia trwałości i bezpieczeństwa systemów pracujących pod wysokim ciśnieniem i w zmiennych temperaturach.

5. **Spawanie egzotycznych materiałów i metali różnorodnych:** Budowa okrętów podwodnych często wymaga użycia materiałów takich jak tytan, stal nierdzewna i zaawansowane kompozyty. Wysoka gęstość energii EBW pozwala skutecznie łączyć te egzotyczne materiały. Dodatkowo proces ten jest wykorzystywany do spawania metali różnorodnych, takich jak stopy niklu ze stalą nierdzewną, które są często stosowane w komponentach okrętów podwodnych ze względu na ich odporność na korozję.

6. **Produkcja komponentów układów napędowych i sterujących:** Precyzja jest kluczowa w produkcji systemów napędowych, takich jak śruby napędowe, turbiny i stery. EBW jest stosowane do montażu tych komponentów z minimalnym wpływem ciepła na sąsiednie obszary, co zapewnia wysoką wydajność i trwałość. Spoiny w systemach sterowania, takich jak płaszczyzny dziobowe i rufowe, korzystają z dokładności EBW, co pozwala na zachowanie płynności działania i precyzyjnego wyrównania.

Podstawy Projektowania i Budowy Okrętów Podwodnych

EBW oferuje głęboką penetrację i wąskie spoiny, co jest niezbędne dla grubych sekcji, takich jak kadłub ciśnieniowy. Precyzja procesu minimalizuje odkształcenia i naprężenia, chroniąc integralność komponentów, które muszą wytrzymać trudne warunki pod wodą. Próżniowe środowisko pracy EBW zapewnia spoiny wolne od zanieczyszczeń, co jest kluczowe dla bezpieczeństwa i niezawodności krytycznych systemów okrętów podwodnych.

Dodatkowo zdolność EBW do spawania skomplikowanych geometrii i materiałów różnorodnych czyni ten proces idealnym do łączenia komponentów o złożonych kształtach lub zróżnicowanych właściwościach materiałowych. Ta wszechstronność jest niezwykle istotna w budowie okrętów podwodnych, gdzie różne materiały są często stosowane w celu optymalizacji wytrzymałości, masy i odporności na korozję.

Chociaż spawanie wiązką elektronów (EBW) oferuje wiele zalet, wiąże się również z pewnymi wyzwaniami. Proces wymaga zastosowania komory próżniowej, co ogranicza rozmiar komponentów, które można spawać w jednym cyklu. To ograniczenie oznacza, że duże sekcje okrętów podwodnych mogą wymagać demontażu na czas spawania, a następnie ponownego montażu. Ponadto precyzja EBW wymaga wykwalifikowanych operatorów oraz starannej kontroli jakości, aby zapewnić spoiny wolne od wad. Do inspekcji spoin EBW często stosuje się metody badań nieniszczących, takie jak badania ultradźwiękowe (UT) i radiograficzne (RT), aby zagwarantować ich integralność.

Spawanie wiązką elektronów (EBW) to proces precyzyjnego spawania wykorzystujący skupioną wiązkę elektronów o wysokiej prędkości do łączenia materiałów. Wiązka generuje intensywne ciepło w miejscu spoiny, powodując stopienie i zespolenie metali, zazwyczaj w zamkniętej komorze próżniowej, co zapobiega zanieczyszczeniom. Proces ten jest niezwykle wydajny i umożliwia wykonywanie głębokich, wąskich spoin z minimalną strefą wpływu ciepła oraz niskim odkształceniem, co czyni go idealnym do zastosowań krytycznych, takich jak budowa okrętów podwodnych [410].

Wiązka elektronów używana w EBW jest generowana przez działo elektronowe zasilane wysokim napięciem. To źródło energii podgrzewa katodę żarową, która emituje elektrony o dużej prędkości. Emisja wiązki elektronów jest następnie przyspieszana i precyzyjnie kierowana przez szereg anod i cewek ogniskujących, które koncentrują wiązkę za pomocą pól elektromagnetycznych. Skupiona wiązka dostarcza gęstości energii 100 do 1000 razy większe niż w przypadku konwencjonalnego spawania łukowego, co umożliwia odparowanie wąskiej ścieżki przez metal i wykonywanie głębokich, wytrzymałych spoin. Dzięki swojej wydajności EBW może działać z prędkością 10 do 50 razy większą niż spawanie łukowe, jednocześnie minimalizując strefy wpływu ciepła [410].

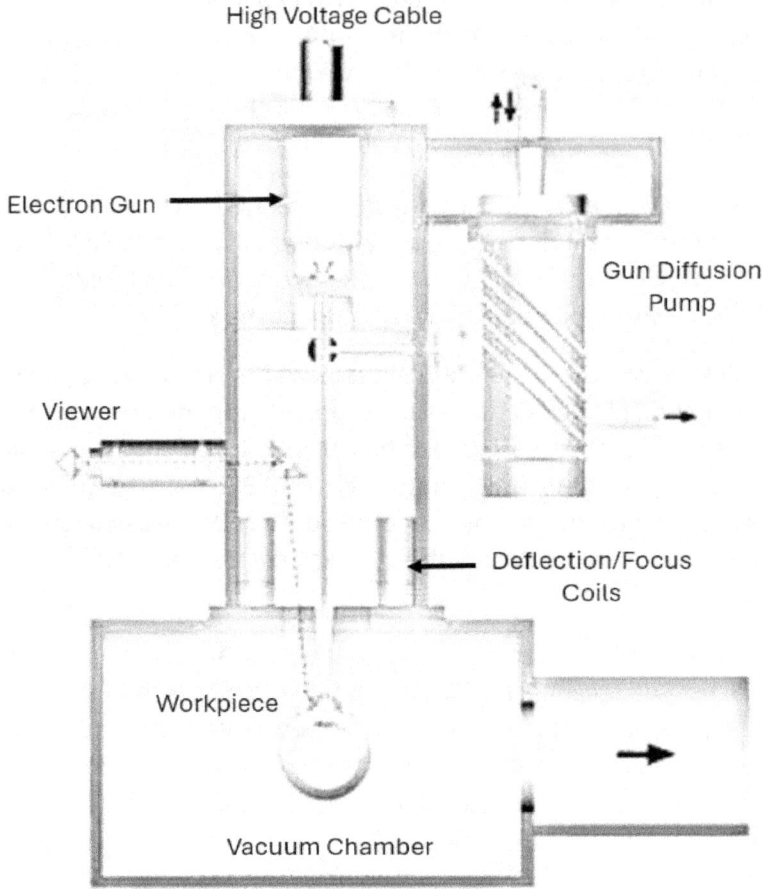

Rysunek 112: Schemat procesu spawania wiązką elektronów.

Podczas procesu spawania wiązka elektronów zazwyczaj pozostaje nieruchoma, podczas gdy elementy do spawania są przesuwane pod nią za pomocą systemów ruchu obrotowego lub liniowego, sterowanych przez systemy CNC (Computer Numerical Control). Systemy te zapewniają precyzję w ustawieniu złącza i umożliwiają wprowadzanie bieżących korekt parametrów spawania podczas procesu, aby utrzymać spójność spoiny [410].

Proces EBW rozpoczyna się od dokładnego oczyszczenia elementów w celu usunięcia wszelkich zanieczyszczeń. Jeśli materiały są oparte na żelazie, może być również konieczne ich demagnetyzowanie, aby uniknąć zakłóceń wiązki elektronów. Odpowiednie przygotowanie jest kluczowe, aby uniknąć zanieczyszczeń, które mogłyby wpłynąć na jakość spoiny.

Po oczyszczeniu części są mocowane za pomocą uchwytów i montowane na systemie ruchu sterowanym CNC. System CNC manewruje częściami, ustawiając je w optymalnej pozycji pod wiązką elektronów, i może dynamicznie dostosowywać parametry podczas spawania. Po zamocowaniu elementów komora próżniowa zostaje uszczelniona, a powietrze zostaje usunięte w celu stworzenia odpowiedniego środowiska próżniowego. Materiały takie jak tytan wymagają wyższego poziomu próżni, aby zapobiec ich utlenianiu podczas spawania.

Gdy próżnia jest już osiągnięta, wiązka elektronów zostaje wyrównana ze złączem spawalniczym. Moc i parametry wiązki są dostosowywane do materiału i konstrukcji złącza, co zapewnia równomierny dopływ ciepła przez cały cykl spawania. Te ustawienia mogą być zaprogramowane w systemie CNC, aby utrzymać optymalne warunki spawania.

Po odpowiednim skonfigurowaniu wiązki rozpoczyna się cykl spawania. Intensywna energia wiązki elektronów topi materiał wzdłuż linii złącza, tworząc precyzyjne, głębokie połączenie. Po zakończeniu spawania komora jest ponownie napowietrzana, aby umożliwić dostęp do zespawanych elementów. Następnie części są usuwane z uchwytów i poddawane inspekcji pokontrolnej [410].

Po zakończeniu spawania elementy przechodzą dokładną inspekcję w celu zapewnienia integralności spoiny. Powszechnie stosowane są metody badań nieniszczących (NDT), takie jak badania penetracyjne fluorescencyjne, które pozwalają wykryć pęknięcia powierzchniowe i defekty. Do wewnętrznej analizy spoin może być również stosowane badanie radiograficzne. Te procedury kontroli jakości są niezbędne w budowie okrętów podwodnych, gdzie spoiny muszą spełniać rygorystyczne normy bezpieczeństwa i wydajności ze względu na ekstremalne warunki eksploatacji.

Aby osiągnąć pomyślne wyniki przy zastosowaniu EBW, należy spełnić kilka warunków. Proces ten jest kompatybilny z szeroką gamą metali, w tym stalami o wysokiej i niskiej zawartości węgla, stalami nierdzewnymi, stopami niklu, miedzi oraz tytanem. Może również skutecznie łączyć różne metale, choć niektóre kombinacje, takie jak aluminium z metalami ogniotrwałymi, mogą dawać zmienne rezultaty. Ponieważ EBW zazwyczaj nie wykorzystuje materiału dodatkowego, konstrukcja złącza nabiera kluczowego znaczenia. Spojenia o konfiguracji planetarnej lub obwodowej są zazwyczaj najbardziej efektywne, ponieważ umożliwiają równomierne rozprowadzenie ciepła i solidne połączenie. Ścisłe dopasowanie złącza w fazie projektowania zapewnia idealne wyrównanie elementów, co sprzyja uzyskaniu wysokiej jakości spoiny [410].

Ponieważ EBW jest procesem opartym na maszynach, często wymaga próbnych spawów w celu weryfikacji parametrów spawania przed rozpoczęciem pełnej produkcji. Te próbne spoiny ustanawiają ustawienia bazowe, które można ponownie wykorzystać w przyszłej produkcji, aby zapewnić spójność.

Sprzęt stosowany w procesie EBW musi działać bez zarzutu, aby generować i kontrolować wiązkę elektronów, tworzyć i utrzymywać środowisko próżniowe oraz zapewniać precyzyjny ruch i wyrównanie spawanych elementów. Poniżej znajduje się szczegółowy opis kluczowych narzędzi i urządzeń potrzebnych do EBW.

Działo elektronowe jest centralnym elementem systemu EBW. Generuje wysokoenergetyczną wiązkę elektronów używaną do łączenia metali. Działo elektronowe zawiera katodę żarową, która emituje elektrony po podgrzaniu. Elektrony te są przyspieszane za pomocą wysokiego napięcia, zwykle w zakresie od 60 kV do 200 kV. Przechodzą one przez anody i cewki skupiające, które formują i kierują wiązkę. Precyzyjna kontrola nad wiązką zapewnia skoncentrowanie energii w pożądanym miejscu na złączu spawalniczym.

Komora próżniowa jest niezbędna w procesie EBW, ponieważ zapobiega wpływowi gazów atmosferycznych na wiązkę elektronów i zanieczyszczeniu spoiny. Komora jest szczelnie zamykana, a powietrze jest usuwane w celu stworzenia środowiska próżniowego. Niektóre materiały, takie jak tytan, wymagają wysokiego poziomu próżni, aby zapewnić czystość spoiny. Wielkość komory próżniowej zależy od spawanych elementów – większe komory są używane do spawania konstrukcyjnych części okrętów podwodnych, a mniejsze do precyzyjnych prac na drobniejszych komponentach.

System mocowania i uchwytów jest kluczowy dla utrzymania precyzyjnego wyrównania elementów podczas spawania. Uchwyt mocuje części w komorze próżniowej, zapobiegając ich przesunięciom w trakcie procesu. Te uchwyty są często montowane na systemach ruchu sterowanych CNC, które umożliwiają precyzyjne ruchy liniowe i obrotowe, zapewniając prawidłowe ustawienie elementów pod wiązką. System CNC można również zaprogramować do regulacji pozycjonowania podczas spawania, co jest szczególnie przydatne w przypadku skomplikowanych geometrii złączy.

Jednostka zasilająca dostarcza energię elektryczną do działa elektronowego. Musi utrzymywać stabilne i regulowane napięcie, aby zapewnić spójne natężenie wiązki w całym procesie spawania. Ta stabilność jest kluczowa dla uzyskania jednolitych spoin, szczególnie w aplikacjach, takich jak konstrukcje okrętów podwodnych, gdzie integralność strukturalna jest najważniejsza. Niektóre systemy są wyposażone w mechanizmy sprzężenia zwrotnego, które monitorują i dostosowują moc w czasie rzeczywistym, zapewniając optymalną wydajność wiązki.

Systemy monitorowania i kontroli wiązki są niezbędne do utrzymania jakości spoiny. Pozwalają operatorowi dostosować parametry wiązki, takie jak ostrość, intensywność i wyrównanie, podczas procesu spawania. Wiele nowoczesnych systemów EBW zawiera funkcje monitorowania w czasie rzeczywistym, które wykrywają wszelkie odchylenia od pożądanych parametrów spawania, umożliwiając natychmiastowe podjęcie działań korygujących w celu uniknięcia wad.

System chłodzenia jest wymagany do zarządzania ciepłem generowanym przez wiązkę elektronów oraz elementami wewnątrz komory próżniowej. Wymienniki ciepła i płyny chłodzące, takie jak woda lub specjalistyczne chłodziwa, są używane do utrzymania stabilnej temperatury roboczej i zapobiegania przegrzaniu. System chłodzenia zapewnia, że działo elektronowe, jednostka zasilająca i spawane elementy pozostają w bezpiecznych granicach temperatury.

Sprzęt do badań nieniszczących (NDT) jest kluczowy do inspekcji po spawaniu, szczególnie w budowie okrętów podwodnych, gdzie jakość spoin ma kluczowe znaczenie dla bezpieczeństwa i wydajności. Badania penetracyjne fluorescencyjne są często stosowane do wykrywania wad powierzchniowych, takich jak pęknięcia czy pustki. Techniki inspekcji radiograficznej mogą być również używane do wykrywania wad podpowierzchniowych, które mogłyby wpłynąć na integralność spoiny.

Operatorzy i technicy pracujący z EBW muszą nosić odpowiedni sprzęt ochrony osobistej (PPE). Chociaż wiązka elektronów jest zawarta w komorze próżniowej, istnieją ryzyka związane z wysokim napięciem i potencjalnym narażeniem na promieniowanie. Odpowiedni PPE obejmuje ochronne okulary, izolowane rękawice i ognioodporną odzież.

System odzysku topnika nie jest zwykle wymagany w przypadku EBW, ponieważ proces ten nie wykorzystuje materiałów eksploatacyjnych, jak w tradycyjnym spawaniu łukowym. Jednak niektóre specjalistyczne systemy

Podstawy Projektowania i Budowy Okrętów Podwodnych

EBW mogą zawierać mechanizmy do wychwytywania i recyklingu odparowanego materiału generowanego podczas procesu spawania w celu utrzymania czystego środowiska wewnątrz komory próżniowej.

Poniżej znajduje się szczegółowy przewodnik krok po kroku dotyczący wykonywania EBW, ze szczególnym uwzględnieniem jego zastosowania w budowie okrętów podwodnych.

Krok 1: Przygotowanie i czyszczenie komponentów

Pierwszym krokiem jest dokładne oczyszczenie komponentów w celu usunięcia wszelkich zanieczyszczeń, takich jak oleje, smary czy brud, które mogłyby wpłynąć na jakość spoiny. W budowie okrętów podwodnych, gdzie spoiny muszą być odporne na korozję i wytrzymywać wysokie ciśnienia, etap ten jest kluczowy. W przypadku metali żelaznych konieczne może być również przeprowadzenie demagnetyzacji, aby zapobiec zakłóceniom wiązki elektronów podczas spawania.

Metody czyszczenia mogą obejmować czyszczenie chemiczne za pomocą rozpuszczalników, kąpiele ultradźwiękowe lub czyszczenie mechaniczne z użyciem materiałów ściernych. Staranna inspekcja zapewnia, że powierzchnie są wolne od zanieczyszczeń przed rozpoczęciem spawania.

Krok 2: Montaż i mocowanie

Komponenty przeznaczone do spawania są bezpiecznie mocowane i wyrównywane w specjalistycznych uchwytach. Uchwyty te są montowane na systemach sterowanych CNC, które umożliwiają precyzyjne ruchy podczas spawania. W budowie okrętów podwodnych duże i ciężkie sekcje, takie jak kadłuby ciśnieniowe i ramy konstrukcyjne, muszą być wyrównane z dużą precyzją, aby zapewnić idealne dopasowanie złącza.

Prawidłowe mocowanie zapobiega przesunięciu się komponentów podczas procesu spawania. Systemy sterowania CNC mogą być również zaprogramowane do regulacji orientacji części przy skomplikowanych geometriach złączy, zapewniając, że wiązka elektronów podąża precyzyjnie za zaplanowaną ścieżką spawania.

Krok 3: Uszczelnianie komory próżniowej i jej opróżnianie

Po załadowaniu i ustawieniu komponentów komora próżniowa jest uszczelniana, a powietrze jest usuwane w celu stworzenia środowiska próżniowego. Próżnia zapobiega interakcji gazów atmosferycznych z wiązką elektronów i zapewnia czystą spoinę. Poziom próżni zależy od materiału; na przykład komponenty z tytanu wymagają wyższego poziomu próżni, aby uniknąć zanieczyszczeń.

Opróżnianie komory próżniowej może zająć od kilku minut do kilku godzin, w zależności od jej rozmiaru. Stałe środowisko próżniowe jest kluczowe dla utrzymania integralności wiązki elektronów i zapewnienia spoin wolnych od wad.

Krok 4: Wyrównanie i regulacja wiązki

Wiązka elektronów jest wyrównywana ze złączem, a parametry spawania są dostosowywane do materiału i rodzaju złącza. Ustawiane są poziom mocy, skupienie wiązki oraz prędkość przesuwu, zależnie od grubości spawanych materiałów. W przypadku komponentów okrętów podwodnych precyzyjna kontrola tych parametrów zapewnia głęboką penetrację spoiny przy minimalnym wpływie na strefę wpływu ciepła.

Systemy monitorowania w czasie rzeczywistym umożliwiają operatorom dostosowanie skupienia i wyrównania wiązki w razie potrzeby podczas cyklu spawania, zapewniając precyzję przez cały proces.

Krok 5: Rozpoczęcie procesu spawania

Cykl spawania rozpoczyna się, gdy wiązka elektronów jest poprawnie wyrównana, a wszystkie parametry ustawione. Wiązka elektronów zostaje skierowana na złącze, powodując odparowanie niewielkiej części materiału i tworząc otwór kluczowy. W miarę przesuwania się wiązki wzdłuż złącza stopiony metal przepływa wokół otworu kluczowego i zastyga za nim, tworząc głęboką, wąską spoinę.

System CNC kontroluje ruch części, prowadząc je pod stałą wiązkę lub dostosowując pozycję wiązki dla skomplikowanych spoin. W budowie okrętów podwodnych ten etap jest kluczowy dla zapewnienia jednolitych i wolnych od wad spoin, szczególnie w kadłubach ciśnieniowych, gdzie integralność strukturalna jest najważniejsza.

Krok 6: Przywracanie ciśnienia w komorze i usuwanie części

Po zakończeniu spawania komora jest powoli ponownie napełniana powietrzem, aby przywrócić normalne ciśnienie. Następnie spawana część jest usuwana z uchwytów w celu przeprowadzenia inspekcji. W przypadku dużych komponentów okrętów podwodnych zautomatyzowane systemy wspomagają usuwanie i transport spawanych sekcji do obszaru inspekcji.

Krok 7: Inspekcja i testowanie po spawaniu

Spoiny w okrętach podwodnych podlegają rygorystycznej inspekcji w celu zapewnienia zgodności z normami jakości i bezpieczeństwa. Metody badań nieniszczących (NDT), takie jak fluorescencyjna kontrola penetracyjna, radiografia lub badanie ultradźwiękowe, są wykorzystywane do wykrywania ewentualnych pęknięć, pustek lub niepełnego przetopienia spoiny.

Szczególną uwagę zwraca się na spoiny w kadłubach ciśnieniowych, ponieważ muszą one wytrzymać ekstremalne ciśnienia podwodne bez awarii. W systemach rurowych i napędowych okrętów podwodnych inspekcje zapewniają szczelność i odporność spoin na korozję.

Krok 8: Wykończenie i zapewnienie jakości

Jeśli inspekcja ujawni jakiekolwiek niedoskonałości, może być konieczna naprawa lub ponowne spawanie. Po przejściu inspekcji spoiny są czyszczone i przygotowywane do dalszego montażu lub procesów wykończeniowych. Dokumentacja zapewnienia jakości jest przygotowywana w celu potwierdzenia, że spoiny spełniają wszystkie obowiązujące normy i specyfikacje wymagane w budowie okrętów podwodnych.

Spawanie Wiązką Laserową (LBW)

Spawanie wiązką laserową (Laser Beam Welding, LBW) to zaawansowana technika spawania, która zdobyła uznanie w różnych gałęziach przemysłu, w tym w systemach okrętów podwodnych, dzięki zdolności do tworzenia wysokiej jakości połączeń przy minimalnych zniekształceniach. Technika ta wykorzystuje skoncentrowaną wiązkę

Podstawy Projektowania i Budowy Okrętów Podwodnych

laserową do topienia powierzchni metalu, co skutkuje mocnym połączeniem przy jednoczesnym ograniczeniu wprowadzania ciepła. Jest to kluczowe w aplikacjach wymagających precyzji, takich jak systemy okrętów podwodnych i wrażliwe zespoły mechaniczne.

Precyzja LBW jest szczególnie korzystna przy łączeniu cienkich blach metalowych i skomplikowanych komponentów. Badania wskazują, że LBW charakteryzuje się wysoką gęstością energii, która pozwala na tworzenie głębokich i wąskich spoin. Cecha ta znacząco redukuje zniekształcenia termiczne w porównaniu z konwencjonalnymi metodami spawania, co czyni LBW idealnym do zastosowań wymagających ścisłych tolerancji i minimalnych stref wpływu ciepła (HAZ) [411-413]. Na przykład, badania wykazały, że LBW skutecznie minimalizuje zniekształcenia w cienkich strukturach blach, co jest kluczowe dla zachowania integralności skomplikowanych zespołów w systemach elektronicznych [414, 415].

Ponadto szybkie tempo operacji LBW zwiększa wydajność i spójność procesów produkcyjnych. Zdolność do automatyzacji procesu spawania dodatkowo podnosi jego atrakcyjność w zastosowaniach przemysłowych. Automatyzacja nie tylko przyspiesza produkcję, ale także zapewnia powtarzalność i niezawodność jakości spoin [411, 416]. Niska wprowadzana ilość ciepła w LBW pozwala na szybkie chłodzenie spoiny, co może poprawić właściwości mechaniczne i zmniejszyć naprężenia resztkowe w połączeniach spawanych [412, 417]. Jest to szczególnie korzystne w sektorach lotniczym i obronnym, gdzie wydajność materiałów ma kluczowe znaczenie [411, 412].

LBW jest również cenione za swoją wszechstronność w łączeniu różnych materiałów, w tym stali o wysokiej wytrzymałości i stopów aluminium, które są powszechnie stosowane w budowie okrętów podwodnych [418, 419]. Zdolność techniki do dostosowywania się do różnych materiałów i konfiguracji czyni ją preferowaną opcją w nowoczesnych procesach produkcyjnych, gdzie zapotrzebowanie na lekkie i wytrzymałe komponenty stale rośnie [420].

Spawanie wiązką laserową odgrywa kluczową rolę w budowie okrętów podwodnych, oferując wysoką precyzję, głębokie wtopienie spoiny i minimalne zniekształcenia cieplne. Ta zaawansowana technika spawania wykorzystuje skoncentrowaną wiązkę laserową do łączenia materiałów, co czyni ją idealną w zastosowaniach, gdzie precyzja i wytrzymałość są kluczowe. LBW jest szczególnie wartościowe w produkcji okrętów podwodnych ze względu na surowe wymagania dotyczące integralności strukturalnej, redukcji masy i odporności na korozję.

Spawanie wiązką laserową jest często stosowane w konstrukcji wewnętrznych i zewnętrznych kadłubów okrętów podwodnych. Kadłuby te muszą wytrzymać ekstremalne ciśnienia podwodne i wykazywać odporność na korozję przez długie okresy użytkowania. LBW jest preferowane w niektórych sekcjach kadłuba ciśnieniowego, ponieważ umożliwia tworzenie wąskich, głębokich spoin z minimalnymi strefami wpływu ciepła. Taka precyzja zmniejsza ryzyko zniekształceń, co ma kluczowe znaczenie dla zachowania cylindrycznego kształtu kadłuba ciśnieniowego, niezbędnego do wytrzymywania ciśnienia hydrostatycznego.

Proces ten jest szczególnie korzystny przy łączeniu lekkich lub specjalistycznych materiałów, takich jak tytan, stale o wysokiej wytrzymałości i stopy niklu. Materiały te są powszechnie stosowane w budowie okrętów podwodnych ze względu na ich doskonałe współczynniki wytrzymałości do masy i odporność na korozję, a LBW zapewnia połączenia wolne od wad między tymi metalami.

Okręty podwodne zawierają złożone systemy rur transportujących płyny, takie jak chłodziwa, płyny hydrauliczne i powietrze. Spawanie wiązką laserową (LBW) jest wykorzystywane do spawania rur wysokociśnieniowych, zwłaszcza w trudno dostępnych miejscach lub w przypadku połączeń wymagających minimalnego zakłócenia wewnętrznej powierzchni rur. Precyzja spawania laserowego zapewnia szczelne połączenia, co zmniejsza ryzyko awarii systemów pod wysokim ciśnieniem.

Dzięki temu, że LBW generuje niewielką ilość odprysków i minimalne zadziory wewnętrzne, gwarantuje gładkie powierzchnie wewnętrzne, co jest kluczowe dla dynamiki płynów i zapobiegania korozji. Ta cecha czyni LBW preferowaną metodą spawania rur ze stali nierdzewnej i tytanu, używanych w systemach hydraulicznych i chłodzenia.

Systemy napędowe okrętów podwodnych obejmują komponenty takie jak wały śrubowe, zespoły turbin i obudowy silników, które wymagają precyzyjnych i wyjątkowo wytrzymałych spoin. LBW stosuje się do łączenia skomplikowanych elementów, zapewniając minimalne zniekształcenia przy jednoczesnym zachowaniu integralności strukturalnej. Głęboka penetracja wiązki laserowej jest szczególnie przydatna przy spawaniu grubych sekcji metalowych używanych w wałach napędowych, co zapewnia wytrzymałość potrzebną do przenoszenia wysokich obciążeń momentem obrotowym.

Spawanie laserowe znajduje również zastosowanie w produkcji lekkich i złożonych zespołów z zaawansowanych stopów, takich jak elementy tytanowe używane w systemach napędowych o niskiej wykrywalności. Precyzyjne spoiny przyczyniają się do ogólnej wydajności i redukcji hałasu systemów napędowych, co zwiększa zdolności skrytości okrętów podwodnych.

W nowoczesnych okrętach podwodnych lekkie materiały i zaawansowane systemy sensorów odgrywają kluczową rolę w poprawie wydajności. LBW jest stosowane do montażu delikatnych komponentów, takich jak sensory, obudowy elektroniczne i złącza. Niekontaktowy charakter procesu umożliwia precyzyjne łączenie bez powodowania uszkodzeń termicznych wrażliwych części, co czyni go idealnym do spawania skomplikowanych zespołów elektronicznych.

Niska ilość wprowadzanego ciepła w procesie LBW jest również korzystna przy spawaniu elementów strukturalnych zintegrowanych z sensorami i okablowaniem. Zapewnia to, że systemy wbudowane pozostają funkcjonalne, a otaczające materiały zachowują swoje właściwości mechaniczne, co przyczynia się do niezawodności operacyjnej okrętów podwodnych.

Spawanie wiązką laserową oferuje wiele korzyści w budowie okrętów podwodnych. Umożliwia szybkie spawanie, co skraca czas produkcji i redukuje koszty. Minimalne wprowadzanie ciepła zmniejsza ryzyko odkształceń i redukuje potrzebę obróbki po spawaniu. Ponadto możliwość automatyzacji LBW sprawia, że technika ta nadaje się do masowej produkcji okrętów podwodnych, zapewniając spójność i precyzję we wszystkich spoinach.

Niekontaktowy charakter LBW pozwala również na spawanie w ciasnych przestrzeniach, gdzie inne techniki spawania, takie jak spawanie łukowe, mogą być trudne do zastosowania. Ta wszechstronność czyni LBW cennym narzędziem podczas napraw i modyfikacji zarówno w trakcie budowy, jak i w czasie eksploatacji okrętu.

Spawanie wiązką laserową wymaga zestawu specjalistycznych narzędzi i urządzeń, aby dostarczyć precyzyjne i wysokiej jakości spoiny. Proces ten wykorzystuje skoncentrowaną energię lasera do łączenia materiałów, co wymaga precyzyjnej kontroli środowiska spawania, optyki lasera i przygotowania elementów. Poniżej znajduje się szczegółowy opis kluczowych narzędzi i wyposażenia używanego w procesie LBW, szczególnie w wymagających zastosowaniach, takich jak budowa okrętów podwodnych.

Źródło lasera generuje intensywną wiązkę światła wykorzystywaną do spawania materiałów. W procesie LBW (Laser Beam Welding) powszechnie stosowane są źródła laserowe takie jak lasery CO_2, lasery światłowodowe i lasery Nd w stanie stałym, z których każde jest dostosowane do konkretnych zastosowań. Lasery CO_2 są często wykorzystywane do spawania metali na dużą skalę, podczas gdy lasery światłowodowe i Nd charakteryzują się wysoką precyzją i są idealne do spawania skomplikowanych lub delikatnych komponentów. Te lasery wytwarzają skoncentrowaną energię, umożliwiając głęboką penetrację i wąskie strefy wpływu ciepła, co minimalizuje zniekształcenia.

System optyczny odgrywa kluczową rolę w skupianiu i kierowaniu wiązki lasera. System ten obejmuje lustra, soczewki i głowice skupiające, które koncentrują wiązkę na spoinie. W niektórych konfiguracjach wiązka lasera jest przesyłana od źródła do głowicy spawalniczej za pomocą kabli światłowodowych, co umożliwia łatwiejszy dostęp do ciasnych lub trudnodostępnych miejsc. Precyzyjna kontrola skupienia wiązki zapewnia koncentrację energii tam, gdzie jest to konieczne, co jest szczególnie istotne podczas spawania skomplikowanych lub wytrzymałych elementów okrętów podwodnych.

Głowica spawalnicza zawiera soczewkę skupiającą i dyszę, kierując wiązkę lasera na obrabiany element. Dysza dostarcza również gaz osłonowy, który zapobiega zanieczyszczeniu jeziorka spawalniczego i chroni optykę lasera przed odpryskami. W zastosowaniach związanych z okrętami podwodnymi, gdzie precyzja jest kluczowa, głowica spawalnicza często jest montowana na ramionach robotycznych lub systemach bramowych, co zapewnia spójną jakość spoin w skomplikowanych geometriach.

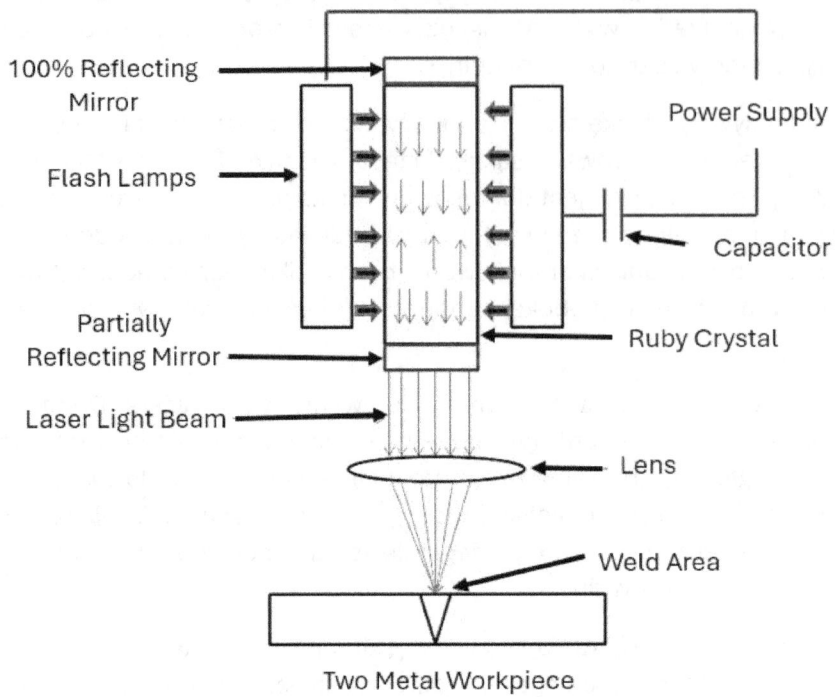

Rysunek 113: Schemat procesu spawania wiązką laserową (Laser Beam Welding).

Gazy osłonowe, takie jak argon, hel lub azot, są wykorzystywane do ochrony jeziorka spawalniczego przed zanieczyszczeniami atmosferycznymi. Wybór gazu zależy od materiału spawanego. Na przykład argon jest powszechnie stosowany do stali nierdzewnej, podczas gdy hel zapewnia głębszą penetrację dla grubych materiałów. W budowie okrętów podwodnych gaz osłonowy odgrywa kluczową rolę w zapobieganiu utlenianiu i zapewnieniu odporności spoin na korozję.

Prawidłowe wyrównanie elementów spawanych jest kluczowe dla uzyskania wysokiej jakości połączeń. Systemy mocujące i zaciskowe są wykorzystywane do utrzymania elementów w miejscu, zapobiegając ich przemieszczaniu się w trakcie procesu spawania. W zautomatyzowanych systemach pozycjonowania sterowanych numerycznie (CNC) lub w systemach zrobotyzowanych ramiona manipulacyjne ustawiają elementy pod wiązką laserową. Systemy te są szczególnie ważne w budowie okrętów podwodnych, gdzie precyzyjne wyrównanie zapewnia integralność kadłuba ciśnieniowego i elementów konstrukcyjnych.

Elementy laserowe i optyczne generują znaczne ilości ciepła podczas pracy, co wymaga wydajnego chłodzenia, aby utrzymać wydajność i zapobiec uszkodzeniom. Systemy chłodzenia wodą są powszechnie stosowane dla laserów dużej mocy w celu regulacji temperatury. System chłodzenia zapobiega również przegrzewaniu się głowicy spawalniczej i optyki, co zapewnia stałą jakość wiązki w trakcie całego procesu spawania.

Podstawy Projektowania i Budowy Okrętów Podwodnych

Panel sterowania pozwala operatorom ustawiać i monitorować parametry spawania, takie jak moc lasera, czas trwania impulsu i prędkość spawania. Nowoczesne systemy LBW wyposażone są w funkcje monitorowania w czasie rzeczywistym, umożliwiające dokonywanie regulacji podczas procesu spawania w celu utrzymania jakości. W budowie okrętów podwodnych precyzyjna kontrola parametrów jest niezbędna, aby uniknąć wad i zapewnić, że spoiny spełniają rygorystyczne normy bezpieczeństwa.

Proces LBW generuje opary i cząstki stałe, które muszą być usuwane z miejsca pracy, aby zapewnić bezpieczne środowisko. Systemy odciągu oparów wychwytują i filtrują te emisje, chroniąc operatorów i zapobiegając zanieczyszczeniu wrażliwych elementów. W budowie okrętów podwodnych, gdzie spawanie często odbywa się w zamkniętych przestrzeniach, odciąg oparów ma kluczowe znaczenie dla utrzymania jakości powietrza.

Chociaż LBW nie generuje intensywnego światła łuku charakterystycznego dla tradycyjnego spawania, nadal wymaga stosowania odpowiedniego sprzętu ochrony osobistej (PPE). Operatorzy noszą okulary ochronne dostosowane do określonej długości fali używanego lasera. Ponadto rękawice, odzież trudnopalna i ochrona dróg oddechowych są niezbędne podczas pracy w środowiskach okrętów podwodnych, gdzie spawanie często odbywa się w zamkniętych przestrzeniach.

Spoina wykonana metodą LBW musi przejść rygorystyczną inspekcję w celu potwierdzenia zgodności z wymaganymi normami jakości. Narzędzia do inspekcji wizualnej, takie jak lupy, są wykorzystywane do identyfikacji wad powierzchniowych. Metody badań nieniszczących (NDT), w tym badania ultradźwiękowe i radiograficzne, wykrywają wady wewnętrzne. W budowie okrętów podwodnych inspekcje te są kluczowe, aby zweryfikować, czy spoiny w kadłubach ciśnieniowych, systemach rurowych i elementach konstrukcyjnych są w stanie wytrzymać surowe warunki podwodne.

System laserowy wymaga stabilnego źródła zasilania do efektywnej pracy. Lasery dużej mocy wymagają znacznego zasilania elektrycznego, a wyspecjalizowane jednostki zasilające regulują napięcie i prąd, aby utrzymać stałą wydajność lasera. W budowie okrętów podwodnych niezawodne jednostki zasilające zapewniają nieprzerwane spawanie, minimalizując ryzyko wad spowodowanych wahaniami napięcia.

Wiele nowoczesnych systemów LBW zawiera automatyzację w celu zwiększenia precyzji i wydajności. Oprogramowanie CNC steruje ramionami robotycznymi i systemami pozycjonowania, zapewniając, że spoiny są dokładne i jednolite. Automatyczne spawanie jest szczególnie przydatne w przypadku dużych komponentów okrętów podwodnych, takich jak sekcje kadłuba, gdzie ręczne spawanie byłoby pracochłonne i czasochłonne. Programowalne systemy pozwalają również na powtarzalność spoin, zmniejszając ryzyko błędów ludzkich.

Niektóre procesy LBW, szczególnie te obejmujące wysoko reaktywne metale, takie jak tytan, są przeprowadzane w komorach próżniowych w celu zapobiegania utlenianiu. Chociaż nie zawsze jest to konieczne, komory próżniowe są czasami stosowane w budowie okrętów podwodnych podczas spawania kluczowych komponentów, które muszą być wolne od zanieczyszczeń. Komory te zapewniają środowisko obojętne, gwarantując najwyższą jakość spoin w przypadku wrażliwych elementów.

Poniżej przedstawiono proces krok po kroku dla wykonywania LBW, dostosowany do wymagań budowy okrętów podwodnych:

Krok 1: Przygotowanie elementów do spawania

Przed spawaniem metalowe elementy muszą zostać oczyszczone z zanieczyszczeń, takich jak olej, smar, brud i warstwy tlenków. Można to osiągnąć poprzez czyszczenie chemiczne lub mechaniczne ścieranie. W budowie okrętów podwodnych precyzyjne przygotowanie jest kluczowe, ponieważ jakiekolwiek zanieczyszczenia mogą osłabić wytrzymałość i odporność na korozję kluczowych połączeń, takich jak kadłuby ciśnieniowe lub systemy rurowe.

Jeśli jest to konieczne, elementy są demagnetyzowane, aby zapobiec zakłóceniom działania wiązki laserowej. Części są również sprawdzane pod kątem wyrównania i dopasowania, ponieważ LBW wymaga ścisłych połączeń dla optymalnych rezultatów.

Krok 2: Mocowanie i ustawianie elementów

Elementy są unieruchamiane za pomocą specjalistycznych zacisków, szablonów lub uchwytów, aby zapobiec ich przemieszczaniu się podczas spawania. Komponenty okrętów podwodnych, takie jak sekcje kadłuba ciśnieniowego, często wymagają solidnych uchwytów, aby utrzymać prawidłowe wyrównanie i zapewnić precyzyjne połączenia. Automatyczne systemy pozycjonowania, takie jak ramiona robotyczne lub platformy sterowane numerycznie CNC, są często używane do precyzyjnego prowadzenia lasera wzdłuż ścieżki spoiny.

Krok 3: Wybór parametrów lasera i gazu osłonowego

Operator ustawia parametry lasera, takie jak moc lasera, czas trwania impulsu, ostrość wiązki i prędkość spawania, w zależności od rodzaju materiału, grubości i konfiguracji połączenia. W budowie okrętów podwodnych, gdzie często stosuje się materiały takie jak stal nierdzewna, tytan i stopy niklu, precyzyjne dostosowanie tych parametrów jest kluczowe, aby uniknąć wad.

Dobiera się gaz osłonowy, zwykle argon, hel lub azot, aby chronić ciekłe jeziorko spawalnicze przed utlenianiem. Ten etap jest szczególnie ważny dla komponentów okrętów podwodnych, które będą narażone na działanie wody morskiej, gdzie odporność na korozję ma kluczowe znaczenie.

Krok 4: Kalibracja i ustawienie wiązki

Wiązka lasera jest starannie ustawiana na połączeniu, aby zapewnić precyzyjne celowanie. W zastosowaniach okrętów podwodnych wyrównanie musi być dokładne na poziomie mikrometrów, szczególnie podczas spawania delikatnych komponentów, takich jak systemy rurowe czy obudowy czujników. Często przeprowadza się testowe spawanie na próbkach materiałów, aby zweryfikować ustawienia i wyrównanie przed przystąpieniem do właściwego spawania.

Krok 5: Tworzenie złącza spawalniczego

Po potwierdzeniu wyrównania operator inicjuje proces spawania laserowego. Wysokoenergetyczna wiązka lasera topi metal wzdłuż linii połączenia, tworząc ciekłe jeziorko spawalnicze. W budowie okrętów podwodnych stosuje się tryby pracy lasera w sposób ciągły lub impulsowy, w zależności od typu połączenia i materiału.

Jeśli wykorzystywane są systemy automatyczne, sterownik CNC lub robotyczny prowadzi laser wzdłuż połączenia, precyzyjnie kontrolując prędkość i pozycjonowanie. Energia lasera jest skoncentrowana na małym obszarze, co minimalizuje strefę wpływu ciepła i zmniejsza ryzyko odkształceń, co ma kluczowe znaczenie dla takich komponentów jak sekcje kadłuba.

Krok 6: Monitorowanie procesu spawania

Podczas spawania czujniki i kamery monitorują jeziorko spawalnicze i ścieżkę wiązki, aby zapewnić spójność. Systemy automatyczne mogą dostosowywać parametry w czasie rzeczywistym, aby utrzymać jakość spoiny. W budowie okrętów podwodnych monitorowanie w czasie rzeczywistym jest niezbędne do wykrywania wszelkich nieprawidłowości, które mogłyby zagrozić integralności strukturalnej komponentu.

Krok 7: Chłodzenie i czyszczenie po spawaniu

Po zakończeniu spawania komponent jest pozostawiany do naturalnego ostygnięcia. Gaz osłonowy nadal płynie do momentu, aż jeziorko spawalnicze stężeje, zapobiegając utlenianiu. W budowie okrętów podwodnych prawidłowe chłodzenie jest kluczowe, aby uniknąć naprężeń resztkowych i zapewnić trwałość spoiny.

Po ostygnięciu wszelkie pozostałości żużlu, odprysków lub warstwy tlenków są usuwane za pomocą szczotek drucianych lub środków chemicznych, aby powierzchnia spoiny była gładka i pozbawiona wad.

Krok 8: Inspekcja i badania nieniszczące (NDT)

Każda spoina w budowie okrętów podwodnych przechodzi rygorystyczną inspekcję w celu weryfikacji jej jakości. Stosuje się metody badań nieniszczących (NDT), takie jak badania ultradźwiękowe (UT) i radiograficzne, w celu wykrycia wewnętrznych wad, takich jak pęknięcia lub pory. Do inspekcji powierzchniowych można również stosować badania fluorescencyjno-penetracyjne. Inspekcje te są niezbędne do zapewnienia, że krytyczne spoiny, szczególnie te w kadłubach ciśnieniowych i systemach wysokociśnieniowych, spełniają surowe normy bezpieczeństwa i wydajności.

Krok 9: Naprawy i dostosowania (jeśli wymagane)

Jeśli podczas inspekcji wykryto wady, podejmuje się działania korygujące. Drobne niedoskonałości powierzchni mogą zostać naprawione poprzez szlifowanie i ponowne spawanie, podczas gdy poważniejsze wady mogą wymagać ponownego spawania całego połączenia. W budowie okrętów podwodnych naprawy te są kluczowe dla zachowania bezpieczeństwa i niezawodności operacyjnej jednostki.

Krok 10: Dokumentacja i kontrola jakości

Ostatni etap obejmuje dokumentowanie procesu spawania, w tym użytych parametrów, wyników inspekcji i przeprowadzonych napraw. Dokumentacja ta jest niezbędna do zapewnienia kontroli jakości i identyfikowalności, co gwarantuje, że okręt podwodny spełnia wymogi regulacyjne i normy bezpieczeństwa.

Spawanie Punktowe Oporowe

Spawanie punktowe oporowe (RSW) to szeroko stosowana technika łączenia cieńszych arkuszy metalu i wewnętrznych komponentów w różnych zastosowaniach, w tym w budowie okrętów podwodnych. Proces polega na dociskaniu dwóch metalowych powierzchni i przepuszczaniu przez nie prądu elektrycznego, co generuje ciepło w wyniku oporu elektrycznego i prowadzi do utworzenia złącza spawanego. Ta metoda jest szczególnie korzystna przy montażu elementów niestrukturalnych i obudów elektrycznych ze względu na swoją szybkość i efektywność, co czyni ją preferowanym wyborem w środowiskach produkcji masowej [421, 422].

Skuteczność spawania punktowego oporowego w tworzeniu niezawodnych połączeń jest podkreślana przez jego zastosowanie w przemyśle motoryzacyjnym i lotniczym, gdzie jest wykorzystywane do produkcji zespołów blach [423, 424]. Chociaż RSW nie jest zazwyczaj stosowane w krytycznych sekcjach kadłubów okrętów podwodnych, odgrywa kluczową rolę w montażu wewnętrznych systemów wymagających mocnych i niezawodnych połączeń. Możliwość uzyskania trwałych połączeń jest zwiększana poprzez optymalizację parametrów spawania, takich jak prąd, czas i nacisk elektrody, które mają znaczący wpływ na właściwości mechaniczne spoin [422, 425].

Ponadto zdolność spawania punktowego oporowego do adaptacji do automatyzacji pozwala na uzyskanie spójnej jakości w produkcji masowej, co jest niezbędne w przypadku produkcji złożonych wewnętrznych komponentów okrętów podwodnych [426]. Szybkość wykonania i minimalne wymagania dotyczące umiejętności dodatkowo przyczyniają się do jego powszechnego zastosowania w branżach wymagających wysokiej efektywności i niezawodności [427]. Jednakże wyzwania, takie jak potrzeba precyzyjnej kontroli parametrów spawania i ryzyko niejednorodnej jakości spoin ze względu na złożoność procesu, muszą zostać rozwiązane, aby zapewnić optymalną wydajność [428].

W budowie okrętów podwodnych RSW jest szczególnie przydatne do łączenia struktur z blach, mniejszych komponentów i złożonych zespołów, gdzie wymagana jest precyzja i efektywność. Stosowane jest w obszarach, które nie wymagają spoin o głębokiej penetracji, takich jak struktury niestrukturalne, wyposażenie wnętrz i uchwyty na sprzęt.

1. **Podstruktury Kadłuba i Wewnętrzne Panele:** RSW jest stosowane do łączenia struktur wtórnych, takich jak panele, ramy i grodzie z wewnętrznymi powierzchniami kadłuba ciśnieniowego. Te komponenty wzmacniają, wspierają i tworzą punkty mocowania dla wyposażenia wewnątrz okrętu podwodnego. Dzięki minimalnemu odkształceniu spowodowanemu spawaniem punktowym, panele i ramy zachowują swój precyzyjny kształt i wyrównanie.

2. **Sprzęt Elektryczny i Panele Sterujące:** Okręty podwodne zawierają różne systemy elektryczne i panele sterujące wymagające stabilnych i przewodzących połączeń. RSW jest stosowane do montażu obudów, metalowych kaset i złączy w tych systemach. Zapewnia ono dobrą przewodność elektryczną przy jednoczesnym tworzeniu mocnych wiązań mechanicznych, co jest kluczowe dla niezawodnego działania w środowiskach podwodnych.

3. **Komponenty Systemów Hydraulicznych i Pneumatycznych:** RSW jest używane do produkcji części systemów hydraulicznych i pneumatycznych w okrętach podwodnych. Cienkościenne rury i złączki są spawane punktowo, aby zminimalizować wycieki i zachować integralność systemów wysokociśnieniowych. Ta metoda spawania zapewnia pewne połączenia bez wprowadzania nadmiernego ciepła, które mogłoby zniekształcić lub osłabić wrażliwe części.

Podstawy Projektowania i Budowy Okrętów Podwodnych

4. **Montaż Systemów Wentylacyjnych i Kanałów Powietrznych:** Wnętrze okrętu podwodnego wymaga systemów wentylacyjnych i kanałów powietrznych dla bezpieczeństwa załogi i chłodzenia urządzeń. RSW jest idealne do spawania metalowych komponentów tych systemów, ponieważ tworzy szczelne połączenia niezbędne do utrzymania właściwego przepływu powietrza i zapobiegania wyciekom, nawet w wymagających warunkach zanurzenia.

5. **Punkty Montażowe i Uchwyty na Sprzęt:** RSW jest często stosowane do mocowania uchwytów, punktów montażowych i klipsów do podtrzymywania sprzętu, okablowania i rur. Pomaga to zapewnić stabilność krytycznych systemów, nawet podczas manewrów lub w warunkach wysokiego ciśnienia. Zastosowanie spawania punktowego dla tych komponentów skraca całkowity czas montażu i zwiększa efektywność podczas budowy.

RSW oferuje szereg zalet w budowie okrętów podwodnych. Proces ten jest szybki i wydajny, umożliwiając tworzenie wielu spoin w krótkim czasie. Generuje minimalną ilość ciepła, co zmniejsza ryzyko odkształceń termicznych i pozwala zachować właściwości mechaniczne materiałów bazowych. Ponadto, RSW nie wymaga stosowania materiałów dodatkowych, co skutkuje czystymi spoinami, wymagającymi minimalnego przygotowania powierzchni przed spawaniem oraz niewielkiego czyszczenia po zakończeniu procesu.

W budowie okrętów podwodnych precyzja i powtarzalność RSW są kluczowe. Zautomatyzowane systemy spawania punktowego można zaprogramować tak, aby wykonywały spójne spoiny, zapewniając jednolitość w całych zespołach. Co więcej, ponieważ RSW generuje ciepło w sposób lokalny, jest szczególnie dobrze dostosowane do pracy w ograniczonych przestrzeniach, takich jak te wewnątrz przedziałów i paneli sterowania okrętów podwodnych.

Spawanie punktowe oporowe (RSW) opiera się na specjalistycznych narzędziach i sprzęcie, które umożliwiają precyzyjne spawanie poprzez zastosowanie prądu elektrycznego i nacisku. Te komponenty współpracują, tworząc wydajne i niezawodne spoiny w cienkich metalowych konstrukcjach, co sprawia, że RSW jest idealnym rozwiązaniem w różnych zastosowaniach, w tym w budowie okrętów podwodnych. Każdy element wyposażenia odgrywa kluczową rolę w utrzymaniu jakości i wytrzymałości spoin, gwarantując, że spełnią one rygorystyczne wymagania środowiska podwodnego.

Proces RSW wymaga solidnego źródła zasilania, aby dostarczyć niezbędny prąd elektryczny. Transformator obniża wysokie napięcie wejściowe do niskiego napięcia i wysokiego prądu odpowiedniego do spawania punktowego. Prąd używany w RSW może wynosić od kilkuset do kilku tysięcy amperów, w zależności od grubości materiału i konfiguracji złącza. W budowie okrętów podwodnych często stosuje się programowalne źródła zasilania, które precyzyjnie kontrolują czas i intensywność prądu spawania, zapewniając spójne rezultaty w wielu spoinach.

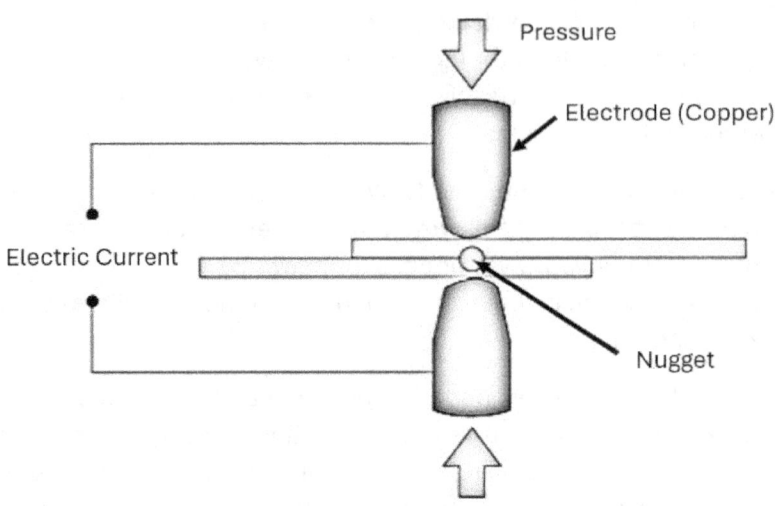

Rysunek 114: Schemat procesu spawania punktowego oporowego.

Elektrody stosowane w spawaniu punktowym oporowym (RSW) pełnią dwie funkcje: wywierają nacisk mechaniczny na elementy łączone i przewodzą prąd elektryczny do strefy spawania. Elektrody są zazwyczaj wykonane z miedzi lub jej stopów ze względu na ich doskonałe przewodnictwo elektryczne i odporność na zużycie. W zastosowaniach okrętów podwodnych elektrody mogą mieć różne kształty – płaskie, kopulaste lub ostro zakończone – aby dostosować się do różnych geometrii złączy i zapewnić odpowiedni kontakt z materiałem. Często stosuje się elektrody chłodzone wodą, aby zapobiec przegrzewaniu i umożliwić ciągłe spawanie bez utraty jakości spoiny.

Uchwyty elektrod i ramiona wspierają elektrody spawalnicze i utrzymują ich wyrównanie podczas całego procesu spawania. Są regulowane, aby zapewnić prawidłowe położenie elektrod nad złączem. Te elementy muszą być również sztywne i trwałe, aby wytrzymać nacisk mechaniczny wymagany dla każdego spoiny. W konstrukcji okrętów podwodnych, gdzie dostęp do niektórych części może być ograniczony, czasami stosuje się specjalistyczne ramiona lub systemy robotyczne, aby zwiększyć zasięg urządzeń spawalniczych.

Sterownik czasowy i jednostka kontrolna są kluczowe dla regulacji czasu trwania i sekwencji procesu spawania. Kontrolują one aplikację prądu i nacisku, zapewniając, że każda spoina ma odpowiednią wytrzymałość i estetyczny wygląd. W konstrukcji okrętów podwodnych często stosuje się programowalne sterowniki, które umożliwiają zapis parametrów spawania dla różnych materiałów i typów złączy, co ułatwia powtarzalne rezultaty na dużych zespołach. Niektóre systemy integrują także monitorowanie w czasie rzeczywistym, umożliwiając dostosowanie parametrów podczas spawania w celu uniknięcia wad.

RSW generuje znaczną ilość ciepła z powodu przepływu wysokiego prądu elektrycznego przez elementy spawane. System chłodzenia jest niezbędny do zapobiegania przegrzewaniu się elektrod, uchwytów i transformatora

Podstawy Projektowania i Budowy Okrętów Podwodnych

podczas dłuższych sesji spawalniczych. Elektrody i transformatory chłodzone wodą są powszechnie stosowane w celu utrzymania temperatury pracy urządzeń. W konstrukcji okrętów podwodnych system chłodzenia jest szczególnie istotny, ponieważ spawanie często odbywa się w sposób ciągły na dużych zespołach wymagających licznych spoin punktowych.

Prawidłowe wyrównanie i nacisk są kluczowe dla sukcesu RSW. Mechanizmy zaciskowe, takie jak zaciski pneumatyczne lub hydrauliczne, mocno utrzymują elementy podczas spawania, aby stopiony metal mógł utworzyć mocne połączenie. Do stabilizacji i wyrównania elementów mogą być również używane przyrządy, szczególnie w konstrukcji okrętów podwodnych, gdzie precyzja ma kluczowe znaczenie. Te przyrządy zapobiegają przesunięciom podczas procesu spawania, zapewniając prawidłowe rozmieszczenie każdej spoiny.

W operacjach na dużą skalę, w tym w budowie okrętów podwodnych, często stosuje się ramiona robotyczne i zautomatyzowane systemy spawalnicze do wykonywania RSW. Systemy te mogą wykonywać liczne spoiny z wysoką precyzją i powtarzalnością, minimalizując ryzyko błędów ludzkich. Zautomatyzowane systemy są szczególnie przydatne do spawania powtarzalnych lub skomplikowanych zespołów, takich jak panele z blach i wewnętrzne podpory, co zwiększa wydajność przy zachowaniu jakości spoin.

Chociaż RSW zazwyczaj nie wymaga materiałów dodatkowych, konieczne jest utrzymanie czystości powierzchni elementów, aby zapewnić wysoką jakość spoin. Narzędzia do czyszczenia, takie jak szczotki druciane i odtłuszczacze, są używane do przygotowania powierzchni metalowych przed spawaniem. W konstrukcji okrętów podwodnych przygotowanie powierzchni ma szczególne znaczenie, ponieważ jakiekolwiek zanieczyszczenie mogłoby osłabić wytrzymałość i odporność spoiny na korozję, co mogłoby prowadzić do potencjalnych awarii podczas eksploatacji.

Poniżej przedstawiono szczegółowy proces wykonywania spawania punktowego oporowego (RSW), dostosowany do wymagań konstrukcji okrętów podwodnych:

Krok 1: Przygotowanie elementów do spawania

Odpowiednie przygotowanie powierzchni jest kluczowe dla uzyskania trwałych spoin punktowych. W konstrukcji okrętów podwodnych, gdzie elementy są często wykonane ze stali lub stopów wysokowytrzymałych, każde zanieczyszczenie może obniżyć jakość spoiny.

- **Czyszczenie powierzchni:** Użyj szczotek drucianych, odtłuszczaczy lub narzędzi szlifierskich, aby usunąć brud, rdzę, farbę i inne zanieczyszczenia.

- **Zapewnienie odpowiedniego wyrównania:** Ustaw blachy metalowe lub komponenty w precyzyjnej pozycji. W przypadku dużych sekcji kadłuba stosuje się specjalne przyrządy mocujące i zaciski. Staranna przygotowanie powierzchni poprawia przewodność elektryczną, co zmniejsza ryzyko wystąpienia wad spoiny.

Krok 2: Ustawienie sprzętu spawalniczego

RSW wymaga odpowiednio skalibrowanego źródła zasilania, precyzyjnych systemów sterowania oraz odpowiednich elektrod, aby zapewnić wysoką jakość spoin.

- **Wybór właściwych ustawień mocy:** Dostosuj prąd i napięcie w urządzeniu spawalniczym w zależności od rodzaju i grubości materiału. Elementy okrętów podwodnych często wymagają wyższego natężenia prądu do skutecznego spawania grubej stali.

- **Dobór odpowiednich elektrod:** W konstrukcji okrętów podwodnych powszechnie stosuje się elektrody z miedzi stopowej, które zapewniają dobrą przewodność elektryczną i minimalizują zużycie.

- **Instalacja systemów chłodzenia:** W przypadku ciągłego spawania dużych zespołów stosuje się elektrody i transformatory chłodzone wodą, aby zapobiec przegrzewaniu.

Krok 3: Pozycjonowanie elementów

Prawidłowe ustawienie elementów jest kluczowe, zwłaszcza w przypadku spawania konstrukcji okrętów podwodnych, które muszą wytrzymać ekstremalne ciśnienie pod wodą.

- **Użycie systemów zaciskowych:** Pneumatyczne lub hydrauliczne zaciski są stosowane do mocowania metalowych elementów, aby zminimalizować szczeliny między nimi.

- **Stosowanie przyrządów lub ramion robotycznych:** W przypadku złożonych zespołów lub ciasnych przestrzeni wewnątrz okrętów podwodnych automatyczne systemy ustawiają elektrody spawalnicze w odpowiednich miejscach, zapewniając spójność spoin.

Krok 4: Rozpoczęcie procesu spawania

Po bezpiecznym ustawieniu elementów można rozpocząć cykl spawania. Ten krok wymaga precyzyjnej kontroli prądu, nacisku i czasu.

- **Obniżenie elektrod:** Górna i dolna elektroda zostają przyłożone do spawanych elementów, wywierając nacisk mechaniczny, aby zapewnić solidne połączenie.

- **Aktywacja prądu:** Przez elektrody przepływa silny prąd elektryczny, generując ciepło wskutek oporu na styku blach. Powoduje to stopienie metalu w miejscu kontaktu, tworząc "pączek" spawalniczy.

- **Kontrola czasu spawania:** W konstrukcji okrętów podwodnych programowalne sterowniki czasu spawania są używane do zapewnienia odpowiedniego wkładu ciepła i zapobiegania nadmiernemu lub niedostatecznemu spawaniu, co mogłoby wpłynąć na wytrzymałość spoiny.

Krok 5: Chłodzenie i zwolnienie elektrod

Po wyłączeniu prądu spawalniczego roztopiony metal szybko stygnie pod naciskiem, tworząc solidne połączenie.

- **Utrzymanie nacisku podczas chłodzenia:** Zachowanie nacisku na spoinę podczas chłodzenia zapewnia prawidłowe utwardzenie złącza, co skutkuje wytrzymałym i jednolitym połączeniem.

- **Zwolnienie elektrod:** Po stwardnieniu spoiny elektrody są unoszone, a element jest gotowy do inspekcji.

Krok 6: Kontrola spoin

Podstawy Projektowania i Budowy Okrętów Podwodnych

Inspekcja jest kluczowa w konstrukcji okrętów podwodnych, aby upewnić się, że każda spoina wytrzyma ciśnienie pod wodą i ekstremalne warunki.

- **Kontrola wizualna:** Sprawdź widoczne wady, takie jak pęknięcia, nierówne powierzchnie lub niepełne wtopienie.
- **Badania nieniszczące (NDT):** Użyj metod takich jak badania ultradźwiękowe (UT) lub radiograficzne do wykrywania wewnętrznych wad, które mogłyby osłabić integralność spoiny.

Krok 7: Obróbka po spawaniu i czyszczenie

Pozostały żużel lub inne zanieczyszczenia muszą zostać usunięte, aby zachować odporność na korozję i integralność strukturalną okrętu podwodnego.

- **Czyszczenie obszaru spoiny:** Użyj szczotek drucianych lub narzędzi szlifierskich, aby wygładzić powierzchnię spoiny.
- **Nakładanie powłok ochronnych:** W konstrukcji okrętów podwodnych często stosuje się powłoki ochronne na spoinach, aby zapobiec korozji spowodowanej ekspozycją na wodę morską.

Krok 8: Wykonywanie napraw (jeśli wymagane)

Jeśli podczas inspekcji zostaną zidentyfikowane wady, konieczne jest ich usunięcie w celu spełnienia rygorystycznych standardów bezpieczeństwa.

- **Ponowne spawanie wadliwych obszarów:** W razie potrzeby wadliwe spoiny są szlifowane i ponownie spawane za pomocą RSW lub innych odpowiednich metod.
- **Ponowna inspekcja naprawionych spoin:** Upewnij się, że naprawione obszary spełniają wymagane standardy jakości przed kontynuacją prac.

Szczególne uwagi dotyczące konstrukcji okrętów podwodnych

W konstrukcji okrętów podwodnych RSW jest szczególnie przydatne do łączenia cienkich arkuszy stali, wewnętrznych ram konstrukcyjnych i elementów wymagających wysokiej precyzji. Ze względu na ograniczone przestrzenie i złożone geometrie wymagana jest szczególna dbałość o szczegóły.

- **Użycie ramion robotycznych:** Zautomatyzowane systemy pomagają dotrzeć do trudno dostępnych miejsc wewnątrz okrętu, takich jak zbiorniki balastowe czy przedziały.
- **Systemy chłodzenia:** Ciągłe chłodzenie wodą zapewnia, że sprzęt nie przegrzewa się podczas długich sesji spawalniczych.
- **Ścisła kontrola jakości:** Ze względu na kluczową rolę okrętów podwodnych każda spoina musi przejść rygorystyczne testy, aby zapewnić niezawodność i zgodność z normami bezpieczeństwa.

Badania nieniszczące i kontrola jakości

Ze względu na ekstremalne warunki, w których operują okręty podwodne, każdy zespawany łącznik poddawany jest rygorystycznym badaniom nieniszczącym (NDT) w celu potwierdzenia braku wad, które mogłyby wpłynąć na wydajność. Podwodny charakter działania okrętów podwodnych i wysokie ciśnienia, jakie muszą wytrzymać, wymagają doskonałych spoin, ponieważ nawet drobne niedoskonałości mogą prowadzić do katastrofalnych awarii na dużych głębokościach. W związku z tym niezbędne są kompleksowe techniki inspekcji, które pozwalają zidentyfikować wszelkie wewnętrzne pustki, pęknięcia lub nieprawidłowe ustawienia w obrębie spoin.

Badania radiograficzne (X-ray inspection) są kluczową metodą NDT stosowaną do wykrywania wewnętrznych wad, które nie są widoczne gołym okiem. Przepuszczając promienie rentgenowskie przez złącze spawane, technicy mogą uzyskać szczegółowy obraz ujawniający niedoskonałości, takie jak porowatość, wtrącenia czy niepełne przetopienie. Metoda ta jest szczególnie skuteczna podczas inspekcji grubych sekcji kadłuba ciśnieniowego, zapewniając, że spoiny spełniają rygorystyczne wymagania związane z wytrzymywaniem głębokiego ciśnienia pod wodą. Badania radiograficzne pozwalają na ocenę wewnętrznej jakości spoin bez ich uszkadzania lub konieczności demontażu, co czyni je nieocenionym narzędziem w utrzymaniu efektywności podczas budowy okrętów podwodnych.

Badania ultradźwiękowe (UT) to kolejna kluczowa technika stosowana w inspekcji spoin na okrętach podwodnych. Metoda ta wykorzystuje fale dźwiękowe o wysokiej częstotliwości, które przenikają przez spawaną powierzchnię, wykrywając wewnętrzne wady poprzez zmiany w odbiciach fal. Badania ultradźwiękowe oferują wyjątkową precyzję, co czyni je idealnym narzędziem do lokalizowania bardzo małych pęknięć lub nieciągłości, które pod wpływem naprężeń mogą się powiększyć. Wysokie wymagania dotyczące wydajności okrętów podwodnych, zwłaszcza w odniesieniu do kadłubów ciśnieniowych i wewnętrznych struktur nośnych, sprawiają, że badania ultradźwiękowe są niezbędne, aby zapewnić odpowiednią wytrzymałość i niezawodność każdej spoiny.

Magnetyczno-proszkowe badania (MPI) są powszechnie stosowane do wykrywania powierzchniowych lub podpowierzchniowych wad w materiałach ferromagnetycznych, takich jak stale stopowe używane w okrętach podwodnych. W trakcie MPI obszar spoiny jest magnetyzowany, a na powierzchnię nakłada się cząstki żelaza, które ujawniają zakłócenia w polu magnetycznym spowodowane przez wady. Ta metoda jest szczególnie przydatna do wykrywania pęknięć powierzchniowych, zapewniając, że zewnętrzne elementy są wolne od usterek, które mogłyby naruszyć integralność strukturalną lub stworzyć punkty podatne na korozję.

Oprócz tych metod badań rygorystyczne kwalifikacje są wymagane od spawaczy zaangażowanych w budowę okrętów podwodnych. Spawanie w okrętach podwodnych często odbywa się w ograniczonych przestrzeniach lub w trudnych warunkach, wymagając wysokiego poziomu umiejętności, precyzji i doświadczenia. Spawacze muszą spełniać standardy branżowe, takie jak ISO 9606-1 lub ASME Section IX, które oceniają ich kompetencje poprzez testy praktyczne. Kwalifikacje te gwarantują, że krytyczne spoiny, takie jak te na kadłubie ciśnieniowym okrętu podwodnego lub w systemach rurociągów wysokociśnieniowych, są wykonywane przez wysoko wykwalifikowanych specjalistów. Ich wiedza minimalizuje ryzyko wad i zapewnia bezpieczeństwo oraz trwałość jednostki.

Podstawy Projektowania i Budowy Okrętów Podwodnych

Wyzwania spawalnicze w budowie okrętów podwodnych

Spawanie komponentów okrętów podwodnych wiąże się z unikalnymi wyzwaniami wynikającymi z ekstremalnych warunków eksploatacyjnych, jakim podlegają te jednostki. Złącza spawane muszą wytrzymywać ogromne ciśnienia hydrostatyczne, które działają na okręt podczas zanurzania na duże głębokości, gdzie zewnętrzne ciśnienie znacznie wzrasta, wywierając intensywne siły ściskające na kadłub i spoiny. Wymaga to, aby złącza te zachowały integralność strukturalną, zapobiegając katastrofalnym awariom, co jest kluczowe dla bezpieczeństwa jednostki i jej załogi [429]. Integralność strukturalna złączy spawanych jest szczególnie istotna, ponieważ jakiekolwiek uszkodzenie może prowadzić do poważnych konsekwencji, w tym utraty życia i sprzętu.

Oprócz ciśnień statycznych okręty podwodne są narażone na siły dynamiczne, które dodatkowo komplikują proces spawania. Eksplozje podwodne, takie jak ładunki głębinowe, generują fale uderzeniowe propagujące się przez kadłub, poddając spoiny gwałtownym deformacjom [429, 430]. Dodatkowo wibracje silników i śrub napędowych zwiększają naprężenia na złączach, co z czasem może prowadzić do pękania zmęczeniowego, jeśli naprężenia te nie zostaną odpowiednio zarządzane [431]. Nagromadzenie naprężeń własnych podczas procesu spawania może pogłębiać te problemy, dlatego kluczowe jest skupienie się na technikach zarządzania rozkładem naprężeń, aby zwiększyć trwałość złączy [431].

Minimalizacja naprężeń własnych jest kluczowa dla trwałości spoin w okrętach podwodnych. Stosuje się techniki takie jak obróbka cieplna po spawaniu (PWHT), która redukuje naprężenia własne i poprawia odporność na pękanie spoin [432]. Ponadto wykorzystuje się specjalistyczne sekwencje spawania i metody podgrzewania wstępnego, aby zapobiec nierównomiernemu rozszerzaniu cieplnemu, które może prowadzić do deformacji lub pękania [431]. Używa się również metody kulowania, która mechanicznie kompresuje powierzchnię spoiny, zmniejszając naprężenia rozciągające i poprawiając odporność na zmęczenie [431]. Strategie te są niezbędne do zapewnienia, że komponenty spawane wytrzymają wielokrotne cykle naprężeń w całym okresie eksploatacji okrętu.

Odporność na korozję jest kolejnym kluczowym czynnikiem w spawaniu okrętów podwodnych, ponieważ ciągła ekspozycja na wodę morską zwiększa ryzyko korozji, szczególnie w złączach, gdzie stosowane są różne metale [433]. Wybór materiałów o wysokiej odporności na korozję, takich jak stal nierdzewna i stopy niklu, jest kluczowy, aby zapobiec degradacji krytycznych elementów [432]. Proces spawania musi być również starannie kontrolowany, aby zminimalizować zanieczyszczenia i zapewnić gładką, pozbawioną wad powierzchnię spoiny. Szorstkie lub porowate spoiny mogą zatrzymywać wodę morską, prowadząc do lokalnej korozji i osłabienia złącza [433]. Dodatkowo powłoki antykorozyjne i systemy ochrony katodowej są integralną częścią strategii konserwacji okrętów podwodnych, chroniąc przed długoterminową degradacją [433].

Spawanie komponentów okrętów podwodnych wymaga nie tylko wiedzy technicznej, ale także starannego planowania w celu uwzględnienia wyzwań środowiskowych i wymagań operacyjnych. Spawacze muszą przestrzegać rygorystycznych standardów kwalifikacyjnych, aby wykonywać złożone operacje spawalnicze w ograniczonych i wymagających warunkach. Każda spoina poddawana jest rygorystycznym badaniom nieniszczącym w celu wykrycia potencjalnych wad i zapewnienia zgodności z normami bezpieczeństwa i wydajności [429, 430]. Tak kompleksowe podejście jest niezbędne, aby zachować integralność strukturalną i niezawodność okrętów podwodnych, umożliwiając im realizację kluczowych misji w środowisku głębinowym.

Metody Wytwarzania

Budowa okrętów podwodnych to złożony proces integrujący zaawansowane metody wytwarzania, które muszą sprostać rygorystycznym wymaganiom strukturalnym, operacyjnym i środowiskowym stawianym przed jednostkami podwodnymi. Kadłub ciśnieniowy, zewnętrzne struktury oraz systemy wewnętrzne okrętów podwodnych muszą być zaprojektowane tak, aby wytrzymać ekstremalne warunki, w tym wysokie ciśnienia hydrostatyczne, wahania temperatury oraz korozyjne środowisko morskie. To wymaga zastosowania specjalistycznych technik w procesie wytwarzania, szczególnie w walcowaniu i kształtowaniu blach stalowych, które są kluczowe dla integralności kadłuba okrętu.

Jednym z głównych etapów budowy okrętów podwodnych jest wytwarzanie kadłuba ciśnieniowego, gdzie blachy stalowe, zazwyczaj o grubości kilku cali, są walcowane i formowane w cylindryczne sekcje. Proces ten jest niezwykle istotny, ponieważ okrągły przekrój kadłuba jest najbardziej efektywnym kształtem do opierania się zewnętrznym ciśnieniom występującym na głębokości. Użycie dużych przemysłowych walcarek jest niezbędne, ponieważ wywierają one znaczną siłę, aby wygiąć blachy w precyzyjne łuki, minimalizując wszelkie odchylenia w krzywiźnie. Takie odchylenia mogłyby zagrozić zdolności okrętu do wytrzymywania ciśnień hydrostatycznych, co mogłoby prowadzić do potencjalnych awarii strukturalnych [433].

Materiały używane w budowie okrętów podwodnych odgrywają również kluczową rolę w zapewnieniu trwałości oraz odporności na czynniki środowiskowe. Badania wskazują, że odporność na korozję spawanych stali używanych w systemach morskich ma krytyczne znaczenie dla utrzymania integralności okrętów podwodnych na przestrzeni czasu [433]. Wybór odpowiednich materiałów, w połączeniu z zaawansowanymi technikami spawalniczymi, jest konieczny, aby zwiększyć trwałość i bezpieczeństwo struktury okrętu w trudnych warunkach. Ponadto badane są mechaniczne właściwości materiałów, takich jak polimery wzmacniane włóknami, w celu poprawy ogólnej wydajności komponentów okrętowych [434].

Oprócz aspektów mechanicznych i materiałowych należy również uwzględnić operacyjne aspekty projektowania okrętów podwodnych. Odpowiedź hydrodynamiczna okrętów podczas manewrów jest kluczowym obszarem badań, ponieważ wpływa na projekt kadłuba i ogólną stabilność jednostki [435]. Symulacje komputerowej dynamiki płynów (CFD) są coraz częściej wykorzystywane do analizy tych dynamik, co pozwala na lepsze prognozowanie zachowania okrętów podwodnych w różnych warunkach operacyjnych [436]. Ta integracja zaawansowanych technik symulacyjnych w proces projektowania podkreśla znaczenie multidyscyplinarnego podejścia w budowie okrętów podwodnych.

Rysunek 115: Okręt podwodny klasy Virginia Pre-Commissioning Unit (PCU) North Dakota (SSN 784) wyprowadzany z zamkniętej stoczniowej hali produkcyjnej. MARYNARKA WOJENNA USA, domena publiczna, wyszukiwarka materiałów w domenie publicznej.

Współczesne okręty podwodne są coraz częściej budowane w oparciu o podejście modułowe, co znacząco zwiększa efektywność i skuteczność procesu budowy jednostek. Konstrukcja modułowa polega na wytwarzaniu pojedynczych sekcji lub modułów zawierających określone podsystemy, takie jak jednostki napędowe, kwatery załogi czy systemy uzbrojenia. Główną zaletą tej techniki jest umożliwienie równoczesnej pracy wielu zespołów nad różnymi modułami, co skraca całkowity czas budowy i zwiększa produktywność w stoczniach [437].

Filozofia projektowania modułowego została szczególnie wdrożona w zaawansowanych projektach okrętów podwodnych, takich jak amerykańskie okręty klasy Virginia, które w pełni wykorzystują to podejście, opracowując funkcjonalne moduły dostosowane do specyficznych misji. Jednoczesne projektowanie różnych modułów funkcjonalnych usprawnia proces montażu, zapewniając, że każdy moduł jest wytwarzany z najwyższą precyzją, co gwarantuje ich bezproblemową integrację podczas końcowej fazy montażu [437]. Co więcej, zastosowanie technik modułowych nie tylko skraca cykle produkcyjne, ale także zwiększa elastyczność projektu okrętu podwodnego, umożliwiając łatwiejsze modernizacje i konserwację w trakcie eksploatacji jednostki [437].

Oprócz poprawy efektywności budowy, konstrukcja modułowa przyczynia się także do ogólnej wydajności i niezawodności okrętów podwodnych. Podejście modułowe umożliwia integrację zaawansowanych technologii i systemów w każdym module, które mogą być testowane niezależnie przed ostatecznym montażem. Takie niezależne testy zapewniają, że każdy podsystem spełnia rygorystyczne standardy wydajności, co z kolei zwiększa niezawodność całego okrętu [437]. Ponadto elastyczność wpisana w projekt modułowy pozwala stoczniom skuteczniej reagować na zmieniające się wymagania operacyjne i postęp technologiczny, co czyni to podejście preferowaną metodą w nowoczesnej budowie okrętów podwodnych [437].

Rysunek 116: Widok z góry na amerykański okręt podwodny nowej generacji (New Attack Submarine, NAS) jednostkę przed wprowadzeniem do służby (Pre-Commissioning Unit, PCU) VIRGINIA (SSN 774) w trakcie budowy w zakładach Electric Boat Corporation w Connecticut, znajdujących się w stoczni Groton, Connecticut (CT). Archiwa Narodowe Stanów Zjednoczonych, domena publiczna, za pośrednictwem Picryl.

Podstawy Projektowania i Budowy Okrętów Podwodnych

Budowa komponentów okrętów podwodnych wymaga precyzyjnej obróbki mechanicznej, aby spełnić rygorystyczne specyfikacje, szczególnie w przypadku złożonych części, takich jak peryskopy, śruby napędowe, zawory i inne systemy mechaniczne. Wykorzystanie obrabiarek sterowanych numerycznie (CNC) jest kluczowe w tym kontekście, ponieważ zapewniają one ścisłe tolerancje, niezbędne dla komponentów, które muszą niezawodnie działać pod wysokim ciśnieniem w warunkach podwodnych. Obróbka CNC umożliwia wytwarzanie skomplikowanych geometrycznie części z zachowaniem wysokiej precyzji, co jest niezwykle istotne przy produkcji elementów do zastosowań w wymagającym środowisku podwodnym [438, 439].

Najnowsze osiągnięcia w technologiach obróbki, w tym zastosowanie liniowych systemów napędowych w szybkich maszynach CNC, znacząco zwiększyły precyzję i efektywność procesów obróbczych. Systemy te oferują takie zalety, jak zwiększona prędkość, przyspieszenie i siła napędowa, co ma kluczowe znaczenie dla spełnienia wysokich wymagań precyzyjnej produkcji w przemyśle lotniczym i morskim [440]. Ponadto, niestandardowe metody obróbki, takie jak obróbka elektroerozyjna (WEDM), zyskują na popularności dzięki możliwości wytwarzania skomplikowanych kształtów z trudnych w obróbce materiałów, zapewniając wysoką dokładność przy zachowaniu ścisłych tolerancji [438, 439]. Jest to szczególnie istotne w przypadku materiałów takich jak Ti6Al4V, które są powszechnie stosowane w zastosowaniach podwodnych ze względu na swoją wytrzymałość i odporność na korozję [439].

Znaczenie precyzji w zastosowaniach podwodnych wykracza poza samą obróbkę i obejmuje również projektowanie i produkcję komponentów, które muszą wytrzymać wyjątkowe wyzwania środowiska podwodnego. Na przykład analiza wrażliwości struktur falowodowych podkreśla konieczność wysokiej precyzji w frezowaniu CNC, aby osiągnąć wymagane parametry wydajności [441]. Taka precyzja jest kluczowa nie tylko dla integralności mechanicznej komponentów, ale również dla funkcjonalności systemów takich jak sonar i technologie nawigacyjne, które polegają na precyzyjnie wykonanych częściach [442, 443].

Odlewanie i kucie to dwa kluczowe procesy produkcyjne stosowane w wytwarzaniu dużych metalowych komponentów, takich jak śruby napędowe, części silników i elementy konstrukcyjne. Każda z tych metod ma swoje unikalne zalety, które odpowiadają na określone wymagania materiałowe i kryteria wydajności.

Odlewanie jest szczególnie korzystne w tworzeniu skomplikowanych kształtów i dużych komponentów. W procesach odlewniczych często stosuje się specjalne stopy, aby zwiększyć właściwości takie jak odporność na korozję i wytrzymałość zmęczeniową, co jest kluczowe w przypadku takich komponentów jak śruby napędowe [444]. Proces odlewania pozwala na produkcję skomplikowanych geometrii, które byłyby trudne do osiągnięcia wyłącznie za pomocą kucia. Zaawansowane techniki odlewania, takie jak odlewanie ciśnieniowe (squeeze casting), łączą zalety obu procesów, zapewniając wysoką jakość komponentów z minimalnymi wadami [445]. Metoda ta nie tylko zmniejsza straty materiałowe, ale również poprawia właściwości mechaniczne produktu końcowego, co sprawia, że nadaje się do wymagających zastosowań w przemyśle motoryzacyjnym i lotniczym [445, 446].

Z kolei kucie jest cenione za zdolność do wytwarzania komponentów o doskonałych właściwościach mechanicznych, takich jak wytrzymałość i odporność na pękanie. Kute części, takie jak wały napędowe i wzmocnienia konstrukcyjne, charakteryzują się ulepszonymi parametrami wytrzymałościowymi dzięki rafinowanej mikrostrukturze uzyskanej w procesie kucia [447]. Eliminacja wad odlewniczych oraz optymalizacja przepływu metalu podczas kucia przyczyniają się do integralności i niezawodności komponentów [447, 448]. Najnowsze osiągnięcia w technologiach kucia, w tym wykorzystanie odlewów wstępnych, jeszcze bardziej poprawiły efektywność i jakość wyrobów kutych, umożliwiając obróbkę mniej plastycznych stopów o lepszych właściwościach wytrzymałościowych [449, 450].

Co więcej, integracja procesów odlewania i kucia, takich jak Zintegrowany Proces Odlewania i Kucia (ICFP), została podjęta w celu wykorzystania zalet obu metod. To innowacyjne podejście umożliwia produkcję komponentów o złożonych kształtach, możliwych do uzyskania dzięki odlewaniu, przy jednoczesnym zachowaniu doskonałych właściwości mechanicznych charakterystycznych dla kucia [451]. Takie postępy są kluczowe dla branż wymagających materiałów o wysokiej wydajności, zdolnych do wytrzymywania znacznych obciążeń i naprężeń, szczególnie w przemyśle lotniczym i motoryzacyjnym [452].

Obróbka powierzchni i powłoki ochronne odgrywają kluczową rolę w zwiększaniu trwałości i wydajności okrętów podwodnych, zwłaszcza w walce z korozją i zarastaniem biologicznym wynikającym z długotrwałego kontaktu z wodą morską. Nakładanie specjalistycznych powłok, takich jak farby antykorozyjne i warstwy przeciwporostowe, jest niezbędne dla utrzymania integralności strukturalnej kadłubów okrętów podwodnych. Powłoki te stanowią bariery chroniące przed czynnikami korozyjnymi oraz rozwojem biologicznym, które mogą znacząco obniżyć efektywność operacyjną.

Jednym z efektywnych sposobów ochrony przed korozją jest stosowanie powłok kompozytowych Zn-Al nanoszonych metodą zimnego natrysku, które wykazują długoterminową odporność na korozję w środowiskach morskich dzięki zdolności do tworzenia ochronnej warstwy ograniczającej przenikanie środowiska korozyjnego [453]. Ponadto, włączenie zaawansowanych materiałów, takich jak grafen, do powłok zwiększa odporność na korozję poprzez zapewnienie mechanizmu pasywacji, który może być stosowany na różnych metalicznych powierzchniach [454]. Wydajność powłok można dodatkowo poprawić dzięki zastosowaniu systemów wielowarstwowych, takich jak połączenie stopów cynkowo-aluminiowych z warstwami epoksydowymi i poliuretanowymi, które wykazują doskonałe właściwości antykorozyjne i odporność na uderzenia [455].

Dodatkowo, szeroko stosowaną metodą zapobiegania korozji elektrochemicznej jest stosowanie systemów ochrony katodowej. Systemy te działają poprzez użycie anod ofiarnych, które korodują w pierwszej kolejności, chroniąc w ten sposób metal bazowy [456]. Skuteczność tych powłok zależy często od ich grubości i równomierności, ponieważ niewystarczająca powłoka może prowadzić do przedwczesnych awarii i zwiększonej podatności na korozję [457]. W środowiskach morskich szczególnie cenione są powłoki organiczne ze względu na ich wysoką efektywność i łatwość aplikacji, co czyni je odpowiednimi do różnych zastosowań morskich [458].

Zarastanie biologiczne, które odnosi się do akumulacji mikroorganizmów, roślin, glonów i zwierząt na zanurzonych powierzchniach, stanowi kolejne istotne wyzwanie dla okrętów podwodnych. Obecność osadów biologicznych może zwiększać szorstkość powierzchni, prowadząc do większego oporu hydrodynamicznego i obniżenia wydajności podczas podróży pod wodą [459]. Ostatnie postępy w dziedzinie powłok przeciwporostowych mają na celu ograniczenie tego problemu poprzez stosowanie strategii inspirowanych naturą, które zwiększają odporność powierzchni na przyleganie biologiczne [460]. Na przykład opracowano superhydrofobowe powłoki, które tworzą powierzchnie odpychające wodę i zanieczyszczenia, zmniejszając tym samym prawdopodobieństwo osadów biologicznych [461].

Podstawy Projektowania i Budowy Okrętów Podwodnych

Zastosowanie zaawansowanych kompozytów w budowie okrętów podwodnych zyskało znaczną uwagę ze względu na ich zdolność do zmniejszenia masy i zwiększenia możliwości ukrycia (stealth). Materiały kompozytowe, szczególnie te wzmacniane włóknami węglowymi lub szklanymi, są coraz częściej wykorzystywane w strukturach nieobciążonych, takich jak kiosk, łopatki śrub napędowych i kopuły sonarowe okrętów podwodnych. Proces wytwarzania tych kompozytów polega na układaniu włókien w matrycy żywicznej, a następnie utwardzaniu, co skutkuje lekkimi i trwałymi komponentami, które są kluczowe dla współczesnego projektowania okrętów podwodnych [18, 462].

Właściwości mechaniczne materiałów kompozytowych są w dużej mierze determinowane przez układ i rodzaj zastosowanych włókien. Na przykład wytrzymałość na rozciąganie warstwowych kompozytów z włókien węglowych może się znacznie różnić w zależności od liczby warstw i orientacji włókien [462]. Ma to kluczowe znaczenie w zastosowaniach w okrętach podwodnych, gdzie integralność strukturalna i wydajność są priorytetem. Zastosowanie różnych rodzajów włókien, w tym włókien szklanych i węglowych, pozwala dostosować właściwości mechaniczne do określonych wymagań projektowych [18, 463]. Ponadto integracja zaawansowanych materiałów kompozytowych w konstrukcji okrętów podwodnych nie tylko przyczynia się do redukcji masy, ale również minimalizuje sygnatury akustyczne, co sprawia, że okręty te są trudniejsze do wykrycia [18].

Produkcja tych kompozytów często wykorzystuje techniki takie jak infuzja próżniowa, która poprawia jakość i spójność produktu końcowego [462]. Metoda ta pozwala na lepszą kontrolę nad rozkładem żywicy w warstwach włókien, co prowadzi do poprawy właściwości mechanicznych i trwałości. Dodatkowo zastosowanie kompozytów hybrydowych, łączących różne rodzaje włókien, pozwala na dalszą optymalizację wydajności poprzez balansowanie sztywności i odporności na uszkodzenia [464, 465]. Zastosowanie tych materiałów wykracza poza komponenty strukturalne; są one również kluczowe w zwiększaniu zdolności stealth okrętów podwodnych poprzez redukcję ich sygnatur radarowych i akustycznych [18].

Montaż i integracja modułów okrętów podwodnych to kluczowy etap budowy, obejmujący precyzyjne wyrównanie i połączenie różnych systemów wewnątrz kadłuba. Proces ten zazwyczaj rozpoczyna się po wyprodukowaniu i wstępnym przetestowaniu poszczególnych modułów, co zapewnia, że każdy komponent spełnia wymagane specyfikacje przed integracją. Specjalistyczne dźwigi i systemy podnoszące są wykorzystywane do precyzyjnego pozycjonowania tych dużych sekcji, co jest kluczowe dla integralności strukturalnej i efektywności operacyjnej okrętu podwodnego [31, 34].

Podczas fazy montażu różne systemy mechaniczne, elektroniczne i napędowe są integrowane z kadłubem okrętu. Integracja ta nie jest jedynie fizycznym połączeniem, ale obejmuje również złożone procesy inżynieryjne, mające na celu zapewnienie spójnego funkcjonowania wszystkich systemów. Na przykład kadłub ciśnieniowy, mieszczący kluczowe elementy, takie jak załoga, maszyny napędowe i systemy uzbrojenia, musi być zaprojektowany tak, aby wytrzymywać znaczące ciśnienia hydrostatyczne występujące podczas operacji [32, 34, 38]. Materiały używane do konstrukcji kadłuba, takie jak zaawansowane kompozyty lub stale wysokiej wytrzymałości, są wybierane ze względu na ich zdolność do wytrzymywania tych obciążeń przy jednoczesnej minimalizacji masy [31].

Ponadto instalacja okablowania elektrycznego, systemów rurowych i sieci komunikacyjnych jest kluczowym elementem procesu integracji. Systemy te muszą być starannie zaplanowane i wykonane, aby unikać zakłóceń i zapewnić niezawodność w warunkach operacyjnych. Faza integracji obejmuje również dokładne testy mające na celu weryfikację gotowości operacyjnej wszystkich systemów. Testy te są niezbędne do wykrycia potencjalnych problemów, które mogłyby wpłynąć na wydajność lub bezpieczeństwo okrętu podwodnego [466, 467].

Oprócz integracji mechanicznej i elektrycznej, aspekty hydrodynamiczne projektu okrętu podwodnego są również optymalizowane podczas montażu. Narzędzia symulacyjne CFD (Computational Fluid Dynamics) są często wykorzystywane do symulacji i analizy wydajności okrętu podwodnego w różnych warunkach, co pozwala na lepsze przewidywanie zachowania jednostki i jej stabilności [24, 468]. Optymalizacja ta ma kluczowe znaczenie dla zwiększenia zdolności stealth i ogólnej skuteczności operacyjnej okrętu [60].

Rysunek 117: Widok dziobu od strony sterburty nowego okrętu podwodnego US Navy (USN) New Attack Submarine (NAS) Pre-Commissioning Unit (PCU) VIRGINIA (SSN 774) podczas jego pierwszego wyprowadzenia na zewnątrz. Archiwa Narodowe USA, domena publiczna, za pośrednictwem NARA & DVIDS Public Domain Archive Public Domain Search.

Podczas procesu wytwarzania okrętów podwodnych stosowane są rygorystyczne protokoły testowania i zapewnienia jakości, aby zapewnić zgodność z surowymi standardami wojskowymi i inżynieryjnymi. Środki te są niezbędne do zagwarantowania bezpieczeństwa, niezawodności i wydajności okrętu podwodnego, ponieważ nawet drobne defekty mogą zagrozić zdolności jednostki do działania w ekstremalnych warunkach podwodnych.

Metody badań nieniszczących (NDT) odgrywają kluczową rolę w weryfikacji integralności spoin i jakości materiałów. Inspekcja ultradźwiękowa służy do wykrywania wewnętrznych wad w spoinach, takich jak pęknięcia lub pustki, poprzez przesyłanie fal dźwiękowych o wysokiej częstotliwości do materiału. Badania radiograficzne, czyli testy rentgenowskie, dostarczają szczegółowych obrazów wnętrza spoin i komponentów, umożliwiając identyfikację wad, które mogłyby być niewidoczne gołym okiem. Na powierzchniach przeprowadza się również testy penetracyjne, aby ujawnić mikropęknięcia i porowatości, które mogłyby osłabić komponenty strukturalne.

Oprócz badań nieniszczących przeprowadza się testy ciśnieniowe na krytycznych systemach, aby zasymulować warunki, z jakimi okręty podwodne spotykają się na dużych głębokościach. Proces ten polega na wystawieniu jednostki lub jej komponentów na działanie wysokiego ciśnienia w kontrolowanych warunkach, co pozwala potwierdzić, że mogą wytrzymać siły występujące podczas operacji głębinowych. Takie testy są kluczowe dla weryfikacji zdolności kadłuba do zachowania integralności strukturalnej i zapobiegania wnikaniu wody pod wpływem ekstremalnego ciśnienia.

Zarówno testy statyczne, jak i dynamiczne są przeprowadzane na różnych systemach w fazie zapewnienia jakości. Testy statyczne polegają na badaniu komponentów w stałych pozycjach, aby potwierdzić ich właściwości mechaniczne i zgodność ze specyfikacjami projektowymi. Testy dynamiczne oceniają z kolei funkcjonalność systemów w warunkach symulujących rzeczywiste operacje. Na przykład systemy napędowe, zbiorniki balastowe i powierzchnie sterujące są testowane, aby zapewnić ich prawidłową i niezawodną reakcję podczas zanurzania, wynurzania i manewrowania.

Procedury zapewnienia jakości są realizowane z najwyższą starannością na każdym etapie produkcji i montażu. Każda faza podlega inspekcji, aby upewnić się, że wszystkie komponenty spełniają najwyższe standardy. Takie podejście do testowania i weryfikacji zapewnia, że końcowy produkt – okręt podwodny – może działać bezpiecznie i efektywnie, zachowując integralność strukturalną i operacyjną nawet w trudnych i nieprzewidywalnych warunkach głębinowych.

Po zakończeniu montażu okręt podwodny przechodzi kluczową fazę testów hydrostatycznych, które mają na celu weryfikację jego integralności strukturalnej i wykrycie potencjalnych przecieków. Proces ten polega na zanurzeniu okrętu w wodzie lub umieszczeniu go w komorze ciśnieniowej, aby zasymulować intensywne ciśnienia hydrostatyczne, z jakimi będzie się spotykał na głębokościach operacyjnych. Podczas testów hydrostatycznych dokładnie sprawdzane są wszystkie przedziały, uszczelki i połączenia, aby upewnić się, że wytrzymają zewnętrzne ciśnienie bez odkształceń lub wycieków. Inżynierowie monitorują kadłub pod kątem wszelkich oznak naprężeń, ponieważ nawet drobne osłabienia mogłyby doprowadzić do katastrofalnych awarii podczas operacji głębinowych. Zaliczenie tej fazy jest niezbędne, ponieważ potwierdza zdolność jednostki do utrzymania integralności strukturalnej w ekstremalnych warunkach podwodnych.

Po pomyślnym zakończeniu testów hydrostatycznych okręt podwodny przechodzi do prób morskich, podczas których jego systemy są oceniane w rzeczywistych warunkach morskich. Próby morskie stanowią jeden z najważniejszych etapów procesu wprowadzania okrętu do służby, ponieważ umożliwiają inżynierom, operatorom i inspektorom weryfikację działania kluczowych komponentów. Podczas tych prób system napędowy jest dokładnie testowany w celu oceny prędkości, przyspieszenia i wytrzymałości jednostki w różnych scenariuszach operacyjnych. Inżynierowie upewniają się, że silniki i systemy napędowe okrętu podwodnego działają niezawodnie przez dłuższy czas, bez przegrzewania się lub awarii.

Manewrowość to kolejny kluczowy aspekt oceniany podczas prób morskich. Testuje się zdolność okrętu podwodnego do wykonywania precyzyjnych manewrów, takich jak zanurzanie, wynurzanie i zmiany kursu, aby potwierdzić reakcję powierzchni sterowych, w tym steru i płetw sterowych. Ten etap zapewnia, że okręt podwodny może skutecznie nawigować, nawet w ciasnych przestrzeniach podwodnych lub w trudnych warunkach.

Podczas prób morskich szczególną uwagę zwraca się na wydajność sonarów, które odgrywają kluczową rolę w zdolności okrętu do wykrywania innych jednostek i zagrożeń podwodnych. Testuje się zarówno pasywne, jak i aktywne systemy sonarowe, aby zweryfikować ich zasięg, dokładność i czułość. Operatorzy oceniają zdolność okrętu podwodnego do pozostawania niewykrytym podczas korzystania z sonaru, co pozwala na zbieranie kluczowych informacji bez ujawniania lokalizacji jednostki. Ponadto, systemy uzbrojenia są rygorystycznie testowane, aby potwierdzić ich gotowość operacyjną. Testuje się torpedy, systemy wyrzutni rakietowych i inne uzbrojenie pokładowe, aby upewnić się, że mogą być bezpiecznie i skutecznie używane w razie potrzeby.

Próby morskie stanowią ostatnią szansę na zidentyfikowanie i rozwiązanie ewentualnych problemów przed oficjalnym wprowadzeniem okrętu podwodnego do służby. Każdy system jest monitorowany i dokładnie analizowany w rzeczywistych warunkach, aby upewnić się, że jednostka spełnia rygorystyczne standardy wymagane w operacjach morskich. Dopiero po pomyślnym zakończeniu tych prób okręt podwodny zostaje uznany za gotowy do służby, co gwarantuje, że może działać niezawodnie i bezpiecznie w wymagającym i nieprzewidywalnym środowisku morskim.

Odporność na korozję i utrzymanie

Stal i jej stopy są podstawowymi materiałami konstrukcyjnymi stosowanymi przy budowie statków, okrętów podwodnych i platform morskich ze względu na ich wytrzymałość, dostępność i wszechstronność. Jednakże, struktury te są nieustannie narażone na surowe warunki morskie, które wystawiają je na działanie różnorodnych czynników chemicznych i biologicznych, takich jak korozja i obrastanie biologiczne. Czynniki te mogą znacząco obniżyć wydajność i trwałość jednostek morskich, prowadząc do znacznych strat finansowych. W skali globalnej wydaje się miliardy dolarów rocznie na walkę ze szkodliwymi skutkami korozji i obrastania w środowiskach morskich, co podkreśla znaczenie skutecznych środków ochronnych [469].

Aby sprostać tym wyzwaniom, organizacje takie jak Naval Materials Research Laboratory (NMRL) opracowały zaawansowane technologie chroniące platformy morskie, zapewniając ich trwałość i gotowość operacyjną. Jedną z głównych strategii zapobiegania korozji jest stosowanie powłok ochronnych. Powłoki ochronne, często składające się z polimerów organicznych z różnymi dodatkami funkcyjnymi, służą jako fizyczna bariera, izolując podłoże metalowe od korozyjnych elementów środowiska zewnętrznego. Powłoki te są nakładane na powierzchnię stali i jej stopów, aby zapobiec bezpośredniemu kontaktowi z wodą morską, tlenem i innymi czynnikami korozyjnymi, które mogą inicjować reakcje elektrochemiczne [469].

System powłok ochronnych zazwyczaj składa się z organicznego spoiwa, takiego jak epoksyd lub poliuretan, które tworzy podstawową matrycę. W matrycy tej zawarte są dodatki nieorganiczne, które zwiększają właściwości ochronne powłoki. Te dodatki mogą obejmować inhibitory korozji, pigmenty oraz wypełniacze, które zapewniają lepszą odporność na trudne warunki środowiska morskiego. Starannie opracowany system powłok zapewnia długoterminową ochronę, zmniejszając ryzyko wystąpienia rdzy, wżerów i innych form korozji, które mogłyby narazić integralność strukturalną jednostki pływającej.

Oprócz odporności na korozję, powłoki ochronne odgrywają również kluczową rolę w ograniczaniu obrastania biologicznego—nagromadzenia organizmów morskich, takich jak pąkle, algi i małże, na zanurzonych powierzchniach. Obrastanie biologiczne zwiększa opór hydrodynamiczny, zmniejszając efektywność jednostki i zwiększając zużycie paliwa. Zaawansowane powłoki o właściwościach antyobrostowych są projektowane w celu zapobiegania lub minimalizowania przylegania tych organizmów, co zapewnia gładką powierzchnię kadłuba i poprawia wydajność hydrodynamiczną jednostki.

Opracowanie i aplikacja powłok ochronnych wymagają rygorystycznych testów, aby sprostać specyficznym wymaganiom operacyjnym platform morskich. Powłoki muszą wytrzymywać nie tylko długotrwałe narażenie na działanie wody morskiej, ale także obciążenia mechaniczne związane z operacjami podwodnymi, w tym zmiany temperatury i ciśnienia. Specjalne formulacje są opracowywane dla różnych sekcji jednostki, takich jak kadłub, zbiorniki balastowe i systemy napędowe, w celu optymalizacji wydajności we wszystkich obszarach [469].

Specjalistyczna farba antypoślizgowa odgrywa kluczową rolę w zapewnieniu bezpieczeństwa i funkcjonalności jednostek marynarki wojennej, dostarczając powierzchni antypoślizgowych na kluczowych pokładach i obszarach. Stosowana na pokładach lotniczych, helikopterowych i platformach narażonych na warunki atmosferyczne, ta specjalistyczna farba zapobiega poślizgom personelu i sprzętu podczas operacji. Formulacja tej farby pozwala jej wytrzymać ekstremalne obciążenia termiczne, w tym okresowe nagrzewanie do temperatury 250°C. Oprócz zewnętrznych pokładów, farba antypoślizgowa jest również stosowana na podłogach w maszynowniach i innych obszarach, gdzie wymagane są właściwości antypoślizgowe, zwiększając bezpieczeństwo personelu pracującego w środowiskach wysokiego ryzyka na pokładzie jednostek marynarki wojennej.

Farba zewnętrzna o wysokiej wydajności jest niezbędna do ochrony okrętów wojennych przed nieprzyjaznymi warunkami środowiska morskiego. Nakładana na odsłonięte grodzie, nadbudowy i inne części statku, które są stale narażone na trudne elementy, takie jak woda morska, promieniowanie UV i ekstremalne warunki pogodowe. Jej zaawansowana formulacja zapewnia doskonałą trwałość połysku, gwarantując, że statek zachowuje estetyczny wygląd i integralność strukturalną przez długi czas. Farba ta wykazuje również wysoką odporność na kredowanie, czyli zjawisko, w którym powierzchnia ulega degradacji i staje się pylista pod wpływem działania czynników zewnętrznych. Zastosowanie farby o wysokiej wydajności minimalizuje koszty utrzymania i zwiększa trwałość jednostek marynarki wojennej.

W środowiskach, gdzie ryzyko pożaru stanowi znaczące zagrożenie, ognioodporna farba pęczniejąca zapewnia niezbędną ochronę. Ta specjalnie zaprojektowana farba tworzy warstwę ochronną w formie zwęglonej, gdy jest wystawiona na ekstremalne ciepło lub płomienie, izolując podłoże i zapobiegając rozprzestrzenianiu się ognia. Ta izolacja termiczna jest kluczowa dla ochrony wewnętrznych przedziałów, instalacji elektrycznych i kluczowego wyposażenia na pokładach okrętów marynarki wojennej. Technologia ta znajduje zastosowanie nie tylko w marynarce wojennej, ale również na platformach morskich, w budynkach wielopiętrowych i wagonach kolejowych, zapewniając bezpieczeństwo pożarowe w wielu sektorach. Jej wprowadzenie do służby marynarki wojennej odzwierciedla znaczenie strategii zapobiegania pożarom dla bezpieczeństwa personelu i integralności strukturalnej [469].

Farby antykorozyjne i przeciwporostowe odgrywają kluczową rolę w utrzymaniu wydajności zanurzonych struktur morskich oraz kadłubów jednostek marynarki wojennej. Farby te rozwiązują dwa istotne wyzwania: korozję spowodowaną ciągłym narażeniem na działanie wody morskiej oraz obrastanie biologiczne przez organizmy morskie, takie jak glony i pąkle. Właściwości antykorozyjne chronią metalowe powierzchnie przed rdzewieniem i degradacją, natomiast składniki przeciwporostowe zapobiegają przyleganiu organizmów morskich do kadłuba, poprawiając w ten sposób efektywność hydrodynamiczną. Kluczową innowacją w tej technologii jest opracowane we własnym zakresie urządzenie aplikacyjne, które umożliwia bezpośrednie nanoszenie farby na zanurzone struktury. Dzięki temu możliwa jest konserwacja na miejscu bez konieczności dokowania statku, co zmniejsza czas przestojów i koszty operacyjne.

Razem te wyspecjalizowane technologie farb opracowane dla zastosowań morskich zwiększają bezpieczeństwo, trwałość i wydajność jednostek pływających. Chronią przed zagrożeniami środowiskowymi, zapobiegają wypadkom, ograniczają ryzyko pożarowe i wydłużają żywotność statków operujących w trudnych warunkach morskich.

Tradycyjne systemy malarskie stosowane w aplikacjach morskich składają się zazwyczaj z wielu warstw, w tym podkładu, warstwy wiążącej i kilku warstw wierzchnich, nakładanych kolejno. Takie podejście wymaga ścisłego przestrzegania odstępów między nakładaniem poszczególnych warstw, które mogą wynosić od kilku minut do godzin, co czyni proces czasochłonnym i pracochłonnym. Ponadto stosowanie lotnych związków organicznych (VOC) w tych powłokach budzi obawy środowiskowe. Aby sprostać tym wyzwaniom, opracowano technologię powłok samostratyfikujących jako nowatorskie rozwiązanie [469].

Powłoki samostratyfikujące umożliwiają powstanie dwóch odrębnych, wzajemnie połączonych warstw o uzupełniających się właściwościach w wyniku jednego procesu aplikacji. Eliminuje to konieczność wieloetapowego nakładania powłok, zmniejszając czas, nakład pracy i wpływ na środowisko. Innowacyjność polega na tym, że powłoka segreguje się na oddzielne warstwy funkcjonalne podczas utwardzania, tworząc system synergiczny, który zachowuje zarówno właściwości ochronne, jak i funkcjonalne. To przełomowe rozwiązanie upraszcza proces aplikacji, jednocześnie zwiększając wydajność.

W oparciu o koncepcję samostratyfikacji opracowano system powłok samoczyszczących, który z powodzeniem wdrożono w przemyśle. System ten integruje hydrofobową żywicę polidimetylosiloksanową (PDMS) z żywicą epoksydową w jednej aplikacji warstwowej. Hydrofobowa powierzchnia wierzchnia zapobiega gromadzeniu się brudu i zanieczyszczeń dzięki możliwości samooczyszczania, podczas gdy warstwa epoksydowa zapewnia silne właściwości antykorozyjne i doskonałą przyczepność do metalicznych podłoży. Ta podwójna funkcjonalność sprawia, że powłoka jest idealna do stosowania na nadbudówkach i w wewnętrznych przedziałach statków, oferując jednocześnie ochronę i czystość w jednym kroku. Dodatkowo technologia ta znajduje zastosowanie w różnych środowiskach cywilnych, co dodatkowo świadczy o jej wszechstronności.

Kolejnym postępem w technologii samostratyfikacji jest opracowanie powłoki przeciwporostowej i antykorozyjnej. Podobnie jak w przypadku powłoki samoczyszczącej, system ten zawiera dwie warstwy, które formują się automatycznie po aplikacji. Warstwa wierzchnia posiada właściwości przeciwporostowe, umożliwiając łatwe usuwanie organizmów morskich, takich jak glony i pąkle, za pomocą prostego spłukania wodą. Pod spodem warstwa antykorozyjna zapewnia doskonałą przyczepność do metalowych powierzchni, oferując długotrwałą ochronę przed korozją. Ta dwufunkcyjna powłoka nie tylko chroni kadłuby jednostek morskich, ale również przyczynia się do poprawy ich wydajności poprzez zmniejszenie potrzeb konserwacyjnych.

Poza ochroną, technologia ta została dostosowana do zastosowań funkcjonalnych, szczególnie w zakresie redukcji oporu hydrodynamicznego w szybkich jednostkach podwodnych. Wariant powłoki redukującej opór został zaprojektowany tak, aby uwalniać wysokocząsteczkowy, rozpuszczalny w wodzie polimer w kontakcie z wodą, który modyfikuje turbulentną warstwę graniczną wokół jednostki. Testy eksperymentalne w wysokoprędkościowym basenie holowniczym potwierdziły, że powłoka może zmniejszyć opór tarcia powierzchniowego o 10% przy prędkości holowania wynoszącej 4 metry na sekundę. Na bazie tego sukcesu opracowano drugą generację powłoki Mk-II, zoptymalizowaną do prędkości do 20 metrów na sekundę, co odpowiada rzeczywistym warunkom operacyjnym szybkich jednostek morskich [469].

Postępy w dziedzinie powłok samostratyfikujących stanowią znaczący krok naprzód w technologii powłok morskich, łącząc ochronę, funkcjonalność i zrównoważony rozwój środowiskowy. Powłoki te zmniejszają nakład pracy i wpływ na środowisko, oferując jednocześnie zwiększoną wydajność i trwałość dla jednostek marynarki wojennej i innych zastosowań wymagających wysokiej wydajności.

Oprócz powłok ochronnych, kadłuby statków są wyposażone w zaawansowane systemy kontroli korozji znane jako system ochrony katodowej z wymuszoną elektrolizą (ICCP). System ICCP zapewnia długoterminową odporność na korozję, sprawiając, że kadłub statku działa jako katoda w obwodzie elektrochemicznym. Ta forma ochrony katodowej wykorzystuje anody poświęcalne lub system ICCP, przy czym ten ostatni oferuje bardziej precyzyjną i kontrolowaną ochronę.

System ICCP opracowany przez Naval Materials Research Laboratory (NMRL) składa się z kilku kluczowych elementów, w tym jednostki automatycznej kontroli (ACU), platynowanych anod tytanowych (Pt-Ti) oraz elektrod referencyjnych srebro-chlorek srebra (Ag/AgCl). System działa poprzez wymuszanie kontrolowanego prądu z anody Pt-Ti na kadłub statku, utrzymując go w optymalnym zakresie potencjału ochronnego od -800 do -850 mV względem elektrody referencyjnej Ag/AgCl. Proces ten zapewnia, że kadłub pozostaje w stanie katodowym, zapobiegając korozji elektrochemicznej [469].

NMRL posunął rozwój systemu ICCP o krok dalej, tworząc modułową, opartą na mikrokontrolerze jednostkę ACU. Ta zaawansowana ACU została zaprojektowana tak, aby zapewnić jednolity potencjał kadłuba, co jest kluczowe dla spójnej ochrony. Struktura modułowa integruje wiele komponentów w jednej szafce, z których każdy moduł zawiera swoją własną anodę, elektrodę referencyjną, źródło zasilania i kontroler. Projekt ten zwiększa elastyczność i niezawodność systemu, umożliwiając precyzyjne sterowanie prądem w różnych sekcjach kadłuba.

Poza zapobieganiem korozji, system ICCP odgrywa również kluczową rolę w minimalizowaniu emisji sygnałów elektromagnetycznych o bardzo niskiej częstotliwości (ELFE) przez statki. Sygnały ELFE mogą być wykrywane przez jednostki wroga, stanowiąc zagrożenie dla operacji marynarki wojennej. Dzięki zarządzaniu prądami elektrycznymi na kadłubie system ICCP nie tylko chroni przed korozją, ale także redukuje te sygnały elektromagnetyczne, zwiększając zdolności stealth.

System ICCP opracowany przez NMRL jest obecnie wdrażany na całej flocie indyjskiej marynarki wojennej, co podkreśla jego znaczenie w operacjach morskich. Technologia ta zapewnia, że jednostki pozostają strukturalnie solidne i operacyjne przez długie okresy, jednocześnie przyczyniając się do zdolności stealth i defensywnych floty. System stanowi przykład połączenia zaawansowanej inżynierii i innowacyjnych nauk materiałowych, zapewniając zarówno odporność na korozję, jak i strategiczne korzyści w operacjach morskich.

Nakładanie powłok ochronnych

Podczas budowy okrętów podwodnych powłoki ochronne są nakładane w starannym, wieloetapowym procesie, aby zapewnić ochronę jednostki przed korozją, biofoulingiem oraz degradacją środowiskową. Powłoki te są niezbędne do utrzymania integralności strukturalnej, wydajności i trwałości okrętu podwodnego, szczególnie w surowym środowisku morskim. Proces ich nakładania obejmuje przygotowanie powierzchni, warstwowanie specjalistycznych powłok oraz rygorystyczne kontrole jakości na każdym etapie, aby zapewnić zgodność z normami inżynieryjnymi.

Pierwszym krokiem w nakładaniu powłok ochronnych jest przygotowanie powierzchni. Wszystkie metalowe powierzchnie, zwłaszcza stalowy kadłub, muszą być dokładnie oczyszczone w celu usunięcia zanieczyszczeń, takich jak brud, olej, rdza i zgorzelina walcownicza. Zazwyczaj stosuje się ścierniwo strumieniowe lub hydropiaskowanie, które tworzą czystą i chropowatą powierzchnię, co zwiększa przyczepność warstw powłoki. W budowie okrętów podwodnych uzyskanie odpowiedniej chropowatości powierzchni jest kluczowe, ponieważ zapewnia trwałe wiązanie między podłożem metalowym a powłoką ochronną. Po przygotowaniu powierzchni przeprowadza się dokładne inspekcje, aby zweryfikować czystość i chropowatość, a wszelkie niedoskonałości są naprawiane przed kontynuowaniem procesu.

Kolejnym etapem jest nakładanie warstw gruntujących, które tworzą pierwszą warstwę ochronną. Podkłady zawierają pigmenty antykorozyjne, które zapobiegają rdzewieniu i chronią podłoże przed wilgocią. W budowie okrętów podwodnych często stosuje się specjalistyczne podkłady, takie jak powłoki z bogatą zawartością cynku, które zapewniają ochronę katodową. Podkłady są nakładane za pomocą urządzeń natryskowych, co zapewnia równomierne pokrycie, i pozostawiane do utwardzenia przed nałożeniem kolejnych warstw.

Po warstwie podkładowej nakłada się warstwy pośrednie lub wiążące, które zapewniają dodatkową ochronę przed korozją i służą jako warstwa łącząca między podkładem a powłoką nawierzchniową. Te warstwy są kluczowe dla zapewnienia kompatybilności między warstwami i poprawienia przyczepności powłoki nawierzchniowej. Powłoki są dokładnie sprawdzane między aplikacjami w celu zidentyfikowania wszelkich wad, takich jak pęcherzyki czy otwory, które są natychmiast naprawiane w celu utrzymania integralności powłoki.

Ostatni etap procesu obejmuje nakładanie powłok nawierzchniowych, które zapewniają okrętowi podwodnemu główną ochronę przed czynnikami środowiskowymi, takimi jak woda morska, promieniowanie UV i biofouling. W zależności od obszaru okrętu podwodnego stosuje się różne rodzaje powłok nawierzchniowych. Na powierzchniach zewnętrznych stosuje się wysokowydajne powłoki epoksydowe lub poliuretanowe, które są odporne na ścieranie i działanie chemikaliów. Na obszarach narażonych na biofouling, takich jak podwodny kadłub, nakłada się specjalistyczne powłoki przeciwporostowe, które zapobiegają przyczepianiu się organizmów morskich. Powłoki te zawierają biocydy, które stopniowo uwalniają się do wody, hamując wzrost pąkli, glonów i innych organizmów. Ponadto niektóre okręty podwodne są pokrywane materiałami stealth, takimi jak akustyczne płytki gumowe, które zmniejszają odbicia sonarowe i zwiększają zdolności skrytego działania.

W niektórych przypadkach stosuje się powłoki samostratyfikujące lub samoczyszczące, które minimalizują wymagania dotyczące konserwacji. Te zaawansowane powłoki łączą wiele właściwości ochronnych, takich jak antykorozyjność i hydrofobowość, w jednej warstwie. Powłoki są nakładane za pomocą specjalistycznych systemów natryskowych, które zapewniają precyzję i równomierność, szczególnie w ciasnych przestrzeniach i trudno dostępnych miejscach okrętu podwodnego.

W całym procesie nakładania powłok przestrzegane są rygorystyczne środki kontroli jakości. Inspektorzy przeprowadzają kontrole wizualne, testy przyczepności oraz pomiary grubości na każdym etapie, aby upewnić się, że powłoki spełniają wymagane standardy. Stosuje się również nieniszczące metody testowania, takie jak testy szczelności (holiday testing), aby wykryć wszelkie przerwy lub puste miejsca w warstwach powłoki. Inspekcje te są kluczowe w budowie okrętów podwodnych, ponieważ wszelkie wady w powłokach mogłyby negatywnie wpłynąć na wydajność i trwałość jednostki.

Po nałożeniu wszystkich warstw powłok i ich pełnym utwardzeniu okręt podwodny przechodzi końcowe inspekcje oraz drobne poprawki, aby wyeliminować wszelkie drobne niedoskonałości. Powłoki są ponownie sprawdzane przed wodowaniem jednostki, aby upewnić się, że systemy ochronne są w pełni sprawne. W niektórych przypadkach, w miejscach narażonych na duże obciążenia lub ścieranie, nakłada się dodatkowe warstwy powłok ochronnych w celu zwiększenia trwałości. Ten rygorystyczny proces zapewnia, że okręt podwodny jest gotowy do sprostania surowym warunkom środowiska morskiego, gwarantując długoterminową ochronę, efektywność i niezawodność operacyjną.

Rysunek 118: Technik sonarowy drugiej klasy Jacob Stich poprawia świeżą warstwę farby na kiosku okrętu podwodnego klasy Virginia, USS North Carolina (SSN 777). U.S. NAVY, domena publiczna, za pośrednictwem Picryl.

Richard Skiba

Rozdział 11
Projektowanie dla skrytości i sygnatur akustycznych

Wyciszanie akustyczne i zarządzanie dźwiękiem

Wyciszanie akustyczne to kluczowy aspekt operacji podwodnych, ponieważ bezpośrednio wpływa na zdolność okrętu podwodnego do unikania wykrycia przez systemy sonarowe. Okręty podwodne nieustannie stawiają czoła wyzwaniu pozostania niewykrywalnymi w środowiskach monitorowanych przez coraz bardziej zaawansowane sonary pasywne i aktywne. Aby zredukować swoje sygnatury akustyczne, nowoczesne okręty podwodne wykorzystują kombinację projektowania strukturalnego, izolacji maszyn oraz innowacyjnych technologii napędowych.

Kluczową strategią w wyciszaniu akustycznym jest optymalizacja konstrukcji kadłuba okrętu podwodnego. Kształt kadłuba odgrywa kluczową rolę w minimalizowaniu oporu hydrodynamicznego i turbulencji podczas poruszania się okrętu w wodzie. Gładkie powierzchnie kadłuba oraz starannie ukształtowane kontury zapewniają efektywny przepływ wody wokół jednostki, redukując hałas. Dodatkowo, często stosuje się specjalistyczne powłoki zmniejszające tarcie i tłumiące wibracje, co jeszcze bardziej obniża akustyczny ślad okrętu.

Inną istotną techniką jest izolacja wewnętrznych maszyn od kadłuba okrętu. Wibracje generowane przez silniki, pompy i inne systemy mechaniczne mogą przenosić się przez kadłub i promieniować do wody, czyniąc okręt wykrywalnym. Aby temu zapobiec, okręty podwodne wykorzystują wibroizolacyjne uchwyty i materiały tłumiące dźwięk, które absorbują lub redukują wibracje mechaniczne. Te uchwyty fizycznie oddzielają hałaśliwe urządzenia od kadłuba, zapobiegając transmisji dźwięku do otoczenia.

Systemy napędowe również stanowią istotny element w zarządzaniu hałasem. Na przykład, łopaty śrub napędowych są projektowane z zaawansowanymi kształtami, aby zapobiegać kawitacji – zjawisku, w którym tworzą się i zapadają pęcherzyki pary, generując hałas. Niektóre okręty podwodne stosują systemy napędu strugowodnego, które działają ciszej niż tradycyjne śruby. Ponadto coraz częściej wykorzystywane są systemy napędu elektrycznego, które eliminują hałas generowany przez konwencjonalne silniki.

Wyciszanie akustyczne obejmuje także stosowanie płytek dźwiękochłonnych, często wykonanych z kompozytów gumowych, które są przymocowane do zewnętrznego kadłuba okrętu. Płytki te pochłaniają i rozpraszają fale dźwiękowe, zarówno z operacji wewnętrznych okrętu, jak i zewnętrznych systemów sonarowych. Dzięki temu zmniejsza się ogólna sygnatura akustyczna jednostki, co utrudnia jej wykrycie przy użyciu sonarów pasywnych.

Zaawansowane systemy komputerowe umożliwiające monitorowanie i dynamiczne dostosowywanie pracy maszyn pokładowych dodatkowo wzmacniają wyciszanie akustyczne. Systemy te pozwalają załogom na zarządzanie ustawieniami urządzeń w czasie rzeczywistym, minimalizując emisję hałasu w pobliżu wrogich sieci sonarowych. Okręty podwodne mogą również wykorzystywać pasywne systemy sonarowe do wykrywania nadchodzących sygnałów sonarowych, co daje możliwość dostosowania pozycji lub parametrów operacyjnych w celu uniknięcia wykrycia.

Dzięki tym zaawansowanym technikom okręty podwodne osiągają niezbędną skrytość do prowadzenia misji w sposób utajony. Współczesne systemy wyciszania akustycznego stanowią zwieńczenie dekad badań i są wynikiem ciągłego wyścigu zbrojeń między technologiami okrętów podwodnych a systemami wykrywania sonarowego.

Poruszający się okręt podwodny generuje różne rodzaje hałasu, które mogą zagrażać jego skrytości i być wykorzystywane przez przeciwników do wykrywania, śledzenia, a nawet identyfikacji jednostki. Hałas generowany przez okręt podwodny klasyfikuje się na podstawie mechanizmów odpowiedzialnych za emisję dźwięku, takich jak wibracje kadłuba, urządzenia mechaniczne, systemy napędowe (szczególnie śruby napędowe) oraz hałas związany z przepływem hydrodynamicznym [470].

Koncepcja poziomu źródła hałasu (SL) odnosi się do intensywności hałasu emitowanego przez okręt podwodny, mierzonego w decybelach (dB) w odniesieniu do intensywności referencyjnej—1 paskala (Pa) według standardów amerykańskich lub 20 µPa według standardów rosyjskich. Różnice w standardach pomiarowych mogą powodować rozbieżności wynoszące około 27 dB między tymi systemami. Poziom źródła hałasu (SL) okrętu podwodnego dostarcza kluczowych informacji o jego wykrywalności w różnych pasmach częstotliwości [470].

Okręty podwodne emitują zarówno hałas ciągły, jak i dyskretny w swoim widmie częstotliwości. Hałas ciągły, dominujący w niższych częstotliwościach, zwykle osiąga szczyt w zakresie 50-100 Hz, czyli w paśmie, które jest często związane z wibracjami kadłuba lub urządzeń energetycznych. Powyżej 200 Hz poziom SL zazwyczaj spada o 6 dB przy podwojeniu częstotliwości, co oznacza, że wyższe częstotliwości w mniejszym stopniu wpływają na akustyczny ślad okrętu [470].

Dyskretne składowe widma hałasu, takie jak te generowane przez urządzenia obrotowe, np. śruby napędowe i generatory, są kluczowe dla identyfikacji. Te elementy tworzą "sygnaturę akustyczną" lub "portret akustyczny" okrętu podwodnego, umożliwiając systemom sonarowym przeciwnika klasyfikację i śledzenie poszczególnych jednostek. Hałas generowany przez śrubę napędową występuje w bardzo niskich częstotliwościach (0,1-10 Hz), co sprawia, że jest on wykrywany na dużych odległościach, ponieważ ocean minimalnie pochłania dźwięki o niskiej częstotliwości [470].

Prędkość obrotowa śruby generuje przewidywalne, dyskretne składowe hałasu, podczas gdy wibracje mechaniczne generatorów i turbin dodają harmoniczne w zakresie częstotliwości 50-60 Hz, co odpowiada systemom elektrycznym stosowanym na pokładzie [470].

Prędkość okrętu podwodnego odgrywa kluczową rolę w określaniu poziomu jego emisji hałasu. W trybie "ultraciszy" okręty podwodne ograniczają prędkość operacyjną do około 4 węzłów, minimalizując emisję hałasu poprzez redukcję aktywności mechanicznej. Jednak nawet w tym trybie nadal obecne są dźwięki generowane przez kluczowe systemy, takie jak śruba napędowa i siłownia. Przy zwiększeniu prędkości do około 8 węzłów, określanej jako "maksymalna prędkość przy niskim hałasie", poziom SL wzrasta o 5-10 dB [470].

Podczas tranzytu lub patroli długodystansowych okręty podwodne operują z większymi prędkościami, typowo około 15 węzłów. Przy takich prędkościach głównym źródłem hałasu staje się hałas przepływu hydrodynamicznego, ponieważ turbulentny ruch wody wokół kadłuba generuje dźwięk. Relacja między prędkością a poziomem SL ma charakter wykładniczy; podwojenie prędkości skutkuje wzrostem SL o 18 dB, ponieważ hałas rośnie proporcjonalnie do szóstej potęgi prędkości [470].

Emisje hałasu okrętu podwodnego nie pozostają stałe w czasie jego eksploatacji. Zużycie mechaniczne komponentów, niewspółosiowości i zmęczenie materiału mogą stopniowo zwiększać poziom hałasu o maksymalnie 5 dB. Aby zapewnić niski poziom hałasu, konieczna jest regularna konserwacja i wymiana zużytych elementów [470].

Okręty podwodne z napędem diesel-elektrycznym działające na bateriach są cichsze niż okręty z napędem nuklearnym, ponieważ reaktory jądrowe generują dodatkowy hałas mechaniczny, nawet przy minimalnych prędkościach. Okręty z podwójnym kadłubem—takie jak rosyjskie SSBN—zwykle są głośniejsze ze względu na większą złożoność mechaniczną i większą wyporność, co wymaga mocniejszych silników i systemów napędowych [470].

Z biegiem czasu konstruktorzy okrętów podwodnych osiągnęli znaczące redukcje hałasu dzięki doskonaleniu technik precyzyjnej produkcji. Na przykład dokładność w produkcji przekładni dla zespołów turbin może znacznie zmniejszyć hałas mechaniczny. Rosyjskie okręty podwodne, takie jak Delta IV (667 BDRM) i Typhoon, osiągnęły niższe poziomy źródła hałasu (SL) dzięki ulepszonym procesom produkcyjnym, technologiom aktywnego tłumienia hałasu oraz poprawionym rozwiązaniom konstrukcyjnym [470].

Ciche działanie akustyczne jest kluczowe dla współczesnych okrętów podwodnych, aby pozostały niewykrywalne podczas operacji. Projektanci okrętów podwodnych koncentrują się na minimalizacji hałasu poprzez optymalizację kształtu kadłuba, stosowanie zaawansowanych materiałów i udoskonalanie systemów napędowych. Utrzymanie niskiego poziomu hałasu wymaga jednak starannej konserwacji i strategii operacyjnych dostosowanych do konkretnych warunków, w tym regulacji prędkości w celu zarządzania hałasem hydrodynamicznym i mechanicznym [470].

Projekt kadłuba

Optymalizacja konstrukcji kadłuba okrętów podwodnych pod kątem cichego działania akustycznego to wieloaspektowe wyzwanie, które łączy zaawansowane zasady inżynierii mające na celu minimalizację oporu hydrodynamicznego, turbulencji i transmisji hałasu. Kształt i powierzchnie kadłuba są kluczowymi czynnikami wpływającymi na zdolność okrętu podwodnego do działania w sposób niewykrywalny i wydajny. Opływowy, gładki kształt kadłuba jest niezbędny do redukcji turbulentnego przepływu, który generuje wiry produkujące hałas wykrywany przez systemy sonarowe pasywne. Badania wskazują, że nowoczesne okręty podwodne często mają kadłuby w kształcie kropli łzy, zaprojektowane w celu promowania przepływu laminarnego—charakteryzującego się płynnym ruchem wody wzdłuż kadłuba—co minimalizuje opór i poprawia prędkość oraz efektywność paliwową [61, 63].

Zewnętrzne traktowanie powierzchni kadłuba odgrywa kluczową rolę w redukcji hałasu. Zaawansowane materiały, takie jak polimery elastomerowe i płytki pochłaniające dźwięk wykonane z gumy, są wykorzystywane do tworzenia gładszej powierzchni, która redukuje tarcie i tłumi wibracje mechaniczne. Powłoki te nie tylko ułatwiają bardziej efektywny przepływ wody, ale także działają jako bariera dla wibracji pochodzących z wewnętrznej mechaniki, zapobiegając ich przenoszeniu przez kadłub do otaczającej wody [471, 472]. Płytki anechoiczne, zaprojektowane specjalnie do pochłaniania i rozpraszania fal dźwiękowych, są godnym uwagi przykładem takich powłok. Płytki te pomagają zmniejszyć echa sonarowe i hałas własny, skutecznie maskując dźwięki wewnętrzne, które mogłyby narazić okręt podwodny na wykrycie [471].

Aby jeszcze bardziej udoskonalić konstrukcję kadłuba i jego cechy powierzchniowe, inżynierowie stosują zaawansowane modele obliczeniowej dynamiki płynów (CFD). Symulacje te pozwalają na szczegółową analizę wzorców przepływu wody i turbulencji wokół okrętu podwodnego przy różnych prędkościach, ułatwiając optymalizację projektu w celu osiągnięcia minimalnego zakłócenia akustycznego [63, 468]. Integracja CFD z technikami wielokryterialnej optymalizacji okazała się skuteczna w poprawie hydrodynamicznych właściwości kadłubów okrętów podwodnych, zapewniając, że projekt spełnia zarówno wymagania dotyczące niewykrywalności, jak i wydajności operacyjnej [63].

Kombinacja gładkiego konturu kadłuba, powłok o niskim współczynniku tarcia i materiałów tłumiących wibracje ma kluczowe znaczenie dla utrzymania niewykrywalności podczas operacji okrętów podwodnych. Te cechy konstrukcyjne wspólnie zapewniają, że okręty podwodne mogą poruszać się w wodzie z minimalnym hałasem, czyniąc je mniej wykrywalnymi przez systemy sonarowe wroga, a tym samym zwiększając ich skuteczność operacyjną [473].

Izolacja Wewnętrznych Maszyn od Kadłuba Okrętu Podwodnego

W konstrukcji okrętów podwodnych izolacja wewnętrznych maszyn od kadłuba jest kluczową strategią redukcji hałasu. Wibracje mechaniczne generowane przez silniki, pompy i inne urządzenia pokładowe mogą łatwo przenikać przez kadłub do otaczającej wody, zwiększając sygnaturę akustyczną okrętu i czyniąc go bardziej wykrywalnym dla systemów sonarowych przeciwnika. Aby przeciwdziałać temu zjawisku, okręty podwodne stosują kombinację izolatorów wibracji, materiałów tłumiących dźwięk oraz elastycznych sprzęgieł, które skutecznie odłączają hałas mechaniczny od kadłuba [474, 475].

Okręty podwodne wykorzystują różnorodne techniki izolacji wibracji w celu zwiększenia zdolności skrytego działania poprzez minimalizację hałasu generowanego przez wewnętrzne maszyny, takie jak silniki i pompy. Jest to szczególnie ważne, ponieważ każdy hałas przenikający przez kadłub może znacząco zwiększyć sygnaturę akustyczną okrętu, co czyni go bardziej wykrywalnym przez przeciwników. Przykładem są okręty podwodne klasy Virginia, które wykorzystują płytki uretanowe oraz zaawansowane materiały tłumiące wibracje umieszczone strategicznie między maszynami a kadłubem [476]. Materiały te pochłaniają wibracje mechaniczne, zapobiegając ich przenikaniu do otaczającej wody, co zmniejsza profil hałasu okrętu [477].

Izolatory wibracji są specjalnie zaprojektowane, aby pochłaniać energię mechaniczną i redukować transmisję wibracji z hałaśliwego sprzętu do kadłuba okrętu. Te izolatory działają jako bufory między maszynami a kadłubem, zawieszając sprzęt na elastycznych podporach wykonanych z gumy, elastomerów lub specjalistycznych polimerów. Dzięki temu izolatory pełnią funkcję amortyzatorów, rozpraszając energię wibracji w wielu osiach, co zapobiega przenoszeniu drgań przez kadłub [474, 475]. Zaawansowane izolatory często zawierają wielowarstwowe systemy tłumienia, które łączą gumę i metal, aby zrównoważyć nośność z absorpcją wibracji, zapewniając jednocześnie kontrolowany ruch maszyn i minimalizację transmisji energii mechanicznej [474, 475].

Co więcej, projektowanie izolatorów wibracji we współczesnych okrętach podwodnych jest dostosowane do specyficznych zakresów częstotliwości związanych z obsługiwanymi maszynami, takimi jak generatory diesla czy pompy. Takie ukierunkowane podejście zwiększa skuteczność izolacji wibracji, zapewniając, że okręt podwodny utrzymuje niską sygnaturę akustyczną podczas operacji [474, 475].

Oprócz izolatorów wibracji okręty podwodne stosują materiały tłumiące dźwięk w przedziałach maszynowych oraz między sprzętem a kadłubem. Materiały te pochłaniają energię wibracyjną i zamieniają ją w ciepło, zmniejszając emisję hałasu. Powszechnie stosowane materiały obejmują polimery wiskoelastyczne, związki na bazie gumy oraz specjalistyczne pianki, które są zaprojektowane do efektywnego działania w warunkach morskich [475].

Elastyczne sprzęgła są również kluczowe w systemach obrotowych, takich jak pompy i wały napędowe, gdzie sztywne połączenia mogłyby przenosić wibracje. Sprzęgła te, wykonane z elementów elastomerowych lub wielowarstwowych kompozytów, umożliwiają ruch między połączonymi częściami bez generowania hałasu, co jest szczególnie ważne w systemach, gdzie niewspółosiowość lub rozszerzalność cieplna mogłyby wprowadzić wibracje [474, 475].

W okrętach podwodnych o napędzie nuklearnym izolacja reaktora i systemu napędowego stanowi wyjątkowe wyzwanie ze względu na wielkość i złożoność tych komponentów. Elektrownie są zazwyczaj montowane na pływających pokładach lub izolowanych platformach wewnątrz kadłuba, co zapewnia dodatkową warstwę separacji. Zaawansowane projekty wykorzystują izolatory obciążone masą, aby dodatkowo redukować wibracje niskiej częstotliwości, które są szczególnie trudne do stłumienia, ale kluczowe dla utrzymania niewykrywalności [474, 475].

Dzięki skutecznemu odseparowaniu hałaśliwego sprzętu od kadłuba okręty podwodne minimalizują ryzyko wykrycia przez systemy sonarowe przeciwnika. Projekt ten zapewnia, że sygnatura akustyczna okrętu pozostaje na akceptowalnym poziomie przy różnych prędkościach operacyjnych. Jednak utrzymanie precyzyjnego wyrównania i integralności tych systemów tłumiących wibracje jest kluczowe dla zachowania wydajności przez cały okres eksploatacji okrętu, ponieważ degradacja izolatorów może stopniowo zwiększać poziom hałasu [474, 475].

Cichsze Systemy Napędowe

Systemy napędowe w okrętach podwodnych odgrywają kluczową rolę w zarządzaniu hałasem, który znacząco wpływa na sygnaturę akustyczną jednostki. Projektowanie łopat śrub napędowych jest jednym z najważniejszych aspektów redukcji poziomu hałasu, szczególnie poprzez zaawansowane kształty, które zmniejszają zjawisko kawitacji. Kawitacja występuje, gdy wokół łopat powstają pęcherzyki pary, które następnie zapadają się, generując dźwięk. Zjawisko to nasila się przy dużych prędkościach lub w specyficznych warunkach ciśnienia, co wymusza stosowanie wygiętych łopat i zoptymalizowanych konstrukcji we współczesnych okrętach podwodnych. Takie rozwiązania ułatwiają płynniejszy przepływ wody i minimalizują powstawanie pęcherzyków [478].

Projektowanie łopat śrub w celu redukcji hałasu i kawitacji wymaga zaawansowanych technik inżynierskich, które koncentrują się na kontrolowaniu przepływu wody i ciśnienia wokół łopat. Kawitacja, będąca efektem gwałtownych zmian ciśnienia, prowadzi do powstawania pęcherzyków pary, które zapadając się, generują hałas wykrywany przez systemy sonarowe. Aby temu zapobiec, geometria łopat jest starannie optymalizowana.

Jednym ze skutecznych rozwiązań są wygięte łopaty, które zakrzywiają się wzdłuż swojej długości do tyłu. Taki projekt zmniejsza gwałtowne zmiany ciśnienia podczas obrotu łopaty, równomiernie rozkładając obciążenie i zapobiegając kawitacji. Dodatkowo, łopaty o wysokim współczynniku smukłości, które są długie i wąskie, zwiększają efektywność hydrodynamiczną poprzez redukcję oporu i poprawę płynności przepływu wody po ich powierzchni.

Krawędzie natarcia i spływu łopat są starannie szlifowane i polerowane, aby zmniejszyć turbulencje i tarcie. Projektanci stosują również śruby o zmiennym skoku, które dostosowują kąt nachylenia łopat w zależności od prędkości i obciążenia, co dodatkowo minimalizuje hałas w różnych warunkach eksploatacyjnych. Narzędzia do symulacji hydrodynamicznych i oprogramowanie do obliczeniowej dynamiki płynów (CFD) są często wykorzystywane w fazie projektowania do przewidywania wzorców przepływu wody i kawitacji, co pozwala na zapewnienie cichej pracy śruby przy różnych prędkościach i głębokościach.

W niektórych nowoczesnych okrętach podwodnych tradycyjne śruby są zastępowane systemami napędowymi typu pump-jet, które wykorzystują zamknięte wirniki generujące minimalny hałas. Technologia ta jest szczególnie skuteczna w zapobieganiu kawitacji podczas operacji z dużą prędkością, oferując znaczące zalety w zakresie skrytości, które są kluczowe w zastosowaniach wojskowych.

Przykłady zastosowania systemów pump-jet:

- **Klasa Astute (Wielka Brytania):** Okręty te wykorzystują napęd typu pump-jet, zapewniając cichą pracę i zwiększając zdolności stealth.

- **Klasa Virginia (USA):** Zastosowanie pump-jet umożliwia tym okrętom podwodnym o napędzie nuklearnym pozostanie niewykrytym, zwłaszcza podczas misji specjalnych.

- **Klasa Suffren (Francja):** Okręty tej klasy integrują technologię pump-jet w celu poprawy skrytości akustycznej i manewrowości.

Dzięki zastosowaniu systemów typu pump-jet nowoczesne okręty podwodne są znacznie cichsze i bardziej skuteczne w operacjach morskich.

Projektowanie śrub napędowych dla okrętów podwodnych znacząco różni się od projektowania ich dla jednostek nawodnych, ponieważ głównym celem jest minimalizacja sygnatury akustycznej w celu zwiększenia skrytości. Choć efektywność pozostaje istotna, ma ona drugorzędne znaczenie w porównaniu z redukcją hałasu, ponieważ nawet minimalne emisje dźwięku mogą zagrozić zdolności okrętu podwodnego do pozostania niewykrytym. Śruby napędowe muszą również łączyć trwałość, moc napędu i manewrowość, zapewniając niezawodną wydajność w różnych warunkach operacyjnych, w tym przy głębokim zanurzaniu i rejsach po powierzchni. Ta potrzeba wszechstronności wprowadza dodatkowe złożoności, wymagając specjalistycznych projektów, które spełniają cele w zakresie skrytości i wydajności [479].

Zarządzanie hałasem jest kluczowym czynnikiem w projektowaniu śrub napędowych okrętów podwodnych, ponieważ śruba jest jednym z głównych źródeł hałasu podwodnego. Hałas ciągu dominuje zazwyczaj w niższych częstotliwościach, poniżej 100 Hz, i jest powodowany przez fluktuacje ciągu wynikające z nierównomiernych pól budzenia wokół łopat. Przy wyższych częstotliwościach bardziej znaczący staje się hałas krawędzi spływu. Ten rodzaj hałasu wynika z turbulencji i odrywania wirów na krawędzi spływu łopat, co może rozciągać się na częstotliwości do 1000 Hz. Aby ograniczyć ten hałas, optymalizuje się geometrię krawędzi spływu w celu kontrolowania zachowania wirów. Innym wyzwaniem jest hałas szerokopasmowy, który wynika z turbulentnego napływu i tworzy zakłócenia akustyczne, które mogą osłabiać zdolności wykrywcze sonaru okrętu podwodnego [479].

Kontrola kawitacji odgrywa kluczową rolę w projektowaniu śrub. Kawitacja występuje, gdy w strefach niskiego ciśnienia na powierzchni łopaty woda przechodzi w stan pary, tworząc pęcherzyki, które następnie zapadają się, generując hałas i potencjalnie uszkadzając łopaty. Aby zapobiec kawitacji, projektanci skupiają się na dostosowaniu skoku, wygięcia i geometrii powierzchni łopat śruby. Rozwiązania takie jak niepłaskie powierzchnie nośne, jak śruba Kappel, pokazują, jak zaawansowane konstrukcje mogą poprawić rozkład obciążenia, zmniejszając prawdopodobieństwo kawitacji i zwiększając wydajność hydrodynamiczną [479].

Śruba Kappel z ośmioma łopatami została zaprojektowana w celu minimalizacji emisji akustycznych i stabilizacji ciągu. W porównaniu z wariantem siedmiu łopat, wersja ośmiu łopat wykazała lepszą redukcję hałasu przy zachowaniu efektywności napędu. Takie zaawansowania są zgodne z fundamentalnym celem, jakim jest minimalizacja wykrywalności okrętu podwodnego przy jednoczesnym zapewnieniu wysokiej wydajności napędu [479].

Proces projektowania śrub jest iteracyjny, z ciągłym udoskonalaniem opartym na testach hydrodynamicznych i akustycznych. Każda iteracja bada takie czynniki, jak średnica i liczba łopat, które wpływają na fluktuacje ciągu i poziomy hałasu. Regulacje skosu i nachylenia poprawiają odporność na kawitację, kontrolując przepływ wody nad łopatami, podczas gdy starannie dobrane materiały i krawędzie zapobiegające śpiewowi minimalizują hałas tonalny generowany przez odrywanie wirów. Takie podejście gwarantuje, że każdy aspekt śruby przyczynia się do skrytości i wydajności okrętu podwodnego, spełniając wymagające standardy współczesnych operacji morskich [479].

Oprócz tradycyjnych systemów śrubowych, systemy napędowe typu pump-jet stanowią znaczący postęp w technologii redukcji hałasu. W przeciwieństwie do konwencjonalnych śrub, pump-jety wykorzystują wirnik w obudowie otoczony statorem, co skutecznie eliminuje wiry na końcach łopat i zmniejsza kawitację. Taka konstrukcja pozwala na cichszą pracę, co czyni pump-jety szczególnie odpowiednimi dla okrętów podwodnych ukierunkowanych na skrytość, takich jak klasa Astute z Wielkiej Brytanii i klasa Barracuda z Francji [106]. Integracja takich systemów podkreśla znaczenie innowacyjnych projektów w zwiększaniu zdolności stealth okrętów podwodnych.

Podstawy Projektowania i Budowy Okrętów Podwodnych

Systemy napędu elektrycznego są coraz częściej stosowane w nowoczesnych okrętach podwodnych ze względu na ich minimalny poziom emisji hałasu. Systemy te zastępują tradycyjne mechaniczne napędy zasilane silnikami Diesla lub turbinami parowymi silnikami elektrycznymi, które zapewniają płynniejszą i cichszą pracę. Na przykład okręty podwodne z napędem dieslowo-elektrycznym, takie jak niemiecki typ 212, mogą osiągać niemal całkowicie cichą pracę podczas działania na zasilaniu akumulatorowym, co znacznie utrudnia ich wykrycie. Podobnie okręty podwodne z napędem jądrowym wykorzystują napęd elektryczny, w którym reaktor generuje energię elektryczną do zasilania silników napędowych, redukując w ten sposób hałas mechaniczny związany z tradycyjnymi systemami transmisji [109, 480]. Przejście na napęd elektryczny nie tylko zwiększa zdolności stealth, ale również wpisuje się w szersze trendy inżynierii morskiej, zmierzające ku bardziej efektywnym i przyjaznym dla środowiska technologiom.

Postęp w systemach napędowych okrętów podwodnych odzwierciedla ukierunkowane działania na rzecz zarządzania hałasem w operacjach podwodnych. Dzięki wykorzystaniu innowacyjnych projektów geometrii łopat śruby, wdrożeniu systemów typu pump-jet oraz przejściu na napęd elektryczny, nowoczesne okręty podwodne mogą znacznie ograniczyć swoje sygnatury akustyczne, zwiększając tym samym swoją skuteczność operacyjną w misjach o wysokim stopniu skrytości [339, 481].

Płytki pochłaniające dźwięk

Akustyczne wyciszenie okrętów podwodnych stanowi kluczowy element technologii stealth w marynarce wojennej, a jednym z głównych środków jego osiągnięcia jest zastosowanie płytek pochłaniających dźwięk, mocowanych do zewnętrznej powierzchni kadłuba jednostki. Płytki te, często wykonane ze specjalistycznych kompozytów gumowych, są zaprojektowane tak, aby skutecznie pochłaniać i rozpraszać fale dźwiękowe. Dzięki minimalizacji zarówno hałasu wewnętrznego generowanego przez okręt, jak i odbitych fal dźwiękowych, znacznie redukują one sygnaturę akustyczną jednostki, utrudniając siłom przeciwnika wykrycie okrętu za pomocą pasywnych systemów sonarowych, które opierają się na nasłuchiwaniu sygnatur akustycznych, a nie na aktywnym emitowaniu dźwięku [482, 483].

Mechanizm działania tych płytek polega na konwersji energii dźwiękowej w niewielkie ilości ciepła, co ogranicza ilość dźwięku wydostającego się z kadłuba do otaczającej wody. Funkcja ta jest kluczowa dla operacji stealth, ponieważ nie tylko pochłania hałas wewnętrzny, ale również zmniejsza odbicia fal sonaru docierających do okrętu. Ta podwójna zdolność jest niezbędna do zachowania skrytości operacyjnej, ponieważ utrudnia proces wykrywania przez pasywne systemy sonarowe, które są zaprojektowane do wykrywania sygnatur akustycznych jednostek [482, 483]. Co więcej, skuteczność tych płytek zależy od ich konstrukcji i sposobu aplikacji; nawet drobne niedoskonałości, takie jak przerwy między płytkami czy niewłaściwe ich przyklejenie, mogą osłabić akustyczne właściwości stealth jednostki [482, 483].

Kompozyty gumowe stosowane w płytkach pochłaniających dźwięk są precyzyjnie zaprojektowane, aby wytrzymać ekstremalne warunki, z jakimi mierzą się okręty podwodne, w tym wysokie ciśnienie na głębokości, wahania temperatur oraz długotrwałe działanie wody morskiej. Nieustanne prace badawczo-rozwojowe koncentrują się na optymalizacji tych materiałów pod kątem trwałości i skuteczności, zapewniając, że zachowają swoje właściwości tłumiące dźwięk w trudnych warunkach [482, 483]. Ponadto płytki muszą być odporne na porastanie biologiczne (biofouling), ponieważ nagromadzenie organizmów morskich może zmieniać właściwości akustyczne kadłuba, co dodatkowo komplikuje operacje stealth [482, 483].

Zaawansowane jednostki marynarki wojennej, w szczególności okręty podwodne z napędem nuklearnym, w dużym stopniu polegają na tych płytkach pochłaniających dźwięk, aby utrzymać swoją operacyjną skrytość. Ewolucja składu materiałowego płytek oraz technik ich instalacji znacząco przyczyniła się do redukcji sygnatur akustycznych na przestrzeni lat, umożliwiając okrętom podwodnym ciche poruszanie się w trudnych wodach i minimalizując ryzyko wykrycia [482, 483]. Postępy w technologiach akustycznego wyciszenia podkreślają znaczenie tych materiałów w nowoczesnych działaniach marynarki wojennej, zwiększając skuteczność okrętów podwodnych w unikaniu wykrycia przez wrogie systemy sonarowe [482, 483].

Monitorowanie i dostosowywanie w czasie rzeczywistym pracy maszyn pokładowych

Zaawansowane systemy komputerowe odgrywają kluczową rolę w poprawie akustycznego wyciszenia okrętów podwodnych, głównie dzięki możliwości monitorowania i dostosowywania pracy maszyn pokładowych w czasie rzeczywistym. Systemy te umożliwiają dynamiczne zarządzanie ustawieniami urządzeń w celu minimalizacji emisji hałasu, szczególnie w pobliżu wrogich sieci sonarowych. Ciągły przepływ danych w czasie rzeczywistym z czujników rozmieszczonych w całej maszynerii okrętu — w tym w urządzeniach wibracyjnych, systemach napędowych i siłowniach — pozwala załodze na szybkie reagowanie na wszelkie nieprawidłowości generujące hałas. Na przykład, jeśli któryś z komponentów zaczyna wydawać nadmierny hałas, system może zaalarmować załogę, umożliwiając wprowadzenie korekt, takich jak redukcja mocy, zmiana prędkości obrotowej lub tymczasowe wyłączenie nieistotnych urządzeń w celu zachowania skrytości [351, 484].

Automatyzacja oferowana przez te zaawansowane systemy znacznie zwiększa efektywność operacyjną przy jednoczesnym zapewnieniu akustycznej niewykrywalności. Systemy te są w stanie w czasie rzeczywistym wykrywać nieprawidłowe wibracje i dostosowywać warunki pracy silników lub pomp, aby tłumić te wibracje, zanim rozprzestrzenią się one przez kadłub. Takie proaktywne podejście jest kluczowe dla zmniejszenia ryzyka transmisji hałasu, który mógłby zagrozić skrytości operacyjnej okrętu podwodnego [24, 485]. Ponadto integracja technologii izolacji wibracji w tych systemach zapewnia, że hałas nie jest przenoszony do środowiska zewnętrznego, nawet w przypadku wprowadzania zmian operacyjnych [200, 486].

Kolejną istotną cechą tych zaawansowanych systemów komputerowych jest ich integracja z pasywnymi systemami sonarowymi okrętu. Pasywne systemy sonarowe są zaprojektowane do ciągłego monitorowania sygnałów akustycznych, takich jak odbite impulsy sonaru, bez emitowania dźwięku, co pozwala zachować skrytość. W przypadku wykrycia wrogiego impulsu sonarowego załoga może szybko dostosować parametry operacyjne okrętu lub zmienić jego pozycję. Może to obejmować zmianę prędkości, dostosowanie prędkości obrotowej śruby napędowej lub przejście na tryb cichszej pracy, taki jak tryb "ultraciszy", w którym działają jedynie podstawowe urządzenia generujące minimalny hałas [25, 487]. Taka zdolność adaptacyjna jest kluczowa dla utrzymania przewagi strategicznej w operacjach stealth, pozwalając okrętom podwodnym na pozostanie niewykrytymi, jednocześnie skutecznie reagując na zmieniające się warunki taktyczne [55, 488].

Dzięki ciągłemu monitorowaniu i adaptacyjnemu sterowaniu zaawansowane systemy komputerowe umożliwiają okrętom podwodnym cichą i bezpieczną pracę, nawet w warunkach wysokiego ryzyka. Zdolność ta minimalizuje szanse wykrycia przez wrogie systemy sonarowe, zwiększając tym samym ogólną skuteczność misji okrętów podwodnych [489, 490]. Integracja tych technologii nie tylko wspiera operacje stealth, ale także przyczynia się do strategicznej elastyczności wymaganej we współczesnych działaniach wojennych na morzu [491, 492].

Redukcja Sygnatury Elektromagnetycznej

Elektromagnetyczna (EM) sygnatura okrętu podwodnego odnosi się do emisji i zakłóceń elektromagnetycznych generowanych przez urządzenia i systemy na pokładzie. Sygnatury te mogą być wykrywane przez sensory i stanowić zagrożenie dla skrytości okrętu. EM sygnatura obejmuje kilka kluczowych komponentów, w tym pola elektryczne i magnetyczne powstające w wyniku działania maszyn pokładowych, prądów elektrycznych i systemów komunikacyjnych. W zastosowaniach wojskowych minimalizacja sygnatury elektromagnetycznej okrętu podwodnego jest kluczowa dla uniknięcia wykrycia przez przeciwników używających sensorów elektromagnetycznych.

Statki i okręty podwodne są coraz bardziej narażone na wykrycie przez systemy obronne przeciwnika z powodu swoich sygnatur magnetycznych, które powstają na skutek zakłóceń w ziemskim polu magnetycznym. Zjawisko to zachodzi głównie dlatego, że stalowe kadłuby tych jednostek mają inne właściwości magnetyczne niż otaczająca je woda morska, co prowadzi do lokalnych zaburzeń pola magnetycznego w czasie, gdy okręt podwodny porusza się w wodzie [493–495]. Wykrycie tych sygnatur magnetycznych jest możliwe dzięki zaawansowanym czujnikom magnetycznym i sprzętowi śledzącemu, które są w stanie identyfikować subtelne zmiany wywołane obecnością materiałów ferromagnetycznych w kadłubach okrętów podwodnych [494, 496].

Projektowanie, budowa i eksploatacja okrętów podwodnych wymaga dokładnej analizy numerycznej tych sygnatur magnetycznych. Inżynierowie wykorzystują zaawansowane techniki symulacyjne do modelowania interakcji właściwości magnetycznych okrętów podwodnych z otoczeniem, co jest kluczowe dla opracowania skutecznych środków przeciwdziałania zmniejszających wykrywalność [495, 497]. Wyzwania w tej analizie wynikają z cienkiej metalowej struktury kadłubów okrętów podwodnych, co utrudnia dokładne uchwycenie interakcji magnetycznych. Stosowane są specjalistyczne metody, takie jak metoda równań całkowych w połączeniu z algorytmami wielobiegunowymi, które pozwalają obliczyć anomalie magnetyczne związane ze skomplikowanymi geometrycznie kadłubami okrętów podwodnych [497].

Sygnatury elektromagnetyczne okrętów podwodnych obejmują unikalne emisje elektromagnetyczne, które mogą narażać je na wykrycie przez systemy przeciwnika. Zrozumienie tych emisji i ich minimalizacja są kluczowe dla zachowania skrytości. Te sygnatury elektromagnetyczne składają się z kilku głównych komponentów:

Znana także jako sygnatura magnetostatyczna, wynika z interakcji ferromagnetycznego kadłuba okrętu podwodnego z ziemskim polem magnetycznym. W czasie ruchu okręt zaburza otaczające pole magnetyczne, tworząc wykrywalne anomalie. Samoloty zwalczania okrętów podwodnych (ASW) często wykorzystują systemy detekcji anomalii magnetycznych (MAD) do wykrywania takich zakłóceń, co czyni minimalizację magnetycznego śladu okrętu kluczowym priorytetem. Jedną z technik stosowanych w tym celu jest odmagnesowywanie (degaussing), które neutralizuje pola magnetyczne generowane przez kadłub.

Sygnatury pola elektrycznego powstają w wyniku przepływów prądu elektrycznego używanego w systemie napędowym okrętu podwodnego oraz w pokładowej sieci dystrybucji energii. Prądy te generują lokalne pola elektryczne w otaczającej wodzie, które mogą być wykrywane przez specjalistyczne wyposażenie ASW (Anti-Submarine Warfare). Komponent pola elektrycznego w sygnaturze elektromagnetycznej jest szczególnie istotny, gdy okręt podwodny pracuje z dużym obciążeniem systemów elektrycznych, co czyni precyzyjne zarządzanie dystrybucją energii kluczowym elementem zachowania skrytości.

Promieniowanie elektromagnetyczne powstaje, gdy okręt podwodny korzysta z systemów komunikacyjnych, radarów lub anten. Urządzenia te emitują fale elektromagnetyczne, a choć okręty podwodne zazwyczaj ograniczają emisje w celu zachowania skrytości, każda aktywność na powierzchni, związana z komunikacją lub operacjami peryskopowymi, zwiększa ryzyko wykrycia przez dalekosiężne sensory elektromagnetyczne.

Elektrochemiczne procesy na kadłubie okrętu podwodnego, szczególnie w środowiskach słonowodnych, generują sygnały elektryczne związane z korozją. Systemy ochrony katodowej, takie jak Impressed Current Cathodic Protection (ICCP), są instalowane w celu zapobiegania korozji kadłuba, ale mogą również powodować emisje elektryczne. Zaawansowane systemy ICCP mają na celu skuteczne zarządzanie tymi emisjami, aby nie naruszały one skrytości okrętu podwodnego.

W celu zmniejszenia magnetycznego śladu okrętów podwodnych stosuje się techniki takie jak odmagnesowywanie (degaussing). Proces ten polega na generowaniu przeciwnych pól magnetycznych, które kompensują zakłócenia powodowane przez kadłub jednostki [496]. Można to osiągnąć za pomocą kabli przewodzących prąd elektryczny lub cewek zintegrowanych ze strukturą okrętu. Skuteczność tych środków przeciwdziałania zależy w dużej mierze od precyzyjnych analiz numerycznych, które uwzględniają właściwości magnetyczne okrętu podwodnego oraz ich interakcje z otaczającą wodą morską [495, 497]. W miarę rozwoju coraz bardziej zaawansowanych systemów detekcji stosowanych przez przeciwników, potrzeba skutecznych strategii redukcji sygnatur staje się coraz bardziej kluczowa dla utrzymania skrytości jednostek marynarki wojennej [493, 498].

Rysunek 119: Okręt podwodny klasy Sea Wolf Marynarki Wojennej Stanów Zjednoczonych (USN), USS JIMMY CARTER (SSN 23), zacumowany w obiekcie do wyciszania magnetycznego w Bazie Marynarki Wojennej (NB) Kitsap, Bangor, Waszyngton (WA), podczas procedury obróbki magnetycznej (DEPERM), która polega na ładowaniu lub przepuszczaniu prądu przez kadłub w celu minimalizacji sygnatury elektromagnetycznej podczas poruszania się w wodzie, co zmniejsza podatność jednostki na podwodne miny magnetyczne. Archiwa Narodowe USA, domena publiczna, za pośrednictwem NARA & DVIDS Public Domain Archive.

Minimalizacja sygnatury elektromagnetycznej i magnetycznej okrętów podwodnych jest realizowana poprzez zastosowanie szeregu strategicznych metod, które redukują emisje zarówno magnetyczne, jak i elektromagnetyczne.

Deperming jest kluczową techniką zmniejszania sygnatury magnetycznej okrętów podwodnych. Kadłub wykonany z materiałów ferromagnetycznych z czasem może akumulować pole magnetyczne w wyniku interakcji z naturalnym magnetyzmem Ziemi. Taka magnetyzacja ułatwia wykrywanie jednostki przez detektory anomalii magnetycznych (MAD). Proces depermingu polega na systematycznej demagnetyzacji kadłuba, co zapewnia minimalne zakłócenia magnetyczne podczas operacji. W wyspecjalizowanych obiektach stosuje się naprzemienne pola magnetyczne wzdłuż kadłuba, co skutecznie neutralizuje magnetyzację i redukuje sygnaturę anomalii magnetycznych.

Deperming jest kluczowym procesem stosowanym w celu zmniejszenia sygnatury magnetycznej okrętów podwodnych, co zwiększa ich zdolność do ukrycia się przed detektorami anomalii magnetycznych (MAD). Procedura ta polega na owinięciu kadłuba cewkami, przez które przepuszczane są kontrolowane naprzemienne pola magnetyczne. Głównym celem jest neutralizacja pola magnetycznego okrętu poprzez usunięcie resztkowego magnetyzmu kadłuba oraz efektów magnetyzacji środowiskowej spowodowanych polem magnetycznym Ziemi [496]. Znaczenie depermingu podkreśla jego konieczność w przypadku okrętów podwodnych, które nie są wyposażone w systemy rozmagnesowania (degaussing), stale zarządzające sygnaturami magnetycznymi podczas operacji [499].

Proces depermingu jest realizowany w dedykowanych obiektach przeznaczonych do obróbki magnetycznej. Obejmuje on systematyczną redukcję natężenia pola magnetycznego w kilku cyklach, co pozwala wyeliminować "pamięć magnetyczną" zakodowaną w metalowej strukturze okrętu [496]. Takie stopniowe podejście jest niezbędne, aby zminimalizować sygnaturę magnetyczną i zwiększyć zdolność okrętu do działania w ukryciu. Dla jednostek pozbawionych zaawansowanych systemów degaussing, znaczenie depermingu staje się jeszcze bardziej istotne [499]. Protokóły, takie jak metoda Flash-D, zostały opracowane specjalnie dla takich jednostek, umożliwiając skuteczną demagnetyzację bez potrzeby korzystania z ciągłych systemów degaussing podczas misji [496].

Badania wykazały, że stosowanie naprzemiennego pola magnetycznego o liniowo zmniejszającej się amplitudzie może skutecznie osiągnąć pożądane efekty demagnetyzacji [496]. Taka metoda nie tylko poprawia zdolności ukrycia się okrętu podwodnego, ale również zapewnia minimalne sygnały magnetyczne w wykrywalnym środowisku, co jest kluczowe dla utrzymania bezpieczeństwa operacyjnego w warunkach wrogich. Techniki te nie tylko wspierają ukrycie się jednostek, ale także odgrywają istotną rolę w ogólnej skuteczności i przetrwaniu operacji podwodnych we współczesnych działaniach wojennych.

Zaawansowane materiały odgrywają również kluczową rolę w minimalizowaniu sygnatur magnetycznych i elektromagnetycznych. Okręty podwodne coraz częściej wykorzystują materiały niemagnetyczne, takie jak stopy tytanu i kompozyty, do budowy części kadłuba i kluczowych elementów wewnętrznych. Materiały te zmniejszają anomalie magnetyczne oraz oferują odporność na korozję, co ma kluczowe znaczenie dla długoterminowego zachowania zdolności do ukrycia. Stosowanie materiałów nieferromagnetycznych pozwala okrętom unikać generowania wykrywalnych zakłóceń magnetycznych podczas interakcji z polem magnetycznym Ziemi.

Osłona elektromagnetyczna (EM) jest kolejną kluczową strategią. Okręty podwodne wyposażone są w specjalistyczne osłony wokół urządzeń elektrycznych i okablowania, które zapobiegają wyciekom elektromagnetycznym. Bez odpowiedniej osłony systemy elektryczne na pokładzie—takie jak systemy napędowe i sieci dystrybucji energii—mogłyby emitować pola elektromagnetyczne wykrywalne przez systemy nadzoru. Staranny projekt systemów zapewnia ograniczenie tych emisji, a osłonięte przedziały izolują wrażliwe urządzenia, minimalizując ryzyko wykrycia.

Komunikacja o niskim prawdopodobieństwie przechwycenia (LPI) jest stosowana w celu zmniejszenia elektromagnetycznego śladu okrętu podwodnego podczas transmisji danych lub komunikacji. Tradycyjne sygnały radiowe mogą być łatwo wykryte przez wrogie sensory, dlatego okręty podwodne wykorzystują wysoce kierunkowe anteny, transmisje o ultraniskiej częstotliwości (ULF) oraz inne ukryte metody komunikacji, aby pozostać niewykrytymi. Transmisje ULF, na przykład, przemieszczają się na duże odległości przez wodę przy minimalnej utracie energii, co czyni je idealnymi dla komunikacji skrytej. Ponadto anteny kierunkowe skupiają energię sygnału w wąskich wiązkach, zmniejszając ryzyko wykrycia przez pobliskie systemy nadzoru przeciwnika.

Razem te strategie łagodzenia ryzyka zapewniają, że okręty podwodne pozostają skryte, nawet podczas realizacji złożonych operacji lub w pobliżu sił wroga. Połączenie depermingu, zaawansowanych materiałów, osłon EM oraz komunikacji LPI wzmacnia zdolności ukrycia jednostki, czyniąc ją trudną do wykrycia, śledzenia lub przechwycenia przez systemy nadzoru. Ta technologiczna zaawansowanie ma kluczowe znaczenie we współczesnych działaniach wojennych na morzu, gdzie zdolność do unikania wykrycia może zapewnić decydującą przewagę strategiczną.

Minimalizacja sygnatury magnetycznej to proces ciągły. W niektórych przypadkach okręty podwodne mogą wykorzystywać systemy w czasie rzeczywistym, które dostosowują kompensację magnetyczną w miarę zmiany warunków operacyjnych jednostki. Strategiczne znaczenie redukcji sygnatury magnetycznej wykracza poza ukrycie; zapewnia ono, że okręt podwodny może unikać wykrycia przez coraz bardziej czułe systemy obrony przeciwnika. Wykorzystanie zaawansowanych symulacji w fazie projektowania pomaga inżynierom osiągnąć optymalne parametry magnetyczne, zapewniając okrętom podwodnym skrytość niezbędną do prowadzenia współczesnych operacji morskich.

Technologie skrytości okrętów podwodnych

W dziedzinie działań wojennych na morzu skrytość jest kluczowym elementem dla okrętów podwodnych, umożliwiając im poruszanie się w sposób niewykrywalny i realizowanie strategicznych misji, takich jak przeprowadzanie niespodziewanych ataków czy zbieranie informacji wywiadowczych. Te podwodne jednostki, często nazywane „cichymi zabójcami głębin", opierają się na zaawansowanych technologiach i precyzyjnych projektach, aby zachować skrytość. Ich zdolność do pozostawania ukrytymi w rozległych oceanach wynika z inżynierii, która minimalizuje emisję dźwięków i zwiększa hydrodynamiczną efektywność, przeciwdziałając wyzwaniom stawianym przez podwodną akustykę [500].

Nauka o dźwiękach w wodzie odgrywa kluczową rolę w technologii skrytości okrętów podwodnych. Fale dźwiękowe rozchodzą się w wodzie znacznie szybciej i dalej niż w powietrzu—z prędkością około 1500 metrów na sekundę w wodzie w porównaniu do 343 metrów na sekundę w powietrzu. Ta właściwość wody sprawia, że zarządzanie hałasem jest kluczowe dla okrętów podwodnych, ponieważ nawet drobne dźwięki mogą szybko rozprzestrzenić się w oceanie, ujawniając ich pozycję systemom sonarowym wroga. Dlatego okręty podwodne muszą być projektowane tak, aby minimalizować wszystkie formy emisji akustycznych, zmniejszając ryzyko wykrycia przez aktywne lub pasywne systemy sonarowe wykorzystywane przez okręty nawodne, inne okręty podwodne i samoloty [500].

Projektowanie odgrywa kluczową rolę w osiągnięciu skrytości okrętów podwodnych. Kadłub okrętu podwodnego o wysokim poziomie skrytości cechuje się opływowym, kroplowym kształtem, który redukuje opór i turbulencje podczas poruszania się w wodzie. Taka konstrukcja minimalizuje hałas generowany przez opór wody, umożliwiając jednostce ciche poruszanie się pod powierzchnią. Bulwiasty dziób, często zintegrowany z przodem jednostki, dodatkowo zwiększa efektywność poprzez redukcję oporu falowego, co ułatwia okrętowi utrzymanie niskich prędkości operacyjnych przy minimalnym hałasie. Dodatkowo niektóre okręty są wyposażone w stery w kształcie litery X, które zapewniają lepszą manewrowość przy jednoczesnym ograniczeniu kawitacji—zjawiska, w którym powstają i zapadają się bąbelki, generując hałas mogący zdradzić obecność okrętu podwodnego [500].

Kolejnym istotnym aspektem skrytości okrętów podwodnych jest redukcja hałasu. Jedną z najbardziej skutecznych metod ograniczania emisji akustycznych jest zastosowanie płytek anechoicznych na zewnętrznej części kadłuba. Te płytki na bazie gumy pochłaniają fale dźwiękowe, redukując odbicie sygnałów sonarowych i utrudniając przeciwnikom wykrycie okrętu za pomocą aktywnego sonaru. Wewnątrz okrętu dźwiękochłonne materiały, takie jak gumowe wykładziny i pianka akustyczna, pochłaniają hałas mechaniczny i redukują wibracje, zapobiegając przenikaniu dźwięków generowanych przez maszyny i działalność załogi do wody. Zaawansowane okręty podwodne wykorzystują również technologię aktywnej redukcji hałasu, gdzie okręt emituje fale dźwiękowe neutralizujące hałas wytwarzany przez systemy pokładowe, skutecznie maskując swój akustyczny sygnał.

Systemy napędowe są kolejnym kluczowym elementem skrytości okrętów podwodnych. Silniki elektryczne, preferowane ze względu na cichą pracę, są często wykorzystywane, gdy okręty poruszają się z małymi prędkościami lub pozostają zanurzone. Te silniki generują znacznie mniej hałasu niż tradycyjne silniki diesla, co czyni je idealnymi do misji skrytych. Ponadto wiele nowoczesnych okrętów podwodnych korzysta z systemów napędowych typu pump-jet, które otaczają śrubę osłoną, redukując kawitację i zwiększając efektywność. Pump-jety nie tylko minimalizują hałas, ale także zapewniają płynniejszą pracę, co dodatkowo wspiera zdolności skrytości jednostki.

Ewolucja technologii skrytości okrętów podwodnych jest napędzana postępem w dziedzinie nauki o materiałach, napędach i modelowaniu komputerowym. Innowacje w powłokach kadłubów, systemach redukcji hałasu i projektach silników zaowocowały cichszymi i bardziej efektywnymi okrętami podwodnymi, znacznie przewyższającymi możliwości wcześniejszych generacji. Jednak w miarę rozwoju technologii skrytości również metody wykrywania stosowane przez rywalizujące marynarki wojenne stają się coraz bardziej zaawansowane. Nowoczesne i wyrafinowane technologie sonarowe nieustannie poszerzają granice walki przeciwko okrętom podwodnym, co wymaga stałego udoskonalania technik skrytości, aby zapewnić niewykrywalność okrętów podwodnych [500].

Podstawy Projektowania i Budowy Okrętów Podwodnych

W tej trwającej rywalizacji zbrojeń pomiędzy technologią skrytości a metodami wykrywania, nowoczesne okręty podwodne znajdują się na czele innowacji technologicznych. Są nie tylko integralną częścią strategicznych operacji wojskowych, ale także symbolem szczytowych osiągnięć w inżynierii skrytości. Ciągły rozwój technologii okrętów podwodnych odzwierciedla dynamiczny charakter wojny morskiej, w której utrzymanie przewagi w zakresie skrytości zapewnia dominację pod powierzchnią oceanów [500].

Okręty podwodne zostały opracowane, aby wykorzystać możliwości ukrycia, jakie oferuje środowisko podwodne, dające znaczną przewagę taktyczną nad potężniejszymi jednostkami nawodnymi. Ich główną siłą jest zdolność do działania w sposób niewykrywalny. Chociaż okręty podwodne posiadają różnorodne zdolności, ich efektywność ostatecznie opiera się na skrytości. Powód tego skupienia jest prosty—po wykryciu okręty podwodne stają się wysoce podatne na ataki ze strony okrętów nawodnych, innych okrętów podwodnych oraz samolotów. W konsekwencji skrytość pozostała centralnym elementem projektowania i rozwoju okrętów podwodnych. Technologie mające na celu poprawę ich niewykrywalności były intensywnie badane i często utrzymywane w ścisłej tajemnicy, aby wyprzedzać postęp w dziedzinie walki przeciwko okrętom podwodnym [501].

Skrytość okrętów podwodnych musi być traktowana jako kompleksowy system, integrujący wiele technologii i strategii. Obejmuje to dwie główne kategorie: skrytość akustyczną i nieakustyczną. Skrytość akustyczna dotyczy dźwięków generowanych przez ruch okrętu w wodzie oraz tego, jak fale dźwiękowe odbijają się od jego powierzchni podczas wykrywania przez sonar przeciwnika. Z kolei skrytość nieakustyczna obejmuje redukcję innych wykrywalnych aspektów, takich jak profil radarowy, widoczność w podczerwieni, emisje elektromagnetyczne, a także zwiększenie autonomii okrętu podwodnego pod wodą. Każdy element projektowania okrętu—jego kształt kadłuba, maszyny, urządzenia komunikacyjne, sensory i uzbrojenie—odgrywa rolę w utrzymaniu niskiej wykrywalności [501].

Skrytość akustyczna okrętu podwodnego zaczyna się od projektu jego kadłuba i śrub napędowych. W starszych konstrukcjach okręty podwodne miały mniej opływowe kształty, co ułatwiało ich wykrycie. Postępy w dziedzinie obliczeniowej dynamiki płynów (CFD) i algorytmach optymalizacji umożliwiły współczesnym okrętom podwodnym redukcję oporu wody i hałasu. Techniki budowy z podwójnym kadłubem również poprawiają skrytość, minimalizując hałas z maszyn dzięki lepszej optymalizacji kształtu. Projekt śrub napędowych również ewoluował, obejmując innowacje, takie jak zintegrowane napędy i systemy wtrysku polimerów, które redukują turbulencje i dodatkowo zmniejszają poziom hałasu podczas ruchu [501].

Podczas II wojny światowej okręty podwodne budowano z metalowymi kadłubami podobnymi do okrętów wojennych, które skutecznie odbijały fale sonarowe, co czyniło je łatwymi celami. Współczesne okręty podwodne używają powłok, takich jak płytki anechoiczne, aby tłumić emisję dźwięków i zakłócać odbicia sonaru. Jednak postęp w technologii sonarów niskiej częstotliwości wymusił dalsze innowacje. Jednym z najnowszych przełomów jest opracowanie aktywnych płytek, które wykorzystują materiały gigantycznie magnetostrykcyjne do emisji zmodyfikowanych sygnałów sonarowych, dezorientując operatorów okrętów nawodnych i zwiększając zdolności skrytości [501].

Maszyny okrętów podwodnych, w tym główne silniki i systemy pomocnicze, stanowią jedno z głównych źródeł hałasu. Dlatego prowadzone są intensywne działania mające na celu minimalizację hałasu generowanego przez te komponenty. Wczesne metody redukcji hałasu polegały na stosowaniu prostych gumowych mocowań, jednak obecnie ewoluowały one w zaawansowane systemy wykorzystujące materiały piezoelektryczne, które aktywnie przeciwdziałają wibracjom. Ponadto, izolowane konstrukcje i systemy mocowań na tratwach wewnątrz okrętów podwodnych dodatkowo zmniejszają sygnaturę akustyczną. Systemy monitorowania stanu technicznego (CBM), które na bieżąco monitorują kondycję sprzętu na pokładzie, są obecnie standardem, pomagając w utrzymaniu operacyjnej skrytości poprzez wczesne wykrywanie potencjalnych problemów [501].

Znaczącym wyzwaniem dla konwencjonalnych okrętów podwodnych jest konieczność okresowego wynurzania się w celu ładowania baterii, proces znany jako „snorting". Wymóg ten osłabia skrytość. Wprowadzenie systemów napędu niezależnego od powietrza (AIP) rozwiązało ten problem, wydłużając czas przebywania pod wodą i redukując częstotliwość wynurzeń. Jednak systemy AIP nadal mają pewne ograniczenia, takie jak niższe prędkości pod wodą i krótsza autonomia w porównaniu z okrętami o napędzie jądrowym. Trwają badania nad bardziej wydajnymi i niezawodnymi systemami AIP w celu dalszego zwiększenia zdolności skrytości. Szczególne nadzieje budzi technologia ogniw paliwowych, która pozwala okrętom podwodnym pozostawać pod wodą przez dłuższe okresy przy minimalnej sygnaturze akustycznej. Ta ewolucja technologiczna ma kluczowe znaczenie, zwłaszcza w kontekście rosnących wymagań stawianych nowoczesnym okrętom podwodnym, które muszą wspierać różnorodne i złożone misje [501].

Systemy uzbrojenia i technologie komunikacyjne również odgrywają kluczową rolę w utrzymaniu skrytości. Podczas operacji nawet niewielkie dźwięki towarzyszące odpalaniu broni mogą zdradzić pozycję okrętu podwodnego. Dlatego nowoczesne okręty podwodne stosują technologie tłumienia hałasu w systemach obsługi torped i pocisków, zmniejszając chwilowe hałasy podczas ich odpalania. W komunikacji, anteny satelitarne i systemy przewodów holowanych są projektowane tak, aby minimalizować sygnatury akustyczne i radarowe, co zapewnia, że niezbędna komunikacja nie narusza skrytości. Co więcej, im cichszy pozostaje okręt podwodny, tym bardziej efektywne stają się jego czujniki pokładowe, takie jak systemy sonarowe. Innowacje w projektowaniu czujników obejmują integrację systemów sonarowych bezpośrednio z kadłubem zamiast montowania ich na dziobie, co nie tylko zwiększa skrytość, ale również poprawia hydrodynamikę [501].

Wprowadzenie pojazdów zewnętrznych to kolejny nowatorski rozwój w operacjach okrętów podwodnych. Te zdalnie sterowane lub autonomiczne pojazdy rozszerzają zakres operacyjny okrętu podwodnego, jednocześnie utrzymując główną jednostkę w ukryciu. Systemy te mogą wykonywać rozpoznanie, rozstawiać czujniki lub nawet działać jako wabiki, zapewniając okrętowi podwodnemu przewagę taktyczną [501].

Inwestowanie w technologie skrytości jest kluczowe dla marynarek wojennych na całym świecie, zwłaszcza w obliczu coraz bardziej zaawansowanych zdolności w zakresie walki przeciw okrętom podwodnym. Kraje, które nie posiadają odpowiednich zdolności skrytości okrętów podwodnych, ryzykują łatwym wyeliminowaniem w potencjalnych konfliktach. Okręty podwodne to nie tylko aktywa taktyczne, ale także pełnią strategiczne role, takie jak zdolności drugiego uderzenia w ramach odstraszania nuklearnego. Skrytość jest zatem kluczowa dla zapewnienia przetrwania i efektywności w środowisku o wysokim poziomie zagrożenia.

Przyszłość technologii skrytości okrętów podwodnych będzie wymagać ciągłych badań i rozwoju w wielu dziedzinach, w tym w modelowaniu CFD (dynamiki płynów), technologiach nieakustycznych oraz udoskonalonych systemach napędowych. W miarę jak metody wykrywania okrętów podwodnych stają się coraz bardziej zaawansowane, same okręty podwodne muszą się rozwijać, aby zachować przewagę. Dla takich krajów jak Indie, gdzie okręty podwodne są integralnym elementem zarówno operacji taktycznych, jak i odstraszania strategicznego, ciągłe inwestycje w technologie skrytości są nie tylko pożądane, ale wręcz konieczne. Rozwijanie ekspertyzy w tych dziedzinach zapewnia, że flota okrętów podwodnych pozostaje potężnym narzędziem zarówno w działaniach wojennych, jak i w strategiach odstraszania. Utrzymanie tej przewagi będzie wymagać innowacji, współpracy oraz trwałych inwestycji, aby wyprzedzać szybki rozwój technologii nadzoru i wykrywania na całym świecie [501].

Przykładem mogą być cechy skrytości na chińskim okręcie podwodnym typu 039C Yuan, które zostały zoptymalizowane pod kątem przeciwdziałania średnioczęstotliwościowym systemom sonarowym. Systemy te są kluczowe dla identyfikacji i klasyfikacji celów, ponieważ potrafią odróżnić obiekty na podstawie odbić dźwięku, co umożliwia wykrycie obecności i rodzaju okrętu podwodnego. Kątowy kiosk na okrętach typu Yuan rozprasza fale sonarowe, zmniejszając „siłę sygnału" odbijanego do przeciwnika. Chociaż redukcja ta wynosi tylko kilka decybeli, może mieć kluczowe znaczenie w uniknięciu klasyfikacji i opóźnieniu reakcji wroga [502].

Jednakże projekt skrytości nie jest w pełni skuteczny przeciwko wszystkim typom sonarów. Sonary niskiej częstotliwości, dzięki swoim długim falom, mogą wykrywać obecność obiektu, chociaż mają trudności z jego dokładną klasyfikacją. Z kolei sonary o krótkich falach, takie jak te używane w torpedach, lepiej identyfikują cele na bliskim dystansie, stanowiąc wyraźne zagrożenie. Typ Yuan przeciwdziała tej słabości poprzez dodatkową warstwę technologii skrytości — gumowe powłoki anechoiczne na kadłubie. Powłoki te absorbują fale dźwiękowe, uniemożliwiając ich odbicie do źródła sonaru, co dodatkowo zmniejsza sygnaturę akustyczną okrętu [502].

Rysunek 120: U 35, jeden z najnowszych okrętów podwodnych klasy 212A w niemieckiej marynarce wojennej. Tomasz Przechlewski, CC BY 2.0, via Store norske leksikon.

Wdrożenie zaawansowanego kształtowania kiosku oraz materiałów dźwiękochłonnych odzwierciedla strategiczny zwrot w projektowaniu okrętów podwodnych w kierunku unikania wykrycia przez sonar średniej częstotliwości. Ten trend wynika z rosnącego znaczenia aktywnego sonaru w nowoczesnych działaniach podwodnych, gdzie metody pasywnego nasłuchu są mniej skuteczne wobec nowszych, cichszych okrętów podwodnych. Choć takie kształtowanie kosztem pewnej utraty efektywności hydrodynamicznej jest kompromisem, uznaje się je za opłacalne, zwłaszcza w scenariuszach, gdzie kluczowe znaczenie ma zachowanie niewykrywalności. Podobne rozwiązania widać w innych okrętach podwodnych, takich jak szwedzki A26 czy niemiecki Type-212CD, jednak klasa Yuan w Chinach stanowi jedno z pierwszych operacyjnych zastosowań tej technologii [502].

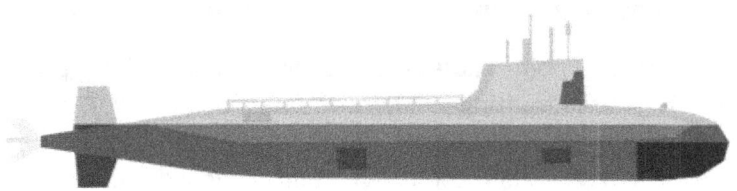

Rozdział 12
Autonomiczne i Bezzałogowe Systemy Podwodne

Projektowanie Autonomicznych Pojazdów Podwodnych (AUV)

Autonomiczne Pojazdy Podwodne (AUV, ang. Autonomous Underwater Vehicles) to zaawansowane systemy bezzałogowe, zaprojektowane do samodzielnego działania w środowisku podwodnym, gdzie realizują różnorodne misje, takie jak badania naukowe, rozpoznanie wojskowe i monitorowanie środowiska. Ich konstrukcja oraz zdolności operacyjne są determinowane przez kluczowe czynniki, takie jak systemy napędowe, technologie nawigacyjne oraz integrację czujników. Specyficzne wyzwania środowiska podwodnego, takie jak wysokie ciśnienie, zmienność zasolenia czy ograniczona komunikacja, wymagają kompleksowego podejścia do rozwoju AUV.

AUV-y zyskują coraz większą popularność w misjach poszukiwawczych i eksploracyjnych dzięki ich opłacalności w porównaniu z załogowymi jednostkami podwodnymi. Na przestrzeni lat te bezzałogowe systemy znacznie się rozwinęły, umożliwiając realizację złożonych operacji w dziedzinach takich jak oceanografia, zastosowania militarne, monitorowanie środowiska oraz działalność komercyjna. Współczesne prace rozwojowe skupiają się na tworzeniu AUV zdolnych do długoterminowego zbierania danych wspierających eksplorację oceanów, programy wydobywcze oraz zarządzanie obszarami przybrzeżnymi.

W przemyśle, szczególnie w sektorze naftowym i gazowym, AUV-y są niezastąpione przy mapowaniu dna morskiego przed instalacją rurociągów i innych podwodnych struktur. Pojazdy te umożliwiają wykonywanie bardzo precyzyjnych badań batymetrycznych, które tradycyjnymi metodami byłyby kosztowne lub niepraktyczne. AUV-y prowadzą także inspekcje powykonawcze rurociągów i innych konstrukcji, zapewniając ich prawidłową instalację i konserwację. Co więcej, potencjał AUV obejmuje operacje górnictwa morskiego, gdzie są wykorzystywane do eksploracji obszarów bogatych w konkrecje polimetaliczne, które mogą być cennym źródłem surowców w przyszłości.

W badaniach naukowych AUV-y są szeroko wykorzystywane do badania środowisk wodnych, takich jak jeziora i oceany, oraz do zbierania danych o warunkach środowiskowych. Naukowcy wyposażają AUV-y w czujniki, takie jak CTD (czujniki przewodności, temperatury i głębokości), fluorometry czy mierniki pH, aby mierzyć parametry chemiczne i fizyczne na różnych głębokościach. Niektóre AUV-y pełnią rolę pojazdów holowanych, dostarczając specjalistyczne czujniki do wyznaczonych lokalizacji. Przykładem jest AUV Seaglider, opracowany przez Uniwersytet Waszyngtoński, który początkowo zaprojektowany do badań naukowych, znalazł również zastosowanie w przemyśle i wojsku dzięki niskim kosztom i wysokiej niezawodności.

W ochronie środowiska AUV-y odgrywają unikalną rolę. Na przykład robot Crown-of-Thorns Starfish (COTSBot), opracowany przez Queensland University of Technology (QUT), to innowacyjny AUV zaprogramowany do identyfikacji i eliminacji rozgwiazdy ciernistej korony, która zagraża Wielkiej Rafie Koralowej. Innym projektem QUT jest RangerBot, zaprojektowany do łatwego wdrażania, który pomaga monitorować rafy koralowe na całym świecie, oferując wizję w czasie rzeczywistym i zdolności do wykrywania przeszkód w zadaniach zarządzania.

Społeczność hobbystów również zaadoptowała technologię AUV, budując własne pojazdy na konkursy. Choć te amatorskie AUV-y są zwykle mniej zaawansowane niż modele komercyjne, pokazują rosnącą dostępność robotyki podwodnej. Konstrukcje hobbystyczne często wykorzystują proste komponenty, takie jak mikrokontrolery i obudowy z PVC, a niektóre z nich opierają się na oprogramowaniu open-source, aby zwiększyć funkcjonalność.

Oprócz legalnych zastosowań technologia AUV znalazła również zastosowanie w nielegalnych działaniach, takich jak przemyt narkotyków. Przemytnicy opracowali autonomiczne łodzie podwodne z GPS, które mogą transportować kontrabandę na duże odległości. Ponadto AUV-y okazały się nieocenione w dochodzeniach dotyczących katastrof lotniczych, pomagając w lokalizacji wraków w trudno dostępnych miejscach. Na przykład AUV ABYSS pomógł w odnalezieniu szczątków lotu Air France 447, a Bluefin-21 został użyty w poszukiwaniach zaginionego lotu Malaysia Airlines 370.

Podstawy Projektowania i Budowy Okrętów Podwodnych

Rysunek 121: Bluefin 21, autonomiczny pojazd podwodny Artemis. Defense Visual Information Distribution Service, domena publiczna, za pośrednictwem Picryl.

Bluefin-21, znany również jako autonomiczny pojazd podwodny Artemis (AUV), to modułowa, bezzałogowa platforma podwodna opracowana przez firmę Bluefin Robotics. Ten AUV został zaprojektowany do realizacji różnorodnych zadań podwodnych, takich jak badania głębinowe, operacje ratownicze, archeologia morska, oceanografia oraz misje wojskowe, w tym przeciwdziałanie minom morskich.

Bluefin-21 jest szczególnie znany z udziału w poszukiwaniach wraku lotu Malaysia Airlines 370 w 2014 roku. Podczas tej misji został wysłany z australijskiego statku ADV *Ocean Shield* do przeprowadzania badań sonarowych w południowym Oceanie Indyjskim, osiągając głębokości do 4 695 metrów. W ramach misji przeszukał znaczne obszary dna morskiego – do 250 mil kwadratowych – gromadząc setki godzin operacyjnych w trakcie wielu misji poszukiwawczych. Misja ta pokazała wytrzymałość i wszechstronność AUV w operacjach o wysokim znaczeniu i wrażliwym na czas.

AUV charakteryzuje się torpedowym kształtem, który zwiększa efektywność hydrodynamiczną. Wyposażony jest w modułowe komory ładunkowe, umożliwiające transport różnych systemów sonarowych, takich jak boczny sonar skanujący EdgeTech 2200-M, oraz innych instrumentów, takich jak profilery podłoża czy echosondy wielowiązkowe. Dzięki modułowej konstrukcji Bluefin-21 jest wszechstronny zarówno w zastosowaniach cywilnych, jak i obronnych. Może działać z prędkościami do 4,5 węzła i ma zasięg do 25 godzin, zasilany dziewięcioma modułami baterii litowo-polimerowych.

System nawigacyjny Bluefin-21 integruje nawigację inercyjną dla wysokiej precyzji oraz system ultra-krótkiej bazy (USBL) w celu zachowania dokładności podczas misji. Taka konfiguracja zapewnia niezawodną zbiórkę danych i skuteczną nawigację, nawet w złożonych środowiskach podwodnych. Kompaktowa konstrukcja umożliwia łatwe rozmieszczenie z pokładów statków, zwiększając elastyczność operacyjną.

Dzięki swojej modułowości, wytrzymałości i zdolności operowania na dużych głębokościach, Bluefin-21 pozostaje wysoko ocenianym AUV, wykorzystywanym zarówno w kontekstach naukowych, jak i wojskowych do skutecznego badania trudnych środowisk podwodnych. Podkreśla to rosnące znaczenie systemów autonomicznych w rozwiązywaniu złożonych wyzwań podwodnych zarówno w celach obronnych, jak i eksploracyjnych.

Technologia wojskowa intensywnie wykorzystuje AUV, obejmując zastosowania od przeciwdziałania minom, poprzez walkę z okrętami podwodnymi, po gromadzenie danych wywiadowczych i rozpoznanie. Na przykład marynarka wojenna Stanów Zjednoczonych wykorzystuje AUV, takie jak Mk 18 Mod 1 Swordfish, do rozpoznania na płytkich wodach. Te pojazdy dzielą się na kategorie w zależności od wielkości i zdolności, obejmując wersje przenośne przez ludzi, lekkie, ciężkie i duże, takie jak *Orca UUV*, pierwsza bezzałogowa łódź podwodna zaprojektowana z myślą o zdolnościach bojowych.

Mk 18 Mod 1 Swordfish to autonomiczny pojazd podwodny (AUV) zaprojektowany specjalnie do operacji rozpoznawczych na płytkich wodach i przeciwdziałania minom. Opiera się na platformie Hydroid REMUS 100, jest kompaktowy, lekki i bardzo łatwy w transporcie, co czyni go idealnym do szybkiego rozmieszczania w misjach ekspedycyjnych. Jego głównym celem jest operowanie na bardzo płytkich wodach (10–40 stóp), prowadzenie badań hydrograficznych, poszukiwanie min i rozpoznanie w środowiskach, które mogą być niedostępne dla większych systemów podwodnych.

Jedną z kluczowych zalet Mk 18 Mod 1 jest zdolność do zbierania i mapowania szczegółowych danych batymetrycznych, co pozwala na tworzenie bazowych map dna morskiego. W kolejnych misjach pojazd może identyfikować zmiany w podwodnym terenie, takie jak pojawienie się min lub innych przeszkód, co jest kluczowe dla zapewnienia bezpieczeństwa operacji morskich. Pojazd wspiera identyfikację i lokalizację zagrożeń podwodnych, po czym nurkowie lub zdalnie sterowane pojazdy (ROV) mogą zostać rozmieszczone w celu neutralizacji zagrożeń.

Małe rozmiary Mk 18 Mod 1 oraz możliwość przenoszenia przez ludzi umożliwiają jego uruchamianie z małych łodzi lub nawet helikopterów, co zapewnia elastyczność w różnych kontekstach operacyjnych. Ta cecha pozwala siłom zbrojnym na szybkie reagowanie na zmieniające się sytuacje, takie jak oczyszczanie portów z min czy zabezpieczanie przyczółków plażowych podczas desantów amfibijnych. Marynarka Wojenna Stanów Zjednoczonych intensywnie wykorzystuje AUV Swordfish, często współpracując z większym Mk 18 Mod 2 Kingfish, który działa na nieco większych głębokościach, zapewniając komplementarne zdolności w różnych środowiskach morskich.

Ten AUV był kluczowym narzędziem dla jednostek Marynarki zajmujących się neutralizacją ładunków wybuchowych (Explosive Ordnance Disposal), szczególnie podczas operacji takich jak Arktyczne Ćwiczenie Zdolności Ekspedycyjnych (AECE), gdzie zademonstrował zdolność do skutecznego działania w ekstremalnych warunkach. Rozmieszczenie Mk 18 Mod 1 odzwierciedla rosnące znaczenie systemów bezzałogowych we współczesnej wojnie morskiej, poprawiając bezpieczeństwo operacyjne i zmniejszając ryzyko dla personelu.

Projekt

Propulsja i konstrukcja strukturalna AUV są kluczowe dla ich efektywności operacyjnej. AUV-y zazwyczaj wykorzystują pędniki i powierzchnie sterowe do poruszania się w wodzie, które muszą być zoptymalizowane pod kątem konkretnych zadań, jakie mają realizować [503]. Integracja solidnych systemów sterowania jest niezbędna do utrzymania stabilności i dokładności nawigacji w dynamicznych warunkach podwodnych. Na przykład adaptacyjne techniki sterowania odpornego wykazały, że mogą poprawić wydajność AUV-ów w nieprzewidywalnych warunkach oceanicznych [503, 504]. Ponadto zastosowanie zaawansowanych algorytmów nawigacyjnych, takich jak Unscented Kalman Filter, pozwala AUV-om skutecznie nawigować za pomocą sygnałów akustycznych, co jest kluczowe dla pozycjonowania pod wodą, gdzie GPS jest niedostępny [504, 505].

Technologia nawigacji jest kluczowym elementem funkcjonalności AUV, ponieważ bezpośrednio wpływa na ich zdolność do działania autonomicznego. AUV-y wykorzystują różne metody nawigacji, w tym systemy nawigacji inercyjnej (INS), które często są łączone z systemami pozycjonowania akustycznego w celu poprawy dokładności [289, 506]. Wyzwania związane z nawigacją podwodną obejmują degradację sygnałów spowodowaną czynnikami środowiskowymi, co może prowadzić do znacznych błędów lokalizacyjnych [507, 508]. Ostatnie postępy w technologii czujników i technikach fuzji danych poprawiły niezawodność nawigacji AUV, umożliwiając im realizację złożonych zadań, takich jak mapowanie dna morskiego i inspekcje podwodne [509, 510].

Oprócz systemów nawigacyjnych, AUV-y są wyposażone w szereg czujników umożliwiających zbieranie danych na potrzeby zastosowań naukowych i przemysłowych. Czujniki te mogą obejmować systemy sonarowe, kamery oraz czujniki środowiskowe, które są niezbędne do realizacji zadań takich jak badania biologii morskiej czy inspekcje podwodnej infrastruktury [510, 511]. Integracja technologii uczenia maszynowego i sztucznej inteligencji w przetwarzaniu danych z czujników dodatkowo zwiększyła możliwości AUV-ów, pozwalając na podejmowanie decyzji w czasie rzeczywistym oraz adaptacyjne reakcje na zmiany środowiskowe [505, 512].

Co więcej, zakres operacyjny AUV-ów znacząco się rozszerzył dzięki postępom technologicznym i rosnącemu zapotrzebowaniu na eksplorację i monitorowanie podwodne. AUV-y znajdują teraz zastosowanie w różnorodnych dziedzinach, takich jak poszukiwania ropy i gazu, badania archeologiczne oraz oceny środowiskowe, co dowodzi ich wszechstronności i skuteczności w realizacji różnorodnych zadań pod wodą [512, 513]. Warto również zwrócić uwagę na rozwój współpracujących systemów wielo-AUV, które mogą realizować złożone misje wymagające skoordynowanych działań, takie jak inspekcje rurociągów czy monitorowanie środowiska [514, 515].

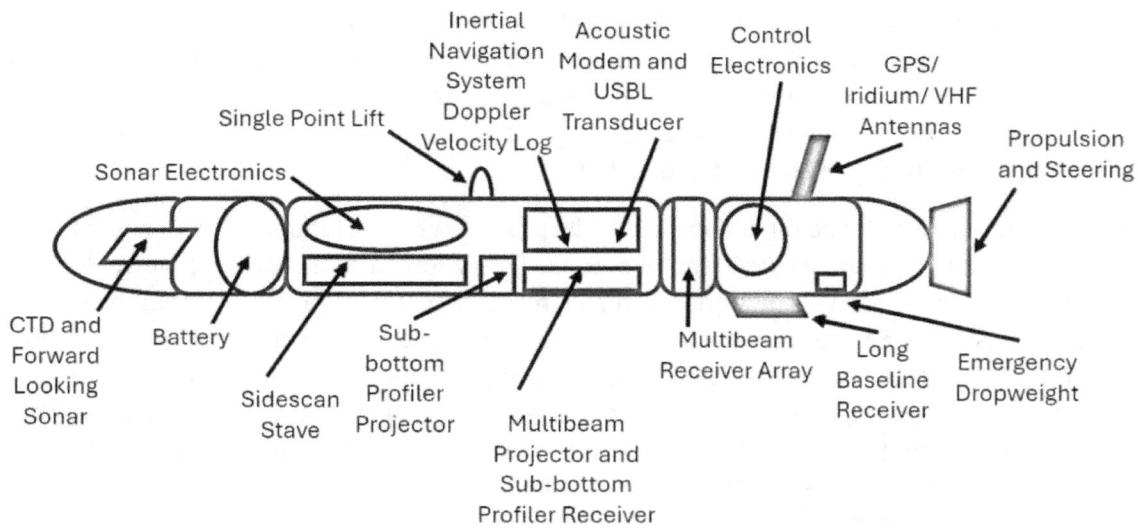

Rysunek 122: Typowa struktura AUV.

Konstrukcja i struktura kadłuba

Projekt kadłuba w autonomicznych pojazdach podwodnych (AUV) odgrywa kluczową rolę w zapewnieniu efektywności hydrodynamicznej, stabilności i manewrowości. Dobrze zaprojektowany kadłub musi być dostosowany do specyficznych wymagań misji, uwzględniając takie czynniki jak prędkość, zasięg i elastyczność operacyjna. Na przykład kadłuby w kształcie torpedy, charakteryzujące się opływową, cylindryczną formą, są szczególnie skuteczne w minimalizowaniu oporu wody, co jest kluczowe dla osiągania wysokich prędkości i wydajności operacyjnej. Tego typu konstrukcja sprawdza się zwłaszcza w zastosowaniach wojskowych, gdzie istotne są ukrycie, prędkość oraz wydłużony czas działania [516-518]. Redukcja oporu nie tylko zwiększa prędkość AUV, ale także pozwala oszczędzać energię, co z kolei przekłada się na większy zasięg i możliwość pokonywania większych odległości bez częstego ładowania lub tankowania [519, 520].

Z kolei AUV o konstrukcji skrzynkowej lub otwartej ramie są projektowane z myślą o misjach, w których priorytetem jest manewrowość, a nie prędkość. Pojazdy te są często wykorzystywane w badaniach naukowych i inspekcjach podwodnych, gdzie stabilność i precyzja mają kluczowe znaczenie. Konstrukcja otwartej ramy umożliwia montaż różnorodnych zewnętrznych instrumentów, co sprawia, że AUV tego typu są niezwykle wszechstronne w realizacji różnorodnych zadań [521, 522]. Jednak ta wszechstronność wiąże się z większym oporem, co może ograniczać prędkość i zasięg operacyjny tych pojazdów [523]. Mimo tych ograniczeń możliwość przenoszenia wielu ładunków zwiększa użyteczność AUV o konstrukcji skrzynkowej w realizacji złożonych misji wymagających precyzyjnej kontroli i zastosowania różnorodnych sensorów [524, 525].

Wybór materiałów do budowy kadłuba to kolejny kluczowy aspekt, ponieważ AUV muszą wytrzymywać ekstremalne ciśnienia panujące w głębinach morskich, jednocześnie zachowując niską masę dla efektywnej pracy. Tytan jest często wybierany ze względu na jego doskonały stosunek wytrzymałości do masy oraz odporność na korozję, co czyni go idealnym materiałem w trudnych warunkach morskich [526, 527]. Stopy aluminium stanowią lekką i ekonomiczną alternatywę, choć mogą nie dorównywać wytrzymałości tytanu [528]. Ponadto zaawansowane kompozyty, takie jak włókno węglowe, zyskują coraz większą popularność dzięki swoim lekkim właściwościom i wysokiej wytrzymałości, co przyczynia się do zmniejszenia masy całkowitej AUV i poprawy efektywności energetycznej bez utraty trwałości [529, 530].

Aby zapewnić bezpieczeństwo i funkcjonalność elektroniki pokładowej oraz ładunków, AUV często wyposażone są w konstrukcje odporne na ciśnienie wewnątrz kadłuba. Powszechnie stosowane są wewnętrzne naczynia ciśnieniowe, które chronią wrażliwe komponenty przed miażdżącym ciśnieniem występującym na dużych głębokościach, tworząc stabilne środowisko dla systemów elektronicznych i zapewniając ich niezawodność podczas misji [531, 532]. Integracja wytrzymałych materiałów, hydrodynamicznej konstrukcji i odpornych na ciśnienie rozwiązań konstrukcyjnych jest kluczowa dla umożliwienia AUV wykonywania złożonych zadań w jednych z najbardziej wymagających i niedostępnych obszarów oceanicznych. Ta przemyślana synteza projektowania kadłuba, nauki o materiałach i zasad inżynierii zapewnia, że AUV pozostają trwałe, wydajne i elastyczne w szerokim spektrum misji podwodnych [533, 534].

Podstawy Projektowania i Budowy Okrętów Podwodnych

Rysunek 123: Autonomiczny pojazd podwodny "Witiaź-D" podczas wystawy "Armiya 2021". Kirill Borisenko, CC BY-SA 4.0, za pośrednictwem Wikimedia Commons.

Jako przykład autonomicznego pojazdu podwodnego (AUV), Witiaź-D jest nowoczesnym AUV opracowanym przez Centralne Biuro Konstrukcyjne Inżynierii Morskiej (RUBIN) we współpracy z Rosyjską Fundacją Badań Zaawansowanych. Pojazd ten wyróżnia się zdolnością do osiągania pełnych głębokości oceanicznych i autonomicznej pracy, co stanowi znaczący krok naprzód w eksploracji podwodnej i zastosowaniach militarnych. Witiaź-D zdobył międzynarodowe uznanie, gdy w maju 2020 roku osiągnął głębokość 10 028 metrów w Rowie Mariańskim, stając się pierwszym w pełni autonomicznym AUV eksplorującym to ekstremalne środowisko bez interwencji człowieka.

Witiaź-D ma 5,7 metra długości, średnicę 1,3 metra i waży około 5,7 tony. Może operować na głębokościach do 12 000 metrów, co czyni go odpowiednim do misji na dużych głębokościach. Pojazd jest wyposażony w cztery elektryczne napędy główne oraz dziesięć napędów manewrowych, które umożliwiają precyzyjną kontrolę i napęd z prędkością około jednego metra na sekundę. Jego czas pracy wynosi 24 godziny, co pozwala na prowadzenie badań i misji rozpoznawczych.

AUV ten posiada zaawansowane czujniki, w tym sonar boczny, echosondy, kamery wideo oraz czujniki środowiskowe, które umożliwiają gromadzenie cennych danych naukowych. Dodatkowo, Witiaź-D wykorzystuje sztuczną inteligencję (AI), która umożliwia mu autonomiczną nawigację w skomplikowanych środowiskach podwodnych, unikanie przeszkód i odkrywanie zamkniętych przestrzeni. System AI wspiera zdolność pojazdu do samodzielnego realizowania misji, podążając za wcześniej zaprogramowanymi trasami i dostosowując się do zmieniających się warunków na swojej drodze.

Witiaź-D wyposażony jest również w zaawansowany system komunikacji, który wykorzystuje kanały akustyczne umożliwiające komunikację w czasie rzeczywistym z jednostką macierzystą podczas głębokich nurkowań. System ten zapewnia przesyłanie danych i poleceń nawet na ekstremalnych głębokościach, gdzie tradycyjne metody komunikacji są nieskuteczne. Podczas swojej misji w Rowie Mariańskim Witiaź-D zainstalował proporzec upamiętniający 75. rocznicę zwycięstwa Związku Radzieckiego w II wojnie światowej, demonstrując zarówno osiągnięcie techniczne, jak i symboliczny przekaz.

Program Witiaź-D został oficjalnie zaprezentowany na Międzynarodowym Forum Wojskowo-Technicznym "Army-2020". Jego konstrukcja odzwierciedla przesunięcie w kierunku większej autonomii w systemach podwodnych, wpisując się w szersze trendy dotyczące bezzałogowych technologii morskich. Marynarka Wojenna Rosji planuje włączyć Witiaź-D do swoich operacji, potencjalnie zastępując starsze głębinowe pojazdy podwodne tą zaawansowaną platformą zarówno do eksploracji naukowej, jak i strategicznych misji.

System napędowy

Systemy napędowe są kluczowym elementem autonomicznych pojazdów podwodnych (AUV), ponieważ zapewniają niezbędną mobilność i kontrolę do realizacji złożonych misji podwodnych. Wybór mechanizmu napędowego zależy od konstrukcji pojazdu, wymagań operacyjnych oraz warunków środowiskowych, w których będzie on działał. Najczęściej stosowanym typem napędu w AUV są systemy śrubowe, które generują ciąg do przodu poprzez ruch obrotowy. Śruby napędowe cieszą się popularnością ze względu na swoją prostotę i efektywność, co czyni je odpowiednimi do misji dalekiego zasięgu, gdzie istotne jest utrzymanie stałych prędkości przy minimalnym zużyciu energii [535, 536].

Rysunek 124: Śruba napędowa OZZ-2 UUV (REMUS 600) na pokładzie JS Awaji (MSO-304) w bazie Hanshin. Hunini, CC BY-SA 4.0, via Wikimedia Commons.

Do zadań wymagających precyzyjnego manewrowania AUV często wykorzystują pędniki—małe silniki umożliwiające ruch w wielu kierunkach. Ta funkcjonalność pozwala na precyzyjne regulacje pozycji, co jest szczególnie korzystne podczas wykonywania wrażliwych operacji, takich jak inspekcje i zbieranie danych w ciasnych przestrzeniach [537, 538]. Integracja zaawansowanych algorytmów sterowania dodatkowo poprawia zdolności manewrowe AUV, umożliwiając skuteczne nawigowanie w złożonych środowiskach podwodnych [538, 539].

W ostatnich latach rośnie zainteresowanie bioinspirowanymi systemami napędu, które naśladują naturalne ruchy zwierząt morskich. Konstrukcje te, wykorzystujące oscylujące płetwy lub ogony, umożliwiają cichsze i bardziej efektywne poruszanie się w wodzie, co minimalizuje sygnatury akustyczne. Jest to szczególnie korzystne podczas operacji wymagających skrytości w zastosowaniach wojskowych lub misjach badawczych w wrażliwych ekosystemach [540-542]. Badania nad zwierzętami morskimi, takimi jak płaszczki i ryby, dostarczają informacji o ich unikalnych strategiach lokomocji, które można zaadaptować do wydajnych systemów napędu dla AUV [541, 542].

Systemy napędu w AUV są zazwyczaj zasilane bateriami litowo-jonowymi, które są preferowane ze względu na wysoką gęstość energii i szerokie zastosowanie w platformach AUV [543, 544]. Jednakże, wysokie zapotrzebowanie na energię podczas długich misji skłania do badań nad alternatywnymi źródłami energii, takimi jak ogniwa paliwowe i systemy pozyskiwania energii z oceanu. Innowacje te mają na celu zwiększenie czasu operacyjnego AUV, umożliwiając prowadzenie dłuższych misji bez konieczności częstego ładowania [543-545].

Systemy napędu AUV można również klasyfikować w zależności od ich konfiguracji mechanicznej. Silniki bezpośredniego napędu są często preferowane ze względu na ich wysoką wydajność i niski poziom hałasu, podczas gdy niektóre konstrukcje zawierają dodatkowe komponenty, takie jak przekładnie i uszczelnienia, aby poprawić wydajność [535, 546]. W zaawansowanych konfiguracjach pędniki AUV mogą być wyposażone w redundantne systemy uszczelnień, które zapobiegają przedostawaniu się wody, zapewniając ciągłą pracę nawet w przypadku awarii uszczelnienia podczas misji [537, 539].

Niektóre AUV, znane jako podwodne szybowce, wykorzystują inne podejście do napędu. Zamiast polegać na tradycyjnych metodach napędu, te pojazdy generują ruch do przodu poprzez regulację swojej wyporności i nachylenia. Poprzez wielokrotne unoszenie się i opadanie skrzydła szybowca przekształcają ruch pionowy w ruch poziomy. Ta metoda pozwala szybowcom na osiągnięcie wyjątkowej wydajności energetycznej, co często pozwala im na trwające kilka miesięcy misje transoceaniczne przy minimalnym zużyciu energii [547]. Ich energooszczędna konstrukcja sprawia, że są szczególnie skuteczne w długoterminowym monitorowaniu środowiska i badaniach oceanograficznych [547].

Systemy napędu w AUV są zróżnicowane i dostosowane do specyficznych potrzeb operacyjnych. Od tradycyjnych systemów śrubowych po innowacyjne bioinspirowane konstrukcje i energooszczędne szybowce, mechanizmy te są kluczowe dla efektywności i wszechstronności AUV w różnych zastosowaniach podwodnych.

Systemy Nawigacji i Sterowania

Autonomiczne Pojazdy Podwodne (AUV) odgrywają coraz ważniejszą rolę w różnorodnych misjach podwodnych, wymagając niezawodnych systemów nawigacji i sterowania do skutecznego działania w środowiskach, w których tradycyjne sygnały GPS są niedostępne. Główną technologią nawigacyjną stosowaną w AUV jest System Nawigacji Inercyjnej (INS), który wykorzystuje połączenie akcelerometrów i żyroskopów do oszacowania pozycji, prędkości i orientacji pojazdu metodą martwej recki. Metoda ta jest szczególnie istotna w środowisku podwodnym, gdzie sygnały GPS nie przenikają przez wodę, co czyni INS niezbędnym dla utrzymania dokładności nawigacyjnej przez dłuższy czas [289, 548].

Aby poprawić dokładność nawigacji, AUV często integrują akustyczne systemy pozycjonowania. System Nawigacji o Długiej Bazie (Long Baseline, LBL) wykorzystuje sieć transponderów na dnie morskim, które komunikują się z AUV, aby triangulować jego pozycję za pomocą sygnałów akustycznych. W scenariuszach, gdzie obecny jest statek wsparcia, można użyć systemów o Ultra-Krótkiej Bazie (Ultra-Short Baseline, USBL), które śledzą AUV, mierząc odległość i kierunek względem statku powierzchniowego, który ma dostęp do współrzędnych GPS. Ta zdolność śledzenia w czasie rzeczywistym jest kluczowa dla precyzyjnych operacji podwodnych, szczególnie w złożonych środowiskach [508, 549].

Oprócz INS i systemów akustycznych wiele AUV jest wyposażonych w Logi Prędkości Dopplerowskiej (DVL), które mierzą prędkość pojazdu względem dna morskiego. Informacje te są kluczowe do korygowania trajektorii pojazdu i minimalizowania dryfu, który może narastać z czasem w wyniku stosowania martwej recki. DVL wspiera również pomiary głębokości i wysokości, co zapewnia, że AUV skutecznie utrzymuje swoją operacyjną głębokość [289, 549]. Dodatkowo czujniki ciśnienia odgrywają istotną rolę w kontroli głębokości, mierząc ciśnienie hydrostatyczne i przekształcając je w dokładne odczyty głębokości. Integracja danych z DVL, INS i czujników ciśnienia za pomocą algorytmów filtrujących zapewnia zoptymalizowane rozwiązanie nawigacyjne, umożliwiając AUV utrzymanie stabilności i podążanie zaplanowaną ścieżką podczas misji [548, 549].

Systemy sterowania są równie istotne dla zapewnienia stabilności i responsywności AUV. Automatyczne kontrolery, takie jak kontrolery proporcjonalno-całkująco-różniczkujące (PID), są stosowane do monitorowania i dostosowywania systemów napędu i wyporności AUV w czasie rzeczywistym, zapewniając, że pojazd utrzymuje odpowiednią głębokość, orientację i trajektorię pomimo dynamicznych warunków podwodnych [550-552]. Zaawansowane AUV integrują także algorytmy planowania ścieżek oparte na sztucznej inteligencji, które umożliwiają im autonomiczne dostosowywanie się do zmian środowiskowych lub specyficznych wymagań misji. Ta zdolność adaptacyjna jest kluczowa podczas prowadzenia badań lub unikania przeszkód w nieprzewidywalnym środowisku podwodnym [553, 554].

W misjach, gdzie dokładność nawigacyjna ma kluczowe znaczenie, takich jak działania przeciwminowe lub precyzyjne mapowanie, AUV mogą okresowo wynurzać się, aby uzyskać współrzędne GPS. Praktyka ta pozwala na skorygowanie błędów kumulujących się w wyniku martwej recki, zapewniając, że systemy nawigacyjne pozostają zsynchronizowane i dokładne. Połączenie tych zaawansowanych technologii nawigacji i sterowania umożliwia AUV realizację złożonych, autonomicznych misji przy minimalnej interwencji człowieka, znacznie zwiększając ich efektywność w zastosowaniach naukowych, wojskowych i komercyjnych [548, 549, 554].

Systemy Komunikacji

Systemy komunikacji są kluczowym elementem Autonomicznych Pojazdów Podwodnych (AUV), umożliwiając operatorom monitorowanie pojazdów i wymianę danych podczas misji. Wyzwaniem w komunikacji podwodnej jest przede wszystkim ograniczona propagacja fal radiowych w wodzie, co wymaga stosowania alternatywnych metod komunikacji. Modemy akustyczne to dominująca technologia wykorzystywana przez AUV podczas operacji zanurzeniowych. Modemy te przesyłają dane za pomocą fal dźwiękowych, które mogą przemieszczać się na znaczne odległości pod wodą, choć z niższymi prędkościami transmisji danych w porównaniu do systemów komunikacji naziemnej. Ta cecha czyni modemy akustyczne niezbędnymi do przekazywania poleceń, aktualizacji statusu i odczytów z czujników między AUV a operatorami, mimo ograniczeń przepustowości, które utrudniają przesyłanie dużych zestawów danych lub komunikację o wysokiej częstotliwości [555, 556].

Standard NATO ANEP-87 JANUS jest przykładem ostatnich postępów w komunikacji akustycznej, umożliwiając interoperacyjną komunikację między różnymi systemami z prędkością transmisji danych około 80 bitów na sekundę, co jest kluczowe dla operacji wojskowych i naukowych [555]. Ponadto, gdy AUV wynurza się, może korzystać z komunikacji satelitarnej do przesyłania zebranych danych i aktualizacji swojej pozycji za pomocą GPS. To hybrydowe podejście komunikacyjne, łączące systemy akustyczne pod wodą i sieci satelitarne na powierzchni, zapewnia efektywną transmisję danych podczas długich misji, szczególnie w odległych lokalizacjach [557, 558]. Integracja modemów satelitarnych umożliwia komunikację o dużej przepustowości, pozwalając operatorom na pobieranie danych z misji lub rekonfigurację AUV do kolejnych etapów operacji [557, 558].

Oprócz komunikacji akustycznej i satelitarnej, modemy optyczne stanowią kolejną metodę komunikacji podwodnej, oferując znacznie wyższe prędkości transmisji danych niż systemy akustyczne. Ich skuteczność jest jednak ograniczona przez klarowność wody i zasięg, co ogranicza ich zastosowanie do krótkich dystansów i kontrolowanych środowisk. W klarownych warunkach wodnych systemy optyczne mogą przesyłać duże ilości danych w czasie rzeczywistym, co czyni je odpowiednimi do konkretnych zadań, takich jak koordynacja pojazdów w bliskim sąsiedztwie czy inspekcje portów [557, 559, 560]. Rozwój technologii podwodnej bezprzewodowej komunikacji optycznej (UWOC) zyskuje na znaczeniu, ponieważ zapewnia wysoką przepustowość i niskie opóźnienia, eliminując niektóre ograniczenia związane z komunikacją akustyczną [557, 559, 560].

AUV zostały zaprojektowane do pracy autonomicznej, realizując misje na podstawie zaprogramowanych wcześniej instrukcji i algorytmów podejmowania decyzji na pokładzie. Ta autonomia pozwala AUV dostosowywać się do zmian środowiskowych i nawigować wśród przeszkód bez bezpośredniej interwencji człowieka [558]. Ostatnie badania eksplorują również wielomodowe rozwiązania komunikacyjne, które łączą techniki akustyczne, optyczne, a nawet radiowe (RF), w zależności od wymagań misji [561]. Takie postępy mają na celu wykorzystanie istniejącej infrastruktury podwodnej, takiej jak rurociągi czy kable światłowodowe, w celu zwiększenia elastyczności operacyjnej i możliwości komunikacyjnych [561, 562]. Dzięki tym różnorodnym strategiom komunikacyjnym AUV utrzymują skuteczność operacyjną w różnych środowiskach podwodnych, przy czym systemy akustyczne i satelitarne zapewniają podstawową wymianę poleceń i danych, a systemy optyczne wzmacniają zdolności w określonych zadaniach [557, 558].

Czujniki i Ładunki

Autonomiczne Pojazdy Podwodne (AUV) są coraz bardziej cenione za swoją wszechstronność i zdolność do autonomicznego wykonywania złożonych zadań podwodnych. Pojazdy te są wyposażone w różnorodne czujniki i instrumenty dostosowane do specyficznych wymagań misji, co pozwala im realizować różnorodne operacje, od monitorowania środowiska po rozpoznanie wojskowe. Jednymi z najważniejszych komponentów AUV są systemy sonarowe, które odgrywają kluczową rolę w mapowaniu dna morskiego, wykrywaniu przeszkód i śledzeniu celów. Sonar wielowiązkowy, na przykład, dostarcza bardzo szczegółowych trójwymiarowych obrazów dna oceanicznego, co okazuje się niezwykle wartościowe w mapowaniu topograficznym i eksploracji podwodnej [563, 564]. Sonar boczny jest natomiast często wykorzystywany do szeroko zakrojonych badań terenowych, dostarczając obrazy o wysokiej rozdzielczości, które mogą wykrywać obiekty lub anomalie, takie jak wraki statków czy pola szczątków [563, 565].

Oprócz technologii sonarowych, AUV często są wyposażone w optyczne czujniki, w tym kamery o wysokiej rozdzielczości i skanery laserowe, które są niezbędne do rejestrowania danych wizualnych potrzebnych do inspekcji podwodnych i badań naukowych. Systemy wizualne są szczególnie skuteczne w trudnych warunkach podwodnych, dostarczając wyraźnych obrazów wspierających różnorodne zastosowania, takie jak inspekcja infrastruktury podwodnej, archeologia morska czy monitorowanie siedlisk [566]. Integracja tych systemów optycznych pozwala badaczom i inżynierom na uzyskanie krytycznych informacji o środowisku podwodnym, zwiększając ogólną użyteczność AUV w eksploracji naukowej [567].

Podstawy Projektowania i Budowy Okrętów Podwodnych

Ponadto AUV są wyposażone w czujniki środowiskowe, które zbierają istotne dane oceanograficzne, takie jak temperatura, zasolenie i poziom pH. Instrumenty, takie jak czujniki przewodnictwa, temperatury i głębokości (CTD) oraz fluorometry, są powszechnie wykorzystywane do monitorowania ekosystemów morskich i wykrywania zmian środowiskowych [568, 569]. Pomiary te są niezbędne do badań klimatycznych, zarządzania obszarami przybrzeżnymi oraz śledzenia stanu wrażliwych ekosystemów, takich jak rafy koralowe [570]. W zastosowaniach wojskowych AUV mogą również przenosić magnetometry do wykrywania anomalii magnetycznych na dnie morskim, co jest kluczowe w działaniach przeciwminowych i lokalizowaniu zatopionych wraków [571].

Modularna konstrukcja wielu platform AUV umożliwia elastyczne wymienianie czujników i instrumentów, co zwiększa ich zdolność adaptacji do różnych misji. Ta elastyczność zapewnia, że jeden AUV może być rekonfigurowany do różnych zadań, takich jak przejście od monitorowania środowiska do rozpoznania wojskowego lub inspekcji rurociągów [572]. Zaawansowane AUV mogą nawet holować specjalistyczny sprzęt, taki jak zestawy hydrofonów, bez uszczerbku dla ich wydajności operacyjnej [573]. Przykładowo, demonstracja w Monterey Bay pokazała, jak AUV o średnicy 21 cali z powodzeniem holował 400-stopowy zestaw hydrofonów, utrzymując prędkość sześciu węzłów, co ilustruje zdolność tych systemów do integracji złożonych ładunków [573].

Dzięki integracji różnorodnych czujników i instrumentów AUV są potężnymi narzędziami do eksploracji naukowej, monitorowania środowiska i operacji obronnych. Ich zdolność do autonomicznego gromadzenia szczegółowych danych, w połączeniu z modularnymi konfiguracjami ładunków, zapewnia, że pozostają one wszechstronnymi zasobami w szerokim zakresie zastosowań podwodnych [568, 574].

Autonomia i Sztuczna Inteligencja (SI)

Autonomia Autonomicznych Pojazdów Podwodnych (AUV) jest znacząco zwiększana dzięki zaawansowanym systemom oprogramowania, które zarządzają planowaniem misji, nawigacją i procesami decyzyjnymi. Systemy te są kluczowe, aby AUV mogły działać niezależnie przez długie okresy, szczególnie w wymagających środowiskach podwodnych, gdzie bezpośrednia komunikacja z operatorami jest często ograniczona. Na przykład AUV wykorzystują zaawansowane algorytmy planowania trasy, które pozwalają im bezpiecznie i efektywnie poruszać się, omijając przeszkody i dostosowując się do dynamicznych warunków w czasie rzeczywistym [575-577]. Integracja algorytmów uczenia maszynowego dodatkowo zwiększa autonomię, umożliwiając AUV dynamiczne dostosowywanie operacji do zmieniających się warunków środowiskowych, na przykład zmiany trasy w odpowiedzi na nieoczekiwane przeszkody [578, 579].

Ponadto wdrożenie współpracującego zachowania roju wśród wielu AUV stanowi znaczący postęp w autonomicznych operacjach. Podejście to pozwala AUV funkcjonować jako skoordynowana jednostka, dzieląc się informacjami i optymalizując swoje trasy w celu bardziej efektywnego pokrycia większych obszarów. Takie współpracujące zachowanie jest szczególnie korzystne w złożonych misjach, takich jak mapowanie podwodne i monitorowanie środowiska, gdzie wiele AUV może podzielić zadania, zmniejszając redundancję i zwiększając skuteczność misji [580]. Zdolność do działania w roju nie tylko zwiększa wydajność, ale także poprawia precyzję operacji w rozległych lub skomplikowanych środowiskach [581].

Oprócz autonomii operacyjnej, sztuczna inteligencja (SI) odgrywa kluczową rolę w fazie post-misji operacji AUV. Pojazdy wyposażone w zdolności przetwarzania danych na pokładzie mogą analizować duże zestawy danych, odfiltrowując nieistotne informacje i identyfikując kluczowe wnioski przed przesłaniem wyników do operatorów. Ta zdolność jest niezbędna do zarządzania przeciążeniem danych, szczególnie w misjach generujących ogromne ilości danych sonarowych, wideo lub środowiskowych [582, 583]. Dzięki usprawnionemu przetwarzaniu danych AUV zmniejszają obciążenie ludzkich analityków, pozwalając im skupić się na istotnych spostrzeżeniach i przyspieszając ogólny proces podejmowania decyzji [584].

Włączenie autonomii napędzanej SI nie tylko zwiększa elastyczność operacyjną AUV, ale także rozszerza ich potencjał do realizacji złożonych misji. Dzięki zaawansowanym systemom AUV mogą przeprowadzać oceny środowiskowe w czasie rzeczywistym lub eksploracje głębin morskich przy minimalnym nadzorze człowieka. Taka autonomia jest szczególnie korzystna w odległych lub niebezpiecznych lokalizacjach, gdzie zaangażowanie człowieka jest trudne, co czyni AUV bardziej efektywnymi w różnych zastosowaniach, w tym w badaniach naukowych, przedsięwzięciach komercyjnych i operacjach wojskowych [585-587]. Wraz z rozwojem technologii SI możliwości AUV będą się dalej poprawiać, zwiększając ich wydajność w różnorodnych zastosowaniach.

Zarządzanie Energią i Kontrola Wyporności

Zarządzanie energią jest kluczowym aspektem projektowania autonomicznych pojazdów podwodnych (AUV), ponieważ te jednostki muszą efektywnie zasilać systemy napędowe, a także różnorodne czujniki pokładowe, elektronikę i systemy komunikacyjne. Aby zwiększyć wydajność energetyczną, projektanci koncentrują się na optymalizacji mechanizmów napędowych w celu minimalizacji oporu, stosowaniu energooszczędnej elektroniki oraz wykorzystywaniu zaawansowanych algorytmów zarządzania energią. Algorytmy te są niezbędne do monitorowania w czasie rzeczywistym zużycia energii, co pozwala AUV efektywnie przydzielać energię do różnych funkcji w zależności od wymagań konkretnej misji. Na przykład integracja technologii pozyskiwania energii w zaawansowanych modelach AUV pozwala na wydłużenie czasu operacyjnego poprzez wykorzystanie źródeł środowiskowych, takich jak gradienty termiczne w warstwach oceanicznych lub prądy morskie do ładowania baterii podczas misji, co zmniejsza konieczność wynurzania się na powierzchnię [543, 588].

Kontrola wyporności jest równie istotna dla operacji AUV, ponieważ pozwala pojazdowi utrzymywać stabilną głębokość bez konieczności ciągłego napędu, co jest kluczowe dla oszczędzania energii podczas długotrwałych misji. AUV zazwyczaj wykorzystują zmienne systemy wyporności, które regulują gęstość pojazdu poprzez pobieranie lub usuwanie wody. Zdolność ta umożliwia AUV osiągnięcie neutralnej wyporności, co pozwala na oszczędność energii przy jednoczesnym utrzymaniu wymaganej głębokości operacyjnej [543, 588]. Współdziałanie zarządzania energią i kontroli wyporności jest podstawą wydajności i niezawodności AUV, umożliwiając im autonomiczną pracę na dużych odległościach i przez długie okresy przy minimalnej interwencji człowieka.

Większość AUV korzysta z akumulatorów wielokrotnego ładowania, szczególnie litowo-jonowych lub litowo-polimerowych, ze względu na ich wysoką gęstość energii i niezawodność. Systemy zarządzania bateriami są kluczowe do monitorowania poziomu naładowania i zapobiegania warunkom, które mogłyby pogorszyć wydajność baterii, takim jak przeładowanie lub głębokie rozładowanie [115, 544, 589]. Chociaż niektóre AUV mogą używać akumulatorów niklowo-metalowo-wodorkowych, oferują one zazwyczaj niższą gęstość energii w porównaniu z opcjami litowymi. W misjach wymagających wydłużonej wytrzymałości mogą być stosowane baterie pierwotne, choć wiąże się to z wyższymi kosztami operacyjnymi i ograniczoną możliwością ponownego wykorzystania [589]. Warto również zauważyć eksplorację systemów hybrydowych, które łączą tradycyjne akumulatory z superkondensatorami. Superkondensatory mogą szybko magazynować i uwalniać energię, co czyni je odpowiednimi do zadań wymagających nagłych zrywów mocy, takich jak szybkie manewrowanie czy transmisja danych [543, 588].

Historycznie, półogniwa paliwowe wykonane z aluminium były rozważane jako systemy zasilania AUV ze względu na ich wysoką gęstość energii; jednak wiązały się one z wyzwaniami, takimi jak częsta konserwacja i zarządzanie odpadami [543, 588]. W miarę postępu technologii baterii, trend przesunął się w kierunku bardziej wydajnych i zrównoważonych rozwiązań zasilania. Akumulatory litowo-jonowe stały się standardem ze względu na swoją wysoką gęstość energii i wydajność, chociaż ciągłe badania nadal eksplorują alternatywy, takie jak baterie litowo-siarkowe, które oferują znaczące potencjalne korzyści w zakresie gęstości energii i wagi [589, 590]. Integracja zaawansowanych systemów zarządzania bateriami jest kluczowa dla optymalizacji wydajności i żywotności tych źródeł zasilania, zapewniając, że AUV mogą skutecznie sprostać wymaganiom złożonych misji podwodnych [544, 591].

Wyzwania w Projektowaniu AUV

Projektowanie autonomicznych pojazdów podwodnych (AUV) wiąże się z koniecznością rozwiązania szeregu złożonych problemów inżynieryjnych. Jednym z głównych wyzwań jest zapewnienie, że pojazd będzie w stanie wytrzymać ogromne ciśnienia występujące na dużych głębokościach oceanicznych. Wraz ze wzrostem głębokości woda wywiera intensywne ciśnienie na kadłub AUV, co wymaga zastosowania materiałów o wysokiej wytrzymałości, takich jak tytan, stopy aluminium czy zaawansowane kompozyty, takie jak włókno węglowe. Materiały te zapewniają zarówno trwałość, jak i odporność na korozję, co jest niezbędne w trudnych warunkach podwodnych. W konstrukcji pojazdów stosuje się również projekty odporne na ciśnienie, takie jak wewnętrzne pojemniki ciśnieniowe, które chronią wrażliwą elektronikę i czujniki przed uszkodzeniem przez głębinowe warunki.

Działanie w nieprzewidywalnych środowiskach podwodnych wprowadza dodatkowe wyzwania. AUV muszą nawigować w skomplikowanych terenach, takich jak nierówne dna morskie, rafy koralowe czy obszary pełne odpadów, bez zewnętrznej pomocy. Pojazdy te polegają na zaawansowanych systemach nawigacyjnych, w tym nawigacji inercyjnej i logach prędkości Dopplera, aby manewrować precyzyjnie pomimo ograniczonej widoczności i prądów morskich. Ponadto AUV muszą działać niezawodnie w zróżnicowanych i dynamicznych warunkach, takich jak wahania temperatury, zmienne prądy i różnorodne poziomy zasolenia, które mogą wpływać na ich działanie i wydajność czujników.

Komunikacja jest kolejnym istotnym wyzwaniem, ponieważ fale radiowe nie przenikają skutecznie przez wodę, co ogranicza przepustowość i zasięg. To ograniczenie wymaga od AUV wysokiego stopnia autonomii. Aby zapewnić sukces misji, AUV są wyposażone w solidne algorytmy podejmowania decyzji, które umożliwiają im działanie niezależne. Algorytmy te pozwalają na unikanie przeszkód w czasie rzeczywistym, ponowne kalibrowanie ścieżki i adaptacyjne zachowanie w odpowiedzi na nieoczekiwane zmiany środowiskowe. Coraz częściej w AUV integruje się systemy oparte na sztucznej inteligencji, które pozwalają na realizację złożonych misji autonomicznie, zmniejszając potrzebę ciągłego udziału operatora.

Efektywność energetyczna jest kluczowym czynnikiem w projektowaniu AUV, ponieważ ograniczona dostępność energii bezpośrednio wpływa na czas trwania operacji. AUV muszą efektywnie równoważyć zużycie energii na napęd, wykorzystanie czujników i systemy komunikacyjne, aby wydłużyć czas misji. Projektanci stosują lekkie materiały i hydrodynamiczne kadłuby, aby zmniejszyć zużycie energii, a systemy zarządzania bateriami zapewniają optymalne wykorzystanie mocy podczas całej misji. Nowatorskie rozwiązania energetyczne, takie jak hybrydowe systemy zasilania i technologie pozyskiwania energii, są badane w celu zwiększenia wytrzymałości i zmniejszenia przestojów związanych z ładowaniem. Te innowacje są szczególnie ważne w misjach długoterminowych, gdzie zdolność do pozostania operacyjnym przez dłuższy czas jest kluczowa dla powodzenia misji.

Połączenie tych wyzwań projektowych sprawia, że rozwój AUV jest wysoce wyspecjalizowaną dziedziną, która wymaga wiedzy z wielu dyscyplin, w tym nauki o materiałach, robotyki, inżynierii morskiej i informatyki. W miarę jak AUV będą się rozwijać, postępy w autonomicznym podejmowaniu decyzji, zarządzaniu energią i materiałach odpornych na ciśnienie będą odgrywać kluczową rolę w poszerzaniu ich możliwości i zastosowań.

Zastosowania i Kierunki Rozwoju

Autonomiczne Pojazdy Podwodne (AUV) stały się kluczowymi narzędziami w różnych sektorach, takich jak badania oceanograficzne, archeologia podwodna, eksploracja zasobów ropy i gazu oraz nadzór wojskowy. Ich zdolności autonomiczne umożliwiają realizację złożonych misji przy minimalnym udziale człowieka, co przyczyniło się do ich rosnącego zastosowania w różnorodnych dziedzinach. Przykładowo, AUV są wykorzystywane do monitorowania środowiska, eksploracji zasobów oraz operacji wojskowych, co dowodzi ich wszechstronności i skuteczności w wymagających środowiskach podwodnych [592-596].

W miarę postępu technologicznego AUV stają się coraz bardziej zaawansowane, zdolne do realizacji dłuższych i bardziej skomplikowanych misji. Ewolucja ta jest napędzana postępem w nauce o materiałach, sztucznej inteligencji oraz systemach zarządzania energią. Szczególnie istotne są ulepszone zdolności sztucznej inteligencji, które umożliwiają AUV podejmowanie decyzji w czasie rzeczywistym na podstawie danych środowiskowych [597, 598]. Ponadto rozwój systemów napędowych inspirowanych biologią zyskuje na znaczeniu, obiecując poprawę wydajności i manewrowości AUV w złożonych środowiskach morskich [599]. Te innowacje są kluczowe dla rozszerzenia operacyjnych możliwości AUV, umożliwiając im bardziej efektywne realizowanie zadań, takich jak mapowanie podwodne, nadzór czy monitorowanie ekologiczne [594, 600].

Przyszłe trendy w projektowaniu AUV będą koncentrować się na poprawie efektywności energetycznej i rozwiązań zarządzania energią. Ponieważ AUV często polegają na akumulatorach pokładowych lub źródłach zasilania przewodowego, trwają badania nad bardziej zrównoważonymi systemami energetycznymi, które mogą wspierać długie misje bez częstego ładowania [601, 602]. Integracja zaawansowanych technologii zarządzania energią będzie kluczowa dla maksymalizacji zasięgu operacyjnego i czasu działania AUV, zwiększając ich użyteczność zarówno w aplikacjach naukowych, jak i wojskowych [603, 604].

Kontynuowana ewolucja technologii AUV ma potencjał zrewolucjonizować operacje podwodne, oferując bezprecedensowe możliwości w zakresie eksploracji, badań i obronności. Dzięki integracji zaawansowanych materiałów, AI i systemów energetycznych, AUV są przygotowane do odgrywania coraz bardziej krytycznej roli w pogłębianiu naszej wiedzy o środowiskach oceanicznych i wspieraniu globalnych operacji morskich [593, 596, 600]. W miarę dojrzewania tych technologii możliwości AUV prawdopodobnie się rozszerzą, pozwalając na bardziej ambitne misje, które będą mogły sprostać palącym wyzwaniom w naukach morskich i bezpieczeństwie [595, 605].

Rola Sztucznej Inteligencji w Łodziach Podwodnych

Sztuczna inteligencja (SI) jest coraz częściej postrzegana jako siła transformacyjna w operacjach nowoczesnych łodzi podwodnych, zwiększając ich zdolności w takich obszarach jak nawigacja, wykrywanie celów, przetwarzanie danych i operacje autonomiczne. Złożoność środowiska podwodnego, charakteryzującego się ograniczoną widocznością i dynamicznymi warunkami, wymaga zaawansowanych rozwiązań technologicznych, które może zapewnić SI. Na przykład algorytmy SI znacząco poprawiają nawigację, analizując podwodne ukształtowanie terenu, prądy i czynniki środowiskowe, aby wyznaczać optymalne trasy. Ta zdolność jest kluczowa dla łodzi podwodnych, które muszą bezpiecznie poruszać się po wymagających podwodnych krajobrazach, unikając przeszkód w czasie rzeczywistym [606].

W zakresie wykrywania i klasyfikacji celów SI odgrywa kluczową rolę w przetwarzaniu danych sonarowych. Łodzie podwodne wykorzystują zaawansowane systemy sonarowe do wykrywania pobliskich obiektów, ale interpretacja tych danych może być czasochłonna i podatna na błędy ludzkie. Algorytmy SI usprawniają ten proces, efektywnie analizując sygnały akustyczne i odróżniając różne obiekty, takie jak fauna morska czy potencjalne zagrożenia, w tym wrogie jednostki czy miny podwodne. Automatyzacja przyspiesza podejmowanie decyzji i zwiększa precyzję operacyjną w sytuacjach wysokiego stresu [315, 607, 608]. Integracja SI w systemach sonarowych wykazała poprawę dokładności rozpoznawania celów podwodnych, co jest kluczowe dla utrzymania skuteczności operacyjnej [609, 610].

Co więcej, SI przyczynia się do konserwacji predykcyjnej i diagnostyki systemów wewnętrznych łodzi podwodnych. Te jednostki są wyposażone w liczne systemy mechaniczne i elektroniczne, które wymagają ciągłego monitorowania. Narzędzia predykcyjnej konserwacji oparte na SI analizują dane z czujników pokładowych, aby zidentyfikować potencjalne problemy, zanim przekształcą się w awarie. To proaktywne podejście minimalizuje przestoje i wydłuża czas eksploatacji systemów łodzi podwodnych, zapewniając gotowość bojową podczas długotrwałych misji [611]. Zdolność do przewidywania potrzeb konserwacyjnych jest szczególnie korzystna w kontekście długich misji, gdzie dostęp do zaplecza naprawczego może być ograniczony.

W operacjach bojowych SI zwiększa skuteczność taktycznego podejmowania decyzji, dostarczając rekomendacji w czasie rzeczywistym na podstawie zmieniających się warunków pola walki. Zaawansowane łodzie podwodne są coraz częściej wyposażane w systemy sterowane przez SI, które analizują wzorce zachowań przeciwnika, przewidują potencjalne zagrożenia i sugerują środki zaradcze. Ta zdolność nie tylko poprawia efektywność operacji wojskowych, ale także toruje drogę do rozwoju w pełni autonomicznych łodzi podwodnych zdolnych do realizacji misji przy minimalnym udziale człowieka [612, 613]. Przyszłość wojny podwodnej może obejmować systemy SI współpracujące zarówno z bezzałogowymi, jak i załogowymi jednostkami morskimi, zwiększając tym samym efektywność operacyjną.

SI odgrywa również kluczową rolę w przetwarzaniu danych i komunikacji. Łodzie podwodne generują ogromne ilości danych z różnych czujników, a algorytmy SI pomagają w ich optymalizacji, identyfikując istotne informacje i odfiltrowując zbędne dane. Taka optymalizacja zmniejsza zużycie pasma i zapewnia efektywne przesyłanie krytycznych informacji do centrów dowodzenia. W operacjach skrytych, gdzie komunikacja musi być zminimalizowana, SI może ułatwić podejmowanie decyzji lokalnych, pozwalając łodziom podwodnym utrzymać niski profil przy jednoczesnym realizowaniu celów misji [614].

Ogólnie rzecz biorąc, integracja sztucznej inteligencji (SI) w operacjach łodzi podwodnych rewolucjonizuje ich funkcjonalność, czyniąc je bardziej autonomicznymi, efektywnymi i zdolnymi do reagowania na dynamiczne warunki podwodne. W miarę jak badania i rozwój w dziedzinie SI postępują, potencjał dalszego zmniejszania obciążenia załogi i usprawniania podejmowania strategicznych decyzji umacnia rolę SI jako filaru nowoczesnej wojny podwodnej [615].

Sztuczna inteligencja (SI) jest coraz częściej uznawana za czynnik transformacyjny, który wzmacnia zdolności nowoczesnych łodzi podwodnych, szczególnie w obszarach takich jak autonomiczna nawigacja, wykrywanie celów, konserwacja predykcyjna i podejmowanie decyzji. Łodzie podwodne wyposażone w systemy nawigacyjne oparte na SI wykazują znaczące postępy w autonomicznym planowaniu trasy. Systemy te umożliwiają autonomiczne wytyczanie optymalnych tras, adaptowanie się do zmian środowiskowych i unikanie przeszkód, co jest kluczowe podczas długotrwałych operacji pod wodą. Zdolność do działania przy zmniejszonym udziale człowieka pozwala na precyzyjną nawigację w złożonych środowiskach podwodnych, zwiększając skuteczność operacyjną i bezpieczeństwo [616, 617].

Co więcej, systemy zasilane SI znacząco poprawiają zdolności wykrywania celów dzięki analizie danych sonarowych w czasie rzeczywistym. Łodzie podwodne wykorzystują algorytmy uczenia maszynowego do rozróżniania między fauną morską, naturalnymi przeszkodami a potencjalnymi zagrożeniami, takimi jak wrogie jednostki czy miny. Ten zautomatyzowany proces wykrywania minimalizuje fałszywe alarmy i ułatwia szybsze oraz bardziej niezawodne reakcje w stresujących sytuacjach, co jest kluczowe dla utrzymania przewagi taktycznej podczas misji [315, 618]. Integracja SI w systemach sonarowych pozwala na zwiększoną świadomość sytuacyjną i gotowość operacyjną, co jest niezbędne w nowoczesnych działaniach wojennych na morzu [619].

Konserwacja predykcyjna to kolejna kluczowa aplikacja SI w operacjach łodzi podwodnych, zapewniająca gotowość operacyjną jednostek. Dzięki analizie danych z czujników różnych systemów pokładowych algorytmy SI mogą identyfikować wzorce wskazujące na potencjalne awarie sprzętu zanim one nastąpią. To proaktywne podejście do konserwacji minimalizuje przestoje i wydłuża żywotność krytycznych komponentów, redukując potrzebę nieplanowanych napraw i zapewniając, że łodzie podwodne pozostają w pełni operacyjne podczas misji [620, 621]. Zdolność do przewidywania potrzeb konserwacyjnych nie tylko zwiększa niezawodność, ale także przyczynia się do oszczędności kosztów i poprawy planowania misji [622].

Podstawy Projektowania i Budowy Okrętów Podwodnych

W zakresie planowania misji i podejmowania decyzji SI dostarcza rekomendacji w czasie rzeczywistym, przetwarzając obszerne zestawy danych, w tym dane środowiskowe, aktywność wroga i wyniki historycznych misji. Te analizy wspierają dowódców łodzi podwodnych w podejmowaniu świadomych decyzji, optymalizując wyniki misji. Dodatkowo, SI usprawnia komunikację wewnątrz łodzi podwodnych oraz z centrami dowodzenia poprzez narzędzia takie jak przetwarzanie języka naturalnego, które ułatwiają interakcje załogi i poprawiają koordynację operacyjną [623].

W miarę postępu badań SI jest na dobrej drodze, aby jeszcze bardziej zrewolucjonizować operacje łodzi podwodnych, potencjalnie prowadząc do powstania w pełni autonomicznych jednostek podwodnych, które mogą współpracować z załogowymi jednostkami morskimi. Zdolność SI do optymalizacji zarządzania energią, poprawy zdolności obserwacyjnych i automatyzacji rutynowych zadań zapewnia, że łodzie podwodne utrzymają strategiczną przewagę w coraz bardziej złożonym środowisku morskim [624].

Przyszłe trendy w rozwoju bezzałogowych łodzi podwodnych

Szybki postęp technologiczny w dziedzinie bezzałogowych pojazdów podwodnych (UUV) jest napędzany innowacjami w zakresie autonomii, sztucznej inteligencji (AI) oraz zarządzania energią. Rozwój ten znacząco zmienia możliwości operacyjne UUV, mając istotne implikacje zarówno dla zastosowań wojskowych, jak i naukowych.

Zwiększona autonomia i operacje rojowe: Kluczowym trendem w rozwoju UUV jest poprawa autonomii, która pozwala tym pojazdom realizować złożone misje przy minimalnym udziale człowieka. Zaawansowane algorytmy AI odgrywają istotną rolę w umożliwianiu podejmowania decyzji w czasie rzeczywistym oraz w nawigacji w dynamicznych środowiskach podwodnych, gdzie tradycyjne metody komunikacji mogą zawodzić [625]. Integracja technologii rojowej dodatkowo zwiększa zdolności operacyjne, umożliwiając współpracę wielu UUV w misjach rozpoznawczych, poszukiwawczych i kartograficznych. Taka skoordynowana działalność nie tylko zwiększa skuteczność misji dzięki pokrywaniu większych obszarów, ale także zmniejsza ryzyko wykrycia w nieprzyjaznych środowiskach [626]. Zdolność UUV do autonomicznego działania w trudnych warunkach jest kluczowa dla efektywnego eksplorowania zasobów morskich i prowadzenia działań obserwacyjnych [625].

Integracja z sieciowymi operacjami morskimi: UUV są coraz częściej integrowane z szerszymi sieciowymi operacjami morskimi, współpracując z załogowymi łodziami podwodnymi i bezzałogowymi pojazdami nawodnymi. Integracja ta zwiększa ich rolę jako czujników zewnętrznych lub wabików, szczególnie w scenariuszach walki z okrętami podwodnymi (ASW). Na przykład UUV wyposażone w bistatyczne systemy sonarowe mogą znacząco poprawić zdolności wykrywania celów, oświetlając cele sygnałami sonaru i koordynując przetwarzanie danych z innymi platformami [627]. Taka synergia nie tylko zwiększa świadomość sytuacyjną, ale także rozszerza zasięg operacyjny załogowych łodzi podwodnych, co zostało wykazane przez flotę klasy Virginia Marynarki Wojennej USA [627]. Współpraca UUV w ramach sieciowego systemu operacyjnego jest kluczowa dla nowoczesnych działań morskich, wzmacniając zarówno przewagę strategiczną, jak i taktyczną [627].

Efektywność energetyczna i zwiększona wytrzymałość: Priorytetem przyszłych projektów UUV jest wydłużenie czasu trwania misji. Badania koncentrują się na hybrydowych systemach energetycznych i technologiach pozyskiwania energii z oceanu, aby zmniejszyć zależność od konwencjonalnych baterii. Ogniwa paliwowe, które wytwarzają energię poprzez reakcje chemiczne, stanowią obiecujące rozwiązanie do wydłużania czasu operacji [628]. Dodatkowo badane są metody pozyskiwania energii z gradientów termicznych lub prądów oceanicznych jako sposób na utrzymanie operacji UUV przez dłuższe okresy bez potrzeby ładowania [629]. Innowacje te są niezbędne do realizacji długotrwałych misji obserwacyjnych, zwiększając strategiczną użyteczność UUV w kontekście wojskowym i naukowym [629].

Modularna konstrukcja i elastyczne ładunki: Trend w kierunku modularnej konstrukcji UUV umożliwia szybkie dostosowanie ich do konkretnych wymagań misji. Ta elastyczność pozwala jednej platformie pełnić różne role, takie jak inspekcja podwodna, wykrywanie min czy monitorowanie środowiska. Przykładem jest Boeing Orca XLUUV, który dzięki modularności może przenosić różnorodne ładunki, w tym czujniki i torpedy dostosowane do potrzeb operacyjnych [630]. Taka adaptacyjność zwiększa wartość UUV zarówno w zastosowaniach wojskowych, jak i cywilnych, od bezpieczeństwa morskiego po eksplorację naukową [630].

AI w konserwacji predykcyjnej i przetwarzaniu danych: SI odgrywa kluczową rolę w usprawnianiu konserwacji UUV i zarządzaniu danymi. Algorytmy konserwacji predykcyjnej analizują dane w czasie rzeczywistym z czujników, aby identyfikować potencjalne problemy przed ich eskalacją, co zmniejsza przestoje i zapewnia ciągłość operacji [631]. Dodatkowo systemy przetwarzania danych oparte na SI umożliwiają filtrowanie i priorytetyzację informacji, przesyłając do operatorów jedynie najistotniejsze ustalenia. Ta zdolność jest szczególnie korzystna w środowiskach o ograniczonej przepustowości, ułatwiając szybkie podejmowanie decyzji podczas misji [631].

Rozdział 13
Ograniczenia Środowiskowe i Operacyjne

Projektowanie Okrętów Podwodnych do Środowisk Arktycznych i Głębinowych

Projektowanie okrętów podwodnych do środowisk arktycznych i głębinowych wiąże się z unikalnymi wyzwaniami, które wymagają zastosowania specjalistycznych technologii do działania w ekstremalnych warunkach. W Arktyce okręty podwodne muszą poruszać się pod grubą pokrywą lodową, wytrzymywać mroźne temperatury oraz bezpiecznie wynurzać się przez pokryte lodem wody. Aby sprostać tym wymaganiom, okręty te są wyposażone w wytrzymałe kadłuby, często wzmocnione stalą HY-80 lub HY-100, które są odporne na kolizje z formacjami lodowymi [632]. Dodatkowo, stosowane są sonary skierowane ku górze, aby wykrywać polinie (obszary cienkiego lodu) i rynny lodowe, które są kluczowe dla bezpiecznego wynurzania się. Wieżyczki (sails), czyli pionowe struktury na okrętach podwodnych, są często specjalnie utwardzane, aby przebijały się przez lód, choć niektóre komponenty, takie jak okna sonarowe, pozostają bardziej podatne na uszkodzenia podczas takich operacji [633, 634].

HY-80 i HY-100 to stopy stali wysokowytrzymałej, przeznaczone do stosowania w środowiskach wymagających zarówno dużej wytrzymałości, jak i odporności na ekstremalne warunki, takich jak konstrukcje okrętów podwodnych. Oznaczenia tych stali odnoszą się do ich granicy plastyczności: HY-80 ma granicę plastyczności 80 000 psi, a HY-100 - 100 000 psi. „HY" oznacza „wysokowytrzymałość", co wskazuje na zdolność tych materiałów do zachowania integralności strukturalnej pod dużym ciśnieniem, co czyni je idealnymi do zastosowań w jednostkach morskich.

Te stopy stali zawierają dodatki stopowe, takie jak nikiel, molibden i chrom, co nadaje im doskonałą odporność na korozję i wysoką wytrzymałość w trudnych warunkach morskich. Charakteryzują się także wysoką odpornością na pękanie, co oznacza, że mogą pochłaniać znaczące naprężenia bez pękania – kluczowa cecha dla okrętów podwodnych działających pod ekstremalnym ciśnieniem w głębinach.

Stale HY-80 i HY-100 oferują również ulepszoną spawalność w porównaniu z innymi stalami wysokowytrzymałymi, co ułatwia ich stosowanie w dużych elementach konstrukcyjnych. Jest to szczególnie istotne w budowie okrętów podwodnych, gdzie złożone kształty kadłuba i modułowe projekty muszą być precyzyjnie łączone za pomocą spawania. Ponadto odporność tych materiałów na kruche pękanie w niskich temperaturach zapewnia ich niezawodność w arktycznych wodach, gdzie okręty podwodne są narażone na mroźne warunki.

W okrętach podwodnych HY-80 i HY-100 są przede wszystkim stosowane w kadłubach ciśnieniowych, które są strukturalnym rdzeniem zapewniającym integralność jednostki pod ogromnym ciśnieniem podwodnym. Stal ta zapewnia, że kadłub wytrzymuje zarówno naprężenia mechaniczne związane z głębinowym środowiskiem morskim, jak i potencjalne kolizje z lodem w wodach Arktyki.

HY-80 została pierwotnie zastosowana w budowie wczesnych okrętów podwodnych o napędzie jądrowym, takich jak jednostki klasy Skipjack i Los Angeles marynarki wojennej USA, ze względu na jej wytrzymałość i odporność na pękanie. Wraz z rozwojem projektów okrętów podwodnych HY-100 zaczęła zastępować HY-80 w nowszych jednostkach, oferując jeszcze większą wytrzymałość. To umożliwiło osiąganie większych głębokości operacyjnych przy zachowaniu podobnych lub cieńszych grubości kadłuba w porównaniu do jednostek zbudowanych z HY-80. Zastosowanie HY-100 przyczynia się również do zmniejszenia całkowitej masy okrętu, co poprawia efektywność bez uszczerbku dla bezpieczeństwa.

Oba materiały są kluczowe nie tylko dla kadłuba ciśnieniowego, ale także dla innych komponentów narażonych na trudne warunki podwodne, takich jak zbiorniki balastowe, grodzie oraz kluczowe elementy konstrukcyjne. Ich rola w projektowaniu okrętów podwodnych jest krytyczna, zwłaszcza dla jednostek operujących w Arktyce, gdzie kadłub musi wytrzymać uderzenia lodu bez ryzyka pęknięcia.

Integracja systemów sonarowych skierowanych w górę stanowi kluczowy postęp technologiczny w projektowaniu okrętów podwodnych przystosowanych do operacji w Arktyce. Tego rodzaju sonary są niezbędne do skanowania lodu znajdującego się nad jednostką, umożliwiając załodze identyfikację polinii — obszarów cienkiego lodu — lub otwartych rynien, gdzie okręt podwodny może się bezpiecznie wynurzyć. Ta zdolność jest kluczowa dla zapobiegania nieplanowanemu wynurzaniu się przez gruby lód, co mogłoby spowodować poważne uszkodzenia i opóźnienia operacyjne [633, 635]. Dodatkowo systemy sonarowe dostarczają kluczowych danych nawigacyjnych, zmniejszając ryzyko kolizji z podwodnymi grzbietami lodowymi lub innymi przeszkodami [633, 634].

Oprócz integralności strukturalnej i możliwości sonarowych, okręty podwodne operujące w regionach polarnych muszą radzić sobie z ekstremalnie niskimi temperaturami. W tym celu stosuje się specjalistyczne powłoki oraz systemy zarządzania termicznego, które zapobiegają zamarzaniu krytycznych systemów i utrzymują gotowość operacyjną [633, 635]. Konstrukcja takich jednostek musi również umożliwiać precyzyjne manewrowanie w ograniczonych przestrzeniach, takich jak strefy marginalne lodu, gdzie grzbiety lodowe mogą sięgać głęboko pod powierzchnię wody. W celu zwiększenia zwrotności przy niskich prędkościach często stosuje się pomocnicze systemy napędowe, takie jak wysuwane pędniki, które ułatwiają poruszanie się między formacjami lodowymi oraz precyzyjne pozycjonowanie przed wynurzeniem [633, 635].

Z kolei okręty podwodne przeznaczone do głębinowych operacji skupiają się na wytrzymywaniu ogromnego ciśnienia wody na głębokościach sięgających kilku tysięcy metrów. W konstrukcji ich kadłubów stosuje się materiały takie jak tytan i zaawansowane kompozyty, które zapewniają odporność na ciśnienie. Jednostki zaprojektowane do eksploracji głębinowej, takie jak DSV Alvin lub nowe chińskie miniaturowe okręty podwodne, kładą nacisk na modułową konstrukcję i wyposażenie w specjalistyczne instrumenty do badań oceanograficznych. Takie jednostki często operują z pokładów statków badawczych lub lodołamaczy, takich jak chiński Xue Long, co ułatwia działania w regionach polarnych i na dużych głębokościach.

Zarządzanie energią jest również kluczowe zarówno dla operacji arktycznych, jak i głębinowych. W tych odległych środowiskach okręty podwodne polegają na wysoko wydajnych systemach zasilania, takich jak baterie litowo-jonowe lub eksperymentalne ogniwa paliwowe, które zapewniają możliwość prowadzenia działań przez dłuższe okresy bez konieczności częstego uzupełniania zapasów. Podczas nawigacji w Arktyce okręty podwodne muszą starannie zarządzać swoimi trasami, aby unikać wykrycia przez sonary w miejscach takich jak Cieśnina Beringa, gdzie zarówno lód, jak i nadzór wroga stanowią wyzwania.

Projekty okrętów przeznaczonych do operacji w Arktyce i na dużych głębokościach łączą w sobie trwałość, autonomię i zdolność adaptacji do środowiska. Wraz ze wzrostem zainteresowania geopolitycznego Arktyką oraz intensyfikacją badań naukowych w środowiskach głębinowych, przyszłe okręty podwodne będą coraz bardziej polegać na zaawansowanych technologiach, aby bezpiecznie i efektywnie realizować złożone misje w tych surowych warunkach.

Rysunek 125: Okręt podwodny typu hunter-killer Royal Navy HMS Trenchant (S 91) wynurza się w kole podbiegunowym podczas ćwiczenia Ice Exercise (ICEX) 2018, 11 marca. Defense Visual Information Distribution Service, domena publiczna, za pośrednictwem Picryl.

Największym wyzwaniem dla operacji okrętów podwodnych w Arktyce jest stałe zagrożenie ze strony pokrywy lodowej. W gęsto upakowanym lodzie wynurzenie może być ograniczone lub całkowicie uniemożliwione, zmuszając okręty podwodne do długotrwałego pozostawania w zanurzeniu. Powoduje to poważne ryzyko operacyjne, zwłaszcza dla okrętów podwodnych o napędzie diesel-elektrycznym, które wymagają okresowego wynurzania się w celu naładowania baterii. Surowe warunki arktycznych wód sprawiły, że od lat 50. XX wieku preferowanym wyborem są okręty podwodne o napędzie nuklearnym. Napęd jądrowy pozwala tym jednostkom na nieograniczone pozostawanie w zanurzeniu, co czyni je znacznie bardziej zdolnymi do prowadzenia długotrwałych operacji pod lodem. Ogranicza to jednak możliwości marynarek wojennych, takich jak chińska PLAN, której większość floty stanowią okręty podwodne o napędzie diesel-elektrycznym, pozostawiając jedynie niewielką liczbę okrętów nuklearnych zdolnych do operacji w Arktyce [636].

Najnowsze osiągnięcia w zakresie napędu niezależnego od powietrza (AIP) oferują potencjalne rozwiązanie umożliwiające wydłużenie czasu zanurzenia konwencjonalnych okrętów podwodnych. Systemy AIP pozwalają jednostkom na operowanie przez kilka tygodni bez wynurzania się, wykorzystując reakcje chemiczne, które nie wymagają atmosferycznego tlenu. Przykładem jest silnik Stirlinga, po raz pierwszy zastosowany w Szwecji w latach 80. XX wieku, który wytwarza energię poprzez spalanie ciekłego tlenu i oleju napędowego. Inne rozwijające się technologie, takie jak wodorowe ogniwa paliwowe, oferują jeszcze cichszy napęd i mniejsze wymagania konserwacyjne, ale kosztem większej złożoności. Okręty podwodne wyposażone w systemy AIP, takie jak chińska klasa Type 041 Yuan, wykazały zdolność do długotrwałego przebywania pod wodą, co czyni je bardziej odpowiednimi do misji w Arktyce lub jej pobliżu [636].

Pomimo tych postępów systemy AIP wciąż mają ograniczone możliwości sprostania wymaganiom operacji arktycznych. Chociaż AIP wydłuża czas przebywania pod wodą, systemy te nie zapewniają wystarczającej mocy do szybkich przelotów lub długodystansowych misji, które są kluczowe w środowisku Arktyki. Okręty podwodne korzystające z AIP nadal potrzebowałyby dostępu do powietrza po wyczerpaniu zapasów paliwa, co zmusza je do korzystania z obszarów otwartych wód lub polynii — przestrzeni w lodzie, gdzie mogą się wynurzyć. Nawigacja między tymi obszarami wymaga ciągłego monitorowania za pomocą sonaru lub czujników świetlnych, co może ujawnić pozycję jednostki potencjalnym przeciwnikom [636].

Okręty podwodne o napędzie nienuklearnym napotykają również ograniczenia strukturalne w Arktyce. Jednostki te są zazwyczaj mniejsze, co ogranicza ich zdolność do przebijania się przez gruby lód podczas wynurzania. Ciśnienie pokrywy lodowej wymaga specjalnych cech konstrukcyjnych, takich jak wzmocnione kioski i chowane płetwy sterowe, aby zminimalizować uszkodzenia. Podczas zimnej wojny modyfikacje amerykańskich okrętów podwodnych, takich jak klasa Sturgeon, pokazały, że takie ulepszenia umożliwiły jednostkom przebijanie się przez lód poprzez obracanie płetw sterowych w pionie. Jednak proces ten był czasochłonny i wiązał się z ryzykiem, jeśli płetwy zaklinowały się w lodzie. Nowoczesne konstrukcje umieszczają płetwy sterowe na dziobowej części kadłuba, co zwiększa bezpieczeństwo i wydajność, co można zaobserwować w późniejszych wariantach amerykańskich okrętów podwodnych klasy Los Angeles [636].

Wynurzanie się przez lód pozostaje delikatną operacją, wymagającą wzmocnionych kiosków w celu ochrony kluczowych urządzeń, takich jak peryskopy, anteny komunikacyjne i systemy sonarowe. Niektóre okręty podwodne, takie jak USS Skate, były wyposażone w utwardzoną stal, umożliwiającą przebijanie się przez lód o grubości do 18 cali. Jednak nie wszystkie komponenty, szczególnie okna sonarowe, mogą być wzmocnione, co czyni je podatnymi na uszkodzenia. Śruby napędowe, będące kluczowym elementem, są szczególnie narażone na uszkodzenia przez lód. Historyczne przypadki, takie jak doświadczenia USS Skate na Morzu Karskim, podkreślają wyzwania związane z utrzymaniem zdolności operacyjnych po uszkodzeniach spowodowanych przez lód [636].

Nawigowanie w wodach Arktyki wiąże się także z istotnymi zagrożeniami, szczególnie w regionach takich jak Cieśnina Beringa, gdzie płytkie wody i zwarte grzbiety lodowe tworzą naturalne przeszkody. Okręty podwodne muszą korzystać z sonarów skierowanych do przodu i w górę w celu wykrywania zagrożeń, ale użycie sonaru aktywnego zwiększa ryzyko wykrycia przez siły przeciwnika. Dodatkowo, wąskie cieśniny wymagają precyzyjnego manewrowania, co dodatkowo komplikuje tranzyt większym okrętom podwodnym. Mniejsze okręty podwodne, wyposażone w wysuwane pomocnicze silniki do manewrowania z małą prędkością, oferują przewagę w takich środowiskach, pozwalając im na bardziej efektywne pozycjonowanie pod lodem zarówno w celach ofensywnych, jak i defensywnych [636].

Ostatecznie, choć postępy w technologii napędu niezależnego od powietrza (AIP) zmniejszają różnice w czasie zanurzenia między okrętami konwencjonalnymi a nuklearnymi, napęd nuklearny pozostaje kluczowy dla utrzymania długotrwałych operacji w Arktyce. Rosnąca liczba okrętów nuklearnych w chińskiej flocie zwiększy jej zdolności operacyjne w Arktyce, ale utrzymanie ciągłej obecności w wodach polarnych byłoby wyzwaniem nawet dla zmodernizowanej floty. Wymagania operacyjne misji arktycznych, takie jak potrzeba minimalizowania wykrycia i utrzymania szybkich tranzytów, sprawiają, że napęd nuklearny pozostaje jedyną realną opcją dla długoterminowych operacji strategicznych [636].

Uwzględnienie mroźnych temperatur

Projektowanie okrętów podwodnych do operacji w wodach polarnych wymaga wszechstronnego zrozumienia ekstremalnych warunków środowiskowych panujących w tych regionach, zwłaszcza wyzwań związanych z mroźnymi temperaturami i formowaniem się lodu. Nagromadzenie lodu na elementach zewnętrznych i kluczowych systemach może poważnie zakłócić ich funkcjonalność, zwiększyć ryzyko operacyjne oraz zagrozić gotowości bojowej. Aby zminimalizować te zagrożenia, okręty podwodne przeznaczone do operacji w Arktyce stosują specjalistyczne powłoki na powierzchniach narażonych na działanie lodu, takich jak kadłuby i peryskopy. Powłoki te zostały zaprojektowane tak, aby zapobiegać tworzeniu się lodu nawet w ekstremalnych warunkach. Ich zastosowanie jest kluczowe dla zapewnienia płynnych operacji podczas nawigacji i wynurzania, ponieważ znacznie zmniejszają prawdopodobieństwo zatorów lodowych, które mogłyby utrudnić funkcjonowanie [637].

Oprócz powłok ochronnych, okręty podwodne wykorzystują zaawansowane systemy zarządzania termicznego, które utrzymują funkcjonalność pokładowych systemów elektronicznych i napędowych. Systemy te są zaprojektowane tak, aby strategicznie rozprowadzać ciepło w całym okręcie, zapobiegając zamarzaniu kluczowych komponentów i zapewniając nieprzerwaną pracę podczas długotrwałych misji pod lodem [106]. Znaczenie zarządzania termicznego jest szczególnie widoczne w unikalnych warunkach termicznych regionów polarnych, gdzie ryzyko zamarzania może być dodatkowo zwiększone przez profil operacyjny okrętu podwodnego oraz otaczające lodowate wody [638].

Nawigacja pod lodem wprowadza dodatkowe komplikacje, zwłaszcza w strefach marginalnych lodu, gdzie grzbiety lodowe mogą sięgać głęboko pod powierzchnię. Regiony te wymagają precyzyjnych manewrów, aby unikać kolizji i odpowiednio pozycjonować okręt do wynurzenia przez polinie lub cienki lód. Standardowe systemy napędowe, zazwyczaj zoptymalizowane pod kątem operacji na otwartym morzu, mogą okazać się niewystarczające w takich scenariuszach. W związku z tym okręty podwodne zaprojektowane do misji arktycznych są wyposażone w pomocnicze systemy napędowe, takie jak wysuwane stery strumieniowe, które zwiększają manewrowość przy niskich prędkościach. Systemy te pozwalają okrętom wykonywać ruchy boczne i efektywnie przemieszczać się między formacjami lodowymi, zwiększając tym samym bezpieczeństwo i wydajność operacyjną [639].

Znaczenie tych systemów pomocniczych jest szczególnie widoczne podczas misji wymagających precyzyjnych manewrów, takich jak obserwacja w pobliżu lodowych wybrzeży lub wynurzanie się przez wąskie otwory w lodzie. Wysuwane stery strumieniowe zapewniają lepszą kontrolę, zwłaszcza w sytuacjach wymagających nagłych zmian kierunku w celu uniknięcia podwodnych przeszkód. Ta zdolność jest niezbędna do bezpiecznego wynurzania się w nieprzewidywalnych warunkach lodowych, gdzie ryzyko kolizji z formacjami lodowymi jest szczególnie wysokie [640]. Co więcej, precyzyjne utrzymanie głębokości jest kluczowe w tych środowiskach; okręty podwodne muszą starannie zarządzać swoją wypornością, aby utrzymać stabilną pozycję pod lodem bez nadmiernego zużycia napędu, co pozwala oszczędzać energię i minimalizować emisję hałasu [641].

Operacje okrętów podwodnych w strefach przybrzeżnych

Operacje okrętów podwodnych w strefach przybrzeżnych wiążą się z unikalnymi wyzwaniami i wymagają specjalistycznych taktyk, wynikających z złożonych warunków środowiskowych panujących w tych wodach. W przeciwieństwie do otwartego oceanu, gdzie głębokości są ogromne, strefy przybrzeżne charakteryzują się płytkimi wodami, dynamicznymi prądami, zmienną zasoleniem oraz wysokim poziomem szumów tła, spowodowanych zarówno naturalnymi, jak i ludzkimi działaniami. Te warunki mogą utrudniać wykorzystanie tradycyjnych systemów sonarowych i nawigacyjnych, znacznie komplikując operacje w trybie skrytym, nawigację oraz wykrywanie celów.

Strefy przybrzeżne, definiowane jako obszary przybrzeżne, gdzie ląd styka się z morzem, obejmują płytkie wody rozciągające się od linii wysokiej wody do głębokości, na której światło słoneczne przestaje docierać do dna morskiego. Strefy te obejmują różnorodne środowiska morskie, takie jak estuaria, laguny, zatoki, obszary pływowe oraz wody przybrzeżne aż do krawędzi szelfu kontynentalnego. Ich znaczenie ekologiczne jest dobrze udokumentowane; są kluczowymi siedliskami dla różnorodnych organizmów, w tym ryb, bezkręgowców i roślin wodnych. Badania wskazują, że strefy przybrzeżne wspierają większość gatunków w jeziorach, co podkreśla ich znaczenie dla zachowania bioróżnorodności [642, 643]. Dostępność światła w tych płytkich wodach sprzyja wzrostowi roślin wodnych i glonów, co przyczynia się do wysokiej produktywności tych ekosystemów [643].

Z biologicznego punktu widzenia strefy przybrzeżne są kluczowymi miejscami lęgowymi i żerowiskami dla wielu organizmów morskich. Są one często bogate w bioróżnorodność, zapewniając siedliska dla różnych gatunków, takich jak rafy koralowe i namorzyny, które są niezbędne dla stabilności ekologicznej [644, 645]. Obecność zróżnicowanych struktur siedliskowych w strefach przybrzeżnych wspiera nie tylko różnorodność gatunkową, ale także wpływa na ich rozmieszczenie i liczebność. Na przykład liczebność niektórych gatunków ryb w strefie przybrzeżnej jest pozytywnie skorelowana z dostępnością strukturalnych siedlisk, które zmniejszają ryzyko drapieżnictwa [646]. Ponadto dynamika ekologiczna w tych strefach jest kształtowana przez czynniki takie jak wahania poziomu wody, które mogą znacząco wpływać na strukturę i funkcjonowanie tych ekosystemów [643, 647].

W kontekście wojskowym i morskim strefy przybrzeżne mają strategiczne znaczenie ze względu na ich bliskość do wybrzeża. Są to obszary, w których często prowadzi się operacje morskie, w tym obserwację i rozpoznanie. Płytkie głębokości stref przybrzeżnych stanowią unikalne wyzwania dla okrętów podwodnych i innych jednostek morskich, ponieważ nawigację mogą komplikować podwodne przeszkody oraz wysoki poziom szumów tła [648]. Dynamika operacyjna w tych regionach jest również kształtowana przez konieczność zachowania manewrowości i ryzyko związane z systemami obrony wybrzeża, co czyni strefy przybrzeżne kluczowymi dla strategii wojskowej [648].

Jednym z kluczowych wyzwań w środowiskach przybrzeżnych jest nawigacja w płytkich wodach. Okręty podwodne muszą starannie zarządzać swoją głębokością, aby uniknąć osiadania na mieliźnie lub kolizji z podwodnymi przeszkodami, takimi jak mielizny, rafy czy wraki. Dodatkowo bliskość wybrzeża zwiększa ryzyko wykrycia przez radary przybrzeżne, patrole prowadzące zwalczanie okrętów podwodnych (ASW) oraz samoloty. Ta bliskość wymaga, aby okręty podwodne operowały z niską prędkością i utrzymywały niski poziom emisji akustycznych, aby uniknąć śledzenia przez aktywne systemy sonarowe stosowane przez jednostki nawodne lub instalacje przybrzeżne.

Wysokie poziomy szumów tła w strefach przybrzeżnych, spowodowane działaniem fal, ruchem osadów i ruchem morskim, stanowią zarówno wyzwanie, jak i szansę dla operacji okrętów podwodnych. Choć szumy te mogą maskować dźwięki okrętów podwodnych, jednocześnie utrudniają skuteczność sonarów. Okręty podwodne muszą polegać na pasywnych systemach sonarowych, aby wykrywać wrogie jednostki bez ujawniania swojej obecności, jednak zanieczyszczone środowisko akustyczne utrudnia odróżnianie celów od szumów tła. W odpowiedzi na te wyzwania okręty podwodne operujące w tych strefach wykorzystują zaawansowane technologie przetwarzania sygnałów i filtry akustyczne, które pozwalają poprawić identyfikację celów przy jednoczesnym zachowaniu skrytości.

Kolejnym istotnym czynnikiem w operacjach przybrzeżnych jest zwiększone ryzyko wykrycia ze względu na bliskość wrogich sił i systemów nadzoru. Wody przybrzeżne są często intensywnie monitorowane, co ułatwia przeciwnikom śledzenie ruchów okrętów podwodnych. W takich warunkach okręty podwodne stosują taktyki, takie jak "osadzenie się na dnie" — ciche spoczywanie na dnie morskim — aby uniknąć wykrycia. Ta taktyka wymaga precyzyjnej nawigacji, aby uniknąć podwodnych zagrożeń i jednocześnie skutecznie ustawić jednostkę do potencjalnych zasadzek lub misji obserwacyjnych.

Operujące w strefach przybrzeżnych okręty podwodne muszą również uwzględniać dynamiczne warunki wodne. Prądy pływowe, odpływy rzeczne i termokliny (nagłe zmiany temperatury wody) mogą wpływać na manewrowość oraz skuteczność sonarów. Czynniki te wymagają ciągłego monitorowania i dostosowywania systemów nawigacyjnych w celu utrzymania kontroli i skutecznej realizacji misji. Okręty przybrzeżne często wykorzystują

Dopplerowskie logi prędkości (DVL) i zaawansowane systemy nawigacji inercyjnej, aby przeciwdziałać tym czynnikom środowiskowym i zapewnić precyzyjne poruszanie się w wodzie.

Planowanie operacyjne misji w strefach przybrzeżnych kładzie również nacisk na skoordynowane działania z innymi jednostkami morskimi i powietrznymi. Okręty podwodne są często wykorzystywane jako część większej sieci, współpracując z okrętami nawodnymi, samolotami i bezzałogowymi pojazdami podwodnymi (UUV). Realizują zadania takie jak rozpoznanie, oczyszczanie min i zwalczanie okrętów podwodnych. Współpraca z tymi jednostkami pozwala okrętom podwodnym skutecznie działać w ograniczonym i złożonym środowisku przybrzeżnym, jednocześnie minimalizując ryzyko.

Konstrukcja

Okręty podwodne przeznaczone do operacji w strefach przybrzeżnych wyposażone są w szereg specjalnych cech konstrukcyjnych, które pozwalają im sprostać unikalnym wyzwaniom płytkich wód przybrzeżnych, takim jak manewrowość, skrytość oraz odporność na dynamiczne warunki środowiskowe. Funkcje te umożliwiają im nawigację w ograniczonych przestrzeniach, unikanie wykrycia i skuteczne działanie w pobliżu linii brzegowej, gdzie tradycyjne okręty podwodne do głębokich wód mogłyby napotkać trudności.

Mniejsze rozmiary okrętów przybrzeżnych w porównaniu do jednostek oceanicznych zwiększają ich zdolność do nawigacji w ciasnych przestrzeniach, takich jak wąskie kanały, porty czy obszary przybrzeżne. Mniejsza wielkość pozwala również na większą manewrowość między przeszkodami podwodnymi, takimi jak mielizny, rafy czy wraki.

Aby zwiększyć manewrowość przy niskich prędkościach, okręty podwodne operujące w strefach przybrzeżnych wyposażone są w pomocnicze systemy napędowe, takie jak wysuwane pędniki. Te pędniki zapewniają precyzyjną kontrolę podczas działań w ograniczonych przestrzeniach i ułatwiają delikatne manewry, takie jak dokowanie czy pozycjonowanie się pod wrogimi jednostkami. Funkcja ta jest kluczowa w środowiskach, gdzie konieczne są drobne korekty w celu uniknięcia przeszkód lub zachowania skrytości.

Wiele okrętów przybrzeżnych wykorzystuje systemy napędu niezależnego od powietrza (AIP), które zmniejszają potrzebę wynurzania się, umożliwiając długotrwałe operacje w zanurzeniu. Ta zdolność jest szczególnie istotna na wodach przybrzeżnych, gdzie częste wynurzanie się zwiększa ryzyko wykrycia. Okręty z napędem AIP mogą realizować skryte operacje, takie jak obserwacja i rozpoznanie, bez narażania się na wykrycie przez wrogie siły.

Strefy przybrzeżne charakteryzują się akustycznym skomplikowaniem z powodu szumów pochodzących od fal, życia morskiego i działalności ludzkiej. Aby skutecznie nawigować w takich warunkach, okręty podwodne wyposażone są w zaawansowane systemy sonarowe, takie jak sonary skierowane do przodu i w górę, które pomagają wykrywać przeszkody, podwodne miny i potencjalne zagrożenia. Dopplerowskie logi prędkości (DVL) poprawiają precyzję, śledząc ruch względem dna morskiego, co zapewnia dokładną nawigację w silnych prądach i płytkich wodach.

Okręty podwodne operujące w strefach przybrzeżnych polegają na skrytości, aby działać niezauważenie w obszarach o wysokim poziomie nadzoru. Są wyposażone w płytki anechoiczne, które pochłaniają fale dźwiękowe, zmniejszając ich sygnaturę akustyczną. Silniki i systemy napędowe są zaprojektowane tak, aby działały cicho, a technologie izolacji wibracji minimalizują hałas generowany przez urządzenia pokładowe. Dzięki temu okręty pozostają trudne do wykrycia w hałaśliwych środowiskach przybrzeżnych.

W wodach przybrzeżnych utrzymanie komunikacji z centrami dowodzenia bez ujawniania pozycji okrętu podwodnego jest kluczowe. Okręty przybrzeżne często wykorzystują holowane boje komunikacyjne lub anteny niskiej częstotliwości do przesyłania danych podczas pozostawania w zanurzeniu. Dzięki temu mogą przekazywać kluczowe informacje bez konieczności wynurzania się, co zapewnia bezpieczeństwo operacyjne.

Okręty podwodne operujące w strefach przybrzeżnych są projektowane z myślą o elastyczności, posiadając modułowe przedziały, które mogą pomieścić wyposażenie dostosowane do specyficznych misji. Mogą być konfigurowane do różnych operacji, takich jak wykrywanie min, rozmieszczanie sił specjalnych czy prowadzenie działań wywiadowczych. Ta wszechstronność pozwala na szybkie dostosowanie do zmieniających się wymagań misji w złożonych środowiskach przybrzeżnych.

Poniżej przedstawiono przykłady okrętów podwodnych przeznaczonych do operacji w wodach przybrzeżnych, zaprojektowanych specjalnie do działania na płytkich wodach, gdzie kluczowe są skrytość i manewrowość:

1. **Klasa Gotland (Szwecja)** – Znana ze swoich zdolności stealth, ta klasa wykorzystuje napęd niezależny od powietrza (AIP), co pozwala na długotrwałe zanurzenie. Skutecznie operuje zarówno w środowiskach przybrzeżnych, jak i na pełnym morzu, emitując minimalny hałas.

2. **Klasa Sōryū (Japonia)** – Zaawansowane okręty z napędem diesel-elektrycznym, wyposażone w duże baterie litowo-jonowe, które zwiększają czas zanurzenia. Chociaż zaprojektowane do różnych misji, klasa Sōryū doskonale sprawdza się w wodach przybrzeżnych dzięki swojej manewrowości i cichym systemom napędowym.

3. **Klasa Type 212 (Niemcy i Włochy)** – Wyposażona w technologię AIP, jest jednym z najcichszych okrętów podwodnych na świecie. Dzięki doskonałym cechom stealth klasa Type 212 jest idealna do operacji w pobliżu wybrzeży, takich jak rozpoznanie i działania sił specjalnych.

4. **Klasa Scorpène (Francja, Indie, Brazylia i inne)** – Modułowa i wszechstronna, ta klasa okrętów doskonale sprawdza się w strefach przybrzeżnych dzięki swoim niewielkim rozmiarom i technologii stealth. Jest szeroko wykorzystywana do działań wywiadowczych, zwalczania okrętów podwodnych i operacji specjalnych.

5. **Klasa Yuan (Chiny)** – Nowoczesna klasa okrętów, wyposażona w AIP, stanowi istotny krok w rozwoju zdolności chińskiej marynarki do operowania w ciasnych środowiskach przybrzeżnych. Projekt skupia się na zwiększonej skrytości i wydłużonym czasie zanurzenia.

6. **Klasa Archer (Singapur)** – Zaadaptowana z okrętów szwedzkiej klasy Västergötland, klasa Archer została zoptymalizowana do działań na płytkich i ruchliwych wodach wokół Singapuru. Okręty te wyposażono w zmodernizowane systemy, które pozwalają na prowadzenie skrytych misji w strefach przybrzeżnych.

Rysunek 126: Drugi okręt podwodny klasy Scorpène należący do Królewskiej Marynarki Wojennej Malezji, KD Tun Abdul Razak, zacumowany przy nabrzeżu wojskowym w Awana Porto Malai, Langkawi. Rizuan, CC BY-SA 3.0, via Wikimedia Commons.

Te okręty podwodne są dostosowane do wyzwań operacji na ograniczonych, płytkich wodach, gdzie większe jednostki głębinowe mają trudności. Okręty podwodne przeznaczone do stref przybrzeżnych odgrywają kluczową rolę w obronie regionalnej, działaniach rozpoznawczych i operacjach specjalnych, oferując skrytość i elastyczność w pobliżu wybrzeży.

Wpływ na środowisko i zrównoważony rozwój

Wpływ na środowisko oraz zrównoważony rozwój okrętów podwodnych to istotne kwestie ze względu na ich działanie w wrażliwych ekosystemach morskich oraz znaczne zużycie energii i zasobów w całym cyklu życia. Bezpośrednie i pośrednie skutki ich eksploatacji obejmują zanieczyszczenie hałasem, emisję substancji chemicznych, zużycie energii oraz wpływ na bioróżnorodność morską, co wymaga gruntownego zrozumienia i wdrożenia zrównoważonych praktyk w projektowaniu i użytkowaniu okrętów podwodnych.

Jednym z najważniejszych problemów środowiskowych związanych z okrętami podwodnymi jest generowany przez nie hałas, szczególnie z układów napędowych i sonarów. Zanieczyszczenie hałasem może znacząco zakłócać ekosystemy morskie, zwłaszcza ssaki morskie, które polegają na dźwiękach w komunikacji, nawigacji i polowaniu. Badania wykazały, że systemy sonarowe emitują fale dźwiękowe o wysokiej intensywności, które mogą prowadzić do zmian behawioralnych, a nawet wyrzucania się na plaże gatunków takich jak wieloryby i delfiny [649]. Ponadto hałas mechaniczny z silników okrętów podwodnych może zakłócać naturalne pejzaże dźwiękowe oceanu, stwarzając dodatkowe zagrożenie dla życia morskiego w wrażliwych siedliskach [650]. Skumulowane skutki takich zakłóceń mogą prowadzić do długotrwałych zmian w bioróżnorodności morskiej i zdrowiu ekosystemów [650].

Okręty podwodne, podobnie jak inne jednostki morskie, mogą wydzielać różne substancje chemiczne do środowiska morskiego podczas rutynowych operacji. Smary, chłodziwa i pozostałości paliwa mogą wyciekać do oceanu, szczególnie podczas konserwacji lub wynurzania [651]. Okręty podwodne z napędem dieslowsko-elektrycznym przyczyniają się do zanieczyszczenia powietrza i wody poprzez emisje z silników dieslowskich, podczas gdy jednostki z napędem jądrowym napotykają unikalne wyzwania związane z zarządzaniem odpadami radioaktywnymi generowanymi przez ich reaktory [652]. Protokoły zapobiegające zanieczyszczeniom środowiska przez te emisje są kluczowe, ponieważ niewłaściwe zarządzanie może prowadzić do poważnych szkód ekologicznych [653].

Okręty podwodne są z natury energochłonne, a jednostki o napędzie jądrowym wymagają skomplikowanych reaktorów i systemów paliwowych. Chociaż okręty podwodne z napędem jądrowym oferują wydłużoną autonomię operacyjną, procesy związane z wydobyciem uranu, działaniem reaktorów i zarządzaniem paliwem przyczyniają się do ich ogólnego śladu węglowego [654]. Z kolei okręty podwodne z napędem dieslowsko-elektrycznym polegają na paliwach kopalnych, emitując gazy cieplarniane podczas operacji nawodnych [655]. Aby ograniczyć te skutki środowiskowe, nowoczesne projekty okrętów podwodnych coraz częściej wprowadzają systemy napędu niezależnego od powietrza (AIP) oraz eksplorują hybrydowe rozwiązania energetyczne, aby zwiększyć efektywność i zmniejszyć emisje [656].

Operacje okrętów podwodnych, szczególnie na płytkich i przybrzeżnych wodach, mogą zakłócać ekosystemy morskie i siedliska. Działania, takie jak manewrowanie, mogą naruszać dna morskie, rafy koralowe oraz tereny lęgowe różnych gatunków morskich [657]. Hałas i wibracje generowane przez okręty podwodne mogą zmieniać zachowanie zwierząt i prowadzić do fragmentacji siedlisk, co dodatkowo zagraża bioróżnorodności morskiej [658]. Szczególnie wrażliwe na takie zakłócenia są kaniony podmorskie, które pełnią kluczową rolę ekologiczną jako siedliska dla wielu organizmów [659].

Zrównoważony rozwój zyskuje coraz większe znaczenie w projektowaniu i zarządzaniu cyklem życia okrętów podwodnych. Innowacje mające na celu zmniejszenie zużycia energii obejmują ulepszoną hydrodynamikę, cichsze systemy napędowe oraz wykorzystanie lekkich materiałów w celu ograniczenia zużycia zasobów [660]. Wycofanie okrętów podwodnych z eksploatacji, szczególnie jednostek z napędem jądrowym, stanowi poważne wyzwanie środowiskowe, wymagając starannego planowania i zarządzania odpadami radioaktywnymi, aby zapobiec zanieczyszczeniom [661]. Skuteczne strategie demontażu okrętów podwodnych i zarządzania ich cyklem życia są niezbędne dla minimalizacji ich śladu ekologicznego [152].

Przemysł okrętów podwodnych zaczyna wdrażać bardziej zrównoważone praktyki, takie jak rozwój hybrydowo-elektrycznych okrętów podwodnych wykorzystujących baterie litowo-jonowe oraz odnawialne źródła energii [662]. Prowadzone są również badania nad pozyskiwaniem energii z oceanu, mające na celu wydłużenie czasu działania pod wodą bez konieczności korzystania z paliw kopalnych lub energii jądrowej [663]. Udoskonalone procesy recyklingu podczas wycofywania z eksploatacji oraz wdrożenie bardziej rygorystycznych polityk środowiskowych są kluczowe dla ograniczenia wpływu operacji okrętów podwodnych na środowisko w dłuższej perspektywie [664].

Rozdział 14
Zarządzanie projektami w budowie okrętów podwodnych

Proces projektowania i rozwoju

Projektowanie i rozwój okrętów podwodnych to wysoce złożony, interdyscyplinarny proces obejmujący szczegółowe planowanie, inżynierię, testy i integrację. Proces ten może trwać wiele lat, a nawet dekad, ze względu na specjalistyczne technologie, materiały i systemy, które muszą zostać zastosowane. Rozwój okrętów podwodnych wymaga współpracy architektów morskich, inżynierów, kontrahentów z branży obronnej, rządów i sił morskich, aby zapewnić, że jednostka spełni wymagania operacyjne, zachowując jednocześnie bezpieczeństwo, skrytość i zrównoważony rozwój.

Fazy projektowania i rozwoju:

1. Projekt koncepcyjny i studia wykonalności

Proces rozpoczyna się od określenia misji i wymagań operacyjnych. Siły morskie definiują potrzebne zdolności na podstawie przewidywanych misji, takich jak walka z okrętami podwodnymi, rozpoznanie czy operacje specjalne. Te wymagania są podstawą do przeprowadzenia studiów wykonalności, w których architekci morscy oceniają, czy pożądane funkcje mogą zostać praktycznie wdrożone w ramach dostępnych technologii i budżetu.

W tej fazie analizowane są również podstawowe konfiguracje dotyczące wielkości, napędu, autonomii i ładowności.

Często stosuje się tu metodologię analizy systemowej, która ocenia różne alternatywy projektowe pod kątem potrzeb operacyjnych, możliwości technologicznych i kosztów [665]. Istotnym elementem jest analiza hydrodynamiczna, ponieważ ma ona kluczowy wpływ na prędkość, manewrowość i skrytość okrętu. Zaawansowane narzędzia obliczeniowe i symulacje numeryczne są wykorzystywane do oceny charakterystyk hydrodynamicznych w różnych warunkach operacyjnych, takich jak zanurzenie czy głębokość peryskopowa [24, 666].

Dodatkowo, stosowanie technik wieloobiektowej optymalizacji, takich jak algorytmy genetyczne, pozwala projektantom doskonalić kształt kadłuba w celu minimalizacji oporu hydrodynamicznego przy jednoczesnym maksymalizowaniu wewnętrznej przestrzeni [63].

2. Projekt wstępny

W fazie projektowania wstępnego inżynierowie opracowują szczegółowe rysunki i modele cyfrowe, koncentrując się na hydrodynamice, kształcie kadłuba i ogólnym rozmieszczeniu systemów. W celu optymalizacji projektu kadłuba pod kątem zmniejszenia oporu i poprawy osiągów pod wodą stosowane są symulacje obliczeniowej dynamiki płynów (CFD). Kluczowe elementy, takie jak zbiorniki balastowe, powierzchnie sterowe (ster głębokości i stery kierunku) oraz systemy napędowe, są szczegółowo określane. Dokonywane są analizy kompromisów pomiędzy prędkością, skrytością a autonomią operacyjną.

3. Projekt szczegółowy i integracja systemów

Po zatwierdzeniu projektu wstępnego rozpoczyna się proces projektowania szczegółowego. W tej fazie planowane są wszystkie aspekty okrętu podwodnego, w tym systemy napędowe (np. silniki dieslowsko-elektryczne lub reaktory jądrowe), systemy nawigacyjne, zestawy sonarowe, systemy komunikacyjne i wyposażenie wspierające życie. Projektanci tworzą trójwymiarowe modele i plany każdego komponentu, które muszą precyzyjnie pasować w ograniczonej przestrzeni kadłuba.

Faza projektowania szczegółowego obejmuje opracowanie szczegółowych specyfikacji i rysunków inżynierskich. Wykorzystuje się zaawansowane techniki modelowania, takie jak analiza metodą elementów skończonych (FEA) i CFD, do oceny integralności strukturalnej i interakcji z przepływami płynów [666, 667]. Coraz częściej stosuje się narzędzia model-based systems engineering (MBSE), które umożliwiają przełożenie wymagań funkcjonalnych na szczegółowe specyfikacje projektowe, zapewniając spójność wszystkich aspektów integracji systemów okrętu podwodnego [668].

Faza szczegółowego projektowania w procesie rozwoju okrętów podwodnych obejmuje tworzenie precyzyjnych rysunków inżynierskich i specyfikacji technicznych, które zapewniają poprawną budowę i integrację wszystkich komponentów. Wykorzystuje zaawansowane narzędzia obliczeniowe do modelowania, analizy i doskonalenia każdego aspektu okrętu podwodnego. Obejmuje to:

Krok 1: Opracowanie kompleksowych rysunków inżynierskich i specyfikacji

Pierwszym zadaniem jest przekształcenie koncepcji projektu wysokiego poziomu w szczegółowe plany techniczne. Dokumenty te zawierają specyfikacje dotyczące:

- Struktury kadłuba (w tym kształtu, materiałów i wymiarów).
- Systemów napędowych (reaktory jądrowe lub systemy dieslowsko-elektryczne).
- Systemów nawigacji i sterowania (stery kierunku, stery głębokości, zestawy sonarowe).
- Systemów elektrycznych i wspierania życia.

Każdy system i komponent musi zostać opracowany w oprogramowaniu CAD 2D i 3D, aby zapewnić precyzję. Szczegółowe rysunki muszą być zgodne z normami regulacyjnymi i uwzględniać zarówno bezpieczeństwo, jak i funkcjonalność.

Krok 2: Analiza metodą elementów skończonych (FEA)

Po stworzeniu rysunków inżynierskich stosuje się analizę metodą elementów skończonych (FEA), aby ocenić integralność strukturalną okrętu podwodnego w różnych warunkach. Technika ta polega na rozbiciu złożonych struktur na mniejsze elementy, aby symulować ich reakcje na:

Podstawy Projektowania i Budowy Okrętów Podwodnych

- Ciśnienie na głębokościach operacyjnych.
- Rozszerzalność cieplną wynikającą z napędów jądrowych lub dieslowskich.
- Obciążenia wynikające z kolizji lub innych sił mechanicznych.

FEA pomaga zidentyfikować słabe punkty projektu, umożliwiając wprowadzenie modyfikacji przed rozpoczęciem budowy fizycznej.

FEA to technika obliczeniowa stosowana do przewidywania, jak struktura lub komponent zareaguje na siły zewnętrzne, ciśnienie, ciepło i inne zjawiska fizyczne. Polega na podziale złożonych struktur na mniejsze, łatwiejsze do zarządzania elementy i analizie każdego z nich w celu określenia ogólnego zachowania systemu.

FEA jest szeroko stosowana w branżach takich jak lotnictwo, motoryzacja i inżynieria morska, szczególnie w projektowaniu okrętów podwodnych, w celu zapewnienia, że struktury wytrzymają wysokie naprężenia, ciśnienie i trudne warunki środowiskowe.

FEA jest niezbędna do optymalizacji integralności strukturalnej, ponieważ pozwala inżynierom ocenić potencjalne słabe punkty i podejmować świadome decyzje projektowe przed budową prototypów fizycznych. Dzięki symulacji różnych scenariuszy FEA umożliwia identyfikację koncentracji naprężeń, przewidywanie odkształceń materiałów oraz ocenę, jak projekt sprawdzi się pod dynamicznymi obciążeniami lub w ekstremalnych warunkach, takich jak te, na które narażone są okręty podwodne na dużych głębokościach.

Przeprowadzanie analizy metodą elementów skończonych (FEA) obejmuje:

1. Tworzenie modelu

Pierwszym krokiem w FEA jest stworzenie cyfrowego modelu struktury lub komponentu, który ma być analizowany. Model ten jest zwykle opracowywany za pomocą oprogramowania do projektowania wspomaganego komputerowo (CAD). W przypadku złożonych systemów, takich jak okręty podwodne, modele zawierają komponenty, takie jak sekcje kadłuba, grodzie i powierzchnie sterujące.

2. Generowanie siatki

Model jest następnie dzielony na mniejsze, dyskretne elementy połączone w węzłach – proces ten nazywa się siatkowaniem. Siatka może składać się z różnych typów elementów, takich jak trójkąty lub czworokąty w 2D albo czworościany i sześciany w 3D. Jakość siatki bezpośrednio wpływa na dokładność analizy: drobniejsze siatki zapewniają większą precyzję, ale wymagają więcej zasobów obliczeniowych, podczas gdy grubsze siatki są szybsze, ale mogą obniżyć dokładność.

3. Przypisywanie właściwości materiałów

Następnie inżynierowie definiują właściwości materiałowe komponentów w modelu, takie jak gęstość, moduł Younga (sprężystość), współczynnik Poissona i przewodnictwo cieplne. Właściwości te odzwierciedlają rzeczywiste zachowanie materiału w różnych warunkach obciążenia. Na przykład materiały kadłuba okrętów podwodnych, takie jak stal HY-80, muszą być dokładnie reprezentowane, aby przewidzieć naprężenia pod ciśnieniem.

4. Stosowanie obciążeń i warunków brzegowych

Na tym etapie do modelu wprowadza się siły zewnętrzne i ograniczenia, aby zasymulować rzeczywiste warunki. Obciążenia mogą obejmować ciśnienie wody na różnych głębokościach, gradienty temperatury lub siły mechaniczne, takie jak wibracje silnika. Stosuje się również warunki brzegowe, takie jak punkty stałe lub ograniczenie ruchu w określonych osiach, aby odzwierciedlić sposób, w jaki struktura współdziała z otoczeniem (np. mocowania do innych komponentów).

5. Rozwiązanie modelu

Po zakończeniu konfiguracji przeprowadza się analizę za pomocą specjalistycznego oprogramowania FEA (np. ANSYS, Abaqus lub COMSOL). Oprogramowanie rozwiązuje zestaw równań matematycznych dla każdego elementu, na podstawie zastosowanych obciążeń i warunków brzegowych. Proces ten oblicza przemieszczenia, naprężenia i odkształcenia w całej strukturze. Duże lub złożone modele mogą wymagać znacznych zasobów obliczeniowych i czasu.

6. Post-processing i interpretacja wyników

Po zakończeniu analizy wyniki są wizualizowane za pomocą narzędzi post-processingu w oprogramowaniu. Inżynierowie mogą analizować graficzne wyjścia, takie jak mapy naprężeń w formie kolorowej, animacje odkształceń i wykresy rozkładu obciążenia. Te dane pomagają zidentyfikować obszary, w których struktura może ulec awarii lub wymaga wzmocnienia. Na przykład, jeśli koncentracje naprężeń pojawiają się wokół płetw sterowych okrętu podwodnego, inżynierowie mogą przeprojektować te komponenty, aby równomierniej rozłożyć siły.

7. Walidacja i doskonalenie

Wyniki FEA są często weryfikowane przez porównanie z danymi eksperymentalnymi lub obliczeniami analitycznymi. Jeśli wykryte zostaną rozbieżności, model może wymagać dopracowania poprzez dostosowanie gęstości siatki, warunków brzegowych lub właściwości materiałów. Osiągnięcie projektu spełniającego kryteria wydajności i bezpieczeństwa może wymagać wielu iteracji.

Krok 3: Dynamika Płynów Obliczeniowych (CFD) dla Hydrodynamiki

Okręty podwodne muszą efektywnie poruszać się pod wodą, co wymaga opływowych kształtów, aby zredukować opór. Symulacje CFD modelują, jak woda przepływa wokół kadłuba i innych zewnętrznych elementów, takich jak stery i śruby napędowe. Analiza CFD pomaga:

- Optymalizować kształt kadłuba w celu zmniejszenia oporu.
- Minimalizować kawitację, zjawisko powstawania bąbli wokół śrub napędowych, które mogą zwiększać hałas i zmniejszać skrytość.
- Zapewniać stabilność i zwrotność w złożonych środowiskach, takich jak strefy przybrzeżne.

Wyniki tych symulacji kierują zmianami projektowymi, poprawiając hydrodynamikę i efektywność napędu.

Podstawy Projektowania i Budowy Okrętów Podwodnych

Dynamika Płynów Obliczeniowych (CFD) to dział mechaniki płynów, który wykorzystuje analizę numeryczną i algorytmy do rozwiązywania problemów związanych z przepływami płynów. Inżynierowie i naukowcy używają CFD do symulowania zachowania płynów (takich jak powietrze lub woda) podczas ich interakcji z powierzchniami lub obiektami, co pozwala zrozumieć złożone zjawiska, takie jak opór, turbulencje i rozkład ciśnienia. W projektowaniu okrętów podwodnych CFD jest kluczowe dla optymalizacji kształtu kadłuba, redukcji oporu, minimalizacji hałasu i poprawy efektywności systemów napędowych, co jest istotne dla skrytości i wydajności.

CFD zastępuje potrzebę kosztownych modeli fizycznych, umożliwiając inżynierom przeprowadzanie wirtualnych eksperymentów, które pozwalają przewidzieć zachowanie płynów w różnych warunkach. Podejście to jest szeroko stosowane w przemyśle lotniczym, motoryzacyjnym i morskim.

Etapy przeprowadzania CFD:

1. Tworzenie geometrii

Pierwszym krokiem jest stworzenie cyfrowego modelu 3D obiektu lub systemu podlegającego analizie. Model ten może przedstawiać kadłub okrętu podwodnego, śrubę napędową lub inne komponenty wchodzące w interakcję z płynem. Do generowania tych modeli często używa się oprogramowania CAD (Computer-Aided Design), takiego jak SolidWorks lub AutoCAD.

2. Generowanie siatki

Proces dzielenia geometrii na sieć małych elementów, zwany siatkowaniem. Każdy element reprezentuje część domeny płynu i powierzchni, z którą płyn wchodzi w interakcję. Gęstsza siatka zapewnia większą dokładność, ale wymaga więcej zasobów obliczeniowych, podczas gdy rzadsza siatka skraca czas obliczeń, ale może obniżyć precyzję. Inżynierowie muszą znaleźć balans między rozdzielczością siatki a kosztami obliczeniowymi.

3. Definiowanie fizyki problemu

Kolejnym krokiem jest określenie właściwości płynu i warunków środowiskowych, takich jak:

- Rodzaj płynu (np. woda lub powietrze).
- Wartości gęstości i lepkości opisujące opór płynu wobec przepływu.
- Warunki brzegowe, takie jak prędkość przepływu, temperatura lub ciśnienie na wlotach i wylotach systemu.
- Modele turbulencji, które symulują chaotyczne zachowanie płynów często spotykane w rzeczywistych scenariuszach.

CFD może symulować różne rodzaje przepływów, w tym przepływ laminarny (gładki i uporządkowany) lub turbulentny (chaotyczny i nieregularny). Wybór modelu turbulencji, takiego jak model k-epsilon lub Naviera-Stokesa uśredniony czasowo (RANS), jest kluczowy dla dokładnego uchwycenia zachowania płynu.

4. Konfiguracja solvera

Oprogramowanie solvera CFD (np. ANSYS Fluent, OpenFOAM lub COMSOL) jest konfigurowane do przeprowadzania obliczeń. Oprogramowanie to używa modeli matematycznych — zwłaszcza równań Naviera-Stokesa — do opisania ruchu płynów. Te równania są dyskretyzowane i rozwiązywane iteracyjnie, aby obliczyć parametry, takie jak ciśnienie, prędkość i temperatura w każdym punkcie siatki.

Konfiguracja solvera obejmuje:

- Ustawianie kroków czasowych do analizy przejściowej (jeśli bada się przepływy zależne od czasu).
- Określenie liczby iteracji, jakie solver ma wykonać, aby osiągnąć zbieżność.
- Monitorowanie stabilności poprzez sprawdzanie błędów lub wyników niezgodnych z fizyką podczas obliczeń.

5. Przeprowadzenie symulacji

Symulacja jest uruchamiana, a oprogramowanie oblicza zachowanie płynu w czasie. W zależności od złożoności modelu i rozmiaru siatki, symulacje mogą trwać od kilku godzin do kilku dni. Inżynierowie zazwyczaj korzystają z komputerów o wysokiej wydajności lub platform obliczeniowych w chmurze, aby przyspieszyć proces.

6. Post-processing i wizualizacja

Po zakończeniu symulacji wyniki są wizualizowane za pomocą narzędzi post-processingu. Inżynierowie korzystają z oprogramowania, takiego jak ANSYS lub ParaView, aby generować kolorowe mapy konturowe, pola wektorowe i animacje 3D. Wizualizacje te pomagają zrozumieć:

- Jak płyn przepływa wokół powierzchni okrętu podwodnego.
- Obszary o wysokim oporze lub ciśnieniu.
- Potencjalne strefy turbulencji, które mogą powodować hałas lub niestabilność.

7. Walidacja i iteracja

Ostateczny krok obejmuje walidację wyników CFD poprzez porównanie ich z danymi eksperymentalnymi lub obliczeniami analitycznymi. W przypadku wykrycia rozbieżności model może wymagać dopracowania przez dostosowanie gęstości siatki, warunków brzegowych lub właściwości materiałowych. Proces iteracyjny trwa, aż symulacja dokładnie odzwierciedli oczekiwane zachowanie w rzeczywistości.

Krok 4: Inżynieria Systemów oparta na Modelach (MBSE)

Narzędzia MBSE odgrywają kluczową rolę w fazie szczegółowego projektowania, umożliwiając integrację wymagań funkcjonalnych z procesem projektowania. Dzięki MBSE:

- Inżynierowie tworzą modele wirtualne reprezentujące systemy i podsystemy okrętu podwodnego, zapewniając ich bezproblemową współpracę.

- Narzędzie zapewnia możliwość śledzenia wymagań, łącząc elementy projektu z potrzebami operacyjnymi określonymi na wcześniejszych etapach.

- Ułatwia współpracę zespołów poprzez dostarczenie zintegrowanej platformy do testowania i weryfikacji interakcji systemowych.

Narzędzia MBSE umożliwiają również iteracyjne projektowanie, co oznacza, że inżynierowie mogą symulować działanie poszczególnych systemów i wprowadzać zmiany przed rozpoczęciem budowy fizycznej.

Inżynieria Systemów oparta na Modelach (MBSE) to podejście do inżynierii systemów, które kładzie nacisk na użycie modeli zamiast tradycyjnych metod opartych na dokumentach w celu wspierania projektowania, rozwoju i zarządzania złożonymi systemami. MBSE wykorzystuje modele wizualne do uchwycenia struktury, zachowania i interakcji komponentów systemu, co pomaga inżynierom zrozumieć, analizować i zarządzać złożonością współczesnych projektów. Modele te zapewniają, że wszyscy interesariusze — inżynierowie, projektanci, menedżerowie i klienci — mają spójny obraz systemu na każdym etapie jego cyklu życia.

Etapy realizacji MBSE:

1. Definiowanie wymagań i celów systemu

Proces MBSE rozpoczyna się od zidentyfikowania wymagań i celów systemu. Inżynierowie zbierają dane od wszystkich interesariuszy, takich jak klienci, projektanci i operatorzy, aby określić, co system ma osiągnąć. Wymagania te tworzą podstawę modeli, zapewniając, że każda część systemu jest zgodna z pożądaną funkcjonalnością.

Na przykład, w przypadku okrętu podwodnego wymagania mogą obejmować zdolności skrytości, autonomię, specyfikacje napędu i funkcje bezpieczeństwa. Cele te są tłumaczone na poziom systemowy i kierują procesem modelowania.

2. Tworzenie modeli architektury systemu

Następnie opracowywane są modele architektury systemu, które reprezentują ogólną strukturę i zachowanie systemu. Do budowy tych modeli często używa się narzędzi takich jak SysML (Systems Modelling Language), które dostarczają diagramów przedstawiających:

- Komponenty systemu i ich interakcje.

- Modele behawioralne, takie jak diagramy przepływu i aktywności.

- Modele funkcjonalne opisujące, jak system osiąga swoje cele.

Modele architektury zapewniają inżynierom jasne zrozumienie działania różnych komponentów i pomagają wcześnie zidentyfikować potencjalne konflikty projektowe.

3. Symulacja i analiza dla walidacji

MBSE umożliwia symulacje i analizy na różnych etapach projektowania. Inżynierowie mogą:

- Symulować zachowanie systemu w różnych scenariuszach.
- Przeprowadzać analizy kompromisów w celu oceny wielu opcji projektowych.
- Identyfikować potencjalne awarie poprzez analizę błędów i minimalizować ryzyko.

Na przykład, podczas projektowania okrętu podwodnego inżynierowie mogą symulować interakcję systemu napędowego z powierzchniami kontrolnymi podczas manewrów. Dzięki temu wybory projektowe są zgodne z wymaganiami operacyjnymi i standardami wydajności.

4. Zapewnienie możliwości śledzenia i dokumentacji

Jedną z kluczowych zalet MBSE jest możliwość śledzenia wymagań przez cały cykl życia systemu. Każdy komponent w modelu jest powiązany z wymaganiami, które spełnia, co ułatwia zarządzanie zmianami, śledzenie postępów i zapewnienie, że wszystkie wymagania są spełnione.

Modele pełnią również rolę dynamicznej dokumentacji, która ewoluuje wraz z rozwojem systemu, eliminując potrzebę statycznych dokumentów, które szybko się dezaktualizują.

5. Współpraca interdyscyplinarna za pomocą wspólnych modeli

MBSE wspiera współpracę, dostarczając wspólnego języka i platformy dla różnych zespołów. Inżynierowie projektowi, elektryczni, mechaniczni i programiści pracują z tymi samymi modelami, co zapewnia spójność i zmniejsza ryzyko nieporozumień. Platformy oparte na chmurze lub narzędzia MBSE umożliwiają bezproblemowe udostępnianie modeli w czasie rzeczywistym, promując efektywną współpracę.

6. Weryfikacja i walidacja (V&V)

Proces MBSE obejmuje ciągłą weryfikację i walidację (V&V). Weryfikacja zapewnia poprawność budowy modeli, podczas gdy walidacja potwierdza, że modele dokładnie reprezentują zamierzony system. Inżynierowie używają symulacji opartych na modelach, aby sprawdzić, czy system spełnia wymagania w różnych warunkach, oraz identyfikować obszary wymagające ulepszeń.

Na przykład systemy redukcji hałasu okrętu podwodnego mogą być walidowane poprzez symulację scenariuszy operacyjnych, aby zapewnić ich wydajność w rzeczywistych środowiskach.

7. Zarządzanie cyklem życia z ciągłymi aktualizacjami

MBSE wspiera cały cykl życia systemu — od projektowania i rozwoju po wdrożenie, konserwację i wycofanie z eksploatacji. W miarę pojawiania się zmian, takich jak nowe wymagania, modernizacje komponentów lub dostosowania operacyjne, modele są na bieżąco aktualizowane. Dzięki temu dokumentacja systemu pozostaje dokładna i aktualna przez cały okres eksploatacji.

<u>Krok 5: Iteracyjne Testowanie i Udoskonalanie</u>

Podczas fazy szczegółowego projektowania tworzone i testowane są wirtualne prototypy. Projekt jest udoskonalany na podstawie wyników analiz z wykorzystaniem metod FEA, CFD i MBSE. Inżynierowie analizują również potencjalne ryzyka, takie jak tryby awarii, i dostosowują specyfikacje w celu ich minimalizacji.

Podstawy Projektowania i Budowy Okrętów Podwodnych

Regularne przeglądy projektów, w których uczestniczą eksperci z różnych dziedzin (np. inżynierii strukturalnej, elektrycznej i mechanicznej), zapewniają zgodność wszystkich aspektów z celami operacyjnymi i standardami bezpieczeństwa.

Na tym etapie odbywa się również integracja systemów, podczas której inżynierowie upewniają się, że wszystkie podsystemy — takie jak napęd, układy sterowania, systemy uzbrojenia i czujniki — działają harmonijnie. Testowanie poszczególnych komponentów w izolacji jest kluczowe dla potwierdzenia ich kompatybilności i niezawodności. W przypadku okrętów podwodnych o napędzie nuklearnym szczególną uwagę zwraca się na osłony reaktora, systemy chłodzenia i protokoły bezpieczeństwa jądrowego.

Manewrowość okrętów podwodnych, zarówno w warunkach nienaruszonych, jak i w przypadku degradacji systemów, jest analizowana za pomocą symulacji w sześciu stopniach swobody (6-DoF), które dostarczają informacji o charakterystyce sterowania jednostki [669].

4. Wybór Materiałów i Budowa Kadłuba

Materiały używane w budowie okrętów podwodnych są starannie dobierane pod kątem wytrzymałości, odporności na korozję i niskiej sygnatury magnetycznej, co minimalizuje ryzyko wykrycia. Stale HY-80 i HY-100 są powszechnie stosowane do budowy kadłubów ciśnieniowych ze względu na ich zdolność do wytrzymywania ogromnych ciśnień na głębokościach. Konstrukcja kadłuba obejmuje spawanie sekcji stalowych z najwyższą precyzją, aby zapewnić brak słabych punktów, które mogłyby zagrozić integralności jednostki.

Budowa kadłuba odbywa się w wyspecjalizowanych stoczniach, często z wykorzystaniem technik modułowych. Okręty podwodne są budowane w sekcjach, które następnie łączy się w większe moduły. Moduły te zawierają wewnętrzne komponenty, takie jak jednostki napędowe i pomieszczenia mieszkalne, które są prefabrykowane w celu uproszczenia procesu końcowego montażu.

5. Prototypowanie i Testowanie

Faza prototypowania jest kluczowa dla weryfikacji wyborów projektowych i oceny wydajności w rzeczywistych warunkach. Na tym etapie zazwyczaj buduje się modele w skali lub pełnowymiarowe prototypy, które przechodzą rygorystyczne testy w kontrolowanych warunkach, takich jak baseny holownicze lub wyspecjalizowane ośrodki testowe. Testy te oceniają różne parametry wydajności, w tym efektywność hydrodynamiczną, stabilność i manewrowość [24, 666].

Ponadto testowana jest integracja zaawansowanych technologii, takich jak systemy autonomiczne i nowoczesne materiały, aby zapewnić ich niezawodność i skuteczność. Na przykład wykorzystanie materiałów kompozytowych w projektowaniu kadłuba ciśnieniowego jest analizowane w celu osiągnięcia optymalnej pływalności i integralności strukturalnej w ekstremalnych warunkach [667].

6. Produkcja

Po zatwierdzeniu projektu w wyniku testów rozpoczyna się faza produkcji. Obejmuje ona faktyczne wytwarzanie okrętu podwodnego, gdzie kluczowe znaczenie mają precyzja inżynieryjna i kontrola jakości. Proces produkcji musi być zgodny z rygorystycznymi standardami bezpieczeństwa i wydajności, szczególnie w przypadku okrętów podwodnych o napędzie nuklearnym, gdzie protokoły bezpieczeństwa są niezwykle istotne z powodu złożoności systemów jądrowych [670].

Wdrażane są również praktyki zarządzania cyklem życia, aby zapewnić operacyjną zdolność okrętu przez cały okres jego użytkowania. Obejmuje to regularne konserwacje, modernizacje i modyfikacje, które uwzględniają postęp technologiczny oraz zmieniające się wymagania operacyjne [671].

Rysunek 127: USS Arkansas (SSN-800) w trakcie budowy. Huntington Ingalls Industries, CC BY-SA 4.0, via Wikimedia Commons.

5. Testy i próby morskie

Po złożeniu okrętu podwodnego przeprowadza się rozległe testy w celu weryfikacji jego projektu i wydajności. Testy rozpoczynają się od prób statycznych w suchych dokach, gdzie inżynierowie sprawdzają integralność kadłuba i systemów. Przeprowadzane są także testy ciśnieniowe, aby upewnić się, że okręt wytrzyma siły, na jakie będzie narażony na głębokościach operacyjnych.

Następnie okręt przechodzi próby morskie, podczas których testowany jest w rzeczywistych warunkach. Próby obejmują ocenę systemów napędowych, kontroli wyporu, poziomu hałasu, wydajności sonarów oraz systemów nawigacyjnych. Okręty podwodne zaprojektowane z myślą o niewykrywalności poddawane są próbom akustycznym, aby zmierzyć ich sygnaturę dźwiękową. Wszelkie problemy wykryte podczas prób są rozwiązywane, a niezbędne modyfikacje wprowadzane w celu zapewnienia bezpieczeństwa i wydajności.

6. Szkolenie załogi i certyfikacja

Okręty podwodne to wyjątkowo złożone jednostki, wymagające specjalistycznego szkolenia dla członków załogi. Przed rozpoczęciem pełnej eksploatacji załoga musi zostać przeszkolona w obsłudze wszystkich systemów na pokładzie, w tym systemów napędowych, nawigacyjnych oraz procedur awaryjnych. Szkolenie to odbywa się w formie zajęć teoretycznych, symulatorów oraz praktycznego doświadczenia zdobywanego podczas prób morskich.

Okręty podwodne napędzane energią jądrową wymagają również dodatkowej certyfikacji, aby zapewnić zgodność z normami bezpieczeństwa jądrowego.

Rysunek 128: Uszkodzony zaawansowany system dostarczania SEAL (Advanced SEAL Delivery System) przekształcony w miniaturowy okręt treningowy w stoczni marynarki wojennej Pearl Harbor oraz w Zakładzie Utrzymania Pośredniego. Okręt podwodny jest wykorzystywany do praktycznego szkolenia różnych specjalności zajmujących się pracami na okrętach podwodnych. Defense Visual Information Distribution Service, Public Domain, via GetArchive.

7. Wprowadzenie do służby i operacyjne wykorzystanie

Po pomyślnym przejściu wszystkich testów i pełnym przeszkoleniu załogi okręt podwodny jest oficjalnie wprowadzany do służby. Podczas ceremonii wprowadzenia do służby (ang. commissioning) okręt zostaje formalnie przyjęty przez marynarkę wojenną i włączony do floty operacyjnej. Od tego momentu okręt podwodny staje się gotowy do wykorzystania, zarówno w ćwiczeniach szkoleniowych, jak i w rzeczywistych misjach, takich jak patrolowanie wód terytorialnych czy prowadzenie działań wywiadowczych.

8. Konserwacja i zarządzanie cyklem życia

Okręty podwodne wymagają regularnej konserwacji przez cały okres eksploatacji, aby zapewnić bezpieczeństwo i niezawodność. Prace konserwacyjne obejmują planowane dokowanie, modernizacje systemów i naprawy. W przypadku okrętów podwodnych z napędem nuklearnym konieczne jest również uzupełnianie paliwa reaktora i przeprowadzanie gruntownych przeglądów w określonych odstępach czasu. Cykl życia okrętu jest starannie zarządzany, a modernizacje obejmują elektronikę, systemy uzbrojenia i napęd, aby zapewnić możliwość eksploatacji przez kilka dekad.

9. Wycofanie z eksploatacji i utylizacja

Kiedy okręt podwodny osiągnie koniec swojego cyklu operacyjnego, zostaje wycofany ze służby. W przypadku okrętów nuklearnych proces ten obejmuje bezpieczny demontaż reaktora i utylizację odpadów radioaktywnych. Proces ten jest złożony i wymaga specjalistycznych obiektów, aby zapewnić bezpieczeństwo środowiskowe. Konwencjonalne okręty podwodne są albo złomowane, przekształcane do użytku cywilnego, albo zachowywane jako eksponaty muzealne.

Doskonałym przykładem procesu projektowania i rozwoju okrętów podwodnych jest projekt AUKUS SSN-AUKUS, będący wspólną inicjatywą Wielkiej Brytanii, Australii i Stanów Zjednoczonych. Ten ambitny program ma na celu dostarczenie nowej klasy konwencjonalnie uzbrojonych, atomowych okrętów podwodnych o napędzie nuklearnym, które zastąpią brytyjskie okręty klasy Astute i wprowadzą podobne zdolności do australijskiej marynarki wojennej.

Program SSN-AUKUS obecnie znajduje się w fazie szczegółowego projektowania. Ten etap następuje po rozległych pracach koncepcyjnych mających na celu dostosowanie wymagań trzech zaangażowanych państw, skupiając się na zwiększeniu skrytości, wytrzymałości i skuteczności operacyjnej w wymagających środowiskach morskich. Program kładzie nacisk na modułową konstrukcję, wykorzystując zarówno amerykańskie, jak i brytyjskie technologie, aby sprostać zmieniającym się wyzwaniom geopolitycznym.

Projekt wykorzystuje zaawansowane narzędzia obliczeniowe w celu optymalizacji hydrodynamiki i zapewnienia gotowości operacyjnej w różnych środowiskach, w tym podczas operacji na głębokich wodach i w strefach przybrzeżnych. Jednym z celów projektu jest stworzenie platformy „odpornej na przyszłość", zdolnej do autonomicznej pracy z minimalną załogą, integrującej nowoczesne zestawy czujników i systemy napędowe oraz wykorzystującej sztuczną inteligencję do nawigacji i analizy danych.

Jeśli chodzi o konstrukcję, projekt opiera się głównie na firmach BAE Systems, Babcock i Rolls-Royce, które dostarczą kluczowe komponenty i infrastrukturę, takie jak reaktory nuklearne. Początkowa budowa ma się odbywać w Barrow-in-Furness w Wielkiej Brytanii, podczas gdy Australia równocześnie będzie rozwijać swoje zdolności przemysłowe, aby wspierać przyszłą produkcję okrętów podwodnych na swoim terytorium. W ramach tego wysiłku planuje się rozwój zasobów ludzkich, a australijski personel będzie szkolony na jednostkach brytyjskich i amerykańskich, aby zdobyć doświadczenie operacyjne w obsłudze systemów nuklearnych.

W fazie testów i prób morskich okręty podwodne przejdą szeroko zakrojone testy, podczas których każdy komponent – od napędu po zdolności skrytości – zostanie oceniony w rzeczywistych warunkach. Po zakończeniu tych prób i wprowadzeniu niezbędnych poprawek, pierwsze okręty SSN-AUKUS mają wejść do służby w Royal Navy pod koniec lat 30. XXI wieku, a australijskie warianty zostaną dostarczone na początku lat 40.

Program AUKUS obejmuje również plany zarządzania cyklem życia, które mają zapewnić, że okręty pozostaną operacyjnie istotne przez dekady. Obejmuje to ciągłe modernizacje elektroniki, systemów uzbrojenia i technologii reaktorowych, a także harmonogramy konserwacji w celu optymalizacji dostępności jednostek.

Program budowy tych okrętów podwodnych ukazuje złożoność i współpracę wymaganą przy nowoczesnym projektowaniu okrętów podwodnych, łącząc wiedzę z różnych krajów, aby sprostać zarówno wyzwaniom technicznym, jak i strategicznym celom w zmieniającym się globalnym krajobrazie bezpieczeństwa. Projekt SSN-AUKUS nie tylko rozwija technologię okrętów podwodnych, ale także wzmacnia sojusze militarne między Australią, Wielką Brytanią i Stanami Zjednoczonymi, zapewniając im zdolność do skutecznego przeciwdziałania przyszłym zagrożeniom morskim.

Harmonogram produkcji i wymagania dotyczące zasobów ludzkich

Czas realizacji produkcji okrętów podwodnych, zarówno konwencjonalnych z napędem diesel-elektrycznym, jak i z napędem nuklearnym, zależy od wielu czynników, takich jak złożoność projektu, wymagania technologiczne oraz pożądane zdolności operacyjne. Zazwyczaj cały proces, od wstępnego projektu do przekazania do służby, może trwać od 6 do 15 lat. Ten okres obejmuje kilka etapów, w tym projektowanie koncepcyjne, szczegółowe inżynieria, budowę, testy oraz dostawę końcową [240].

Dla konwencjonalnych okrętów z napędem diesel-elektrycznym czas produkcji zwykle mieści się w dolnej granicy tego przedziału, wynosząc od 6 do 10 lat. Jest to związane z ich prostszą konstrukcją i mniejszym stopniem zaawansowania technologicznego w porównaniu do okrętów podwodnych z napędem nuklearnym. W przeciwieństwie do nich, okręty nuklearne wymagają zazwyczaj dłuższego okresu rozwoju, często przekraczającego 15 lat. Wynika to z zastosowania zaawansowanych technologii w systemach napędu nuklearnego, rygorystycznych protokołów bezpieczeństwa oraz potrzeby przeprowadzenia rozległych testów i procesów certyfikacyjnych [240, 672].

Wymagania dotyczące zasobów ludzkich na poszczególnych etapach produkcji okrętów podwodnych również znacząco się różnią. Faza projektowania wymaga zaangażowania wielodyscyplinarnego zespołu inżynierów, w tym architektów morskich, inżynierów mechaników i specjalistów ds. systemów, często składającego się z setek osób. W fazie budowy liczba ta znacząco wzrasta, ponieważ stocznie zatrudniają tysiące pracowników, w tym wykwalifikowanych rzemieślników, takich jak spawacze, elektrycy i inspektorzy jakości. Faza testowania, kluczowa dla zapewnienia, że okręt spełnia wszystkie wymagania operacyjne, wymaga dodatkowego zaangażowania wyspecjalizowanego personelu, w tym ekspertów ds. integracji systemów i akustyki podwodnej [240, 672, 673].

Ponadto złożoność profilu misji okrętu podwodnego może dodatkowo wpływać na wymagane zasoby ludzkie. Na przykład okręty zaprojektowane z myślą o zaawansowanej skrytości i zdolnościach bojowych mogą wymagać

Podstawy Projektowania i Budowy Okrętów Podwodnych

dodatkowego personelu do obsługi specjalistycznych systemów, takich jak sonar i systemy uzbrojenia, co zwiększa ogólną liczbę pracowników potrzebnych w całym cyklu produkcyjnym [240, 672].

Poniżej przedstawiono podział szacunkowego czasu trwania poszczególnych etapów budowy okrętów podwodnych oraz zasobów ludzkich zwykle zaangażowanych w każdy z nich:

1. Projektowanie i planowanie

- **Czas trwania:** 1–3 lata
- **Kluczowy personel:**
    - Architekci morscy
    - Inżynierowie systemowi
    - Analitycy obliczeniowi (eksperci CFD i FEA)
    - Kierownicy projektów
    - Przedstawiciele rządowi i wojskowi

Ten etap obejmuje definiowanie wymagań operacyjnych, planowanie architektury systemu oraz przeprowadzanie symulacji optymalizujących kształt kadłuba i systemy napędowe. Rozpoczyna się współpraca między siłami zbrojnymi a wykonawcami, która tworzy fundamenty dla kolejnych etapów.

2. Budowa modułowa i wytwarzanie kadłuba

- **Czas trwania:** 3–7 lat
- **Kluczowy personel:**
    - Inżynierowie budowlani
    - Spawacze i pracownicy obróbki stali
    - Elektrycy
    - Pracownicy stoczniowi
    - Specjaliści ds. zapewnienia jakości

Najbardziej pracochłonny etap. Pracownicy produkują sekcje kadłuba i montują systemy wewnętrzne, takie jak jednostki napędowe, zbiorniki balastowe oraz systemy podtrzymywania życia. Budowa modułowa umożliwia jednoczesne prace nad różnymi częściami okrętu, co przyspiesza proces.

3. Integracja systemów

- **Czas trwania:** 2–4 lata (często nakłada się na budowę)

- **Kluczowy personel**:
    - Inżynierowie integracji
    - Specjaliści ds. systemów sterowania
    - Inżynierowie elektrycy
    - Programiści
    - Technicy systemów sonarowych i uzbrojenia

Inżynierowie zapewniają, że wszystkie podsystemy okrętu—napęd, nawigacja, sonar i systemy uzbrojenia—są zintegrowane i działają zgodnie z założeniami. Rozległe testy na tym etapie gwarantują harmonijną współpracę wszystkich komponentów.

4. Testy i próby morskie

- **Czas trwania**: 1–2 lata
- **Kluczowy personel**:
    - Inżynierowie morscy
    - Piloci testowi i operatorzy
    - Oficerowie marynarki wojennej
    - Technicy ds. analizy akustycznej i testów pływalności

Okręt przechodzi próby w doku i na morzu, aby sprawdzić wydajność w warunkach rzeczywistych. Systemy stealth są oceniane podczas prób akustycznych, a inżynierowie dopracowują systemy napędowe i sterujące. Wszelkie usterki są naprawiane przed przejściem do etapu oddania do służby.

5. Szkolenie załogi i certyfikacja

- **Czas trwania**: 6 miesięcy–1 rok (czasami nakłada się na testy)
- **Kluczowy personel**:
    - Instruktorzy marynarki
    - Specjaliści ds. symulacji
    - Inżynierowie reaktorów (dla okrętów nuklearnych)
    - Oficerowie dowodzący

Podstawy Projektowania i Budowy Okrętów Podwodnych

Załogi okrętów podwodnych są szkolone przy użyciu symulatorów i rzeczywistego sprzętu, aby zapoznać się z każdym systemem na pokładzie. Okręty z napędem nuklearnym wymagają dodatkowego szkolenia w zakresie obsługi reaktorów, protokołów bezpieczeństwa i procedur awaryjnych.

6. Oddanie do służby i rozmieszczenie

- **Czas trwania:** 6 miesięcy
- **Kluczowy personel:**
    - Oficerowie marynarki wojennej
    - Zespoły logistyczne
    - Przedstawiciele rządu

Oddanie do służby obejmuje formalne przyjęcie okrętu przez marynarkę wojenną i włączenie go do floty operacyjnej. Zespoły logistyczne koordynują zaopatrzenie i strategie rozmieszczenia, aby zapewnić gotowość do misji.

7. Utrzymanie i zarządzanie cyklem życia

- **Czas trwania:** Ciągły (do 30 lat lub więcej)
- **Kluczowy personel:**
    - Inżynierowie ds. utrzymania
    - Technicy zajmujący się okresowymi modernizacjami
    - Inżynierowie nuklearni (do uzupełniania paliwa w reaktorach)
    - Zespoły wsparcia logistycznego

Okręt podwodny przez cały okres eksploatacji przechodzi rutynowe konserwacje i modernizacje systemów, aby zapewnić jego skuteczność. Okręty nuklearne wymagają również uzupełniania paliwa reaktorowego co 10–15 lat.

8. Wycofanie ze służby i utylizacja

- **Czas trwania:** 1–2 lata
- **Kluczowy personel:**
    - Specjaliści ds. utylizacji materiałów nuklearnych (dla reaktorów)
    - Inżynierowie środowiskowi
    - Pracownicy stoczniowi

Po zakończeniu okresu eksploatacji okręt jest demontowany lub poddawany recyklingowi. Okręty nuklearne wymagają szczególnej uwagi przy utylizacji radioaktywnych komponentów. Konwencjonalne okręty mogą zostać złomowane, przekształcone do celów cywilnych lub przekształcone w eksponaty muzealne.

Proces produkcji okrętów podwodnych wymaga tysięcy wyspecjalizowanych pracowników z różnych dziedzin, takich jak inżynieria konstrukcyjna, elektronika, oprogramowanie i nauki nuklearne. Cały proces może trwać ponad dekadę, a modernizacje i konserwacja mogą wydłużyć żywotność okrętu do kilkudziesięciu lat. Budowa modułowa i integracja umożliwiają nakładanie się niektórych etapów, co zapewnia płynność pracy i minimalizuje opóźnienia.

Rozwój okrętów podwodnych klasy Virginia

Rozwój okrętów podwodnych klasy Virginia stanowi szczegółowe studium przypadku dotyczące złożonego, wieloetapowego procesu produkcji nowoczesnych okrętów podwodnych z napędem nuklearnym. Budowa i montaż tych jednostek są realizowane przez dwa główne zakłady stoczniowe: General Dynamics Electric Boat oraz Newport News Shipbuilding. Każda z tych stoczni odpowiada za określone moduły okrętu—jedna koncentruje się na sekcjach takich jak rufa i pomieszczenie torpedowe, a druga na maszynowni i sterowni.

Program rozwoju okrętów klasy Virginia stanowi znaczący krok naprzód w zakresie zdolności podwodnych Marynarki Wojennej Stanów Zjednoczonych. Program został zainicjowany w celu zastąpienia starzejących się okrętów klasy Los Angeles. Oficjalnie uruchomiony w 1998 roku, miał na celu zwiększenie efektywności operacyjnej marynarki wojennej w różnych profilach misji, takich jak zwalczanie okrętów podwodnych, gromadzenie danych wywiadowczych oraz wspieranie operacji specjalnych. Pierwszy okręt tej klasy, USS Virginia (SSN-774), wszedł do służby w 2004 roku, co stanowiło przełom w technologii i projektowaniu okrętów podwodnych [674].

Produkcja każdego okrętu klasy Virginia trwa zwykle od pięciu do siedmiu lat i obejmuje etapy budowy, prób morskich oraz testów.

Rysunek 129: Okręt podwodny klasy Virginia typu attack, Minnesota (SSN 783), w trakcie budowy w Huntington Ingalls Newport News Shipbuilding. Marynarka Wojenna Stanów Zjednoczonych, domena publiczna, za pośrednictwem Picryl.

Okręty podwodne klasy Virginia są budowane przy użyciu modułowej metody konstrukcyjnej, która umożliwia iteracyjne podejście do budowy w blokach. Ta metoda pozwala na wprowadzanie technologicznych usprawnień z każdą nową serią, zwiększając możliwości okrętów na przestrzeni czasu. Na przykład Blok III wprowadził nowe rury ładunkowe, znacząco zwiększając wszechstronność uzbrojenia okrętów, podczas gdy Blok V zawierał Moduł Ładunkowy klasy Virginia (VPM), który rozszerza zdolność przenoszenia pocisków, kompensując wycofywanie okrętów klasy Ohio [674, 675]. Konstrukcja modułowa nie tylko usprawnia proces budowy, ale również pozwala na równoczesną produkcję różnych sekcji okrętu podwodnego, co optymalizuje całkowity czas realizacji projektu — od budowy do wprowadzenia do służby, który zwykle wynosi od pięciu do siedmiu lat [676].

Strategia Marynarki Wojennej Stanów Zjednoczonych w ramach programu klasy Virginia zakłada ciągłą produkcję do lat 30. XXI wieku, z oczekiwanym tempem około dwóch okrętów podwodnych rocznie, aby sprostać wymaganiom operacyjnym. Na 2024 rok ponad 26 okrętów klasy Virginia zostało wprowadzonych do służby, co potwierdza sukces programu w zwiększaniu liczebności floty podwodnej [671, 674]. Dodatkowo marynarka już planuje kolejną generację okrętów typu attack, oznaczoną jako SSN(X), z rozpoczęciem zamówień przewidzianym na około 2040 rok, co zapewni utrzymanie wiodącej pozycji USA w zakresie zdolności morskich [674].

Proces rozwoju okrętów klasy Virginia kładzie nacisk na zintegrowany rozwój produktów i procesów (IPPD), co gwarantuje, że założenia projektowe są zgodne z realiami budowy. Podejście to uwzględnia wkład różnych interesariuszy, w tym inżynierów i operatorów marynarki wojennej, już na wczesnym etapie projektowania, co zwiększa ogólną efektywność i skuteczność programu [675]. Wykorzystanie komercyjnych technologii dostępnych na rynku (COTS) odegrało również kluczową rolę w obniżaniu kosztów i ułatwianiu modernizacji systemów w trakcie eksploatacji okrętów [677].

Budżetowanie, Harmonogramowanie i Zarządzanie Ryzykiem

Budżet Projektu

Opracowanie budżetu dla projektu budowy okrętów podwodnych to niezwykle złożony proces, który wymaga starannego planowania, precyzyjnych prognoz oraz efektywnej koordynacji pomiędzy licznymi interesariuszami. Złożoność tego procesu podkreśla konieczność równoważenia wymagań operacyjnych, bezpieczeństwa i technologicznych z ograniczeniami wynikającymi z narodowych budżetów obronnych.

Zaangażowanie interesariuszy odgrywa kluczową rolę w tym procesie budżetowania. Wczesny udział interesariuszy w fazie definiowania projektu jest niezbędny, aby zapewnić, że wszystkie strony mają jasne zrozumienie zakresu i celów projektu, co może znacząco wpłynąć na dokładność budżetu i sukces projektu [678]. Złożoność projektów budowy okrętów podwodnych często wymaga zawierania umów kontraktowych, które precyzują odpowiedzialności i oczekiwania między interesariuszami, co ułatwia współpracę i zmniejsza prawdopodobieństwo przekroczenia kosztów [678]. Ponadto skuteczne zarządzanie interesariuszami może prowadzić do poprawy wyników projektu poprzez budowanie lepszych relacji i redukcję niepewności w fazie przedbudowlanej [679].

Dokładne oszacowanie kosztów jest kolejnym kluczowym aspektem budżetowania w projektach budowy okrętów podwodnych. Istnieje wiele metodologii szacowania kosztów projektu, a wybór odpowiedniej metody może znacząco wpłynąć na wiarygodność prognoz budżetowych. Na przykład techniki probabilistyczne udowodniły swoją skuteczność w poprawie dokładności ocen kosztów, uwzględniając niepewności związane z projektami budowlanymi [680]. Ponadto integracja zaawansowanych technologii, takich jak modelowanie informacji o budynku (BIM), może usprawnić proces szacowania kosztów, dostarczając wiarygodnych danych, które są zgodne z zakresem projektu i poziomem jego rozwoju [681]. Jest to szczególnie istotne w kontekście budowy okrętów podwodnych, gdzie złożoność i unikalność każdego projektu wymagają solidnych ram szacowania, aby uniknąć rozbieżności budżetowych i zapewnić opłacalność finansową [682].

Faza projektowania ma również znaczący wpływ na wyniki budżetowe. Badania wskazują, że poświęcenie odpowiedniej ilości czasu i zasobów na wczesne etapy projektowania może prowadzić do bardziej precyzyjnych oszacowań budżetu, ponieważ pozwala na dokładne zrozumienie złożoności i zakresu projektu [683]. Jest to szczególnie ważne w projektach budowy okrętów podwodnych, gdzie postęp technologiczny i wymagania operacyjne mogą wprowadzać dodatkowe warstwy złożoności, które muszą być uwzględnione w budżecie [684]. Ponadto zastosowanie zaawansowanych metod kontroli kosztów, opartych na sztucznej inteligencji, może zwiększyć precyzję prognoz budżetowych, analizując różne czynniki wpływające na koszty i dostarczając informacji o potencjalnych przekroczeniach budżetu [685].

1. Definiowanie wymagań projektowych i zakresu

Proces rozpoczyna się od określenia zakresu i wymagań misji okrętu podwodnego. Współpraca pomiędzy siłami morskimi, kontrahentami zbrojeniowymi oraz agencjami rządowymi pozwala na określenie takich wymagań jak:

- Specyfikacje dla poziomu skrytości (stealth), prędkości, uzbrojenia, autonomiczności i środowisk operacyjnych (np. strefy arktyczne lub wody przybrzeżne).
- Te wymagania są tłumaczone na specyfikacje techniczne, takie jak materiały, systemy napędowe oraz uzbrojenie.
- Zakres projektu określa złożoność i oczekiwany harmonogram, tworząc podstawę do budżetowania.

Wymagania misji określają role, jakie ma pełnić okręt podwodny, takie jak wojna podwodna, zbieranie informacji wywiadowczych czy transport pocisków. Inne aspekty obejmują środowiska operacyjne—czy okręt będzie działał głównie w strefach przybrzeżnych czy na otwartym oceanie, lub czy wymaga specjalnych zdolności do operacji w Arktyce. Te wymagania wpływają na specyfikacje techniczne, takie jak poziomy skrytości, prędkość, autonomia oraz pojemność ładunkowa.

Zakres projektu tworzy podstawę dla całego cyklu życia projektu, szczegółowo określając skalę i złożoność budowy okrętu. Określa główne kamienie milowe, takie jak fazy projektowania, integracja systemów, próby morskie i terminy dostaw. Pomaga to w sformułowaniu wstępnego harmonogramu i szacunków budżetowych, zapewniając efektywne rozdzielenie zasobów i realistyczne terminy realizacji.

2. Szacowanie kosztów według komponentów

Projekt okrętu podwodnego dzieli się na główne kategorie kosztów, takie jak:

1. **Konstrukcja kadłuba** (np. materiały takie jak stal HY-80).
2. **Systemy napędowe** (reaktory jądrowe, silniki diesel-elektryczne).
3. **Systemy uzbrojenia i ładunki** (torpedy, systemy rakietowe).
4. **Elektronika i systemy sonarowe** (nawigacja, komunikacja).
5. **Pomieszczenia dla załogi i systemy podtrzymywania życia.**

Każdy komponent wymaga szczegółowego oszacowania kosztów, opartego na cenach rynkowych, kontraktach z dostawcami, kosztach pracy oraz danych z wcześniejszych projektów. Te szacunki są następnie agregowane, tworząc wstępne projekcje kosztów.

Proces szacowania kosztów budowy okrętu podwodnego to szczegółowe i metodyczne działanie, które dzieli projekt na główne komponenty. Każdy z tych komponentów stanowi znaczną część całkowitego budżetu, a ich koszty muszą być dokładnie oszacowane, aby zapewnić realizację projektu zgodnie z harmonogramem i w granicach finansowych. Poniżej przedstawiono szczegółowy podział, jak szacowane są koszty dla każdego z tych kluczowych komponentów.

- **Budowa kadłuba**: Budowa kadłuba obejmuje wytworzenie kadłuba ciśnieniowego z wyspecjalizowanych materiałów, takich jak stal HY-80 lub HY-100, które zapewniają niezbędną wytrzymałość do wytrzymania wysokich ciśnień pod wodą. Koszt obejmuje nie tylko surowce, ale także spawanie, formowanie i montaż sekcji kadłuba, co wymaga wykwalifikowanej siły roboczej. Kadłuby okrętów podwodnych często są wytwarzane w modułowych sekcjach, z których każda musi spełniać ścisłe tolerancje, aby zapewnić integralność strukturalną. Do oszacowania wydatków na ten kluczowy komponent wykorzystuje się dane historyczne z podobnych projektów oraz koszty pracy w stoczniach.

- **Systemy napędowe**: System napędowy stanowi jeden z największych czynników kosztowych. Dla okrętów o napędzie jądrowym obejmuje on reaktor jądrowy, systemy chłodzenia, turbiny parowe oraz mechanizmy bezpieczeństwa. W okrętach diesel-elektrycznych koszty są związane z silnikami diesla, akumulatorami i silnikami elektrycznymi. Każdy system napędowy wiąże się z własnymi wyzwaniami. Na przykład reaktory jądrowe wymagają rozległego nadzoru regulacyjnego, wyspecjalizowanych komponentów i długoterminowego składowania paliwa, co znacznie zwiększa koszty. Koszty te są szacowane na podstawie kontraktów z dostawcami, aktualnych cen rynkowych oraz danych historycznych z wcześniejszych projektów okrętów o podobnych systemach napędowych.

- **Systemy uzbrojenia i ładunek**: Okręty podwodne przenoszą różnorodne systemy uzbrojenia i ładunki, takie jak torpedy, pociski manewrujące czy pociski balistyczne. Koszt uzbrojenia jest uzależniony od liczby komór na broń, wyrzutni torped oraz wyspecjalizowanych silosów rakietowych przewidzianych w projekcie. W przypadku zaawansowanych okrętów integracja systemów kontroli wystrzału i zautomatyzowanego zarządzania bronią dodatkowo zwiększa koszty. W tej kategorii uwzględnia się również bezzałogowe pojazdy podwodne (UUV), jeśli są częścią ładunku, co odzwierciedla rosnący trend w kierunku systemów autonomicznych.

- **Elektronika i systemy sonarowe**: Elektronika na pokładzie okrętu podwodnego odgrywa kluczową rolę w nawigacji, komunikacji i systemach bojowych. Obejmuje zaawansowane systemy sonarowe, radar, łącza komunikacji satelitarnej oraz systemy sterowania ogniem. Szacowanie kosztów tych systemów wymaga konsultacji ze specjalistycznymi dostawcami oraz uwzględnienia kosztów rozwoju i integracji niestandardowego oprogramowania. Koszty mogą również obejmować umowy serwisowe z dostawcami, aby zapewnić, że systemy pozostaną sprawne przez cały okres eksploatacji okrętu.

- **Zakwaterowanie załogi i systemy podtrzymywania życia**: Projektowanie okrętu podwodnego w celu zapewnienia zakwaterowania dla członków załogi podczas długich misji wiąże się ze znacznymi wydatkami. Systemy podtrzymywania życia obejmują systemy oczyszczania powietrza, generatory tlenu, zapasy wody pitnej, systemy zarządzania odpadami oraz kontrolę temperatury. Dodatkowo układ pomieszczeń mieszkalnych, jadalni, placówek medycznych i stref rekreacyjnych wpływa na ostateczne koszty. Elementy te muszą być zoptymalizowane, aby zapewnić komfort i efektywność operacyjną, zwłaszcza na okrętach jądrowych, gdzie misje mogą trwać kilka miesięcy bez wynurzania.

Agregacja kosztów komponentów dla początkowej projekcji budżetowej

Szacowane koszty każdego komponentu są łączone, aby utworzyć początkową projekcję budżetową. Proces ten uwzględnia nie tylko wydatki bezpośrednie, ale także koszty pracy, ceny od dostawców i długoterminowe umowy serwisowe. Kierownicy projektów wykorzystują dane historyczne z wcześniejszych programów budowy okrętów podwodnych (takich jak klasa Virginia czy Columbia), aby zapewnić dokładność szacunków. Uwzględniają również inflację i potencjalne ryzyka w łańcuchu dostaw, aby uniknąć przekroczenia kosztów w przyszłości.

Zebrane szacunki kosztów są przedstawiane jako kompleksowa propozycja budżetowa, która stanowi podstawę do zabezpieczenia finansowania rządowego. Początkowy budżet uwzględnia również fundusze rezerwowe na pokrycie nieprzewidzianych wydatków podczas budowy. Regularne monitorowanie i śledzenie finansowe na każdym etapie projektu zapewniają, że projekt pozostaje zgodny z planem, z możliwością wprowadzania korekt w razie potrzeby.

3. Wykorzystanie modeli kosztowych i danych historycznych

Planowanie budżetu w dużej mierze opiera się na modelach kosztowych i danych historycznych z wcześniejszych programów budowy okrętów podwodnych, takich jak klasa Virginia. Modele te są kluczowymi narzędziami do oszacowania zarówno kosztów budowy, jak i długoterminowych kosztów operacyjnych i konserwacyjnych.

Koszty kapitałowe okrętów jądrowych

Okręty podwodne o napędzie jądrowym wymagają zwykle wyższych początkowych nakładów inwestycyjnych w porównaniu z jednostkami diesel-elektrycznymi. Wynika to przede wszystkim z zastosowania reaktorów jądrowych i związanych z nimi systemów bezpieczeństwa i regulacji. Reaktory jądrowe wymagają również specjalistycznych osłon, systemów chłodzenia oraz wykwalifikowanej siły roboczej do budowy, co dodatkowo zwiększa złożoność i koszty projektu. Planiści muszą uwzględnić zarówno koszty cyklu życia reaktora (w tym przyszłe doładowania paliwa), jak i wydatki związane z utrzymaniem rygorystycznych protokołów bezpieczeństwa jądrowego. Elementy te są uwzględniane w modelach kosztowych, aby stworzyć precyzyjne prognozy dla przyszłych okrętów podwodnych o napędzie jądrowym.

Porównanie z wcześniejszymi programami budowy okrętów

Dane historyczne z programów budowy okrętów klasy Virginia i Columbia służą jako punkt odniesienia do oszacowania kosztów zakupu i konserwacji nowych projektów. Na przykład program klasy Virginia, który korzysta z modułowej konstrukcji, pozwala planistom zrozumieć korzyści kosztowe wynikające z równoległej budowy wielu okrętów. Dane z tych programów dostarczają informacji o cenach modułowych sekcji kadłuba, systemów sonarowych i komponentów napędowych, które można uwzględnić podczas planowania budżetu nowych okrętów o podobnych konfiguracjach.

Programy budowy okrętów podwodnych są zazwyczaj projektowane na kilka dekad, co wymaga prognozowania nie tylko kosztów budowy, ale także długoterminowej konserwacji, modernizacji i remontów. Modele historyczne pomagają planistom oszacować przyszłe wydatki operacyjne, takie jak doładowania paliwa reaktorowego dla okrętów o napędzie jądrowym, a także okresowe modernizacje technologiczne potrzebne do utrzymania zdolności bojowej.

Techniki modelowania kosztów

Planiści wykorzystują parametryczne modele kosztowe, które uwzględniają dane z wcześniejszych programów budowy okrętów podwodnych. Modele te biorą pod uwagę takie zmienne, jak godziny pracy, koszty materiałów i złożoność systemu, aby przewidzieć wymagania finansowe nowych projektów.

Na przykład, jeśli dane historyczne z okrętów klasy Virginia wskazują na średni koszt budowy wynoszący 4,5 miliarda USD za jednostkę, planiści wykorzystują tę wartość jako punkt odniesienia, dostosowując ją do inflacji, postępu technologicznego i zmian zakresu dla nowego projektu.

Modele predykcyjne są również niezbędne do wczesnego identyfikowania potencjalnych przekroczeń kosztów, co pozwala na ustalenie funduszy rezerwowych. Dane historyczne umożliwiają planistom rozpoznanie obszarów podatnych na opóźnienia lub wzrost wydatków, takich jak nowe technologie lub nieprzewidziane zakłócenia w łańcuchu dostaw.

4. *Uwzględnianie funduszy rezerwowych i zarządzanie ryzykiem*

W złożonych projektach obronnych, takich jak budowa okrętów podwodnych, fundusze rezerwowe i praktyki zarządzania ryzykiem stanowią kluczowe elementy procesu budżetowania. Projekty te cechują się wysokim stopniem niepewności, wynikającym z wyzwań technologicznych, problemów w łańcuchu dostaw, opóźnień lub zmieniających się wymagań misji. Uwzględnianie funduszy rezerwowych gwarantuje, że projekt może sprostać nieprzewidzianym zdarzeniom bez przekraczania przydzielonego budżetu ani obniżania jakości.

Podstawy Projektowania i Budowy Okrętów Podwodnych

Fundusze rezerwowe na nieprzewidziane koszty

Z uwagi na wysoki stopień niepewności w budowie okrętów podwodnych budżety zazwyczaj zawierają fundusze rezerwowe na pokrycie nieprzewidzianych wydatków. Fundusze te stanowią finansowe zabezpieczenie na wypadek kosztów nieuwzględnionych w początkowych szacunkach, takich jak:

- Opóźnienia w realizacji spowodowane wąskimi gardłami w stoczniach lub brakami kadrowymi.
- Niedobory materiałów lub wahania cen krytycznych komponentów, takich jak specjalistyczne stale czy zaawansowana elektronika.
- Zmiany projektowe wprowadzone podczas budowy w wyniku problemów technicznych lub aktualizacji wymagań misji.

Kwota przeznaczona na fundusze rezerwowe zależy od złożoności i harmonogramu projektu, ale zwykle wynosi od 10% do 20% całkowitego budżetu. W projektach opartych na innowacyjnych technologiach lub nowych komponentach procent ten może być wyższy, aby uwzględnić dodatkową niepewność.

Narzędzia analizy ryzyka i identyfikacji

Zarządzanie ryzykiem odgrywa kluczową rolę w określaniu wysokości funduszy rezerwowych. Kierownicy projektów korzystają z narzędzi analizy ryzyka, aby systematycznie identyfikować potencjalne zagrożenia i ich prawdopodobieństwo. Wśród powszechnie stosowanych narzędzi znajdują się:

- **Macierze ryzyka**, które klasyfikują ryzyka według ich prawdopodobieństwa i wpływu na koszty lub harmonogram.
- **Symulacje Monte Carlo**, które generują wiele scenariuszy przewidujących potencjalne zmiany kosztów w czasie.
- **Panele ekspertów**, które oceniają techniczne, operacyjne i finansowe ryzyka związane z nowymi technologiami lub złożonymi komponentami.

Narzędzia te pozwalają planistom priorytetyzować obszary wysokiego ryzyka i efektywnie alokować fundusze rezerwowe tam, gdzie prawdopodobieństwo przekroczenia kosztów jest największe.

Dynamiczne zarządzanie ryzykiem podczas budowy

Dynamiczny charakter budowy okrętów podwodnych wymaga ciągłego monitorowania ryzyk na każdym etapie cyklu życia projektu. W miarę postępu projektu, od fazy projektowania przez budowę, testy i oddanie do użytku, mogą pojawiać się nowe ryzyka, wymagające dostosowania funduszy rezerwowych.

Na przykład problemy zidentyfikowane podczas wczesnych faz testowania mogą wymagać zmian w projektach, systemach lub materiałach. Kierownicy projektów regularnie przeprowadzają ponowne oceny ryzyk, aby odzwierciedlić aktualne warunki i, jeśli to konieczne, realokować zasoby. Dzięki temu potencjalne problemy są rozwiązywane proaktywnie, minimalizując zakłócenia w trakcie budowy.

Dodatkowo narzędzia monitorowania w czasie rzeczywistym pozwalają na śledzenie kluczowych kamieni milowych i wykrywanie odchyleń od planu projektu. W przypadku zaangażowania wielu wykonawców i stoczni, takich jak w programie okrętów klasy Virginia, kluczowa staje się komunikacja między interesariuszami. Systemy wczesnego ostrzegania informują o brakach kadrowych, zakłóceniach w łańcuchu dostaw czy problemach technicznych, dając czas na działania naprawcze.

Strategiczna alokacja funduszy rezerwowych

Fundusze rezerwowe nie są stosowane równomiernie w całym budżecie, lecz są przydzielane strategicznie w zależności od zidentyfikowanych obszarów ryzyka. Na przykład:

- Zaawansowane technologie lub nieprzetestowane komponenty mogą otrzymać większy udział funduszy rezerwowych ze względu na wyższe ryzyko.

- Działania na ścieżce krytycznej, które bezpośrednio wpływają na harmonogram projektu, mogą wymagać dodatkowych funduszy, aby uniknąć opóźnień o szerokim zasięgu.

- Ryzyka regulacyjne i zgodności, szczególnie w przypadku okrętów z napędem jądrowym, mogą wymagać dodatkowych rezerw na inspekcje bezpieczeństwa lub dostosowania projektowe w oparciu o zmieniające się standardy.

Celem jest minimalizacja finansowego wpływu ryzyk przy jednoczesnym zachowaniu harmonogramu projektu. Jeśli ryzyka się nie zmaterializują, niewykorzystane fundusze rezerwowe można realokować na inne części projektu lub zmniejszyć całkowity koszt projektu.

5. Planowanie zaopatrzenia i kontrakty z dostawcami

Faza zaopatrzenia w budowie okrętów podwodnych jest kluczowym elementem procesu rozwojowego, wymagającym ścisłej koordynacji między stoczniami, wykonawcami i dostawcami w celu pozyskania specjalistycznych komponentów i systemów. Zapewnia ona dostępność niezbędnych materiałów, siły roboczej i infrastruktury, aby dotrzymać harmonogramów produkcji. Stocznie marynarki wojennej, takie jak General Dynamics Electric Boat (GDEB) i Huntington Ingalls Industries (HII), odgrywają główną rolę w tej fazie, współpracując z agencjami rządowymi i dostawcami w celu zawierania umów, zarządzania kosztami i zapewnienia płynności finansowej podczas całego procesu budowy.

Podstawy Projektowania i Budowy Okrętów Podwodnych

Współpraca z wykonawcami i dostawcami

Podczas zaopatrzenia stocznie współpracują z różnorodnymi dostawcami, z których wielu dostarcza wysoce specjalistyczne komponenty niezbędne do działania okrętów podwodnych. Przykłady obejmują:

- **Zestawy sonarowe**, kluczowe dla nawigacji i wykrywania zagrożeń.
- **Części reaktorów jądrowych**, które wymagają precyzyjnej inżynierii i zgodności z normami bezpieczeństwa.

Niektóre z tych komponentów mogą być dostarczane jedynie przez dostawców wyłącznych (tzw. sole-source suppliers)—firmy, które są jedynymi dostawcami określonej technologii lub części. Współpraca z takimi dostawcami wymaga dokładnych negocjacji i planowania, ponieważ opóźnienia lub zakłócenia w tych partnerstwach mogą poważnie wpłynąć na harmonogram całego projektu.

Koszty pracy i wykwalifikowana siła robocza

Faza zaopatrzenia obejmuje również oszacowanie i zarządzanie kosztami pracy. Budowa okrętów podwodnych wymaga wykwalifikowanej siły roboczej, w tym spawaczy, inżynierów, elektryków i operatorów maszyn. Pracownicy ci są niezbędni nie tylko do wytwarzania kadłuba okrętu, ale także do montażu systemów napędowych, platform uzbrojenia i elektroniki pokładowej.

Prace wymagające dużego nakładu pracy, takie jak spawanie stali HY-80 dla kadłuba ciśnieniowego, wymagają doświadczenia i precyzji. Dlatego koszty pracy muszą uwzględniać dostępność wykwalifikowanego personelu, potencjalne nadgodziny i porozumienia związkowe. Stocznie często zatrudniają tysiące pracowników do projektów związanych z budową okrętów podwodnych, a zatrudnienie trwa kilka lat, począwszy od budowy, aż po próby morskie.

Infrastruktura stoczni i koszty budowy modułowej

Współczesne okręty podwodne, takie jak jednostki klasy Virginia, są budowane z wykorzystaniem technik konstrukcji modułowej. W tej metodzie różne sekcje okrętu, zwane modułami, są budowane niezależnie, a następnie montowane w stoczni. Podejście to przyspiesza proces budowy i pozwala wielu zespołom jednocześnie pracować nad różnymi częściami okrętu.

Stocznie, takie jak GDEB i HII, inwestują znaczne środki w infrastrukturę wspierającą ten proces, w tym w wyspecjalizowane suche doki, zakłady produkcyjne i systemy transportowe do przemieszczania dużych modułów. Koszty związane z utrzymaniem i modernizacją tej infrastruktury są znaczne i uwzględniane w budżecie zaopatrzenia.

Długoterminowe kontrakty i zarządzanie przepływami finansowymi

Podczas fazy zaopatrzenia stocznie często negocjują długoterminowe kontrakty z dostawcami, aby zapewnić stały dopływ materiałów i komponentów. Takie kontrakty oferują kilka korzyści, takich jak rabaty przy zakupach hurtowych surowców, w tym stali i materiałów kompozytowych. Zarządzanie tymi kontraktami wymaga jednak starannego nadzoru, aby zapewnić płynność finansową projektu na przestrzeni całej linii czasowej budowy.

Zarządzanie przepływami finansowymi jest szczególnie ważne w projektach wieloletnich, ponieważ opóźnienia w płatnościach od agencji rządowych lub dostawców mogą spowolnić produkcję. Stocznie korzystają z narzędzi planowania finansowego, aby zaplanować płatności i zapewnić dostępność środków finansowych w odpowiednim czasie, unikając zatorów w łańcuchu dostaw.

6. *Rozwój budżetu w fazach*

Budżet projektu budowy okrętu podwodnego jest zazwyczaj podzielony na fazy odpowiadające kluczowym kamieniom milowym:

1. **Badania i rozwój (R&D)**: Obejmuje wczesne prace projektowe i studia wykonalności.
2. **Budowa**: Zawiera zakup materiałów, koszty pracy i montaż.
3. **Testy i próby morskie**: Przeznacza środki na testy, naprawy i poprawki.
4. **Wprowadzenie do służby**: Ostatnie kontrole i szkolenie załogi.
5. **Eksploatacja i utrzymanie**: Zapewnia wsparcie cyklu życia, modernizacje i uzupełnianie paliwa dla okrętów podwodnych o napędzie jądrowym.

Podejście do rozwoju budżetu w fazach zapewnia odpowiednie przydzielanie funduszy na każdym etapie, minimalizując ryzyko przekroczenia budżetu i utrzymując projekt na właściwym torze. Struktura ta umożliwia lepszy nadzór finansowy i wprowadzanie korekt w miarę postępu projektu.

1. Badania i rozwój (R&D): Faza R&D koncentruje się na wczesnych pracach projektowych, studiach wykonalności i testach koncepcji. W tej fazie środki przeznaczane są na:

- Projektowanie koncepcyjne.
- Analizy misji i wstępne studia techniczne.
- Symulacje komputerowe, takie jak CFD (obliczeniowa mechanika płynów) i FEA (analiza elementów skończonych).

W tej fazie inżynierowie marynarki współpracują z kontrahentami zbrojeniowymi, aby zbadać nowe technologie i ocenić możliwość spełnienia wymagań misji w ramach budżetu. Jest to kluczowy etap identyfikacji potencjalnych wyzwań i zmniejszenia ryzyka w kolejnych etapach.

Podstawy Projektowania i Budowy Okrętów Podwodnych

2. Budowa: Faza budowy jest najbardziej kapitałochłonną częścią projektu, obejmującą:

- Zakup materiałów, takich jak stal HY-80 do budowy kadłuba ciśnieniowego.
- Komponenty systemów napędowych i sonarowych.
- Koszty pracy dla wykwalifikowanych pracowników: spawaczy, inżynierów, elektryków.

Budowa odbywa się metodą modułową, gdzie różne sekcje okrętu są budowane osobno, a następnie integrowane w gotową jednostkę. Zarządzanie budżetem w tej fazie wymaga długoterminowych kontraktów z dostawcami, aby zapewnić dostępność materiałów i zapobiec wahaniom cen.

3. Testy i próby morskie: Po zakończeniu montażu okręt przechodzi intensywne testy i próby morskie w celu weryfikacji osiągów. Środki są przeznaczane na:

- Naprawy i poprawki identyfikowane podczas testów.
- Testy systemów napędowych, pływalności, sonarowych i elektronicznych w rzeczywistych warunkach.

Faza ta obejmuje również testy akustyczne w celu zapewnienia spełnienia wymagań dotyczących skrytości działania.

4. Wprowadzenie do służby: Faza wprowadzenia do służby obejmuje ostateczne kontrole, certyfikacje i szkolenie załogi. Środki przeznaczane są na:

- Specjalistyczne programy szkoleniowe, zapewniające obsługę systemów okrętu.
- Uzbrojenie okrętu w początkowe ładunki bojowe, takie jak torpedy lub pociski.

5. Eksploatacja i utrzymanie (O&M): Po wprowadzeniu do służby okręt przechodzi do fazy eksploatacji i utrzymania, która zapewnia jego niezawodność w długim okresie. Budżet tej fazy obejmuje:

- Rutynowe przeglądy, modernizacje systemów i naprawy.
- Uzupełnianie paliwa dla reaktorów w okrętach podwodnych o napędzie jądrowym.

Regularne utrzymanie zapewnia, że okręt pozostaje gotowy bojowo przez cały okres służby, który może trwać kilka dekad.

7. Zatwierdzanie budżetu i nadzór rządowy

Po opracowaniu budżetu na projekt budowy okrętu podwodnego jest on przedstawiany odpowiednim organom rządowym w celu zatwierdzenia. W Stanach Zjednoczonych proces ten obejmuje wieloetapową kontrolę przeprowadzaną przez Departament Obrony (DoD), Kongres oraz Marynarkę Wojenną. Planiści budżetowi muszą upewnić się, że proponowany okręt wpisuje się w szersze priorytety wydatków obronnych.

- **Strategie wieloletnich zakupów** mogą być stosowane w celu rozłożenia kosztów na kilka lat budżetowych.
- Budżet musi być zgodny z długoterminowymi planami budowy floty, aby utrzymać gotowość i zdolności operacyjne marynarki.

Po opracowaniu budżetu proces zatwierdzania rozpoczyna się w Departamencie Obrony, który sprawdza, czy projekt wpisuje się w ogólne cele militarne. DoD ocenia, czy proponowany projekt okrętu wspiera kluczowe misje, takie jak odstraszanie, kontrola mórz i zdolności w zakresie wojny podwodnej. Po zatwierdzeniu przez DoD, propozycja budżetowa jest przekazywana do Kongresu jako część rocznego wniosku budżetowego na obronność.

Kongres przeprowadza przesłuchania i debaty, podczas których analizuje koszty, zakres i konieczność realizacji programu okrętu podwodnego. Sprawdza, czy projekt mieści się w priorytetach wydatków obronnych i czy jest zgodny z narodowymi strategiami bezpieczeństwa. Planiści budżetowi mogą być zobowiązani do wprowadzenia poprawek w budżecie na podstawie uwag Kongresu, zanim budżet zostanie zatwierdzony i przydzielony do realizacji.

Marynarka Wojenna Stanów Zjednoczonych odgrywa kluczową rolę w całym procesie, upewniając się, że projektowany okręt oraz jego zdolności operacyjne spełniają długoterminowe cele floty. Marynarka również przedstawia Kongresowi operacyjne potrzeby, uzasadniając znaczenie programu.

Ze względu na wysokie koszty i długie harmonogramy budowy okrętów podwodnych budżet projektu jest często dzielony na kilka lat budżetowych za pomocą strategii wieloletnich zakupów. Podejście to pozwala Marynarce na rozłożenie kosztów w czasie, zmniejszając obciążenie rocznych budżetów obronnych. Na przykład program okrętów podwodnych klasy Virginia wykorzystuje kontrakty wieloletnie, które stabilizują harmonogramy produkcji i obniżają koszty poprzez zapewnienie dostawcom gwarantowanego zapotrzebowania na kilka lat.

Strategie te pozwalają również stoczniom optymalizować siłę roboczą i zasoby, co czyni proces budowy bardziej wydajnym. Jednak takie kontrakty wymagają zatwierdzenia przez Kongres, ponieważ wiążą się z długoterminowymi zobowiązaniami finansowymi, które muszą być uzasadnione w przyszłych budżetach obronnych.

Budżet na nowe projekty okrętów musi być zgodny z długoterminowym planem budowy floty Marynarki Wojennej, aby utrzymać operacyjność i zdolność bojową floty. 30-letni plan budowy floty Marynarki Wojennej określa liczbę i typy okrętów podwodnych potrzebnych do utrzymania gotowości operacyjnej i odstraszania strategicznego. Każdy nowy projekt, taki jak okręty podwodne klasy Columbia, musi wpisywać się w tę szerszą strategię, aby utrzymać optymalną liczbę jednostek w perspektywie długoterminowej.

Proces zatwierdzania budżetu uwzględnia również plany utrzymania i modernizacji istniejących okrętów podwodnych. W miarę wprowadzania do służby nowych jednostek starsze okręty są wycofywane z eksploatacji lub modernizowane. Zapewnia to Marynarce optymalny miks zdolności operacyjnych. Planiści muszą starannie równoważyć finansowanie budowy nowych jednostek z kosztami utrzymania i modernizacji obecnej floty, aby zapewnić długoterminową skuteczność operacyjną marynarki.

Podstawy Projektowania i Budowy Okrętów Podwodnych

8. Monitorowanie i dostosowywanie podczas budowy

W trakcie budowy projektów okrętów podwodnych kluczowe jest ciągłe monitorowanie i śledzenie budżetu, aby zapewnić realizację projektu zgodnie z harmonogramem i w ramach dostępnych środków finansowych. Budowa okrętów podwodnych to proces wyjątkowo złożony, obejmujący wiele komponentów, wykonawców i etapów, co sprawia, że precyzyjne monitorowanie jest niezbędne. Kierownicy projektów korzystają ze specjalistycznych narzędzi i procesów do śledzenia kosztów, monitorowania wskaźników wydajności oraz zapewnienia zgodności z ustalonym harmonogramem. Systemy te pozwalają na wczesną identyfikację potencjalnych ryzyk, umożliwiając szybkie wprowadzenie korekt w celu uniknięcia opóźnień i przekroczeń budżetu.

Oprogramowanie do śledzenia kosztów i wskaźniki wydajności

Efektywne zarządzanie kosztami podczas budowy wymaga wykorzystania oprogramowania do śledzenia wydatków. Narzędzia te umożliwiają kierownikom projektów monitorowanie w czasie rzeczywistym wydatków w odniesieniu do zatwierdzonego budżetu oraz identyfikowanie odchyleń, zanim staną się problematyczne. Oprogramowanie integruje dane z różnych źródeł, takich jak koszty pracy, zakupy materiałów czy faktury od wykonawców, i przedstawia je na kompleksowych pulpitach z kluczowymi wskaźnikami finansowymi.

Często stosowane są również wskaźniki wydajności, takie jak analiza wartości wypracowanej (EVM). EVM porównuje wartość wykonanej pracy z planowanym budżetem i harmonogramem, pomagając kierownikom określić, czy projekt przebiega zgodnie z planem. Wskaźniki, takie jak odchylenie kosztowe (CV) i odchylenie harmonogramowe (SV), pozwalają zidentyfikować obszary, gdzie wydatki lub postępy odbiegają od założeń, co wymaga natychmiastowych działań korygujących.

Radzenie sobie z przekroczeniami kosztów

Mimo starannego planowania mogą wystąpić przekroczenia kosztów spowodowane różnymi czynnikami, takimi jak niedobory materiałów, nieefektywność pracy czy niespodziewane wyzwania techniczne. W takich przypadkach wykonawcy mogą wystąpić o dodatkowe środki za pomocą zleceń zmiany lub renegocjować niektóre warunki umowy. Jeśli budżet nie może uwzględnić dodatkowych wydatków, zespół projektowy może być zmuszony do dostosowania harmonogramów, priorytetyzacji niektórych komponentów lub opóźnienia nieistotnych etapów budowy.

Kierownicy projektów mogą również przekierować środki z funduszy rezerwowych na nieprzewidziane wydatki, aby rozwiązać nagłe problemy. Regularne przeglądy finansowe pomagają zarządzać pozostałym budżetem rezerwowym w sposób ostrożny. W niektórych przypadkach zmiany w harmonogramach zamówień lub przesunięcia pracowników są niezbędne, aby rozwiązać wąskie gardła bez dalszego zwiększania kosztów.

Współpraca między interesariuszami

Monitorowanie podczas budowy wymaga ścisłej współpracy między wykonawcami, dostawcami a zespołami nadzorującymi marynarki wojennej. Cotygodniowe lub comiesięczne spotkania umożliwiają interesariuszom przegląd postępów, rozwiązywanie problemów i podejmowanie decyzji opartych na danych. Wszelkie odchylenia od pierwotnego planu muszą być dokumentowane, a uzasadnienia przedstawiane komitetowi nadzorującemu projekt. Wykonawcy muszą również składać raporty z postępów, szczegółowo opisujące, jak wykorzystywane są fundusze, co zapewnia odpowiedzialność na każdym etapie projektu.

Elastyczność w ciągłych dostosowaniach

Ze względu na długie harmonogramy związane z budową okrętów podwodnych elastyczność jest wbudowana w budżet i harmonogram projektu, aby umożliwić wprowadzanie dostosowań. Na przykład, jeśli dostępna stanie się nowa technologia lub niektóre komponenty zostaną opóźnione, zespół projektowy może być zmuszony do reorganizacji priorytetów, aby utrzymać postępy projektu. Niektóre części procesu budowy mogą być prowadzone równolegle, aby zrekompensować stracony czas, co wymaga ponownego przydziału zasobów i aktualizacji harmonogramów.

Modularna konstrukcja, stosowana w programach takich jak okręty podwodne klasy Virginia, ułatwia takie dostosowania. Sekcje modułowe mogą być budowane niezależnie i montowane później, co pozwala na efektywną integrację, nawet jeśli niektóre moduły napotkają opóźnienia. Możliwość przesuwania zasobów między modułami zapewnia płynniejsze dostosowania podczas budowy.

9. Raportowanie i audyt

Raportowanie i audyt w procesie budowy okrętów podwodnych odgrywają kluczową rolę w zapewnieniu odpowiedzialności, przejrzystości oraz efektywności wykorzystania środków publicznych. Ze względu na ogromne zaangażowanie finansowe w budowę zaawansowanych jednostek, takich jak okręty podwodne klasy Virginia, rządy wymagają regularnych audytów i przeglądów wszystkich etapów projektu. Proces ten umożliwia wykrycie nieefektywności, zapobieganie przekroczeniom kosztów oraz gwarantuje odpowiednie i racjonalne wydatkowanie środków.

Audyt rządowy pełni funkcję mechanizmu nadzoru finansowego, zapewniając zgodność zarządzania środkami publicznymi z odpowiednimi przepisami, politykami i regulacjami. W przypadku programów budowy okrętów podwodnych, takich jak klasa Virginia, jest to szczególnie istotne, ponieważ projekty te często trwają wiele lat i angażują różne zainteresowane strony, w tym kontrahentów obronnych, stocznie oraz agencje rządowe. Audyty weryfikują, czy każda strona wywiązuje się ze swoich zobowiązań finansowych, czy warunki umów są honorowane, oraz czy środki nie są nadużywane.

Audyty pozwalają również potwierdzić, że finansowanie jest zgodne z zamierzonymi celami. Weryfikują, czy przyznany budżet bezpośrednio przyczynia się do realizacji zdolności operacyjnych, bezpieczeństwa oraz dotrzymania terminów dostawy okrętu podwodnego. Programy, takie jak klasa Virginia, przechodzą przez wiele cykli audytowych, które oceniają, czy wydatki są zgodne z zatwierdzonymi planami finansowymi oraz czy projekt mieści się w budżecie.

Programy budowy okrętów podwodnych podlegają okresowym przeglądom finansowym i operacyjnym w trakcie budowy, testów oraz faz operacyjnych. Przeglądy te obejmują szczegółowe raporty dostarczane przez wykonawców do odpowiednich agencji rządowych, takich jak Marynarka Wojenna Stanów Zjednoczonych i Departament Obrony (DoD). Raporty te śledzą postęp projektu, status budżetu oraz wszelkie odchylenia od pierwotnego planu. Dostarczają także informacji o potencjalnych wyzwaniach, takich jak opóźnienia czy rosnące koszty materiałów, które mogą uruchomić dalsze audyty lub działania naprawcze.

Okresowe przeglądy pozwalają kierownikom projektów i przedstawicielom rządowym podejmować świadome decyzje dotyczące potrzeby dodatkowego finansowania lub przedłużenia harmonogramów. Na przykład w programie klasy Virginia regularne audyty wykazały obszary, w których można było wprowadzić oszczędności, takie jak ulepszone techniki modularnej konstrukcji oraz usprawnione procesy zaopatrzenia.

Audyt odgrywa kluczową rolę w zapobieganiu przekroczeniom kosztów poprzez szczegółowe śledzenie wydatków. W przypadku wykrycia rozbieżności między zatwierdzonym budżetem a faktycznymi wydatkami, audytorzy współpracują z kierownikami projektów w celu zbadania i rozwiązania przyczyn problemu. Wczesne wykrywanie nieprawidłowości w zarządzaniu budżetem pomaga zapobiegać opóźnieniom i zapewnia, że okręt podwodny zostanie dostarczony na czas.

Audyt gwarantuje również zgodność z warunkami umów, potwierdzając, że dostawcy i wykonawcy przestrzegają uzgodnionych harmonogramów oraz standardów jakości. Poprzez egzekwowanie odpowiedzialności od wszystkich stron audyty pomagają zapewnić, że okręt podwodny spełnia wymagania dotyczące wydajności bez konieczności nadmiernego zwiększania dodatkowego finansowania.

Wnioski uzyskane z audytów i przeglądów przyczyniają się do ciągłego doskonalenia procesów budowy okrętów podwodnych. Doświadczenia zdobyte w trakcie realizacji każdego programu — takie jak wprowadzenie oszczędności lub analiza wpływu określonych ryzyk — stanowią podstawę dla przyszłych projektów, co zapewnia coraz bardziej precyzyjne prognozowanie budżetu. W dużych, trwających programach, takich jak klasa Virginia czy klasa Columbia, informacje zwrotne z audytów pozwalają na efektywne przesuwanie zasobów na kolejne jednostki.

Agencje rządowe wykorzystują także te raporty do komunikacji z Kongresem i innymi organami nadzorczymi, zapewniając przejrzystość w zakresie wydatkowania budżetów obronnych. Taka odpowiedzialność wzmacnia zaufanie publiczne do programów zakupów wojskowych i gwarantuje, że projekty budowy okrętów podwodnych pozostają zgodne z priorytetami obronnymi kraju.

W rezultacie opracowanie budżetu dla projektu budowy okrętu podwodnego to proces wieloaspektowy, integrujący wymagania techniczne, oceny ryzyka i strategie zakupowe. Wymaga on starannego planowania, koordynacji pomiędzy stoczniami i kontrahentami oraz nadzoru ze strony organów rządowych, aby zapewnić efektywne wykorzystanie zasobów. Ponieważ programy budowy okrętów podwodnych często obejmują kilka dekad, budżety muszą być na tyle elastyczne, aby uwzględniać zmiany, przy jednoczesnym zachowaniu dyscypliny finansowej przez cały cykl życia jednostki.

Nuklearne okręty podwodne klasy Virginia (SSN) stanowią filar floty podwodnej Marynarki Wojennej Stanów Zjednoczonych od czasu rozpoczęcia ich zamawiania w roku budżetowym 1998. Te jednostki są zaprojektowane do wykonywania wielu zadań, w tym prowadzenia obserwacji, wsparcia operacji specjalnych, walki przeciwpodwodnej (ASW) oraz kontroli morskiej. Jednak Marynarka przygotowuje się już do nowej generacji okrętów podwodnych uderzeniowych, znanych jako SSN(X), które mają zastąpić klasę Virginia. Początkowo planowano rozpoczęcie zamówień w roku budżetowym 2035, jednak wnioski budżetowe Marynarki na rok 2025 przesunęły datę zakupu pierwszej jednostki na rok budżetowy 2040 z powodu szerszych ograniczeń budżetowych [686].

Flota podwodna Marynarki Wojennej Stanów Zjednoczonych składa się z:

- Okrętów podwodnych z pociskami balistycznymi (SSBN).
- Okrętów z pociskami manewrującymi i wspierających operacje specjalne (SSGN).
- Okrętów podwodnych uderzeniowych (SSN), takich jak klasa Virginia, które pełnią uniwersalne funkcje, od operacji pokojowych po wojenne.

Koszt jednostki klasy Virginia wyposażonej w moduł Virginia Payload Module (VPM) wynosi obecnie ponad 4,5 miliarda dolarów przy rocznej produkcji dwóch jednostek [686].

Budowa tych okrętów jest realizowana w stoczniach General Dynamics Electric Boat (GD/EB) i Huntington Ingalls Industries (HII/NNS), jedynych w USA zdolnych do budowy okrętów podwodnych o napędzie jądrowym. Obie te stocznie odgrywają kluczową rolę w krajowej infrastrukturze przemysłowej związanej z budową okrętów podwodnych [686].

Program SSN(X) ma na celu sprostanie nowym zagrożeniom ze strony równorzędnych przeciwników oraz wzmocnienie zdolności podwodnych Marynarki Wojennej. Marynarka przewiduje, że okręty SSN(X) będą charakteryzowały się [686]:

- Większą prędkością i zwiększoną pojemnością ładunkową.
- Lepszym wyciszeniem akustycznym i redukcją sygnatury nieakustycznej.
- Wyższą dostępnością operacyjną na potrzeby długotrwałych misji.
- Zdolnością do współpracy z pojazdami zdalnie sterowanymi, sensorami i systemami bezzałogowymi.

Oficjele Marynarki wskazują, że projekt SSN(X) prawdopodobnie będzie czerpał z wcześniejszych konstrukcji [686]:

- Prędkość i ładowność z klasy Seawolf (SSN-21).
- Wyciszenie i sensory z klasy Virginia.

Podstawy Projektowania i Budowy Okrętów Podwodnych

- Model długotrwałej dostępności operacyjnej wzorowany na klasie Columbia (SSBN).

Efektem będzie większy okręt niż oryginalna klasa Virginia, z szacowaną wypornością w zanurzeniu przekraczającą 10 100 ton, zgodnie z prognozami Biura Budżetowego Kongresu USA (CBO) [686].

Odroczenie zakupu okrętów SSN(X) do roku budżetowego 2040 stwarza istotne wyzwania dla bazy przemysłowej projektowania okrętów podwodnych. Ponieważ program okrętów balistycznych klasy Columbia (SSBN) ma się zakończyć przed rozpoczęciem budowy SSN(X), Marynarka Wojenna USA będzie musiała zarządzać przedłużoną przerwą projektową. Opóźnienie to grozi zakłóceniami w zatrudnieniu, zmniejszeniem retencji specjalistów oraz nadwyrężeniem łańcucha dostaw specjalistycznych komponentów [686].

Koszty zakupu SSN(X) są prognozowane na wyższe niż w przypadku jego poprzedników. Marynarka Wojenna szacuje, że koszt jednego okrętu SSN(X) wyniesie od 6,7 miliarda do 7 miliardów dolarów (w stałych dolarach z roku budżetowego 2023), podczas gdy prognozy Biura Budżetowego Kongresu (CBO) wynoszą od 7,7 miliarda do 8 miliardów dolarów, co oznacza wzrost o 14-15% w porównaniu z prognozami Marynarki. Różnica w cenie wynika z założeń dotyczących zwiększonej wyporności, ulepszonych zdolności oraz ewoluujących technologii, które zostaną włączone do SSN(X) [686].

W budżecie Marynarki na rok 2025 wnioskowano o 586,9 miliona dolarów na badania i rozwój (R&D) związane z wczesnym etapem prac nad SSN(X). Jednak kwota ta jest o 208 milionów dolarów mniejsza niż pierwotnie planowano, co podkreśla ciągłe ograniczenia budżetowe. Komitety Kongresu przeanalizowały i dostosowały wnioski budżetowe Marynarki, odzwierciedlając obawy dotyczące zakresu i wykonalności projektu [686].

Pojawiło się kilka kluczowych kwestii, które będą kształtować przyszłość programu SSN(X) [686]:

1. **Wymagania dotyczące zdolności kontra koszty**: Kongres musi ocenić, czy Marynarka Wojenna precyzyjnie zidentyfikowała wymagane zdolności SSN(X) i czy te zdolności uzasadniają przewidywane koszty.

2. **Wpływ na szersze wydatki obronne**: Istnieją obawy dotyczące wpływu SSN(X) na inne programy Marynarki, szczególnie jeśli prognozy wyższych kosztów CBO okażą się trafne.

3. **Utrzymanie przewagi podwodnej**: Opóźnienie zakupu SSN(X) może osłabić zdolność Marynarki do utrzymania dominacji podwodnej w przyszłości.

4. **Zarządzanie bazą przemysłową**: Zarządzanie przerwą między budową klasy Columbia a rozwojem SSN(X) będzie wymagało strategicznego planowania, aby utrzymać zatrudnienie w sektorze projektowym oraz ciągłość łańcucha dostaw.

5. **Technologia reaktorów i polityka nuklearna**: Trwają dyskusje, czy SSN(X) powinien wykorzystywać reaktory na nisko wzbogaconym uranie (LEU) zamiast wysoko wzbogaconego uranu (HEU). Marynarka wyraziła jednak obawy, że reaktory LEU negatywnie wpłynęłyby na osiągi, czas trwania misji i ogólną strukturę sił.

Program SSN(X) reprezentuje kolejny etap ewolucji floty podwodnej Marynarki Wojennej USA, z ambitnymi celami dostosowanymi do współczesnych wyzwań wojny podwodnej. Choć program ma na celu włączenie najlepszych cech wcześniejszych klas, odroczenie jego realizacji do roku budżetowego 2040 wprowadza istotne ryzyko dla utrzymania gotowości operacyjnej oraz stabilności bazy przemysłowej. Przy prognozowanych kosztach wynoszących od 6,7 miliarda do 8 miliardów dolarów za jednostkę, konieczne będzie staranne nadzorowanie, aby zrównoważyć rozwój zdolności z realiami budżetowymi. Kongres będzie musiał dokładnie rozważyć te czynniki, aby zapewnić, że program SSN(X) spełni potrzeby Marynarki przy jednoczesnym zachowaniu odpowiedzialności fiskalnej [686].

Przykładowy podział budżetu projektu budowy okrętu podwodnego

Poniżej znajduje się szczegółowy przykład struktury budżetu dla projektu budowy okrętu podwodnego z napędem jądrowym. Przykład ten opiera się na typowych strukturach kosztów w nowoczesnych programach budowy okrętów podwodnych, takich jak klasa Virginia i klasa Columbia, dostosowanych do głównych komponentów, kosztów pracy, potrzeb R&D i faz projektu.

Podstawy Projektowania i Budowy Okrętów Podwodnych

Przykładowy Budżet Projektu Budowy Okrętu Podwodnego o Napędzie Nuklearnym

Category	Estimated Cost (USD)	Details
1. Research & Development (R&D)	$2.0 billion	Includes conceptual design, feasibility studies, simulations (CFD and FEA), prototyping, and testing.
2. Hull Construction	$1.5 billion	HY-80 or HY-100 steel procurement, modular assembly, and welding at shipyard facilities.
3. Propulsion System	$3.5 billion	Nuclear reactor (e.g., HEU core), reactor shielding, steam turbines, and auxiliary generators.
4. Weapons Systems	$1.2 billion	Torpedo launch tubes, VLS (vertical launch system), and missile payload modules (e.g., Tomahawk or Trident).
5. Electronics & Sonar Systems	$900 million	Sonar arrays, communications equipment, radar, and combat control systems.
6. Life-Support & Crew Systems	$600 million	Environmental control, oxygen generation, crew quarters, and emergency systems.
7. Labor Costs & Shipyard Operations	$2.8 billion	Skilled labour (welders, engineers, electricians) and operational expenses at GD Electric Boat or Huntington Ingalls.
8. Testing and Trials	$800 million	Sea trials, acoustic tests, performance verification, and adjustments.
9. Project Management & Oversight	$500 million	Contractor oversight, reporting, and compliance with naval standards.
10. Contingency Fund	$1.0 billion	Allocated for unexpected delays, material shortages, and design changes.
11. Commissioning & Crew Training	$300 million	Final system checks, crew simulations, and on-board training.
12. Operations & Maintenance Planning	$600 million	Establishing lifecycle support, spare parts inventory, and maintenance protocols.

Rysunek 130: Podsumowanie Budżetu.

Podział Budżetu według Etapów

1. **Faza Badań i Rozwoju:**

   o **Szacowany koszt:** 2 miliardy USD

   o Obejmuje projekt koncepcyjny, modelowanie komputerowe (CFD i FEA) oraz prototypy wstępne. Faza ta zapewnia, że wszystkie systemy będą działać spójnie i spełniać wymagania operacyjne marynarki wojennej.

2. **Faza Budowy:**

   o **Szacowany koszt:** 7,8 miliarda USD

   o Faza budowy obejmuje montaż kadłuba, instalację reaktora oraz integrację systemów napędowych, elektronicznych i uzbrojenia. Wykorzystuje techniki modułowej budowy, aby poprawić efektywność procesu.

3. **Testy i Próby Morskie:**

   o **Szacowany koszt:** 800 milionów USD

   o W tej fazie sprawdzana jest wydajność okrętu podwodnego oraz jego zgodność z normami bezpieczeństwa i wymogami operacyjnymi. Testy obejmują próby głębinowe, testy sygnatury akustycznej oraz ewaluacje systemów bojowych.

4. **Wprowadzenie do Służby i Szkolenie Załogi:**

   o **Szacowany koszt:** 300 milionów USD

   o Wprowadzenie do służby przygotowuje okręt podwodny do operacji, obejmując finalizację systemów oraz szkolenie załogi w formie symulacji i praktycznych doświadczeń.

5. **Planowanie Operacji i Utrzymania:**

   o **Szacowany koszt:** 600 milionów USD

   o Obejmuje ustanowienie wsparcia cyklu życia, zapewniając utrzymanie okrętu podwodnego przez 30–40 lat jego służby, w tym tankowanie reaktora i planowanie rutynowych przeglądów.

6. **Fundusz Rezerwowy:**

   o **Przeznaczona kwota:** 1 miliard USD

   o Rezerwa ta zapewnia, że nieoczekiwane wyzwania, takie jak zakłócenia w łańcuchu dostaw czy techniczne zmiany projektu, nie wpłyną negatywnie na harmonogram ani budżet projektu.

Kluczowe Względy

Podstawy Projektowania i Budowy Okrętów Podwodnych

- **Koszty Napędu Nuklearnego:** Reaktor i systemy napędowe stanowią znaczną część budżetu z powodu złożoności inżynieryjnej i wymagań regulacyjnych związanych z technologią jądrową.

- **Koszty Pracy i Stoczni:** Praca w stoczni wymaga wysokospecjalistycznych umiejętności, a proces budowy angażuje dużą liczbę wykwalifikowanych pracowników przez kilka lat. Współpraca między General Dynamics Electric Boat a Huntington Ingalls zwiększa te koszty.

- **Koszty Uzbrojenia i Ładunku:** W związku z rosnącym zapotrzebowaniem na zaawansowane systemy rakietowe, budżet na uzbrojenie obejmuje koszty systemów wyrzutni torped, pionowych wyrzutni oraz specjalistycznych ładunków, takich jak pociski manewrujące Tomahawk.

Końcowy Szacowany Koszt: 11,3–12,0 miliarda USD za jeden okręt podwodny

Ze względu na złożoność i skalę projektów okrętów podwodnych koszty mogą się wahać w zależności od postępu technologicznego, wymagań regulacyjnych i wyzwań w łańcuchu dostaw. Regularne audyty i raportowanie zapewniają utrzymanie wydatków w zatwierdzonych granicach, a fundusze rezerwowe pokrywają nieprzewidziane wydatki.

Dla dalszego kontekstu, program okrętów podwodnych AUKUS, będący trójstronnym paktem bezpieczeństwa pomiędzy Australią, Stanami Zjednoczonymi i Wielką Brytanią, zdobył znaczną uwagę ze względu na swój ambitny budżet oraz strategiczne implikacje. Projekt zakłada koszt do 368 miliardów AUD (około 235 miliardów USD) w ciągu kilku dekad, obejmując rozwój, zakup i budowę okrętów podwodnych o napędzie atomowym w Australii. Ta znaczna inwestycja obejmuje również rozwój lokalnych możliwości budowy statków oraz rozwój kadry pracowniczej, odzwierciedlając zaangażowanie w wzmocnienie australijskiej infrastruktury obronnej i zdolności technologicznych [687-689].

Pierwsze zobowiązanie Australii w wysokości 3 miliardów USD na wsparcie przemysłowych baz okrętów podwodnych w USA i Wielkiej Brytanii jest kluczowym elementem porozumienia AUKUS. Finansowanie to ma na celu zwiększenie możliwości produkcyjnych oraz ułatwienie współpracy między trzema narodami, zapewniając bardziej solidny i efektywny proces produkcji okrętów podwodnych [690, 691]. Strategiczne uzasadnienie AUKUS nie ogranicza się jedynie do zwiększenia zdolności wojskowych, lecz także ma na celu przeciwdziałanie rosnącemu wpływowi Chin w regionie Indo-Pacyfiku. Partnerstwo to jest postrzegane jako kluczowy krok w celu utrzymania bezpieczeństwa i stabilności regionalnej oraz wzmocnienia istniejących sojuszy pomiędzy tymi narodami [692-694].

Ponadto pakt AUKUS oznacza zmianę w krajobrazie geopolitycznym, mającą implikacje dla międzynarodowej dynamiki bezpieczeństwa. Porozumienie zostało zaprojektowane w celu wspierania współdzielenia technologii oraz współpracy morskiej, co jest niezbędne do sprostania współczesnym wyzwaniom bezpieczeństwa w regionie [689, 694, 695]. Krytycy ostrzegają jednak, że chociaż AUKUS ma na celu odstraszenie agresji, może nieumyślnie eskalować napięcia i przyczynić się do wyścigu zbrojeń w Indo-Pacyfiku [694, 696]. Ramy prawne i operacyjne ustanowione przez AUKUS odegrają również kluczową rolę w określeniu jego długoterminowej skuteczności oraz wpływu na stabilność regionalną [697, 698].

Harmonogram Projektu

Planowanie harmonogramu projektu budowy okrętów podwodnych to złożone przedsięwzięcie, które obejmuje liczne fazy, wzajemne zależności i ścisłe terminy. Proces ten zwykle trwa kilka lat, począwszy od fazy projektowania koncepcyjnego, aż po wprowadzenie do służby. Złożoność tego procesu wymaga skrupulatnej koordynacji między różnymi interesariuszami, w tym stoczniami, kontrahentami i władzami marynarki wojennej.

Jednym z głównych wyzwań w planowaniu harmonogramu budowy okrętów podwodnych jest wzajemna zależność zadań. Macierz Struktury Zależności (DSM) została uznana za skuteczne narzędzie zarządzania takimi złożonymi projektami, ponieważ dokładnie przedstawia zależności między różnymi komponentami projektu [699]. Macierz ta ułatwia identyfikację krytycznych ścieżek i potencjalnych wąskich gardeł, poprawiając tym samym ogólny proces harmonogramowania. Ponadto literatura wskazuje, że interakcja między procesami grupowymi opartymi na współpracy i konkurencji może znacząco wpłynąć na wyniki harmonogramowania, szczególnie w środowiskach charakteryzujących się wysokim poziomem współzależności zadań [700]. Podkreśla to znaczenie wspólnych działań wszystkich stron zaangażowanych w proces budowy.

Macierz Struktury Zależności (DSM) to zaawansowane narzędzie zarządzania projektami, które służy do mapowania i analizowania zależności między różnymi zadaniami lub komponentami w złożonym projekcie, takim jak budowa okrętów podwodnych. Umożliwia efektywne zarządzanie wzajemnie zależnymi działaniami, zapobiegając opóźnieniom i przekroczeniom kosztów.

Jak DSM działa w budowie okrętów podwodnych:

1. **Identyfikacja kluczowych zadań i modułów**: W projekcie budowy okrętów podwodnych zadania te mogą obejmować np. produkcję kadłuba, integrację systemu napędowego, instalację uzbrojenia oraz testowanie systemu sonarowego. Każde zadanie lub komponent jest reprezentowane jako wiersz i kolumna w macierzy.

2. **Mapowanie zależności**: DSM pokazuje, które zadania są od siebie zależne. Na przykład integracja reaktora musi nastąpić po ukończeniu sekcji kadłuba, podczas gdy testowanie systemu napędowego może zależeć od wcześniejszych etapów instalacji. Zależności są oznaczane w macierzy w punktach przecięcia zadań.

3. **Analiza przepływu zadań**: Macierz przedstawia zależności sekwencyjne, równoległe i iteracyjne. Jeśli wiele zadań może być realizowanych równolegle (np. jednoczesne wytwarzanie różnych modułów), są one odpowiednio mapowane, co zapewnia efektywność. Pętle iteracyjne wskazują obszary, w których może być potrzebna poprawa, jeśli zależności są silnie powiązane, np. w przypadku testowania i dostosowywania systemów sonarowych.

4. **Optymalizacja kolejności pracy**: DSM pomaga zidentyfikować kluczowe ścieżki i potencjalne wąskie gardła. Jeśli dwa zadania zależne od siebie mają sprzeczne harmonogramy, macierz wcześnie sygnalizuje te konflikty, umożliwiając menedżerom zmianę kolejności zadań lub przydzielenie dodatkowych zasobów.

5. **Zarządzanie zmianą i niepewnością**: Budowa okrętów podwodnych często wiąże się z nieprzewidzianymi problemami, takimi jak opóźnienia w łańcuchu dostaw lub zmiany techniczne. Dzięki

Podstawy Projektowania i Budowy Okrętów Podwodnych

DSM menedżerowie mogą ocenić skutki zmian, modyfikując macierz. Na przykład opóźnienie w instalacji systemu sonarowego automatycznie wskaże dalsze opóźnienia w fazach testowania i integracji.

Poniżej znajduje się uproszczony przykład Macierzy Struktury Zależności (DSM) dla projektu budowy okrętu podwodnego. W tej macierzy zadania są uporządkowane zarówno w wierszach, jak i w kolumnach, aby odzwierciedlić współzależności. Każda komórka wskazuje, czy dane zadanie jest zależne od innego. Wartości w komórkach mogą być binarne (1 dla zależności, 0 dla braku zależności) lub mogą reprezentować bardziej złożone relacje, takie jak siła zależności.

Przykład Macierzy Struktury Zależności (DSM) dla Budowy Okrętu Podwodnego

Tasks	Concept Design	Hull Fabrication	Reactor Installation	Propulsion Integration	Sonar System Testing	Sea Trials
Concept Design	0	1	0	0	0	0
Hull Fabrication	0	0	1	1	0	0
Reactor Installation	0	0	0	1	0	0
Propulsion Integration	0	0	0	0	1	0
Sonar System Testing	0	0	0	0	0	1
Sea Trials	0	0	0	0	0	0

Rysunek 131: Przykład Macierzy Struktury Zależności (DSM) dla Budowy Okrętu Podwodnego.

Wyjaśnienie macierzy:

- **Projekt koncepcyjny:** Ten etap inicjuje projekt i jest warunkiem wstępnym dla wszystkich kolejnych zadań. Dlatego Budowa kadłuba zależy od Projektu koncepcyjnego (oznaczone jako 1).

- **Budowa kadłuba:** Musi zostać zakończona przed instalacją reaktora i integracją systemu napędowego.

- **Instalacja reaktora:** Nie może rozpocząć się, dopóki kadłub nie zostanie ukończony i zmontowany. Ma wpływ na integrację systemu napędowego.

- **Integracja systemu napędowego:** Po zakończeniu integracji można przystąpić do testów systemu sonarowego.
- **Testy systemu sonarowego:** Muszą zostać zakończone przed przeprowadzeniem prób morskich.
- **Próby morskie:** Ostateczne zadanie, które nie ma dalszych zależności.

Macierz DSM pomaga menedżerom projektów zidentyfikować ścieżkę krytyczną oraz zależności między różnymi zadaniami. Wskazuje, że wszelkie opóźnienia w Budowie kadłuba bezpośrednio wpłyną na Instalację reaktora i Integrację systemu napędowego, a w konsekwencji na cały projekt. Macierz umożliwia także efektywne przydzielanie zasobów, wskazując zadania, które mogą być realizowane równolegle (np. niektóre części integracji systemu napędowego i sonarowego mogą być przeprowadzane jednocześnie).

Analiza DSM pozwala na dokonywanie zmian w harmonogramie w celu uniknięcia wąskich gardeł i zapewnienia terminowego ukończenia projektu.

Kluczowe fazy i kamienie milowe w budowie okrętu podwodnego

Budowa okrętu podwodnego to długi, wieloetapowy proces trwający wiele lat. Każda faza bazuje na poprzedniej, zapewniając systematyczny rozwój jednostki zgodnie z wymogami bezpieczeństwa, wydajności i gotowości operacyjnej. Główne fazy to:

- **Faza badań i rozwoju (R&D):** Trwa zazwyczaj 2–4 lata. Skupia się na badaniach wykonalności, definiowaniu specyfikacji technicznych i operacyjnych oraz tworzeniu wczesnych prototypów. W tej fazie przeprowadza się intensywne symulacje, modelowanie komputerowe i wstępne testy w celu oceny, czy projekt spełni wymagania wydajnościowe. Celem jest ograniczenie ryzyka technicznego przed rozpoczęciem budowy i zapewnienie, że projekt odpowiada strategicznym potrzebom marynarki wojennej.
- **Faza budowy:** Trwa 5–7 lat i obejmuje budowę kadłuba, montaż modułów oraz integrację systemów napędowych, elektronicznych, uzbrojenia i wyposażenia podtrzymującego życie. Nowoczesne techniki konstrukcji modułowej pozwalają na jednoczesną budowę różnych części okrętu w różnych lokalizacjach, a następnie ich montaż w stoczni. Stocznie ściśle współpracują w celu precyzyjnej instalacji wrażliwych komponentów, takich jak reaktory jądrowe czy systemy sonarowe, które wymagają specjalistycznej infrastruktury.
- **Faza testów i prób:** Trwa około 1–2 lat. Po zakończeniu budowy okręt przechodzi rygorystyczne testy, aby upewnić się, że wszystkie systemy działają zgodnie z założeniami. Obejmuje to próby morskie, podczas których testuje się napęd, pływalność, sensory, uzbrojenie i zdolności maskowania w rzeczywistych warunkach. Przeprowadzane są również testy akustyczne w celu pomiaru sygnatury hałasu, aby upewnić się, że okręt może działać w sposób niewykrywalny. Wszelkie problemy z wydajnością są rozwiązywane poprzez naprawy lub modyfikacje w tej fazie.

Podstawy Projektowania i Budowy Okrętów Podwodnych

- **Faza oddania do użytku:** Trwa kilka miesięcy i oznacza ostatni etap przed wprowadzeniem okrętu do służby operacyjnej. Budżet w tej fazie obejmuje ostateczne kontrole, walidacje systemów oraz szkolenie załogi. Szkolenie koncentruje się na obsłudze systemów okrętu, ćwiczeniach z procedur awaryjnych i zapoznawaniu załogi z unikalnymi wymaganiami misji podwodnych. Po oddaniu do użytku okręt zostaje formalnie włączony do floty marynarki wojennej i jest gotowy zarówno do misji szkoleniowych, jak i operacyjnych.

Te fazy razem zapewniają, że okręty podwodne spełniają najwyższe standardy bezpieczeństwa, wydajności i gotowości strategicznej. Każda faza wymaga ścisłej współpracy między stoczniami, kontrahentami i marynarką wojenną, aby dotrzymać rygorystycznych harmonogramów i uniknąć opóźnień. Cały proces często trwa od 8 do 15 lat, od wstępnej koncepcji do ostatecznego rozmieszczenia.

Zarządzanie Ścieżką Krytyczną w Projektach Budowy Okrętów Podwodnych

Zarządzanie Ścieżką Krytyczną (Critical Path Management, CPM) odgrywa kluczową rolę w harmonogramowaniu budowy okrętów podwodnych, zapewniając terminowe wykonanie wzajemnie powiązanych zadań. Harmonogram Ścieżki Krytycznej (Critical Path Schedule, CPS) identyfikuje najdłuższą sekwencję zadań, które muszą zostać ukończone na czas, aby zapobiec opóźnieniom w projekcie. Sekwencja ta określa niezbędne działania, bez których okręt podwodny nie może zostać dostarczony w wyznaczonym terminie.

Metodologia CPM umożliwia kierownikom projektów identyfikację najdłuższej sekwencji zależnych zadań, które determinują minimalny czas realizacji projektu. Skupiając się na tych kluczowych zadaniach, kierownicy projektów mogą efektywniej przydzielać zasoby i priorytetyzować działania mające bezpośredni wpływ na harmonogram projektu [702, 703]. W kontekście projektu klasy Arihant zastosowanie CPM ułatwiłoby identyfikację kluczowych kamieni milowych, takich jak budowa kadłuba, instalacja reaktora i integracja systemów, które są niezbędne dla osiągnięcia gotowości operacyjnej okrętu podwodnego.

Ponadto integracja praktyk zarządzania ryzykiem w ramach CPM jest kluczowa dla radzenia sobie z niepewnościami, które mogą wpłynąć na wyniki projektu. Badania wskazują, że skuteczne zarządzanie ryzykiem może prowadzić do znaczącej poprawy wyników projektów, szczególnie w środowiskach o wysokim ryzyku, takich jak projekty obronne [704, 705].

Najbardziej aktualną klasą okrętów podwodnych w Marynarce Wojennej Indii jest Arihant – nuklearny okręt podwodny zdolny do przenoszenia pocisków balistycznych (SSBN). Wprowadzenie do służby INS Arighaat, drugiego okrętu tej klasy, planowane jest na 2024 rok, co stanowi istotne wzmocnienie indyjskich strategicznych zdolności nuklearnych. Indukcja tego okrętu wzmacnia indyjski potencjał drugiego uderzenia, który jest kluczowy dla utrzymania odstraszania w regionie charakteryzującym się rosnącymi napięciami geopolitycznymi i postawami konfrontacyjnymi, szczególnie ze strony Chin i Pakistanu [706].

Okręty klasy Arihant zostały opracowane w ramach krajowego projektu Advanced Technology Vessel (ATV), co podkreśla rosnącą samowystarczalność Indii w zakresie technologii obronnych. INS Arighaat, podobnie jak jego poprzednik INS Arihant, ma wyporność około 6000 ton i jest wyposażony w możliwość wystrzeliwania pocisków balistycznych K-4 o zasięgu 3500 km oraz pocisków K-15 o krótszym zasięgu 750 km. Te zdolności są kluczowe dla indyjskiej postawy odstraszania strategicznego, umożliwiając skuteczną odpowiedź na potencjalne zagrożenia i zwiększając ogólną gotowość militarną kraju [706].

Budowa i wprowadzenie do służby okrętów klasy Arihant wymagało precyzyjnego planowania i skutecznego zarządzania ścieżką krytyczną (CPM). Złożoność projektu wymagała dokładnego harmonogramowania, aby zapewnić zgodność i integrację wzajemnie powiązanych systemów bez opóźnień. Każda faza, od projektu koncepcyjnego po końcowe wprowadzenie do służby, była starannie zaplanowana, aby zapobiec kaskadowym opóźnieniom, które mogłyby zagrozić gotowości operacyjnej tych okrętów. Ten poziom zarządzania projektami odzwierciedla zaangażowanie Indii w rozwój ich zdolności morskich i zapewnienie najwyższych standardów dla strategicznych aktywów [707].

Identyfikacja potencjalnych ryzyk, takich jak wyzwania techniczne, zakłócenia w łańcuchu dostaw czy przeszkody regulacyjne, pozwoliłaby kierownikom projektów opracować strategie ograniczania ryzyk, zapewniające przestrzeganie harmonogramów i budżetu [708].

Rozszerzenie CPM, jakim jest Critical Chain Project Management (CCPM), które uwzględnia ograniczenia zasobów i bufory, mogłoby dodatkowo zwiększyć skuteczność zarządzania projektem klasy Arihant. CCPM kładzie nacisk na znaczenie zarządzania niepewnościami i optymalizację przepływu pracy, co jest szczególnie istotne w projektach o złożonych współzależnościach i ograniczonych zasobach [709, 710]. Dzięki zastosowaniu strategicznych technik buforowania kierownicy projektów mogą lepiej absorbować opóźnienia w zadaniach niekrytycznych, bez wpływu na ogólny harmonogram projektu.

Ponadto współpraca w ramach projektu klasy Arihant, obejmująca wielu interesariuszy z różnych sektorów, wymaga solidnych mechanizmów komunikacji i koordynacji. Metodologia Project Management Institute (PMI), która kładzie nacisk na zaangażowanie interesariuszy oraz proaktywne zarządzanie ryzykiem, doskonale wpisuje się w wymagania tak złożonych projektów [711, 712]. Skuteczna komunikacja między członkami zespołu i interesariuszami jest kluczowa dla zapewnienia, że wszystkie strony są zgodne co do celów i harmonogramów projektu, co zmniejsza ryzyko nieporozumień mogących prowadzić do opóźnień.

W budowie okrętów podwodnych metodą centralną jest montaż modułowy, w ramach którego różne sekcje – takie jak rdzeń reaktora, systemy napędowe i jednostki sonarowe – są rozwijane równocześnie w różnych lokalizacjach. Każdy komponent ma swoje zależności. Na przykład instalacja reaktora nie może rozpocząć się, dopóki nie zostanie ukończona budowa kadłuba, a testy systemu napędowego muszą poczekać na ostateczną konfigurację reaktora. Jeśli zadanie krytyczne, takie jak montaż kadłuba, napotka opóźnienia, wpływa to na zadania zależne, takie jak integracja systemów i próby morskie, spowalniając cały projekt.

Skuteczne CPM (Critical Path Management) pomaga wcześnie identyfikować takie zależności i potencjalne wąskie gardła. Dzięki temu kierownicy projektów mogą przeznaczać zasoby na inne zadania, dostosowywać harmonogramy lub przesuwać zadania, które nie znajdują się na ścieżce krytycznej, aby zapewnić, że projekt pozostanie w terminie. Ponadto, z uwagi na złożoność testów i prób, harmonogram ścieżki krytycznej (CPS) zapewnia, że procesy te są uwzględnione z wystarczającą ilością czasu na rozwiązanie wszelkich problemów bez wpływu na końcowe wprowadzenie do służby. Dzięki starannemu zarządzaniu ścieżką krytyczną budowniczowie okrętów podwodnych zmniejszają ryzyko kaskadowych opóźnień i zwiększają prawdopodobieństwo dotrzymania napiętych harmonogramów operacyjnych.

Podstawy Projektowania i Budowy Okrętów Podwodnych

Rozważmy projekt budowy nuklearnego okrętu podwodnego z głównymi zadaniami, takimi jak montaż kadłuba, instalacja reaktora, integracja systemu napędowego, instalacja i testy sonarów oraz próby morskie. Poniżej przedstawiono przykład zastosowania CPM:

1. **Montaż kadłuba (6 miesięcy):** Jest to punkt wyjścia. Wszystkie systemy wewnętrzne zależą od ukończenia kadłuba.

2. **Instalacja reaktora (4 miesiące):** Może rozpocząć się dopiero po ukończeniu kadłuba. Każde opóźnienie w montażu kadłuba powoduje opóźnienie instalacji reaktora.

3. **Integracja systemu napędowego (5 miesięcy):** Rozpoczyna się po zainstalowaniu reaktora, ponieważ łączy się bezpośrednio z reaktorem do testów.

4. **Instalacja i testy sonarów (3 miesiące):** Przebiega równolegle z końcowymi etapami integracji systemu napędowego, ale musi zostać ukończona przed próbami morskimi.

5. **Próby morskie (2 miesiące):** Ostateczne krytyczne zadanie, zależne od ukończenia wszystkich wcześniejszych faz na czas.

W tym scenariuszu, jeśli montaż kadłuba zostanie opóźniony o miesiąc, opóźnienie to kaskadowo wpływa na instalację reaktora oraz kolejne zadania, w tym próby morskie i wprowadzenie do służby. Aby zarządzać harmonogramem, kierownicy projektów mogą zdecydować się na równoległe wykonywanie zadań niekrytycznych, takich jak wczesne rozpoczęcie pracy nad sonarami lub wstępne montowanie modułów napędowych, aby zmniejszyć ryzyko wąskich gardeł.

Ten modułowy sposób budowy z nakładającymi się harmonogramami pomaga usprawnić proces realizacji projektu. Jednak CPM (Critical Path Management) gwarantuje, że kluczowe zależności, takie jak integracja reaktora po zakończeniu budowy kadłuba, pozostają priorytetem, zapobiegając kaskadowym opóźnieniom. Dzięki takiemu uporządkowanemu podejściu budowniczowie okrętów podwodnych utrzymują kontrolę nad harmonogramem projektu, zapewniając terminową dostawę.

Budowa modułowa to innowacyjne podejście stosowane w nowoczesnych projektach budowy okrętów podwodnych, takich jak program okrętów klasy Virginia, które usprawnia proces produkcji. Metoda ta polega na podzieleniu okrętu na różne podzespoły lub moduły, z których każdy jest produkowany osobno. Po ukończeniu moduły te są integrowane w celu utworzenia ostatecznej struktury. Budowa modułowa zrewolucjonizowała produkcję okrętów podwodnych, zwiększając efektywność, skracając czas realizacji oraz umożliwiając lepsze wykorzystanie zasobów.

Jedną z kluczowych zalet budowy modułowej jest możliwość równoczesnej pracy w wielu stoczniach nad różnymi sekcjami okrętu podwodnego. Na przykład kadłub może być budowany w jednej stoczni, podczas gdy systemy takie jak reaktory, sonary, jednostki napędowe czy pomieszczenia załogi są produkowane w innych zakładach. Te oddzielne moduły są następnie transportowane do centralnej lokalizacji montażowej, gdzie są integrowane. Metoda ta minimalizuje wąskie gardła, ponieważ różne strumienie prac mogą postępować równolegle, zamiast czekać na zakończenie jednego zadania przed rozpoczęciem kolejnego.

W programie budowy okrętów podwodnych klasy Virginia stocznie takie jak General Dynamics Electric Boat i Huntington Ingalls Industries dzielą się odpowiedzialnością za różne moduły. Taki podział zadań skraca całkowity czas budowy, umożliwiając każdemu zakładowi skupienie się na swojej konkretnej sekcji okrętu, co sprawia, że proces montażu jest bardziej płynny i łatwiejszy do zarządzania.

Budowa modułowa znacząco skraca czas budowy złożonych systemów, takich jak okręty podwodne. Zamiast liniowego procesu, w którym każdy krok musi następować po poprzednim, modularność wprowadza elastyczność, pozwalając na nakładanie się zadań. Ta elastyczność ma również zastosowanie w naprawach i modernizacjach. Moduły mogą być wymieniane lub modernizowane bez konieczności rozmontowywania całego okrętu, co jest szczególnie przydatne w przypadku okrętów zaprojektowanych na długą żywotność.

Na przykład, gdy sekcje kadłuba i napędu są gotowe, są one łączone z systemami uzbrojenia, elektroniką i strukturami dowodzenia, co znacząco skraca czas montażu. Budowa modułowa upraszcza również testowanie i kontrolę jakości, ponieważ każdy moduł może być testowany indywidualnie przed integracją, co zmniejsza ryzyko błędów, które byłyby trudniejsze do zidentyfikowania w w pełni zmontowanym okręcie.

Integracja modułów to proces skomplikowany, ale efektywny. Gdy moduły są dostarczane, inżynierowie montują je z precyzją, aby zapewnić szczelność kadłuba okrętu i bezproblemowe połączenie systemów. Ta integracja wymaga zaawansowanych technologii i wykwalifikowanej siły roboczej, ale korzysta również z prefabrykowanych interfejsów między modułami, które są zaprojektowane tak, aby pasowały do siebie przy minimalnych poprawkach.

W przypadku okrętów takich jak klasa Virginia, które zawierają zaawansowane technologie stealth i napędu, budowa modułowa gwarantuje, że okręt pozostanie na czele technologii. Nowe systemy mogą być integrowane z istniejącymi projektami bez konieczności całkowitej przebudowy okrętu, co pozwala na modernizacje technologiczne i ulepszenia w miarę upływu czasu.

Planowanie siły roboczej i zasobów w budowie okrętów podwodnych

Efektywne planowanie siły roboczej i zasobów jest kluczowe dla sukcesu projektów budowy okrętów podwodnych. Złożoność procesu budowy okrętu podwodnego—czy to napędzanego energią nuklearną, czy diesla—wymaga różnorodnych wykwalifikowanych pracowników, precyzyjnego zarządzania zasobami oraz starannego harmonogramowania. Brak odpowiedniego zarządzania tymi aspektami może prowadzić do kosztownych opóźnień i nieefektywności, szczególnie w dużych projektach, w których każde zadanie jest wzajemnie powiązane.

Projekty budowy okrętów podwodnych wymagają wysoko wykwalifikowanej siły roboczej, w tym spawaczy, elektryków, inżynierów, monterów rur i mechaników, do realizacji specjalistycznych zadań. Na przykład spawacze odgrywają kluczową rolę w montażu kadłuba ciśnieniowego, podczas gdy elektrycy skupiają się na okablowaniu systemów krytycznych, takich jak sonary i systemy komunikacyjne. Każda z tych ról wymaga zaawansowanego szkolenia, szczególnie w kontekście okrętów nuklearnych, gdzie precyzja i bezpieczeństwo są priorytetem.

Podstawy Projektowania i Budowy Okrętów Podwodnych

W ramach planowania menedżerowie projektu muszą zadbać o dostępność odpowiedniej liczby wykwalifikowanych pracowników na różnych etapach projektu. Oznacza to identyfikację okresów największego zapotrzebowania—na przykład podczas budowy kadłuba lub instalacji reaktora—i zapewnienie wystarczającej liczby pracowników zaplanowanych na te etapy, bez nadmiernego obciążania siły roboczej w mniej intensywnych fazach, takich jak testowanie lub końcowy montaż.

Odpowiednie zarządzanie zmianami roboczymi odgrywa znaczącą rolę w zapobieganiu zmęczeniu pracowników i zapewnieniu stałej jakości. Budowa okrętów podwodnych często odbywa się 24/7 w stoczniach, co wymaga starannego planowania zmian i rotacji. Takie podejście pomaga utrzymać produktywność, jednocześnie zapewniając, że złożone, szczegółowe prace są wykonywane zgodnie z najwyższymi standardami. Niedostateczne planowanie zmian może prowadzić do wypalenia zawodowego pracowników, błędów w kluczowych zadaniach lub spowolnienia całego harmonogramu budowy.

Planowanie zasobów obejmuje terminowe zamawianie materiałów, takich jak stal HY-80 lub HY-100 potrzebna do budowy kadłuba, systemów elektronicznych oraz komponentów napędowych i uzbrojenia. Okręty podwodne są często budowane z wykorzystaniem najnowocześniejszych materiałów i technologii, co może wymagać długiego czasu realizacji zamówień.

Planowanie musi uwzględniać terminowe zamawianie materiałów, aby uniknąć niedoborów, które mogą zatrzymać lub spowolnić budowę. Na przykład opóźnienia w pozyskaniu określonych komponentów sonaru lub reaktora mogą powodować przesunięcia w fazach integracji systemów i testów. Zapewnienie niezawodnego łańcucha dostaw dla tych specjalistycznych materiałów jest kluczowe dla utrzymania harmonogramu projektu.

W projektach budowy okrętów podwodnych wiele kluczowych komponentów, takich jak reaktory czy systemy wyrzutni rakiet balistycznych, pochodzi od dostawców o statusie jedynego źródła, ze względu na wysoką specjalizację tych materiałów. Opóźnienia lub zakłócenia w dostawach od takich dostawców mogą mieć znaczący wpływ, dlatego kluczowe jest budowanie silnych relacji i posiadanie planów awaryjnych.

Infrastruktura stoczni odgrywa kluczową rolę w zapewnieniu sukcesu projektu. Obiekty muszą być utrzymywane w stanie umożliwiającym budowę okrętów podwodnych, zwłaszcza tych wymagających suchych doków, dźwigów i hal montażowych zdolnych obsługiwać duże, ciężkie komponenty. Regularna konserwacja tych obiektów zapewnia ich pełną gotowość operacyjną, a brak odpowiedniego utrzymania może prowadzić do znacznych przestojów.

Na przykład opóźnienia w dostępności suchego doku mogą uniemożliwić montaż modułowych sekcji, a problemy z dźwigami mogą spowolnić proces integracji dużych komponentów, takich jak reaktor czy jednostka napędowa, z kadłubem okrętu podwodnego. Zapewnienie, że infrastruktura stoczniowa jest odpowiednio utrzymywana i zdolna do wspierania harmonogramu budowy, jest kluczowym elementem planowania zasobów.

Wszystkie te elementy—zarządzanie siłą roboczą, zaopatrzenie w materiały i utrzymanie infrastruktury—muszą być zsynchronizowane, aby projekt pozostawał na właściwym torze. Wymaga to zintegrowanych narzędzi do harmonogramowania projektów, często wspieranych przez oprogramowanie umożliwiające menedżerom wizualizację zależności między zadaniami oraz alokacji zasobów. Na przykład, jeśli wykryte zostanie opóźnienie w dostawie kluczowego materiału, zasoby ludzkie mogą zostać przekierowane do innych zadań, aby uniknąć przestojów i zapewnić postępy w innych obszarach projektu.

Efektywne planowanie uwzględnia również bufory na wypadek nieoczekiwanych opóźnień w dostawach materiałów lub niedoborów siły roboczej, dzięki czemu projekt może zaabsorbować te wyzwania bez zakłócania całego harmonogramu. Poprzez zrównoważenie zapotrzebowania na pracę z dostępnością zasobów i zapewnienie terminowego zaopatrzenia w materiały, menedżerowie projektów mogą utrzymać stałe tempo realizacji projektu.

Łagodzenie ryzyka i elastyczność w projektach budowy okrętów podwodnych

Łagodzenie ryzyka i elastyczność to kluczowe elementy każdego projektu budowy okrętów podwodnych, biorąc pod uwagę złożoność i wysoką stawkę związane z tym procesem. Budowa trwa kilka lat, obejmuje wiele współzależnych systemów i jest wysoce podatna na ryzyko, takie jak niedobory materiałów, awarie techniczne czy problemy podczas testów. Skuteczne strategie łagodzenia ryzyka pomagają zapewnić, że projekt pozostaje zgodny z harmonogramem i budżetem, podczas gdy wbudowana elastyczność pozwala zespołom reagować na nieprzewidziane wyzwania bez wykolejenia całego projektu.

Jednym z głównych sposobów zarządzania ryzykiem w budowie okrętów podwodnych jest włączenie buforów czasowych do harmonogramu. Bufory to dodatkowe okresy czasu, które umożliwiają absorpcję potencjalnych opóźnień bez wpływu na ogólną linię czasową projektu. Na przykład w krytycznych fazach, takich jak integracja reaktora czy próby morskie, bufory pozwalają na rozwiązanie problemów, jeśli coś pójdzie nie tak, bez konieczności przesuwania całego harmonogramu.

Przykładowo, w przypadku opóźnień w dostawach kluczowych komponentów, takich jak stal HY-80 do kadłuba ciśnieniowego, kilka dodatkowych tygodni w harmonogramie pozwala na zaabsorbowanie opóźnienia bez zakłócania kolejnych etapów. Bufory te nie są rozłożone równomiernie w projekcie; są strategicznie umieszczane tam, gdzie ryzyko jest największe, na przykład podczas integracji systemów, gdzie mogą pojawić się problemy z kompatybilnością techniczną między różnymi modułami, lub w końcowej fazie testów, kiedy awarie systemów, takich jak napęd czy uzbrojenie, mogą wymagać przeprojektowania lub napraw.

Niektóre fazy budowy okrętów podwodnych są szczególnie wrażliwe na opóźnienia, takie jak próby morskie i integracja reaktora. Są to fazy wysoce techniczne i kluczowe dla bezpieczeństwa, które często obejmują najnowocześniejsze technologie. Podczas prób morskich testowana jest wydajność okrętu podwodnego w warunkach rzeczywistych, w tym cicha praca akustyczna, efektywność napędu i systemy bojowe. Awarie podczas prób morskich mogą wymagać powrotu do suchego doku, gdzie inżynierowie muszą rozwiązać problemy i dokonać napraw. Bez planów awaryjnych lub buforów takie awarie mogą prowadzić do kosztownych opóźnień.

Podobnie, integracja reaktora w okrętach nuklearnych jest wysoce specjalistycznym etapem, w którym każdy błąd może zagrozić całemu projektowi. Integracja i testowanie reaktorów nuklearnych wymaga rygorystycznych protokołów bezpieczeństwa, a wszelkie problemy wykryte podczas testów operacyjnych reaktora mogą oznaczać konieczność powrotu do wcześniejszych etapów budowy. Planowanie awaryjne dla tych faz o wysokim ryzyku zazwyczaj obejmuje identyfikację potencjalnych punktów awarii na wczesnym etapie, zapewnienie dostępu do

Podstawy Projektowania i Budowy Okrętów Podwodnych

krytycznych części zamiennych i utrzymanie zespołów rezerwowych w gotowości do zarządzania nieoczekiwanymi komplikacjami.

Niedobory materiałów stanowią kolejny istotny czynnik ryzyka, szczególnie w kontekście specjalistycznych komponentów używanych w budowie okrętów podwodnych, takich jak systemy sonarowe, systemy napędowe i zaawansowane materiały na kadłub. Wiele z tych komponentów pochodzi od dostawców wyłącznych, co oznacza, że jakiekolwiek zakłócenia w łańcuchu dostaw mogą powodować opóźnienia.

Aby złagodzić te ryzyka, projekty budowy okrętów podwodnych często ustanawiają długoterminowe kontrakty z dostawcami, aby zagwarantować dostępność kluczowych materiałów. Dodatkowo niektóre projekty przyjmują strategię wieloźródłową, tam gdzie jest to możliwe, zapewniając dostępność alternatywnych źródeł materiałów w przypadku zakłóceń u głównego dostawcy. W przypadkach, gdy niedobory materiałów mimo wszystko się pojawią, bufory zaopatrzeniowe umożliwiają wdrożenie alternatywnych planów, takich jak znalezienie zamiennych materiałów lub zmiana harmonogramu integracji innych komponentów, aby projekt mógł postępować naprzód.

Wykorzystanie konstrukcji modułowej w projektach budowy okrętów podwodnych dodaje również elastyczności do harmonogramu. Dzieląc okręt podwodny na odrębne moduły—takie jak kadłub, system napędowy, systemy uzbrojenia i systemy elektroniczne—każdy moduł może być budowany i testowany osobno. Oznacza to, że opóźnienia w jednym module niekoniecznie zatrzymają postępu prac nad pozostałymi. Na przykład, jeśli pojawi się problem z modułem reaktora, prace nad systemami sonarowymi lub rakietowymi mogą być kontynuowane, co pozwala na utrzymanie ogólnego harmonogramu projektu. Gdy opóźniony moduł zostanie ukończony, można go zintegrować bez powodowania znacznych opóźnień w całym projekcie.

Podejście modułowe pomaga również w minimalizowaniu ryzyk podczas integracji, ponieważ poszczególne moduły są testowane i weryfikowane przed ich połączeniem. Jeśli problem pojawi się podczas testów, można go rozwiązać w obrębie modułu, unikając konieczności rozmontowywania w pełni zbudowanego okrętu podwodnego.

Monitorowanie ryzyka jest ciągłym procesem w trakcie budowy okrętu podwodnego. Kierownicy projektu wykorzystują dane w czasie rzeczywistym z różnych źródeł, w tym stany magazynowe materiałów, dostępność siły roboczej i postęp zadań, aby śledzić stan projektu. Narzędzia programowe pomagają wizualizować potencjalne ryzyka i ocenić ich wpływ na harmonogram projektu. Jeśli pojawią się opóźnienia lub zmaterializują się ryzyka, możliwe są korekty, takie jak realokacja zasobów, przesunięcie siły roboczej do obszarów priorytetowych lub modyfikacja kolejności zadań, aby zapobiec dalszym opóźnieniom.

Na przykład, jeśli testy ujawnią wady w systemie sonarowym, inżynierowie mogą skupić się na rozwiązaniu tych problemów, podczas gdy inne zespoły będą kontynuować szkolenie załogi lub instalację systemów uzbrojenia. Takie elastyczne podejście minimalizuje wpływ lokalnych problemów na szerszy harmonogram projektu.

Narzędzia i technologie wykorzystywane w budowie okrętów podwodnych

Projekty budowy okrętów podwodnych to złożone przedsięwzięcia, które wymagają dokładnego planowania, zarządzania zasobami i precyzji w realizacji. Różnorodne narzędzia i technologie są wykorzystywane, aby zapewnić, że projekt pozostaje na właściwym torze i spełnia najwyższe standardy jakości. Wśród tych narzędzi znajdują się oprogramowanie do zarządzania projektami, Earned Value Management (EVM) oraz cyfrowe bliźniaki, które wspólnie pomagają usprawnić operacje, zwiększyć efektywność i zredukować ryzyko.

Oprogramowanie do zarządzania projektami

Jednym z kluczowych narzędzi wykorzystywanych w projektach budowy okrętów podwodnych jest oprogramowanie do zarządzania projektami. Technologia ta pomaga kierownikom projektów śledzić harmonogramy, zasoby i budżety w czasie rzeczywistym, oferując scentralizowaną platformę do planowania i monitorowania każdego etapu projektu. Biorąc pod uwagę wzajemne powiązania etapów budowy okrętów podwodnych, gdzie opóźnienia w jednej fazie mogą wpływać na cały harmonogram, śledzenie postępów w czasie rzeczywistym jest kluczowe dla zachowania kontroli nad projektem.

Platformy te umożliwiają tworzenie szczegółowych wykresów Gantta lub harmonogramów ścieżki krytycznej (Critical Path Schedules, CPS), które wizualizują kluczowe kamienie milowe i terminy. Monitorując dostępność siły roboczej, zaopatrzenie w materiały i postęp konstrukcji modułowej, kierownicy projektów mogą szybko reagować na potencjalne wąskie gardła lub opóźnienia. Dodatkowo funkcje alokacji zasobów w oprogramowaniu zapewniają efektywne przydzielanie wykwalifikowanych pracowników, takich jak spawacze czy elektrycy, do zadań wymaganych na każdym etapie budowy. Dzięki integracji danych z różnych źródeł, takich jak operacje stoczniowe i systemy zaopatrzenia, oprogramowanie wspomaga również zarządzanie przepływem gotówki, monitorowanie kontraktów z dostawcami i nadzór finansowy.

Earned Value Management (EVM)

Earned Value Management (EVM) to kolejne kluczowe narzędzie stosowane w budowie okrętów podwodnych, które mierzy wydajność i zapewnia, że projekt jest realizowany zgodnie z harmonogramem i budżetem. EVM łączy dane dotyczące zakresu projektu, kosztów i harmonogramu, aby dostarczyć kompleksową ocenę postępu projektu w porównaniu z pierwotnym planem. Metoda ta pozwala na ocenę, czy projekt jest realizowany przed czy za harmonogramem oraz czy koszty są wyższe czy niższe od zakładanych, umożliwiając wczesne podejmowanie działań korygujących.

W budowie okrętów podwodnych EVM pomaga wcześnie identyfikować potencjalne przekroczenia kosztów lub opóźnienia, co pozwala na podjęcie działań naprawczych zanim problem się pogłębi. Na przykład, jeśli instalacja systemu napędowego opóźnia się, EVM zasygnalizuje to opóźnienie, co skłoni kierowników do przekierowania zasobów w celu przyspieszenia postępów lub dostosowania kolejnych zadań do nowego harmonogramu. Taki poziom wglądu jest szczególnie cenny w projektach na dużą skalę, gdzie poszczególne komponenty—takie jak reaktory jądrowe, systemy sonarowe i systemy uzbrojenia—są rozwijane i integrowane jednocześnie.

Podstawy Projektowania i Budowy Okrętów Podwodnych

<u>Cyfrowe Bliźniaki</u>

Wykorzystanie cyfrowych bliźniaków to nowoczesna technologia, która usprawnia budowę okrętów podwodnych poprzez tworzenie wirtualnej repliki okrętu. Cyfrowe bliźniaki pozwalają inżynierom i projektantom symulować procesy montażu i przewidywać, jak różne komponenty będą funkcjonować przed ich fizycznym zbudowaniem. Dzięki temu eliminuje się potrzebę czasochłonnych i kosztownych prób i błędów podczas faktycznej fazy konstrukcyjnej.

W przypadku budowy okrętów podwodnych cyfrowe bliźniaki są wykorzystywane do modelowania kluczowych systemów, takich jak jednostki napędowe, reaktory i systemy uzbrojenia. Symulując te systemy w środowisku wirtualnym, inżynierowie mogą testować różne konfiguracje i identyfikować potencjalne problemy przed rozpoczęciem fizycznego montażu. Zapewnia to, że faktyczne komponenty, gdy zostaną zbudowane i zintegrowane, działają zgodnie z założeniami, bez konieczności przeprowadzania kosztownych przeróbek.

Cyfrowe bliźniaki odgrywają również istotną rolę podczas testów i prób morskich. Porównując rzeczywiste osiągi okrętu z modelem wirtualnym, inżynierowie mogą wykrywać rozbieżności i doskonalić projekt. Podejście to jest szczególnie cenne w zapewnianiu zdolności do działania w ukryciu i minimalizacji sygnatury akustycznej okrętu. Cyfrowy bliźniak pozwala na precyzyjne dostosowywanie kształtów kadłuba, właściwości materiałów oraz technologii redukcji hałasu.

Te narzędzia—oprogramowanie do zarządzania projektami, Earned Value Management i cyfrowe bliźniaki—są niezbędne do zarządzania złożonością projektów budowy okrętów podwodnych. Umożliwiają śledzenie postępów w czasie rzeczywistym, ocenę wydajności i modelowanie predykcyjne, zapewniając, że każda faza projektu jest realizowana efektywnie i zgodnie z najwyższymi standardami. Wykorzystując te technologie, projekty budowy okrętów podwodnych mogą sprostać rygorystycznym wymaganiom operacyjnym, jednocześnie minimalizując ryzyko i unikając kosztownych opóźnień.

Nadzór rządowy i raportowanie w projektach budowy okrętów podwodnych

Nadzór rządowy i raportowanie są kluczowymi elementami projektów budowy okrętów podwodnych, biorąc pod uwagę ogromne inwestycje publiczne i znaczenie tych projektów dla bezpieczeństwa narodowego. Projekty te wymagają ścisłej współpracy między władzami marynarki wojennej, organami rządowymi, kontrahentami zbrojeniowymi i stoczniami. Aby zapewnić przejrzystość, odpowiedzialność i terminową realizację projektów, na każdym istotnym etapie budowy należy składać regularne raporty postępów. Raporty te służą jako formalny sposób weryfikacji, czy projekt jest zgodny z zatwierdzonym budżetem i harmonogramem, jednocześnie wskazując potencjalne problemy, takie jak opóźnienia czy przekroczenia kosztów.

Podczas budowy okrętów podwodnych projekt dzieli się na wiele etapów i kamieni milowych. Kamienie milowe mogą obejmować ukończenie kluczowych etapów projektowania, rozpoczęcie budowy kadłuba, integrację systemów napędowych czy rozpoczęcie prób morskich. Każdy z tych kamieni milowych jest zazwyczaj powiązany z określonymi alokacjami budżetowymi, co oznacza, że po osiągnięciu kamienia milowego odblokowywane są dodatkowe środki na kolejną fazę projektu. Dlatego raporty postępów muszą szczegółowo wskazywać, czy projekt przebiega zgodnie z harmonogramem, uwzględniając takie aspekty, jak zgodność z terminami, analiza kosztów i wykorzystanie zasobów.

Jeśli projekt osiąga kamień milowy przed czasem lub poniżej budżetu, jest to wskaźnik efektywności. Jednak w przypadku opóźnień — wynikających z wyzwań technicznych, problemów z zaopatrzeniem lub braków zasobów — muszą one być udokumentowane w raportach postępów wraz z konsekwencjami budżetowymi. Terminowe raportowanie pozwala zarówno marynarce wojennej, jak i organom rządowym przewidywać potencjalne problemy i podejmować świadome decyzje dotyczące dalszego postępowania.

Budowa okrętów podwodnych jest złożonym przedsięwzięciem, a opóźnienia czy przekroczenia kosztów nie są rzadkością. W przypadku pojawienia się problemów konieczne mogą być zmiany w harmonogramie, a w niektórych przypadkach renegocjacja kontraktów, aby zapobiec zatrzymaniu projektu. Na przykład opóźnienia w dostawach kluczowych komponentów, takich jak reaktory jądrowe czy systemy sonarowe, mogą prowadzić do przesunięć terminów realizacji innych zależnych zadań. Takie opóźnienia muszą być komunikowane w sposób przejrzysty, aby władze marynarki wojennej mogły zdecydować, czy przekierować zasoby lub dostosować zakres projektu.

W przypadkach przekroczeń kosztów raporty postępów muszą zawierać szczegółowe wyjaśnienia dotyczące przyczyn dodatkowych wydatków — czy to z powodu wzrostu kosztów pracy, zmian cen materiałów, czy nieprzewidzianych trudności technicznych. Kontrahenci mogą być zobowiązani do uzasadnienia tych przekroczeń i przedstawienia planów minimalizacji dalszych skutków finansowych. W celu utrzymania projektu w ramach dostępnego budżetu konieczna może być renegocjacja kontraktów lub dostosowanie zakresu prac. Często stosuje się metodę Earned Value Management (EVM), aby ocenić, czy projekt mieści się w akceptowalnych ramach czasowych i kosztowych, co pozwala decydentom na wprowadzanie niezbędnych korekt.

Przejrzystość w śledzeniu i raportowaniu jest kluczowa nie tylko dla zarządzania projektami, ale także dla utrzymania zaufania publicznego i rządowego. Biorąc pod uwagę, że budowa okrętów podwodnych często wiąże się z wydatkami sięgającymi miliardów dolarów z funduszy publicznych, instytucje rządowe, takie jak Kongres czy Departament Obrony (DoD), oczekują jasnych i spójnych aktualizacji na temat postępów oraz wydatków. Regularne audyty i niezależne przeglądy są również przeprowadzane w celu zapewnienia zgodności z zatwierdzonym budżetem oraz sprawdzenia, czy projekt przestrzega wszystkich standardów bezpieczeństwa i regulacji.

W dużych projektach, takich jak programy okrętów podwodnych klasy Virginia lub Columbia, raportowanie i nadzór trwają przez cały cykl życia projektu. Wykonawcy muszą zapewnić, że nie występują ukryte koszty ani niezatwierdzone modyfikacje procesu projektowania lub budowy. Rządowe audyty pomagają zagwarantować, że fundusze są wydatkowane efektywnie, protokoły bezpieczeństwa są ściśle przestrzegane, a końcowy produkt spełnia wszystkie wymagania operacyjne, nie tracąc na jakości.

Oprócz wewnętrznego nadzoru, audyty rządowe stanowią dodatkową warstwę kontroli. Te audyty mają na celu zapewnienie, że wydatki są efektywne, a każda przyznana kwota jest odpowiedzialnie wykorzystywana. Regularne przeglądy i oceny pomagają również wskazać obszary, w których można poprawić efektywność lub zredukować koszty bez kompromisów dla końcowego produktu. Takie przeglądy mogą także dostarczać rekomendacji dotyczących modyfikacji umów, szczególnie w sytuacjach, gdy pojawiają się nieoczekiwane wyzwania.

Na przykład, podczas budowy nowej klasy okrętów podwodnych, problemy z zaawansowanymi materiałami lub systemami napędowymi mogą prowadzić do zmian projektowych, które z kolei mogą wymagać renegocjacji warunków umowy. Takie renegocjacje opierają się na ustaleniach wynikających z niezależnych przeglądów i nadzoru organów rządowych, co zapewnia, że decyzje są podejmowane na podstawie dogłębnych analiz, a nie działań reaktywnych.

Zarządzanie ryzykiem

Zarządzanie ryzykiem w projektach budowy okrętów podwodnych ma ogromne znaczenie ze względu na złożoność tych przedsięwzięć, które obejmują zaawansowane technologie, znaczne nakłady finansowe, długie harmonogramy i istotne implikacje dla bezpieczeństwa narodowego. Złożoność projektów budowy okrętów podwodnych wymaga kompleksowego podejścia do zarządzania ryzykiem, które obejmuje identyfikację potencjalnych zagrożeń, ocenę ich prawdopodobieństwa i skutków oraz wdrożenie skutecznych strategii łagodzenia ryzyka. Proces ten jest niezbędny, aby zapewnić terminową realizację projektów, ich zgodność z budżetem i spełnienie określonych wymagań.

Budowa okrętów podwodnych jest z natury ryzykowna, ponieważ obejmuje zaawansowane inżynierie i technologie, które muszą działać niezawodnie w ekstremalnych warunkach. Na przykład budowa i eksploatacja kabli podmorskich, kluczowych dla komunikacji i przesyłu energii, wymaga rygorystycznego monitorowania i oceny ryzyka, aby zapobiec awariom, które mogłyby mieć poważne konsekwencje dla bezpieczeństwa narodowego i infrastruktury [713]. Wrażliwość sieci kabli podmorskich, szczególnie w kontekście napięć geopolitycznych, podkreśla potrzebę wdrożenia skutecznych strategii zarządzania ryzykiem [714]. Co więcej, operacyjne ryzyka związane z kablami podmorskimi, takie jak uszkodzenia spowodowane siłami zewnętrznymi, uwydatniają konieczność wdrożenia solidnych środków ochronnych [715].

Skuteczne zarządzanie ryzykiem w budowie okrętów podwodnych czerpie również z doświadczeń zdobytych w innych dziedzinach inżynierii. Na przykład metodologie opracowane do oceny ryzyka w budowie tuneli podmorskich mogą być adaptowane do projektów budowy okrętów podwodnych, kładąc nacisk na znaczenie kontroli ryzyka skumulowanego oraz stosowanie analitycznych procesów hierarchicznych (AHP) do oceny ryzyka [716]. Ponadto, wnioski płynące z badań nad geologicznymi zagrożeniami podmorskimi mogą wspierać opracowywanie strategii strefowania ryzyka, które zwiększają bezpieczeństwo i niezawodność projektów budowy okrętów podwodnych [717].

Identyfikacja Ryzyk

W procesie budowy okrętów podwodnych identyfikacja ryzyk jest kluczowym elementem zapewniającym płynny przebieg projektów w ramach założonego budżetu i harmonogramu. Ze względu na złożoność i skalę tych przedsięwzięć, wczesne zidentyfikowanie i rozwiązanie potencjalnych zagrożeń jest niezbędne dla sukcesu projektu. Ryzyka te można podzielić na kilka głównych kategorii: ryzyka techniczne, harmonogramowe, finansowe, związane z bezpieczeństwem oraz związane z łańcuchem dostaw. Poniżej znajduje się szczegółowy opis każdej kategorii.

Ryzyka Techniczne

Ryzyka techniczne należą do najpoważniejszych wyzwań w budowie okrętów podwodnych z uwagi na zaawansowane technologie stosowane w tych jednostkach. Okręty podwodne, szczególnie nowoczesne jednostki o napędzie nuklearnym, integrują zaawansowane systemy, takie jak napęd jądrowy, systemy sonarowe, technologie stealth oraz systemy uzbrojenia. Każdy z tych elementów opiera się na najnowszych rozwiązaniach inżynieryjnych i innowacjach, co z natury niesie ryzyko awarii technicznych lub opóźnień w integracji.

Na przykład zaawansowany system napędu jądrowego może napotkać trudności w początkowych fazach testowania, co może być związane z jego złożonym projektem lub nieoczekiwanymi problemami z wydajnością w warunkach operacyjnych. Podobnie zaawansowane systemy sonarowe, które są kluczowe dla zdolności stealth okrętów podwodnych i wykrywania zagrożeń, mogą nie integrować się płynnie z innymi systemami lub wymagać więcej czasu na dopracowanie, niż pierwotnie zakładano. Takie opóźnienia techniczne wpływają nie tylko na harmonogram, ale również na koordynację powiązanych systemów, co może ostatecznie opóźnić zakończenie budowy okrętu.

Rozwiązywanie ryzyk technicznych wymaga intensywnych testów na wczesnych etapach rozwoju oraz stałego monitorowania podczas integracji. Zastosowanie technologii cyfrowych bliźniaków (digital twins) – wirtualnych modeli komponentów okrętu podwodnego – pozwala na symulację wydajności i wykrywanie potencjalnych problemów przed przystąpieniem do fizycznego montażu, co ogranicza ryzyka techniczne na wczesnym etapie.

Ryzyka Harmonogramowe

Projekty budowy okrętów podwodnych mogą trwać ponad dekadę, a w tym czasie wiele zmiennych może wpłynąć na harmonogram. Ryzyka harmonogramowe pojawiają się, gdy opóźnienia w jednej fazie wpływają na kolejne etapy, prowadząc do kaskadowych przesunięć w harmonogramie. Takie opóźnienia mogą wynikać z trudności technicznych, braków materiałowych lub nieoczekiwanych zmian w specyfikacjach projektowych. Problemem w przypadku ryzyk harmonogramowych jest ich szybka eskalacja, która często wpływa na cały projekt.

Na przykład opóźnienie w dostawach materiałów, takich jak specjalistyczne metale do budowy kadłuba okrętu podwodnego, może przesunąć fazę montażu, co z kolei opóźni integrację kluczowych systemów, takich jak napęd czy uzbrojenie. W niektórych przypadkach zmiany projektowe lub niepowodzenia testowe mogą wymusić przeprojektowanie kluczowych komponentów, co dodatkowo potęguje opóźnienia.

Skuteczne zarządzanie ryzykami harmonogramowymi wymaga budowania buforów czasowych w harmonogramie projektu oraz stosowania metod zarządzania krytyczną ścieżką (CPM), aby zidentyfikować kluczowe kamienie milowe, które muszą zostać osiągnięte, aby projekt pozostał na właściwym torze. Zastosowanie oprogramowania do zarządzania projektami jest kluczowe dla śledzenia tych kamieni milowych i rozwiązywania problemów, zanim doprowadzą do poważnych opóźnień.

Podstawy Projektowania i Budowy Okrętów Podwodnych

Ryzyka Finansowe

Budowa okrętów podwodnych to przedsięwzięcie warte miliardy dolarów, gdzie koszt pojedynczego okrętu często wynosi od 4 do 5 miliardów dolarów lub więcej. Ryzyka finansowe są powszechne, szczególnie w projektach długoterminowych, gdzie ceny materiałów mogą się zmieniać, a koszty pracy wzrastają z czasem. Dodatkowo, opóźnienia w budowie mogą prowadzić do znacznych przekroczeń kosztów, zmuszając wykonawców i rządy do renegocjacji kontraktów lub dostosowania budżetów.

Na przykład nagły wzrost cen specjalistycznych materiałów, takich jak stal HY-80 lub HY-100 — używana do budowy ciśnieniowych kadłubów okrętów podwodnych — może spowodować, że budżet projektu przekroczy początkowe szacunki. Niedobory siły roboczej lub niespodziewane potrzeby w zakresie wykwalifikowanych pracowników również mogą zwiększyć całkowite koszty. Ponadto opóźnienia w zaopatrzeniu lub zmiany projektowe spowodowane nieoczekiwanymi problemami technicznymi mogą prowadzić do dodatkowych wydatków, ponieważ konieczne są przeróbki systemów lub pozyskiwanie alternatywnych komponentów.

Ryzyka finansowe są zarządzane poprzez szczegółowe prognozowanie kosztów, tworzenie budżetów rezerwowych oraz regularne audyty finansowe. Rządy i wykonawcy muszą elastycznie podchodzić do planowania finansowego, aby uwzględniać nieprzewidziane wydatki, jednocześnie trzymając projekt w ramach zatwierdzonego budżetu.

Ryzyka Bezpieczeństwa

Budowa i eksploatacja okrętów podwodnych — zwłaszcza z napędem jądrowym — wiąże się z szeregiem poważnych zagrożeń dla bezpieczeństwa. Bezwzględne przestrzeganie protokołów bezpieczeństwa jest konieczne, aby zapewnić bezpieczeństwo zarówno załogi, jak i środowiska. Jakakolwiek awaria systemów krytycznych dla bezpieczeństwa — takich jak reaktor jądrowy, systemy balastowe czy awaryjne systemy podtrzymywania życia — może prowadzić do katastrofalnych skutków. Obejmują one awarie sprzętu, wypadki reaktorowe lub kolizje, które mogą skutkować ofiarami w ludziach oraz poważnymi konsekwencjami prawnymi lub finansowymi.

Ryzyka bezpieczeństwa są minimalizowane poprzez stosowanie redundantnych systemów bezpieczeństwa, dokładne kontrole jakości podczas budowy oraz przestrzeganie międzynarodowych standardów bezpieczeństwa. Szkolenie załogi w zakresie procedur bezpieczeństwa i regularne ćwiczenia awaryjne są również niezbędne, aby zapewnić bezpieczną eksploatację okrętów podwodnych.

Ryzyka Łańcucha Dostaw

Projekty budowy okrętów podwodnych opierają się na rozległym i skomplikowanym łańcuchu dostaw obejmującym specjalistyczne materiały i komponenty. Ryzyka w łańcuchu dostaw pojawiają się, gdy opóźnienia lub niepowodzenia w pozyskaniu tych materiałów zakłócają harmonogram budowy. Wiele z tych materiałów, takich jak stal o wysokiej wytrzymałości, komponenty reaktorów jądrowych czy zaawansowana elektronika, pochodzi od wyłącznych dostawców. Jeśli ci dostawcy napotkają problemy z produkcją, trudności finansowe lub opóźnienia w dostawie, cały projekt może zostać wstrzymany.

Na przykład, jeśli dostawca komponentów reaktora napotka opóźnienia w produkcji lub problemy z dostarczeniem części do stoczni, integracja systemu napędu jądrowego może zostać opóźniona, co znacząco wpłynie na harmonogram projektu. Niedobory materiałów lub trudności w pozyskaniu materiałów o wysokiej wytrzymałości stosowanych do budowy kadłuba mogą podobnie zakłócić harmonogram produkcji.

Aby zminimalizować ryzyka związane z łańcuchem dostaw, projekty budowy okrętów podwodnych często ustanawiają długoterminowe kontrakty z dostawcami, aby zagwarantować dostępność krytycznych materiałów. Dodatkowo, tam gdzie to możliwe, stosuje się strategię wieloźródłową, zapewniając alternatywne źródła materiałów na wypadek zakłóceń u głównego dostawcy. Plany awaryjne, takie jak identyfikacja alternatywnych źródeł kluczowych komponentów, są również niezbędne, aby zminimalizować zakłócenia w łańcuchu dostaw.

Ocena Ryzyk w Projektach Budowy Okrętów Podwodnych

Po zidentyfikowaniu potencjalnych ryzyk w projekcie budowy okrętu podwodnego, kolejnym kluczowym krokiem jest ocena tych ryzyk pod kątem ich prawdopodobieństwa wystąpienia oraz wpływu na projekt. Proces ten jest niezbędny, aby określić, które ryzyka wymagają natychmiastowej uwagi i alokacji zasobów, a które można monitorować w sposób bardziej pasywny. Najczęściej stosowanym narzędziem w tej fazie jest macierz oceny ryzyk, która klasyfikuje ryzyka na poziomy: niski, średni lub wysoki zarówno pod względem prawdopodobieństwa wystąpienia, jak i powagi ich skutków dla projektu. Celem jest priorytetyzacja ryzyk w taki sposób, aby zasoby były alokowane skutecznie, zapobiegając poważnym zakłóceniom.

Macierz Oceny Ryzyk: Prawdopodobieństwo i Wpływ

Macierz oceny ryzyk to proste, ale skuteczne narzędzie do wizualizacji i klasyfikacji ryzyk. Typowo macierz przedstawia prawdopodobieństwo wystąpienia ryzyka (jak bardzo prawdopodobne jest, że dane ryzyko się zmaterializuje) na jednej osi oraz wpływ (powagę konsekwencji w przypadku wystąpienia ryzyka) na drugiej osi. Tworzy to siatkę, która umożliwia menedżerom projektów szybkie oszacowanie ryzyk i podjęcie decyzji, które z nich wymagają proaktywnego łagodzenia, a które można monitorować w dłuższym okresie czasu.

Na przykład ryzyko o wysokim wpływie i dużym prawdopodobieństwie znajdzie się w krytycznej kategorii wymagającej natychmiastowych działań, podczas gdy ryzyko o niskim prawdopodobieństwie, ale wysokim wpływie może być monitorowane, ale nie wymagać natychmiastowej interwencji, dopóki nie zacznie się materializować. Podobnie ryzyka o niskim wpływie i niskim prawdopodobieństwie są zazwyczaj niższej priorytetu i mogą wymagać mniejszych zasobów do ich złagodzenia.

Ryzyka o Wysokim Prawdopodobieństwie i Wysokim Wpływie

Przykładem ryzyka o wysokim wpływie i dużym prawdopodobieństwie w budowie okrętów podwodnych mogą być opóźnienia w pozyskiwaniu kluczowych materiałów, takich jak specjalistyczna stal do budowy kadłuba czy komponenty reaktora. Prawdopodobieństwo takich opóźnień jest wysokie ze względu na ograniczoną dostępność tych materiałów i zależność od wyłącznych dostawców. Wpływ takich opóźnień może być poważny, ponieważ wpływają one na cały harmonogram budowy, potencjalnie wstrzymując postęp w wielu obszarach, takich jak montaż modułowy czy integracja kluczowych systemów, takich jak układy napędowe.

Podstawy Projektowania i Budowy Okrętów Podwodnych

W takich przypadkach łagodzenie ryzyka prawdopodobnie obejmowałoby ustanowienie planów awaryjnych z alternatywnymi dostawcami, zawieranie długoterminowych kontraktów na dostawy lub tworzenie rezerw czasowych w harmonogramie na wypadek potencjalnych opóźnień. Te proaktywne kroki zapewniają, że ryzyko o wysokim prawdopodobieństwie i wysokim wpływie nie wykolei projektu.

Ryzyka o Niskim Prawdopodobieństwie i Wysokim Wpływie

Ryzykiem o niskim prawdopodobieństwie, ale wysokim wpływie może być katastrofalna awaria nowo opracowanego systemu napędowego podczas testów. Chociaż prawdopodobieństwo takiej awarii jest niskie — zwłaszcza przy rygorystycznych protokołach testowania i symulacji — wpływ może być ogromny. Awaria napędu mogłaby spowodować znaczne opóźnienia projektu, konieczność przeprojektowania oraz znaczne straty finansowe, a także szkody reputacyjne, jeśli wpłynęłaby na bezpieczeństwo jednostki.

W przypadku takich ryzyk łagodzenie może obejmować intensywne testowanie i wprowadzenie redundancji w projekcie systemu. Mogą być również rozwijane równolegle systemy zapasowe, a symulacje cyfrowych bliźniaków mogą być wykorzystywane do identyfikacji potencjalnych problemów przed rozpoczęciem testów fizycznych. Takie podejście pomaga zarządzać ryzykiem, które jest mało prawdopodobne, ale mogłoby mieć katastrofalne skutki, gdyby się zmaterializowało.

Średnie Kategorii Ryzyka

Średnie kategorie ryzyka, często charakteryzujące się średnim prawdopodobieństwem i średnim wpływem, mogą obejmować takie kwestie jak niedobory siły roboczej lub drobne problemy techniczne związane z integracją systemów. Chociaż ryzyka te są istotne, mogą nie wymagać natychmiastowej uwagi, jeśli nie zagrażają ogólnemu harmonogramowi projektu ani budżetowi.
Na przykład tymczasowe niedobory siły roboczej mogą opóźnić określone sekcje montażu, ale opóźnienia te mogą zostać zrekompensowane innymi czynnościami, które postępują równolegle. Ścisłe monitorowanie tych ryzyk za pomocą oprogramowania do zarządzania projektami i narzędzi do śledzenia harmonogramów pozwala na ich kontrolę bez nadmiernego obciążania zasobów przeznaczonych na bardziej krytyczne ryzyka.

Priorytetyzacja Działań Łagodzących Ryzyko

Główną zaletą stosowania macierzy oceny ryzyka jest możliwość ustalania priorytetów w działaniach. Ryzyka o wysokim prawdopodobieństwie i wysokim wpływie są rozwiązywane w pierwszej kolejności, z wykorzystaniem szczegółowych strategii łagodzenia i alokacji zasobów. Ryzyka średnie mogą wymagać monitorowania i okresowego przeglądu, aby upewnić się, że nie eskalują, podczas gdy ryzyka o niskim wpływie i niskim prawdopodobieństwie mogą nie wymagać bezpośredniej interwencji, ale powinny pozostawać w polu uwagi na potrzeby przyszłych ocen.

Priorytetyzacja jest kluczem do skutecznego zarządzania ryzykiem, ponieważ zapewnia efektywne wykorzystanie zasobów — zarówno finansowych, technicznych, jak i związanych z siłą roboczą. Koncentracja na najbardziej pilnych ryzykach w pierwszej kolejności pozwala utrzymać projekt na właściwych torach i uniknąć poważnych zakłóceń, jednocześnie umożliwiając elastyczne podejście do ryzyk o niższym priorytecie.

Poniżej przedstawiono przykładową Macierz Oceny Ryzyka, którą można wykorzystać w kontekście projektu budowy okrętu podwodnego. Macierz ta pomaga ocenić ryzyka w oparciu o ich prawdopodobieństwo (szansa wystąpienia) i wpływ (konsekwencje, jeśli ryzyko się zmaterializuje).

Risk Description	Likelihood	Impact	Risk Category	Mitigation Strategy
Delay in Hull Material Procurement	High	High	Critical	Establish backup suppliers, contract negotiation
Failure in Nuclear Propulsion Testing	Low	High	Major	Implement redundant testing and backup systems
Labor Shortage	Medium	Medium	Moderate	Workforce planning, flexible labour shifts
Supply Chain Disruption for Sonar Tech	Medium	High	Critical	Build inventory buffer, alternate supplier agreements
Design Changes in Control Systems	High	Medium	Major	Build design flexibility, fast-track testing phases
Unexpected Technical Challenges	Low	Medium	Minor	Regular system testing, contingency funds
Regulatory Delays in Testing Phase	Medium	High	Critical	Early regulatory engagement, buffer timeline

Rysunek 132: Przykładowa Macierz Oceny Ryzyka.

Kategorie ryzyka:

1. **Krytyczne:** Ryzyka wymagające natychmiastowej uwagi z powodu dużego prawdopodobieństwa wystąpienia i poważnych konsekwencji dla projektu.

2. **Poważne:** Ryzyka o średnim prawdopodobieństwie wystąpienia, ale znaczącym wpływie, wymagające ścisłego monitorowania i zaplanowanych działań łagodzących.

3. **Umiarkowane:** Ryzyka o średnim poziomie, które mogą powodować umiarkowane zakłócenia i mogą być zarządzane poprzez regularne monitorowanie.

Podstawy Projektowania i Budowy Okrętów Podwodnych

4. **Drobne:** Ryzyka o niskim prawdopodobieństwie i niewielkim wpływie, zwykle monitorowane, ale nie wymagające natychmiastowego alokowania zasobów.

Legenda dla prawdopodobieństwa i wpływu:

- **Prawdopodobieństwo:**
    - **Wysokie:** Prawdopodobne wystąpienie (np. prawdopodobieństwo większe niż 50%).
    - **Średnie:** Możliwe wystąpienie (np. prawdopodobieństwo 20%-50%).
    - **Niskie:** Mało prawdopodobne wystąpienie (np. prawdopodobieństwo mniejsze niż 20%).
- **Wpływ:**
    - **Wysoki:** Poważne konsekwencje dla budżetu, harmonogramu lub bezpieczeństwa.
    - **Średni:** Zauważalny wpływ, który może powodować umiarkowane zakłócenia.
    - **Niski:** Niewielki wpływ z minimalnymi zakłóceniami dla całego projektu.

Dzięki zastosowaniu macierzy oceny ryzyka kierownicy projektów mogą lepiej identyfikować ryzyka wymagające natychmiastowych działań oraz te, które mogą być monitorowane pod kątem potencjalnej eskalacji.

Łagodzenie ryzyk w projektach budowy okrętów podwodnych

Po zidentyfikowaniu i ocenieniu ryzyk w projekcie budowy okrętu podwodnego następnym kluczowym krokiem jest opracowanie strategii łagodzenia. Strategie te mają na celu zmniejszenie prawdopodobieństwa wystąpienia ryzyka lub ograniczenie jego potencjalnych skutków, jeśli do niego dojdzie. Każde istotne ryzyko wymaga planu łagodzenia dostosowanego do jego specyfiki. Skuteczne łagodzenie ryzyk minimalizuje zakłócenia, opóźnienia lub przekroczenia kosztów projektu. Poniżej przedstawiono szczegółowe wyjaśnienia typowych strategii łagodzenia stosowanych w dużych projektach budowy okrętów podwodnych.

<u>Łagodzenie ryzyk technicznych</u>

W przypadku ryzyk technicznych łagodzenie często polega na tworzeniu równoległych ścieżek rozwoju lub systemów zapasowych, które zapewniają, że wyzwania technologiczne nie zatrzymują ogólnego postępu. Na przykład poważnym ryzykiem technicznym w budowie okrętów podwodnych może być integracja nowo opracowanego systemu sonarowego. Jeśli pojawią się problemy z integracją, mogą one opóźnić proces budowy i wpłynąć na kolejne zadania. Strategią łagodzenia może być przygotowanie wcześniej zatwierdzonego systemu sonarowego do tymczasowej instalacji. Pozwala to na kontynuowanie procesu budowy, podczas gdy zespół techniczny rozwiązuje problemy z nowym systemem. Dzięki zastosowaniu takich rozwiązań zapasowych unika się wąskich gardeł, co zapewnia jednoczesny postęp w budowie i rozwoju systemów.

Kolejnym aspektem łagodzenia ryzyk technicznych jest rygorystyczne testowanie na etapie rozwoju. Obejmuje to korzystanie z narzędzi cyfrowych, takich jak obliczeniowa dynamika płynów (CFD) czy analiza metodą elementów skończonych (FEA), w celu symulacji wydajności przed rozpoczęciem testów fizycznych. Takie narzędzia pozwalają na wczesne wykrywanie potencjalnych awarii technicznych, co zmniejsza ryzyko opóźnień na etapie rzeczywistej budowy.

Bufory czasowe

Opóźnienia są powszechnym ryzykiem w dużych, złożonych projektach, takich jak budowa okrętów podwodnych. Zarządzanie ryzykiem harmonogramowym jest kluczowe, aby utrzymać projekt na właściwym torze. Jedną z najskuteczniejszych strategii łagodzenia ryzyka harmonogramowego jest wprowadzenie buforów czasowych do planu projektu. Te bufory działają jako zapas, zapewniając dodatkowy czas na kluczowe etapy, które mogą napotkać trudności.

Na przykład integracja reaktora jądrowego lub testowanie systemów sonarowych to fazy, w których mogą pojawić się nieprzewidziane trudności techniczne, powodujące opóźnienia. Dzięki wprowadzeniu buforów czasowych harmonogram projektu pozostaje elastyczny, umożliwiając dostosowania bez nadmiernego przesunięcia całkowitego terminu realizacji.

Bufory są szczególnie przydatne podczas prób morskich, kiedy okręt podwodny jest testowany w rzeczywistych warunkach. Podczas tych prób mogą wystąpić nieoczekiwane problemy techniczne lub związane z wydajnością, które mogą wymagać dostosowań lub nawet drobnych zmian w projekcie. Zaplanowanie dodatkowego czasu na takie ewentualności zapewnia, że nie prowadzą one do długotrwałych opóźnień.

Rezerwy finansowe

Ryzyko finansowe jest nieuniknione w projektach o wysokich kosztach, takich jak budowa okrętów podwodnych. Wahania cen materiałów, niedobory siły roboczej lub zmiany w zakresie projektu mogą prowadzić do przekroczenia kosztów. Aby zarządzać tym ryzykiem, kierownicy projektów często tworzą budżety rezerwowe. Są to środki finansowe specjalnie zarezerwowane na nieprzewidziane wydatki, które zapewniają, że projekt może być kontynuowany, nawet jeśli niektóre koszty przekroczą początkowe założenia.

Na przykład nagły wzrost ceny stali o wysokiej wytrzymałości, wykorzystywanej do budowy kadłubów okrętów podwodnych, mógłby znacznie zwiększyć koszty materiałów. Fundusz rezerwowy pokryłby ten dodatkowy wydatek, zapobiegając konieczności renegocjowania kontraktów lub wstrzymania produkcji. Podobnie, jeśli koszty pracy wzrosną z powodu niedoborów wykwalifikowanych pracowników, budżet rezerwowy może wchłonąć te koszty bez wpływu na ogólną kondycję finansową projektu.

Planowanie takich wahań finansowych pozwala na realizację projektu bez konieczności ciągłego korygowania budżetu, co mogłoby powodować opóźnienia lub osłabiać zaufanie między wykonawcami a rządem.

Umowy z dostawcami

Łańcuch dostaw jest jednym z najbardziej krytycznych i wrażliwych aspektów budowy okrętów podwodnych. Specjalistyczne materiały i komponenty często pochodzą od ograniczonej liczby dostawców, a opóźnienia u jednego z nich mogą wpłynąć na cały projekt. Aby złagodzić ryzyko związane z łańcuchem dostaw, zawierane są długoterminowe umowy z dostawcami. Umowy te często zawierają klauzule dotyczące priorytetowej produkcji, stałych cen i rabatów ilościowych, co pomaga zabezpieczyć niezbędne materiały w ramach harmonogramu i budżetu projektu.

Dodatkowo kluczową strategią łagodzenia ryzyka jest utrzymywanie sieci alternatywnych dostawców. Na przykład, jeśli dostawca komponentów reaktora jądrowego nie jest w stanie dotrzymać terminów z powodu problemów produkcyjnych, alternatywny dostawca może przejąć zamówienie, minimalizując opóźnienia. Taka sieć dostawców zapewnia, że w przypadku awarii jednego źródła, inne są dostępne, aby kontynuować projekt, redukując ryzyko wstrzymania produkcji.

Utrzymywanie zapasów krytycznych komponentów również pomaga w przypadkach nagłych zakłóceń w dostawach, zapewniając, że projekt ma wystarczającą ilość materiałów, aby kontynuować pracę w krótkim okresie, podczas gdy pozyskiwane są nowe dostawy.

Ciągłe monitorowanie i dostosowanie ryzyka

W budowie okrętów podwodnych zarządzanie ryzykiem to proces ciągły i dynamiczny, wymagający stałego monitorowania na wszystkich etapach realizacji projektu. Ze względu na złożoność i skalę tego rodzaju przedsięwzięć nowe zagrożenia mogą się pojawiać w trakcie realizacji projektu, a wcześniej zidentyfikowane ryzyka mogą zmieniać swój charakter i wpływ. Niezbędne jest wprowadzenie mechanizmów umożliwiających śledzenie tych ryzyk w czasie rzeczywistym oraz odpowiednie dostosowywanie planu projektu w celu zminimalizowania ich skutków.

Narzędzia do śledzenia w czasie rzeczywistym są powszechnie stosowane, aby zapewnić, że wszystkie aspekty projektu postępują zgodnie z harmonogramem i w granicach budżetu. Umożliwiają one kierownikom projektów utrzymanie kontroli nad różnymi kamieniami milowymi i komponentami, które są równocześnie opracowywane. Na przykład, jeśli w wyniku niedoboru materiałów lub problemów z dostawcami pojawi się opóźnienie w produkcji kadłuba okrętu podwodnego, system śledzenia w czasie rzeczywistym natychmiast zasygnalizuje ten problem. Pozwala to zespołowi zarządzającemu szybko zająć się problemem, czy to poprzez realokację zasobów, dostosowanie harmonogramu innych powiązanych komponentów, czy też zapewnienie alternatywnych źródeł materiałów.

Earned Value Management (EVM) to kolejne kluczowe narzędzie wykorzystywane w ciągłym monitorowaniu. EVM to zintegrowany system oceniający wydajność projektu pod kątem kosztów i harmonogramu. Umożliwia on kierownikom projektów porównanie rzeczywiście wykonanej pracy z zaplanowaną oraz z kosztami budżetowymi, co daje wczesny sygnał, czy projekt jest realizowany zgodnie z planem, czy też pojawiają się odchylenia wymagające korekty. Dzięki wskaźnikom kluczowej wydajności (KPI), takim jak odchylenie kosztów (CV) i odchylenie harmonogramu (SV), kierownicy projektów mogą szybko ocenić, czy ryzyko się materializuje, i podjąć działania zaradcze, zanim doprowadzi ono do poważnych zakłóceń.

Na przykład, jeśli dane z EVM wskazują na rosnące odchylenie harmonogramu z powodu opóźnień w jednym obszarze budowy, kierownicy projektów mogą zbadać przyczynę—czy to opóźnienia materiałowe, niedobory siły roboczej, czy trudności techniczne—i podjąć działania naprawcze. Mogą one obejmować wydłużenie godzin pracy, zwiększenie alokacji siły roboczej lub zmodyfikowanie sekwencji projektu, aby inne części projektu mogły być kontynuowane, podczas gdy problem jest rozwiązywany.

Kiedy ryzyko zostanie zidentyfikowane lub zacznie się materializować, zespół projektowy może być zmuszony do szybkiego wprowadzenia zmian w harmonogramie, budżecie lub alokacji zasobów. Taka elastyczność jest niezbędna w budowie okrętów podwodnych, gdzie ryzyko może mieć efekt kaskadowy i wpłynąć na wiele faz projektu, jeśli nie zostanie odpowiednio zarządzone. Niedobór materiałów wpływający na budowę kadłuba może na przykład opóźnić instalację systemów napędowych lub wewnętrznych komponentów, jeśli nie zostanie odpowiednio zarządzony.

Dostosowanie ryzyk jest dokonywane na podstawie ich powagi i prawdopodobieństwa wystąpienia. Na przykład drobne opóźnienie w dostawie komponentów niekrytycznych może być zarządzane bez istotnych zmian harmonogramu, podczas gdy opóźnienie w dostawie kluczowych komponentów, takich jak rdzeń reaktora jądrowego, może wymagać znaczących dostosowań, w tym zmiany harmonogramu lub realokacji zasobów, aby utrzymać postęp w innych obszarach projektu.

Plany awaryjne i elastyczność w projektach budowy okrętów podwodnych

W projektach budowy okrętów podwodnych na dużą skalę planowanie awaryjne i elastyczność są kluczowymi elementami skutecznego zarządzania ryzykiem. Pomimo najlepszych wysiłków związanych z ograniczaniem ryzyka, niektóre zagrożenia nieuchronnie się materializują, powodując opóźnienia, przekroczenia kosztów lub problemy techniczne. Aby przygotować się na takie sytuacje, plany awaryjne są opracowywane już na etapie planowania, co pozwala zapewnić ciągłość realizacji projektu nawet w przypadku niespodziewanych zakłóceń. Plany te koncentrują się na alternatywnych rozwiązaniach, zasobach rezerwowych oraz elastycznych harmonogramach, które pozwalają zminimalizować wpływ problemów na ogólny harmonogram i budżet budowy.

Alternatywne rozwiązania projektowe

Jednym z kluczowych elementów planu awaryjnego w budowie okrętów podwodnych jest posiadanie alternatywnych rozwiązań projektowych gotowych do wdrożenia w przypadku, gdy nowe technologie nie spełnią oczekiwań. Na przykład okręty podwodne często opierają się na nowoczesnych technologiach, takich jak zaawansowane systemy napędowe czy rozwiązania zwiększające skrytość operacyjną. Jednakże systemy te mogą napotkać problemy techniczne podczas testów lub integracji.

Jeśli nowo opracowany system napędowy, mający na celu redukcję hałasu, nie spełnia kryteriów wydajności, jako tymczasowe lub trwałe rozwiązanie można zastosować wcześniej przetestowany i zatwierdzony system. Taka elastyczność jest szczególnie ważna w projektach, gdzie wprowadzenie nowych technologii stanowi obszar wysokiego ryzyka. Posiadanie zestawu zatwierdzonych alternatywnych projektów lub opcji rezerwowych pozwala kontynuować proces budowy bez wstrzymywania postępów.

Podczas gdy zespół techniczny pracuje nad rozwiązaniem problemów z nowym systemem, alternatywa zapewnia realizację harmonogramu i umożliwia dotrzymanie terminów dostawy. Metoda integracji technologii rezerwowych jest często omawiana i testowana już na wczesnych etapach projektowania, co pozwala zespołowi być przygotowanym na ewentualne awarie technologiczne, które mogą wystąpić.

Alternatywni dostawcy

Kolejnym kluczowym aspektem planowania awaryjnego jest posiadanie alternatywnych dostawców, aby zminimalizować zakłócenia w łańcuchu dostaw. W budowie okrętów podwodnych określone komponenty, takie jak części reaktora, specjalistyczna stal czy systemy elektroniczne, są często pozyskiwane od wyspecjalizowanych dostawców. Poleganie na jednym dostawcy tych krytycznych materiałów wiąże się z istotnym ryzykiem. Jeśli dostawca napotka opóźnienia, takie jak problemy produkcyjne czy transportowe, może to wpłynąć na cały projekt.

Aby zminimalizować to ryzyko, projekty budowy okrętów podwodnych nawiązują relacje z wieloma dostawcami kluczowych komponentów. Posiadanie zróżnicowanej sieci dostaw oznacza, że jeśli jeden dostawca nie dotrzyma terminów dostaw, inny może przejąć zamówienie, zapewniając ciągłość produkcji przy minimalnych zakłóceniach. Na przykład, jeśli dostawca komponentów systemu sonaru okrętu podwodnego nie jest w stanie dostarczyć zamówienia z powodu nieprzewidzianych okoliczności, alternatywny dostawca może dostarczyć części w wymaganym terminie.

Strategia ta nie tylko zapewnia terminowe pozyskiwanie materiałów, ale także daje elastyczność w radzeniu sobie z innymi problemami, takimi jak wahania cen czy kwestie jakościowe. Dzięki dywersyfikacji łańcucha dostaw projekt staje się bardziej odporny na zakłócenia zewnętrzne, a ryzyko poważnych opóźnień jest znacznie zmniejszone.

Elastyczność w harmonogramowaniu i alokacji zasobów

Plany awaryjne uwzględniają również elastyczność w harmonogramowaniu i alokacji zasobów, aby umożliwić radzenie sobie z potencjalnymi zakłóceniami. Dzięki wprowadzeniu zapasu czasowego do harmonogramu projektu, szczególnie w krytycznych fazach, takich jak próby morskie czy integracja systemów, kierownicy projektów zapewniają możliwość rozwiązania problemów bez narażania całego harmonogramu. Bufory te są planowane na etapie tworzenia harmonogramu projektu i są niezbędne do absorbowania opóźnień spowodowanych nieoczekiwanymi problemami, takimi jak braki materiałowe lub awarie techniczne.

Oprócz buforów czasowych, elastyczność w zarządzaniu zasobami stanowi kolejny sposób na zapewnienie płynności realizacji projektu. Na przykład, jeśli jedna z faz budowy opóźni się z powodu niedoboru materiałów, pracownicy i inżynierowie mogą zostać przydzieleni do innych sekcji projektu, które postępują zgodnie z planem. Takie adaptacyjne zarządzanie zasobami zapewnia wysoką produktywność, nawet gdy pewne komponenty lub etapy projektu są opóźnione.

Elastyczność finansowa

Oprócz elastyczności technicznej i harmonogramowej plany awaryjne uwzględniają również elastyczność finansową. Często przybiera ona formę budżetów rezerwowych, które są przeznaczone na pokrycie nieprzewidzianych kosztów pojawiających się w trakcie procesu budowy. Mogą one obejmować wzrost kosztów pracy, niedobory materiałów lub dodatkowe testy wymagane z powodu zmian w projekcie lub awarii technicznych.

Dysponowanie rezerwą finansową pozwala kontynuować projekt bez konieczności renegocjacji głównego budżetu lub uzyskiwania dodatkowej zgody rządowej, co mogłoby opóźnić postęp prac. Dzięki odpowiedniemu planowaniu elastyczności finansowej projekty budowy okrętów podwodnych są w stanie radzić sobie z nieoczekiwanymi trudnościami bez ryzyka zatrzymania prac lub przekroczenia budżetu.

Komunikacja ryzyk w projektach budowy okrętów podwodnych

W złożonych projektach, takich jak budowa okrętów podwodnych, skuteczna komunikacja dotycząca ryzyk jest kluczowa dla zapewnienia, że wszystkie strony zainteresowane—organy rządowe, władze marynarki wojennej, wykonawcy i dostawcy—są informowane o potencjalnych zagrożeniach, aktualnych działaniach łagodzących oraz wszelkich zmianach w harmonogramie lub budżecie projektu. Przejrzysta i ciągła komunikacja nie tylko utrzymuje wszystkie strony w zgodzie, ale także zwiększa zdolność podejmowania terminowych decyzji w przypadku eskalacji lub ewolucji ryzyk.

W trakcie cyklu życia budowy regularnie generowane są raporty ryzyk, które są udostępniane podczas spotkań przeglądowych projektu. Raporty te dostarczają aktualnych informacji na temat potencjalnych zagrożeń, ich prawdopodobieństwa oraz wpływu. Zawierają również opisy stosowanych strategii łagodzących oraz informację, czy w związku z pojawieniem się nowych zagrożeń konieczne są zmiany.

Na przykład, jeśli przewiduje się opóźnienia spowodowane niedoborem materiałów, interesariusze mogą ocenić, w jaki sposób te braki wpłyną na harmonogram, budżet lub kluczowe etapy projektu, takie jak integracja systemów czy próby morskie. Dzięki utrzymywaniu wszystkich stron w pełni poinformowanych, komunikacja dotycząca ryzyk umożliwia proaktywne reakcje zamiast reaktywnych, zapobiegając przekształcaniu się mniejszych zagrożeń w poważne problemy, które mogłyby wykoleić projekt.

Spotkania przeglądowe pełnią funkcję formalnej platformy, na której wszystkie strony mogą dzielić się spostrzeżeniami, zadawać pytania i uzgadniać niezbędne korekty. Regularność tych raportów i spotkań zapewnia, że zarządzanie ryzykiem pozostaje priorytetem przez cały czas trwania projektu i żadne ryzyka nie zostaną pominięte ani nierozwiązane.

Kiedy ryzyka eskalują, dobrze zorganizowane ramy komunikacyjne umożliwiają szybkie podejmowanie decyzji. Jeśli ryzyko wzrasta pod względem prawdopodobieństwa lub wpływu—na przykład w przypadku niedostarczenia przez kluczowego dostawcę istotnych komponentów—informacja ta musi zostać natychmiast przekazana, aby umożliwić szybkie przekierowanie zasobów lub zmiany w harmonogramie. Przejrzysta komunikacja między wykonawcami, władzami marynarki wojennej i dostawcami zapewnia możliwość bieżącej adaptacji projektu, minimalizując ogólne zakłócenia.

Na przykład, jeśli podczas integracji nowego systemu napędowego pojawią się trudności techniczne, wykonawcy mogą wcześnie poinformować o tym władze marynarki wojennej i organy rządowe. Wczesna komunikacja pozwala na podjęcie decyzji, czy przydzielić dodatkowe zasoby na rozwiązanie problemów technicznych, czy wrócić do alternatywnego systemu, aby projekt mógł posuwać się naprzód. Jasna i terminowa komunikacja jest kluczowa dla zapobiegania opóźnieniom kaskadowym, ponieważ umożliwia szybkie wdrażanie planów awaryjnych.

Projekty budowy okrętów podwodnych często podlegają ścisłemu nadzorowi rządowemu, szczególnie biorąc pod uwagę ich strategiczne i finansowe znaczenie dla obronności narodowej. Nadzór ten zapewnia, że ryzyka są komunikowane jasno, a wszystkie strony pozostają odpowiedzialne za zarządzanie i łagodzenie ryzyk zgodnie z zatwierdzonymi planami projektowymi.

Organy rządowe odgrywają kluczową rolę w nadzorze nad alokacją budżetów oraz zapewnieniu, że strategie łagodzące ryzyka są zgodne z priorytetami obronności narodowej. Jeśli projekt napotyka przekroczenia kosztów lub znaczne opóźnienia, organy rządowe muszą zostać natychmiast poinformowane, a konieczne zgody na dodatkowe fundusze lub zmiany w harmonogramie muszą zostać uzyskane. To utrzymuje projekt w zgodzie z szerszymi celami obronnościowymi i zapewnia zachowanie odpowiedzialności finansowej przez cały cykl życia budowy.

Współpraca z władzami wojskowymi i cywilnymi

W projektowaniu i budowie okrętów podwodnych współpraca między władzami wojskowymi, agencjami cywilnymi i wykonawcami obronnymi ma kluczowe znaczenie dla pomyślnej realizacji tych złożonych i wymagających projektów. Partnerstwo to jest głównie napędzane potrzebą zgodności między wymaganiami operacyjnymi marynarki wojennej, wiedzą techniczną wykonawców obronnych oraz wymogami regulacyjnymi i środowiskowymi narzuconymi przez władze cywilne. Taka współpraca jest niezbędna do optymalizacji procesu projektowania, zarządzania harmonogramami projektów i zapewnienia zgodności z przepisami krajowymi i międzynarodowymi.

Integracja sektorów cywilnego i wojskowego została uznana za kluczowy element w różnych projektach związanych z obronnością, w tym w budowie okrętów podwodnych. Na przykład koncepcja integracji cywilno-wojskowej podkreśla znaczenie współpracy między przedsiębiorstwami wojskowymi a agencjami cywilnymi w celu zwiększenia efektywności operacyjnej i innowacyjności w projektach obronnych [718]. Taka integracja umożliwia połączenie zasobów i wiedzy, co jest szczególnie korzystne w kontekście projektowania okrętów podwodnych, gdzie kluczowe znaczenie mają zaawansowane technologie i zgodność z przepisami [719]. Dodatkowo, stworzenie systemu innowacji opartego na współpracy może ułatwić wymianę wiedzy i najlepszych praktyk, co ostatecznie prowadzi do lepszych wyników projektów [718].

Kwestie środowiskowe odgrywają również istotną rolę w projektach związanych z okrętami podwodnymi, wymagając ścisłej współpracy między władzami wojskowymi a cywilnymi. Badania wykazały, że metody oceny ryzyk, które uwzględniają ramy legislacyjne ochrony środowiska, są niezbędne w projektach takich jak podmorskie instalacje wylotowe [720]. Metody te zapewniają systematyczną ocenę i minimalizację wpływu na środowisko, co pozwala na zgodność z wymaganiami regulacyjnymi narzuconymi przez agencje cywilne. Taka zgodność nie tylko pomaga w spełnieniu przepisów, ale także zwiększa zrównoważoność operacji podwodnych [721].

Dodatkowo, strategiczne outsourcingowanie niektórych funkcji do prywatnych wykonawców jest tematem często dyskutowanym w kontekście integracji cywilno-wojskowej. Podejście to pozwala na większą elastyczność i szybkość działania w realizacji projektów, ponieważ wykonawcy obronni mogą wykorzystać swoją specjalistyczną wiedzę i możliwości do sprostania unikalnym wymaganiom budowy okrętów podwodnych [722]. Dostosowywanie się firm obronnych do zmian w finansowaniu i priorytetach badawczych dodatkowo podkreśla konieczność współpracy partnerskiej w pokonywaniu złożoności współczesnych projektów obronnych [723].

Ustalanie wymagań wojskowych i wkładu operacyjnego dla okrętów podwodnych stanowi kluczowy element strategii obrony morskiej. Proces ten jest silnie uzależniony od celów strategicznych wojska, które definiują zdolności operacyjne niezbędne do realizacji zadań przez okręty podwodne, takich jak rozpoznanie, odstraszanie nuklearne, zwalczanie okrętów podwodnych i operacje specjalne. Wkład wojska jest kluczowy w określaniu specyfikacji dotyczących m.in. skrytości, prędkości, zdolności ładunkowej, wytrzymałości oraz przystosowania do różnych środowisk, w tym arktycznych i przybrzeżnych [724].

Władze marynarki wojennej ściśle współpracują z wykonawcami obronnymi, aby upewnić się, że projekty okrętów podwodnych spełniają te wymagania operacyjne. Współpraca ta ma kluczowe znaczenie dla integracji zaawansowanych technologii i dostosowania się do zmieniających się okoliczności geopolitycznych, które mogą wpłynąć na potrzebne zdolności. W miarę dojrzewania technologii wymagania operacyjne mogą ulegać zmianom, co wymusza wprowadzenie zmian projektowych w celu uwzględnienia nowych funkcjonalności lub profili operacyjnych, które wyłaniają się podczas rzeczywistej służby [724]. Ciągła pętla informacji zwrotnej między potrzebami wojskowymi a procesami projektowymi zapewnia, że okręty podwodne są wyposażone w sposób umożliwiający skuteczne osiąganie celów taktycznych i strategicznych.

Ponadto wkład operacyjny wojska obejmuje cały proces projektowania i budowy, zapewniając, że okręty podwodne są konstruowane w taki sposób, aby sprostać wymaganiom pola walki. Obejmuje to uwzględnienie kwestii przetrwania oraz zdolności do utrzymania efektywności operacyjnej w różnych warunkach zagrożenia. Na przykład projektowanie systemów zasilania elektrycznego na okrętach podwodnych jest bezpośrednio związane z potrzebami operacyjnymi, co podkreśla znaczenie metryk dotyczących przetrwania oraz ciągłości działania [725]. Dodatkowo, postępy w technologiach symulacyjnych pozwalają na ocenę efektywności operacyjnej w zadaniach morskich, co dodatkowo zwiększa zdolność wojska do definiowania i ulepszania wymagań operacyjnych [726].

Zaangażowanie władz cywilnych w rozwój okrętów podwodnych, szczególnie tych napędzanych energią jądrową, ma kluczowe znaczenie dla zapewnienia zgodności z przepisami bezpieczeństwa i standardami ochrony środowiska. Agencje takie jak Komisja Dozoru Jądrowego (Nuclear Regulatory Commission, NRC) w Stanach Zjednoczonych odgrywają istotną rolę w nadzorze nad bezpieczeństwem reaktorów jądrowych na okrętach podwodnych, zarówno podczas ich budowy, jak i w fazie operacyjnej. NRC ustala rygorystyczne wymagania dotyczące bezpieczeństwa, które muszą być spełnione w celu ochrony zarówno personelu, jak i środowiska przed potencjalnymi zagrożeniami związanymi z energią jądrową.

Oprócz nadzoru jądrowego, agencje środowiskowe aktywnie uczestniczą w procesie budowy okrętów podwodnych, aby minimalizować potencjalne negatywne skutki ekologiczne. Agencje te współpracują z wojskiem i cywilnymi wykonawcami, aby zapewnić, że operacje okrętów podwodnych nie będą miały negatywnego wpływu na ekosystemy morskie. Na przykład oceny oddziaływania na środowisko są wymagane do oceny potencjalnych skutków działań związanych z budową okrętów podwodnych w wrażliwych regionach przybrzeżnych, szczególnie w świetle międzynarodowych traktatów dotyczących kontroli zanieczyszczeń i redukcji hałasu podwodnego. Takie oceny są kluczowe dla zrównoważenia potrzeb wojskowych z ochroną środowiska, ponieważ pomagają zidentyfikować i wdrożyć środki minimalizujące szkody dla życia morskiego podczas budowy i eksploatacji.

Co więcej, budowa podmorskich kabli zasilających i innej infrastruktury podwodnej również podlega regulacjom władz cywilnych. Przepisy te zapewniają, że takie projekty są zgodne z normami środowiskowymi i nie zakłócają siedlisk morskich. Lokalizacja kabli podmorskich jest uzależniona od polityki rządowej, która ma na celu ochronę środowiska morskiego przy jednoczesnym wspieraniu postępu technologicznego. Integracja kwestii środowiskowych w planowanie i realizację projektów okrętów podwodnych odzwierciedla rosnące uznanie potrzeby stosowania zrównoważonych praktyk w operacjach morskich.

W kontekście kontraktów obronnych, szczególnie w przypadku budowy okrętów podwodnych, współpraca między wykonawcami a dostawcami jest kluczowa dla przełożenia wymagań operacyjnych na funkcjonalne projekty. Główne firmy obronne, takie jak General Dynamics Electric Boat i Huntington Ingalls Industries, muszą zarządzać złożonymi relacjami zarówno z władzami wojskowymi, jak i cywilnymi, aby zapewnić zgodność ze specyfikacjami technicznymi oraz standardami regulacyjnymi. Obejmuje to przestrzeganie wojskowych specyfikacji dotyczących systemów uzbrojenia i sonarów oraz współpracę z agencjami cywilnymi w celu spełnienia przepisów środowiskowych, co stanowi istotny aspekt współczesnych kontraktów obronnych [727, 728].

Współpraca między wykonawcami a dostawcami ma zasadnicze znaczenie dla pomyślnej integracji wyspecjalizowanych komponentów, takich jak reaktory jądrowe i systemy napędowe. Badania wskazują, że skuteczne relacje między wykonawcami a dostawcami mogą poprawić wyniki projektu, szczególnie gdy dostawcy są zaangażowani we wczesnych etapach procesu projektowania. Wczesne zaangażowanie umożliwia dostosowanie możliwości dostawców do potrzeb wykonawcy, co sprzyja innowacjom i poprawia ogólne wyniki projektu [729, 730]. Ponadto, rosnące znaczenie zdolności środowiskowych wśród dostawców staje się coraz bardziej istotne, ponieważ wykonawcy dążą do wdrażania praktyk zrównoważonego zarządzania łańcuchem dostaw w swoich projektach [728, 731].

Ponadto, dynamika współpracy pomiędzy wykonawcami a dostawcami jest kształtowana przez konieczność spełnienia standardów jakości i bezpieczeństwa, które są często nadzorowane przez władze wojskowe i cywilne. Organy te odgrywają kluczową rolę w certyfikacji materiałów oraz w zapewnieniu przestrzegania ustalonych regulacji przez wszystkie strony zaangażowane w proces. Złożoność tych relacji wymaga strategicznego podejścia do wyboru i zarządzania dostawcami, co podkreśla znaczenie współpracy i komunikacji w całym łańcuchu dostaw [732, 733]. Badania wykazują, że bardziej zintegrowane podejście do zarządzania łańcuchem dostaw, obejmujące budowanie partnerstw zamiast jedynie relacji transakcyjnych, może prowadzić do poprawy wyników i redukcji kosztów w projektach budowlanych [730, 734].

Nadzór rządowy i odpowiedzialność publiczna odgrywają kluczową rolę w projektowaniu i budowie okrętów podwodnych, szczególnie w zapewnieniu, że projekty te mieszczą się w ograniczeniach budżetowych i realizują priorytety obrony narodowej. Departament Obrony Stanów Zjednoczonych (DoD) jest głównym organem odpowiedzialnym za nadzór nad akwizycjami w sektorze obronnym, w tym nad znacznymi inwestycjami w programy dotyczące okrętów podwodnych. Raporty wskazują, że ponad jedna trzecia rocznego budżetu DoD, średnio ponad 150 miliardów dolarów od 2005 roku, jest przeznaczana na nabywanie materiałów, systemów i usług, co podkreśla złożoność i polityczny charakter zakupów obronnych [735]. Skuteczne zarządzanie programami w ramach DoD jest niezbędne do utrzymania odpowiedzialności i zapewnienia, że środki podatników są wykorzystywane efektywnie [736].

Dodatkowo, ciała ustawodawcze, takie jak Kongres, odgrywają znaczącą rolę w monitorowaniu wydatków na obronę. Zapewniają, że środki są odpowiednio przydzielane, a projekty, takie jak budowa okrętów podwodnych, są realizowane zgodnie z harmonogramem i w ramach budżetu. Nadzór ten ma kluczowe znaczenie nie tylko dla odpowiedzialności finansowej, ale także dla zapewnienia, że okręty podwodne spełniają wymagania operacyjne i są zgodne z międzynarodowymi traktatami oraz regulacjami obronnymi. W tym kontekście współpraca między władzami wojskowymi a cywilnymi jest niezbędna, ponieważ władze wojskowe definiują wymagania taktyczne, podczas gdy władze cywilne egzekwują ramy prawne regulujące te zdolności [238].

Oprócz nadzoru finansowego odpowiedzialność rządowa obejmuje również zgodność z międzynarodowymi traktatami, szczególnie tymi związanymi z bronią nuklearną i kontrolą zbrojeń. Rozmieszczenie okrętów podwodnych z napędem jądrowym rodzi znaczące kwestie prawne i etyczne, co wymaga ścisłej współpracy między podmiotami wojskowymi i cywilnymi w celu zapewnienia przestrzegania międzynarodowych norm i regulacji [238]. Integracja zasad zarządzania złożonymi systemami (Complex System Governance, CSG) może dodatkowo poprawić zarządzanie tymi złożonymi, współzależnymi systemami, zmniejszając ryzyko związane z pojawiającymi się wyzwaniami w rozwoju okrętów podwodnych [737].

Współpraca podczas faz testów i odbiorów okrętów podwodnych jest kluczowa dla zapewnienia zgodności operacyjnej i bezpieczeństwa. Gdy okręty podwodne przechodzą do fazy testów, władze wojskowe i cywilne odgrywają zasadnicze role. Władze wojskowe nadzorują próby morskie, aby potwierdzić, że okręty spełniają standardy operacyjne, podczas gdy władze cywilne, zwłaszcza te odpowiedzialne za bezpieczeństwo jądrowe, zapewniają, że system napędu jądrowego okrętów spełnia normy regulacyjne, zanim jednostka zostanie dopuszczona do służby. Ten podwójny nadzór ma kluczowe znaczenie dla utrzymania zarówno gotowości wojskowej, jak i bezpieczeństwa publicznego, szczególnie w kontekście okrętów podwodnych napędzanych energią jądrową.

Skuteczna współpraca jest możliwa dzięki przejrzystej komunikacji pomiędzy wszystkimi interesariuszami, w tym podmiotami wojskowymi, cywilnymi i wykonawcami. Regularne przeglądy projektów, oceny ryzyka oraz aktualizacje są kluczowe dla utrzymania zgodności działań pomiędzy tymi grupami. Takie praktyki sprzyjają podejmowaniu efektywnych decyzji oraz umożliwiają szybkie rozwiązywanie problemów, które mogą pojawić się podczas fazy testów. Na przykład integracja symulacji sprzętu w pętli (HIL, hardware-in-the-loop) pozwala na testowanie i weryfikację systemów sterowania w czasie rzeczywistym, co znacząco zmniejsza ryzyko związane z przekazywaniem okrętów podwodnych do służby [738]. Podejście to stanowi przykład, jak współpraca może poprawić niezawodność i bezpieczeństwo operacji podwodnych.

Podstawy Projektowania i Budowy Okrętów Podwodnych

Ponadto nie można przecenić znaczenia kontroli jakości oraz zarządzania ryzykiem na wczesnych etapach projektowania i planowania. Skuteczne zarządzanie ryzykiem związanym z instalacjami offshore wykazało, że można zapobiec incydentom, które mogłyby zagrozić bezpieczeństwu i integralności operacyjnej [739]. Doświadczenia zdobyte w sektorze offshore ropy naftowej i gazu mogą być zastosowane w procesach przekazywania okrętów podwodnych do służby, podkreślając potrzebę kompleksowego podejścia do zapewnienia jakości, które angażuje wszystkich interesariuszy od samego początku [739].

Referencje

1. Bila, T.V.S., W. Widodo, and B.A. Yulianto, *Policy Review of the Effectiveness of the Submarine Technology Transfer Roadmap Between Indonesia and South Korea.* Jurnal Pertahanan Media Informasi TTG Kajian & Strategi Pertahanan Yang Mengedepankan Identity Nasionalism & Integrity, 2023. **9**(3): p. 467-478.
2. Joiner, K.F., et al., *Cybersecurity for Allied Future Submarines.* World Journal of Engineering and Technology, 2018. **06**(04): p. 696-712.
3. Leorocha, F., et al., *Comparative Study on Maritime Security Theory of Mahan Alfred Thayer and Geoffrey Till on the Strategic and Practical Implications of Constructing a Sea Defense.* International Journal of Progressive Sciences and Technologies, 2023. **38**(1): p. 456.
4. Cunningham, F.S. and M.T. Fravel, *Assuring Assured Retaliation: China's Nuclear Posture and U.S.-China Strategic Stability.* International Security, 2015. **40**(2): p. 7-50.
5. O'Donnell, F. and Y. Joshi, *Lost at Sea: The<i>Arihant</I>in India's Quest for a Grand Strategy.* Comparative Strategy, 2014. **33**(5): p. 466-481.
6. Mehar, A.K. and P. Muralidhar, *Analysis of Submarine With the Study of Mechanical Investigations Using Borei - Class Submarine Model.* International Journal of Engineering Research And, 2020. **V9**(08).
7. Zhang, X., et al., *Modelling Research on Breaking Through the Blockade Area.* Destech Transactions on Engineering and Technology Research, 2018(pmsms).
8. Kang, K. and J. Kugler, *Assessment of Deterrence and Missile Defense in East Asia: A Power Transition Perspective.* International Area Studies Review, 2015. **18**(3): p. 280-296.
9. Herz, M., L. Dawood, and V.C. Lage, *A Nuclear Submarine in the South Atlantic: The Framing of Threats and Deterrence.* Contexto Internacional, 2017. **39**(2): p. 329-350.
10. Masood, M. and M.A. Baig, *Potential Impact of Lethal Autonomous Weapon Systems on Strategic Stability and Nuclear Deterrence in South Asia.* Margalla Papers, 2023. **27**(2): p. 27-43.
11. Raju, N. and T. Erästö, *The Role of Space Systems in Nuclear Deterrence.* 2023.
12. Chakraborty, S., *Introduction to Submarine Design.* 2019, Marine Insight.
13. Zhang, J., *Lead–bismuth eutectic (lbe): a coolant candidate for gen. iv advanced nuclear reactor concepts.* Advanced Engineering Materials, 2013. **16**(4): p. 349-356.
14. Li, B., R. Chiong, and L. Gong, *Search-Evasion Path Planning for Submarines Using the Artificial Bee Colony Algorithm.* 2014.
15. O'Donnell, F. and Y. Joshi, *Lost at Sea: The Arihant in India's Quest for a Grand Strategy.* Comparative Strategy, 2014. **33**(5): p. 466-481.
16. Cao, L., et al., *Review on the Hydro- And Thermo-Dynamic Wakes of Underwater Vehicles in Linearly Stratified Fluid.* Journal of Marine Science and Engineering, 2024. **12**(3): p. 490.
17. Heidemann, J., M. Stojanovic, and M. Zorzi, *Underwater Sensor Networks: Applications, Advances and Challenges.* Philosophical Transactions of the Royal Society a Mathematical Physical and Engineering Sciences, 2012. **370**(1958): p. 158-175.
18. Rubino, F., et al., *Marine Application of Fiber Reinforced Composites: A Review.* Journal of Marine Science and Engineering, 2020. **8**(1): p. 26.
19. Qu, Z. and M. Lai, *A Review on Electromagnetic, Acoustic, and New Emerging Technologies for Submarine Communication.* Ieee Access, 2024. **12**: p. 12110-12125.

20. Mahmutoğlu, Y., K. Türk, and C. Albayrak, *Investigation of Underwater Wireless Optical Communication Channel Capacity for Different Environment and System Parameters*. Hittite Journal of Science & Engineering, 2020. **7**(4): p. 279-285.
21. Polmar, N.C. and N. Friedman, *submarine*, in *Britannica*. 2024.
22. Rayner, J., *'The Deadliest Thing That Keeps the Seas': The Technology, Tactics and Terror of the Submarine in <i>The War Illustrated</I> Magazine*. Journal for Maritime Research, 2017. **19**(1): p. 1-22.
23. Winokur, R.S., *Naval Oceanography Contributions to Underwater Acoustics—The Cold War Era*. The Journal of the Acoustical Society of America, 2015. **137**(4_Supplement): p. 2306-2307.
24. Toxopeus, S., et al., *Submarine Hydrodynamics for Off-Design Conditions*. Journal of Ocean Engineering and Marine Energy, 2022. **8**(4): p. 499-511.
25. Fay, D., N.A. Stanton, and A.P. Roberts, *All at Sea With User Interfaces: From Evolutionary to Ecological Design for Submarine Combat Systems*. Theoretical Issues in Ergonomics Science, 2019. **20**(5): p. 632-658.
26. Kong, D., et al., *An Improved Wake Vortex-Based Inversion Method for Submarine Maneuvering State*. Computational Intelligence and Neuroscience, 2023. **2023**(1).
27. Empyrea Consulting, *Under Pressure: The Science of Submarine Hulls*. 2023.
28. Davis, B., *How thick is a submarine's hull? What material is it made out of?* 2022, Medium.
29. Szturomski, B. and R. Kiciński, *Material Properties of HY 80 Steel After 55 Years of Operation for FEM Applications*. Materials, 2021. **14**(15): p. 4213.
30. Lee, J., et al., *Application of Macro-Instrumented Indentation Test for Superficial Residual Stress and Mechanical Properties Measurement for HY Steel Welded T-Joints*. Materials, 2021. **14**(8): p. 2061.
31. Fathallah, E., et al., *Optimal Design Analysis of Composite Submersible Pressure Hull*. Applied Mechanics and Materials, 2014. **578-579**: p. 89-96.
32. Helal, M., et al., *Numerical Analysis of Sandwich Composite Deep Submarine Pressure Hull Considering Failure Criteria*. Journal of Marine Science and Engineering, 2019. **7**(10): p. 377.
33. Jeong, H.Y. and P. Henry, *Optimal Design of Deep-Sea Pressure Hulls Using CAE Tools*. Journal of the Computational Structural Engineering Institute of Korea, 2012. **25**(6): p. 477-485.
34. Fathallah, E. and M. Helal, *Optimum Structural Design of Deep Submarine Pressure Hull to Achieve Minimum Weight*. The International Conference on Civil and Architecture Engineering, 2016. **11**(11): p. 1-22.
35. Fathallah, E., et al., *Optimal Structure Design of Elliptical Deep-Submersible Pressure Hull*. Materials Science Forum, 2015. **813**: p. 85-93.
36. Balaji, V., S.S.A. Ravi, and P. Chandran, *FEM Method Structural Analysis of Pressure Hull by Using Hyper Mesh*. International Journal of Engineering & Technology, 2017. **7**(1.5): p. 258.
37. MacKay, J.R. and F.v. Keulen, *Partial Safety Factor Approach to the Design of Submarine Pressure Hulls Using Nonlinear Finite Element Analysis*. Finite Elements in Analysis and Design, 2013. **65**: p. 1-16.
38. Helal, M., et al., *Minimizing Buoyancy Factor of Metallic Pressure-Hull Subjected to Hydrostatic Pressure*. Intelligent Automation & Soft Computing, 2023. **35**(1): p. 769-793.
39. Sohn, J.M., et al., *Development of Numerical Modelling Techniques for Composite Cylindrical Structures Under External Pressure*. Journal of Marine Science and Engineering, 2022. **10**(4): p. 466.
40. Maalawi, K.Y., *Optimal Buckling Design of Anisotropic Rings/Long Cylinders Under External Pressure*. Journal of Mechanics of Materials and Structures, 2008. **3**(4): p. 775-793.

41. Molavizadeh, A. and A.M. Rezaei, *Progressive Damage Analysis and Optimization of Winding Angle and Geometry for a Composite Pressure Hull Wound Using Geodesic and Planar Patterns*. Applied Composite Materials, 2019. **26**(3): p. 1021-1040.
42. Messager, T., et al., *Optimal Laminations of Thin Underwater Composite Cylindrical Vessels*. Composite Structures, 2002. **58**(4): p. 529-537.
43. Paik, J.K. and P.A. Frieze, *Ship Structural Safety and Reliability*. Progress in Structural Engineering and Materials, 2001. **3**(2): p. 198-210.
44. Chakraborty, S., *Understanding Structure Design of a Submarine*. 2021, Marine Insight.
45. Hsu, C.Y., et al., *The Effect of Roundness on the Buckling Strength for the Submerged Pressure Hull*. Applied Mechanics and Materials, 2014. **644-650**: p. 5133-5137.
46. Pei, Z., T. Xu, and W. Wu, *Progressive Collapse Test of Ship Structures in Waves*. Polish Maritime Research, 2018. **25**(s3): p. 91-98.
47. Xing, J.T., Z. Tian, and X. Yan, *The Dynamics of Ship Propulsion Unit-Large Hull–water Interactions*. Ocean Engineering, 2016. **124**: p. 349-362.
48. Plotkina, V.A., *Reliability Performance of Shipboard Power Complexes With Regard to Ecosystem Effects*. E3s Web of Conferences, 2021. **320**: p. 01005.
49. MacKay, J.R., et al., *Experimental Investigation of the Strength and Stability of Submarine Pressure Hulls With and Without Artificial Corrosion Damage*. Marine Structures, 2010. **23**(3): p. 339-359.
50. Sinaga, L.T.P., *Experimental Analysis on Sinking Time of Littoral Submarine in Various Trim Angle*. Applied Mechanics and Materials, 2018. **874**: p. 128-133.
51. Ibrahim, A.E., M.N. Karsiti, and I. Elamvazuthi, *Experimental Depth Positioning Control for a Spherical Underwater Robot Vehicle (URV)*. Applied Mechanics and Materials, 2015. **785**: p. 729-733.
52. Pan, K. and I.M. Chao, *Analysis of Operating Principles and Flow Field Characteristics for a Diving Ballast Tank*. Defence Science Journal, 2020. **70**(5): p. 564-570.
53. Alsubal, S., M.S. Liew, and L.E. Shawn, *Preliminary Design and Dynamic Response of Multi-Purpose Floating Offshore Wind Turbine Platform: Part 1*. Journal of Marine Science and Engineering, 2022. **10**(3): p. 336.
54. Xiang, G., et al., *A Study on the Influence of Unsteady Forces on the Roll Characteristics of a Submarine During Free Ascent From Great Depth*. Journal of Marine Science and Engineering, 2024. **12**(5): p. 757.
55. Zhang, S., et al., *Numerical Simulation Study on the Effects of Course Keeping on the Roll Stability of Submarine Emergency Rising*. Applied Sciences, 2019. **9**(16): p. 3285.
56. Zhang, S., et al., *Experimental Investigation on Roll Stability of Blunt-Nose Submarine in Buoyantly Rising Maneuvers*. Applied Ocean Research, 2018. **81**: p. 34-46.
57. Chakraborty, S., *Understanding Stability of Submarine*. 2021, Marine Insight.
58. Globe Composite, *Buoyancy in Submersibles and Submarines*. 2024, Globe Composite Solutions.
59. Hien Le Tat, N., N. Nguyen Duy Anh, and N. Nguyen Thi Ngoc Hoa, *Numerical Investigate the Effect of Turbulence Models on the CFD Computation of Submarine Resistance*. CFD Letters, 2024. **16**(10): p. 126-139.
60. Lv, B. and Y. Chen, *The Influence of Different Diving Angles on the Hydrodynamic Noise of Submarine Enclosures*. Journal of Physics Conference Series, 2023. **2565**(1): p. 012006.
61. Moonesun, M., et al., *Optimization on Submarine Stern Design*. Proceedings of the Institution of Mechanical Engineers Part M Journal of Engineering for the Maritime Environment, 2016. **231**(1): p. 109-119.

62. Parunov, J., et al., *Hydrodynamic Tests of Innovative Tourist Submarine.* Journal of Marine Science and Engineering, 2023. **11**(6): p. 1199.
63. Vasudev, K.L., R. Sharma, and S.K. Bhattacharyya, *Multi-Objective Shape Optimization of Submarine Hull Using Genetic Algorithm Integrated With Computational Fluid Dynamics.* Proceedings of the Institution of Mechanical Engineers Part M Journal of Engineering for the Maritime Environment, 2017. **233**(1): p. 55-66.
64. Wu, X., et al., *An Effective CFD Approach for Marine-Vehicle Maneuvering Simulation Based on the Hybrid Reference Frames Method.* Ocean Engineering, 2015. **109**: p. 83-92.
65. White, F.M. and H. Xue, *Fluid mechanics.* Vol. 3. 2003: McGraw-hill New York.
66. Ke, L., J. Ye, and Q. Liang, *Experimental Study on the Flow Field, Force, and Moment Measurements of Submarines With Different Stern Control Surfaces.* Journal of Marine Science and Engineering, 2023. **11**(11): p. 2091.
67. Zhao, G., et al., *Submarine Maneuvering Performance Analysis: A Study of the Effect of Different Rudder Angle Settings on the Turning Dynamics of SUBOFF Submarine.* 2024. **1**(2).
68. Wang, W., et al., *A Fault-Tolerant Steering Prototype for X-Rudder Underwater Vehicles.* Sensors, 2020. **20**(7): p. 1816.
69. Wang, C., et al., *Influence of Stern Rudder Type on Flow Noise of Underwater Vehicles.* Journal of Marine Science and Engineering, 2022. **10**(12): p. 1866.
70. Anderson, D.M., et al., *Stability of Floating Objects at a Two-Fluid Interface.* European Journal of Physics, 2024. **45**(5): p. 055001.
71. Sakagami, N., et al., *An Attitude Control System for Underwater Vehicle-Manipulator Systems.* 2010.
72. Li, Q., S. Abdullah, and M.R.M. Rasani, *A Review of Progress and Hydrodynamic Design of Integrated Motor Pump-Jet Propulsion.* Applied Sciences, 2022. **12**(8): p. 3824.
73. Kim, J.-H., et al., *Performance Prediction of Composite Marine Propeller in Non-Cavitating and Cavitating Flow.* Applied Sciences, 2022. **12**(10): p. 5170.
74. Ku, G., et al., *Numerical Investigation of Tip Vortex Cavitation Inception and Noise of Underwater Propellers of Submarine Using Sequential Eulerian–Lagrangian Approaches.* Applied Sciences, 2020. **10**(23): p. 8721.
75. Grządziela, A., et al., *Experimental Validation of an FEM Model Based on Lifting Theory Applied to Propeller Design Software.* Polish Maritime Research, 2024. **31**(2): p. 67-76.
76. Indiaryanto, M., et al., *Design and Analysis of Cavitation on 22 M Submarine Propellers.* Majalah Ilmiah Pengkajian Industri, 2023. **14**(2): p. 163-171.
77. Liu, L., et al., *Full-Scale Simulation of Self-Propulsion for a Free-Running Submarine.* Physics of Fluids, 2021. **33**(4).
78. Özgen, C., *İsrail'in Savunma Stratejisi'nde Denizaltı Filosu'nun Rolü.* Güvenlik Stratejileri Dergisi, 2019. **15**(31): p. 497-545.
79. Duarte, A., et al., *GRASP With Path Relinking Heuristics for the Antibandwidth Problem.* Networks, 2010. **58**(3): p. 171-189.
80. Indiaryanto, M., et al., *Design and Hydrodynamic Model Test of Mini Submarine Propeller With High Efficiency and Low Cavitation.* Epi International Journal of Engineering, 2018. **1**(2): p. 59-64.
81. Putra, Y.D., A.F. Zakki, and A. Trimulyono, *Design of Kaplan-Series Propeller for Commercial Submarine by Varying Rake Angle and Number of the Blade to Obtain the Highest Thrust and Efficiency.* Iop Conference Series Materials Science and Engineering, 2021. **1096**(1): p. 012032.

82. Paredes, R., et al., *Numerical Flow Characterization Around a Type 209 Submarine Using OpenFOAM.* Fluids, 2021. **6**(2): p. 66.
83. Javadi, M., et al., *Experimental Investigation of the Effect of Bow Profiles on Resistance of an Underwater Vehicle in Free Surface Motion.* Journal of Marine Science and Application, 2015. **14**(1): p. 53-60.
84. Moonesun, M., et al., *Computational Fluid Dynamics Analysis on the Added Resistance of Submarine Due to Deck Wetness at Surface Condition.* Proceedings of the Institution of Mechanical Engineers Part M Journal of Engineering for the Maritime Environment, 2016. **231**(1): p. 128-136.
85. Chen, J., et al., *Study on Resistance Characteristics of Submarine Near Water Surface.* Matec Web of Conferences, 2022. **355**: p. 01002.
86. Gourlay, T. and E. Dawson, *A Havelock Source Panel Method for Near-Surface Submarines.* Journal of Marine Science and Application, 2015. **14**(3): p. 215-224.
87. Mitari, I.G., W. Sulistyawati, and P.J. Suranto, *Hydrodynamic Analysis in Redesigning a Monohull Passenger Ship Into a Catamaran.* E3s Web of Conferences, 2021. **328**: p. 07007.
88. Utama, I.K.A.P., et al., *CFD Analysis of Biofouling Effect on Submarine Resistance and Wake.* Journal of Marine Science and Engineering, 2023. **11**(7): p. 1312.
89. Gangemi, P.J., et al., *Active Control of the Accordion Modes of a Submerged Hull.* Journal of Low Frequency Noise Vibration and Active Control, 2011. **30**(3): p. 169-184.
90. Trost, L.C.S., *Moving Towards the Next Milestone of Submarine Design.* Naval Engineers Journal, 2000. **112**(2): p. 53-60.
91. Chen, F., Y. Chen, and H. Hu, *Coupled Vibration Characteristics of a Submarine Propeller-Shaft-Hull System at Low Frequency.* Journal of Low Frequency Noise Vibration and Active Control, 2019. **39**(2): p. 258-279.
92. Merz, S., R. Kinns, and N. Kessissoglou, *Influence of a Resonance Changer on the Sound Radiation of a Submarine.* The Journal of the Acoustical Society of America, 2008. **123**(5_Supplement): p. 3953-3953.
93. The Editors of Encyclopaedia, *naval architecture.* 2018, Britannica.
94. Overpelt, B. and B. Nienhuis, *Bow Shape Design for Increased Surface Performance of an SSK Submarine.* 2014: p. 117-126.
95. Sarraf, S., et al., *Experimental and Numerical Investigation of Squat Submarines Hydrodynamic Performances.* Ocean Engineering, 2022. **266**: p. 112849.
96. Guang-hui, Z. and J. Zhu, *Study on Key Techniques of Submarine Maneuvering Hydrodynamics Prediction Using Numerical Method.* 2010.
97. Pan, Y.-c., H. Zhang, and Q. Zhou, *Numerical Prediction of Submarine Hydrodynamic Coefficients Using CFD Simulation.* Journal of Hydrodynamics, 2012. **24**(6): p. 840-847.
98. Zarnetske, M.R. and J.B. Blottman, *Carbon Nanotube Thermoacoustic Projectors for Undersea Vehicles.* The Journal of the Acoustical Society of America, 2013. **134**(5_Supplement): p. 4091-4091.
99. Gad, A.M., *Antimicrobial and Antifouling Activities of the Cellulase Produced by Marine Fungal Strain; Geotrichum Candidum MN638741.1.* Egyptian Journal of Aquatic Biology and Fisheries, 2021. **25**(6): p. 49-60.
100. Slayter, J., N. McNaughton, and P. Bremner, *How do you design a submarine propulsion system that is efficient, reliable, and stealthy?* 2024, LinkedIn.
101. Defencyclopedia, *Anti-Submarine Warfare (Part-2) : Diesel-Electric Submarines.* 2014, Defencyclopedia.

102. Pekelney, R., *Submarine Main Propulsion Diesels: NavPers 16161*. 2007: San Francisco Maritime National Park Association.
103. Rothmund, M., *Underwater*. 2014, MTU.
104. Friedman, N., *nuclear submarine*, in *Encyclopedia Britannica*. 2024, Encyclopedia Britannica.
105. Nassersharif, B. and D. Thomas, *Nuclear Propulsion*. 2023.
106. Ismaeel, S.M.E., *New Applications for Linear Induction Drives Used for Silent Propulsion Systems in Nuclear Submarines and Supercarriers*. Arab Journal of Nuclear Sciences and Applications, 2020. **0**(0): p. 1-11.
107. World Nuclear Association, *Nuclear-Powered Ships*. 2023, World Nuclear Association.
108. J.M.K.C. Donev et al., *Pressurized water reactor*. 2024, Energy Education.
109. Jeon, B. and M. Khorsand, *Energy Management System in Naval Submarines*. 2020.
110. Phong, C.X., N.Q. Q, and C.X.C.X. P, *Early-Stage Analysis of Air Independent Propulsion Based on Fuel Cells for Small Submarines*. Advances in Military Technology, 2022. **17**(2): p. 457-469.
111. Wien, T., N. Gartner, and R. Geertsma, *Risk Mitigation for Application of Li-Ion Batteries on Submarines by Modelling of Heat and Combustible Gasses Development During a Thermal Runaway*. 2022.
112. Piłat, T., et al., *Implementation of the Assessment Method of the Lead–acid Battery Electrical Capacity in Submarines*. Journal of Marine Engineering & Technology, 2017. **16**(4): p. 326-330.
113. Yamashita, Y., H.N. Giang, and T. Oyama, *Investigating the Performance of Japan's Competitive Grant Grants-in-Aid for Scientific Research System*. International Journal of Higher Education, 2018. **7**(5): p. 167.
114. Depetro, A., G. Gamble, and K. Moinuddin, *Fire Safety Risk Analysis of Conventional Submarines*. Applied Sciences, 2021. **11**(6): p. 2631.
115. Madani, S.S., *Experimental Study of the Heat Generation of a Lithium-Ion Battery*. Ecs Transactions, 2020. **99**(1): p. 419-428.
116. Lai, X., et al., *Mechanism, Modeling, Detection, and Prevention of the Internal Short Circuit in Lithium-Ion Batteries: Recent Advances and Perspectives*. Energy Storage Materials, 2021. **35**: p. 470-499.
117. Sidhu, A., A. Izadian, and S. Anwar, *Adaptive Nonlinear Model-Based Fault Diagnosis of Li-Ion Batteries*. Ieee Transactions on Industrial Electronics, 2015. **62**(2): p. 1002-1011.
118. Ke, K. and S. Pang, *Working Principle and Application of Hydrogen Fuel Cells*. Highlights in Science Engineering and Technology, 2024. **90**: p. 97-104.
119. Wang, F., et al., *Boosting Electrochemical Performance of a Nanocomposite Ni-GDC Anode via Oxygen Vacancy and Ni Dispersion Modulation for Solid Oxide Fuel Cells*. Acs Applied Energy Materials, 2023. **6**(18): p. 9409-9416.
120. Ni, M., Z. Shao, and K.Y. Chan, *Modeling of Proton-Conducting Solid Oxide Fuel Cells Fueled With Syngas*. Energies, 2014. **7**(7): p. 4381-4396.
121. Gao, Z., et al., *A Perspective on Low-Temperature Solid Oxide Fuel Cells*. Energy & Environmental Science, 2016. **9**(5): p. 1602-1644.
122. Huerta, G.V., et al., *Impact of Multi-Causal Transport Mechanisms in an Electrolyte Supported Planar SOFC With $(ZrO_2)_{x-1}(Y_2O_3)_x$ Electrolyte*. Entropy, 2018. **20**(6): p. 469.
123. Lust, E., et al., *Development of Medium-Temperature Solid Oxide Fuel Cells and CO_2 and H_2O Co-Electrolysis Cells in Estonia*. Ecs Transactions, 2015. **68**(1): p. 3407-3415.
124. Almutairi, G., F. Alenazey, and Y. Alyousef, *Impact of Changing Mode on the Execution of 100 W Solid Oxide Fuel Cells (SOFCs)*. Journal of New Materials for Electrochemical Systems, 2019. **22**(4): p. 179-184.

125. Li, C.Y. and Z. Lv, *Preparation and Performance of Ni-Cu/SDC Anodes*. Advanced Materials Research, 2010. **113-116**: p. 1951-1954.
126. Bozorgmehri, S. and M. Hamedi, *Modeling and Optimization of Anode-Supported Solid Oxide Fuel Cells on Cell Parameters via Artificial Neural Network and Genetic Algorithm*. Fuel Cells, 2012. **12**(1): p. 11-23.
127. Zhou, F., et al., *Direct Ammonia-Fed Liquid Metal Anode Solid Oxide Fuel Cell for Co-Generation of Hydrogen and Electricity*. Ecs Transactions, 2023. **111**(6): p. 1517-1523.
128. Gadsbøll, R.Ø., et al., *Solid Oxide Fuel Cells Powered by Biomass Gasification for High Efficiency Power Generation*. Energy, 2017. **131**: p. 198-206.
129. Rahmanta, M.A., et al., *Nuclear Power Plant to Support Indonesia's Net Zero Emissions: A Case Study of Small Modular Reactor Technology Selection Using Technology Readiness Level and Levelized Cost of Electricity Comparing Method*. Energies, 2023. **16**(9): p. 3752.
130. Jiang, W., et al., *Numerical Analysis of the Hydrodynamic Performance of RDT With Varying Blade Numbers*. Journal of Physics Conference Series, 2022. **2271**(1): p. 012010.
131. Yan, X., et al., *A Review of Progress and Applications of Ship Shaft-Less Rim-Driven Thrusters*. Ocean Engineering, 2017. **144**: p. 142-156.
132. Dubas, A., N.W. Bressloff, and S.M. Sharkh, *Numerical Modelling of Rotor–stator Interaction in Rim Driven Thrusters*. Ocean Engineering, 2015. **106**: p. 281-288.
133. Zhang, L., et al., *Numerical Prediction of Cavitation Performance for Rim Driven Thruster*. 2018: p. 777-782.
134. Kim, J.-W., et al., *Parametric Study of the Hydrodynamic Characteristics of the Pumpjet Propulsor for the SUBOFF Submarine*. Journal of Marine Science and Engineering, 2023. **11**(10): p. 1926.
135. Kao, J.-H. and Y. Liao, *Discussion of the Fluid Acceleration Quality of a Ducted Propulsion System on the Propulsive Performance*. Computer Modeling in Engineering & Sciences, 2022. **130**(3): p. 1325-1348.
136. Chen, W., T. Liang, and V. Dinavahi, *Comprehensive Real-Time Hardware-in-the-Loop Transient Emulation of MVDC Power Distribution System on Nuclear Submarine*. 2022.
137. Ding, H., et al., *Effect of Frequency–Amplitude Parameter and Aspect Ratio on Propulsion Performance of Underwater Flapping-Foil*. Biomimetics, 2024. **9**(6): p. 324.
138. Han, L., Q. Huang, and G. Pan, *Investigation on the Propulsion of a Pump-Jet Propulsor in an Effective Wake*. Journal of Fluids Engineering, 2022. **144**(5).
139. Chakraborty, S., *Different Systems on a Naval Submarine*. 2021, Marine Insight.
140. Zaccone, R., U. Campora, and M. Martelli, *Optimisation of a Diesel-Electric Ship Propulsion and Power Generation System Using a Genetic Algorithm*. Journal of Marine Science and Engineering, 2021. **9**(6): p. 587.
141. Jafarboland, M. and M. Zadehbagheri, *Modeling of Belt-Pulley and Flexible Coupling Effects on Submarine Driven System Electrical Motors*. Journal of Power Electronics, 2011. **11**(3): p. 319-326.
142. Giovanni Benvenuto and Ugo Campora, *Economic and Environmental Comparison Between Diesel-Electric and Mechanical Propulsion Plants for a Small Cruise Ship*. International Journal of Frontiers in Engineering and Technology Research, 2023. **5**(2): p. 012-029.
143. Altosole, M., et al., *Progress in Marine Hybrid Propulsion Drive Systems*. 2023.
144. Pekelney, R., *Submarine Electrical Installations: NavPers 16112*. 2007: San Francisco Maritime National Park Association.
145. Sterling Thermal Technology, *The challenges of cooling submarine generators and motors*. 2023, Sterling Thermal Technology.

146. Le, H.N. and E. Tedeschi, *Comparative Evaluation of AC and DC Power Distribution Systems for Underwater Vehicles Based on Multiobjective Optimization Techniques.* Ieee Transactions on Power Delivery, 2021. **36**(6): p. 3456-3465.
147. Toshinsky, G.I. and V.V. Petrochenko, *Modular Lead-Bismuth Fast Reactors in Nuclear Power.* Sustainability, 2012. **4**(9): p. 2293-2316.
148. Wang, Y.-F., et al., *Study on ± 500 kV VSC-HVDC Submarine Cable Transmission Bottlenecks Under Different Laying Methods.* 2022.
149. Zhang, H., et al., *Overload Capacity Analysis of Extra High Voltage AC XLPE Submarine Cable.* Frontiers in Energy Research, 2023. **11**.
150. Jang, E.-H., et al., *Experimental Study on the Toxicity Characteristics of Non-Class 1E Cables According to Accelerated Deterioration.* Fire Science and Engineering, 2019. **33**(6): p. 105-113.
151. Youn, D.J., et al., *Controlling Factors of Degassing in Crosslinked Polyethylene Insulated Cables.* Polymers, 2019. **11**(9): p. 1439.
152. Li, Q., et al., *Numerical Study of the Local Scouring Process and Influencing Factors of Semi-Exposed Submarine Cables.* Journal of Marine Science and Engineering, 2023. **11**(7): p. 1349.
153. Wang, W., et al., *Failure of Submarine Cables Used in High-voltage Power Transmission: Characteristics, Mechanisms, Key Issues and Prospects.* Iet Generation Transmission & Distribution, 2021. **15**(9): p. 1387-1402.
154. Zhu, W., et al., *Thermal Effect of Different Laying Modes on Cross-Linked Polyethylene (XLPE) Insulation and a New Estimation on Cable Ampacity.* Energies, 2019. **12**(15): p. 2994.
155. Zhang, Z., et al., *The Study of Burial Depth and Risk Assessment of Submarine Power Cable.* Destech Transactions on Environment Energy and Earth Science, 2019(gmee).
156. Dong, W., et al., *Acetylated SEBS Enhanced DC Insulation Performances of Polyethylene.* Polymers, 2019. **11**(6): p. 1033.
157. Liu, Z., et al., *Morphological, Structural, and Dielectric Properties of Thermally Aged AC 500 kV XLPE Submarine Cable Insulation Material and Its Deterioration Condition Assessment.* Ieee Access, 2019. **7**: p. 165065-165075.
158. AbdelGawad, A.F., M. Elshaher, and H.E. Mostafa, *Stability of Double Base Propellants, a Comparison Between Classical Stability Tests and Modern Analytical Techniques.* The International Conference on Chemical and Environmental Engineering, 2014. **7**(7): p. 1-8.
159. Dai, X., et al., *Multi-Dimensional Analysis and Correlation Mechanism of Thermal Degradation Characteristics of XLPE Insulation for Extra High Voltage Submarine Cable.* Ieee Transactions on Dielectrics and Electrical Insulation, 2021. **28**(5): p. 1488-1496.
160. Wang, L., et al., *Research on Electromagnetic Loss Characteristics of Submarine Cables.* Energy Engineering, 2023. **120**(11): p. 2651-2666.
161. Wang, X., et al., *Physicochemical and Electrical Property of a New AC 500kV XLPE Submarine Cable Insulation With Different Thermal Aging Condition.* 2018.
162. Lee, J.H., H.S. Kim, and I.-S. Lee, *State of Health Monitoring of a Battery Module Using Multilayer Neural Network and Internal Resistance.* International Journal of Engineering Research and Technology, 2020. **13**(11): p. 3240.
163. Gao, Z., et al., *Design and Implementation of a Smart Lithium-Ion Battery System With Real-Time Fault Diagnosis Capability for Electric Vehicles.* Energies, 2017. **10**(10): p. 1503.
164. Skiba, R., *Battery Powered: The Social, Economical, and Environmental Impacts of the Lithium Ion Battery.* 2024: After Midnight Publishing.

165. Tang, Z., et al., *Numerical Analysis of Heat Transfer Mechanism of Thermal Runaway Propagation for Cylindrical Lithium-Ion Cells in Battery Module.* Energies, 2020. **13**(4): p. 1010.
166. Larsson, F. and B.-E. Mellander, *Abuse by External Heating, Overcharge and Short Circuiting of Commercial Lithium-Ion Battery Cells.* Journal of the Electrochemical Society, 2014. **161**(10): p. A1611-A1617.
167. Gao, A., F. Xu, and W. Dong, *The Concept of Early Monitoring and Warning of Thermal Runaway of Lithium-Ion Power Battery Using Parameter Analysis.* Journal of Physics Conference Series, 2022. **2181**(1): p. 012020.
168. Liang, K., Q. Zhu, and X.U.N. Zhou, *Simulation and Characteristic Analysis of High-Temperature Thermal Runaway Process in Ternary Lithium- Ion Batteries.* 2023.
169. Ma, X., et al., *Advances in Simulation Research for Thermal Runaway of Lithium-Ion Batteries.* Destech Transactions on Materials Science and Engineering, 2021(ameme).
170. Kimura, S., et al., *Influence of Aerogel Felt With Different Thickness on Thermal Runaway Propagation of 18650 Lithium-Ion Battery.* Electrochemistry, 2022. **90**(8): p. 087003-087003.
171. Yang, T., et al., *Thermal Performance Analysis of a Prismatic Lithium-Ion Battery Module Under Overheating Conditions.* Batteries, 2024. **10**(3): p. 86.
172. Ling, Z., et al., *A Hybrid Thermal Management System for Lithium Ion Batteries Combining Phase Change Materials With Forced-Air Cooling.* Applied Energy, 2015. **148**: p. 403-409.
173. Wen, L., et al., *Gas Characterization-Based Detection of Thermal Runaway Fusion in Lithium-Ion Batteries.* Electrochemistry, 2023. **91**(5): p. 057006-057006.
174. Li, B., et al., *A Thermoelectric Material Suitable for Early Warning of Thermal Runaway for Energy Storage Batteries: Monolayer GeP_3.* Journal of Physics Conference Series, 2024. **2788**(1): p. 012010.
175. Koch, S., K.P. Birke, and R. Kuhn, *Fast Thermal Runaway Detection for Lithium-Ion Cells in Large Scale Traction Batteries.* Batteries, 2018. **4**(2): p. 16.
176. Snyder, M. and A. Theis, *Understanding and Managing Hazards of Lithium-ion Battery Systems.* Process Safety Progress, 2022. **41**(3): p. 440-448.
177. Ouyang, D., et al., *A Review on the Thermal Hazards of the Lithium-Ion Battery and the Corresponding Countermeasures.* Applied Sciences, 2019. **9**(12): p. 2483.
178. Liu, Y., et al., *Experimental Study on the Efficiency of Dodecafluoro-2-Methylpentan-3-One on Suppressing Lithium-Ion Battery Fires.* RSC Advances, 2018. **8**(73): p. 42223-42232.
179. Ghiji, M., et al., *Lithium-Ion Battery Fire Suppression Using Water Mist Systems.* Frontiers in Heat and Mass Transfer, 2021. **17**.
180. Jung, S., et al., *The Early Detection of Faults for Lithium-Ion Batteries in Energy Storage Systems Using Independent Component Analysis With Mahalanobis Distance.* Energies, 2024. **17**(2): p. 535.
181. Essl, C., A.W. Golubkov, and A. Fuchs, *Influence of Aging on the Failing Behavior of Automotive Lithium-Ion Batteries.* Batteries, 2021. **7**(2): p. 23.
182. Kaliaperumal, M., et al., *Cause and Mitigation of Lithium-Ion Battery Failure—A Review.* Materials, 2021. **14**(19): p. 5676.
183. Feng, X., et al., *Mitigating Thermal Runaway of Lithium-Ion Batteries.* Joule, 2020. **4**(4): p. 743-770.
184. Shen, J. and A. Khaligh, *A Supervisory Energy Management Control Strategy in a Battery/Ultracapacitor Hybrid Energy Storage System.* Ieee Transactions on Transportation Electrification, 2015. **1**(3): p. 223-231.

185. Tshiani, C.T. and P. Umenne, *The Impact of the Electric Double-Layer Capacitor (EDLC) in Reducing Stress and Improving Battery Lifespan in a Hybrid Energy Storage System (HESS) System.* Energies, 2022. **15**(22): p. 8680.
186. Xue, X.D., et al., *Loss Analysis of Hybrid Battery-Supercapacitor Energy Storage System in EVs.* 2017.
187. Park, E.Y. and J. Choi, *The Performance of Low-Pressure Seawater as a CO2 Solvent in Underwater Air-Independent Propulsion Systems.* Journal of Marine Science and Engineering, 2020. **8**(1): p. 22.
188. Banaei, M., et al., *Energy Management of Hybrid Diesel/Battery Ships in Multidisciplinary Emission Policy Areas.* Energies, 2020. **13**(16): p. 4179.
189. Wang, Y., et al., *A Comparative Study of Power Distribution Strategies for Fuel Cell and Supercapacitor Hybrid Power Source System.* Destech Transactions on Environment Energy and Earth Science, 2019(iceee).
190. Karimi, S., M.K. Zadeh, and J.A. Suul, *Evaluation of Energy Transfer Efficiency for Shore-to-Ship Fast Charging Systems.* 2020.
191. Shen, C. and L. Wan, *A Design Methodology for Lithium-Ion Battery Management System and Its Application to an Autonomous Underwater Vehicle.* Advanced Materials Research, 2011. **383-390**: p. 7175-7182.
192. Zhao, Q., et al., *Designing Solid-State Electrolytes for Safe, Energy-Dense Batteries.* Nature Reviews Materials, 2020. **5**(3): p. 229-252.
193. Banerjee, A., et al., *Interfaces and Interphases in All-Solid-State Batteries With Inorganic Solid Electrolytes.* Chemical Reviews, 2020. **120**(14): p. 6878-6933.
194. Fang, Y., et al., *High-Performance Dual-Ion Battery Based on a Layered Tin Disulfide Anode.* Acs Omega, 2022. **7**(9): p. 7616-7624.
195. Makaremi, M., B. Mortazavi, and C.V. Singh, *2D Hydrogenated Graphene-Like Borophene as a High Capacity Anode Material for Improved Li/Na Ion Batteries: A First Principles Study.* Materials Today Energy, 2018. **8**: p. 22-28.
196. Feng, G., *Transformation of Lithium Battery Material Design and Optimization Based on Artificial Intelligence.* Academic Journal of Materials & Chemistry, 2024. **5**(2): p. 18-22.
197. Samin, N.K., et al., *Synthesis and Battery Studies of Sodium Cobalt Oxides, NaCoO$_2$ Cathodes.* Advanced Materials Research, 2012. **545**: p. 185-189.
198. Sun, X., *Application and Performance Evaluation of Solid State Batteries in Renewable Energy Storage Systems.* 2023. **1**: p. 22-26.
199. Trinca, D., *Near Future Submarine: Development of a Combined Air Independent and Lithium Battery Propulsion System (AI-LiB Propulsion System).* 2022.
200. Lus, T., *Waiting for Breakthrough in Conventional Submarine's Prime Movers.* Transactions on Maritime Science, 2019. **8**(1): p. 37-45.
201. Moody, M. and D. Mitchell, *Battery Technology – Where It Came From and Where Its Going.* 2021.
202. Min, F., et al., *Research on the Heading Control of Underwater Vehicle Under Hover Condition.* Ieee Access, 2020. **8**: p. 220908-220920.
203. Yu, J., et al., *Redundancy Optimization of Standby Phased-Mission Systems.* 2010.
204. Ottaviano, A., et al., *ControlPULP: A RISC-V on-Chip Parallel Power Controller for Many-Core HPC Processors With FPGA-Based Hardware-in-the-Loop Power and Thermal Emulation.* 2023.
205. Zhao, Y., Q. Wang, and D. Ha, *A Sliding-Mode Duty-Ratio Controller for DC/DC Buck Converters With Constant Power Loads.* Ieee Transactions on Industry Applications, 2014. **50**(2): p. 1448-1458.
206. Qun-ying, S., et al., *Power and Energy Management in Integrated Power System.* 2011.

207. Pekelney, R., *Submarine Air Systems: NavPers 16164*. 2007: San Francisco Maritime National Park Association.
208. Wu, Q., et al., *Advances and Status of Anode Catalysts for Proton Exchange Membrane Water Electrolysis Technology*. Materials Chemistry Frontiers, 2023. **7**(6): p. 1025-1045.
209. d'Amore-Domenech, R., et al., *Alkaline Electrolysis for Hydrogen Production at Sea: Perspectives on Economic Performance*. Energies, 2023. **16**(10): p. 4033.
210. Wang, W., et al., *The Oxygen Generation Performance of Hollow-Structured Oxygen Candle for Refuge Space*. Journal of Chemistry, 2018. **2018**: p. 1-9.
211. Goodall, A., *The Development of a Non-Powered Oxygen Generator for Royal Navy Submarines*. 2012.
212. Shu, W., et al., *Study on Chemical Oxygen Source in Underground Emergency Refuge System*. 2014: p. 571-576.
213. Jin, L., et al., *Development of a Low Oxygen Generation Rate Chemical Oxygen Generator for Emergency Refuge Spaces in Underground Mines*. Combustion Science and Technology, 2015. **187**(8): p. 1229-1239.
214. Goeppert, A., et al., *Easily Regenerable Solid Adsorbents Based on Polyamines for Carbon Dioxide Capture From the Air*. Chemsuschem, 2014. **7**(5): p. 1386-1397.
215. Zoannou, K.-S., D.J. Sapsford, and A.J. Griffiths, *Thermal Degradation of Monoethanolamine and Its Effect on CO2 Capture Capacity*. International Journal of Greenhouse Gas Control, 2013. **17**: p. 423-430.
216. Dani, C., *Automated Control of Inspired Oxygen (FiO_2) in Preterm Infants: Literature Review*. Pediatric Pulmonology, 2019. **54**(3): p. 358-363.
217. Lellouche, F. and E. L'Her, *Automated Oxygen Flow Titration to Maintain Constant Oxygenation*. Respiratory Care, 2012. **57**(8): p. 1254-1262.
218. Malli, F., et al., *Automated Oxygen Delivery in Hospitalized Patients With Acute Respiratory Failure: A Pilot Study*. Canadian Respiratory Journal, 2019. **2019**: p. 1-7.
219. Hallenberger, A., et al., *Closed-Loop Automatic Oxygen Control (CLAC) in Preterm Infants: A Randomized Controlled Trial*. Pediatrics, 2014. **133**(2): p. e379-e385.
220. Roca, O., et al., *Closed-Loop Oxygen Control Improves Oxygen Therapy in Acute Hypoxemic Respiratory Failure Patients Under High Flow Nasal Oxygen: A Randomized Cross-Over Study (The HILOOP Study)*. Critical Care, 2022. **26**(1).
221. Hollier, C.A., et al., *Moderate Concentrations of Supplemental Oxygen Worsen Hypercapnia in Obesity Hypoventilation Syndrome: A Randomised Crossover Study*. Thorax, 2013. **69**(4): p. 346-353.
222. Vivodtzev, I., et al., *Automated O_2 Titration Improves Exercise Capacity in Patients With Hypercapnic Chronic Obstructive Pulmonary Disease: A Randomised Controlled Cross-Over Trial*. Thorax, 2018. **74**(3): p. 298-301.
223. Lellouche, F., et al., *Automated Oxygen Titration and Weaning With FreeO$_2$ In Patients With Acute Exacerbation of COPD: A Pilot Randomized Trial*. International Journal of Chronic Obstructive Pulmonary Disease, 2016. **Volume 11**: p. 1983-1990.
224. Kaltsogianni, O., et al., *Does Closed-Loop Automated Oxygen Control Reduce the Duration of Supplementary Oxygen Treatment and the Amount of Time Spent in Hyperoxia? A Randomised Controlled Trial in Ventilated Infants Born at or Near Term*. Trials, 2023. **24**(1).
225. Sturrock, S., et al., *A Randomised Crossover Trial of Closed Loop Automated Oxygen Control in Preterm, Ventilated Infants*. Acta Paediatrica, 2020. **110**(3): p. 833-837.

226. Hansen, E.F., et al., *Automated Oxygen Control With O2matic® During Admission With Exacerbation of COPD.* International Journal of Chronic Obstructive Pulmonary Disease, 2018. **Volume 13**: p. 3997-4003.
227. Cormoş, C.-C., et al., *Assessment of Hybrid Solvent—Membrane Configurations for Post-Combustion CO2 Capture for Super-Critical Power Plants.* Energies, 2021. **14**(16): p. 5017.
228. Capocelli, M. and M.D. Falco, *Generalized Penalties and Standard Efficiencies of Carbon Capture and Storage Processes.* International Journal of Energy Research, 2021. **46**(4): p. 4808-4824.
229. Johnson, N., I. Ikoko, and A.J. Chukwuma, *Driving Sustainability in Power Generation: Amine Scrubbing Integration as a Cost-Effective Measure for Carbon Dioxide Mitigation.* 2024.
230. García-Mariaca, A. and E. Llera-Sastresa, *Energy and Economic Analysis Feasibility of CO_2 capture on a Natural Gas Internal Combustion Engine.* Greenhouse Gases Science and Technology, 2022. **13**(2): p. 144-159.
231. Gervasi, J., L. Dubois, and D. Thomas, *Screening Tests of New Hybrid Solvents for the Post-Combustion CO2 Capture Processby Chemical Absorption.* Energy Procedia, 2014. **63**: p. 1854-1862.
232. Al-Saedi, R., *A Review on Modified MOFs as CO2 Adsorbents Using Mixed Metals and Functionalized Linkers.* Samarra Journal of Pure and Applied Science, 2023. **5**(1): p. 1-18.
233. Katayev, N., et al., *An Intelligent Fuzzy-Pid Controller for Supporting Comfort Microclimate in Smart Homes.* International Journal of Advanced Computer Science and Applications, 2024. **15**(2).
234. Tunyagi, A., et al., *Automatic System for Continuous Monitoring of Indoor Air Quality and Remote Data Transmission Under SMART_RAD_EN Project.* Studia Universitatis Babeş-Bolyai Ambientum, 2017. **62**(2): p. 71-80.
235. Chen, Y., *Research on Energy-Saving Conventional Submarine Air-Conditioning System Based on Heat and Humidity Load Calculation.* Highlights in Science Engineering and Technology, 2023. **56**: p. 407-414.
236. Lawson, S., et al., *Amine-Functionalized MIL-101 Monoliths for CO_2 Removal From Enclosed Environments.* Energy & Fuels, 2019. **33**(3): p. 2399-2407.
237. Pekelney, R., *Submarine Refrigerating and Air-Conditioning Systems: NavPers 16163.* 2007: San Francisco Maritime National Park Association.
238. Миан, З., M.V. Ramana, and A.H. Nayyar, *Nuclear Submarines in South Asia: New Risks and Dangers.* Journal for Peace and Nuclear Disarmament, 2019. **2**(1): p. 184-202.
239. Merk, B., et al., *On a Long Term Strategy for the Success of Nuclear Power.* 2017.
240. Hippel, F.v., *Mitigating the Threat of Nuclear-Weapon Proliferation via Nuclear-Submarine Programs.* Journal for Peace and Nuclear Disarmament, 2019. **2**(1): p. 133-150.
241. Hao, X., et al., *Analysis of Heat Stress and the Indoor Climate Control Requirements for Movable Refuge Chambers.* International Journal of Environmental Research and Public Health, 2016. **13**(5): p. 518.
242. Trezza, B.M., et al., *Environmental Heat Exposure and Cognitive Performance in Older Adults: A Controlled Trial.* Age, 2015. **37**(3).
243. Jwo, C.S., et al., *Energy Saving Analysis on Application of Condensing Heat Recovery to Constant Temperature/Humidity System.* Applied Mechanics and Materials, 2013. **291-294**: p. 1805-1811.
244. Li, C.L., X. Zhang, and S.L. Chung, *Temperature and Humidity Control Inside an Automobile During Heating Period.* Journal of the Chinese Institute of Engineers, 2012. **35**(6): p. 641-654.
245. Roberts, A.P., N.A. Stanton, and D. Fay, *Land Ahoy! Understanding Submarine Command and Control During the Completion of Inshore Operations.* Human Factors the Journal of the Human Factors and Ergonomics Society, 2017. **59**(8): p. 1263-1288.

246. Pope, K.A., A.P. Roberts, and N.A. Stanton, *Investigating Temporal Implications of Information Transition in Submarine Command Teams*. 2018: p. 243-253.
247. Loft, S., et al., *The Chronic Detrimental Impact of Interruptions in a Simulated Submarine Track Management Task*. Human Factors the Journal of the Human Factors and Ergonomics Society, 2015. **57**(8): p. 1417-1426.
248. Mitchell, S.W., *Transitioning the <scp>SWFTS</Scp> Program Combat System Product Family From Traditional Document-Centric to Model-Based Systems Engineering*. Systems Engineering, 2013. **17**(3): p. 313-329.
249. Seo, K.-M., et al., *Measurement of Effectiveness for an Anti-Torpedo Combat System Using a Discrete Event Systems Specification-Based Underwater Warfare Simulator*. The Journal of Defense Modeling and Simulation Applications Methodology Technology, 2011. **8**(3): p. 157-171.
250. Liu, X., et al., *Research on the Collaborative Search Problem of Unmanned Surface Vehicles*. 2023.
251. Tatasciore, M., et al., *The Benefits and Costs of Low and High Degree of Automation*. Human Factors the Journal of the Human Factors and Ergonomics Society, 2019. **62**(6): p. 874-896.
252. Asundi, R.V., et al., *Sonar Interface With FCS and Target Detection*. International Journal of Engineering & Technology, 2018. **7**(3.12): p. 541.
253. Kim, J.Y., et al., *Design, Implementation and Navigation Test of Manta-Type Unmanned Underwater Vehicle*. International Journal of Ocean System Engineering, 2011. **1**(4): p. 192-197.
254. Stanton, N.A. and K. Bessell, *How a Submarine Returns to Periscope Depth: Analysing Complex Socio-Technical Systems Using Cognitive Work Analysis*. Applied Ergonomics, 2014. **45**(1): p. 110-125.
255. Costa, E.P.L.D. and D.P. Júnior, *Comparing the Effectiveness of Nuclear and Air-Independent Propulsion Submarine Fleets*. Estudos Internacionais Revista De Relações Internacionais Da Puc Minas, 2023. **10**(2): p. 42-58.
256. Zhao, K., B. Yu, and J. Wang, *Simulations of the Anti-Torpedo Tactic of the Conventional Submarine Using Decoys and Jammers*. Applied Mechanics and Materials, 2011. **65**: p. 165-168.
257. Silva, M.V.M.d., *Safeguards and the Nuclear-Powered Submarines of the NNWS: There Is No Gap; There Is a First Time | Submarinos De Propulsão Nuclear Dos NNWS E as Salvaguardas Da AIEA: Não Há Lacuna; Há Uma Primeira Vez*. Mural Internacional, 2023. **14**: p. e75437.
258. Hause, M. and J. Hallett, *Model-Based Product Line Engineering to Plan and Track Submarine Configuration*. Insight, 2019. **22**(2): p. 57-66.
259. Zheng, Y., et al., *Research on the Interception Capability of Distributed UUV Swarm*. 2024.
260. Zheng, Y., W. Liu, and H.F. Li, *Research on the Effect of Load on the Fatigue Tearing of the Elastic Element*. Advanced Materials Research, 2013. **753-755**: p. 1836-1841.
261. Park, K.-m., et al., *Modeling and Simulation for Anti-Submarine HVU Escort Mission*. Journal of the Korea Society for Simulation, 2014. **23**(4): p. 75-83.
262. Naval History and Heritage Command, *Navy's Use of Torpedoes*. 2024, Naval History and Heritage Command,.
263. Pekelney, R., *The Fleet Type Submarine Online 21-Inch Submerged Torpedo Tubes*. 2007: San Francisco Maritime National Park Association.
264. Zhang, L., et al., *Synthetic Evaluation of Warfare Capability of Submarine Launched Torpedoes Based on Projection Pursuit Model*. Advanced Materials Research, 2012. **490-495**: p. 2956-2960.
265. Korbut, M. and D. Szpica, *A Review of Compressed Air Engine in the Vehicle Propulsion System*. Acta Mechanica Et Automatica, 2021. **15**(4): p. 215-226.

266. Mikalsen, R. and A.P. Roskilly, *The Design and Simulation of a Two-Stroke Free-Piston Compression Ignition Engine for Electrical Power Generation.* Applied Thermal Engineering, 2008. **28**(5-6): p. 589-600.
267. Wang, X.P., J.J. Dang, and Z.C. Zhao, *Research on Closed-Loop Control of the Step Response.* Applied Mechanics and Materials, 2011. **127**: p. 71-76.
268. Liu, Y., et al., *Study of Mechanism of Counter-Rotating Turbine Increasing Two-Stage Turbine System Efficiency.* International Journal of Fluid Machinery and Systems, 2013. **6**(3): p. 160-169.
269. Liu, F., et al., *Active Fault Localization of Actuators on Torpedo-Shaped Autonomous Underwater Vehicles.* Sensors, 2021. **21**(2): p. 476.
270. Huang, C.-N., et al., *Experimental Investigation on the Performance of a Compressed-Air Driven Piston Engine.* Energies, 2013. **6**(3): p. 1731-1745.
271. Budge, K.G., *Torpedoes,* in *The Pacific War Online Encyclopedia.* 2016, The Pacific War Online Encyclopedia.
272. Krzyscik, M.A., Ł. Opaliński, and J. Otlewski, *Novel Method for Preparation of Site-Specific, Stoichiometric-Controlled Dual Warhead Conjugate of FGF2 via Dimerization Employing Sortase a-Mediated Ligation.* Molecular Pharmaceutics, 2019. **16**(8): p. 3588-3599.
273. Yu, W., D.J. Weber, and A.D. MacKerell, *Integrated Covalent Drug Design Workflow Using Site Identification by Ligand Competitive Saturation.* Journal of Chemical Theory and Computation, 2023. **19**(10): p. 3007-3021.
274. Wang, C., T. Ma, and J. Ning, *Experimental Investigation of Penetration Performance of Shaped Charge Into Concrete Targets.* Acta Mechanica Sinica, 2008. **24**(3): p. 345-349.
275. Hong, Z., et al., *Fluid-Structure Interaction Simulation and Accurate Dynamic Modeling of Parachute Warhead System Based on Impact Point Prediction.* Ieee Access, 2021. **9**: p. 104418-104428.
276. Wang, J., et al., *Selective Covalent Targeting of Pyruvate Kinase M2 Using Arsenous Warheads.* Journal of Medicinal Chemistry, 2023. **66**(4): p. 2608-2621.
277. Gehringer, M. and S. Laufer, *Emerging and Re-Emerging Warheads for Targeted Covalent Inhibitors: Applications in Medicinal Chemistry and Chemical Biology.* Journal of Medicinal Chemistry, 2018. **62**(12): p. 5673-5724.
278. Newman, A.M., et al., *Optimizing Assignment of Tomahawk Cruise Missile Missions to Firing Units.* Naval Research Logistics (Nrl), 2011. **58**(3): p. 281-294.
279. Li, R. and Y. Shi, *A Time-Fuel Optimal Control Problem of a Cruise Missile Based on an Improved Sliding Mode Variable Structure Model.* The Anziam Journal, 2009. **51**(2): p. 261-276.
280. None, N. and M. Banasik, *Multi-Domain Concept of Using A2/Ad Capabilities in the Military Strategy of the Russian Federation.* Polish Political Science Yearbook, 2023. **52**(3): p. 119-131.
281. Köklücan, S. and M.K. Leblebicioğlu, *Energy-Optimal Control of a Submarine-Launched Cruise Missile.* 2020.
282. Dwivedi, P.N., A. Bhattacharyya, and R. Padhi, *Improved Capturability of Terminal Angles With Modified Suboptimal Mid-Course Guidance.* Ifac Proceedings Volumes, 2011. **44**(1): p. 3891-3896.
283. Wu, Z., et al., *Three-Dimensional Cooperative Mid-Course Guidance Law Against the Maneuvering Target.* Ieee Access, 2020. **8**: p. 18841-18851.
284. Guo, C., H. Cai, and G.H.M.v.d. Heijden, *Guidance and Control of a Cruise Missile Flying Along a Geomagnetic Isoline.* Proceedings of the Institution of Mechanical Engineers Part G Journal of Aerospace Engineering, 2013. **228**(7): p. 1215-1224.
285. Wu, L., et al., *Dynamic Sequential Radar Cross Section Properties of Airborne Corner Reflector in Array.* Iet Radar Sonar & Navigation, 2023. **17**(9): p. 1405-1419.

286. Sun, K. and W. Yin, *Research on Optimization of Ship Radar RCS Based on PO-MOM Algorithm*. 2024: p. 83.
287. Luo, Y., et al., *Study on the Jamming-Position Maneuver Algorithm of Off-Board Active Electronic Countermeasure Unmanned Surface Vehicles*. Ieee Access, 2021. **9**: p. 61184-61192.
288. Pekelney, R., *Submarine Sonar Operator's Manual: NavPers 16167*. 2007: San Francisco Maritime National Park Association.
289. Eliav, R. and I. Klein, *INS/Partial DVL Measurements Fusion With Correlated Process and Measurement Noise*. 2018. **39**: p. 34.
290. Xia, X. and Q. Sun, *Initial Alignment Algorithm Based on the DMCS Method in Single-Axis RSINS With Large Azimuth Misalignment Angles for Submarines*. Sensors, 2018. **18**(7): p. 2123.
291. Zhang, L., et al., *A Novel Monitoring Navigation Method for Cold Atom Interference Gyroscope*. Sensors, 2019. **19**(2): p. 222.
292. Xu, H., et al., *Application and Development of Fiber Optic Gyroscope Inertial Navigation System in Underground Space*. Sensors, 2023. **23**(12): p. 5627.
293. Guo, R., et al., *Metrology and Measurement Systems*. 2019.
294. Zhang, Q., et al., *An Accurate Calibration Method Based on Velocity in a Rotational Inertial Navigation System*. Sensors, 2015. **15**(8): p. 18443-18458.
295. Klein, I. and R. Diamant, *Observability Analysis of DVL/PS Aided INS for a Maneuvering AUV*. Sensors, 2015. **15**(10): p. 26818-26837.
296. Cha, J., et al., *Integration of Inertial Navigation System With EM-log Using H-Infinity Filter*. E3s Web of Conferences, 2019. **94**: p. 01013.
297. Zhang, K., et al., *Underwater Navigation Based on Topographic Contour Image Matching*. 2010.
298. Ye, K., et al., *A Mobile Prototype-Based Localization Approach Using Inertial Navigation and Acoustic Tracking for Underwater*. Frontiers in Marine Science, 2024. **11**.
299. Akbarian, H. and M.h. Sedaaghi, *Underwater Acoustic Target Recognition Using Spectrogram ROI Approximation With Mobilenet One-Dimensional and Two-Dimensional Networks*. 2023.
300. Peyvandi, H., et al., *SONAR Systems and Underwater Signal Processing: Classic and Modern Approaches*. 2011.
301. Hu, Q., *Sonar Technology*. 2019: p. 1-9.
302. Fernandes, J.d.C.V., N.M.J.N.D. Moura, and J.M. Seixas, *Deep Learning Models for Passive Sonar Signal Classification of Military Data*. Remote Sensing, 2022. **14**(11): p. 2648.
303. Wei, G., X. Yu, and X. Long, *Novel Approach for Identifying Z-Axis Drift of RLG Based on GA-SVR Model*. Journal of Systems Engineering and Electronics, 2014. **25**(1): p. 115-121.
304. Qiao, W. and S. Li, *Submarine Target Recognition Based on GPS Positioning System*. Iop Conference Series Materials Science and Engineering, 2020. **740**(1): p. 012207.
305. Adams, G.W. and M.P. Gokhale, *Fiber Optic Gyro Based Precision Navigation for Submarines*. 2000.
306. Li, K., et al., *Federated Ultra-tightly Coupled GPS/INS Integrated Navigation System Based on Vector Tracking for Severe Jamming Environment*. Iet Radar Sonar & Navigation, 2016. **10**(6): p. 1030-1037.
307. Niu, M., et al., *A New Self-Calibration and Compensation Method for Installation Errors of Uniaxial Rotation Module Inertial Navigation System*. Sensors, 2022. **22**(10): p. 3812.
308. El-Shafie, A., et al., *Performance Enhancement of Underwater Target Tracking by Fusing Data of Array of Global Positioning System Sonobuoys*. Journal of Computer Science, 2009. **5**(3): p. 199-206.
309. El-Shafie, A., et al., *Performance Evaluation of a Non-Linear Error Model for Underwater Range Computation Utilizing GPS Sonobuoys*. Neural Computing and Applications, 2010. **19**(7): p. 1057-1067.

310. Kissai, A. and M.G. Smith, *UAV Dead Reckoning With and Without Using INS/GPS Integrated System in GPS Denied Polar Regions*. International Journal of Aeronautics and Aerospace Engineering, 2019. **1**(2): p. 58-67.
311. Zhang, H., et al., *A Real Time Localization System for Vehicles Using Terrain-Based Time Series Subsequence Matching*. Remote Sensing, 2020. **12**(16): p. 2607.
312. Hide, C., T. Moore, and M.J. Smith, *Adaptive Kalman Filtering for Low-Cost INS/GPS*. Journal of Navigation, 2003. **56**(1): p. 143-152.
313. Wölfl, A.-C., et al., *Seafloor Mapping – The Challenge of a Truly Global Ocean Bathymetry*. Frontiers in Marine Science, 2019. **6**.
314. Heyuan, S., et al., *Bathymetric Prediction Using Multisource Gravity Data Derived From a Parallel Linked BP Neural Network*. Journal of Geophysical Research Solid Earth, 2022. **127**(11).
315. Neupane, D. and J. Seok, *A Review on Deep Learning-Based Approaches for Automatic Sonar Target Recognition*. Electronics, 2020. **9**(11): p. 1972.
316. Song, D., et al., *Construction of Secure Adaptive Frequency Hopping Sequence Sets Based on AES Algorithm*. Iet Communications, 2024. **18**(8): p. 490-502.
317. Ning, B., et al., *Probabilistic Frequency-hopping Sequence With Low Probability of Detection Based on Spectrum Sensing*. Iet Communications, 2017. **11**(14): p. 2147-2153.
318. Yuan, Z., et al., *Intelligent Reception of Frequency Hopping Signals Based on CVDP*. Applied Sciences, 2023. **13**(13): p. 7604.
319. Niu, X., et al., *A Construction of Optimal Frequency Hopping Sequence Set via Combination of Multiplicative and Additive Groups of Finite Fields*. Ieee Transactions on Information Theory, 2020. **66**(8): p. 5310-5315.
320. Peng, Q., et al., *Performance Improvement of Underwater Continuous-Variable Quantum Key Distribution via Photon Subtraction*. Entropy, 2019. **21**(10): p. 1011.
321. Ruan, J.X., Y. Xu, and M. Cui, *Frequency-Hopping Communication Technology Based on Self-Adaptive MIMO-OFDM System*. Advanced Materials Research, 2014. **945-949**: p. 2230-2236.
322. Roberts, A.P. and N.A. Stanton, *Macrocognition in Submarine Command and Control: A Comparison of Three Simulated Operational Scenarios*. Journal of Applied Research in Memory and Cognition, 2018. **7**(1): p. 92-105.
323. Pekelney, R., *Submarine Hydraulic Systems: NavPers 16169*. 2007: San Francisco Maritime National Park Association.
324. Tkáč, Z., et al., *Experimental Hydraulic Device for the Testing of Hydraulic Pumps and Liquids*. Tribology in Industry, 2018. **40**(1): p. 149-155.
325. Hujo, Ľ., et al., *Measurement of Flow Characteristics of a Gear Hydraulic Pump by Simulating the Operating Load of the Tractor's Hydraulic System*. Matec Web of Conferences, 2021. **338**: p. 01010.
326. Quilumba, F.L., et al., *Improving Hydraulic System Energy Efficiency With High-Performance Hydraulic Fluids*. Ieee Transactions on Industry Applications, 2014. **50**(2): p. 1313-1321.
327. Shi, P.C. and Y. Sun, *Hydraulic Fluid Mathematical Modeling*. Applied Mechanics and Materials, 2013. **432**: p. 127-132.
328. Deuster, S. and K. Schmitz, *Holistic Efficiency Measurements of a Mobile Working Machine: Comparison of Conventional Mineral Oils and a Sustainable Water-Based Fluid*. 2024: p. 102-114.
329. Wan, H., J. Fang, and H. Huang, *Numerical Simulation on a Throttle Governing System With Hydraulic Butterfly Valves in a Marine Environment*. Journal of Marine Science and Application, 2010. **9**(4): p. 403-409.

330. Chanbua, W. and U. Pinsopon, *Influence of RBD Palm Olein on Hydraulic Pump Performance.* Advanced Materials Research, 2014. **931-932**: p. 403-407.
331. Majdan, R., et al., *Effect of Ecological Oils on the Quality of Materials of Hydraulic Pump Components.* Advanced Materials Research, 2013. **801**: p. 1-6.
332. Salloom, M.Y. and Z. Samad, *Experimental Test of Magneto-Rheological Directional Control Valve.* Advanced Materials Research, 2011. **383-390**: p. 5409-5413.
333. Wu, S., J. Zhang, and H. Zhu, *An Integrated Simulation and Evolution Platform of Multiple Control Valve Based on AMESim.* 2011.
334. Liu, D.D., C. Tang, and C. Zhao, *The Electro-Hydraulic Control Directional Valve Based on Magneto-Rheological Fluid.* Key Engineering Materials, 2013. **567**: p. 139-142.
335. Hamilton, P.B., K. Strom, and D.C.J.D. Hoyal, *Hydraulic and Sediment Transport Properties of Autogenic Avulsion Cycles on Submarine Fans With Supercritical Distributaries.* Journal of Geophysical Research Earth Surface, 2015. **120**(7): p. 1369-1389.
336. Zhang, F., *Design of Hydraulic Control System for Press Machine and Analysis on Its Fluid Transmission Features.* International Journal of Heat and Technology, 2021. **39**(1): p. 161-169.
337. García-Valdovinos, L.G., et al., *Modelling, Design and Robust Control of a Remotely Operated Underwater Vehicle.* International Journal of Advanced Robotic Systems, 2014. **11**(1).
338. Brandt, H., *Submarine Technologies? A Source for Solutions!* 2012.
339. Piwowarski, M., *The Analysis of Turbine Propulsion Systems in Nuclear Submarines.* Key Engineering Materials, 2013. **597**: p. 99-105.
340. Satish, U., et al., *Is CO_2 an Indoor Pollutant? Direct Effects of Low-to-Moderate CO_2 Concentrations on Human Decision-Making Performance.* Environmental Health Perspectives, 2012. **120**(12): p. 1671-1677.
341. Lowe, R., G.M. Huebner, and T. Oreszczyn, *Possible Future Impacts of Elevated Levels of Atmospheric CO_2 on Human Cognitive Performance and on the Design and Operation of Ventilation Systems in Buildings.* Building Services Engineering Research and Technology, 2018. **39**(6): p. 698-711.
342. Perrone, C., *SDO-SuRS Deployable Assets Program.* 2022.
343. Kotsky, M.A., et al., *Opportunity of Liquid Ventilation Method Implementation in Advanced Technologies of Accidental Submarine Crews Rescue.* Russian Journal of Occupational Health and Industrial Ecology, 2022. **62**(9): p. 566-578.
344. Ponton, K., D. Parera, and J. Irons, *The Submarine Habitability Assessment Questionnaire: A Survey of RAN Submariners.* Journal of Marine Science and Engineering, 2021. **9**(1): p. 54.
345. Yang, J. and W. Li, *Reliability Optimization Design of Submarine Free-Running Model Systems.* International Journal of Engineering and Technology, 2016. **8**(5): p. 323-328.
346. Yu, J., S.H. Chen, and G.Q. Huang, *Method Based on Knowledge Modules of Hydraulic Fault and It's Application.* Advanced Materials Research, 2011. **186**: p. 66-70.
347. Tile, P., *Materials and Manufacturing Process used in Submarines.* 2022, Medium.
348. Uppal, R., *Advanced Materials and Technologies Transforming Submarine Hulls for Enhanced Warfighting Capabilities.* 2023, International Defense, Security & technology (CA, USA).
349. Nurulloh, M.I., L. Simbolon, and G.R. Deksino, *Barium Ferrite Magnet as Anti-Radar Material.* Techno (Jurnal Fakultas Teknik Universitas Muhammadiyah Purwokerto), 2022. **23**(1).
350. Airimiţoaie, T.-B., et al., *Algorithms for Adaptive Feedforward Noise Attenuation—A Unified Approach and Experimental Evaluation.* Ieee Transactions on Control Systems Technology, 2021. **29**(5): p. 1850-1862.

351. Li, B., et al., *Research on Characteristics of Flow Noise and Flow-Induced Noise*. Applied Sciences, 2023. **13**(19): p. 11095.
352. He, S., et al., *Study on the Relationship Between Reflectivity and Thickness of Radar-Absorbing Material*. Journal of Physics Conference Series, 2024. **2808**(1): p. 012084.
353. Zhang, H., et al., *Application of the General Matching Law on the Study of Multi-Coated Radar Absorbing Materials*. E3s Web of Conferences, 2020. **165**: p. 05027.
354. Khashaba, U.A., *Toughness, Flexural, Damping and Interfacial Properties of Hybridized GFRE Composites With MWCNTs*. Composites Part a Applied Science and Manufacturing, 2015. **68**: p. 164-176.
355. Jerome, S., et al., *Studies on Mechanical Properties and Wear Behaviour of ≪i>In Situ ≪/I>Al-TiC Composites*. Advanced Materials Research, 2011. **328-330**: p. 1654-1658.
356. Łabuński, P. and L. Witek, *Experimental Analysis of Damping Properties of Viscoelastic Materials*. Acta Metallurgica Slovaca, 2021. **27**(2): p. 63-67.
357. Rafiee, M., F. Nitzsche, and M.R. Labrosse, *Processing, Manufacturing, and Characterization of Vibration Damping in Epoxy Composites Modified With Graphene Nanoplatelets*. Polymer Composites, 2019. **40**(10): p. 3914-3922.
358. Curle, U.A., J.D. Wilkins, and G. Govender, *Industrial Semi-Solid Rheocasting of Aluminum A356 Brake Calipers*. Advances in Materials Science and Engineering, 2011. **2011**: p. 1-5.
359. Duc, D.M. and N.H. Hai, *Study on Rheo-Continuous Casting of Al-Si A356 (EN AC4200) Alloys*. Key Engineering Materials, 2016. **682**: p. 220-225.
360. Möller, H., et al., *Comparison of Heat Treatment Response of Semisolid Metal Processed Alloys A356 and F357*. International Journal of Cast Metals Research, 2010. **23**(1): p. 37-43.
361. Guan, T.Y., et al., *Effects of Annular Electromagnetic Stirring Melt Treatment on Microstructure and Mechanical Properties of 7050 Rheo-Casting*. Solid State Phenomena, 2019. **285**: p. 219-223.
362. Pramanik, R. and A. Arockiarajan, *Effective Properties and Nonlinearities in 1-3 Piezocomposites: A Comprehensive Review*. Smart Materials and Structures, 2019. **28**(10): p. 103001.
363. Sun, R., et al., *Characterization of 1-3 Piezoelectric Composite With a 3-Tier Polymer Structure*. Materials, 2020. **13**(2): p. 397.
364. Mirza, M.S., et al., *Dice-and-Fill Processing and Characterization of Microscale and High-Aspect-Ratio (K, Na)NbO3-Based 1–3 Lead-Free Piezoelectric Composites*. Ceramics International, 2016. **42**(9): p. 10745-10750.
365. Woodward, D.I., et al., *Additively-<scp>m</Scp>anufactured Piezoelectric Devices*. Physica Status Solidi (A), 2015. **212**(10): p. 2107-2113.
366. Yang, H.C., et al., *Crosstalk Reduction for High-Frequency Linear-Array Ultrasound Transducers Using 1-3 Piezocomposites With Pseudo-Random Pillars*. Ieee Transactions on Ultrasonics Ferroelectrics and Frequency Control, 2012. **59**(10): p. 2312-2321.
367. Jiang, L., et al., *Fabrication of a (K,Na)NbO3-Based Lead-Free 1-3 Piezocomposite for High-Sensitivity Ultrasonic Transducers Application*. Journal of Applied Physics, 2019. **125**(21).
368. Park, H. and Y. Roh, *Design of Ultrasonic Fingerprint Sensor Made of 1–3 Piezocomposites by Finite Element Method*. Japanese Journal of Applied Physics, 2017. **56**(7S1): p. 07JD06.
369. Pyo, S. and Y. Roh, *Optimization of the Structure of 1–3 Piezocomposite Materials to Maximize the Performance of an Underwater Acoustic Transducer Using Equivalent Circuit Models and Finite Element Method*. Japanese Journal of Applied Physics, 2015. **54**(7S1): p. 07HB03.

370. Jeronimo, K., et al., *PDMS-ZnO Piezoelectric Nanocomposites for Pressure Sensors.* Sensors, 2021. **21**(17): p. 5873.
371. Zhou, M., et al., *Fabrication and Properties of 1-3-2 Multi-Element Piezoelectric Composite.* Journal of Electroceramics, 2012. **28**(2-3): p. 139-143.
372. Golbabaei, F. and M. Khadem, *Air Pollution in Welding Processes — Assessment and Control Methods.* 2015.
373. Ilić, A., et al., *Analysis of Influence of the Welding Procedure on Impact Toughness of Welded Joints of the High-Strength Low-Alloyed Steels.* Applied Sciences, 2020. **10**(7): p. 2205.
374. Layus, P., et al., *Study of the Sensitivity of High-Strength Cold-Resistant Shipbuilding Steels to Thermal Cycle of Arc Welding.* International Journal of Mechanical and Materials Engineering, 2018. **13**(1).
375. Mraz, L., et al., *Identification of Weld Residual Stresses Using Diffraction Methods and Their Effect on Fatigue Strength of High Strength Steels Welds.* Materials Science Forum, 2013. **768-769**: p. 668-674.
376. Li, Z.L., et al., *Research on Welding Process of Low Alloy High Strength Steel 20MnTiB.* Key Engineering Materials, 2019. **815**: p. 114-119.
377. Fydrych, D. and J. Łabanowski, *Weldability of High Strength Steels in Wet Welding Conditions.* Polish Maritime Research, 2013. **20**(2): p. 67-73.
378. Kornookar, K., et al., *Influence of Heat Input on Microstructure and Mechanical Properties of Gas Tungsten Arc Welded HSLA S500MC Steel Joints.* Metals, 2022. **12**(4): p. 565.
379. Tiwadi, D., et al., *Interrelationship Modeling Among Weld Strength Improvement by Parametric Approach in TIG Welding Using DEMATEL Software.* Evergreen, 2023. **10**(4): p. 2564-2569.
380. Karganroudi, S.S., et al., *Experimental and Numerical Analysis on TIG Arc Welding of Stainless Steel Using RSM Approach.* Metals, 2021. **11**(10): p. 1659.
381. Devakumar, D., et al., *Characterization of Duplex Stainless Steel/Cold Reduced Low Carbon Steel Dissimilar Weld Joints by GTAW.* Applied Mechanics and Materials, 2015. **766-767**: p. 780-788.
382. Vasudevan, M., et al., *Genetic Algorithm for Optimisation of a-Tig Welding Process for Modified 9Cr–1Mo Steel.* Science and Technology of Welding & Joining, 2010. **15**(2): p. 117-123.
383. Mohammed, R., G.M. Reddy, and K.S. Rao, *Effect of Filler Wire Composition on Microstructure and Pitting Corrosion of Nickel Free High Nitrogen Stainless Steel GTA Welds.* Transactions of the Indian Institute of Metals, 2016. **69**(10): p. 1919-1927.
384. Kumar, R., S.C. Vettivel, and H. Kumar Kansal, *Bulletin of the Polish Academy of Sciences: Technical Sciences.* 2021.
385. Peasura, P., *Experiment Design With Full Factorial in Gas Tungsten Arc Welding Parameters on Aluminium Alloy 5083.* Advanced Materials Research, 2013. **711**: p. 183-187.
386. Ridzuan, M.N.H.B., *Mechanical Properties and Microstructural Analysis of 304 Stainless Steel by TIG Welding.* 2017.
387. Tseng, K.-H. and C.-J. Hsu, *Performance of Activated TIG Process in Austenitic Stainless Steel Welds.* Journal of Materials Processing Technology, 2011. **211**(3): p. 503-512.
388. Yuan, X., et al., *Profiling Inclusion Characteristics in Submerged Arc Welded Metals of EH36 Shipbuilding Steel Treated by CaF_2–TiO_2 Fluxes.* Science and Technology of Welding & Joining, 2022. **27**(8): p. 683-690.
389. Vinay Yadav, G.S., Manish Bharti, *Research of Arc Stability in Submerged Arc Welding Based on SiO2 and TiO2 Flux System.* International Journal of Innovative Technology and Exploring Engineering, 2019. **8**(12S): p. 282-286.

390. Gook, S., et al., *Joining 30 Mm Thick Shipbuilding Steel Plates EH36 Using a Process Combination of Hybrid Laser Arc Welding and Submerged Arc Welding.* Journal of Manufacturing and Materials Processing, 2022. **6**(4): p. 84.
391. Yamada, S., et al., *Experimental Study of the Ductility of a Submerged Arc Welded Corner Joint in a High-Performance Steel Built-Up Box Column.* International Journal of Steel Structures, 2020. **20**(5): p. 1454-1464.
392. Kanjilal, P., T.K. Pal, and S. Majumdar, *Combined Effect of Flux and Welding Parameters on Chemical Composition and Mechanical Properties of Submerged Arc Weld Metal.* Journal of Materials Processing Technology, 2006. **171**(2): p. 223-231.
393. Patnaik, A., S. Biswas, and S.S. Mahapatra, *An Evolutionary Approach to Parameter Optimisation of Submerged Arc Welding in the Hardfacing Process.* International Journal of Manufacturing Research, 2007. **2**(4): p. 462.
394. Satheesh, M., et al., *Multi Objective Optimization of Weld Parameters of Boiler Steel Using Fuzzy Based Desirability Function.* Journal of Engineering Science and Technology Review, 2014. **7**(1): p. 29-36.
395. Towsyfyan, H., et al., *Comparing the Regression Analysis and Artificial Neural Network in Modeling the Submerged Arc Welding (SAW) Process.* Research Journal of Applied Sciences Engineering and Technology, 2013. **5**(9): p. 2701-2706.
396. Nowacki, J. and P. Rybicki, *The Influence of Welding Heat Input on Submerged Arc Welded Duplex Steel Joints Imperfections.* Journal of Materials Processing Technology, 2005. **164-165**: p. 1082-1088.
397. Karaoğlu, S. and A. Seçgin, *Sensitivity Analysis of Submerged Arc Welding Process Parameters.* Journal of Materials Processing Technology, 2008. **202**(1-3): p. 500-507.
398. Siddharth, P.N. and C.S. Narayanan, *A Review on Electron Beam Welding Process.* Journal of Physics Conference Series, 2020. **1706**(1): p. 012208.
399. Zheng, Q., et al., *Effect on LY12 Aluminum Alloy Welding Joint Microstructure and Properties With Electron Beam Welding Technical Parameters.* Applied Mechanics and Materials, 2013. **475-476**: p. 1275-1279.
400. Górka, J., S. Błacha, and D. Zagrobelny, *Electron Beam Welding of TMCP Steel S700MC.* Biuletyn Instytutu Spawalnictwa, 2020(4): p. 17-23.
401. Wang, F., et al., *Effect of Electron Beam Welding on Microstructure and Mechanical Properties of Spray-Deposited Al-Zn-Mg-Cu Alloy.* Applied Mechanics and Materials, 2013. **302**: p. 230-235.
402. Singh, J.K., G.G. Roy, and J.D. Majumdar, *Studies on the Effect of Process Parameter on Corrosion Behaviour of Electron Beam Welded Ti-Based Alloy (Ti6Al4V).* Welding in the World, 2023. **67**(12): p. 2731-2747.
403. Guo, R., et al., *Preparation and Welding Performance of Ti–6Al–4V Powder Compact Fabricated by Hot Isostatic Pressing.* Materials Science Forum, 2016. **849**: p. 760-765.
404. Kotlarski, G., et al., *Electron-Beam Welding of Titanium and Ti6Al4V Alloy.* Metals, 2023. **13**(6): p. 1065.
405. Xiao, G., et al., *Bionic Structure on Complex Surface With Belt Grinding for Electron Beam Welding Seam of Titanium Alloy.* Applied Sciences, 2020. **10**(7): p. 2370.
406. Ol'shanskaya, T.V., et al., *Application of Dynamic Beam Positioning for Creating Specified Structures and Properties of Welded Joints in Electron-Beam Welding.* Materials, 2020. **13**(10): p. 2233.
407. Fan, J., et al., *Influence of Multi-Beam Electron Beam Welding Technique on the Deformation of Ti6Al4V Alloy Sheet.* Rare Metal Materials and Engineering, 2017. **46**(9): p. 2417-2422.
408. Karhu, M. and V. Kujanpää, *Controlling Root Penetration in Electron Beam Welding by a Through-Current Feedback.* Welding in the World, 2022. **67**(3): p. 777-791.

409. Nayak, L.J. and G.G. Roy, *Role of Beam Oscillation on Electron Beam Welded Zircaloy-4 Butt Joints.* Science and Technology of Welding & Joining, 2021. **26**(6): p. 478-486.
410. Ltd., E.B.P., *The Electron Beam Welding Process Explained.* 2024, Electron Beam Processes Ltd.
411. Oyyaravelu, R., P. Kuppan, and A. Natarajan, *Metallurgical and Mechanical Properties of Laser Welded High Strength Low Alloy Steel.* Journal of Advanced Research, 2016. **7**(3): p. 463-472.
412. Sisodia, R.P.S., M. Gáspár, and L. Draskóczi, *Effect of Post-Weld Heat Treatment on Microstructure and Mechanical Properties of DP800 and DP1200 High-Strength Steel Butt-Welded Joints Using Diode Laser Beam Welding.* Welding in the World, 2020. **64**(4): p. 671-681.
413. Vemanaboina, H., et al., *Thermal Analysis Simulation for Laser Butt Welding of Inconel625 Using FEA.* International Journal of Engineering & Technology, 2018. **7**(4.10): p. 85.
414. Fahlström, K., et al., *Correlation Between Laser Welding Sequence and Distortions for Thin Sheet Structures.* Science and Technology of Welding & Joining, 2017. **22**(2): p. 150-156.
415. Andersson, O., et al., *Experimental Measurements and Numerical Simulations of Distortions of Overlap Laser-Welded Thin Sheet Steel Beam Structures.* Welding in the World, 2017. **61**(5): p. 927-934.
416. Pala, Z., et al., *Study of Residual Stress Surface Distribution on Laser Welded Steel Sheets.* Applied Mechanics and Materials, 2013. **486**: p. 3-8.
417. Schimek, M., et al., *Laser Bead-on-Plate Welding and Overlap Seams for Increasing the Strength and Rigidity of High Strength Steel.* Advanced Materials Research, 2010. **137**: p. 161-190.
418. Subbaiah, K., et al., *Comparative Evaluation of Tungsten Inert Gas and Laser Beam Welding of AA5083-H321.* Sadhana, 2012. **37**(5): p. 587-593.
419. Landowski, M., *Influence of Parameters of Laser Beam Welding on Structure of 2205 Duplex Stainless Steel.* Advances in Materials Science, 2019. **19**(1): p. 21-31.
420. Buschenhenke, F., T. Seefeld, and F. Vollertsen, *Strategies for Reduced Distortion During Laser Beam Welding of Shaft-hub Joints.* Materialwissenschaft Und Werkstofftechnik, 2012. **43**(1-2): p. 105-111.
421. Hong, J., K.-H. Lee, and C. Lee, *The Frame Optimization and Validation of Resistance Spot Welding Gun.* International Journal for Simulation and Multidisciplinary Design Optimization, 2020. **11**: p. 22.
422. Farrahi, G.H., et al., *Analysis of Resistance Spot Welding Process Parameters Effect on the Weld Quality of Three-Steel Sheets Used in Automotive Industry: Experimental and Finite Element Simulation.* International Journal of Engineering, 2020. **33**(1).
423. Xu, C., et al., *Study on Microstructure and Fracture Morphology of 2205 Duplex Stainless Steel Resistance Spot Welds.* Materials Science Forum, 2014. **804**: p. 289-292.
424. Arabi, S.H., M. Pouranvari, and M. Movahedi, *Pathways to Improve the Austenite–ferrite Phase Balance During Resistance Spot Welding of Duplex Stainless Steels.* Science and Technology of Welding & Joining, 2019. **24**(1): p. 8-15.
425. Chandio, A.D., et al., *Failure Study of Two Dissimilar Steels Joined by Spot Welding Technique.* Key Engineering Materials, 2018. **778**: p. 262-267.
426. Yang, Y., R.J. Zhou, and F.X. Wang, *Numerical Simulation of the Temperature Field During DP1000 Dual-Phase Steel Resistance Spot Welding.* Advanced Materials Research, 2011. **391-392**: p. 666-671.
427. Wang, N.N., et al., *Resistance Spot Welding Between Mild Steel and Stainless Steel.* Applied Mechanics and Materials, 2014. **675-677**: p. 23-26.
428. Viňáš, J. and Ľ. Kaščák, *Analysis of Welds Made by Delta Spot Method.* Materials Science Forum, 2015. **818**: p. 229-232.
429. Gandomkar, M. and M. Moshref-Javadi, *The Crack Resolution Required to Ensure Fatigue Life of a Rescue Submarine's Transfer Skirt.* The International Journal of Maritime Engineering, 2022. **163**(A4).

430. Zhu, Y., J. Yang, and H. Pan, *Three-Dimension Crack Propagation Behavior of Conical-Cylindrical Shell.* Metals, 2023. **13**(4): p. 698.
431. Hu, Y., et al., *Research on Development and Test Analysis of Full-Scale Fatigue Test System of X65 Submarine Pipeline.* E3s Web of Conferences, 2021. **253**: p. 01055.
432. Garcia, J.H.N., et al., *Corrosion Behavior of 316L and Alloy 182 Dissimilar Weld Joint With Post-Weld Heat Treatment.* Matéria (Rio De Janeiro), 2019. **24**(3).
433. Oikonomou, A.G. and G.A. Aggidis, *Determination of the Corrosion Resistance of the Welded Steels Used in Underwater Marine Systems (Including the Submerged Parts of Wave Energy Converters).* Materials Today Proceedings, 2021. **44**: p. 5048-5053.
434. Agarwal, K., et al., *Mechanical Properties of Fiber Reinforced Polymer Composites: A Comparative Study of Conventional and Additive Manufacturing Methods.* Journal of Composite Materials, 2018. **52**(23): p. 3173-3181.
435. Han, K., et al., *Six-Dof CFD Simulations of Underwater Vehicle Operating Underwater Turning Maneuvers.* Journal of Marine Science and Engineering, 2021. **9**(12): p. 1451.
436. Zhang, N. and S. Zhang, *Numerical Simulation of Hull/Propeller Interaction of Submarine in Submergence and Near Surface Conditions.* Journal of Hydrodynamics, 2014. **26**(1): p. 50-56.
437. Yu, P., et al., *Simulation Analysis of Modular Assembly Accuracy of Marine Power Shafting Based on 3DCS.* 2022.
438. Farooq, M.U., et al., *Process Parameters Optimization and Performance Analysis of Micro-Complex Geometry Machining on Ti6Al4V.* International Journal on Interactive Design and Manufacturing (Ijidem), 2024.
439. Farooq, M.U. and S. Anwar, *Investigations on the Surface Integrity of Ti6Al4V Under Modified Dielectric(s)-Based Electric Discharge Machining Using Cryogenically Treated Electrodes.* Processes, 2023. **11**(3): p. 877.
440. Yang, X., et al., *A Novel Evaluation Method on the Precision of Linear Motor Feed System in High-Speed Machine Tools.* Materials Science Forum, 2016. **836-837**: p. 220-227.
441. Rao, J.M., et al., *Sensitivity Analysis of a Double Corrugated Waveguide Slow Wave Structure for a 151 – 161.5 GHz TWT.* Asian Journal of Physics, 2023. **32**(9-12): p. 559-571.
442. Zhou, Y., et al., *Fast Anti-Turbidity Underwater Topography Measurement Based on Rotating Structured Light.* 2024.
443. Miller, A.B., B.W. Miller, and G. Miller, *Navigation of Underwater Drones and Integration of Acoustic Sensing With Onboard Inertial Navigation System.* Drones, 2021. **5**(3): p. 83.
444. Tetsui, T., *Practical Use of Hot-Forged-Type Ti-42Al-5Mn and Various Recent Improvements.* Metals, 2021. **11**(9): p. 1361.
445. Azhagan, M.T., B. Mohan, and A. Rajadurai, *Comparative Study of Squeeze Casting of AA6061 With and Without Employing Ultrasonic Cavitations.* Applied Mechanics and Materials, 2014. **541-542**: p. 349-353.
446. Qi, Y., et al., *Preparation and Properties of Special Vehicle Cover via a Novel Squeeze Casting Quantitative Feeding System of Molten Metal.* Metals, 2020. **10**(2): p. 266.
447. Men, Z., et al., *Analysis on the Free Forging Process of the Heavy Rack for Ship Lift.* Applied Mechanics and Materials, 2017. **865**: p. 105-108.
448. Gryguc, A., et al., *A Method for Comparing the Fatigue Performance of Forged AZ80 Magnesium.* Metals, 2021. **11**(8): p. 1290.

449. Dziubińska, A., *The New Technology of Die Forging of Automotive Connecting Rods From EN AB-71100 Aluminium Alloy Cast Preforms.* Materials, 2023. **16**(7): p. 2856.
450. Böhmichen, U., et al., *From Casting to Forging—The Combined Simulation for a Steel Component.* Engineering Reports, 2021. **4**(7-8).
451. Zhang, Q., et al., *Research on Integrated Casting and Forging Process of Aluminum Automobile Wheel.* Advances in Mechanical Engineering, 2014. **6**: p. 870182.
452. Yu, Z., et al., *Numerical Model Simulation of the Double-Roll Rotary Forging of Large Diameter Thin-Walled Disk.* Metals, 2021. **11**(11): p. 1767.
453. Zhao, Z., et al., *Microstructure and Corrosion Behavior of Cold-Sprayed Zn-Al Composite Coating.* Coatings, 2020. **10**(10): p. 931.
454. Prasai, D., et al., *Graphene: Corrosion-Inhibiting Coating.* Acs Nano, 2012. **6**(2): p. 1102-1108.
455. Ke, Y., et al., *Urushiol Titanium <scp>polymer-based</Scp> Composites Coatings for Anti-corrosion and Antifouling in Marine Spray Splash Zones.* Journal of Applied Polymer Science, 2021. **138**(34).
456. Wang, Y., et al., *Modification and Corrosion Resistance of Halloysite Carrier With Metal Nanoinhibitor in Marine Corrosion Environment.* Anti-Corrosion Methods and Materials, 2022. **69**(4): p. 371-379.
457. Zhang, J., et al., *Non-Destructive Evaluation of Coating Thickness Using Water Immersion Ultrasonic Testing.* Coatings, 2021. **11**(11): p. 1421.
458. Han, L., Q. Pang, and X. Yu, *Application of Organic Coating in Marine Anticorrosion.* Highlights in Science Engineering and Technology, 2023. **58**: p. 131-141.
459. Uzun, D., et al., *A CFD Study: Influence of Biofouling on a Full-Scale Submarine.* Applied Ocean Research, 2021. **109**: p. 102561.
460. Cui, M., B. Wang, and Z. Wang, *Nature-Inspired Strategy for Anticorrosion.* Advanced Engineering Materials, 2019. **21**(7).
461. Liu, L., et al., *Double-Layer Superhydrophobic Coating: Enhanced Anti-Corrosion and Anti-Fouling Resistance Through Star Cross-Linking of FPI/POSS@POA/F-SiO 2.* 2024.
462. Saifullah, A., et al., *Mechanical Properties of Layered-Carbon Fiber Reinforced With Vacuum Infusion Process.* Journal of Energy Mechanical Material and Manufacturing Engineering, 2021. **6**(1): p. 33-40.
463. Buchacz, A., et al., *An Investigation of the Influence of a Fiber Arrangement of a Laminate on the Values of Stresses in the Composite Panel of a Modified Freight Wagon Using the FEM Method.* Matec Web of Conferences, 2017. **112**: p. 04015.
464. Salman, S.D., W.S.W. Hassim, and Z. Leman, *Experimental Comparison Between Two Types of Hybrid Composite Materials in Compression Test.* Manufacturing Science and Technology, 2015. **3**(4): p. 119-123.
465. Zhou, Y. and C. Zheng, *Impact Resistance Performance and Structural Optimization of Lightweight Composite Target Plate.* Polymer Composites, 2024. **45**(7): p. 6482-6497.
466. Xie, X., et al., *Experiments on Vibration Transmission Control in a Shaft-Hull System Excited by Propeller Forces via an Activemulti-Strut Assembly.* Proceedings of the Institution of Mechanical Engineers Part M Journal of Engineering for the Maritime Environment, 2022. **236**(3): p. 688-700.
467. Gatin, I., et al., *CFD Study on the Influence of Exostructure Elements on the Resistance of a Submarine.* Journal of Marine Science and Engineering, 2022. **10**(10): p. 1542.
468. Chrismianto, D., et al., *Development of Cubic Bezier Curve and Curve-Plane Intersection Method for Parametric Submarine Hull Form Design to Optimize Hull Resistance Using CFD.* Journal of Marine Science and Application, 2015. **14**(4): p. 399-405.
469. Patri, M., *Naval Materials and Energy Systems.* Technology Focus, 2020. **28**(6).

470. Miasnikov, E., *The Future of Russia's Strategic Nuclear Forces: Discussions and Arguments.* The Center For Arms Control, Energy, and Environmental Studies: at Moscow Institute of Physics and Technology, 1995.
471. Yuan, B., et al., *Underwater Acoustic Properties of Graphene Nanoplatelet-Modified Rubber.* Journal of Reinforced Plastics and Composites, 2018. **37**(9): p. 609-616.
472. Caresta, M. and N. Kessissoglou, *Acoustic Signature of a Submarine Hull Under Harmonic Excitation.* Applied Acoustics, 2010. **71**(1): p. 17-31.
473. Liu, Y., Y. Li, and D. Shang, *The Generation Mechanism of the Flow-Induced Noise From a Sail Hull on the Scaled Submarine Model.* Applied Sciences, 2018. **9**(1): p. 106.
474. Xu, W. and Z. Li, *Study on Two-Stage Mounting Systems Having Distributed Intermediate Mass.* Journal of Vibroengineering, 2020. **22**(2): p. 313-321.
475. Qiu, Y., W. Xu, and Z. Li, *Performance Evaluation of a Novel Intelligent Distributed Mounting System for Marine Mechanical Equipment.* International Journal of Advanced Robotic Systems, 2019. **16**(6).
476. Hooper, C., *Virginia Class: When does hull coating separation endanger the boat?* 2010, Next Navy.
477. Xia, Q.Q., et al., *Research on Metal-Rubber Composite Damping Steel Plate Application in Acoustic Bridge for Double Cylindrical Shell.* Advanced Materials Research, 2012. **490-495**: p. 3505-3510.
478. Takahashi, K., J. Arai, and T. Mori, *Numerical Study on Multiple-Blade-Rate Unsteady Propeller Forces for Underwater Vehicles.* Journal of Ship Research, 2021. **66**(04): p. 349-368.
479. Andersen, P., J.J. Kappel, and E. Spangenberg. *Aspects of propeller developments for a submarine.* in *Proceedings of the First International Symposium on Marine Propulsors–smp.* 2009.
480. nasiri, m. and m. nazemizadeh, *Hydromagnetic Propulsion System in Marine Applications: A Literature Review.* Mechanic of Advanced and Smart Materials, 2022. **2**(1): p. 13-34.
481. Yeo, S.-J., et al., *Integrated Analysis of Flow-Induced Noise From Submarine Under Snorkel Condition.* Proceedings of the Institution of Mechanical Engineers Part M Journal of Engineering for the Maritime Environment, 2020. **234**(4): p. 771-784.
482. Zhu, Z., et al., *A Review of Underwater Acoustic Metamaterials for Underwater Acoustic Equipment.* Frontiers in Physics, 2022. **10**.
483. Cao, H. and L. Wen, *High-Precision Numerical Research on Flow and Structure Noise of Underwater Vehicle.* Applied Sciences, 2022. **12**(24): p. 12723.
484. Jawahar, A., et al., *Advanced Submarine Integrated Weapon Control System.* Indian Journal of Science and Technology, 2015. **8**(35).
485. Su, P., et al., *Research Status and Development Trend of Acoustic Array Integrating Technology.* 2023.
486. Luo, X., et al., *A Survey of Underwater Acoustic Target Recognition Methods Based on Machine Learning.* Journal of Marine Science and Engineering, 2023. **11**(2): p. 384.
487. Kumar, S., et al., *Submarine Acoustic Target Strength Modeling at High-Frequency Asymptotic Scattering.* Ieee Access, 2024. **12**: p. 4859-4870.
488. Jiang, S., *On Securing Underwater Acoustic Networks: A Survey.* Ieee Communications Surveys & Tutorials, 2019. **21**(1): p. 729-752.
489. Likun, M.E.I. and C. Zhili, *Based on YOLOv5 Lightweight Submarine Target Detection Algorithm.* 2023.
490. Mei, L. and Z. Chen, *An Improved YOLOv5-Based Lightweight Submarine Target Detection Algorithm.* Sensors, 2023. **23**(24): p. 9699.
491. Barr, S., J. Wang, and B. Liu, *An Efficient Method for Constructing Underwater Sensor Barriers.* Journal of Communications, 2011. **6**(5).

492. Liu, Z.-K. and Z. Tang, *Numerical Analysis of Multi-Scale Pressure Pulsation on the Energy Accumulation for Submarine-Based Tracking and Pointing Systems.* Measurement and Control, 2021. **54**(3-4): p. 196-208.
493. Schaefer, D., et al., *Above Water Electric Potential Signatures of Submerged Naval Vessels.* Journal of Marine Science and Engineering, 2019. **7**(2): p. 53.
494. Chen, Y. and J. Yuan, *Methods of Differential Submarine Detection Based on Magnetic Anomaly and Technology of Probes Arrangement.* 2015.
495. Zhang, Z.Y. and J. Yi, *Measuring the Submarine's Induced Magnetic Field by Geomagnetic Simulation Method.* Advanced Materials Research, 2014. **981**: p. 579-584.
496. Kim, Y., Y.H. Kim, and K. Shin, *Efficiency of Exponential Deperm Protocol.* Journal of Magnetics, 2013. **18**(3): p. 326-330.
497. Nguyen, T.S., et al., *Ships Magnetic Anomaly Computation With Integral Equation and Fast Multipole Method.* Ieee Transactions on Magnetics, 2011. **47**(5): p. 1414-1417.
498. Badr, A., A.A. Elserougi, and A.A. Hossam-Eldin, *Analyzing the Effect of Flux Intensification Due to Propeller Shaft and Rudder Upon the 3D Induced Magnetic Signature of Marine Vessels.* Ieee Access, 2022. **10**: p. 131627-131639.
499. Madrid, A.V. and A.Á. Melcón, *Process for Compensating Local Magnetic Perturbations on Ferromagnetic Surfaces.* Journal of Electromagnetic Analysis and Application, 2012. **04**(10): p. 387-399.
500. SchoolTube Community, *Stealth Submarines: The Science Behind Silent Warfare.* 2024, SchoolTube Community.
501. Vice Admiral A.K. Chawla (Retd), *Unseen & Unheard: The Role of Stealth.* 2023, SP's Naval Forces.
502. Sutton, H.I., *Chinese Submarine Is First To Exploit New Stealth Technology.* 2023, Naval News.
503. Dehghani, R. and H.M. Khanlo, *A Regressor-Free Robust Adaptive Controller for Autonomous Underwater Vehicles.* Proceedings of the Institution of Mechanical Engineers Part M Journal of Engineering for the Maritime Environment, 2016. **231**(2): p. 569-582.
504. Wang, J., T. Xu, and Z. Wang, *Adaptive Robust Unscented Kalman Filter for AUV Acoustic Navigation.* Sensors, 2019. **20**(1): p. 60.
505. Ma, H. and X. Mu, *Adaptive Navigation Algorithm With Deep Learning for Autonomous Underwater Vehicle.* Sensors, 2021. **21**(19): p. 6406.
506. He, B., et al., *Autonomous Navigation for Autonomous Underwater Vehicles Based on Information Filters and Active Sensing.* Sensors, 2011. **11**(11): p. 10958-10980.
507. Ying, F., et al., *Maximum Correntropy Based Unscented Particle Filter for Cooperative Navigation With Heavy-Tailed Measurement Noises.* Sensors, 2018. **18**(10): p. 3183.
508. Rypkema, N.R., E.M. Fischell, and H. Schmidt, *One-Way Travel-Time Inverted Ultra-Short Baseline Localization for Low-Cost Autonomous Underwater Vehicles.* 2017.
509. Palomer, A., P. Ridao, and D. Ribas, *Inspection of an Underwater Structure Using Point-cloud SLAM With an AUV and a Laser Scanner.* Journal of Field Robotics, 2019. **36**(8): p. 1333-1344.
510. Zhang, T., et al., *AUV Positioning Method Based on Tightly Coupled SINS/LBL for Underwater Acoustic Multipath Propagation.* Sensors, 2016. **16**(3): p. 357.
511. Villar, S.A., et al., *Evaluation of an Efficient Approach for Target Tracking From Acoustic Imagery for the Perception System of an Autonomous Underwater Vehicle.* International Journal of Advanced Robotic Systems, 2014. **11**(2).
512. Lyu, W., X. Cheng, and J. Wang, *Adaptive Federated IMM Filter for AUV Integrated Navigation Systems.* Sensors, 2020. **20**(23): p. 6806.

513. Zhan, B., et al., *Three-Dimensional Path Planning for AUVs Based on Standard Particle Swarm Optimization Algorithm.* Journal of Marine Science and Engineering, 2022. **10**(9): p. 1253.
514. Soares, J.M., et al., *Joint ASV/AUV Range-Based Formation Control: Theory and Experimental Results.* 2013.
515. Yan, X., et al., *Formation Control and Obstacle Avoidance Algorithm of a Multi-Usv System Based on Virtual Structure and Artificial Potential Field.* Journal of Marine Science and Engineering, 2021. **9**(2): p. 161.
516. Chen, C.-W., Y. Chen, and Q.-W. Cai, *Hydrodynamic-Interaction Analysis of an Autonomous Underwater Hovering Vehicle and Ship With Wave Effects.* Symmetry, 2019. **11**(10): p. 1213.
517. Wang, Y., et al., *Investigation and Optimization of Appendage Influence on the Hydrodynamic Performance of AUVs.* Journal of Marine Science and Technology, 2018. **24**(1): p. 297-305.
518. Miller, L.I., et al., *Drag Reduction and Power Optimization Due to an Innovative, Toroidal Hull Form of an AUV.* Iop Conference Series Materials Science and Engineering, 2023. **1288**(1): p. 012039.
519. Omeke, K.G., et al., *Energy Optimisation Through Path Selection for Underwater Wireless Sensor Networks.* 2020.
520. Gao, T., et al., *Hull Shape Optimization for Autonomous Underwater Vehicles Using CFD.* Engineering Applications of Computational Fluid Mechanics, 2016. **10**(1): p. 599-607.
521. Guo, Y., et al., *Research on the Influence of Turbulent Flow Induced by Dunes on AUVs.* Applied Sciences, 2023. **13**(18): p. 10273.
522. Wang, Z., et al., *Development of an Autonomous Underwater Helicopter With High Maneuverability.* Applied Sciences, 2019. **9**(19): p. 4072.
523. Chen, C.-W. and Y. Lu, *Computational Fluid Dynamics Study of Water Entry Impact Forces of an Airborne-Launched, Axisymmetric, Disk-Type Autonomous Underwater Hovering Vehicle.* Symmetry, 2019. **11**(9): p. 1100.
524. Mitra, A., J.P. Panda, and H. Warrior, *The Effects of Free Stream Turbulence on the Hydrodynamic Characteristics of an AUV Hull Form.* Ocean Engineering, 2019. **174**: p. 148-158.
525. Joung, T.-H., et al., *Shape Optimization of an Autonomous Underwater Vehicle With a Ducted Propeller Using Computational Fluid Dynamics Analysis.* International Journal of Naval Architecture and Ocean Engineering, 2012. **4**(1): p. 44-56.
526. Sun, T., et al., *Design and Optimization of a Bio-Inspired Hull Shape for AUV by Surrogate Model Technology.* Engineering Applications of Computational Fluid Mechanics, 2021. **15**(1): p. 1057-1074.
527. Alkan, B., *Hydrodynamic Design Optimization of an Autonomous Underwater Vehicle Based on Response Surface Methodology.* 2020.
528. Lin, Y., et al., *Study on the Motion Stability of the Autonomous Underwater Helicopter.* Journal of Marine Science and Engineering, 2022. **10**(1): p. 60.
529. DeVries, L., et al., *Hull Shape Actuation for Speed Regulation in an Underwater Vehicle.* Journal of Mechanisms and Robotics, 2019. **12**(1).
530. Xu, X.-S. and L. H, *An Improved Collaborative Algorithm With Artificial Neural Network in Multidisciplinary Design Optimization of AUV.* 2017.
531. Tang, X., *Head Optimization Design for Small Commercial AUV Based on CFD.* 2022.
532. Yan, G., G. Pan, and Y. Shi, *Ricochet Characteristics of AUVs During Small-Angle Water Entry Process.* Mathematical Problems in Engineering, 2019. **2019**(1).
533. Helmaoui, M., et al., *Layout Effect of Two Autonomous Underwater Vehicles on the Hydrodynamics Performances.* Wseas Transactions on Systems, 2020. **19**: p. 47-54.

534. Lin, H., et al., *Numerical Investigation on Hydrodynamic Performance of a Portable AUV*. Journal of Marine Science and Engineering, 2021. **9**(8): p. 812.
535. Zhu, H., et al., *The Design and Application of a Vectored Thruster for a Negative Lift-Shaped AUV*. Actuators, 2024. **13**(6): p. 228.
536. Font, D., et al., *Design and Implementation of a Biomimetic Turtle Hydrofoil for an Autonomous Underwater Vehicle*. Sensors, 2011. **11**(12): p. 11168-11187.
537. Singh, S., et al., *Modeling and Control Design for an Autonomous Underwater Vehicle Based on Atlantic Salmon Fish*. Ieee Access, 2022. **10**: p. 97586-97599.
538. Gasparoto, H.F., et al., *Advances in Reconfigurable Vectorial Thrusters for Adaptive Underwater Robots*. Journal of Marine Science and Engineering, 2021. **9**(2): p. 170.
539. Roper, D., et al., *A Review of Developments Towards Biologically Inspired Propulsion Systems for Autonomous Underwater Vehicles*. Proceedings of the Institution of Mechanical Engineers Part M Journal of Engineering for the Maritime Environment, 2011. **225**(2): p. 77-96.
540. Phillips, A.B., et al., *Nature in Engineering for Monitoring the Oceans: Comparison of the Energetic Costs of Marine Animals and AUVs*. 2012: p. 373-405.
541. Russo, R., et al., *Biomechanical Model of Batoid (Skates and Rays) Pectoral Fins Predicts the Influence of Skeletal Structure on Fin Kinematics: Implications for Bio-Inspired Design*. Bioinspiration & Biomimetics, 2015. **10**(4): p. 046002.
542. Heinen, Y., I. Tanev, and T. Kimura, *The Effect of a Limited Underactuated Posterior Joint on the Speed and Energy Efficiency of a Fish Robot*. Applied Sciences, 2024. **14**(12): p. 5010.
543. Zamora-Méndez, A., T.J. Leo, and M.A. Herreros, *Current State of Technology of Fuel Cell Power Systems for Autonomous Underwater Vehicles*. Energies, 2014. **7**(7): p. 4676-4693.
544. You, F., et al., *State of Charge Estimation of Lithium-Ion Batteries Based on an Adaptive Iterative Extended Kalman Filter for AUVs*. Sensors, 2022. **22**(23): p. 9277.
545. Faria, C., S. Priya, and D.J. Inman, *Modeling and Control of a Jellyfish-Inspired AUV*. 2013.
546. Anevlavi, D., E. Filippas, and K. Belibassakis, *Hydrodynamic Optimization of Actively Deforming Flapping-Foil Thrusters for Auv Propulsion*. 2023: p. 206-222.
547. Leonard, N.E., et al., *Coordinated Control of an Underwater Glider Fleet in an Adaptive Ocean Sampling Field Experiment in Monterey Bay*. Journal of Field Robotics, 2010. **27**(6): p. 718-740.
548. Dinc, M. and C. Hajiyev, *Integration of Navigation Systems for Autonomous Underwater Vehicles*. Journal of Marine Engineering & Technology, 2015. **14**(1): p. 32-43.
549. Li, P., et al., *A Robust INS/USBL/DVL Integrated Navigation Algorithm Using Graph Optimization*. Sensors, 2023. **23**(2): p. 916.
550. Wan, J., et al., *Fractional-Order PID Motion Control for AUV Using Cloud-Model-Based Quantum Genetic Algorithm*. Ieee Access, 2019. **7**: p. 124828-124843.
551. Ajmal, M., M. Labeeb, and D.V. Dev, *Fractional Order PID Controller for Depth Control of Autonomous Underwater Vehicle Using Frequency Response Shaping Approach*. 2014.
552. Yu, M., Q. Zhi, and H. Chen, *Kalman-Pd Control for Depth System of Autonomous Underwater Vehicle*. Applied Mechanics and Materials, 2014. **530-531**: p. 990-998.
553. Hu, Z., et al., *Trajectory Tracking and Re-Planning With Model Predictive Control of Autonomous Underwater Vehicles*. Journal of Navigation, 2018. **72**(2): p. 321-341.
554. Fischell, E.M., N.R. Rypkema, and H. Schmidt, *Relative Autonomy and Navigation for Command and Control of Low-Cost Autonomous Underwater Vehicles*. Ieee Robotics and Automation Letters, 2019. **4**(2): p. 1800-1806.

555. Hollinger, G.A., et al., *Underwater Data Collection Using Robotic Sensor Networks.* Ieee Journal on Selected Areas in Communications, 2012. **30**(5): p. 899-911.
556. Islam, K.Y., et al., *Green Underwater Wireless Communications Using Hybrid Optical-Acoustic Technologies.* Ieee Access, 2021. **9**: p. 85109-85123.
557. Han, X., et al., *The Research Progress in Underwater Wireless Optical Communication Technology.* 2023.
558. Noh, H., K. Kang, and J.-Y. Park, *Risk Analysis of Autonomous Underwater Vehicle Operation in a Polar Environment Based on Fuzzy Fault Tree Analysis.* Journal of Marine Science and Engineering, 2023. **11**(10): p. 1976.
559. Ashry, I., et al., *CNN-based Detection of Red Palm Weevil Using Optical-Fiber-Distributed Acoustic Sensing.* 2022.
560. Shen, T., et al., *Research on a Blue–Green LED Communication System Based on an Underwater Mobile Robot.* Photonics, 2023. **10**(11): p. 1238.
561. Ataner, E., et al., *İnsansız Su Altı Araçlarında Haberleşme Ve Güç Sistemlerinin Tasarımı.* European Journal of Science and Technology, 2020.
562. Pan, X., et al., *RAP-MAC: A Robust and Adaptive Pipeline MAC Protocol for Underwater Acoustic String Networks.* Remote Sensing, 2024. **16**(12): p. 2195.
563. Campbell, K.J., S. Kinnear, and A. Thame, *AUV Technology for Seabed Characterization and Geohazards Assessment.* The Leading Edge, 2015. **34**(2): p. 170-178.
564. Hofmann, A.F., et al., *High-Resolution Topography-Following Chemical Mapping of Ocean Hypoxia by Use of an Autonomous Underwater Vehicle: The Santa Monica Basin Example.* Journal of Atmospheric and Oceanic Technology, 2013. **30**(11): p. 2630-2646.
565. Unterseh, S. and W. Letaief, *Time-Lapse Attempt Using AUV Survey Data in Geohazards Prone Area, Results and Lessons Learned.* 2017.
566. Jakuba, M.V., et al. *Toward automatic classification of chemical sensor data from autonomous underwater vehicles.* in *2011 IEEE/RSJ International Conference on Intelligent Robots and Systems.* 2011. IEEE.
567. Weng, Y., et al., *Autonomous underwater vehicle link alignment control in unknown environments using reinforcement learning.* Journal of Field Robotics, 2024.
568. Flores, C.H. and U.S. ten Brink, *Photogrammetry of the Deep Seafloor from Archived Unmanned Submersible Exploration Dives.* Journal of Marine Science and Engineering, 2024. **12**(8): p. 1250.
569. Rogowski, P., et al., *Ocean outfall plume characterization using an autonomous underwater vehicle.* Water Science and Technology, 2013. **67**(4): p. 925-933.
570. Xia, Z., et al., *Revolutionizing marine Protection: Innovative designs for In-Situ applicable underwater antifouling superoleophobic coatings.* Chemical Engineering Journal, 2024. **496**: p. 154157.
571. Hwang, M.S., M.K. Park, and H.S. Lee, *A Study on the Visual Effects Production Process for Efficient Underwater Explosion CG Visualization.* Journal of Coastal Research, 2024. **116**(SI): p. 518-522.
572. Mahmoodi, K.A. and M. Uysal. *AUV trajectory optimization for an optical underwater sensor network in the presence of ocean currents.* in *2021 IEEE International Black Sea Conference on Communications and Networking (BlackSeaCom).* 2021. IEEE.
573. Woithe, H.C. and U. Kremer, *Feature based adaptive energy management of sensors on autonomous underwater vehicles.* Ocean Engineering, 2015. **97**: p. 21-29.
574. González-García, J., et al., *Autonomous underwater vehicles: Localization, navigation, and communication for collaborative missions.* Applied sciences, 2020. **10**(4): p. 1256.

575. Xing, T.Y., et al., *Improved Artificial Potential Field Algorithm Assisted by Multisource Data for AUV Path Planning.* Sensors, 2023. **23**(15): p. 6680.
576. Wibisono, A., et al., *An Autonomous Underwater Vehicle Navigation Technique for Inspection and Data Acquisition in UWSNs.* Ieee Access, 2024. **12**: p. 8641-8654.
577. Danielis, P., et al., *Integrated Autonomous Underwater Vehicle Path Planning and Collision Avoidance Algorithms.* Transactions on Maritime Science, 2024. **13**(1).
578. Zhao, Y., et al., *Research on Modeling Method of Autonomous Underwater Vehicle Based on a Physics-Informed Neural Network.* Journal of Marine Science and Engineering, 2024. **12**(5): p. 801.
579. Okereke, C.E., et al., *An Overview of Machine Learning Techniques in Local Path Planning for Autonomous Underwater Vehicles.* Ieee Access, 2023. **11**: p. 24894-24907.
580. Zhu, Z., et al., *An Efficient Multi-Auv Cooperative Navigation Method Based on Hierarchical Reinforcement Learning.* Journal of Marine Science and Engineering, 2023. **11**(10): p. 1863.
581. Atyabi, A., S. MahmoudZadeh, and S. Nefti-Meziani, *Current Advancements on Autonomous Mission Planning and Management Systems: An AUV and UAV Perspective.* Annual Reviews in Control, 2018. **46**: p. 196-215.
582. Zhang, L., et al., *Cooperative Navigation Based on Cross Entropy: Dual Leaders.* Ieee Access, 2019. **7**: p. 151378-151388.
583. Hernández, J.D., et al., *Online Motion Planning for Unexplored Underwater Environments Using Autonomous Underwater Vehicles.* Journal of Field Robotics, 2018. **36**(2): p. 370-396.
584. Meurer, C., et al., *Differential Pressure Sensor Speedometer for Autonomous Underwater Vehicle Velocity Estimation.* Ieee Journal of Oceanic Engineering, 2020. **45**(3): p. 946-978.
585. Wang, C., et al., *AUV Planning and Calibration Method Considering Concealment in Uncertain Environments.* Frontiers in Marine Science, 2023. **10**.
586. Ridao, P., et al., *Intervention AUVs: The Next Challenge.* Annual Reviews in Control, 2015. **40**: p. 227-241.
587. Carreras, M., et al., *Sparus II AUV—A Hovering Vehicle for Seabed Inspection.* Ieee Journal of Oceanic Engineering, 2018. **43**(2): p. 344-355.
588. Guevara, A.M., T.J. Leo, and M.A. Herreros, *Fuel Cell Power Systems for Autonomous Underwater Vehicles: State of the Art.* 2014.
589. Roper, D., et al., *Evaluating the Use of Lithium Sulphur Batteries for a Deep Ocean Pressure Balanced AUV Energy Source.* 2016.
590. Li, B., et al., *Study on Battery Thermal Management of Autonomous Underwater Vehicle by Bionic Wave Channels With Liquid Cooling.* International Journal of Energy Research, 2021. **45**(9): p. 13269-13283.
591. Potrykus, S., et al., *Advanced Lithium-Ion Battery Model for Power System Performance Analysis.* Energies, 2020. **13**(10): p. 2411.
592. Ji, D.-H., et al., *Design and Analysis of the High-Speed Underwater Glider With a Bladder-Type Buoyancy Engine.* Applied Sciences, 2023. **13**(20): p. 11367.
593. Zhang, F., D. Xu, and C. Cheng, *An Underwater Distributed SLAM Approach Based on Improved GMRBnB Framework.* Journal of Marine Science and Engineering, 2023. **11**(12): p. 2271.
594. Xing, T., et al., *A Multi-Source-Data-Assisted AUV for Path Cruising: An Energy-Efficient DDPG Approach.* Remote Sensing, 2023. **15**(23): p. 5607.
595. Zhi, L. and Y. Zuo, *Collaborative Path Planning of Multiple AUVs Based on Adaptive Multi-Population PSO.* Journal of Marine Science and Engineering, 2024. **12**(2): p. 223.

596. Gao, H., et al., *Distributed Path Tracking for Autonomous Underwater Vehicles Based on Pseudo Position Feedback.* Journal of Marine Science and Engineering, 2022. **10**(10): p. 1477.
597. Albarakati, S., et al., *Multiobjective Risk-Aware Path Planning in Uncertain Transient Currents: An Ensemble-Based Stochastic Optimization Approach.* Ieee Journal of Oceanic Engineering, 2021. **46**(4): p. 1082-1098.
598. Anderson, J. and G.A. Hollinger, *Communication Planning for Cooperative Terrain-Based Underwater Localization.* Sensors, 2021. **21**(5): p. 1675.
599. Fish, F.E., *Advantages of Aquatic Animals as Models for Bio-Inspired Drones Over Present AUV Technology.* Bioinspiration & Biomimetics, 2020. **15**(2): p. 025001.
600. Mondal, K., *Autonomous Underwater Vehicles: Recent Developments and Future Prospects.* International Journal for Research in Applied Science and Engineering Technology, 2019. **7**(11): p. 215-222.
601. Li, Q., et al., *Interface Engineering Enhances the Photovoltaic Performance of Wide Bandgap FAPbBr$_3$ Perovskite for Application in Low-Light Environments.* Advanced Functional Materials, 2023. **33**(40).
602. Hasan, M.B., *Yaw Angle Tracking Control Design of Underactuated AUV by Using State Dependent Riccati Equations (SDRE)-LQT.* Jeee-U (Journal of Electrical and Electronic Engineering-Umsida), 2019. **3**(2): p. 325-337.
603. Wang, T., et al., *DOB-Net: Actively Rejecting Unknown Excessive Time-Varying Disturbances.* 2020.
604. Li, B., P. Wang, and L. Du, *Path Planning Technologies for Autonomous Underwater Vehicles-a Review.* Ieee Access, 2019. **7**: p. 9745-9768.
605. Fernández, R.P., et al., *Nonlinear Attitude Control of a Spherical Underwater Vehicle.* Sensors, 2019. **19**(6): p. 1445.
606. Fu, Z. and Z. Jia, *Integrating Seabed Topography and Ocean Current Dynamics for Submarine Trajectory Analysis.* Highlights in Science Engineering and Technology, 2024. **104**: p. 180-187.
607. Zhang, T., Q. Li, and X. Liu, *An Object Detection and Classification Method for Underwater Visual Images Based on the Bag-of-Words Model.* Proceedings of the Institution of Mechanical Engineers Part M Journal of Engineering for the Maritime Environment, 2022. **237**(2): p. 487-497.
608. Ghafoor, H. and Y. Noh, *An Overview of Next-Generation Underwater Target Detection and Tracking: An Integrated Underwater Architecture.* Ieee Access, 2019. **7**: p. 98841-98853.
609. Chen, L., et al., *Underwater Target Recognition Based on Improved YOLOv4 Neural Network.* Electronics, 2021. **10**(14): p. 1634.
610. Hożyń, S., *A Review of Underwater Mine Detection and Classification in Sonar Imagery.* Electronics, 2021. **10**(23): p. 2943.
611. Polymenis, I., et al., *Virtual Underwater Datasets for Autonomous Inspections.* Journal of Marine Science and Engineering, 2022. **10**(9): p. 1289.
612. Stevens, R.H. and T. Galloway, *Are Neurodynamic Organizations a Fundamental Property of Teamwork?* Frontiers in Psychology, 2017. **8**.
613. Cao, X., *A Leader–follower Formation Control Approach for Target Hunting by Multiple Autonomous Underwater Vehicle in Three-Dimensional Underwater Environments.* International Journal of Advanced Robotic Systems, 2019. **16**(4): p. 172988141987066.
614. Stevens, R.H. and T. Galloway, *Teaching Machines to Recognize Neurodynamic Correlates of Team and Team Member Uncertainty.* Journal of Cognitive Engineering and Decision Making, 2019. **13**(4): p. 310-327.

615. Ming, L., et al., *Cognition-Based Hybrid Path Planning for Autonomous Underwater Vehicle Target Following.* International Journal of Advanced Robotic Systems, 2019. **16**(4): p. 172988141985755.
616. Zhang, M., et al., *Localization Uncertainty Estimation for Autonomous Underwater Vehicle Navigation.* Journal of Marine Science and Engineering, 2023. **11**(8): p. 1540.
617. Christensen, L., et al., *Recent Advances in AI for Navigation and Control of Underwater Robots.* Current Robotics Reports, 2022. **3**(4): p. 165-175.
618. Yang, H., et al., *Underwater Acoustic Research Trends With Machine Learning: Passive SONAR Applications.* Journal of Ocean Engineering and Technology, 2020. **34**(3): p. 227-236.
619. Merveille, F.F.R., B. Jia, and Z. Xu, *Advancements in Underwater Navigation: Integrating Deep Learning and Sensor Technologies for Unmanned Underwater Vehicles.* 2024.
620. Fayyad, J., et al., *Deep Learning Sensor Fusion for Autonomous Vehicle Perception and Localization: A Review.* Sensors, 2020. **20**(15): p. 4220.
621. Oludayo Olatoye Sofoluwe, N., et al., *AI-enhanced Subsea Maintenance for Improved Safety and Efficiency: Exploring Strategic Approaches.* International Journal of Science and Research Archive, 2024. **12**(1): p. 114-124.
622. Osayi Philip Igbinenikaro, N., N. Oladipo Olugbenga Adekoya, and N. Emmanuel Augustine Etukudoh, *A Comparative Review of Subsea Navigation Technologies in Offshore Engineering Projects.* International Journal of Frontiers in Engineering and Technology Research, 2024. **6**(2): p. 019-034.
623. Zhang, T., et al., *Current Trends in the Development of Intelligent Unmanned Autonomous Systems.* Frontiers of Information Technology & Electronic Engineering, 2017. **18**(1): p. 68-85.
624. None, N., et al., *Artificial Intelligence and Machine Learning Enhance Robot Decision-Making Adaptability and Learning Capabilities Across Various Domains.* 2024. **1**(3): p. 14-27.
625. Kozhubaev, Y., et al., *Controlling of Unmanned Underwater Vehicles Using the Dynamic Planning of Symmetric Trajectory Based on Machine Learning for Marine Resources Exploration.* Symmetry, 2023. **15**(9): p. 1783.
626. Wang, Z., et al., *Bio-Inspired Cooperative Control Scheme of Obstacle Avoidance for UUV Swarm.* Journal of Marine Science and Engineering, 2024. **12**(3): p. 489.
627. Liao, Y., et al., *Research on Disturbance Rejection Motion Control Method of USV for UUV Recovery.* Journal of Field Robotics, 2022. **40**(3): p. 574-594.
628. Gao, H., et al., *Energy Management of Hybrid Power System in UUV Based on Pontryagin's Minimum Principle.* E3s Web of Conferences, 2020. **182**: p. 03001.
629. Martínez de Alegría, I., et al., *Wireless Power Transfer for Unmanned Underwater Vehicles: Technologies, Challenges and Applications.* Energies, 2024. **17**(10): p. 2305.
630. Zhang, Z., et al., *Design and Implementation of a Modular UUV Simulation Platform.* Sensors, 2022. **22**(20): p. 8043.
631. Zhu, D., T. Yan, and S.X. Yang, *Motion Planning and Tracking Control of Unmanned Underwater Vehicles: Technologies, Challenges and Prospects.* Intelligence & Robotics, 2022. **2**(3): p. 200-222.
632. Farré, A.B., et al., *Commercial Arctic Shipping Through the Northeast Passage: Routes, Resources, Governance, Technology, and Infrastructure.* Polar Geography, 2014. **37**(4): p. 298-324.
633. Barker, L.D.L., et al., *Scientific Challenges and Present Capabilities in Underwater Robotic Vehicle Design and Navigation for Oceanographic Exploration Under-Ice.* Remote Sensing, 2020. **12**(16): p. 2588.
634. Norgren, P. and R. Skjetne, *Using Autonomous Underwater Vehicles as Sensor Platforms for Ice-Monitoring.* Modeling Identification and Control a Norwegian Research Bulletin, 2014. **35**(4): p. 263-277.

635. Randeni, S., et al., *A High-resolution AUV Navigation Framework With Integrated Communication and Tracking for Under-ice Deployments.* Journal of Field Robotics, 2022. **40**(2): p. 346-367.
636. Choi, T. and A. Lajeunesse, *Some Design Considerations for Arctic-Capable Submarines.* 2020.
637. Brandt, H., et al., *A Multi-Purpose Submarine Concept for Arctic Offshore Operations.* 2015.
638. Janout, M., et al., *Episodic Warming of Near-bottom Waters Under the Arctic Sea Ice on the Central Laptev Sea Shelf.* Geophysical Research Letters, 2016. **43**(1): p. 264-272.
639. Barro, R.D. and D.C. Lee, *Excitation Response Estimation of Polar Class Vessel Propulsion Shafting System.* Transactions of the Korean Society for Noise and Vibration Engineering, 2011. **21**(12): p. 1166-1176.
640. Barro, R.D. and D.C. Lee, *Transient Torsional Vibration Analysis of Ice-Class Propulsion Shafting System Driven by Electric Motor.* Transactions of the Korean Society for Noise and Vibration Engineering, 2014. **24**(9): p. 667-674.
641. Stroeve, J., A.P. Barrett, and A. Schweiger, *Using Records From Submarine, Aircraft and Satellite to Evaluate Climate Model Simulations of Arctic Sea Ice Thickness.* 2014.
642. Bess, Z., et al., *Fish Diversity and Use of Nearshore and <scp>Open-Water</Scp> Habitats in Terminal Lakes.* Fisheries, 2024. **49**(4): p. 159-168.
643. Evtimova, V. and I. Donohue, *Quantifying Ecological Responses to Amplified Water Level Fluctuations in Standing Waters: An Experimental Approach.* Journal of Applied Ecology, 2014. **51**(5): p. 1282-1291.
644. Polte, P., et al., *Ontogenetic Loops in Habitat Use Highlight the Importance of Littoral Habitats for Early Life-Stages of Oceanic Fishes in Temperate Waters.* Scientific Reports, 2017. **7**(1).
645. Zohary, T. and A. Gasith, *The Littoral Zone.* 2014: p. 517-532.
646. Dupuch, A., et al., *Does Predation Risk Influence Habitat Use by Northern Redbelly Dace<i>Phoxinus Eos</I>at Different Spatial Scales?* Journal of Fish Biology, 2009. **74**(7): p. 1371-1382.
647. Evtimova, V. and I. Donohue, *Water-level Fluctuations Regulate the Structure and Functioning of Natural Lakes.* Freshwater Biology, 2015. **61**(2): p. 251-264.
648. Fanini, L., et al., *The Extended Concept of Littoral Active Zone Considering Soft Sediment Shores as Social-Ecological Systems, and an Application to Brittany (North-Western France).* Estuarine Coastal and Shelf Science, 2021. **250**: p. 107148.
649. Leo, F.C.D., et al., *Submarine Canyons: Hotspots of Benthic Biomass and Productivity in the Deep Sea.* Proceedings of the Royal Society B Biological Sciences, 2010. **277**(1695): p. 2783-2792.
650. Ramirez-Llodra, E., et al., *Man and the Last Great Wilderness: Human Impact on the Deep Sea.* Plos One, 2011. **6**(8): p. e22588.
651. McClain, C.R. and J. Barry, *Habitat Heterogeneity, Disturbance, and Productivity Work in Concert to Regulate Biodiversity in Deep Submarine Canyons.* Ecology, 2010. **91**(4): p. 964-976.
652. Pham, C.K., et al., *Marine Litter Distribution and Density in European Seas, From the Shelves to Deep Basins.* Plos One, 2014. **9**(4): p. e95839.
653. Fakiris, E., et al., *Multi-Frequency, Multi-Sonar Mapping of Shallow Habitats—Efficacy and Management Implications in the National Marine Park of Zakynthos, Greece.* Remote Sensing, 2019. **11**(4): p. 461.
654. Jobstvogt, N., et al., *How Can We Identify and Communicate the Ecological Value of Deep-Sea Ecosystem Services?* Plos One, 2014. **9**(7): p. e100646.
655. Fagervold, S.K., et al., *Microbial Communities in Sunken Wood Are Structured by Wood-Boring Bivalves and Location in a Submarine Canyon.* Plos One, 2014. **9**(5): p. e96248.

656. Úrgeles, R. and A. Camerlenghi, *Submarine Landslides of the Mediterranean Sea: Trigger Mechanisms, Dynamics, and Frequency-Magnitude Distribution.* Journal of Geophysical Research Earth Surface, 2013. **118**(4): p. 2600-2618.
657. García-Davis, S., et al., *Bioprospecting Antiproliferative Marine Microbiota From Submarine Volcano Tagoro.* Frontiers in Marine Science, 2021. **8**.
658. Townsend, M., S.F. Thrush, and M.J. Carbines, *Simplifying the Complex: An 'Ecosystem Principles Approach' to Goods and Services Management in Marine Coastal Ecosystems.* Marine Ecology Progress Series, 2011. **434**: p. 291-301.
659. Nestorowicz, I.-M., et al., *Identifying Habitats of Conservation Priority in the São Vicente Submarine Canyon in Southwestern Portugal.* Frontiers in Marine Science, 2021. **8**.
660. Kenchington, R. and J.C. Day, *Zoning, a Fundamental Cornerstone of Effective Marine Spatial Planning: Lessons Learnt From the Great Barrier Reef, Australia.* Journal of Coastal Conservation, 2011. **15**(2): p. 271-278.
661. Raffaelli, D., *Biodiversity and Ecosystem Functioning: Issues of Scale and Trophic Complexity.* Marine Ecology Progress Series, 2006. **311**: p. 285-294.
662. Taormina, B., et al., *A Review of Potential Impacts of Submarine Power Cables on the Marine Environment: Knowledge Gaps, Recommendations and Future Directions.* Renewable and Sustainable Energy Reviews, 2018. **96**: p. 380-391.
663. Santora, J.A., et al., *Submarine Canyons Represent an Essential Habitat Network for Krill Hotspots in a Large Marine Ecosystem.* Scientific Reports, 2018. **8**(1).
664. Oehler, T., et al., *DSi as a Tracer for Submarine Groundwater Discharge.* Frontiers in Marine Science, 2019. **6**.
665. Nordin, M., *In Search of the Best Design – A Systems Analysis Methodology for Submarine Design.* 2014: p. 1-12.
666. Gaggero, S., et al., *Numerical Approaches for Submarine Hydrodynamic Design and Performance Analysis.* 2022.
667. Helal, M. and E. Fathallah, *Finite Element Analysis and Design Optimization of a Non-Circular Sandwich Composite Deep Submarine Pressure Hull.* Materials Testing, 2020. **62**(10): p. 1025-1032.
668. Shelton, J.H., V. Heisler, and K. Sebacher, *Formulas and Guidelines for Deriving Functional System Requirements From a Systems Engineering Model.* Incose International Symposium, 2021. **31**(1): p. 111-143.
669. Piaggio, B., et al., *Submarine Manoeuvrability Design: Traditional Cross-Plane vs. X-Plane Configurations in Intact and Degraded Conditions.* Journal of Marine Science and Engineering, 2022. **10**(12): p. 2014.
670. Cole, H., *The Influence of the Facility Nuclear Safety Case on the Design of Naval Refit Support Equipment.* 2018.
671. Goff, C.I., et al., *Maximizing Platform Value: Increasing VIRGINIA Class Deployments.* Naval Engineers Journal, 2011. **123**(3): p. 119-139.
672. Pak, J.-M., et al., *Effectiveness Analysis for a Lightweight Torpedo Considering Evasive Maneuvering and TACM of a Target.* Journal of the Korea Society for Simulation, 2011. **20**(4): p. 1-11.
673. Westwood, J.D., *Global Prospects for AUVs.* 2001.
674. Dc, N.P.W.N.Y., *SSN 774 Virginia Class Submarine (SSN 774).* 2013.
675. Zimmerman, P., et al., *Considerations and Examples of a Modular Open Systems Approach in Defense Systems.* The Journal of Defense Modeling and Simulation Applications Methodology Technology, 2018. **16**(4): p. 373-388.

676. Knox, C., D.D. Reid, and T.M. Winters, *A Qualitative Study of Affordability: Virginia and San Antonio Class Programs.* 2014.
677. Johnson, D., et al., *Managing Change on Complex Programs: VIRGINIA Class Cost Reduction.* Naval Engineers Journal, 2009. **121**(4): p. 79-94.
678. Aapaoja, A., H. Haapasalo, and P. Söderström, *Early Stakeholder Involvement in the Project Definition Phase: Case Renovation.* Isrn Industrial Engineering, 2013. **2013**: p. 1-14.
679. Lawanga, P.W.A.H. and Y.G. Sandanayake, *Lean Design Management Practices Associated With Stakeholder Management During Pre-Construction Stage in Sri Lanka.* 2021: p. 392-402.
680. Hannan, A., et al., *Estimation of Highway Project Cost Using Probabilistic Technique.* Destech Transactions on Engineering and Technology Research, 2017(ictim).
681. McCuen, T., *BIM and Cost Estimating: A Change in the Process for Determining Project Costs.* 2015: p. 63-81.
682. Wu, W., *Application of Project Whole Process Cost Control in Construction Project Cost Audit.* Forest Chemicals Review, 2021: p. 240-246.
683. Daluwatte, L. and M. Ranasinghe, *Effects of Inputs From the Preconstruction Activities on the Design Phase of Construction Projects.* Engineer Journal of the Institution of Engineers Sri Lanka, 2018. **51**(2): p. 31.
684. Psallidas, K., C.A. Whitcomb, and J.C. Hootman, *Forecasting System-Level Impacts of Technology Infusion in Ship Design.* Naval Engineers Journal, 2010. **122**(1): p. 21-31.
685. Wang, Y.L., G.X. Wang, and Y. Yan, *Scientific Research Project Cost Estimating Method and System Based on Improved BP Neural Network.* Advanced Materials Research, 2013. **756-759**: p. 1696-1700.
686. O'Rourke, R., *Navy Next-Generation Attack Submarine (SSN[X]) Program: Background and Issues for Congress.* 2024.
687. Sumadinata, R.W.S., *Analysis of the AUKUS Agreement on Security in the South China Sea Region.* Neo Journal of Economy and Social Humanities, 2023. **1**(4): p. 265-271.
688. Terebov, O., *The Present-Day Condition and Prospects for Development of the AUKUS Program.* Russia and America in the 21st Century, 2023(6): p. 0.
689. McKenzie, S. and E. Massingham, *AUKUS: The Regulation of the Ocean and the Legal Dangers of Working Together.* Ocean Yearbook Online, 2023. **37**(1): p. 136-170.
690. Arthamevya Zherlindya Putri Darmawan, N. and N. Ratu Salmazahra Karmilawaty, *Proposal Nuclear Naval Propulsion Dari Indonesia Untuk PBB Sebagai Respons Atas Dinamika Keamanan Di Indo-Pasifik.* 2023. **1**(1): p. 39-59.
691. Novita, A.A.D., *AUKUS Alliance: United States Strategic Interest in Indo-Pacific.* Jurnal Diplomasi Pertahanan, 2022. **8**(1).
692. Poshedin, O., *A New Enhanced Trilateral Security Partnership Between Australia, the United Kingdom, and the USA (AUKUS): Reasons for Creation, Consequences for International Security.* Problems of World History, 2022(19): p. 123-142.
693. Korwa, J.R.V. and M.S.F. Wambrauw, *A Constructivist Analysis of the Establishment of the AUKUS Security Pact and Its Implications for Regional Stability in the Indo-Pacific.* Jurnal Hubungan Internasional, 2023. **16**(1): p. 19-35.
694. Hanggarini, P., et al., *AUKUS: Unresolved Threats to the International System?* Multidisciplinary Reviews, 2023. **6**(3): p. 2023027.
695. Cheng, M., *AUKUS: The Changing Dynamic and Its Regional Implications.* European Journal of Development Studies, 2022. **2**(1): p. 1-7.

696. Sobarini, E., *AUKUS Pact in the Perspective of Security Dilemma.* International Journal of Social Science and Human Research, 2021. **04**(12).
697. McKenzie, S. and E. Massingham, *AUKUS, the Regulation of the Ocean and the Legal Perils of Working Together.* 2022.
698. Rusli, M.H.M., *The Legality of Passage of the Nuclear-Powered Submarines: Are Malaysia and Indonesia in Catch-22?* Moscow Journal of International Law, 2023(4): p. 34-43.
699. Gálvez, E.D. and S.F. Capuz-Rizo, *Assessment of Global Sensitivity Analysis Methods for Project Scheduling.* Computers & Industrial Engineering, 2016. **93**: p. 110-120.
700. Sayre, T. and C.M. Graham, *The Effects of Task Interdependency on Cooperative and Competitive Group Processes: An Example of Scheduling Audit Engagements.* Human Resource Management Research, 2013. **2**(5): p. 74-82.
701. Ramkumar, K.G. and P. Panneerselvam, *Indian Navy's Submarine Development Programme: A Critical Assessment.* Journal of Asian Security and International Affairs, 2023. **10**(3): p. 395-416.
702. Bagshaw, K.B., *NEW PERT and CPM in Project Management With Practical Examples.* American Journal of Operations Research, 2021. **11**(04): p. 215-226.
703. Ahmed, A., B. Kayis, and S. Amornsawadwatana, *A Review of Techniques for Risk Management in Projects.* Benchmarking an International Journal, 2007. **14**(1): p. 22-36.
704. Pimchangthong, D. and V. Boonjing, *Effects of Risk Management Practices on IT Project Success.* Management and Production Engineering Review, 2017. **8**(1): p. 30-37.
705. Raz, T., A.J. Shenhar, and D. Dvir, *Risk Management, Project Success, and Technological Uncertainty.* R and D Management, 2002. **32**(2): p. 101-109.
706. Kristensen, H.M. and M. Korda, *Indian Nuclear Forces, 2020.* Bulletin of the Atomic Scientists, 2020. **76**(4): p. 217-225.
707. Joshi, Y., *From Ambivalence to Resurgence: India's Journey as a Nuclear Power.* India Quarterly a Journal of International Affairs, 2022. **78**(2): p. 350-370.
708. None, N., et al., *A Step-by-Step Hybrid Approach Based on Multi-Criteria Decision-Making Methods and a Bi-Objective Optimization Model to Project Risk Management.* Decision Making Applications in Management and Engineering, 2024. **7**(1): p. 442-472.
709. Ali Alshehhi, H.S.M., R.S. Mat Sidek, and E.A. Rozali, *The Function of Risk Management in Improving Construction Project Implementation Efficiency.* International Journal of Academic Research in Accounting Finance and Management Sciences, 2024. **14**(1).
710. Anastasiu, L., C. Campian, and N. Roman, *Boosting Construction Project Timeline: The Case of Critical Chain Project Management (CCPM).* Buildings, 2023. **13**(5): p. 1249.
711. Scally, W.A., *Advanced Multi-Project Management: Achieving Outstanding Speed and Results With Predictability.* Project Management Journal, 2013. **44**(6): p. e1-e1.
712. Bueno, J. and R.G. Parra, *Enhancing Construction and Urban Planning Outcomes: An Examination of Project Management Institute Methodology.* Journal of Urban Development and Management, 2023. **2**(2): p. 95-103.
713. Zheng, X., et al., *Research on 3D Shape Monitoring System of Submarine Cable.* Journal of Physics Conference Series, 2023. **2474**(1): p. 012062.
714. Xie, Y. and C. Wang, *Vulnerability of Submarine Cable Network of Mainland China: Comparison of Vulnerability Between Before and After Construction of Trans-Arctic Cable System.* Complexity, 2021. **2021**: p. 1-14.

715. Lu, Z., et al., *Research on Improving the Working Efficiency of Hydraulic Jet Submarine Cable Laying Machine.* Journal of Marine Science and Engineering, 2021. **9**(7): p. 745.
716. Meng, K., M. Li, and J. Zhou, *Study on Control of Cumulative Risk for Submarine Tunnel Shield Construction.* Advances in Civil Engineering, 2023. **2023**: p. 1-18.
717. Wang, Z., et al., *Risk Zonation of Submarine Geological Hazards in the Chengdao Area of the Yellow River Subaqueous Delta.* Frontiers in Marine Science, 2023. **10**.
718. Xu, X., et al., *Subject Behavior of Collaborative Innovation in Civil-Military Integration: An Evolutionary Game Analysis.* Mathematical Problems in Engineering, 2021. **2021**: p. 1-7.
719. Wadjdi, A.F., J. Tambayong, and E.M.T. Sianturi, *Enhancing National Defense Capabilities Through Collaborative Programs: Insights and Policy Recommendations for Indonesia.* Insights Into Regional Development, 2023. **5**(3): p. 10-23.
720. Mendonça, A., et al., *Incorporating a Risk Assessment Procedure Into Submarine Outfall Projects and Application to Portuguese Case Studies.* Coastal Engineering Proceedings, 2012(33): p. 18.
721. Mendonça, A., et al., *Risk Assessment in Submarine Outfall Projects: The Case of Portugal.* Journal of Environmental Management, 2013. **116**: p. 186-195.
722. Lavallee, T.M., *Civil-Military Integration: The Politics of Outsourcing National Security.* Bulletin of Science Technology & Society, 2010. **30**(3): p. 185-194.
723. Belin, J., et al., *Defense Firms Adapting to Major Changes in the French R&D Funding System.* Defence and Peace Economics, 2018. **30**(2): p. 142-158.
724. Morris, B.A., *A Framework for Identifying and Managing New Operational Requirements During Naval Vessel Batch-Building Programs.* Incose International Symposium, 2021. **31**(1): p. 713-727.
725. Doerry, N., *Designing Electrical Power Systems for Survivability and Quality of Service.* Naval Engineers Journal, 2007. **119**(2): p. 25-34.
726. Anghinolfi, D., et al., *A System Supporting the Evaluation of the Operational Effectiveness of Naval Tasks Based on Agent Simulation.* Scalable Computing Practice and Experience, 2014. **15**(3).
727. Bemelmans, J., H. Voordijk, and B. Vos, *Supplier-contractor Collaboration in the Construction Industry.* Engineering Construction & Architectural Management, 2012. **19**(4): p. 342-368.
728. Kim, M.G., et al., *Environmental Capabilities of Suppliers for Green Supply Chain Management in Construction Projects: A Case Study in Korea.* Sustainability, 2016. **8**(1): p. 82.
729. Mirawati, N.A., S.a. Othman, and M.I. Risyawati, *Supplier-Contractor Partnering Impact on Construction Performance: A Study on Malaysian Construction Industry.* Journal of Economics Business and Management, 2015. **3**(1): p. 29-33.
730. Sariola, R., *Utilizing the Innovation Potential of Suppliers in Construction Projects.* Construction Innovation, 2018. **18**(2).
731. Woo, C., et al., *Suppliers' Communication Capability and External Green Integration for Green and Financial Performance in Korean Construction Industry.* Journal of Cleaner Production, 2016. **112**: p. 483-493.
732. Bemelmans, J., et al., *Assessing Buyer-Supplier Relationship Management: Multiple Case-Study in the Dutch Construction Industry.* Journal of Construction Engineering and Management, 2012. **138**(1): p. 163-176.
733. Sundquist, V., K. Hulthén, and L.E. Gadde, *From Project Partnering Towards Strategic Supplier Partnering.* Engineering Construction & Architectural Management, 2018. **25**(3): p. 358-373.
734. Segerstedt, A. and T. Olofsson, *Supply Chains in the Construction Industry.* Supply Chain Management an International Journal, 2010. **15**(5): p. 347-353.

735. Eckerd, A. and K.F. Snider, *Does the Program Manager Matter? New Public Management and Defense Acquisition.* The American Review of Public Administration, 2016. **47**(1): p. 36-57.
736. Karnes, F.L.J.L. and C.R.F. Mortlock, *Aligning Program Management Competencies to Industry Standards.* Defense Acquisition Research Journal, 2021. **28**(98): p. 366-419.
737. Bradley, J., et al., *Evaluating Australia's Most Complex System-of-systems, the Future Submarine: A Case for Using New Complex Systems Governance.* Incose International Symposium, 2017. **27**(1): p. 187-199.
738. Monfre, F.O. and C.d. Costa, *Hardware-in-the-Loop Emulation of a Control and Longitudinal Compensation System of a Submarine.* International Journal of Advanced Engineering Research and Science, 2019. **6**(8): p. 171-178.
739. McLaurin, D., A. Aston, and J.C.D. Brand, *Prevention of Offshore Wind Power Cable Incidents by Employing Offshore Oil/Gas Common Practices.* 2021.

Indeks

A

Audyt, 558, 559
AUV, 5, 14, 68, 495, 496, 497, 498, 499, 500, 501, 502, 503, 504, 505, 506, 507, 508, 509, 510, 511, 610, 620, 621, 622, 623, 624, 625, 627

B

Bezpieczeństwo Komunikacji, 352, 353
Bezpieczeństwo Reaktora, 162
Bomby Głębinowe, 34

C

Cicha Praca, 168, 192, 197, 283, 356, 370, 574
Cicha Praca Akustyczna, 574
Ciśnienie Podwodne, 43
Części Okrętów Podwodnych, 437, 442
Czujniki Akustyczne, 389
Czujniki Optyczne, 343
Czynniki Środowiskowe, 69, 204, 208, 460, 511

D

Diesel-Elektryczne, 2, 3, 28, 29, 108, 120, 124, 125, 230, 231, 232, 233, 267, 268, 290, 291, 547
Dynamika Kadłuba Ciśnieniowego, 68
Dynamika Płynów, 530, 531, 585
Dystrybucja Energii, 172, 201

E

Efektywność Energetyczna, 246
Efektywność Napędu, 110, 170, 530, 574
Efektywność Paliwowa, 105, 133
Eksploracja, 8, 14, 510
Emisje Elektromagnetyczne, 192, 485, 491

F

Fazy Projektowania, 547, 551, 566

G

Gaszenie Pożarów, 378
Generowanie Energii, 144, 157, 160, 216

H

Harmonogram Projektu, 552, 558, 565, 569, 570, 575, 582, 586
Harmonogramowanie, 546
Hydrodynamika, 70, 96
Hydrofony, 173, 325, 326, 338

I

Innowacje, 4, 5, 15, 36, 121, 127, 166, 168, 213, 214, 215, 292, 336, 437, 490, 491, 492, 504, 510, 514, 525
Integracja Systemów, 342, 353, 528, 535, 547, 548, 569, 570, 589, 590
Integralność Kadłuba, 57, 64, 69, 448, 537
Integralność Strukturalna, 58, 66, 72, 391, 392, 411, 423, 442, 444, 465
Inżynieria, 266, 394, 421, 529, 532, 533, 540, 544
Inżynieria Morska, 394, 421, 529
Inżynierowie, 4, 59, 67, 91, 94, 194, 195, 360, 385, 468, 469, 479, 485, 527, 529, 530, 531, 532, 533, 534, 535, 537, 541, 542, 543, 554, 572, 574, 575, 577, 589

J

Jednostki Napędowe, 461, 535, 541, 571, 577

K

Kadłub Ciśnieniowy, 40, 41, 42, 45, 60, 62, 64, 65, 66, 68, 70, 71, 83, 90, 91, 329, 343, 364, 384, 385, 414, 415, 419, 435, 438, 439, 465
Kadłub Zewnętrzny, 41, 43, 46, 57, 70, 71, 90
Komfort Załogi, 237, 267, 271, 273, 402
Kompozyty, 51, 389, 392, 393, 398, 399, 413, 438, 465, 483, 488, 500, 509, 516
Kontrola Pływalności, 51, 70, 80
Kontrola Temperatury, 270, 407
Kontrola Wilgotności, 266

L

Ładowność, 560
Łagodzenie Ryzyka, 583

M

Magazynowanie Energii, 208, 213, 216
Maksymalna Prędkość, 125, 477
Mapowanie Dna Morskiego, 342, 499
Maszty Radarowe, 345
Materiały Kompozytowe, 58, 384
Misje Strategiczne, 318
Monitorowanie Środowiska, 495, 499, 507, 514
Montaż, 400, 438, 443, 453, 465, 500, 544, 548, 554, 564, 568, 570, 571, 573, 582

N

Nadzór, 8, 510, 517, 554, 555, 576, 577, 578, 591, 593, 594
Nadzór Rządowy, 555
Napęd Elektryczny, 189, 483
Nowe Technologie, 9, 550, 554, 588

O

Odbicia Sonaru, 491
Odporność na Ciśnienie, 8, 58, 197, 403, 516
Odporność na Korozję, 57, 184, 383, 384, 389, 391, 394, 395, 396, 403, 415, 425, 426, 438, 445, 450, 457, 460, 463, 464, 472, 473, 488, 500, 509, 515
Odsalanie, 238
Ograniczenia Operacyjne, 145
Okręty Podwodne Balistyczne, 290
Operacje Specjalne, 32, 275, 306, 527, 560, 592
Operacje Stealth, 484, 485
Opływowość, 96, 97, 98
Opór Hydrodynamiczny, 105, 108, 430, 470
Optymalizacja Prędkości, 106, 108

P

Periskop, 37
Powierzchnie Sterowe, 44, 74, 76, 100, 101, 105, 106, 113, 118, 498, 528
Powłoki, 4, 35, 52, 55, 56, 63, 113, 154, 164, 197, 388, 389, 392, 394, 395, 396, 398, 400, 457, 459, 464, 469, 470, 471, 472, 473, 474, 476, 478, 493, 516, 519
Próby Morskie, 537, 542, 547, 553, 554, 555, 564, 568, 570, 571, 574, 589, 590, 594
Procedury Awaryjne, 231, 237, 243, 244, 368, 370
Proces Budowy, 545, 553, 556, 565, 566, 585, 588
Procesy Produkcyjne, 463
Produkcja, 59, 162, 188, 251, 264, 383, 397, 403, 421, 438, 465, 536, 544
Projekt Kadłuba, 55, 58, 70, 74, 106, 460
Projektowanie Okrętów Podwodnych, 5, 21, 41, 50, 96, 515
Protokoły Bezpieczeństwa, 379, 535, 536, 578
Protokoły Komunikacyjne, 354
Przepisy Środowiskowe, 122
Przeżywalność, 4, 8, 32, 313

R

Rakiety Balistyczne, 278, 306
Rdzeń Reaktora, 146, 163, 165, 570, 588
Reaktor Jądrowy, 115, 145, 146, 174, 188, 211, 226, 248, 267, 273, 385, 548, 581
Reaktory Jądrowe, 50, 146, 169, 182, 218, 223, 226, 290, 478, 528, 547, 548, 568, 576, 578, 593

Redukcja Oporu, 98
Rozpoznanie, 6, 8, 10, 280, 283, 349, 351, 492, 495, 497, 498, 506, 521, 522, 523, 527, 550, 592
Rozpraszanie Ciepła, 135, 186
Rozwój Okrętów Podwodnych, 22, 25, 35, 527, 592

S

Siła Robocza, 553
Silnik Diesla, 127, 182
Silniki Diesla, 37, 114, 123, 124, 127, 128, 139, 166, 210, 213, 221, 226, 248, 267, 273, 291, 490
Siły Hydrodynamiczne, 101, 105, 107, 365
Siły Morskie, 1, 3, 14
Sonar, 8, 24, 35, 36, 37, 44, 103, 154, 173, 176, 197, 198, 225, 242, 250, 275, 284, 285, 288, 289, 324, 326, 341, 347, 348, 387, 399, 463, 491, 494, 497, 501, 506, 541, 542, 608, 609, 610, 611, 625, 627
Sonar Aktywny, 37, 275, 289, 387
Sonar Pasywny, 173, 341
Spawacze, 416, 420, 425, 427, 435, 458, 459, 540, 541, 572, 576
Sprzęt Komunikacyjny, 344
Śruby Napędowe, 92, 97, 98, 111, 113, 116, 120, 123, 169, 170, 325, 389, 396, 401, 438, 463, 477, 484, 530
Ster, 37, 45, 76, 105, 106, 118, 119, 355, 365, 366, 368, 528
Sterownia, 269, 271
Strefy Przybrzeżne, 520, 521, 530
Struktura Kadłuba, 499
System Elektryczny, 175, 190
System Uzbrojenia, 52
Systemy Automatyczne, 380, 450
Systemy Autonomiczne, 535
Systemy Baterii, 190
Systemy Bezpieczeństwa, 52, 147
Systemy Bezzałogowe, 495
Systemy Chłodzenia, 51, 169, 173, 179, 183, 185, 186, 191, 194, 242, 245, 249, 254, 535, 548
Systemy Hydrauliczne, 92, 173, 225, 303, 355, 356, 358, 360, 365, 366, 369, 370, 380
Systemy Napędowe, 4, 51, 103, 107, 108, 121, 123, 174, 177, 290, 393, 402, 468, 469, 470, 477, 480, 482, 489, 495, 508, 516, 520, 522, 525, 528, 539, 541, 542, 547, 565, 570, 575, 588, 593
Systemy Nawigacyjne, 6, 9, 37, 277, 283, 340, 505, 512, 528
Systemy Podtrzymywania Życia, 8, 46, 52, 92, 162, 177, 195, 197, 209, 218, 273, 380, 541, 547, 548, 581
Systemy Przeciwdziałania, 336
Systemy Radarowe, 173, 310
Systemy Radiowe, 38
Systemy Rakietowe, 52, 290, 306, 322, 323, 547, 565
Systemy Recyklingu, 252
Systemy Redundancji, 407
Systemy Sonarowe, 4, 27, 52, 103, 117, 145, 172, 173, 176, 283, 284, 285, 290, 369, 370, 393, 397, 399, 469, 476, 478, 479, 480, 481, 483, 484, 485, 490, 492, 499, 506, 511, 513, 516, 518, 521, 522, 525, 547, 548, 568, 575, 576, 578, 580
Systemy Sterowania, 183, 195, 196, 197, 231, 243, 357, 370, 373, 380, 407, 548
Szkolenie Załogi, 554, 555, 564, 569, 575

T

Technicy, 442, 458, 542, 543
Techniki Spawania, 403, 446
Testy Ciśnieniowe, 420, 468, 537
Torpedy, 7, 10, 15, 19, 22, 23, 25, 26, 27, 32, 34, 35, 46, 232, 275, 276, 277, 279, 288, 289, 291, 292, 293, 294, 295, 296, 297, 298, 299, 300, 301, 302, 303, 304, 305, 306, 319, 320, 321, 329, 336, 469, 500, 514, 547, 548, 555
Trym, 92, 94, 295
Typy Okrętów Podwodnych, 15, 384, 556

U

Unikanie Wykrycia, 8, 34, 108, 283, 288, 335, 387, 522

W

Wczesne Okręty Podwodne, 22, 23, 384
Wieża Dowodzenia, 20, 91
Włókno Węglowe, 500, 509

Wojna Podwodna, 547
Wojskowe Okręty Podwodne, 340
Wykonawcy, 5, 557, 558, 559, 578, 581, 590, 592, 593
Wymienniki Ciepła, 173, 183, 191, 252, 268, 273
Wyposażenie Nawigacyjne, 340
Wyrzutnie Torped, 23, 25, 26, 46, 52, 72, 279, 295, 304, 306, 316, 318, 319, 320, 321, 358
Wystrzeliwanie Torped, 212, 295, 358
Wytrzymałość, 4, 7, 8, 10, 11, 33, 36, 51, 52, 54, 55, 56, 57, 59, 62, 64, 69, 70, 106, 114, 124, 132, 151, 197, 199, 203, 205, 206, 209, 214, 216, 218, 290, 291, 383, 385, 389, 391, 394, 395, 396, 398, 400, 403, 404, 411, 413, 419, 425, 426, 430, 438, 445, 446, 450, 454, 455, 456, 458, 463, 465, 469, 497, 514, 515, 516, 548
Wyzwania Konstrukcyjne, 72
Wzmocnienia, 1, 72, 331, 332, 386, 389, 392, 400, 463, 530, 565

Z

Zakup Materiałów, 554
Zanurzanie, 19, 41, 71, 73, 76, 77, 79, 86, 230, 231, 364, 365, 384, 469
Zarządzanie Balastem, 73
Zarządzanie Energią, 52, 171, 172, 175, 214, 216, 218, 225, 273, 334, 508
Zarządzanie Ryzykiem, 546, 550, 551, 569, 570, 579, 587, 590, 595
Zarządzanie Termiczne, 194, 214, 215
Zarządzanie Zasobami, 270, 589
Zasady Architektury, 54
Zasilanie Bateryjne, 190
Zbiorniki Balastowe, 19, 36, 40, 41, 42, 50, 51, 57, 70, 71, 73, 74, 80, 85, 89, 102, 173, 233, 270, 361, 364, 374, 382, 383, 384, 400, 414, 417, 420, 457, 468, 470, 516, 528, 541
Zrównoważony Rozwój, 472, 524, 527
Zużycie Energii, 55, 97, 105, 175, 190, 197, 219, 225, 250, 271, 510, 524

www.ingramcontent.com/pod-product-compliance
Lightning Source LLC
Chambersburg PA
CBHW082018300426
44117CB00015B/2265